개념과 유형이 하나로

개념 PLUS 유형

개념편 미적분

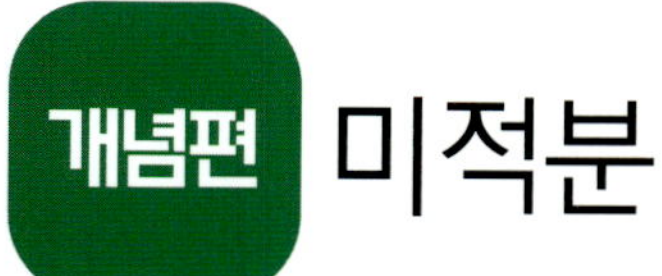

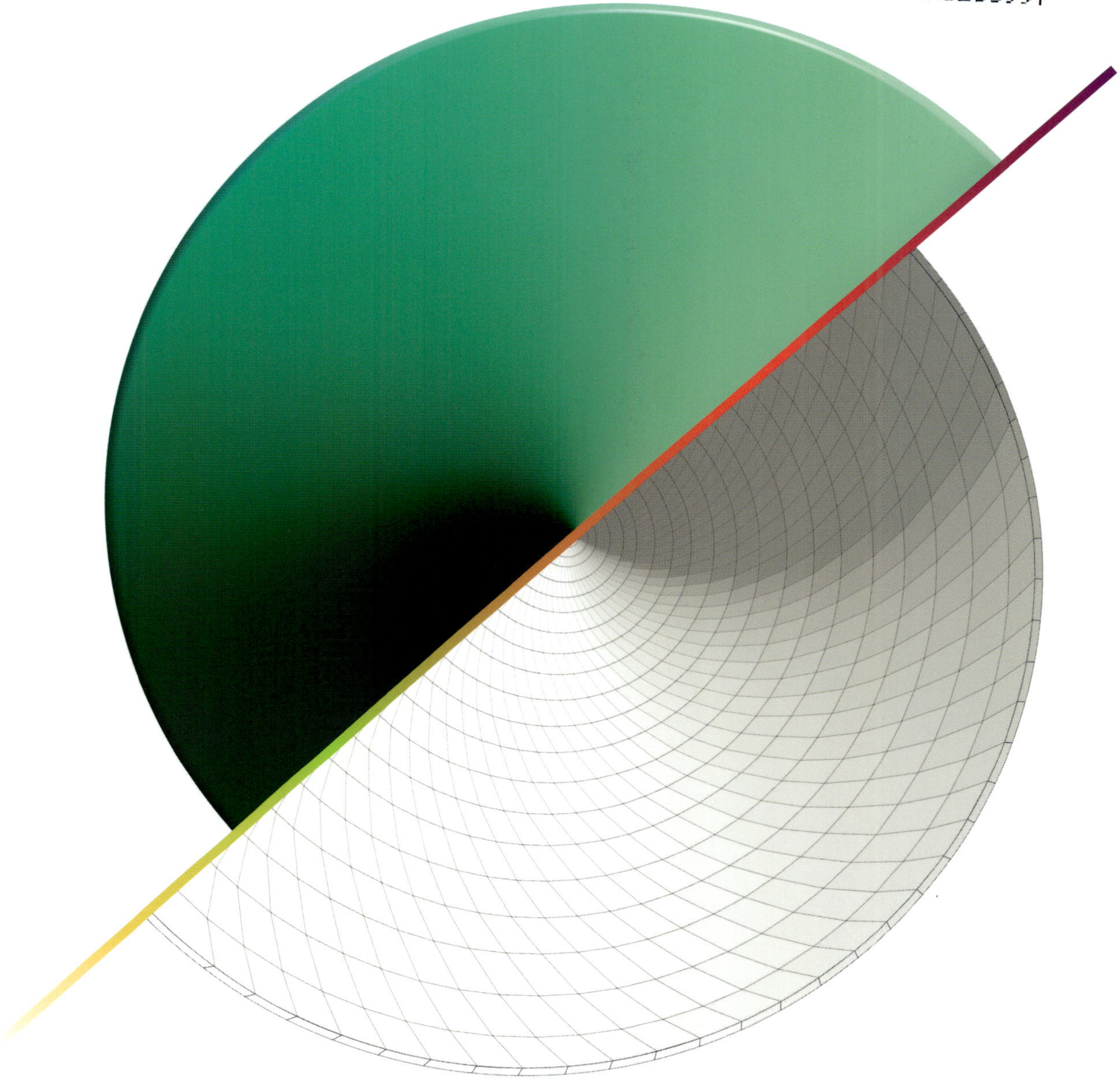

15개정 교육과정

visang

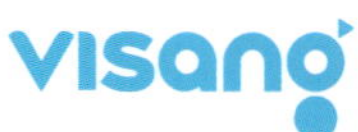

개발 조아라 정흥래 장윤정
저자 김기탁 이성기 이한주
디자인 이민영

발행일 2021년 10월 1일
펴낸날 2021년 10월 1일
펴낸곳 (주)비상교육
펴낸이 양태회
신고번호 제2002-000048호
출판사업총괄 최대찬
개발총괄 채진희
개발책임 최진형
디자인총괄 김재훈
디자인책임 안상현
영업책임 이지웅
품질책임 석진안
마케팅책임 이은진
대표전화 1544-0554
주소 경기도 과천시 과천대로2길 54(갈현동, 그라운드브이)

세상이 변해도
배움의 즐거움은
변함없도록

시대는 빠르게 변해도
배움의 즐거움은
변함없어야 하기에

어제의 비상은
남다른 교재부터
결이 다른 콘텐츠
전에 없던 교육 플랫폼까지

변함없는 혁신으로
교육 문화 환경의 새로운 전형을
실현해왔습니다.

비상은 오늘, 다시 한번
새로운 교육 문화 환경을 실현하기 위한
또 하나의 혁신을 시작합니다.

오늘의 내가 어제의 나를 초월하고
오늘의 교육이 어제의 교육을 초월하여
배움의 즐거움을 지속하는 혁신,

바로, 메타인지 기반 완전 학습을.

상상을 실현하는 교육 문화 기업 비상

메타인지 기반 완전 학습

초월을 뜻하는 meta와 생각을 뜻하는 인지가 결합한 메타인지는
자신이 알고 모르는 것을 스스로 구분하고 학습계획을 세우도록 하는
궁극의 학습 능력입니다. 비상의 메타인지 기반 완전 학습 시스템은
잠들어 있는 메타인지를 깨워 공부를 100% 내 것으로 만들도록 합니다.

개념과 유형이 하나로
개념 + 유형
PLUS

개념편 미적분

STRUCTURE ··· 구성과 특징

개념편 **개념**을 **완벽**하게
이해할 수 있습니다!

개념 정리

한 번에 학습할 수 있는 효과적인 분량으로
구성하여 중요한 개념을 보다 쉽게 이해할
수 있도록 하였습니다.

필수 예제

시험에 출제되는 꼭 필요한 문제를 풀이 방법과
함께 제시하여 학교 내신에 대비할 수 있도록 하
였습니다.

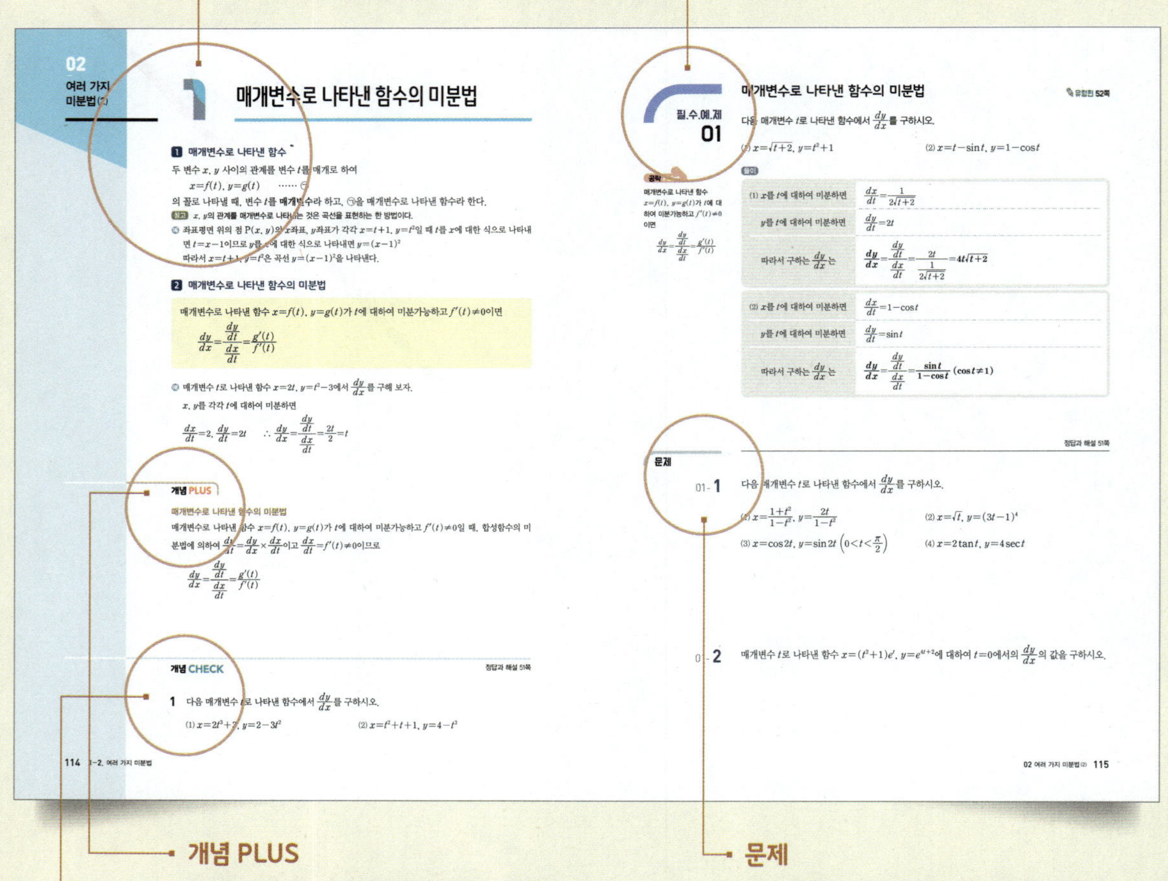

개념 PLUS

공식 유도 과정, 개념 적용의 예시와 설명
등으로 구성하였습니다.

개념 CHECK

개념을 바로 적용할 수 있는 간단한 문제
로 구성하여 배운 내용을 확인할 수 있도
록 하였습니다.

문제

필수 예제와 유사한 문제나 응용하여 풀 수
있는 문제로 구성하여 실력을 키울 수 있도록
하였습니다.

연습문제

각 소단원을 정리할 수 있는 기본 문제와
실력 문제로 구성하였습니다.

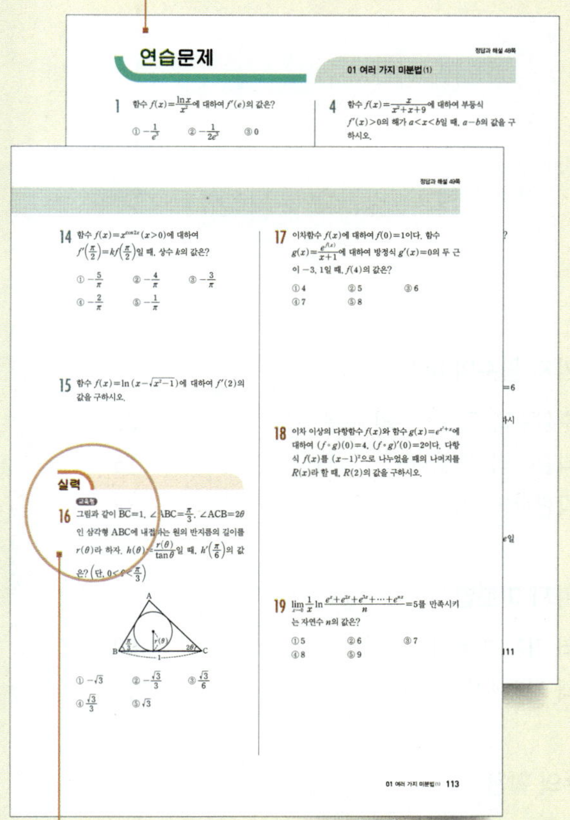

기초 문제 Training

개념을 다지는 기초 문제를 풀어볼 수 있습니다.

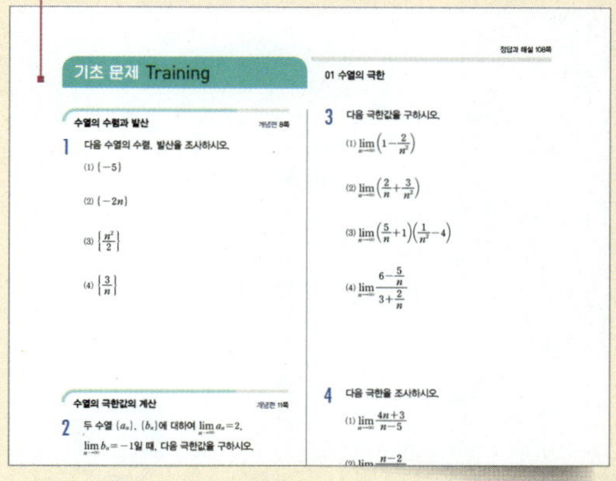

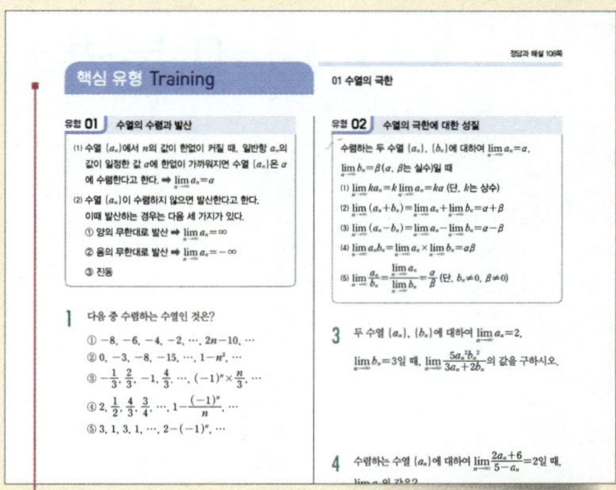

수능, 평가원, 교육청

수능, 평가원, 교육청 기출 문제로 수능에 대한
감각을 익힐 수 있도록 하였습니다.

핵심 유형 Training

개념편의 필수 예제를 보충하고 더 많은 유형의
문제를 풀어볼 수 있습니다.

CONTENTS ··· 차례

I 수열의 극한

II 미분법

적분법

Ⅰ

수열의 극한

01 수열의 극한

1 수열의 수렴과 발산

1 수열의 수렴

(1) 수열 $\{a_n\}$에서 n의 값이 한없이 커질 때, 일반항 a_n의 값이 일정한 값 α에 한없이 가까워지면 수열 $\{a_n\}$은 α에 수렴한다고 한다. 이때 α를 수열 $\{a_n\}$의 극한값 또는 극한이라 하고, 기호로

$$\lim_{n\to\infty} a_n=\alpha \quad \text{또는} \quad n\to\infty\text{일 때 } a_n\to\alpha$$

와 같이 나타낸다.

예 • 수열 $\{a_n\}$의 일반항이 $a_n=\dfrac{n+1}{n}$일 때, 이 수열의 첫째항부터 차례대로 항을 나열해 보면

$$2,\ \frac{3}{2},\ \frac{4}{3},\ \frac{5}{4},\ \frac{6}{5},\ \cdots,\ \frac{n+1}{n},\ \cdots$$

이므로 n의 값이 한없이 커질 때, 항의 값이 변하는 상태를 그래프로 나타내면 오른쪽 그림과 같다.

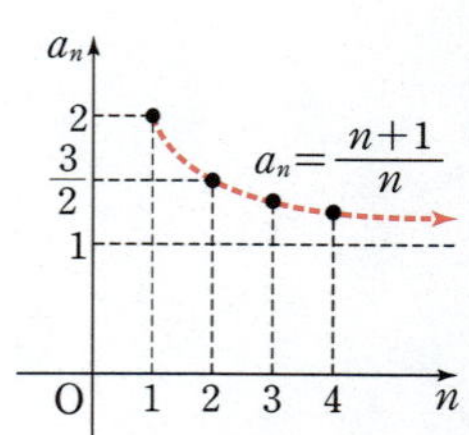

따라서 n의 값이 한없이 커질 때, $\dfrac{n+1}{n}$의 값은 1에 한없이 가까워지므로 수열 $\{a_n\}$은 1에 수렴한다.

$$\therefore \lim_{n\to\infty} a_n=\lim_{n\to\infty}\frac{n+1}{n}=1 \quad \blacktriangleleft \text{극한값}$$

• 수열 $\{a_n\}$의 일반항이 $a_n=\dfrac{(-1)^n}{n}$일 때, 이 수열의 첫째항부터 차례대로 항을 나열해 보면

$$-1,\ \frac{1}{2},\ -\frac{1}{3},\ \frac{1}{4},\ -\frac{1}{5},\ \cdots,\ \frac{(-1)^n}{n},\ \cdots$$

이므로 n의 값이 한없이 커질 때, 항의 값이 변하는 상태를 그래프로 나타내면 오른쪽 그림과 같다.

따라서 n의 값이 한없이 커질 때, $\dfrac{(-1)^n}{n}$의 값은 0에 한없이 가까워지므로 수열 $\{a_n\}$은 0에 수렴한다.

$$\therefore \lim_{n\to\infty} a_n=\lim_{n\to\infty}\frac{(-1)^n}{n}=0 \quad \blacktriangleleft \text{극한값}$$

참고 • $\lim$는 극한을 뜻하는 limit의 약자로 '리미트'라 읽는다.

• ∞는 수가 아닌 한없이 커지는 상태를 나타내는 기호이다.

• $a_n\to\alpha$는 a_n의 값이 α에 한없이 가까워진다는 뜻으로, $a_n=\alpha$를 뜻하는 것은 아니다.

• 수렴하는 수열의 극한값은 하나만 존재한다.

• 수열 $\{a_n\}$이 수렴하고 $\lim\limits_{n\to\infty} a_n=\alpha\,(\alpha$는 실수$)$이면

$$\lim_{n\to\infty} a_n=\lim_{n\to\infty} a_{n-1}=\lim_{n\to\infty} a_{n+1}=\cdots=\lim_{n\to\infty} a_{2n}=\cdots=\alpha$$

(2) 수열 $\{a_n\}$에서 모든 자연수 n에 대하여 $a_n=c\,(c$는 상수$)$인 경우, 즉

$$c,\ c,\ c,\ \cdots,\ c,\ \cdots$$

인 수열은 c에 수렴한다고 한다. 즉,

$$\lim_{n\to\infty} a_n=\lim_{n\to\infty} c=c$$

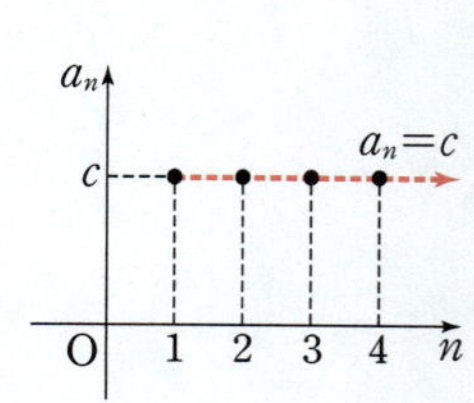

② 수열의 발산

수열 $\{a_n\}$이 수렴하지 않을 때, 수열 $\{a_n\}$은 발산한다고 한다.
이때 발산하는 경우는 다음 세 가지가 있다.

(1) **양의 무한대로 발산**

수열 $\{a_n\}$에서 n의 값이 한없이 커질 때, 일반항 a_n의 값도 한없이 커지면 수열 $\{a_n\}$은 양의 무한대로 발산한다고 하고, 기호로

$$\lim_{n\to\infty} a_n = \infty \quad \text{또는} \quad n\to\infty \text{일 때} \ a_n \to \infty$$

와 같이 나타낸다.

(2) **음의 무한대로 발산**

수열 $\{a_n\}$에서 n의 값이 한없이 커질 때, 일반항 a_n의 값이 음수이면서 그 절댓값이 한없이 커지면 수열 $\{a_n\}$은 음의 무한대로 발산한다고 하고, 기호로

$$\lim_{n\to\infty} a_n = -\infty \quad \text{또는} \quad n\to\infty \text{일 때} \ a_n \to -\infty$$

와 같이 나타낸다.

(3) **진동**

수열 $\{a_n\}$에서 n의 값이 한없이 커질 때, 수열이 일정한 값에 수렴하지도 않고 양의 무한대나 음의 무한대로 발산하지도 않으면 이 수열은 진동한다고 한다.

예 (1) 수열 $\{a_n\}$의 일반항이 $a_n = 2n-1$일 때, 이 수열의 첫째항부터 차례대로 항을 나열해 보면

$$1, \ 3, \ 5, \ 7, \ 9, \ \cdots, \ 2n-1, \ \cdots$$

이므로 n의 값이 한없이 커질 때, 항의 값이 변하는 상태를 그래프로 나타내면 오른쪽 그림과 같다.

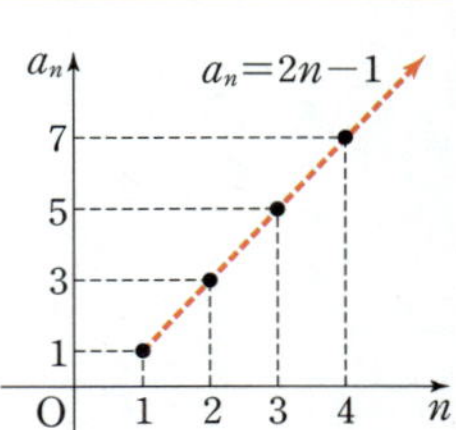

따라서 n의 값이 한없이 커질 때, $2n-1$의 값도 한없이 커지므로 수열 $\{a_n\}$은 양의 무한대로 발산한다.

$$\therefore \lim_{n\to\infty} a_n = \lim_{n\to\infty} (2n-1) = \infty$$

(2) 수열 $\{a_n\}$의 일반항이 $a_n = -n^2$일 때, 이 수열의 첫째항부터 차례대로 항을 나열해 보면

$$-1, \ -4, \ -9, \ -16, \ -25, \ \cdots, \ -n^2, \ \cdots$$

이므로 n의 값이 한없이 커질 때, 항의 값이 변하는 상태를 그래프로 나타내면 오른쪽 그림과 같다.

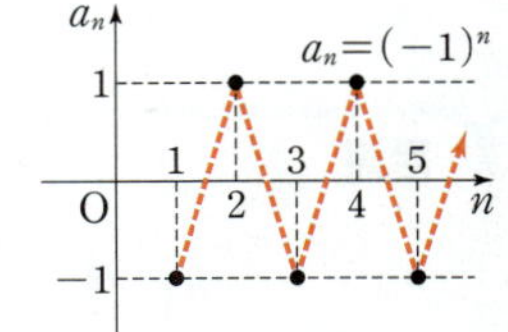

따라서 n의 값이 한없이 커질 때, $-n^2$의 값은 음수이면서 그 절댓값이 한없이 커지므로 수열 $\{a_n\}$은 음의 무한대로 발산한다.

$$\therefore \lim_{n\to\infty} a_n = \lim_{n\to\infty} (-n^2) = -\infty$$

(3) 수열 $\{a_n\}$의 일반항이 $a_n = (-1)^n$일 때, 이 수열의 첫째항부터 차례대로 항을 나열해 보면

$$-1, \ 1, \ -1, \ 1, \ -1, \ \cdots, \ (-1)^n, \ \cdots$$

이므로 n의 값이 한없이 커질 때, 항의 값이 변하는 상태를 그래프로 나타내면 오른쪽 그림과 같다.

따라서 n의 값이 한없이 커질 때, $(-1)^n$의 값은 -1, 1이 교대로 나타나므로, 즉 어느 한 값에 수렴하지도 않고 양의 무한대나 음의 무한대로 발산하지도 않으므로 수열 $\{a_n\}$은 진동한다.

참고 ・수열이 발산하면 극한값은 존재하지 않는다.

・$a_n \to \infty$는 a_n의 값이 한없이 커지는 상태라는 뜻으로 극한값이 ∞라는 뜻은 아니다.

수열의 수렴과 발산

필.수.예.제 01

다음 수열의 수렴, 발산을 그래프를 이용하여 조사하고, 수렴하면 그 극한값을 구하시오.

(1) $\left\{1-\dfrac{1}{n}\right\}$　　　　(2) $\{-2n+7\}$　　　　(3) $\{1+(-1)^n\}$

공략 Point

주어진 수열의 각 항의 값이 변하는 상태를 그래프로 나타내었을 때, 일반항의 값이 한없이 가까워지는 일정한 값 α 가 존재하면 수열은 α에 수렴하고, 그렇지 않으면 발산한다.

풀이

(1) 주어진 수열의 일반항을 a_n이라 하고 $n=1, 2, 3, \cdots$을 차례대로 대입하여 a_n의 값의 변화를 그래프로 나타내면 오른쪽 그림과 같다.

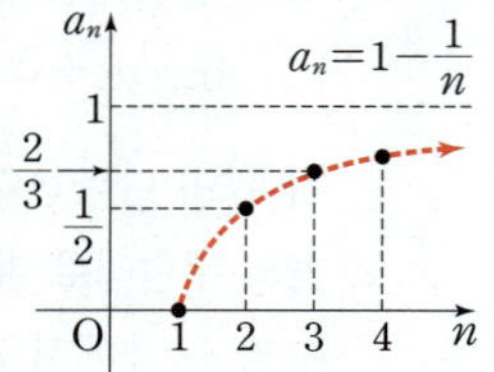

따라서 n의 값이 한없이 커질 때 a_n의 값은 1에 한없이 가까워지므로 주어진 수열은 **수렴**하고, 극한값은 **1**이다.

(2) 주어진 수열의 일반항을 a_n이라 하고 $n=1, 2, 3, \cdots$을 차례대로 대입하여 a_n의 값의 변화를 그래프로 나타내면 오른쪽 그림과 같다.

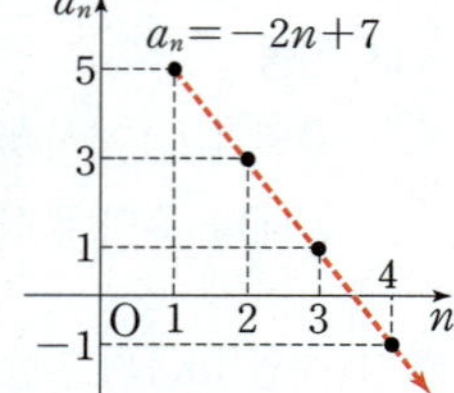

따라서 n의 값이 한없이 커질 때 a_n의 값은 음수이면서 그 절댓값이 한없이 커지므로 주어진 수열은 음의 무한대로 **발산**한다.

(3) 주어진 수열의 일반항을 a_n이라 하고 $n=1, 2, 3, \cdots$을 차례대로 대입하여 a_n의 값의 변화를 그래프로 나타내면 오른쪽 그림과 같다.

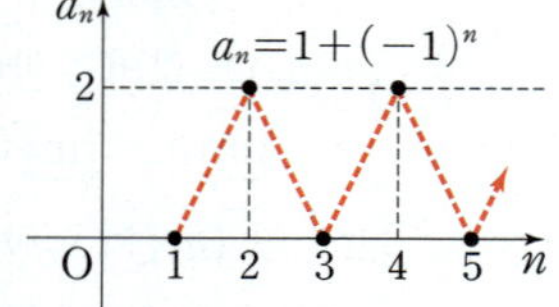

따라서 n의 값이 한없이 커질 때 a_n의 값은 어느 한 값에 수렴하지도 않고 양의 무한대나 음의 무한대로 발산하지도 않으므로 주어진 수열은 **발산**(진동)한다.

정답과 해설 2쪽

문제

01-1 다음 수열의 수렴, 발산을 그래프를 이용하여 조사하고, 수렴하면 그 극한값을 구하시오.

(1) $\left\{\dfrac{1-2n}{3}\right\}$　　　　(2) $\left\{\dfrac{1}{n^2}\right\}$　　　　(3) $\{\sqrt{2n-1}\}$

(4) $\{(-1)^n \times n\}$　　　　(5) $\left\{1+\left(\dfrac{1}{2}\right)^n\right\}$　　　　(6) $\left\{2+\dfrac{(-1)^n}{n}\right\}$

2 수열의 극한값의 계산

1 수열의 극한에 대한 성질

수렴하는 두 수열 $\{a_n\}$, $\{b_n\}$에 대하여 $\lim\limits_{n\to\infty} a_n=\alpha$, $\lim\limits_{n\to\infty} b_n=\beta$ (α, β는 실수)일 때

(1) $\lim\limits_{n\to\infty} ka_n=k\lim\limits_{n\to\infty} a_n=k\alpha$ (단, k는 상수)

(2) $\lim\limits_{n\to\infty} (a_n+b_n)=\lim\limits_{n\to\infty} a_n+\lim\limits_{n\to\infty} b_n=\alpha+\beta$

(3) $\lim\limits_{n\to\infty} (a_n-b_n)=\lim\limits_{n\to\infty} a_n-\lim\limits_{n\to\infty} b_n=\alpha-\beta$

(4) $\lim\limits_{n\to\infty} a_n b_n=\lim\limits_{n\to\infty} a_n\times\lim\limits_{n\to\infty} b_n=\alpha\beta$

(5) $\lim\limits_{n\to\infty} \dfrac{a_n}{b_n}=\dfrac{\lim\limits_{n\to\infty} a_n}{\lim\limits_{n\to\infty} b_n}=\dfrac{\alpha}{\beta}$ (단, $b_n\neq0$, $\beta\neq0$)

예 (1) $\lim\limits_{n\to\infty} \dfrac{2}{n}=2\lim\limits_{n\to\infty} \dfrac{1}{n}=2\times0=0$

(2) $\lim\limits_{n\to\infty} \left(2+\dfrac{1}{n}\right)=\lim\limits_{n\to\infty} 2+\lim\limits_{n\to\infty} \dfrac{1}{n}=2+0=2$

(3) $\lim\limits_{n\to\infty} \left(3-\dfrac{1}{n}\right)=\lim\limits_{n\to\infty} 3-\lim\limits_{n\to\infty} \dfrac{1}{n}=3-0=3$

(4) $\lim\limits_{n\to\infty} \dfrac{1}{n^2}=\lim\limits_{n\to\infty} \left(\dfrac{1}{n}\times\dfrac{1}{n}\right)=\lim\limits_{n\to\infty} \dfrac{1}{n}\times\lim\limits_{n\to\infty} \dfrac{1}{n}=0\times0=0$

(5) $\lim\limits_{n\to\infty} \dfrac{1+\dfrac{1}{n}}{2-\dfrac{3}{n}}=\dfrac{\lim\limits_{n\to\infty} \left(1+\dfrac{1}{n}\right)}{\lim\limits_{n\to\infty} \left(2-\dfrac{3}{n}\right)}=\dfrac{\lim\limits_{n\to\infty} 1+\lim\limits_{n\to\infty} \dfrac{1}{n}}{\lim\limits_{n\to\infty} 2-3\lim\limits_{n\to\infty} \dfrac{1}{n}}=\dfrac{1+0}{2-3\times0}=\dfrac{1}{2}$

참고 • 수열의 극한에 대한 성질은 수렴하는 수열에 대해서만 성립한다.

• $\dfrac{(상수)}{\infty}$ 꼴의 극한은 0으로 수렴한다. 즉, $\lim\limits_{n\to\infty} \dfrac{k}{n^p}=0$ (k는 상수, p는 양수)이다.

2 수열의 극한값의 계산

(1) $\dfrac{\infty}{\infty}$ 꼴의 극한

분모의 최고차항으로 분모, 분자를 각각 나눈 후 $\lim\limits_{n\to\infty} \dfrac{k}{n^p}=0$ (k는 상수, p는 양수)임을 이용하여 구한다.

예 $\lim\limits_{n\to\infty} \dfrac{4n^2-n+3}{2n^2+3n+3}=\lim\limits_{n\to\infty} \dfrac{4-\dfrac{1}{n}+\dfrac{3}{n^2}}{2+\dfrac{3}{n}+\dfrac{3}{n^2}}=\dfrac{\lim\limits_{n\to\infty} 4-\lim\limits_{n\to\infty} \dfrac{1}{n}+\lim\limits_{n\to\infty} \dfrac{3}{n^2}}{\lim\limits_{n\to\infty} 2+\lim\limits_{n\to\infty} \dfrac{3}{n}+\lim\limits_{n\to\infty} \dfrac{3}{n^2}}$

$$=\dfrac{4-0+0}{2+0+0}=2$$

참고 • (분자의 차수)<(분모의 차수) ➡ 극한값은 0이다.

• (분자의 차수)=(분모의 차수) ➡ 극한값은 분모, 분자의 최고차항의 계수의 비이다.

• (분자의 차수)>(분모의 차수) ➡ 발산한다.

(2) $\infty-\infty$ 꼴의 극한

> 분모 또는 분자 중 근호가 있는 쪽을 유리화하여 $\dfrac{\infty}{\infty}$ 꼴로 변형한 후 구한다.

예 $$\lim_{n\to\infty}(\sqrt{n^2+2n}-n)=\lim_{n\to\infty}\frac{(\sqrt{n^2+2n}-n)(\sqrt{n^2+2n}+n)}{\sqrt{n^2+2n}+n}=\lim_{n\to\infty}\frac{2n}{\sqrt{n^2+2n}+n}$$
$$=\lim_{n\to\infty}\frac{2}{\sqrt{1+\dfrac{2}{n}}+1}=\frac{2}{\sqrt{1+0}+1}=1$$

❸ 수열의 극한의 대소 관계

> 수렴하는 두 수열 $\{a_n\}$, $\{b_n\}$에 대하여 $\displaystyle\lim_{n\to\infty}a_n=\alpha$, $\displaystyle\lim_{n\to\infty}b_n=\beta\,(\alpha,\ \beta$는 실수)일 때
> (1) 모든 자연수 n에 대하여 $a_n\le b_n$이면 $\alpha\le\beta$
> (2) 수열 $\{c_n\}$이 모든 자연수 n에 대하여 $a_n\le c_n\le b_n$이고 $\alpha=\beta$이면 $\displaystyle\lim_{n\to\infty}c_n=\alpha$

예 수열 $\{a_n\}$이 모든 자연수 n에 대하여 $3-\dfrac{1}{n}<a_n<3+\dfrac{1}{n}$을 만족시킬 때, $\displaystyle\lim_{n\to\infty}a_n$의 값을 구해 보자.

$\displaystyle\lim_{n\to\infty}\left(3-\dfrac{1}{n}\right)=3$, $\displaystyle\lim_{n\to\infty}\left(3+\dfrac{1}{n}\right)=3$이므로 수열의 극한의 대소 관계에 의하여

$\displaystyle\lim_{n\to\infty}a_n=3$

참고 • 두 수열 $\{a_n\}$, $\{b_n\}$에서 모든 자연수 n에 대하여 $a_n\le b_n$이고 $\displaystyle\lim_{n\to\infty}a_n=\infty$이면 $\displaystyle\lim_{n\to\infty}b_n=\infty$이다.

• 수렴하는 두 수열 $\{a_n\}$, $\{b_n\}$에 대하여 $a_n<b_n$이라고 해서 반드시 $\displaystyle\lim_{n\to\infty}a_n<\lim_{n\to\infty}b_n$인 것은 아니다.

예를 들어 두 수열 $\{a_n\}$, $\{b_n\}$의 일반항이 $a_n=\dfrac{1}{n}$, $b_n=\dfrac{2}{n}$이면 모든 자연수 n에 대하여 $a_n<b_n$이지만 $\displaystyle\lim_{n\to\infty}a_n=\lim_{n\to\infty}b_n=0$이다.

개념 CHECK

정답과 해설 2쪽

1 두 수열 $\{a_n\}$, $\{b_n\}$에 대하여 $\displaystyle\lim_{n\to\infty}a_n=-3$, $\displaystyle\lim_{n\to\infty}b_n=2$일 때, 다음 극한값을 구하시오.

(1) $\displaystyle\lim_{n\to\infty}(-a_n+3)$
(2) $\displaystyle\lim_{n\to\infty}(3a_n+4b_n)$

(3) $\displaystyle\lim_{n\to\infty}5a_nb_n$
(4) $\displaystyle\lim_{n\to\infty}\frac{2a_n}{3b_n}$

2 다음 극한값을 구하시오.

(1) $\displaystyle\lim_{n\to\infty}\left(2+\dfrac{3}{n}\right)$
(2) $\displaystyle\lim_{n\to\infty}\left(1-\dfrac{1}{n}-\dfrac{2}{n^2}\right)$

(3) $\displaystyle\lim_{n\to\infty}\left(\dfrac{2}{n}-3\right)\left(1+\dfrac{1}{n^2}\right)$
(4) $\displaystyle\lim_{n\to\infty}\dfrac{1-\dfrac{1}{n}}{2+\dfrac{1}{n}}$

수열의 극한에 대한 성질

필.수.예.제
02

수렴하는 두 수열 $\{a_n\}$, $\{b_n\}$에 대하여 $\lim\limits_{n \to \infty}(a_n+b_n)=3$, $\lim\limits_{n \to \infty}(a_n^2-b_n^2)=-15$일 때, $\lim\limits_{n \to \infty}(a_n-b_n)$의 값을 구하시오.

공략 Point

$\lim\limits_{n \to \infty}a_n=\alpha$, $\lim\limits_{n \to \infty}b_n=\beta$
(α, β는 실수)일 때
(1) $\lim\limits_{n \to \infty}ka_n=k\alpha$
　　　　　(단, k는 상수)
(2) $\lim\limits_{n \to \infty}(a_n+b_n)=\alpha+\beta$
(3) $\lim\limits_{n \to \infty}(a_n-b_n)=\alpha-\beta$
(4) $\lim\limits_{n \to \infty}a_nb_n=\alpha\beta$
(5) $\lim\limits_{n \to \infty}\dfrac{a_n}{b_n}=\dfrac{\alpha}{\beta}$
　　　　　(단, $b_n\neq0$, $\beta\neq0$)

풀이

두 수열 $\{a_n\}$, $\{b_n\}$이 수렴하므로	$\lim\limits_{n \to \infty}a_n=\alpha$, $\lim\limits_{n \to \infty}b_n=\beta$ (α, β는 실수)라 하자.
$\lim\limits_{n \to \infty}(a_n+b_n)=3$에서	$\lim\limits_{n \to \infty}a_n+\lim\limits_{n \to \infty}b_n=3$ $\therefore \alpha+\beta=3$ 　　　　 …… ㉠
$\lim\limits_{n \to \infty}(a_n^2-b_n^2)=-15$에서	$\lim\limits_{n \to \infty}a_n^2-\lim\limits_{n \to \infty}b_n^2=-15$ $\alpha^2-\beta^2=-15$ $\therefore (\alpha+\beta)(\alpha-\beta)=-15$ 　　 …… ㉡
㉡에 ㉠을 대입하면	$3(\alpha-\beta)=-15$ 　　$\therefore \alpha-\beta=-5$
따라서 구하는 극한값은	$\lim\limits_{n \to \infty}(a_n-b_n)=\lim\limits_{n \to \infty}a_n-\lim\limits_{n \to \infty}b_n$ 　　　　　$=\alpha-\beta=\boldsymbol{-5}$

공략 Point

수열 $\{a_n-b_n\}$을 두 수열 $\{a_n+b_n\}$, $\{a_n^2-b_n^2\}$을 이용하여 나타낸다.

다른 풀이

두 수열 $\{a_n+b_n\}$, $\{a_n^2-b_n^2\}$이 수렴하므로	$\lim\limits_{n \to \infty}(a_n-b_n)=\lim\limits_{n \to \infty}\dfrac{(a_n-b_n)(a_n+b_n)}{a_n+b_n}=\lim\limits_{n \to \infty}\dfrac{a_n^2-b_n^2}{a_n+b_n}$ 　　　　　　　$=\dfrac{\lim\limits_{n \to \infty}(a_n^2-b_n^2)}{\lim\limits_{n \to \infty}(a_n+b_n)}=\dfrac{-15}{3}=\boldsymbol{-5}$

정답과 해설 **3쪽**

문제

02-1 수렴하는 두 수열 $\{a_n\}$, $\{b_n\}$에 대하여 $\lim\limits_{n \to \infty}(a_n-4)=2$, $\lim\limits_{n \to \infty}(b_n+3)=5$일 때, $\lim\limits_{n \to \infty}\dfrac{a_n-b_n}{2a_n-5b_n}$의 값을 구하시오.

02-2 수렴하는 두 수열 $\{a_n\}$, $\{b_n\}$에 대하여 $\lim\limits_{n \to \infty}(a_n+2b_n)=4$, $\lim\limits_{n \to \infty}(2a_n-5b_n)=17$일 때, $\lim\limits_{n \to \infty}\dfrac{a_n}{b_n}$의 값을 구하시오.

02-3 수렴하는 두 수열 $\{a_n\}$, $\{b_n\}$에 대하여 $\lim\limits_{n \to \infty}(a_n+b_n)=4$, $\lim\limits_{n \to \infty}(a_n^2+b_n^2)=10$일 때, $\lim\limits_{n \to \infty}a_nb_n$의 값을 구하시오.

$\dfrac{\infty}{\infty}$ 꼴의 극한 (1)

필.수.예.제 03

다음 극한을 조사하시오.

(1) $\displaystyle\lim_{n\to\infty}\dfrac{6n^2-1}{3n^2-2n+5}$

(2) $\displaystyle\lim_{n\to\infty}\dfrac{2n^2+5}{n^3+4n^2+2n}$

(3) $\displaystyle\lim_{n\to\infty}\dfrac{2n^3}{(2n-1)(3n-2)}$

(4) $\displaystyle\lim_{n\to\infty}\dfrac{2n}{\sqrt{n^2+n}+\sqrt{4n^2-2n}}$

공략 Point

분모의 최고차항으로 분모, 분자를 각각 나눈 후 $\displaystyle\lim_{n\to\infty}\dfrac{k}{n^p}=0$ (k는 상수, p는 양수)임을 이용하여 극한을 조사한다.

풀이

(1) 분모, 분자를 분모의 최고차항인 n^2으로 각각 나누면

$$\lim_{n\to\infty}\dfrac{6n^2-1}{3n^2-2n+5}=\lim_{n\to\infty}\dfrac{6-\dfrac{1}{n^2}}{3-\dfrac{2}{n}+\dfrac{5}{n^2}}=2$$

(2) 분모, 분자를 분모의 최고차항인 n^3으로 각각 나누면

$$\lim_{n\to\infty}\dfrac{2n^2+5}{n^3+4n^2+2n}=\lim_{n\to\infty}\dfrac{\dfrac{2}{n}+\dfrac{5}{n^3}}{1+\dfrac{4}{n}+\dfrac{2}{n^2}}=0$$

(3) 분모의 식을 전개하면

$$\lim_{n\to\infty}\dfrac{2n^3}{(2n-1)(3n-2)}=\lim_{n\to\infty}\dfrac{2n^3}{6n^2-7n+2}$$

분모, 분자를 분모의 최고차항인 n^2으로 각각 나누면

$$=\lim_{n\to\infty}\dfrac{2n}{6-\dfrac{7}{n}+\dfrac{2}{n^2}}=\infty$$

(4) 분모, 분자를 분모의 최고차항인 n으로 각각 나누면

$$\lim_{n\to\infty}\dfrac{2n}{\sqrt{n^2+n}+\sqrt{4n^2-2n}}=\lim_{n\to\infty}\dfrac{2}{\sqrt{1+\dfrac{1}{n}}+\sqrt{4-\dfrac{2}{n}}}$$

$$=\dfrac{2}{3}$$

정답과 해설 3쪽

문제

03- 1 다음 극한을 조사하시오.

(1) $\displaystyle\lim_{n\to\infty}\dfrac{2n^3+n}{3n^2-3n+1}$

(2) $\displaystyle\lim_{n\to\infty}\dfrac{(n+2)(3n-5)}{(2n+1)(n+3)}$

(3) $\displaystyle\lim_{n\to\infty}\dfrac{\sqrt{n}}{2n+1}$

(4) $\displaystyle\lim_{n\to\infty}\dfrac{\sqrt{n}}{\sqrt{n+1}+\sqrt{n-1}}$

03- 2 $\displaystyle\lim_{n\to\infty}\dfrac{an^2+bn+1}{n+1}=1$일 때, 상수 a, b에 대하여 $a+b$의 값을 구하시오.

$\dfrac{\infty}{\infty}$ 꼴의 극한 (2)

필.수.예.제 04

다음 극한값을 구하시오.

(1) $\displaystyle\lim_{n\to\infty}\dfrac{1^2+2^2+3^2+\cdots+n^2}{n^3}$

(2) $\displaystyle\lim_{n\to\infty}\left(1-\dfrac{1}{3^2}\right)\left(1-\dfrac{1}{4^2}\right)\left(1-\dfrac{1}{5^2}\right)\cdots\left\{1-\dfrac{1}{(n+2)^2}\right\}$

공략 Point

(1) 자연수의 거듭제곱의 합을 이용하여 식을 간단히 변형한 후 극한값을 구한다.

(2) 주어진 식을 간단히 한 후 극한값을 구한다.

자연수의 거듭제곱의 합

· $1+2+3+\cdots+n$
 $=\dfrac{n(n+1)}{2}$

· $1^2+2^2+3^2+\cdots+n^2$
 $=\dfrac{n(n+1)(2n+1)}{6}$

· $1^3+2^3+3^3+\cdots+n^3$
 $=\left\{\dfrac{n(n+1)}{2}\right\}^2$

풀이

(1) 자연수의 거듭제곱의 합을 이용하여 분자의 식을 변형하면

$$\lim_{n\to\infty}\dfrac{1^2+2^2+3^2+\cdots+n^2}{n^3}=\lim_{n\to\infty}\dfrac{\dfrac{n(n+1)(2n+1)}{6}}{n^3}$$
$$=\lim_{n\to\infty}\dfrac{2n^3+3n^2+n}{6n^3}$$

분모, 분자를 분모의 최고차항인 n^3으로 각각 나누어 극한값을 구하면

$$=\lim_{n\to\infty}\dfrac{2+\dfrac{3}{n}+\dfrac{1}{n^2}}{6}=\dfrac{1}{3}$$

(2) 곱해진 각 식을 통분한 후 분자를 인수분해하여 간단히 하면

$$\lim_{n\to\infty}\left(1-\dfrac{1}{3^2}\right)\left(1-\dfrac{1}{4^2}\right)\left(1-\dfrac{1}{5^2}\right)\cdots\left\{1-\dfrac{1}{(n+2)^2}\right\}$$
$$=\lim_{n\to\infty}\left\{\dfrac{3^2-1}{3^2}\times\dfrac{4^2-1}{4^2}\times\dfrac{5^2-1}{5^2}\times\cdots\times\dfrac{(n+2)^2-1}{(n+2)^2}\right\}$$
$$=\lim_{n\to\infty}\left\{\dfrac{(3-1)(3+1)}{3^2}\times\dfrac{(4-1)(4+1)}{4^2}\times\dfrac{(5-1)(5+1)}{5^2}\right.$$
$$\left.\times\cdots\times\dfrac{(n+2-1)(n+2+1)}{(n+2)^2}\right\}$$
$$=\lim_{n\to\infty}\left\{\dfrac{2\times4}{3\times3}\times\dfrac{3\times5}{4\times4}\times\dfrac{4\times6}{5\times5}\times\cdots\times\dfrac{(n+1)(n+3)}{(n+2)(n+2)}\right\}$$
$$=\lim_{n\to\infty}\dfrac{2(n+3)}{3(n+2)}=\lim_{n\to\infty}\dfrac{2n+6}{3n+6}$$

분모, 분자를 분모의 최고차항인 n으로 각각 나누어 극한값을 구하면

$$=\lim_{n\to\infty}\dfrac{2+\dfrac{6}{n}}{3+\dfrac{6}{n}}=\dfrac{2}{3}$$

정답과 해설 4쪽

문제

04-1 다음 극한값을 구하시오.

(1) $\displaystyle\lim_{n\to\infty}\dfrac{1+2+3+\cdots+n}{2n^2}$

(2) $\displaystyle\lim_{n\to\infty}\left(1-\dfrac{1}{2^2}\right)\left(1-\dfrac{1}{3^2}\right)\left(1-\dfrac{1}{4^2}\right)\cdots\left(1-\dfrac{1}{n^2}\right)$

04-2 첫째항이 3이고 공차가 2인 등차수열 $\{a_n\}$의 첫째항부터 제n항까지의 합을 S_n이라 할 때, $\displaystyle\lim_{n\to\infty}\dfrac{S_n}{a_n a_{n+1}}$의 값을 구하시오.

∞ − ∞ 꼴의 극한 (1)

필.수.예.제
05

다음 극한값을 구하시오.

(1) $\lim\limits_{n\to\infty} (\sqrt{n^2+3n}-n)$

(2) $\lim\limits_{n\to\infty} \dfrac{1}{n-\sqrt{n^2+2n}}$

공략 Point

분모 또는 분자 중 근호가 있는 쪽을 유리화하여 $\dfrac{\infty}{\infty}$ 꼴로 변형한 후 극한값을 구한다.

풀이

(1) 분모를 1로 보고 분자를 유리화하면	$\lim\limits_{n\to\infty} (\sqrt{n^2+3n}-n) = \lim\limits_{n\to\infty} \dfrac{(\sqrt{n^2+3n}-n)(\sqrt{n^2+3n}+n)}{\sqrt{n^2+3n}+n}$ $= \lim\limits_{n\to\infty} \dfrac{3n}{\sqrt{n^2+3n}+n}$
분모, 분자를 분모의 최고차항인 n으로 각각 나누어 극한값을 구하면	$= \lim\limits_{n\to\infty} \dfrac{3}{\sqrt{1+\dfrac{3}{n}}+1}$ $= \dfrac{3}{2}$
(2) 분모를 유리화하면	$\lim\limits_{n\to\infty} \dfrac{1}{n-\sqrt{n^2+2n}} = \lim\limits_{n\to\infty} \dfrac{n+\sqrt{n^2+2n}}{(n-\sqrt{n^2+2n})(n+\sqrt{n^2+2n})}$ $= \lim\limits_{n\to\infty} \dfrac{n+\sqrt{n^2+2n}}{-2n}$
분모, 분자를 분모의 최고차항인 n으로 각각 나누어 극한값을 구하면	$= \lim\limits_{n\to\infty} \dfrac{1+\sqrt{1+\dfrac{2}{n}}}{-2}$ $= -1$

정답과 해설 4쪽

문제

05-1

다음 극한값을 구하시오.

(1) $\lim\limits_{n\to\infty} (\sqrt{n^2+5n}-\sqrt{n^2+1})$

(2) $\lim\limits_{n\to\infty} \dfrac{1}{\sqrt{n^2+4n+2}-n}$

05-2

$\lim\limits_{n\to\infty} (\sqrt{n^2+an}-\sqrt{n^2+3})=2$일 때, 상수 a의 값을 구하시오.

∞ − ∞ 꼴의 극한 (2)

필.수.예.제 06

$\lim\limits_{n \to \infty} \{\sqrt{2+4+6+\cdots+2n} - \sqrt{2+4+6+\cdots+2(n+1)}\}$의 값을 구하시오.

공략 Point

자연수의 거듭제곱의 합을 이용하여 식을 간단히 변형한 후 극한값을 구한다.

풀이

자연수의 거듭제곱의 합을 이용하여 근호 안의 식을 간단히 하면	$2+4+6+\cdots+2n = 2(1+2+3+\cdots+n)$ $\qquad = 2 \times \dfrac{n(n+1)}{2} = n^2+n$ $2+4+6+\cdots+2(n+1) = 2\{1+2+3+\cdots+(n+1)\}$ $\qquad = 2 \times \dfrac{(n+1)(n+2)}{2} = n^2+3n+2$
이를 주어진 극한에 대입한 후 분모를 1로 보고 분자를 유리화하면	$\lim\limits_{n \to \infty} \{\sqrt{2+4+6+\cdots+2n} - \sqrt{2+4+6+\cdots+2(n+1)}\}$ $= \lim\limits_{n \to \infty} (\sqrt{n^2+n} - \sqrt{n^2+3n+2})$ $= \lim\limits_{n \to \infty} \dfrac{(\sqrt{n^2+n} - \sqrt{n^2+3n+2})(\sqrt{n^2+n} + \sqrt{n^2+3n+2})}{\sqrt{n^2+n} + \sqrt{n^2+3n+2}}$ $= \lim\limits_{n \to \infty} \dfrac{-2n-2}{\sqrt{n^2+n} + \sqrt{n^2+3n+2}}$
분모, 분자를 분모의 최고차항인 n으로 각각 나누어 극한값을 구하면	$= \lim\limits_{n \to \infty} \dfrac{-2-\dfrac{2}{n}}{\sqrt{1+\dfrac{1}{n}} + \sqrt{1+\dfrac{3}{n}+\dfrac{2}{n^2}}} = -1$

정답과 해설 4쪽

문제

06-1 $\lim\limits_{n \to \infty} \dfrac{1}{\sqrt{6+8+10+\cdots+(2n+4)} - \sqrt{1+3+5+\cdots+(2n-1)}}$의 값을 구하시오.

06-2 수열 $\sqrt{2}-1,\ \sqrt{6}-2,\ \sqrt{12}-3,\ \sqrt{20}-4,\ \cdots$의 극한값을 구하시오.

06-3 이차방정식 $x^2-x+n-\sqrt{n^2+n}=0$의 두 근을 a_n, b_n이라 할 때, $\lim\limits_{n \to \infty} \left(\dfrac{1}{a_n} + \dfrac{1}{b_n}\right)$의 값을 구하시오. (단, n은 자연수)

일반항 a_n을 포함하는 수열의 극한

필.수.예.제 07

두 수열 $\{a_n\}$, $\{b_n\}$에 대하여 다음 물음에 답하시오.

(1) $\lim\limits_{n\to\infty}\dfrac{2a_n+5}{a_n+3}=3$일 때, $\lim\limits_{n\to\infty}a_n$의 값을 구하시오.

(2) $\lim\limits_{n\to\infty}na_n=1$일 때, $\lim\limits_{n\to\infty}(1-n)a_n$의 값을 구하시오.

(3) $\lim\limits_{n\to\infty}a_n=\infty$, $\lim\limits_{n\to\infty}(a_n-b_n)=3$일 때, $\lim\limits_{n\to\infty}\dfrac{a_n+4b_n}{3a_n-2b_n}$의 값을 구하시오.

공략 Point

일반항 a_n을 포함하는 수열의 극한값이 주어지면 a_n을 포함한 식을 새로운 수열로 놓고 a_n을 새로운 수열에 대한 식으로 나타낸 후 구하는 극한에 대입한다.

풀이

(1) $\dfrac{2a_n+5}{a_n+3}=b_n$으로 놓으면

$2a_n+5=b_n(a_n+3)$ $\therefore a_n=\dfrac{3b_n-5}{2-b_n}$

$\lim\limits_{n\to\infty}b_n=3$이므로 구하는 극한값은

$\lim\limits_{n\to\infty}a_n=\lim\limits_{n\to\infty}\dfrac{3b_n-5}{2-b_n}=\dfrac{3\times3-5}{2-3}=-4$

(2) $na_n=b_n$으로 놓으면

$a_n=\dfrac{b_n}{n}$

$\lim\limits_{n\to\infty}b_n=1$이므로 구하는 극한값은

$\lim\limits_{n\to\infty}(1-n)a_n=\lim\limits_{n\to\infty}(1-n)\dfrac{b_n}{n}=\lim\limits_{n\to\infty}\dfrac{1-n}{n}\times\lim\limits_{n\to\infty}b_n$
$=-1\times1=-1$

(3) $a_n-b_n=c_n$으로 놓으면

$b_n=a_n-c_n$ $\cdots\cdots$ ㉠

$\lim\limits_{n\to\infty}a_n=\infty$, $\lim\limits_{n\to\infty}c_n=3$이므로

$\lim\limits_{n\to\infty}\dfrac{c_n}{a_n}=0$

㉠을 구하는 극한에 대입하면

$\lim\limits_{n\to\infty}\dfrac{a_n+4b_n}{3a_n-2b_n}=\lim\limits_{n\to\infty}\dfrac{a_n+4(a_n-c_n)}{3a_n-2(a_n-c_n)}=\lim\limits_{n\to\infty}\dfrac{5a_n-4c_n}{a_n+2c_n}$

$=\lim\limits_{n\to\infty}\dfrac{5-\dfrac{4c_n}{a_n}}{1+\dfrac{2c_n}{a_n}}=5$

공략 Point

수렴하는 수열의 곱으로 식을 변형한 후 수열의 극한에 대한 성질을 이용한다.

다른 풀이

(2) 수렴하는 수열의 곱으로 식을 변형하여 극한값을 구하면

$\lim\limits_{n\to\infty}(1-n)a_n=\lim\limits_{n\to\infty}\left(\dfrac{1-n}{n}\times na_n\right)=\lim\limits_{n\to\infty}\dfrac{1-n}{n}\times\lim\limits_{n\to\infty}na_n$
$=-1\times1=-1$

정답과 해설 5쪽

문제

07-1 두 수열 $\{a_n\}$, $\{b_n\}$에 대하여 다음 물음에 답하시오.

(1) $\lim\limits_{n\to\infty}\dfrac{3a_n-2}{2a_n+1}=1$일 때, $\lim\limits_{n\to\infty}a_n$의 값을 구하시오.

(2) $\lim\limits_{n\to\infty}(2n^2+n+1)a_n=2$일 때, $\lim\limits_{n\to\infty}n^2a_n$의 값을 구하시오.

(3) $\lim\limits_{n\to\infty}a_n=\infty$, $\lim\limits_{n\to\infty}(2a_n-b_n)=-1$일 때, $\lim\limits_{n\to\infty}\dfrac{2a_n+b_n-1}{3a_n-2b_n}$의 값을 구하시오.

수열의 극한의 대소 관계

필.수.예.제 08

수열 $\{a_n\}$이 모든 자연수 n에 대하여 $2n^2+3n-3<a_n<2n^2+3n+4$를 만족시킬 때, $\displaystyle\lim_{n\to\infty}\frac{a_n}{n^2}$의 값을 구하시오.

공략 Point

모든 자연수 n에 대하여 $a_n\leq c_n\leq b_n$이고 $\displaystyle\lim_{n\to\infty}a_n=\lim_{n\to\infty}b_n=\alpha$ (α는 실수)이면 $\displaystyle\lim_{n\to\infty}c_n=\alpha$임을 이용한다.

풀이

$2n^2+3n-3<a_n<2n^2+3n+4$의 각 변을 n^2으로 나누면	$\dfrac{2n^2+3n-3}{n^2}<\dfrac{a_n}{n^2}<\dfrac{2n^2+3n+4}{n^2}$
$\displaystyle\lim_{n\to\infty}\frac{2n^2+3n-3}{n^2}$, $\displaystyle\lim_{n\to\infty}\frac{2n^2+3n+4}{n^2}$의 값을 구하면	$\displaystyle\lim_{n\to\infty}\frac{2n^2+3n-3}{n^2}=2$ $\displaystyle\lim_{n\to\infty}\frac{2n^2+3n+4}{n^2}=2$
따라서 수열의 극한의 대소 관계에 의하여	$\displaystyle\lim_{n\to\infty}\frac{a_n}{n^2}=2$

정답과 해설 5쪽

문제

08-1 수열 $\{a_n\}$이 모든 자연수 n에 대하여 $5n^2+2n-3<a_n<5n^2+3n+1$을 만족시킬 때, $\displaystyle\lim_{n\to\infty}\frac{a_n}{(n+1)^2}$의 값을 구하시오.

08-2 수열 $\{a_n\}$이 모든 자연수 n에 대하여 $\dfrac{1}{3n^3+2n+3}<\dfrac{a_n+3}{6n^3+n^2}<\dfrac{1}{3n^3-n+2}$을 만족시킬 때, $\displaystyle\lim_{n\to\infty}a_n$의 값을 구하시오.

08-3 수열 $\{a_n\}$이 모든 자연수 n에 대하여 $2n-1<na_n<\sqrt{4n^2+2n}$을 만족시킬 때, $\displaystyle\lim_{n\to\infty}\frac{n^2a_n}{2n^2-1}$의 값을 구하시오.

수열의 극한에 대한 참, 거짓 판별

필.수.예.제 09

두 수열 $\{a_n\}$, $\{b_n\}$에 대하여 다음 보기 중 옳은 것만을 있는 대로 고르시오.

• 보기 •

ㄱ. $\lim\limits_{n\to\infty} a_n=\alpha$, $\lim\limits_{n\to\infty} b_n=-\alpha$이면 $\lim\limits_{n\to\infty} a_n{}^2=\lim\limits_{n\to\infty} b_n{}^2$이다. (단, α는 실수)

ㄴ. 두 수열 $\{a_n\}$, $\{b_n\}$이 모두 발산하면 수열 $\{a_nb_n\}$도 발산한다.

ㄷ. 수열 $\{c_n\}$에 대하여 $a_n<c_n<b_n$이고 $\lim\limits_{n\to\infty}(b_n-a_n)=0$이면 $\lim\limits_{n\to\infty} c_n=0$이다.

공략 Point

극한을 조사해야 하는 수열을 수열의 극한에 대한 성질을 이용하여 수렴하는 수열에 대한 식으로 나타낸다. 이때 반례가 하나라도 존재하면 주어진 명제는 거짓이다.

풀이

ㄱ. 두 수열 $\{a_n\}$, $\{b_n\}$이 모두 수렴하므로 수열의 극한에 대한 성질에 의하여	$\lim\limits_{n\to\infty} a_n{}^2=\lim\limits_{n\to\infty} a_n\times\lim\limits_{n\to\infty} a_n$ $=\alpha\times\alpha=\alpha^2$ $\lim\limits_{n\to\infty} b_n{}^2=\lim\limits_{n\to\infty} b_n\times\lim\limits_{n\to\infty} b_n$ $=-\alpha\times(-\alpha)=\alpha^2$ $\therefore \lim\limits_{n\to\infty} a_n{}^2=\lim\limits_{n\to\infty} b_n{}^2$
ㄴ. 주어진 명제에 대한 반례를 찾으면	[반례] $a_n=(-1)^n$, $b_n=(-1)^n$이라 하면 두 수열 $\{a_n\}$, $\{b_n\}$은 모두 발산(진동)한다.
이때 $a_nb_n=(-1)^n\times(-1)^n=1^n=1$ 이므로	$\lim\limits_{n\to\infty} a_nb_n=\lim\limits_{n\to\infty} 1=1$ 즉, 수열 $\{a_nb_n\}$은 수렴한다.
ㄷ. 주어진 명제에 대한 반례를 찾으면	[반례] $a_n=n-\dfrac{1}{n}$, $b_n=n+\dfrac{1}{n}$, $c_n=n$이라 하면 $a_n<c_n<b_n$
이때 $b_n-a_n=\dfrac{2}{n}$이므로	$\lim\limits_{n\to\infty}(b_n-a_n)=\lim\limits_{n\to\infty}\dfrac{2}{n}=0$
그런데 $\lim\limits_{n\to\infty} c_n=\lim\limits_{n\to\infty} n=\infty$이므로	$\lim\limits_{n\to\infty} c_n\neq 0$
따라서 보기 중 옳은 것은	ㄱ

정답과 해설 6쪽

문제

09-1 두 수열 $\{a_n\}$, $\{b_n\}$에 대하여 다음 보기 중 옳은 것만을 있는 대로 고르시오.

• 보기 •

ㄱ. $a_n<b_n$이고 $\lim\limits_{n\to\infty} a_n=\infty$이면 $\lim\limits_{n\to\infty} b_n=\infty$이다.

ㄴ. $\lim\limits_{n\to\infty} a_nb_n=0$이면 $\lim\limits_{n\to\infty} a_n=0$ 또는 $\lim\limits_{n\to\infty} b_n=0$이다.

ㄷ. 두 수열 $\{a_n\}$, $\{b_n\}$ 중 하나만 발산하면 수열 $\{a_nb_n\}$은 발산한다.

ㄹ. $0<a_n<b_n$이고 수열 $\{b_n\}$이 수렴하면 수열 $\{a_n\}$도 수렴한다.

ㅁ. 두 수열 $\{a_n\}$, $\{a_n-b_n\}$이 모두 수렴하면 수열 $\{b_n\}$도 수렴한다.

수열의 극한의 활용

필.수.예.제 10

자연수 n에 대하여 곡선 $y=x^2-x$와 직선 $y=x+n$의 두 교점 사이의 거리를 l_n이라 할 때, $\lim\limits_{n\to\infty}\dfrac{l_n}{\sqrt{2n+3}}$의 값을 구하시오.

공략 Point

주어진 조건을 이용하여 수열의 일반항을 n에 대한 식으로 나타낸 후 극한값을 구한다.

풀이

곡선 $y=x^2-x$와 직선 $y=x+n$의 교점의 x좌표를 구하면	$x^2-x=x+n$ $x^2-2x-n=0$ $\therefore x=1\pm\sqrt{1+n}$
두 교점은 직선 $y=x+n$ 위의 점이므로 교점의 좌표는 각각	$(1+\sqrt{n+1},\ n+1+\sqrt{n+1})$, $(1-\sqrt{n+1},\ n+1-\sqrt{n+1})$
두 교점 사이의 거리 l_n은	$l_n=\sqrt{(2\sqrt{n+1})^2+(2\sqrt{n+1})^2}$ $=\sqrt{4(n+1)+4(n+1)}$ $=\sqrt{8n+8}$
따라서 구하는 극한값은	$\lim\limits_{n\to\infty}\dfrac{l_n}{\sqrt{2n+3}}=\lim\limits_{n\to\infty}\dfrac{\sqrt{8n+8}}{\sqrt{2n+3}}=\mathbf{2}$

정답과 해설 6쪽

문제

10-1 자연수 n에 대하여 함수 $f(x)=2x^2$의 그래프 위의 두 점 $\mathrm{P}_n(n,\ f(n))$, $\mathrm{Q}_n(n+1,\ f(n+1))$ 사이의 거리를 a_n이라 할 때, $\lim\limits_{n\to\infty}\dfrac{a_n}{\sqrt{9n^2+n}}$의 값을 구하시오.

10-2 자연수 n에 대하여 오른쪽 그림과 같이 곡선 $y=x^2\,(0\le x\le n)$ 위의 점 $\mathrm{P}_n\left(\dfrac{n}{2},\ \dfrac{n^2}{4}\right)$에서 직선 $y=nx$에 내린 수선의 발을 $\mathrm{H}_n(h_n,\ nh_n)$이라 할 때, $\lim\limits_{n\to\infty}\dfrac{h_n}{n}$의 값을 구하시오.

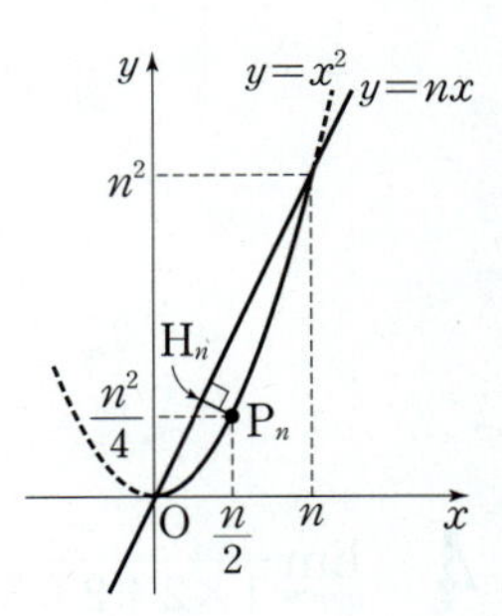

1 다음 보기 중 수렴하는 수열인 것만을 있는 대로 고르시오.

> **보기**
>
> ㄱ. $\left\{-\dfrac{1}{2}n^2+3\right\}$ ㄴ. $\left\{\dfrac{3}{n+2}\right\}$
>
> ㄷ. $\{\tan 2n\pi+1\}$ ㄹ. $\left\{\dfrac{\cos n\pi}{n+1}\right\}$
>
> ㅁ. $1,\ 1-1,\ 1-1+1,\ 1-1+1-1,\ \cdots$

2 수렴하는 두 수열 $\{a_n\}$, $\{b_n\}$에 대하여
$$\lim_{n\to\infty}(a_n+b_n)=3,\ \lim_{n\to\infty}a_nb_n=2$$
일 때, $\lim_{n\to\infty}(a_n{}^2+b_n{}^2)$의 값을 구하시오.

3 0이 아닌 실수에 수렴하는 수열 $\{a_n\}$에 대하여
$$\frac{1}{a_{n+1}}=4-4a_n\ (n=1,\ 2,\ 3,\ \cdots)$$
일 때, $\lim_{n\to\infty}a_{2n}$의 값은?

① $\dfrac{1}{4}$ ② $\dfrac{1}{2}$ ③ 1

④ 2 ⑤ 4

4 $\displaystyle\lim_{n\to\infty}\dfrac{n^3+1}{1\times2+2\times3+3\times4+\cdots+n(n+1)}$의 값을 구하시오.

5 첫째항이 2인 등차수열 $\{a_n\}$에 대하여
$$\lim_{n\to\infty}\frac{a_n}{2n-1}=3$$
일 때, a_3의 값은?

① 8 ② 10 ③ 12

④ 14 ⑤ 16

6 $\displaystyle\lim_{n\to\infty}\dfrac{\sqrt{n+3}-\sqrt{n+1}}{\sqrt{n+1}-\sqrt{n}}$의 값을 구하시오.

7 다음 조건을 모두 만족시키는 상수 a, b, c에 대하여 $a+b+c$의 값을 구하시오.

> (가) $\displaystyle\lim_{n\to\infty}\dfrac{an^3+bn^2+n-1}{2n^2-3n+5}=-2$
>
> (나) $\displaystyle\lim_{n\to\infty}(\sqrt{n^2+cn}-n)=6$

8 자연수 n에 대하여 $\sqrt{4n^2+2n+1}$의 소수 부분을 a_n이라 할 때, $\lim_{n\to\infty}a_n$의 값은?

① $\dfrac{1}{8}$ ② $\dfrac{1}{4}$ ③ $\dfrac{1}{3}$

④ $\dfrac{1}{2}$ ⑤ $\dfrac{3}{4}$

교육청

9 두 수열 $\{a_n\}$, $\{b_n\}$이
$$\lim_{n\to\infty}(a_n-1)=2,\ \lim_{n\to\infty}(a_n+2b_n)=9$$
를 만족시킬 때, $\lim_{n\to\infty}a_n(1+b_n)$의 값을 구하시오.

10 두 수열 $\{a_n\}$, $\{b_n\}$에 대하여 $\lim_{n\to\infty}(a_n+b_n)=-2$
이고 수열 $\{a_n\}$은 양의 무한대로 발산할 때,
$$\lim_{n\to\infty}\left(\frac{2b_n}{a_n}-\frac{a_n}{b_n}\right)$$의 값을 구하시오.

11 수열 $\{a_n\}$이 모든 자연수 n에 대하여
$n-1<a_n<n+3$을 만족시킬 때,
$$\lim_{n\to\infty}\frac{a_1+a_2+a_3+\cdots+a_n}{n^2}$$의 값을 구하시오.

12 두 수열 $\{a_n\}$, $\{b_n\}$에 대하여 다음 보기 중 옳은 것만을 있는 대로 고르시오.

> **보기**
>
> ㄱ. $\lim_{n\to\infty}a_n=\infty$, $\lim_{n\to\infty}b_n=0$이면 $\lim_{n\to\infty}a_nb_n=0$이다.
>
> ㄴ. $\lim_{n\to\infty}a_n^2=a^2$ (a는 실수)이면 $\lim_{n\to\infty}a_n=a$ 또는 $\lim_{n\to\infty}a_n=-a$이다.
>
> ㄷ. 수열 $\{a_n\}$이 수렴하고 $\lim_{n\to\infty}(a_n+b_n)=0$이면 수열 $\{b_n\}$도 수렴한다.

실력

13 수열 $\{a_n\}$이 $a_1=3$, $a_2=4$,
$\log_3 a_n+\log_3 a_{n+1}+\log_3 a_{n+2}=1$ $(n=1, 2, 3, \cdots)$
을 만족시킬 때, $\displaystyle\lim_{n\to\infty}\frac{1}{n+3}\sum_{k=1}^{n}a_{3k}$의 값은?

① $\dfrac{1}{4}$ ② $\dfrac{1}{3}$ ③ 1

④ 3 ⑤ 4

교육청

14 그림과 같이 자연수 n에 대하여 곡선 $y=x^2$ 위의 점 $P_n(n, n^2)$에서의 접선을 l_n이라 하고, 직선 l_n이 y축과 만나는 점을 Y_n이라 하자. x축에 접하고 점 P_n에서 직선 l_n에 접하는 원을 C_n, y축에 접하고 점 P_n에서 직선 l_n에 접하는 원을 $C_n{}'$이라 할 때, 원 C_n과 x축과의 교점을 Q_n, 원 $C_n{}'$과 y축과의 교점을 R_n이라 하자. $\displaystyle\lim_{n\to\infty}\frac{\overline{OQ_n}}{\overline{Y_nR_n}}=\alpha$라 할 때, 100α의 값을 구하시오. (단, O는 원점이고, 점 Q_n의 x좌표와 점 R_n의 y좌표는 양수이다.)

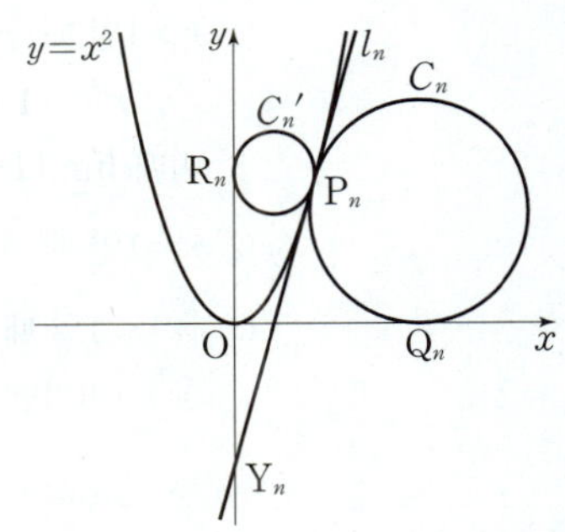

등비수열의 수렴과 발산

1 등비수열의 수렴과 발산

등비수열 $\{r^n\}$의 수렴, 발산은 공비 r의 값에 따라 다음과 같이 결정된다.

> (1) $r > 1$일 때, $\displaystyle\lim_{n \to \infty} r^n = \infty$ (발산)
>
> (2) $r = 1$일 때, $\displaystyle\lim_{n \to \infty} r^n = 1$ (수렴)
>
> (3) $|r| < 1$일 때, $\displaystyle\lim_{n \to \infty} r^n = 0$ (수렴)
>
> (4) $r \leq -1$일 때, 수열 $\{r^n\}$은 발산(진동)한다.

예
- 등비수열 $\{2^n\}$에서 공비가 2이고 $2 > 1$이므로 $\displaystyle\lim_{n \to \infty} 2^n = \infty$
- 등비수열 $\left\{\left(-\dfrac{2}{3}\right)^n\right\}$에서 공비가 $-\dfrac{2}{3}$이고 $-1 < -\dfrac{2}{3} < 1$이므로 $\displaystyle\lim_{n \to \infty}\left(-\dfrac{2}{3}\right)^n = 0$
- 등비수열 $\{(-2)^n\}$에서 공비가 -2이고 $-2 < -1$이므로 이 수열은 발산(진동)한다.

참고 수열 $\left\{\dfrac{c^n + d^n}{a^n + b^n}\right\}$ 꼴의 극한은 $|a| > |b|$이면 a^n, $|a| < |b|$이면 b^n으로 분모, 분자를 각각 나누어 구한다.

2 등비수열의 수렴 조건

> (1) 등비수열 $\{r^n\}$이 수렴하기 위한 조건 ➡ $-1 < r \leq 1$
>
> (2) 등비수열 $\{ar^{n-1}\}$이 수렴하기 위한 조건 ➡ $a = 0$ 또는 $-1 < r \leq 1$

예 등비수열 $\{(2x-1)^n\}$이 수렴하도록 하는 실수 x의 값의 범위를 구해 보자.
공비가 $2x-1$이므로 이 등비수열이 수렴하려면 $-1 < 2x-1 \leq 1$, $0 < 2x \leq 2$ $\quad \therefore 0 < x \leq 1$

개념 PLUS

등비수열 $\{r^n\}$의 수렴과 발산

(1) $r > 1$일 때, $r = 1 + h \, (h > 0)$로 놓으면 수학적 귀납법에 의하여
$$r^n = (1+h)^n > 1 + nh \ (\text{단, } n = 2, 3, 4, \cdots)$$
이때 $\displaystyle\lim_{n \to \infty}(1+nh) = \infty$이므로 $\displaystyle\lim_{n \to \infty} r^n = \infty$

(2) $r = 1$일 때, 등비수열 $\{r^n\}$의 모든 항이 1이므로 $\displaystyle\lim_{n \to \infty} r^n = \lim_{n \to \infty} 1 = 1$

(3) $|r| < 1$일 때

① $r = 0$이면 등비수열 $\{r^n\}$의 모든 항이 0이므로 $\displaystyle\lim_{n \to \infty} r^n = \lim_{n \to \infty} 0 = 0$

② $r \neq 0$이면 $\dfrac{1}{|r|} > 1$이므로 (1)에 의하여 $\displaystyle\lim_{n \to \infty}\dfrac{1}{|r^n|} = \lim_{n \to \infty}\left(\dfrac{1}{|r|}\right)^n = \infty$

따라서 $\displaystyle\lim_{n \to \infty}|r^n| = 0$이므로 $\displaystyle\lim_{n \to \infty} r^n = 0$

(4) $r \leq -1$일 때

① $r = -1$이면 등비수열 $\{r^n\}$은 $-1, 1, -1, 1, \cdots$이므로 발산(진동)한다.

② $r < -1$이면 $|r| > 1$이므로 (1)에 의하여 $\displaystyle\lim_{n \to \infty}|r^n| = \lim_{n \to \infty}|r|^n = \infty$

이때 등비수열 $\{r^n\}$은 각 항의 부호가 교대로 변하면서 그 절댓값이 한없이 커지므로 발산(진동)한다.

등비수열의 극한 (1)

필.수.예.제 01

다음 극한값을 구하시오.

$$(1)\ \lim_{n \to \infty} \frac{3^{n+1} - 2^n}{3^n + 2^{n+1}}$$

$$(2)\ \lim_{n \to \infty} \frac{5 \times 2^n - 3^{n+2}}{5^n + 2 \times 3^{n+1}}$$

공략 Point

분모에서 밑의 절댓값이 가장 큰 항으로 분모, 분자를 각각 나눈 후 극한값을 구한다.

풀이

(1) 분모, 분자를 3^n으로 각각 나누면	$\lim\limits_{n \to \infty} \dfrac{3^{n+1} - 2^n}{3^n + 2^{n+1}} = \lim\limits_{n \to \infty} \dfrac{3 - \left(\dfrac{2}{3}\right)^n}{1 + 2 \times \left(\dfrac{2}{3}\right)^n}$
$\lim\limits_{n \to \infty} \left(\dfrac{2}{3}\right)^n = 0$이므로	$= 3$
(2) 분모, 분자를 5^n으로 각각 나누면	$\lim\limits_{n \to \infty} \dfrac{5 \times 2^n - 3^{n+2}}{5^n + 2 \times 3^{n+1}} = \lim\limits_{n \to \infty} \dfrac{5 \times \left(\dfrac{2}{5}\right)^n - 9 \times \left(\dfrac{3}{5}\right)^n}{1 + 6 \times \left(\dfrac{3}{5}\right)^n}$
$\lim\limits_{n \to \infty} \left(\dfrac{2}{5}\right)^n = 0,\ \lim\limits_{n \to \infty} \left(\dfrac{3}{5}\right)^n = 0$이므로	$= 0$

정답과 해설 9쪽

문제

01-1 다음 극한값을 구하시오.

$$(1)\ \lim_{n \to \infty} \frac{3^{n+2}}{5 \times 2^{n-1} - 3^n}$$

$$(2)\ \lim_{n \to \infty} \frac{4^{n+1} + 3^n}{4^n - 3^{n-1}}$$

$$(3)\ \lim_{n \to \infty} \frac{2^{n+1} - 3^n}{3^{n+1} + 5 \times 2^{2n}}$$

$$(4)\ \lim_{n \to \infty} \frac{2 \times 5^n + 2^{n+1}}{5^{n-1} - 3^{n+3}}$$

01-2 $\lim\limits_{n \to \infty} \dfrac{4^{n+2} + 6 \times 5^{n+1}}{a \times 5^n - 7 \times 3^n} = 15$일 때, 상수 a의 값을 구하시오.

등비수열의 극한 (2)

필.수.예.제 02

$$\lim_{n\to\infty}\frac{5\times2^n+3^{n+1}}{1+3+3^2+\cdots+3^{n-1}}$$의 값을 구하시오.

공략 Point

등비수열의 합을 이용하여 식을 간단히 변형한 후 극한값을 구한다.

등비수열의 합
첫째항이 a이고 공비가 $r\,(r\neq1)$인 등비수열의 첫째항부터 제n항까지의 합은
$$\frac{a(r^n-1)}{r-1}=\frac{a(1-r^n)}{1-r}$$

풀이

분모는 첫째항이 1이고 공비가 3인 등비수열의 첫째항부터 제n항까지의 합이므로	$1+3+3^2+\cdots+3^{n-1}=\dfrac{3^n-1}{3-1}$ $\qquad\qquad\qquad\quad=\dfrac{1}{2}(3^n-1)$
이를 주어진 극한에 대입하면	$\lim\limits_{n\to\infty}\dfrac{5\times2^n+3^{n+1}}{1+3+3^2+\cdots+3^{n-1}}=\lim\limits_{n\to\infty}\dfrac{5\times2^n+3^{n+1}}{\dfrac{1}{2}(3^n-1)}$ $\qquad\qquad\qquad\qquad\qquad\quad=\lim\limits_{n\to\infty}\dfrac{10\times2^n+2\times3^{n+1}}{3^n-1}$
분모, 분자를 3^n으로 각각 나누면	$=\lim\limits_{n\to\infty}\dfrac{10\times\left(\dfrac{2}{3}\right)^n+6}{1-\left(\dfrac{1}{3}\right)^n}$ $\qquad=6$

정답과 해설 9쪽

문제

02-1 다음 극한값을 구하시오.

(1) $\lim\limits_{n\to\infty}\dfrac{1+3+3^2+\cdots+3^n}{1+5+5^2+\cdots+5^n}$

(2) $\lim\limits_{n\to\infty}\dfrac{2^{3n+1}+3^{2n}}{1+9+9^2+\cdots+9^n}$

02-2 첫째항이 3이고 공비가 2인 등비수열 $\{a_n\}$의 첫째항부터 제n항까지의 합을 S_n이라 할 때, $\lim\limits_{n\to\infty}\dfrac{a_n}{S_n}$의 값을 구하시오.

등비수열의 수렴 조건

필.수.예.제 03

다음 등비수열이 수렴하도록 하는 실수 x의 값의 범위를 구하시오.

(1) $\left\{\left(\dfrac{x^2-x}{2}\right)^n\right\}$

(2) $\{x(x^2+x-1)^{n-1}\}$

공략 Point

(1) 등비수열 $\{r^n\}$이 수렴하려면
$\Rightarrow -1 < r \leq 1$

(2) 등비수열 $\{ar^{n-1}\}$이 수렴하려면
$\Rightarrow a=0$ 또는 $-1 < r \leq 1$

풀이

(1) 등비수열 $\left\{\left(\dfrac{x^2-x}{2}\right)^n\right\}$의 공비가 $\dfrac{x^2-x}{2}$이므로 이 등비수열이 수렴하려면	$-1 < \dfrac{x^2-x}{2} \leq 1$ $\therefore -2 < x^2-x \leq 2$
(i) $x^2-x > -2$에서	$x^2-x+2 > 0$ $\therefore \left(x-\dfrac{1}{2}\right)^2 + \dfrac{7}{4} > 0$ 따라서 모든 실수 x에 대하여 성립한다.
(ii) $x^2-x \leq 2$에서	$x^2-x-2 \leq 0$ $(x+1)(x-2) \leq 0$ $\therefore -1 \leq x \leq 2$
(i), (ii)에서	$\boldsymbol{-1 \leq x \leq 2}$
(2) 등비수열 $\{x(x^2+x-1)^{n-1}\}$의 첫째항이 x, 공비가 x^2+x-1이므로 이 등비수열이 수렴하려면	$x=0$ 또는 $-1 < x^2+x-1 \leq 1$
(i) $x^2+x-1 > -1$에서	$x^2+x > 0,\ x(x+1) > 0$ $\therefore x < -1$ 또는 $x > 0$
(ii) $x^2+x-1 \leq 1$에서	$x^2+x-2 \leq 0,\ (x+2)(x-1) \leq 0$ $\therefore -2 \leq x \leq 1$
(i), (ii)에서	$-2 \leq x < -1$ 또는 $0 < x \leq 1$
따라서 구하는 x의 값의 범위는	$\boldsymbol{-2 \leq x < -1}$ 또는 $\boldsymbol{0 \leq x \leq 1}$

정답과 해설 10쪽

문제

03-1

다음 등비수열이 수렴하도록 하는 실수 x의 값의 범위를 구하시오.

(1) $\{x^n(x+2)^n\}$

(2) $\left\{(x-5)\left(\dfrac{x+1}{4}\right)^{n-1}\right\}$

x^n을 포함한 극한으로 정의된 함수

필.수.예.제
04

$x \neq -1$인 모든 실수에서 정의된 함수 $f(x) = \lim\limits_{n \to \infty} \dfrac{x^n}{x^n + 1}$에 대하여 $f\left(\dfrac{1}{2}\right) + f(1) + f(3)$의 값을 구하시오. (단, n은 자연수)

공략 Point

x의 값의 범위를 $|x| > 1$, $x = 1$, $|x| < 1$인 경우로 나눈 후 등비수열의 극한을 이용하여 함수 $f(x)$를 구한다.

풀이

(i) $|x| > 1$일 때, $\lim\limits_{n \to \infty} \dfrac{1}{x^n} = 0$이므로	$f(x) = \lim\limits_{n \to \infty} \dfrac{x^n}{x^n + 1} = \lim\limits_{n \to \infty} \dfrac{1}{1 + \dfrac{1}{x^n}} = 1$
(ii) $x = 1$일 때, $\lim\limits_{n \to \infty} x^n = 1$이므로	$f(x) = \lim\limits_{n \to \infty} \dfrac{x^n}{x^n + 1} = \dfrac{1}{1 + 1} = \dfrac{1}{2}$
(iii) $|x| < 1$일 때, $\lim\limits_{n \to \infty} x^n = 0$이므로	$f(x) = \lim\limits_{n \to \infty} \dfrac{x^n}{x^n + 1} = 0$
(i), (ii), (iii)에서	$f(x) = \begin{cases} 1 & (|x| > 1) \\ \dfrac{1}{2} & (x = 1) \\ 0 & (|x| < 1) \end{cases}$
따라서 구하는 값은	$f\left(\dfrac{1}{2}\right) + f(1) + f(3) = 0 + \dfrac{1}{2} + 1 = \dfrac{3}{2}$

공략 Point

등비수열의 극한을 이용하여 함숫값을 각각 구한다.

다른 풀이

함수 $f(x)$에 $x = \dfrac{1}{2}$을 대입하면	$f\left(\dfrac{1}{2}\right) = \lim\limits_{n \to \infty} \dfrac{\left(\dfrac{1}{2}\right)^n}{\left(\dfrac{1}{2}\right)^n + 1} = 0$
함수 $f(x)$에 $x = 1$을 대입하면	$f(1) = \lim\limits_{n \to \infty} \dfrac{1^n}{1^n + 1} = \dfrac{1}{2}$
함수 $f(x)$에 $x = 3$을 대입하면	$f(3) = \lim\limits_{n \to \infty} \dfrac{3^n}{3^n + 1} = \lim\limits_{n \to \infty} \dfrac{1}{1 + \left(\dfrac{1}{3}\right)^n} = 1$
따라서 구하는 값은	$f\left(\dfrac{1}{2}\right) + f(1) + f(3) = 0 + \dfrac{1}{2} + 1 = \dfrac{3}{2}$

정답과 해설 10쪽

문제

04-1 함수 $f(x) = \lim\limits_{n \to \infty} \dfrac{x^{2n+1} + 6}{x^{2n} + 2}$에 대하여 $f(-4) + f(-1) + f\left(\dfrac{1}{3}\right) + f(1)$의 값을 구하시오.

(단, n은 자연수)

연습문제

1 다음 보기 중 옳은 것만을 있는 대로 고른 것은?

> **보기**
>
> ㄱ. $\lim\limits_{n\to\infty}\dfrac{5^n-6^n}{3^n+6^{n-1}}=6$ ㄴ. $\lim\limits_{n\to\infty}\dfrac{3^{n+1}}{2^n-1}=\dfrac{3}{2}$
>
> ㄷ. $\lim\limits_{n\to\infty}\dfrac{\sqrt{5^n}+1}{3^n-1}=0$ ㄹ. $\lim\limits_{n\to\infty}\dfrac{5^{n+1}+4^{n+1}}{5^n+4^n}=5$

① ㄱ, ㄴ ② ㄱ, ㄷ ③ ㄷ, ㄹ
④ ㄱ, ㄴ, ㄹ ⑤ ㄴ, ㄷ, ㄹ

2 0이 아닌 실수에 수렴하는 수열 $\{a_n\}$에 대하여 $\lim\limits_{n\to\infty}\dfrac{5^{n+1}+3^n\times a_n}{3^{n-1}+5^n\times a_n}=10$일 때, $\lim\limits_{n\to\infty}a_n$의 값은?

① $\dfrac{1}{2}$ ② 1 ③ 2
④ 3 ⑤ 5

3 이차방정식 $x^2-6x+4=0$의 두 근을 α, β라 할 때, $\lim\limits_{n\to\infty}\dfrac{\alpha^{n+1}+\beta^{n+1}}{\alpha^n+\beta^n}$의 값을 구하시오.

4 수열 $\{a_n\}$의 첫째항부터 제n항까지의 합을 S_n이라 하면 $S_n=4^n-1$일 때, $\lim\limits_{n\to\infty}\dfrac{a_n}{S_n}$의 값은?

① $\dfrac{1}{4}$ ② $\dfrac{1}{2}$ ③ $\dfrac{3}{4}$
④ 1 ⑤ 2

5 수열 $\{a_n\}$이 모든 자연수 n에 대하여
$$4^{n+1}+3^{n-1}<(3^n+4^n)a_n<4^{n+1}+3^{n+1}$$
을 만족시킬 때, $\lim\limits_{n\to\infty}a_n$의 값을 구하시오.

6 등비수열 $\{(\sqrt{3}\tan x)^n\}$이 수렴하도록 하는 실수 x의 값의 범위를 구하시오. $\left(\text{단, } -\dfrac{\pi}{2}<x<\dfrac{\pi}{2}\right)$

7 다음 두 등비수열 (개), (내) 중에서 어느 하나만 수렴하도록 하는 모든 정수 x의 값의 합을 구하시오.

> (개) $\left\{(x-4)\left(-\dfrac{x}{2}\right)^{n-1}\right\}$
>
> (내) $\left\{(x+4)\left(\dfrac{x+1}{3}\right)^{n-1}\right\}$

8 등비수열 $\{r^n\}$이 수렴할 때, 다음 보기 중 반드시 수렴하는 수열인 것만을 있는 대로 고르시오.

> **보기**
>
> ㄱ. $\{r^{2n}\}$ ㄴ. $\left\{\left(\dfrac{1}{r}\right)^n\right\}$ $(r\neq 0)$
>
> ㄷ. $\{(-r)^n\}$ ㄹ. $\left\{\left(\dfrac{1-r}{2}\right)^n\right\}$

9 $r>0$일 때, $\lim\limits_{n\to\infty}\dfrac{r^{n+1}+r+2}{r^n+1}=\dfrac{7}{3}$을 만족시키는 모든 r의 값의 합을 구하시오.

10 $x\neq-1$인 모든 실수에서 정의된 함수 $f(x)=\lim\limits_{n\to\infty}\dfrac{2x^{n+1}+3x}{x^n+2}$에 대하여 $f\!\left(\dfrac{1}{3}\right)f(1)f(6)$의 값은? (단, n은 자연수)

① $\dfrac{5}{6}$ ② $\dfrac{3}{2}$ ③ $\dfrac{7}{2}$

④ 6   ⑤ 10

11 자연수 n에 대하여 다음 그림과 같이 직선 $y=n$이 두 곡선 $y=\log_2(3-x)-1$, $y=\log_2(2x-6)$과 만나는 점을 각각 A_n, B_n이라 할 때, 두 점 A_n, B_n에서 x축에 내린 수선의 발을 각각 C_n, D_n이라 하자. 삼각형 OA_nC_n의 넓이를 S_n, 삼각형 OB_nD_n의 넓이를 T_n이라 할 때, $\lim\limits_{n\to\infty}\dfrac{S_n}{T_n}$의 값을 구하시오.

(단, O는 원점)

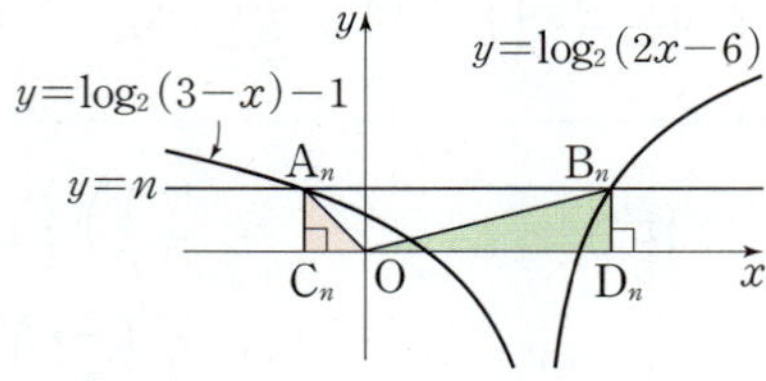

12 자연수 n에 대하여 10^n의 양의 약수의 총합을 $p(n)$이라 할 때, $\lim\limits_{n\to\infty}\dfrac{10^n}{p(n)}$의 값을 구하시오.

교육청
13 함수
$$f(x)=\lim_{n\to\infty}\frac{x^{2n+1}+ax^2+bx-2}{x^{2n}+1}$$
가 실수 전체의 집합에서 연속일 때, 두 상수 a, b의 곱 ab의 값은?

① -2 ② -1 ③ 0

④ 1 ⑤ 2

14 수열 $\{a_n\}$이
$$a_1=1,\ a_2=2,\ a_3=3,$$
$$a_{n+3}=5a_n\ (n=1,\ 2,\ 3,\ \cdots)$$
으로 정의될 때, $S_n=\sum\limits_{k=1}^{3n}a_k$라 하자. 이때 $\lim\limits_{n\to\infty}\dfrac{a_{3n}}{S_n}$의 값을 구하시오.

Ⅰ

수열의 극한

급수의 수렴과 발산

1 급수

(1) 급수

수열 $\{a_n\}$의 각 항을 차례대로 덧셈 기호 $+$를 사용하여 연결한 식

$$a_1+a_2+a_3+\cdots+a_n+\cdots$$

을 **급수**라 하고, 이를 기호 $\sum$를 사용하여 $\displaystyle\sum_{n=1}^{\infty} a_n$으로 나타낸다.

$$a_1+a_2+a_3+\cdots+a_n+\cdots=\sum_{n=1}^{\infty} a_n$$

예 $1+\dfrac{1}{2}+\dfrac{1}{3}+\cdots+\dfrac{1}{n}+\cdots=\displaystyle\sum_{n=1}^{\infty}\dfrac{1}{n}$

(2) 부분합

급수 $\displaystyle\sum_{n=1}^{\infty} a_n$에서 첫째항부터 제$n$항까지의 합 S_n, 즉

$$S_n=a_1+a_2+a_3+\cdots+a_n=\sum_{k=1}^{n} a_k$$

를 이 급수의 제n항까지의 **부분합**이라 한다.

예 급수 $\displaystyle\sum_{n=1}^{\infty}\dfrac{1}{n}$의 제$n$항까지의 부분합 S_n은

$$S_n=1+\dfrac{1}{2}+\dfrac{1}{3}+\cdots+\dfrac{1}{n}=\sum_{k=1}^{n}\dfrac{1}{k}$$

2 급수의 수렴과 발산

(1) 급수의 수렴

급수 $\displaystyle\sum_{n=1}^{\infty} a_n$의 부분합으로 이루어진 수열 $\{S_n\}$이 일정한 값 S에 수렴할 때, 즉

$\displaystyle\lim_{n\to\infty} S_n=\lim_{n\to\infty}\sum_{k=1}^{n} a_k=S$일 때, 이 급수는 S에 수렴한다고 한다.

이때 S를 **급수의 합**이라 하고, 기호로 다음과 같이 나타낸다.

$$a_1+a_2+a_3+\cdots+a_n+\cdots=S \quad \text{또는} \quad \sum_{n=1}^{\infty} a_n=S$$

(2) 급수의 발산

급수 $\displaystyle\sum_{n=1}^{\infty} a_n$의 부분합으로 이루어진 수열 $\{S_n\}$이 발산할 때, 이 급수는 발산한다고 한다.

이 경우에는 그 합을 생각하지 않는다.

급수 $\displaystyle\sum_{n=1}^{\infty} a_n$의 제$n$항까지의 부분합을 S_n이라 할 때

(1) $\displaystyle\lim_{n\to\infty} S_n=S\,(S$는 실수$)$이면 급수 $\displaystyle\sum_{n=1}^{\infty} a_n$은 수렴하고, 그 합은 S이다.

(2) 수열 $\{S_n\}$이 발산하면 급수 $\displaystyle\sum_{n=1}^{\infty} a_n$은 발산한다.

예 (1) 급수 $\displaystyle\sum_{n=1}^{\infty}\left(\frac{1}{2}\right)^{n}$의 수렴, 발산을 조사해 보자.

주어진 급수의 제n항까지의 부분합을 S_n이라 하면

$$S_n=\sum_{k=1}^{n}\left(\frac{1}{2}\right)^{k}=\frac{\frac{1}{2}\left\{1-\left(\frac{1}{2}\right)^{n}\right\}}{1-\frac{1}{2}}=1-\left(\frac{1}{2}\right)^{n}$$

따라서 $\displaystyle\lim_{n\to\infty}S_n=\lim_{n\to\infty}\left\{1-\left(\frac{1}{2}\right)^{n}\right\}=1$이므로 급수 $\displaystyle\sum_{n=1}^{\infty}\left(\frac{1}{2}\right)^{n}$은 수렴하고, 그 합은 1이다.

(2) 급수 $\displaystyle\sum_{n=1}^{\infty}n$의 수렴, 발산을 조사해 보자.

주어진 급수의 제n항까지의 부분합을 S_n이라 하면

$$S_n=\sum_{k=1}^{n}k=\frac{n(n+1)}{2}$$

따라서 $\displaystyle\lim_{n\to\infty}S_n=\lim_{n\to\infty}\frac{n(n+1)}{2}=\infty$이므로 급수 $\displaystyle\sum_{n=1}^{\infty}n$은 발산한다.

3 항의 부호가 교대로 변하는 급수의 수렴과 발산

$1-\dfrac{1}{2}+\dfrac{1}{2}-\dfrac{1}{3}+\dfrac{1}{3}-\dfrac{1}{4}+\cdots$과 같이 각 항에 $+$, $-$의 부호가 교대로 나타나는 급수는 홀수 번째 항까지의 부분합 S_{2n-1}의 극한값과 짝수 번째 항까지의 부분합 S_{2n}의 극한값을 비교하여 수렴, 발산을 조사한다.

(1) $\displaystyle\lim_{n\to\infty}S_{2n-1}=\lim_{n\to\infty}S_{2n}=\alpha\,(\alpha$는 실수)이면 급수는 수렴하고, 그 합은 α이다.

(2) $\displaystyle\lim_{n\to\infty}S_{2n-1}\neq\lim_{n\to\infty}S_{2n}$이면 급수는 발산한다.

예 급수 $1-\dfrac{1}{2}+\dfrac{1}{2}-\dfrac{1}{3}+\dfrac{1}{3}-\dfrac{1}{4}+\cdots$의 수렴, 발산을 조사해 보자.

주어진 급수의 제n항까지의 부분합을 S_n이라 하면 자연수 k에 대하여

(i) $n=2k-1$일 때,

$$S_{2k-1}=1+\left(-\frac{1}{2}+\frac{1}{2}\right)+\left(-\frac{1}{3}+\frac{1}{3}\right)+\cdots+\left(-\frac{1}{k}+\frac{1}{k}\right)=1$$

$$\therefore\lim_{k\to\infty}S_{2k-1}=1$$

(ii) $n=2k$일 때,

$$S_{2k}=\left(1-\frac{1}{2}\right)+\left(\frac{1}{2}-\frac{1}{3}\right)+\left(\frac{1}{3}-\frac{1}{4}\right)+\cdots+\left(\frac{1}{k}-\frac{1}{k+1}\right)=1-\frac{1}{k+1}$$

$$\therefore\lim_{k\to\infty}S_{2k}=\lim_{k\to\infty}\left(1-\frac{1}{k+1}\right)=1$$

(i), (ii)에서 $\displaystyle\lim_{k\to\infty}S_{2k-1}=\lim_{k\to\infty}S_{2k}=1$이므로 주어진 급수는 수렴하고, 그 합은 1이다.

개념 CHECK

정답과 해설 14쪽

1 수열 $\{a_n\}$의 첫째항부터 제n항까지의 합 S_n이 다음과 같을 때, 급수 $\displaystyle\sum_{n=1}^{\infty}a_n$의 합을 구하시오.

(1) $S_n=\dfrac{2n-1}{3n+1}$ (2) $S_n=5-\left(\dfrac{1}{3}\right)^{n}$

급수의 수렴과 발산

필.수.예.제 01

다음 급수의 수렴과 발산을 조사하고, 수렴하면 그 합을 구하시오.

(1) $\displaystyle\sum_{n=1}^{\infty} \frac{2}{(2n-1)(2n+1)}$

(2) $\displaystyle\sum_{n=1}^{\infty} (\sqrt{2n+2}-\sqrt{2n})$

(3) $1-1+\dfrac{1}{2}-\dfrac{1}{2}+\dfrac{1}{3}-\dfrac{1}{3}+\cdots$

공략 Point

- 급수 $\displaystyle\sum_{n=1}^{\infty} a_n$의 수렴, 발산은 급수의 제$n$항까지의 부분합 S_n을 구한 후 $\displaystyle\lim_{n\to\infty} S_n$을 조사한다.
- 항의 부호가 교대로 변하는 급수의 수렴, 발산은 $\displaystyle\lim_{n\to\infty} S_{2n-1}$과 $\displaystyle\lim_{n\to\infty} S_{2n}$을 비교하여 조사한다.

풀이

(1) 주어진 급수의 제n항까지의 부분합을 S_n이라 하면

$$S_n = \sum_{k=1}^{n} \frac{2}{(2k-1)(2k+1)} = \sum_{k=1}^{n}\left(\frac{1}{2k-1}-\frac{1}{2k+1}\right)$$
$$= \left(1-\frac{1}{3}\right) + \left(\frac{1}{3}-\frac{1}{5}\right) + \left(\frac{1}{5}-\frac{1}{7}\right) + \cdots + \left(\frac{1}{2n-1}-\frac{1}{2n+1}\right)$$
$$= 1 - \frac{1}{2n+1}$$
$$\therefore \lim_{n\to\infty} S_n = \lim_{n\to\infty}\left(1-\frac{1}{2n+1}\right) = 1$$

따라서 주어진 급수는 **수렴**하고, 그 합은 **1**이다.

(2) 주어진 급수의 제n항까지의 부분합을 S_n이라 하면

$$S_n = \sum_{k=1}^{n}(\sqrt{2k+2}-\sqrt{2k})$$
$$= (\sqrt{4}-\sqrt{2}) + (\sqrt{6}-\sqrt{4}) + (\sqrt{8}-\sqrt{6}) + \cdots + (\sqrt{2n+2}-\sqrt{2n})$$
$$= \sqrt{2n+2}-\sqrt{2}$$
$$\therefore \lim_{n\to\infty} S_n = \lim_{n\to\infty}(\sqrt{2n+2}-\sqrt{2}) = \infty$$

따라서 주어진 급수는 **발산**한다.

(3) 주어진 급수의 제n항까지의 부분합을 S_n이라 하면 자연수 k에 대하여

(ⅰ) $n=2k-1$일 때,

$$S_{2k-1} = 1 + \left(-1+\frac{1}{2}\right) + \left(-\frac{1}{2}+\frac{1}{3}\right) + \cdots + \left(-\frac{1}{k-1}+\frac{1}{k}\right) = \frac{1}{k}$$
$$\therefore \lim_{k\to\infty} S_{2k-1} = \lim_{k\to\infty}\frac{1}{k} = 0$$

(ⅱ) $n=2k$일 때,

$$S_{2k} = (1-1) + \left(\frac{1}{2}-\frac{1}{2}\right) + \left(\frac{1}{3}-\frac{1}{3}\right) + \cdots + \left(\frac{1}{k}-\frac{1}{k}\right) = 0$$
$$\therefore \lim_{k\to\infty} S_{2k} = 0$$

(ⅰ), (ⅱ)에서

$$\lim_{k\to\infty} S_{2k-1} = \lim_{k\to\infty} S_{2k} = 0$$

따라서 주어진 급수는 **수렴**하고, 그 합은 **0**이다.

정답과 해설 14쪽

문제

01-1 다음 급수의 수렴과 발산을 조사하고, 수렴하면 그 합을 구하시오.

(1) $\displaystyle\sum_{n=1}^{\infty} \frac{1}{n(n+1)}$

(2) $\displaystyle\sum_{n=1}^{\infty} \frac{1}{\sqrt{n+1}+\sqrt{n}}$

(3) $-\dfrac{1}{2}+\dfrac{2}{3}-\dfrac{2}{3}+\dfrac{3}{4}-\dfrac{3}{4}+\dfrac{4}{5}-\cdots$

급수의 합

필.수.예.제 02

공략 Point
주어진 조건을 이용하여 급수의 제n항까지의 부분합 S_n을 구한 후 $\lim\limits_{n\to\infty} S_n$을 조사한다.

첫째항이 6이고 공차가 4인 등차수열의 첫째항부터 제n항까지의 합을 S_n이라 할 때, 급수 $\sum\limits_{n=1}^{\infty} \dfrac{1}{S_n}$의 합을 구하시오.

풀이

첫째항이 6이고 공차가 4인 등차수열의 첫째항부터 제n항까지의 합 S_n은

$$S_n = \frac{n\{2\times 6 + (n-1)\times 4\}}{2} = 2n^2 + 4n$$

따라서 구하는 급수의 합은

$$\sum_{n=1}^{\infty} \frac{1}{S_n} = \sum_{n=1}^{\infty} \frac{1}{2n^2+4n} = \sum_{n=1}^{\infty} \frac{1}{2n(n+2)}$$
$$= \sum_{n=1}^{\infty} \frac{1}{4}\left(\frac{1}{n} - \frac{1}{n+2}\right)$$
$$= \frac{1}{4} \lim_{n\to\infty} \sum_{k=1}^{n}\left(\frac{1}{k} - \frac{1}{k+2}\right)$$
$$= \frac{1}{4} \lim_{n\to\infty}\left\{\left(1-\frac{1}{3}\right) + \left(\frac{1}{2}-\frac{1}{4}\right) + \left(\frac{1}{3}-\frac{1}{5}\right) \right.$$
$$\left. + \cdots + \left(\frac{1}{n-1} - \frac{1}{n+1}\right) + \left(\frac{1}{n} - \frac{1}{n+2}\right)\right\}$$
$$= \frac{1}{4} \lim_{n\to\infty}\left(1 + \frac{1}{2} - \frac{1}{n+1} - \frac{1}{n+2}\right)$$
$$= \frac{1}{4} \times \frac{3}{2} = \frac{3}{8}$$

정답과 해설 14쪽

문제

02-1 다음 급수의 합을 구하시오.

(1) $1 + \dfrac{1}{1+2} + \dfrac{1}{1+2+3} + \dfrac{1}{1+2+3+4} + \cdots$

(2) $\dfrac{1}{3} + \dfrac{1}{3+5} + \dfrac{1}{3+5+7} + \dfrac{1}{3+5+7+9} + \cdots$

02-2 수열 $\{a_n\}$의 첫째항부터 제n항까지의 합을 S_n이라 하면 $S_n = n^2 + n$일 때, 급수 $\sum\limits_{n=1}^{\infty} \dfrac{1}{a_n a_{n+1}}$의 합을 구하시오.

2 급수의 성질

1 급수와 수열의 극한 사이의 관계

(1) 급수 $\displaystyle\sum_{n=1}^{\infty} a_n$이 수렴하면 $\displaystyle\lim_{n\to\infty} a_n = 0$이다.

(2) $\displaystyle\lim_{n\to\infty} a_n \neq 0$이면 급수 $\displaystyle\sum_{n=1}^{\infty} a_n$은 발산한다. ◀ (1)의 대우

주의 (1)의 역은 성립하지 않는다. 즉, $\displaystyle\lim_{n\to\infty} a_n = 0$이지만 급수 $\displaystyle\sum_{n=1}^{\infty} a_n$이 발산하는 경우가 있다.

2 급수의 성질

두 급수 $\displaystyle\sum_{n=1}^{\infty} a_n$, $\displaystyle\sum_{n=1}^{\infty} b_n$이 수렴하고, 그 합이 각각 S, T일 때

(1) $\displaystyle\sum_{n=1}^{\infty} ka_n = k\sum_{n=1}^{\infty} a_n = kS$ (단, k는 상수)

(2) $\displaystyle\sum_{n=1}^{\infty} (a_n + b_n) = \sum_{n=1}^{\infty} a_n + \sum_{n=1}^{\infty} b_n = S + T$

(3) $\displaystyle\sum_{n=1}^{\infty} (a_n - b_n) = \sum_{n=1}^{\infty} a_n - \sum_{n=1}^{\infty} b_n = S - T$

예 $\displaystyle\sum_{n=1}^{\infty} a_n = 3$, $\displaystyle\sum_{n=1}^{\infty} b_n = 5$일 때

- $\displaystyle\sum_{n=1}^{\infty} (a_n + b_n) = \sum_{n=1}^{\infty} a_n + \sum_{n=1}^{\infty} b_n = 3 + 5 = 8$
- $\displaystyle\sum_{n=1}^{\infty} (2a_n - b_n) = 2\sum_{n=1}^{\infty} a_n - \sum_{n=1}^{\infty} b_n = 2 \times 3 - 5 = 1$

주의
- $\displaystyle\sum_{n=1}^{\infty} a_n b_n \neq \sum_{n=1}^{\infty} a_n \times \sum_{n=1}^{\infty} b_n$
- $\displaystyle\sum_{n=1}^{\infty} \frac{a_n}{b_n} \neq \frac{\displaystyle\sum_{n=1}^{\infty} a_n}{\displaystyle\sum_{n=1}^{\infty} b_n}$

개념 PLUS

급수와 수열의 극한 사이의 관계

급수 $\displaystyle\sum_{n=1}^{\infty} a_n$이 S에 수렴할 때, 제n항까지의 부분합을 S_n이라 하면 $\displaystyle\lim_{n\to\infty} S_n = S$, $\displaystyle\lim_{n\to\infty} S_{n-1} = S$

이때 $a_n = S_n - S_{n-1}$ $(n \geq 2)$이므로

$$\lim_{n\to\infty} a_n = \lim_{n\to\infty} (S_n - S_{n-1}) = \lim_{n\to\infty} S_n - \lim_{n\to\infty} S_{n-1} = S - S = 0$$

따라서 급수 $\displaystyle\sum_{n=1}^{\infty} a_n$이 수렴하면 $\displaystyle\lim_{n\to\infty} a_n = 0$이다.

한편 이 역은 성립하지 않는다.

예를 들어 급수 $\displaystyle\sum_{n=1}^{\infty} \frac{1}{n}$에서 $\displaystyle\lim_{n\to\infty} \frac{1}{n} = 0$이지만

$$\sum_{n=1}^{\infty} \frac{1}{n} = 1 + \frac{1}{2} + \frac{1}{3} + \frac{1}{4} + \frac{1}{5} + \frac{1}{6} + \frac{1}{7} + \frac{1}{8} + \cdots$$

$$> 1 + \frac{1}{2} + \left(\frac{1}{4} + \frac{1}{4}\right) + \left(\frac{1}{8} + \frac{1}{8} + \frac{1}{8} + \frac{1}{8}\right) + \cdots = 1 + \frac{1}{2} + \frac{1}{2} + \frac{1}{2} + \cdots = \infty$$

이므로 급수 $\displaystyle\sum_{n=1}^{\infty} \frac{1}{n}$은 발산한다.

급수와 수열의 극한 사이의 관계

유형편 18쪽

필.수.예.제 03

공략 Point

급수 $\sum\limits_{n=1}^{\infty} a_n$이 수렴하면 $\lim\limits_{n\to\infty} a_n=0$임을 이용한다.

수열 $\{a_n\}$에 대하여 급수 $\sum\limits_{n=1}^{\infty}\left(a_n-\dfrac{n}{2n+1}\right)$이 수렴할 때, $\lim\limits_{n\to\infty} a_n$의 값을 구하시오.

풀이

급수 $\sum\limits_{n=1}^{\infty}\left(a_n-\dfrac{n}{2n+1}\right)$이 수렴하므로	$\lim\limits_{n\to\infty}\left(a_n-\dfrac{n}{2n+1}\right)=0$
$a_n-\dfrac{n}{2n+1}=b_n$으로 놓으면	$a_n=b_n+\dfrac{n}{2n+1}$
$\lim\limits_{n\to\infty} b_n=0$이므로 구하는 극한값은	$\lim\limits_{n\to\infty} a_n=\lim\limits_{n\to\infty}\left(b_n+\dfrac{n}{2n+1}\right)$ $=\lim\limits_{n\to\infty} b_n+\lim\limits_{n\to\infty}\dfrac{n}{2n+1}$ $=0+\dfrac{1}{2}=\dfrac{1}{2}$

정답과 해설 15쪽

문제

03-1 수열 $\{a_n\}$에 대하여 $\sum\limits_{n=1}^{\infty}\left(3-\dfrac{a_n}{4}\right)=2$일 때, $\lim\limits_{n\to\infty}\left(\dfrac{a_n}{2}+1\right)$의 값을 구하시오.

03-2 두 수열 $\{a_n\}$, $\{b_n\}$에 대하여 $\lim\limits_{n\to\infty}(a_n-3)=1$, $\sum\limits_{n=1}^{\infty}(b_n-1)=4$일 때, $\lim\limits_{n\to\infty}(a_n+b_n)$의 값을 구하시오.

03-3 수열 $\{a_n\}$에 대하여 급수 $\sum\limits_{n=1}^{\infty}\left(a_n-\dfrac{1}{\sqrt{n^2+3n}-\sqrt{n^2+2n}}\right)$이 수렴할 때, $\lim\limits_{n\to\infty} a_n$의 값을 구하시오.

급수의 성질

필.수.예.제 04

두 급수 $\sum\limits_{n=1}^{\infty} a_n$, $\sum\limits_{n=1}^{\infty} b_n$에 대하여 $\sum\limits_{n=1}^{\infty} a_n=\dfrac{1}{2}$, $\sum\limits_{n=1}^{\infty}\left(3a_n-\dfrac{b_n}{4}\right)=-2$일 때, 급수 $\sum\limits_{n=1}^{\infty} b_n$의 합을 구하시오.

공략 Point

$\sum\limits_{n=1}^{\infty} a_n=S$, $\sum\limits_{n=1}^{\infty} b_n=T$
(S, T는 실수)일 때
(1) $\sum\limits_{n=1}^{\infty} ka_n=kS$ (단, k는 상수)
(2) $\sum\limits_{n=1}^{\infty}(a_n+b_n)=S+T$
(3) $\sum\limits_{n=1}^{\infty}(a_n-b_n)=S-T$

풀이

$3a_n-\dfrac{b_n}{4}=c_n$으로 놓으면	$\dfrac{b_n}{4}=3a_n-c_n$
	$\therefore b_n=12a_n-4c_n$
$\sum\limits_{n=1}^{\infty} a_n=\dfrac{1}{2}$, $\sum\limits_{n=1}^{\infty} c_n=-2$이므로	$\sum\limits_{n=1}^{\infty} b_n=\sum\limits_{n=1}^{\infty}(12a_n-4c_n)$ $=12\sum\limits_{n=1}^{\infty} a_n-4\sum\limits_{n=1}^{\infty} c_n$ $=12\times\dfrac{1}{2}-4\times(-2)$ $=\mathbf{14}$

정답과 해설 15쪽

문제

04-1 두 급수 $\sum\limits_{n=1}^{\infty} a_n$, $\sum\limits_{n=1}^{\infty} b_n$에 대하여 $\sum\limits_{n=1}^{\infty} a_n=-1$, $\sum\limits_{n=1}^{\infty} b_n=6$일 때, 급수 $\sum\limits_{n=1}^{\infty}\left(4a_n-\dfrac{1}{2}b_n\right)$의 합을 구하시오.

04-2 두 급수 $\sum\limits_{n=1}^{\infty} a_n$, $\sum\limits_{n=1}^{\infty} b_n$에 대하여 $\sum\limits_{n=1}^{\infty}(3a_n-2b_n)=20$, $\sum\limits_{n=1}^{\infty} b_n=2$일 때, 급수 $\sum\limits_{n=1}^{\infty} a_n$의 합을 구하시오.

04-3 두 급수 $\sum\limits_{n=1}^{\infty} a_n$, $\sum\limits_{n=1}^{\infty} b_n$이 모두 수렴하고 $\sum\limits_{n=1}^{\infty}(a_n-3b_n)=11$, $\sum\limits_{n=1}^{\infty}(2a_n+b_n)=8$일 때, 급수 $\sum\limits_{n=1}^{\infty}(a_n+b_n)$의 합을 구하시오.

필.수.예.제 05

두 수열 $\{a_n\}$, $\{b_n\}$에 대하여 다음 보기 중 옳은 것만을 있는 대로 고르시오.

보기

ㄱ. $\sum\limits_{n=1}^{\infty} a_n$, $\sum\limits_{n=1}^{\infty} (a_n+b_n)$이 모두 수렴하면 $\sum\limits_{n=1}^{\infty} b_n$도 수렴한다.

ㄴ. $\sum\limits_{n=1}^{\infty} a_n$, $\sum\limits_{n=1}^{\infty} b_n$이 모두 발산하면 $\lim\limits_{n\to\infty} (a_n+b_n) \neq 0$이다.

ㄷ. $\sum\limits_{n=1}^{\infty} a_n b_n$이 수렴하고 $\lim\limits_{n\to\infty} a_n \neq 0$이면 $\lim\limits_{n\to\infty} b_n = 0$이다.

공략 Point

급수와 수열의 극한 사이의 관계와 급수의 성질을 이용하여 주어진 명제의 참, 거짓을 판별한다. 이때 반례가 하나라도 존재하면 주어진 명제는 거짓이다.

풀이

ㄱ. $\sum\limits_{n=1}^{\infty} a_n$, $\sum\limits_{n=1}^{\infty} (a_n+b_n)$이 모두 수렴하므로 $\sum\limits_{n=1}^{\infty} a_n = \alpha$, $\sum\limits_{n=1}^{\infty} (a_n+b_n) = \beta$ (α, β는 실수)라 하면

$$\sum_{n=1}^{\infty} b_n = \sum_{n=1}^{\infty} \{(a_n+b_n) - a_n\} = \sum_{n=1}^{\infty} (a_n+b_n) - \sum_{n=1}^{\infty} a_n = \beta - \alpha$$

즉, $\sum\limits_{n=1}^{\infty} b_n$은 수렴한다.

ㄴ. 주어진 명제에 대한 반례를 찾으면

[반례] $\{a_n\}: 1, -1, 1, -1, \cdots$
$\{b_n\}: -1, 1, -1, 1, \cdots$

두 수열 $\{a_n\}$, $\{b_n\}$은 모두 발산(진동)하므로 $\sum\limits_{n=1}^{\infty} a_n$, $\sum\limits_{n=1}^{\infty} b_n$은 모두 발산한다.

이때 $a_n + b_n = 0$이므로 $\lim\limits_{n\to\infty} (a_n+b_n) = 0$

ㄷ. 주어진 명제에 대한 반례를 찾으면

[반례] $\{a_n\}: 1, 0, 1, 0, \cdots$
$\{b_n\}: 0, 1, 0, 1, \cdots$

$a_n b_n = 0$이므로 $\sum\limits_{n=1}^{\infty} a_n b_n$은 0으로 수렴한다.

두 수열 $\{a_n\}$, $\{b_n\}$은 모두 발산(진동)하므로 $\lim\limits_{n\to\infty} a_n \neq 0$이지만 $\lim\limits_{n\to\infty} b_n \neq 0$이다.

따라서 보기 중 옳은 것은 ㄱ

정답과 해설 16쪽

문제

05-1 두 수열 $\{a_n\}$, $\{b_n\}$에 대하여 다음 보기 중 옳은 것만을 있는 대로 고르시오.

보기

ㄱ. $\sum\limits_{n=1}^{\infty} (a_n-1)$이 수렴하면 $\sum\limits_{n=1}^{\infty} a_n$은 발산한다.

ㄴ. $\sum\limits_{n=1}^{\infty} a_n$, $\sum\limits_{n=1}^{\infty} b_n$이 모두 수렴하면 $\lim\limits_{n\to\infty} (a_n+b_n) = 0$이다.

ㄷ. $\sum\limits_{n=1}^{\infty} a_n$이 수렴하고 $\lim\limits_{n\to\infty} b_n = \infty$이면 $\lim\limits_{n\to\infty} a_n b_n = 0$이다.

ㄹ. $\sum\limits_{n=1}^{\infty} a_n = \alpha$, $\sum\limits_{n=1}^{\infty} b_n = \beta$ (α, β는 실수)이고 $\alpha > \beta$이면 $\lim\limits_{n\to\infty} a_n > \lim\limits_{n\to\infty} b_n$이다.

연습문제

1 수열 $\{a_n\}$이 모든 자연수 n에 대하여

$$1+\frac{2n-1}{n+3}<a_1+a_2+a_3+\cdots+a_n<3+\left(\frac{1}{4}\right)^n$$

을 만족시킬 때, 급수 $\displaystyle\sum_{n=1}^{\infty}a_n$의 합은?

① 0   ② 1   ③ 2

④ 3   ⑤ 4

2 급수 $\displaystyle\sum_{n=1}^{\infty}\frac{1}{n^2+3n+2}$의 합을 구하시오.

3 등차수열 $\{a_n\}$에 대하여 $a_3=6$, $a_6=12$일 때, 급수 $\displaystyle\sum_{n=1}^{\infty}\frac{a_{n+1}-a_n}{a_n a_{n+1}}$의 합을 구하시오.

4 수열 $\{a_n\}$에 대하여 다항식 $a_n x^2-a_n x-1$이 $x-n-5$로 나누어떨어질 때, 급수 $\displaystyle\sum_{n=1}^{\infty}a_n$의 합은?

① $\dfrac{1}{10}$ ② $\dfrac{1}{5}$ ③ 1

④ 5   ⑤ 10

5 다음 보기 중 수렴하는 급수인 것만을 있는 대로 고른 것은?

> **보기**
>
> ㄱ. $\displaystyle\sum_{n=1}^{\infty}\frac{3n^3}{n^3+2}$
>
> ㄴ. $\displaystyle\sum_{n=1}^{\infty}\left(\frac{n}{n+1}-\frac{n+2}{n+3}\right)$
>
> ㄷ. $\displaystyle\sum_{n=1}^{\infty}(\sqrt{n^2+2n}-n)$
>
> ㄹ. $1-\dfrac{1}{3}+\dfrac{1}{3}-\dfrac{1}{5}+\dfrac{1}{5}-\dfrac{1}{7}+\cdots$

① ㄱ, ㄴ   ② ㄱ, ㄷ   ③ ㄴ, ㄷ

④ ㄴ, ㄹ   ⑤ ㄷ, ㄹ

6 $\displaystyle\sum_{n=1}^{\infty}\frac{an^2+6}{4n^2+8n+3}=b$를 만족시키는 상수 a, b에 대하여 $b-a$의 값은?

① -1 ② 0   ③ 1

④ 2   ⑤ 3

7 수열 $\{a_n\}$에 대하여 급수

$$\left(\frac{a_1}{1}-3\right)+\left(\frac{a_2}{2}-3\right)+\left(\frac{a_3}{3}-3\right)+\cdots+\left(\frac{a_n}{n}-3\right)+\cdots$$

이 수렴할 때, $\displaystyle\lim_{n\to\infty}\frac{3n^3+a_n^3}{7n^3-a_n^3}$의 값을 구하시오.

8 두 수열 $\{a_n\}$, $\{b_n\}$에 대하여 $\lim_{n \to \infty}(a_n-1)=3$이고 급수 $\sum_{n=1}^{\infty}(a_n+b_n-6)$이 수렴할 때, $\lim_{n \to \infty}\dfrac{nb_n+5}{2na_n+1}$ 의 값을 구하시오.

9 두 급수 $\sum_{n=1}^{\infty}a_n$, $\sum_{n=1}^{\infty}b_n$에 대하여

$$\sum_{n=1}^{\infty}a_n=5,\quad \sum_{n=1}^{\infty}\left(\dfrac{b_n}{2}-a_n\right)=3$$

일 때, 급수 $\sum_{n=1}^{\infty}(5a_n-b_n)$의 합은?

① 9   ② 13   ③ 17

④ 21   ⑤ 25

10 두 수열 $\{a_n\}$, $\{b_n\}$에 대하여 다음 보기 중 옳은 것만을 있는 대로 고르시오.

┌─ 보기 ──────────

ㄱ. $\sum_{n=1}^{\infty}\left(a_n-\dfrac{1}{2}\right)=1$이면 $\lim_{n \to \infty}a_n=\dfrac{3}{2}$이다.

ㄴ. $\sum_{n=1}^{\infty}(a_n+b_n)$, $\sum_{n=1}^{\infty}(a_n-b_n)$이 모두 수렴하면 $\sum_{n=1}^{\infty}a_n$, $\sum_{n=1}^{\infty}b_n$도 모두 수렴한다.

ㄷ. $\sum_{n=1}^{\infty}(a_n-b_n)$이 수렴하고 수열 $\{a_n\}$이 수렴하면 $\lim_{n \to \infty}a_n=\lim_{n \to \infty}b_n$이다.

ㄹ. $\sum_{n=1}^{\infty}a_nb_n$이 발산하면 수열 $\{a_n\}$이 발산하거나 수열 $\{b_n\}$이 발산한다.

└──────────────

실력

교육청

11 첫째항이 양수이고 공차가 3인 등차수열 $\{a_n\}$과 모든 항이 양수인 수열 $\{b_n\}$이 다음 조건을 만족시킬 때, a_1의 값은?

┌─────────────────
(가) 모든 자연수 n에 대하여
$$\log a_n+\log a_{n+1}+\log b_n=0$$
(나) $\sum_{n=1}^{\infty}b_n=\dfrac{1}{12}$
└─────────────────

① 2   ② $\dfrac{5}{2}$ ③ 3

④ $\dfrac{7}{2}$ ⑤ 4

12 자연수 n에 대하여 두 함수 $y=|\sin \pi x|$, $y=\dfrac{|x|}{n}$ 의 그래프의 교점의 개수를 a_n이라 할 때, 급수 $\sum_{n=1}^{\infty}\dfrac{1}{a_na_{n+1}}$의 합을 구하시오.

13 수열 $\{a_n\}$에 대하여 $a_1+a_2+a_3+\cdots=1$이고 $\lim_{n \to \infty}na_n=0$일 때, 급수 $\sum_{n=1}^{\infty}n(a_{n+1}-a_n)$의 합을 구하시오.

등비급수의 수렴과 발산

1 등비급수

첫째항이 a, 공비가 r인 등비수열 $\{ar^{n-1}\}$의 각 항의 합으로 이루어진 급수

$$\sum_{n=1}^{\infty} ar^{n-1} = a + ar + ar^2 + \cdots + ar^{n-1} + \cdots$$

을 첫째항이 a, 공비가 r인 **등비급수**라 한다.

2 등비급수의 수렴과 발산

등비급수 $\displaystyle\sum_{n=1}^{\infty} ar^{n-1}\,(a \neq 0)$은

(1) $|r| < 1$일 때, 수렴하고 그 합은 $\dfrac{a}{1-r}$이다.

(2) $|r| \geq 1$일 때, 발산한다.

예 (1) 등비급수 $\displaystyle\sum_{n=1}^{\infty} 3 \times \left(\dfrac{1}{2}\right)^{n-1}$에서 공비는 $\dfrac{1}{2}$이고 $-1 < \dfrac{1}{2} < 1$이므로 이 급수는 수렴한다.

따라서 첫째항이 3, 공비가 $\dfrac{1}{2}$인 등비급수의 합은 $\dfrac{3}{1-\frac{1}{2}} = 6$

(2) 등비급수 $\displaystyle\sum_{n=1}^{\infty} 3^n$에서 공비는 3이고 $3 > 1$이므로 이 급수는 발산한다.

참고 등비급수 $\displaystyle\sum_{n=1}^{\infty} ar^{n-1}$에서 $a=0$이면 모든 항이 0이므로 급수의 합도 0이다.

3 등비급수의 수렴 조건

(1) 등비급수 $\displaystyle\sum_{n=1}^{\infty} r^n$이 수렴하기 위한 조건 ➡ $-1 < r < 1$

(2) 등비급수 $\displaystyle\sum_{n=1}^{\infty} ar^{n-1}$이 수렴하기 위한 조건 ➡ $a=0$ 또는 $-1 < r < 1$

예 등비급수 $\displaystyle\sum_{n=1}^{\infty} (x+2)^{n-1}$이 수렴하도록 하는 실수 x의 값의 범위를 구해 보자.

공비가 $x+2$이므로 이 등비급수가 수렴하려면 $-1 < x+2 < 1$ $\therefore\ -3 < x < -1$

4 등비급수의 활용

(1) 순환소수와 등비급수

순환소수를 등비급수로 나타낸 후 그 합을 구하여 순환소수를 분수로 나타낼 수 있다.

예 $0.\dot{2} = 0.2222\cdots = 0.2 + 0.02 + 0.002 + 0.0002 + \cdots$

$$= \dfrac{2}{10} + \dfrac{2}{100} + \dfrac{2}{1000} + \dfrac{2}{10000} + \cdots = \dfrac{\frac{2}{10}}{1-\frac{1}{10}} = \dfrac{2}{9}$$

첫째항이 $\dfrac{2}{10}$, 공비가 $\dfrac{1}{10}$인 등비급수

참고 (1) $0.\dot{a} = \dfrac{a}{9}$ (2) $0.\dot{a}\dot{b} = \dfrac{ab}{99}$ (3) $0.\dot{a}b\dot{c} = \dfrac{abc}{999}$ (4) $0.a\dot{b}\dot{c} = \dfrac{abc-a}{990}$

(2) 등비급수의 도형에의 활용

좌표평면 위에서 움직이는 점이 한없이 가까워지는 점의 좌표를 구하거나 닮은꼴이 한없이 반복되는 도형에서 선분의 길이, 도형의 넓이 등의 합을 구하는 문제는 등비급수의 합을 이용하여 다음과 같은 순서로 해결한다.

① 일정한 규칙을 찾는다.

② 첫째항 a와 공비 r를 구한다.

③ 등비급수의 합이 $\dfrac{a}{1-r}$ ($|r|<1$)임을 이용한다.

개념 PLUS

등비급수의 수렴과 발산

등비급수 $\displaystyle\sum_{n=1}^{\infty} ar^{n-1}$ $(a\neq0)$의 제n항까지의 부분합을 S_n이라 하면

$$S_n = a + ar + ar^2 + \cdots + ar^{n-1}$$

$r\neq1$이면 $S_n = \dfrac{a(1-r^n)}{1-r}$

$r=1$이면 $S_n = \underbrace{a+a+a+\cdots+a}_{n개} = na$

따라서 등비급수 $\displaystyle\sum_{n=1}^{\infty} ar^{n-1}$ $(a\neq0)$의 수렴, 발산은 공비 r의 값에 따라 다음과 같이 결정된다.

(1) $|r|<1$일 때, $\displaystyle\lim_{n\to\infty} r^n = 0$이므로

$$\lim_{n\to\infty} S_n = \lim_{n\to\infty} \frac{a(1-r^n)}{1-r} = \frac{a}{1-r}$$

따라서 등비급수 $\displaystyle\sum_{n=1}^{\infty} ar^{n-1}$은 수렴하고, 그 합은 $\dfrac{a}{1-r}$이다.

(2) $r=1$일 때, $\displaystyle\lim_{n\to\infty} S_n = \lim_{n\to\infty} na$는 발산하므로 등비급수 $\displaystyle\sum_{n=1}^{\infty} ar^{n-1}$은 발산한다.

(3) $r>1$일 때, $\displaystyle\lim_{n\to\infty} r^n = \infty$이므로 등비급수 $\displaystyle\sum_{n=1}^{\infty} ar^{n-1}$은 발산한다.

(4) $r\leq-1$일 때, 수열 $\{r^n\}$은 발산(진동)하므로 등비급수 $\displaystyle\sum_{n=1}^{\infty} ar^{n-1}$은 발산한다.

개념 CHECK

정답과 해설 19쪽

1 다음 등비급수의 수렴, 발산을 조사하고, 수렴하면 그 합을 구하시오.

(1) $\displaystyle\sum_{n=1}^{\infty} \left(\dfrac{1}{4}\right)^n$

(2) $\displaystyle\sum_{n=1}^{\infty} \left(-\dfrac{6}{5}\right)^n$

(3) $\displaystyle\sum_{n=1}^{\infty} \dfrac{1}{5} \times 4^{n-1}$

(4) $\displaystyle\sum_{n=1}^{\infty} 2 \times \left(-\dfrac{1}{3}\right)^{n-1}$

2 등비급수 $1 - 3x + 9x^2 - 27x^3 + \cdots$이 수렴하도록 하는 실수 x의 값의 범위를 구하시오.

등비급수의 합 (1)

필.수.예.제 01

다음 급수의 합을 구하시오.

$$(1) \ \sum_{n=1}^{\infty} \frac{2^n + (-1)^n}{3^n} \qquad\qquad (2) \ \sum_{n=1}^{\infty} \frac{1}{3^n} \sin \frac{n\pi}{2}$$

공략 Point

등비급수 $\sum_{n=1}^{\infty} ar^{n-1} \ (a \neq 0)$에서 $|r| < 1$이면 등비급수의 합은 $\dfrac{a}{1-r}$이다.

풀이

(1) 등비급수 $\sum_{n=1}^{\infty} \left(\dfrac{2}{3}\right)^n$, $\sum_{n=1}^{\infty} \left(-\dfrac{1}{3}\right)^n$은 각각 수렴하므로 급수의 성질에 의하여

각각 첫째항이 $\dfrac{2}{3}$, 공비가 $\dfrac{2}{3}$인 등비급수와 첫째항이 $-\dfrac{1}{3}$, 공비가 $-\dfrac{1}{3}$인 등비급수이므로 주어진 급수의 합은

$$\sum_{n=1}^{\infty} \frac{2^n + (-1)^n}{3^n} = \sum_{n=1}^{\infty} \left(\frac{2}{3}\right)^n + \sum_{n=1}^{\infty} \left(-\frac{1}{3}\right)^n$$

$$= \frac{\frac{2}{3}}{1-\frac{2}{3}} + \frac{-\frac{1}{3}}{1-\left(-\frac{1}{3}\right)}$$

$$= 2 + \left(-\frac{1}{4}\right) = \frac{7}{4}$$

(2) $\sum_{n=1}^{\infty} \dfrac{1}{3^n} \sin \dfrac{n\pi}{2}$에서

$$\sum_{n=1}^{\infty} \frac{1}{3^n} \sin \frac{n\pi}{2} = \frac{1}{3} \sin \frac{\pi}{2} + \frac{1}{3^2} \sin \pi + \frac{1}{3^3} \sin \frac{3}{2}\pi$$
$$+ \frac{1}{3^4} \sin 2\pi + \frac{1}{3^5} \sin \frac{5}{2}\pi + \cdots$$
$$= \frac{1}{3} + 0 - \frac{1}{3^3} + 0 + \frac{1}{3^5} + \cdots$$

주어진 급수는 첫째항이 $\dfrac{1}{3}$, 공비가 $-\dfrac{1}{9}$인 등비급수이므로 그 합은

$$= \frac{\frac{1}{3}}{1-\left(-\frac{1}{9}\right)} = \frac{3}{10}$$

정답과 해설 19쪽

문제

01- 1 다음 급수의 합을 구하시오.

$$(1) \ \sum_{n=1}^{\infty} \left(-\frac{1}{3}\right)^n \left(\frac{3}{4}\right)^n \qquad\qquad (2) \ \sum_{n=1}^{\infty} \frac{3^n - 2^n}{6^n}$$

$$(3) \ \sum_{n=1}^{\infty} \frac{3 - 2^n}{3^n} \qquad\qquad (4) \ \sum_{n=1}^{\infty} \frac{2^{n+1} - 3^{2n-1}}{18^{n-1}}$$

01- 2 급수 $\sum_{n=1}^{\infty} \left(-\dfrac{1}{4}\right)^n \cos \dfrac{n\pi}{2}$의 합을 구하시오.

등비급수의 합 (2)

필.수.예.제
02

공략 Point

주어진 조건을 이용하여 a_n을 구한 후 첫째항이 a, 공비가 $r\,(|r|<1)$인 등비급수의 합은 $\dfrac{a}{1-r}$임을 이용한다.

자연수 n에 대하여 4^n의 일의 자리의 숫자를 a_n이라 할 때, 급수 $\displaystyle\sum_{n=1}^{\infty}\dfrac{a_n}{4^n}$의 합을 구하시오.

풀이

4^n의 일의 자리의 숫자는 차례대로 $4,\ 6,\ 4,\ 6,\ \cdots$이므로

$$a_1=4,\ a_2=6,\ a_3=4,\ a_4=6,\ \cdots$$

따라서 주어진 급수의 합은

$$\sum_{n=1}^{\infty}\dfrac{a_n}{4^n}=\dfrac{4}{4}+\dfrac{6}{4^2}+\dfrac{4}{4^3}+\dfrac{6}{4^4}+\cdots$$

$$=\left(\dfrac{4}{4}+\dfrac{4}{4^3}+\dfrac{4}{4^5}+\cdots\right)+\left(\dfrac{6}{4^2}+\dfrac{6}{4^4}+\dfrac{6}{4^6}+\cdots\right)$$

$$=\dfrac{1}{1-\dfrac{1}{16}}+\dfrac{\dfrac{6}{16}}{1-\dfrac{1}{16}}$$

$$=\dfrac{16}{15}+\dfrac{6}{15}=\dfrac{22}{15}$$

정답과 해설 19쪽

문제

02- 1 $\displaystyle\lim_{n\to\infty}\sum_{k=1}^{n}\dfrac{1+5+5^2+\cdots+5^{k-1}}{7^k}$의 값을 구하시오.

02- 2 첫째항이 5, 공비가 2인 등비수열 $\{a_n\}$의 첫째항부터 제n항까지의 합을 S_n이라 할 때, 급수 $\displaystyle\sum_{n=1}^{\infty}\dfrac{S_n-a_n}{4^n}$의 합을 구하시오.

02- 3 자연수 n에 대하여 다항식 x^n+4x^{n-1}을 $3x-1$로 나누었을 때의 나머지를 a_n이라 할 때, 급수 $\displaystyle\sum_{n=1}^{\infty}a_n$의 합을 구하시오.

필.수.예.제 03

합이 주어진 등비급수

등비수열 $\{a_n\}$에 대하여 $\sum_{n=1}^{\infty} a_n = \sqrt{3}$, $\sum_{n=1}^{\infty} a_n^2 = \dfrac{1}{3}$일 때, 이 등비수열의 첫째항을 구하시오.

공략 Point

첫째항을 a, 공비를 r로 놓으면 등비급수의 합은 $\dfrac{a}{1-r}$임을 이용하여 식을 세운 후 연립하여 a, r의 값을 구한다. 이때 $-1<r<1$임에 주의한다.

풀이

등비수열 $\{a_n\}$의 첫째항을 a, 공비를 r라 하면 $\sum_{n=1}^{\infty} a_n = \sqrt{3}$에서	$\dfrac{a}{1-r} = \sqrt{3}$ $\therefore a = \sqrt{3}(1-r)$ ⋯⋯ ㉠
수열 $\{a_n^2\}$은 첫째항이 a^2, 공비가 r^2인 등비수열이므로 $\sum_{n=1}^{\infty} a_n^2 = \dfrac{1}{3}$에서	$\dfrac{a^2}{1-r^2} = \dfrac{1}{3}$ $\therefore 3a^2 = 1-r^2$ ⋯⋯ ㉡
㉠을 ㉡에 대입하면	$3\{\sqrt{3}(1-r)\}^2 = 1-r^2$ $9(1-r)^2 = 1-r^2$, $5r^2 - 9r + 4 = 0$ $(5r-4)(r-1) = 0$　　$\therefore r = \dfrac{4}{5}$ 또는 $r=1$
$-1<r<1$이므로	$r = \dfrac{4}{5}$
$r = \dfrac{4}{5}$를 ㉠에 대입하면	$a = \sqrt{3}\left(1 - \dfrac{4}{5}\right) = \dfrac{\sqrt{3}}{5}$

정답과 해설 20쪽

문제

03-1 등비급수 $1 - \dfrac{x}{3} + \dfrac{x^2}{9} - \dfrac{x^3}{27} + \cdots$의 합이 $\dfrac{3}{5}$일 때, 실수 x의 값을 구하시오.

03-2 첫째항이 1인 두 등비수열 $\{a_n\}$, $\{b_n\}$에 대하여 $\sum_{n=1}^{\infty} a_n = 4$, $\sum_{n=1}^{\infty} b_n = 2$일 때, 급수

$\dfrac{b_1}{a_1} + \dfrac{b_2}{a_2} + \dfrac{b_3}{a_3} + \dfrac{b_4}{a_4} + \cdots$의 합을 구하시오.

03-3 첫째항이 a, 공비가 r인 등비수열 $\{a_n\}$에 대하여 $\sum_{n=1}^{\infty} a_n = 2$, $\sum_{n=1}^{\infty} a_n^3 = 24$일 때, $a+r$의 값을 구하시오.

필.수.예.제 04

등비급수의 수렴 조건

다음 등비급수가 수렴하도록 하는 실수 x의 값의 범위를 구하시오.

(1) $\displaystyle\sum_{n=1}^{\infty}(x-3)\left(\dfrac{x-2}{5}\right)^{n-1}$

(2) $x+x(x^2-2x+1)+x(x^2-2x+1)^2+x(x^2-2x+1)^3+\cdots$

공략 Point

등비급수 $\displaystyle\sum_{n=1}^{\infty}ar^{n-1}$이 수렴하기 위한 조건

➡ $a=0$ 또는 $-1<r<1$

풀이

(1) 주어진 등비급수의 첫째항이 $x-3$, 공비가 $\dfrac{x-2}{5}$이므로 이 등비급수가 수렴하려면	$x-3=0$ 또는 $-1<\dfrac{x-2}{5}<1$
(i) $x-3=0$에서	$x=3$
(ii) $-1<\dfrac{x-2}{5}<1$에서	$-5<x-2<5$ $\therefore\ -3<x<7$
(i), (ii)에서	$\mathbf{-3<x<7}$

(2) 주어진 등비급수의 첫째항이 x, 공비가 x^2-2x+1이므로 이 등비급수가 수렴하려면	$x=0$ 또는 $-1<x^2-2x+1<1$
(i) $x^2-2x+1>-1$에서	$x^2-2x+2>0$ $\therefore\ (x-1)^2+1>0$ 따라서 모든 실수 x에 대하여 성립한다.
(ii) $x^2-2x+1<1$에서	$x^2-2x<0,\ x(x-2)<0$ $\therefore\ 0<x<2$
(i), (ii)에서	$0<x<2$
따라서 구하는 x의 값의 범위는	$\mathbf{0\leq x<2}$

정답과 해설 20쪽

문제

04-1 다음 등비급수가 수렴하도록 하는 실수 x의 값의 범위를 구하시오.

(1) $\displaystyle\sum_{n=1}^{\infty}(x-2)(x-3)^n$

(2) $(x+2)+(x+2)(x^2-1)+(x+2)(x^2-1)^2+\cdots$

04-2 등비급수 $\displaystyle\sum_{n=1}^{\infty}(1-\log_3 x)^n$이 수렴하도록 하는 양수 x의 값의 범위를 구하시오.

필.수.예.제
05

순환소수와 등비급수

등비급수를 이용하여 다음 순환소수를 분수로 나타내시오.

(1) $0.\dot{1}\dot{2}$

(2) $1.2\dot{3}$

공략 Point

순환소수를 등비급수로 나타 낸 후 그 합을 구하여 분수로 나타낸다.

풀이

(1) 주어진 순환소수를 등비급수로 나타내면	$0.\dot{1}\dot{2}=0.121212\cdots$ $=0.12+0.0012+0.000012+\cdots$ $=\dfrac{12}{100}+\dfrac{12}{10000}+\dfrac{12}{1000000}+\cdots$
등비급수의 합을 구하면	$=\dfrac{\dfrac{12}{100}}{1-\dfrac{1}{100}}$ $=\dfrac{12}{99}$ $=\dfrac{4}{33}$
(2) 주어진 순환소수를 등비급수로 나타내면	$1.2\dot{3}=1.233333\cdots$ $=1.2+0.03+0.003+0.0003+\cdots$ $=\dfrac{12}{10}+\dfrac{3}{100}+\dfrac{3}{1000}+\dfrac{3}{10000}+\cdots$
등비급수의 합을 구하면	$=\dfrac{12}{10}+\dfrac{\dfrac{3}{100}}{1-\dfrac{1}{10}}$ $=\dfrac{12}{10}+\dfrac{1}{30}$ $=\dfrac{37}{30}$

정답과 해설 21쪽

문제

05-1 등비급수를 이용하여 다음 순환소수를 분수로 나타내시오.

(1) $0.\dot{3}1\dot{2}$

(2) $0.2\dot{5}$

등비급수의 활용 – 점의 좌표

필.수.예.제 06

자연수 n에 대하여 오른쪽 그림과 같이 좌표평면 위의 점 P_n이

$$\overline{OP_1}=1,\ \overline{P_1P_2}=\frac{1}{2},\ \overline{P_2P_3}=\left(\frac{1}{2}\right)^2,\ \overline{P_3P_4}=\left(\frac{1}{2}\right)^3,\ \cdots$$

$$\angle OP_1P_2=\angle P_1P_2P_3=\angle P_2P_3P_4=\cdots=90°$$

를 만족시킬 때, 점 P_n이 한없이 가까워지는 점의 좌표를 구하시오.

(단, O는 원점)

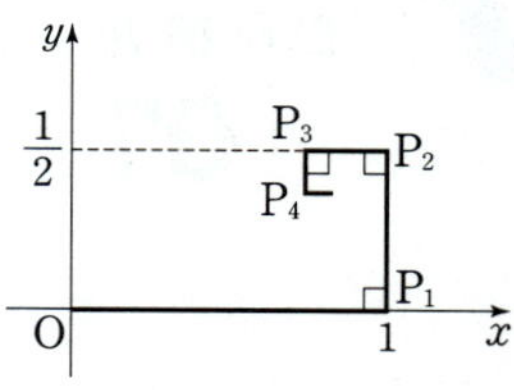

공략 Point

구하는 점의 x좌표와 y좌표가 변하는 규칙을 찾은 후 점의 좌표가 한없이 가까워지는 값을 등비급수로 나타낸다.

풀이

점 P_n의 x좌표를 x_n이라 하면	$x_1=\overline{OP_1}=1,\ x_2=x_1,\ x_3=x_1-\overline{P_2P_3}=1-\left(\frac{1}{2}\right)^2,$ $x_4=x_3,\ x_5=x_3+\overline{P_4P_5}=1-\left(\frac{1}{2}\right)^2+\left(\frac{1}{2}\right)^4,\ \cdots$
점 P_n의 x좌표인 x_n이 한없이 가까워지는 값은 $\lim\limits_{n\to\infty}x_n$이므로	$\lim\limits_{n\to\infty}x_n=1-\left(\frac{1}{2}\right)^2+\left(\frac{1}{2}\right)^4-\left(\frac{1}{2}\right)^6+\cdots$ $=\dfrac{1}{1-\left(-\dfrac{1}{4}\right)}=\dfrac{4}{5}$
점 P_n의 y좌표를 y_n이라 하면	$y_1=0,\ y_2=\overline{P_1P_2}=\frac{1}{2},\ y_3=y_2,$ $y_4=y_2-\overline{P_3P_4}=\frac{1}{2}-\left(\frac{1}{2}\right)^3,\ y_5=y_4,\ \cdots$
점 P_n의 y좌표인 y_n이 한없이 가까워지는 값은 $\lim\limits_{n\to\infty}y_n$이므로	$\lim\limits_{n\to\infty}y_n=\frac{1}{2}-\left(\frac{1}{2}\right)^3+\left(\frac{1}{2}\right)^5-\left(\frac{1}{2}\right)^7+\cdots$ $=\dfrac{\dfrac{1}{2}}{1-\left(-\dfrac{1}{4}\right)}=\dfrac{2}{5}$
따라서 점 P_n이 한없이 가까워지는 점의 좌표는	$\left(\dfrac{4}{5},\ \dfrac{2}{5}\right)$

정답과 해설 **21**쪽

문제

06-1

자연수 n에 대하여 오른쪽 그림과 같이 좌표평면 위의 점 P_n과 x축의 양의 방향 위의 점 A가

$$\overline{OP_1}=1,\ \overline{P_1P_2}=\frac{1}{2},\ \overline{P_2P_3}=\left(\frac{1}{2}\right)^2,\ \cdots,$$

$$\angle AOP_1=30°,\ \angle OP_1P_2=\angle P_1P_2P_3=\cdots=60°$$

를 만족시킨다. 점 P_n이 한없이 가까워지는 점의 좌표를 $(a,\ b)$라 할 때, ab의 값을 구하시오. (단, O는 원점)

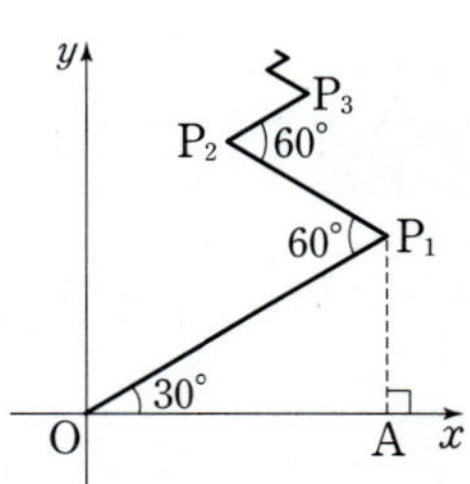

등비급수의 활용 – 길이

필.수.예.제 07

오른쪽 그림과 같이 한 변의 길이가 4인 정사각형 $A_1B_1C_1D_1$의 각 변의 중점을 연결하여 정사각형 $A_2B_2C_2D_2$를 만들고, 정사각형 $A_2B_2C_2D_2$의 각 변의 중점을 연결하여 정사각형 $A_3B_3C_3D_3$을 만든다. 이와 같은 과정을 한없이 반복할 때, 모든 정사각형의 둘레의 길이의 합을 구하시오.

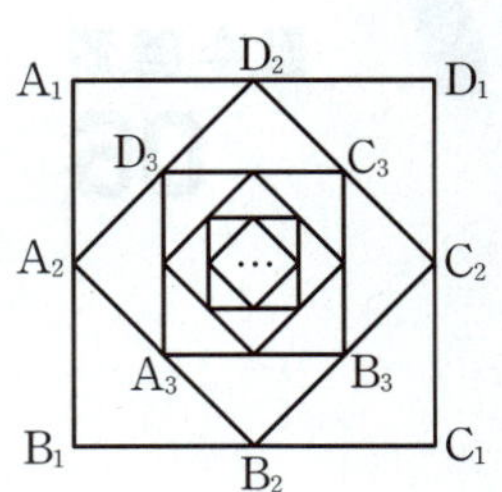

공략 Point

도형에 대한 여러 가지 성질을 이용하여 주어진 도형의 길이의 규칙을 찾은 후 길이의 합을 등비급수로 나타낸다.

풀이

정사각형 $A_1B_1C_1D_1$의 둘레의 길이는	$4\overline{A_1D_1}=4\times4=16$
직각삼각형 $A_1A_2D_2$에서 $\overline{A_1A_2}=2$, $\overline{A_1D_2}=2$이므로	$\overline{A_2D_2}=2\sqrt{2}$
정사각형 $A_2B_2C_2D_2$의 둘레의 길이는	$4\overline{A_2D_2}=4\times2\sqrt{2}=8\sqrt{2}$
직각삼각형 $A_2A_3D_3$에서 $\overline{A_2A_3}=\sqrt{2}$, $\overline{A_2D_3}=\sqrt{2}$이므로	$\overline{A_3D_3}=2$
정사각형 $A_3B_3C_3D_3$의 둘레의 길이는	$4\overline{A_3D_3}=4\times2=8$
$\vdots$	$\vdots$
따라서 모든 정사각형의 둘레의 길이의 합은	$16+8\sqrt{2}+8+\cdots=\dfrac{16}{1-\dfrac{\sqrt{2}}{2}}=32+16\sqrt{2}$

공략 Point

닮음비를 이용하여 공비를 구하고 첫째항을 이용하여 등비급수의 합을 구한다.

다른 풀이

정사각형 $A_nB_nC_nD_n$의 둘레의 길이를 l_n이라 하면 정사각형 $A_1B_1C_1D_1$의 한 변의 길이가 4이므로	$l_1=4\times4=16$
두 정사각형 $A_nB_nC_nD_n$, $A_{n+1}B_{n+1}C_{n+1}D_{n+1}$은 닮음이고 닮음비는	$4:2\sqrt{2}=1:\dfrac{\sqrt{2}}{2}$ $\quad\therefore l_{n+1}=\dfrac{\sqrt{2}}{2}l_n$
따라서 수열 $\{l_n\}$은 첫째항이 16, 공비가 $\dfrac{\sqrt{2}}{2}$인 등비수열이므로	$\displaystyle\sum_{n=1}^{\infty}l_n=\dfrac{16}{1-\dfrac{\sqrt{2}}{2}}=32+16\sqrt{2}$

정답과 해설 21쪽

문제

07-1

오른쪽 그림과 같이 길이가 4인 선분 A_1A_2를 $1:3$으로 내분하는 점을 A_3, 선분 A_2A_3을 $1:3$으로 내분하는 점을 A_4, 선분 A_3A_4를 $1:3$으로 내분하는 점을 A_5라 하자. 이와 같은 과정을 계속하여 n 번째 얻은 선분 A_nA_{n+1}을 지름으로 하는 반원의 호의 길이를 l_n이라 할 때, 급수 $\displaystyle\sum_{n=1}^{\infty}l_n$의 합을 구하시오.

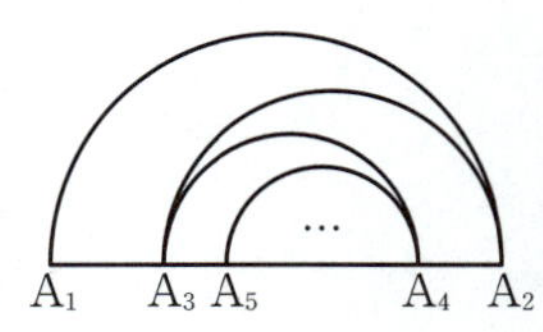

등비급수의 활용 – 넓이

필.수.예.제 08

오른쪽 그림과 같이 $\overline{AB}=1$, $\overline{BC}=2$이고 $\angle B=90°$인 직각삼각형 ABC에 내접하는 정사각형 $A_1C_1BB_1$을 그리고, 직각삼각형 A_1B_1C에 내접하는 정사각형 $A_2C_2B_1B_2$를 그린다. 이와 같이 직각삼각형에 내접하는 정사각형을 그리는 과정을 한없이 반복할 때, 모든 정사각형의 넓이의 합을 구하시오.

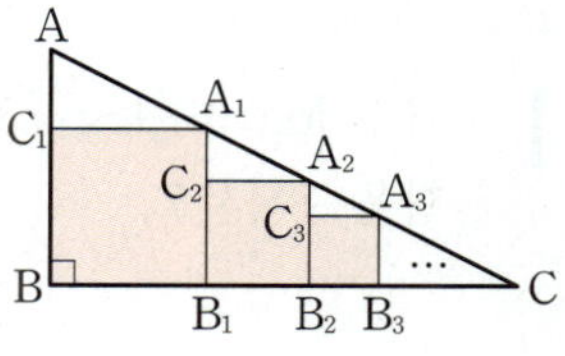

공략 Point

도형에 대한 여러 가지 성질을 이용하여 주어진 도형의 넓이의 규칙을 찾은 후 넓이의 합을 등비급수로 나타낸다.

풀이

오른쪽 그림과 같이 각 정사각형의 한 변의 길이를 각각 x_1, x_2, x_3, $\cdots$ 이라 하자.	
$\triangle ABC \backsim \triangle A_1B_1C$이므로	$1:x_1=2:(2-x_1)$ $\quad \therefore x_1=\dfrac{2}{3}$
정사각형 $A_1C_1BB_1$의 넓이는	$x_1{}^2=\left(\dfrac{2}{3}\right)^2=\dfrac{4}{9}$
$\triangle ABC \backsim \triangle A_2B_2C$이므로	$1:x_2=2:(2-x_1-x_2)$ $\quad \therefore x_2=\dfrac{4}{9}$
정사각형 $A_2C_2B_1B_2$의 넓이는	$x_2{}^2=\left(\dfrac{4}{9}\right)^2$
$\triangle ABC \backsim \triangle A_3B_3C$이므로	$1:x_3=2:(2-x_1-x_2-x_3)$ $\quad \therefore x_3=\dfrac{8}{27}$
정사각형 $A_3C_3B_2B_3$의 넓이는 $\vdots$	$x_3{}^2=\left(\dfrac{8}{27}\right)^2=\left(\dfrac{4}{9}\right)^3$ $\vdots$
따라서 모든 정사각형의 넓이의 합은	$\dfrac{4}{9}+\left(\dfrac{4}{9}\right)^2+\left(\dfrac{4}{9}\right)^3+\cdots=\dfrac{\dfrac{4}{9}}{1-\dfrac{4}{9}}=\dfrac{4}{5}$

정답과 해설 **22**쪽

문제

08-1 오른쪽 그림과 같이 정사각형에 직각이등변삼각형과 정사각형을 번갈아 붙이는 과정을 한없이 반복할 때, 정사각형을 A_1, A_2, A_3, $\cdots$, 직각이등변삼각형을 B_1, B_2, B_3, $\cdots$이라 하자. 정사각형 A_1의 한 변의 길이가 2일 때, 모든 정사각형과 직각이등변삼각형의 넓이의 합을 구하시오.

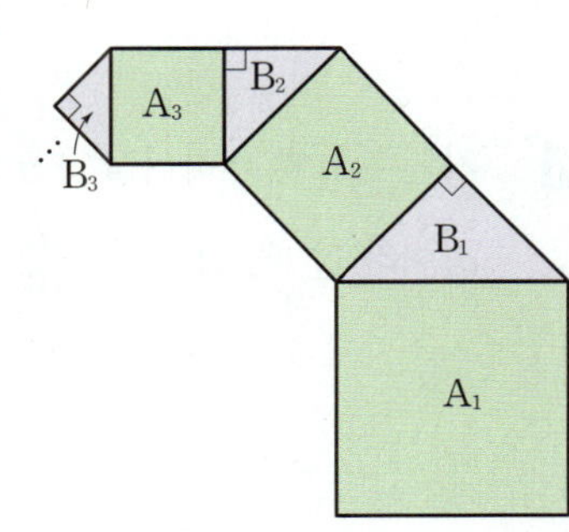

1 급수 $\log_3 3 + \log_3 \sqrt{3} + \log_3 \sqrt[4]{3} + \log_3 \sqrt[8]{3} + \cdots$의 합을 구하시오.

2 급수 $\displaystyle\sum_{n=1}^{\infty} \frac{2^{2n}-2}{6^n}$의 합은?

① $\dfrac{1}{5}$ ② $\dfrac{1}{2}$ ③ $\dfrac{3}{2}$

④ $\dfrac{8}{5}$ ⑤ 2

교육청

3 수열 $\{a_n\}$이 모든 자연수 n에 대하여

$$a_1=3, \quad a_{n+1}=\frac{2}{3}a_n$$

을 만족시킬 때, $\displaystyle\sum_{n=1}^{\infty} a_{2n-1}=\frac{q}{p}$이다. $p+q$의 값을 구하시오. (단, p와 q는 서로소인 자연수이다.)

4 자연수 n에 대하여 4^n+9^n의 일의 자리의 숫자를 a_n이라 할 때, 급수 $\displaystyle\sum_{n=1}^{\infty} \frac{a_n}{10^n}$의 합을 구하시오.

5 수열 $\{a_n\}$의 첫째항부터 제n항까지의 합을 S_n이라 할 때, $\log_8(S_n+1)=\dfrac{n}{3}$이다. 급수 $\displaystyle\sum_{n=1}^{\infty} \frac{9}{a_n a_{n+1}}$의 합을 구하시오.

평가원

6 등비수열 $\{a_n\}$에 대하여 $\displaystyle\lim_{n\to\infty} \frac{3^n}{a_n+2^n}=6$일 때, $\displaystyle\sum_{n=1}^{\infty} \frac{1}{a_n}$의 값은?

① 1 ② 2 ③ 3

④ 4 ⑤ 5

7 등비수열 $\{a_n\}$에 대하여 $\displaystyle\sum_{n=1}^{\infty} a_n=-\frac{1}{5}$, $\displaystyle\sum_{n=1}^{\infty} a_{2n}=\frac{1}{15}$일 때, 급수 $\displaystyle\sum_{n=1}^{\infty} a_n{}^2$의 합을 구하시오.

8 등비수열 $\left\{ \dfrac{x}{4}\left(1-\dfrac{x}{4}\right)^{n-1} \right\}$과 등비급수 $\displaystyle\sum_{n=1}^{\infty} \left(\frac{x^2-x+1}{3}\right)^n$이 모두 수렴하도록 하는 실수 x의 값의 범위를 구하시오.

9 등비급수 $\displaystyle\sum_{n=1}^{\infty} r^n$이 수렴할 때, 다음 중 반드시 수렴한다고 할 수 <u>없는</u> 것은?

① $\displaystyle\sum_{n=1}^{\infty} r^{2n}$
② $\displaystyle\sum_{n=1}^{\infty} (-r)^n$

③ $\displaystyle\sum_{n=1}^{\infty} \left(\frac{r-1}{2}\right)^n$
④ $\displaystyle\sum_{n=1}^{\infty} \left(\frac{r}{2}-1\right)^n$

⑤ $\displaystyle\sum_{n=1}^{\infty} \frac{r^n+(-r)^n}{3}$

10 두 등비수열 $\{a_n\}$, $\{b_n\}$에 대하여 다음 보기 중 옳은 것만을 있는 대로 고르시오.

> • 보기 •
>
> ㄱ. 등비급수 $\displaystyle\sum_{n=1}^{\infty} a_n{}^3$이 수렴하면 $\displaystyle\sum_{n=1}^{\infty} a_n$도 수렴한다.
>
> ㄴ. $\displaystyle\lim_{n\to\infty} a_n=0$이면 등비급수 $\displaystyle\sum_{n=1}^{\infty} a_n$은 수렴한다.
>
> ㄷ. 두 등비급수 $\displaystyle\sum_{n=1}^{\infty} a_n$, $\displaystyle\sum_{n=1}^{\infty} b_n$이 각각 α, β에 수렴하면 $\displaystyle\sum_{n=1}^{\infty} a_nb_n=\alpha\beta$이다.
>
> ㄹ. 두 등비급수 $\displaystyle\sum_{n=1}^{\infty} a_n$, $\displaystyle\sum_{n=1}^{\infty} b_n$이 모두 발산하면 $\displaystyle\lim_{n\to\infty} (a_n+b_n)\neq 0$이다.

11 등비수열 $\{a_n\}$에 대하여 $a_1=0.\dot{a}$, $a_2=0.0\dot{a}$, $\displaystyle\sum_{n=1}^{\infty} a_n=0.2\dot{4}$일 때, 한 자리 자연수 a의 값을 구하시오.

12 어떤 공장에서 생산된 비닐의 80 %가 폐비닐로 수거되고 그중 75 %가 비닐로 재생산된다고 한다. 처음 200 kg의 비닐을 생산한 후 이와 같은 수거와 재생산 과정을 한없이 반복할 때, 재생산되는 비닐의 총량은?

① 120 kg ② 200 kg ③ 250 kg
④ 300 kg ⑤ 360 kg

13 자연수 n에 대하여 원 $x^2+y^2=\left(\dfrac{1}{4}\right)^{2n}$의 접선 중에서 기울기가 -1이고 제1사분면을 지나는 접선이 x축과 만나는 점의 좌표를 $(a_n,\ 0)$이라 할 때, 급수 $\displaystyle\sum_{n=1}^{\infty} a_n$의 합은?

① $\dfrac{\sqrt{2}}{4}$
② $\dfrac{\sqrt{2}}{3}$
③ $\dfrac{\sqrt{2}}{2}$

④ $\sqrt{2}$
⑤ 2

14 어떤 공을 땅에 떨어뜨리면 그 공은 낙하한 높이의 $\dfrac{4}{5}$만큼 수직으로 튀어 오른다고 한다. 이 공을 3 m의 높이에서 수직으로 땅에 떨어뜨릴 때, 공이 정지할 때까지 움직인 거리를 구하시오.

(단, 공의 크기는 생각하지 않는다.)

연습문제

15 오른쪽 그림과 같이 한 변의 길이가 2인 정삼각형 ABC의 각 변의 중점을 이어서 만든 정삼각형 $A_1B_1C_1$의 넓이를 S_1이라 하고, 정삼각형 $A_1B_1C_1$의 각 변의 중점을 이어서 만든 정삼각형 $A_2B_2C_2$의 넓이를 S_2라 하자. 이와 같은 과정을 계속하여 n 번째 만든 정삼각형 $A_nB_nC_n$의 넓이를 S_n이라 할 때, $\lim\limits_{n\to\infty}\sum\limits_{k=1}^{n}S_k$의 값을 구하시오.

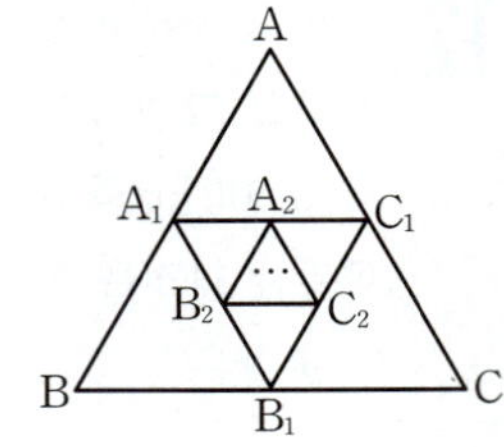

실력

16 함수 $f(x)=2x^2+3x-6$에 대하여 오른쪽 그림과 같이 함수 $y=f(x)$의 그래프가 x축과 만나는 두 점 A, B의 x좌표를 각각 α, β라 할 때, 급수 $\sum\limits_{n=1}^{\infty}\left(\dfrac{1}{\alpha^n}+\dfrac{1}{\beta^n}\right)$의 합을 구하시오.

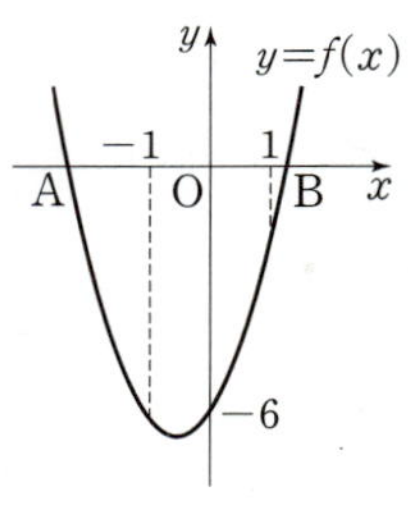

17 수열 $\{a_n\}$이 모든 자연수 n에 대하여
$$4a_1+4^2a_2+4^3a_3+\cdots+4^na_n=3^n-1$$
을 만족시킬 때, 급수 $\sum\limits_{n=1}^{\infty}\dfrac{a_n}{3^{n-1}}$의 합을 구하시오.

18 그림과 같이 $\overline{OA_1}=4$, $\overline{OB_1}=4\sqrt{3}$인 직각삼각형 OA_1B_1이 있다. 중심이 O이고 반지름의 길이가 $\overline{OA_1}$인 원이 선분 OB_1과 만나는 점을 B_2라 하자. 삼각형 OA_1B_1의 내부와 부채꼴 OA_1B_2의 내부에서 공통된 부분을 제외한 ◸ 모양의 도형에 색칠하여 얻은 그림을 R_1이라 하자. 그림 R_1에서 점 B_2를 지나고 선분 A_1B_1에 평행한 직선이 선분 OA_1과 만나는 점을 A_2, 중심이 O이고 반지름의 길이가 $\overline{OA_2}$인 원이 선분 OB_2와 만나는 점을 B_3이라 하자. 삼각형 OA_2B_2의 내부와 부채꼴 OA_2B_3의 내부에서 공통된 부분을 제외한 ◸ 모양의 도형에 색칠하여 얻은 그림을 R_2라 하자. 이와 같은 과정을 계속하여 n번째 얻은 그림 R_n에 색칠되어 있는 부분의 넓이를 S_n이라 할 때, $\lim\limits_{n\to\infty}S_n$의 값은?

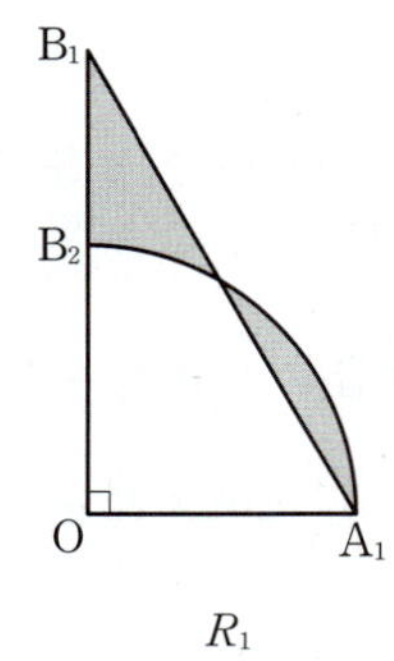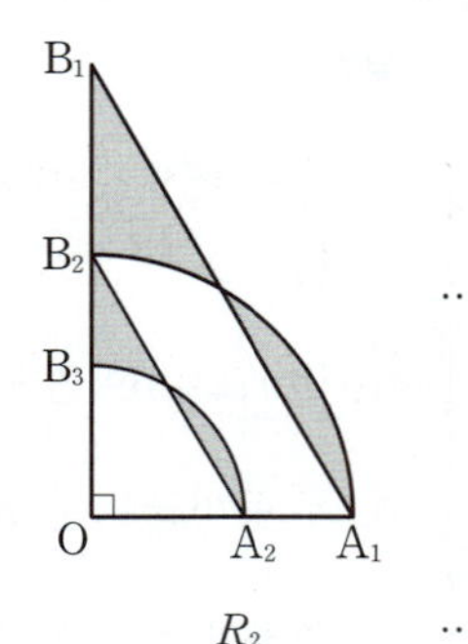

① $\dfrac{3}{2}\pi$ ② $\dfrac{5}{3}\pi$ ③ $\dfrac{11}{6}\pi$

④ 2π ⑤ $\dfrac{13}{6}\pi$

II

미분법

지수함수와 로그함수의 극한

1 지수함수의 극한

$x \to \infty$ 또는 $x \to -\infty$일 때, 지수함수 $y=a^x\,(a>0,\ a\neq1)$의 극한은 다음과 같다.

(1) $a>1$이면 $\displaystyle\lim_{x\to\infty}a^x=\infty$, $\displaystyle\lim_{x\to-\infty}a^x=0$

(2) $0<a<1$이면 $\displaystyle\lim_{x\to\infty}a^x=0$, $\displaystyle\lim_{x\to-\infty}a^x=\infty$

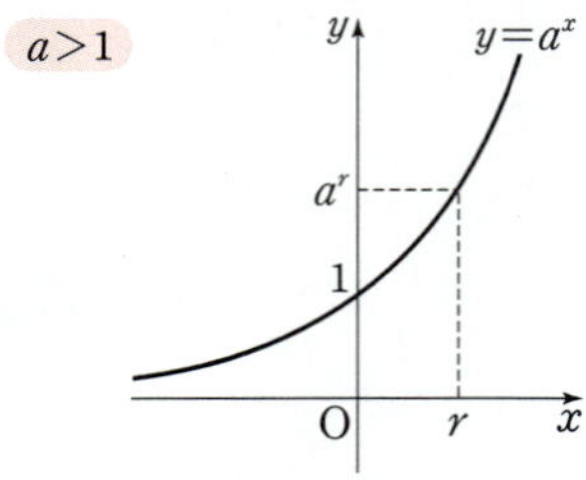
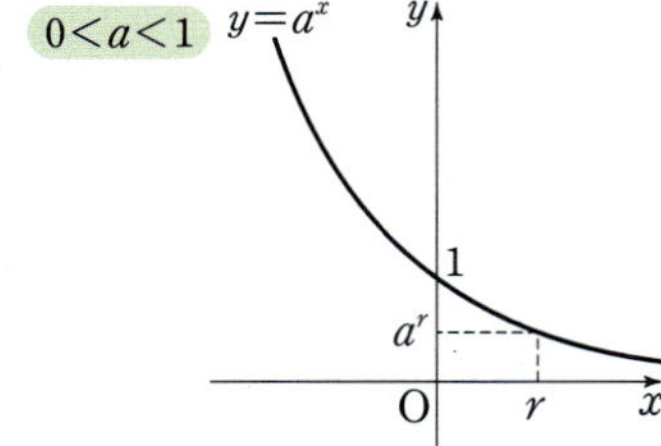

지수함수 $y=a^x$은 실수 전체의 집합에서 연속이므로 함수의 그래프에서 임의의 실수 r에 대하여

$$\lim_{x\to r}a^x=a^r$$

임을 알 수 있다.

예 • $\displaystyle\lim_{x\to\infty}3^x=\infty$, $\displaystyle\lim_{x\to-\infty}3^x=0$, $\displaystyle\lim_{x\to2}3^x=3^2=9$

• $\displaystyle\lim_{x\to\infty}\left(\frac{1}{2}\right)^x=0$, $\displaystyle\lim_{x\to-\infty}\left(\frac{1}{2}\right)^x=\infty$, $\displaystyle\lim_{x\to3}\left(\frac{1}{2}\right)^x=\left(\frac{1}{2}\right)^3=\frac{1}{8}$

참고 1이 아닌 양수 a에 대하여 a의 값의 범위에 관계없이 $\displaystyle\lim_{x\to0}a^x=1$, $\displaystyle\lim_{x\to1}a^x=a$

2 로그함수의 극한

(1) 로그함수의 극한

$x \to \infty$ 또는 $x \to 0+$일 때, 로그함수 $y=\log_a x\,(a>0,\ a\neq1)$의 극한은 다음과 같다.

① $a>1$이면 $\displaystyle\lim_{x\to\infty}\log_a x=\infty$, $\displaystyle\lim_{x\to0+}\log_a x=-\infty$

② $0<a<1$이면 $\displaystyle\lim_{x\to\infty}\log_a x=-\infty$, $\displaystyle\lim_{x\to0+}\log_a x=\infty$

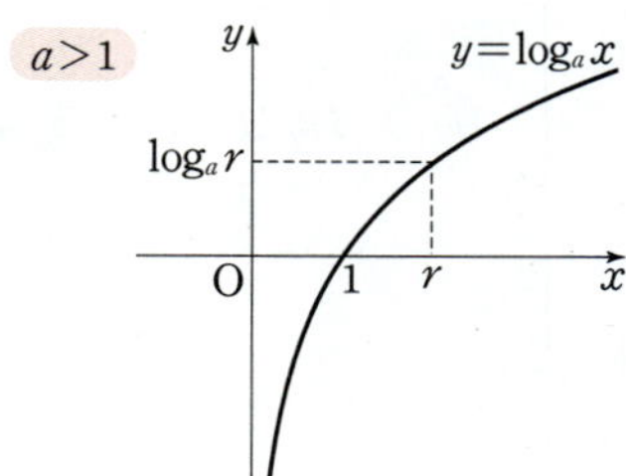
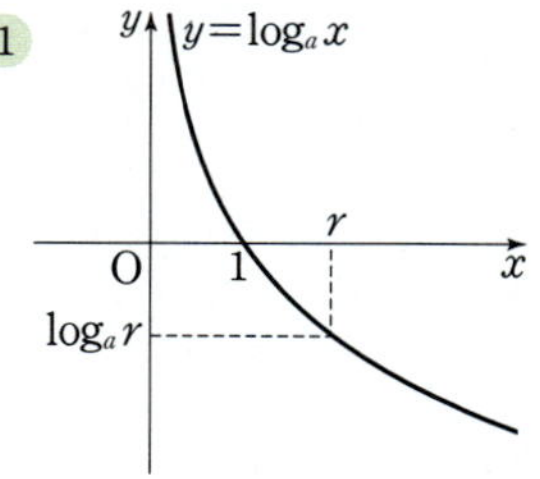

로그함수 $y=\log_a x$는 양의 실수 전체의 집합에서 연속이므로 함수의 그래프에서 임의의 양의 실수 r에 대하여

$$\lim_{x\to r}\log_a x=\log_a r$$

임을 알 수 있다.

예 • $\lim_{x\to\infty}\log_2 x=\infty,\ \lim_{x\to 0+}\log_2 x=-\infty,\ \lim_{x\to 2}\log_2 x=\log_2 2=1$

  • $\lim_{x\to\infty}\log_{\frac{1}{3}} x=-\infty,\ \lim_{x\to 0+}\log_{\frac{1}{3}} x=\infty,\ \lim_{x\to 3}\log_{\frac{1}{3}} x=\log_{\frac{1}{3}} 3=-1$

참고 • 로그함수 $y=\log_a x$는 $x>0$에서 정의되어 있으므로 $\lim_{x\to 0-}\log_a x,\ \lim_{x\to -\infty}\log_a x$ 등은 생각할 수 없다.

  • 1이 아닌 양수 a에 대하여 a의 값의 범위에 관계없이 $\lim_{x\to 1}\log_a x=0,\ \lim_{x\to a}\log_a x=1$

(2) $\log_a f(x)$의 극한

함수 $f(x)$에 대하여 $f(x)>0$이고 a가 1이 아닌 양수일 때, 다음이 성립함이 알려져 있다.

① 실수 r에 대하여 $\lim_{x\to r} f(x)$의 값이 존재하고 $\lim_{x\to r} f(x)>0$이면

$$\lim_{x\to r}\{\log_a f(x)\}=\log_a\{\lim_{x\to r} f(x)\}$$

② $\lim_{x\to\infty} f(x)$의 값이 존재하고 $\lim_{x\to\infty} f(x)>0$이면

$$\lim_{x\to\infty}\{\log_a f(x)\}=\log_a\{\lim_{x\to\infty} f(x)\}$$

예 ① $\lim_{x\to 1}\log_2\dfrac{x+3}{2x}=\log_2\lim_{x\to 1}\dfrac{x+3}{2x}=\log_2 2=1$

  ② $\lim_{x\to\infty}\log_3\dfrac{x-2}{x}=\log_3\lim_{x\to\infty}\dfrac{x-2}{x}=\log_3 1=0$

개념 CHECK

정답과 해설 26쪽

1 다음 극한을 조사하시오.

(1) $\lim_{x\to\infty}(\sqrt{2})^x$

(2) $\lim_{x\to\infty}\left(\dfrac{2}{3}\right)^x$

(3) $\lim_{x\to -\infty} 10^x$

(4) $\lim_{x\to -\infty}\dfrac{4^x}{5^x}$

(5) $\lim_{x\to 2} 5^x$

(6) $\lim_{x\to -1}\left(\dfrac{1}{7}\right)^x$

2 다음 극한을 조사하시오.

(1) $\lim_{x\to\infty}\log_7 x$

(2) $\lim_{x\to\infty}\log_{0.1} x$

(3) $\lim_{x\to 0+}\log x$

(4) $\lim_{x\to 0+}\log_{\frac{1}{5}} x$

(5) $\lim_{x\to\frac{1}{2}}\log_2 x$

(6) $\lim_{x\to 9}\log_{\frac{1}{3}} x$

3 다음 극한값을 구하시오.

(1) $\lim_{x\to 2}\log_3(x^2+5)$

(2) $\lim_{x\to 1}\log_{\frac{1}{2}}\dfrac{x}{3x+5}$

(3) $\lim_{x\to\infty}\log_2\dfrac{4x+3}{2x+1}$

(4) $\lim_{x\to\infty}\log_{\frac{1}{5}}\dfrac{x^2+3x}{x^2+1}$

지수함수의 극한

필.수.예.제 01

다음 극한값을 구하시오.

(1) $\displaystyle\lim_{x\to\infty}\dfrac{3^x}{3^x+2^x}$

(2) $\displaystyle\lim_{x\to-\infty}\dfrac{5^x-5^{-x}}{5^x+5^{-x}}$

(3) $\displaystyle\lim_{x\to\infty}\left(5^x-4^x\right)^{\frac{1}{x}}$

공략 Point

(1) $\dfrac{\infty}{\infty}$ 꼴은 분모에서 밑이 가장 큰 항으로 분모, 분자를 각각 나눈 후 $0<a<1$일 때 $\displaystyle\lim_{x\to\infty}a^x=0$임을 이용한다.

(2) 식을 적당히 변형한 후 $a>1$일 때 $\displaystyle\lim_{x\to-\infty}a^x=0$임을 이용한다.

(3) $\infty-\infty$ 꼴은 밑이 가장 큰 항으로 묶은 후 $0<a<1$일 때 $\displaystyle\lim_{x\to\infty}a^x=0$임을 이용한다.

풀이

(1) 분모, 분자를 3^x으로 각각 나누면

$$\lim_{x\to\infty}\dfrac{3^x}{3^x+2^x}=\lim_{x\to\infty}\dfrac{1}{1+\left(\dfrac{2}{3}\right)^x}$$

$\displaystyle\lim_{x\to\infty}\left(\dfrac{2}{3}\right)^x=0$이므로

$$=1$$

(2) 분모, 분자에 5^x을 각각 곱하면

$$\lim_{x\to-\infty}\dfrac{5^x-5^{-x}}{5^x+5^{-x}}=\lim_{x\to-\infty}\dfrac{25^x-1}{25^x+1}$$

$\displaystyle\lim_{x\to-\infty}25^x=0$이므로

$$=-1$$

(3) 5^x으로 묶으면

$$\lim_{x\to\infty}\left(5^x-4^x\right)^{\frac{1}{x}}=\lim_{x\to\infty}\left[5^x\left\{1-\left(\dfrac{4}{5}\right)^x\right\}\right]^{\frac{1}{x}}$$

$$=\lim_{x\to\infty}5\left\{1-\left(\dfrac{4}{5}\right)^x\right\}^{\frac{1}{x}}=5\times1=5$$

공략 Point

$-x=t$로 치환한 후 분모에서 밑이 가장 큰 항으로 분모, 분자를 각각 나누어 극한값을 구한다.

다른 풀이

(2) $-x=t$로 놓으면 $x=-t$이고, $x\to-\infty$일 때 $t\to\infty$이므로

$$\lim_{x\to-\infty}\dfrac{5^x-5^{-x}}{5^x+5^{-x}}=\lim_{t\to\infty}\dfrac{5^{-t}-5^t}{5^{-t}+5^t}$$

분모, 분자를 5^t으로 각각 나누면

$$=\lim_{t\to\infty}\dfrac{\left(\dfrac{1}{25}\right)^t-1}{\left(\dfrac{1}{25}\right)^t+1}=-1$$

정답과 해설 26쪽

문제

01-1 다음 극한값을 구하시오.

(1) $\displaystyle\lim_{x\to\infty}\dfrac{3^x}{4^x-1}$

(2) $\displaystyle\lim_{x\to\infty}\dfrac{3^x+5^{x+1}}{5^x-3^{x+1}}$

(3) $\displaystyle\lim_{x\to-\infty}\dfrac{2^x+2^{-x}}{2^x-2^{-x}}$

(4) $\displaystyle\lim_{x\to\infty}\left(4^x-3^{x+1}\right)^{\frac{1}{2x}}$

01-2 $\displaystyle\lim_{x\to\infty}\dfrac{a\times3^{2x+1}+2^{x-1}}{9^{x-1}-2^x}=54$일 때, 상수 a의 값을 구하시오.

로그함수의 극한

필.수.예.제 02

다음 극한값을 구하시오.

(1) $\lim\limits_{x \to 3+} \{\log_3 (x^2-9) - \log_3 (x-3)\}$

(2) $\lim\limits_{x \to \infty} \{\log_2 (4x+3) - \log_2 2x\}$

공략 Point

(1) $\lim\limits_{x \to r} f(x) = \alpha \ (\alpha > 0)$일 때

$\lim\limits_{x \to r} \{\log_a f(x)\}$
$= \log_a \{\lim\limits_{x \to r} f(x)\}$
$= \log_a \alpha$

(2) $\lim\limits_{x \to \infty} f(x) = \beta \ (\beta > 0)$일 때

$\lim\limits_{x \to \infty} \{\log_a f(x)\}$
$= \log_a \{\lim\limits_{x \to \infty} f(x)\}$
$= \log_a \beta$

풀이

(1) 로그의 성질에 의하여

$$\lim_{x \to 3+} \{\log_3 (x^2-9) - \log_3 (x-3)\} = \lim_{x \to 3+} \log_3 \frac{x^2-9}{x-3}$$
$$= \lim_{x \to 3+} \log_3 \frac{(x+3)(x-3)}{x-3}$$
$$= \lim_{x \to 3+} \log_3 (x+3)$$
$$= \log_3 \lim_{x \to 3+} (x+3)$$

$\lim\limits_{x \to 3+} (x+3) = 6$이므로

$$= \mathbf{\log_3 6}$$

(2) 로그의 성질에 의하여

$$\lim_{x \to \infty} \{\log_2 (4x+3) - \log_2 2x\} = \lim_{x \to \infty} \log_2 \frac{4x+3}{2x}$$
$$= \log_2 \lim_{x \to \infty} \frac{4x+3}{2x}$$

$\lim\limits_{x \to \infty} \dfrac{4x+3}{2x} = 2$이므로

$$= \log_2 2 = \mathbf{1}$$

정답과 해설 26쪽

문제

02-1 다음 극한값을 구하시오.

(1) $\lim\limits_{x \to 1+} \{\log_2 (x^2-1) - \log_2 (x-1)\}$

(2) $\lim\limits_{x \to 2} (\log_3 |x^2-4| - \log_3 |x^3-8|)$

(3) $\lim\limits_{x \to \infty} \{\log_3 (9x+2) - \log_3 (x-1)\}$

(4) $\lim\limits_{x \to \infty} \{\log (10x^2+1) - \log x^2\}$

02-2 $\lim\limits_{x \to \infty} \{\log (ax+1) - \log (x-1)\} = 2$일 때, 상수 a의 값을 구하시오.

무리수 e와 자연로그

❶ 무리수 e

x의 값이 0에 한없이 가까워질 때, $(1+x)^{\frac{1}{x}}$의 값은 일정한 값에 가까워지며 그 극한값을 e로 나타낸다. 이때 e는 무리수이고 그 값은 $e=2.718281828459045\cdots$이다.

> (1) $\displaystyle\lim_{x\to0}(1+x)^{\frac{1}{x}}=e$ (2) $\displaystyle\lim_{x\to\infty}\left(1+\frac{1}{x}\right)^{x}=e$

참고 0이 아닌 상수 a에 대하여

(1) $\displaystyle\lim_{x\to0}(1+ax)^{\frac{1}{ax}}=e$ (2) $\displaystyle\lim_{x\to\infty}\left(1+\frac{1}{ax}\right)^{ax}=e$

예 (1) $\displaystyle\lim_{x\to0}(1+3x)^{\frac{1}{3x}}=e$ (2) $\displaystyle\lim_{x\to\infty}\left(1+\frac{1}{2x}\right)^{2x}=e$

❷ 자연로그

(1) 자연로그

무리수 e를 밑으로 하는 로그 $\log_e x$를 **자연로그**라 하고

$$\ln x$$

로 나타낸다.

> **참고** • 무리수 e를 밑으로 하는 지수함수를 $y=e^x$으로 나타낸다.
> • 지수함수 $y=e^x$과 로그함수 $y=\ln x$는 서로 역함수 관계이다.

(2) 자연로그의 성질

$x>0$, $y>0$일 때, 다음이 성립한다.

① $\ln 1=0$, $\ln e=1$ ② $\ln x^n=n\ln x$ (단, n은 실수)

③ $\ln xy=\ln x+\ln y$ ④ $\ln\dfrac{x}{y}=\ln x-\ln y$

예 ① $e^{\ln 2}=2^{\ln e}=2$ ② $\ln\sqrt{e}=\dfrac{1}{2}\ln e=\dfrac{1}{2}$

③ $\ln 2e=\ln 2+\ln e=\ln 2+1$ ④ $\ln\dfrac{e}{3}=\ln e-\ln 3=1-\ln 3$

❸ e의 정의를 이용한 지수함수와 로그함수의 극한

> $a>0$, $a\neq1$일 때
> (1) $\displaystyle\lim_{x\to0}\frac{\ln(1+x)}{x}=1$ (2) $\displaystyle\lim_{x\to0}\frac{e^x-1}{x}=1$
> (3) $\displaystyle\lim_{x\to0}\frac{\log_a(1+x)}{x}=\frac{1}{\ln a}$ (4) $\displaystyle\lim_{x\to0}\frac{a^x-1}{x}=\ln a$

참고 0이 아닌 상수 a에 대하여

(1) $\displaystyle\lim_{x\to0}\frac{\ln(1+ax)}{ax}=1$ (2) $\displaystyle\lim_{x\to0}\frac{e^{ax}-1}{ax}=1$

예 (1) $\displaystyle\lim_{x\to0}\frac{\ln(1+2x)}{2x}=1$ (2) $\displaystyle\lim_{x\to0}\frac{e^{5x}-1}{5x}=1$

(3) $\displaystyle\lim_{x\to0}\frac{\log_2(1+x)}{x}=\frac{1}{\ln 2}$ (4) $\displaystyle\lim_{x\to0}\frac{3^x-1}{x}=\ln 3$

무리수 e의 정의

$(1+x)^{\frac{1}{x}}$의 x에 0에 가까운 값 ±0.1, ±0.01, ±0.001, ±0.0001, $\cdots$을 차례대로 대입하여 계산하면 오른쪽 표와 같고, 이 표에서 x의 값이 0에 한없이 가까워지면 $(1+x)^{\frac{1}{x}}$의 값은 어떤 일정한 값에 수렴한다는 것을 예상할 수 있다.

실제로 $\lim\limits_{x\to0}(1+x)^{\frac{1}{x}}$의 값이 존재한다는 것이 알려져 있고, 이 값을 e로 나타낸다. 즉,

x	$(1+x)^{\frac{1}{x}}$	x	$(1+x)^{\frac{1}{x}}$
0.1	$2.59374\cdots$	-0.1	$2.86797\cdots$
0.01	$2.70481\cdots$	-0.01	$2.73199\cdots$
0.001	$2.71692\cdots$	-0.001	$2.71964\cdots$
0.0001	$2.71814\cdots$	-0.0001	$2.71841\cdots$
0.00001	$2.71826\cdots$	-0.00001	$2.71829\cdots$
$\vdots$	$\vdots$	$\vdots$	$\vdots$

$$\lim_{x\to0}(1+x)^{\frac{1}{x}}=e$$

한편 $\dfrac{1}{x}=t$로 놓으면 $x=\dfrac{1}{t}$이고, $x\to0+$일 때 $t\to\infty$이므로

$$\lim_{t\to\infty}\left(1+\frac{1}{t}\right)^{t}=e,\ \text{즉}\ \lim_{x\to\infty}\left(1+\frac{1}{x}\right)^{x}=e$$

e의 정의를 이용한 지수함수와 로그함수의 극한

(1) $\lim\limits_{x\to0}\dfrac{\ln(1+x)}{x}=\lim\limits_{x\to0}\ln(1+x)^{\frac{1}{x}}=\ln\lim\limits_{x\to0}(1+x)^{\frac{1}{x}}=\ln e=1$

(2) $e^{x}-1=t$로 놓으면 $e^{x}=1+t$이므로 $x=\ln(1+t)$이고, $x\to0$일 때 $t\to0$이므로

$$\lim_{x\to0}\frac{e^{x}-1}{x}=\lim_{t\to0}\frac{t}{\ln(1+t)}=\lim_{t\to0}\frac{1}{\dfrac{\ln(1+t)}{t}}=\lim_{t\to0}\frac{1}{\ln(1+t)^{\frac{1}{t}}}$$

$$=\frac{1}{\ln\lim\limits_{t\to0}(1+t)^{\frac{1}{t}}}=\frac{1}{\ln e}=1$$

(3) $\lim\limits_{x\to0}\dfrac{\log_{a}(1+x)}{x}=\lim\limits_{x\to0}\log_{a}(1+x)^{\frac{1}{x}}=\log_{a}\lim\limits_{x\to0}(1+x)^{\frac{1}{x}}=\log_{a}e=\dfrac{1}{\ln a}$

(4) $a^{x}-1=t$로 놓으면 $a^{x}=1+t$이므로 $x=\log_{a}(1+t)$이고, $x\to0$일 때 $t\to0$이므로

$$\lim_{x\to0}\frac{a^{x}-1}{x}=\lim_{t\to0}\frac{t}{\log_{a}(1+t)}=\lim_{t\to0}\frac{1}{\dfrac{\log_{a}(1+t)}{t}}=\lim_{t\to0}\frac{1}{\log_{a}(1+t)^{\frac{1}{t}}}$$

$$=\frac{1}{\log_{a}\lim\limits_{t\to0}(1+t)^{\frac{1}{t}}}=\frac{1}{\log_{a}e}=\ln a$$

개념 **CHECK** 정답과 해설 27쪽

1 다음 극한값을 구하시오.

(1) $\lim\limits_{x\to0}(1+x)^{\frac{1}{2x}}$

(2) $\lim\limits_{x\to\infty}\left(1+\dfrac{1}{x}\right)^{3x}$

2 다음 극한값을 구하시오.

(1) $\lim\limits_{x\to0}\dfrac{\ln(1+x)}{2x}$

(2) $\lim\limits_{x\to0}\dfrac{e^{3x}-1}{x}$

(3) $\lim\limits_{x\to0}\dfrac{\log_{3}(1+x)}{x}$

(4) $\lim\limits_{x\to0}\dfrac{5^{x}-1}{x}$

무리수 e

필.수.예.제 03

다음 극한값을 구하시오.

(1) $\lim\limits_{x \to 0} (1+3x)^{\frac{1}{2x}}$

(2) $\lim\limits_{x \to \infty} \left(\dfrac{x}{x+1}\right)^{x}$

(3) $\lim\limits_{x \to -\infty} \left(1-\dfrac{2}{x}\right)^{x}$

(4) $\lim\limits_{x \to 1} x^{\frac{2}{x-1}}$

공략 Point

$a \neq 0$일 때

- $\lim\limits_{x \to 0} (1+ax)^{\frac{1}{ax}} = e$
- $\lim\limits_{x \to \infty} \left(1+\dfrac{1}{ax}\right)^{ax} = e$

풀이

(1) 주어진 식을 변형하면	$\lim\limits_{x \to 0}(1+3x)^{\frac{1}{2x}} = \lim\limits_{x \to 0}\left\{(1+3x)^{\frac{1}{3x}}\right\}^{\frac{3}{2}}$
e의 정의에 의하여	$= e^{\frac{3}{2}} = e\sqrt{e}$

(2) 주어진 식을 변형하면	$\lim\limits_{x \to \infty}\left(\dfrac{x}{x+1}\right)^{x} = \lim\limits_{x \to \infty}\left(\dfrac{x+1}{x}\right)^{-x}$
	$= \lim\limits_{x \to \infty}\left(1+\dfrac{1}{x}\right)^{-x}$
	$= \lim\limits_{x \to \infty}\left\{\left(1+\dfrac{1}{x}\right)^{x}\right\}^{-1}$
e의 정의에 의하여	$= e^{-1} = \dfrac{1}{e}$

(3) $-x=t$로 놓으면 $x=-t$이고, $x \to -\infty$일 때 $t \to \infty$이므로	$\lim\limits_{x \to -\infty}\left(1-\dfrac{2}{x}\right)^{x} = \lim\limits_{t \to \infty}\left(1+\dfrac{2}{t}\right)^{-t}$
	$= \lim\limits_{t \to \infty}\left\{\left(1+\dfrac{2}{t}\right)^{\frac{t}{2}}\right\}^{-2}$
e의 정의에 의하여	$= e^{-2} = \dfrac{1}{e^2}$

(4) $x-1=t$로 놓으면 $x=1+t$이고, $x \to 1$일 때 $t \to 0$이므로	$\lim\limits_{x \to 1} x^{\frac{2}{x-1}} = \lim\limits_{t \to 0}(1+t)^{\frac{2}{t}}$
	$= \lim\limits_{t \to 0}\left\{(1+t)^{\frac{1}{t}}\right\}^{2}$
e의 정의에 의하여	$= e^2$

정답과 해설 27쪽

문제

03-1 다음 극한값을 구하시오.

(1) $\lim\limits_{x \to 0} (1+2x)^{\frac{1}{4x}}$

(2) $\lim\limits_{x \to 0} \left(1+\dfrac{x}{3}\right)^{-\frac{6}{x}}$

(3) $\lim\limits_{x \to \infty} \left(1-\dfrac{3}{4x}\right)^{8x}$

(4) $\lim\limits_{x \to \infty} \left(\dfrac{3x}{3x+2}\right)^{-6x}$

(5) $\lim\limits_{x \to -\infty} \left(1-\dfrac{1}{2x}\right)^{3x}$

(6) $\lim\limits_{x \to 2} (x-1)^{\frac{1}{2-x}}$

e의 정의를 이용한 지수함수와 로그함수의 극한 (1)

필.수.예.제 04

다음 극한값을 구하시오.

(1) $\lim\limits_{x \to 0} \dfrac{e^{3x}-1}{\ln(1+3x)}$
(2) $\lim\limits_{x \to 0} \dfrac{e^{3x}-e^{2x}}{x}$

(3) $\lim\limits_{x \to 1} \dfrac{\ln x}{x^2-1}$
(4) $\lim\limits_{x \to 1} \dfrac{e^x-e}{x-1}$

공략 Point

$a \neq 0$일 때

- $\lim\limits_{x \to 0} \dfrac{\ln(1+ax)}{ax}=1$
- $\lim\limits_{x \to 0} \dfrac{e^{ax}-1}{ax}=1$

풀이

(1) 주어진 식을 변형하여 극한값을 구하면

$$\lim_{x \to 0} \frac{e^{3x}-1}{\ln(1+3x)}=\lim_{x \to 0}\left\{\frac{e^{3x}-1}{3x}\times\frac{3x}{\ln(1+3x)}\right\}$$
$$=1\times 1=\mathbf{1}$$

(2) 주어진 식을 변형하여 극한값을 구하면

$$\lim_{x \to 0} \frac{e^{3x}-e^{2x}}{x}=\lim_{x \to 0}\frac{e^{3x}-1-e^{2x}+1}{x}$$
$$=\lim_{x \to 0}\frac{e^{3x}-1}{x}-\lim_{x \to 0}\frac{e^{2x}-1}{x}$$
$$=\lim_{x \to 0}\frac{e^{3x}-1}{3x}\times 3-\lim_{x \to 0}\frac{e^{2x}-1}{2x}\times 2$$
$$=1\times 3-1\times 2=\mathbf{1}$$

(3) $x-1=t$로 놓으면 $x=1+t$이고, $x \to 1$일 때 $t \to 0$이므로

$$\lim_{x \to 1}\frac{\ln x}{x^2-1}=\lim_{t \to 0}\frac{\ln(1+t)}{(1+t)^2-1}=\lim_{t \to 0}\frac{\ln(1+t)}{t^2+2t}$$
$$=\lim_{t \to 0}\frac{\ln(1+t)}{t}\times\lim_{t \to 0}\frac{1}{t+2}$$
$$=1\times\frac{1}{2}=\mathbf{\frac{1}{2}}$$

(4) $x-1=t$로 놓으면 $x=1+t$이고, $x \to 1$일 때 $t \to 0$이므로

$$\lim_{x \to 1}\frac{e^x-e}{x-1}=\lim_{t \to 0}\frac{e^{1+t}-e}{t}=e\times\lim_{t \to 0}\frac{e^t-1}{t}$$
$$=e\times 1=\mathbf{e}$$

정답과 해설 27쪽

문제

04-1 다음 극한값을 구하시오.

(1) $\lim\limits_{x \to 0} \dfrac{x^2+3x}{\ln(4x+1)}$
(2) $\lim\limits_{x \to 0} \dfrac{\ln(1+x)}{\ln(1+2x)}$

(3) $\lim\limits_{x \to 0} \dfrac{e^{1-3x}-e}{x}$
(4) $\lim\limits_{x \to 0} \dfrac{1-e^{2x}}{x^3+4x}$

(5) $\lim\limits_{x \to -1} \dfrac{\ln(x+2)}{x+1}$
(6) $\lim\limits_{x \to 1} \dfrac{x^2-e^{x-1}}{x-1}$

e의 정의를 이용한 지수함수와 로그함수의 극한 (2)

필.수.예.제 05

다음 극한값을 구하시오.

(1) $\displaystyle\lim_{x \to 0} \frac{\log_5 (1-3x)}{6x}$

(2) $\displaystyle\lim_{x \to 0} \frac{(5^x-1)\log_2 (1+2x)}{2x^2}$

(3) $\displaystyle\lim_{x \to 0} \frac{e^{3x}-3^x}{x}$

(4) $\displaystyle\lim_{x \to 2} \frac{\log_3 (x-1)}{x-2}$

공략 Point

$a>0$, $a \neq 1$, $b \neq 0$일 때

- $\displaystyle\lim_{x \to 0} \frac{\log_a (1+bx)}{bx} = \frac{1}{\ln a}$
- $\displaystyle\lim_{x \to 0} \frac{a^{bx}-1}{bx} = \ln a$

풀이

(1) 주어진 식을 변형하여 극한값을 구하면

$$\lim_{x \to 0} \frac{\log_5 (1-3x)}{6x} = \lim_{x \to 0} \frac{\log_5 (1-3x)}{-3x} \times \left(-\frac{1}{2}\right)$$
$$= \frac{1}{\ln 5} \times \left(-\frac{1}{2}\right) = -\frac{1}{2\ln 5}$$

(2) 주어진 식을 변형하여 극한값을 구하면

$$\lim_{x \to 0} \frac{(5^x-1)\log_2 (1+2x)}{2x^2}$$
$$= \lim_{x \to 0} \left\{ \frac{5^x-1}{x} \times \frac{\log_2 (1+2x)}{2x} \right\}$$
$$= \ln 5 \times \frac{1}{\ln 2} = \frac{\ln 5}{\ln 2}$$

(3) 주어진 식을 변형하여 극한값을 구하면

$$\lim_{x \to 0} \frac{e^{3x}-3^x}{x} = \lim_{x \to 0} \frac{e^{3x}-1-3^x+1}{x}$$
$$= \lim_{x \to 0} \frac{e^{3x}-1}{x} - \lim_{x \to 0} \frac{3^x-1}{x}$$
$$= \lim_{x \to 0} \frac{e^{3x}-1}{3x} \times 3 - \lim_{x \to 0} \frac{3^x-1}{x}$$
$$= 1 \times 3 - \ln 3 = 3 - \ln 3$$

(4) $x-2=t$로 놓으면 $x=2+t$이고, $x \to 2$일 때 $t \to 0$이므로

$$\lim_{x \to 2} \frac{\log_3 (x-1)}{x-2} = \lim_{t \to 0} \frac{\log_3 (1+t)}{t} = \frac{1}{\ln 3}$$

정답과 해설 27쪽

문제

05-1

다음 극한값을 구하시오.

(1) $\displaystyle\lim_{x \to 0} \frac{e^{4x}-1}{\log_5 (1+2x)}$

(2) $\displaystyle\lim_{x \to 0} \frac{(9^x-1)\log_3 (1+3x)}{x^3+3x^2}$

(3) $\displaystyle\lim_{x \to 0} \frac{3^{x+1}-3}{2x}$

(4) $\displaystyle\lim_{x \to 0} \frac{4^x-2^{-x}}{x}$

(5) $\displaystyle\lim_{x \to 3} \frac{x-3}{\log_2 (2x-5)}$

(6) $\displaystyle\lim_{x \to -1} \frac{4^{x+1}-x^2}{x^3+1}$

지수함수와 로그함수의 극한의 응용

필.수.예.제 06

$$\lim_{x \to 0} \frac{e^{ax}+b}{\ln(1+3x)}=3$$일 때, 상수 a, b의 값을 구하시오.

공략 Point

분수 꼴인 함수의 극한에서 다음을 이용하여 식을 세운 후 미정계수를 구한다.

(1) (분모) → 0이고, 극한값이 존재하면
  ➡ (분자) → 0

(2) (분자) → 0이고, 0이 아닌 극한값이 존재하면
  ➡ (분모) → 0

풀이

$x \to 0$일 때 (분모) → 0이고, 극한값이 존재하므로 (분자) → 0에서	$\lim_{x \to 0}(e^{ax}+b)=0$ $1+b=0 \quad \therefore b=-1$
$b=-1$을 주어진 식의 좌변에 대입하면	$\lim_{x \to 0}\dfrac{e^{ax}-1}{\ln(1+3x)}=\lim_{x \to 0}\left\{\dfrac{e^{ax}-1}{ax} \times \dfrac{3x}{\ln(1+3x)} \times \dfrac{a}{3}\right\}$ $\qquad\qquad\qquad =1 \times 1 \times \dfrac{a}{3}=\dfrac{a}{3}$
$\lim_{x \to 0}\dfrac{e^{ax}+b}{\ln(1+3x)}=3$에서	$\dfrac{a}{3}=3 \quad \therefore a=9$

정답과 해설 28쪽

문제

06-1 $$\lim_{x \to 0}\frac{\ln(a+5x)}{x^2+bx}=5$$일 때, 상수 a, b에 대하여 ab의 값을 구하시오.

06-2 $$\lim_{x \to 0}\frac{\ln(ax+1)}{e^{bx+c}-1}=4$$일 때, 상수 a, b, c에 대하여 $\dfrac{a}{b+c}$의 값을 구하시오.

06-3 $$\lim_{x \to -1}\frac{a\ln(x+2)+b}{x^2-1}=-1$$일 때, 상수 a, b에 대하여 $a+b$의 값을 구하시오.

지수함수와 로그함수가 연속일 조건

필.수.예.제 07

함수 $f(x)=\begin{cases} \dfrac{\ln(3x+a)}{e^x-1} & (x>0) \\ 2x+b & (x\le 0) \end{cases}$ 가 $x=0$에서 연속일 때, 상수 a, b에 대하여 $a+b$의 값을 구하시오.

공략 Point

함수 $f(x)$가 $x=a$에서 연속이면
$$\lim_{x\to a+} f(x)=\lim_{x\to a-} f(x)=f(a)$$
임을 이용하여 식을 세운다.

풀이

함수 $f(x)$가 $x=0$에서 연속이면 $\lim\limits_{x\to 0+} f(x)=\lim\limits_{x\to 0-} f(x)=f(0)$이므로	$\lim\limits_{x\to 0+} \dfrac{\ln(3x+a)}{e^x-1}=\lim\limits_{x\to 0-}(2x+b)$ $\therefore \lim\limits_{x\to 0+} \dfrac{\ln(3x+a)}{e^x-1}=b \quad \cdots\cdots ㉠$
$x\to 0+$일 때 (분모)$\to 0$이고, 극한값이 존재하므로 (분자)$\to 0$에서	$\lim\limits_{x\to 0+}\ln(3x+a)=0$ $\ln a=0 \quad \therefore a=1$
$a=1$을 ㉠에 대입하면	$b=\lim\limits_{x\to 0+} \dfrac{\ln(3x+1)}{e^x-1}$ $=\lim\limits_{x\to 0+}\left\{ \dfrac{\ln(1+3x)}{3x}\times \dfrac{x}{e^x-1}\times 3 \right\}$ $=1\times 1\times 3=3$
따라서 구하는 값은	$a+b=1+3=\mathbf{4}$

정답과 해설 28쪽

문제

07-1 함수 $f(x)=\begin{cases} \dfrac{e^{4x}-e^{a-2}}{ax} & (x\ne 0) \\ b & (x=0) \end{cases}$ 가 $x=0$에서 연속일 때, 상수 a, b에 대하여 ab의 값을 구하시오.

07-2 함수 $f(x)=\begin{cases} \dfrac{x^2+4x}{\ln(a+bx)} & (x>0) \\ x+b & (x\le 0) \end{cases}$ 가 실수 전체의 집합에서 연속일 때, 양수 a, b에 대하여 $a+b$의 값을 구하시오.

07-3 실수 전체의 집합에서 연속인 함수 $f(x)$가
$$axf(x)=3^x-a+2$$
를 만족시킬 때, $a\times f(0)$의 값을 구하시오. (단, $a\ne 0$)

지수함수와 로그함수의 극한의 활용

필.수.예.제 08

오른쪽 그림과 같이 곡선 $y=e^x$ 위의 두 점 $A(0, 1)$, $P(x, e^x)$에 대하여 점 P에서 직선 $y=1$에 내린 수선의 발을 Q라 할 때, $\lim\limits_{x \to 0+} \dfrac{\overline{PQ}^2}{\overline{AP}^2}$의 값을 구하시오.

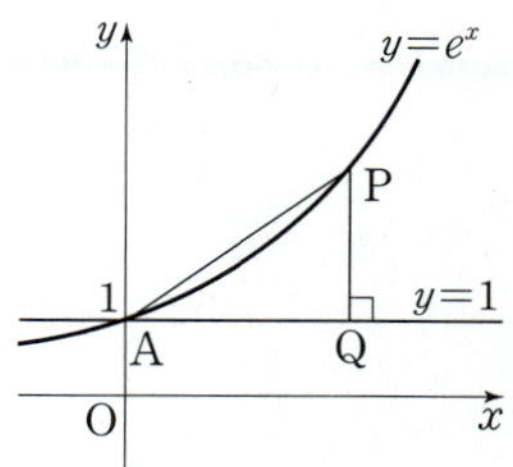

공략 Point

선분의 길이, 도형의 넓이, 점의 좌표 등을 지수함수 또는 로그함수로 나타낸 후 극한값을 구한다.

풀이

$A(0, 1)$, $P(x, e^x)$, $Q(x, 1)$이므로

$$\overline{AP}^2=x^2+(e^x-1)^2, \quad \overline{PQ}^2=(e^x-1)^2$$

따라서 구하는 극한값은

$$\lim_{x \to 0+} \frac{\overline{PQ}^2}{\overline{AP}^2}=\lim_{x \to 0+} \frac{(e^x-1)^2}{x^2+(e^x-1)^2}$$

$$=\lim_{x \to 0+} \frac{\left(\dfrac{e^x-1}{x}\right)^2}{1+\left(\dfrac{e^x-1}{x}\right)^2}$$

$$=\frac{1}{1+1}=\frac{1}{2}$$

정답과 해설 29쪽

문제

08-1

오른쪽 그림과 같이 직선 $x=t\,(t>0)$가 두 곡선 $y=2^x$, $y=\left(\dfrac{1}{3}\right)^x$과 만나는 점을 각각 P, Q라 하고, 점 P에서 y축에 내린 수선의 발을 H라 할 때, $\lim\limits_{t \to 0+} \dfrac{\overline{PQ}}{\overline{PH}}$의 값을 구하시오.

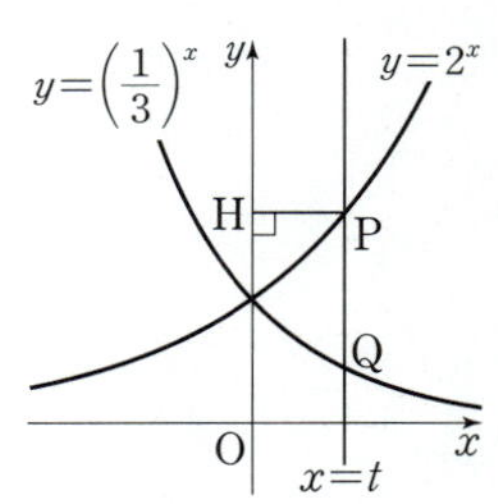

08-2

오른쪽 그림과 같이 곡선 $y=\ln x$ 위의 두 점 $A(1, 0)$, $P(x, \ln x)$에 대하여 점 P에서 x축에 내린 수선의 발을 Q라 하고, 삼각형 PAQ의 넓이를 $S(x)$라 할 때, $\lim\limits_{x \to 1+} \dfrac{100S(x)}{(x-1)^2}$의 값을 구하시오.

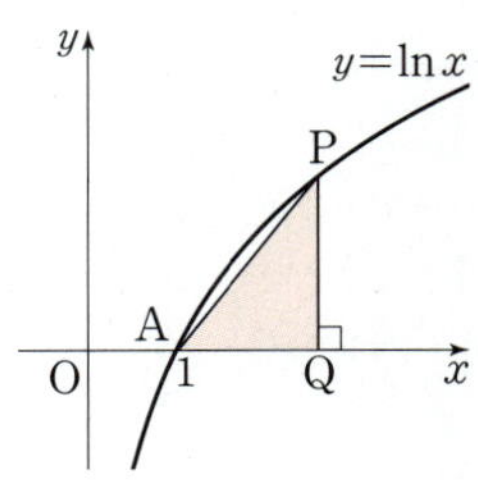

3 지수함수와 로그함수의 미분

1 지수함수의 도함수

> (1) $y=e^x$이면 $y'=e^x$
> (2) $y=a^x$이면 $y'=a^x\ln a$ (단, $a>0$, $a\neq1$)

예 (1) $y=e^{x+1}$에서 $y'=e(e^x)'=e\times e^x=e^{x+1}$ (2) $y=5^x$에서 $y'=5^x\ln 5$

참고 여러 가지 미분법
  (1) $y=c$ (c는 상수)이면 $y'=0$
  (2) $y=x^n$ (n은 자연수)이면 $y'=nx^{n-1}$
  (3) $y=cf(x)$ (c는 상수)이면 $y'=cf'(x)$
  (4) $y=f(x)\pm g(x)$이면 $y'=f'(x)\pm g'(x)$ (복부호 동순)
  (5) $y=f(x)g(x)$이면 $y'=f'(x)g(x)+f(x)g'(x)$
  (6) $y=f(x)g(x)h(x)$이면 $y'=f'(x)g(x)h(x)+f(x)g'(x)h(x)+f(x)g(x)h'(x)$

2 로그함수의 도함수

> (1) $y=\ln x$이면 $y'=\dfrac{1}{x}$
> (2) $y=\log_a x$이면 $y'=\dfrac{1}{x\ln a}$ (단, $a>0$, $a\neq1$)

예 (1) $y=\ln x^3$에서 $y'=3(\ln x)'=\dfrac{3}{x}$ (2) $y=\log x$에서 $y'=\dfrac{1}{x\ln 10}$

개념 PLUS

지수함수의 도함수

(1) $y=e^x$에서 도함수의 정의에 의하여   ◀ $f'(x)=\lim\limits_{h\to0}\dfrac{f(x+h)-f(x)}{h}$

$$y'=\lim_{h\to0}\frac{e^{x+h}-e^x}{h}=\lim_{h\to0}\frac{e^x(e^h-1)}{h}=e^x\lim_{h\to0}\frac{e^h-1}{h}=e^x\times1=e^x$$

(2) $y=a^x$ ($a>0$, $a\neq1$)에서 도함수의 정의에 의하여

$$y'=\lim_{h\to0}\frac{a^{x+h}-a^x}{h}=\lim_{h\to0}\frac{a^x(a^h-1)}{h}=a^x\lim_{h\to0}\frac{a^h-1}{h}=a^x\ln a$$

로그함수의 도함수

(1) $y=\ln x$에서 도함수의 정의에 의하여

$$y'=\lim_{h\to0}\frac{\ln(x+h)-\ln x}{h}=\lim_{h\to0}\frac{1}{h}\ln\frac{x+h}{x}=\lim_{h\to0}\ln\left(1+\frac{h}{x}\right)^{\frac{1}{h}}$$

$$=\lim_{h\to0}\ln\left\{\left(1+\frac{h}{x}\right)^{\frac{x}{h}}\right\}^{\frac{1}{x}}=\frac{1}{x}\ln\lim_{h\to0}\left(1+\frac{h}{x}\right)^{\frac{x}{h}}=\frac{1}{x}\times\ln e=\frac{1}{x}$$

(2) $y=\log_a x$ ($a>0$, $a\neq1$)에서

$$y'=(\log_a x)'=\left(\frac{\ln x}{\ln a}\right)'=\frac{1}{\ln a}\times(\ln x)'=\frac{1}{\ln a}\times\frac{1}{x}=\frac{1}{x\ln a}$$

지수함수의 도함수

필.수.예.제 09

다음 함수를 미분하시오.

(1) $y=(x^2+2)e^x$ (2) $y=xe^x+6^x$

(3) $y=2^x+5^{-x}$ (4) $y=(1-x)3^{2x}$

공략 Point

- $(e^x)'=e^x$
- $(a^x)'=a^x\ln a$
  (단, $a>0$, $a\neq1$)

풀이

(1) 주어진 식을 미분하면

$$y'=(x^2+2)'e^x+(x^2+2)(e^x)'$$
$$=2xe^x+(x^2+2)e^x$$
$$=(x^2+2x+2)e^x$$

(2) 주어진 식을 미분하면

$$y'=(xe^x)'+(6^x)'$$
$$=(x)'e^x+x(e^x)'+6^x\ln 6$$
$$=e^x+xe^x+6^x\ln 6$$
$$=(1+x)e^x+6^x\ln 6$$

(3) 주어진 식을 미분하면

$$y'=(2^x)'+\left\{\left(\frac{1}{5}\right)^x\right\}'$$
$$=2^x\ln 2+\left(\frac{1}{5}\right)^x\ln\frac{1}{5}$$
$$=2^x\ln 2-5^{-x}\ln 5$$

(4) 주어진 식을 미분하면

$$y'=(1-x)'9^x+(1-x)(9^x)'$$
$$=-9^x+(1-x)9^x\ln 9$$
$$=\{(1-x)\ln 9-1\}9^x$$

정답과 해설 29쪽

문제

09-1 다음 함수를 미분하시오.

(1) $y=e^{x-1}+x-1$ (2) $y=(e^x-3)(x^3+4)$

(3) $y=x^3+3^{x+3}$ (4) $y=(2x+1)2^{2x}$

09-2 함수 $f(x)=2e^{x+2}+3^x$에 대하여 $f'(0)$의 값을 구하시오.

필.수.예.제 10

다음 함수를 미분하시오.

(1) $y = 3x^2 \ln x$ (2) $y = x \ln 3x$

(3) $y = e^x \log_5 x$ (4) $y = (\log x)^2$

공략 Point

- $(\ln x)' = \dfrac{1}{x}$

- $(\log_a x)' = \dfrac{1}{x \ln a}$

  (단, $a > 0$, $a \neq 1$)

풀이

(1) 주어진 식을 미분하면
$$y' = (3x^2)' \ln x + 3x^2 (\ln x)'$$
$$= 6x \ln x + 3x^2 \times \frac{1}{x}$$
$$= 3x(2 \ln x + 1)$$

(2) 주어진 식을 미분하면
$$y' = \{x(\ln 3 + \ln x)\}'$$
$$= (x)'(\ln 3 + \ln x) + x(\ln 3 + \ln x)'$$
$$= \ln 3 + \ln x + x \times \frac{1}{x}$$
$$= \ln 3x + 1$$

(3) 주어진 식을 미분하면
$$y' = (e^x)' \log_5 x + e^x (\log_5 x)'$$
$$= e^x \log_5 x + e^x \times \frac{1}{x \ln 5}$$
$$= e^x \left(\log_5 x + \frac{1}{x \ln 5} \right)$$

(4) 주어진 식을 미분하면
$$y' = (\log x)' \log x + \log x (\log x)'$$
$$= \frac{1}{x \ln 10} \log x + \log x \times \frac{1}{x \ln 10}$$
$$= \frac{2 \log x}{x \ln 10}$$

정답과 해설 29쪽

문제

10- 1 다음 함수를 미분하시오.

(1) $y = (3x + 2) \ln x$ (2) $y = e^x \ln 2x$

(3) $y = x(\log_2 x + 1)$ (4) $y = x^2 + \log_2 3x$

10- 2 함수 $f(x) = e^{x+1} \log_3 x$에 대하여 $f'(1)$의 값을 구하시오.

필.수.예.제
11

함수 $f(x)=\ln x+e^x-1$에 대하여 $\lim\limits_{h\to 0}\dfrac{f(1+h)-f(1-h)}{h}$의 값을 구하시오.

풀이

미분계수의 정의를 이용할 수 있도록 주어진 극한의 식을 변형하면	$\begin{aligned}&\lim_{h\to 0}\dfrac{f(1+h)-f(1-h)}{h}\\[4pt]&=\lim_{h\to 0}\dfrac{f(1+h)-f(1)+f(1)-f(1-h)}{h}\\[4pt]&=\lim_{h\to 0}\dfrac{f(1+h)-f(1)}{h}+\lim_{h\to 0}\dfrac{f(1-h)-f(1)}{-h}\\[4pt]&=f'(1)+f'(1)\\[4pt]&=2f'(1)\end{aligned}$
함수 $f(x)$를 x에 대하여 미분하면	$f'(x)=\dfrac{1}{x}+e^x$
따라서 구하는 극한값은	$2f'(1)=\mathbf{2(1+e)}$

공략 Point

미분계수의 정의를 이용하여 구하는 극한을 미분계수를 포함한 식으로 변형하여 구한다.

미분계수
미분가능한 함수 $f(x)$의 $x=a$에서의 미분계수는
$$\begin{aligned}&f'(a)\\&=\lim_{h\to 0}\dfrac{f(a+h)-f(a)}{h}\\&=\lim_{x\to a}\dfrac{f(x)-f(a)}{x-a}\end{aligned}$$

정답과 해설 30쪽

문제

11-1 함수 $f(x)=2^{x+2}+2^{2x}$에 대하여 $\lim\limits_{h\to 0}\dfrac{f(2+4h)-f(2-h)}{h}$의 값을 구하시오.

11-2 함수 $f(x)=\log_2 4x-3x+1$에 대하여 $\lim\limits_{x\to 1}\dfrac{f(x)}{x-1}$의 값을 구하시오.

11-3 함수 $f(x)=x\ln x+x^2-ax$에 대하여 $\lim\limits_{x\to 1}\dfrac{f(x)+2}{x-1}=b$일 때, 상수 a, b에 대하여 $a-b$의 값을 구하시오.

지수함수와 로그함수가 미분가능할 조건

필.수.예.제 12

함수 $f(x)=\begin{cases} \ln x & (x \geq 1) \\ ax+b & (x < 1) \end{cases}$ 가 $x=1$에서 미분가능할 때, 상수 a, b에 대하여 $a-b$의 값을 구하시오.

공략 Point

함수 $f(x)$가 $x=a$에서 미분가능하면 $x=a$에서 연속이고 미분계수 $f'(a)$가 존재함을 이용하여 식을 세운다.

구간이 나누어진 함수의 미분가능성

함수 $f(x)=\begin{cases} g(x) & (x \geq a) \\ h(x) & (x < a) \end{cases}$

가 $x=a$에서 미분가능하면

(i) $\lim\limits_{x \to a+} g(x) = \lim\limits_{x \to a-} h(x)$

(ii) $\lim\limits_{x \to a+} g'(x) = \lim\limits_{x \to a-} h'(x)$

풀이

함수 $f(x)$가 $x=1$에서 미분가능하면 $x=1$에서 연속이므로 $\lim\limits_{x \to 1+} f(x) = \lim\limits_{x \to 1-} f(x) = f(1)$에서	$\lim\limits_{x \to 1+} \ln x = \lim\limits_{x \to 1-} (ax+b)$ $\therefore\ a+b=0$ ······ ㉠
$f'(x)$를 구하면	$f'(x)=\begin{cases} \dfrac{1}{x} & (x > 1) \\ a & (x < 1) \end{cases}$
미분계수 $f'(1)$이 존재하므로 $\lim\limits_{x \to 1+} f'(x) = \lim\limits_{x \to 1-} f'(x)$에서	$\lim\limits_{x \to 1+} \dfrac{1}{x} = \lim\limits_{x \to 1-} a$ $\therefore\ a=1$
$a=1$을 ㉠에 대입하면	$1+b=0$ $\quad \therefore\ b=-1$
따라서 구하는 값은	$a-b=1-(-1)=\mathbf{2}$

정답과 해설 30쪽

문제

12-1 함수 $f(x)=\begin{cases} x^2+3^x & (x \geq 0) \\ ax+b & (x < 0) \end{cases}$ 가 $x=0$에서 미분가능할 때, 상수 a, b에 대하여 $a+b$의 값을 구하시오.

12-2 함수 $f(x)=\begin{cases} \ln ax & (x \geq 1) \\ e^{x+b} & (x < 1) \end{cases}$ 이 실수 전체의 집합에서 미분가능할 때, 상수 a, b에 대하여 ab의 값을 구하시오.

연습문제

1 다음 보기 중 옳은 것만을 있는 대로 고른 것은?

> **보기**
>
> ㄱ. $\lim\limits_{x\to\infty}\dfrac{1+2^x}{1-3^x}=1$
>
> ㄴ. $\lim\limits_{x\to\infty}(8^x+3^x)^{\frac{1}{3x}}=2$
>
> ㄷ. $\lim\limits_{x\to\infty}\log_3\dfrac{6x}{2x+5}=1$
>
> ㄹ. $\lim\limits_{x\to 3}(\log_2|x^3-27|-\log_2|x^2-9|)=\dfrac{9}{2}$

① ㄱ, ㄴ ② ㄱ, ㄷ ③ ㄴ, ㄷ
④ ㄴ, ㄹ ⑤ ㄷ, ㄹ

2 $\lim\limits_{x\to 0}(1+2x)^{\frac{3}{x}}=e^a$, $\lim\limits_{x\to\infty}\left(1+\dfrac{1}{3x}\right)^{-x}=e^b$일 때, 상수 a, b에 대하여 ab의 값을 구하시오.

3 다음 극한값을 구하시오.

$$\lim_{n\to\infty}\left\{\frac{1}{2}\left(1+\frac{1}{n}\right)\left(1+\frac{1}{n+1}\right)\left(1+\frac{1}{n+2}\right)\cdots\left(1+\frac{1}{2n}\right)\right\}^n$$

4 $\lim\limits_{x\to\infty}\left(\dfrac{x-a}{x+a}\right)^x=\dfrac{1}{e^6}$일 때, 상수 a의 값을 구하시오.

5 $\lim\limits_{x\to\infty}x\{\ln x-\ln(x+4)\}$의 값은?

① -4 ② -1 ③ 0
④ 1 ⑤ 4

6 $\lim\limits_{x\to 0}\dfrac{e^x+e^{2x}+e^{3x}+\cdots+e^{nx}-n}{x}=55$일 때, 자연수 n의 값을 구하시오.

7 함수 $f(x)$가 $x>0$인 모든 실수 x에 대하여 부등식
$$\ln(1+3x)\le f(x)\le e^{3x}-1$$
을 만족시킬 때, $\lim\limits_{x\to 0+}\dfrac{f(x)}{x}$의 값을 구하시오.

8 다음 조건을 모두 만족시키는 양수 a, b에 대하여 $\dfrac{a}{b}$의 값을 구하시오.

> (가) $\lim\limits_{x\to 0}\dfrac{a^x-3^x}{x}=\ln 2$ (나) $\lim\limits_{x\to 1}\dfrac{\log_2 x}{a(x-1)}=b$

9 $\displaystyle\lim_{x\to 0}\dfrac{(e^x-1)\ln(1+x)}{ax^2+b}=2$일 때, 상수 a, b에 대하여 $2a+b$의 값을 구하시오.

10 함수 $f(x)=\begin{cases}\dfrac{\ln(2x+b)}{e^{ax}-1} & (x>0)\\ a(x-b)^2+1 & (x\leq 0)\end{cases}$ 이 실수 전체의 집합에서 연속일 때, 양수 a, b에 대하여 $a-b$의 값을 구하시오.

교육청

11 좌표평면 위의 한 점 $\mathrm{P}(t, 0)$을 지나는 직선 $x=t$와 두 곡선 $y=\ln x$, $y=-\ln x$가 만나는 점을 각각 A, B라 하자. 삼각형 AQB의 넓이가 1이 되도록 하는 x축 위의 점을 Q라 할 때, 선분 PQ의 길이를 $f(t)$라 하자. $\displaystyle\lim_{t\to 1+}(t-1)f(t)$의 값은?

(단, 점 Q의 x좌표는 t보다 작다.)

① $\dfrac{1}{2}$ ② 1 ③ $\dfrac{3}{2}$

④ 2 ⑤ $\dfrac{5}{2}$

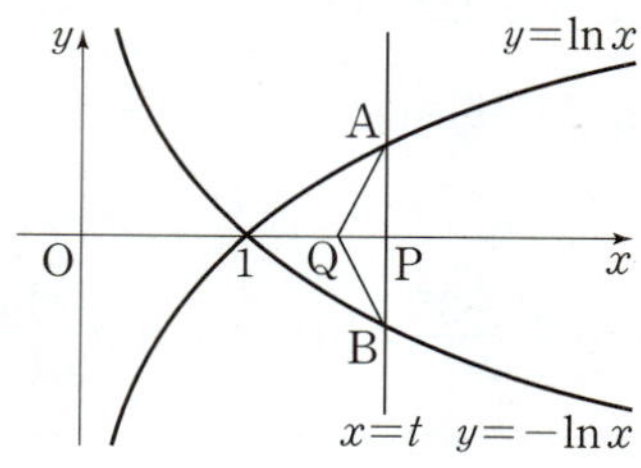

12 오른쪽 그림과 같이 곡선 $y=e^x$ 위를 움직이는 점 $\mathrm{P}(t, e^t)$에서 x축에 내린 수선의 발을 Q, 점 $\mathrm{A}(0, 1)$에서 선분 PQ에 내린 수선의 발을 R라 하자. 삼각형 ARP의 넓이를 $f(t)$, 삼각형 AQR의 넓이를 $g(t)$라 할 때, $\displaystyle\lim_{t\to 0+}\dfrac{\{g(t)\}^2}{f(t)}$의 값을 구하시오. (단, 점 P는 제1사분면 위의 점이다.)

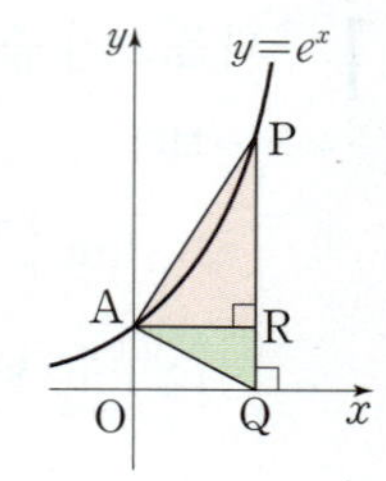

13 다음 중 옳지 <u>않은</u> 것은?

① $(e^{x+3})'=e^{x+3}$ ② $(x^2e^x)'=(x^2+2x)e^x$

③ $(\ln 5x)'=\dfrac{1}{5x}$ ④ $(\log_2 x)'=\dfrac{1}{x\ln 2}$

⑤ $(x\log x)'=\log x+\dfrac{1}{\ln 10}$

14 함수 $f(x)=e^x\ln x$에 대하여 $f'(e)-f(e)$의 값은?

① e ② e^{e-1} ③ e^e-1

④ e^e ⑤ e^e+1

15 함수 $f(x)=(x+a)e^{x+b}$에 대하여 $f'(0)=0$, $f'(-1)=-1$일 때, 상수 a, b에 대하여 $b-a$의 값을 구하시오.

16 미분가능한 함수 $f(x)$에 대하여

$$\lim_{x \to 1} \frac{f(x) - \ln 5}{x - 1} = -1$$

이다. 함수 $g(x) = (\log_5 x + x^2)f(x)$일 때, $g'(1)$ 의 값을 구하시오.

17 $\displaystyle\lim_{x \to 1} \frac{3^x + 5^x - 8}{x - 1}$의 값을 구하시오.

18 함수 $f(x) = \begin{cases} a\ln x + b & (x \geq 1) \\ 2^x - 1 & (x < 1) \end{cases}$이 $x=1$에서 미분가능할 때, 상수 a, b에 대하여 $e^a - b$의 값을 구하시오.

실력

19 최고차항의 계수가 1인 삼차함수 $f(x)$와 함수

$$g(x) = \begin{cases} \dfrac{1}{\ln(x^2 - 4x + 5)} & (x \neq 2) \\ 0 & (x = 2) \end{cases}$$

에 대하여 함수 $f(x)g(x)$가 $x=2$에서 연속일 때, $f(1)$의 값을 구하시오.

20 양수 t에 대하여 다음 조건을 만족시키는 실수 k의 값을 $f(t)$라 하자.

> 직선 $x=k$와 두 곡선 $y=e^{\frac{x}{2}}$, $y=e^{\frac{x}{2}+3t}$이 만나는 점을 각각 P, Q라 하고, 점 Q를 지나고 y축에 수직인 직선이 곡선 $y=e^{\frac{x}{2}}$과 만나는 점을 R라 할 때, $\overline{PQ} = \overline{QR}$이다.

함수 $f(t)$에 대하여 $\displaystyle\lim_{t \to 0+} f(t)$의 값은?

① $\ln 2$　　② $\ln 3$　　③ $\ln 4$
④ $\ln 5$　　⑤ $\ln 6$

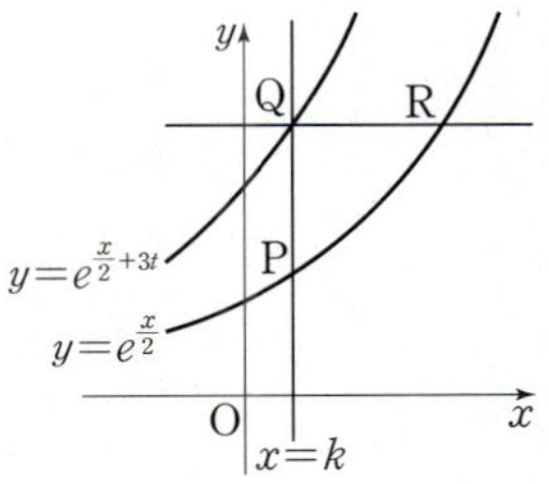

21 미분가능한 함수 $f(x)$가 임의의 실수 x, y에 대하여 $f(x+y) = \dfrac{f(x)}{e^y} + \dfrac{f(y)}{e^x}$를 만족시키고 $f'(0) = -2$이다. 함수 $g(x) = f'(x) + f(x)$일 때, $g'(1)$의 값을 구하시오.

삼각함수의 덧셈정리

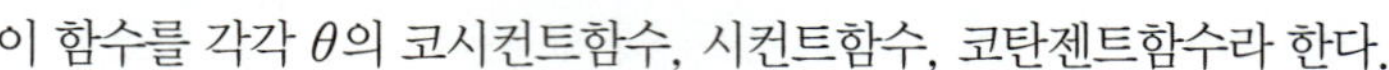

1 여러 가지 삼각함수

(1) $\csc\theta$, $\sec\theta$, $\cot\theta$

일반각 θ를 나타내는 동경과 원점 O를 중심으로 하고 반지름의 길이
가 r인 원의 교점을 $P(x, y)$라 할 때,

$$\csc\theta=\frac{r}{y}\ (y\neq0),\ \sec\theta=\frac{r}{x}\ (x\neq0),\ \cot\theta=\frac{x}{y}\ (y\neq0)$$

이 함수를 각각 θ의 코시컨트함수, 시컨트함수, 코탄젠트함수라 한다.

이때 $\csc\theta=\dfrac{1}{\sin\theta}$, $\sec\theta=\dfrac{1}{\cos\theta}$, $\cot\theta=\dfrac{1}{\tan\theta}$이 성립한다.

> **예** 원점 O와 점 $P(-4, 3)$에 대하여 동경 OP가 나타내는 각의 크기를 θ라 하면
> $\overline{OP}=\sqrt{(-4)^2+3^2}=5$이므로
> $\csc\theta=\dfrac{5}{3}$, $\sec\theta=-\dfrac{5}{4}$, $\cot\theta=-\dfrac{4}{3}$

> **참고** csc, sec, cot는 각각 cosecant, secant, cotangent의 약자이다.

(2) 여러 가지 삼각함수 사이의 관계

삼각함수 사이에는 다음과 같은 관계가 성립한다.

> ① $1+\tan^2\theta=\sec^2\theta$
> ② $1+\cot^2\theta=\csc^2\theta$

> **참고** • $\tan\theta=\dfrac{\sin\theta}{\cos\theta}$
> • $\sin^2\theta+\cos^2\theta=1$

2 삼각함수의 덧셈정리

다음과 같이 두 각 α, β의 삼각함수를 이용하여 $\alpha+\beta$, $\alpha-\beta$의 삼각함수를 나타내는 것을 삼각
함수의 **덧셈정리**라 한다.

> **(1)** $\sin(\alpha+\beta)=\sin\alpha\cos\beta+\cos\alpha\sin\beta$
> $\sin(\alpha-\beta)=\sin\alpha\cos\beta-\cos\alpha\sin\beta$
> **(2)** $\cos(\alpha+\beta)=\cos\alpha\cos\beta-\sin\alpha\sin\beta$
> $\cos(\alpha-\beta)=\cos\alpha\cos\beta+\sin\alpha\sin\beta$
> **(3)** $\tan(\alpha+\beta)=\dfrac{\tan\alpha+\tan\beta}{1-\tan\alpha\tan\beta}$
> $\tan(\alpha-\beta)=\dfrac{\tan\alpha-\tan\beta}{1+\tan\alpha\tan\beta}$

> **예** **(1)** $\sin105°=\sin(60°+45°)=\sin60°\cos45°+\cos60°\sin45°=\dfrac{\sqrt3}{2}\times\dfrac{\sqrt2}{2}+\dfrac{1}{2}\times\dfrac{\sqrt2}{2}=\dfrac{\sqrt6+\sqrt2}{4}$
>
> **(2)** $\cos75°=\cos(45°+30°)=\cos45°\cos30°-\sin45°\sin30°=\dfrac{\sqrt2}{2}\times\dfrac{\sqrt3}{2}-\dfrac{\sqrt2}{2}\times\dfrac{1}{2}=\dfrac{\sqrt6-\sqrt2}{4}$
>
> **(3)** $\tan15°=\tan(60°-45°)=\dfrac{\tan60°-\tan45°}{1+\tan60°\tan45°}=\dfrac{\sqrt3-1}{1+\sqrt3\times1}=2-\sqrt3$

❸ 삼각함수의 덧셈정리의 응용

(1) 배각의 공식

삼각함수의 덧셈정리에 β 대신 α를 대입하면 다음과 같은 배각의 공식을 얻을 수 있다.

> ① $\sin 2\alpha = 2\sin\alpha\cos\alpha$
>
> ② $\cos 2\alpha = 2\cos^2\alpha - 1 = 1 - 2\sin^2\alpha$
>
> ③ $\tan 2\alpha = \dfrac{2\tan\alpha}{1-\tan^2\alpha}$

(2) 두 직선이 이루는 각의 크기

두 직선 l, m이 x축의 양의 방향과 이루는 각의 크기를 각각 α, β라 하고 두 직선 l, m이 이루는 예각의 크기를 θ라 하면

$$\tan\theta = |\tan(\alpha-\beta)| = \left|\frac{\tan\alpha - \tan\beta}{1+\tan\alpha\tan\beta}\right|$$

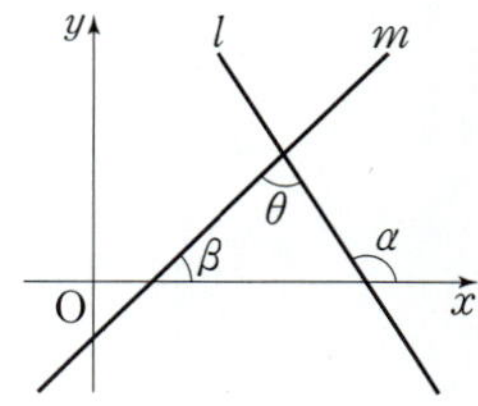

참고 직선 $y=mx+n$이 x축의 양의 방향과 이루는 각의 크기를 θ라 하면

$$\tan\theta = m$$

개념 PLUS

$\csc\theta$, $\sec\theta$, $\cot\theta$

좌표평면의 원점 O에서 x축의 양의 방향으로 시초선을 잡을 때, 일반각 θ를 나타내는 동경과 원점 O를 중심으로 하고 반지름의 길이가 r인 원의 교점을 $\mathrm{P}(x, y)$라 하면

$$\frac{r}{y}\,(y\neq 0),\ \frac{r}{x}\,(x\neq 0),\ \frac{x}{y}\,(y\neq 0)$$

의 값은 r의 값에 관계없이 θ의 값에 따라 각각 하나씩 정해진다.

따라서

$$\theta \to \frac{r}{y}\,(y\neq 0),\ \theta \to \frac{r}{x}\,(x\neq 0),\ \theta \to \frac{x}{y}\,(y\neq 0)$$

와 같은 대응은 θ에 대한 함수이다.

이 함수를 각각 θ의 코시컨트함수, 시컨트함수, 코탄젠트함수라 하고, 기호로 각각

$$\csc\theta = \frac{r}{y}\,(y\neq 0),\ \sec\theta = \frac{r}{x}\,(x\neq 0),\ \cot\theta = \frac{x}{y}\,(y\neq 0)$$

와 같이 나타낸다.

이때 사인함수, 코사인함수, 탄젠트함수의 정의에 의하여

$$\sin\theta = \frac{y}{r},\ \cos\theta = \frac{x}{r},\ \tan\theta = \frac{y}{x}\,(x\neq 0)$$

이므로

$$\csc\theta = \frac{1}{\sin\theta},\ \sec\theta = \frac{1}{\cos\theta},\ \cot\theta = \frac{1}{\tan\theta}$$

이 성립한다.

여러 가지 삼각함수 사이의 관계

$\tan\theta = \dfrac{\sin\theta}{\cos\theta}$이므로

$$1+\tan^2\theta = 1+\frac{\sin^2\theta}{\cos^2\theta} = \frac{\cos^2\theta + \sin^2\theta}{\cos^2\theta} = \frac{1}{\cos^2\theta} = \sec^2\theta$$

$$1+\cot^2\theta = 1+\frac{\cos^2\theta}{\sin^2\theta} = \frac{\sin^2\theta + \cos^2\theta}{\sin^2\theta} = \frac{1}{\sin^2\theta} = \csc^2\theta$$

삼각함수의 덧셈정리

오른쪽 그림과 같이 좌표평면 위에서 두 각 α, β를 나타내는 동경과 원점 O
를 중심으로 하고 반지름의 길이가 1인 원의 교점을 각각 P, Q라 하면
$$P(\cos\alpha,\ \sin\alpha),\ Q(\cos\beta,\ \sin\beta),\ \angle POQ=\alpha-\beta$$
이때 삼각형 POQ에서 코사인법칙에 의하여
$$\overline{PQ}^2=\overline{OP}^2+\overline{OQ}^2-2\times\overline{OP}\times\overline{OQ}\times\cos(\alpha-\beta)$$
$$(\cos\alpha-\cos\beta)^2+(\sin\alpha-\sin\beta)^2=1^2+1^2-2\times1\times1\times\cos(\alpha-\beta)$$
$$\therefore\ \cos(\alpha-\beta)=\cos\alpha\cos\beta+\sin\alpha\sin\beta$$

β 대신 $-\beta$를 대입하여 정리하면 $\cos(\alpha+\beta)=\cos\alpha\cos\beta-\sin\alpha\sin\beta$ $\quad\cdots\cdots$ ㉠

α 대신 $\dfrac{\pi}{2}-\alpha$를 대입하면 $\cos\left(\dfrac{\pi}{2}-\alpha+\beta\right)=\cos\left(\dfrac{\pi}{2}-\alpha\right)\cos\beta-\sin\left(\dfrac{\pi}{2}-\alpha\right)\sin\beta$

$$\therefore\ \sin(\alpha-\beta)=\sin\alpha\cos\beta-\cos\alpha\sin\beta$$

β 대신 $-\beta$를 대입하여 정리하면 $\sin(\alpha+\beta)=\sin\alpha\cos\beta+\cos\alpha\sin\beta$ $\quad\cdots\cdots$ ㉡

㉠, ㉡에서 $\dfrac{\sin(\alpha+\beta)}{\cos(\alpha+\beta)}=\dfrac{\sin\alpha\cos\beta+\cos\alpha\sin\beta}{\cos\alpha\cos\beta-\sin\alpha\sin\beta}$

우변의 분모, 분자를 $\cos\alpha\cos\beta\,(\cos\alpha\cos\beta\neq0)$로 각각 나누어 정리하면
$$\tan(\alpha+\beta)=\frac{\tan\alpha+\tan\beta}{1-\tan\alpha\tan\beta}$$

β 대신 $-\beta$를 대입하여 정리하면 $\tan(\alpha-\beta)=\dfrac{\tan\alpha-\tan\beta}{1+\tan\alpha\tan\beta}$

배각의 공식

(1) $\sin2\alpha=\sin(\alpha+\alpha)=\sin\alpha\cos\alpha+\cos\alpha\sin\alpha=2\sin\alpha\cos\alpha$

(2) $\cos2\alpha=\cos(\alpha+\alpha)=\cos\alpha\cos\alpha-\sin\alpha\sin\alpha=\cos^2\alpha-\sin^2\alpha$ $\quad\cdots\cdots$ ㉠

㉠에 $\sin^2\alpha=1-\cos^2\alpha$를 대입하면 $\cos2\alpha=2\cos^2\alpha-1$

또 ㉠에 $\cos^2\alpha=1-\sin^2\alpha$를 대입하면 $\cos2\alpha=1-2\sin^2\alpha$

(3) $\tan2\alpha=\tan(\alpha+\alpha)=\dfrac{\tan\alpha+\tan\alpha}{1-\tan\alpha\tan\alpha}=\dfrac{2\tan\alpha}{1-\tan^2\alpha}$

개념 CHECK
정답과 해설 34쪽

1 다음 값을 구하시오.

  (1) $\csc\dfrac{\pi}{6}$ (2) $\sec\left(-\dfrac{2}{3}\pi\right)$ (3) $\cot\dfrac{7}{6}\pi$

2 삼각함수의 덧셈정리를 이용하여 다음 삼각함수의 값을 구하시오.

  (1) $\sin75°$ (2) $\cos15°$ (3) $\tan105°$

3 다음 식의 값을 구하시오.

  (1) $\sin100°\cos55°-\cos100°\sin55°$

  (2) $\cos40°\cos70°+\sin40°\sin70°$

  (3) $\dfrac{\tan80°-\tan20°}{1+\tan80°\tan20°}$

필.수.예.제 01

다음 물음에 답하시오.

(1) $\dfrac{1-\tan^2\theta}{\sec^2\theta}=\dfrac{1}{3}$일 때, $\csc^2\theta$의 값을 구하시오.

(2) θ가 제2사분면의 각이고 $\csc\theta=\dfrac{5}{4}$일 때, $\cot\theta$, $\sec\theta$의 값을 구하시오.

공략 Point

- $\csc\theta=\dfrac{1}{\sin\theta}$

  $\sec\theta=\dfrac{1}{\cos\theta}$

  $\cot\theta=\dfrac{1}{\tan\theta}$

- $1+\tan^2\theta=\sec^2\theta$

  $1+\cot^2\theta=\csc^2\theta$

풀이

(1) $1+\tan^2\theta=\sec^2\theta$이므로

$\dfrac{1-\tan^2\theta}{\sec^2\theta}=\dfrac{1}{3}$에서

$\dfrac{1-\tan^2\theta}{1+\tan^2\theta}=\dfrac{1}{3}$, $3-3\tan^2\theta=1+\tan^2\theta$

$4\tan^2\theta=2$ 　　∴ $\tan^2\theta=\dfrac{1}{2}$

$1+\cot^2\theta=\csc^2\theta$이고

$\cot\theta=\dfrac{1}{\tan\theta}$이므로

$\csc^2\theta=1+\dfrac{1}{\tan^2\theta}=1+2=\mathbf{3}$

(2) θ가 제2사분면의 각이면 $\cos\theta<0$, $\tan\theta<0$이므로

$\sec\theta<0$, $\cot\theta<0$

$1+\cot^2\theta=\csc^2\theta$이므로

$\cot\theta=-\sqrt{\csc^2\theta-1}=-\sqrt{\left(\dfrac{5}{4}\right)^2-1}=-\dfrac{3}{4}$

$\cot\theta=\dfrac{1}{\tan\theta}$이므로

$\tan\theta=-\dfrac{4}{3}$

$1+\tan^2\theta=\sec^2\theta$이므로

$\sec\theta=-\sqrt{1+\tan^2\theta}=-\sqrt{1+\left(-\dfrac{4}{3}\right)^2}=-\dfrac{5}{3}$

공략 Point

일반각 θ를 나타내는 동경과 원점 O를 중심으로 하고 반지름의 길이가 r인 원의 교점을 $P(x,\ y)$라 할 때,

$\csc\theta=\dfrac{r}{y}\ (y\neq0)$

$\sec\theta=\dfrac{r}{x}\ (x\neq0)$

$\cot\theta=\dfrac{x}{y}\ (y\neq0)$

다른 풀이

(2) θ가 제2사분면의 각이고 $\csc\theta=\dfrac{5}{4}$, 즉 $\sin\theta=\dfrac{4}{5}$이므로 중심이 원점이고 반지름의 길이가 5인 원을 그리면 각 θ를 나타내는 동경이 원과 만나는 점 P의 좌표는

$P(-3,\ 4)$

따라서 구하는 삼각함수의 값은

$\cot\theta=-\dfrac{3}{4}$, $\sec\theta=-\dfrac{5}{3}$

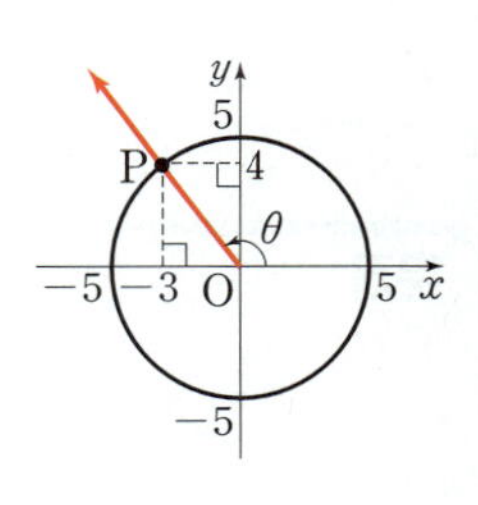

정답과 해설 35쪽

문제

01-1 다음 물음에 답하시오.

(1) $\tan\theta=-3$일 때, $\csc^2\theta+\sec^2\theta$의 값을 구하시오.

(2) θ가 제3사분면의 각이고 $\sec\theta=-\dfrac{5}{4}$일 때, $\csc\theta+\cot\theta$의 값을 구하시오.

(3) $\sin\theta+\cos\theta=\dfrac{1}{2}$일 때, $\sec\theta+\csc\theta$의 값을 구하시오.

필.수.예.제 02

$\sin\alpha=\dfrac{1}{2}$, $\cos\beta=\dfrac{4}{5}$일 때, 다음 값을 구하시오. $\left(\text{단, } 0<\alpha<\dfrac{\pi}{2},\ 0<\beta<\dfrac{\pi}{2}\right)$

(1) $\sin(\alpha+\beta)$　　　　　(2) $\cos(\alpha-\beta)$　　　　　(3) $\tan(\alpha+\beta)$

공략 Point

(1) $\sin(\alpha+\beta)$
$=\sin\alpha\cos\beta+\cos\alpha\sin\beta$
$\sin(\alpha-\beta)$
$=\sin\alpha\cos\beta-\cos\alpha\sin\beta$

(2) $\cos(\alpha+\beta)$
$=\cos\alpha\cos\beta-\sin\alpha\sin\beta$
$\cos(\alpha-\beta)$
$=\cos\alpha\cos\beta+\sin\alpha\sin\beta$

(3) $\tan(\alpha+\beta)$
$=\dfrac{\tan\alpha+\tan\beta}{1-\tan\alpha\tan\beta}$
$\tan(\alpha-\beta)$
$=\dfrac{\tan\alpha-\tan\beta}{1+\tan\alpha\tan\beta}$

풀이

$0<\alpha<\dfrac{\pi}{2}$, $0<\beta<\dfrac{\pi}{2}$이므로	$\cos\alpha>0$, $\sin\beta>0$
$\sin^2\alpha+\cos^2\alpha=1$이므로	$\cos\alpha=\sqrt{1-\sin^2\alpha}=\sqrt{1-\left(\dfrac{1}{2}\right)^2}=\dfrac{\sqrt{3}}{2}$
$\sin^2\beta+\cos^2\beta=1$이므로	$\sin\beta=\sqrt{1-\cos^2\beta}=\sqrt{1-\left(\dfrac{4}{5}\right)^2}=\dfrac{3}{5}$
$\tan\alpha=\dfrac{\sin\alpha}{\cos\alpha}$, $\tan\beta=\dfrac{\sin\beta}{\cos\beta}$이므로	$\tan\alpha=\dfrac{\frac{1}{2}}{\frac{\sqrt{3}}{2}}=\dfrac{\sqrt{3}}{3}$, $\tan\beta=\dfrac{\frac{3}{5}}{\frac{4}{5}}=\dfrac{3}{4}$
(1) $\sin(\alpha+\beta)=\sin\alpha\cos\beta+\cos\alpha\sin\beta$ 이므로	$\sin(\alpha+\beta)=\dfrac{1}{2}\times\dfrac{4}{5}+\dfrac{\sqrt{3}}{2}\times\dfrac{3}{5}=\dfrac{4+3\sqrt{3}}{10}$
(2) $\cos(\alpha-\beta)=\cos\alpha\cos\beta+\sin\alpha\sin\beta$ 이므로	$\cos(\alpha-\beta)=\dfrac{\sqrt{3}}{2}\times\dfrac{4}{5}+\dfrac{1}{2}\times\dfrac{3}{5}=\dfrac{4\sqrt{3}+3}{10}$
(3) $\tan(\alpha+\beta)=\dfrac{\tan\alpha+\tan\beta}{1-\tan\alpha\tan\beta}$이므로	$\tan(\alpha+\beta)=\dfrac{\frac{\sqrt{3}}{3}+\frac{3}{4}}{1-\frac{\sqrt{3}}{3}\times\frac{3}{4}}=\dfrac{25\sqrt{3}+48}{39}$

정답과 해설 35쪽

문제

02-1 $\sin\alpha=\dfrac{\sqrt{3}}{3}$, $\cos\beta=-\dfrac{1}{3}$일 때, 다음 값을 구하시오. $\left(\text{단, } 0<\alpha<\dfrac{\pi}{2},\ \dfrac{\pi}{2}<\beta<\pi\right)$

(1) $\sin(\alpha-\beta)$　　　　　(2) $\cos(\alpha+\beta)$　　　　　(3) $\tan(\alpha-\beta)$

02-2 $(\tan\alpha+3)(\tan\beta-3)=-10$일 때, $\tan(\alpha-\beta)$의 값을 구하시오.

$\left(\text{단, } 0<\alpha<\dfrac{\pi}{2},\ 0<\beta<\dfrac{\pi}{2}\right)$

배각의 공식

유형편 37쪽

필.수.예.제 03

$\sin\theta=\dfrac{3}{5}$일 때, 다음 값을 구하시오. $\left(\text{단, } \dfrac{\pi}{2}<\theta<\pi\right)$

(1) $\sin 2\theta$ (2) $\cos 2\theta$ (3) $\tan 2\theta$

공략 Point

(1) $\sin 2\alpha=2\sin\alpha\cos\alpha$

(2) $\cos 2\alpha=2\cos^2\alpha-1$
$\qquad =1-2\sin^2\alpha$

(3) $\tan 2\alpha=\dfrac{2\tan\alpha}{1-\tan^2\alpha}$

풀이

$\dfrac{\pi}{2}<\theta<\pi$이므로	$\cos\theta<0$
$\sin^2\theta+\cos^2\theta=1$이므로	$\cos\theta=-\sqrt{1-\sin^2\theta}=-\sqrt{1-\left(\dfrac{3}{5}\right)^2}=-\dfrac{4}{5}$
$\tan\theta=\dfrac{\sin\theta}{\cos\theta}$이므로	$\tan\theta=\dfrac{\dfrac{3}{5}}{-\dfrac{4}{5}}=-\dfrac{3}{4}$
(1) $\sin 2\theta=2\sin\theta\cos\theta$이므로	$\sin 2\theta=2\times\dfrac{3}{5}\times\left(-\dfrac{4}{5}\right)=-\dfrac{24}{25}$
(2) $\cos 2\theta=1-2\sin^2\theta$이므로	$\cos 2\theta=1-2\times\left(\dfrac{3}{5}\right)^2=\dfrac{7}{25}$
(3) $\tan 2\theta=\dfrac{2\tan\theta}{1-\tan^2\theta}$이므로	$\tan 2\theta=\dfrac{2\times\left(-\dfrac{3}{4}\right)}{1-\left(-\dfrac{3}{4}\right)^2}=-\dfrac{24}{7}$

정답과 해설 35쪽

문제

03-1 $\tan\theta=\dfrac{1}{2}$일 때, 다음 값을 구하시오. $\left(\text{단, } 0<\theta<\dfrac{\pi}{2}\right)$

(1) $\sin 2\theta$ (2) $\cos 2\theta$ (3) $\tan 2\theta$

03-2 $\sin\theta-\cos\theta=\dfrac{2}{3}$일 때, $\cos 2\theta$의 값을 구하시오. $\left(\text{단, } \dfrac{\pi}{4}<\theta<\dfrac{\pi}{2}\right)$

두 직선이 이루는 각의 크기

필.수.예.제
04

두 직선 $y=\dfrac{1}{2}x-1$, $y=2x-1$이 이루는 예각의 크기를 θ라 할 때, $\tan\theta$의 값을 구하시오.

공략 Point

두 직선 l, m이 x축의 양의 방향과 이루는 각의 크기가 각각 α, β일 때, 두 직선 l, m이 이루는 예각의 크기를 θ라 하면

$$\tan\theta=|\tan(\alpha-\beta)|$$

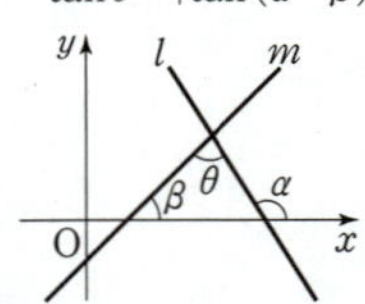

풀이

두 직선 $y=\dfrac{1}{2}x-1$, $y=2x-1$이 x축의 양의 방향과 이루는 각의 크기를 각각 α, β라 하면

$$\tan\alpha=\dfrac{1}{2}$$
$$\tan\beta=2$$

이때 $\theta=\beta-\alpha$이므로

$$\begin{aligned}
\tan\theta&=\tan(\beta-\alpha)\\
&=\dfrac{\tan\beta-\tan\alpha}{1+\tan\beta\tan\alpha}\\
&=\dfrac{2-\dfrac{1}{2}}{1+2\times\dfrac{1}{2}}\\
&=\dfrac{3}{4}
\end{aligned}$$

정답과 해설 36쪽

문제

04-1 두 직선 $\sqrt{3}x+2y=0$, $3\sqrt{3}x-y+1=0$이 이루는 예각의 크기를 구하시오.

04-2 두 직선 $ax-4y+12=0$, $x+2y+4=0$이 이루는 예각의 크기를 θ라 할 때, $\tan\theta=2$를 만족시키는 상수 a의 값을 구하시오.

삼각함수의 덧셈정리의 활용

필.수.예.제 05

오른쪽 그림과 같이 한 변의 길이가 8인 정사각형 ABCD에서 변 BC를 1 : 3으로 내분하는 점을 E라 하자. ∠AED=θ라 할 때, $\tan\theta$의 값을 구하시오.

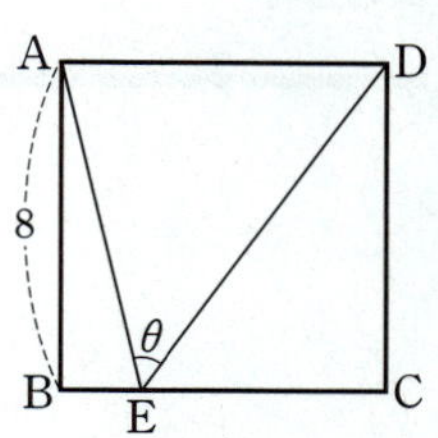

공략 Point

주어진 각을 적당한 두 각의 합 또는 차로 나타낸 후 삼각함수의 덧셈정리를 이용한다.

풀이

점 E가 변 BC를 1 : 3으로 내분하므로

$$\overline{BE}=8\times\frac{1}{4}=2,\ \overline{CE}=8\times\frac{3}{4}=6$$

점 E에서 변 AD에 내린 수선의 발을 F라 하고, ∠AEF=α, ∠DEF=β라 하면

$$\tan\alpha=\frac{\overline{AF}}{\overline{EF}}=\frac{2}{8}=\frac{1}{4}$$
$$\tan\beta=\frac{\overline{DF}}{\overline{EF}}=\frac{6}{8}=\frac{3}{4}$$

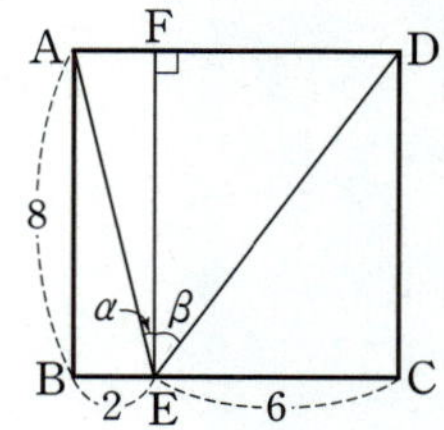

이때 $\theta=\alpha+\beta$이므로

$$\tan\theta=\tan(\alpha+\beta)$$
$$=\frac{\tan\alpha+\tan\beta}{1-\tan\alpha\tan\beta}$$
$$=\frac{\frac{1}{4}+\frac{3}{4}}{1-\frac{1}{4}\times\frac{3}{4}}=\frac{16}{13}$$

정답과 해설 36쪽

문제

05-1

오른쪽 그림과 같이 빗변이 아닌 두 변의 길이가 각각 5, 12인 두 직각삼각형 ABC와 ADE에 대하여 ∠CAE=θ라 할 때, $\sin\theta$의 값을 구하시오.

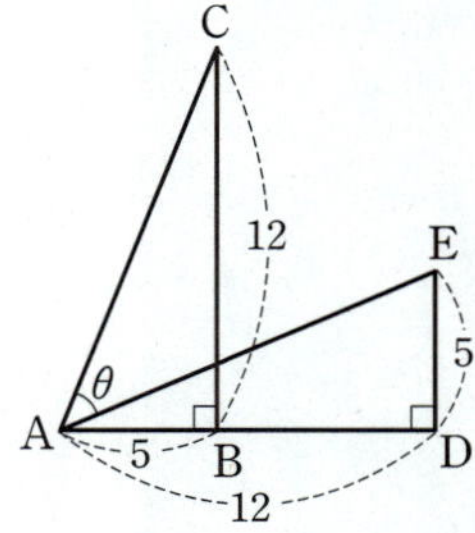

05-2

오른쪽 그림과 같이 $\overline{AB}=6$, $\overline{BC}=a$, ∠B=$\frac{\pi}{2}$인 직각삼각형 ABC에서 변 AB를 2 : 1로 내분하는 점을 D라 하고 ∠DCA=θ라 할 때, $\tan\theta=\frac{4}{7}$가 되도록 하는 모든 a의 값의 합을 구하시오.

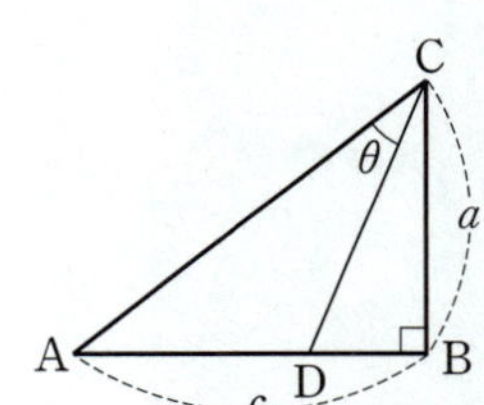

2 삼각함수의 합성

1 삼각함수의 합성

두 삼각함수의 합 $a\sin\theta+b\cos\theta\,(a\neq0,\ b\neq0)$를 다음과 같이 하나의 삼각함수로 나타내는 것을 삼각함수의 합성이라 한다.

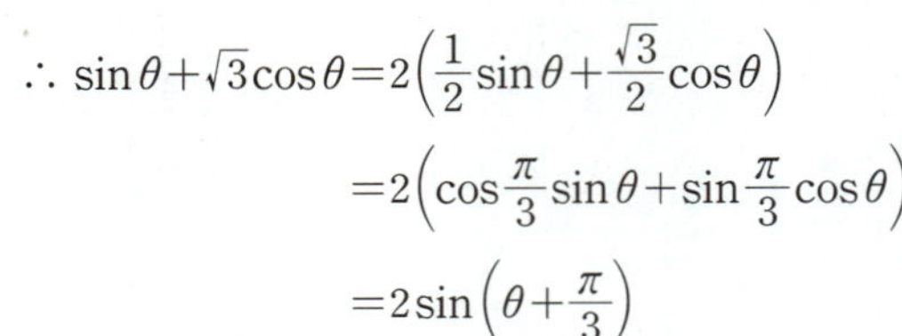

> (1) $a\sin\theta+b\cos\theta=\sqrt{a^2+b^2}\sin(\theta+\alpha)$ $\left(\text{단, } \sin\alpha=\dfrac{b}{\sqrt{a^2+b^2}},\ \cos\alpha=\dfrac{a}{\sqrt{a^2+b^2}}\right)$
>
> (2) $a\sin\theta+b\cos\theta=\sqrt{a^2+b^2}\cos(\theta-\beta)$ $\left(\text{단, } \sin\beta=\dfrac{a}{\sqrt{a^2+b^2}},\ \cos\beta=\dfrac{b}{\sqrt{a^2+b^2}}\right)$

예 $\sin\theta+\sqrt{3}\cos\theta$를 $r\sin(\theta+\alpha)\,(r>0,\ 0<\alpha<2\pi)$ 꼴로 나타내어 보자.

오른쪽 그림과 같이 $\sin\theta$의 계수를 x좌표, $\cos\theta$의 계수를 y좌표로 하는 점을
$\mathrm{P}(1,\ \sqrt{3})$이라 하면 원점 O에 대하여

$$\overline{\mathrm{OP}}=\sqrt{1^2+(\sqrt{3})^2}=2$$

동경 OP가 x축의 양의 방향과 이루는 각의 크기를 α라 하면

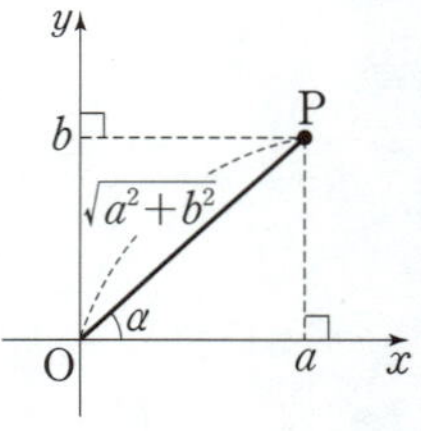

$$\sin\alpha=\frac{\sqrt{3}}{2},\ \cos\alpha=\frac{1}{2} \quad \therefore\ \alpha=\frac{\pi}{3}$$

$$\therefore\ \sin\theta+\sqrt{3}\cos\theta=2\left(\frac{1}{2}\sin\theta+\frac{\sqrt{3}}{2}\cos\theta\right)$$

$$=2\left(\cos\frac{\pi}{3}\sin\theta+\sin\frac{\pi}{3}\cos\theta\right)$$

$$=2\sin\left(\theta+\frac{\pi}{3}\right)$$

참고 삼각함수 $y=a\sin\theta+b\cos\theta\,(a\neq0,\ b\neq0)$의 주기는 2π, 최댓값은 $\sqrt{a^2+b^2}$, 최솟값은 $-\sqrt{a^2+b^2}$이다.

개념 **PLUS**

삼각함수의 합성

(1) 오른쪽 그림과 같이 좌표평면 위에 점 $\mathrm{P}(a,\ b)$를 잡으면 $\overline{\mathrm{OP}}=\sqrt{a^2+b^2}$

동경 OP가 x축의 양의 방향과 이루는 각의 크기를 α라 하면

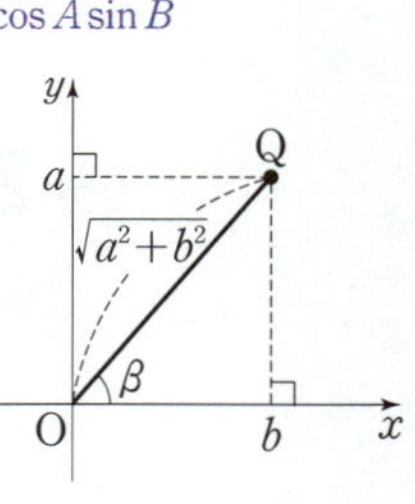

$$\sin\alpha=\frac{b}{\sqrt{a^2+b^2}},\ \cos\alpha=\frac{a}{\sqrt{a^2+b^2}}$$

$$\therefore\ a\sin\theta+b\cos\theta=\sqrt{a^2+b^2}\left(\frac{a}{\sqrt{a^2+b^2}}\sin\theta+\frac{b}{\sqrt{a^2+b^2}}\cos\theta\right)$$

$$=\sqrt{a^2+b^2}(\cos\alpha\sin\theta+\sin\alpha\cos\theta)$$

$$=\sqrt{a^2+b^2}\sin(\theta+\alpha) \quad \blacktriangleleft \sin(A+B)=\sin A\cos B+\cos A\sin B$$

(2) 오른쪽 그림과 같이 좌표평면 위에 점 $\mathrm{Q}(b,\ a)$를 잡으면 $\overline{\mathrm{OQ}}=\sqrt{a^2+b^2}$

동경 OQ가 x축의 양의 방향과 이루는 각의 크기를 β라 하면

$$\sin\beta=\frac{a}{\sqrt{a^2+b^2}},\ \cos\beta=\frac{b}{\sqrt{a^2+b^2}}$$

$$\therefore\ a\sin\theta+b\cos\theta=\sqrt{a^2+b^2}\left(\frac{a}{\sqrt{a^2+b^2}}\sin\theta+\frac{b}{\sqrt{a^2+b^2}}\cos\theta\right)$$

$$=\sqrt{a^2+b^2}(\sin\beta\sin\theta+\cos\beta\cos\theta)$$

$$=\sqrt{a^2+b^2}\cos(\theta-\beta) \quad \blacktriangleleft \cos(A-B)=\cos A\cos B+\sin A\sin B$$

UP

삼각함수의 합성

필.수.예.제
06

다음 함수의 최댓값과 최솟값을 구하시오. (단, $0 \le x < 2\pi$)

(1) $y = 3\sin x - 3\cos x + 2$

(2) $y = 2\sqrt{3}\sin\left(x - \dfrac{\pi}{3}\right) + 6\cos x$

공략 Point

- $a\sin\theta + b\cos\theta$
  $= \sqrt{a^2 + b^2}\sin(\theta + \alpha)$
  $\left(\text{단, } \sin\alpha = \dfrac{b}{\sqrt{a^2+b^2}},\right.$
  $\left. \cos\alpha = \dfrac{a}{\sqrt{a^2+b^2}}\right)$

- $a\sin\theta + b\cos\theta$
  $= \sqrt{a^2+b^2}\cos(\theta - \beta)$
  $\left(\text{단, } \sin\beta = \dfrac{a}{\sqrt{a^2+b^2}},\right.$
  $\left. \cos\beta = \dfrac{b}{\sqrt{a^2+b^2}}\right)$

풀이

(1) 삼각함수의 합성을 이용하여 주어진 식을 변형하면	$\begin{aligned} y &= 3\sin x - 3\cos x + 2 \\ &= 3\sqrt{2}\left(\dfrac{1}{\sqrt{2}}\sin x - \dfrac{1}{\sqrt{2}}\cos x\right) + 2 \\ &= 3\sqrt{2}\left(\cos\dfrac{7}{4}\pi\sin x + \sin\dfrac{7}{4}\pi\cos x\right) + 2 \\ &= 3\sqrt{2}\sin\left(x + \dfrac{7}{4}\pi\right) + 2 \end{aligned}$
$-1 \le \sin\left(x + \dfrac{7}{4}\pi\right) \le 1$이므로	$-3\sqrt{2} + 2 \le 3\sqrt{2}\sin\left(x + \dfrac{7}{4}\pi\right) + 2 \le 3\sqrt{2} + 2$
따라서 구하는 최댓값과 최솟값은	**최댓값: $3\sqrt{2} + 2$, 최솟값: $-3\sqrt{2} + 2$**

(2) 주어진 함수에서 삼각함수의 덧셈정리에 의하여	$\begin{aligned} y &= 2\sqrt{3}\sin\left(x - \dfrac{\pi}{3}\right) + 6\cos x \\ &= 2\sqrt{3}\left(\sin x\cos\dfrac{\pi}{3} - \cos x\sin\dfrac{\pi}{3}\right) + 6\cos x \\ &= 2\sqrt{3}\left(\dfrac{1}{2}\sin x - \dfrac{\sqrt{3}}{2}\cos x\right) + 6\cos x \\ &= \sqrt{3}\sin x + 3\cos x \end{aligned}$
삼각함수의 합성을 이용하여 식을 변형하면	$\begin{aligned} &= 2\sqrt{3}\left(\dfrac{1}{2}\sin x + \dfrac{\sqrt{3}}{2}\cos x\right) \\ &= 2\sqrt{3}\left(\cos\dfrac{\pi}{3}\sin x + \sin\dfrac{\pi}{3}\cos x\right) \\ &= 2\sqrt{3}\sin\left(x + \dfrac{\pi}{3}\right) \end{aligned}$
$-1 \le \sin\left(x + \dfrac{\pi}{3}\right) \le 1$이므로	$-2\sqrt{3} \le 2\sqrt{3}\sin\left(x + \dfrac{\pi}{3}\right) \le 2\sqrt{3}$
따라서 구하는 최댓값과 최솟값은	**최댓값: $2\sqrt{3}$, 최솟값: $-2\sqrt{3}$**

정답과 해설 37쪽

문제

06-1 $-\sqrt{3}\sin\theta + \cos\theta$에 대하여 다음 물음에 답하시오.

(1) $r\sin(\theta + \alpha)$ 꼴로 나타내시오. (단, $r > 0$, $0 < \alpha < 2\pi$)

(2) $r\cos(\theta - \beta)$ 꼴로 나타내시오. (단, $r > 0$, $0 < \beta < 2\pi$)

06-2 함수 $y = 4\sin x + 4\sqrt{3}\cos\left(x + \dfrac{\pi}{3}\right)$의 최댓값과 최솟값을 구하시오. (단, $0 \le x < 2\pi$)

1 다음 보기 중 옳은 것만을 있는 대로 고르시오.

> ●보기●
>
> ㄱ. $\dfrac{1}{1+\cos\theta}+\dfrac{1}{1-\cos\theta}=2\csc^2\theta$
>
> ㄴ. $\dfrac{\cot\theta}{1+\csc\theta}+\dfrac{1+\csc\theta}{\cot\theta}=2\sec\theta$
>
> ㄷ. $\dfrac{1+\cos\theta}{\sec\theta-\tan\theta}-\dfrac{1-\cos\theta}{\sec\theta+\tan\theta}=2\tan\theta$
>
> ㄹ. $(\tan\theta+\cot\theta)^2-(\sin\theta+\csc\theta)^2$
> $\qquad\qquad -(\cos\theta+\sec\theta)^2=-3$

2 $\tan\theta+\cot\theta=-8$일 때, $|\sin\theta-\cos\theta|$의 값을 구하시오.

3 $\dfrac{\cos20°\cos25°-\sin20°\sin25°}{\sin140°\cos20°-\cos140°\sin20°}$의 값은?

① $-\dfrac{\sqrt6}{3}$ ② $-\dfrac{\sqrt6}{6}$ ③ $\dfrac{\sqrt6}{6}$

④ $\dfrac{\sqrt6}{3}$ ⑤ $\sqrt2$

4 $\sin\alpha=\dfrac{3}{5}$, $\sin\beta=\dfrac{2}{5}$일 때,

$4\sin(\alpha-\beta)+3\cos(\alpha+\beta)$의 값을 구하시오.

$\left(\text{단, } \dfrac{\pi}{2}<\alpha<\pi,\ 0<\beta<\dfrac{\pi}{2}\right)$

5 이차방정식 $x^2+7x+8=0$의 두 근이 $\tan\alpha$, $\tan\beta$ 일 때, $\sec^2(\alpha+\beta)$의 값을 구하시오.

6 $\sin\alpha-\sin\beta=\dfrac{\sqrt2}{2}$, $\cos\alpha+\cos\beta=\dfrac{1}{2}$일 때,

$\cos(\alpha+\beta)$의 값을 구하시오.

7 $\tan\theta=2\sqrt2$일 때, $\sqrt2\sin2\theta+\cos2\theta$의 값은?

$\left(\text{단, } 0<\theta<\dfrac{\pi}{2}\right)$

① $\dfrac{1}{10}$ ② $\dfrac{1}{9}$ ③ $\dfrac{1}{8}$

④ $\dfrac{1}{7}$ ⑤ $\dfrac{1}{6}$

8 $\sin2\theta=\dfrac{1}{4}$일 때, $\cos^2\theta$의 값을 구하시오.

$\left(\text{단, } 0<\theta<\dfrac{\pi}{4}\right)$

9 직선 $y=\dfrac{1}{2}x+4$와 이루는 예각의 크기가 $\dfrac{\pi}{4}$이고 점 $(2, 0)$을 지나는 직선의 방정식을 모두 구하시오.

10 오른쪽 그림과 같이 직선 $y=mx$가 x축의 양의 방향과 이루는 예각의 크기를 직선 $y=\dfrac{1}{4}x$가 이등분할 때, 상수 m의 값을 구하시오.

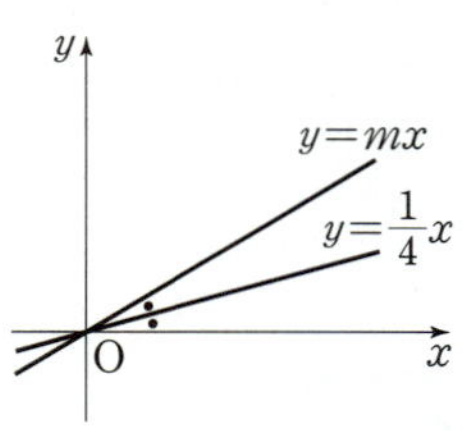

11 곡선 $y=1-x^2 \ (0<x<1)$ 위의 점 P에서 y축에 내린 수선의 발을 H라 하고, 원점 O와 점 A$(0, 1)$에 대하여 $\angle APH=\theta_1$, $\angle HPO=\theta_2$라 하자. $\tan\theta_1=\dfrac{1}{2}$일 때, $\tan(\theta_1+\theta_2)$의 값은?

① 2 　　② 4 　　③ 6
④ 8 　　⑤ 10

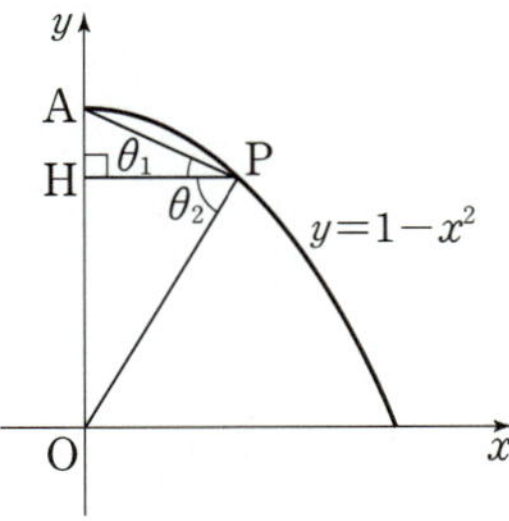

12 함수 $y=\cos x-\sin\left(x+\dfrac{\pi}{6}\right)+2$의 최댓값을 M, 최솟값을 m이라 할 때, $M+m$의 값을 구하시오.

실력

13 그림과 같이 곡선 $y=e^x$ 위의 두 점 A(t, e^t), B$(-t, e^{-t})$에서의 접선을 각각 l, m이라 하자. 두 직선 l과 m이 이루는 예각의 크기가 $\dfrac{\pi}{4}$일 때, 두 점 A, B를 지나는 직선의 기울기는? (단, $t>0$)

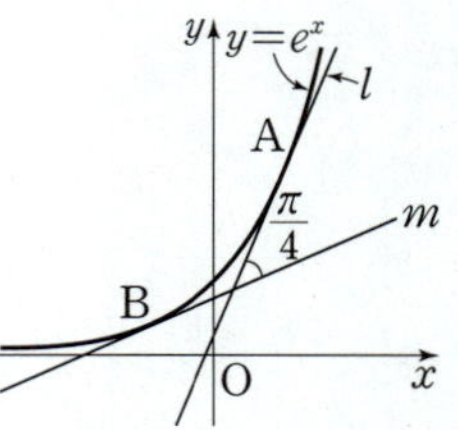

① $\dfrac{1}{\ln(1+\sqrt{2})}$ 　　② $\dfrac{1}{\ln 2}$

③ $\dfrac{4}{3\ln(1+\sqrt{2})}$ 　　④ $\dfrac{7}{6\ln 2}$

⑤ $\dfrac{3}{2\ln(1+\sqrt{2})}$

14 오른쪽 그림과 같이 원에 내접하는 사각형 ABCD의 두 꼭짓점 A, C에서 선분 BD에 내린 수선의 발을 각각 F, E라 하자. $\overline{AF}=6$, $\overline{DF}=1$, $\overline{BE}=5$, $\overline{CE}=2$일 때, 선분 EF의 길이를 구하시오.

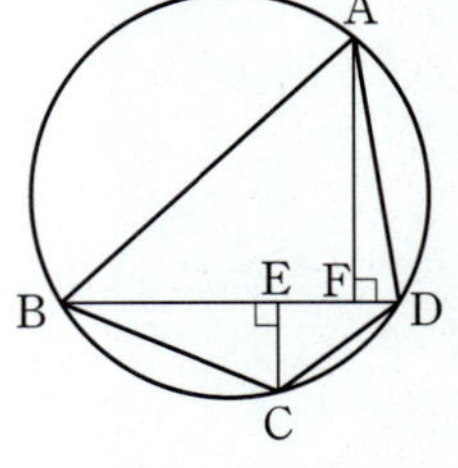

1 삼각함수의 극한

1 삼각함수의 극한

두 삼각함수 $y=\sin x$, $y=\cos x$는 모든 실수 x에서 연속이고 삼각함수 $y=\tan x$는

$x=n\pi+\dfrac{\pi}{2}$ (n은 정수)를 제외한 모든 실수 x에서 연속이므로 삼각함수의 그래프에서 임의의

실수 a에 대하여 다음이 성립한다.

> (1) $\displaystyle\lim_{x\to a}\sin x=\sin a$
>
> (2) $\displaystyle\lim_{x\to a}\cos x=\cos a$
>
> (3) $\displaystyle\lim_{x\to a}\tan x=\tan a$ $\left(\text{단, } a\neq n\pi+\dfrac{\pi}{2},\ n\text{은 정수}\right)$

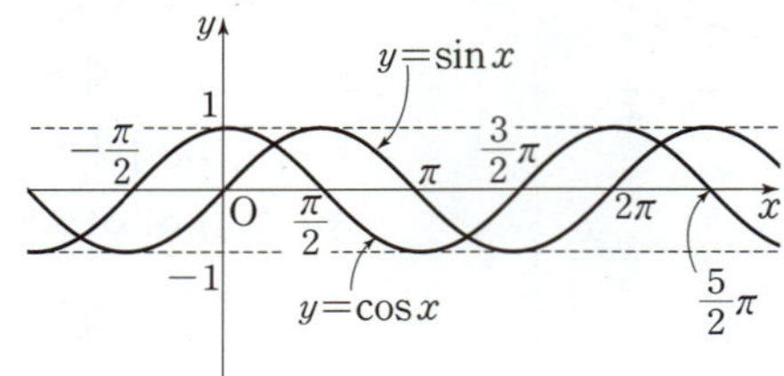
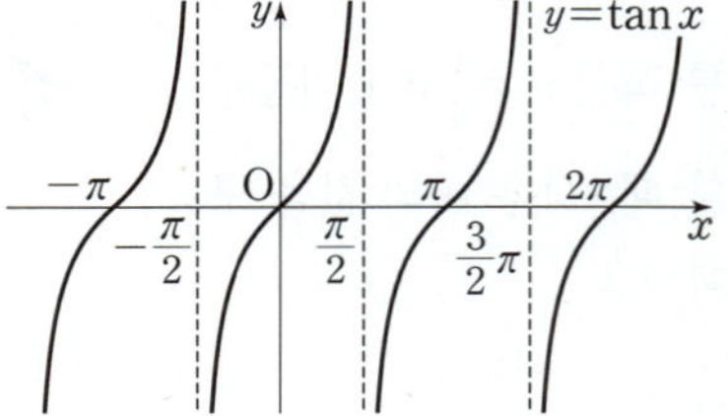

예 (1) $\displaystyle\lim_{x\to\frac{\pi}{2}}\sin x=\sin\dfrac{\pi}{2}=1$

    (2) $\displaystyle\lim_{x\to\pi}\cos x=\cos\pi=-1$

    (3) $\displaystyle\lim_{x\to\frac{\pi}{3}}\tan 3x=\tan\pi=0$

참고 $\displaystyle\lim_{x\to\infty}\sin x$, $\displaystyle\lim_{x\to\infty}\cos x$, $\displaystyle\lim_{x\to\infty}\tan x$, $\displaystyle\lim_{x\to-\infty}\sin x$, $\displaystyle\lim_{x\to-\infty}\cos x$, $\displaystyle\lim_{x\to-\infty}\tan x$의 값은 존재하지 않는다.

2 함수 $\dfrac{\sin x}{x}$, $\dfrac{\tan x}{x}$의 극한

x의 단위가 라디안일 때, 다음이 성립한다.

> (1) $\displaystyle\lim_{x\to0}\dfrac{\sin x}{x}=1$
>
> (2) $\displaystyle\lim_{x\to0}\dfrac{\tan x}{x}=1$

주의 $\displaystyle\lim_{x\to0}\dfrac{\cos x}{x}$는 발산한다.

참고 0이 아닌 상수 a, b에 대하여

    (1) $\displaystyle\lim_{x\to0}\dfrac{\sin bx}{ax}=\lim_{x\to0}\dfrac{\sin bx}{bx}\times\dfrac{b}{a}=1\times\dfrac{b}{a}=\dfrac{b}{a}$

    (2) $\displaystyle\lim_{x\to0}\dfrac{\tan bx}{ax}=\lim_{x\to0}\dfrac{\tan bx}{bx}\times\dfrac{b}{a}=1\times\dfrac{b}{a}=\dfrac{b}{a}$

예 (1) $\displaystyle\lim_{x\to0}\dfrac{\sin 2x}{3x}=\lim_{x\to0}\dfrac{\sin 2x}{2x}\times\dfrac{2}{3}=1\times\dfrac{2}{3}=\dfrac{2}{3}$

    (2) $\displaystyle\lim_{x\to0}\dfrac{\tan 3x}{5x}=\lim_{x\to0}\dfrac{\tan 3x}{3x}\times\dfrac{3}{5}=1\times\dfrac{3}{5}=\dfrac{3}{5}$

함수 $\dfrac{\sin x}{x}$, $\dfrac{\tan x}{x}$의 극한

(1) (i) $0 < x < \dfrac{\pi}{2}$일 때,

오른쪽 그림과 같이 반지름의 길이가 1인 원 O에서

$(\triangle \text{OAB의 넓이}) < (\text{부채꼴 OAB의 넓이}) < (\triangle \text{OAT의 넓이})$이므로

$$\frac{1}{2}\sin x < \frac{1}{2}x < \frac{1}{2}\tan x \qquad \therefore \sin x < x < \tan x$$

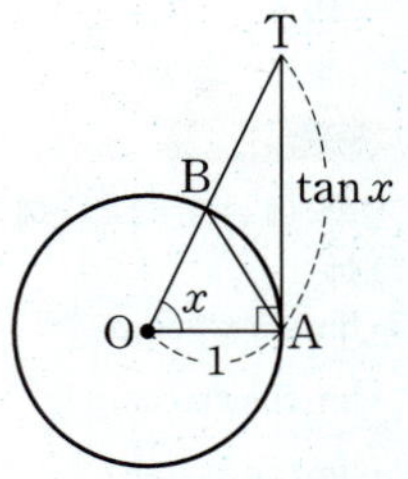

이때 $\sin x > 0$이므로 각 변을 $\sin x$로 나누면

$$1 < \frac{x}{\sin x} < \frac{1}{\cos x} \qquad \therefore \cos x < \frac{\sin x}{x} < 1$$

이때 $\displaystyle\lim_{x \to 0+}\cos x = 1$이므로 함수의 극한의 대소 관계에 의하여

$$\lim_{x \to 0+}\frac{\sin x}{x} = 1 \qquad \cdots\cdots \㉠$$

(ii) $-\dfrac{\pi}{2} < x < 0$일 때,

$x = -t$로 놓으면 $x \to 0-$일 때, $t \to 0+$이므로

$$\lim_{x \to 0-}\frac{\sin x}{x} = \lim_{t \to 0+}\frac{\sin(-t)}{-t} = \lim_{t \to 0+}\frac{\sin t}{t} = 1 \ (\because \ ㉠)$$

(i), (ii)에서 $\displaystyle\lim_{x \to 0}\frac{\sin x}{x} = 1$

(2) $\tan x = \dfrac{\sin x}{\cos x}$이므로

$$\lim_{x \to 0}\frac{\tan x}{x} = \lim_{x \to 0}\left(\frac{\sin x}{x} \times \frac{1}{\cos x}\right) = 1 \times 1 = 1$$

개념 **CHECK**

정답과 해설 40쪽

1 다음 극한값을 구하시오.

(1) $\displaystyle\lim_{x \to \pi}\sin x$

(2) $\displaystyle\lim_{x \to \frac{\pi}{4}}\cos x$

(3) $\displaystyle\lim_{x \to \frac{\pi}{6}}\tan x$

(4) $\displaystyle\lim_{x \to \frac{\pi}{6}}\sin 2x$

(5) $\displaystyle\lim_{x \to \frac{\pi}{2}}(\cos 2x - 1)$

(6) $\displaystyle\lim_{x \to \frac{\pi}{2}}\tan \frac{x}{2}$

2 다음 극한값을 구하시오.

(1) $\displaystyle\lim_{x \to 0}\frac{\sin 2x}{2x}$

(2) $\displaystyle\lim_{x \to 0}\frac{\tan 3x}{3x}$

(3) $\displaystyle\lim_{x \to 0}\frac{\sin x}{3x}$

(4) $\displaystyle\lim_{x \to 0}\frac{\tan 4x}{x}$

(5) $\displaystyle\lim_{x \to 0}\frac{\sin 4x}{2x}$

(6) $\displaystyle\lim_{x \to 0}\frac{\tan 3x}{6x}$

삼각함수의 극한

필.수.예.제 01

다음 극한값을 구하시오.

$(1)\ \lim\limits_{x \to \pi} \dfrac{\tan x}{\sin x}$

$(2)\ \lim\limits_{x \to \frac{\pi}{2}} \dfrac{\cos^2 x}{1-\sin x}$

$(3)\ \lim\limits_{x \to \pi} \dfrac{1-\cos 2x}{\sin 2x}$

공략 Point

정의역에 속하는 실수 a에 대하여

- $\lim\limits_{x \to a} \sin x = \sin a$
- $\lim\limits_{x \to a} \cos x = \cos a$
- $\lim\limits_{x \to a} \tan x = \tan a$

풀이

(1) $\tan x = \dfrac{\sin x}{\cos x}$이므로

$$\lim_{x \to \pi} \frac{\tan x}{\sin x} = \lim_{x \to \pi} \frac{\frac{\sin x}{\cos x}}{\sin x} = \lim_{x \to \pi} \frac{1}{\cos x}$$

$\lim\limits_{x \to \pi} \cos x = -1$이므로

$$= -1$$

(2) $\sin^2 x + \cos^2 x = 1$이므로

$$\lim_{x \to \frac{\pi}{2}} \frac{\cos^2 x}{1-\sin x} = \lim_{x \to \frac{\pi}{2}} \frac{1-\sin^2 x}{1-\sin x} = \lim_{x \to \frac{\pi}{2}} \frac{(1+\sin x)(1-\sin x)}{1-\sin x} = \lim_{x \to \frac{\pi}{2}} (1+\sin x)$$

$\lim\limits_{x \to \frac{\pi}{2}} \sin x = 1$이므로

$$= 1+1 = 2$$

(3) $\sin 2x = 2\sin x \cos x$이고 $\cos 2x = 1-2\sin^2 x$이므로

$$\lim_{x \to \pi} \frac{1-\cos 2x}{\sin 2x} = \lim_{x \to \pi} \frac{1-(1-2\sin^2 x)}{2\sin x \cos x} = \lim_{x \to \pi} \frac{2\sin^2 x}{2\sin x \cos x} = \lim_{x \to \pi} \frac{\sin x}{\cos x} = \lim_{x \to \pi} \tan x = 0$$

정답과 해설 **40쪽**

문제

01-1 다음 극한값을 구하시오.

$(1)\ \lim\limits_{x \to 0} \dfrac{1-\cos x}{\sin^2 x}$

$(2)\ \lim\limits_{x \to \frac{\pi}{4}} \dfrac{\tan^2 x - 1}{\sin x - \cos x}$

$(3)\ \lim\limits_{x \to \pi} \dfrac{\sin 2x}{\tan x}$

$(4)\ \lim\limits_{x \to \frac{\pi}{2}} (\sec x - \tan x)$

함수 $\dfrac{\sin x}{x}$, $\dfrac{\tan x}{x}$ 의 극한

필.수.예.제 02

다음 극한값을 구하시오.

(1) $\displaystyle\lim_{x\to0}\dfrac{\sin 4x}{\sin 3x}$

(2) $\displaystyle\lim_{x\to0}\dfrac{\tan(\tan x)}{x}$

(3) $\displaystyle\lim_{x\to0}\dfrac{1-\cos x}{x^2}$

공략 Point

$a\neq0,\ b\neq0$일 때

- $\displaystyle\lim_{x\to0}\dfrac{\sin bx}{ax}=\dfrac{b}{a}$
- $\displaystyle\lim_{x\to0}\dfrac{\tan bx}{ax}=\dfrac{b}{a}$

풀이

(1) 주어진 식을 변형하여 극한값을 구하면

$$\lim_{x\to0}\dfrac{\sin 4x}{\sin 3x}=\lim_{x\to0}\left(\dfrac{\sin 4x}{4x}\times\dfrac{3x}{\sin 3x}\times\dfrac{4}{3}\right)$$
$$=1\times1\times\dfrac{4}{3}=\dfrac{4}{3}$$

(2) $x\to0$일 때, $\tan x\to0$이므로 주어진 식을 변형하여 극한값을 구하면

$$\lim_{x\to0}\dfrac{\tan(\tan x)}{x}=\lim_{x\to0}\left\{\dfrac{\tan(\tan x)}{\tan x}\times\dfrac{\tan x}{x}\right\}$$
$$=1\times1=1$$

(3) 분모, 분자에 각각 $1+\cos x$를 곱하여 식을 변형한 후 극한값을 구하면

$$\lim_{x\to0}\dfrac{1-\cos x}{x^2}=\lim_{x\to0}\dfrac{(1-\cos x)(1+\cos x)}{x^2(1+\cos x)}$$
$$=\lim_{x\to0}\dfrac{1-\cos^2 x}{x^2(1+\cos x)}$$
$$=\lim_{x\to0}\dfrac{\sin^2 x}{x^2(1+\cos x)}$$
$$=\lim_{x\to0}\left\{\left(\dfrac{\sin x}{x}\right)^2\times\dfrac{1}{1+\cos x}\right\}$$
$$=1^2\times\dfrac{1}{2}=\dfrac{1}{2}$$

정답과 해설 40쪽

문제

02-1 다음 극한값을 구하시오.

(1) $\displaystyle\lim_{x\to0}\dfrac{\sin(4x^3+3x^2-2x)}{3x^2-4x}$

(2) $\displaystyle\lim_{x\to0}\dfrac{\sin 2x+\sin 3x}{\sin x}$

(3) $\displaystyle\lim_{x\to0}\dfrac{\sin(\sin 2x)}{\tan 3x}$

(4) $\displaystyle\lim_{x\to0}\dfrac{1-\cos x}{x\sin x}$

02-2 $\displaystyle\lim_{x\to0}\dfrac{ax^3}{\sin x-\tan x}=6$일 때, 상수 a의 값을 구하시오.

치환을 이용한 삼각함수의 극한

필.수.예.제 03

다음 극한값을 구하시오.

(1) $\lim\limits_{x \to \pi} \dfrac{\sin x}{x-\pi}$

(2) $\lim\limits_{x \to \frac{\pi}{2}} \dfrac{\cos x}{\dfrac{\pi}{2}-x}$

(3) $\lim\limits_{x \to \infty} (4x-3)\tan\dfrac{1}{x}$

공략 Point

$x \to a\,(a \neq 0)$이면 $x-a=t$로 치환하고 $x \to \infty$이면 $\dfrac{1}{x}=t$로 치환한 후 극한값을 구한다.

풀이

(1) $x-\pi=t$로 놓으면 $x=\pi+t$이고, $x \to \pi$일 때 $t \to 0$이므로

$\sin(\pi+t)=-\sin t$이므로

$$\lim\limits_{x \to \pi} \dfrac{\sin x}{x-\pi}=\lim\limits_{t \to 0} \dfrac{\sin(\pi+t)}{t}$$

$$=\lim\limits_{t \to 0} \dfrac{-\sin t}{t}=-\lim\limits_{t \to 0} \dfrac{\sin t}{t}=-1$$

(2) $\dfrac{\pi}{2}-x=t$로 놓으면 $x=\dfrac{\pi}{2}-t$이고, $x \to \dfrac{\pi}{2}$일 때 $t \to 0$이므로

$\cos\left(\dfrac{\pi}{2}-t\right)=\sin t$이므로

$$\lim\limits_{x \to \frac{\pi}{2}} \dfrac{\cos x}{\dfrac{\pi}{2}-x}=\lim\limits_{t \to 0} \dfrac{\cos\left(\dfrac{\pi}{2}-t\right)}{t}$$

$$=\lim\limits_{t \to 0} \dfrac{\sin t}{t}=1$$

(3) $\dfrac{1}{x}=t$로 놓으면 $x=\dfrac{1}{t}$이고, $x \to \infty$일 때 $t \to 0$이므로

$$\lim\limits_{x \to \infty} (4x-3)\tan\dfrac{1}{x}=\lim\limits_{t \to 0}\left(\dfrac{4}{t}-3\right)\tan t$$

$$=\lim\limits_{t \to 0}\left(\dfrac{\tan t}{t} \times 4 - 3\tan t\right)$$

$$=1 \times 4 - 0 = 4$$

정답과 해설 41쪽

문제

03-1 다음 극한값을 구하시오.

(1) $\lim\limits_{x \to 3} \dfrac{x-3}{\sin \pi x}$

(2) $\lim\limits_{x \to \pi} (x-\pi)\cot x$

(3) $\lim\limits_{x \to 1} \dfrac{\cos\dfrac{\pi}{2}x}{x^2-1}$

(4) $\lim\limits_{x \to \infty} x\sin\dfrac{1}{2x+1}$

03-2 $\lim\limits_{x \to \frac{1}{2}} \dfrac{\tan(\cos \pi x)}{2x-1}$의 값을 구하시오.

삼각함수의 극한의 응용

필.수.예.제 04

$\lim\limits_{x \to 0} \dfrac{1-\cos x}{ax\sin x+b} = \dfrac{1}{6}$일 때, 상수 a, b의 값을 구하시오.

공략 Point

분수 꼴인 함수의 극한에서 다음을 이용하여 식을 세운 후 미정계수를 구한다.

(1) (분모) $\to 0$이고, 극한값이 존재하면
 $\Rightarrow$ (분자) $\to 0$

(2) (분자) $\to 0$이고, 0이 아닌 극한값이 존재하면
 $\Rightarrow$ (분모) $\to 0$

풀이

$x \to 0$일 때 (분자) $\to 0$이고, 0이 아닌 극한값이 존재하므로 (분모) $\to 0$에서

$$\lim_{x \to 0}(ax\sin x+b)=0$$
$$\therefore b=0$$

$b=0$을 주어진 식의 좌변에 대입한 후 분모, 분자에 $1+\cos x$를 각각 곱하면

$$\lim_{x \to 0}\frac{1-\cos x}{ax\sin x}=\lim_{x \to 0}\frac{(1-\cos x)(1+\cos x)}{ax\sin x(1+\cos x)}$$
$$=\lim_{x \to 0}\frac{1-\cos^2 x}{ax\sin x(1+\cos x)}$$
$$=\lim_{x \to 0}\frac{\sin^2 x}{ax\sin x(1+\cos x)}$$
$$=\lim_{x \to 0}\frac{\sin x}{ax(1+\cos x)}$$
$$=\lim_{x \to 0}\left\{\frac{\sin x}{x}\times\frac{1}{a(1+\cos x)}\right\}$$
$$=1\times\frac{1}{2a}=\frac{1}{2a}$$

$\lim\limits_{x \to 0}\dfrac{1-\cos x}{ax\sin x+b}=\dfrac{1}{6}$에서

$$\frac{1}{2a}=\frac{1}{6} \qquad \therefore a=3$$

정답과 해설 42쪽

문제

04-1 $\lim\limits_{x \to 0}\dfrac{\tan 3x}{e^x+a}=b$일 때, 상수 a, b의 값을 구하시오. (단, $b \neq 0$)

04-2 $\lim\limits_{x \to 0}\dfrac{\tan x\sin x}{\sqrt{ax^2+b}-1}=4$일 때, 상수 a, b에 대하여 $b-a$의 값을 구하시오.

04-3 $\lim\limits_{x \to \frac{\pi}{2}}\dfrac{ax-b}{\cos x}=1$일 때, 상수 a, b에 대하여 ab의 값을 구하시오.

삼각함수의 극한의 활용

필.수.예.제 05

오른쪽 그림과 같이 길이가 4인 선분 AB를 지름으로 하는 반원에서 호 AB 위의 점 P에 대하여 $\angle\text{PAB}=\theta$라 하고, 점 P에서 선분 AB에 내린 수선의 발을 Q, 점 Q에서 선분 AP에 내린 수선의 발을 R라 할 때, $\displaystyle\lim_{\theta\to0+}\frac{\overline{\text{BP}}-\overline{\text{QR}}}{\theta^3}$의 값을 구하시오.

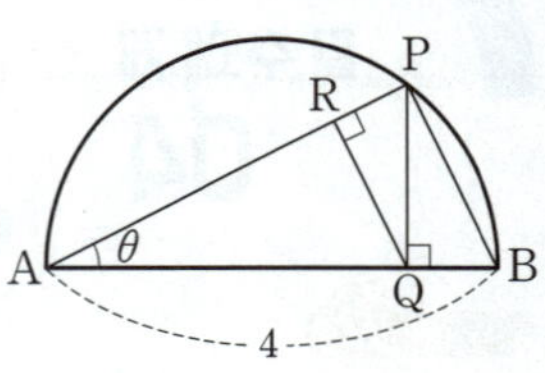

공략 Point

선분의 길이, 도형의 넓이 등을 주어진 각에 대한 삼각함수로 나타낸 후 삼각함수의 극한을 이용하여 극한값을 구한다.

풀이

$\angle\text{APB}=\dfrac{\pi}{2}$이므로 직각삼각형 ABP에서	$\overline{\text{BP}}=4\sin\theta$
$\angle\text{PAB}=\angle\text{BPQ}=\theta$이므로 직각삼각형 BPQ에서	$\overline{\text{PQ}}=\overline{\text{BP}}\cos\theta$ $=4\sin\theta\cos\theta$
$\angle\text{QPR}=\dfrac{\pi}{2}-\theta$이므로 직각삼각형 PRQ에서	$\overline{\text{QR}}=\overline{\text{PQ}}\sin\left(\dfrac{\pi}{2}-\theta\right)$ $=\overline{\text{PQ}}\cos\theta$ $=4\sin\theta\cos^2\theta$

따라서 구하는 극한값은

$$\lim_{\theta\to0+}\frac{\overline{\text{BP}}-\overline{\text{QR}}}{\theta^3}=\lim_{\theta\to0+}\frac{4\sin\theta-4\sin\theta\cos^2\theta}{\theta^3}$$
$$=\lim_{\theta\to0+}\frac{4\sin\theta(1-\cos^2\theta)}{\theta^3}$$
$$=\lim_{\theta\to0+}\frac{4\sin\theta\sin^2\theta}{\theta^3}$$
$$=\lim_{\theta\to0+}\left(\frac{\sin\theta}{\theta}\right)^3\times4$$
$$=1^3\times4=\mathbf{4}$$

정답과 해설 **42**쪽

문제

05-1 오른쪽 그림과 같이 $\overline{\text{BC}}=3$, $\angle\text{B}=\dfrac{\pi}{2}$인 직각삼각형 ABC의 꼭짓점 B에서 변 AC에 내린 수선의 발을 H, $\angle\text{C}=\theta$라 할 때, $\displaystyle\lim_{\theta\to0+}\frac{\overline{\text{AH}}}{3\theta^2}$의 값을 구하시오.

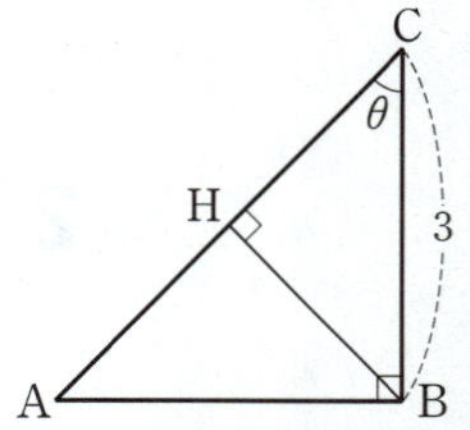

05-2 오른쪽 그림과 같이 중심각의 크기가 θ이고 반지름의 길이가 1인 부채꼴 OAB가 있다. 점 B에서 선분 OA에 내린 수선의 발을 H, 삼각형 ABH의 넓이를 $S(\theta)$라 할 때, $\displaystyle\lim_{\theta\to0+}\frac{S(\theta)}{\theta^3}$의 값을 구하시오.

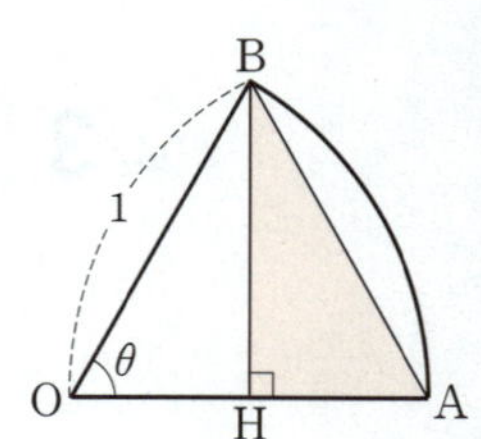

2 삼각함수의 미분

❶ 삼각함수의 도함수

사인함수와 코사인함수의 도함수는 다음과 같다.

> (1) $y=\sin x$이면 $y'=\cos x$
> (2) $y=\cos x$이면 $y'=-\sin x$

예 $y=\sin x-\cos x$에서
$$y'=(\sin x)'-(\cos x)'=\cos x-(-\sin x)=\cos x+\sin x$$

참고 삼각함수 $y=\sin x$와 $y=\cos x$는 모두 실수 전체의 집합에서 미분가능하다.

개념 PLUS

삼각함수의 도함수

(1) $y=\sin x$에서 도함수의 정의에 의하여

$$\begin{aligned}
y' &=\lim_{h\to0}\frac{\sin(x+h)-\sin x}{h}\\
&=\lim_{h\to0}\frac{\sin x\cos h+\cos x\sin h-\sin x}{h}\\
&=\lim_{h\to0}\frac{\cos x\sin h-\sin x(1-\cos h)}{h}\\
&=\lim_{h\to0}\frac{\cos x\sin h}{h}-\lim_{h\to0}\frac{\sin x(1-\cos h)}{h}\\
&=\cos x\times\lim_{h\to0}\frac{\sin h}{h}-\sin x\times\lim_{h\to0}\frac{1-\cos h}{h}\\
&=\cos x\times1-\sin x\times0=\cos x
\end{aligned}$$

◀
$$\begin{aligned}
\lim_{h\to0}\frac{1-\cos h}{h}&=\lim_{h\to0}\frac{(1-\cos h)(1+\cos h)}{h(1+\cos h)}\\
&=\lim_{h\to0}\frac{1-\cos^2 h}{h(1+\cos h)}\\
&=\lim_{h\to0}\frac{\sin^2 h}{h(1+\cos h)}\\
&=\lim_{h\to0}\left(\frac{\sin h}{h}\times\frac{\sin h}{1+\cos h}\right)\\
&=1\times\frac{0}{2}=0
\end{aligned}$$

(2) $y=\cos x$에서 도함수의 정의에 의하여

$$\begin{aligned}
y' &=\lim_{h\to0}\frac{\cos(x+h)-\cos x}{h}\\
&=\lim_{h\to0}\frac{\cos x\cos h-\sin x\sin h-\cos x}{h}\\
&=\lim_{h\to0}\frac{-\sin x\sin h-\cos x(1-\cos h)}{h}\\
&=\lim_{h\to0}\frac{-\sin x\sin h}{h}-\lim_{h\to0}\frac{\cos x(1-\cos h)}{h}\\
&=-\sin x\times\lim_{h\to0}\frac{\sin h}{h}-\cos x\times\lim_{h\to0}\frac{1-\cos h}{h}\\
&=-\sin x\times1-\cos x\times0=-\sin x
\end{aligned}$$

개념 CHECK

정답과 해설 43쪽

1 다음 함수를 미분하시오.

   (1) $y=\sin x+\sqrt{3}\cos x$ (2) $y=x\sin x$

삼각함수의 도함수

필.수.예.제 06

다음 물음에 답하시오.

(1) 함수 $f(x)=\sin x(1-\cos x)$에 대하여 $f'(0)$의 값을 구하시오.

(2) 함수 $f(x)=2\sin x-\cos x$에 대하여 $\displaystyle\lim_{h\to 0}\frac{f(\pi+2h)-f(\pi-h)}{h}$의 값을 구하시오.

공략 Point

- $y=\sin x$이면
  $y'=\cos x$
- $y=\cos x$이면
  $y'=-\sin x$

풀이

(1) 함수 $f(x)$를 x에 대하여 미분하면	$\begin{aligned}f'(x)&=(\sin x)'(1-\cos x)+\sin x(1-\cos x)'\\&=\cos x(1-\cos x)+\sin x\times\sin x\\&=\sin^2 x-\cos^2 x+\cos x\end{aligned}$
따라서 구하는 값은	$f'(0)=-1+1=\mathbf{0}$

(2) 미분계수의 정의를 이용할 수 있도록 주어진 극한의 식을 변형하면	$\begin{aligned}&\lim_{h\to 0}\frac{f(\pi+2h)-f(\pi-h)}{h}\\&=\lim_{h\to 0}\frac{f(\pi+2h)-f(\pi)+f(\pi)-f(\pi-h)}{h}\\&=\lim_{h\to 0}\frac{f(\pi+2h)-f(\pi)}{2h}\times 2+\lim_{h\to 0}\frac{f(\pi-h)-f(\pi)}{-h}\\&=2f'(\pi)+f'(\pi)=3f'(\pi)\end{aligned}$
함수 $f(x)$를 x에 대하여 미분하면	$\begin{aligned}f'(x)&=2(\sin x)'-(\cos x)'\\&=2\cos x+\sin x\end{aligned}$
따라서 구하는 극한값은	$3f'(\pi)=3(2\cos\pi+\sin\pi)=3\times(-2)=\mathbf{-6}$

정답과 해설 43쪽

문제

06-**1** 함수 $f(x)=\ln x-\cos x$에 대하여 $f'(\pi)$의 값을 구하시오.

06-**2** 함수 $f(x)=(x+1)\sin x+\cos x$에 대하여 $\displaystyle\lim_{h\to 0}\frac{f\left(\frac{\pi}{2}+h\right)-f\left(\frac{\pi}{2}-h\right)}{h}$의 값을 구하시오.

연습문제

03 삼각함수의 미분

1 $\displaystyle\lim_{x\to 0}\sin x\cot x+\lim_{x\to\frac{\pi}{4}}\dfrac{1-\tan x}{\sin x-\cos x}$의 값을 구하시오.

2 자연수 n에 대하여
$$f(n)=\lim_{x\to 0}\dfrac{2x}{\sin x+\sin 2x+\cdots+\sin nx}$$
일 때, 급수 $\displaystyle\sum_{n=1}^{\infty}f(n)$의 합을 구하시오.

3 $\displaystyle\lim_{x\to\pi}\dfrac{1+\cos x}{(x-\pi)\sin x}$의 값은?

① -1 ② $-\dfrac{1}{2}$ ③ 0

④ $\dfrac{1}{2}$ ⑤ 1

4 $\displaystyle\lim_{x\to 0}\dfrac{\ln(x+b)}{\sin ax}=3$일 때, 상수 a, b에 대하여 $a+b$의 값은?

① $\dfrac{2}{3}$ ② 1 ③ $\dfrac{4}{3}$

④ $\dfrac{5}{3}$ ⑤ 2

평가원

5 실수 전체의 집합에서 연속인 함수 $f(x)$가 모든 실수 x에 대하여
$$(e^{2x}-1)^2 f(x)=a-4\cos\frac{\pi}{2}x$$
를 만족시킬 때, $a\times f(0)$의 값은?

(단, a는 상수이다.)

① $\dfrac{\pi^2}{6}$ ② $\dfrac{\pi^2}{5}$ ③ $\dfrac{\pi^2}{4}$

④ $\dfrac{\pi^2}{3}$ ⑤ $\dfrac{\pi^2}{2}$

6 오른쪽 그림과 같이 반지름의 길이가 1이고 중심각의 크기가 $\dfrac{\pi}{2}$인 부채꼴 OAB에서 호 AB 위의 점 P에 대하여 $\angle POA=\theta$라 하고, 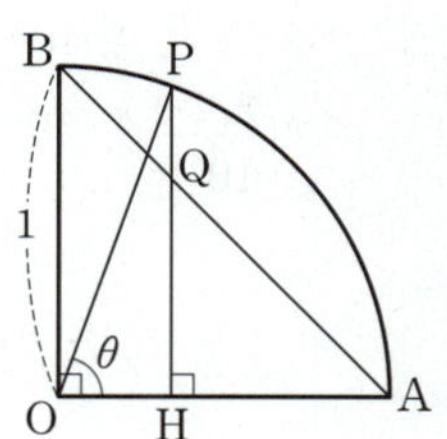점 P에서 선분 OA에 내린 수선의 발을 H, 선분 AB와 선분 PH의 교점을 Q라 할 때,
$$\lim_{\theta\to 0+}\dfrac{\overline{QH}}{\theta\times\overline{PH}}$$
의 값을 구하시오.

7 함수 $f(x)=5-2\sin x$에 대하여 $f'(a)=2$일 때, 상수 a의 값을 구하시오. (단, $0\le a\le 2\pi$)

연습문제

8 함수 $f(x)=a\sin x\cos x$에 대하여

$$\lim_{x\to\frac{3}{2}\pi}\frac{f(x)}{x-\frac{3}{2}\pi}=3$$

일 때, $\displaystyle\lim_{h\to0}\frac{f(2\pi-2h)-f(2\pi-4h)}{h}$의 값을 구하시오. (단, a는 상수)

9 함수 $f(x)=\begin{cases}ae^x+2x+5 & (x\geq0)\\ \cos x+bx & (x<0)\end{cases}$가 $x=0$에서 미분가능할 때, 상수 a, b에 대하여 ab의 값은?

① 4 　　② 6 　　③ 8
④ 10 　　⑤ 12

실력

10 실수 전체의 집합에서 연속인 함수 $f(x)$가

$$\lim_{x\to0}\frac{f(x)}{1-\cos^4 x}=2$$

를 만족시킬 때, $\displaystyle\lim_{x\to0}\frac{f(x)}{x^a}=b$이다. 이때 양수 a, b에 대하여 $a+b$의 값을 구하시오.

11 함수 $f(x)=\sin\dfrac{1}{2}x$와 자연수 n에 대하여

$$f_1(x)=f(x),\ f_n(x)=f(f_{n-1}(x))\ (n\geq2)$$

로 정의한다. $a_n=\displaystyle\lim_{x\to0}\frac{f_n(x)}{\sin x}$일 때, 급수 $\displaystyle\sum_{n=1}^{\infty}a_n$의 합을 구하시오.

12 그림과 같이 반지름의 길이가 1이고 중심각의 크기가 $\dfrac{\pi}{2}$인 부채꼴 OAB가 있다. 호 AB 위의 점 P에서 선분 OA에 내린 수선의 발을 H, 점 P에서 호 AB에 접하는 직선과 직선 OA의 교점을 Q라 하자. 점 Q를 중심으로 하고 반지름의 길이가 $\overline{\text{QA}}$인 원과 선분 PQ의 교점을 R라 하자. $\angle\text{POA}=\theta$일 때, 삼각형 OHP의 넓이를 $f(\theta)$, 부채꼴 QRA의 넓이를 $g(\theta)$라 하자. $\displaystyle\lim_{\theta\to0+}\frac{\sqrt{g(\theta)}}{\theta\times f(\theta)}$의 값은?

$$\left(\text{단, }0<\theta<\frac{\pi}{2}\right)$$

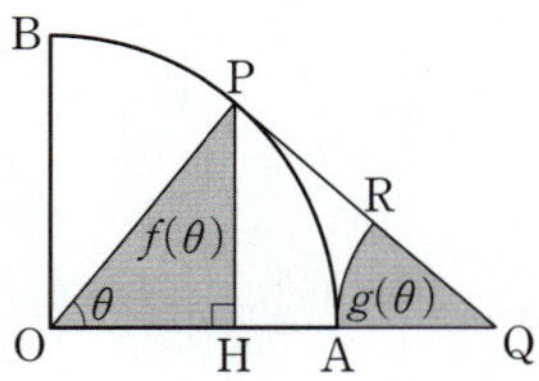

① $\dfrac{\sqrt{\pi}}{5}$ 　　② $\dfrac{\sqrt{\pi}}{4}$ 　　③ $\dfrac{\sqrt{\pi}}{3}$
④ $\dfrac{\sqrt{\pi}}{2}$ 　　⑤ $\sqrt{\pi}$

Ⅱ

미분법

1 함수의 몫의 미분법

1 함수의 몫의 미분법

두 함수 $f(x)$, $g(x)$ $(g(x)\neq0)$가 미분가능할 때

(1) $y=\dfrac{1}{g(x)}$이면 $y'=-\dfrac{g'(x)}{\{g(x)\}^2}$

(2) $y=\dfrac{f(x)}{g(x)}$이면 $y'=\dfrac{f'(x)g(x)-f(x)g'(x)}{\{g(x)\}^2}$

 (1) $y=\dfrac{1}{x}$에서 $y'=-\dfrac{(x)'}{x^2}=-\dfrac{1}{x^2}$

(2) $y=\dfrac{x+1}{x+2}$에서 $y'=\dfrac{(x+1)'(x+2)-(x+1)(x+2)'}{(x+2)^2}=\dfrac{1}{(x+2)^2}$

2 함수 $y=x^n$ (n은 정수)의 도함수

n이 정수일 때, $y=x^n$이면 $y'=nx^{n-1}$

예 $y=x^{-4}$에서 $y'=-4x^{-4-1}=-4x^{-5}$

3 여러 가지 삼각함수의 도함수

(1) $y=\tan x$이면 $y'=\sec^2 x$ (2) $y=\sec x$이면 $y'=\sec x\tan x$

(3) $y=\csc x$이면 $y'=-\csc x\cot x$ (4) $y=\cot x$이면 $y'=-\csc^2 x$

예 (1) $y=\tan x+2\cot x$에서 $y'=(\tan x)'+2(\cot x)'=\sec^2 x-2\csc^2 x$

(2) $y=\sec x-\csc x$에서 $y'=(\sec x)'-(\csc x)'=\sec x\tan x+\csc x\cot x$

개념 PLUS

함수의 몫의 미분법

두 함수 $f(x)$, $g(x)$ $(g(x)\neq0)$가 미분가능할 때

(1) $y=\dfrac{1}{g(x)}$에서 도함수의 정의에 의하여

$$y'=\lim_{h\to0}\dfrac{\dfrac{1}{g(x+h)}-\dfrac{1}{g(x)}}{h}=\lim_{h\to0}\dfrac{-\dfrac{g(x+h)-g(x)}{g(x+h)g(x)}}{h}$$

$$=-\lim_{h\to0}\left\{\dfrac{g(x+h)-g(x)}{h}\times\dfrac{1}{g(x+h)g(x)}\right\}$$

$$=-\lim_{h\to0}\dfrac{g(x+h)-g(x)}{h}\times\lim_{h\to0}\dfrac{1}{g(x+h)g(x)}$$

$$=-\dfrac{g'(x)}{\{g(x)\}^2}$$

◀ 미분가능한 함수 $g(x)$는 연속이므로 $\lim\limits_{h\to0}g(x+h)=g(x)$

(2) $y=\dfrac{f(x)}{g(x)}$에서

$$y'=\left\{f(x)\times\dfrac{1}{g(x)}\right\}'=f'(x)\times\dfrac{1}{g(x)}+f(x)\times\left\{\dfrac{1}{g(x)}\right\}'$$
$$=\dfrac{f'(x)}{g(x)}-f(x)\times\dfrac{g'(x)}{\{g(x)\}^2}=\dfrac{f'(x)g(x)-f(x)g'(x)}{\{g(x)\}^2}$$

함수 $y=x^n$ (n은 정수)의 도함수

n이 양의 정수일 때, 함수 $y=x^n$의 도함수가 $y'=nx^{n-1}$임은 수학 Ⅱ에서 증명하였다.

이제 n이 음의 정수 또는 0일 때, $y=x^n$의 도함수를 구해 보자.

n이 음의 정수일 때, $n=-m$ (m은 양의 정수)으로 놓으면 함수의 몫의 미분법에 의하여

$$y'=(x^{-m})'=\left(\dfrac{1}{x^m}\right)'=-\dfrac{(x^m)'}{(x^m)^2}=-\dfrac{mx^{m-1}}{x^{2m}}=-mx^{-m-1}=nx^{n-1}$$

한편 $n=0$일 때, $y=x^0=1$이므로 $y'=0$이고 $y'=nx^{n-1}$에 $n=0$을 대입하면 $y'=0\times x^{0-1}=0$이므로 $y'=nx^{n-1}$이 성립한다.

따라서 n이 정수일 때, $y=x^n$의 도함수는 $y'=nx^{n-1}$

여러 가지 삼각함수의 도함수

두 함수 $y=\sin x$, $y=\cos x$의 도함수와 함수의 몫의 미분법을 이용하여 여러 가지 삼각함수의 도함수를 구해 보자.

(1) $y=\tan x$에서
$$y'=\left(\dfrac{\sin x}{\cos x}\right)'=\dfrac{(\sin x)'\cos x-\sin x(\cos x)'}{\cos^2 x}=\dfrac{\cos^2 x+\sin^2 x}{\cos^2 x}=\dfrac{1}{\cos^2 x}=\sec^2 x$$

(2) $y=\sec x$에서
$$y'=\left(\dfrac{1}{\cos x}\right)'=-\dfrac{(\cos x)'}{\cos^2 x}=\dfrac{\sin x}{\cos^2 x}=\dfrac{1}{\cos x}\times\dfrac{\sin x}{\cos x}=\sec x\tan x$$

(3) $y=\csc x$에서
$$y'=\left(\dfrac{1}{\sin x}\right)'=-\dfrac{(\sin x)'}{\sin^2 x}=-\dfrac{\cos x}{\sin^2 x}=-\dfrac{1}{\sin x}\times\dfrac{\cos x}{\sin x}=-\csc x\cot x$$

(4) $y=\cot x$에서
$$y'=\left(\dfrac{\cos x}{\sin x}\right)'=\dfrac{(\cos x)'\sin x-\cos x(\sin x)'}{\sin^2 x}=\dfrac{-\sin^2 x-\cos^2 x}{\sin^2 x}=-\dfrac{1}{\sin^2 x}=-\csc^2 x$$

개념 CHECK 정답과 해설 46쪽

1 다음 함수를 미분하시오.

  (1) $y=\dfrac{1}{x-4}$ (2) $y=\dfrac{x}{2x+1}$

2 다음 함수를 미분하시오.

  (1) $y=3\sec x+\csc x$ (2) $y=2\tan x-\cot x$

함수의 몫의 미분법

필.수.예.제 01

다음 함수를 미분하시오.

(1) $y=\dfrac{x^4+2}{x^2}$

(2) $y=\dfrac{\ln x}{x}$

(3) $y=\dfrac{1+\cos x}{\sin x}$

공략 Point

두 함수 $f(x)$, $g(x)$
$(g(x)\neq0)$가 미분가능할 때,
$$\left\{\dfrac{f(x)}{g(x)}\right\}'=\dfrac{f'(x)g(x)-f(x)g'(x)}{\{g(x)\}^2}$$

풀이

(1) 주어진 식을 미분하면
$$y'=\dfrac{(x^4+2)'x^2-(x^4+2)(x^2)'}{(x^2)^2}=\dfrac{4x^3\times x^2-(x^4+2)\times2x}{x^4}$$
$$=\dfrac{2x^5-4x}{x^4}=2x-\dfrac{4}{x^3}$$

(2) 주어진 식을 미분하면
$$y'=\dfrac{(\ln x)'x-\ln x(x)'}{x^2}=\dfrac{\dfrac{1}{x}\times x-\ln x\times1}{x^2}=\dfrac{1-\ln x}{x^2}$$

(3) 주어진 식을 미분하면
$$y'=\dfrac{(1+\cos x)'\sin x-(1+\cos x)(\sin x)'}{\sin^2 x}$$
$$=\dfrac{-\sin x\sin x-(1+\cos x)\cos x}{\sin^2 x}$$
$$=\dfrac{-\sin^2 x-\cos x-\cos^2 x}{\sin^2 x}=\dfrac{-1-\cos x}{1-\cos^2 x}$$
$$=\dfrac{-(1+\cos x)}{(1+\cos x)(1-\cos x)}=\dfrac{1}{\cos x-1}$$

다른 풀이

(1) $y=\dfrac{x^4+2}{x^2}$에서
$$y=x^2+\dfrac{2}{x^2}=x^2+2x^{-2}\qquad\cdots\cdots\;\ominus$$

따라서 ⊙을 미분하면
$$y'=(x^2)'+2(x^{-2})'=2x-4x^{-3}=2x-\dfrac{4}{x^3}$$

정답과 해설 46쪽

문제

01-1 다음 함수를 미분하시오.

(1) $y=\dfrac{x^2+3x+1}{x^6}$

(2) $y=\dfrac{x}{e^x+1}$

(3) $y=\dfrac{1+\cos x}{1-\cos x}$

01-2 함수 $f(x)=\dfrac{2x-3}{x^2+x-1}$에 대하여 $\displaystyle\lim_{h\to0}\dfrac{f(1+3h)-f(1-h)}{h}$의 값을 구하시오.

유형편 **47쪽**

필.수.예.제 02

다음 함수를 미분하시오.

(1) $y = x^3 \tan x$

(2) $y = e^x \sec x$

(3) $y = \cot x \csc x$

(4) $y = \dfrac{\sin x}{1 + \cot x}$

공략 Point

- $(\tan x)' = \sec^2 x$
- $(\sec x)' = \sec x \tan x$
- $(\csc x)' = -\csc x \cot x$
- $(\cot x)' = -\csc^2 x$

풀이

(1) 주어진 식을 미분하면	$y' = (x^3)' \tan x + x^3 (\tan x)'$ $\quad = 3x^2 \tan x + x^3 \sec^2 x$
(2) 주어진 식을 미분하면	$y' = (e^x)' \sec x + e^x (\sec x)'$ $\quad = e^x \sec x + e^x \sec x \tan x$ $\quad = e^x \sec x (1 + \tan x)$
(3) 주어진 식을 미분하면	$y' = (\cot x)' \csc x + \cot x (\csc x)'$ $\quad = -\csc^2 x \csc x - \cot x \csc x \cot x$ $\quad = -\csc x (\csc^2 x + \cot^2 x)$
(4) 주어진 식을 미분하면	$y' = \dfrac{(\sin x)'(1 + \cot x) - \sin x (1 + \cot x)'}{(1 + \cot x)^2}$ $\quad = \dfrac{\cos x (1 + \cot x) + \sin x \csc^2 x}{(1 + \cot x)^2}$ $\quad = \dfrac{\cos x + \cos x \cot x + \csc x}{(1 + \cot x)^2}$ $\quad = \dfrac{\sin x \cos x + \cos^2 x + 1}{\sin x (1 + \cot x)^2}$

정답과 해설 46쪽

문제

02-1 다음 함수를 미분하시오.

(1) $y = (x^3 - 2) \sec x$

(2) $y = \ln x \cot x$

(3) $y = \sin x \tan x$

(4) $y = \dfrac{\csc x}{1 + \csc x}$

02-2 함수 $f(x) = ax \sec x$에 대하여 $f'(\pi) = 3$일 때, 상수 a의 값을 구하시오.

2 합성함수의 미분법

1 합성함수의 미분법

두 함수 $y=f(u)$, $u=g(x)$가 미분가능할 때, 합성함수 $y=f(g(x))$의 도함수는

$$\frac{dy}{dx}=\frac{dy}{du}\times\frac{du}{dx} \quad \text{또는} \quad y'=f'(g(x))g'(x)$$

참고 함수 $f(x)$가 미분가능할 때
- $y=f(ax+b)$이면 $y'=af'(ax+b)$ (단, a, b는 상수)
- $y=\{f(x)\}^n$이면 $y'=n\{f(x)\}^{n-1}f'(x)$ (단, n은 정수)

예 $y=(3x^2+1)^3$에서 $y'=3(3x^2+1)^{3-1}(3x^2+1)'=3(3x^2+1)^2\times 6x=18x(3x^2+1)^2$

2 로그함수의 도함수

$a>0$, $a\neq 1$이고 함수 $f(x)\,(f(x)\neq 0)$가 미분가능할 때

(1) $y=\ln|x|$이면 $y'=\dfrac{1}{x}$

(2) $y=\log_a|x|$이면 $y'=\dfrac{1}{x\ln a}$

(3) $y=\ln|f(x)|$이면 $y'=\dfrac{f'(x)}{f(x)}$

(4) $y=\log_a|f(x)|$이면 $y'=\dfrac{f'(x)}{f(x)\ln a}$

예 $y=\log_3|2x-1|$에서 $y'=\dfrac{(2x-1)'}{(2x-1)\ln 3}=\dfrac{2}{(2x-1)\ln 3}$

3 로그함수의 도함수의 응용

밑과 지수에 모두 변수가 포함되어 있거나 복잡한 유리함수 꼴인 함수 $y=f(x)$의 도함수는 다음과 같은 순서로 구한다.

(1) $y=f(x)$의 양변에 절댓값을 취한다. ➡ $|y|=|f(x)|$

(2) (1)의 양변에 자연로그를 취한다. ➡ $\ln|y|=\ln|f(x)|$

(3) (2)의 양변을 x에 대하여 미분한다. ➡ $\dfrac{y'}{y}=\dfrac{f'(x)}{f(x)}$

(4) (3)을 y'에 대하여 정리하여 도함수를 구한다. ➡ $y'=\dfrac{f'(x)}{f(x)}y$

◀ $f(x)>0$인 경우에는 절댓값을 취하지 않아도 된다.

예 함수 $y=\dfrac{x(x-1)^2}{(x+1)^3}$의 도함수를 구해 보자.

주어진 함수의 양변에 절댓값을 취하면 $|y|=\left|\dfrac{x(x-1)^2}{(x+1)^3}\right|$

양변에 자연로그를 취하면 $\ln|y|=\ln\left|\dfrac{x(x-1)^2}{(x+1)^3}\right|$

$\therefore \ln|y|=\ln|x|+2\ln|x-1|-3\ln|x+1|$

양변을 x에 대하여 미분하면 $\dfrac{y'}{y}=\dfrac{1}{x}+\dfrac{2}{x-1}-\dfrac{3}{x+1}=\dfrac{5x-1}{x(x-1)(x+1)}$

$\therefore y'=y\times\dfrac{5x-1}{x(x-1)(x+1)}=\dfrac{x(x-1)^2}{(x+1)^3}\times\dfrac{5x-1}{x(x-1)(x+1)}=\dfrac{(x-1)(5x-1)}{(x+1)^4}$

❹ 함수 $y=x^n$ (n은 실수)의 도함수

n이 실수일 때, $y=x^n$이면 $y'=nx^{n-1}$

(예) $y=\sqrt{x}$에서 $y=x^{\frac{1}{2}}$이므로 $y'=\dfrac{1}{2}x^{\frac{1}{2}-1}=\dfrac{1}{2}x^{-\frac{1}{2}}=\dfrac{1}{2\sqrt{x}}$

개념 PLUS

합성함수의 미분법

두 함수 $y=f(u)$, $u=g(x)$가 미분가능할 때, 합성함수 $y=f(g(x))$의 도함수를 구해 보자.

함수 $u=g(x)$에서 x의 증분 $\varDelta x$에 대한 u의 증분을 $\varDelta u$, 함수 $y=f(u)$에서 u의 증분 $\varDelta u$에 대한 y의 증분을 $\varDelta y$라 하면

$$\frac{\varDelta y}{\varDelta x}=\frac{\varDelta y}{\varDelta u}\times\frac{\varDelta u}{\varDelta x}\ (\text{단, } \varDelta u\neq 0)$$

두 함수 $y=f(u)$, $u=g(x)$가 미분가능하므로 $\displaystyle\lim_{\varDelta u\to 0}\frac{\varDelta y}{\varDelta u}=\frac{dy}{du}$, $\displaystyle\lim_{\varDelta x\to 0}\frac{\varDelta u}{\varDelta x}=\frac{du}{dx}$

함수 $u=g(x)$는 미분가능하므로 연속이고, $\varDelta u=g(x+\varDelta x)-g(x)$에서 $\varDelta x\to 0$이면 $\varDelta u\to 0$이므로

$$\frac{dy}{dx}=\lim_{\varDelta x\to 0}\frac{\varDelta y}{\varDelta x}=\lim_{\varDelta x\to 0}\left(\frac{\varDelta y}{\varDelta u}\times\frac{\varDelta u}{\varDelta x}\right)=\lim_{\varDelta x\to 0}\frac{\varDelta y}{\varDelta u}\times\lim_{\varDelta x\to 0}\frac{\varDelta u}{\varDelta x}=\lim_{\varDelta u\to 0}\frac{\varDelta y}{\varDelta u}\times\lim_{\varDelta x\to 0}\frac{\varDelta u}{\varDelta x}$$

$$=\frac{dy}{du}\times\frac{du}{dx}=f'(u)g'(x)=f'(g(x))g'(x)$$

로그함수의 도함수

(1) $y=\ln|x|$에서

    (i) $x>0$일 때, $y=\ln x$이므로 $y'=\dfrac{1}{x}$

    (ii) $x<0$일 때, $y=\ln(-x)$이므로 $y'=\dfrac{1}{-x}\times(-x)'=\dfrac{1}{-x}\times(-1)=\dfrac{1}{x}$

    (i), (ii)에서 $(\ln|x|)'=\dfrac{1}{x}$

(2) $y=\log_a|x|$에서 $y=\dfrac{\ln|x|}{\ln a}$이므로 $y'=\dfrac{1}{\ln a}(\ln|x|)'=\dfrac{1}{\ln a}\times\dfrac{1}{x}=\dfrac{1}{x\ln a}$

(3) $y=\ln|f(x)|$에서

    (i) $f(x)>0$일 때, $|f(x)|=f(x)$이므로 $u=f(x)$로 놓으면 $y=\ln u$

$$\therefore \frac{dy}{dx}=\frac{dy}{du}\times\frac{du}{dx}=\frac{1}{u}\times f'(x)=\frac{f'(x)}{f(x)}$$

    (ii) $f(x)<0$일 때, $|f(x)|=-f(x)$이므로 $u=-f(x)$로 놓으면 $y=\ln u$

$$\therefore \frac{dy}{dx}=\frac{dy}{du}\times\frac{du}{dx}=\frac{1}{u}\times\{-f'(x)\}=\frac{-f'(x)}{-f(x)}=\frac{f'(x)}{f(x)}$$

    (i), (ii)에서 $\{\ln|f(x)|\}'=\dfrac{f'(x)}{f(x)}$

(4) $y=\log_a|f(x)|$에서 $y=\dfrac{\ln|f(x)|}{\ln a}$이므로 $y'=\dfrac{1}{\ln a}\{\ln|f(x)|\}'=\dfrac{1}{\ln a}\times\dfrac{f'(x)}{f(x)}=\dfrac{f'(x)}{f(x)\ln a}$

함수 $y=x^n$ (n은 실수)의 도함수

로그함수의 도함수를 이용하여 n이 실수일 때, 함수 $y=x^n$의 도함수를 구해 보자.

$y=x^n$의 양변의 절댓값에 자연로그를 취하면 $\ln|y|=n\ln|x|$

양변을 x에 대하여 미분하면 $\dfrac{y'}{y}=\dfrac{n}{x}$ $\therefore y'=y\times\dfrac{n}{x}=x^n\times\dfrac{n}{x}=nx^{n-1}$

필.수.예.제 03

합성함수의 미분법 (1)

다음 함수를 미분하시오.

(1) $y=\left(\dfrac{2x}{x^2+1}\right)^3$

(2) $y=(1+\cos x)^5$

(3) $y=\sec(2x+3)$

(4) $y=xe^{3x-1}$

공략 Point

두 함수 $f(x)$, $g(x)$가 미분 가능할 때, $y=f(g(x))$이면
$$y'=f'(g(x))g'(x)$$

풀이

(1) 주어진 식을 미분하면
$$y'=3\left(\frac{2x}{x^2+1}\right)^2\left(\frac{2x}{x^2+1}\right)'$$
$$=3\left(\frac{2x}{x^2+1}\right)^2\times\frac{(2x)'(x^2+1)-2x(x^2+1)'}{(x^2+1)^2}$$
$$=3\left(\frac{2x}{x^2+1}\right)^2\times\frac{2(x^2+1)-2x\times2x}{(x^2+1)^2}$$
$$=3\left(\frac{2x}{x^2+1}\right)^2\times\frac{-2x^2+2}{(x^2+1)^2}$$
$$=-\frac{24x^2(x^2-1)}{(x^2+1)^4}$$

(2) 주어진 식을 미분하면
$$y'=5(1+\cos x)^4(1+\cos x)'$$
$$=5(1+\cos x)^4\times(-\sin x)$$
$$=-5\sin x\,(1+\cos x)^4$$

(3) 주어진 식을 미분하면
$$y'=\sec(2x+3)\tan(2x+3)\times(2x+3)'$$
$$=2\sec(2x+3)\tan(2x+3)$$

(4) 주어진 식을 미분하면
$$y'=(x)'e^{3x-1}+x(e^{3x-1})'$$
$$=e^{3x-1}+xe^{3x-1}(3x-1)'$$
$$=e^{3x-1}+3xe^{3x-1}$$
$$=(3x+1)e^{3x-1}$$

정답과 해설 47쪽

문제

03-1 다음 함수를 미분하시오.

(1) $y=\left(\dfrac{x^2+1}{x}\right)^5$

(2) $y=\sin^3(5x-1)$

(3) $y=3^{x^2-x+1}$

(4) $y=2e^{\sin x}$

03-2 함수 $f(x)=\tan 2x+3\sin\dfrac{x}{2}$에 대하여 $f'(\pi)$의 값을 구하시오.

합성함수의 미분법 (2)

필.수.예.제 04

미분가능한 두 함수 $f(x)$, $g(x)$가 $\lim\limits_{x\to 1}\dfrac{f(x)-2}{x-1}=2$, $\lim\limits_{x\to 2}\dfrac{g(x)+1}{x-2}=3$을 만족시킬 때, 함수 $h(x)=(g\circ f)(x)$에 대하여 $h'(1)$의 값을 구하시오.

공략 Point

합성함수 $h(x)=f(g(x))$에 대하여 $x=a$에서의 함숫값과 미분계수가 주어지면
$$h'(a)=f'(g(a))g'(a)$$
임을 이용한다.

풀이

$\lim\limits_{x\to 1}\dfrac{f(x)-2}{x-1}=2$에서 $x\to 1$일 때 (분모)$\to 0$이고, 극한값이 존재하므로 (분자)$\to 0$에서	$\lim\limits_{x\to 1}\{f(x)-2\}=0$ $\therefore f(1)=2$
미분계수의 정의에 의하여	$\lim\limits_{x\to 1}\dfrac{f(x)-2}{x-1}=\lim\limits_{x\to 1}\dfrac{f(x)-f(1)}{x-1}=f'(1)$ $\therefore f'(1)=2$
$\lim\limits_{x\to 2}\dfrac{g(x)+1}{x-2}=3$에서 $x\to 2$일 때 (분모)$\to 0$이고, 극한값이 존재하므로 (분자)$\to 0$에서	$\lim\limits_{x\to 2}\{g(x)+1\}=0$ $\therefore g(2)=-1$
미분계수의 정의에 의하여	$\lim\limits_{x\to 2}\dfrac{g(x)+1}{x-2}=\lim\limits_{x\to 2}\dfrac{g(x)-g(2)}{x-2}=g'(2)$ $\therefore g'(2)=3$
$h(x)=(g\circ f)(x)=g(f(x))$에서 따라서 구하는 값은	$h'(x)=\{g(f(x))\}'=g'(f(x))f'(x)$ $h'(1)=g'(f(1))f'(1)$ $\qquad=g'(2)f'(1)$ $\qquad=3\times 2=\mathbf{6}$

정답과 해설 **47쪽**

문제

04-1 미분가능한 함수 $f(x)$에 대하여 $f(1)=1$, $f'(1)=3$일 때, 함수 $y=\{f(x)\}^3$의 $x=1$에서의 미분계수를 구하시오.

04-2 미분가능한 두 함수 $f(x)$, $g(x)$가 $\lim\limits_{x\to 1}\dfrac{f(x)+2}{x-1}=3$, $\lim\limits_{x\to -1}\dfrac{g(x)-1}{x+1}=4$를 만족시킬 때, 함수 $h(x)=(f\circ g)(x)$에 대하여 $h'(-1)$의 값을 구하시오.

로그함수의 도함수

필.수.예.제 05

다음 함수를 미분하시오.

(1) $y=\ln|5^x-2|$

(2) $y=\ln|\tan x+\sec x|$

(3) $y=\log_4|e^{2x}-1|$

(4) $y=\log_3|\cos 2x|$

공략 Point

함수 $f(x)$ $(f(x)\neq 0)$가 미분가능할 때

- $\{\ln|f(x)|\}'=\dfrac{f'(x)}{f(x)}$

- $\{\log_a|f(x)|\}'=\dfrac{f'(x)}{f(x)\ln a}$

  (단, $a>0$, $a\neq 1$)

풀이

(1) 주어진 식을 미분하면

$$y'=\frac{(5^x-2)'}{5^x-2}=\frac{5^x\ln 5}{5^x-2}$$

(2) 주어진 식을 미분하면

$$y'=\frac{(\tan x+\sec x)'}{\tan x+\sec x}=\frac{\sec^2 x+\sec x\tan x}{\tan x+\sec x}$$
$$=\frac{\sec x(\sec x+\tan x)}{\tan x+\sec x}=\sec x$$

(3) 주어진 식을 미분하면

$$y'=\frac{(e^{2x}-1)'}{(e^{2x}-1)\ln 4}=\frac{e^{2x}(2x)'}{(e^{2x}-1)\ln 4}$$
$$=\frac{2e^{2x}}{(e^{2x}-1)\ln 4}=\frac{e^{2x}}{(e^{2x}-1)\ln 2}$$

(4) 주어진 식을 미분하면

$$y'=\frac{(\cos 2x)'}{\cos 2x\times\ln 3}=\frac{-\sin 2x\times(2x)'}{\cos 2x\times\ln 3}$$
$$=\frac{-2\sin 2x}{\cos 2x\times\ln 3}=-\frac{2\tan 2x}{\ln 3}$$

정답과 해설 47쪽

문제

05-1 다음 함수를 미분하시오.

(1) $y=\ln|\sin x|$

(2) $y=\log_2|x^2-3|$

(3) $y=\log_5(\ln|x|)$

(4) $y=\dfrac{\ln|x|^3}{x^2}$

05-2 함수 $f(x)=\ln|ax-3|$에 대하여 $f'(1)=2$일 때, 상수 a의 값을 구하시오.

로그함수의 도함수의 응용

필.수.예.제 06

다음 함수를 미분하시오.

(1) $y=x^{\sin x}\ (x>0)$

(2) $y=\dfrac{(x+2)^3(x+3)^4}{(x+1)^2}$

공략 Point

(1) 밑과 지수에 모두 변수가 포함된 함수의 도함수는 양변의 절댓값에 자연로그를 취하여 구한다.

(2) 복잡한 유리함수의 도함수는 양변의 절댓값에 자연로그를 취하여 구한다.

풀이

(1) $x>0$, $y>0$이므로 양변에 자연로그를 취하면

$$\ln y=\sin x\ln x$$

양변을 x에 대하여 미분하면

$$\frac{y'}{y}=(\sin x)'\ln x+\sin x(\ln x)'$$
$$=\cos x\ln x+\sin x\times\frac{1}{x}$$
$$\therefore y'=y\left(\ln x\cos x+\frac{\sin x}{x}\right)$$
$$=x^{\sin x}\left(\ln x\cos x+\frac{\sin x}{x}\right)$$

(2) 양변의 절댓값에 자연로그를 취하면

$$\ln|y|=3\ln|x+2|+4\ln|x+3|-2\ln|x+1|$$

양변을 x에 대하여 미분하면

$$\frac{y'}{y}=\frac{3}{x+2}+\frac{4}{x+3}-\frac{2}{x+1}$$
$$=\frac{5x^2+14x+5}{(x+1)(x+2)(x+3)}$$
$$\therefore y'=y\times\frac{5x^2+14x+5}{(x+1)(x+2)(x+3)}$$
$$=\frac{(x+2)^3(x+3)^4}{(x+1)^2}\times\frac{5x^2+14x+5}{(x+1)(x+2)(x+3)}$$
$$=\frac{(x+2)^2(x+3)^3(5x^2+14x+5)}{(x+1)^3}$$

정답과 해설 47쪽

문제

06-1 다음 함수를 미분하시오.

(1) $y=x^x\ (x>0)$

(2) $y=\sqrt{\dfrac{(x-1)(x+3)}{(x+1)^2}}$

06-2 함수 $f(x)=x^{\ln x}$에 대하여 $f'(e)$의 값을 구하시오.

함수 $y=x^n$ (n은 실수)의 도함수

필.수.예.제 07

다음 함수를 미분하시오.

(1) $y=4x^{\sqrt{2}}+x^e$

(2) $y=\dfrac{1}{\sqrt[3]{3x+1}}$

(3) $y=(2x-1)\sqrt{x^2+1}$

(4) $y=\tan\sqrt{x^2+5}$

공략 Point

n이 실수일 때, $y=x^n$이면
$$y'=nx^{n-1}$$
이때 무리함수는
$y=\{f(x)\}^n$ (n은 실수) 꼴로
변형한 후 미분한다.

풀이

(1) 주어진 식을 미분하면

$$y'=4(x^{\sqrt{2}})'+(x^e)'=4\sqrt{2}\,x^{\sqrt{2}-1}+ex^{e-1}$$

(2) $y=\dfrac{1}{\sqrt[3]{3x+1}}$에서

$$y=(3x+1)^{-\frac{1}{3}}$$

양변을 x에 대하여 미분하면

$$y'=-\frac{1}{3}(3x+1)^{-\frac{4}{3}}(3x+1)'$$
$$=-\frac{1}{3}\times\frac{3}{(3x+1)\sqrt[3]{3x+1}}$$
$$=-\frac{1}{(3x+1)\sqrt[3]{3x+1}}$$

(3) $y=(2x-1)\sqrt{x^2+1}$에서

$$y=(2x-1)(x^2+1)^{\frac{1}{2}}$$

양변을 x에 대하여 미분하면

$$y'=(2x-1)'(x^2+1)^{\frac{1}{2}}+(2x-1)\{(x^2+1)^{\frac{1}{2}}\}'$$
$$=2(x^2+1)^{\frac{1}{2}}+(2x-1)\times\frac{1}{2}(x^2+1)^{-\frac{1}{2}}(x^2+1)'$$
$$=2\sqrt{x^2+1}+\frac{2x(2x-1)}{2\sqrt{x^2+1}}=\frac{4x^2-x+2}{\sqrt{x^2+1}}$$

(4) $y=\tan\sqrt{x^2+5}$에서

$$y=\tan(x^2+5)^{\frac{1}{2}}$$

양변을 x에 대하여 미분하면

$$y'=\sec^2(x^2+5)^{\frac{1}{2}}\times\{(x^2+5)^{\frac{1}{2}}\}'$$
$$=\sec^2\sqrt{x^2+5}\times\frac{1}{2}(x^2+5)^{-\frac{1}{2}}\times(x^2+5)'$$
$$=\sec^2\sqrt{x^2+5}\times\frac{2x}{2\sqrt{x^2+5}}=\frac{x\sec^2\sqrt{x^2+5}}{\sqrt{x^2+5}}$$

정답과 해설 48쪽

문제

07-1 다음 함수를 미분하시오.

(1) $y=x^{2\pi}\cos x$

(2) $y=\sqrt[3]{x^2+4x+1}$

(3) $y=\dfrac{x-1}{\sqrt{x^2+1}}$

(4) $y=\sqrt{1+\sin x}$

연습문제

1 함수 $f(x)=\dfrac{\ln x}{x^2}$에 대하여 $f'(e)$의 값은?

① $-\dfrac{1}{e^3}$ ② $-\dfrac{1}{2e^3}$ ③ 0

④ $\dfrac{1}{2e^3}$ ⑤ $\dfrac{1}{e^3}$

2 함수 $f(x)=\dfrac{ax+b}{x^2+1}$에 대하여 $f'(0)=-3$, $f'(1)=2$일 때, $f(1)$의 값은? (단, a, b는 상수)

① $-\dfrac{9}{2}$ ② -4 ③ $-\dfrac{7}{2}$

④ -3 ⑤ $-\dfrac{5}{2}$

수능

3 실수 전체의 집합에서 미분가능한 함수 $f(x)$에 대하여 함수 $g(x)$를

$$g(x)=\dfrac{f(x)}{e^{x-2}}$$

라 하자. $\displaystyle\lim_{x\to 2}\dfrac{f(x)-3}{x-2}=5$일 때, $g'(2)$의 값은?

① 1 ② 2 ③ 3
④ 4 ⑤ 5

4 함수 $f(x)=\dfrac{x}{x^2+x+9}$에 대하여 부등식 $f'(x)>0$의 해가 $a<x<b$일 때, $a-b$의 값을 구하시오.

5 함수 $f(x)=\dfrac{\tan x}{1+\sec x}$에 대하여 $f'(0)$의 값은?

① $\dfrac{1}{2}$ ② 1 ③ $\dfrac{3}{2}$

④ 2 ⑤ $\dfrac{5}{2}$

6 함수 $f(x)=a\tan x+\cot x$에 대하여 $f'\left(\dfrac{\pi}{4}\right)=6$

일 때, $\displaystyle\lim_{h\to 0}\dfrac{f\left(\dfrac{\pi}{3}+h\right)-f\left(\dfrac{\pi}{3}-h\right)}{2h}$의 값을 구하시오. (단, a는 상수)

7 함수 $f(x)=(x^2+a)e^{x^2}$에 대하여 $f'(1)=16e$일 때, 상수 a의 값을 구하시오.

8 두 함수 $f(x)=e^{2x}$, $g(x)=\sin\dfrac{x}{2}$에 대하여

$\displaystyle\lim_{x\to\frac{\pi}{3}}\dfrac{f(g(x))-e}{x-\dfrac{\pi}{3}}$의 값은?

① $-\dfrac{\sqrt{3}}{2}e$ ② $-\dfrac{e}{2}$ ③ $\dfrac{e}{2}$

④ $\dfrac{\sqrt{3}}{2}e$ ⑤ e

9 미분가능한 두 함수 $f(x)$, $g(x)$에 대하여
$f'(3)=2$, $g(1)=3$이고 $f(g(x))=3x^2+4x-1$
일 때, $g'(1)$의 값은?

① 3 ② 4 ③ 5

④ 6 ⑤ 7

10 미분가능한 함수 $f(x)$가 모든 실수 x에 대하여
$f(2x-1)=(x^2+1)^3$을 만족시킬 때, $f'(1)$의 값은?

① 10 ② 11 ③ 12

④ 13 ⑤ 14

11 함수 $f(x)=\dfrac{2^x}{\ln 2}$과 실수 전체의 집합에서 미분가능한 함수 $g(x)$가 다음 조건을 만족시킬 때, $g(2)$의 값은?

> (가) $\displaystyle\lim_{h\to 0}\dfrac{g(2+4h)-g(2)}{h}=8$
> (나) 함수 $(f\circ g)(x)$의 $x=2$에서의 미분계수는 10이다.

① 1 ② $\log_2 3$ ③ 2

④ $\log_2 5$ ⑤ $\log_2 6$

12 함수 $f(x)=\ln\sqrt{\dfrac{1+\cos x}{1-\cos x}}$에 대하여

$f'\left(\dfrac{\pi}{4}\right)-f'\left(\dfrac{\pi}{6}\right)$의 값은?

① $\dfrac{1}{2}-\sqrt{2}$ ② $2-\sqrt{2}$ ③ $\dfrac{1}{2}+\sqrt{2}$

④ $1+\sqrt{2}$ ⑤ $2+\sqrt{2}$

13 함수 $f(x)=\ln|x^2+2x|$에 대하여 급수
$\displaystyle\sum_{n=1}^{\infty}\dfrac{f'(n)}{n+1}$의 합을 구하시오.

14 함수 $f(x)=x^{\cos 2x}\,(x>0)$에 대하여 $f'\!\left(\dfrac{\pi}{2}\right)=kf\!\left(\dfrac{\pi}{2}\right)$일 때, 상수 k의 값은?

① $-\dfrac{5}{\pi}$ ② $-\dfrac{4}{\pi}$ ③ $-\dfrac{3}{\pi}$

④ $-\dfrac{2}{\pi}$ ⑤ $-\dfrac{1}{\pi}$

15 함수 $f(x)=\ln\left(x-\sqrt{x^2-1}\right)$에 대하여 $f'(2)$의 값을 구하시오.

실력

16 그림과 같이 $\overline{\mathrm{BC}}=1$, $\angle\mathrm{ABC}=\dfrac{\pi}{3}$, $\angle\mathrm{ACB}=2\theta$ 인 삼각형 ABC에 내접하는 원의 반지름의 길이를 $r(\theta)$라 하자. $h(\theta)=\dfrac{r(\theta)}{\tan\theta}$일 때, $h'\!\left(\dfrac{\pi}{6}\right)$의 값은? $\left(\text{단, } 0<\theta<\dfrac{\pi}{3}\right)$

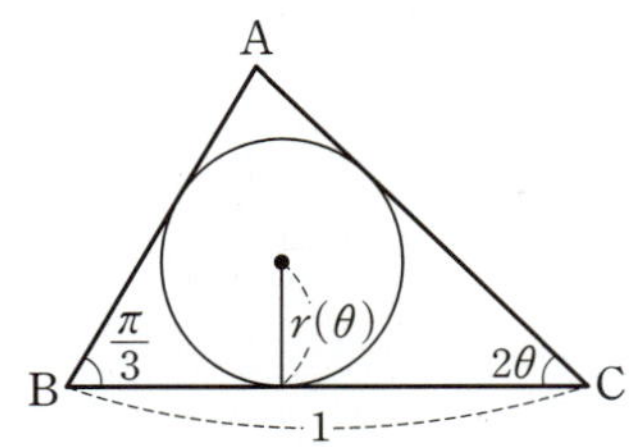

① $-\sqrt{3}$ ② $-\dfrac{\sqrt{3}}{3}$ ③ $\dfrac{\sqrt{3}}{6}$

④ $\dfrac{\sqrt{3}}{3}$ ⑤ $\sqrt{3}$

17 이차함수 $f(x)$에 대하여 $f(0)=1$이다. 함수 $g(x)=\dfrac{e^{f(x)}}{x+1}$에 대하여 방정식 $g'(x)=0$의 두 근 이 -3, 1일 때, $f(4)$의 값은?

① 4 ② 5 ③ 6

④ 7 ⑤ 8

18 이차 이상의 다항함수 $f(x)$와 함수 $g(x)=e^{x^2+x}$에 대하여 $(f\circ g)(0)=4$, $(f\circ g)'(0)=2$이다. 다항식 $f(x)$를 $(x-1)^2$으로 나누었을 때의 나머지를 $R(x)$라 할 때, $R(2)$의 값을 구하시오.

19 $\displaystyle\lim_{x\to 0}\dfrac{1}{x}\ln\dfrac{e^x+e^{2x}+e^{3x}+\cdots+e^{nx}}{n}=5$를 만족시키는 자연수 n의 값은?

① 5 ② 6 ③ 7

④ 8 ⑤ 9

매개변수로 나타낸 함수의 미분법

1 매개변수로 나타낸 함수

두 변수 x, y 사이의 관계를 변수 t를 매개로 하여

$$x=f(t),\ y=g(t) \quad \cdots\cdots\ \unicode{x24B6}$$

의 꼴로 나타낼 때, 변수 t를 **매개변수**라 하고, ㉠을 매개변수로 나타낸 함수라 한다.

참고 x, y의 관계를 매개변수로 나타내는 것은 곡선을 표현하는 한 방법이다.

예 좌표평면 위의 점 $\mathrm{P}(x,\ y)$의 x좌표, y좌표가 각각 $x=t+1$, $y=t^2$일 때 t를 x에 대한 식으로 나타내면 $t=x-1$이므로 y를 x에 대한 식으로 나타내면 $y=(x-1)^2$

따라서 $x=t+1$, $y=t^2$은 곡선 $y=(x-1)^2$을 나타낸다.

2 매개변수로 나타낸 함수의 미분법

매개변수로 나타낸 함수 $x=f(t)$, $y=g(t)$가 t에 대하여 미분가능하고 $f'(t)\neq0$이면

$$\frac{dy}{dx}=\frac{\dfrac{dy}{dt}}{\dfrac{dx}{dt}}=\frac{g'(t)}{f'(t)}$$

예 매개변수 t로 나타낸 함수 $x=2t$, $y=t^2-3$에서 $\dfrac{dy}{dx}$를 구해 보자.

x, y를 각각 t에 대하여 미분하면

$$\frac{dx}{dt}=2,\ \frac{dy}{dt}=2t \qquad \therefore\ \frac{dy}{dx}=\frac{\dfrac{dy}{dt}}{\dfrac{dx}{dt}}=\frac{2t}{2}=t$$

개념 PLUS

매개변수로 나타낸 함수의 미분법

매개변수로 나타낸 함수 $x=f(t)$, $y=g(t)$가 t에 대하여 미분가능하고 $f'(t)\neq0$일 때, 합성함수의 미분법에 의하여 $\dfrac{dy}{dt}=\dfrac{dy}{dx}\times\dfrac{dx}{dt}$이고 $\dfrac{dx}{dt}=f'(t)\neq0$이므로

$$\frac{dy}{dx}=\frac{\dfrac{dy}{dt}}{\dfrac{dx}{dt}}=\frac{g'(t)}{f'(t)}$$

개념 CHECK

정답과 해설 51쪽

1 다음 매개변수 t로 나타낸 함수에서 $\dfrac{dy}{dx}$를 구하시오.

(1) $x=2t^3+3$, $y=2-3t^2$ 　　　　　　(2) $x=t^2+t+1$, $y=4-t^3$

매개변수로 나타낸 함수의 미분법

필.수.예.제
01

다음 매개변수 t로 나타낸 함수에서 $\dfrac{dy}{dx}$를 구하시오.

(1) $x=\sqrt{t+2}$, $y=t^2+1$
(2) $x=t-\sin t$, $y=1-\cos t$

공략 Point

매개변수로 나타낸 함수
$x=f(t)$, $y=g(t)$가 t에 대하여 미분가능하고 $f'(t)\neq0$이면

$$\frac{dy}{dx}=\frac{\dfrac{dy}{dt}}{\dfrac{dx}{dt}}=\frac{g'(t)}{f'(t)}$$

풀이

(1) x를 t에 대하여 미분하면	$\dfrac{dx}{dt}=\dfrac{1}{2\sqrt{t+2}}$
y를 t에 대하여 미분하면	$\dfrac{dy}{dt}=2t$
따라서 구하는 $\dfrac{dy}{dx}$는	$\dfrac{dy}{dx}=\dfrac{\dfrac{dy}{dt}}{\dfrac{dx}{dt}}=\dfrac{2t}{\dfrac{1}{2\sqrt{t+2}}}=4t\sqrt{t+2}$

(2) x를 t에 대하여 미분하면	$\dfrac{dx}{dt}=1-\cos t$
y를 t에 대하여 미분하면	$\dfrac{dy}{dt}=\sin t$
따라서 구하는 $\dfrac{dy}{dx}$는	$\dfrac{dy}{dx}=\dfrac{\dfrac{dy}{dt}}{\dfrac{dx}{dt}}=\dfrac{\sin t}{1-\cos t}\ (\cos t\neq1)$

정답과 해설 51쪽

문제

01- 1 다음 매개변수 t로 나타낸 함수에서 $\dfrac{dy}{dx}$를 구하시오.

(1) $x=\dfrac{1+t^2}{1-t^2}$, $y=\dfrac{2t}{1-t^2}$
(2) $x=\sqrt{t}$, $y=(3t-1)^4$

(3) $x=\cos 2t$, $y=\sin 2t\ \left(0<t<\dfrac{\pi}{2}\right)$
(4) $x=2\tan t$, $y=4\sec t$

01- 2 매개변수 t로 나타낸 함수 $x=(t^2+1)e^t$, $y=e^{4t+2}$에 대하여 $t=0$에서의 $\dfrac{dy}{dx}$의 값을 구하시오.

 **음함수와 역함수의 미분법**

1 음함수의 미분법

(1) 음함수

방정식 $f(x, y)=0$에서 x와 y가 정의되는 구간을 적당히 정하면 y는 x에 대한 함수가 된다. x에 대한 함수 y가 $f(x, y)=0$ 꼴로 주어질 때, 이를 y의 x에 대한 **음함수** 표현이라 한다.

예 $xy-1=0$은 $y=\dfrac{1}{x}$을 음함수 꼴로 표현한 것이다.

참고 함수 y를 음함수로 나타내는 것은 곡선을 표현하는 한 방법이다.

(2) 음함수의 미분법

> 음함수 표현 $f(x, y)=0$에서 y를 x에 대한 함수로 보고 각 항을 x에 대하여 미분하여 $\dfrac{dy}{dx}$를 구한다.

예 음함수 표현 $x^2-y^2=2$에서 $\dfrac{dy}{dx}$를 구해 보자.

$x^2-y^2=2$에서 y를 x에 대한 함수로 보고 각 항을 x에 대하여 미분하면

$$\frac{d}{dx}(x^2)-\frac{d}{dx}(y^2)=\frac{d}{dx}(2)$$

$$2x-\frac{d}{dx}(y^2)=0$$

$$2x-\left\{\frac{d}{dy}(y^2)\right\}\frac{dy}{dx}=0$$

$$2x-2y\frac{dy}{dx}=0 \qquad \therefore \frac{dy}{dx}=\frac{x}{y}\ (y\neq 0)$$

참고 음함수의 미분법은 y를 x에 대한 식으로 나타내기 어려울 때 이용하면 편리하다.

2 역함수의 미분법

> 미분가능한 함수 $f(x)$의 역함수 $f^{-1}(x)$가 존재하고 미분가능할 때, 함수 $y=f^{-1}(x)$의 도함수는
>
> $$\frac{dy}{dx}=\frac{1}{\dfrac{dx}{dy}}\left(\text{단, }\frac{dx}{dy}\neq 0\right) \quad \text{또는} \quad (f^{-1})'(x)=\frac{1}{f'(y)}\ (\text{단, } f'(y)\neq 0)$$

예 역함수의 미분법을 이용하여 $x=y^3$에서 $\dfrac{dy}{dx}$를 구해 보자.

$x=y^3$을 y에 대하여 미분하면

$$\frac{dx}{dy}=3y^2$$

$$\therefore \frac{dy}{dx}=\frac{1}{\dfrac{dx}{dy}}=\frac{1}{3y^2}\ (y\neq 0)$$

참고 • $f(a)=b$, 즉 $f^{-1}(b)=a$이면 $(f^{-1})'(b)=\dfrac{1}{f'(f^{-1}(b))}=\dfrac{1}{f'(a)}$ (단, $f'(a)\neq 0$)

• 역함수의 미분법을 이용하면 역함수를 직접 구하지 않고도 역함수의 도함수를 구할 수 있다.

음함수

원점을 중심으로 하고 반지름의 길이가 1인 원의 방정식

$$x^2+y^2=1 \qquad \cdots\cdots \ \text{㉠}$$

에서 열린구간 $(-1, 1)$에 속하는 임의의 x의 값에 대응되는 y의 값이 2개

이므로 ㉠에서 y는 x에 대한 함수가 아니다.

그러나 ㉠을 y에 대하여 풀면 $y^2=1-x^2$에서

$$y\geq0\text{일 때, } y=\sqrt{1-x^2} \qquad \cdots\cdots \ \text{㉡}$$
$$y\leq0\text{일 때, } y=-\sqrt{1-x^2} \qquad \cdots\cdots \ \text{㉢}$$

㉡, ㉢은 닫힌구간 $[-1, 1]$에서 정의되고 치역이 각각 $[0, 1]$, $[-1, 0]$인 함수이다.

따라서 $x^2+y^2=1$에서 x와 y의 값을 적당히 정하면 x에 대한 함수 y를 ㉡, ㉢과 같이 나타낼 수 있다.

이와 같이 x에 대한 함수 y가 ㉠과 같이 방정식 $f(x, y)=0$ 꼴로 주어졌을 때, 이를 y의 x에 대한 음함수 표현이라 한다.

역함수의 미분법

미분가능한 함수 $f(x)$의 역함수 $f^{-1}(x)$가 존재하고 미분가능할 때, 함수 $y=f^{-1}(x)$의 도함수를 구해 보자.

$y=f^{-1}(x)$에서 $x=f(y)$이므로 양변을 y에 대하여 미분하면 $\dfrac{dx}{dy}=f'(y)$

한편 $x=f(y)$의 양변을 x에 대하여 미분하면 합성함수의 미분법에 의하여

$$1=\frac{d}{dx}f(y)=\left\{\frac{d}{dy}f(y)\right\}\frac{dy}{dx}=f'(y)\frac{dy}{dx}$$

$$\therefore \ \frac{dy}{dx}=\frac{1}{f'(y)}=\frac{1}{\dfrac{dx}{dy}} \ \left(\text{단, } f'(y)\neq0, \ \frac{dx}{dy}\neq0\right)$$

개념 **CHECK**

정답과 해설 52쪽

1 다음은 음함수 표현 $x^2+3y^2=2$에서 $\dfrac{dy}{dx}$를 구하는 과정이다. ㈎, ㈏, ㈐에 알맞은 것을 구하시오.

> $x^2+3y^2=2$에서 y를 x에 대한 함수로 보고 각 항을 x에 대하여 미분하면
>
> $$\frac{d}{dx}(x^2)+\frac{d}{dx}(3y^2)=\frac{d}{dx}(2)$$
>
> $$\boxed{㈎}+\boxed{㈏}\frac{dy}{dx}=0 \qquad \therefore \ \frac{dy}{dx}=\boxed{㈐} \ (y\neq0)$$

2 다음은 역함수의 미분법을 이용하여 함수 $x=y^5+2y$에서 $\dfrac{dy}{dx}$를 구하는 과정이다. ㈎, ㈏에 알맞은 것을 구하시오.

> $x=y^5+2y$의 각 항을 y에 대하여 미분하면
>
> $$\frac{dx}{dy}=\boxed{㈎} \qquad \therefore \ \frac{dy}{dx}=\frac{1}{\dfrac{dx}{dy}}=\boxed{㈏}$$

음함수의 미분법

필.수.예.제 02

다음 음함수 표현에서 $\dfrac{dy}{dx}$ 를 구하시오.

(1) $x^2+y^2+2y=3$

(2) $\dfrac{y}{x}-\dfrac{x}{y}=1$

공략 Point

음함수 표현 $f(x,\ y)=0$에서 y를 x에 대한 함수로 보고 각 항을 x에 대하여 미분하여 $\dfrac{dy}{dx}$ 를 구한다.

풀이

(1) 주어진 식의 각 항을 x에 대하여 미분하여 $\dfrac{dy}{dx}$ 를 구하면

$$2x+2y\dfrac{dy}{dx}+2\dfrac{dy}{dx}=0$$

$$(2y+2)\dfrac{dy}{dx}=-2x$$

$$\therefore \dfrac{dy}{dx}=-\dfrac{x}{y+1}\ (y\neq-1)$$

(2) 주어진 식의 양변에 xy를 곱하면

$$y^2-x^2=xy$$

$y^2-x^2=xy$의 각 항을 x에 대하여 미분하여 $\dfrac{dy}{dx}$ 를 구하면

$$2y\dfrac{dy}{dx}-2x=y+x\dfrac{dy}{dx}$$

$$(x-2y)\dfrac{dy}{dx}=-2x-y$$

$$\therefore \dfrac{dy}{dx}=-\dfrac{2x+y}{x-2y}\ (x\neq2y)$$

정답과 해설 52쪽

문제

02-1 다음 음함수 표현에서 $\dfrac{dy}{dx}$ 를 구하시오.

(1) $x^3+x-2y^3=0$

(2) $(x-1)^2+(y^2+1)^2=4$

(3) $x^2-\sin y+xy=1$

(4) $\ln x-\ln y=0$

02-2 곡선 $2x^3+3y^3-xy^2=4$ 위의 점 $(1,\ 1)$에서의 접선의 기울기를 구하시오.

역함수의 미분법

필.수.예.제 03

역함수의 미분법을 이용하여 다음 함수에서 $\dfrac{dy}{dx}$ 를 구하시오.

(1) $x = y^3 + y + 1$

(2) $x = \cos y \ (0 < y < \pi)$

공략 Point

미분가능한 함수 $y = f(x)$의 역함수가 존재하고 미분가능할 때,

$$\dfrac{dy}{dx} = \dfrac{1}{\dfrac{dx}{dy}} \left(\dfrac{dx}{dy} \neq 0 \right)$$

임을 이용한다.

풀이

(1) 주어진 식의 양변을 y에 대하여 미분하여 $\dfrac{dy}{dx}$ 를 구하면

$$\dfrac{dx}{dy} = 3y^2 + 1$$

$$\therefore \dfrac{dy}{dx} = \dfrac{1}{\dfrac{dx}{dy}} = \dfrac{1}{3y^2 + 1}$$

(2) 주어진 식의 양변을 y에 대하여 미분하여 $\dfrac{dy}{dx}$ 를 구하면

$$\dfrac{dx}{dy} = -\sin y$$

$$\therefore \dfrac{dy}{dx} = \dfrac{1}{\dfrac{dx}{dy}} = -\dfrac{1}{\sin y} = -\csc y$$

정답과 해설 52쪽

문제

03-1 역함수의 미분법을 이용하여 다음 함수에서 $\dfrac{dy}{dx}$ 를 구하시오.

(1) $x = y^3 + 3y^2 + 4y + 5$

(2) $x = \left(\dfrac{y}{y+1} \right)^2 \ (y > 0)$

(3) $x = \sqrt{y^2 + 1} \ (y > 0)$

(4) $x = e^{2y} + 5y$

03-2 함수 $x = \ln(\sec y) \left(0 < y < \dfrac{\pi}{2} \right)$ 에 대하여 $y = \dfrac{\pi}{4}$ 에서의 $\dfrac{dy}{dx}$ 의 값을 구하시오.

역함수의 미분법의 응용

필.수.예.제 04

다음 물음에 답하시오.

(1) 미분가능한 함수 $f(x)$의 역함수를 $g(x)$라 하고 $\lim\limits_{x \to 1} \dfrac{f(x)-2}{x-1}=1$일 때, $g'(2)$의 값을 구하시오.

(2) 함수 $f(x)=x^3+2x+1$의 역함수를 $g(x)$라 할 때, $g'(1)$의 값을 구하시오.

공략 Point

미분가능한 함수 $f(x)$의 역함수가 $g(x)$이고 $f(a)=b$, 즉 $g(b)=a$이면
$$g'(b)=\frac{1}{f'(a)}$$
$$(단, f'(a) \neq 0)$$

풀이

(1) $\lim\limits_{x \to 1} \dfrac{f(x)-2}{x-1}=1$에서 $x \to 1$일 때 (분모) $\to 0$이고, 극한값이 존재하므로 (분자) $\to 0$에서

$\lim\limits_{x \to 1} \{f(x)-2\}=0 \qquad \therefore f(1)=2$

$\therefore g(2)=1$

미분계수의 정의에 의하여

$\lim\limits_{x \to 1} \dfrac{f(x)-2}{x-1}=\lim\limits_{x \to 1} \dfrac{f(x)-f(1)}{x-1}=f'(1)=1$

따라서 구하는 값은

$g'(2)=\dfrac{1}{f'(g(2))}=\dfrac{1}{f'(1)}=\mathbf{1}$

(2) $g(1)=a$라 하면 $f(a)=1$이므로

$a^3+2a+1=1,\ a^3+2a=0$

$a(a^2+2)=0 \qquad \therefore a=0\ (\because a^2+2>0)$

$\therefore g(1)=0$

함수 $f(x)$를 x에 대하여 미분하면

$f'(x)=3x^2+2$

따라서 구하는 값은

$g'(1)=\dfrac{1}{f'(g(1))}=\dfrac{1}{f'(0)}=\dfrac{1}{2}$

정답과 해설 53쪽

문제

04-1 미분가능한 함수 $f(x)$의 역함수를 $g(x)$라 하고 $\lim\limits_{x \to 2} \dfrac{f(x)-3}{x-2}=\dfrac{1}{4}$일 때, $g'(3)$의 값을 구하시오.

04-2 함수 $f(x)=\tan x \left(-\dfrac{\pi}{2}<x<\dfrac{\pi}{2}\right)$의 역함수를 $g(x)$라 할 때, $g'(\sqrt{3})$의 값을 구하시오.

04-3 함수 $f(x)=\dfrac{x+1}{x-2}$의 역함수를 $g(x)$라 할 때, $\lim\limits_{h \to 0} \dfrac{g(2+h)-g(2-h)}{h}$의 값을 구하시오.

 이계도함수

① 이계도함수

함수 $y=f(x)$의 도함수 $f'(x)$가 미분가능할 때, $f'(x)$의 도함수

$$\lim_{\Delta x \to 0} \frac{f'(x+\Delta x)-f'(x)}{\Delta x}$$

를 함수 $f(x)$의 **이계도함수**라 하고, 기호로

$$f''(x),\ y'',\ \frac{d^2 y}{dx^2},\ \frac{d^2}{dx^2}f(x)$$

와 같이 나타낸다.

예 ・$y=x^3+2x^2$에서

$\quad y'=3x^2+4x \qquad \therefore y''=6x+4$

・$y=\sin x$에서

$\quad y'=\cos x \qquad \therefore y''=-\sin x$

・$y=e^x$에서

$\quad y'=e^x \qquad \therefore y''=e^x$

・$y=\ln x$에서

$\quad y'=\dfrac{1}{x} \qquad \therefore y''=-\dfrac{1}{x^2}$

참고 $y=f(x) \xrightarrow{\text{미분}} y'=f'(x) \xrightarrow{\text{미분}} y''=f''(x)$

개념 CHECK

정답과 해설 53쪽

1 다음 함수의 이계도함수를 구하시오.

(1) $y=x^4+2x^3-3x+5$

(2) $y=\dfrac{1}{x}$

(3) $y=\sqrt{x}$

(4) $y=e^{2x+1}$

(5) $y=\cos x$

(6) $y=\log_2 x$

이계도함수

필.수.예.제 05

다음 물음에 답하시오.

(1) 함수 $f(x)=x^3\ln x$에 대하여 $f''(1)$의 값을 구하시오.

(2) 함수 $f(x)=(x+a)e^{bx}$에 대하여 $f'(0)=2$, $f''(0)=-3$일 때, 상수 a, b의 값을 구하시오.

공략 Point

$$y=f(x)$$
$$\downarrow$$
$$y'=f'(x)$$
$$\downarrow$$
$$y''=f''(x)$$

풀이

(1) 함수 $f(x)$를 x에 대하여 미분하면	$f'(x)=3x^2\ln x+x^3\times\dfrac{1}{x}$ $\qquad=x^2(3\ln x+1)$
함수 $f'(x)$를 x에 대하여 미분하면	$f''(x)=2x(3\ln x+1)+x^2\times\dfrac{3}{x}$ $\qquad=x(6\ln x+5)$
따라서 구하는 값은	$f''(1)=\mathbf{5}$

(2) 함수 $f(x)$를 x에 대하여 미분하면	$f'(x)=e^{bx}+(x+a)\times be^{bx}$ $\qquad=(1+bx+ab)e^{bx}$
함수 $f'(x)$를 x에 대하여 미분하면	$f''(x)=be^{bx}+(1+bx+ab)\times be^{bx}$ $\qquad=b(2+bx+ab)e^{bx}$
$f'(0)=2$에서	$1+ab=2 \qquad \therefore ab=1 \quad\cdots\cdots\ \text{㉠}$
$f''(0)=-3$에서	$b(2+ab)=-3 \qquad\cdots\cdots\ \text{㉡}$
㉠을 ㉡에 대입하면	$b(2+1)=-3 \qquad \therefore \mathbf{b=-1}$
$b=-1$을 ㉠에 대입하면	$a\times(-1)=1 \qquad \therefore \mathbf{a=-1}$

정답과 해설 53쪽

문제

05-1 함수 $f(x)=\sin x\cos x$에 대하여 $f''\!\left(\dfrac{\pi}{4}\right)$의 값을 구하시오.

05-2 함수 $f(x)=xe^{ax+b}$에 대하여 $f'(0)=1$, $f''(0)=20$일 때, 상수 a, b에 대하여 $a+b$의 값을 구하시오.

연습문제

1 매개변수 t로 나타낸 곡선
$$x=\sec t+\cos t,\ y=\tan t$$
위의 점 $\left(\dfrac{3\sqrt{2}}{2},\ 1\right)$에서의 접선의 기울기는?

$$\left(\text{단, } 0<t<\dfrac{\pi}{2}\right)$$

① $\sqrt{2}$ ② $2\sqrt{2}$ ③ $3\sqrt{2}$
④ $4\sqrt{2}$ ⑤ $5\sqrt{2}$

평가원

2 매개변수 $t\,(t>0)$로 나타내어진 함수
$$x=\ln t+t,\ y=-t^3+3t$$
에 대하여 $\dfrac{dy}{dx}$가 $t=a$에서 최댓값을 가질 때, a의 값은?

① $\dfrac{1}{6}$ ② $\dfrac{1}{5}$ ③ $\dfrac{1}{4}$
④ $\dfrac{1}{3}$ ⑤ $\dfrac{1}{2}$

3 곡선 $x^3+y^4=e^{xy}$ 위의 점 $(0,\ a)$에서의 접선의 기울기가 b일 때, $a+b$의 값을 구하시오. (단, $a<0$)

4 곡선 $x^3+ay^3-bxy+1=0$ 위의 점 $(0,\ -1)$에서의 $\dfrac{dy}{dx}$의 값이 2일 때, 상수 a, b에 대하여 $a-b$의 값을 구하시오.

5 곡선 $(x^2+1)y^3+x^2+4x+1=0$에 대하여 $\dfrac{dy}{dx}>0$을 만족시키는 x의 값의 범위를 구하시오.

$$(\text{단, } x>0)$$

6 함수 $f(x)=\ln(\ln x)$의 역함수를 $g(x)$라 할 때, $g'(0)$의 값은?

① $\dfrac{1}{2e}$ ② $\dfrac{1}{e}$ ③ e
④ $2e$ ⑤ $3e$

7 함수 $f(x)=\dfrac{1}{e^x+1}$의 역함수를 $g(x)$라 할 때, $g'(f(1))$의 값은?

① $-(e+1)^2$ ② $-\dfrac{(e+1)^2}{e}$ ③ $-\dfrac{e}{(e+1)^2}$
④ $\dfrac{e}{(e+1)^2}$ ⑤ $\dfrac{(e+1)^2}{e}$

연습문제

수능

8 실수 전체의 집합에서 미분가능한 두 함수 $f(x)$, $g(x)$가 있다. $f(x)$가 $g(x)$의 역함수이고 $f(1)=2$, $f'(1)=3$이다. 함수 $h(x)=xg(x)$라 할 때, $h'(2)$의 값은?

① 1   ② $\dfrac{4}{3}$ ③ $\dfrac{5}{3}$

④ 2   ⑤ $\dfrac{7}{3}$

9 미분가능한 함수 $f(x)$에 대하여 $\displaystyle\lim_{x\to 3}\dfrac{f(x)-3}{x-3}=\dfrac{1}{3}$ 이다. 함수 $f(3x)$의 역함수를 $g(x)$라 할 때, $g'(3)$의 값을 구하시오.

10 함수 $f(x)=\ln|\sin x|$에 대하여 $\displaystyle\lim_{h\to 0}\dfrac{f'\left(\dfrac{\pi}{3}+h\right)-f'\left(\dfrac{\pi}{3}-h\right)}{2h}$의 값을 구하시오.

11 함수 $f(x)=x^2\ln x$에 대하여 방정식 $$f(x)+f'(x)-4f''(x)=x-12$$ 를 만족시키는 모든 x의 값의 합을 구하시오.

실력

12 미분가능한 함수 $f(x)$가 다음 조건을 모두 만족시킨다.

> (개) 모든 실수 x에 대하여 $f(-x)=-f(x)$이다.
> (내) $\displaystyle\lim_{x\to 1}\dfrac{f(x)-2x}{x-1}=2$

함수 $f(x)$의 역함수를 $g(x)$라 할 때, $g'(-2)$의 값은?

① $\dfrac{1}{4}$ ② $\dfrac{1}{2}$ ③ 1

④ 2   ⑤ 4

교육청

13 함수 $f(x)=(x^2+ax+b)e^x$과 함수 $g(x)$가 다음 조건을 만족시킨다.

> (개) $f(1)=e$, $f'(1)=e$
> (내) 모든 실수 x에 대하여 $g(f(x))=f'(x)$이다.

함수 $h(x)=f^{-1}(x)g(x)$에 대하여 $h'(e)$의 값은? (단, a, b는 상수이다.)

① 1   ② 2   ③ 3

④ 4   ⑤ 5

II

미분법

접선의 방정식

1 접선의 방정식

함수 $f(x)$가 $x=a$에서 미분가능할 때, 곡선 $y=f(x)$ 위의 점
$\mathrm{P}(a, f(a))$에서의 접선의 기울기는 $x=a$에서의 미분계수 $f'(a)$
와 같으므로 점 $\mathrm{P}(a, f(a))$에서의 접선의 방정식은

$$y-f(a)=f'(a)(x-a)$$

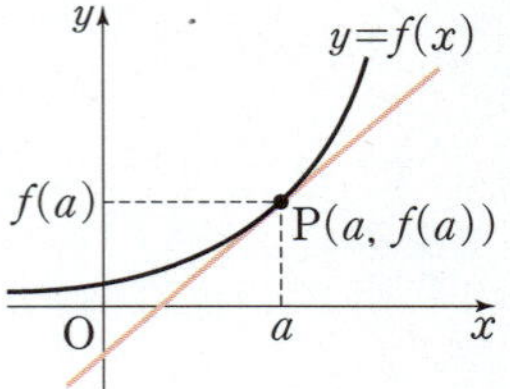

> **참고** · 점 (x_1, y_1)을 지나고 기울기가 m인 직선의 방정식은
>
> $$y-y_1=m(x-x_1)$$
>
> · 기울기가 m인 직선에 평행하고 점 (x_1, y_1)을 지나는 직선의 방정식은
>
> $$y-y_1=m(x-x_1)$$
> ↳ 서로 평행한 두 직선의 기울기는 서로 같다.
>
> · 기울기가 m인 직선에 수직이고 점 (x_1, y_1)을 지나는 직선의 방정식은
>
> $$y-y_1=-\frac{1}{m}(x-x_1)$$
> ↳ 서로 수직인 두 직선의 기울기의 곱은 -1이다.

2 접선의 방정식 구하기

⑴ **접점이 주어진 접선의 방정식**

곡선 $y=f(x)$ 위의 점 $(a, f(a))$에서의 접선의 방정식은 다음과 같은 순서로 구한다.

① 접선의 기울기 $f'(a)$를 구한다.

② 접선의 방정식 $y-f(a)=f'(a)(x-a)$를 구한다.

⑵ **기울기가 주어진 접선의 방정식**

곡선 $y=f(x)$에 접하고 기울기가 m인 접선의 방정식은 다음과 같은 순서로 구한다.

① 접점의 좌표를 $(t, f(t))$로 놓는다.

② $f'(t)=m$임을 이용하여 t의 값과 접점의 좌표 $(t, f(t))$를 구한다.

③ 접선의 방정식 $y-f(t)=m(x-t)$를 구한다.

⑶ **곡선 밖의 한 점에서 그은 접선의 방정식**

곡선 $y=f(x)$ 밖의 한 점 (x_1, y_1)에서 곡선에 그은 접선의 방정식은 다음과 같은 순서로 구한다.

① 접점의 좌표를 $(t, f(t))$로 놓는다.

② 접선의 기울기가 $f'(t)$이므로 접선의 방정식을

$$y-f(t)=f'(t)(x-t) \quad \cdots\cdots \ \text{㉠}$$

라 한다.

③ 직선 ㉠이 점 (x_1, y_1)을 지나므로 ㉠에 $x=x_1$, $y=y_1$을 대입하여 t의 값을 구한다.

④ ③에서 구한 t의 값을 ㉠에 대입하여 접선의 방정식을 구한다.

> **참고** 곡선 밖의 한 점에서 그은 접선의 개수는 접점의 좌표를 $(t, f(t))$로 놓고 세운 접선의 방정식에 주어진 점
> 의 좌표를 대입하여 얻은 t에 대한 방정식의 실근의 개수를 이용하여 구한다.

3 매개변수로 나타낸 곡선의 접선의 방정식

매개변수로 나타낸 곡선 $x=f(t)$, $y=g(t)$에 대하여 $t=a$에 대응하는 점에서의 접선의 방정식은 다음과 같은 순서로 구한다.

(1) 매개변수로 나타낸 함수의 미분법을 이용하여 $\dfrac{dy}{dx}=\dfrac{g'(t)}{f'(t)}$를 구한다.

(2) $\dfrac{g'(a)}{f'(a)}$, $f(a)$, $g(a)$의 값을 구한다.

(3) 접선의 방정식 $y-g(a)=\dfrac{g'(a)}{f'(a)}\{x-f(a)\}$를 구한다.

예 매개변수 t로 나타낸 곡선 $x=3t$, $y=t^2-2t$에 대하여 $t=3$에 대응하는 점에서의 접선의 방정식을 구해 보자.

x, y를 각각 t에 대하여 미분하면

$$\dfrac{dx}{dt}=3,\ \dfrac{dy}{dt}=2t-2 \qquad \therefore \dfrac{dy}{dx}=\dfrac{\dfrac{dy}{dt}}{\dfrac{dx}{dt}}=\dfrac{2t-2}{3}$$

$t=3$에 대응하는 점에서의 접선의 기울기는 $\dfrac{6-2}{3}=\dfrac{4}{3}$이고 $t=3$에 대응하는 점의 x좌표와 y좌표는 $x=9$, $y=9-6=3$이므로 구하는 접선의 방정식은

$$y-3=\dfrac{4}{3}(x-9) \qquad \therefore y=\dfrac{4}{3}x-9$$

4 곡선 $f(x,\ y)=0$의 접선의 방정식

곡선 $f(x,\ y)=0$ 위의 점 $(a,\ b)$에서의 접선의 방정식은 다음과 같은 순서로 구한다.

(1) 음함수의 미분법을 이용하여 $\dfrac{dy}{dx}$를 구한다.

(2) (1)에서 구한 $\dfrac{dy}{dx}$에 $x=a$, $y=b$를 대입하여 접선의 기울기 m을 구한다.

(3) 접선의 방정식 $y-b=m(x-a)$를 구한다.

예 곡선 $x^2+2xy-y^2=1$ 위의 점 $(1,\ 2)$에서의 접선의 방정식을 구해 보자.

$x^2+2xy-y^2=1$의 각 항을 x에 대하여 미분하면

$$2x+2y+2x\dfrac{dy}{dx}-2y\dfrac{dy}{dx}=0,\ (2x-2y)\dfrac{dy}{dx}=-2x-2y \qquad \therefore \dfrac{dy}{dx}=\dfrac{-x-y}{x-y}\ (x\neq y)$$

점 $(1,\ 2)$에서의 접선의 기울기는 $\dfrac{-1-2}{1-2}=3$이므로 구하는 접선의 방정식은

$$y-2=3(x-1) \qquad \therefore y=3x-1$$

개념 CHECK

정답과 해설 56쪽

1 곡선 $y=e^x$ 위의 점 $(0,\ 1)$에서의 접선의 방정식을 구하려고 할 때, 다음 물음에 답하시오.

(1) 점 $(0,\ 1)$에서의 접선의 기울기를 구하시오.

(2) 점 $(0,\ 1)$에서의 접선의 방정식을 구하시오.

접점이 주어진 접선의 방정식

필.수.예.제 01

다음 곡선 위의 주어진 점에서의 접선의 방정식을 구하시오.

(1) $y=\dfrac{x-1}{x+1}$ $\quad(-2,\ 3)$

(2) $y=x\sin x$ $\quad(\pi,\ 0)$

공략 Point

곡선 $y=f(x)$ 위의 점 $(a,\ f(a))$에서의 접선의 방정식은

$$y-f(a)=f'(a)(x-a)$$

풀이

(1) $f(x)=\dfrac{x-1}{x+1}$이라 하면	$f'(x)=\dfrac{(x+1)-(x-1)}{(x+1)^2}=\dfrac{2}{(x+1)^2}$
점 $(-2,\ 3)$에서의 접선의 기울기는	$f'(-2)=\dfrac{2}{(-1)^2}=2$
따라서 구하는 접선의 방정식은	$y-3=2(x+2)$ $\therefore\ \boldsymbol{y=2x+7}$

(2) $f(x)=x\sin x$라 하면	$f'(x)=\sin x+x\cos x$
점 $(\pi,\ 0)$에서의 접선의 기울기는	$f'(\pi)=0+\pi\times(-1)=-\pi$
따라서 구하는 접선의 방정식은	$y=-\pi(x-\pi)$ $\therefore\ \boldsymbol{y=-\pi x+\pi^2}$

정답과 해설 56쪽

문제

01-1 다음 곡선 위의 주어진 점에서의 접선의 방정식을 구하시오.

(1) $y=\sqrt{6x-1}$ $\quad\left(\dfrac{1}{3},\ 1\right)$

(2) $y=\tan\dfrac{\pi}{4}x$ $\quad(1,\ 1)$

01-2 곡선 $y=x+x\ln x$ 위의 점 $(e,\ 2e)$에서의 접선에 수직이고, 이 점을 지나는 직선의 방정식을 구하시오.

기울기가 주어진 접선의 방정식

필.수.예.제 02

다음 물음에 답하시오.

(1) 곡선 $y=\ln(x-1)$에 접하고 기울기가 1인 접선의 방정식을 구하시오.

(2) 곡선 $y=e^{2x}$에 접하고 직선 $2x-y-4=0$에 평행한 직선의 방정식을 구하시오.

공략 Point

접점의 좌표를 $(t,\ f(t))$로 놓고 $f'(t)$가 접선의 기울기와 같음을 이용하여 t의 값을 구한다.

풀이

(1) $f(x)=\ln(x-1)$이라 하면	$f'(x)=\dfrac{1}{x-1}$
접점의 좌표를 $(t,\ \ln(t-1))$이라 하면 이 점에서의 접선의 기울기가 1이므로 $f'(t)=1$에서	$\dfrac{1}{t-1}=1$ $t-1=1$ $\qquad \therefore t=2$
따라서 접점의 좌표는 $(2,\ 0)$이므로 구하는 접선의 방정식은	$y=x-2$
(2) $f(x)=e^{2x}$이라 하면	$f'(x)=2e^{2x}$
접점의 좌표를 $(t,\ e^{2t})$이라 하면 직선 $2x-y-4=0$, 즉 $y=2x-4$에 평행한 직선의 기울기는 2이므로 $f'(t)=2$에서	$2e^{2t}=2,\ e^{2t}=1$ $2t=0$ $\qquad \therefore t=0$
따라서 접점의 좌표는 $(0,\ 1)$이므로 구하는 직선의 방정식은	$y-1=2x$ $\therefore y=2x+1$

정답과 해설 57쪽

문제

02-1 다음 물음에 답하시오.

(1) 곡선 $y=\sin 2x \left(0 \le x \le \dfrac{\pi}{2}\right)$에 접하고 기울기가 -1인 접선의 방정식을 구하시오.

(2) 곡선 $y=\ln 3x$에 접하고 직선 $2x+6y+3=0$에 수직인 직선의 방정식을 구하시오.

02-2 직선 $y=3x$를 y축의 방향으로 k만큼 평행이동하면 곡선 $y=3x+\sin x\,(0<x<\pi)$에 접할 때, 상수 k의 값을 구하시오.

곡선 밖의 한 점에서 그은 접선의 방정식

필.수.예.제 03

공략 Point

접점의 좌표를 $(t,\ f(t))$로 놓고 접선의 방정식
$$y-f(t)=f'(t)(x-t)$$
에 주어진 점의 좌표를 대입하여 t의 값을 구한다.

원점에서 곡선 $y=\dfrac{\ln x}{x}$에 그은 접선의 방정식을 구하시오.

풀이

$f(x)=\dfrac{\ln x}{x}$라 하면

$$f'(x)=\dfrac{\dfrac{1}{x}\times x-\ln x}{x^2}=\dfrac{1-\ln x}{x^2}$$

접점의 좌표를 $\left(t,\ \dfrac{\ln t}{t}\right)$라 하면 이 점에서의 접선의 기울기는

$$f'(t)=\dfrac{1-\ln t}{t^2}$$

점 $\left(t,\ \dfrac{\ln t}{t}\right)$에서의 접선의 방정식은

$$y-\dfrac{\ln t}{t}=\dfrac{1-\ln t}{t^2}(x-t) \quad\cdots\cdots\ ㉠$$

이 직선이 원점을 지나므로

$$-\dfrac{\ln t}{t}=-\dfrac{1-\ln t}{t}$$

$$\ln t=1-\ln t\ (\because\ t>0)$$

$$\ln t=\dfrac{1}{2} \quad\therefore\ t=e^{\frac{1}{2}}=\sqrt{e}$$

따라서 $t=\sqrt{e}$를 ㉠에 대입하면 구하는 접선의 방정식은

$$y-\dfrac{\dfrac{1}{2}}{\sqrt{e}}=\dfrac{1-\dfrac{1}{2}}{e}(x-\sqrt{e})$$

$$\therefore\ y=\dfrac{1}{2e}x$$

정답과 해설 57쪽

문제

03-1 점 $(-4,\ 5)$에서 곡선 $y=\sqrt{x}+5$에 그은 접선의 방정식을 구하시오.

03-2 원점에서 곡선 $y=e^{x+1}$에 그은 접선이 점 $(-1,\ a)$를 지날 때, a의 값을 구하시오.

곡선 밖의 한 점에서 그은 접선의 개수

필.수.예.제 04

점 $(a, 0)$에서 곡선 $y=xe^{2x}$에 서로 다른 두 개의 접선을 그을 수 있을 때, a의 값의 범위를 구하시오.

공략 Point

접점의 좌표를 $(t, f(t))$로 놓고 접선의 방정식
$$y-f(t)=f'(t)(x-t)$$
에 주어진 점의 좌표를 대입하여 얻은 방정식의 실근의 개수를 이용한다.

풀이

$f(x)=xe^{2x}$이라 하면	$f'(x)=e^{2x}+2xe^{2x}=(1+2x)e^{2x}$
접점의 좌표를 (t, te^{2t})이라 하면 이 점에서의 접선의 기울기는	$f'(t)=(1+2t)e^{2t}$
점 (t, te^{2t})에서의 접선의 방정식은	$y-te^{2t}=(1+2t)e^{2t}(x-t)$
이 직선이 점 $(a, 0)$을 지나므로	$-te^{2t}=(1+2t)e^{2t}(a-t)$ $-t=(1+2t)(a-t)$ $(\because e^{2t}>0)$ $\therefore 2t^2-2at-a=0$ ...... ㉠
점 $(a, 0)$에서 곡선 $y=xe^{2x}$에 서로 다른 두 개의 접선을 그을 수 있으려면 두 개의 접점이 존재해야 하므로 이차방정식 ㉠이 서로 다른 두 실근을 가져야 한다. 즉, 이차방정식 ㉠의 판별식을 D라 하면 $D>0$이어야 하므로	$\dfrac{D}{4}=a^2+2a>0$ $a(a+2)>0$ $\therefore \boldsymbol{a<-2}$ 또는 $\boldsymbol{a>0}$

정답과 해설 57쪽

문제

04-1 점 $(2, 1)$에서 곡선 $y=\dfrac{x+1}{x}$에 그을 수 있는 접선의 개수를 구하시오.

04-2 원점에서 곡선 $y=(x-a)e^{-x}$에 오직 하나의 접선을 그을 수 있을 때, 상수 a의 값을 구하시오. (단, $a\neq0$)

매개변수로 나타낸 곡선의 접선의 방정식

필.수.예.제 05

공략 Point

매개변수로 나타낸 함수의 미분법을 이용하여 접선의 기울기를 구한다.

매개변수 t로 나타낸 곡선 $x=\dfrac{1-t^2}{1+t^2}$, $y=\dfrac{t}{1+t^2}$에 대하여 $t=2$에 대응하는 점에서의 접선의 방정식을 구하시오.

풀이

x와 y를 각각 t에 대하여 미분하여 $\dfrac{dy}{dx}$를 구하면	$\dfrac{dx}{dt}=\dfrac{-2t(1+t^2)-(1-t^2)\times 2t}{(1+t^2)^2}=\dfrac{-4t}{(1+t^2)^2}$ $\dfrac{dy}{dt}=\dfrac{(1+t^2)-t\times 2t}{(1+t^2)^2}=\dfrac{1-t^2}{(1+t^2)^2}$ $\therefore \dfrac{dy}{dx}=\dfrac{\dfrac{dy}{dt}}{\dfrac{dx}{dt}}=\dfrac{\dfrac{1-t^2}{(1+t^2)^2}}{\dfrac{-4t}{(1+t^2)^2}}=\dfrac{t^2-1}{4t}\ (t\neq 0)$
$t=2$에 대응하는 점에서의 접선의 기울기는	$\dfrac{4-1}{8}=\dfrac{3}{8}$
$t=2$에 대응하는 점의 x좌표와 y좌표는	$x=\dfrac{1-4}{1+4}=-\dfrac{3}{5}$, $y=\dfrac{2}{1+4}=\dfrac{2}{5}$
따라서 구하는 접선의 방정식은	$y-\dfrac{2}{5}=\dfrac{3}{8}\left(x+\dfrac{3}{5}\right)$ $\therefore y=\dfrac{3}{8}x+\dfrac{5}{8}$

정답과 해설 58쪽

문제

05-1 매개변수 t로 나타낸 곡선 $x=e^t+e^{-t}$, $y=e^t-e^{-t}$에 대하여 $t=\ln 2$에 대응하는 점에서의 접선의 방정식을 구하시오.

05-2 매개변수 t로 나타낸 곡선 $x=\cos t$, $y=2\sin t$ 위의 점 $\left(\dfrac{1}{2},\ \sqrt{3}\right)$에서의 접선의 방정식을 구하시오. $\left(\text{단, } 0<t<\dfrac{\pi}{2}\right)$

곡선 $f(x,\ y)=0$의 접선의 방정식

필.수.예.제 06

공략 Point

음함수의 미분법을 이용하여 접선의 기울기를 구한다.

곡선 $e^x+e^{2y-1}=2$ 위의 점 $\left(0,\ \dfrac{1}{2}\right)$에서의 접선의 방정식을 구하시오.

풀이

주어진 식의 각 항을 x에 대하여 미분하여 $\dfrac{dy}{dx}$를 구하면	$e^x+2e^{2y-1}\dfrac{dy}{dx}=0$ $\therefore \dfrac{dy}{dx}=-\dfrac{e^x}{2e^{2y-1}}=-\dfrac{1}{2}e^{x-2y+1}$
점 $\left(0,\ \dfrac{1}{2}\right)$에서의 접선의 기울기는	$-\dfrac{1}{2}\times 1=-\dfrac{1}{2}$
따라서 구하는 접선의 방정식은	$y-\dfrac{1}{2}=-\dfrac{1}{2}x$ $\therefore \boldsymbol{y=-\dfrac{1}{2}x+\dfrac{1}{2}}$

정답과 해설 58쪽

문제

06-1 곡선 $x\cos y+y\cos x+2\pi=0$ 위의 점 $(\pi,\ \pi)$에서의 접선의 방정식을 구하시오.

06-2 곡선 $x^2-xy+y^2=1$ 위의 점 $(1,\ 1)$에서의 접선과 원점 사이의 거리를 구하시오.

06-3 곡선 $\dfrac{a}{x}+\dfrac{b}{y}=x^2+2$ 위의 점 $(1,\ 2)$에서의 접선의 방정식이 $y=-8x+10$일 때, 상수 a, b에 대하여 $a+b$의 값을 구하시오.

2 함수의 증가와 감소, 극대와 극소

1 함수의 증가와 감소

함수 $f(x)$가 어떤 구간에 속하는 임의의 두 실수 x_1, x_2에 대하여

(1) $x_1 < x_2$일 때, $f(x_1) < f(x_2)$이면 $f(x)$는 그 구간에서 증가한다고 한다.

(2) $x_1 < x_2$일 때, $f(x_1) > f(x_2)$이면 $f(x)$는 그 구간에서 감소한다고 한다.

2 함수의 증가와 감소의 판정

함수 $f(x)$가 어떤 열린구간에서 미분가능할 때, 그 구간에 속하는
모든 실수 x에 대하여

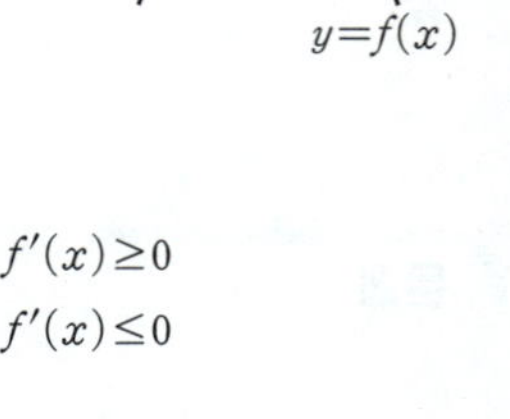

(1) $f'(x) > 0$이면 $f(x)$는 그 구간에서 증가한다.

(2) $f'(x) < 0$이면 $f(x)$는 그 구간에서 감소한다.

주의 위의 역은 성립하지 않는다.

참고 함수 $f(x)$가 어떤 열린구간에서 미분가능할 때

　(1) 함수 $f(x)$가 그 구간에서 증가하면 그 구간에 속하는 모든 실수 x에 대하여 $f'(x) \geq 0$

　(2) 함수 $f(x)$가 그 구간에서 감소하면 그 구간에 속하는 모든 실수 x에 대하여 $f'(x) \leq 0$

3 함수의 극대와 극소

(1) 함수의 극대와 극소

　함수 $f(x)$에서 $x=a$, $x=b$를 포함하는 어떤 열린구
　간에 속하는 모든 x에 대하여

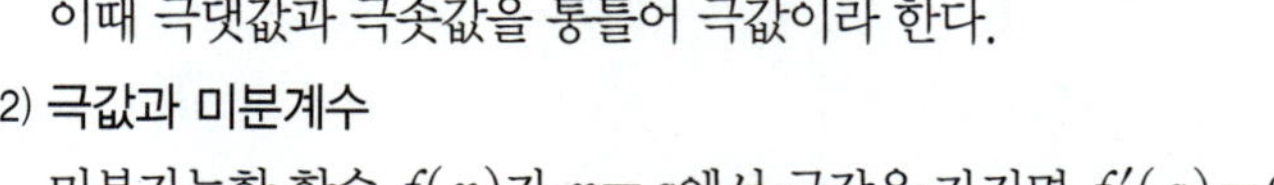

　① $f(x) \leq f(a)$이면 함수 $f(x)$는 $x=a$에서 극대라
　　하고, $f(a)$를 극댓값이라 한다.

　② $f(x) \geq f(b)$이면 함수 $f(x)$는 $x=b$에서 극소라
　　하고, $f(b)$를 극솟값이라 한다.

　이때 극댓값과 극솟값을 통틀어 극값이라 한다.

(2) 극값과 미분계수

　미분가능한 함수 $f(x)$가 $x=a$에서 극값을 가지면 $f'(a)=0$

　주의 위의 역은 성립하지 않는다.

　참고 함수 $f(x)$가 $x=a$에서 극값을 갖지만 $f'(a)$가 존재하지 않을 수도 있다.

4 함수의 극대와 극소의 판정

(1) 도함수를 이용한 함수의 극대와 극소의 판정

　미분가능한 함수 $f(x)$에 대하여 $f'(a)=0$일 때

　① $x=a$의 좌우에서 $f'(x)$의 부호가 양($+$)에서 음($-$)으로 바뀌면 $f(x)$는 $x=a$에서 극대
　　이고, 극댓값 $f(a)$를 갖는다.

　② $x=a$의 좌우에서 $f'(x)$의 부호가 음($-$)에서 양($+$)으로 바뀌면 $f(x)$는 $x=a$에서 극소
　　이고, 극솟값 $f(a)$를 갖는다.

⑵ 이계도함수를 이용한 함수의 극대와 극소의 판정

> 이계도함수를 갖는 함수 $f(x)$에 대하여 $f'(a)=0$일 때
> ① $f''(a)<0$이면 $f(x)$는 $x=a$에서 극대이고, 극댓값 $f(a)$를 갖는다.
> ② $f''(a)>0$이면 $f(x)$는 $x=a$에서 극소이고, 극솟값 $f(a)$를 갖는다.

예 이계도함수를 이용하여 함수 $f(x)=\dfrac{x^2+1}{x}$의 극값을 구해 보자.

$f(x)=\dfrac{x^2+1}{x}=x+\dfrac{1}{x}$이므로

$f'(x)=1-\dfrac{1}{x^2},\ f''(x)=\dfrac{2}{x^3}$

$f'(x)=0$에서 $1-\dfrac{1}{x^2}=0,\ x^2=1$ $\qquad \therefore\ x=-1$ 또는 $x=1$

$f''(-1),\ f''(1)$의 부호를 조사하면

$f''(-1)=-2<0,\ f''(1)=2>0$

따라서 함수 $f(x)$는 $x=-1$에서 극댓값 $f(-1)=-2$, $x=1$에서 극솟값 $f(1)=2$를 갖는다.

참고 함수 $f(x)$에 대하여 $f'(a)=0$, $f''(a)=0$일 때에는 $x=a$에서 극값을 가질 수도 있고 갖지 않을 수도 있다.
예를 들어 함수 $f(x)=x^3$은 $f'(0)=0$, $f''(0)=0$이지만
$x=0$에서 극값을 갖지 않고, 함수 $f(x)=x^4$은 $f'(0)=0$,
$f''(0)=0$이고 $x=0$에서 극솟값을 갖는다.

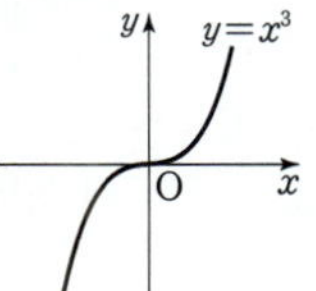

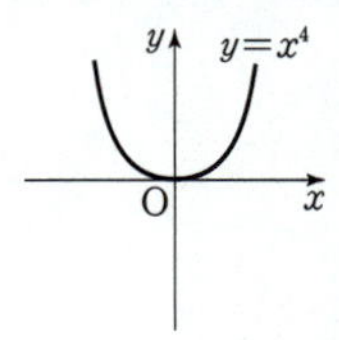

개념 PLUS

이계도함수를 이용한 함수의 극대와 극소의 판정

이계도함수를 갖는 함수 $f(x)$에 대하여 $f'(a)=0$일 때

⑴ $f''(a)<0$이면 함수 $f'(x)$는 $x=a$를 포함한 어떤 열린구간에서
감소하고 $f'(a)=0$이므로 $x=a$의 좌우에서 $f'(x)$의 부호가 양
에서 음으로 바뀐다.
따라서 함수 $f(x)$는 $x=a$에서 극대이다.

⑵ $f''(a)>0$이면 함수 $f'(x)$는 $x=a$를 포함한 어떤 열린구간에서
증가하고 $f'(a)=0$이므로 $x=a$의 좌우에서 $f'(x)$의 부호가 음
에서 양으로 바뀐다.
따라서 함수 $f(x)$는 $x=a$에서 극소이다.

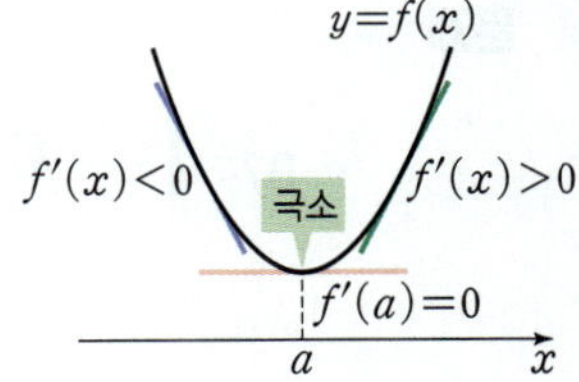

개념 CHECK 정답과 해설 59쪽

1 이계도함수를 이용하여 함수 $f(x)=2x^3-3x^2$의 극값을 구하시오.

필.수.예.제 07

함수의 증가와 감소

다음 물음에 답하시오.

(1) 함수 $f(x)=\dfrac{1}{x^2+4}$의 증가와 감소를 조사하시오.

(2) $0<x<4$에서 함수 $f(x)=x+\sqrt{16-x^2}$의 증가와 감소를 조사하시오.

공략 Point

함수 $f(x)$의 증가와 감소는 $f'(x)=0$인 x의 값을 구한 후 x의 값의 좌우에서 $f'(x)$의 부호를 조사한다.

➡ 열린구간 $(a,\,b)$에서 $f'(x)>0$이면 닫힌구간 $[a,\,b]$에서 증가하고, 열린구간 $(a,\,b)$에서 $f'(x)<0$이면 닫힌구간 $[a,\,b]$에서 감소한다.

풀이

(1) $f(x)=\dfrac{1}{x^2+4}$에서 $f'(x)=-\dfrac{2x}{(x^2+4)^2}$

$f'(x)=0$에서 $x=0$

함수 $f(x)$의 증가와 감소를 표로 나타내면 오른쪽과 같다.

x	$\cdots$	0	$\cdots$
$f'(x)$	$+$	0	$-$
$f(x)$	↗	$\dfrac{1}{4}$	↘

따라서 함수 $f(x)$의 증가와 감소를 조사하면   구간 $(-\infty,\,0]$에서 증가하고, 구간 $[0,\,\infty)$에서 감소한다.

(2) $f(x)=x+\sqrt{16-x^2}$에서 $f'(x)=1+\dfrac{-2x}{2\sqrt{16-x^2}}=1-\dfrac{x}{\sqrt{16-x^2}}$

$f'(x)=0$에서 $1-\dfrac{x}{\sqrt{16-x^2}}=0,\ \sqrt{16-x^2}=x,\ 16-x^2=x^2$

$x^2=8$ $\therefore\ x=2\sqrt{2}\ (\because\ 0<x<4)$

$0<x<4$에서 함수 $f(x)$의 증가와 감소를 표로 나타내면 오른쪽과 같다.

x	0	$\cdots$	$2\sqrt{2}$	$\cdots$	4
$f'(x)$		$+$	0	$-$	
$f(x)$		↗	$4\sqrt{2}$	↘	

따라서 함수 $f(x)$의 증가와 감소를 조사하면   구간 $(0,\,2\sqrt{2}]$에서 증가하고, 구간 $[2\sqrt{2},\,4)$에서 감소한다.

정답과 해설 59쪽

문제

07-1   함수 $f(x)=e^x-x$의 증가와 감소를 조사하시오.

07-2 $0<x<2\pi$에서 함수 $f(x)=\dfrac{1}{2}x+\cos x$의 증가와 감소를 조사하시오.

함수가 증가 또는 감소하기 위한 조건

필.수.예.제
08

다음 물음에 답하시오.

(1) 함수 $f(x)=(x^2+ax+5)e^{-x}$이 구간 $(-\infty,\ \infty)$에서 감소하도록 하는 상수 a의 값의 범위를 구하시오.

(2) 함수 $f(x)=ax-\ln x$가 구간 $[3,\ \infty)$에서 증가하도록 하는 상수 a의 값의 범위를 구하시오.

공략 Point

함수 $f(x)$가 어떤 열린구간에서 미분가능할 때

(1) 함수 $f(x)$가 그 구간에서 증가하면 그 구간에 속하는 모든 실수 x에 대하여 $f'(x)\geq0$

(2) 함수 $f(x)$가 그 구간에서 감소하면 그 구간에 속하는 모든 실수 x에 대하여 $f'(x)\leq0$

풀이

(1) $f(x)=(x^2+ax+5)e^{-x}$에서

$$f'(x)=(2x+a)e^{-x}-(x^2+ax+5)e^{-x}$$
$$=\{-x^2+(2-a)x+a-5\}e^{-x}$$

함수 $f(x)$가 구간 $(-\infty,\ \infty)$에서 감소하려면 모든 실수 x에서 $f'(x)\leq0$이어야 하므로

$$\{-x^2+(2-a)x+a-5\}e^{-x}\leq0$$
$$-x^2+(2-a)x+a-5\leq0\ (\because e^{-x}>0)$$
$$\therefore x^2+(a-2)x-(a-5)\geq0$$

이차방정식 $x^2+(a-2)x-(a-5)=0$의 판별식을 D라 하면 $D\leq0$이어야 하므로

$$D=(a-2)^2+4(a-5)\leq0$$
$$a^2-16\leq0,\ (a+4)(a-4)\leq0$$
$$\therefore -4\leq a\leq4$$

(2) $f(x)=ax-\ln x$에서

$$f'(x)=a-\frac{1}{x}$$

함수 $f(x)$가 구간 $[3,\ \infty)$에서 증가하려면 $x\geq3$에서 $f'(x)\geq0$이어야 하므로

$$f'(3)\geq0$$
$$a-\frac{1}{3}\geq0$$
$$\therefore a\geq\frac{1}{3}$$

정답과 해설 **59**쪽

문제

08- 1 함수 $f(x)=ax+\sin 2x$가 구간 $(-\infty,\ \infty)$에서 증가하도록 하는 상수 a의 값의 범위를 구하시오.

08- 2 함수 $f(x)=(ax^2-1)e^x$이 구간 $[-1,\ 1]$에서 감소하도록 하는 양수 a의 값의 범위를 구하시오.

함수의 극대와 극소

필.수.예.제 09

함수 $f(x)=e^x(\sin x+\cos x)\,(0<x<2\pi)$의 극값을 구하시오.

공략 Point

미분가능한 함수 $f(x)$에 대하여 $f'(a)=0$일 때
(1) $x=a$의 좌우에서 $f'(x)$의 부호가 양에서 음으로 바뀌면 $f(x)$는 $x=a$에서 극대이다.
(2) $x=a$의 좌우에서 $f'(x)$의 부호가 음에서 양으로 바뀌면 $f(x)$는 $x=a$에서 극소이다.

풀이

$f(x)=e^x(\sin x+\cos x)$에서 $f'(x)=0$에서	$f'(x)=e^x(\sin x+\cos x)+e^x(\cos x-\sin x)=2e^x\cos x$ $\cos x=0\ (\because e^x>0)$ $\therefore x=\dfrac{\pi}{2}$ 또는 $x=\dfrac{3}{2}\pi\ (\because 0<x<2\pi)$

$0<x<2\pi$에서 함수 $f(x)$의 증가와 감소를 표로 나타내면 오른쪽과 같다.

x	0	$\cdots$	$\dfrac{\pi}{2}$	$\cdots$	$\dfrac{3}{2}\pi$	$\cdots$	2π
$f'(x)$		$+$	0	$-$	0	$+$	
$f(x)$		↗	$e^{\frac{\pi}{2}}$ 극대	↘	$-e^{\frac{3}{2}\pi}$ 극소	↗	

따라서 함수 $f(x)$는 $x=\dfrac{\pi}{2}$에서 극대이고, $x=\dfrac{3}{2}\pi$에서 극소이므로

극댓값: $e^{\frac{\pi}{2}}$, **극솟값:** $-e^{\frac{3}{2}\pi}$

공략 Point

이계도함수를 갖는 함수 $f(x)$에 대하여 $f'(a)=0$일 때
(1) $f''(a)<0$이면 $f(x)$는 $x=a$에서 극대이다.
(2) $f''(a)>0$이면 $f(x)$는 $x=a$에서 극소이다.

다른 풀이 이계도함수 이용

$f(x)=e^x(\sin x+\cos x)$에서	$f'(x)=e^x(\sin x+\cos x)+e^x(\cos x-\sin x)=2e^x\cos x$ $f''(x)=2e^x\cos x-2e^x\sin x=2e^x(\cos x-\sin x)$
$f'(x)=0$에서	$\cos x=0\ (\because e^x>0)$ $\therefore x=\dfrac{\pi}{2}$ 또는 $x=\dfrac{3}{2}\pi\ (\because 0<x<2\pi)$
$f''\!\left(\dfrac{\pi}{2}\right),\ f''\!\left(\dfrac{3}{2}\pi\right)$의 부호를 조사하면	$f''\!\left(\dfrac{\pi}{2}\right)=-2e^{\frac{\pi}{2}}<0,\ f''\!\left(\dfrac{3}{2}\pi\right)=2e^{\frac{3}{2}\pi}>0$

따라서 함수 $f(x)$는 $x=\dfrac{\pi}{2}$에서 극대이고, $x=\dfrac{3}{2}\pi$에서 극소이므로

극댓값: $e^{\frac{\pi}{2}}$, **극솟값:** $-e^{\frac{3}{2}\pi}$

정답과 해설 60쪽

문제

09-1 다음 함수의 극값을 구하시오.

(1) $f(x)=\dfrac{2x}{x^2+1}$

(2) $f(x)=\dfrac{e^x}{x}\ (x>0)$

(3) $f(x)=x(\ln x)^2$

(4) $f(x)=2\cos x+\sin 2x\ (0<x<\pi)$

함수의 극대와 극소를 이용하여 미정계수 구하기

필.수.예.제 10

함수 $f(x)=ax+\dfrac{b}{x+1}$가 $x=1$에서 극솟값 6을 가질 때, $f(x)$의 극댓값을 구하시오.

(단, a, b는 상수)

공략 Point

미분가능한 함수 $f(x)$가
$x=a$에서 극값 b를 가지면
➡ $f'(a)=0$, $f(a)=b$

풀이

$f(x)=ax+\dfrac{b}{x+1}$에서 $x\neq-1$이고	$f'(x)=a-\dfrac{b}{(x+1)^2}$
$x=1$에서 극솟값 6을 가지므로	$f'(1)=0$, $f(1)=6$
$f'(1)=0$에서	$a-\dfrac{b}{4}=0$ $\quad\therefore 4a-b=0$ $\quad\cdots\cdots$ ㉠
$f(1)=6$에서	$a+\dfrac{b}{2}=6$ $\quad\therefore 2a+b=12$ $\quad\cdots\cdots$ ㉡
㉠, ㉡을 연립하여 풀면	$a=2$, $b=8$ $\therefore f(x)=2x+\dfrac{8}{x+1}$, $f'(x)=2-\dfrac{8}{(x+1)^2}$
$f'(x)=0$에서	$2-\dfrac{8}{(x+1)^2}=0$, $(x+1)^2=4$ $x^2+2x-3=0$, $(x+3)(x-1)=0$ $\therefore x=-3$ 또는 $x=1$

$x\neq-1$에서 함수 $f(x)$의 증가와 감소를 표로 나타내면 오른쪽과 같다.

x	$\cdots$	-3	$\cdots$	-1	$\cdots$	1	$\cdots$
$f'(x)$	$+$	0	$-$		$-$	0	$+$
$f(x)$	↗	-10 극대	↘		↘	6 극소	↗

따라서 함수 $f(x)$는 $x=-3$에서 극대이므로 구하는 극댓값은 -10

정답과 해설 61쪽

문제

10-1 함수 $f(x)=a\cos x-b\cos 2x$가 $x=\dfrac{\pi}{3}$에서 극댓값 $\dfrac{3}{2}$을 가질 때, 상수 a, b에 대하여 $a-b$의 값을 구하시오.

10-2 함수 $f(x)=ax^2-bx+\ln x$가 $x=1$에서 극솟값 -3을 가질 때, $f(x)$의 극댓값을 구하시오.

(단, a, b는 상수)

함수가 극값을 가질 조건

필.수.예.제 11

다음 물음에 답하시오.

(1) 함수 $f(x)=x-a\ln x-\dfrac{1}{x}$이 극댓값과 극솟값을 모두 갖도록 하는 상수 a의 값의 범위를 구하시오.

(2) 함수 $f(x)=ax+3\cos x$가 극값을 갖지 않도록 하는 상수 a의 값의 범위를 구하시오.

공략 Point

미분가능한 함수 $f(x)$에 대하여

(1) $f(x)$가 극값을 가지면 방정식 $f'(x)=0$이 실근을 갖고, 실근의 좌우에서 $f'(x)$의 부호가 바뀐다.

(2) $f(x)$가 극값을 갖지 않으면 정의역의 모든 실수 x에 대하여 $f'(x)\leq0$ 또는 $f'(x)\geq0$이다.

풀이

(1) $f(x)=x-a\ln x-\dfrac{1}{x}$에서 $x>0$이고	$f'(x)=1-\dfrac{a}{x}+\dfrac{1}{x^2}=\dfrac{x^2-ax+1}{x^2}$
함수 $f(x)$가 $x>0$에서 극댓값과 극솟값을 모두 가지려면	이차방정식 $x^2-ax+1=0$이 서로 다른 두 양의 실근을 가져야 한다.
(i) 이차방정식 $x^2-ax+1=0$의 판별식을 D라 하면 $D>0$이어야 하므로	$D=a^2-4>0$, $(a+2)(a-2)>0$ $\therefore a<-2$ 또는 $a>2$
(ii) (두 근의 합)>0이어야 하므로	$a>0$
(iii) (두 근의 곱)>0이어야 하므로	$1>0$
(i), (ii), (iii)에서 a의 값의 범위는	$a>2$

(2) $f(x)=ax+3\cos x$에서	$f'(x)=a-3\sin x$
함수 $f(x)$가 극값을 갖지 않으려면	모든 실수 x에서 $f'(x)\leq0$ 또는 $f'(x)\geq0$이어야 한다. $\quad$ …… ㉠
이때 $-1\leq\sin x\leq1$이므로	$-3\leq-3\sin x\leq3$ $\therefore a-3\leq a-3\sin x\leq a+3$
따라서 ㉠을 만족시키려면	$a+3\leq0$ 또는 $a-3\geq0$ $\therefore a\leq-3$ 또는 $a\geq3$

정답과 해설 61쪽

문제

11-1 함수 $f(x)=ax+\ln x$가 극값을 갖지 않도록 하는 상수 a의 값의 범위를 구하시오.

11-2 함수 $f(x)=(x^2-6x+a)e^{-x}$이 극댓값과 극솟값을 모두 갖도록 하는 상수 a의 값의 범위를 구하시오.

연습문제

1 곡선 $y=xe^x+2$ 위의 점 $(0, 2)$에서의 접선과 x축 및 y축으로 둘러싸인 삼각형의 넓이를 구하시오.

2 곡선 $y=\ln x$ 위의 점에서 직선 $y=x+3$에 그은 선분의 길이의 최솟값을 구하시오.

3 두 곡선 $y=e^x$, $y=\sqrt{2x+a}$가 접할 때, 상수 a의 값을 구하시오.

4 양수 k에 대하여 두 곡선 $y=ke^x+1$, $y=x^2-3x+4$가 점 P에서 만나고, 점 P에서 두 곡선에 접하는 두 직선이 서로 수직일 때, k의 값은?

① $\dfrac{1}{e}$ ② $\dfrac{1}{e^2}$ ③ $\dfrac{2}{e^2}$

④ $\dfrac{2}{e^3}$ ⑤ $\dfrac{3}{e^3}$

5 점 $(-2, 0)$에서 곡선 $y=\sqrt{x+1}$에 그은 접선이 점 $(4, a)$를 지날 때, a의 값은?

① 2   ② 3   ③ 4

④ 5   ⑤ 6

6 점 $(a, 0)$에서 곡선 $y=x^2e^x$에 서로 다른 세 개의 접선을 그을 수 있을 때, a의 값의 범위를 구하시오.
(단, $a<0$)

7 매개변수 t로 나타낸 곡선 $x=3\tan t$, $y=2\sec t$에 대하여 $t=\dfrac{\pi}{3}$에 대응하는 점에서의 접선의 y절편을 구하시오.

8 곡선 $x^3-axy-y^2+4=0$ 위의 점 $(0, b)$에서의 접선의 방정식이 $y=-x+c$일 때, 상수 a, b, c에 대하여 $a+b+c$의 값은? (단, $b>0$)

① 4   ② 5   ③ 6

④ 7   ⑤ 8

연습문제

9 함수 $f(x)=\dfrac{1}{2}x^2-3x-\dfrac{a}{x}$ 가 구간 $(0,\ \infty)$에서 증가하도록 하는 상수 a의 최솟값을 구하시오.

10 $x>0$에서 함수 $f(x)=-x^2+6x+(a-8)\ln x$의 역함수가 존재하도록 하는 자연수 a의 개수를 구하시오.

11 함수 $f(x)=(x^2-8)e^{-x}$의 극댓값과 극솟값의 곱은?

① $-32e^2$ ② $-32e$ ③ $-\dfrac{32}{e}$

④ $-\dfrac{32}{e^2}$ ⑤ $-\dfrac{32}{e^3}$

12 함수 $f(x)=\dfrac{x^2+ax+b}{x-1}$ 가 $x=-1$에서 극댓값 4를 가질 때, 상수 a, b에 대하여 a^2+b^2의 값을 구하시오.

13 함수 $f(x)=(x-a)e^{x^2}$이 극값을 갖지 않도록 하는 상수 a의 값의 범위를 구하시오.

실력

평가원

14 실수 k에 대하여 함수 $f(x)$는

$$f(x)=\begin{cases} x^2+k & (x\leq 2) \\ \ln(x-2) & (x>2) \end{cases}$$

이다. 실수 t에 대하여 직선 $y=x+t$와 함수 $y=f(x)$의 그래프가 만나는 점의 개수를 $g(t)$라 하자. 함수 $g(t)$가 $t=a$에서 불연속인 a의 값이 한 개일 때, k의 값은?

① -2 ② $-\dfrac{9}{4}$ ③ $-\dfrac{5}{2}$

④ $-\dfrac{11}{4}$ ⑤ -3

15 함수 $f(x)=\cos(\ln x)\ (x>1)$가 극대일 때의 x의 값을 작은 것부터 차례대로 $x_1,\ x_2,\ x_3,\ \cdots$이라 할 때, 급수 $\displaystyle\sum_{n=1}^{\infty}\dfrac{1}{x_n}$의 합을 구하시오.

곡선의 오목과 볼록

1 곡선의 오목과 볼록

어떤 구간에서 곡선 $y=f(x)$ 위의 임의의 두 점 P, Q에 대하여

(1) 두 점 P, Q 사이에 있는 곡선 부분이 선분 PQ보다 항상 아래쪽에 있으면 곡선 $y=f(x)$는 이 구간에서 아래로 볼록(또는 위로 오목)하다고 한다.

(2) 두 점 P, Q 사이에 있는 곡선 부분이 선분 PQ보다 항상 위쪽에 있으면 곡선 $y=f(x)$는 이 구간에서 위로 볼록(또는 아래로 오목)하다고 한다.

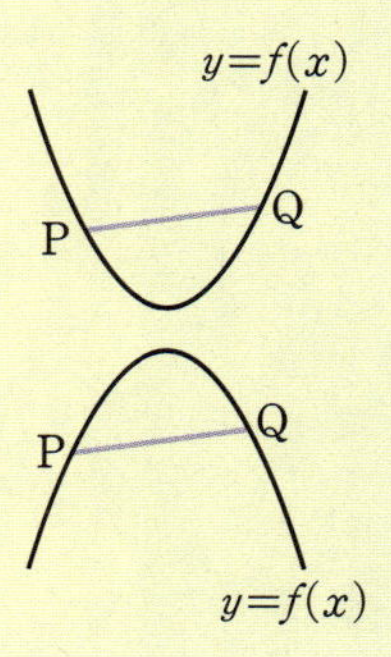

참고 곡선의 오목과 볼록은 주로 아래로 볼록, 위로 볼록으로 표현한다.

2 곡선의 오목과 볼록의 판정

이계도함수를 갖는 함수 $f(x)$에 대하여 어떤 구간에서

(1) $f''(x)>0$이면 곡선 $y=f(x)$는 이 구간에서 아래로 볼록하다.

(2) $f''(x)<0$이면 곡선 $y=f(x)$는 이 구간에서 위로 볼록하다.

예 곡선 $y=x^3-3x^2+5$의 오목과 볼록을 조사해 보자.

$f(x)=x^3-3x^2+5$라 하면

$f'(x)=3x^2-6x$, $f''(x)=6x-6$

$f''(x)=0$에서 $6x-6=0$ $\quad \therefore x=1$

따라서 $x<1$에서 $f''(x)<0$, $x>1$에서 $f''(x)>0$이므로 곡선 $y=f(x)$는 구간 $(-\infty, 1)$에서 위로 볼록하고 구간 $(1, \infty)$에서 아래로 볼록하다.

3 변곡점

곡선 $y=f(x)$ 위의 점 $P(a, f(a))$에 대하여 $x=a$의 좌우에서 곡선의 모양이 아래로 볼록에서 위로 볼록으로 변하거나 위로 볼록에서 아래로 볼록으로 변할 때, 점 P를 곡선 $y=f(x)$의 **변곡점**이라 한다.

즉, 함수 $f(x)$가 이계도함수를 가질 때, 변곡점 $P(a, f(a))$의 좌우에서 $f''(x)$의 부호가 바뀌므로 $f''(a)=0$이다.

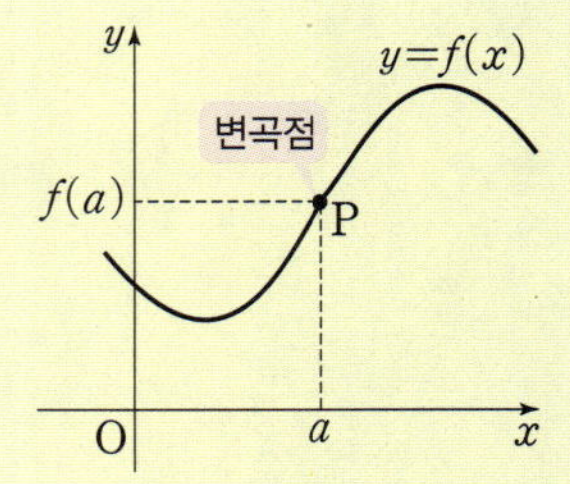

참고 $f''(a)=0$이 되는 곡선 $y=f(x)$ 위의 $x=a$인 점에서 접선을 그었을 때, 곡선이 접선의 위쪽에 있으면 곡선 $y=f(x)$는 아래로 볼록하고, 곡선이 접선의 아래쪽에 있으면 곡선 $y=f(x)$는 위로 볼록하다.

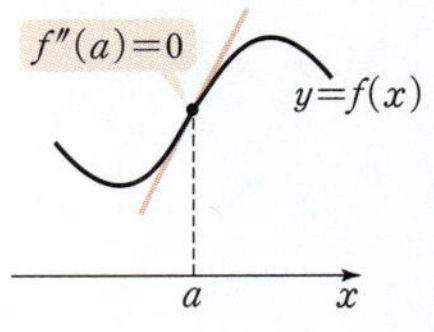

이계도함수를 갖는 함수 $f(x)$에 대하여 $f''(a)=0$이고, $x=a$의 좌우에서 $f''(x)$의 부호가 바뀌면 점 $(a,\ f(a))$는 곡선 $y=f(x)$의 변곡점이다.

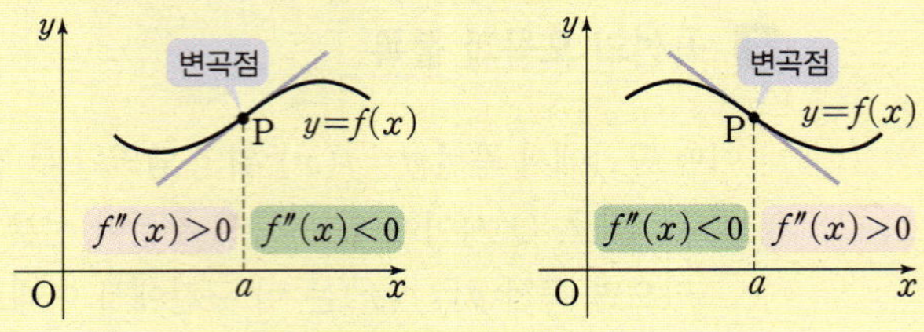

예 곡선 $y=x^4-6x^2+8$의 변곡점의 좌표를 구해 보자.

$f(x)=x^4-6x^2+8$이라 하면

$f'(x)=4x^3-12x,\ f''(x)=12x^2-12$

$f''(x)=0$에서 $12x^2-12=0,\ x^2=1$ $\quad\therefore\ x=-1$ 또는 $x=1$

이때 $x<-1,\ x>1$에서 $f''(x)>0$이고 $-1<x<1$에서 $f''(x)<0$이다.

즉, $x=-1,\ x=1$의 좌우에서 $f''(x)$의 부호가 바뀌므로 변곡점의 좌표는

$(-1,\ 3),\ (1,\ 3)$

주의 $f''(a)=0$이라 해서 점 $(a,\ f(a))$가 항상 변곡점인 것은 아니다.

예를 들어 $f(x)=x^4$에서 $f''(x)=12x^2$이므로 $f''(0)=0$이지만 $x=0$의 좌우에서 $f''(x)$의 부호가 바뀌지 않는다. 즉, 점 $(0,\ 0)$은 곡선 $y=f(x)$의 변곡점이 아니다.

개념 **PLUS**

곡선의 오목과 볼록의 판정

이계도함수를 이용하여 곡선의 오목과 볼록을 판정해 보자.

(1) 함수 $f(x)$가 어떤 구간에서 $f''(x)>0$이면 그 구간에서 $f'(x)$는 증가하므로 곡선 $y=f(x)$의 접선의 기울기도 증가한다.

따라서 곡선 $y=f(x)$는 이 구간에서 아래로 볼록하다.

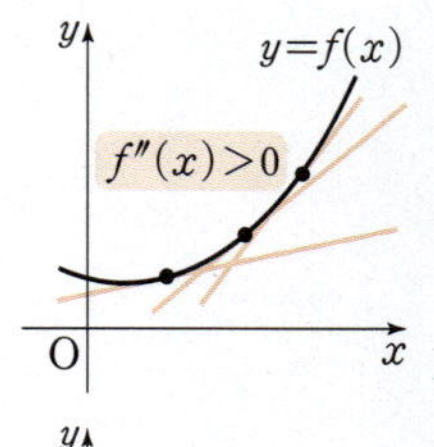

(2) 함수 $f(x)$가 어떤 구간에서 $f''(x)<0$이면 그 구간에서 $f'(x)$는 감소하므로 곡선 $y=f(x)$의 접선의 기울기도 감소한다.

따라서 곡선 $y=f(x)$는 이 구간에서 위로 볼록하다.

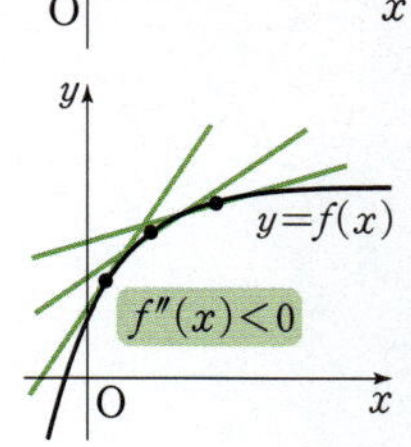

개념 **CHECK**

정답과 해설 65쪽

1 다음 곡선의 오목과 볼록을 조사하고, 변곡점의 좌표를 구하시오.

(1) $y=x^3-6x^2+9x$ 　　　　　　　　(2) $y=x^4+2x^3$

곡선의 오목과 볼록, 변곡점

필.수.예.제 01

다음 곡선의 오목과 볼록을 조사하고, 변곡점의 좌표를 구하시오.

(1) $y = xe^{-x}$

(2) $y = x + \cos x \ (0 < x < \pi)$

공략 Point

이계도함수를 갖는 함수 $f(x)$에 대하여 어떤 구간에서 $f''(x) > 0$이면 곡선 $y = f(x)$는 이 구간에서 아래로 볼록하고, $f''(x) < 0$이면 위로 볼록하다.
또 $f''(a) = 0$이고, $x = a$의 좌우에서 $f''(x)$의 부호가 바뀌면 점 $(a, f(a))$는 곡선 $y = f(x)$의 변곡점이다.

풀이

(1) $f(x) = xe^{-x}$이라 하면	$f'(x) = e^{-x} - xe^{-x} = (1-x)e^{-x}$ $f''(x) = -e^{-x} - (1-x)e^{-x} = (x-2)e^{-x}$
$f''(x) = 0$에서	$x - 2 = 0 \ (\because e^{-x} > 0)$ $\therefore x = 2$
$f''(x)$의 부호를 조사하면	$x < 2$에서 $f''(x) < 0$, $x > 2$에서 $f''(x) > 0$
이때 주어진 곡선의 오목과 볼록을 조사하면	구간 $(-\infty, 2)$에서 **위로 볼록**하고, 구간 $(2, \infty)$에서 **아래로 볼록**하다.
따라서 $x = 2$의 좌우에서 $f''(x)$의 부호가 바뀌므로 변곡점의 좌표는	$\left(2, \dfrac{2}{e^2} \right)$

(2) $f(x) = x + \cos x$라 하면	$f'(x) = 1 - \sin x$ $f''(x) = -\cos x$
$f''(x) = 0$에서	$\cos x = 0$ $\therefore x = \dfrac{\pi}{2} \ (\because 0 < x < \pi)$
$f''(x)$의 부호를 조사하면	$0 < x < \dfrac{\pi}{2}$에서 $f''(x) < 0$, $\dfrac{\pi}{2} < x < \pi$에서 $f''(x) > 0$
이때 주어진 곡선의 오목과 볼록을 조사하면	구간 $\left(0, \dfrac{\pi}{2} \right)$에서 **위로 볼록**하고, 구간 $\left(\dfrac{\pi}{2}, \pi \right)$에서 **아래로 볼록**하다.
따라서 $x = \dfrac{\pi}{2}$의 좌우에서 $f''(x)$의 부호가 바뀌므로 변곡점의 좌표는	$\left(\dfrac{\pi}{2}, \dfrac{\pi}{2} \right)$

정답과 해설 65쪽

문제

01-1 다음 곡선의 오목과 볼록을 조사하고, 변곡점의 좌표를 구하시오.

(1) $y = x^2 - e^x$

(2) $y = \sin x - \cos x \ (0 < x < \pi)$

(3) $y = \dfrac{1}{x^2 + 1}$

(4) $y = 2x^2 + \ln x$

변곡점을 이용하여 미정계수 구하기

필.수.예.제 02

곡선 $y=x^3+ax^2+bx+2$의 변곡점의 좌표가 $(2, 6)$일 때, 상수 a, b의 값을 구하시오.

공략 Point

곡선 $y=f(x)$의 변곡점의 좌표가 (a, b)이면
➡ $f''(a)=0$, $f(a)=b$

풀이

$f(x)=x^3+ax^2+bx+2$라 하면	$f'(x)=3x^2+2ax+b$ $f''(x)=6x+2a$
곡선 $y=f(x)$의 변곡점의 좌표가 $(2, 6)$이므로	$f''(2)=0$, $f(2)=6$
$f''(2)=0$에서	$12+2a=0$ $\quad \therefore a=-6$
$f(2)=6$에서	$8+4a+2b+2=6$ $\therefore 2a+b=-2$ $\quad \cdots\cdots$ ㉠
$a=-6$을 ㉠에 대입하면	$-12+b=-2$ $\quad \therefore b=10$

정답과 해설 66쪽

문제

02-1 곡선 $y=ax^3+b\ln x$의 변곡점의 좌표가 $\left(1, \dfrac{1}{3}\right)$일 때, 상수 a, b에 대하여 $a+b$의 값을 구하시오.

02-2 함수 $f(x)=a\sin x+b\cos x-x$는 $x=\dfrac{7}{6}\pi$에서 극소이고 곡선 $y=f(x)$의 변곡점의 x좌표가 $\dfrac{\pi}{3}$일 때, 상수 a, b에 대하여 ab의 값을 구하시오.

02-3 곡선 $y=ax^3+bx^2+c$에 대하여 $x=1$인 점에서의 접선의 기울기가 -3이고 변곡점의 좌표가 $(1, 3)$일 때, 상수 a, b, c에 대하여 $a-b+c$의 값을 구하시오.

2 함수의 그래프

1 함수의 그래프의 개형

함수 $y=f(x)$의 그래프의 개형은 다음을 조사하여 그린다.

(1) 함수의 정의역과 치역

(2) 그래프와 좌표축의 교점

(3) 그래프의 대칭성과 주기

(4) 함수의 증가와 감소, 극대와 극소

(5) 곡선의 오목과 볼록, 변곡점

(6) $\lim\limits_{x\to\infty} f(x)$, $\lim\limits_{x\to-\infty} f(x)$, 점근선

예 함수 $f(x)=\dfrac{2x}{x^2+1}$의 그래프를 그려 보자.

(1) $x^2+1\neq 0$이므로 정의역은 실수 전체의 집합이다.

(2) $f(0)=0$이므로 그래프는 원점을 지난다.

(3) $f(-x)=\dfrac{2\times(-x)}{(-x)^2+1}=-\dfrac{2x}{x^2+1}=-f(x)$이므로 그래프는 원점에 대하여 대칭이다.

(4), (5) $f'(x)=\dfrac{2(x^2+1)-2x\times 2x}{(x^2+1)^2}=\dfrac{-2x^2+2}{(x^2+1)^2}$

$f''(x)=\dfrac{-4x(x^2+1)^2+2(x^2-1)\times 2(x^2+1)\times 2x}{(x^2+1)^4}=\dfrac{4x(x^2-3)}{(x^2+1)^3}$

$f'(x)=0$에서

$-2x^2+2=0,\ x^2=1 \qquad \therefore\ x=-1$ 또는 $x=1$

$f''(x)=0$에서

$x(x^2-3)=0 \qquad \therefore\ x=-\sqrt{3}$ 또는 $x=0$ 또는 $x=\sqrt{3}$

함수 $f(x)$의 증가와 감소, 오목과 볼록을 표로 나타내면 다음과 같다.

x	$\cdots$	$-\sqrt{3}$	$\cdots$	-1	$\cdots$	0	$\cdots$	1	$\cdots$	$\sqrt{3}$	$\cdots$
$f'(x)$	$-$	$-$	$-$	0	$+$	$+$	$+$	0	$-$	$-$	$-$
$f''(x)$	$-$	0	$+$	$+$	$+$	0	$-$	$-$	$-$	0	$+$
$f(x)$	↘	$-\dfrac{\sqrt{3}}{2}$ 변곡점	↘	-1 극소	↗	0 변곡점	↗	1 극대	↘	$\dfrac{\sqrt{3}}{2}$ 변곡점	↘

▲ ↗은 위로 볼록하고 증가, ↗은 아래로 볼록하고 증가, ↘은 위로 볼록하고 감소, ↘은 아래로 볼록하고 감소를 나타낸다.

(6) $\lim\limits_{x\to\infty}\dfrac{2x}{x^2+1}=0$, $\lim\limits_{x\to-\infty}\dfrac{2x}{x^2+1}=0$이므로 점근선은 x축이다.

따라서 함수 $y=f(x)$의 그래프는 다음 그림과 같다.

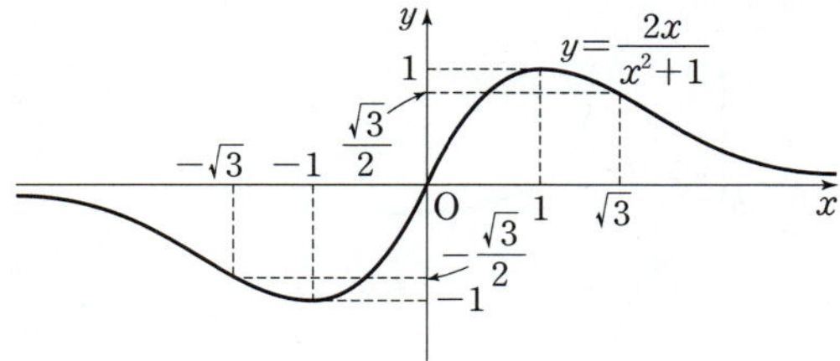

2 함수의 최댓값과 최솟값

닫힌구간 $[a, b]$에서 연속인 함수 $f(x)$에 대하여 주어진 구간에서의

극댓값, 극솟값, $f(a)$, $f(b)$

를 비교하였을 때, 가장 큰 값이 최댓값, 가장 작은 값이 최솟값이다.

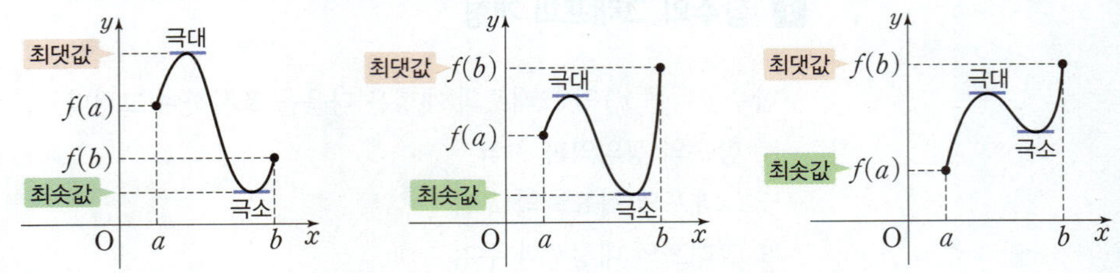

참고 ·닫힌구간 $[a, b]$에서 함수 $f(x)$가 연속이고 극값이 하나뿐일 때

(1) 하나뿐인 극값이 극댓값이면 극댓값이 최댓값이다.

(2) 하나뿐인 극값이 극솟값이면 극솟값이 최솟값이다.

·주어진 닫힌구간에서 극값이 존재하지 않을 때에는 주어진 구간의 양 끝 점의 함숫값 중 큰 값이 최댓값, 작은

값이 최솟값이다.

개념 PLUS

함수의 그래프의 개형을 결정하는 요소

(1) 함수의 정의역

함수의 정의역이 주어져 있지 않은 경우 다음 함수의 정의역에 주의한다.

① 유리함수의 정의역: (분모)$\neq0$이 되도록 하는 실수 전체의 집합

② 무리함수의 정의역: (근호 안의 식의 값)≥0이 되도록 하는 실수 전체의 집합

③ 로그함수의 정의역: (로그의 진수)>0이 되도록 하는 실수 전체의 집합

(2) 그래프의 대칭성

함수 $f(x)$가 정의역에 속하는 임의의 실수 x에 대하여

① $f(-x)=f(x)$이면 그래프는 y축에 대하여 대칭이다.

② $f(-x)=-f(x)$이면 그래프는 원점에 대하여 대칭이다.

(3) 점근선

곡선이 어떤 직선에 한없이 가까워질 때, 이 직선을 그 곡선의 점근선이라 한다.

a, b가 실수일 때, 곡선 $y=f(x)$에 대하여

① $\lim\limits_{x\to\infty} f(x)=b$ 또는 $\lim\limits_{x\to-\infty} f(x)=b$이면

➡ 점근선은 직선 $y=b$

② $\lim\limits_{x\to a+} f(x)=\pm\infty$ 또는 $\lim\limits_{x\to a-} f(x)=\pm\infty$이면

➡ 점근선은 직선 $x=a$

③ $\lim\limits_{x\to\infty} \{f(x)-(px+q)\}=0$ 또는 $\lim\limits_{x\to-\infty} \{f(x)-(px+q)\}=0$이면

➡ 점근선은 직선 $y=px+q$

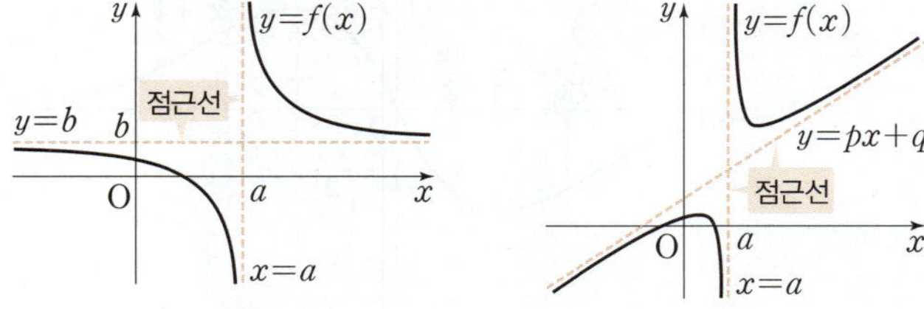

함수의 그래프

필.수.예.제
03

함수 $f(x)=\dfrac{\ln x}{x}$의 그래프를 그리시오.

공략 Point

함수 $y=f(x)$의 그래프는 다음을 조사하여 그린다.
(i) 함수의 정의역
(ii) 그래프와 좌표축의 교점
(iii) 함수의 증가와 감소, 극대와 극소, 곡선의 오목과 볼록, 변곡점
(iv) $\displaystyle\lim_{x\to\infty}f(x)$, $\displaystyle\lim_{x\to-\infty}f(x)$, 점근선

풀이

$f(x)=\dfrac{\ln x}{x}$에서

(i) 정의역은 $x>0$인 실수 전체의 집합이다.

(ii) $f(1)=0$이므로 그래프는 점 $(1,\,0)$을 지난다.

(iii) $f'(x)=\dfrac{\dfrac{1}{x}\times x-\ln x}{x^2}=\dfrac{1-\ln x}{x^2}$

$f''(x)=\dfrac{-\dfrac{1}{x}\times x^2-(1-\ln x)\times 2x}{x^4}=\dfrac{2\ln x-3}{x^3}$

$f'(x)=0$에서 $1-\ln x=0$, $\ln x=1$ $\quad\therefore x=e$

$f''(x)=0$에서 $2\ln x-3=0$, $\ln x=\dfrac{3}{2}$ $\quad\therefore x=e\sqrt{e}$

$x>0$에서 함수 $f(x)$의 증가와 감소, 오목과 볼록을 표로 나타내면 다음과 같다.

x	0	$\cdots$	e	$\cdots$	$e\sqrt{e}$	$\cdots$
$f'(x)$		$+$	0	$-$	$-$	$-$
$f''(x)$		$-$	$-$	$-$	0	$+$
$f(x)$		$\nearrow$	$\dfrac{1}{e}$ 극대	$\searrow$	$\dfrac{3}{2e\sqrt{e}}$ 변곡점	$\searrow$

(iv) $\displaystyle\lim_{x\to 0+}\dfrac{\ln x}{x}=-\infty$, $\displaystyle\lim_{x\to\infty}\dfrac{\ln x}{x}=0$이므로 점근선은 x축과 y축이다.

따라서 함수 $y=f(x)$의 그래프는

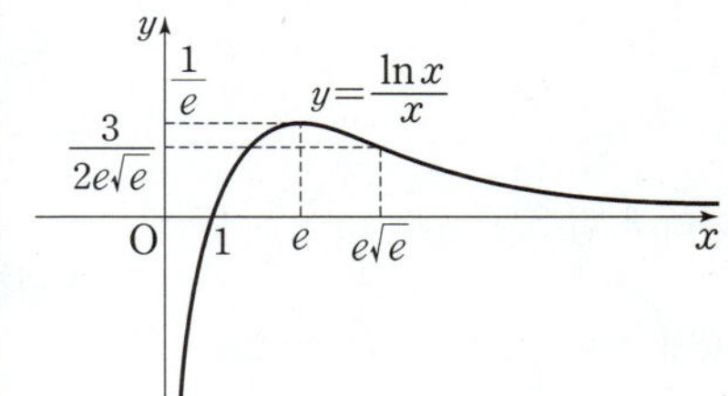

정답과 해설 **66쪽**

문제

03-1 다음 함수의 그래프를 그리시오.

(1) $f(x)=\dfrac{x^2-x+1}{x-1}$

(2) $f(x)=2x-\sqrt{x}$

(3) $f(x)=e^{-x^2}$

(4) $f(x)=\cos^2 x\ (0\le x\le\pi)$

함수의 최댓값과 최솟값

필.수.예.제 04

주어진 구간에서 다음 함수의 최댓값과 최솟값을 구하시오.

(1) $f(x)=x^2 e^{-x}$ $[-1, 3]$

(2) $f(x)=x\sin x+\cos x$ $[0, 2\pi]$

공략 Point

함수 $f(x)$가 구간 $[a, b]$에서 연속이면 극댓값, 극솟값, $f(a)$, $f(b)$ 중에서 가장 큰 값이 최댓값, 가장 작은 값이 최솟값이다.

풀이

(1) $f(x)=x^2 e^{-x}$에서

$f'(x)=0$에서

$f'(x)=2xe^{-x}-x^2 e^{-x}=-x(x-2)e^{-x}$

$x(x-2)=0 \ (\because e^{-x}>0)$ $\therefore x=0$ 또는 $x=2$

구간 $[-1, 3]$에서 함수 $f(x)$의 증가와 감소를 표로 나타내면 오른쪽과 같다.

x	-1	$\cdots$	0	$\cdots$	2	$\cdots$	3
$f'(x)$		$-$	0	$+$	0	$-$	
$f(x)$	e	↘	0 극소	↗	$\dfrac{4}{e^2}$ 극대	↘	$\dfrac{9}{e^3}$

따라서 함수 $f(x)$는 $x=-1$에서 최대, $x=0$에서 최소이므로

최댓값: e, 최솟값: 0

(2) $f(x)=x\sin x+\cos x$에서

$f'(x)=0$에서

$f'(x)=\sin x+x\cos x-\sin x=x\cos x$

$x\cos x=0$

$x=0$ 또는 $\cos x=0$

$\therefore x=0$ 또는 $x=\dfrac{\pi}{2}$ 또는 $x=\dfrac{3}{2}\pi \ (\because 0\leq x\leq 2\pi)$

구간 $[0, 2\pi]$에서 함수 $f(x)$의 증가와 감소를 표로 나타내면 오른쪽과 같다.

x	0	$\cdots$	$\dfrac{\pi}{2}$	$\cdots$	$\dfrac{3}{2}\pi$	$\cdots$	2π
$f'(x)$		$+$	0	$-$	0	$+$	
$f(x)$	1	↗	$\dfrac{\pi}{2}$ 극대	↘	$-\dfrac{3}{2}\pi$ 극소	↗	1

따라서 함수 $f(x)$는 $x=\dfrac{\pi}{2}$에서 최대, $x=\dfrac{3}{2}\pi$에서 최소이므로

최댓값: $\dfrac{\pi}{2}$, 최솟값: $-\dfrac{3}{2}\pi$

정답과 해설 68쪽

문제

04-1

주어진 구간에서 다음 함수의 최댓값과 최솟값을 구하시오.

(1) $f(x)=\dfrac{2x}{x^2+4}$ $[-4, 4]$

(2) $f(x)=x\sqrt{4-x^2}$ $[-2, 2]$

(3) $f(x)=\dfrac{\ln x}{x^2}$ $[1, e]$

(4) $f(x)=x-\sin 2x$ $[0, \pi]$

필.수.예.제 05

함수의 최대, 최소의 활용

오른쪽 그림과 같이 두 꼭짓점 A, D가 각각 곡선 $y=e^x$, $y=e^{-x}$ 위에 있고 변 BC가 x축 위에 있는 직사각형 ABCD의 넓이의 최댓값을 구하시오.

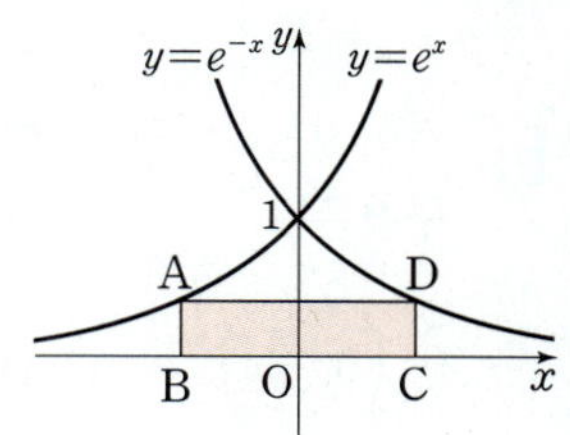

공략 Point

도형의 길이, 넓이 등을 한 문자에 대한 함수로 나타낸 후 조건을 만족시키는 범위에서 최댓값과 최솟값을 구한다.

풀이

점 D의 x좌표를 a라 하면	$D(a,\ e^{-a})$ (단, $a>0$)
$\overline{AD}=2a$, $\overline{CD}=e^{-a}$이므로 직사각형 ABCD의 넓이를 $S(a)$라 하면	$S(a)=2ae^{-a}$ $\therefore\ S'(a)=2e^{-a}-2ae^{-a}=2(1-a)e^{-a}$
$S'(a)=0$에서	$1-a=0\ (\because e^{-a}>0)$ $\qquad \therefore\ a=1$

$a>0$에서 함수 $S(a)$의 증가와 감소를 표로 나타내면 오른쪽과 같다.

a	0	$\cdots$	1	$\cdots$
$S'(a)$		$+$	0	$-$
$S(a)$		$\nearrow$	$\dfrac{2}{e}$ 극대	$\searrow$

따라서 넓이 $S(a)$의 최댓값은 $\dfrac{2}{e}$

정답과 해설 68쪽

문제

05-1 오른쪽 그림과 같이 두 꼭짓점 A, D가 곡선 $y=\dfrac{2}{x^2+1}$ 위에 있고 변 BC가 x축 위에 있으며 $2\overline{AD}=\overline{BC}$를 만족시키는 사다리꼴 ABCD의 넓이의 최댓값을 구하시오.

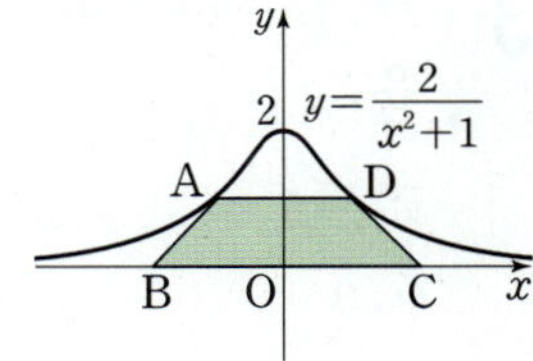

05-2 오른쪽 그림과 같이 두 꼭짓점 A, D가 곡선 $y=4\sin x\,(0\le x\le\pi)$ 위에 있고 변 BC가 x축 위에 있는 직사각형 ABCD의 둘레의 길이가 최대일 때, 선분 BC의 길이를 구하시오.

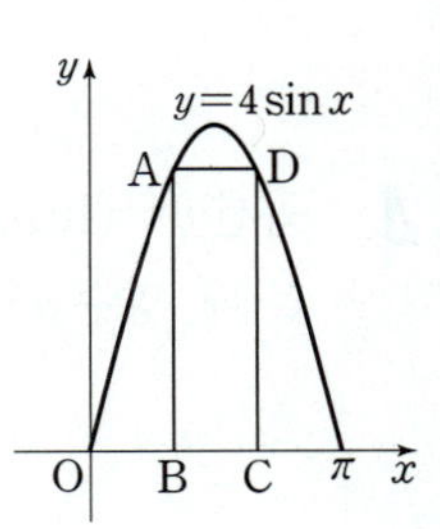

1 곡선 $y=x-2\cos x\,(0<x<\pi)$가 아래로 볼록한 구간은?

① $\left(0, \dfrac{\pi}{2}\right)$　　② $\left(0, \dfrac{2}{3}\pi\right)$　　③ $\left(\dfrac{\pi}{6}, \dfrac{5}{6}\pi\right)$

④ $\left(\dfrac{\pi}{3}, \dfrac{2}{3}\pi\right)$　　⑤ $\left(\dfrac{\pi}{2}, \pi\right)$

2 곡선 $y=3x^4+4ax^3-6ax^2+1$이 구간 $(-\infty, \infty)$에서 아래로 볼록할 때, 상수 a의 값의 범위를 구하시오.

3 곡선 $y=(x^2-x)e^x$의 모든 변곡점의 x좌표의 합은?

① -3　　② -2　　③ -1

④ 0　　⑤ 1

4 곡선 $y=(\ln ax)^2$의 변곡점이 직선 $y=2x$ 위에 있을 때, 양수 a의 값을 구하시오.

---

5 곡선 $y=ax^2-2\sin 2x$가 변곡점을 갖도록 하는 정수 a의 개수는?

① 4　　② 5　　③ 6

④ 7　　⑤ 8

6 미분가능한 함수 $f(x)$의 도함수 $y=f'(x)$의 그래프가 오른쪽 그림과 같을 때, 함수 $f(x)$에 대하여 다음 보기 중 옳은 것만을 있는 대로 고르시오.

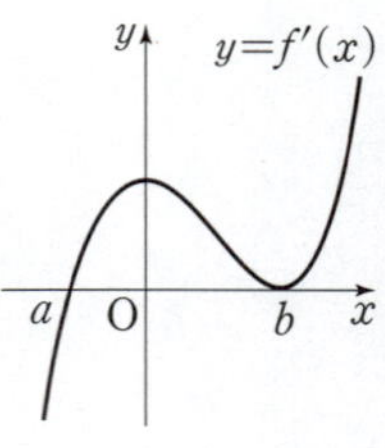

─ 보기 ─

ㄱ. 함수 $f(x)$는 $x=a$에서 극소이다.

ㄴ. 함수 $f(x)$는 $x=b$에서 극대이다.

ㄷ. 함수 $y=f(x)$의 그래프의 변곡점은 2개이다.

ㄹ. 함수 $y=f(x)$의 그래프는 구간 $(0, b)$에서 아래로 볼록하다.

7 함수 $f(x)=e^x\sin x$에 대하여 다음 보기 중 옳은 것만을 있는 대로 고르시오. (단, $0<x<\pi$)

─ 보기 ─

ㄱ. 함수 $f(x)$는 $x=\dfrac{3}{4}\pi$에서 극소이다.

ㄴ. 함수 $y=f(x)$의 그래프의 변곡점은 2개이다.

ㄷ. 함수 $y=f(x)$의 그래프는 구간 $\left(\dfrac{\pi}{2}, \pi\right)$에서 위로 볼록하다.

8 함수 $f(x)=\dfrac{x-1}{x^2+x+2}$ 이 $x=a$에서 최댓값 b를 가질 때, $\dfrac{a}{b}$ 의 값을 구하시오.

9 구간 $[-3,\ 1]$에서 함수 $f(x)=axe^x$의 최댓값과 최솟값의 곱이 -1일 때, 양수 a의 값을 구하시오.

10 오른쪽 그림과 같이 곡선 $y=e^{-2x}$ 위를 움직이는 제1사분면 위의 점 A에서 y축에 내린 수선의 발을 H라 하고 점 A에서의 접선이 y축과 만나는 점을 B라 할 때, 삼각형 ABH의 넓이의 최댓값을 구하시오.

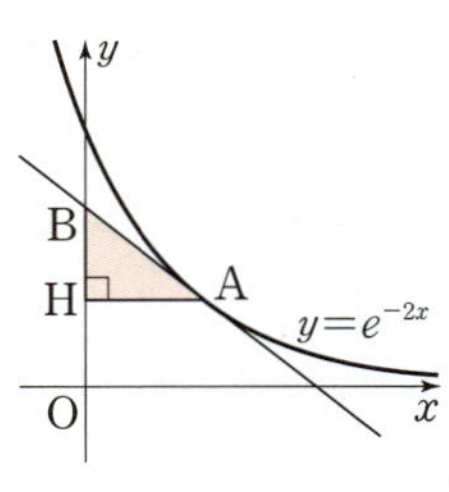

11 오른쪽 그림과 같이 반지름의 길이가 1인 구에 내접하는 원기둥의 부피가 최대가 되도록 하는 원기둥의 밑면의 반지름의 길이를 구하시오.

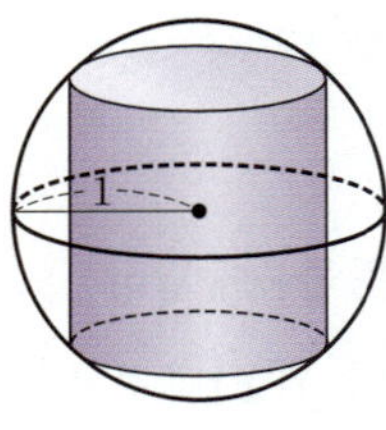

실력

실력

12 2 이상의 자연수 n에 대하여 곡선 $y=\sin^n x$의 변곡점의 좌표를 $(a_n,\ b_n)$이라 할 때, $\displaystyle\lim_{n\to\infty} b_n$의 값은?

$$\left(단,\ 0<x<\frac{\pi}{2}\right)$$

① $-\dfrac{\sqrt{e}}{e}$ ② $-\dfrac{1}{e}$ ③ 0

④ $\dfrac{1}{e}$ ⑤ $\dfrac{\sqrt{e}}{e}$

평가원

13 양수 a와 실수 b에 대하여 함수 $f(x)=ae^{3x}+be^x$이 다음 조건을 만족시킬 때, $f(0)$의 값은?

> ㈎ $x_1<\ln\dfrac{2}{3}<x_2$를 만족시키는 모든 실수 $x_1,\ x_2$에 대하여 $f''(x_1)f''(x_2)<0$이다.
>
> ㈏ 구간 $[k,\ \infty)$에서 함수 $f(x)$의 역함수가 존재하도록 하는 실수 k의 최솟값을 m이라 할 때, $f(2m)=-\dfrac{80}{9}$이다.

① -15 ② -12 ③ -9

④ -6 ⑤ -3

방정식과 부등식에의 활용

1 방정식에의 활용

(1) 방정식 $f(x)=0$의 서로 다른 실근의 개수
  $\iff$ 함수 $y=f(x)$의 그래프와 x축의 교점의 개수

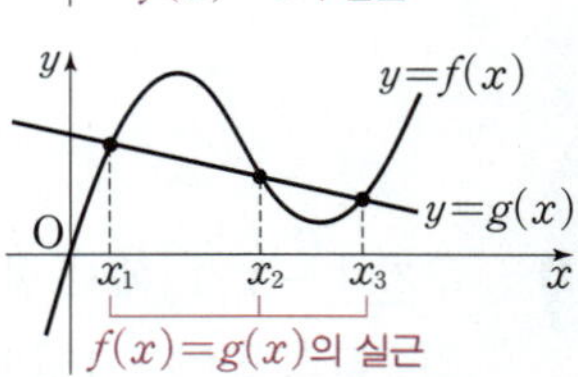

(2) 방정식 $f(x)=g(x)$의 서로 다른 실근의 개수
  $\iff$ 두 함수 $y=f(x)$, $y=g(x)$의 그래프의 교점의 개수

참고 　방정식 $f(x)=g(x)$에서 $f(x)-g(x)=0$이므로 방정식 $f(x)=g(x)$의 서로 다른 실근의 개수는 함수 $y=f(x)-g(x)$의 그래프와 x축의 교점의 개수와 같다.

2 부등식에의 활용

(1) 모든 실수에 대하여 성립하는 부등식의 증명
  ① 모든 실수 x에 대하여 부등식 $f(x)>0$이 성립한다.
    ➡ 함수 $f(x)$에 대하여 ($f(x)$의 최솟값)>0임을 보인다.
  ② 모든 실수 x에 대하여 부등식 $f(x)<0$이 성립한다.
    ➡ 함수 $f(x)$에 대하여 ($f(x)$의 최댓값)<0임을 보인다.
(2) 주어진 구간에서 성립하는 부등식의 증명
  $x>a$에서 부등식 $f(x)>0$이 성립함을 증명할 때
  ① 함수 $f(x)$의 최솟값이 존재하면
    ➡ $x>a$에서 ($f(x)$의 최솟값)>0임을 보인다.
  ② 함수 $f(x)$의 최솟값이 존재하지 않으면
    ➡ $x>a$에서 함수 $f(x)$가 증가하고 $f(a)\geq0$임을 보인다.

참고 　$x>a$에서 부등식 $f(x)>g(x)$가 성립함을 증명하려면 $h(x)=f(x)-g(x)$라 하고 $h(x)>0$이 성립함을 보인다.

개념 CHECK　　　　　　　　　　　　　　　　　　　　정답과 해설 72쪽

1　방정식 $x-\sqrt{x+1}=0$에 대하여 다음 물음에 답하시오.

(1) $f(x)=x-\sqrt{x+1}$이라 할 때, 함수 $f(x)$의 증가와 감소를 표로 나타내시오.
(2) 함수 $y=f(x)$의 그래프를 그리시오.
(3) 방정식 $x-\sqrt{x+1}=0$의 서로 다른 실근의 개수를 구하시오.

방정식의 실근의 개수

필.수.예.제
01

다음 방정식의 서로 다른 실근의 개수를 구하시오.

(1) $e^x-x-3=0$

(2) $2x-\ln x-1=0$

풀이

(1) $f(x)=e^x-x-3$이라 하면

$f'(x)=0$에서

함수 $f(x)$의 증가와 감소를 표로 나타내면 오른쪽과 같다.

$f'(x)=e^x-1$

$e^x-1=0$, $e^x=1$ $\quad\therefore x=0$

x	$\cdots$	0	$\cdots$
$f'(x)$	$-$	0	$+$
$f(x)$	$\searrow$	-2 극소	$\nearrow$

$\lim\limits_{x\to\infty}f(x)=\infty$, $\lim\limits_{x\to-\infty}f(x)=\infty$이므로 함수 $y=f(x)$의 그래프는 오른쪽 그림과 같이 x축과 서로 다른 두 점에서 만난다.

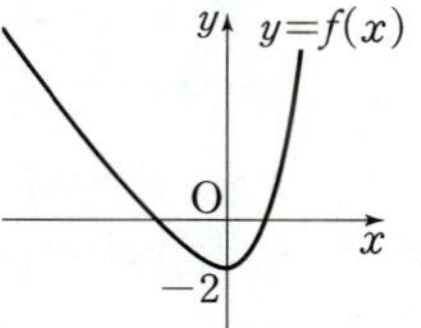

따라서 주어진 방정식의 서로 다른 실근의 개수는 **2**

(2) $f(x)=2x-\ln x-1$이라 하면 $x>0$이고

$f'(x)=0$에서

$x>0$에서 함수 $f(x)$의 증가와 감소를 표로 나타내면 오른쪽과 같다.

$f'(x)=2-\dfrac{1}{x}$

$2-\dfrac{1}{x}=0$ $\quad\therefore x=\dfrac{1}{2}$

x	0	$\cdots$	$\dfrac{1}{2}$	$\cdots$
$f'(x)$		$-$	0	$+$
$f(x)$		$\searrow$	$\ln 2$ 극소	$\nearrow$

$\lim\limits_{x\to 0+}f(x)=\infty$, $\lim\limits_{x\to\infty}f(x)=\infty$이므로 함수 $y=f(x)$의 그래프는 오른쪽 그림과 같이 x축과 만나지 않는다.

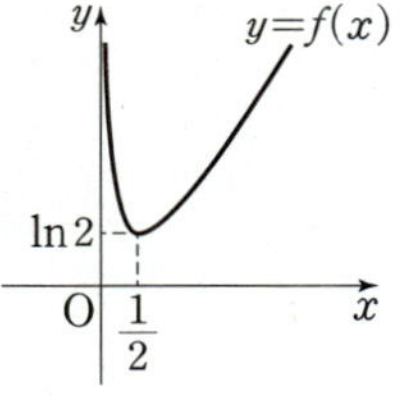

따라서 주어진 방정식의 서로 다른 실근의 개수는 **0**

정답과 해설 72쪽

문제

01- 1 다음 방정식의 서로 다른 실근의 개수를 구하시오.

(1) $\sqrt{x}+\dfrac{1}{2x}-2=0$

(2) $x-\cos x=0$

방정식이 실근을 가질 조건

필.수.예.제 02

방정식 $e^x + e^{-x} - a = 0$이 서로 다른 두 실근을 갖도록 하는 실수 a의 값의 범위를 구하시오.

공략 Point

방정식 $f(x)=a$의 서로 다른 실근의 개수
$\iff$ 함수 $y=f(x)$의 그래프와 직선 $y=a$의 교점의 개수

풀이

주어진 방정식에서 $e^x + e^{-x} = a$이므로 이 방정식이 서로 다른 두 실근을 가지려면 함수 $y = e^x + e^{-x}$의 그래프와 직선 $y=a$가 서로 다른 두 점에서 만나야 한다.

$f(x) = e^x + e^{-x}$이라 하면

$f'(x) = 0$에서

함수 $f(x)$의 증가와 감소를 표로 나타내면 오른쪽과 같다.

$f'(x) = e^x - e^{-x}$

$e^x = e^{-x}$, $x = -x$ $\quad \therefore x = 0$

x	$\cdots$	0	$\cdots$
$f'(x)$	$-$	0	$+$
$f(x)$	$\searrow$	2 극소	$\nearrow$

$\lim\limits_{x \to \infty} f(x) = \infty$, $\lim\limits_{x \to -\infty} f(x) = \infty$이므로 함수 $y = f(x)$의 그래프는 오른쪽 그림과 같고, 교점이 2개가 되도록 직선 $y=a$를 그어 보면 구하는 a의 값의 범위는

$\boldsymbol{a > 2}$

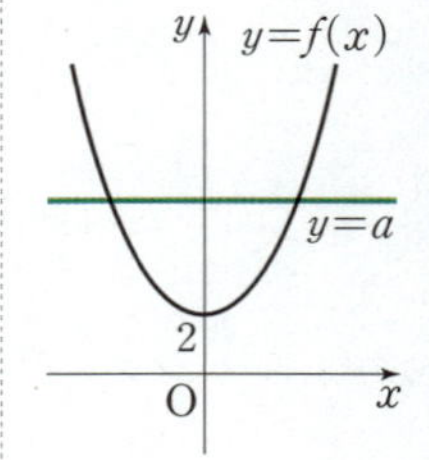

정답과 해설 72쪽

문제

02-1 방정식 $\ln x = ex + a - 6$이 오직 한 실근을 갖도록 하는 실수 a의 값을 구하시오.

02-2 $0 \le x \le 2\pi$에서 방정식 $2\sin x + x - a = 0$이 서로 다른 세 실근을 갖도록 하는 실수 a의 값의 범위를 구하시오.

부등식에의 활용

필.수.예.제 03

다음 물음에 답하시오.

(1) 모든 실수 x에 대하여 부등식 $e^{-x}+x+a>0$이 성립하도록 하는 상수 a의 값의 범위를 구하시오.

(2) $x>0$일 때, 부등식 $e^{2x}+2\sin x+a>0$이 성립하도록 하는 상수 a의 값의 범위를 구하시오.

공략 Point

(1) 모든 실수 x에 대하여 부등식 $f(x)>0$이 성립하려면 ($f(x)$의 최솟값)>0이어야 한다.

(2) $x>a$에서 부등식 $f(x)>0$이 성립하려면
① 함수 $f(x)$의 최솟값이 존재할 때, ($f(x)$의 최솟값)>0이어야 한다.
② 함수 $f(x)$의 최솟값이 존재하지 않을 때, $x>a$에서 $f(x)$가 증가하고 $f(a)\geq0$이어야 한다.

풀이

(1) $f(x)=e^{-x}+x+a$라 하면

$f'(x)=-e^{-x}+1$

$f'(x)=0$에서

$-e^{-x}+1=0,\ e^{-x}=1$ $\quad\therefore x=0$

함수 $f(x)$의 증가와 감소를 표로 나타내면 오른쪽과 같다.

x	$\cdots$	0	$\cdots$
$f'(x)$	$-$	0	$+$
$f(x)$	$\searrow$	$1+a$ 극소	$\nearrow$

따라서 함수 $f(x)$의 최솟값은 $1+a$이므로 모든 실수 x에 대하여 $f(x)>0$이 성립하려면

$1+a>0$ $\quad\therefore \boldsymbol{a>-1}$

(2) $f(x)=e^{2x}+2\sin x+a$라 하면

$f'(x)=2e^{2x}+2\cos x$

$x>0$일 때, $2e^{2x}>2$, $-2\leq2\cos x\leq2$에서 $f'(x)>0$이므로

함수 $f(x)$는 $x>0$에서 증가한다.

따라서 $x>0$일 때 $f(x)>0$이 성립하려면 $f(0)\geq0$이어야 하므로

$1+a\geq0$ $\quad\therefore \boldsymbol{a\geq-1}$

정답과 해설 73쪽

문제

03-1 모든 실수 x에 대하여 부등식 $\ln(x^2+e^2)\geq a$가 성립하도록 하는 상수 a의 값의 범위를 구하시오.

03-2 $x>0$일 때, 부등식 $x^2+\cos x>a$가 성립하도록 하는 상수 a의 값의 범위를 구하시오.

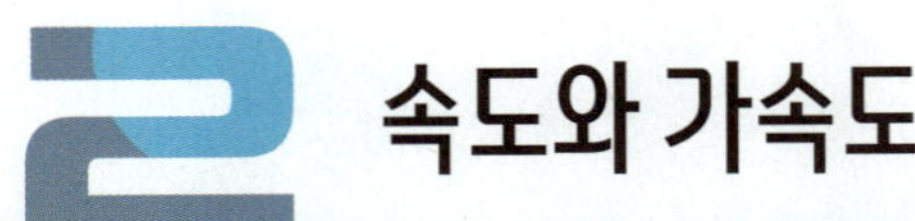# 속도와 가속도

1 수직선 위를 움직이는 점의 속도와 가속도

수직선 위를 움직이는 점 P의 시각 t에서의 위치 x가 $x=f(t)$일 때, 시각 t에서의 점 P의 속도 v와 가속도 a는 다음과 같다.

(1) $v=\dfrac{dx}{dt}=f'(t)$　　　　　　　　(2) $a=\dfrac{dv}{dt}=f''(t)$

참고 속도의 절댓값 $|v|$를 시각 t에서의 점 P의 속도의 크기 또는 속력이라 하고, 가속도의 절댓값 $|a|$를 가속도의 크기라 한다.

2 평면 위를 움직이는 점의 속도와 가속도

> 좌표평면 위를 움직이는 점 P의 시각 t에서의 위치 (x, y)가 $x=f(t), y=g(t)$일 때, 시각 t에서의 점 P의 속도와 가속도는 다음과 같다.
>
> (1) 속도: $\left(\dfrac{dx}{dt}, \dfrac{dy}{dt}\right)$ 또는 $(f'(t), g'(t))$
>
> (2) 가속도: $\left(\dfrac{d^2x}{dt^2}, \dfrac{d^2y}{dt^2}\right)$ 또는 $(f''(t), g''(t))$

예 좌표평면 위를 움직이는 점 P의 시각 t에서의 위치 (x, y)가 $x=\cos t, y=\sin t$일 때, 시각 t에서의 점 P의 속도와 가속도를 구해 보자.

(1) $\dfrac{dx}{dt}=-\sin t, \dfrac{dy}{dt}=\cos t$이므로 시각 t에서의 점 P의 속도는 $(-\sin t, \cos t)$

(2) $\dfrac{d^2x}{dt^2}=-\cos t, \dfrac{d^2y}{dt^2}=-\sin t$이므로 시각 t에서의 점 P의 가속도는 $(-\cos t, -\sin t)$

참고 (1) 속력: $\sqrt{\left(\dfrac{dx}{dt}\right)^2+\left(\dfrac{dy}{dt}\right)^2}$ 또는 $\sqrt{\{f'(t)\}^2+\{g'(t)\}^2}$

　　(2) 가속도의 크기: $\sqrt{\left(\dfrac{d^2x}{dt^2}\right)^2+\left(\dfrac{d^2y}{dt^2}\right)^2}$ 또는 $\sqrt{\{f''(t)\}^2+\{g''(t)\}^2}$

개념 PLUS

평면 위를 움직이는 점의 속도와 가속도

좌표평면 위를 움직이는 점 P의 시각 t에서의 위치를 (x, y)라 하면 x, y는 t의 함수 $x=f(t), y=g(t)$로 나타낼 수 있다.

오른쪽 그림과 같이 점 P에서 x축, y축에 내린 수선의 발을 각각 Q, R라 하면 점 P가 움직일 때, 점 Q는 x축 위에서 $x=f(t)$로 나타내어지는 직선 운동을 하고, 점 R는 y축 위에서 $y=g(t)$로 나타내어지는 직선 운동을 한다.

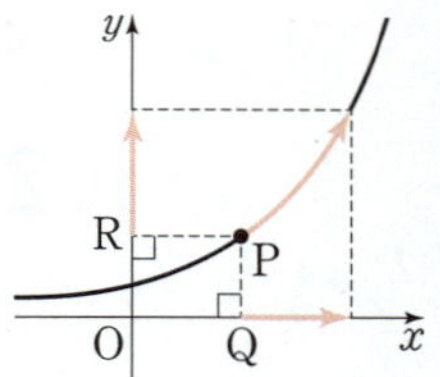

따라서 시각 t에서의 두 점 Q, R의 속도는 각각 $\dfrac{dx}{dt}=f'(t), \dfrac{dy}{dt}=g'(t)$이 므로 평면 위를 움직이는 점 P의 속도는 순서쌍 $(f'(t), g'(t))$로 나타낸다.

또 시각 t에서의 두 점 Q, R의 가속도는 각각 $\dfrac{d^2x}{dt^2}=f''(t), \dfrac{d^2y}{dt^2}=g''(t)$이므로 평면 위를 움직이는 점 P의 가속도는 순서쌍 $(f''(t), g''(t))$로 나타낸다.

수직선 위를 움직이는 점의 속도와 가속도

필.수.예.제 04

수직선 위를 움직이는 점 P의 시각 t에서의 위치 x가 $x=pt^2+q\ln t$이다. 시각 $t=1$에서의 점 P의 속도가 $\dfrac{5}{2}$이고 가속도가 $\dfrac{3}{2}$일 때, 상수 p, q의 값을 구하시오.

공략 Point

수직선 위를 움직이는 점 P의 시각 t에서의 위치 x가 $x=f(t)$일 때, 시각 t에서의 점 P의 속도 v와 가속도 a는

$$v=\frac{dx}{dt}=f'(t)$$

$$a=\frac{dv}{dt}=f''(t)$$

풀이

시각 t에서의 점 P의 속도를 v, 가속도를 a라 하면	$v=\dfrac{dx}{dt}=2pt+\dfrac{q}{t}$, $a=\dfrac{dv}{dt}=2p-\dfrac{q}{t^2}$
$t=1$에서의 점 P의 속도가 $\dfrac{5}{2}$이므로	$2p+q=\dfrac{5}{2}$ ...... ㉠
$t=1$에서의 점 P의 가속도가 $\dfrac{3}{2}$이므로	$2p-q=\dfrac{3}{2}$ ...... ㉡
따라서 ㉠, ㉡을 연립하여 풀면	$p=1$, $q=\dfrac{1}{2}$

정답과 해설 73쪽

문제

04-1 수직선 위를 움직이는 점 P의 시각 t에서의 위치 x가 $x=e^t+2t$일 때, 시각 $t=3$에서의 점 P의 속도와 가속도를 구하시오.

04-2 수직선 위를 움직이는 점 P의 시각 t에서의 위치 x가 $x=p\cos t+qt$이다. 시각 $t=\dfrac{\pi}{6}$에서의 점 P의 속도가 $\dfrac{3}{2}$이고 가속도가 $-\dfrac{\sqrt{3}}{2}$일 때, 상수 p, q에 대하여 $p+q$의 값을 구하시오.

04-3 수직선 위를 움직이는 점 P의 시각 $t\left(0<t<\dfrac{\pi}{2}\right)$에서의 위치 x가 $x=1-\sin 2t$일 때, 점 P가 운동 방향을 바꿀 때의 가속도를 구하시오.

평면 위를 움직이는 점의 속도와 가속도

필.수.예.제 05

좌표평면 위를 움직이는 점 P의 시각 t에서의 위치 (x, y)가 $x=t-\sin t$, $y=1-\cos t$일 때, 다음을 구하시오.

(1) 시각 $t=\dfrac{\pi}{2}$에서의 점 P의 속도와 속력

(2) 시각 $t=\dfrac{\pi}{4}$에서의 점 P의 가속도와 가속도의 크기

공략 Point

좌표평면 위를 움직이는 점 P의 시각 t에서의 위치 (x, y)가 $x=f(t)$, $y=g(t)$일 때

(1) 속도: $\left(\dfrac{dx}{dt}, \dfrac{dy}{dt}\right)$ 또는 $(f'(t), g'(t))$

(2) 속력: $\sqrt{\left(\dfrac{dx}{dt}\right)^2+\left(\dfrac{dy}{dt}\right)^2}$ 또는 $\sqrt{\{f'(t)\}^2+\{g'(t)\}^2}$

(3) 가속도: $\left(\dfrac{d^2x}{dt^2}, \dfrac{d^2y}{dt^2}\right)$ 또는 $(f''(t), g''(t))$

(4) 가속도의 크기: $\sqrt{\left(\dfrac{d^2x}{dt^2}\right)^2+\left(\dfrac{d^2y}{dt^2}\right)^2}$ 또는 $\sqrt{\{f''(t)\}^2+\{g''(t)\}^2}$

풀이

(1) $\dfrac{dx}{dt}=1-\cos t$, $\dfrac{dy}{dt}=\sin t$이므로 시각 t에서의 점 P의 속도는

$(1-\cos t, \sin t)$

따라서 $t=\dfrac{\pi}{2}$에서의 점 P의 속도는

$(1, 1)$

$t=\dfrac{\pi}{2}$에서의 점 P의 속력은

$\sqrt{1^2+1^2}=\sqrt{2}$

(2) $\dfrac{d^2x}{dt^2}=\sin t$, $\dfrac{d^2y}{dt^2}=\cos t$이므로 시각 t에서의 점 P의 가속도는

$(\sin t, \cos t)$

따라서 $t=\dfrac{\pi}{4}$에서의 점 P의 가속도는

$\left(\dfrac{\sqrt{2}}{2}, \dfrac{\sqrt{2}}{2}\right)$

$t=\dfrac{\pi}{4}$에서의 점 P의 가속도의 크기는

$\sqrt{\left(\dfrac{\sqrt{2}}{2}\right)^2+\left(\dfrac{\sqrt{2}}{2}\right)^2}=1$

정답과 해설 74쪽

문제

05-1 좌표평면 위를 움직이는 점 P의 시각 t에서의 위치 (x, y)가 $x=t-\dfrac{2}{t}$, $y=2t+\dfrac{1}{t}$일 때, 시각 $t=1$에서의 점 P의 속도와 가속도를 구하시오.

05-2 좌표평면 위를 움직이는 점 P의 시각 t에서의 위치 (x, y)가 $x=-t^2+2$, $y=2\ln t+1$일 때, 시각 $t=2$에서의 점 P의 속력을 구하시오.

05-3 좌표평면 위를 움직이는 점 P의 시각 t에서의 위치 (x, y)가 $x=e^t\sin t$, $y=e^t\cos t$이다. 점 P의 속력이 $\sqrt{2e^\pi}$이 되는 순간의 가속도의 크기를 구하시오.

연습문제

1 방정식 $xe^{-x+1}-1=0$의 서로 다른 실근의 개수를 구하시오.

2 방정식 $4\ln x+\ln(5-x)+a=0$이 오직 한 실근을 갖도록 하는 실수 a의 값은?

① $-10\ln 2$ ② $-8\ln 2$ ③ $-6\ln 2$
④ $-4\ln 2$ ⑤ $-2\ln 2$

3 $-\pi \leq x \leq \pi$에서 방정식 $\sin x=ax$가 서로 다른 세 실근을 갖도록 하는 실수 a의 값의 범위는?

① $a<-1$ ② $-1 \leq a<0$
③ $-1 \leq a<1$ ④ $0 \leq a<1$
⑤ $a>1$

4 모든 실수 x에 대하여 부등식 $xe^x>a$가 성립하도록 하는 상수 a의 값의 범위를 구하시오.

5 $x>0$일 때, 부등식 $\sqrt{x} \geq a\ln x$가 성립하도록 하는 양수 a의 최댓값은?

① $\dfrac{e}{2}$ ② e ③ $\dfrac{3}{2}e$
④ $2e$ ⑤ $\dfrac{5}{2}e$

6 함수 $f(x)=e^{-x}-1$의 역함수를 $g(x)$라 할 때, $x>0$에서 부등식 $2x+2+ag(x)>0$이 성립하도록 하는 상수 a의 값의 범위를 구하시오. (단, $a>2$)

7 수직선 위를 움직이는 점 P의 시각 t $(t>0)$에서의 위치 x가 $x=t^2\ln t$이다. 점 P의 가속도가 7일 때의 점 P의 속도를 구하시오.

8 수직선 위를 움직이는 두 점 P, Q의 시각 t에서의 위치가 각각 $f(t)=\cos t$, $g(t)=\cos^2 t$이다. $0<t<\dfrac{\pi}{2}$에서 두 점 P, Q의 속도가 같아지는 시각을 구하시오.

연습문제

9 수직선 위를 움직이는 두 점 P, Q의 시각 t에서의 위치가 각각 $f(t)=t^2-at$, $g(t)=\ln(t^2-2t+2)$ 이다. 두 점 P, Q가 서로 반대 방향으로 움직이는 시각 t의 값의 범위가 $\frac{1}{3}<t<1$일 때, 상수 a의 값을 구하시오. (단, $a<2$)

10 좌표평면 위를 움직이는 점 P의 시각 t에서의 위치 (x, y)가 $x=t^3+at$, $y=at^2-4t$이다. 시각 $t=1$에서의 점 P의 속력이 5일 때, 시각 $t=2$에서의 점 P의 가속도의 크기는? (단, $a>0$)

① $\sqrt{10}$ ② $2\sqrt{10}$ ③ $3\sqrt{10}$
④ $4\sqrt{10}$ ⑤ $5\sqrt{10}$

11 좌표평면 위를 움직이는 점 P의 시각 $t\left(0<t<\frac{\pi}{2}\right)$ 에서의 위치 (x, y)가 $x=t-\sin t\cos t$, $y=\cot t$ 일 때, 점 P의 속력의 최솟값을 구하시오.

실력

12 자연수 n에 대하여 함수 $f(x)$와 $g(x)$는 $f(x)=x^n-1$, $g(x)=\log_3(x^4+2n)$이다. 함수 $h(x)$가 $h(x)=g(f(x))$일 때, 보기에서 옳은 것만을 있는 대로 고른 것은?

> **보기**
> ㄱ. $h'(1)=0$
> ㄴ. 열린구간 $(0, 1)$에서 함수 $h(x)$는 증가한다.
> ㄷ. $x>0$일 때, 방정식 $h(x)=n$의 서로 다른 실근의 개수는 1이다.

① ㄱ ② ㄴ ③ ㄱ, ㄷ
④ ㄴ, ㄷ ⑤ ㄱ, ㄴ, ㄷ

13 자연수 n에 대하여 방정식 $2xe^{1-\frac{x}{n}}=a$가 서로 다른 두 실근을 갖도록 하는 정수 a의 개수를 $f(n)$이라 할 때, $\sum\limits_{n=1}^{10} f(n)$의 값을 구하시오.

14 2 이상의 자연수 n에 대하여 실수 전체의 집합에서 정의된 함수
$$f(x)=e^{x+1}\{x^2+(n-2)x-n+3\}+ax$$
가 역함수를 갖도록 하는 실수 a의 최솟값을 $g(n)$이라 하자. $1\le g(n)\le 8$을 만족시키는 모든 n의 값의 합은?

① 43 ② 46 ③ 49
④ 52 ⑤ 55

Ⅲ 적분법

여러 가지 함수의 부정적분

1 부정적분

함수 $F(x)$의 도함수가 $f(x)$일 때, 즉 $F'(x)=f(x)$일 때, 함수 $F(x)$를 $f(x)$의 부정적분이라 하고, $\displaystyle\int f(x)\,dx$로 나타낸다.

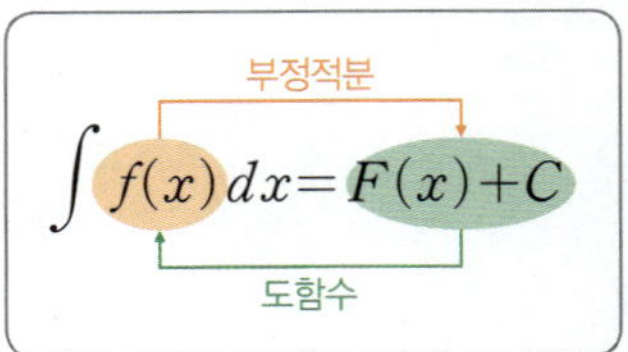

참고 두 함수 $f(x)$, $g(x)$에 대하여

(1) $\displaystyle\int kf(x)\,dx=k\int f(x)\,dx$ (단, k는 0이 아닌 상수)

(2) $\displaystyle\int \{f(x)\pm g(x)\}\,dx=\int f(x)\,dx\pm\int g(x)\,dx$ (복부호 동순)

2 함수 $y=x^n$ (n은 실수)의 부정적분

n이 실수일 때, 함수 $y=x^n$의 부정적분은 다음과 같다. (단, C는 적분상수)

(1) $n\ne-1$일 때, $\displaystyle\int x^n\,dx=\frac{1}{n+1}x^{n+1}+C$ ◀ $\left(\frac{1}{n+1}x^{n+1}\right)'=x^n$

(2) $n=-1$일 때, $\displaystyle\int x^{-1}\,dx=\int\frac{1}{x}\,dx=\ln|x|+C$ ◀ $(\ln|x|)'=\frac{1}{x}$

예

$\displaystyle\cdot\int\frac{1}{x^3}\,dx=\int x^{-3}\,dx=\frac{1}{-3+1}x^{-3+1}+C=-\frac{1}{2x^2}+C$

$\displaystyle\cdot\int\sqrt{x}\,dx=\int x^{\frac{1}{2}}\,dx=\frac{1}{\frac{1}{2}+1}x^{\frac{1}{2}+1}+C=\frac{2}{3}x\sqrt{x}+C$

$\displaystyle\cdot\int\frac{2}{x}\,dx=2\int\frac{1}{x}\,dx=2\ln|x|+C$

3 지수함수의 부정적분

지수함수의 부정적분은 다음과 같다. (단, C는 적분상수)

(1) $\displaystyle\int e^x\,dx=e^x+C$ ◀ $(e^x)'=e^x$

(2) $\displaystyle\int a^x\,dx=\frac{a^x}{\ln a}+C$ (단, $a>0$, $a\ne1$) ◀ $\left(\frac{a^x}{\ln a}\right)'=a^x$

예

$\displaystyle\cdot\int e^{x+1}\,dx=\int e^x\times e\,dx=e\int e^x\,dx$
$\displaystyle\qquad=e\times e^x+C=e^{x+1}+C$

$\displaystyle\cdot\int 2^{2x}\,dx=\int(2^2)^x\,dx=\int 4^x\,dx$
$\displaystyle\qquad=\frac{4^x}{\ln 4}+C$

4 삼각함수의 부정적분

삼각함수의 부정적분은 다음과 같다. (단, C는 적분상수)

(1) $\displaystyle\int \sin x\,dx = -\cos x + C$ ◀ $(-\cos x)' = \sin x$

(2) $\displaystyle\int \cos x\,dx = \sin x + C$ ◀ $(\sin x)' = \cos x$

(3) $\displaystyle\int \sec^2 x\,dx = \tan x + C$ ◀ $(\tan x)' = \sec^2 x$

(4) $\displaystyle\int \csc^2 x\,dx = -\cot x + C$ ◀ $(-\cot x)' = \csc^2 x$

(5) $\displaystyle\int \sec x\tan x\,dx = \sec x + C$ ◀ $(\sec x)' = \sec x\tan x$

(6) $\displaystyle\int \csc x\cot x\,dx = -\csc x + C$ ◀ $(-\csc x)' = \csc x\cot x$

예

$$\int (2\sin x + 3\cos x)\,dx = 2\int \sin x\,dx + 3\int \cos x\,dx$$
$$= -2\cos x + 3\sin x + C$$

$$\int \sec x(\sec x + \tan x)\,dx = \int (\sec^2 x + \sec x\tan x)\,dx$$
$$= \int \sec^2 x\,dx + \int \sec x\tan x\,dx$$
$$= \tan x + \sec x + C$$

개념 CHECK

정답과 해설 78쪽

1 다음 부정적분을 구하시오.

(1) $\displaystyle\int \frac{1}{x^2}\,dx$

(2) $\displaystyle\int \sqrt[3]{x}\,dx$

(3) $\displaystyle\int x\sqrt{x}\,dx$

(4) $\displaystyle\int \frac{1}{2x}\,dx$

2 다음 부정적분을 구하시오.

(1) $\displaystyle\int 3e^x\,dx$

(2) $\displaystyle\int e^{x-1}\,dx$

(3) $\displaystyle\int 3^{2x}\,dx$

(4) $\displaystyle\int 2^{x+1}\,dx$

3 다음 부정적분을 구하시오.

(1) $\displaystyle\int (1 + 4\sin x)\,dx$

(2) $\displaystyle\int (\sec^2 x - 3\cos x)\,dx$

(3) $\displaystyle\int \tan x(\sec x + \cot x)\,dx$

(4) $\displaystyle\int \csc x(\csc x + 2\cot x)\,dx$

필.수.예.제 01

다음 부정적분을 구하시오.

(1) $\displaystyle\int \frac{\sqrt{x}+1}{x^2}dx$
(2) $\displaystyle\int \frac{(x-3)(x^2-1)}{x^2}dx$
(3) $\displaystyle\int \frac{x-1}{\sqrt{x}+1}dx$

공략 Point

· $n\neq -1$일 때,
$$\int x^n dx=\frac{1}{n+1}x^{n+1}+C$$
· $n=-1$일 때,
$$\int x^{-1}dx=\int \frac{1}{x}dx$$
$$=\ln|x|+C$$
이때 $\dfrac{1}{x^p}$ (p는 1이 아닌 실수) 또는 $\sqrt[q]{x}$ (q는 2 이상의 자연수) 꼴은 각각 $\dfrac{1}{x^p}=x^{-p}$, $\sqrt[q]{x}=x^{\frac{1}{q}}$으로 변형하여 구한다.

풀이

(1) x^n 꼴로 나타낸 후 부정적분을 구하면	$\displaystyle\int \frac{\sqrt{x}+1}{x^2}dx=\int \left(x^{-\frac{3}{2}}+x^{-2}\right)dx$ $=-2x^{-\frac{1}{2}}-x^{-1}+C=-\dfrac{2}{\sqrt{x}}-\dfrac{1}{x}+C$
(2) 분자의 식을 전개하면 x^n 꼴로 나타낸 후 부정적분을 구하면	$\displaystyle\int \frac{(x-3)(x^2-1)}{x^2}dx=\int \frac{x^3-3x^2-x+3}{x^2}dx$ $=\displaystyle\int \left(x-3-\frac{1}{x}+3x^{-2}\right)dx$ $=\dfrac{1}{2}x^2-3x-\ln|x|-3x^{-1}+C$ $=\dfrac{1}{2}x^2-3x-\ln|x|-\dfrac{3}{x}+C$
(3) 분자의 식을 인수분해한 후 약분하면 x^n 꼴로 나타낸 후 부정적분을 구하면	$\displaystyle\int \frac{x-1}{\sqrt{x}+1}dx=\int \frac{(\sqrt{x}+1)(\sqrt{x}-1)}{\sqrt{x}+1}dx=\int (\sqrt{x}-1)dx$ $=\displaystyle\int \left(x^{\frac{1}{2}}-1\right)dx$ $=\dfrac{2}{3}x^{\frac{3}{2}}-x+C=\dfrac{2}{3}x\sqrt{x}-x+C$

정답과 해설 78쪽

문제

01-1 다음 부정적분을 구하시오.

(1) $\displaystyle\int \frac{2x^4-3x^3+1}{x^3}dx$
(2) $\displaystyle\int \frac{x+2}{\sqrt{x}}dx$
(3) $\displaystyle\int \left(x+\frac{1}{x}\right)\left(1-\frac{2}{x}\right)dx$
(4) $\displaystyle\int \frac{(\sqrt{x}-1)^2}{x}dx$

01-2 함수 $f(x)=\displaystyle\int \frac{x-4}{\sqrt{x}+2}dx$에 대하여 $f(1)=-\dfrac{1}{3}$일 때, $f(9)$의 값을 구하시오.

지수함수의 부정적분

필.수.예.제 02

다음 부정적분을 구하시오.

$(1)\ \displaystyle\int \frac{3-2xe^{x-1}}{x}\,dx$ $(2)\ \displaystyle\int \frac{e^{2x}-1}{e^x+1}\,dx$ $(3)\ \displaystyle\int \frac{8^x-1}{2^x-1}\,dx$

공략 Point

지수법칙, 인수분해 등을 이용하여 지수함수를 적분하기 쉬운 형태로 변형한 후 다음을 이용하여 구한다.

- $\displaystyle\int e^x\,dx=e^x+C$
- $\displaystyle\int a^x\,dx=\frac{a^x}{\ln a}+C$
  (단, $a>0$, $a\neq1$)

풀이

(1) 식을 변형하여 부정적분을 구하면

$$\int \frac{3-2xe^{x-1}}{x}\,dx=\int \left(\frac{3}{x}-\frac{2}{e}\times e^x\right)dx$$
$$=3\ln|x|-\frac{2}{e}\times e^x+C$$
$$=\boldsymbol{3\ln|x|-2e^{x-1}+C}$$

(2) 분자의 식을 인수분해한 후 약분하여 부정적분을 구하면

$$\int \frac{e^{2x}-1}{e^x+1}\,dx=\int \frac{(e^x+1)(e^x-1)}{e^x+1}\,dx$$
$$=\int (e^x-1)\,dx$$
$$=\boldsymbol{e^x-x+C}$$

(3) 분자의 식을 인수분해한 후 약분하여 부정적분을 구하면

$$\int \frac{8^x-1}{2^x-1}\,dx=\int \frac{(2^x-1)(4^x+2^x+1)}{2^x-1}\,dx$$
$$=\int (4^x+2^x+1)\,dx$$
$$=\boldsymbol{\frac{4^x}{\ln 4}+\frac{2^x}{\ln 2}+x+C}$$

정답과 해설 79쪽

문제

02-1 다음 부정적분을 구하시오.

$(1)\ \displaystyle\int \frac{x^2e^{x+1}-x^2 2^{x+2}+1}{2x^2}\,dx$ $(2)\ \displaystyle\int (2^x-1)^2\,dx$

$(3)\ \displaystyle\int \frac{x^2-e^{2x}}{x-e^x}\,dx$ $(4)\ \displaystyle\int \frac{27^x-3^x}{3^x+1}\,dx$

02-2 함수 $f(x)$에 대하여 $f'(x)=(2^x+1)(4^x-2^x+1)$이고 $f(0)=\dfrac{1}{\ln 8}$일 때, $f(1)$의 값을 구하시오.

삼각함수의 부정적분

필.수.예.제 03

다음 부정적분을 구하시오.

(1) $\displaystyle\int \frac{\cos^2 x}{1-\sin x}dx$ 　　(2) $\displaystyle\int (3-2\tan^2 x)\,dx$ 　　(3) $\displaystyle\int 2\cos^2\frac{x}{2}\,dx$

공략 Point

삼각함수 사이의 관계와 삼각함수의 덧셈정리, 배각의 공식 등을 이용하여 삼각함수를 적분하기 쉬운 형태로 변형한 후 다음을 이용하여 구한다.

· $\displaystyle\int \sin x\,dx=-\cos x+C$

· $\displaystyle\int \cos x\,dx=\sin x+C$

· $\displaystyle\int \sec^2 x\,dx=\tan x+C$

· $\displaystyle\int \csc^2 x\,dx=-\cot x+C$

· $\displaystyle\int \sec x\tan x\,dx=\sec x+C$

· $\displaystyle\int \csc x\cot x\,dx=-\csc x+C$

풀이

(1) $\sin^2 x+\cos^2 x=1$이므로

분자의 식을 인수분해한 후 약분하여 부정적분을 구하면

$$\int \frac{\cos^2 x}{1-\sin x}dx=\int \frac{1-\sin^2 x}{1-\sin x}dx$$
$$=\int \frac{(1+\sin x)(1-\sin x)}{1-\sin x}dx$$
$$=\int (1+\sin x)\,dx$$
$$=\boldsymbol{x-\cos x+C}$$

(2) $1+\tan^2 x=\sec^2 x$이므로 식을 변형하여 부정적분을 구하면

$$\int (3-2\tan^2 x)\,dx=\int \{3-2(\sec^2 x-1)\}\,dx$$
$$=\int (5-2\sec^2 x)\,dx$$
$$=\boldsymbol{5x-2\tan x+C}$$

(3) 배각의 공식에 의하여

$$\cos\left(\frac{x}{2}+\frac{x}{2}\right)=2\cos^2\frac{x}{2}-1 \quad \therefore\ 2\cos^2\frac{x}{2}=1+\cos x$$

따라서 식을 변형하여 부정적분을 구하면

$$\int 2\cos^2\frac{x}{2}\,dx=\int (1+\cos x)\,dx$$
$$=\boldsymbol{x+\sin x+C}$$

정답과 해설 79쪽

문제

03-1 다음 부정적분을 구하시오.

(1) $\displaystyle\int \frac{\sin^2 x}{1-\cos x}dx$ 　　(2) $\displaystyle\int \frac{3+\sin^2 x}{\sin^2 x}dx$

(3) $\displaystyle\int \frac{x-\cos^2 x}{x\cos^2 x}dx$ 　　(4) $\displaystyle\int \frac{1}{1+\cos 2x}dx$

(5) $\displaystyle\int \left(\cos x-\sin^2\frac{x}{2}\right)dx$ 　　(6) $\displaystyle\int \left(\sin\frac{x}{2}+\cos\frac{x}{2}\right)^2 dx$

03-2 함수 $f(x)=\displaystyle\int \frac{1}{1+\sin x}dx$에 대하여 $f\left(\dfrac{\pi}{4}\right)=1$일 때, $f\left(-\dfrac{\pi}{4}\right)$의 값을 구하시오.

2 치환적분법

1 치환적분법

다음과 같이 한 변수를 다른 변수로 바꾸어 적분하는 방법을 **치환적분법**이라 한다.

> 미분가능한 함수 $g(t)$에 대하여 $x=g(t)$로 놓으면
> $$\int f(x)\,dx=\int f(g(t))g'(t)\,dt$$

이때 $\displaystyle\int f(g(x))g'(x)\,dx$ 꼴의 부정적분에서 $g(x)=t$로 놓으면 $g'(x)=\dfrac{dt}{dx}$이므로 치환적분법에 의하여 다음이 성립한다.

> $$\int f(g(x))g'(x)\,dx=\int f(t)\,dt$$

예 (1) $\displaystyle\int (3x+1)^3\,dx$에서 $3x+1=t$로 놓고 양변을 x에 대하여 미분하면 $3=\dfrac{dt}{dx}$

$$\therefore \int (3x+1)^3\,dx=\int t^3\times\frac{1}{3}\,dt=\frac{1}{3}\int t^3\,dt$$
$$=\frac{1}{3}\times\frac{1}{4}t^4+C=\frac{1}{12}(3x+1)^4+C$$

(2) $\displaystyle\int e^{2x+1}\,dx$에서 $2x+1=t$로 놓고 양변을 x에 대하여 미분하면 $2=\dfrac{dt}{dx}$

$$\therefore \int e^{2x+1}\,dx=\int e^t\times\frac{1}{2}\,dt=\frac{1}{2}\int e^t\,dt$$
$$=\frac{1}{2}e^t+C=\frac{1}{2}e^{2x+1}+C$$

(3) $\displaystyle\int (2x+1)(x^2+x)^3\,dx$에서 $x^2+x=t$로 놓고 양변을 x에 대하여 미분하면 $2x+1=\dfrac{dt}{dx}$

$$\therefore \int (2x+1)(x^2+x)^3\,dx=\int t^3\,dt=\frac{1}{4}t^4+C=\frac{1}{4}(x^2+x)^4+C$$

참고 치환적분법으로 구한 부정적분은 그 결과를 처음의 변수로 바꾸어 나타낸다.

2 $\dfrac{f'(x)}{f(x)}$ 꼴인 유리함수의 부정적분

$\dfrac{f'(x)}{f(x)}$ 꼴인 유리함수의 부정적분은 다음과 같다. (단, C는 적분상수)

> $$\int \frac{f'(x)}{f(x)}\,dx=\ln|f(x)|+C$$

예 $\displaystyle\int \frac{2x+1}{x^2+x-2}\,dx$에서 $(x^2+x-2)'=2x+1$이므로

$$\int \frac{2x+1}{x^2+x-2}\,dx=\int \frac{(x^2+x-2)'}{x^2+x-2}\,dx=\ln|x^2+x-2|+C$$

참고 $\displaystyle\int \frac{1}{x+a}\,dx=\int \frac{(x+a)'}{x+a}\,dx=\ln|x+a|+C$ (단, a는 상수)

③ $\dfrac{f'(x)}{f(x)}$ 꼴이 아닌 유리함수의 부정적분

$\dfrac{f'(x)}{f(x)}$ 꼴이 아닌 유리함수의 부정적분은 다음과 같은 방법으로 구한다.

⑴ (분모의 차수)≤(분자의 차수)인 경우

분자를 분모로 나누어 몫과 나머지 꼴로 나타낸 후 적분한다.

⑵ (분모의 차수)>(분자의 차수)이고 분모가 인수분해되는 경우

유리함수를 다음과 같이 변형한 후 적분한다. (단, a, b, p, q, A, B는 상수)

① $\dfrac{1}{(x+a)(x+b)}$ 꼴 ➡ $\dfrac{1}{(x+a)(x+b)}=\dfrac{1}{b-a}\left(\dfrac{1}{x+a}-\dfrac{1}{x+b}\right)$ (단, $a\neq b$)

② $\dfrac{px+q}{(x+a)(x+b)}$ 꼴 ➡ $\dfrac{px+q}{(x+a)(x+b)}=\dfrac{A}{x+a}+\dfrac{B}{x+b}$ 로 놓고 이 등식이 x에 대한 항등식임을 이용하여 A, B의 값을 구한다.

예 ⑴ $\displaystyle\int \dfrac{2x-1}{x+1}\,dx$ 에서 $\dfrac{2x-1}{x+1}=\dfrac{2(x+1)-3}{x+1}=2-\dfrac{3}{x+1}$ 이므로

$$\int \dfrac{2x-1}{x+1}\,dx=\int\left(2-\dfrac{3}{x+1}\right)dx=2x-3\ln|x+1|+C$$

⑵ $\displaystyle\int \dfrac{1}{x(x+1)}\,dx$ 에서 $\dfrac{1}{x(x+1)}=\dfrac{1}{x}-\dfrac{1}{x+1}$ 이므로

$$\int \dfrac{1}{x(x+1)}\,dx=\int\left(\dfrac{1}{x}-\dfrac{1}{x+1}\right)dx=\ln|x|-\ln|x+1|+C=\ln\left|\dfrac{x}{x+1}\right|+C$$

개념 PLUS

치환적분법

함수 $f(x)$의 한 부정적분을 $F(x)$라 하면

$$\int f(x)\,dx=F(x)+C \qquad\qquad \cdots\cdots ㉠$$

이때 미분가능한 함수 $g(t)$에 대하여 $x=g(t)$로 놓으면 $F(x)=F(g(t))$이므로 합성함수의 미분법에 의하여

$$\dfrac{d}{dt}F(x)=\dfrac{d}{dt}F(g(t))=F'(g(t))g'(t)=f(g(t))g'(t)$$

$$\therefore\ F(x)+C=\int f(g(t))g'(t)\,dt \qquad\cdots\cdots ㉡$$

㉠, ㉡에서 $\displaystyle\int f(x)\,dx=\int f(g(t))g'(t)\,dt$

$\dfrac{f'(x)}{f(x)}$ 꼴인 유리함수의 부정적분

$\displaystyle\int \dfrac{f'(x)}{f(x)}\,dx$ 에서 $f(x)=t$로 놓으면 $f'(x)=\dfrac{dt}{dx}$이므로

$$\int \dfrac{f'(x)}{f(x)}\,dx=\int \dfrac{1}{f(x)}\times f'(x)\,dx=\int \dfrac{1}{t}\,dt=\ln|t|+C=\ln|f(x)|+C$$

치환적분법

필.수.예.제
04

다음 부정적분을 구하시오.

(1) $\displaystyle\int x\sqrt{x+1}\,dx$

(2) $\displaystyle\int e^{2x}(e^{2x}+1)^3\,dx$

(3) $\displaystyle\int \frac{(\ln x)^2}{x}\,dx$

(4) $\displaystyle\int \sin^3 x\,dx$

공략 Point

미분가능한 함수 $g(t)$에 대하여 $x=g(t)$로 놓으면
$$\int f(x)\,dx$$
$$=\int f(g(t))g'(t)\,dt$$

풀이

(1) $x+1=t$로 놓으면

$x=t-1$

$x+1=t$의 양변을 x에 대하여 미분하면

$1=\dfrac{dt}{dx}$

따라서 주어진 식을 적분하면

$$\int x\sqrt{x+1}\,dx=\int (t-1)\sqrt{t}\,dt=\int \left(t^{\frac{3}{2}}-t^{\frac{1}{2}}\right)dt$$
$$=\frac{2}{5}t^{\frac{5}{2}}-\frac{2}{3}t^{\frac{3}{2}}+C=\frac{2}{5}t^2\sqrt{t}-\frac{2}{3}t\sqrt{t}+C$$
$$=\frac{2}{5}(x+1)^2\sqrt{x+1}-\frac{2}{3}(x+1)\sqrt{x+1}+C$$
$$=\boldsymbol{\frac{2}{15}(3x-2)(x+1)\sqrt{x+1}+C}$$

(2) $e^{2x}+1=t$로 놓고 양변을 x에 대하여 미분하면

$2e^{2x}=\dfrac{dt}{dx}$

따라서 주어진 식을 적분하면

$$\int e^{2x}(e^{2x}+1)^3\,dx=\int t^3\times\frac{1}{2}\,dt=\frac{1}{2}\int t^3\,dt$$
$$=\frac{1}{8}t^4+C=\boldsymbol{\frac{1}{8}(e^{2x}+1)^4+C}$$

(3) $\ln x=t$로 놓고 양변을 x에 대하여 미분하면

$\dfrac{1}{x}=\dfrac{dt}{dx}$

따라서 주어진 식을 적분하면

$$\int \frac{(\ln x)^2}{x}\,dx=\int t^2\,dt=\frac{1}{3}t^3+C$$
$$=\boldsymbol{\frac{1}{3}(\ln x)^3+C}$$

(4) $\sin^2 x+\cos^2 x=1$이므로

$$\int \sin^3 x\,dx=\int \sin x\sin^2 x\,dx$$
$$=\int \sin x(1-\cos^2 x)\,dx$$

$\cos x=t$로 놓고 양변을 x에 대하여 미분하면

$-\sin x=\dfrac{dt}{dx}$

따라서 주어진 식을 적분하면

$$\int \sin^3 x\,dx=\int \sin x(1-\cos^2 x)\,dx$$
$$=\int (1-t^2)\times(-1)\,dt$$
$$=\int (t^2-1)\,dt=\frac{1}{3}t^3-t+C$$
$$=\boldsymbol{\frac{1}{3}\cos^3 x-\cos x+C}$$

04-1 다음 부정적분을 구하시오.

(1) $\displaystyle\int \sin(3x-1)\,dx$

(2) $\displaystyle\int (7x-1)(1-x)^5\,dx$

(3) $\displaystyle\int \frac{x-1}{\sqrt{x^2-2x-3}}\,dx$

(4) $\displaystyle\int e^x\sqrt{e^x+2}\,dx$

(5) $\displaystyle\int \frac{x}{x^2+2}\ln(x^2+2)\,dx$

(6) $\displaystyle\int \frac{\cos^3 x}{1+\sin x}\,dx$

04-2 함수 $f(x)$에 대하여 $f'(x)=(4x+2)(x^2+x+1)^3$이고 $f(-1)=1$일 때, $f(1)$의 값을 구하시오.

04-3 함수 $f(x)=\displaystyle\int \cos x(1+\sin x)^4\,dx$에 대하여 $f\!\left(-\dfrac{\pi}{2}\right)=\dfrac{3}{5}$일 때, $f\!\left(\dfrac{\pi}{2}\right)$의 값을 구하시오.

04-4 함수 $f(x)=\displaystyle\int \frac{e^{4x}}{e^{2x}+1}\,dx-\int \frac{1}{e^{2x}+1}\,dx$에 대하여 $f(0)=-\dfrac{1}{2}$일 때, $f(x)$를 구하시오.

$\dfrac{f'(x)}{f(x)}$ 꼴인 유리함수의 부정적분

필.수.예.제 05

다음 부정적분을 구하시오.

(1) $\displaystyle\int \frac{e^x-e^{-x}}{e^x+e^{-x}}dx$

(2) $\displaystyle\int \tan x\, dx$

공략 Point

$\displaystyle\int \frac{f'(x)}{f(x)}dx$
$=\ln|f(x)|+C$

풀이

(1) $(e^x+e^{-x})'=e^x-e^{-x}$이므로

$$\int \frac{e^x-e^{-x}}{e^x+e^{-x}}dx=\int \frac{(e^x+e^{-x})'}{e^x+e^{-x}}dx$$
$$=\ln(e^x+e^{-x})+C\ (\because e^x+e^{-x}>0)$$

(2) $\tan x=\dfrac{\sin x}{\cos x}$이므로

$(\cos x)'=-\sin x$이므로

$$\int \tan x\, dx=\int \frac{\sin x}{\cos x}dx$$
$$=-\int \frac{-\sin x}{\cos x}dx$$
$$=-\int \frac{(\cos x)'}{\cos x}dx$$
$$=-\ln|\cos x|+C$$

정답과 해설 81쪽

문제

05-1 다음 부정적분을 구하시오.

(1) $\displaystyle\int \frac{2e^{2x}}{e^{2x}-1}dx$

(2) $\displaystyle\int \frac{2^x\ln 2-2x}{2^x-x^2}dx$

(3) $\displaystyle\int \frac{\sin x}{1+2\cos x}dx$

(4) $\displaystyle\int \cot x\, dx$

05-2 함수 $f(x)=\displaystyle\int \frac{x^2+1}{x^3+3x+1}dx$에 대하여 $f(0)=1$일 때, $f(-1)$의 값을 구하시오.

$\dfrac{f'(x)}{f(x)}$ 꼴이 아닌 유리함수의 부정적분

필.수.예.제 06

다음 부정적분을 구하시오.

(1) $\displaystyle\int \dfrac{2x^2+x-1}{x+2}\,dx$

(2) $\displaystyle\int \dfrac{1}{x^2+5x+6}\,dx$

(3) $\displaystyle\int \dfrac{7x+2}{x^2+x-2}\,dx$

공략 Point

$\dfrac{f'(x)}{f(x)}$ 꼴이 아닌 유리함수의 부정적분은 분모와 분자의 차수에 따라 식을 변형하여 구한다.

풀이

(1) (분모의 차수)<(분자의 차수)이므로 분자를 분모로 나누어 식을 변형하면

$$\dfrac{2x^2+x-1}{x+2}=\dfrac{(x+2)(2x-3)+5}{x+2}$$
$$=2x-3+\dfrac{5}{x+2}$$

따라서 주어진 식을 적분하면

$$\int \dfrac{2x^2+x-1}{x+2}\,dx=\int \left(2x-3+\dfrac{5}{x+2}\right)dx$$
$$=x^2-3x+5\ln|x+2|+C$$

(2) (분모의 차수)>(분자의 차수)이고 분모가 인수분해되므로 식을 변형하면

$$\dfrac{1}{x^2+5x+6}=\dfrac{1}{(x+2)(x+3)}=\dfrac{1}{x+2}-\dfrac{1}{x+3}$$

따라서 주어진 식을 적분하면

$$\int \dfrac{1}{x^2+5x+6}\,dx=\int \left(\dfrac{1}{x+2}-\dfrac{1}{x+3}\right)dx$$
$$=\ln|x+2|-\ln|x+3|+C$$
$$=\ln\left|\dfrac{x+2}{x+3}\right|+C$$

(3) (분모의 차수)>(분자의 차수)이고 분모를 인수분해하면
$x^2+x-2=(x+2)(x-1)$이므로

$$\dfrac{7x+2}{x^2+x-2}=\dfrac{A}{x+2}+\dfrac{B}{x-1}\ (A,\ B는 상수)로 놓으면$$
$$\dfrac{7x+2}{x^2+x-2}=\dfrac{(A+B)x-A+2B}{x^2+x-2}\quad\cdots\cdots\ \unicode{x1F14}$$

㉠은 x에 대한 항등식이므로

$$A+B=7,\ -A+2B=2$$

두 식을 연립하여 풀면

$$A=4,\ B=3$$

따라서 주어진 식을 적분하면

$$\int \dfrac{7x+2}{x^2+x-2}\,dx=\int \left(\dfrac{4}{x+2}+\dfrac{3}{x-1}\right)dx$$
$$=4\ln|x+2|+3\ln|x-1|+C$$

정답과 해설 82쪽

문제

06-1 다음 부정적분을 구하시오.

(1) $\displaystyle\int \dfrac{x^3+2x-1}{x-1}\,dx$

(2) $\displaystyle\int \dfrac{1}{x^2-4x+3}\,dx$

(3) $\displaystyle\int \dfrac{x-7}{x^2-2x-3}\,dx$

$\displaystyle\int f(ax+b)\,dx$ 꼴의 부정적분

함수 $f(x)$의 한 부정적분을 $F(x)$라 하자.

치환하는 식이 일차식 $ax+b\,(a,\ b$는 상수, $a\neq0)$인 부정적분 $\displaystyle\int f(ax+b)\,dx$에서 $ax+b=t$로 놓고 양변을 x에 대하여 미분하면

$$a=\frac{dt}{dx}$$

$$\therefore \int f(ax+b)\,dx=\int f(t)\times\frac{1}{a}\,dt=\frac{1}{a}\int f(t)\,dt$$

$$=\frac{1}{a}F(t)+C$$

$$=\frac{1}{a}F(ax+b)+C$$

이를 이용하여 치환하는 식이 일차식 $ax+b\,(a,\ b$는 상수, $a\neq0)$ 꼴인 경우에 다음과 같은 공식을 얻을 수 있다.

---

(1) **다항함수**: $\displaystyle\int (ax+b)^n\,dx=\frac{1}{a(n+1)}(ax+b)^{n+1}+C$ (단, $n\neq-1$)

(2) **유리함수**: $\displaystyle\int \frac{1}{ax+b}\,dx=\frac{1}{a}\ln|ax+b|+C$

(3) **지수함수**: $\displaystyle\int e^{ax+b}\,dx=\frac{1}{a}e^{ax+b}+C$

$\displaystyle\int p^{ax+b}\,dx=\frac{1}{a\ln p}p^{ax+b}+C$ (단, $p>0,\ p\neq1$)

(4) **삼각함수**: $\displaystyle\int \sin(ax+b)\,dx=-\frac{1}{a}\cos(ax+b)+C$

$\displaystyle\int \cos(ax+b)\,dx=\frac{1}{a}\sin(ax+b)+C$

예 다음 부정적분을 구하시오.

(1) $\displaystyle\int (3x+2)^4\,dx$

(2) $\displaystyle\int \frac{1}{2x+3}\,dx$

(3) $\displaystyle\int 2^{2x+1}\,dx$

(4) $\displaystyle\int \sin(3x+1)\,dx$

풀이 (1) $\displaystyle\int (3x+2)^4\,dx=\frac{1}{3}\times\frac{1}{5}(3x+2)^5+C=\frac{1}{15}(3x+2)^5+C$

(2) $\displaystyle\int \frac{1}{2x+3}\,dx=\frac{1}{2}\ln|2x+3|+C$

(3) $\displaystyle\int 2^{2x+1}\,dx=\frac{2^{2x+1}}{2\ln2}+C=\frac{2^{2x}}{\ln2}+C$

(4) $\displaystyle\int \sin(3x+1)\,dx=-\frac{1}{3}\cos(3x+1)+C$

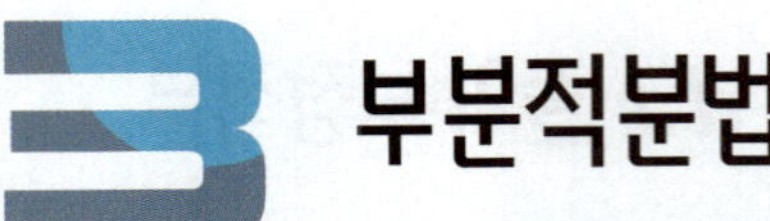

부분적분법

1 부분적분법

다음과 같이 함수의 곱의 미분법을 이용하여 곱의 꼴로 된 함수를 적분하는 방법을 **부분적분법**
이라 한다.

두 함수 $f(x)$, $g(x)$가 미분가능할 때,

$$\int f(x)g'(x)\,dx = f(x)g(x) - \int f'(x)g(x)\,dx$$

예 $\displaystyle\int 2x\cos x\,dx$에서 $f(x)=2x$, $g'(x)=\cos x$로 놓으면 $f'(x)=2$, $g(x)=\sin x$이므로

$$\int 2x\cos x\,dx = 2x\sin x - \int 2\sin x\,dx$$
$$= 2x\sin x + 2\cos x + C$$

참고 적분하는 함수가 두 함수의 곱으로 되어 있고 치환적분법을 이용할 수 없는 경우에는 부분적분법을 이용한다.

개념 PLUS

부분적분법

두 함수 $f(x)$, $g(x)$가 미분가능할 때, 함수의 곱의 미분법에서
$$\{f(x)g(x)\}' = f'(x)g(x) + f(x)g'(x)$$
양변을 x에 대하여 적분하면
$$f(x)g(x) = \int f'(x)g(x)\,dx + \int f(x)g'(x)\,dx$$
$$\therefore \int f(x)g'(x)\,dx = f(x)g(x) - \int f'(x)g(x)\,dx$$

부분적분법에서 두 함수 $f(x)$, $g'(x)$ 택하기

간단한 로그함수, 다항함수, 삼각함수, 지수함수의 미분과 적분을 나타내면 다음 표와 같다.

	$\ln x$	x	$\sin x$	e^x
미분	$\dfrac{1}{x}$	1	$\cos x$	e^x
적분	$x\ln x - x + C$	$\dfrac{1}{2}x^2 + C$	$-\cos x + C$	$e^x + C$

이때 로그함수, 다항함수, 삼각함수, 지수함수의 미분은 대체로 모두 간단하지만 적분의 경우
로그함수, 다항함수, 삼각함수, 지수함수
의 순서로 적분하기가 점점 쉬워진다.

따라서 다음과 같은 순서로 두 함수 $f(x)$, $g'(x)$를 택하면 계산이 편리하다.

$$f(x) \longleftarrow\!\!\cdots\cdots\cdots\cdots\longrightarrow g'(x)$$
로그함수　　다항함수　　삼각함수　　지수함수

부분적분법 (1)

필.수.예.제 07

다음 부정적분을 구하시오.

$$(1) \int xe^x\,dx \qquad (2) \int (2x+3)\sin x\,dx \qquad (3) \int \ln x\,dx$$

공략 Point

두 함수 $f(x)$, $g(x)$가 미분 가능할 때,

$$\int f(x)g'(x)\,dx$$

$$=f(x)g(x)-\int f'(x)g(x)\,dx$$

이때 미분하기 쉬운 함수를 $f(x)$, 적분하기 쉬운 함수를 $g'(x)$로 택한다.

풀이

(1) $f(x)=x$, $g'(x)=e^x$으로 놓으면 $f'(x)=1$, $g(x)=e^x$이므로

$$\int xe^x\,dx=xe^x-\int e^x\,dx$$
$$=xe^x-e^x+C$$
$$=(x-1)e^x+C$$

(2) $f(x)=2x+3$, $g'(x)=\sin x$로 놓으면 $f'(x)=2$, $g(x)=-\cos x$이므로

$$\int (2x+3)\sin x\,dx$$
$$=-(2x+3)\cos x-\int 2\times(-\cos x)\,dx$$
$$=-(2x+3)\cos x+2\int \cos x\,dx$$
$$=-(2x+3)\cos x+2\sin x+C$$

(3) $f(x)=\ln x$, $g'(x)=1$로 놓으면 $f'(x)=\dfrac{1}{x}$, $g(x)=x$이므로

$$\int \ln x\,dx=x\ln x-\int \frac{1}{x}\times x\,dx$$
$$=x\ln x-\int dx$$
$$=x\ln x-x+C$$

정답과 해설 82쪽

문제

07-1 다음 부정적분을 구하시오.

$$(1) \int (x-1)\cos x\,dx \qquad (2) \int x^2\ln x\,dx \qquad (3) \int (1-3x)e^{3x}\,dx$$

07-2 함수 $f(x)=\displaystyle\int x\ln 2x\,dx$에 대하여 $f\left(\dfrac{1}{2}\right)=\dfrac{1}{16}$일 때, $f(1)$의 값을 구하시오.

부분적분법 (2)

필.수.예.제
08

다음 부정적분을 구하시오.

(1) $\displaystyle\int x(\ln x)^2\,dx$ (2) $\displaystyle\int e^x \sin x\,dx$

공략 Point

부분적분법을 한 번 적용하여 부정적분을 구할 수 없을 때에는 부분적분법을 여러 번 적용한다.

풀이

(1) $f(x)=(\ln x)^2$, $g'(x)=x$로 놓으면 $f'(x)=\dfrac{2\ln x}{x}$, $g(x)=\dfrac{1}{2}x^2$이므로

$$\int x(\ln x)^2\,dx=\frac{1}{2}x^2(\ln x)^2-\int \frac{2\ln x}{x}\times\frac{1}{2}x^2\,dx$$
$$=\frac{1}{2}x^2(\ln x)^2-\int x\ln x\,dx \quad\cdots\cdots ㉠$$

$\displaystyle\int x\ln x\,dx$에서 $u(x)=\ln x$, $v'(x)=x$로 놓으면 $u'(x)=\dfrac{1}{x}$, $v(x)=\dfrac{1}{2}x^2$이므로

$$\int x\ln x\,dx=\frac{1}{2}x^2\ln x-\int \frac{1}{x}\times\frac{1}{2}x^2\,dx$$
$$=\frac{1}{2}x^2\ln x-\frac{1}{2}\int x\,dx$$
$$=\frac{1}{2}x^2\ln x-\frac{1}{4}x^2+C_1 \quad\cdots\cdots ㉡$$

㉡을 ㉠에 대입하면

$$\int x(\ln x)^2\,dx=\frac{1}{2}x^2(\ln x)^2-\left(\frac{1}{2}x^2\ln x-\frac{1}{4}x^2+C_1\right)$$
$$=\frac{1}{2}x^2(\ln x)^2-\frac{1}{2}x^2\ln x+\frac{1}{4}x^2+C$$

(2) $f(x)=\sin x$, $g'(x)=e^x$으로 놓으면 $f'(x)=\cos x$, $g(x)=e^x$이므로

$$\int e^x\sin x\,dx=e^x\sin x-\int e^x\cos x\,dx \quad\cdots\cdots ㉠$$

$\displaystyle\int e^x\cos x\,dx$에서 $u(x)=\cos x$, $v'(x)=e^x$으로 놓으면 $u'(x)=-\sin x$, $v(x)=e^x$이므로

$$\int e^x\cos x\,dx=e^x\cos x-\int(-\sin x)\times e^x\,dx$$
$$=e^x\cos x+\int e^x\sin x\,dx \quad\cdots\cdots ㉡$$

㉡을 ㉠에 대입하면

$$\int e^x\sin x\,dx=e^x\sin x-\left(e^x\cos x+\int e^x\sin x\,dx\right)$$
$$2\int e^x\sin x\,dx=e^x\sin x-e^x\cos x$$
$$\therefore \int e^x\sin x\,dx=\frac{1}{2}e^x(\sin x-\cos x)+C$$

정답과 해설 83쪽

문제

08-1

다음 부정적분을 구하시오.

(1) $\displaystyle\int x^2 e^x\,dx$ (2) $\displaystyle\int e^{-x}\cos x\,dx$

연습문제

1 함수 $f(x)=\displaystyle\int \dfrac{3x^4-x+2}{x^2}dx$에 대하여 $f(e)=-\dfrac{2}{e}$일 때, $f(1)$의 값을 구하시오.

[교육청]

2 함수 $f(x)$가 모든 실수에서 연속일 때, 도함수 $f'(x)$가

$$f'(x)=\begin{cases} e^{x-1} & (x\leq 1) \\ \dfrac{1}{x} & (x>1) \end{cases}$$

이다. $f(-1)=e+\dfrac{1}{e^2}$일 때, $f(e)$의 값은?

① $e-2$ ② $e-1$ ③ e
④ $e+1$ ⑤ $e+2$

3 함수 $f(x)=\displaystyle\int \dfrac{\sin x+1}{\cos^2 x}dx$에 대하여 $f\left(\dfrac{\pi}{3}\right)-f\left(\dfrac{\pi}{6}\right)$의 값을 구하시오.

4 미분가능한 두 함수 $f(x)$, $g(x)$가

$$\dfrac{d}{dx}\{f(x)+g(x)\}=2\sin x,$$

$$\dfrac{d}{dx}\{f(x)-g(x)\}=1-\cos x$$

를 만족시키고 $f(0)=1$, $g(0)=-1$일 때, $2f(\pi)+g(2\pi)$의 값을 구하시오.

5 함수 $f(x)=\displaystyle\int \dfrac{x}{\sqrt{x+1}}dx$에 대하여 $f(0)=-1$일 때, $f(3)$의 값을 구하시오.

6 함수 $f(x)$에 대하여 $f'(x)=\dfrac{\sin(\ln x)}{x}$이고 $f(1)=1$일 때, $f(e^\pi)$의 값은?

① 1 ② $\dfrac{3}{2}$ ③ 2
④ $\dfrac{5}{2}$ ⑤ 3

7 곡선 $y=f(x)$ 위의 임의의 점 $(x, f(x))$에서의 접선의 기울기가 $\dfrac{2x}{1+x^2}$이고 이 곡선이 점 $(0, -2)$를 지날 때, 방정식 $f(x)=0$의 모든 근의 곱은?

① $1-e^2$ ② $2-e^2$ ③ e^2
④ $1+e^2$ ⑤ $2+e^2$

8 함수 $f(x)=\dfrac{1}{x\ln x}$의 한 부정적분 $F(x)$에 대하여 $F(e)=\ln 2$일 때, $F(e^2)$의 값을 구하시오.

9 모든 실수 x에 대하여 $f(x)>0$인 함수 $f(x)$가 $f'(x)=3f(x)$를 만족시키고 $f(0)=1$일 때, $f(\ln 3)$의 값을 구하시오.

10 함수 $f(x)=\displaystyle\int\frac{1}{x^2+7x+12}\,dx$에 대하여 $f(-2)=-\ln 2$일 때, $\displaystyle\sum_{k=1}^{20}f(k)$의 값을 구하시오.

11 함수 $f(x)=\displaystyle\int 2x\sin 2x\,dx$에 대하여 $f\left(\dfrac{\pi}{4}\right)=-\dfrac{1}{2}$일 때, $f(\pi)$의 값은?

① $-\pi-2$ ② $-\pi-1$ ③ $-\pi$
④ π ⑤ $\pi+1$

12 미분가능한 함수 $f(x)$에 대하여
$$\lim_{h\to 0}\frac{f(x+h)-f(x)}{h}=(x^2+2)e^{x+2}$$
이고 $f(-2)=12$일 때, $f(1)$의 값을 구하시오.

실력

13 $x>0$에서 정의된 함수 $f(x)$가
$$\frac{f(x)}{x}+f'(x)=\frac{x-1}{x\sqrt{x}+x}$$
을 만족시키고 $f(1)=-\dfrac{1}{3}$일 때, $4\leq x\leq 16$에서 $f(x)$의 최댓값과 최솟값의 합을 구하시오.

수능

14 실수 전체의 집합에서 미분가능한 함수 $f(x)$가 다음 조건을 만족시킬 때, $f(-1)$의 값은?

> ㈎ 모든 실수 x에 대하여
> $$2\{f(x)\}^2 f'(x)=\{f(2x+1)\}^2 f'(2x+1)$$
> 이다.
> ㈏ $f\left(-\dfrac{1}{8}\right)=1$, $f(6)=2$

① $\dfrac{\sqrt[3]{3}}{6}$ ② $\dfrac{\sqrt[3]{3}}{3}$ ③ $\dfrac{\sqrt[3]{3}}{2}$
④ $\dfrac{2\sqrt[3]{3}}{3}$ ⑤ $\dfrac{5\sqrt[3]{3}}{6}$

15 함수 $f(x)$에 대하여 $f'(x)=x^3 e^{x^2}+a$이고 $\displaystyle\lim_{x\to 0}\frac{f(x)-3}{x}=2$를 만족시킬 때, $f(-1)$의 값을 구하시오. (단, a는 상수)

여러 가지 함수의 정적분

1 정적분

닫힌구간 $[a, b]$에서 연속인 함수 $f(x)$의 한 부정적분을 $F(x)$라 하면

$$\int_a^b f(x)\,dx = \Big[F(x) \Big]_a^b = F(b) - F(a)$$

예 (1) $\int_0^4 \sqrt{x}\,dx = \int_0^4 x^{\frac{1}{2}}\,dx = \Big[\frac{2}{3} x^{\frac{3}{2}} \Big]_0^4 = \frac{2}{3} \times 8 = \frac{16}{3}$

(2) $\int_1^e \frac{1}{x}\,dx = \Big[\ln|x| \Big]_1^e = 1 - 0 = 1$

참고 $\cdot \int_a^a f(x)\,dx = 0,\ \int_a^b f(x)\,dx = -\int_b^a f(x)\,dx$

$\cdot \int_a^b k f(x)\,dx = k \int_a^b f(x)\,dx$ (단, k는 상수)

$\int_a^b \{ f(x) \pm g(x) \}\,dx = \int_a^b f(x)\,dx \pm \int_a^b g(x)\,dx$ (복부호 동순)

$\cdot \int_a^c f(x)\,dx + \int_c^b f(x)\,dx = \int_a^b f(x)\,dx$ ◀ $a,\ b,\ c$의 대소에 관계없이 성립

2 그래프가 대칭인 함수의 정적분

함수 $f(x)$가 닫힌구간 $[-a, a]$에서 연속일 때

(1) $f(-x) = f(x)$, 즉 함수 $y = f(x)$의 그래프가 y축에 대하여 대칭이면

$$\int_{-a}^a f(x)\,dx = 2 \int_0^a f(x)\,dx$$

(2) $f(-x) = -f(x)$, 즉 함수 $y = f(x)$의 그래프가 원점에 대하여 대칭이면

$$\int_{-a}^a f(x)\,dx = 0$$

예 $\int_{-\frac{\pi}{2}}^{\frac{\pi}{2}} (\sin x + \cos x)\,dx$의 값을 구해 보자.

$f(x) = \sin x,\ g(x) = \cos x$라 하면 $f(-x) = -f(x),\ g(-x) = g(x)$이므로

$$\int_{-\frac{\pi}{2}}^{\frac{\pi}{2}} (\sin x + \cos x)\,dx = \int_{-\frac{\pi}{2}}^{\frac{\pi}{2}} \sin x\,dx + \int_{-\frac{\pi}{2}}^{\frac{\pi}{2}} \cos x\,dx = 0 + 2\int_0^{\frac{\pi}{2}} \cos x\,dx$$

$$= 2 \Big[\sin x \Big]_0^{\frac{\pi}{2}} = 2(1 - 0) = 2$$

3 $f(x+p) = f(x)$를 만족시키는 함수 $f(x)$의 정적분

함수 $f(x)$가 모든 실수 x에 대하여 $f(x+p) = f(x)$ (p는 0이 아닌 상수)를 만족시키고 연속일 때

(1) $\int_a^b f(x)\,dx = \int_{a+np}^{b+np} f(x)\,dx$ (단, n은 정수)

(2) $\int_a^{a+p} f(x)\,dx = \int_b^{b+p} f(x)\,dx$

참고 함수 $f(x)$가 주기가 p인 주기함수이면 $f(x+p) = f(x)$이다.

그래프가 대칭인 함수의 정적분

(1) 함수 $f(x)$에 대하여 $f(-x)=f(x)$이면 함수 $y=f(x)$의 그래프는 y축에 대하여 대칭이다.

즉, 양수 a에 대하여 닫힌구간 $[-a, 0]$과 닫힌구간 $[0, a]$에서의 정적분의 값은 같으므로

$$\int_{-a}^{0} f(x)\,dx=\int_{0}^{a} f(x)\,dx$$

$$\therefore \int_{-a}^{a} f(x)\,dx=\int_{-a}^{0} f(x)\,dx+\int_{0}^{a} f(x)\,dx=2\int_{0}^{a} f(x)\,dx$$

(2) 함수 $f(x)$에 대하여 $f(-x)=-f(x)$이면 함수 $y=f(x)$의 그래프는 원점에 대하여 대칭이다.

즉, 양수 a에 대하여 닫힌구간 $[-a, 0]$과 닫힌구간 $[0, a]$에서의 정적분의 값은 그 절댓값이 같고 부호가 다르므로

$$\int_{-a}^{0} f(x)\,dx=-\int_{0}^{a} f(x)\,dx$$

$$\therefore \int_{-a}^{a} f(x)\,dx=\int_{-a}^{0} f(x)\,dx+\int_{0}^{a} f(x)\,dx=0$$

$f(x+p)=f(x)$를 만족시키는 함수 $f(x)$의 정적분

함수 $f(x)$가 모든 실수 x에 대하여 $f(x+p)=f(x)$(p는 0이 아닌 상수)를 만족시키고 연속일 때, 함수 $y=f(x)$의 그래프는 오른쪽 그림과 같이 일정한 모양이 반복된다.

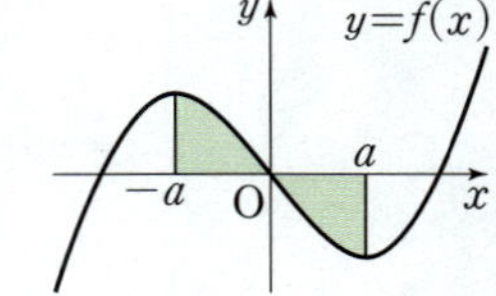

따라서 정적분과 넓이의 관계에 의하여

$$\int_{a}^{b} f(x)\,dx=\int_{a+p}^{b+p} f(x)\,dx=\int_{a+2p}^{b+2p} f(x)\,dx$$

$$=\cdots=\int_{a+np}^{b+np} f(x)\,dx \ (\text{단, } n\text{은 정수})$$

$$\int_{a}^{a+p} f(x)\,dx=\int_{b}^{b+p} f(x)\,dx$$

개념 **CHECK**
정답과 해설 87쪽

1 다음 정적분의 값을 구하시오.

(1) $\displaystyle\int_{1}^{2} \frac{1}{x^2}\,dx$ (2) $\displaystyle\int_{0}^{8} \sqrt[3]{x}\,dx$ (3) $\displaystyle\int_{\ln 2}^{\ln 4} e^{x}\,dx$

(4) $\displaystyle\int_{2}^{3} 2^{x}\,dx$ (5) $\displaystyle\int_{\frac{\pi}{4}}^{\frac{\pi}{2}} \sin x\,dx$ (6) $\displaystyle\int_{\frac{\pi}{3}}^{\pi} \cos x\,dx$

2 다음 정적분의 값을 구하시오.

(1) $\displaystyle\int_{-\frac{\pi}{6}}^{\frac{\pi}{6}} 2\sin x\,dx$ (2) $\displaystyle\int_{-\frac{\pi}{3}}^{\frac{\pi}{3}} 3\cos x\,dx$

여러 가지 함수의 정적분

필.수.예.제
01

다음 정적분의 값을 구하시오.

(1) $\displaystyle\int_1^4 (\sqrt{x}+1)^2 dx$ (2) $\displaystyle\int_0^2 (\sqrt{e^x}+1)(\sqrt{e^x}-1)\,dx$ (3) $\displaystyle\int_0^{\frac{\pi}{4}} \tan^2 x\,dx$

공략 Point

닫힌구간 $[a,\,b]$에서 연속인 함수 $f(x)$의 한 부정적분을 $F(x)$라 하면
$$\int_a^b f(x)\,dx$$
$$=\Big[F(x)\Big]_a^b$$
$$=F(b)-F(a)$$

풀이

(1) 곱셈 공식을 이용하여 전개한 후 정적분의 값을 구하면	$\displaystyle\int_1^4 (\sqrt{x}+1)^2 dx=\int_1^4 (x+2\sqrt{x}+1)\,dx=\int_1^4 \left(x+2x^{\frac{1}{2}}+1\right)dx$ $$=\left[\frac{1}{2}x^2+\frac{4}{3}x^{\frac{3}{2}}+x\right]_1^4$$ $$=\left(8+\frac{32}{3}+4\right)-\left(\frac{1}{2}+\frac{4}{3}+1\right)=\boldsymbol{\frac{119}{6}}$$
(2) 곱셈 공식을 이용하여 전개한 후 정적분의 값을 구하면	$\displaystyle\int_0^2 (\sqrt{e^x}+1)(\sqrt{e^x}-1)\,dx=\int_0^2 (e^x-1)\,dx=\Big[e^x-x\Big]_0^2$ $$=(e^2-2)-1=\boldsymbol{e^2-3}$$
(3) $1+\tan^2 x=\sec^2 x$이므로 식을 변형한 후 정적분의 값을 구하면	$\displaystyle\int_0^{\frac{\pi}{4}} \tan^2 x\,dx=\int_0^{\frac{\pi}{4}} (\sec^2 x-1)\,dx=\Big[\tan x-x\Big]_0^{\frac{\pi}{4}}=\boldsymbol{1-\frac{\pi}{4}}$

정답과 해설 87쪽

문제

01-1 다음 정적분의 값을 구하시오.

(1) $\displaystyle\int_1^e \frac{3x^3-2x^2+1}{x}\,dx$ (2) $\displaystyle\int_4^9 \left(\sqrt{x}+\frac{1}{\sqrt{x}}\right)dx$

(3) $\displaystyle\int_0^2 (3e^x+2^{2x})\,dx$ (4) $\displaystyle\int_{-1}^2 \frac{9^x-1}{3^x+1}\,dx$

(5) $\displaystyle\int_{\frac{\pi}{4}}^{\frac{\pi}{2}} (\sin x+2\cos x)\,dx$ (6) $\displaystyle\int_{\frac{\pi}{6}}^{\frac{\pi}{3}} \frac{1}{1-\sin^2 x}\,dx$

01-2 다음 정적분의 값을 구하시오.

(1) $\displaystyle\int_{\frac{\pi}{2}}^{\pi} (\sin x+1)^2 dx+\int_{\pi}^{\frac{\pi}{2}} (\sin x-1)^2 dx$

(2) $\displaystyle\int_1^3 (x-\sqrt{x})^2 dx+\int_3^6 (x-\sqrt{x})^2 dx-\int_4^6 (x-\sqrt{x})^2 dx$

구간에 따라 다르게 정의된 함수의 정적분

필.수.예.제 02

다음 물음에 답하시오.

(1) 함수 $f(x)=\begin{cases} \cos x & (x\geq\pi) \\ \sin x-1 & (x\leq\pi) \end{cases}$ 에 대하여 $\displaystyle\int_0^{2\pi} f(x)\,dx$의 값을 구하시오.

(2) $\displaystyle\int_{-1}^{3} |e^x-1|\,dx$의 값을 구하시오.

공략 Point

(1) 구간에 따라 다르게 정의된 함수의 정적분은 적분 구간을 나누어 계산한다.

(2) 절댓값 기호를 포함한 함수의 정적분은 절댓값 기호 안의 식의 값이 0이 되는 x의 값을 경계로 적분 구간을 나누어 계산한다.

풀이

(1) 적분 구간 $[0,\ 2\pi]$를 $x=\pi$를 기준으로 나누면

$0\leq x\leq\pi$일 때 $f(x)=\sin x-1$이고, $\pi\leq x\leq 2\pi$일 때 $f(x)=\cos x$이므로

$$\int_0^{2\pi} f(x)\,dx=\int_0^{\pi} f(x)\,dx+\int_{\pi}^{2\pi} f(x)\,dx$$
$$=\int_0^{\pi} (\sin x-1)\,dx+\int_{\pi}^{2\pi} \cos x\,dx$$
$$=\Big[-\cos x-x\Big]_0^{\pi}+\Big[\sin x\Big]_{\pi}^{2\pi}$$
$$=(1-\pi)-(-1)=2-\pi$$

(2) 절댓값 기호 안의 식의 값이 0이 되는 x의 값을 구하면

$e^x-1=0,\ e^x=1$

$\therefore x=0$

$|e^x-1|=\begin{cases} e^x-1 & (x\geq 0) \\ -e^x+1 & (x\leq 0) \end{cases}$ 이므로

$$\int_{-1}^{3} |e^x-1|\,dx$$
$$=\int_{-1}^{0} (-e^x+1)\,dx+\int_{0}^{3} (e^x-1)\,dx$$
$$=\Big[-e^x+x\Big]_{-1}^{0}+\Big[e^x-x\Big]_{0}^{3}$$
$$=\left\{(-1)-\left(-\frac{1}{e}-1\right)\right\}+\{(e^3-3)-1\}$$
$$=e^3+\frac{1}{e}-4$$

정답과 해설 88쪽

문제

02-1 함수 $f(x)=\begin{cases} x+3\sqrt{x}+2 & (x\geq 0) \\ e^x+1 & (x\leq 0) \end{cases}$ 에 대하여 $\displaystyle\int_{-1}^{4} f(x)\,dx$의 값을 구하시오.

02-2 $\displaystyle\int_0^{\frac{\pi}{3}} |\cos x-\sqrt{3}\sin x|\,dx$의 값을 구하시오.

그래프가 대칭인 함수의 정적분

필.수.예.제 03

다음 정적분의 값을 구하시오.

(1) $\displaystyle\int_{-\frac{\pi}{3}}^{\frac{\pi}{3}} \left(x^3+\frac{1}{2}\cos x+\tan x\right) dx$

(2) $\displaystyle\int_{-\frac{\pi}{2}}^{\frac{\pi}{2}} (x^2\sin x+\cos x) dx$

공략 Point

함수 $f(x)$가 닫힌구간 $[-a,\ a]$에서 연속일 때

(1) $f(-x)=f(x)$이면
$$\int_{-a}^{a} f(x)\,dx =2\int_{0}^{a} f(x)\,dx$$

(2) $f(-x)=-f(x)$이면
$$\int_{-a}^{a} f(x)\,dx=0$$

풀이

(1) $f(x)=x^3+\tan x,$
$g(x)=\dfrac{1}{2}\cos x$라 하면

$f(-x)=(-x)^3+\tan(-x)=-x^3-\tan x=-f(x)$
$g(-x)=\dfrac{1}{2}\cos(-x)=\dfrac{1}{2}\cos x=g(x)$

따라서 정적분의 값을 구하면

$\displaystyle\int_{-\frac{\pi}{3}}^{\frac{\pi}{3}} \left(x^3+\frac{1}{2}\cos x+\tan x\right) dx$

$\displaystyle =\int_{-\frac{\pi}{3}}^{\frac{\pi}{3}} (x^3+\tan x)\,dx+\int_{-\frac{\pi}{3}}^{\frac{\pi}{3}} \frac{1}{2}\cos x\,dx$

$\displaystyle =0+2\int_{0}^{\frac{\pi}{3}} \frac{1}{2}\cos x\,dx$

$\displaystyle =\Big[\sin x\Big]_{0}^{\frac{\pi}{3}}=\frac{\sqrt{3}}{2}$

(2) $f(x)=x^2\sin x,\ g(x)=\cos x$ 라 하면

$f(-x)=(-x)^2\sin(-x)=-x^2\sin x=-f(x)$
$g(-x)=\cos(-x)=\cos x=g(x)$

따라서 정적분의 값을 구하면

$\displaystyle\int_{-\frac{\pi}{2}}^{\frac{\pi}{2}} (x^2\sin x+\cos x)\,dx$

$\displaystyle =\int_{-\frac{\pi}{2}}^{\frac{\pi}{2}} x^2\sin x\,dx+\int_{-\frac{\pi}{2}}^{\frac{\pi}{2}} \cos x\,dx$

$\displaystyle =0+2\int_{0}^{\frac{\pi}{2}} \cos x\,dx$

$\displaystyle =2\Big[\sin x\Big]_{0}^{\frac{\pi}{2}}=2\times 1$

$=\boldsymbol{2}$

정답과 해설 **88쪽**

문제

03-1

다음 정적분의 값을 구하시오.

(1) $\displaystyle\int_{-\pi}^{\pi} (x^2+\sin x+2\cos x)\,dx$

(2) $\displaystyle\int_{-\frac{\pi}{6}}^{\frac{\pi}{6}} (\sec^2 x+x\tan^2 x+x^3\cos x)\,dx$

$f(x+p)=f(x)$를 만족시키는 함수 $f(x)$의 정적분

필.수.예.제 04

$\displaystyle\int_0^{8\pi}|\sin x|\,dx$의 값을 구하시오.

공략 Point

함수 $f(x)$가 주기가 p인 주기함수이면 $f(x+p)=f(x)$이므로

$$\int_a^b f(x)\,dx=\int_{a+np}^{b+np} f(x)\,dx$$

(단, n은 정수)

풀이

함수 $y=|\sin x|$의 주기가 π이므로	$\displaystyle\int_0^{\pi}|\sin x|\,dx=\int_{\pi}^{2\pi}|\sin x|\,dx=\int_{2\pi}^{3\pi}|\sin x|\,dx$ $\displaystyle=\cdots=\int_{7\pi}^{8\pi}|\sin x|\,dx$ $\displaystyle\therefore \int_0^{8\pi}|\sin x|\,dx=\int_0^{\pi}|\sin x|\,dx+\int_{\pi}^{2\pi}|\sin x|\,dx$ $\displaystyle\qquad+\int_{2\pi}^{3\pi}|\sin x|\,dx+\cdots+\int_{7\pi}^{8\pi}|\sin x|\,dx$ $\displaystyle=8\int_0^{\pi}|\sin x|\,dx$
$0\leq x\leq\pi$일 때, $\sin x\geq0$이므로	$\displaystyle=8\int_0^{\pi}\sin x\,dx$ $\displaystyle=8\Big[-\cos x\Big]_0^{\pi}$ $=8\{1-(-1)\}$ $=\mathbf{16}$

정답과 해설 88쪽

문제

04-1 $\displaystyle\int_0^{4\pi}|\cos x|\,dx$의 값을 구하시오.

04-2 함수 $f(x)$가 다음 조건을 모두 만족시킬 때, $\displaystyle\int_{-\pi}^{5\pi} f(x)\,dx$의 값을 구하시오.

> (가) 모든 실수 x에 대하여 $f(x+\pi)=f(x)$
> (나) $-\pi\leq x\leq0$에서 $f(x)=-\sin x$

2 치환적분법과 부분적분법을 이용한 정적분

1 치환적분법을 이용한 정적분

> 닫힌구간 $[a, b]$에서 연속인 함수 $f(x)$에 대하여 미분가능한 함수 $x=g(t)$의 도함수 $g'(t)$
> 가 닫힌구간 $[\alpha, \beta]$에서 연속이고 $a=g(\alpha)$, $b=g(\beta)$이면
> $$\int_a^b f(x)\,dx=\int_\alpha^\beta f(g(t))g'(t)\,dt$$

예 $\displaystyle\int_0^1 \frac{2}{(2x+1)^2}\,dx$에서 $2x+1=t$로 놓으면 $2=\dfrac{dt}{dx}$이고, $x=0$일 때 $t=1$, $x=1$일 때 $t=3$이므로

$$\int_0^1 \frac{2}{(2x+1)^2}\,dx=\int_1^3 \frac{1}{t^2}\,dt=\int_1^3 t^{-2}\,dt=\Big[-t^{-1}\Big]_1^3=-\frac{1}{3}-(-1)=\frac{2}{3}$$

주의 치환적분법을 이용하여 정적분을 계산할 때에는 적분 구간이 변하는 것에 주의한다.

2 삼각함수로 치환하는 적분법

다음과 같은 꼴의 함수의 정적분은 적분변수를 삼각함수로 치환하여 구한다.

> (1) $\sqrt{a^2-x^2}\ (a>0)$ 꼴
>
> $x=a\sin\theta\left(-\dfrac{\pi}{2}\leq\theta\leq\dfrac{\pi}{2}\right)$로 치환한 후 $\sin^2\theta+\cos^2\theta=1$임을 이용한다.
>
> (2) $\dfrac{1}{x^2+a^2}\ (a>0)$ 꼴
>
> $x=a\tan\theta\left(-\dfrac{\pi}{2}<\theta<\dfrac{\pi}{2}\right)$로 치환한 후 $1+\tan^2\theta=\sec^2\theta$임을 이용한다.

예 (1) $\displaystyle\int_0^1 \sqrt{1-x^2}\,dx$에서 $x=\sin\theta\left(-\dfrac{\pi}{2}\leq\theta\leq\dfrac{\pi}{2}\right)$로 놓으면 $\dfrac{dx}{d\theta}=\cos\theta$이고, $x=0$일 때 $\theta=0$,

$x=1$일 때 $\theta=\dfrac{\pi}{2}$이므로

$$\int_0^1 \sqrt{1-x^2}\,dx=\int_0^{\frac{\pi}{2}} \sqrt{1-\sin^2\theta}\times\cos\theta\,d\theta$$

$$=\int_0^{\frac{\pi}{2}} \cos^2\theta\,d\theta=\int_0^{\frac{\pi}{2}} \frac{1+\cos 2\theta}{2}\,d\theta$$

$\cos 2\theta=2\cos^2\theta-1$

$$=\Big[\frac{1}{2}\theta+\frac{1}{4}\sin 2\theta\Big]_0^{\frac{\pi}{2}}=\frac{\pi}{4}$$

(2) $\displaystyle\int_0^1 \frac{1}{x^2+1}\,dx$에서 $x=\tan\theta\left(-\dfrac{\pi}{2}<\theta<\dfrac{\pi}{2}\right)$로 놓으면 $\dfrac{dx}{d\theta}=\sec^2\theta$이고, $x=0$일 때 $\theta=0$,

$x=1$일 때 $\theta=\dfrac{\pi}{4}$이므로

$$\int_0^1 \frac{1}{x^2+1}\,dx=\int_0^{\frac{\pi}{4}} \frac{\sec^2\theta}{\tan^2\theta+1}\,d\theta$$

$$=\int_0^{\frac{\pi}{4}} \frac{\sec^2\theta}{\sec^2\theta}\,d\theta=\int_0^{\frac{\pi}{4}} d\theta$$

$$=\Big[\theta\Big]_0^{\frac{\pi}{4}}=\frac{\pi}{4}$$

❸ 부분적분법을 이용한 정적분

두 함수 $f(x)$, $g(x)$가 미분가능하고 $f'(x)$, $g'(x)$가 닫힌구간 $[a, b]$에서 연속일 때,

$$\int_a^b f(x)g'(x)\,dx=\Big[f(x)g(x)\Big]_a^b-\int_a^b f'(x)g(x)\,dx$$

예 $\displaystyle\int_1^e \ln x\,dx$에서 $f(x)=\ln x$, $g'(x)=1$로 놓으면 $f'(x)=\dfrac{1}{x}$, $g(x)=x$이므로

$$\begin{aligned}
\int_1^e \ln x\,dx&=\Big[x\ln x\Big]_1^e-\int_1^e \frac{1}{x}\times x\,dx\\
&=\Big[x\ln x\Big]_1^e-\int_1^e dx\\
&=e-\Big[x\Big]_1^e\\
&=e-(e-1)=1
\end{aligned}$$

개념 PLUS

치환적분법을 이용한 정적분

닫힌구간 $[a, b]$에서 연속인 함수 $f(x)$의 한 부정적분을 $F(x)$라 하면

$$\int_a^b f(x)\,dx=\Big[F(x)\Big]_a^b=F(b)-F(a) \qquad \cdots\cdots \ \text{㉠}$$

그런데 $\displaystyle\int f(x)\,dx$를 구할 때, 미분가능한 함수 $g(t)$에 대하여 $x=g(t)$로 놓으면 치환적분법에 의하여

$$\begin{aligned}
\int f(g(t))g'(t)\,dt&=\int f(x)\,dx\\
&=F(x)+C\\
&=F(g(t))+C
\end{aligned}$$

이때 $x=g(t)$의 도함수 $g'(t)$가 닫힌구간 $[\alpha, \beta]$에서 연속이고 $a=g(\alpha)$, $b=g(\beta)$이면

$$\begin{aligned}
\int_\alpha^\beta f(g(t))g'(t)\,dt&=\Big[F(g(t))\Big]_\alpha^\beta\\
&=F(g(\beta))-F(g(\alpha))\\
&=F(b)-F(a) \qquad \cdots\cdots \ \text{㉡}
\end{aligned}$$

㉠, ㉡에서

$$\int_a^b f(x)\,dx=\int_\alpha^\beta f(g(t))g'(t)\,dt$$

부분적분법을 이용한 정적분

두 함수 $f(x)$, $g(x)$가 미분가능하고 $f'(x)$, $g'(x)$가 닫힌구간 $[a, b]$에서 연속일 때,

$$\{f(x)g(x)\}'=f'(x)g(x)+f(x)g'(x)$$

이므로 함수 $f(x)g(x)$는 $f'(x)g(x)+f(x)g'(x)$의 한 부정적분이다. 즉,

$$\int_a^b \{f'(x)g(x)+f(x)g'(x)\}\,dx=\Big[f(x)g(x)\Big]_a^b$$

$$\int_a^b f'(x)g(x)\,dx+\int_a^b f(x)g'(x)\,dx=\Big[f(x)g(x)\Big]_a^b$$

$$\therefore \int_a^b f(x)g'(x)\,dx=\Big[f(x)g(x)\Big]_a^b-\int_a^b f'(x)g(x)\,dx$$

치환적분법을 이용한 정적분

필.수.예.제 05

다음 정적분의 값을 구하시오.

$$(1)\ \int_0^1 15(3x-1)^4\,dx \qquad (2)\ \int_0^3 xe^{x^2}\,dx \qquad (3)\ \int_0^{\frac{\pi}{2}} \cos^3 x\,dx$$

공략 Point

$\int_a^\beta f(g(x))g'(x)\,dx$ 꼴의 정적분은 $g(x)=t$로 치환하여 구한다. 이때 적분 구간이 변하는 것에 주의한다.

풀이

(1) $3x-1=t$로 놓으면 $3=\dfrac{dt}{dx}$이고, $x=0$일 때 $t=-1$, $x=1$일 때 $t=2$이므로

$$\int_0^1 15(3x-1)^4\,dx = \int_{-1}^2 15t^4 \times \frac{1}{3}\,dt$$
$$= \int_{-1}^2 5t^4\,dt = \Big[t^5\Big]_{-1}^2$$
$$= 32-(-1) = \mathbf{33}$$

(2) $x^2=t$로 놓으면 $2x=\dfrac{dt}{dx}$이고, $x=0$일 때 $t=0$, $x=3$일 때 $t=9$이므로

$$\int_0^3 xe^{x^2}\,dx = \int_0^9 e^t \times \frac{1}{2}\,dt = \frac{1}{2}\int_0^9 e^t\,dt$$
$$= \frac{1}{2}\Big[e^t\Big]_0^9 = \mathbf{\frac{1}{2}(e^9-1)}$$

(3) $\cos^3 x = \cos^2 x \cos x = (1-\sin^2 x)\cos x$ 이므로

$\sin x = t$로 놓으면 $\cos x = \dfrac{dt}{dx}$이고, $x=0$ 일 때 $t=0$, $x=\dfrac{\pi}{2}$일 때 $t=1$이므로

$$\int_0^{\frac{\pi}{2}} \cos^3 x\,dx = \int_0^{\frac{\pi}{2}} (1-\sin^2 x)\cos x\,dx$$
$$= \int_0^1 (1-t^2)\,dt$$
$$= \Big[t-\frac{1}{3}t^3\Big]_0^1 = 1-\frac{1}{3} = \mathbf{\frac{2}{3}}$$

정답과 해설 89쪽

문제

05-1 다음 정적분의 값을 구하시오.

$$(1)\ \int_1^3 \frac{2x+1}{x^2+x-1}\,dx \qquad\qquad (2)\ \int_0^2 (x+1)\sqrt[3]{x^2+2x}\,dx$$

$$(3)\ \int_0^1 x\sqrt{1-x}\,dx \qquad\qquad (4)\ \int_0^{\frac{\pi}{4}} \sin\left(2x+\frac{\pi}{4}\right)dx$$

$$(5)\ \int_e^{e^2} \frac{1}{x\ln x}\,dx \qquad\qquad (6)\ \int_0^{\frac{\pi}{3}} \cos 2x \sin x\,dx$$

05-2 $\displaystyle\int_2^4 3e^{3x-6}\,dx = k$일 때, $\ln|k+1|$의 값을 구하시오.

삼각함수로 치환하는 적분법

필.수.예.제 06

다음 정적분의 값을 구하시오.

$$(1)\ \int_0^2 \sqrt{4-x^2}\,dx \qquad\qquad (2)\ \int_0^3 \frac{1}{x^2+9}\,dx$$

공략 Point

(1) $\sqrt{a^2-x^2}\,(a>0)$ 꼴
 ➡ $x=a\sin\theta$
  $\left(-\dfrac{\pi}{2}\leq\theta\leq\dfrac{\pi}{2}\right)$
  로 치환한다.

(2) $\dfrac{1}{x^2+a^2}\,(a>0)$ 꼴
 ➡ $x=a\tan\theta$
  $\left(-\dfrac{\pi}{2}<\theta<\dfrac{\pi}{2}\right)$
  로 치환한다.

풀이

(1) $x=2\sin\theta\left(-\dfrac{\pi}{2}\leq\theta\leq\dfrac{\pi}{2}\right)$로 놓으면

$\dfrac{dx}{d\theta}=2\cos\theta$이고, $x=0$일 때 $\theta=0$,

$x=2$일 때 $\theta=\dfrac{\pi}{2}$이므로

$$\begin{aligned}
\int_0^2 \sqrt{4-x^2}\,dx &= \int_0^{\frac{\pi}{2}} \sqrt{4-4\sin^2\theta}\times 2\cos\theta\,d\theta\\
&= \int_0^{\frac{\pi}{2}} \sqrt{4(1-\sin^2\theta)}\times 2\cos\theta\,d\theta\\
&= \int_0^{\frac{\pi}{2}} \sqrt{4\cos^2\theta}\times 2\cos\theta\,d\theta\\
&= \int_0^{\frac{\pi}{2}} 4\cos^2\theta\,d\theta
\end{aligned}$$

$\cos2\theta=2\cos^2\theta-1$에서
$2\cos^2\theta=1+\cos2\theta$이므로

$$\begin{aligned}
&= 2\int_0^{\frac{\pi}{2}} (1+\cos2\theta)\,d\theta\\
&= 2\left[\theta+\frac{1}{2}\sin2\theta\right]_0^{\frac{\pi}{2}}=\boldsymbol{\pi}
\end{aligned}$$

(2) $x=3\tan\theta\left(-\dfrac{\pi}{2}<\theta<\dfrac{\pi}{2}\right)$로 놓으면

$\dfrac{dx}{d\theta}=3\sec^2\theta$이고, $x=0$일 때 $\theta=0$,

$x=3$일 때 $\theta=\dfrac{\pi}{4}$이므로

$$\begin{aligned}
\int_0^3 \frac{1}{x^2+9}\,dx &= \int_0^{\frac{\pi}{4}} \frac{3\sec^2\theta}{9\tan^2\theta+9}\,d\theta\\
&= \int_0^{\frac{\pi}{4}} \frac{3\sec^2\theta}{9(\tan^2\theta+1)}\,d\theta\\
&= \int_0^{\frac{\pi}{4}} \frac{3\sec^2\theta}{9\sec^2\theta}\,d\theta = \frac{1}{3}\int_0^{\frac{\pi}{4}} d\theta\\
&= \frac{1}{3}\left[\theta\right]_0^{\frac{\pi}{4}}=\boldsymbol{\frac{\pi}{12}}
\end{aligned}$$

공략 Point

함수 $y=\sqrt{a^2-x^2}\,(a>0)$의 그래프는 원점을 중심으로 하고 반지름의 길이가 a인 원의 위쪽 반원이므로 $\int_0^a \sqrt{a^2-x^2}\,dx$의 값은 반지름의 길이가 a인 원의 넓이의 $\dfrac{1}{4}$이다.

다른 풀이

(1) $y=\sqrt{4-x^2}$이라 하고 양변을 제곱하면

$y^2=4-x^2 \qquad \therefore\ x^2+y^2=4$ (단, $y\geq0$)

따라서 $\int_0^2 \sqrt{4-x^2}\,dx$의 값은 원점을 중심으로 하고 반지름의 길이가 2인 원의 넓이의 $\dfrac{1}{4}$과 같으므로

$$\begin{aligned}
\int_0^2 \sqrt{4-x^2}\,dx &= \frac{1}{4}\times\pi\times2^2\\
&= \pi
\end{aligned}$$

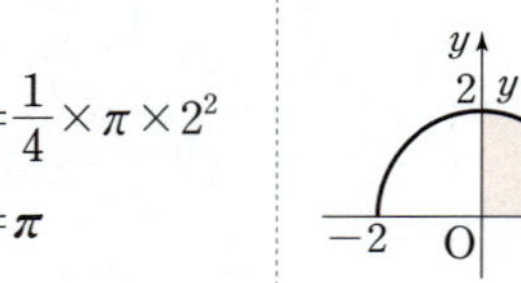

정답과 해설 90쪽

문제

06-1 다음 정적분의 값을 구하시오.

$$(1)\ \int_0^{\frac{\sqrt{3}}{2}} \frac{1}{\sqrt{1-x^2}}\,dx \qquad\qquad (2)\ \int_0^1 \frac{1}{(x^2+1)^2}\,dx$$

부분적분법을 이용한 정적분

필.수.예.제 07

다음 정적분의 값을 구하시오.

(1) $\displaystyle\int_e^{e^2} x\ln x\,dx$

(2) $\displaystyle\int_0^{\pi} x^2\cos x\,dx$

공략 Point

두 함수 $f(x)$, $g(x)$가 미분가능하고 $f'(x)$, $g'(x)$가 닫힌구간 $[a,\,b]$에서 연속일 때,

$$\int_a^b f(x)g'(x)\,dx$$
$$=\Big[f(x)g(x)\Big]_a^b$$
$$-\int_a^b f'(x)g(x)\,dx$$

이때 부분적분법을 한 번 적용하여 정적분의 값을 구할 수 없을 때에는 부분적분법을 여러 번 적용한다.

풀이

(1) $f(x)=\ln x$, $g'(x)=x$로 놓으면 $f'(x)=\dfrac{1}{x}$, $g(x)=\dfrac{1}{2}x^2$이므로

$$\int_e^{e^2} x\ln x\,dx=\left[\frac{1}{2}x^2\ln x\right]_e^{e^2}-\int_e^{e^2}\frac{1}{x}\times\frac{1}{2}x^2\,dx$$
$$=\left[\frac{1}{2}x^2\ln x\right]_e^{e^2}-\frac{1}{2}\int_e^{e^2} x\,dx$$
$$=e^4-\frac{e^2}{2}-\frac{1}{2}\left[\frac{1}{2}x^2\right]_e^{e^2}$$
$$=e^4-\frac{e^2}{2}-\frac{1}{2}\left(\frac{e^4}{2}-\frac{e^2}{2}\right)$$
$$=\frac{3}{4}e^4-\frac{e^2}{4}$$

(2) $f(x)=x^2$, $g'(x)=\cos x$로 놓으면 $f'(x)=2x$, $g(x)=\sin x$이므로

$$\int_0^{\pi} x^2\cos x\,dx=\left[x^2\sin x\right]_0^{\pi}-\int_0^{\pi} 2x\sin x\,dx$$
$$=-2\int_0^{\pi} x\sin x\,dx \quad\cdots\cdots\ \text{㉠}$$

$\displaystyle\int_0^{\pi} x\sin x\,dx$에서 $u(x)=x$, $v'(x)=\sin x$로 놓으면 $u'(x)=1$, $v(x)=-\cos x$이므로

$$\int_0^{\pi} x\sin x\,dx=\left[-x\cos x\right]_0^{\pi}-\int_0^{\pi}(-\cos x)\,dx$$
$$=\left[-x\cos x\right]_0^{\pi}+\int_0^{\pi}\cos x\,dx$$
$$=\pi+\left[\sin x\right]_0^{\pi}=\pi \quad\cdots\cdots\ \text{㉡}$$

㉡을 ㉠에 대입하면

$$\int_0^{\pi} x^2\cos x\,dx=-2\pi$$

정답과 해설 90쪽

문제

07-1 다음 정적분의 값을 구하시오.

(1) $\displaystyle\int_0^1 xe^{-x}\,dx$

(2) $\displaystyle\int_0^{\frac{\pi}{2}}(x+1)\cos x\,dx$

(3) $\displaystyle\int_1^e x(\ln x)^2\,dx$

(4) $\displaystyle\int_0^1 x^2 e^x\,dx$

07-2 $\displaystyle\int_0^{\pi} e^{-x}\sin x\,dx=ae^{-\pi}+b$일 때, 유리수 a, b에 대하여 $a+b$의 값을 구하시오.

정적분으로 정의된 함수

❶ 정적분으로 정의된 함수의 미분

함수 $f(t)$가 닫힌구간 $[a, b]$에서 연속일 때,

$$\frac{d}{dx}\int_a^x f(t)\,dt = f(x) \ (\text{단, } a < x < b)$$

참고 · $\dfrac{d}{dx}\displaystyle\int_x^{x+a} f(t)\,dt = f(x+a) - f(x)$ (단, a는 상수)

· $\dfrac{d}{dx}\displaystyle\int_a^x tf(t)\,dt = xf(x)$ (단, a는 상수)

❷ 정적분을 포함한 등식에서 함수 구하기

(1) 적분 구간이 상수인 경우

$f(x) = g(x) + \displaystyle\int_a^b f(t)\,dt$ $(a, b$는 상수) 꼴의 등식이 주어지면 함수 $f(x)$는 다음과 같은 순서로 구한다.

① $\displaystyle\int_a^b f(t)\,dt = k\,(k$는 상수)로 놓으면 $f(x) = g(x) + k$ ...... ㉠

② ㉠에서 $f(t) = g(t) + k$이므로 이를 $\displaystyle\int_a^b f(t)\,dt = k$에 대입하여 $\displaystyle\int_a^b \{g(t) + k\}\,dt = k$를 만족시키는 k의 값을 구한다.

③ ②에서 구한 k의 값을 ㉠에 대입하여 함수 $f(x)$를 구한다.

(2) 적분 구간에 변수가 있는 경우

$\displaystyle\int_a^x f(t)\,dt = g(x)\,(a$는 상수) 꼴의 등식이 주어지면

➡ 주어진 등식의 양변을 x에 대하여 미분하여 함수 $f(x)$를 구한다. 이때 함수 $g(x)$에 미정계수가 있으면 주어진 등식의 양변에 $x = a$를 대입하여 $\displaystyle\int_a^a f(t)\,dt = 0$임을 이용한다.

(3) 적분 구간과 적분하는 함수에 변수가 있는 경우

$\displaystyle\int_a^x (x - t)f(t)\,dt = g(x)\,(a$는 상수) 꼴의 등식이 주어지면

➡ 주어진 등식에서 $x\displaystyle\int_a^x f(t)\,dt - \int_a^x tf(t)\,dt = g(x)$이므로 양변을 x에 대하여 미분하면 $\displaystyle\int_a^x f(t)\,dt = g'(x)$임을 이용하여 함수 $f(x)$를 구한다.

개념 CHECK   정답과 해설 91쪽

1 다음을 구하시오.

(1) $\dfrac{d}{dx}\displaystyle\int_2^x t\sin t\,dt$

(2) $\dfrac{d}{dx}\displaystyle\int_x^{x+1} \ln t\,dt$ (단, $x > 0$)

적분 구간이 상수인 정적분을 포함한 등식

필.수.예.제
08

다음 등식을 만족시키는 함수 $f(x)$를 구하시오.

(1) $f(x)=\ln x+\displaystyle\int_1^e f(t)\,dt$

(2) $f(x)=-\dfrac{1}{x^2}+\displaystyle\int_1^2 tf(t)\,dt$

공략 Point

$f(x)=g(x)+\displaystyle\int_a^b f(t)\,dt$
꼴의 등식이 주어지면
$\displaystyle\int_a^b f(t)\,dt=k\,(k$는 상수)로
놓고 $f(x)=g(x)+k$임을
이용한다.

풀이

(1) $\displaystyle\int_1^e f(t)\,dt=k\,(k$는 상수)로 놓으면

$f(x)=\ln x+k$ ……… ㉠

㉠을 $\displaystyle\int_1^e f(t)\,dt=k$에 대입하면

$$\int_1^e (\ln t+k)\,dt=k$$
$$\int_1^e \ln t\,dt+\int_1^e k\,dt=k$$

$\displaystyle\int_1^e \ln t\,dt$에서 $u(t)=\ln t,\ v'(t)=1$로
놓으면 $u'(t)=\dfrac{1}{t},\ v(t)=t$이므로

$$\Big[t\ln t\Big]_1^e-\int_1^e dt+\Big[kt\Big]_1^e=k$$
$$e-\Big[t\Big]_1^e+ke-k=k$$
$$e-(e-1)+ke-k=k$$
$$k(e-2)=-1 \qquad \therefore k=-\frac{1}{e-2}$$

따라서 구하는 함수는

$$f(x)=\ln x-\frac{1}{e-2}$$

(2) $\displaystyle\int_1^2 tf(t)\,dt=k\,(k$는 상수)로 놓으면

$f(x)=-\dfrac{1}{x^2}+k$ ……… ㉠

㉠을 $\displaystyle\int_1^2 tf(t)\,dt=k$에 대입하면

$$\int_1^2 t\times\left(-\frac{1}{t^2}+k\right)dt=k$$
$$\int_1^2 \left(-\frac{1}{t}+kt\right)dt=k$$
$$\left[-\ln|t|+\frac{k}{2}t^2\right]_1^2=k$$
$$-\ln 2+2k-\frac{k}{2}=k \qquad \therefore k=2\ln 2$$

따라서 구하는 함수는

$$f(x)=-\frac{1}{x^2}+2\ln 2$$

정답과 해설 91쪽

문제

08-1 다음 등식을 만족시키는 함수 $f(x)$를 구하시오.

(1) $f(x)=e^x+2\displaystyle\int_0^1 f(t)\,dt$

(2) $f(x)=\cos x+\displaystyle\int_0^{\frac{\pi}{3}} f(t)\sin t\,dt$

적분 구간 또는 적분하는 함수에 변수가 있는 정적분을 포함한 등식

유형편 83쪽

필.수.예.제 09

모든 실수 x에 대하여 연속인 함수 $f(x)$가 다음 등식을 만족시킬 때, $f(x)$를 구하시오. (단, a는 상수)

(1) $\displaystyle\int_0^x f(t)\,dt=2e^x-2\sin x+a(x+1)$

(2) $\displaystyle\int_0^x (x-t)f(t)\,dt=a\sin 2x+\cos x-2x-1$

공략 Point

(1) $\displaystyle\int_a^x f(t)\,dt=g(x)$ 꼴의 등식의 양변을 x에 대하여 미분하고, $\displaystyle\int_a^a f(t)\,dt=0$ 임을 이용한다.

(2) $\displaystyle\int_a^x (x-t)f(t)\,dt=g(x)$ 에서 $x\displaystyle\int_a^x f(t)\,dt-\int_a^x tf(t)\,dt=g(x)$ 이므로 양변을 x에 대하여 미분한다.

풀이

(1) 주어진 등식의 양변을 x에 대하여 미분하면	$f(x)=2e^x-2\cos x+a$
주어진 등식의 양변에 $x=0$을 대입하면	$\displaystyle\int_0^0 f(t)\,dt=2+a,\ 0=2+a$ $\therefore a=-2$
따라서 구하는 함수는	$f(x)=2e^x-2\cos x-2$

(2) 주어진 등식에서	$x\displaystyle\int_0^x f(t)\,dt-\int_0^x tf(t)\,dt=a\sin 2x+\cos x-2x-1$
양변을 x에 대하여 미분하면	$\displaystyle\int_0^x f(t)\,dt+xf(x)-xf(x)=2a\cos 2x-\sin x-2$ $\therefore \displaystyle\int_0^x f(t)\,dt=2a\cos 2x-\sin x-2 \quad\cdots\cdots\ \bigcirc$
양변을 다시 x에 대하여 미분하면	$f(x)=-4a\sin 2x-\cos x$
$\bigcirc$의 양변에 $x=0$을 대입하면	$\displaystyle\int_0^0 f(t)\,dt=2a-2,\ 0=2a-2$ $\therefore a=1$
따라서 구하는 함수는	$f(x)=-4\sin 2x-\cos x$

정답과 해설 91쪽

문제

09-1 모든 실수 x에 대하여 연속인 함수 $f(x)$가 $\displaystyle\int_\pi^x f(t)\,dt=\sin x+a\cos x-\dfrac{1}{2}$을 만족시킬 때, $f\left(\dfrac{\pi}{2}\right)$의 값을 구하시오. (단, a는 상수)

09-2 모든 실수 x에 대하여 연속인 함수 $f(x)$가 $\displaystyle\int_0^x (x-t)f(t)\,dt=ae^{-x}+x^2-3x+3$을 만족시킬 때, $f(\ln 3)$의 값을 구하시오. (단, a는 상수)

정적분으로 정의된 함수의 응용

필.수.예.제 10

공략 Point

정적분으로 정의된 함수의 극값은 다음과 같은 순서로 구한다.
(1) $f'(x)$를 구한다.
(2) $f'(x)=0$인 x의 값을 구한다.
(3) (2)에서 구한 x의 값을 주어진 식에 대입하여 극값을 구한다.

$0 \le x \le \pi$일 때, 함수 $f(x)=\displaystyle\int_0^x t\cos t\,dt$의 극댓값을 구하시오.

풀이

주어진 함수 $f(x)$를 x에 대하여 미분하면 $f'(x)=0$에서	$f'(x)=x\cos x$ $x\cos x=0$ $\therefore\ x=0$ 또는 $x=\dfrac{\pi}{2}\ (\because\ 0 \le x \le \pi)$

$0 \le x \le \pi$에서 함수 $f(x)$의 증가와 감소를 표로 나타내면 오른쪽과 같다.

x	0	$\cdots$	$\dfrac{\pi}{2}$	$\cdots$	π
$f'(x)$		$+$	0	$-$	
$f(x)$		$\nearrow$	극대	$\searrow$	

함수 $f(x)$는 $x=\dfrac{\pi}{2}$에서 극대이므로 구하는 극댓값은

$$f\left(\frac{\pi}{2}\right)=\int_0^{\frac{\pi}{2}} t\cos t\,dt$$

$u(t)=t,\ v'(t)=\cos t$로 놓으면
$u'(t)=1,\ v(t)=\sin t$이므로

$$=\left[t\sin t\right]_0^{\frac{\pi}{2}}-\int_0^{\frac{\pi}{2}}\sin t\,dt$$
$$=\frac{\pi}{2}-\left[-\cos t\right]_0^{\frac{\pi}{2}}$$
$$=\frac{\pi}{2}-1$$

정답과 해설 92쪽

문제

10-1 $x>0$일 때, 함수 $f(x)=\displaystyle\int_1^x t(\sqrt{t}-2)\,dt$의 극솟값을 구하시오.

10-2 함수 $f(x)=\displaystyle\int_0^x (2-e^t)(2+e^t)\,dt$의 최댓값을 구하시오.

연습문제

1 $\displaystyle\int_1^4 (5x-6)\sqrt{x}\,dx$의 값은?

① 30   ② 32   ③ 34

④ 36   ⑤ 38

2 $\displaystyle\int_0^2 \dfrac{1}{x^2+3x+2}\,dx=\ln a$일 때, 상수 a의 값은?

① $\dfrac{1}{2}$ ② $\dfrac{3}{2}$ ③ $\dfrac{5}{2}$

④ $\dfrac{7}{2}$ ⑤ $\dfrac{9}{2}$

3 $\displaystyle\int_0^a \dfrac{e^{2x}-1}{e^x+1}\,dx=e^2-3$일 때, 정수 a의 값을 구하시오.

4 함수 $f(x)=\dfrac{3+4\cos^3 x}{\cos^2 x}$에 대하여

$$\int_0^{\frac{\pi}{6}} f(x)\,dx+\int_{\frac{\pi}{6}}^{\frac{\pi}{5}} f(y)\,dy+\int_{\frac{\pi}{5}}^{\frac{\pi}{3}} f(z)\,dz$$

의 값을 구하시오.

5 함수 $f(x)=\begin{cases} \dfrac{1}{x} & (x\geq 1) \\ \sin \pi x+1 & (x\leq 1) \end{cases}$ 에 대하여

$\displaystyle\int_{-3}^3 f(x)\,dx$의 값은?

① $\ln 3-4$ ② $\ln 3-2$ ③ $\ln 3$

④ $\ln 3+2$ ⑤ $\ln 3+4$

6 $0\leq a\leq 1$일 때, 함수 $f(a)=\displaystyle\int_0^1 |e^x-e^a|\,dx$의 극솟값을 구하시오.

7 $\displaystyle\int_{-1}^1 (2^x+3^x+2^{-x}-3^{-x})\,dx=\dfrac{3}{\ln a}$일 때, 상수 a의 값을 구하시오.

8 $\displaystyle\int_0^{3\pi} |\cos 2x|\,dx$의 값은?

① 2   ② 4   ③ 6

④ 8   ⑤ 10

"

9 자연수 n에 대하여

$$a_n=\int_0^{\frac{\pi}{2}} \sin^n x \cos x\, dx$$

라 할 때, $\displaystyle\sum_{n=1}^{20} a_n a_{n+1}=\frac{q}{p}$이다. 이때 $p+q$의 값은?

(단, p, q는 서로소인 자연수)

① 8   ② 16   ③ 24
④ 32   ⑤ 40

수능

10 함수 $f(x)$가

$$f(x)=\int_0^x \frac{1}{1+e^{-t}}\, dt$$

일 때, $(f \circ f)(a)=\ln 5$를 만족시키는 실수 a의 값은?

① $\ln 11$ ② $\ln 13$ ③ $\ln 15$
④ $\ln 17$ ⑤ $\ln 19$

11 $\displaystyle\int_0^a \sqrt{a^2-x^2}\, dx=\frac{9}{4}\pi$일 때, 양수 a의 값을 구하시오.

12 $\displaystyle\int_{-\pi}^{\pi} x \sin x\, dx$의 값은?

① $-\pi$ ② 0 ③ π
④ 2π ⑤ 3π

13 $\displaystyle\int_1^e (\ln x)^2\, dx=ae+b$일 때, 정수 a, b에 대하여 $a-b$의 값을 구하시오.

14 함수 $f(x)$가 $f(x)=x+\displaystyle\int_0^1 e^{-t} f(t)\, dt$를 만족시킬 때, $f(-e)$의 값을 구하시오.

15 모든 양수 x에 대하여 연속인 함수 $f(x)$가

$$\int_1^x (t-x) f(t)\, dt=x^2 \ln x - ax + b$$

를 만족시킬 때, 상수 a, b에 대하여 $a+b$의 값은?

① -2 ② -1 ③ 0
④ 1 ⑤ 2

16 함수 $f(x)=\displaystyle\int_0^x (a+b\cos t)\sin t\,dt$가 $x=\dfrac{\pi}{2}$에서 극댓값 1을 가질 때, 상수 a, b에 대하여 $a+b$의 값은?

① 0 ② $\dfrac{1}{2}$ ③ 1

④ $\dfrac{3}{2}$ ⑤ 2

17 함수 $f(x)=\displaystyle\int_0^x \dfrac{2t-2}{t^2-2t+2}\,dt$의 최솟값은?

① $-\ln 2$ ② $-\dfrac{\ln 2}{2}$ ③ $\dfrac{\ln 2}{2}$

④ $\ln 2$ ⑤ $\dfrac{3}{2}\ln 2$

18 $\displaystyle\lim_{x\to 2}\dfrac{1}{x-2}\int_2^x (\sin \pi t+\cos \pi t)\,dt$의 값을 구하시오.

실력

수능

19 $x>0$에서 정의된 연속함수 $f(x)$가 모든 양수 x에 대하여

$$2f(x)+\dfrac{1}{x^2}f\left(\dfrac{1}{x}\right)=\dfrac{1}{x}+\dfrac{1}{x^2}$$

을 만족시킬 때, $\displaystyle\int_{\frac{1}{2}}^{2} f(x)\,dx$의 값은?

① $\dfrac{\ln 2}{3}+\dfrac{1}{2}$ ② $\dfrac{2\ln 2}{3}+\dfrac{1}{2}$ ③ $\dfrac{\ln 2}{3}+1$

④ $\dfrac{2\ln 2}{3}+1$ ⑤ $\dfrac{2\ln 2}{3}+\dfrac{3}{2}$

20 $x>0$에서 미분가능한 두 함수 $f(x)$, $g(x)$가 다음 조건을 모두 만족시킨다.

> (가) 모든 양의 실수 x에 대하여
> $$g(x)=\int_1^x \dfrac{f(t^2+2)}{t}\,dt$$
> (나) $\displaystyle\int_3^{11} f(x)\,dx=16$

$g(3)=2$일 때, $\displaystyle\int_1^3 xg(x)\,dx$의 값은?

① 2 ② 3 ③ 4

④ 5 ⑤ 6

Ⅲ 적분법

정적분과 급수

① 구분구적법

어떤 도형의 넓이나 부피를 구할 때, 주어진 도형을 작은 기본 도형으로 잘게 나누어 그 기본 도형의 넓이 또는 부피의 합의 극한값으로 구하는 방법을 구분구적법이라 한다.

> 구분구적법을 이용하여 도형의 넓이 또는 부피를 구할 때에는 다음과 같은 순서로 한다.
> (1) 주어진 도형을 n개의 기본 도형으로 분할한다.
> (2) n개의 기본 도형의 넓이의 합 S_n 또는 부피의 합 V_n을 구한다.
> (3) (2)에서 구한 합의 $n \to \infty$일 때의 극한값, 즉 $\lim\limits_{n\to\infty} S_n$ 또는 $\lim\limits_{n\to\infty} V_n$을 구한다.
>
> 이 극한값이 구하는 도형의 넓이 또는 부피이다.

예 곡선 $y=x^2$과 x축 및 직선 $x=1$로 둘러싸인 도형의 넓이를 구분구적법으로 구해 보자.

(i) 직사각형을 곡선 $y=x^2$의 위쪽에 만드는 경우

오른쪽 그림과 같이 구간 $[0,\ 1]$을 n 등분 하면 각 구간의 오른쪽 끝 점의 x좌표는 차례대로 $\dfrac{1}{n},\ \dfrac{2}{n},\ \dfrac{3}{n},\ \cdots,\ \dfrac{n}{n}(=1)$이고, 이에 대응하는 y의 값은 각각 $\left(\dfrac{1}{n}\right)^2,\ \left(\dfrac{2}{n}\right)^2,\ \left(\dfrac{3}{n}\right)^2,\ \cdots,\ \left(\dfrac{n}{n}\right)^2$

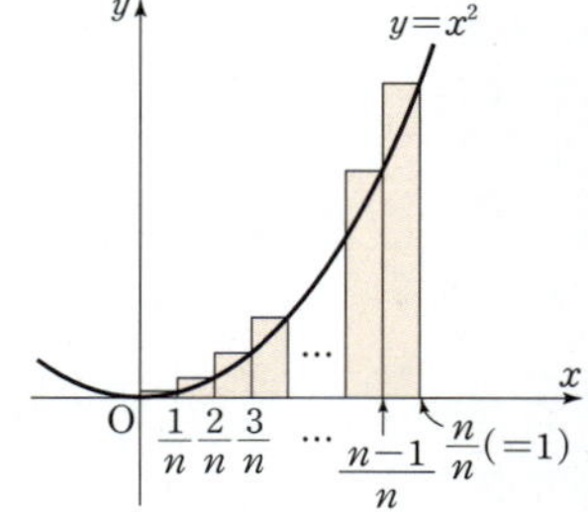

이때 색칠한 각 직사각형의 가로의 길이는 $\dfrac{1}{n}$이므로 직사각형의 넓이의 합을 U_n이라 하면

$$U_n = \frac{1}{n}\times\left(\frac{1}{n}\right)^2 + \frac{1}{n}\times\left(\frac{2}{n}\right)^2 + \frac{1}{n}\times\left(\frac{3}{n}\right)^2 + \cdots + \frac{1}{n}\times\left(\frac{n}{n}\right)^2$$
$$= \frac{1}{n^3}(1^2+2^2+3^2+\cdots+n^2) = \frac{1}{n^3}\times\frac{n(n+1)(2n+1)}{6} = \frac{1}{6}\left(1+\frac{1}{n}\right)\left(2+\frac{1}{n}\right)$$

(ii) 직사각형을 곡선 $y=x^2$의 아래쪽에 만드는 경우

오른쪽 그림과 같이 구간 $[0,\ 1]$을 n 등분 하면 각 구간의 왼쪽 끝 점의 x좌표는 차례대로 $0,\ \dfrac{1}{n},\ \dfrac{2}{n},\ \cdots,\ \dfrac{n-1}{n}$이고, 이에 대응하는 y의 값은 각각 $0^2,\ \left(\dfrac{1}{n}\right)^2,\ \left(\dfrac{2}{n}\right)^2,\ \cdots,\ \left(\dfrac{n-1}{n}\right)^2$

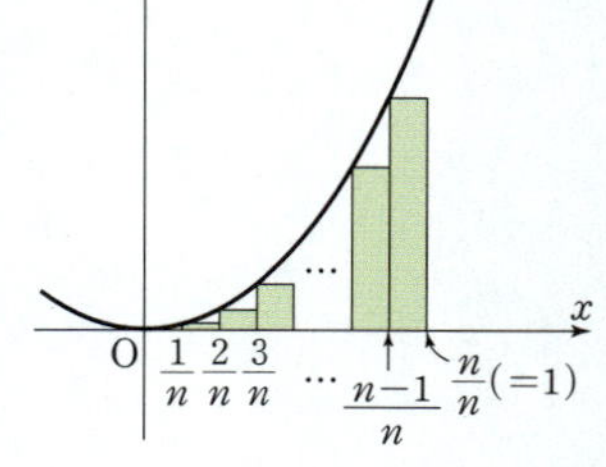

이때 색칠한 각 직사각형의 가로의 길이는 $\dfrac{1}{n}$이므로 직사각형의 넓이의 합을 L_n이라 하면

$$L_n = \frac{1}{n}\times 0^2 + \frac{1}{n}\times\left(\frac{1}{n}\right)^2 + \frac{1}{n}\times\left(\frac{2}{n}\right)^2 + \cdots + \frac{1}{n}\times\left(\frac{n-1}{n}\right)^2$$
$$= \frac{1}{n^3}\{0^2+1^2+2^2+\cdots+(n-1)^2\} = \frac{1}{n^3}\times\frac{(n-1)n(2n-1)}{6} = \frac{1}{6}\left(1-\frac{1}{n}\right)\left(2-\frac{1}{n}\right)$$

이때 구하는 도형의 넓이를 S라 하면 $L_n < S < U_n$이므로 $\lim\limits_{n\to\infty} L_n \le S \le \lim\limits_{n\to\infty} U_n$이고

$$\lim_{n\to\infty} U_n = \lim_{n\to\infty} \frac{1}{6}\left(1+\frac{1}{n}\right)\left(2+\frac{1}{n}\right) = \frac{1}{3},\quad \lim_{n\to\infty} L_n = \lim_{n\to\infty} \frac{1}{6}\left(1-\frac{1}{n}\right)\left(2-\frac{1}{n}\right) = \frac{1}{3}$$

따라서 구하는 도형의 넓이는 $S=\dfrac{1}{3}$이다.

참고 연속인 함수의 경우에는 $\lim\limits_{n\to\infty} U_n$과 $\lim\limits_{n\to\infty} L_n$이 일치한다는 것이 알려져 있으므로 $\lim\limits_{n\to\infty} U_n$과 $\lim\limits_{n\to\infty} L_n$ 중에서 한 가지만 구하면 된다.

2 정적분과 급수의 합 사이의 관계

함수 $f(x)$가 닫힌구간 $[a, b]$에서 연속일 때,

$$\lim_{n\to\infty}\sum_{k=1}^{n} f(x_k)\,\Delta x=\int_a^b f(x)\,dx$$

$$\left(\text{단, } \Delta x=\frac{b-a}{n},\ x_k=a+k\Delta x\right)$$

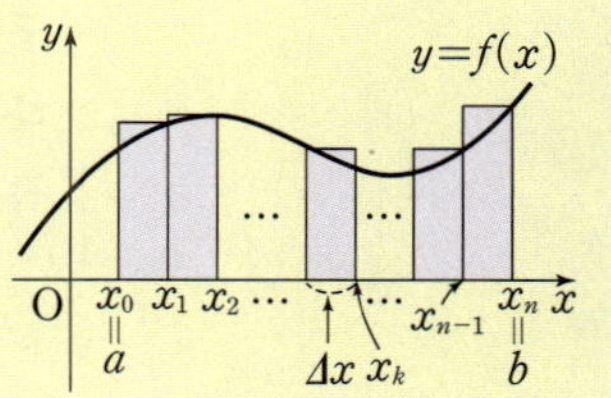

예 정적분과 급수의 합 사이의 관계를 이용하여 $\lim\limits_{n\to\infty}\dfrac{1}{n^3}(1^2+2^2+3^2+\cdots+n^2)$의 값을 구해 보자.

$$\lim_{n\to\infty}\frac{1}{n^3}(1^2+2^2+3^2+\cdots+n^2)=\lim_{n\to\infty}\sum_{k=1}^{n}\left(\frac{k}{n}\right)^2\times\frac{1}{n}$$

이때 $f(x)=x^2$, $a=0$, $b=1$로 놓으면 $\Delta x=\dfrac{1-0}{n}=\dfrac{1}{n}$, $x_k=0+k\Delta x=\dfrac{k}{n}$

$$\therefore\ \lim_{n\to\infty}\frac{1}{n^3}(1^2+2^2+3^2+\cdots+n^2)=\lim_{n\to\infty}\sum_{k=1}^{n}\left(\frac{k}{n}\right)^2\times\frac{1}{n}=\int_0^1 x^2\,dx=\left[\frac{1}{3}x^3\right]_0^1=\frac{1}{3}$$

3 급수의 합을 정적분으로 나타내기

함수 $f(x)$가 닫힌구간 $[a, b]$에서 연속일 때,

$$\lim_{n\to\infty}\sum_{k=1}^{n} f(x_k)\,\Delta x=\int_a^b f(x)\,dx\left(\Delta x=\frac{b-a}{n},\ x_k=a+k\Delta x\right)$$

임을 이용하여 급수의 합을 정적분으로 나타낼 수 있다. 이때 급수에서 적분변수를 정하는 방법에 따라 다음과 같이 여러 가지 정적분으로 나타낼 수 있다.

$$(1)\ \lim_{n\to\infty}\sum_{k=1}^{n} f\left(a+\frac{b-a}{n}k\right)\times\frac{b-a}{n}=\int_a^b f(x)\,dx$$

◀ 구간 $[a, b]$를 n 등분 하면 k 번째 직사각형의 가로의 길이는 $\dfrac{b-a}{n}$, 세로의 길이는 $f\left(a+\dfrac{b-a}{n}k\right)$

$$(2)\ \lim_{n\to\infty}\sum_{k=1}^{n} f\left(a+\frac{p}{n}k\right)\times\frac{p}{n}=\int_a^{a+p} f(x)\,dx$$

◀ (1)에서 $b-a=p$

$$=\int_0^p f(a+x)\,dx$$

◀ 함수 $y=f(x)$의 그래프와 구간 $[a, a+p]$를 x축의 방향으로 $-a$만큼 평행이동

$$(3)\ \lim_{n\to\infty}\sum_{k=1}^{n} f\left(\frac{p}{n}k\right)\times\frac{p}{n}=\int_0^p f(x)\,dx$$

◀ (2)에서 $a=0$

$$(4)\ \lim_{n\to\infty}\sum_{k=1}^{n} f\left(\frac{k}{n}\right)\times\frac{1}{n}=\int_0^1 f(x)\,dx$$

◀ (3)에서 $p=1$

예 정적분을 이용하여 $\lim\limits_{n\to\infty}\sum\limits_{k=1}^{n}\left(2+\dfrac{3k}{n}\right)^2\times\dfrac{3}{n}$의 값을 구해 보자.

[방법 1] $2+\dfrac{3k}{n}$를 x로 바꾸는 경우

$2+\dfrac{3k}{n}$를 x, k의 계수인 $\dfrac{3}{n}$을 dx로 나타내면 적분 구간은 $[2, 5]$이므로

$$\lim_{n\to\infty}\sum_{k=1}^{n}\left(2+\frac{3k}{n}\right)^2\times\frac{3}{n}=\int_2^5 x^2\,dx=\left[\frac{1}{3}x^3\right]_2^5=39$$

[방법 2] $\dfrac{3k}{n}$를 x로 바꾸는 경우

$\dfrac{3k}{n}$를 x, k의 계수인 $\dfrac{3}{n}$을 dx로 나타내면 적분 구간은 $[0, 3]$이므로

$$\lim_{n\to\infty}\sum_{k=1}^{n}\left(2+\frac{3k}{n}\right)^2\times\frac{3}{n}=\int_0^3 (2+x)^2\,dx=\int_0^3 (x^2+4x+4)\,dx=\left[\frac{1}{3}x^3+2x^2+4x\right]_0^3=39$$

구분구적법

다음 그림과 같이 곡선으로 둘러싸인 도형의 넓이를 S, 곡선의 내부에 있는 정사각형의 넓이의 합을 m, 곡선의 내부와 이 곡선의 경계선을 포함하는 정사각형의 넓이의 합을 M이라 하면

$$m \leq S \leq M$$

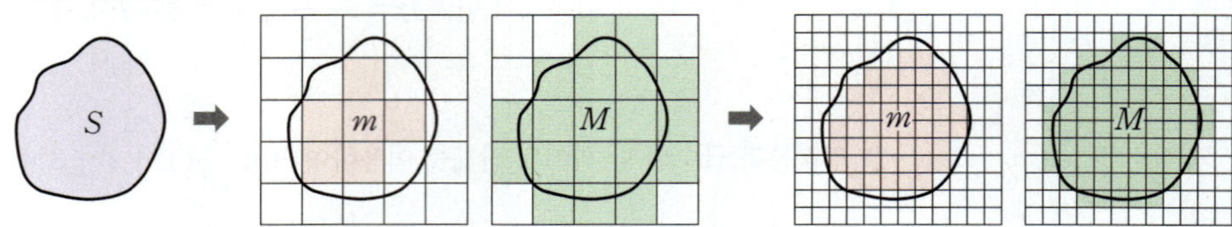

이때 정사각형의 크기를 한없이 작게 하면 m과 M은 곡선으로 둘러싸인 도형의 넓이 S에 가까워지므로 m과 M의 극한을 구하면 이 도형의 넓이를 구할 수 있다. 이와 같이 도형의 넓이나 부피를 구할 때, 주어진 도형을 작은 기본 도형으로 잘게 나누어 그 넓이 또는 부피의 합의 극한값으로 구하는 방법을 구분구적법이라 한다.

정적분과 급수의 합 사이의 관계

함수 $f(x)$가 닫힌구간 $[a, b]$에서 연속이고 $f(x) \geq 0$일 때, 곡선 $y=f(x)$와 x축 및 두 직선 $x=a$, $x=b$로 둘러싸인 도형의 넓이 S를 구해 보자.

닫힌구간 $[a, b]$를 n 등분 하여 양 끝 점과 각 분점의 x좌표를 차례대로 $a=x_0,\ x_1,\ x_2,\ \cdots,\ x_k,\ \cdots,\ x_n=b$라 하고 각 구간의 길이를 Δx라 하면

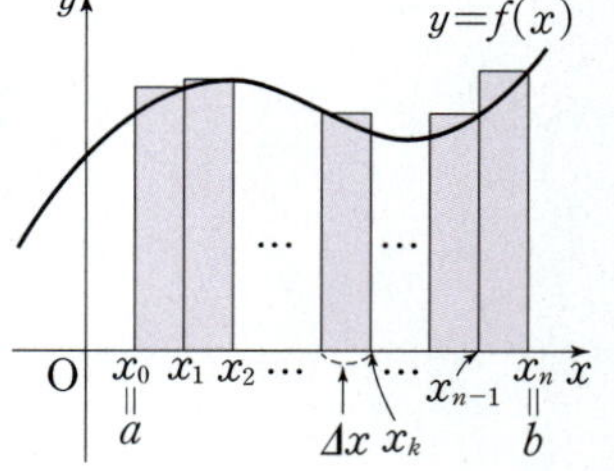

$$\Delta x = \frac{b-a}{n},\ x_k = a + k\Delta x \ (\text{단},\ k=0,\ 1,\ 2,\ \cdots,\ n)$$

이때 색칠한 직사각형의 넓이의 합을 S_n이라 하면

$$S_n = f(x_1)\Delta x + f(x_2)\Delta x + \cdots + f(x_n)\Delta x = \sum_{k=1}^{n} f(x_k)\Delta x$$

여기서 n의 값이 한없이 커지면 S_n은 도형의 넓이 S에 한없이 가까워지므로

$$S = \lim_{n \to \infty} S_n = \lim_{n \to \infty} \sum_{k=1}^{n} f(x_k)\Delta x$$

이때 정적분과 넓이의 관계에 따라 $S = \int_a^b f(x)\,dx$이므로

$$\lim_{n \to \infty} \sum_{k=1}^{n} f(x_k)\Delta x = \int_a^b f(x)\,dx \ \left(\text{단},\ \Delta x = \frac{b-a}{n},\ x_k = a + k\Delta x\right)$$

정답과 해설 96쪽

1 다음은 정적분과 급수의 합 사이의 관계를 이용하여 $\displaystyle\lim_{n \to \infty} \sum_{k=1}^{n} \left(1 + \frac{k}{n}\right)^2 \times \frac{1}{n}$의 값을 구하는 과정이다. ☐ 안에 알맞은 것을 써넣으시오.

$$\lim_{n \to \infty} \sum_{k=1}^{n} \left(1 + \frac{k}{n}\right)^2 \times \frac{1}{n} \text{에서 } f(x)=x^2,\ a=1,\ b=\boxed{} \text{로 놓으면}$$

$$\Delta x = \frac{1}{n},\ x_k = 1 + \boxed{}$$

$$\therefore\ \lim_{n \to \infty} \sum_{k=1}^{n} \left(1 + \frac{k}{n}\right)^2 \times \frac{1}{n} = \int_1^{\boxed{}} \boxed{}\,dx = \left[\boxed{}\right]_1^{\boxed{}} = \boxed{}$$

구분구적법

필.수.예.제 01

곡선 $y=x^3$과 x축 및 직선 $x=2$로 둘러싸인 도형의 넓이를 구분구적법으로 구하시오.

풀이

오른쪽 그림과 같이 구간 $[0,2]$를 n 등분 하면 각 구간의 오른쪽 끝 점의 x좌표는 차례대로	$\dfrac{2}{n}, \dfrac{4}{n}, \dfrac{6}{n}, \cdots, \dfrac{2n}{n}(=2)$ ▲ 구간 $[0,2]$를 n 등분 하면 각 구간의 길이는 $\dfrac{2-0}{n}=\dfrac{2}{n}$	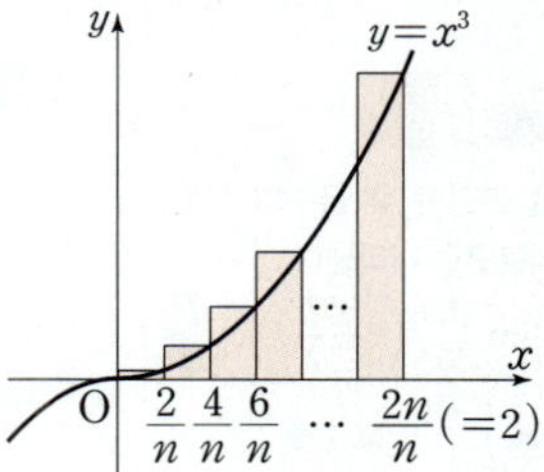
이에 대응하는 y의 값은 각각	$\left(\dfrac{2}{n}\right)^3, \left(\dfrac{4}{n}\right)^3, \left(\dfrac{6}{n}\right)^3, \cdots, \left(\dfrac{2n}{n}\right)^3$	

이때 색칠한 각 직사각형의 가로의 길이는 $\dfrac{2}{n}$이므로 직사각형의 넓이의 합을 S_n이라 하면	$\begin{aligned} S_n &= \dfrac{2}{n}\times\left(\dfrac{2}{n}\right)^3 + \dfrac{2}{n}\times\left(\dfrac{4}{n}\right)^3 + \dfrac{2}{n}\times\left(\dfrac{6}{n}\right)^3 + \cdots + \dfrac{2}{n}\times\left(\dfrac{2n}{n}\right)^3 \\ &= \left(\dfrac{2}{n}\right)^4 \times (1^3 + 2^3 + 3^3 + \cdots + n^3) \\ &= \dfrac{16}{n^4} \times \left\{\dfrac{n(n+1)}{2}\right\}^2 \\ &= \dfrac{4(n+1)^2}{n^2} = 4\left(1 + \dfrac{2}{n} + \dfrac{1}{n^2}\right) \end{aligned}$
따라서 구하는 넓이를 S라 하면	$S = \lim_{n\to\infty} S_n = \lim_{n\to\infty} 4\left(1 + \dfrac{2}{n} + \dfrac{1}{n^2}\right) = 4$

정답과 해설 96쪽

문제

01- 1 다음 중 곡선 $y=\sqrt{x}$와 x축 및 두 직선 $x=1$, $x=2$로 둘러싸인 도형의 넓이를 구분구적법으로 구하는 식으로 옳은 것은?

① $\lim\limits_{n\to\infty}\dfrac{1}{n}\sum\limits_{k=1}^{n}\sqrt{\dfrac{k}{n}}$　　② $\lim\limits_{n\to\infty}\dfrac{1}{n}\sum\limits_{k=1}^{n}\sqrt{\dfrac{2k}{n}}$　　③ $\lim\limits_{n\to\infty}\dfrac{1}{n}\sum\limits_{k=1}^{n}\sqrt{1+\dfrac{k}{n}}$

④ $\lim\limits_{n\to\infty}\dfrac{1}{n}\sum\limits_{k=1}^{n}\sqrt{1+\dfrac{2k}{n}}$　　⑤ $\lim\limits_{n\to\infty}\dfrac{2}{n}\sum\limits_{k=1}^{n}\sqrt{1+\dfrac{k}{n}}$

01- 2 곡선 $y=\dfrac{1}{2}x^2$과 x축 및 두 직선 $x=2$, $x=3$으로 둘러싸인 도형의 넓이를 구분구적법으로 구하시오.

정적분과 급수

필.수.예.제 02

정적분을 이용하여 다음 극한값을 구하시오.

(1) $\displaystyle\lim_{n\to\infty}\frac{1}{n^2}\sum_{k=1}^{n}(n+2k)$

(2) $\displaystyle\lim_{n\to\infty}\frac{1}{n^2}(e^{\frac{1}{n}}+2e^{\frac{2}{n}}+3e^{\frac{3}{n}}+\cdots+ne^{\frac{n}{n}})$

공략 Point

식을 변형한 후 급수의 합을 정적분으로 나타낸다.

$$\Rightarrow \lim_{n\to\infty}\sum_{k=1}^{n}f\left(a+\frac{p}{n}k\right)\times\frac{p}{n}$$
$$=\int_{a}^{a+p}f(x)\,dx$$

풀이

(1) 주어진 식을 변형하면

$$\lim_{n\to\infty}\frac{1}{n^2}\sum_{k=1}^{n}(n+2k)=\lim_{n\to\infty}\sum_{k=1}^{n}\frac{n+2k}{n}\times\frac{1}{n}$$
$$=\frac{1}{2}\lim_{n\to\infty}\sum_{k=1}^{n}\left(1+\frac{2k}{n}\right)\times\frac{2}{n}$$

$1+\dfrac{2k}{n}$를 x, $\dfrac{2}{n}$를 dx로 나타내면 적분 구간은 $[1,\,3]$이므로

$$=\frac{1}{2}\int_{1}^{3}x\,dx$$
$$=\frac{1}{2}\left[\frac{1}{2}x^2\right]_{1}^{3}=\boldsymbol{2}$$

(2) 주어진 식을 $\sum$를 이용하여 나타내면

$$\lim_{n\to\infty}\frac{1}{n^2}(e^{\frac{1}{n}}+2e^{\frac{2}{n}}+3e^{\frac{3}{n}}+\cdots+ne^{\frac{n}{n}})=\lim_{n\to\infty}\sum_{k=1}^{n}\frac{k}{n}e^{\frac{k}{n}}\times\frac{1}{n}$$

$\dfrac{k}{n}$를 x, $\dfrac{1}{n}$을 dx로 나타내면 적분 구간은 $[0,\,1]$이므로

$$=\int_{0}^{1}xe^x\,dx$$

이때 $f(x)=x$, $g'(x)=e^x$으로 놓으면 $f'(x)=1$, $g(x)=e^x$ 이므로

$$=\left[xe^x\right]_{0}^{1}-\int_{0}^{1}e^x\,dx$$
$$=e-\left[e^x\right]_{0}^{1}$$
$$=e-(e-1)=\boldsymbol{1}$$

공략 Point

$$\lim_{n\to\infty}\sum_{k=1}^{n}f\left(a+\frac{p}{n}k\right)\times\frac{p}{n}$$
$$=\int_{0}^{p}f(a+x)\,dx$$
임을 이용한다.

다른 풀이

(1) $\dfrac{2k}{n}$를 x, $\dfrac{2}{n}$를 dx로 나타내면 적분 구간은 $[0,\,2]$이므로

$$\lim_{n\to\infty}\frac{1}{n^2}\sum_{k=1}^{n}(n+2k)=\frac{1}{2}\lim_{n\to\infty}\sum_{k=1}^{n}\left(1+\frac{2k}{n}\right)\times\frac{2}{n}$$
$$=\frac{1}{2}\int_{0}^{2}(1+x)\,dx=\frac{1}{2}\left[x+\frac{1}{2}x^2\right]_{0}^{2}=\boldsymbol{2}$$

정답과 해설 97쪽

문제

02-1 정적분을 이용하여 다음 극한값을 구하시오.

(1) $\displaystyle\lim_{n\to\infty}\sum_{k=1}^{n}\frac{(n+k)^3}{n^4}$

(2) $\displaystyle\lim_{n\to\infty}\frac{1}{n\sqrt{n}}\sum_{k=1}^{n}(\sqrt{n}+\sqrt{2k})$

(3) $\displaystyle\lim_{n\to\infty}\left(\frac{4}{n+1}+\frac{4}{n+2}+\frac{4}{n+3}+\cdots+\frac{4}{n+n}\right)$

(4) $\displaystyle\lim_{n\to\infty}\frac{1}{n}\left\{\ln\left(2+\frac{2}{n}\right)+\ln\left(2+\frac{4}{n}\right)+\ln\left(2+\frac{6}{n}\right)+\cdots+\ln\left(2+\frac{2n}{n}\right)\right\}$

2 넓이

1 곡선과 좌표축 사이의 넓이

(1) 함수 $f(x)$가 닫힌구간 $[a, b]$에서 연속일 때, 곡선 $y=f(x)$와 x축 및 두 직선 $x=a$, $x=b$로 둘러싸인 도형의 넓이 S는

$$S=\int_a^b |f(x)|\, dx$$

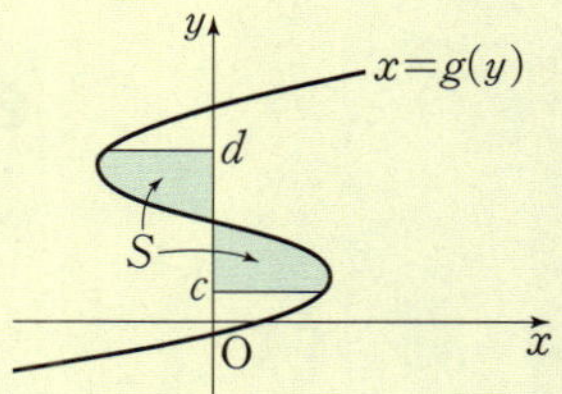

(2) 함수 $g(y)$가 닫힌구간 $[c, d]$에서 연속일 때, 곡선 $x=g(y)$와 y축 및 두 직선 $y=c$, $y=d$로 둘러싸인 도형의 넓이 S는

$$S=\int_c^d |g(y)|\, dy$$

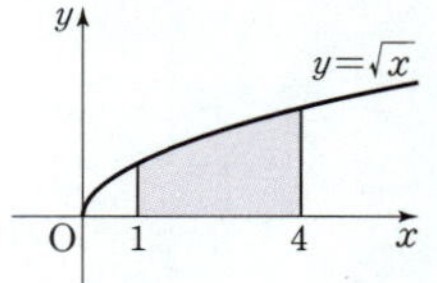

예 (1) 곡선 $y=\sqrt{x}$와 x축 및 두 직선 $x=1$, $x=4$로 둘러싸인 도형의 넓이를 구해 보자.

$1 \le x \le 4$에서 $y>0$이므로 구하는 넓이를 S라 하면

$$S=\int_1^4 \sqrt{x}\, dx = \left[\frac{2}{3}x\sqrt{x}\right]_1^4 = \frac{14}{3}$$

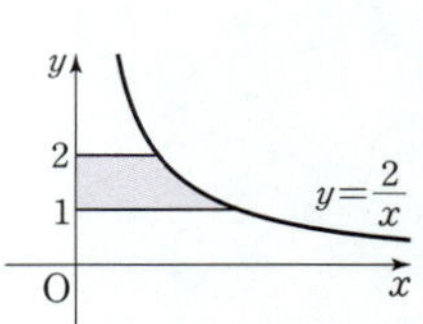

(2) 곡선 $y=\dfrac{2}{x}$와 y축 및 두 직선 $y=1$, $y=2$로 둘러싸인 도형의 넓이를 구해 보자.

$y=\dfrac{2}{x}$를 x에 대하여 풀면 $x=\dfrac{2}{y}$

$1 \le y \le 2$에서 $x>0$이므로 구하는 넓이를 S라 하면

$$S=\int_1^2 \frac{2}{y}\, dy = \left[2\ln|y|\right]_1^2 = 2\ln 2$$

참고 곡선과 x축 및 두 직선 $x=a$, $x=b$로 둘러싸인 도형의 넓이를 구할 때에는 닫힌구간 $[a, b]$에서 생각한다.

2 두 곡선 사이의 넓이

(1) 두 함수 $f(x)$, $g(x)$가 닫힌구간 $[a, b]$에서 연속일 때, 두 곡선 $y=f(x)$, $y=g(x)$ 및 두 직선 $x=a$, $x=b$로 둘러싸인 도형의 넓이 S는

$$S=\int_a^b |f(x)-g(x)|\, dx$$

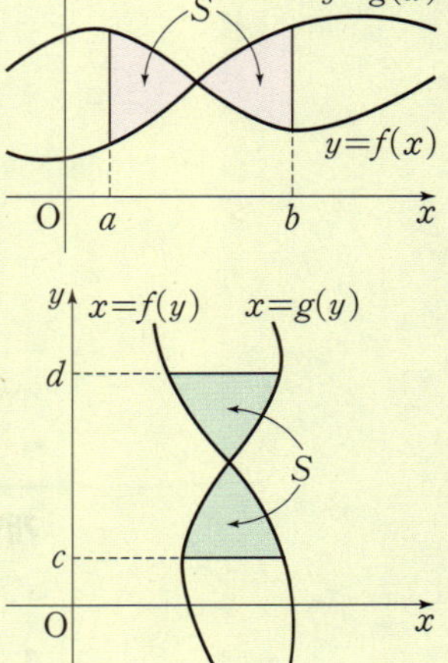

(2) 두 함수 $f(y)$, $g(y)$가 닫힌구간 $[c, d]$에서 연속일 때, 두 곡선 $x=f(y)$, $x=g(y)$ 및 두 직선 $y=c$, $y=d$로 둘러싸인 도형의 넓이 S는

$$S=\int_c^d |f(y)-g(y)|\, dy$$

⑩ (1) 곡선 $y=\sqrt{x}$와 직선 $y=x$로 둘러싸인 도형의 넓이를 구해 보자.

곡선 $y=\sqrt{x}$와 직선 $y=x$의 교점의 x좌표를 구하면

$\sqrt{x}=x,\ x^2-x=0,\ x(x-1)=0$ $\qquad\therefore\ x=0$ 또는 $x=1$

$0\le x\le1$에서 $\sqrt{x}\ge x$이므로 구하는 넓이를 S라 하면

$$S=\int_0^1(\sqrt{x}-x)\,dx=\left[\frac{2}{3}x\sqrt{x}-\frac{1}{2}x^2\right]_0^1=\frac{1}{6}$$

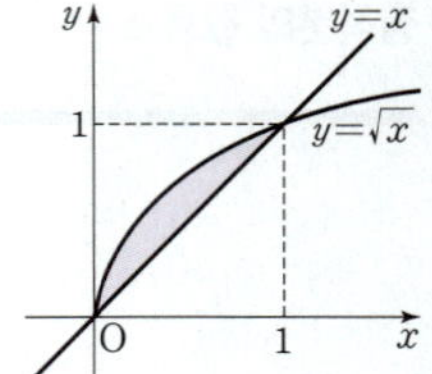

(2) 곡선 $y=\ln x$와 직선 $y=x$ 및 두 직선 $y=1$, $y=2$로 둘러싸인 도형의 넓이를 구해 보자.

$y=\ln x$, $y=x$를 각각 x에 대하여 풀면 $x=e^y$, $x=y$

$1\le y\le2$에서 $e^y>y$이므로 구하는 넓이를 S라 하면

$$S=\int_1^2(e^y-y)\,dy=\left[e^y-\frac{1}{2}y^2\right]_1^2=e^2-e-\frac{3}{2}$$

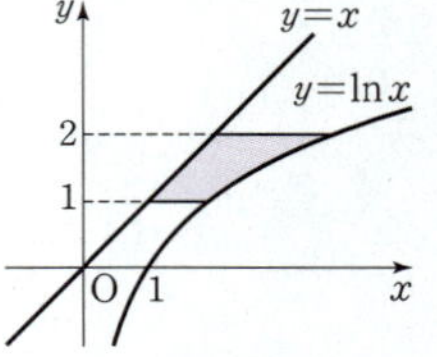

참고 오른쪽 그림과 같이 닫힌구간 $[a,\ b]$에서 두 곡선 $y=f(x)$, $y=g(x)$로 둘러싸인 두 도형의 넓이가 서로 같으면

$$\int_a^b\{f(x)-g(x)\}\,dx=0$$

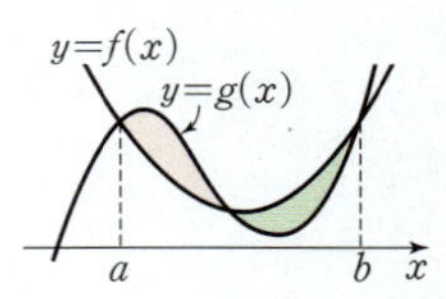

❸ 역함수의 그래프와 넓이

함수 $y=f(x)$와 그 역함수 $y=g(x)$의 그래프로 둘러싸인 도형의 넓이는 함수 $y=f(x)$와 그 역함수 $y=g(x)$의 그래프가 직선 $y=x$에 대하여 대칭임을 이용하여 다음과 같이 구한다.

(1) **함수의 그래프와 그 역함수의 그래프로 둘러싸인 도형의 넓이**

오른쪽 그림과 같이 함수 $y=f(x)$와 그 역함수 $y=g(x)$의 그래프의 두 교점의 x좌표가 a, b일 때, 두 곡선으로 둘러싸인 도형의 넓이 S는 곡선 $y=f(x)$와 직선 $y=x$로 둘러싸인 도형의 넓이의 2배와 같으므로

$$S=\int_a^b|f(x)-g(x)|\,dx$$

$$=2\int_a^b|f(x)-x|\,dx \qquad \blacktriangleleft\ S_1=S_2$$

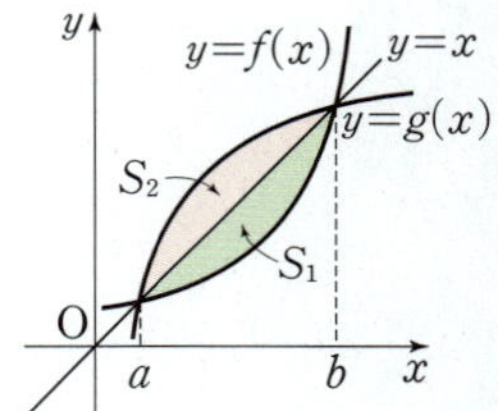

(2) **역함수의 그래프와 좌표축으로 둘러싸인 도형의 넓이**

오른쪽 그림과 같이 곡선 $y=f(x)$가 점 $(a,\ c)$를 지날 때, 함수 $y=f(x)$의 역함수 $y=g(x)$의 그래프와 x축 및 직선 $x=c$로 둘러싸인 도형의 넓이 A는

$$A=B$$

$$\underset{\text{직사각형의 넓이}}{=ac}-\int_0^a f(x)\,dx$$

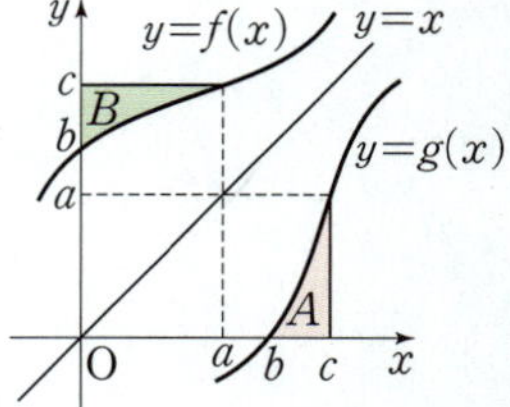

개념 CHECK 정답과 해설 98쪽

1 곡선 $y=\dfrac{1}{x}$과 x축 및 두 직선 $x=1$, $x=2$로 둘러싸인 도형의 넓이를 구하시오.

곡선과 좌표축 사이의 넓이

필.수.예.제 03

다음 물음에 답하시오.

(1) 곡선 $y=2\sin x\,(0\le x\le 2\pi)$와 x축으로 둘러싸인 도형의 넓이를 구하시오.

(2) 곡선 $y=\ln(x+1)$과 y축 및 두 직선 $y=-\ln 3$, $y=\ln 3$으로 둘러싸인 도형의 넓이를 구하시오.

공략 Point

(1) 곡선 $y=f(x)$와 x축 및 두 직선 $x=a$, $x=b$로 둘러싸인 도형의 넓이 S는
$$S=\int_a^b |f(x)|\,dx$$

(2) 곡선 $x=g(y)$와 y축 및 두 직선 $y=c$, $y=d$로 둘러싸인 도형의 넓이 S는
$$S=\int_c^d |g(y)|\,dy$$

풀이

(1) $0\le x\le\pi$에서 $y\ge 0$이고, $\pi\le x\le 2\pi$에서 $y\le 0$이므로 구하는 넓이를 S라 하면

$$S=\int_0^\pi 2\sin x\,dx+\int_\pi^{2\pi}(-2\sin x)\,dx$$
$$=\Big[-2\cos x\Big]_0^\pi+\Big[2\cos x\Big]_\pi^{2\pi}$$
$$=8$$

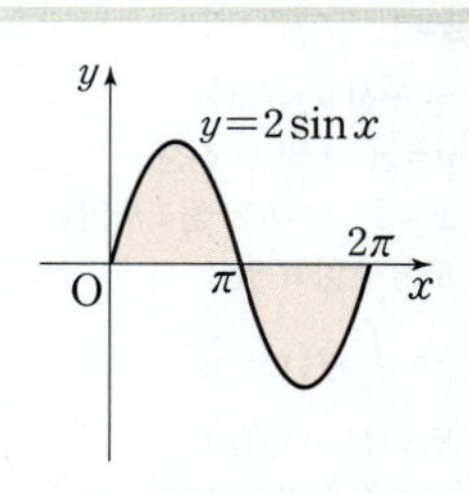

(2) $y=\ln(x+1)$을 x에 대하여 풀면

$$x+1=e^y$$
$$\therefore x=e^y-1$$

곡선 $x=e^y-1$과 y축의 교점의 y좌표를 구하면

$$e^y-1=0,\ e^y=1$$
$$\therefore y=0$$

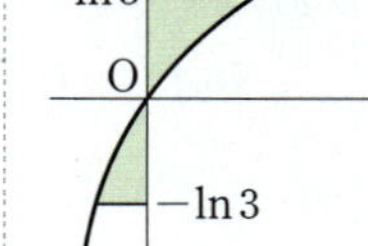

$-\ln 3\le y\le 0$에서 $x\le 0$이고, $0\le y\le\ln 3$에서 $x\ge 0$이므로 구하는 넓이를 S라 하면

$$S=\int_{-\ln 3}^0 (-e^y+1)\,dy+\int_0^{\ln 3}(e^y-1)\,dy$$
$$=\Big[-e^y+y\Big]_{-\ln 3}^0+\Big[e^y-y\Big]_0^{\ln 3}=\frac{4}{3}$$

정답과 해설 98쪽

문제

03-1 다음 곡선과 x축 및 두 직선으로 둘러싸인 도형의 넓이를 구하시오.

(1) $y=\dfrac{x}{x-1}$, $x=2$, $x=4$

(2) $y=\cos x$, $x=0$, $x=\pi$

03-2 다음 곡선과 y축 및 두 직선으로 둘러싸인 도형의 넓이를 구하시오.

(1) $y=-\dfrac{1}{x}$, $y=1$, $y=e$

(2) $y=(x+2)^2\,(x\ge -2)$, $y=1$, $y=9$

두 곡선 사이의 넓이

필.수.예.제 04

다음 곡선과 직선으로 둘러싸인 도형의 넓이를 구하시오.

(1) $y=\sin x$, $y=\cos x$, $x=0$, $x=\dfrac{\pi}{2}$

(2) $y=\sqrt{x-1}$, $y=\dfrac{1}{2}x$, $y=0$

공략 Point

(1) 두 곡선 $y=f(x)$, $y=g(x)$ 및 두 직선 $x=a$, $x=b$로 둘러싸인 도형의 넓이 S는
$$S=\int_a^b |f(x)-g(x)|\,dx$$

(2) 두 곡선 $x=f(y)$, $x=g(y)$ 및 두 직선 $y=c$, $y=d$로 둘러싸인 도형의 넓이 S는
$$S=\int_c^d |f(y)-g(y)|\,dy$$

풀이

(1) 두 곡선 $y=\sin x$, $y=\cos x$의 교점의 x좌표를 구하면

$\sin x=\cos x$

$\therefore x=\dfrac{\pi}{4}\ \left(\because 0\le x\le \dfrac{\pi}{2}\right)$

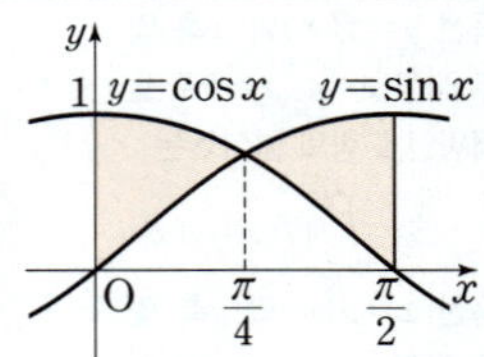

$0\le x\le\dfrac{\pi}{4}$에서 $\cos x\ge\sin x$이고, $\dfrac{\pi}{4}\le x\le\dfrac{\pi}{2}$에서 $\sin x\ge\cos x$이므로 구하는 넓이를 S라 하면

$S=\displaystyle\int_0^{\frac{\pi}{4}}(\cos x-\sin x)\,dx+\int_{\frac{\pi}{4}}^{\frac{\pi}{2}}(\sin x-\cos x)\,dx$

$=\Big[\sin x+\cos x\Big]_0^{\frac{\pi}{4}}+\Big[-\cos x-\sin x\Big]_{\frac{\pi}{4}}^{\frac{\pi}{2}}$

$=2\sqrt{2}-2$

(2) $y=\sqrt{x-1}$, $y=\dfrac{1}{2}x$를 각각 x에 대하여 풀면

$x=y^2+1$, $x=2y$

곡선 $x=y^2+1$과 직선 $x=2y$의 교점의 y좌표를 구하면

$y^2+1=2y$, $(y-1)^2=0$

$\therefore y=1$

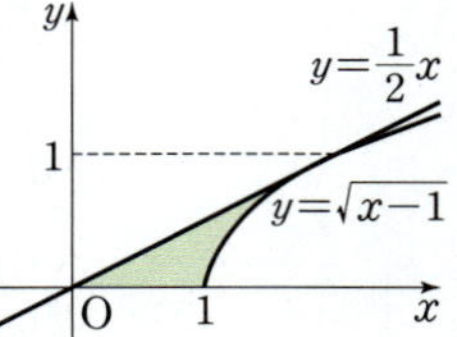

$0\le y\le 1$에서 $y^2+1\ge 2y$이므로 구하는 넓이를 S라 하면

$S=\displaystyle\int_0^1 \{(y^2+1)-2y\}\,dy$

$=\displaystyle\int_0^1 (y^2-2y+1)\,dy$

$=\Big[\dfrac{1}{3}y^3-y^2+y\Big]_0^1=\dfrac{1}{3}$

정답과 해설 98쪽

문제

04-1 다음 곡선과 직선으로 둘러싸인 도형의 넓이를 구하시오.

(1) $y=\ln x$, $y=-\ln x$, $x=e$

(2) $y=\cos x$, $y=\cos 2x$, $x=0$, $x=\pi$

(3) $y=\ln x$, $y=\sqrt{2x}$, $y=0$, $y=1$

(4) $y=e^x$, $y=-x+1$, $y=e$

두 도형의 넓이가 같은 경우

필.수.예.제 05

오른쪽 그림과 같이 곡선 $y=\sqrt{x}-2$와 직선 $x=k$ 및 x축, y축으로 둘러싸인 두 도형의 넓이가 서로 같을 때, 상수 k의 값을 구하시오. (단, $k>4$)

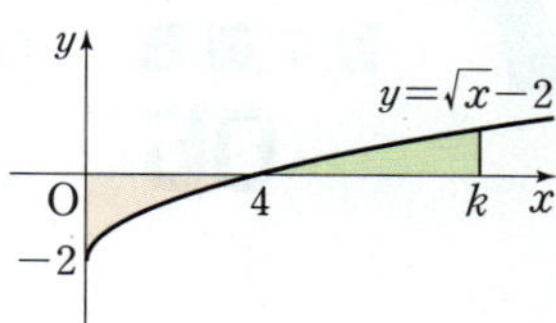

공략 Point

두 곡선 $y=f(x)$, $y=g(x)$로 둘러싸인 두 도형의 넓이가 서로 같으면

$$\int_a^b \{f(x)-g(x)\}\,dx=0$$

풀이

두 도형의 넓이가 서로 같으므로

$$\int_0^k (\sqrt{x}-2)\,dx=0$$

$$\left[\frac{2}{3}x\sqrt{x}-2x\right]_0^k=0$$

$$\frac{2}{3}k\sqrt{k}-2k=0,\ k(\sqrt{k}-3)=0$$

$$\therefore k=\mathbf{9}\ (\because k>4)$$

정답과 해설 **99**쪽

문제

05-1 오른쪽 그림과 같이 곡선 $y=-3\sqrt{x}+1$과 직선 $x=k$ 및 x축, y축으로 둘러싸인 두 도형의 넓이가 서로 같을 때, 상수 k의 값을 구하시오. $\left(\text{단, } k>\dfrac{1}{9}\right)$

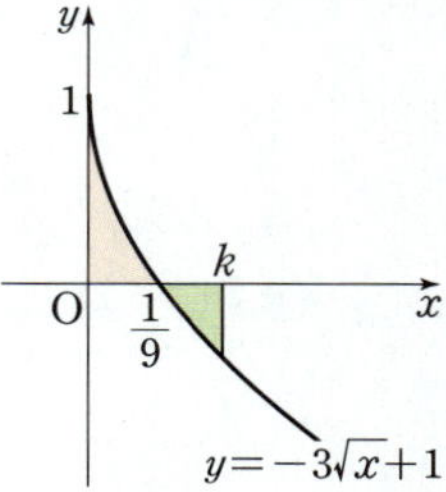

05-2 오른쪽 그림과 같이 두 곡선 $y=k\sin x$, $y=\cos x$와 y축 및 직선 $x=\dfrac{\pi}{3}$로 둘러싸인 두 도형의 넓이가 서로 같을 때, 상수 k의 값을 구하시오. $\left(\text{단, } k>\dfrac{\sqrt{3}}{3}\right)$

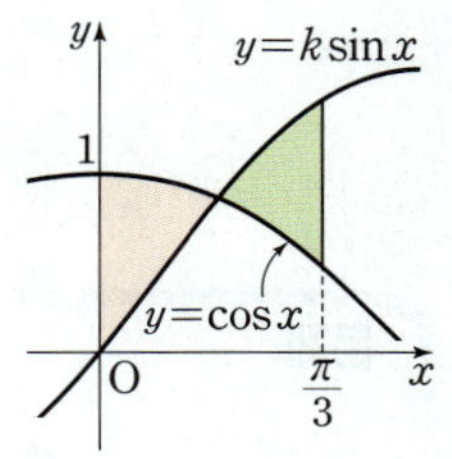

05-3 오른쪽 그림과 같이 곡선 $y=\dfrac{(\ln x)^3}{x}$과 x축 및 두 직선 $x=k$, $x=e$로 둘러싸인 두 도형의 넓이가 서로 같을 때, 상수 k의 값을 구하시오. (단, $0<k<1$)

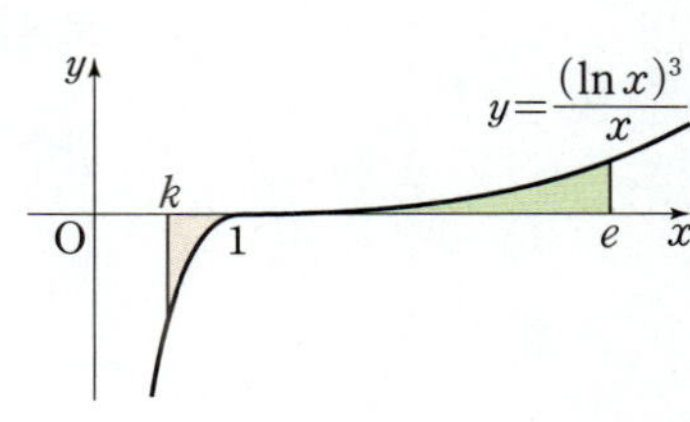

역함수의 그래프와 넓이

필.수.예.제
06

다음 물음에 답하시오.

(1) 함수 $f(x)=\sqrt{3x}$의 역함수를 $g(x)$라 할 때, 두 곡선 $y=f(x)$, $y=g(x)$로 둘러싸인 도형의 넓이를 구하시오.

(2) 함수 $f(x)=xe^x\,(x\geq0)$의 역함수를 $g(x)$라 할 때, $\displaystyle\int_0^1 f(x)\,dx+\int_0^e g(x)\,dx$의 값을 구하시오.

(1) 함수 $y=f(x)$와 그 역함수 $y=g(x)$의 그래프로 둘러싸인 도형의 넓이는 곡선 $y=f(x)$와 직선 $y=x$로 둘러싸인 도형의 넓이의 2배와 같음을 이용한다.

(2) 함수 $y=f(x)$와 그 역함수 $y=g(x)$의 그래프는 직선 $y=x$에 대하여 대칭임을 이용한다.

풀이

(1) 두 곡선 $y=f(x)$, $y=g(x)$는 직선 $y=x$에 대하여 대칭이므로 두 곡선으로 둘러싸인 도형의 넓이는 곡선 $y=f(x)$와 직선 $y=x$로 둘러싸인 도형의 넓이의 2배와 같다.

곡선 $y=f(x)$와 직선 $y=x$의 교점의 x좌표를 구하면

$$\sqrt{3x}=x,\ x^2-3x=0$$
$$x(x-3)=0$$
$$\therefore x=0\ \text{또는}\ x=3$$

$0\leq x\leq3$에서 $\sqrt{3x}\geq x$이므로 구하는 넓이를 S라 하면

$$S=2\int_0^3(\sqrt{3x}-x)\,dx$$
$$=2\left[\frac{2}{3}x\sqrt{3x}-\frac{1}{2}x^2\right]_0^3$$
$$=\mathbf{3}$$

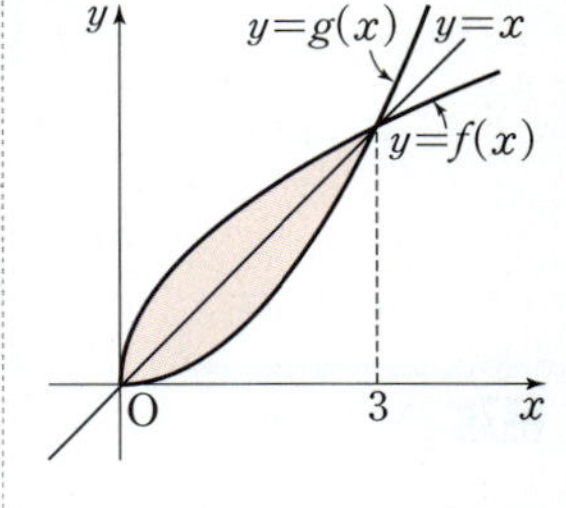

(2) 두 함수 $y=f(x)$, $y=g(x)$의 그래프는 직선 $y=x$에 대하여 대칭이고 $f(0)=0$, $f(1)=e$이므로 $g(0)=0$, $g(e)=1$이다.

$\displaystyle\int_0^1 f(x)\,dx=S_1$, $\displaystyle\int_0^e g(x)\,dx=S_2$라 하면 오른쪽 그림에서 빗금 친 두 부분의 넓이가 서로 같으므로 구하는 값은

$$\int_0^1 f(x)\,dx+\int_0^e g(x)\,dx$$
$$=S_1+S_2$$
$$=1\times e$$
$$=\mathbf{e}$$

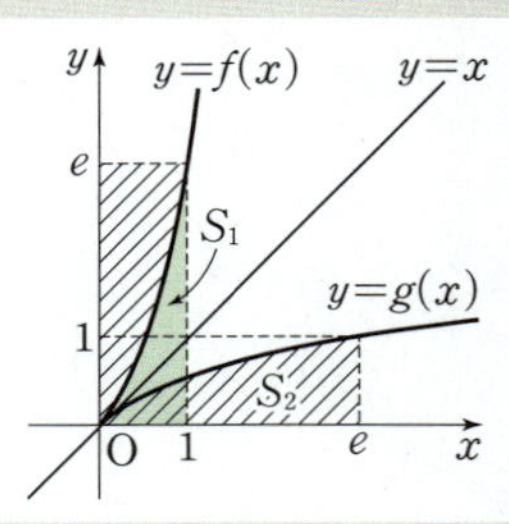

정답과 해설 99쪽

문제

06- 1

다음 물음에 답하시오.

(1) 함수 $f(x)=\sin\dfrac{\pi}{2}x\,(-1\leq x\leq1)$의 역함수를 $g(x)$라 할 때, 두 곡선 $y=f(x)$, $y=g(x)$로 둘러싸인 도형의 넓이를 구하시오.

(2) 함수 $f(x)=\ln x$의 역함수를 $g(x)$라 할 때, $\displaystyle\int_1^{e^2} f(x)\,dx+\int_0^2 g(x)\,dx$의 값을 구하시오.

연습문제

1 다음 중 곡선 $y=x^2$과 x축 및 두 직선 $x=1$, $x=3$으로 둘러싸인 도형의 넓이를 구분구적법으로 구하는 식으로 옳은 것은?

① $\displaystyle\lim_{n\to\infty}\frac{1}{n}\sum_{k=1}^{n}\left(\frac{k}{n}\right)^2$
② $\displaystyle\lim_{n\to\infty}\frac{1}{n}\sum_{k=1}^{n}\left(\frac{2k}{n}\right)^2$

③ $\displaystyle\lim_{n\to\infty}\frac{2}{n}\sum_{k=1}^{n}\left(\frac{k}{n}\right)^2$
④ $\displaystyle\lim_{n\to\infty}\frac{1}{n}\sum_{k=1}^{n}\left(1+\frac{2k}{n}\right)^2$

⑤ $\displaystyle\lim_{n\to\infty}\frac{2}{n}\sum_{k=1}^{n}\left(1+\frac{2k}{n}\right)^2$

2 _{수능} 함수 $f(x)=4x^3+x$에 대하여 $\displaystyle\lim_{n\to\infty}\sum_{k=1}^{n}\frac{1}{n}f\left(\frac{2k}{n}\right)$의 값은?

① 6　　　　② 7　　　　③ 8
④ 9　　　　⑤ 10

3 정적분을 이용하여
$$\lim_{n\to\infty}\frac{\pi}{n}\left(\cos\frac{\pi}{2n}+\cos\frac{2\pi}{2n}+\cos\frac{3\pi}{2n}+\cdots+\cos\frac{n\pi}{2n}\right)$$
의 값을 구하시오.

4 곡선 $y=\ln(1-2x)+1$과 y축 및 직선 $y=-1$로 둘러싸인 도형의 넓이를 구하시오.

5 다음 그림과 같이 곡선 $y=\dfrac{\ln x}{x}$와 x축 및 직선 $x=k$로 둘러싸인 도형의 넓이를 S_1, 곡선 $y=\dfrac{\ln x}{x}$와 x축 및 두 직선 $x=k$, $x=e^2$으로 둘러싸인 도형의 넓이를 S_2라 할 때, $S_1=S_2$를 만족시키는 상수 k의 값은? (단, $1<k<e^2$)

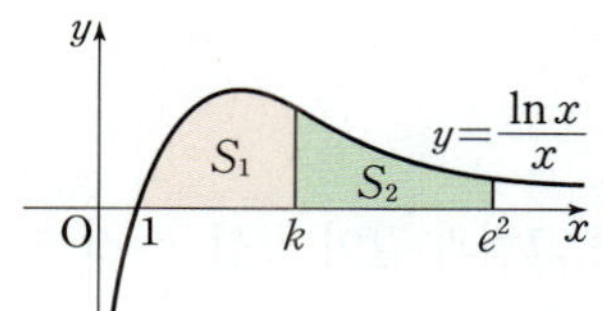

① $\dfrac{e}{2}$　　　　② $\sqrt{e}$　　　　③ e
④ $\sqrt{2}e$　　　　⑤ $e^{\sqrt{2}}$

6 미분가능한 함수 $f(x)$에 대하여 오른쪽 그림과 같이 곡선 $y=f(x)$와 x축 및 직선 $x=7$로 둘러싸인 도형의 넓이가 18일 때,

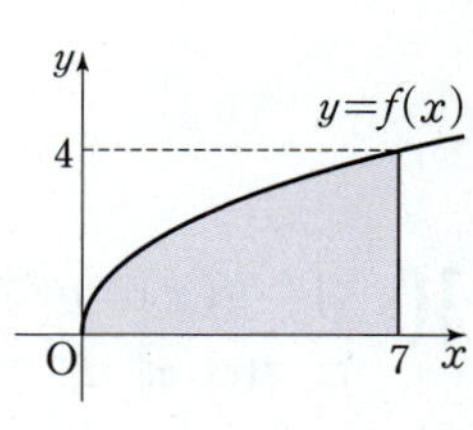

$\displaystyle\int_0^7 xf'(x)\,dx$의 값을 구하시오.

(단, $f(0)=0$, $f(7)=4$)

연습문제

7 곡선 $y=\dfrac{1}{x}\,(x>0)$과 두 직선 $y=2x$, $y=\dfrac{1}{2}x$로 둘러싸인 도형의 넓이를 구하시오.

8 곡선 $y=\ln(x-1)$과 이 곡선 위의 점 $(e+1,\ 1)$에서의 접선 및 x축으로 둘러싸인 도형의 넓이를 구하시오.

9 오른쪽 그림과 같이 곡선 $y=\sin 2x\left(0\le x\le\dfrac{\pi}{2}\right)$와 두 직선 $y=ax$, $x=\dfrac{\pi}{2}$로 둘러싸인 두 도형의 넓이가 서로 같을 때, 상수 a의 값을 구하시오. (단, $0<a<2$)

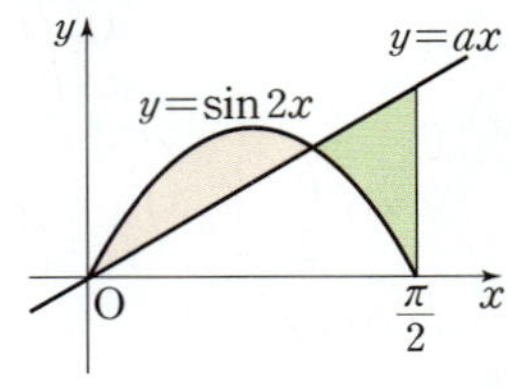

10 함수 $f(x)=e^{ax}$과 그 역함수 $g(x)$가 $x=e$에서 서로 접할 때, 두 곡선 $y=f(x)$, $y=g(x)$와 x축 및 y축으로 둘러싸인 도형의 넓이는? (단, $a>0$)

① e^2-2e ② $e+1$ ③ $2e-1$
④ e^2+1 ⑤ e^2+e

11 함수 $f(x)=\tan x\left(0\le x\le\dfrac{\pi}{4}\right)$의 역함수를 $g(x)$라 할 때, $\displaystyle\int_{\frac{\pi}{6}}^{\frac{\pi}{4}} f(x)\,dx+\int_{\frac{\sqrt{3}}{3}}^{1} g(x)\,dx$의 값을 구하시오.

실력

교육청

12 그림과 같이 중심각의 크기가 $\dfrac{\pi}{2}$이고, 반지름의 길이가 8인 부채꼴 OAB가 있다. 2 이상의 자연수 n에 대하여 호 AB를 n 등분한 각 분점을 점 A에서 가까운 것부터 차례로 P_1, P_2, P_3, $\cdots$, P_{n-1}이라 하자. $1\le k\le n-1$인 자연수 k에 대하여 점 B에서 선분 OP_k에 내린 수선의 발을 Q_k라 하고, 삼각형 OQ_kB의 넓이를 S_k라 하자. $\displaystyle\lim_{n\to\infty}\dfrac{1}{n}\sum_{k=1}^{n-1} S_k=\dfrac{a}{\pi}$일 때, a의 값을 구하시오.

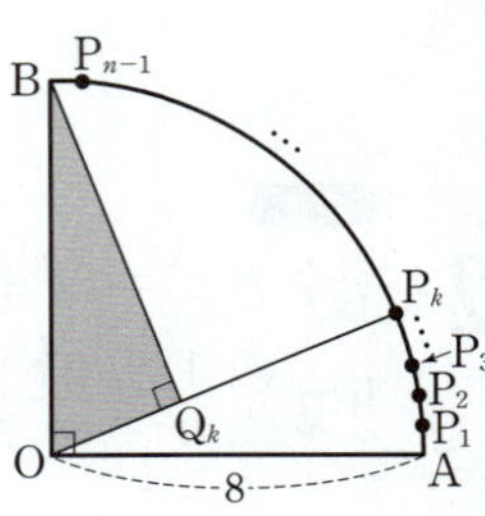

13 곡선 $y=\cos x\left(0\le x\le\dfrac{\pi}{2}\right)$와 x축 및 y축으로 둘러싸인 도형의 넓이를 곡선 $y=a\sin x$가 이등분할 때, 양수 a의 값을 구하시오.

입체도형의 부피

1 입체도형의 부피

닫힌구간 $[a, b]$에서 x좌표가 x인 점을 지나고 x축에 수직인 평면으로 자른 단면의 넓이가 $S(x)$인 입체도형의 부피 V는

$$V = \int_a^b S(x)\,dx$$

(단, $S(x)$는 닫힌구간 $[a, b]$에서 연속)

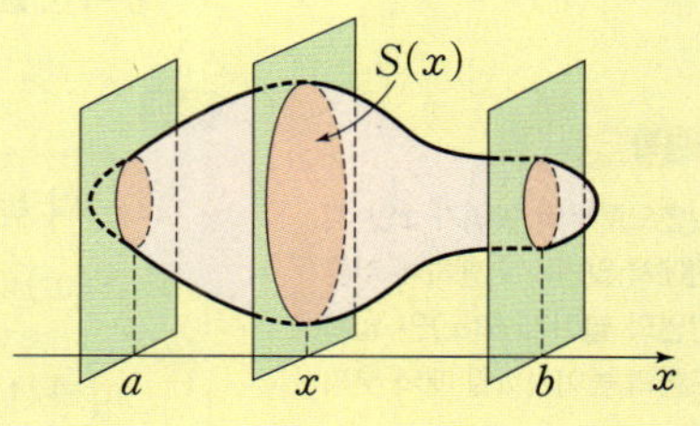

예 구간 $[0, 2]$에서 x좌표가 x인 점을 지나고 x축에 수직인 평면으로 자른 단면의 넓이 $S(x)$가 $S(x) = e^{2x} + x + 2$인 입체도형의 부피 V는

$$V = \int_0^2 S(x)\,dx = \int_0^2 (e^{2x} + x + 2)\,dx = \left[\frac{1}{2}e^{2x} + \frac{1}{2}x^2 + 2x\right]_0^2 = \frac{e^4}{2} + \frac{11}{2}$$

개념 PLUS

입체도형의 부피

어떤 입체도형이 주어졌을 때, 한 직선을 x축으로 정하여 x좌표가 a, b인 두 점을 지나고 x축에 수직인 두 평면 사이에 있는 부분의 부피 V를 구해 보자.

오른쪽 그림과 같이 x축 위의 닫힌구간 $[a, b]$를 n 등분 하여 양 끝 점과 각 분점의 x좌표를 차례대로

$$a = x_0,\ x_1,\ x_2,\ \cdots,\ x_k,\ \cdots,\ x_n = b$$

라 하고, 각 구간의 길이를 Δx라 하면

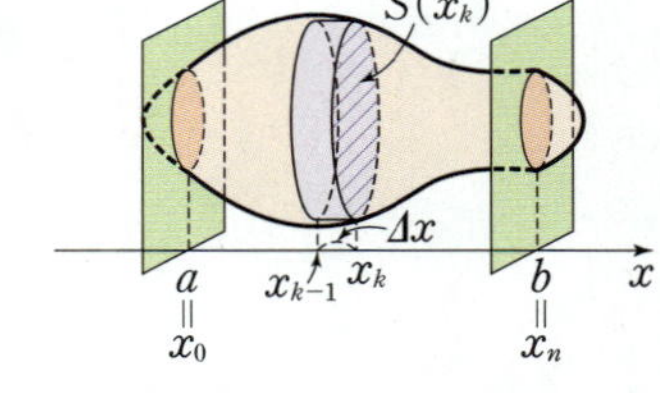

$$\Delta x = \frac{b-a}{n},\ x_k = a + k\Delta x\ (\text{단},\ k = 0, 1, 2, \cdots, n)$$

이때 x좌표가 x인 점을 지나고 x축에 수직인 평면으로 이 입체도형을 자른 단면의 넓이를 $S(x)$라 하면 밑면의 넓이가 $S(x_k)$이고 높이가 Δx인 기둥의 부피는 $S(x_k)\Delta x$이므로 n개의 기둥의 부피의 합 V_n은

$$V_n = S(x_1)\Delta x + S(x_2)\Delta x + S(x_3)\Delta x + \cdots + S(x_n)\Delta x$$

$$= \sum_{k=1}^{n} S(x_k)\Delta x$$

따라서 구하는 입체도형의 부피 V는 정적분과 급수의 합 사이의 관계에 의하여

$$V = \lim_{n \to \infty} V_n = \lim_{n \to \infty} \sum_{k=1}^{n} S(x_k)\Delta x = \int_a^b S(x)\,dx$$

개념 CHECK

정답과 해설 103쪽

1 높이가 3인 입체도형을 밑면으로부터 높이가 x인 지점에서 밑면과 평행한 평면으로 자른 단면의 넓이가 $x^2 + 1$일 때, 이 입체도형의 부피를 구하시오.

입체도형의 부피 – 단면이 밑면과 평행한 경우

필.수.예.제
01

다음 물음에 답하시오.

(1) 어떤 그릇에 채워진 물의 높이가 x cm일 때의 수면은 한 변의 길이가 $\sqrt{x+1}$ cm인 정사각형이다. 물의 높이가 10 cm일 때, 이 그릇에 담긴 물의 부피를 구하시오.

(2) 정적분을 이용하여 밑면의 한 변의 길이가 a, 높이가 h인 정사각뿔의 부피를 구하시오.

공략 Point

밑면으로부터 높이가 x인 지점에서 밑면과 평행하게 자른 단면의 넓이가 $S(x)$인 입체도형의 높이가 a일 때의 부피 V는

$$V=\int_0^a S(x)\,dx$$

풀이

(1) 물의 높이가 x cm일 때의 수면의 넓이를 $S(x)$라 하면

$$S(x)=(\sqrt{x+1})^2=x+1\,(cm^2)$$

따라서 물의 높이가 10 cm일 때, 이 그릇에 담긴 물의 부피를 V라 하면

$$V=\int_0^{10} S(x)\,dx=\int_0^{10}(x+1)\,dx$$
$$=\left[\frac{1}{2}x^2+x\right]_0^{10}=\mathbf{60(cm^3)}$$

(2) 오른쪽 그림과 같이 정사각뿔의 꼭짓점을 원점, 꼭짓점에서 밑면에 내린 수선을 x축으로 정하고, x좌표가 x인 점을 지나고 x축에 수직인 평면으로 자른 단면의 넓이를 $S(x)$라 하면 밑면과 이 단면은 서로 닮음이므로 닮음비는

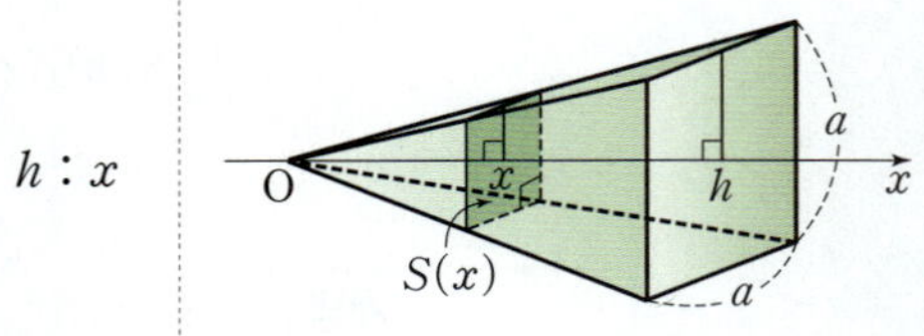

이때 넓이의 비는 $h^2 : x^2$이므로

$$a^2 : S(x)=h^2 : x^2 \qquad \therefore S(x)=\frac{a^2}{h^2}x^2$$

따라서 정사각뿔의 부피를 V라 하면

$$V=\int_0^h S(x)\,dx=\int_0^h \frac{a^2}{h^2}x^2\,dx$$
$$=\frac{a^2}{h^2}\left[\frac{1}{3}x^3\right]_0^h=\frac{1}{3}\mathbf{a^2h}$$

정답과 해설 103쪽

문제

01-1 어떤 그릇에 채워진 물의 높이가 x cm일 때의 수면의 넓이는 $(\sin x+x)$ cm²이다. 물의 높이가 π cm일 때, 이 그릇에 담긴 물의 부피를 구하시오.

01-2 높이가 6인 입체도형을 밑면으로부터 높이가 x인 지점에서 밑면과 평행한 평면으로 자른 단면은 반지름의 길이가 $\sqrt{10x-x^2}$인 원이다. 이 입체도형의 부피를 구하시오.

01-3 정적분을 이용하여 밑면의 한 변의 길이가 a, 높이가 h인 정삼각뿔의 부피를 구하시오.

입체도형의 부피 – 단면이 밑면과 수직인 경우

필.수.예.제 02

오른쪽 그림과 같이 곡선 $y=\sqrt{\sin x}\,(0\le x\le\pi)$와 x축으로 둘러싸인 도형을 밑면으로 하는 입체도형을 x축에 수직인 평면으로 자른 단면이 모두 정삼각형일 때, 이 입체도형의 부피를 구하시오.

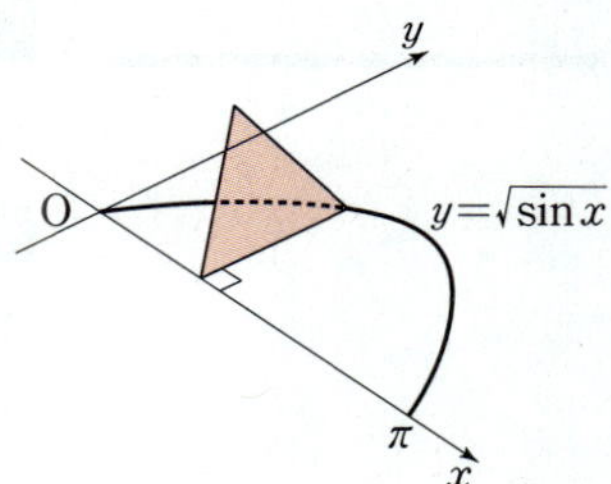

공략 Point

입체도형을 x축에 수직인 평면으로 자른 단면의 넓이를 구한 후 정적분을 이용하여 입체도형의 부피를 구한다.

풀이

오른쪽 그림과 같이 x축 위의 점 $\mathrm{P}(x,\,0)\,(0\le x\le\pi)$을 지나고 x축에 수직인 직선이 곡선 $y=\sqrt{\sin x}$ 와 만나는 점을 Q라 하면	$\mathrm{Q}(x,\,\sqrt{\sin x})$
$\overline{\mathrm{PQ}}=\sqrt{\sin x}$를 한 변으로 하는 정삼각형의 넓이를 $S(x)$라 하면	$\begin{aligned}S(x)&=\dfrac{\sqrt{3}}{4}(\sqrt{\sin x})^2\\&=\dfrac{\sqrt{3}}{4}\sin x\end{aligned}$
따라서 구하는 입체도형의 부피를 V라 하면	$\begin{aligned}V&=\int_0^\pi S(x)\,dx=\int_0^\pi\dfrac{\sqrt{3}}{4}\sin x\,dx\\&=\dfrac{\sqrt{3}}{4}\Big[-\cos x\Big]_0^\pi=\dfrac{\sqrt{3}}{2}\end{aligned}$

정답과 해설 103쪽

문제

02-1 오른쪽 그림과 같이 곡선 $y=\tan x$와 x축 및 직선 $x=\dfrac{\pi}{4}$로 둘러싸인 도형을 밑면으로 하는 입체도형을 x축에 수직인 평면으로 자른 단면이 모두 정사각형일 때, 이 입체도형의 부피를 구하시오.

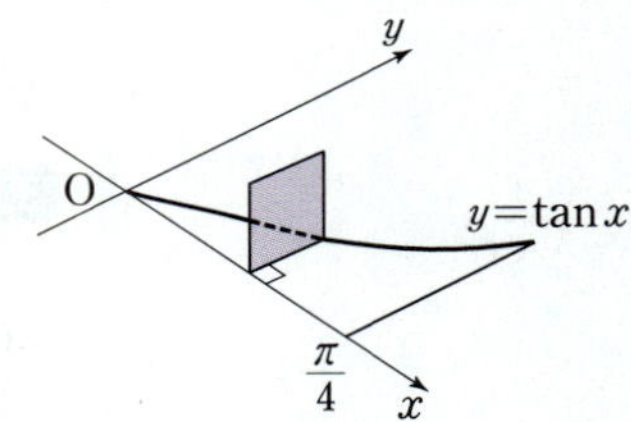

02-2 곡선 $y=\sqrt{e^x+3}$ 위의 점 P에서 x축에 내린 수선의 발을 H라 하고, 선분 PH를 한 변으로 하는 정삼각형을 x축에 수직인 평면 위에 그린다. 점 P의 x좌표가 $x=0$에서 $x=\ln 3$까지 변할 때, 이 정삼각형이 만드는 입체도형의 부피를 구하시오.

속도와 거리

1 수직선 위의 점의 위치와 움직인 거리

수직선 위를 움직이는 점 P의 시각 t에서의 속도가 $v(t)$이고 시각 $t=a$에서의 점 P의 위치가 x_0일 때

(1) 시각 t에서의 점 P의 위치 x는 $x=x_0+\displaystyle\int_a^t v(t)\,dt$

(2) 시각 $t=a$에서 $t=b$까지 점 P의 위치의 변화량은 $\displaystyle\int_a^b v(t)\,dt$

(3) 시각 $t=a$에서 $t=b$까지 점 P가 움직인 거리는 $\displaystyle\int_a^b |v(t)|\,dt$

2 평면 위의 점이 움직인 거리

> 좌표평면 위를 움직이는 점 P의 시각 t에서의 위치 (x, y)가 $x=f(t)$, $y=g(t)$일 때, 시각 $t=a$에서 $t=b$까지 점 P가 움직인 거리 s는
> $$s=\int_a^b \sqrt{\left(\frac{dx}{dt}\right)^2+\left(\frac{dy}{dt}\right)^2}\,dt=\int_a^b \sqrt{\{f'(t)\}^2+\{g'(t)\}^2}\,dt$$

예 좌표평면 위를 움직이는 점 P의 시각 t에서의 위치 (x, y)가 $x=3t-2$, $y=4t+1$일 때, $t=0$에서 $t=2$까지 점 P가 움직인 거리 s를 구해 보자.

$\dfrac{dx}{dt}=3$, $\dfrac{dy}{dt}=4$이므로

$$s=\int_0^2 \sqrt{\left(\frac{dx}{dt}\right)^2+\left(\frac{dy}{dt}\right)^2}\,dt=\int_0^2 \sqrt{3^2+4^2}\,dt=\int_0^2 5\,dt=\Big[5t\Big]_0^2=10$$

3 곡선의 길이

> (1) 곡선 $x=f(t)$, $y=g(t)$ $(a\leq t\leq b)$의 겹치는 부분이 없을 때, 곡선의 길이 l은
> $$l=\int_a^b \sqrt{\left(\frac{dx}{dt}\right)^2+\left(\frac{dy}{dt}\right)^2}\,dt=\int_a^b \sqrt{\{f'(t)\}^2+\{g'(t)\}^2}\,dt$$
> (2) 곡선 $y=f(x)$ $(a\leq x\leq b)$의 길이 l은
> $$l=\int_a^b \sqrt{1+\left(\frac{dy}{dx}\right)^2}\,dx=\int_a^b \sqrt{1+\{f'(x)\}^2}\,dx$$

예 $0\leq x\leq\dfrac{4}{3}$에서 곡선 $y=x\sqrt{x}$의 길이 l을 구해 보자.

$\dfrac{dy}{dx}=\dfrac{3}{2}\sqrt{x}$이므로

$$l=\int_0^{\frac{4}{3}} \sqrt{1+\left(\frac{dy}{dx}\right)^2}\,dx=\int_0^{\frac{4}{3}} \sqrt{1+\left(\frac{3}{2}\sqrt{x}\right)^2}\,dx=\int_0^{\frac{4}{3}} \frac{1}{2}\sqrt{4+9x}\,dx$$
$$=\left[\frac{1}{27}(4+9x)\sqrt{4+9x}\right]_0^{\frac{4}{3}}=\frac{56}{27}$$

평면 위의 점이 움직인 거리

좌표평면 위를 움직이는 점 P의 시각 t에서의 위치 (x, y)가 $x=f(t)$, $y=g(t)$일 때, 시각 $t=a$에서 $t=b$까지 점 P가 움직인 거리 s를 구해 보자.

점 P가 움직인 거리는 시각 $t\,(a\leq t\leq b)$의 함수이므로 $s=s(t)$로 나타낼 수 있다.

시각 t에서 점 $\mathrm{A}(x, y)$에 있던 점 P가 시각 $t+\varDelta t$에서 점 $\mathrm{B}(x+\varDelta x, y+\varDelta y)$로 이동했을 때, 움직인 거리 s의 증분 $\varDelta s$는 $\varDelta t$가 충분히 작으면 $\overline{\mathrm{AB}}=\sqrt{(\varDelta x)^2+(\varDelta y)^2}$에 아주 가까운 값이 되므로

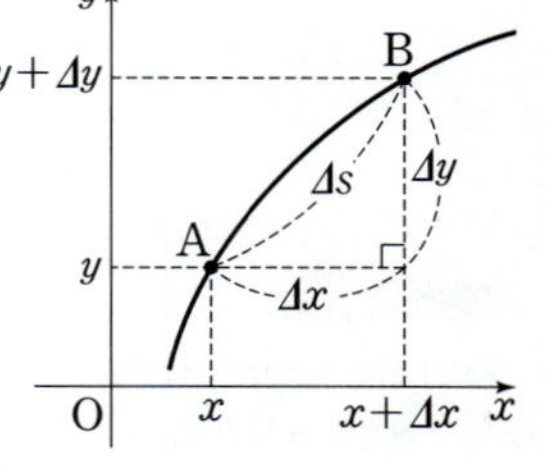

$$s'(t)=\frac{ds}{dt}=\lim_{\varDelta t\to 0}\frac{\varDelta s}{\varDelta t}$$

$$=\lim_{\varDelta t\to 0}\sqrt{\left(\frac{\varDelta x}{\varDelta t}\right)^2+\left(\frac{\varDelta y}{\varDelta t}\right)^2}=\sqrt{\left(\frac{dx}{dt}\right)^2+\left(\frac{dy}{dt}\right)^2}$$

따라서 $s(t)$는 $s'(t)$의 한 부정적분이므로 시각 $t=a$에서 $t=b$까지 점 P가 움직인 거리 s는

$$s=s(b)-s(a)=\int_a^b s'(t)\,dt$$

$$=\int_a^b \sqrt{\left(\frac{dx}{dt}\right)^2+\left(\frac{dy}{dt}\right)^2}\,dt=\int_a^b \sqrt{\{f'(t)\}^2+\{g'(t)\}^2}\,dt$$

곡선의 길이

⑴ 좌표평면 위를 움직이는 점 P의 시각 t에서의 위치 (x, y)가 $x=f(t)$, $y=g(t)$일 때, 점 P가 움직인 경로가 겹치지 않으면 $a\leq t\leq b$에서 점 P가 그리는 곡선의 길이 l은 시각 $t=a$에서 $t=b$까지 점 P가 움직인 거리와 같으므로

$$l=\int_a^b \sqrt{\left(\frac{dx}{dt}\right)^2+\left(\frac{dy}{dt}\right)^2}\,dt=\int_a^b \sqrt{\{f'(t)\}^2+\{g'(t)\}^2}\,dt$$

⑵ 곡선 $y=f(x)\,(a\leq x\leq b)$ 위를 움직이는 점 P의 시각 t에서의 위치 (x, y)는

$$x=t,\ y=f(t)\,(a\leq t\leq b)$$

로 나타낼 수 있다.

따라서 곡선 $y=f(x)\,(a\leq x\leq b)$의 길이 l은 시각 $t=a$에서 $t=b$까지 점 P가 움직인 거리와 같으므로

$$l=\int_a^b \sqrt{\left(\frac{dx}{dt}\right)^2+\left(\frac{dy}{dt}\right)^2}\,dt=\int_a^b \sqrt{1+\{f'(t)\}^2}\,dt=\int_a^b \sqrt{1+\{f'(x)\}^2}\,dx$$

개념 CHECK 정답과 해설 104쪽

1 좌표평면 위를 움직이는 점 P의 시각 t에서의 위치 (x, y)가 $x=2t+2$, $y=3t-4$일 때, 시각 $t=0$에서 $t=3$까지 점 P가 움직인 거리를 구하시오.

2 $0\leq x\leq 5$에서 곡선 $y=\dfrac{1}{3}x\sqrt{x}$의 길이를 구하시오.

수직선 위의 점의 위치와 움직인 거리

필.수.예.제
03

원점을 출발하여 수직선 위를 움직이는 점 P의 시각 t에서의 속도가 $v(t)=\sin \pi t$일 때, 다음을 구하시오.

(1) 시각 $t=1$에서의 점 P의 위치

(2) 시각 $t=1$에서 $t=3$까지 점 P의 위치의 변화량

(3) 시각 $t=1$에서 $t=3$까지 점 P가 움직인 거리

공략 Point

수직선 위를 움직이는 점 P의 시각 t에서의 속도가 $v(t)$이고 시각 $t=a$에서의 점 P의 위치가 x_0일 때

(1) 시각 t에서의 점 P의 위치

➡ $x_0+\displaystyle\int_a^t v(t)\,dt$

(2) 시각 $t=a$에서 $t=b$까지 점 P의 위치의 변화량

➡ $\displaystyle\int_a^b v(t)\,dt$

(3) 시각 $t=a$에서 $t=b$까지 점 P가 움직인 거리

➡ $\displaystyle\int_a^b |v(t)|\,dt$

풀이

(1) $t=1$에서의 점 P의 위치를 x라 하면 원점을 출발하였으므로

$$x=0+\int_0^1 \sin \pi t\,dt=\left[-\frac{1}{\pi}\cos \pi t\right]_0^1=\frac{2}{\pi}$$

(2) $t=1$에서 $t=3$까지 점 P의 위치의 변화량은

$$\int_1^3 \sin \pi t\,dt=\left[-\frac{1}{\pi}\cos \pi t\right]_1^3=0$$

(3) $t=1$에서 $t=3$까지 점 P가 움직인 거리는

$$\int_1^3 |\sin \pi t|\,dt=\int_1^2 (-\sin \pi t)\,dt+\int_2^3 \sin \pi t\,dt$$
$$=\left[\frac{1}{\pi}\cos \pi t\right]_1^2+\left[-\frac{1}{\pi}\cos \pi t\right]_2^3$$
$$=\frac{4}{\pi}$$

정답과 해설 104쪽

문제

03-1 좌표가 3인 점을 출발하여 수직선 위를 움직이는 점 P의 시각 t에서의 속도가 $v(t)=2^{t-1}-1$일 때, 다음을 구하시오.

(1) 시각 $t=3$에서의 점 P의 위치

(2) 시각 $t=1$에서 $t=2$까지 점 P의 위치의 변화량

(3) 시각 $t=0$에서 $t=3$까지 점 P가 움직인 거리

03-2 원점을 출발하여 수직선 위를 움직이는 점 P의 시각 t에서의 속도가 $v(t)=(t-1)e^{-t}$일 때, 점 P가 출발 후 운동 방향을 바꾸는 시각에서의 점 P의 위치를 구하시오.

평면 위의 점이 움직인 거리

필.수.예.제 04

좌표평면 위를 움직이는 점 P의 시각 t에서의 위치 (x, y)가 $x=\sqrt{3}\sin t+\cos t$, $y=\sqrt{3}\cos t-\sin t$ 일 때, 시각 $t=0$에서 $t=\dfrac{\pi}{3}$까지 점 P가 움직인 거리를 구하시오.

공략 Point

좌표평면 위를 움직이는 점 P의 시각 t에서의 위치 (x, y)가 $x=f(t)$, $y=g(t)$ 일 때, 시각 $t=a$에서 $t=b$ 까지 점 P가 움직인 거리는
$$\int_a^b \sqrt{\left(\dfrac{dx}{dt}\right)^2+\left(\dfrac{dy}{dt}\right)^2}\,dt$$
$$=\int_a^b \sqrt{\{f'(t)\}^2+\{g'(t)\}^2}\,dt$$

풀이

x, y를 각각 t에 대하여 미분하면	$\dfrac{dx}{dt}=\sqrt{3}\cos t-\sin t$, $\dfrac{dy}{dt}=-\sqrt{3}\sin t-\cos t$
따라서 $t=0$에서 $t=\dfrac{\pi}{3}$까지 점 P가 움직인 거리는	$\int_0^{\frac{\pi}{3}} \sqrt{(\sqrt{3}\cos t-\sin t)^2+(-\sqrt{3}\sin t-\cos t)^2}\,dt$ $=\int_0^{\frac{\pi}{3}} \sqrt{4(\cos^2 t+\sin^2 t)}\,dt$ $=\int_0^{\frac{\pi}{3}} 2\,dt$ $=\Big[2t\Big]_0^{\frac{\pi}{3}}=\dfrac{2}{3}\pi$

정답과 해설 104쪽

문제

04-1 좌표평면 위를 움직이는 점 P의 시각 $t\,(t>0)$에서의 위치 (x, y)가 $x=t^2-2\ln t$, $y=4t$일 때, 시각 $t=1$에서 $t=e$까지 점 P가 움직인 거리를 구하시오.

04-2 좌표평면 위를 움직이는 점 P의 시각 t에서의 위치 (x, y)가 $x=\dfrac{1}{2}e^{2t}-e^2 t$, $y=2e^{t+1}$일 때, 시각 $t=0$에서 $t=1$까지 점 P가 움직인 거리를 구하시오.

04-3 좌표평면 위를 움직이는 점 P의 시각 t에서의 위치 (x, y)가 $x=\dfrac{4}{3}t\sqrt{t}$, $y=-\dfrac{1}{2}t^2+t$이다. 시각 $t=2$에서 $t=a$까지 점 P가 움직인 거리가 8일 때, 양수 a의 값을 구하시오.

곡선의 길이

필.수.예.제 05

다음 곡선의 길이를 구하시오.

(1) $x=t-3$, $y=\dfrac{e^t+e^{-t}}{2}$ $(0\le t\le 2)$

(2) $y=\dfrac{1}{6}x^3+\dfrac{1}{2x}$ $(1\le x\le 3)$

공략 Point

(1) 곡선 $x=f(t)$, $y=g(t)$ $(a\le t\le b)$의 겹치는 부분이 없을 때, 곡선의 길이는

$$\int_a^b \sqrt{\left(\dfrac{dx}{dt}\right)^2+\left(\dfrac{dy}{dt}\right)^2}\,dt$$
$$=\int_a^b \sqrt{\{f'(t)\}^2+\{g'(t)\}^2}\,dt$$

(2) 곡선 $y=f(x)$ $(a\le x\le b)$의 길이는

$$\int_a^b \sqrt{1+\left(\dfrac{dy}{dx}\right)^2}\,dx$$
$$=\int_a^b \sqrt{1+\{f'(x)\}^2}\,dx$$

풀이

(1) x, y를 각각 t에 대하여 미분하면

$$\dfrac{dx}{dt}=1,\ \dfrac{dy}{dt}=\dfrac{e^t-e^{-t}}{2}$$

따라서 $0\le t\le 2$에서 곡선의 길이는

$$\int_0^2 \sqrt{1^2+\left(\dfrac{e^t-e^{-t}}{2}\right)^2}\,dt=\int_0^2 \sqrt{\dfrac{e^{2t}+2+e^{-2t}}{4}}\,dt$$
$$=\int_0^2 \sqrt{\left(\dfrac{e^t+e^{-t}}{2}\right)^2}\,dt$$
$$=\int_0^2 \dfrac{e^t+e^{-t}}{2}\,dt$$
$$=\left[\dfrac{e^t-e^{-t}}{2}\right]_0^2$$
$$=\dfrac{e^2}{2}-\dfrac{1}{2e^2}$$

(2) y를 x에 대하여 미분하면

$$\dfrac{dy}{dx}=\dfrac{1}{2}x^2-\dfrac{1}{2x^2}$$

따라서 $1\le x\le 3$에서 곡선의 길이는

$$\int_1^3 \sqrt{1+\left(\dfrac{1}{2}x^2-\dfrac{1}{2x^2}\right)^2}\,dx=\int_1^3 \sqrt{\dfrac{1}{4}x^4+\dfrac{1}{2}+\dfrac{1}{4x^4}}\,dx$$
$$=\int_1^3 \sqrt{\left(\dfrac{1}{2}x^2+\dfrac{1}{2x^2}\right)^2}\,dx$$
$$=\int_1^3 \left(\dfrac{1}{2}x^2+\dfrac{1}{2x^2}\right)dx$$
$$=\left[\dfrac{1}{6}x^3-\dfrac{1}{2x}\right]_1^3$$
$$=\dfrac{14}{3}$$

정답과 해설 105쪽

문제

05-1 다음 곡선의 길이를 구하시오.

(1) $x=t\cos t-\sin t$, $y=\cos t+t\sin t$ $\left(0\le t\le \dfrac{\pi}{4}\right)$

(2) $y=\dfrac{1}{8}x^2-\ln x$ $(1\le x\le 4)$

연습문제

1 높이가 4인 입체도형을 밑면으로부터 높이가 x인 지점에서 밑면과 평행한 평면으로 자른 단면은 가로의 길이가 $\sqrt{e^x+e^{-x}}$이고 가로와 세로의 길이의 비가 $1:2$인 직사각형이다. 이 입체도형의 부피를 구하시오.

2 높이가 $6\,\text{cm}$인 어떤 그릇의 밑면으로부터 높이가 $h\,\text{cm}$인 지점에서 밑면과 평행한 평면으로 자른 단면의 넓이가 $he^{-\frac{1}{3}h}\,\text{cm}^2$일 때, 단면의 넓이가 최대가 되는 높이까지 물을 채웠을 때의 물의 부피는?

① $1\,\text{cm}^3$
② $\left(9-\dfrac{18}{e}\right)\text{cm}^3$
③ $\left(9-\dfrac{1}{e}\right)\text{cm}^3$
④ $\left(e^2+\dfrac{9}{e}\right)\text{cm}^3$
⑤ $(9+e)\,\text{cm}^3$

3 다음 그림과 같이 x축에 수직인 직선이 곡선 $y=-x^2+3x$, 직선 $y=x$와 만나는 점을 각각 P, Q라 하자. 선분 PQ가 색칠한 부분에서 움직일 때, 선분 PQ를 한 변으로 하는 정삼각형을 단면으로 하는 입체도형의 부피를 구하시오.

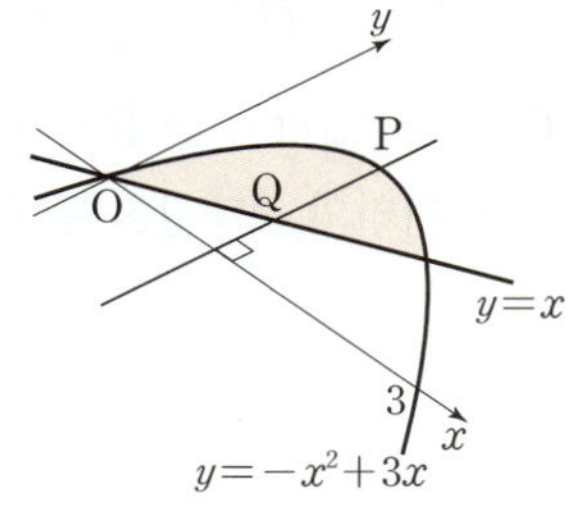

4 그림과 같이 양수 k에 대하여 곡선 $y=\sqrt{\dfrac{e^x}{e^x+1}}$과 x축, y축 및 직선 $x=k$로 둘러싸인 부분을 밑면으로 하고 x축에 수직인 평면으로 자른 단면이 모두 정사각형인 입체도형의 부피가 $\ln 7$일 때, k의 값은?

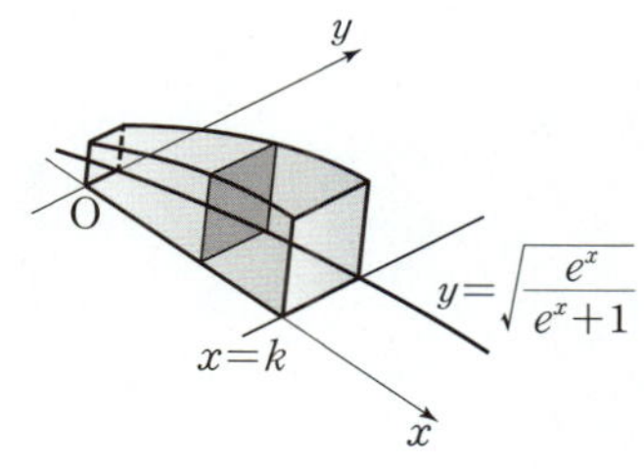

① $\ln 11$
② $\ln 13$
③ $\ln 15$
④ $\ln 17$
⑤ $\ln 19$

5 좌표가 5인 점을 출발하여 수직선 위를 움직이는 점 P의 시각 t에서의 속도가 $v(t)=e^{2t}-e^2$일 때, 점 P가 출발 후 운동 방향을 바꿀 때까지 움직인 거리는?

① $\dfrac{e^2}{2}+\dfrac{1}{2}$
② $\dfrac{e^2}{2}+1$
③ $\dfrac{e^2}{2}+\dfrac{3}{2}$
④ e^2+1
⑤ e^2+2

연습문제

6 원점을 출발하여 수직선 위를 움직이는 점 P의 시각 t에서의 속도가 $v(t)=\cos \pi t$일 때, $0<t\leq\pi$에서 점 P가 원점을 지나는 횟수는?

① 2 ② 3 ③ 4
④ 5 ⑤ 6

7 좌표평면 위를 움직이는 점 P의 시각 $t\,(t>0)$에서의 위치 $(x,\,y)$가 $x=2\ln 2t$, $y=t+\dfrac{1}{t}$일 때, 시각 $t=1$에서 $t=5$까지 점 P가 움직인 거리를 구하시오.

8 좌표평면 위를 움직이는 점 P의 시각 t에서의 위치 $(x,\,y)$가 $x=e^t\cos t$, $y=e^t\sin t$이다. 시각 $t=0$에서 $t=4$까지 점 P가 움직인 거리와 시각 $t=4$에서 $t=\ln a$까지 점 P가 움직인 거리가 같을 때, 양수 a의 값은?

① e^4-1 ② e^4+1 ③ $2e^4-1$
④ $2e^4+1$ ⑤ $2e^4+2$

9 $0\leq x\leq\dfrac{1}{2}$에서 곡선 $f(x)=\ln(1-x^2)$의 길이를 구하시오.

실력

10 오른쪽 그림과 같이 밑면의 반지름의 길이가 1, 높이가 2인 원기둥이 있다. 이 원기둥을 밑면의 중심을 지나고 밑면과 60°의 각을 이루는 평면으로 자를 때 생기는 두 입체도형 중 작은 것의 부피를 구하시오.

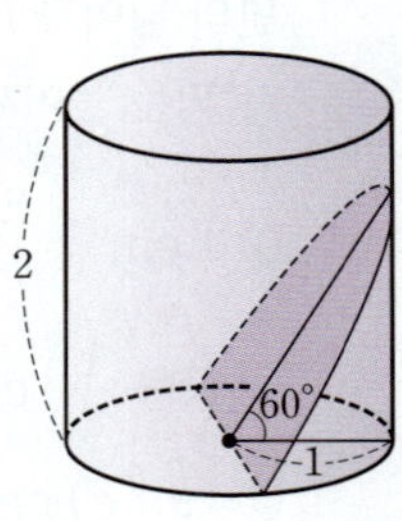

11 원점을 출발하여 수직선 위를 움직이는 점 P의 시각 t에서의 속도가 $v(t)=\dfrac{1}{2}\sin 2t-2\sin t$이다. 출발 후 시각 $t=\pi$까지 점 P가 움직일 때, 원점과 점 P 사이의 거리의 최댓값을 구하시오.

visang

최고가 만든 최상의 성적
과학은 역시!

★ 초중고 1등 과학 학습서 ★

대한민국 NO.1 대표 과학 학습서

고등오투
통합과학 1, 2

- **통합과학에 알맞은 구성** 교육 과정의 특성에 맞는 핵심 개념으로 구성
- **시험 대비를 위한 최선의 구성** 완벽하게 시험에 대비할 수 있게 출제율 높은 문제를 단계적으로 제시
- **풍부한 시각 자료와 예시** 개념과 관련된 시각 자료와 예시를 제시하여 이해도를 높임

수능오투
물리학 I
화학 I
생명과학 I
지구과학 I

- **수능의 핵심 요점만 쏙쏙!** 꼭 필요한 수능 핵심 개념만 도식화해 수록
- **한눈에 보고 한 번에 이해!** 풍부하게 제시된 예시와 탐구 자료로 쉽게 이해할 수 있도록 구성
- **수능 자료로 과탐 정복!** 수능 유형 파악을 위한 수능 자료 완벽 분석

개념과 유형이 하나로

개념+유형

유형편 미적분

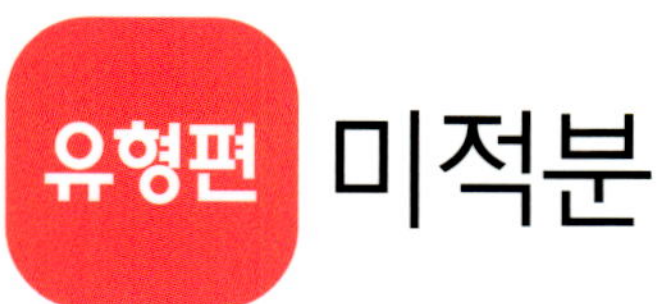

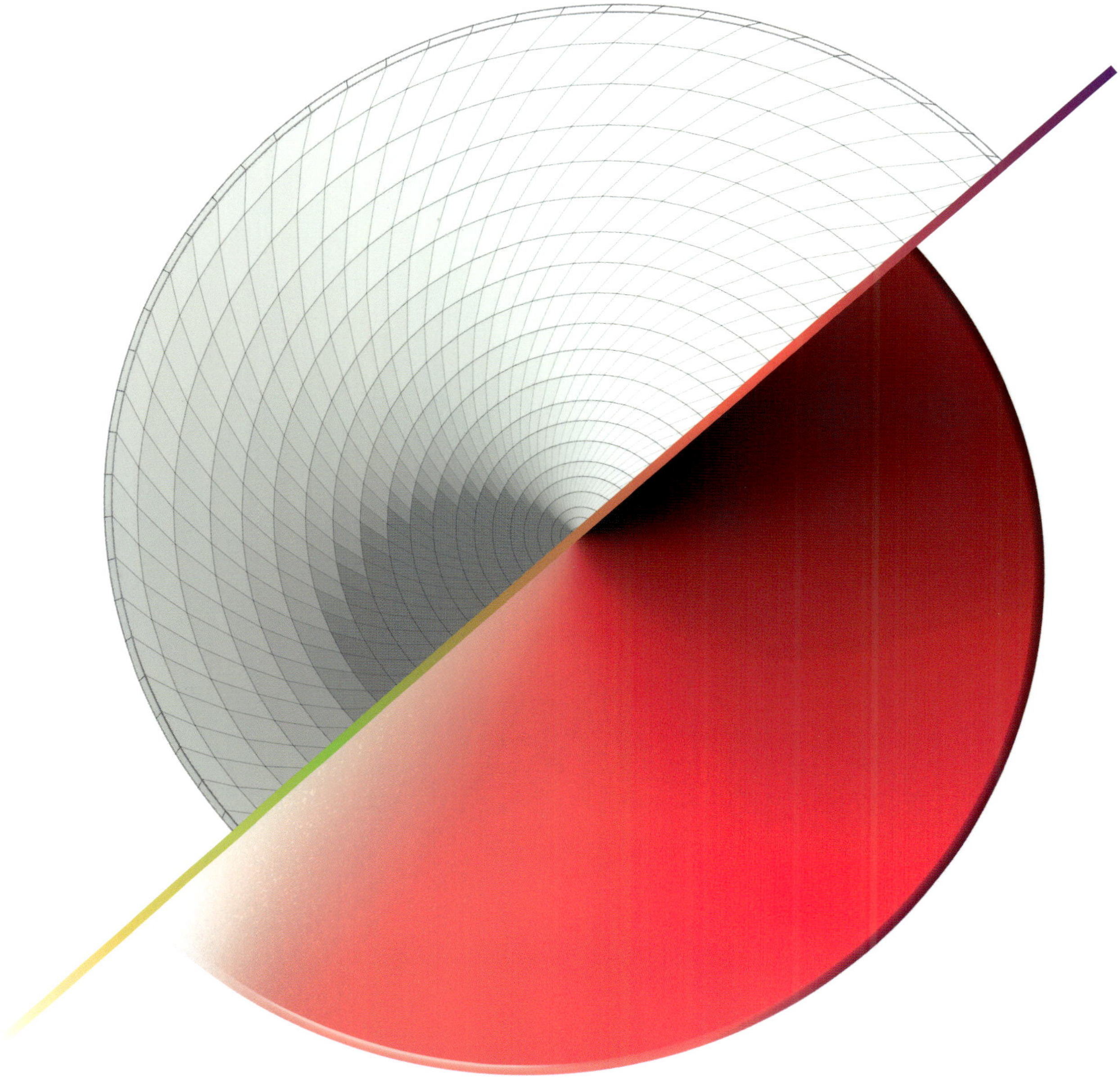

15개정 교육과정

visang

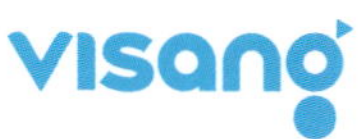

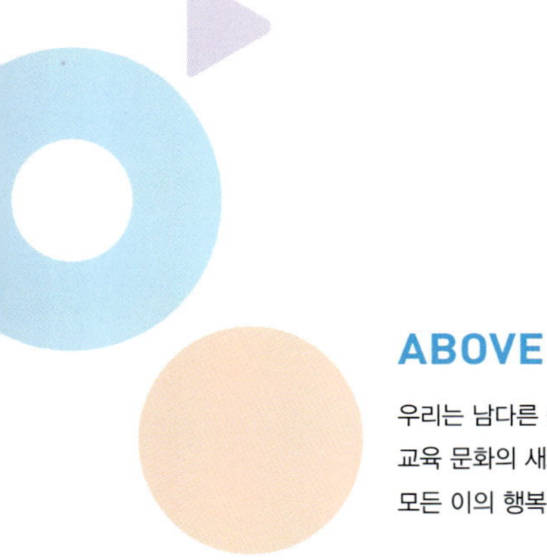

ABOVE IMAGINATION

우리는 남다른 상상과 혁신으로
교육 문화의 새로운 전형을 만들어
모든 이의 행복한 경험과 성장에 기여한다

개념과 유형이 하나로
개념 PLUS 유형
유형편 미적분

CONTENTS ... 차례

수열의 극한

Ⅰ

기초 문제 Training

수열의 수렴과 발산   개념편 8쪽

1 다음 수열의 수렴, 발산을 조사하시오.

(1) $\{-5\}$

(2) $\{-2n\}$

(3) $\left\{\dfrac{n^2}{2}\right\}$

(4) $\left\{\dfrac{3}{n}\right\}$

3 다음 극한값을 구하시오.

(1) $\displaystyle\lim_{n\to\infty}\left(1-\dfrac{2}{n^2}\right)$

(2) $\displaystyle\lim_{n\to\infty}\left(\dfrac{2}{n}+\dfrac{3}{n^2}\right)$

(3) $\displaystyle\lim_{n\to\infty}\left(\dfrac{5}{n}+1\right)\left(\dfrac{1}{n^2}-4\right)$

(4) $\displaystyle\lim_{n\to\infty}\dfrac{6-\dfrac{5}{n}}{3+\dfrac{2}{n}}$

수열의 극한값의 계산   개념편 11쪽

2 두 수열 $\{a_n\}$, $\{b_n\}$에 대하여 $\displaystyle\lim_{n\to\infty} a_n=2$, $\displaystyle\lim_{n\to\infty} b_n=-1$일 때, 다음 극한값을 구하시오.

(1) $\displaystyle\lim_{n\to\infty} 3a_n$

(2) $\displaystyle\lim_{n\to\infty}(b_n+4)$

(3) $\displaystyle\lim_{n\to\infty}(a_n+2b_n)$

(4) $\displaystyle\lim_{n\to\infty}(2a_n-3b_n)$

(5) $\displaystyle\lim_{n\to\infty} a_n b_n$

(6) $\displaystyle\lim_{n\to\infty}\dfrac{a_n}{2b_n}$

4 다음 극한을 조사하시오.

(1) $\displaystyle\lim_{n\to\infty}\dfrac{4n+3}{n-5}$

(2) $\displaystyle\lim_{n\to\infty}\dfrac{n-2}{2n+3}$

(3) $\displaystyle\lim_{n\to\infty}\dfrac{n}{n^2+4n}$

(4) $\displaystyle\lim_{n\to\infty}\dfrac{n^2}{n+1}$

5 수열 $\{a_n\}$이 모든 자연수 n에 대하여

$$\dfrac{2n}{n+3}<a_n<\dfrac{2n+3}{n+3}$$

을 만족시킬 때, $\displaystyle\lim_{n\to\infty} a_n$의 값을 구하시오.

핵심 유형 Training

유형 01　수열의 수렴과 발산

(1) 수열 $\{a_n\}$에서 n의 값이 한없이 커질 때, 일반항 a_n의 값이 일정한 값 α에 한없이 가까워지면 수열 $\{a_n\}$은 α에 수렴한다고 한다. $\Rightarrow \lim\limits_{n\to\infty} a_n = \alpha$

(2) 수열 $\{a_n\}$이 수렴하지 않으면 발산한다고 한다. 이때 발산하는 경우는 다음 세 가지가 있다.
① 양의 무한대로 발산 $\Rightarrow \lim\limits_{n\to\infty} a_n = \infty$
② 음의 무한대로 발산 $\Rightarrow \lim\limits_{n\to\infty} a_n = -\infty$
③ 진동

1 다음 중 수렴하는 수열인 것은?

① $-8, \ -6, \ -4, \ -2, \ \cdots, \ 2n-10, \ \cdots$

② $0, \ -3, \ -8, \ -15, \ \cdots, \ 1-n^2, \ \cdots$

③ $-\dfrac{1}{3}, \ \dfrac{2}{3}, \ -1, \ \dfrac{4}{3}, \ \cdots, \ (-1)^n \times \dfrac{n}{3}, \ \cdots$

④ $2, \ \dfrac{1}{2}, \ \dfrac{4}{3}, \ \dfrac{3}{4}, \ \cdots, \ 1-\dfrac{(-1)^n}{n}, \ \cdots$

⑤ $3, \ 1, \ 3, \ 1, \ \cdots, \ 2-(-1)^n, \ \cdots$

2 다음 보기 중 발산하는 수열인 것만을 있는 대로 고른 것은?

◦보기◦

ㄱ. $\left\{\dfrac{n-1}{n}\right\}$ 　　　ㄴ. $\{5-3n\}$

ㄷ. $\{n+2^n\}$ 　　　ㄹ. $\left\{1+\left(-\dfrac{1}{4}\right)^{n-1}\right\}$

① ㄱ, ㄴ　　　② ㄱ, ㄷ　　　③ ㄴ, ㄷ

④ ㄴ, ㄹ　　　⑤ ㄷ, ㄹ

유형 02　수열의 극한에 대한 성질

수렴하는 두 수열 $\{a_n\}$, $\{b_n\}$에 대하여 $\lim\limits_{n\to\infty} a_n = \alpha$, $\lim\limits_{n\to\infty} b_n = \beta$ (α, β는 실수)일 때

(1) $\lim\limits_{n\to\infty} k a_n = k \lim\limits_{n\to\infty} a_n = k\alpha$ (단, k는 상수)

(2) $\lim\limits_{n\to\infty} (a_n + b_n) = \lim\limits_{n\to\infty} a_n + \lim\limits_{n\to\infty} b_n = \alpha + \beta$

(3) $\lim\limits_{n\to\infty} (a_n - b_n) = \lim\limits_{n\to\infty} a_n - \lim\limits_{n\to\infty} b_n = \alpha - \beta$

(4) $\lim\limits_{n\to\infty} a_n b_n = \lim\limits_{n\to\infty} a_n \times \lim\limits_{n\to\infty} b_n = \alpha\beta$

(5) $\lim\limits_{n\to\infty} \dfrac{a_n}{b_n} = \dfrac{\lim\limits_{n\to\infty} a_n}{\lim\limits_{n\to\infty} b_n} = \dfrac{\alpha}{\beta}$ (단, $b_n \neq 0$, $\beta \neq 0$)

3 두 수열 $\{a_n\}$, $\{b_n\}$에 대하여 $\lim\limits_{n\to\infty} a_n = 2$, $\lim\limits_{n\to\infty} b_n = 3$일 때, $\lim\limits_{n\to\infty} \dfrac{5a_n^2 b_n^2}{3a_n + 2b_n}$의 값을 구하시오.

4 수렴하는 수열 $\{a_n\}$에 대하여 $\lim\limits_{n\to\infty} \dfrac{2a_n + 6}{5 - a_n} = 2$일 때, $\lim\limits_{n\to\infty} a_n$의 값은?

① -2　　　② -1　　　③ 1

④ 2　　　⑤ 3

5 두 수열 $\{a_n\}$, $\{b_n\}$에 대하여
$$\lim\limits_{n\to\infty} (a_n - b_n) = 2, \quad \lim\limits_{n\to\infty} a_n b_n = 1$$
일 때, $\lim\limits_{n\to\infty} (a_n^2 + a_n b_n + b_n^2)$의 값은?

① 3　　　② 4　　　③ 5

④ 6　　　⑤ 7

유형 03 $\lim\limits_{n \to \infty} a_n = \lim\limits_{n \to \infty} a_{n+1} = \alpha$임을 이용하는 극한

수열 $\{a_n\}$이 수렴할 때, $\lim\limits_{n \to \infty} a_n = \alpha$ (α는 실수)라 하면
$$\lim_{n \to \infty} a_n = \lim_{n \to \infty} a_{n+1} = \lim_{n \to \infty} a_{n+2} = \cdots = \lim_{n \to \infty} a_{2n} = \alpha$$
이므로 수열의 극한에 대한 성질을 이용한다.

---

6   수렴하는 수열 $\{a_n\}$에 대하여 $\lim\limits_{n \to \infty} \dfrac{a_n - 3}{a_{n+2} + 1} = -\dfrac{5}{3}$ 일 때, $\lim\limits_{n \to \infty} a_n a_{n+1}$의 값을 구하시오.

---

7   수렴하는 수열 $\{a_n\}$이
$$a_1 = 1, \ a_{n+1} = \sqrt{3a_n + 4} \ \ (n = 1, \ 2, \ 3, \ \cdots)$$
로 정의될 때, $\lim\limits_{n \to \infty} a_n$의 값은?

① 1   ② 2   ③ 4
④ 8   ⑤ 16

---

8   수렴하는 수열 $\{a_n\}$에 대하여 이차방정식 $x^2 - a_n x + a_{n+1} - 1 = 0$이 중근을 가질 때, $\lim\limits_{n \to \infty} (3a_n - a_{2n})$의 값은?

① 0   ② 1   ③ 2
④ 3   ⑤ 4

유형 04 $\dfrac{\infty}{\infty}$ 꼴의 극한 (1)

분모의 최고차항으로 분모, 분자를 각각 나눈 후 $\lim\limits_{n \to \infty} \dfrac{k}{n^p} = 0$ (k는 상수, p는 양수)임을 이용하여 극한값을 구한다.

---

9 $\lim\limits_{n \to \infty} \dfrac{\sqrt{4n+1}}{\sqrt{n+1} + \sqrt{n}}$의 값을 구하시오.

---

10   다음 보기 중 옳은 것만을 있는 대로 고르시오.

> **보기**
>
> ㄱ. $\lim\limits_{n \to \infty} \dfrac{2n^3 + 3}{4n^3 - n + 1} = \dfrac{1}{2}$
>
> ㄴ. $\lim\limits_{n \to \infty} \dfrac{n^4 - 2n - 4}{n^4 - n^5 + 5} = 1$
>
> ㄷ. $\lim\limits_{n \to \infty} \dfrac{(2n+1)^2 - n^2}{6n^2 + n - 4} = \dfrac{1}{3}$
>
> ㄹ. $\lim\limits_{n \to \infty} \dfrac{(n-2)(3n-1)}{(2n+1)(n+2)} = \dfrac{3}{2}$

---

11 $\lim\limits_{n \to \infty} \dfrac{\sqrt{16n^2 - an + 1}}{an^2 + 2n - 1} = b$일 때, 상수 a, b에 대하여 $\lim\limits_{n \to \infty} \dfrac{an^2 - 4n + 1}{\sqrt{bn^2 + n}}$의 값은? (단, $b \neq 0$)

① $-2\sqrt{2}$ ② -2 ③ 0
④ 2 ⑤ $2\sqrt{2}$

유형 05 $\dfrac{\infty}{\infty}$ 꼴의 극한 (2)

식을 간단히 하거나 주어진 조건을 이용하여 수열의 일반항을 n에 대한 식으로 나타낸 후 대입하여 극한값을 구한다.

12 $\displaystyle\lim_{n\to\infty}\left(1-\dfrac{1}{2}\right)\left(1-\dfrac{1}{3}\right)\left(1-\dfrac{1}{4}\right)\cdots\left(1-\dfrac{1}{n+1}\right)$의 값을 구하시오.

13 $\displaystyle\lim_{n\to\infty}\dfrac{n(1+2+3+\cdots+n)}{1^2+2^2+3^2+\cdots+n^2}$의 값은?

① $\dfrac{1}{3}$ ② $\dfrac{2}{3}$ ③ 1

④ $\dfrac{3}{2}$ ⑤ 3

14 x에 대한 이차방정식 $2x^2-4nx+n^2-3n=0$의 두 근을 a_n, b_n이라 할 때, $\displaystyle\lim_{n\to\infty}\left(\dfrac{a_n}{b_n}+\dfrac{b_n}{a_n}\right)$의 값을 구하시오. (단, n은 자연수)

15 _{UP} 자연수 n에 대하여 1부터 $3n$까지의 자연수 중 3의 배수를 제외한 자연수의 총합을 A_n이라 할 때, $\displaystyle\lim_{n\to\infty}\dfrac{A_n}{4n^2+3n+2}$의 값을 구하시오.

유형 06 $\infty-\infty$ 꼴의 극한 (1)

분모 또는 분자 중 근호가 있는 쪽을 유리화하여 $\dfrac{\infty}{\infty}$ 꼴로 변형한 후 극한값을 구한다.

16 $\displaystyle\lim_{n\to\infty}\sqrt{n+1}\left(\sqrt{n+2}-\sqrt{n}\right)$의 값은?

① $\dfrac{1}{4}$ ② $\dfrac{1}{2}$ ③ 1

④ 2 ⑤ 4

17 $\displaystyle\lim_{n\to\infty}\dfrac{\sqrt{4n^2-10n}-2n}{\sqrt{9n^2+5n}-3n}$의 값을 구하시오.

18 $\displaystyle\lim_{n\to\infty}\left(\sqrt{n^2+an+1}-n\right)=\dfrac{3}{2}$일 때, 상수 a의 값을 구하시오.

19 $\displaystyle\lim_{n\to\infty}\dfrac{an+1}{\sqrt{4n^2+bn}-2n}=\dfrac{1}{2}$일 때, 상수 a, b에 대하여 $b-a$의 값을 구하시오.

유형 07　∞−∞ 꼴의 극한 (2)

주어진 조건을 이용하여 수열의 일반항이나 합을 n에 대한 식으로 나타낸 후 대입하여 극한값을 구한다.

20 수열 $\{a_n\}$이

$$\frac{1}{\sqrt{1\times 3}-2},\ \frac{1}{\sqrt{2\times 4}-3},\ \frac{1}{\sqrt{3\times 5}-4},\ \cdots$$

일 때, $\displaystyle\lim_{n\to\infty}\frac{a_n}{n}$의 값은?

① -2　　② -1　　③ 0
④ 1　　⑤ 2

21 이차방정식 $x^2+2nx-5n=0$의 양의 실근을 a_n이라 할 때, $\displaystyle\lim_{n\to\infty}\frac{1}{a_n}$의 값을 구하시오.

(단, n은 자연수)

22 첫째항이 0이고 공차가 2인 등차수열의 첫째항부터 제n항까지의 합을 S_n이라 할 때, $\displaystyle\lim_{n\to\infty}(\sqrt{S_{n+2}}-\sqrt{S_n})$의 값을 구하시오.

23 자연수 n에 대하여 $3\times 5^{n-1}$의 양의 약수의 개수를 a_n, $24\times 15^{n-1}$의 양의 약수의 개수를 b_n이라 할 때, $\displaystyle\lim_{n\to\infty}(a_n-\sqrt{b_n})$의 값을 구하시오.

유형 08　일반항 a_n을 포함하는 수열의 극한

일반항 a_n을 포함하는 수열의 극한값이 주어지면 a_n을 포함한 식을 새로운 수열로 놓고 a_n을 새로운 수열에 대한 식으로 나타낸 후 구하는 극한에 대입한다.

24 수열 $\{a_n\}$에 대하여 $\displaystyle\lim_{n\to\infty}\frac{3a_n-5}{a_n+1}=1$일 때, $\displaystyle\lim_{n\to\infty}(a_n{}^2-a_n+1)$의 값은?

① 3　　② 4　　③ 5
④ 6　　⑤ 7

25 수열 $\{a_n\}$에 대하여 $\displaystyle\lim_{n\to\infty}\frac{a_n}{\sqrt{n+3}-\sqrt{n}}=4$일 때, $\displaystyle\lim_{n\to\infty}\sqrt{n}\,a_n$의 값을 구하시오.

26 두 수열 $\{a_n\}$, $\{b_n\}$에 대하여

$$\lim_{n\to\infty}n^3 a_n=2,\ \lim_{n\to\infty}\frac{b_n}{n^2}=-4$$

일 때, $\displaystyle\lim_{n\to\infty}nb_n\left(a_n+\frac{1}{n^3}\right)$의 값을 구하시오.

27 두 수열 $\{a_n\}$, $\{b_n\}$에 대하여

$$\lim_{n\to\infty}(2a_n+b_n)=1,\ \lim_{n\to\infty}a_n=\infty$$

일 때, $\displaystyle\lim_{n\to\infty}\left(\frac{4a_n{}^2}{b_n}+\frac{b_n{}^2}{2a_n}\right)$의 값을 구하시오.

유형 09 수열의 극한의 대소 관계

모든 자연수 n에 대하여 $a_n \leq c_n \leq b_n$이고
$\lim\limits_{n \to \infty} a_n = \lim\limits_{n \to \infty} b_n = \alpha$ (α는 실수)이면 ➡ $\lim\limits_{n \to \infty} c_n = \alpha$

28 수열 $\{a_n\}$이 모든 자연수 n에 대하여
$$3n^3 - n^2 < a_n < 3n^3 + 2n^2 + n$$
을 만족시킬 때, $\lim\limits_{n \to \infty} \dfrac{2a_n}{n^3}$의 값을 구하시오.

29 수열 $\{a_n\}$이 모든 자연수 n에 대하여
$$\sqrt{n+2} - \sqrt{n+1} < \dfrac{a_n}{n+1} < \sqrt{n+1} - \sqrt{n}$$
을 만족시킬 때, $\lim\limits_{n \to \infty} \dfrac{a_n}{\sqrt{n}}$의 값을 구하시오.

30 수열 $\{a_n\}$이 모든 자연수 n에 대하여
$$\dfrac{2n-1}{n} < a_n < \dfrac{2n+1}{n}$$
을 만족시킬 때, $\lim\limits_{n \to \infty} \dfrac{a_1 + 2a_2 + 3a_3 + \cdots + na_n}{n^2 + 1}$의
값을 구하시오.

31 자연수 n에 대하여 $\lim\limits_{n \to \infty} \left(\dfrac{2}{n+3} \times \left[\dfrac{n}{3} \right] \right)$의 값은?
(단, $[x]$는 x보다 크지 않은 최대의 정수)

① 0 ② $\dfrac{1}{3}$ ③ $\dfrac{2}{3}$

④ 1 ⑤ $\dfrac{4}{3}$

유형 10 수열의 극한에 대한 참, 거짓 판별

극한을 조사해야 하는 수열을 수열의 극한에 대한 성질을 이용하여 수렴하는 수열에 대한 식으로 나타낸다. 이때 반례가 하나라도 존재하면 주어진 명제는 거짓이다.

32 두 수열 $\{a_n\}$, $\{b_n\}$에 대하여 다음 보기 중 옳은 것만을 있는 대로 고른 것은?

보기

ㄱ. $\lim\limits_{n \to \infty} a_n = \infty$, $\lim\limits_{n \to \infty} b_n = -\infty$이면
$\lim\limits_{n \to \infty} (a_n + b_n) = 0$이다.

ㄴ. $\lim\limits_{n \to \infty} a_n = \alpha$ (α는 실수)이고 $\lim\limits_{n \to \infty} (a_n - b_n) = 0$
이면 $\lim\limits_{n \to \infty} b_n = \alpha$이다.

ㄷ. $\lim\limits_{n \to \infty} a_n = \alpha$ (α는 실수)이고 $\lim\limits_{n \to \infty} \dfrac{b_n}{a_n} = 1$이면
$\lim\limits_{n \to \infty} b_n = \alpha$이다.

ㄹ. 두 수열 $\{a_n + b_n\}$, $\{a_n b_n\}$이 모두 수렴하면
두 수열 $\{a_n\}$, $\{b_n\}$도 모두 수렴한다.

① ㄱ, ㄴ   ② ㄱ, ㄷ   ③ ㄴ, ㄷ

④ ㄴ, ㄹ   ⑤ ㄷ, ㄹ

33 두 수열 $\{a_n\}$, $\{b_n\}$에 대하여 다음 보기 중 옳은 것만을 있는 대로 고른 것은?

보기

ㄱ. $\lim\limits_{n \to \infty} |a_n| = 0$이면 $\lim\limits_{n \to \infty} a_n = 0$이다.

ㄴ. 두 수열 $\{a_n\}$, $\{b_n\}$이 모두 수렴하고 $a_n < b_n$
이면 $\lim\limits_{n \to \infty} a_n < \lim\limits_{n \to \infty} b_n$이다.

ㄷ. 수열 $\left\{ \dfrac{b_n}{a_n} \right\}$이 0에 수렴하고 수열 $\{a_n\}$이 발산
하면 수열 $\{b_n\}$도 발산한다.

① ㄱ   ② ㄴ   ③ ㄷ

④ ㄱ, ㄴ   ⑤ ㄴ, ㄷ

유형 11 수열의 극한의 활용

주어진 조건을 이용하여 수열의 일반항을 n에 대한 식으로 나타낸 후 수열의 극한에 대한 성질을 이용하여 극한값을 구한다.

34 자연수 n에 대하여 곡선 $y=\dfrac{1}{x}$과 직선 $y=nx$의 두 교점 사이의 거리를 l_n이라 할 때, $\displaystyle\lim_{n\to\infty}\dfrac{l_n^2}{2n}$의 값을 구하시오.

35 자연수 n에 대하여 오른쪽 그림과 같이 곡선 $y=\dfrac{1}{2}x^2$에 접하고 기울기가 n인 직선이 x축, y축과 만나는 점을 각각 P_n, Q_n이라 하자. 선분 P_nQ_n의 길이를 l_n이라 할 때, $\displaystyle\lim_{n\to\infty}\dfrac{4l_n}{n^2+1}$의 값을 구하시오.

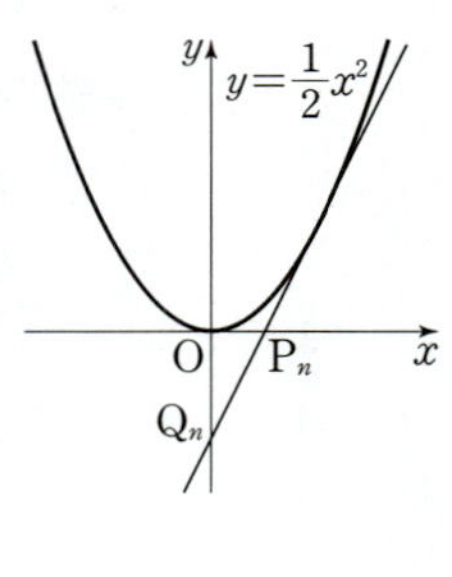

36 자연수 n에 대하여 곡선 $y=nx^2$ 위의 점 중 y좌표가 1이고 제1사분면에 있는 점을 P_n이라 하자. 두 점 $Q_n(0,\ 2n+1)$, $R(0,\ 1)$에 대하여 삼각형 P_nQ_nR의 넓이를 S_n, 선분 P_nQ_n의 길이를 l_n이라 할 때, $\displaystyle\lim_{n\to\infty}\dfrac{S_n^2}{l_n}$의 값을 구하시오.

37 다음 그림과 같이 길이가 1인 막대를 이용하여 밑면의 가로의 길이가 n, 세로의 길이가 1, 높이가 n인 직육면체 모양의 입체도형 A_n을 만든다고 하자.

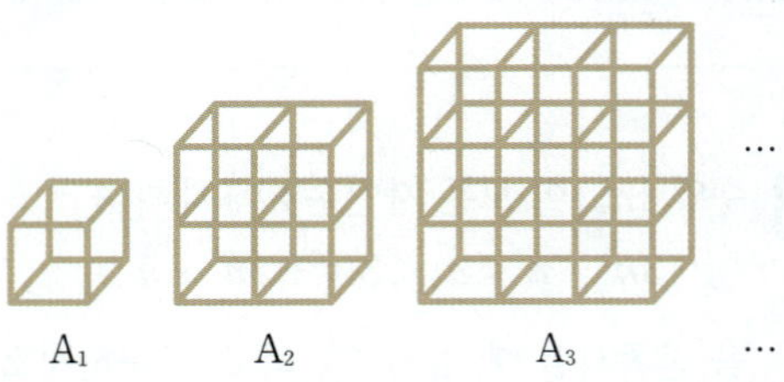

입체도형 A_n을 만드는 데 필요한 막대의 개수를 a_n이라 할 때, $\displaystyle\lim_{n\to\infty}\dfrac{a_n}{n^2}$의 값을 구하시오.

(단, n은 자연수)

38 수열 $\{a_n\}$에 대하여 곡선
$y=2x^2-2(n+1)x+a_n$은 x축과 만나고 곡선
$y=x^2+2nx+2a_n$은 x축과 만나지 않을 때,
$\displaystyle\lim_{n\to\infty}\dfrac{a_n}{n^2+3}$의 값은?

① -1 ② $-\dfrac{1}{2}$ ③ 0

④ $\dfrac{1}{2}$ ⑤ 1

39 자연수 n에 대하여 곡선 $y=x^2-\left(4+\dfrac{1}{n}\right)x+\dfrac{4}{n}$와 직선 $y=\dfrac{1}{n}x+1$이 만나는 두 점을 P_n, Q_n이라 하고 삼각형 OP_nQ_n의 무게중심의 y좌표를 a_n이라 할 때, $\displaystyle\lim_{n\to\infty}a_n$의 값을 구하시오. (단, O는 원점)

기초 문제 Training

등비수열의 수렴과 발산

개념편 24쪽

1 다음 등비수열의 수렴, 발산을 조사하시오.

(1) $\left\{\left(-\dfrac{1}{3}\right)^n\right\}$

(2) $\{0.1^n\}$

(3) $\left\{\left(\dfrac{6}{5}\right)^n\right\}$

(4) $\{(-\sqrt{2})^n\}$

2 다음 등비수열의 수렴, 발산을 조사하시오.

(1) $2,\ -4,\ 8,\ -16,\ \cdots$

(2) $\sqrt{3},\ 3,\ 3\sqrt{3},\ 9,\ \cdots$

(3) $1,\ -\dfrac{2}{3},\ \dfrac{4}{9},\ -\dfrac{8}{27},\ \cdots$

(4) $1,\ \dfrac{5}{2},\ \dfrac{25}{4},\ \dfrac{125}{8},\ \cdots$

3 다음 극한값을 구하시오.

(1) $\displaystyle\lim_{n\to\infty}\dfrac{2^n}{3^n}$

(2) $\displaystyle\lim_{n\to\infty}\dfrac{7^{n-1}}{7^n}$

(3) $\displaystyle\lim_{n\to\infty}\dfrac{3^n+(-1)^n}{6^n}$

(4) $\displaystyle\lim_{n\to\infty}\dfrac{2^n+5^{n+1}}{5^n}$

4 다음 등비수열이 수렴하도록 하는 실수 x의 값의 범위를 구하시오.

(1) $\left\{\left(\dfrac{x}{3}\right)^{n-1}\right\}$

(2) $\{(-5x)^{n-1}\}$

(3) $\{(3x-1)^n\}$

(4) $\left\{\left(\dfrac{4-x}{3}\right)^n\right\}$

핵심 유형 Training

유형 01 등비수열의 극한(1)

분모에서 밑의 절댓값이 가장 큰 항으로 분모, 분자를 각각 나눈 후 $|r|<1$일 때 $\lim\limits_{n\to\infty} r^n=0$임을 이용하여 극한값을 구한다.

> **참고** 등비수열 $\{r^n\}$에 대하여
> (1) $r>1$일 때, $\lim\limits_{n\to\infty} r^n=\infty$
> (2) $r=1$일 때, $\lim\limits_{n\to\infty} r^n=1$
> (3) $|r|<1$일 때, $\lim\limits_{n\to\infty} r^n=0$
> (4) $r\leq-1$일 때, 수열 $\{r^n\}$은 발산(진동)한다.

1 $\lim\limits_{n\to\infty}\dfrac{3\times5^{n+1}-3^{n+2}}{5^{n-1}+2^{2n+1}}$의 값을 구하시오.

2 $\lim\limits_{n\to\infty}\dfrac{2^{3n+1}+2^{2n-1}}{(2^n+1)(4^n-2^n+1)}$의 값은?

① $\dfrac{1}{2}$ ② 1 ③ 2
④ 4 ⑤ 8

3 $\lim\limits_{n\to\infty}\dfrac{(a+2)2^{2n}+b\times3^{n-1}}{2^{n-1}+3^{n+1}}=1$일 때, 상수 a, b에 대하여 $a+b$의 값은?

① 3 ② 5 ③ 7
④ 9 ⑤ 11

유형 02 등비수열의 극한(2)

주어진 조건을 이용하여 등비수열의 일반항이나 합을 식으로 나타낸 후 대입하여 극한값을 구한다.

> **참고** (1) 첫째항이 a이고 공비가 $r\,(r\neq1)$인 등비수열의 첫째항부터 제n항까지의 합은
> $$\frac{a(r^n-1)}{r-1}=\frac{a(1-r^n)}{1-r}$$
> (2) 수열 $\{a_n\}$의 첫째항부터 제n항까지의 합을 S_n이라 하면
> $$a_1=S_1,\ a_n=S_n-S_{n-1}\,(n\geq2)$$

4 첫째항이 4이고 공비가 3인 등비수열의 첫째항부터 제n항까지의 합을 S_n이라 할 때, $\lim\limits_{n\to\infty}\dfrac{6\times3^n+2^n}{S_n}$의 값을 구하시오.

5 수열 $\{a_n\}$의 첫째항부터 제n항까지의 합을 S_n이라 하면 $S_n=3^{n+1}-3$일 때, $\lim\limits_{n\to\infty}\dfrac{a_n a_{n+1}}{9^n+3^n}$의 값을 구하시오.

6 자연수 n에 대하여 다항식 $3x^{n+1}-2x^n+3^{n-1}$을 일차식 $x-2$, $x-3$으로 나누었을 때의 나머지를 각각 a_n, b_n이라 할 때, $\lim\limits_{n\to\infty}\dfrac{b_n}{a_n}$의 값을 구하시오.

7 수열 $\{a_n\}$이
UP
$$a_n>0,\ \frac{a_{n+1}}{a_n}\leq\frac{100}{101}\ (n=1,\,2,\,3,\,\cdots)$$
을 만족시킬 때, $\lim\limits_{n\to\infty}\dfrac{2a_n+3n^2+1}{a_n+n^2}$의 값은?

① 1 ② 2 ③ 3
④ 4 ⑤ 5

유형 03 등비수열의 수렴 조건

(1) 등비수열 $\{r^n\}$이 수렴하기 위한 조건
→ $-1 < r \le 1$

(2) 등비수열 $\{ar^{n-1}\}$이 수렴하기 위한 조건
→ $a=0$ 또는 $-1 < r \le 1$

8 등비수열 $\left\{(x+1)\left(\dfrac{x-2}{3}\right)^{n-1}\right\}$이 수렴하도록 하는 모든 정수 x의 값의 합은?

① 11 ② 12 ③ 13
④ 14 ⑤ 15

9 등비수열 $\{(x-2)(\log_3 x-2)^{n-1}\}$이 수렴하도록 하는 정수 x의 개수를 구하시오.

10 등비수열 $\left\{\left(\dfrac{3x-1}{2}\right)^{n-1}\right\}$이 수렴할 때,
$\displaystyle\lim_{n\to\infty}\dfrac{5\times 3^{n+1}-x^{n+2}}{3^n+x^n}$의 값을 구하시오.

11 **UP** 최고차항의 계수가 양수이고 꼭짓점의 좌표가 $(1, -2)$인 이차함수 $y=f(x)$의 그래프가 오른쪽 그림과 같다. 공비가 정수인 등비수열 $\{(f(x))^n\}$이 수렴하도록 하는 모든 실수 x의 값의 합을 구하시오.

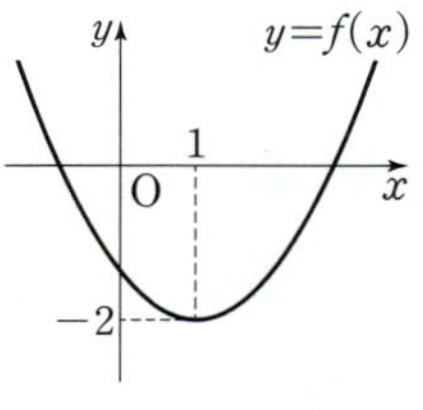

유형 04 r^n을 포함한 수열의 극한

r^n을 포함한 수열의 극한은 r의 값의 범위를
$|r|>1,\ r=1,\ r=-1,\ |r|<1$
인 경우로 나누어 구한다.

12 수열 $\left\{\dfrac{r^{n+1}}{1+r^n}\right\}$의 극한에 대하여 다음 보기 중 옳은 것만을 있는 대로 고른 것은?

• 보기 •
ㄱ. $r>1$일 때, 극한값은 1이다.
ㄴ. $-1<r<1$일 때, 극한값은 0이다.
ㄷ. $r<-1$일 때, 극한값은 존재하지 않는다.

① ㄱ ② ㄴ ③ ㄷ
④ ㄱ, ㄴ ⑤ ㄴ, ㄷ

13 $\displaystyle\lim_{n\to\infty}\dfrac{1+r^{2n}}{2+r^{2n}}$의 값은 $|r|>1$일 때 a, $|r|=1$일 때 b, $|r|<1$일 때 c이다. 이때 $a+3b-2c$의 값을 구하시오.

14 $r>0$일 때, $\displaystyle\lim_{n\to\infty}\dfrac{\left(\dfrac{r}{6}\right)^{n+1}+1}{\left(\dfrac{r}{6}\right)^n+1}=1$을 만족시키는 정수 r의 개수를 구하시오.

유형 **05**　x^n을 포함한 극한으로 정의된 함수

x^n을 포함한 극한으로 정의된 함수가 주어지면 x의 값의 범위를
$$|x|>1,\ x=1,\ x=-1,\ |x|<1$$
인 경우로 나누어 함수의 식을 구한다.
이때 함숫값 $f(a)$를 구하는 경우에는 $x=a$를 대입한 후 등비수열의 극한을 이용하여 구할 수 있다.

15 함수 $f(x)=\lim\limits_{n\to\infty}\dfrac{x^n+2x-1}{x^{n+1}+1}\ (x\neq -1)$에 대하여 다음 중 옳지 <u>않은</u> 것은? (단, n은 자연수)

① $f(-2)=-\dfrac{1}{2}$ 　　② $f(0)=-1$

③ $f(1)=1$ 　　④ $f\left(\dfrac{3}{2}\right)=\dfrac{2}{3}$

⑤ $f(3)=\dfrac{5}{3}$

16 함수 $f(x)=\lim\limits_{n\to\infty}\dfrac{x^{2n+1}+ax+1}{x^{2n}+1}$에 대하여 $f\left(\dfrac{1}{2}\right)+f(2)=1$일 때, 상수 a의 값을 구하시오.

(단, n은 자연수)

17 자연수 x에 대하여 함수 $f(x)=\lim\limits_{n\to\infty}\dfrac{x^{n+1}-3^{n+1}}{x^n+3^n}$일 때, $\sum\limits_{x=1}^{10}f(x)$의 값은? (단, n은 자연수)

① 39 　　② 40 　　③ 41

④ 42 　　⑤ 43

18 함수 $f(x)=\lim\limits_{n\to\infty}\dfrac{ax^{n+2}+3x-1}{x^n+1}\ (x>0)$이 양의 실수 전체의 집합에서 연속일 때, 상수 a의 값은?

(단, n은 자연수)

① $\dfrac{1}{4}$ 　　② $\dfrac{1}{2}$ 　　③ 1

④ 2 　　⑤ 4

19 함수 $f(x)=\lim\limits_{n\to\infty}\dfrac{x^{n+3}+ax^2+bx}{x^n+1}\ (x>0)$가 양의 실수 전체의 집합에서 미분가능할 때, 상수 a, b에 대하여 a^2+b^2의 값은? (단, n은 자연수)

① 2 　　② 5 　　③ 8

④ 10 　　⑤ 13

20 함수 $f(x)=\lim\limits_{n\to\infty}\dfrac{1-x^{2n+1}}{1+x^{2n}}$에 대하여 함수 $y=f(x)$
UP 의 그래프와 이차함수 $y=ax^2$의 그래프가 오직 한 점에서 만나도록 하는 양수 a의 최댓값은?

(단, n은 자연수)

① $\dfrac{1}{2}$ 　　② 1 　　③ $\dfrac{3}{2}$

④ 2 　　⑤ 4

I

수열의 극한

기초 문제 Training

01 급수

급수의 수렴과 발산
개념편 32쪽

1 수열 $\{a_n\}$의 첫째항부터 제 n항까지의 합 S_n이 다음과 같을 때, 급수 $\displaystyle\sum_{n=1}^{\infty} a_n$의 합을 구하시오.

(1) $S_n = \dfrac{n-2}{2n+3}$

(2) $S_n = \dfrac{2n+3}{n^2+1}$

(3) $S_n = 1 - \dfrac{2}{\sqrt{3n+1}}$

(4) $S_n = 7 - \left(\dfrac{5}{6}\right)^n$

2 급수 $1+3+5+\cdots+(2n-1)+\cdots$에 대하여 다음 물음에 답하시오.

(1) 주어진 급수의 제 n항까지의 부분합 S_n을 구하시오.

(2) 수열 $\{S_n\}$의 수렴, 발산을 조사하시오.

(3) 주어진 급수의 수렴, 발산을 조사하시오.

급수의 성질
개념편 36쪽

3 다음은 급수 $\dfrac{1}{2}+\dfrac{2}{5}+\dfrac{3}{8}+\dfrac{4}{11}+\cdots$가 발산함을 보이는 과정이다. (가), (나), (다)에 알맞은 것을 구하시오.

주어진 급수의 제 n항을 a_n이라 하면

$a_n = \boxed{\text{(가)}}$

$\therefore \displaystyle\lim_{n\to\infty} a_n = \boxed{\text{(나)}}$

따라서 $\displaystyle\lim_{n\to\infty} a_n \neq 0$이므로 주어진 급수는 $\boxed{\text{(다)}}$ 한다.

4 $\displaystyle\sum_{n=1}^{\infty} a_n = -2$, $\displaystyle\sum_{n=1}^{\infty} b_n = 3$일 때, 다음 급수의 합을 구하시오.

(1) $\displaystyle\sum_{n=1}^{\infty} 5a_n$

(2) $\displaystyle\sum_{n=1}^{\infty} (b_n - a_n)$

(3) $\displaystyle\sum_{n=1}^{\infty} (a_n + 2b_n)$

(4) $\displaystyle\sum_{n=1}^{\infty} (3a_n - b_n)$

핵심 유형 Training

유형 01 급수의 수렴과 발산

(1) 급수 $\displaystyle\sum_{n=1}^{\infty} a_n$의 제$n$항까지의 부분합 S_n으로 이루어진 수열 $\{S_n\}$에 대하여

$$\lim_{n\to\infty} S_n = S\,(S는\ 실수)$$

일 때, 급수 $\displaystyle\sum_{n=1}^{\infty} a_n$은 수렴하고, 그 합은 S이다.

(2) 항의 부호가 교대로 변하는 급수에서 홀수 번째 항까지의 부분합을 S_{2n-1}, 짝수 번째 항까지의 부분합을 S_{2n}이라 할 때

① $\displaystyle\lim_{n\to\infty} S_{2n-1} = \lim_{n\to\infty} S_{2n} = \alpha\,(\alpha는\ 실수)$이면 급수는 수렴하고, 그 합은 α이다.

② $\displaystyle\lim_{n\to\infty} S_{2n-1} \neq \lim_{n\to\infty} S_{2n}$이면 급수는 발산한다.

1 수열 $\{a_n\}$에 대하여 $\displaystyle\sum_{n=1}^{\infty} a_n = 5$이고 $\displaystyle\sum_{k=1}^{n} a_k = S_n$이라 할 때, $\displaystyle\lim_{n\to\infty}(S_n - 2)$의 값을 구하시오.

2 수열 $\{a_n\}$의 첫째항부터 제n항까지의 합을 S_n이라 하면 $S_n = \dfrac{n^2+3}{1+2+3+\cdots+n}$일 때, 급수 $\displaystyle\sum_{n=1}^{\infty} a_n$의 합은?

① $\dfrac{1}{2}$ ② 1 ③ 2
④ 5 ⑤ 10

3 $\displaystyle\sum_{n=1}^{\infty} \dfrac{1}{(3n-1)(3n+2)} = \dfrac{q}{p}$일 때, $p+q$의 값을 구하시오. (단, p, q는 서로소인 자연수)

4 다음 보기 중 옳은 것만을 있는 대로 고른 것은?

보기

ㄱ. $\displaystyle\sum_{n=1}^{\infty} \dfrac{2}{n(n+2)} = \dfrac{3}{2}$

ㄴ. $\displaystyle\sum_{n=1}^{\infty} \dfrac{3}{\sqrt{3n+3}+\sqrt{3n}} = 1$

ㄷ. $\dfrac{1}{1\times3} + \dfrac{1}{3\times5} + \dfrac{1}{5\times7} + \cdots = \dfrac{1}{2}$

① ㄱ ② ㄴ ③ ㄷ
④ ㄱ, ㄴ ⑤ ㄱ, ㄷ

5 다음 보기 중 수렴하는 급수인 것만을 있는 대로 고르시오.

보기

ㄱ. $\left(2-\dfrac{3}{2}\right) + \left(\dfrac{3}{2}-\dfrac{4}{3}\right) + \left(\dfrac{4}{3}-\dfrac{5}{4}\right) + \cdots$

ㄴ. $-\dfrac{1}{2} + \dfrac{1}{2} - \dfrac{1}{3} + \dfrac{1}{3} - \dfrac{1}{4} + \dfrac{1}{4} - \cdots$

ㄷ. $\dfrac{1}{2} - \dfrac{1}{2} + \dfrac{2}{3} - \dfrac{2}{3} + \dfrac{3}{4} - \dfrac{3}{4} + \cdots$

6 수열 $\{a_n\}$의 일반항이 $a_n = \dfrac{n^2}{2n^2+3}$일 때, 급수 $\displaystyle\sum_{n=1}^{\infty} \dfrac{a_{n+1}-a_n}{2a_n a_{n+1}}$의 합은?

① $\dfrac{1}{2}$ ② 1 ③ $\dfrac{3}{2}$
④ 2 ⑤ $\dfrac{5}{2}$

유형 **02** 급수의 합

주어진 급수의 제n항까지의 부분합 S_n을 구한 후 $\lim\limits_{n \to \infty} S_n$을 조사한다.

7 급수
$$1+\frac{1}{2}+\frac{1}{2+4}+\frac{1}{2+4+6}+\frac{1}{2+4+6+8}+\cdots$$
의 합은?

① 1   ② $\dfrac{3}{2}$ ③ 2

④ $\dfrac{5}{2}$ ⑤ 3

8 첫째항이 4, 공차가 2인 등차수열 $\{a_n\}$에 대하여 급수 $\displaystyle\sum_{n=1}^{\infty} \frac{\sqrt{a_{n+1}}-\sqrt{a_n}}{\sqrt{a_n a_{n+1}}}$의 합은?

① $\dfrac{1}{4}$ ② $\dfrac{1}{2}$ ③ $\dfrac{3}{4}$

④ 1   ⑤ $\dfrac{5}{4}$

9 자연수 n에 대하여 x에 대한 이차방정식 $x^2+4x-n^2+1=0$의 두 근을 a_n, b_n이라 할 때, 급수 $\displaystyle\sum_{n=2}^{\infty}\left(\frac{1}{a_n}+\frac{1}{b_n}\right)$의 합을 구하시오.

유형 **03** 급수와 수열의 극한 사이의 관계

급수 $\displaystyle\sum_{n=1}^{\infty} a_n$이 수렴하면 $\lim\limits_{n \to \infty} a_n = 0$임을 이용한다.

10 두 수열 $\{a_n\}$, $\{b_n\}$에 대하여 $\displaystyle\sum_{n=1}^{\infty}(a_n-4b_n)=-2$, $\displaystyle\sum_{n=1}^{\infty}\left(\frac{b_n}{3}+1\right)=4$일 때, $\lim\limits_{n \to \infty} a_n$의 값을 구하시오.

11 수열 $\{a_n\}$에 대하여 급수
$$\sum_{n=1}^{\infty}\left(\frac{a_n}{n}-\frac{n+2n+3n+\cdots+n^2}{1^2+2^2+3^2+\cdots+n^2}\right)$$
이 수렴할 때, $\lim\limits_{n \to \infty} \dfrac{a_n}{n}$의 값은?

① $\dfrac{1}{3}$ ② $\dfrac{1}{2}$ ③ $\dfrac{2}{3}$

④ $\dfrac{3}{2}$ ⑤ 2

12 수열 $\{a_n\}$에 대하여 $\displaystyle\sum_{n=1}^{\infty} a_n=20$일 때, $\lim\limits_{n \to \infty} \dfrac{a_1+a_2+a_3+\cdots+a_n+10a_{n+1}}{2a_n+5}$의 값은?

① 1   ② 2   ③ 4

④ 5   ⑤ 10

13 $\displaystyle\sum_{n=1}^{\infty}\frac{an^2+2}{n^2+n}=b$일 때, 상수 a, b에 대하여 $a+b$의 값은?

① $\dfrac{1}{2}$ ② 1 ③ $\dfrac{3}{2}$

④ 2 ⑤ $\dfrac{5}{2}$

14 두 수열 $\{a_n\}$, $\{b_n\}$이 모든 자연수 n에 대하여

$$1+3+3^2+\cdots+3^{n-1}<a_n<\frac{3^n}{2}$$

$$\frac{4n^2-3n}{2n^2+1}<\sum_{k=1}^{n}b_k<\frac{4n^2+5}{2n^2-1}$$

를 만족시킬 때, $\displaystyle\lim_{n\to\infty}\frac{2\times6^n+3}{2^na_n+3^nb_n}$의 값은?

① 0 ② 1 ③ 2

④ 3 ⑤ 4

15 수열 $\{a_n\}$의 첫째항부터 제n항까지의 합을 S_n이라 할 때, 모든 자연수 n에 대하여

$$S_n+S_{n+1}-2a_n=5-\left(\frac{2}{3}\right)^n$$

이 성립한다. $\displaystyle\lim_{n\to\infty}(a_1+a_2+a_3+\cdots+a_n)=p$일 때, $20p$의 값을 구하시오. (단, p는 실수)

유형 **04** 급수의 성질

$\displaystyle\sum_{n=1}^{\infty}a_n=S$, $\displaystyle\sum_{n=1}^{\infty}b_n=T$ (S, T는 실수)일 때

(1) $\displaystyle\sum_{n=1}^{\infty}ka_n=k\sum_{n=1}^{\infty}a_n=kS$ (단, k는 상수)

(2) $\displaystyle\sum_{n=1}^{\infty}(a_n+b_n)=\sum_{n=1}^{\infty}a_n+\sum_{n=1}^{\infty}b_n=S+T$

(3) $\displaystyle\sum_{n=1}^{\infty}(a_n-b_n)=\sum_{n=1}^{\infty}a_n-\sum_{n=1}^{\infty}b_n=S-T$

16 두 급수 $\displaystyle\sum_{n=1}^{\infty}a_n$, $\displaystyle\sum_{n=1}^{\infty}b_n$에 대하여

$$\sum_{n=1}^{\infty}a_n=2,\quad\sum_{n=1}^{\infty}(a_n-2b_n)=8$$

일 때, 급수 $\displaystyle\sum_{n=1}^{\infty}b_n$의 합은?

① -3 ② -1 ③ 1

④ 3 ⑤ 5

17 두 급수 $\displaystyle\sum_{n=1}^{\infty}a_n$, $\displaystyle\sum_{n=1}^{\infty}b_n$이 모두 수렴하고

$$\sum_{n=1}^{\infty}(a_n-b_n)=1,\quad\sum_{n=1}^{\infty}(2a_n-3b_n)=-2$$

일 때, 급수 $\displaystyle\sum_{n=1}^{\infty}(a_n+b_n)$의 합은?

① 3 ② 5 ③ 7

④ 9 ⑤ 11

18 수열 $\{a_n\}$에 대하여 $\displaystyle\lim_{n\to\infty}(n-1)^2a_n=0$이고

$\displaystyle\sum_{n=1}^{\infty}a_n=5$, $\displaystyle\sum_{n=1}^{\infty}na_n=6$일 때, 급수 $\displaystyle\sum_{n=1}^{\infty}n^2(a_n-a_{n+1})$의 합을 구하시오.

유형 05 급수의 수렴과 발산에 대한 참, 거짓 판별

급수와 수열의 극한 사이의 관계와 급수의 성질을 이용하여 주어진 명제의 참, 거짓을 판별한다. 이때 반례가 하나라도 존재하면 주어진 명제는 거짓이다.

19 두 수열 $\{a_n\}$, $\{b_n\}$에 대하여 다음 보기 중 옳은 것만을 있는 대로 고른 것은?

• 보기 •

ㄱ. $\displaystyle\sum_{n=1}^{\infty} b_n$, $\displaystyle\sum_{n=1}^{\infty} (a_n - b_n)$이 모두 수렴하면 $\displaystyle\sum_{n=1}^{\infty} a_n$도 수렴한다.

ㄴ. $\displaystyle\sum_{n=1}^{\infty} a_n$, $\displaystyle\sum_{n=1}^{\infty} b_n$이 모두 수렴하면 $\displaystyle\lim_{n\to\infty} a_n b_n = 0$이다.

ㄷ. $\displaystyle\sum_{n=1}^{\infty} a_n b_n$이 수렴하면 $\displaystyle\lim_{n\to\infty} a_n = 0$ 또는 $\displaystyle\lim_{n\to\infty} b_n = 0$이다.

① ㄱ   ② ㄴ   ③ ㄷ
④ ㄱ, ㄴ   ⑤ ㄴ, ㄷ

20 두 수열 $\{a_n\}$, $\{b_n\}$에 대하여 다음 보기 중 옳은 것만을 있는 대로 고르시오.

• 보기 •

ㄱ. $\displaystyle\sum_{n=1}^{\infty} a_n b_n = 1$이고 $\displaystyle\lim_{n\to\infty} a_n = 3$이면 $\displaystyle\lim_{n\to\infty} b_n = 0$이다.

ㄴ. $\displaystyle\sum_{n=1}^{\infty} (a_n + 2b_n)$, $\displaystyle\sum_{n=1}^{\infty} (2a_n - b_n)$이 모두 수렴하면 $\displaystyle\sum_{n=1}^{\infty} a_n$, $\displaystyle\sum_{n=1}^{\infty} b_n$도 모두 수렴한다.

ㄷ. $a_n < b_n$이고 $\displaystyle\sum_{n=1}^{\infty} a_n$, $\displaystyle\sum_{n=1}^{\infty} b_n$이 모두 수렴하면 $\displaystyle\sum_{n=1}^{\infty} a_n < \displaystyle\sum_{n=1}^{\infty} b_n$이다.

유형 06 급수의 활용

도형의 여러 가지 성질을 이용하여 급수의 제n항까지의 부분합 S_n을 식으로 나타낸 후 $\displaystyle\lim_{n\to\infty} S_n$을 조사한다.

21 자연수 n에 대하여 곡선 $y = \sqrt{x}$와 직선 $x = n$이 만나는 점을 P_n이라 하고, 선분 OP_n의 길이를 l_n이라 할 때, 급수 $\displaystyle\sum_{n=1}^{\infty} \frac{l_{n+1} - l_n}{l_n l_{n+1}}$의 합을 구하시오.

(단, O는 원점)

22 자연수 n에 대하여 직선 $nx + ny + y - 2 = 0$이 x축과 만나는 점을 A_n, y축과 만나는 점을 B_n이라 하자. 삼각형 $\mathrm{OA}_n\mathrm{B}_n$의 넓이를 S_n이라 할 때, 급수 $\displaystyle\sum_{n=1}^{\infty} S_n$의 합은? (단, O는 원점)

① $\dfrac{1}{2}$ ② 1 ③ $\dfrac{3}{2}$

④ 2 ⑤ $\dfrac{5}{2}$

23 자연수 n에 대하여 다음 그림과 같이 원 $(x - 2n)^2 + y^2 = 1$과 원점을 지나는 직선이 제1사분면에서 접할 때, 이 직선의 기울기를 a_n이라 하자. 급수 $\displaystyle\sum_{n=1}^{\infty} a_n{}^2$의 합을 구하시오.

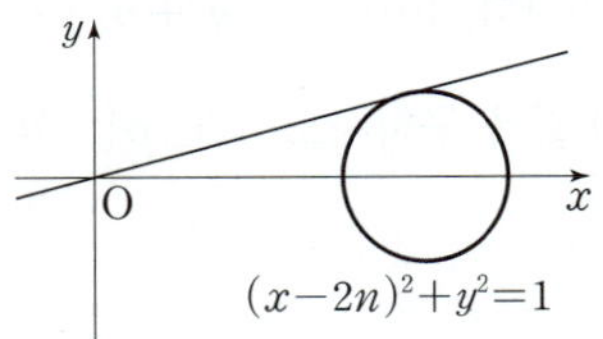

기초 문제 Training

등비급수의 수렴과 발산　　　　개념편 42쪽

1 다음 등비급수의 수렴, 발산을 조사하시오.

(1) $\displaystyle\sum_{n=1}^{\infty}(-3)^n$

(2) $\displaystyle\sum_{n=1}^{\infty}\dfrac{9}{7^n}$

(3) $1+\dfrac{1}{2}+\dfrac{1}{4}+\dfrac{1}{8}+\cdots$

(4) $1-\dfrac{3}{2}+\dfrac{9}{4}-\dfrac{27}{8}+\cdots$

(5) $\sqrt{3}-3+3\sqrt{3}-9+\cdots$

(6) $0.1+0.01+0.001+0.0001+\cdots$

2 다음 등비급수의 합을 구하시오.

(1) $\displaystyle\sum_{n=1}^{\infty}\left(\dfrac{1}{3}\right)^{n-1}$

(2) $\displaystyle\sum_{n=1}^{\infty}\left(-\dfrac{3}{4}\right)^n$

(3) $\displaystyle\sum_{n=1}^{\infty}3\times\left(\dfrac{1}{4}\right)^{n-1}$

(4) $\displaystyle\sum_{n=1}^{\infty}2\times\left(-\dfrac{1}{2}\right)^{n-1}$

3 다음 등비급수가 수렴하도록 하는 실수 x의 값의 범위를 구하시오.

(1) $1+2x+4x^2+8x^3+\cdots$

(2) $1-\dfrac{x}{5}+\dfrac{x^2}{25}-\dfrac{x^3}{125}+\cdots$

(3) $\displaystyle\sum_{n=1}^{\infty}(-x)^n$

(4) $\displaystyle\sum_{n=1}^{\infty}(x-1)^n$

4 다음은 등비급수를 이용하여 순환소수 $0.\dot{3}\dot{6}$을 분수로 나타내는 과정이다. ㈎~㈒에 알맞은 수를 구하시오.

$$0.\dot{3}\dot{6}=0.363636\cdots$$
$$=\boxed{\text{㈎}}+0.0036+0.000036+\cdots$$
$$=\dfrac{36}{\boxed{\text{㈏}}}+\dfrac{36}{10000}+\dfrac{36}{1000000}+\cdots$$

이는 첫째항이 $\dfrac{36}{\boxed{\text{㈏}}}$, 공비가 $\boxed{\text{㈐}}$ 인 등비급수이므로 그 합을 구하면

$$0.\dot{3}\dot{6}=\dfrac{\dfrac{36}{\boxed{\text{㈏}}}}{1-\boxed{\text{㈐}}}=\boxed{\text{㈒}}$$

유형 01   등비급수의 합(1)

등비급수 $\sum\limits_{n=1}^{\infty} ar^{n-1} \, (a\neq 0)$은 $|r|<1$일 때 수렴하고, 그 합은 $\dfrac{a}{1-r}$이다.

1 다음 보기 중 옳은 것만을 있는 대로 고르시오.

> **보기**
>
> ㄱ. $\sum\limits_{n=1}^{\infty} (-2)^n \left(\dfrac{1}{2}\right)^{2n-1} = -\dfrac{3}{2}$
>
> ㄴ. $\sum\limits_{n=1}^{\infty} \dfrac{2^n-2}{4^n} = \dfrac{1}{3}$
>
> ㄷ. $\sum\limits_{n=1}^{\infty} \dfrac{2^n+(-3)^n}{6^n} = \dfrac{1}{6}$

2 $\sum\limits_{n=1}^{\infty} (3^n-1)\left(\dfrac{1}{5}\right)^{n-1} = \dfrac{q}{p}$일 때, $p+q$의 값을 구하시오. (단, p, q는 서로소인 자연수)

3 급수 $\sum\limits_{n=1}^{\infty} \left(\dfrac{1+\cos n\pi}{5}\right)^n$의 합은?

① $\dfrac{4}{25}$ ② $\dfrac{1}{6}$ ③ $\dfrac{4}{23}$

④ $\dfrac{2}{11}$ ⑤ $\dfrac{4}{21}$

유형 02   등비급수의 합(2)

주어진 조건을 이용하여 a_n을 구한 후 첫째항이 a, 공비가 $r \, (|r|<1)$인 등비급수의 합은 $\dfrac{a}{1-r}$임을 이용한다.

4 등비수열 $\{a_n\}$에 대하여 $a_1=3$, $a_2=-2$일 때, 급수 $\sum\limits_{n=1}^{\infty} a_{n+1}$의 합을 구하시오.

5 수열 $\{a_n\}$의 일반항이 $a_n = \dfrac{1+(-1)^n}{2}$일 때, 급수 $\dfrac{a_1}{2} - \dfrac{a_2}{2^2} + \dfrac{a_3}{2^3} - \dfrac{a_4}{2^4} + \dfrac{a_5}{2^5} - \dfrac{a_6}{2^6} + \cdots$의 합을 구하시오.

6 1보다 큰 자연수 n에 대하여 $(-5)^n$의 n제곱근 중 실수인 것의 개수를 a_n이라 할 때, 급수 $\sum\limits_{n=2}^{\infty} \dfrac{a_n}{5^n}$의 합을 구하시오.

7 (UP) 수열 $\{a_n\}$이
$$a_1 = \dfrac{1}{4}, \quad a_n a_{n+1} = 2^n \ (n=1, 2, 3, \cdots)$$
을 만족시킬 때, 급수 $\sum\limits_{n=1}^{\infty} \dfrac{1}{a_{2n}}$의 합을 구하시오.

유형 03   합이 주어진 등비급수

첫째항을 a, 공비를 r로 놓으면 등비급수의 합은 $\dfrac{a}{1-r}$임을 이용하여 식을 세운 후 연립하여 a, r의 값을 구한다. 이때 $-1<r<1$임에 주의한다.

8 $\displaystyle\sum_{n=1}^{\infty}\dfrac{(2x)^n+(-x)^n}{4^n}=\dfrac{2}{9}$일 때, 실수 x의 값은?

(단, $0<x<2$)

① $\dfrac{1}{4}$ ② $\dfrac{1}{2}$ ③ $\dfrac{3}{4}$

④ 1 ⑤ $\dfrac{5}{4}$

9 모든 항이 양수인 등비수열 $\{a_n\}$에 대하여
$$\sum_{n=1}^{\infty}a_n=10,\quad \sum_{n=1}^{\infty}a_{3n}=\dfrac{10}{7}$$
일 때, 급수 $\displaystyle\sum_{n=1}^{\infty}a_n{}^2$의 합을 구하시오.

10 모든 항이 양수인 등비수열 $\{a_n\}$이 다음 조건을 모두 만족시킬 때, 급수 $\displaystyle\sum_{n=1}^{\infty}a_{2n-1}$의 합을 구하시오.

(가) $\displaystyle\sum_{n=1}^{\infty}a_n=2(a_1+a_2)$ (나) $\displaystyle\sum_{n=1}^{\infty}a_n{}^2=2(a_1+a_3)$

유형 04   등비급수의 수렴 조건

(1) 등비급수 $\displaystyle\sum_{n=1}^{\infty}r^n$이 수렴하기 위한 조건
➡ $-1<r<1$

(2) 등비급수 $\displaystyle\sum_{n=1}^{\infty}ar^{n-1}$이 수렴하기 위한 조건
➡ $a=0$ 또는 $-1<r<1$

11 등비급수 $\displaystyle\sum_{n=1}^{\infty}\left(\dfrac{\log_2 x-3}{2}\right)^{n-1}$이 수렴하도록 하는 정수 x의 개수는?

① 27 ② 28 ③ 29

④ 30 ⑤ 31

12 등비수열 $\{x(x-1)^{n-1}\}$과 등비급수 $\displaystyle\sum_{n=1}^{\infty}(x^2+x-1)^{n-1}$이 모두 수렴하도록 하는 실수 x의 값의 범위는?

① $-2<x<-1$ ② $-1<x<0$

③ $-1<x<1$ ④ $0<x<1$

⑤ $1<x<2$

13 등비급수 $\displaystyle\sum_{n=1}^{\infty}r^n$이 수렴할 때, 다음 보기 중 반드시 수렴하는 급수인 것만을 있는 대로 고르시오.

보기

ㄱ. $\displaystyle\sum_{n=1}^{\infty}r^{n+2}$ ㄴ. $\displaystyle\sum_{n=1}^{\infty}\left(\dfrac{2r-3}{4}\right)^n$

ㄷ. $\displaystyle\sum_{n=1}^{\infty}\left(\dfrac{r}{2}+1\right)^n$ ㄹ. $\displaystyle\sum_{n=1}^{\infty}r^{2n-1}$

14 두 등비급수 $\sum\limits_{n=1}^{\infty} a^n$, $\sum\limits_{n=1}^{\infty} b^n$이 모두 수렴할 때, 다음 보기 중 반드시 수렴하는 급수인 것만을 있는 대로 고른 것은?

----- 보기 -----

ㄱ. $\sum\limits_{n=1}^{\infty} (ab)^n$ ㄴ. $\sum\limits_{n=1}^{\infty} \left(\dfrac{a+b}{2}\right)^n$

ㄷ. $\sum\limits_{n=1}^{\infty} (a-b)^n$ ㄹ. $\sum\limits_{n=1}^{\infty} (a^2-b^2)^n$

① ㄱ, ㄴ   ② ㄱ, ㄴ, ㄹ   ③ ㄱ, ㄷ, ㄹ
④ ㄴ, ㄷ, ㄹ   ⑤ ㄱ, ㄴ, ㄷ, ㄹ

15 두 등비수열 $\{a_n\}$, $\{b_n\}$에 대하여 다음 보기 중 옳은 것만을 있는 대로 고르시오.

----- 보기 -----

ㄱ. 두 등비급수 $\sum\limits_{n=1}^{\infty} a_n$, $\sum\limits_{n=1}^{\infty} b_n$이 모두 수렴하면 $\sum\limits_{n=1}^{\infty} \dfrac{a_n}{b_n}$은 수렴한다. (단, $b_n \neq 0$)

ㄴ. 두 등비급수 $\sum\limits_{n=1}^{\infty} a_n$, $\sum\limits_{n=1}^{\infty} b_n$이 모두 발산하면 $\sum\limits_{n=1}^{\infty} (a_n+b_n)$은 발산한다.

ㄷ. 두 등비급수 $\sum\limits_{n=1}^{\infty} a_n{}^3$, $\sum\limits_{n=1}^{\infty} b_n{}^3$이 모두 수렴하면 $\sum\limits_{n=1}^{\infty} a_n b_n$은 수렴한다.

16 등비급수 $\sum\limits_{n=1}^{\infty} r^n$이 수렴할 때, 다음 중 그 합이 될 수 <u>없는</u> 것은?

(UP)

① $-\dfrac{3}{2}$ ② $\dfrac{1}{4}$ ③ $\dfrac{1}{2}$

④ 1 ⑤ $\dfrac{3}{2}$

유형 05   순환소수와 등비급수

순환소수를 등비급수로 나타낸 후 그 합을 구하여 분수로 나타낸다.

참고   (1) $0.\dot{a}=\dfrac{a}{9}$ (2) $0.\dot{a}\dot{b}=\dfrac{ab}{99}$

(3) $0.\dot{a}b\dot{c}=\dfrac{abc}{999}$ (4) $0.a\dot{b}\dot{c}=\dfrac{abc-a}{990}$

17 순환소수 $0.5\dot{4}$를 분수로 나타내면?

① $\dfrac{49}{99}$ ② $\dfrac{1}{2}$ ③ $\dfrac{49}{90}$

④ $\dfrac{6}{11}$ ⑤ $\dfrac{3}{5}$

18 모든 항이 양수이고 첫째항이 $0.\dot{3}$, 제3항이 $0.\dot{0}3\dot{7}$인 등비급수의 합은?

① 0.5 ② $0.\dot{6}$ ③ 0.75

④ 1 ⑤ $1.\dot{3}$

19 첫째항과 공비가 같은 등비수열 $\{a_n\}$에 대하여 $\sum\limits_{n=1}^{\infty} a_n = 0.\dot{6}$일 때, a_2의 값은?

① 0.16 ② $0.\dot{2}$ ③ 0.36

④ $0.\dot{4}$ ⑤ 0.5

구하는 점의 x좌표와 y좌표가 변하는 규칙을 찾은 후 점의 좌표가 한없이 가까워지는 값을 등비급수로 나타낸다.

20 자연수 n에 대하여 다음 그림과 같이 좌표평면 위의 점 P_n이

$$\overline{OP_1}=1, \quad \overline{P_1P_2}=\frac{2}{3}\overline{OP_1}, \quad \overline{P_2P_3}=\frac{2}{3}\overline{P_1P_2}, \quad \cdots$$

$$\angle OP_1P_2 = \angle P_1P_2P_3 = \angle P_2P_3P_4 = \cdots = 90°$$

를 만족시킬 때, 점 P_n이 한없이 가까워지는 점의 좌표는? (단, O는 원점)

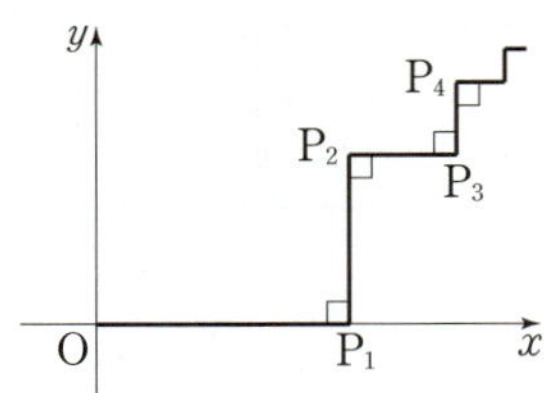

① $\left(\dfrac{9}{5},\ \dfrac{6}{5}\right)$ ② $\left(\dfrac{9}{5},\ 2\right)$ ③ $\left(2,\ \dfrac{4}{3}\right)$

④ $\left(\dfrac{9}{4},\ \dfrac{6}{5}\right)$ ⑤ $(3,\ 2)$

21 자연수 n에 대하여 다음 그림과 같이 좌표평면의 제1사분면 위에 있는 점 P_n과 x축의 양의 방향 위의 점 A가

$$\overline{OP_1}=6, \quad \overline{P_1P_2}=\frac{1}{2}\overline{OP_1}, \quad \overline{P_2P_3}=\frac{1}{2}\overline{P_1P_2}, \quad \cdots$$

$$\angle P_1OA=45°, \quad \angle OP_1P_2 = \angle P_1P_2P_3 = \cdots = 90°$$

를 만족시킨다. 점 P_n이 한없이 가까워지는 점의 좌표를 $(a,\ b)$라 할 때, a^2+b^2의 값을 구하시오.

(단, O는 원점)

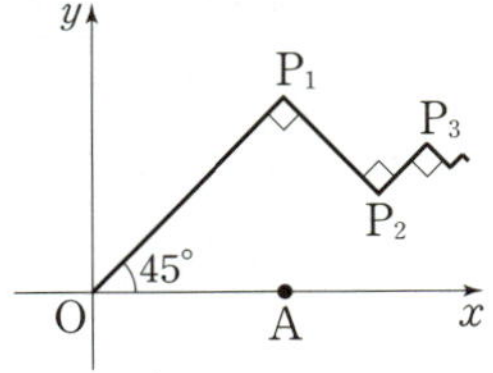

도형의 여러 가지 성질을 이용하여 주어진 도형의 길이의 규칙을 찾은 후 길이의 합을 등비급수로 나타낸다.

22 오른쪽 그림과 같이 $\overline{AC}=\sqrt{2}$, $\angle B=90°$인 직각이등변삼각형 ABC가 있다. 변 AB, 변 AC의 중점을 각각 B_1, C_1이라 하고, 변 AB_1, 변 AC_1의 중점을 각각 B_2, C_2라 하자. 이와 같은 과정을 한없이 반복할 때, 급수 $\overline{B_1C_1}+\overline{B_2C_2}+\overline{B_3C_3}+\cdots$의 합을 구하시오.

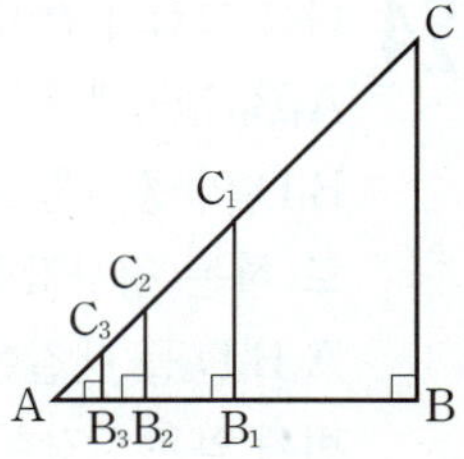

23 길이가 12인 진자가 천장에 수직으로 매달려 있다. 오른쪽 그림과 같이 진자를 각 $\dfrac{\pi}{3}$만큼 당겼다가 놓으면

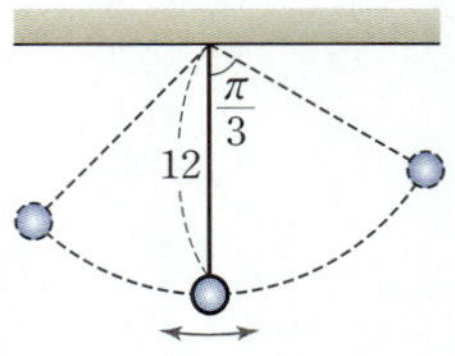

처음 매달려 있던 위치를 기준으로 이전에 올라간 각의 $\dfrac{3}{4}$배만큼 반대쪽으로 올라갔다가 방향을 바꾸어 움직이는 과정을 한없이 반복할 때, 진자가 움직인 거리의 합은? (단, 처음 진자를 당길 때 움직인 거리는 제외하고 진자가 스스로 움직인 거리만 생각한다.)

① 22π ② 24π ③ 26π

④ 28π ⑤ 30π

유형 08 등비급수의 활용 – 넓이

도형의 여러 가지 성질을 이용하여 주어진 도형의 넓이의 규칙을 찾은 후 넓이의 합을 등비급수로 나타낸다.

24 다음 그림과 같이 한 변의 길이가 1인 정사각형 $A_1B_1C_1D_1$에서 삼각형 $A_1B_1D_1$을 색칠한다. 대각선 B_1D_1의 중점을 A_2라 하고, 선분 A_2C_1을 대각선으로 하는 정사각형 $A_2B_2C_1D_2$를 그린 다음 삼각형 $A_2B_2D_2$를 색칠한다. 이와 같은 과정을 계속하여 n번째 얻은 삼각형 $A_nB_nD_n$의 넓이를 S_n이라 할 때, 급수 $\sum\limits_{n=1}^{\infty} S_n$의 합을 구하시오.

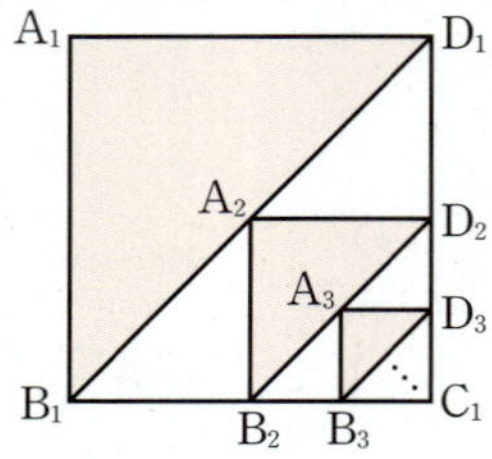

25 오른쪽 그림과 같이 한 변의 길이가 2인 정삼각형 A_1에 내접하는 원 C_1을 그리고, 원 C_1에 내접하는 정삼각형 A_2를 그린다. 이와 같은 과정을 한없이 반복할 때, 모든 정삼각형의 넓이의 합을 구하시오.

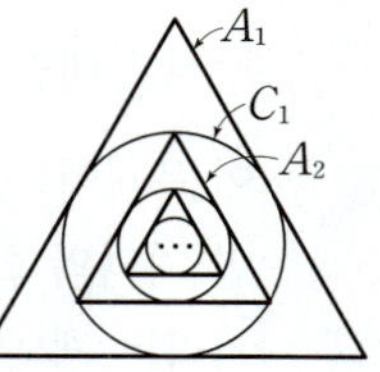

26 다음 그림과 같이 $\overline{A_1B_1}=1$, $\overline{A_1D_1}=2$인 직사각형 $A_1B_1C_1D_1$에서 선분 B_1C_1을 지름으로 하고 직사각형에 내접하는 반원을 그린 후 색칠하여 얻은 그림을 R_1이라 하자. 또 점 B_1이 아닌 선분 A_1B_1 위의 점 B_2, 호 B_1C_1 위의 점 C_2, 선분 A_1D_1 위의 점 D_2와 점 A_1을 꼭짓점으로 하고 $\overline{A_1B_2} : \overline{A_1D_2}=1 : 2$인 직사각형 $A_1B_2C_2D_2$에 같은 방법으로 반원을 그린 후 색칠하여 얻은 그림을 R_2라 하자. 이와 같은 과정을 계속하여 n번째 얻은 그림 R_n에 색칠되어 있는 부분의 넓이를 S_n이라 할 때, $\lim\limits_{n\to\infty} S_n$의 값을 구하시오.

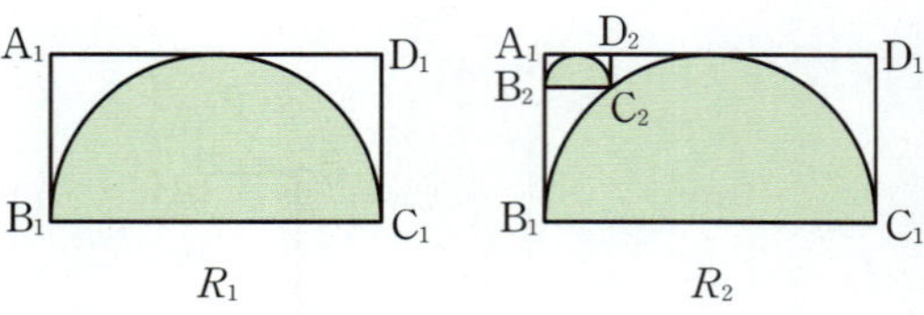

R_1 $\qquad$ R_2

27 다음 그림과 같이 한 변의 길이가 4인 정사각형에서 네 꼭짓점을 각각 중심으로 하고 반지름의 길이가 2인 사분원을 뺀 나머지 부분을 색칠하여 ◇ 모양의 도형을 만든다. 또 네 사분원에 내접하는 정사각형을 그린 다음 같은 방법으로 색칠하여 ◇ 모양의 도형을 만든다. 이와 같은 과정을 한없이 반복할 때, 색칠된 모든 도형의 넓이의 합을 구하시오.

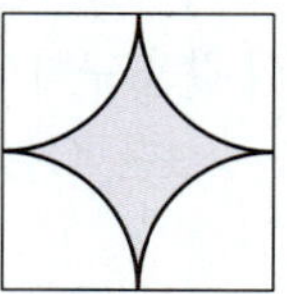

Ⅱ

미분법

기초 문제 Training

01 지수함수와 로그함수의 미분

지수함수와 로그함수의 극한   개념편 56쪽

1 다음 극한을 조사하시오.

(1) $\lim\limits_{x\to\infty}\left(\dfrac{7}{4}\right)^x$

(2) $\lim\limits_{x\to\infty}\left(\dfrac{1}{3}\right)^x$

(3) $\lim\limits_{x\to-\infty}2^x$

(4) $\lim\limits_{x\to 2}\left(\dfrac{1}{6}\right)^x$

2 다음 극한을 조사하시오.

(1) $\lim\limits_{x\to\infty}\log 3x$

(2) $\lim\limits_{x\to 0+}\log_3 x$

(3) $\lim\limits_{x\to\infty}\log_{\frac{1}{3}} 2x$

(4) $\lim\limits_{x\to\frac{1}{5}}\log_5 x$

무리수 e와 자연로그   개념편 60쪽

3 다음 극한값을 구하시오.

(1) $\lim\limits_{x\to 0}(1+x)^{\frac{2}{x}}$

(2) $\lim\limits_{x\to\infty}\left(1+\dfrac{1}{x}\right)^{5x}$

4 다음 값을 구하시오.

(1) $\ln e^4$

(2) $\ln \sqrt[3]{e}$

(3) $\ln \dfrac{1}{e^2}$

(4) $e^{\ln 4}$

5 다음 극한값을 구하시오.

(1) $\lim\limits_{x\to 0}\dfrac{\ln(1+x)}{3x}$

(2) $\lim\limits_{x\to 0}\dfrac{e^x-1}{2x}$

(3) $\lim\limits_{x\to 0}\dfrac{\log_5(1+x)}{x}$

(4) $\lim\limits_{x\to 0}\dfrac{10^x-1}{x}$

지수함수와 로그함수의 미분   개념편 68쪽

6 다음 함수를 미분하시오.

(1) $y=x^2+e^x$

(2) $y=3^x-1$

(3) $y=2^x+\ln x$

(4) $y=\log_3 2x$

핵심 유형 Training

유형 01　지수함수의 극한

지수함수 $y=a^x\,(a>0,\ a\neq1)$에 대하여

(1) $a>1$이면 $\Rightarrow \displaystyle\lim_{x\to\infty}a^x=\infty,\ \lim_{x\to-\infty}a^x=0$

(2) $0<a<1$이면 $\Rightarrow \displaystyle\lim_{x\to\infty}a^x=0,\ \lim_{x\to-\infty}a^x=\infty$

1 다음 보기 중 극한값이 존재하는 것만을 있는 대로 고르시오.

●보기●

ㄱ. $\displaystyle\lim_{x\to\infty}\frac{2^{x+1}}{5^x-1}$　　　ㄴ. $\displaystyle\lim_{x\to-\infty}\frac{2^x}{2^x-2^{-x}}$

ㄷ. $\displaystyle\lim_{x\to0+}\frac{3^{\frac{1}{x}}+2^{\frac{1}{x}}}{3^{\frac{1}{x}}+1}$　　　ㄹ. $\displaystyle\lim_{x\to-\infty}\frac{1}{1-7^{\frac{1}{x}}}$

2 $\displaystyle\lim_{x\to\infty}(4^x-2^x)^{\frac{1}{2x}}$의 값은?

① 1　　　　② 2　　　　③ 4

④ 8　　　　⑤ 16

3 $\displaystyle\lim_{x\to\infty}\frac{a\times3^{x+1}+12}{3^x+4}=15$일 때, 상수 a의 값은?

① 5　　　　② 10　　　　③ 15

④ 20　　　　⑤ 25

유형 02　로그함수의 극한

로그함수 $y=\log_a x\,(a>0,\ a\neq1)$에 대하여

(1) $a>1$이면 $\Rightarrow \displaystyle\lim_{x\to\infty}\log_a x=\infty,\ \lim_{x\to0+}\log_a x=-\infty$

(2) $0<a<1$이면 $\Rightarrow \displaystyle\lim_{x\to\infty}\log_a x=-\infty,\ \lim_{x\to0+}\log_a x=\infty$

참고 (1) $\displaystyle\lim_{x\to r}\{\log_a f(x)\}=\log_a\{\lim_{x\to r}f(x)\}$

（단, r는 실수, $f(x)>0$, $\displaystyle\lim_{x\to r}f(x)>0$）

(2) $\displaystyle\lim_{x\to\infty}\{\log_a f(x)\}=\log_a\{\lim_{x\to\infty}f(x)\}$

（단, $f(x)>0$, $\displaystyle\lim_{x\to\infty}f(x)>0$）

4 $\displaystyle\lim_{x\to\infty}\{\log_2(2x^2+x+3)-2\log_2(2x+1)\}$의 값은?

① -2　　　② -1　　　③ $\dfrac{1}{2}$

④ 1　　　　⑤ 2

5 $\displaystyle\lim_{x\to-2}(\log_4|x^2-4|-\log_4|x+2|)$의 값은?

① $\dfrac{1}{4}$　　　② $\dfrac{1}{2}$　　　③ 1

④ 2　　　　⑤ 4

6 $\displaystyle\lim_{x\to\infty}\left\{\log_5(ax-1)-\frac{1}{2}\log_5(4x^2+1)\right\}=2$일 때, 상수 a의 값을 구하시오.

유형 03 무리수 e

(1) $\displaystyle\lim_{x\to 0}(1+x)^{\frac{1}{x}}=e$ (2) $\displaystyle\lim_{x\to\infty}\left(1+\frac{1}{x}\right)^{x}=e$

참고 0이 아닌 상수 a에 대하여
$$\lim_{x\to 0}(1+ax)^{\frac{1}{ax}}=e,\ \lim_{x\to\infty}\left(1+\frac{1}{ax}\right)^{ax}=e$$

7 $\displaystyle\lim_{x\to\infty}\left\{\left(1+\frac{1}{4x}\right)\left(1-\frac{1}{2x}\right)\right\}^{x}=e^{a}$일 때, 상수 a의 값을 구하시오.

8 $\displaystyle\lim_{x\to 0}(1+ax)^{\frac{3}{x}}=e^{\frac{3}{4}}$일 때, 상수 a의 값을 구하시오.

9 함수 $f(x)=\left(\dfrac{x}{x-1}\right)^{x}$에 대하여 $\displaystyle\lim_{x\to-\infty}f(2x)$의 값은?

① 1 ② $\sqrt{e}$ ③ e
④ e^2 ⑤ e^4

10 자연수 n에 대하여
$$S_n=\frac{1}{1\times 3}+\frac{1}{3\times 5}+\frac{1}{5\times 7}+\cdots+\frac{1}{(2n-1)(2n+1)}$$
이라 할 때, $\displaystyle\lim_{n\to\infty}\left(\frac{1}{2S_n}\right)^{4n}$의 값을 구하시오.

유형 04 e의 정의를 이용한 지수함수와 로그함수의 극한 (1)

(1) $\displaystyle\lim_{x\to 0}\frac{\ln(1+x)}{x}=1$ (2) $\displaystyle\lim_{x\to 0}\frac{e^{x}-1}{x}=1$

참고 0이 아닌 상수 a에 대하여
$$\lim_{x\to 0}\frac{\ln(1+ax)}{ax}=1,\ \lim_{x\to 0}\frac{e^{ax}-1}{ax}=1$$

11 $\displaystyle\lim_{x\to 2}\frac{\ln\sqrt{x-1}}{x-2}$의 값은?

① $\dfrac{1}{4}$ ② $\dfrac{1}{2}$ ③ 1
④ 2 ⑤ 4

12 $\displaystyle\lim_{x\to 0}\frac{e^{ax}-1}{x^{3}+2x}=2$일 때, $\displaystyle\lim_{x\to 0}\frac{\ln(3x+1)}{ax}$의 값을 구하시오. (단, a는 상수)

13 $\displaystyle\lim_{x\to 0}\frac{e^{x}-1}{\ln(1+ax)-\ln(1-2x)}=1$일 때, 상수 a의 값을 구하시오.

14 함수 $f(x)=e^{\frac{x}{2}}-1$의 역함수를 $g(x)$라 할 때, $\displaystyle\lim_{x\to 0}\frac{g(2x)}{x}$의 값을 구하시오.

유형 05 e의 정의를 이용한 지수함수와 로그함수의 극한 (2)

$a>0$, $a\neq1$일 때

(1) $\displaystyle\lim_{x\to0}\frac{\log_a(1+x)}{x}=\frac{1}{\ln a}$

(2) $\displaystyle\lim_{x\to0}\frac{a^x-1}{x}=\ln a$

15 다음 중 옳지 <u>않은</u> 것은?

① $\displaystyle\lim_{x\to0}\frac{5^x-1}{5x}=\frac{\ln5}{5}$

② $\displaystyle\lim_{x\to0}\frac{\log_3(1+x)}{\log_9(1-x)}=-2$

③ $\displaystyle\lim_{x\to0}\frac{(4^x-1)\log_2(1+x)}{x^2}=2$

④ $\displaystyle\lim_{x\to0}\frac{e^x-2^{-x}}{x}=\ln2$

⑤ $\displaystyle\lim_{x\to-1}\frac{\log_2(x+2)}{x+1}=\frac{1}{\ln2}$

16 $\displaystyle\lim_{x\to0}\frac{\log_2(1+x)(1+2x)(1+3x)(1+4x)}{x}$의 값을 구하시오.

17 $\displaystyle\lim_{x\to0}\frac{(a+8)^x-a^x}{x}=\ln5$일 때, 양수 a의 값을 구하시오.

유형 06 지수함수와 로그함수의 극한의 응용

분수 꼴인 함수의 극한에서 다음을 이용하여 식을 세운 후 미정계수를 구한다.

(1) (분모) → 0이고, 극한값이 존재하면
  ➡ (분자) → 0

(2) (분자) → 0이고, 0이 아닌 극한값이 존재하면
  ➡ (분모) → 0

18 $\displaystyle\lim_{x\to0}\frac{\sqrt{ax+b}-2}{\ln(1+bx)}=\frac{1}{8}$일 때, 상수 a, b에 대하여 $b-a$의 값을 구하시오.

19 $\displaystyle\lim_{x\to0}\frac{e^x+e^{-x}-a}{bx^2}=\frac{1}{3}$일 때, 상수 a, b에 대하여 $a+b$의 값은?

① 4 　　② 5 　　③ 6

④ 7 　　⑤ 8

20 $\displaystyle\lim_{x\to1}\frac{e^{x-1}-1}{ax+b}=\frac{1}{6}$일 때, 상수 a, b에 대하여 ab의 값을 구하시오.

21 $\displaystyle\lim_{x\to\infty}x^a\ln\left(b+\frac{c}{x^2}\right)=4$일 때, 양수 a, b, c에 대하여 **UP** abc의 값을 구하시오.

유형 07 지수함수와 로그함수가 연속일 조건

함수 $f(x)$가 $x=a$에서 연속이면 $\lim_{x \to a} f(x)=f(a)$임을 이용하여 식을 세운다.

참고 (1) 함수 $f(x)=\begin{cases} g(x) & (x \neq a) \\ b & (x=a) \end{cases}$가 $x=a$에서 연속이면

$\Rightarrow \lim_{x \to a} g(x)=b$

(2) 함수 $f(x)=\begin{cases} g(x) & (x \geq a) \\ h(x) & (x < a) \end{cases}$가 $x=a$에서 연속이면

$\Rightarrow \lim_{x \to a+} g(x)=\lim_{x \to a-} h(x)$

(3) 실수 전체의 집합에서 연속인 두 함수 $f(x)$, $g(x)$가

$(x-a)f(x)=g(x)$를 만족시키면

$\Rightarrow f(a)=\lim_{x \to a} \dfrac{g(x)}{x-a}$

22 함수 $f(x)=\begin{cases} \dfrac{\ln(a+x)}{e^{2x}-1} & (x \neq 0) \\ b & (x=0) \end{cases}$가 $x=0$에서 연속일 때, 상수 a, b에 대하여 $a+4b$의 값을 구하시오.

23 함수 $f(x)=\begin{cases} \dfrac{e^x-e^{a-1}}{a(x-1)} & (x>1) \\ be^{ax} & (x \leq 1) \end{cases}$이 실수 전체의 집합에서 연속일 때, 상수 a, b에 대하여 ab의 값은?

① $\dfrac{1}{2e}$ ② $\dfrac{1}{e}$ ③ $\dfrac{2}{e}$

④ 1 ⑤ $\dfrac{3}{e}$

24 $x>-1$에서 연속인 함수 $f(x)$가

$$\ln(1+x)f(x)=e^{3x}-\ln a$$

를 만족시킬 때, $f(0)$의 값을 구하시오.

(단, a는 상수)

유형 08 지수함수와 로그함수의 극한의 활용

선분의 길이, 도형의 넓이, 점의 좌표 등을 지수함수 또는 로그함수로 나타낸 후 극한의 성질을 이용하여 극한값을 구한다.

25 오른쪽 그림과 같이 곡선 $y=\ln(x-2)$ 위의 두 점 $A(3, 0)$, $P(t, \ln(t-2))$ $(t>3)$에 대하여 점 P에서 y축에 내린 수선의 발을 Q라 하고, 사각형 OAPQ의 넓이를 $S(t)$라 할 때, $\lim_{t \to 3+} \dfrac{S(t)}{t-3}$의 값을 구하시오. (단, O는 원점)

26 곡선 $y=2\ln x$ 위의 두 점 $A(1, 0)$, $B(t, 2\ln t)$ $(t>1)$에 대하여 선분 AB의 수직이등분선이 y축과 만나는 점의 y좌표를 $p(t)$라 할 때, $\lim_{t \to 1+} p(t)$의 값을 구하시오.

27 곡선 $y=f(x)$는 곡선 $y=\dfrac{1}{4}e^{2x}$을 y축의 방향으로 m만큼 평행이동하여 원점을 지나도록 한 것이고, 곡선 $y=g(x)$는 곡선 $y=-\ln 3x$를 x축의 방향으로 n만큼 평행이동하여 원점을 지나도록 한 것이다. 직선 $y=k(k>0)$가 곡선 $y=g(x)$, y축, 곡선 $y=f(x)$와 만나는 점을 각각 P, Q, R라 할 때, $\lim_{k \to 0+} \dfrac{\overline{QR}}{\overline{PQ}}$의 값을 구하시오.

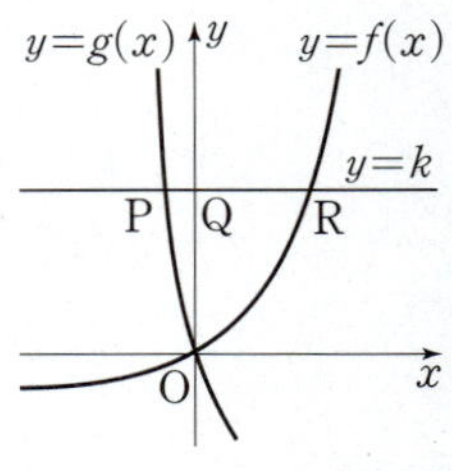

유형 **09**　지수함수의 도함수

(1) $y=e^x$이면 $y'=e^x$

(2) $y=a^x$이면 $y'=a^x \ln a$ (단, $a>0$, $a \neq 1$)

28 함수 $f(x)=(x-1)(e^x-1)$에 대하여 $f'(1)$의 값은?

① $e-2$　　　② $e-1$　　　③ e
④ $e+1$　　　⑤ $e+2$

29 함수 $f(x)=4^x+3^x$의 그래프 위의 점 $(0, 2)$에서의 접선의 기울기가 $\ln a$일 때, 상수 a의 값을 구하시오.

30 함수 $f(x)=(x^2+ax)e^{x+1}$에 대하여 $f'(2)=5e^3$일 때, 상수 a의 값은?

① -2　　　② -1　　　③ 1
④ 2　　　⑤ 3

31 함수 $f(x)=2x+a^x$ $(a>0,\ a \neq 1)$에 대하여 $f'(0)=2+\ln 2$일 때, $f(1)$의 값을 구하시오.

유형 **10**　로그함수의 도함수

(1) $y=\ln x$이면 $y'=\dfrac{1}{x}$

(2) $y=\log_a x$이면 $y'=\dfrac{1}{x \ln a}$ (단, $a>0$, $a \neq 1$)

32 함수 $f(x)=x \ln 2x$에 대하여 $f'(1)$의 값은?

① $\ln 2$　　　② 1　　　③ $2 \ln 2$
④ $\ln 2+1$　　　⑤ $2 \ln 2+1$

33 함수 $f(x)=\log_9 \dfrac{1}{x}-\log_3 \dfrac{1}{x}$에 대하여 $f'(2)=\dfrac{k}{4 \ln 3}$일 때, 상수 k의 값은?

① -3　　　② -1　　　③ 1
④ 3　　　⑤ 5

34 함수 $f(x)=(x^2+2ax)(\ln x-1)$에 대하여 $f'(e)=3e$일 때, 상수 a의 값을 구하시오.

35 함수 $f(x)=ax-bx \ln x$에 대하여 $f(1)=4$, $f'(1)=-3$일 때, $f(e^2)$의 값을 구하시오.
(단, a, b는 상수)

유형 11 | 지수함수와 로그함수의 미분계수를 이용한 극한값의 계산

미분계수의 정의를 이용하여 구하는 극한을 미분계수를 포함한 식으로 변형하여 구한다.

> **참고** 미분가능한 함수 $f(x)$의 $x=a$에서의 미분계수는
> $$f'(a)=\lim_{h\to 0}\frac{f(a+h)-f(a)}{h}=\lim_{x\to a}\frac{f(x)-f(a)}{x-a}$$

36 함수 $f(x)=xe^x$에 대하여
$$\lim_{h\to 0}\frac{f(2+h)-f(2-h)}{h}$$의 값은?

① $2e^2$ 　② $3e^2$ 　③ $4e^2$
④ $5e^2$ 　⑤ $6e^2$

37 두 함수 $f(x)=5^x-4,\ g(x)=\ln x+1$에 대하여
$$\lim_{x\to 1}\frac{f(x)g(x)-1}{x-1}$$의 값은?

① 1 　② $5\ln 5-1$ 　③ $5\ln 5$
④ $5\ln 5+1$ 　⑤ $5\ln 5+2$

38 함수 $f(x)=a+b\log_3 x$에 대하여
$$\lim_{x\to 1}\frac{f(x)}{x-1}=\frac{2}{\ln 3}$$일 때, $\lim_{h\to 0}\frac{f(3+2h)-f(3-h)}{h}$
의 값은? (단, a, b는 상수)

① $\dfrac{1}{3\ln 3}$ 　② $\dfrac{2}{3\ln 3}$ 　③ $\dfrac{1}{\ln 3}$
④ $\dfrac{2}{\ln 3}$ 　⑤ $\dfrac{3}{\ln 3}$

유형 12 | 지수함수와 로그함수가 미분가능할 조건

함수 $f(x)$가 $x=a$에서 미분가능하면 $x=a$에서 연속이고 미분계수 $f'(a)$가 존재함을 이용하여 식을 세운다.

> **참고** 함수 $f(x)=\begin{cases} g(x) & (x\ge a) \\ h(x) & (x<a) \end{cases}$가 $x=a$에서 미분가능하면
> (i) $x=a$에서 연속
> $$\Rightarrow \lim_{x\to a+}g(x)=\lim_{x\to a-}h(x)$$
> (ii) 미분계수 $f'(a)$가 존재
> $$\Rightarrow \lim_{x\to a+}g'(x)=\lim_{x\to a-}h'(x)$$

39 함수 $f(x)=\begin{cases} ae^{x-1}-b & (x\ge 1) \\ bx-2 & (x<1) \end{cases}$가 $x=1$에서 미분가능할 때, 상수 a, b에 대하여 ab의 값은?

① 2 　② 4 　③ 6
④ 8 　⑤ 10

40 함수 $f(x)=\begin{cases} \ln x+2 & (x\ge 1) \\ x^2+ax+b & (x<1) \end{cases}$가 실수 전체의 집합에서 미분가능할 때, $f(-1)+f(e)$의 값을 구하시오. (단, a, b는 상수)

41 함수 $f(x)=|x\ln x|+a|x-1|$이 $x=1$에서 미분가능할 때, 상수 a의 값을 구하시오.

기초 문제 Training

삼각함수의 덧셈정리

개념편 76쪽

1 원점 O와 점 $P(5, -12)$에 대하여 동경 OP가 나타내는 각의 크기를 θ라 할 때, 다음을 구하시오.

(1) $\csc\theta$

(2) $\sec\theta$

(3) $\cot\theta$

2 다음 각 θ에 대하여 $\csc\theta$, $\sec\theta$, $\cot\theta$의 값을 각각 구하시오.

(1) $\dfrac{\pi}{4}$

(2) $\dfrac{\pi}{3}$

(3) $150°$

(4) $225°$

3 θ가 제1사분면의 각이고 $\tan\theta=\sqrt{2}$일 때, $\sec\theta$의 값을 구하시오.

02 삼각함수의 덧셈정리

4 삼각함수의 덧셈정리를 이용하여 다음 삼각함수의 값을 구하시오.

(1) $\sin 15°$

(2) $\cos 105°$

(3) $\tan 75°$

5 다음 식의 값을 구하시오.

(1) $\sin 65° \cos 20° - \cos 65° \sin 20°$

(2) $\cos 15° \cos 45° - \sin 15° \sin 45°$

(3) $\dfrac{\tan 70° - \tan 40°}{1 + \tan 70° \tan 40°}$

삼각함수의 합성

개념편 84쪽

6 다음은 $\sin\theta + \cos\theta$를 $r\sin(\theta+\alpha)$ 꼴로 나타내는 과정이다. ㈎, ㈏, ㈐에 알맞은 것을 구하시오.

$$(\text{단, } r>0, \ 0<\alpha<2\pi)$$

점 $P(1, 1)$을 잡으면 원점 O에 대하여

$\overline{OP} = \boxed{㈎}$

$\cos\boxed{㈏} = \dfrac{\sqrt{2}}{2}$, $\sin\boxed{㈏} = \dfrac{\sqrt{2}}{2}$이므로

$\sin\theta + \cos\theta$

$= \boxed{㈎}\left(\dfrac{1}{\boxed{㈎}}\sin\theta + \dfrac{1}{\boxed{㈎}}\cos\theta\right)$

$= \boxed{㈎}\left(\cos\boxed{㈏}\sin\theta + \sin\boxed{㈏}\cos\theta\right)$

$= \boxed{㈎}\sin\left(\boxed{㈐}\right)$

유형 01 여러 가지 삼각함수

(1) $\csc\theta=\dfrac{1}{\sin\theta}$, $\sec\theta=\dfrac{1}{\cos\theta}$, $\cot\theta=\dfrac{1}{\tan\theta}$

(2) $1+\tan^2\theta=\sec^2\theta$, $1+\cot^2\theta=\csc^2\theta$

1 θ가 제3사분면의 각이고 $\sin\theta=-\dfrac{1}{3}$일 때, $\sec\theta+\cot\theta$의 값을 구하시오.

2 다음 보기 중 옳은 것만을 있는 대로 고르시오.

• 보기 •

ㄱ. $\dfrac{1}{1+\sin\theta}+\dfrac{1}{1-\sin\theta}=2\csc^2\theta$

ㄴ. $\dfrac{\sec\theta}{\csc\theta-\cot\theta}+\dfrac{\sec\theta}{\csc\theta+\cot\theta}=2\sec\theta\csc\theta$

ㄷ. $(1+\csc\theta)(1+\sec\theta)(1-\csc\theta)(1-\sec\theta)=1$

3 $\sin\theta-\cos\theta=\dfrac{1}{3}$일 때, $\tan\theta+\cot\theta$의 값을 구하시오.

4 $\dfrac{2\sin\theta+\cos\theta}{\sin\theta-2\cos\theta}=3$일 때, $\sec^2\theta$의 값을 구하시오.

$\left(\text{단, } 0<\theta<\dfrac{\pi}{2}\right)$

유형 02 삼각함수의 덧셈정리

(1) $\sin(\alpha+\beta)=\sin\alpha\cos\beta+\cos\alpha\sin\beta$

$\sin(\alpha-\beta)=\sin\alpha\cos\beta-\cos\alpha\sin\beta$

(2) $\cos(\alpha+\beta)=\cos\alpha\cos\beta-\sin\alpha\sin\beta$

$\cos(\alpha-\beta)=\cos\alpha\cos\beta+\sin\alpha\sin\beta$

(3) $\tan(\alpha+\beta)=\dfrac{\tan\alpha+\tan\beta}{1-\tan\alpha\tan\beta}$

$\tan(\alpha-\beta)=\dfrac{\tan\alpha-\tan\beta}{1+\tan\alpha\tan\beta}$

5 $\sin^2\theta+\sin^2\left(\dfrac{\pi}{3}+\theta\right)+\sin^2\left(\dfrac{\pi}{3}-\theta\right)$의 값을 구하시오.

6 $\cos\alpha=\dfrac{3}{5}$, $\cos\beta=\dfrac{5}{13}$일 때, $\cos(\alpha+\beta)$의 값을 구하시오. $\left(\text{단, } 0<\alpha<\dfrac{\pi}{2},\ \dfrac{3}{2}\pi<\beta<2\pi\right)$

7 $\sin\alpha-\cos\beta=\dfrac{1}{2}$, $\cos\alpha+\sin\beta=1$일 때, $\sin(\alpha-\beta)$의 값을 구하시오.

8 이차방정식 $x^2+3x-5=0$의 두 근이 $\tan\alpha$, $\tan\beta$
UP 일 때, $2\cos^2(\alpha+\beta)-\sin(\alpha+\beta)\cos(\alpha+\beta)$의 값을 구하시오.

유형 03 ┃ 배각의 공식

(1) $\sin 2\alpha = 2\sin\alpha\cos\alpha$

(2) $\cos 2\alpha = 2\cos^2\alpha - 1 = 1 - 2\sin^2\alpha$

(3) $\tan 2\alpha = \dfrac{2\tan\alpha}{1-\tan^2\alpha}$

9 $\cos\theta = \dfrac{4}{5}$일 때, $\sin 2\theta - \cos 2\theta$의 값을 구하시오.

$$\left(\text{단, } \frac{3}{2}\pi < \theta < 2\pi\right)$$

10 $\sin\theta + \cos\theta = \dfrac{1}{2}$일 때, $\sin 2\theta$의 값을 구하시오.

11 $(1+\tan\theta)\tan 2\theta = \dfrac{4}{3}$일 때, $\tan\theta$의 값은?

① $\dfrac{2}{7}$ ② $\dfrac{2}{5}$ ③ $\dfrac{4}{7}$

④ $\dfrac{4}{5}$ ⑤ 2

12 함수 $y = \cos 2\theta - 4\sin\theta + 1$의 최댓값을 M, 최솟값을 m이라 할 때, Mm의 값은?

① -16 ② -4 ③ -1

④ 0 ⑤ 2

유형 04 ┃ 두 직선이 이루는 각의 크기

두 직선 l, m이 x축의 양의 방향과 이루는 각의 크기가 각각 α, β일 때, 두 직선 l, m이 이루는 예각의 크기를 θ라 하면

$$\Rightarrow \tan\theta = |\tan(\alpha-\beta)| = \left|\frac{\tan\alpha - \tan\beta}{1+\tan\alpha\tan\beta}\right|$$

13 두 직선 $y = \dfrac{1}{2}x+1$, $y = 3x+2$가 이루는 예각의 크기를 θ라 할 때, $\sec\theta$의 값은?

① 1 ② $\sqrt{2}$ ③ 2

④ $2\sqrt{2}$ ⑤ 3

14 두 직선 $mx - y + 1 = 0$, $2x + y - 3 = 0$이 이루는 예각의 크기가 $\dfrac{\pi}{4}$가 되도록 하는 모든 상수 m의 값의 곱을 구하시오.

15 오른쪽 그림과 같이 직선 $y = 3x+1$을 이 직선 위의 한 점을 중심으로 양의 방향으로 $45°$만큼 회전하여 얻은 직선의 방정식이 $y = mx+5$일 때, 상수 m의 값을 구하시오.

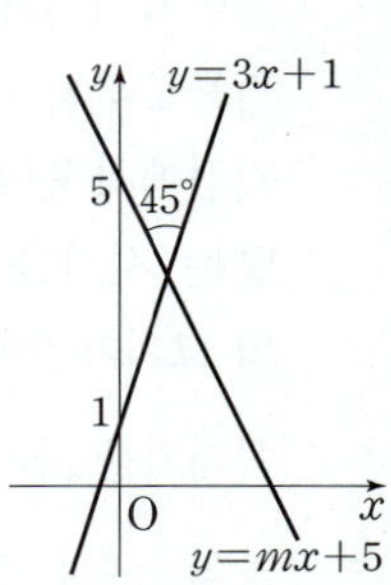

유형 05 삼각함수의 덧셈정리의 활용

주어진 각을 적당한 두 각의 합 또는 차로 나타낸 후 삼각함수의 덧셈정리를 이용한다.

16 오른쪽 그림과 같이 $\angle C = \dfrac{\pi}{2}$인 직각삼각형 ABC에서 $\overline{AB} : \overline{AC} = 3 : 1$이고, 변 BC 위의 점 D에 대하여 $\angle BAD = \angle ABD$이다. $\angle ADC = \theta$라 할 때, $\cos\theta$의 값을 구하시오.

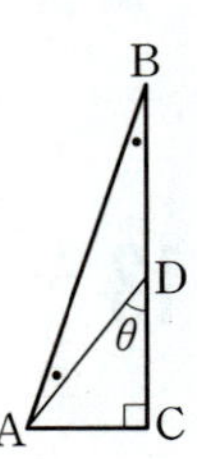

17 오른쪽 그림과 같이 정삼각형 ABC에 대하여 $\overline{CD} = 8$, $\angle ACD = \dfrac{\pi}{4}$인 점 D를 잡을 때, 점 D와 직선 BC 사이의 거리를 구하시오. (단, 선분 CD는 삼각형 ABC의 내부를 지나지 않는다.)

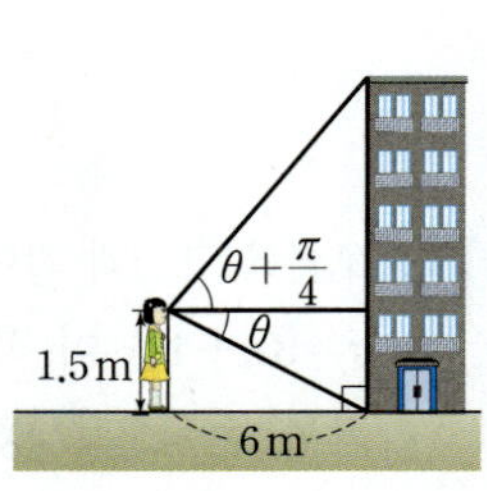

18 오른쪽 그림과 같이 눈높이가 1.5 m인 학생이 건물로부터 6 m 떨어진 지점에서 건물이 지면에 닿는 지점을 바라본 각의 크기가 θ이고, 건물의 꼭대기를 바라본 각의 크기가 $\theta + \dfrac{\pi}{4}$이다. 이때 건물의 높이는?

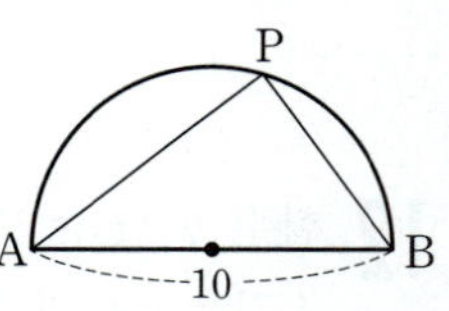

① 7.5 m   ② 8.5 m   ③ 9.5 m
④ 10.5 m   ⑤ 11.5 m

유형 06 ^{UP} 삼각함수의 합성

$$a\sin\theta + b\cos\theta = \sqrt{a^2+b^2}\,\sin(\theta+\alpha)$$
$$\left(\text{단, } \sin\alpha = \frac{b}{\sqrt{a^2+b^2}}, \ \cos\alpha = \frac{a}{\sqrt{a^2+b^2}}\right)$$

19 $2\sqrt{3}\sin\left(\theta + \dfrac{\pi}{3}\right) - 2\cos\theta = r\sin(\theta+\alpha)$일 때, 양수 r와 각 α에 대하여 $r\sin\alpha$의 값은?
(단, $0 < \alpha < 2\pi$)

① 1   ② $\sqrt{3}$ ③ 2
④ 3   ⑤ $2\sqrt{3}$

20 함수 $y = 4\sin x + 3\cos x - 1$의 최댓값을 M, 최솟값을 m이라 할 때, $M+m$의 값은?

① -4 ② -3 ③ -2
④ -1 ⑤ 0

21 오른쪽 그림과 같이 지름의 길이가 10인 반원의 호 위에 점 P를 잡을 때, $\overline{AP} + \overline{PB}$의 최댓값을 구하시오.

기초 문제 Training

삼각함수의 극한
개념편 88쪽

1 다음 극한값을 구하시오.

(1) $\lim\limits_{x \to \frac{\pi}{3}} \sin x$

(2) $\lim\limits_{x \to \frac{\pi}{2}} \cos x$

(3) $\lim\limits_{x \to \frac{\pi}{4}} \tan x$

2 다음 극한값을 구하시오.

(1) $\lim\limits_{x \to \frac{\pi}{2}} (1 + \sin x)$

(2) $\lim\limits_{x \to \frac{\pi}{6}} (6x + \cos 2x)$

(3) $\lim\limits_{x \to \frac{\pi}{4}} \dfrac{\cos x}{\tan x}$

(4) $\lim\limits_{x \to 0} (\sin x + \sec x)$

3 다음 극한값을 구하시오.

(1) $\lim\limits_{x \to 0} \dfrac{\sin 3x}{3x}$

(2) $\lim\limits_{x \to 0} \dfrac{\tan 4x}{4x}$

(3) $\lim\limits_{x \to 0} \dfrac{\sin x}{4x}$

(4) $\lim\limits_{x \to 0} \dfrac{2\tan x}{x}$

03 삼각함수의 미분

4 다음 극한값을 구하시오.

(1) $\lim\limits_{x \to 0} \dfrac{\sin 2x}{x}$

(2) $\lim\limits_{x \to 0} \dfrac{\tan 5x}{x}$

(3) $\lim\limits_{x \to 0} \dfrac{\sin 3x}{2x}$

(4) $\lim\limits_{x \to 0} \dfrac{\tan 5x}{3x}$

삼각함수의 미분
개념편 95쪽

5 다음 함수를 미분하시오.

(1) $y = 3 - \sin x$

(2) $y = x + \cos x$

(3) $y = 5\sin x + \cos x$

(4) $y = \sin x + e^x$

6 다음 함수를 미분하시오.

(1) $y = \sin x \cos x$

(2) $y = x \cos x$

(3) $y = (2x + 1)\sin x$

(4) $y = e^x \sin x$

유형 01 삼각함수의 극한

임의의 실수 a에 대하여

(1) $\displaystyle\lim_{x \to a} \sin x = \sin a$

(2) $\displaystyle\lim_{x \to a} \cos x = \cos a$

(3) $\displaystyle\lim_{x \to a} \tan x = \tan a$ $\left(\text{단, } a \neq n\pi + \dfrac{\pi}{2}, \ n\text{은 정수}\right)$

1 $\displaystyle\lim_{x \to \frac{\pi}{4}} \dfrac{\sin x - \cos x}{1 - \cot x}$의 값은?

① $-\dfrac{\sqrt{2}}{2}$ 　　② $-\dfrac{1}{2}$ 　　③ 0

④ $\dfrac{1}{2}$ 　　⑤ $\dfrac{\sqrt{2}}{2}$

2 $\displaystyle\lim_{x \to \frac{\pi}{2}} \dfrac{\sec x - \tan x}{\cos x}$의 값을 구하시오.

3 $\displaystyle\lim_{x \to 0} \dfrac{\cos 2x - 1}{\cos x - 1}$의 값을 구하시오.

4 $\displaystyle\lim_{x \to \frac{\pi}{2}} \dfrac{1 - \sin x}{a \cot^2 x} = \dfrac{1}{4}$일 때, 상수 a의 값은?

(단, $a \neq 0$)

① 1 　　② $\dfrac{3}{2}$ 　　③ 2

④ $\dfrac{5}{2}$ 　　⑤ 3

유형 02 함수 $\dfrac{\sin x}{x}$, $\dfrac{\tan x}{x}$의 극한

x의 단위가 라디안일 때

(1) $\displaystyle\lim_{x \to 0} \dfrac{\sin x}{x} = 1$ 　　(2) $\displaystyle\lim_{x \to 0} \dfrac{\tan x}{x} = 1$

참고 0이 아닌 상수 a, b에 대하여

$$\lim_{x \to 0} \dfrac{\sin bx}{ax} = \dfrac{b}{a}, \ \lim_{x \to 0} \dfrac{\tan bx}{ax} = \dfrac{b}{a}$$

5 다음 보기 중 옳은 것만을 있는 대로 고르시오.

• 보기 •

ㄱ. $\displaystyle\lim_{x \to 0} \dfrac{\sin 2x}{\ln(1 + 4x)} = 2$

ㄴ. $\displaystyle\lim_{x \to 0} \dfrac{\sin 2x}{e^{3x} - 1} = \dfrac{3}{2}$

ㄷ. $\displaystyle\lim_{x \to 0} \dfrac{\sin x + \tan 2x}{\sin 3x} = 1$

ㄹ. $\displaystyle\lim_{x \to 0} \dfrac{\sin(\tan x)}{\tan 2x} = \dfrac{1}{2}$

6 $\displaystyle\lim_{x \to 0} \dfrac{\sin(x^2 - x)}{\tan^2 x - \tan x}$의 값은?

① -2 　　② -1 　　③ 0

④ 1 　　⑤ 2

7 $-\dfrac{\pi}{10} < x < \dfrac{\pi}{10}$에서 연속인 함수 $f(x)$가

$$\ln(1 + 3x)f(x) = \tan 5x$$

를 만족시킬 때, $f(0)$의 값을 구하시오.

유형 03 $\dfrac{1-\cos x}{x}$ 꼴을 포함한 삼각함수의 극한

분모, 분자에 $1+\cos x$를 각각 곱한 후
$1-\cos^2 x=\sin^2 x$임을 이용하여 구한다.

8 $\lim\limits_{x\to 0}\dfrac{1-\cos 3x}{x^2}$의 값은?

① $\dfrac{1}{2}$ ② $\dfrac{3}{2}$ ③ $\dfrac{5}{2}$

④ $\dfrac{7}{2}$ ⑤ $\dfrac{9}{2}$

9 $\lim\limits_{x\to 0}\dfrac{\sin(1-\cos x)}{x^2}$의 값을 구하시오.

10 $\lim\limits_{x\to 0}\dfrac{\csc x-\cot x}{x}$의 값을 구하시오.

11 $\lim\limits_{x\to 0}\dfrac{x\ln(1+ax)}{2-2\cos x}=4$일 때, 상수 a의 값은?

① $\dfrac{1}{4}$ ② $\dfrac{1}{2}$ ③ 1

④ 2 ⑤ 4

유형 04   치환을 이용한 삼각함수의 극한

(1) $x-a=t$로 놓으면 $x\to a$일 때 $t\to 0$이므로

① $\lim\limits_{x\to a}\dfrac{\sin(x-a)}{x-a}=\lim\limits_{t\to 0}\dfrac{\sin t}{t}=1$

② $\lim\limits_{x\to a}\dfrac{\tan(x-a)}{x-a}=\lim\limits_{t\to 0}\dfrac{\tan t}{t}=1$

(2) $\dfrac{1}{x}=t$로 놓으면 $x\to\infty$일 때 $t\to 0$이므로

① $\lim\limits_{x\to\infty}x\sin\dfrac{1}{x}=\lim\limits_{t\to 0}\dfrac{\sin t}{t}=1$

② $\lim\limits_{x\to\infty}x\tan\dfrac{1}{x}=\lim\limits_{t\to 0}\dfrac{\tan t}{t}=1$

12 $\lim\limits_{x\to\frac{\pi}{2}}\dfrac{\cos^2 x}{\left(x-\dfrac{\pi}{2}\right)\cot x}$의 값을 구하시오.

13 $\lim\limits_{x\to\infty}\sin\left(\tan\dfrac{1}{x}\right)\csc\dfrac{1}{x}$의 값은?

① -1 ② $-\dfrac{1}{2}$ ③ 0

④ $\dfrac{1}{2}$ ⑤ 1

14 $\lim\limits_{x\to\infty}(x+1)\tan\dfrac{1}{3x+1}$의 값을 구하시오.

15 $\lim\limits_{x\to\frac{\pi}{2}}\dfrac{\left(x-\dfrac{\pi}{2}\right)^2}{1-\sin x}$의 값을 구하시오.

유형 05 　삼각함수의 극한의 응용

분수 꼴인 함수의 극한에서 다음을 이용하여 식을 세운 후 미정계수를 구한다.

(1) (분모) $\to 0$이고, 극한값이 존재하면
　➡ (분자) $\to 0$

(2) (분자) $\to 0$이고, 0이 아닌 극한값이 존재하면
　➡ (분모) $\to 0$

참고　함수 $f(x)$가 $x=a$에서 연속이면 $\lim\limits_{x\to a} f(x)=f(a)$임을 이용하여 식을 세운다.

16 $\lim\limits_{x\to a}\dfrac{2^x-1}{3\sin(x-a)}=b\ln 2$일 때, 상수 a, b에 대하여 $a+b$의 값을 구하시오.

17 $\lim\limits_{x\to 0}\dfrac{\cos x+a}{bx\sin x+x^2}=\dfrac{1}{4}$일 때, 상수 a, b에 대하여 ab의 값은?

① -3　　　② -1　　　③ 0
④ 1　　　⑤ 3

18 함수 $f(x)=\begin{cases} \dfrac{\sin \pi x}{x-a} & (x\neq 2) \\ b & (x=2) \end{cases}$ 가 $x=2$에서 연속일 때, 상수 a, b에 대하여 ab의 값은? (단, $b\neq 0$)

① $\dfrac{\pi}{3}$　　　② $\dfrac{\pi}{2}$　　　③ π
④ 2π　　　⑤ 3π

유형 06 　삼각함수의 극한의 활용 – 길이

선분의 길이를 주어진 각에 대한 삼각함수로 나타낸 후 삼각함수의 극한을 이용하여 극한값을 구한다.

19 오른쪽 그림과 같이 중심이 O이고 반지름의 길이가 1인 원에서 $\angle AOB=\theta$라 하고, 중심각의 크기가 θ인 호 AB의 길이를 l이라 할 때, $\lim\limits_{\theta\to 0+}\dfrac{l}{\overline{AB}}$ 의 값을 구하시오.

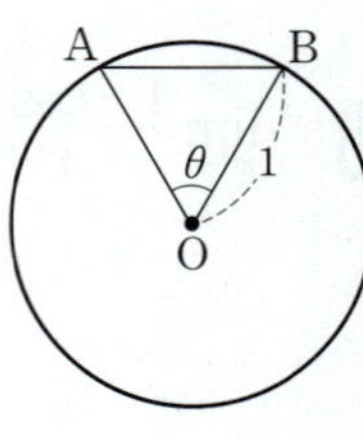

20 오른쪽 그림과 같이 선분 BC를 지름으로 하는 원에 내접하는 삼각형 ABC에 대하여 $\overline{AB}=6$이다. 선분 AC를 지름으로 하는 원과 선분 BC의 교점 중 C가 아닌 점을 D, $\angle ACB=\theta$라 할 때, $\lim\limits_{\theta\to \frac{\pi}{2}-}\dfrac{\overline{CD}}{\left(\dfrac{\pi}{2}-\theta\right)^2}$의 값을 구하시오.

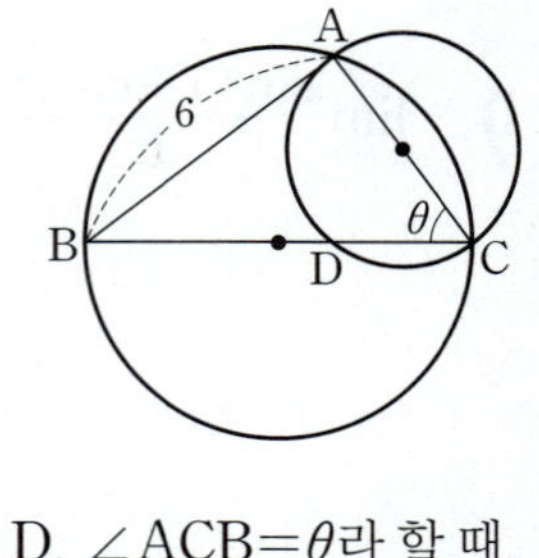

21 오른쪽 그림과 같이 길이가 12인 선분 AB를 지름으로 하고 중심이 O인 반원의 호 AB 위의 점 P에 대하여 $\angle PAB=\theta$라 하자. 선분 OB 위의 점 C가 $\angle APO=\angle OPC$를 만족시킬 때, $\lim\limits_{\theta\to 0+}\overline{OC}$의 값을 구하시오. $\left(\text{단, } 0<\theta<\dfrac{\pi}{4}\right)$

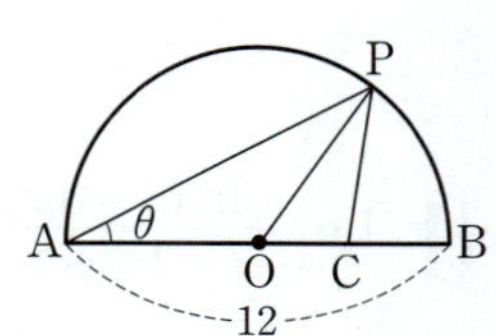

유형 07 삼각함수의 극한의 활용 – 넓이

도형의 넓이를 주어진 각에 대한 삼각함수로 나타낸 후 삼각함수의 극한을 이용하여 극한값을 구한다.

22 오른쪽 그림과 같이 $\overline{BC}=2$, $\angle B=\dfrac{\pi}{2}$인 직각삼각형 ABC가 있다. 꼭짓점 B에서 변 AC에 내린 수선의 발을 H, $\angle C=\theta$라 하고, 삼각형 ABH의 넓이를 $S(\theta)$라 할 때, $\displaystyle\lim_{\theta\to0+}\dfrac{S(\theta)}{\theta^3}$의 값은?

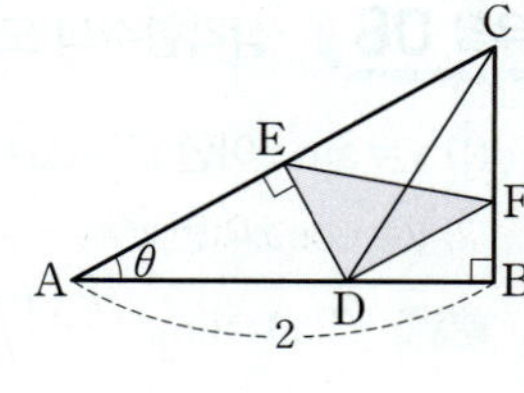

① $\dfrac{1}{4}$ ② $\dfrac{1}{2}$ ③ 1

④ 2 ⑤ 4

23 오른쪽 그림과 같이 반지름의 길이가 2이고 중심각의 크기가 $\dfrac{\pi}{2}$인 부채꼴 OAB와 선분 OA를 지름으로 하는 반원이 있다. 호 AB 위의 점 P에 대하여 $\angle POA=\theta$라 하고, 점 P에서 선분 OA에 내린 수선의 발을 Q, 선분 OP와 반원의 교점 중 O가 아닌 점을 R라 하자. 삼각형 PRQ의 넓이를 $S(\theta)$라 할 때, $\displaystyle\lim_{\theta\to0+}\dfrac{S(\theta)}{\theta^3}$의 값을 구하시오.

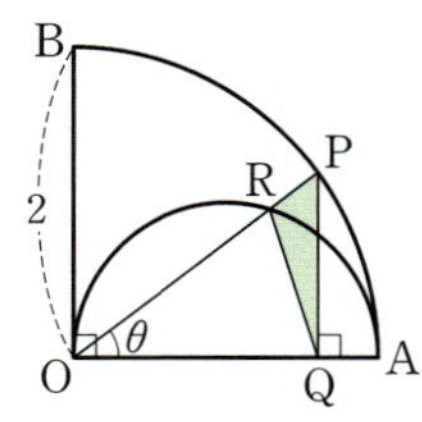

24 오른쪽 그림과 같이 $\overline{AB}=2$, $\angle B=\dfrac{\pi}{2}$인 직각삼각형 ABC의 변 AB 위의 점 D에 대하여 $\overline{AD}=\overline{CD}$이다. $\angle BAC=\theta$라 하고, 점 D에서 변 AC에 내린 수선의 발을 E, 점 D를 지나고 직선 AC에 평행한 직선이 변 BC와 만나는 점을 F라 하자. 삼각형 DFE의 넓이를 $S(\theta)$라 할 때, $\displaystyle\lim_{\theta\to0+}\dfrac{S(\theta)}{\theta}$의 값은?

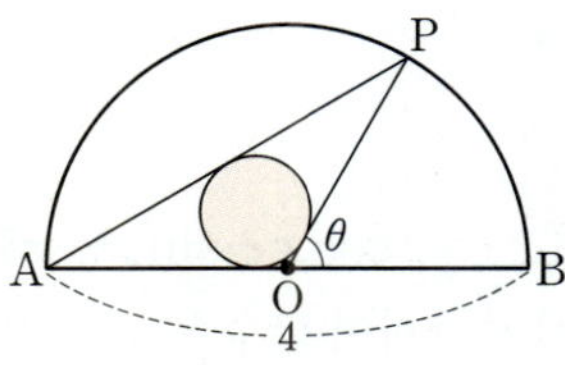

① $\dfrac{1}{2}$ ② 1 ③ $\dfrac{3}{2}$

④ 2 ⑤ $\dfrac{5}{2}$

25 (UP) 다음 그림과 같이 길이가 4인 선분 AB를 지름으로 하고 중심이 O인 반원이 있다. 호 AB 위의 점 P에 대하여 $\angle POB=\theta$라 하고, 삼각형 AOP에 내접하는 원의 넓이를 $S(\theta)$라 할 때, $\displaystyle\lim_{\theta\to0+}\dfrac{S(\theta)}{\theta^2}$의 값은?

① $\dfrac{\pi}{6}$ ② $\dfrac{\pi}{5}$ ③ $\dfrac{\pi}{4}$

④ $\dfrac{\pi}{3}$ ⑤ $\dfrac{\pi}{2}$

유형 08 삼각함수의 도함수

(1) $y=\sin x$이면 $y'=\cos x$
(2) $y=\cos x$이면 $y'=-\sin x$

참고 $f'(a)=\lim\limits_{h\to 0}\dfrac{f(a+h)-f(a)}{h}=\lim\limits_{x\to a}\dfrac{f(x)-f(a)}{x-a}$

26 함수 $f(x)=e^x(\sin x+\cos x)$에 대하여 $f'(0)$의 값은?

① 0 　　　　② 1 　　　　③ 2
④ e 　　　　⑤ $2e$

27 함수 $f(x)=ax\sin x+b\cos x$에 대하여 $f(\pi)=1$, $f'(\pi)=-\pi$일 때, 상수 a, b에 대하여 ab의 값은?

① -2 　　　　② -1 　　　　③ 0
④ 1 　　　　⑤ 2

28 함수 $f(x)=2\cos x+\sin x-x$와 미분가능한 함수 $g(x)$에 대하여 함수 $h(x)=f(x)g(x)$라 하자. $h'(0)=20$일 때, $g'(0)$의 값은?

① 6 　　　　② 8 　　　　③ 10
④ 12 　　　　⑤ 14

29 함수 $f(x)=x\sin x$에 대하여 $\lim\limits_{h\to 0}\dfrac{f(\pi+h)-f(\pi-2h)}{h}$의 값은?

① -3π 　　　　② $-\pi$ 　　　　③ π
④ 2π 　　　　⑤ 3π

30 함수 $f(x)=\sin x+a\cos x$에 대하여 $$\lim_{x\to \frac{\pi}{2}}\frac{f(x)-1}{x-\dfrac{\pi}{2}}=4$$ 일 때, $f\left(\dfrac{\pi}{4}\right)$의 값을 구하시오. (단, a는 상수)

31 함수 $f(x)=\begin{cases} e^x\cos x+a & (x\geq 0) \\ bx+2 & (x<0) \end{cases}$ 가 $x=0$에서 미분가능할 때, 상수 a, b에 대하여 $a+b$의 값을 구하시오.

32 함수 $$f(x)=\lim_{h\to 0}\frac{\sin(x+h)+\sin(x-h)-2\sin x}{h^2}$$ 에 대하여 $f'\left(\dfrac{\pi}{3}\right)$의 값을 구하시오.

Ⅱ

미분법

기초 문제 Training

01 여러 가지 미분법(1)

함수의 몫의 미분법

개념편 100쪽

1 다음 함수를 미분하시오.

(1) $y = \dfrac{1}{x-2}$

(2) $y = \dfrac{1}{2x+3}$

(3) $y = \dfrac{x}{x+2}$

(4) $y = \dfrac{2x}{x^2-1}$

2 다음 함수를 미분하시오.

(1) $y = x^{-5}$

(2) $y = x^3 + \dfrac{1}{x^3}$

3 다음 함수를 미분하시오.

(1) $y = \tan x - \sec x$

(2) $y = 3\csc x + \cot x$

합성함수의 미분법

개념편 104쪽

4 다음 함수를 미분하시오.

(1) $y = (3x+1)^4$

(2) $y = e^{2x-1}$

(3) $y = 2^{3x+2}$

(4) $y = \sin(2x+3)$

5 다음 함수를 미분하시오.

(1) $y = \ln|3x-4|$

(2) $y = \ln|x^2+3x+1|$

(3) $y = \log_4|x+1|$

(4) $y = \log_3|5x^2-1|$

6 다음 함수를 미분하시오.

(1) $y = x^\pi$

(2) $y = x\sqrt{x}$

핵심 유형 Training

유형 01 함수의 몫의 미분법

두 함수 $f(x)$, $g(x)$ $(g(x)\neq0)$가 미분가능할 때

(1) $y=\dfrac{1}{g(x)}$이면 $y'=-\dfrac{g'(x)}{\{g(x)\}^2}$

(2) $y=\dfrac{f(x)}{g(x)}$이면 $y'=\dfrac{f'(x)g(x)-f(x)g'(x)}{\{g(x)\}^2}$

유형 02 여러 가지 삼각함수의 도함수

(1) $y=\tan x$이면 $y'=\sec^2 x$

(2) $y=\sec x$이면 $y'=\sec x\tan x$

(3) $y=\csc x$이면 $y'=-\csc x\cot x$

(4) $y=\cot x$이면 $y'=-\csc^2 x$

1 함수 $f(x)=\dfrac{1}{x-3}$에 대하여

$\displaystyle\lim_{h\to0}\dfrac{f(a+h)-f(a)}{h}=-\dfrac{1}{9}$일 때, 양수 a의 값은?

① 5 ② 6 ③ 7
④ 8 ⑤ 9

2 함수 $f(x)=\dfrac{5x+a}{x^2+x+1}$에 대하여 $f'(-1)=3$일 때, $f'(0)$의 값을 구하시오. (단, a는 상수)

3 미분가능한 함수 $f(x)$에 대하여 $f(0)=2$이다. 함수 $g(x)=\dfrac{1}{xf(x)+1}$일 때, $g'(0)$의 값을 구하시오.

4 함수 $f(x)=\dfrac{1+\sin x}{\cos x}$에 대하여 $f'(a)=2$일 때, 상수 a의 값을 구하시오. $\left(\text{단, } -\dfrac{\pi}{2}<a<\dfrac{\pi}{2}\right)$

5 함수 $f(x)=3\sec x+\cot x$에 대하여 $f'\left(\dfrac{\pi}{6}\right)$의 값은?

① -4 ② -3 ③ -2
④ -1 ⑤ 0

6 함수 $f(x)=\dfrac{\sin x}{1+\tan x}$에 대하여

$\displaystyle\lim_{h\to0}\dfrac{f(h)-f(-h)}{2h}$의 값은?

① -1 ② $-\dfrac{1}{2}$ ③ $\dfrac{1}{2}$
④ 1 ⑤ 2

7 함수 $f(x)=a\sec x\csc x$에 대하여 $f'\left(\dfrac{\pi}{3}\right)=16$일 때, 상수 a의 값은?

① 4 ② 6 ③ 8
④ 10 ⑤ 12

유형 03 합성함수의 미분법 (1)

두 함수 $y=f(u)$, $u=g(x)$가 미분가능할 때, 합성함수 $y=f(g(x))$의 도함수는

$$\frac{dy}{dx}=\frac{dy}{du}\times\frac{du}{dx} \quad \text{또는} \quad y'=f'(g(x))g'(x)$$

참고 함수 $f(x)$가 미분가능할 때
- $y=f(ax+b)$이면 $y'=af'(ax+b)$ (단, a, b는 상수)
- $y=\{f(x)\}^n$이면 $y'=n\{f(x)\}^{n-1}f'(x)$ (단, n은 정수)

8 함수 $f(x)=3^{\cos x}$에 대하여 $f'\left(\dfrac{\pi}{2}\right)$의 값은?

① $-2\ln 3$　　② $-\ln 3$　　③ $\ln 3$

④ $2\ln 3$　　⑤ $3\ln 3$

9 두 함수 $f(x)=\tan x$, $g(x)=\dfrac{2x}{x^2+1}$에 대하여 함수 $h(x)=(g\circ f)(x)$일 때, $h'\left(\dfrac{\pi}{3}\right)$의 값은?

① -1　　② $-\dfrac{1}{2}$　　③ 0

④ $\dfrac{1}{2}$　　⑤ 1

10 함수 $f(x)=\left(\dfrac{2x+a}{x+1}\right)^3$에 대하여 $f'(0)=3$일 때, 정수 a의 값을 구하시오.

11 함수 $f(x)=(x-1)e^{2x+a}$에 대하여 $\displaystyle\lim_{x\to 1}\dfrac{f(x)}{x-1}=e$ 일 때, $f'(2)$의 값을 구하시오. (단, a는 상수)

12 함수 $f(x)=x^2+3x+1$과 미분가능한 함수 $g(x)$가 다음 조건을 모두 만족시킬 때, $g(-1)$의 값을 구하시오.

> (가) $f(g(x))=f(x)g(x)+3x^3+4x^2+x-3$
> (나) $g'(-1)=3$

13 함수 $f(x)=\begin{cases} e^{ax+b} & (x\geq 0) \\ (2x+1)^4 & (x<0) \end{cases}$ 이 $x=0$에서 미분가능할 때, $f(2)$의 값은? (단, a, b는 상수)

① e^4　　② e^8　　③ e^{12}

④ e^{16}　　⑤ e^{20}

14 함수 $f(x)=\sin(2\pi x+\pi)+\cos(\pi x^2+\pi)$에 대하여 $\displaystyle\lim_{x\to 0}\dfrac{f(\sin 2\pi x)-f(\tan \pi x)}{x}$의 값을 구하시오.

유형 04 합성함수의 미분법(2)

합성함수 $h(x)=f(g(x))$에 대하여 $x=a$에서의 함숫값과 미분계수가 주어지면 $h'(a)=f'(g(a))g'(a)$임을 이용한다.

15 미분가능한 함수 $f(x)$에 대하여 $f(3)=1$, $f'(3)=3$일 때, 함수 $y=\{xf(x)\}^3$의 $x=3$에서의 미분계수는?

① 250   ② 255   ③ 260
④ 265   ⑤ 270

16 미분가능한 두 함수 $f(x)$, $g(x)$가
$$\lim_{x \to 0}\frac{f(x)-1}{x}=-2, \quad \lim_{x \to 1}\frac{g(x)-3}{x-1}=4$$
를 만족시킬 때, 함수 $y=(g \circ f)(x)$의 $x=0$에서의 미분계수를 구하시오.

17 미분가능한 두 함수 $f(x)$, $g(x)$에 대하여 함수 $h(x)=(g \circ f)(x)$라 하자. 두 함수 $f(x)$, $h(x)$가 다음 조건을 모두 만족시킬 때, $g(2)g'(2)$의 값은?

> (가) $f(3)=2$, $f'(3)=4$
> (나) $\displaystyle\lim_{x \to 3}\frac{h(x)-6}{x-3}=8$

① 8   ② 10   ③ 12
④ 14   ⑤ 16

유형 05 로그함수의 도함수

$a>0$, $a \neq 1$이고 함수 $f(x)$ $(f(x) \neq 0)$가 미분가능할 때
(1) $y=\ln|x|$이면 $y'=\dfrac{1}{x}$
(2) $y=\log_a|x|$이면 $y'=\dfrac{1}{x\ln a}$
(3) $y=\ln|f(x)|$이면 $y'=\dfrac{f'(x)}{f(x)}$
(4) $y=\log_a|f(x)|$이면 $y'=\dfrac{f'(x)}{f(x)\ln a}$

18 함수 $f(x)=\log_3|2^x-1|$에 대하여 $f'(1)$의 값은?

① $\dfrac{\ln 2}{\ln 3}$ ② $\ln 2$ ③ $\dfrac{1}{\ln 3}$
④ $\dfrac{2\ln 2}{\ln 3}$ ⑤ $\dfrac{1}{\ln 2}$

19 함수 $f(x)=\ln|x^4+ax^2-2|$의 그래프 위의 점 $(-1, f(-1))$에서의 접선의 기울기가 1일 때, $f(2)$의 값은? (단, a는 상수)

① $\ln 8$ ② $\ln 10$ ③ $\ln 12$
④ $\ln 14$ ⑤ $\ln 16$

20 함수 $f(x)=\ln|\sqrt{2}\sin x|$에 대하여 $\displaystyle\lim_{n \to \infty} nf\left(\frac{\pi}{4}+\frac{1}{n}\right)$의 값을 구하시오.

유형 06 로그함수의 도함수의 응용

밑과 지수에 모두 변수가 포함되어 있거나 복잡한 유리함수 꼴인 함수 $y=f(x)$의 도함수는 다음과 같은 순서로 구한다.

(1) $y=f(x)$의 양변의 절댓값에 자연로그를 취한다.

(2) (1)의 양변을 x에 대하여 미분한다.

(3) (2)를 y'에 대하여 정리하여 도함수를 구한다.

21 함수 $f(x)=\dfrac{x^4(x-1)^3}{(x-2)^2(x-3)}$에 대하여 $\displaystyle\lim_{x\to 4}\dfrac{f'(x)}{f(x)}$의 값은?

① $-\dfrac{1}{2}$ ② $-\dfrac{1}{4}$ ③ 0

④ $\dfrac{1}{4}$ ⑤ $\dfrac{1}{2}$

22 함수 $f(x)=(\ln x)^x\,(x>1)$에 대하여 $f'(e)$의 값은?

① $\dfrac{2}{e}$ ② 1 ③ 2

④ e ⑤ e^2

23 함수 $f(x)=x^{a\sin x}\,(x>0)$에 대하여 $\displaystyle\lim_{x\to\pi}\dfrac{f(x)-1}{x-\pi}=2\ln\pi$일 때, $f\left(\dfrac{\pi}{2}\right)$의 값을 구하시오. (단, a는 상수)

유형 07 함수 $y=x^n$ (n은 실수)의 도함수

n이 실수일 때, $y=x^n$이면
$$y'=nx^{n-1}$$
이때 무리함수는 $y=\{f(x)\}^n$ (n은 실수) 꼴로 변형한 후 미분한다.

참고 n이 실수일 때, $y=\{f(x)\}^n$이면
$$y'=n\{f(x)\}^{n-1}f'(x)$$

24 함수 $f(x)=\sqrt{x^4+2x^2+2}$에 대하여 $f'(-1)=a$, $f'(1)=b$일 때, ab의 값은?

① $-\dfrac{36}{5}$ ② -5 ③ $-\dfrac{16}{5}$

④ $-\dfrac{9}{5}$ ⑤ $-\dfrac{4}{5}$

25 함수 $f(x)=(3x-2)\sqrt{3x-2}$와 미분가능한 함수 $g(x)$에 대하여 함수 $h(x)=g(f(x))$이다. $h'(1)=9$일 때, $g'(1)$의 값은?

① -2 ② -1 ③ 0

④ 1 ⑤ 2

26 함수 $f(x)=\dfrac{1}{\sqrt{1-\cos x}}$에 대하여 $f'(a)=0$일 때, 상수 a의 값을 구하시오. (단, $0<a<2\pi$)

기초 문제 Training

02 여러 가지 미분법 (2)

매개변수로 나타낸 함수의 미분법
개념편 114쪽

1 다음 매개변수 t로 나타낸 함수에서 $\dfrac{dy}{dx}$를 구하시오.

(1) $x=t-1$, $y=t^2$

(2) $x=t^2-t$, $y=2t^2+1$

2 매개변수 t로 나타낸 함수 $x=-t^3+2t^2$, $y=-t^2+3$ 에 대하여 다음 물음에 답하시오.

(1) $\dfrac{dy}{dx}$를 구하시오.

(2) $t=4$에서의 $\dfrac{dy}{dx}$의 값을 구하시오.

음함수와 역함수의 미분법
개념편 116쪽

3 다음은 음함수 표현 $x^2-y^3=1$에서 $\dfrac{dy}{dx}$를 구하는 과정이다. ㈎, ㈏, ㈐에 알맞은 것을 구하시오.

> $x^2-y^3=1$에서 y를 x에 대한 함수로 보고 각 항을 x에 대하여 미분하면
>
> $\dfrac{d}{dx}(x^2)-\dfrac{d}{dx}(y^3)=\dfrac{d}{dx}(1)$
>
> $\boxed{㈎}-\boxed{㈏}\dfrac{dy}{dx}=0$
>
> $\therefore \dfrac{dy}{dx}=\boxed{㈐}\ (y\neq 0)$

4 다음은 역함수의 미분법을 이용하여 함수 $x=e^y+y$에서 $\dfrac{dy}{dx}$를 구하는 과정이다. ㈎, ㈏에 알맞은 것을 구하시오.

> $x=e^y+y$의 각 항을 y에 대하여 미분하면
>
> $\dfrac{dx}{dy}=\boxed{㈎}$
>
> $\therefore \dfrac{dy}{dx}=\dfrac{1}{\dfrac{dx}{dy}}=\boxed{㈏}$

이계도함수
개념편 121쪽

5 다음 함수의 이계도함수를 구하시오.

(1) $y=x^3-x^2$

(2) $y=x^4+4x^3-3x^2$

(3) $y=(2x-1)^3$

(4) $y=\sqrt{x-2}$

(5) $y=e^{4x-1}$

(6) $y=\sin x+\cos x$

유형 01 매개변수로 나타낸 함수의 미분법

매개변수로 나타낸 함수 $x=f(t)$, $y=g(t)$가 t에 대하여 미분가능하고 $f'(t)\neq0$이면

$$\frac{dy}{dx}=\frac{\dfrac{dy}{dt}}{\dfrac{dx}{dt}}=\frac{g'(t)}{f'(t)}$$

1 매개변수 t로 나타낸 함수 $x=e^t\cos t$, $y=e^t\sin t$ 에 대하여 $\displaystyle\lim_{t\to\frac{\pi}{2}}\frac{dy}{dx}$의 값을 구하시오.

2 매개변수 t로 나타낸 곡선 $x=2t\sqrt{t}+1$, $y=t^2+at$ 에 대하여 $t=1$에 대응하는 점에서의 접선의 기울기가 2일 때, 상수 a의 값을 구하시오.

3 매개변수 θ로 나타낸 곡선 $x=\tan\theta$, $y=\sec\theta$ 위의 점 $(a,\ b)$에서의 접선의 기울기가 $\dfrac{\sqrt{3}}{2}$일 때, ab 의 값은? $\left(단,\ 0<\theta<\dfrac{\pi}{2}\right)$

① $\dfrac{\sqrt{3}}{2}$ ② $\sqrt{3}$ ③ $\dfrac{3\sqrt{3}}{2}$

④ $2\sqrt{3}$ ⑤ $\dfrac{5\sqrt{3}}{2}$

유형 02 음함수의 미분법

음함수 표현 $f(x,\ y)=0$에서 y를 x에 대한 함수로 보고 각 항을 x에 대하여 미분하여 $\dfrac{dy}{dx}$를 구한다.

4 곡선 $3x+\cos x-xy^2=\pi$ 위의 점 $\left(\dfrac{\pi}{2},\ 1\right)$에서의 $\dfrac{dy}{dx}$의 값을 구하시오.

5 곡선 $\sqrt{x}+\sqrt{y}=6$ 위의 $x=4$인 점에서의 접선의 기울기는?

① -4 ② -2 ③ 1

④ 2 ⑤ 4

6 곡선 $x^2+4y^2=10$ 위의 점 $(a,\ b)$에서의 $\dfrac{dy}{dx}$의 값 이 1일 때, a^2+b^2의 값을 구하시오.

7 곡선 $5x^2-3y^2+axy+b=0$ 위의 점 $(1,\ 1)$에서 의 접선의 기울기가 3일 때, 상수 a, b에 대하여 ab 의 값을 구하시오.

미분가능한 함수 $y=f(x)$의 역함수가 존재하고 미분가능할 때,

$$\frac{dy}{dx}=\frac{1}{\dfrac{dx}{dy}}\ \left(\text{단, }\frac{dx}{dy}\neq 0\right)$$

8 함수 $x=y\sqrt{y+1}\ (y>0)$에 대하여 $\dfrac{dy}{dx}$를 구하면?

① $\dfrac{\sqrt{y+1}}{3y+1}$ ② $\dfrac{2\sqrt{y+1}}{3y+2}$ ③ $\dfrac{\sqrt{y+1}}{3y^2}$

④ $\dfrac{3y+1}{\sqrt{y+1}}$ ⑤ $\dfrac{3y+2}{2\sqrt{y+1}}$

9 곡선 $x=\dfrac{1}{y^3+y}$ 위의 $y=1$인 점에서의 접선의 기울기는?

① -2 ② -1 ③ 0

④ 1 ⑤ 2

10 함수 $x=\sin y\left(0<y<\dfrac{\pi}{2}\right)$에 대하여 $x=\dfrac{1}{2}$에서의 $\dfrac{dy}{dx}$의 값은?

① $\dfrac{2\sqrt{3}}{3}$ ② $\sqrt{3}$ ③ $\dfrac{4\sqrt{3}}{3}$

④ $\dfrac{5\sqrt{3}}{3}$ ⑤ $2\sqrt{3}$

미분가능한 함수 $f(x)$의 역함수가 $g(x)$이고 $f(a)=b$, 즉 $g(b)=a$이면

$$g'(b)=\frac{1}{f'(a)}\ (\text{단, }f'(a)\neq 0)$$

11 함수 $f(x)=x^3+3x+6$의 역함수를 $g(x)$라 할 때, $g'(2)$의 값을 구하시오.

12 함수 $f(x)=\cos x\left(0<x<\dfrac{\pi}{2}\right)$에 대하여 함수 $g(x)$가 $(g\circ f)(x)=x$를 만족시킬 때, $g'\left(\dfrac{1}{2}\right)$의 값은?

① $-\sqrt{3}$ ② $-\dfrac{2\sqrt{3}}{3}$ ③ $-\dfrac{\sqrt{3}}{3}$

④ $\dfrac{\sqrt{3}}{3}$ ⑤ $\dfrac{2\sqrt{3}}{3}$

13 함수 $f(x)=e^{3x-1}$의 역함수를 $g(x)$라 할 때, $\displaystyle\lim_{h\to 0}\dfrac{g(1+h)-g(1-h)}{h}$의 값은?

① $\dfrac{1}{3}$ ② $\dfrac{2}{3}$ ③ 1

④ $\dfrac{4}{3}$ ⑤ $\dfrac{5}{3}$

14 함수 $f(x)=(\ln x)^2$ $(x>1)$의 역함수를 $g(x)$라 할 때, 함수 $h(x)=\{g(x)\}^3$에 대하여 $h'(4)$의 값을 구하시오.

15 미분가능한 함수 $f(x)$에 대하여 $\lim\limits_{x\to 3}\dfrac{f(x)-3}{x-3}=6$ 이다. 함수 $f(x)$의 역함수를 $g(x)$라 할 때, $\lim\limits_{x\to 3}\dfrac{1}{x-3}\left\{\dfrac{3}{g(x)}-1\right\}$의 값은?

① $-\dfrac{1}{20}$ ② $-\dfrac{1}{19}$ ③ $-\dfrac{1}{18}$

④ $-\dfrac{1}{17}$ ⑤ $-\dfrac{1}{16}$

16 미분가능한 함수 $f(x)$에 대하여 $f'(2)=1$이다. 함수 $f(x)$의 역함수를 $g\left(\dfrac{x-1}{4}\right)$이라 하면 $g(-1)=2$일 때, $g'(-1)$의 값을 구하시오.

17 미분가능한 함수 $f(x)$에 대하여 곡선 $y=f(x)$ 위의 점 $(1,\ 1)$에서의 접선의 기울기는 5이다. 함수 $f(-2x+3)$의 역함수를 $g(x)$라 하면 곡선 $y=g(x)$ 위의 점 $(1,\ a)$에서의 접선의 기울기는 b일 때, $a+b$의 값을 구하시오.

함수 $y=f(x)$의 도함수 $f'(x)$가 미분가능할 때, $f'(x)$의 도함수를 함수 $f(x)$의 이계도함수라 한다.

➡ $f''(x),\ y'',\ \dfrac{d^2y}{dx^2},\ \dfrac{d^2}{dx^2}f(x)$

18 함수 $f(x)=x\ln x+x^3-3x$에 대하여 $\lim\limits_{x\to 1}\dfrac{f'(x)-1}{x-1}$의 값은?

① 1 ② 3 ③ 5

④ 7 ⑤ 9

19 함수 $f(x)=\dfrac{ax}{x-3}$에 대하여 $f'(2)=6$일 때, $f''(2)$의 값을 구하시오. (단, a는 상수)

20 함수 $f(x)=e^{2x}\sin x$가 모든 실수 x에 대하여
$$f''(x)-4f'(x)+af(x)=0$$
을 만족시킬 때, 상수 a의 값을 구하시오.

21 실수 전체의 집합에서 이계도함수를 갖는 함수 $f(x)$가 $\lim\limits_{x\to 2}\dfrac{f'(f(x))-4}{x-2}=8$을 만족시키고 $f(2)=3$, $f'(2)=4$일 때, $f''(3)$의 값을 구하시오.

Ⅱ

미분법

기초 문제 Training

접선의 방정식

개념편 126쪽

1 곡선 $y=\dfrac{2}{x}$ 위의 점 $(1,\ 2)$에서의 접선의 방정식을 구하려고 할 때, 다음 물음에 답하시오.

(1) 점 $(1,\ 2)$에서의 접선의 기울기를 구하시오.

(2) 점 $(1,\ 2)$에서의 접선의 방정식을 구하시오.

2 곡선 $y=\sqrt{2x+1}$에 접하고 기울기가 1인 접선의 방정식을 구하려고 할 때, 다음 물음에 답하시오.

(1) 접점의 x좌표를 t라 할 때, 접선의 기울기가 1임을 이용하여 t의 값을 구하시오.

(2) 기울기가 1인 접선의 방정식을 구하시오.

3 원점에서 곡선 $y=e^x$에 그은 접선의 방정식을 구하려고 할 때, 다음 물음에 답하시오.

(1) 접점의 x좌표를 t라 할 때, 접선의 방정식을 t를 이용하여 나타내시오.

(2) 접선이 원점을 지남을 이용하여 t의 값을 구하시오.

(3) 원점에서 그은 접선의 방정식을 구하시오.

함수의 증가와 감소, 극대와 극소

개념편 134쪽

4 다음은 함수 $f(x)=\dfrac{1}{x^2+2}$의 증가와 감소를 조사하는 과정이다. □ 안에 알맞은 것을 써넣으시오.

$f(x)=\dfrac{1}{x^2+2}$에서

$f'(x)=-\dfrac{2x}{(x^2+2)^2}$

$f'(x)=0$에서 $x=$□

함수 $f(x)$의 증가와 감소를 표로 나타내면 다음과 같다.

x	$\cdots$	□	$\cdots$
$f'(x)$	$+$	0	$-$
$f(x)$	$\nearrow$	$\dfrac{1}{2}$	$\searrow$

따라서 함수 $f(x)$는 구간 $(-\infty,\ $□$\ ]$에서 □하고, 구간 $[\ $□$\ ,\ \infty)$에서 □한다.

5 다음은 함수 $f(x)=\sqrt{x^2+3}$의 극값을 구하는 과정이다. □ 안에 알맞은 수를 써넣으시오.

$f(x)=\sqrt{x^2+3}$에서

$f'(x)=\dfrac{2x}{2\sqrt{x^2+3}}=\dfrac{x}{\sqrt{x^2+3}}$

$f'(x)=0$에서 $x=$□

함수 $f(x)$의 증가와 감소를 표로 나타내면 다음과 같다.

x	$\cdots$	□	$\cdots$
$f'(x)$	$-$	0	$+$
$f(x)$	$\searrow$	□ 극소	$\nearrow$

따라서 함수 $f(x)$는 $x=$□에서 극솟값 □을 갖는다.

핵심 유형 Training

유형 01　접점이 주어진 접선의 방정식

곡선 $y=f(x)$ 위의 점 $(a,\ f(a))$에서의 접선의 방정식은 다음과 같은 순서로 구한다.
(1) 접선의 기울기 $f'(a)$를 구한다.
(2) 접선의 방정식 $y-f(a)=f'(a)(x-a)$를 구한다.

1 곡선 $y=\dfrac{2x-1}{x+2}$ 위의 점 $(-1,\ -3)$에서의 접선의 방정식이 $y=ax+b$일 때, 상수 a, b에 대하여 ab의 값은?

① -10　　② -5　　③ 1
④ 5　　⑤ 10

2 곡선 $y=\ln(x+3e)$ 위의 x좌표가 $-2e$인 점에서의 접선이 점 $(a,\ 4)$를 지날 때, a의 값을 구하시오.

3 곡선 $y=a^x\ln x$ 위의 점 $(1,\ b)$에서의 접선의 방정식이 $y=3x-3$일 때, 상수 a, b에 대하여 $a+b$의 값을 구하시오.

4 곡선 $y=x\cos x$ 위의 점 $(\pi,\ -\pi)$에서의 접선이 곡선 $y=-\sqrt{x-k}$에 접할 때, 상수 k의 값을 구하시오.

유형 02　기울기가 주어진 접선의 방정식

곡선 $y=f(x)$에 접하고 기울기가 m인 접선의 방정식은 다음과 같은 순서로 구한다.
(1) 접점의 좌표를 $(t,\ f(t))$로 놓는다.
(2) $f'(t)=m$임을 이용하여 t의 값과 접점의 좌표 $(t,\ f(t))$를 구한다.
(3) 접선의 방정식 $y-f(t)=m(x-t)$를 구한다.

5 곡선 $y=-x+\sqrt{4x+3}$에 접하고 x축의 양의 방향과 이루는 각의 크기가 $45°$인 접선의 x절편을 구하시오.

6 직선 $y=x+k$가 곡선 $y=e^x+2e^{-x}$에 접할 때, 상수 k의 값을 구하시오.

7 _{UP} 오른쪽 그림과 같이 곡선 $y=e^x+1$ 위의 점 A, 곡선 $y=\ln(x-1)$ 위의 점 B에 대하여 선분 AB의 길이의 최솟값은?

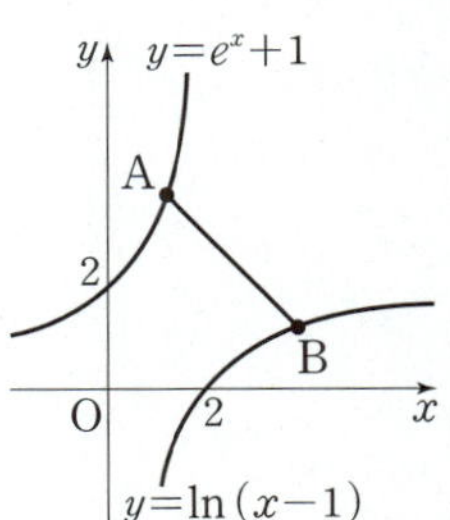

① 1　　② $\sqrt{2}$
③ 2　　④ $2\sqrt{2}$
⑤ 4

| 유형 **03** | 곡선 밖의 한 점에서 그은 접선의 방정식 |

곡선 $y=f(x)$ 밖의 한 점 $(x_1,\ y_1)$에서 곡선에 그은 접선의 방정식은 다음과 같은 순서로 구한다.

(1) 접점의 좌표를 $(t,\ f(t))$로 놓는다.

(2) 접선의 방정식
$$y-f(t)=f'(t)(x-t) \quad \cdots\cdots ㉠$$
에 $x=x_1$, $y=y_1$을 대입하여 t의 값을 구한다.

(3) t의 값을 ㉠에 대입하여 접선의 방정식을 구한다.

8 점 $(1,\ 0)$에서 곡선 $y=\sqrt{x^2+1}$에 그은 접선의 방정식이 $y=ax+b$일 때, 상수 a, b에 대하여 ab의 값은?

① $-\sqrt{2}$ ② $-\dfrac{\sqrt{2}}{2}$ ③ $-\dfrac{1}{2}$

④ $\dfrac{1}{2}$ ⑤ $\dfrac{\sqrt{2}}{2}$

9 곡선 $y=\ln\dfrac{x}{2}+1$ 위의 점 A에서의 접선이 원점 O를 지날 때, 선분 OA의 길이는?

① 1 ② $\sqrt{2}$ ③ $\sqrt{3}$

④ 2 ⑤ $\sqrt{5}$

10 점 $(1,\ 0)$에서 곡선 $y=xe^x$에 그은 두 접선의 기울기의 곱을 구하시오.

| 유형 **04** | 곡선 밖의 한 점에서 그은 접선의 개수 |

곡선 $y=f(x)$ 밖의 한 점 $(x_1,\ y_1)$에서 곡선에 그은 접선의 개수는 다음과 같은 순서로 구한다.

(1) 접점의 좌표를 $(t,\ f(t))$로 놓는다.

(2) 접선의 방정식 $y-f(t)=f'(t)(x-t)$에 $x=x_1$, $y=y_1$을 대입하여 t에 대한 방정식을 세운다.

(3) (2)에서 세운 t에 대한 방정식의 실근의 개수를 이용한다.

11 점 $(3,\ 2)$에서 곡선 $y=\dfrac{x-1}{x}$에 그을 수 있는 접선의 개수를 구하시오.

12 점 $(a,\ 0)$에서 곡선 $y=xe^{x-1}$에 서로 다른 두 개의 접선을 그을 수 있을 때, a의 값의 범위를 구하시오.

13 원점에서 곡선 $y=(2x+a)e^{-x}$에 오직 하나의 접선을 그을 수 있을 때, 상수 a의 값은? (단, $a\neq0$)

① 5 ② 6 ③ 7

④ 8 ⑤ 9

유형 05 · 매개변수로 나타낸 곡선의 접선의 방정식

매개변수로 나타낸 곡선 $x=f(t)$, $y=g(t)$에 대하여 $t=a$에 대응하는 점에서의 접선의 방정식은 다음과 같은 순서로 구한다.

(1) 매개변수로 나타낸 함수의 미분법을 이용하여

$$\frac{dy}{dx}=\frac{g'(t)}{f'(t)}$$를 구한다.

(2) $\dfrac{g'(a)}{f'(a)}$, $f(a)$, $g(a)$의 값을 구한다.

(3) 접선의 방정식 $y-g(a)=\dfrac{g'(a)}{f'(a)}\{x-f(a)\}$를 구한다.

14 매개변수 t로 나타낸 곡선 $x=\dfrac{1}{1+t}$, $y=\dfrac{1}{t^2+3}$ 위의 점 $\left(\dfrac{1}{2},\ \dfrac{1}{4}\right)$에서의 접선의 방정식을 구하시오.

15 매개변수 t로 나타낸 곡선 $x=a\sin t-\sin 2t$, $y=b\cos t-\cos 2t$에 대하여 $t=\dfrac{\pi}{2}$에 대응하는 점에서의 접선의 방정식이 $x+2y-3=0$일 때, 상수 a, b에 대하여 ab의 값은?

① $\dfrac{1}{4}$ ② $\dfrac{1}{2}$ ③ 1

④ 2 ⑤ 4

16 매개변수 t로 나타낸 곡선 $x=\sin^3 t$, $y=\cos^3 t$에 접하고 기울기가 -1인 직선이 x축, y축과 만나는 점을 각각 A, B라 할 때, 선분 AB의 길이를 구하시오. $\left(\text{단, } 0<t<\dfrac{\pi}{2}\right)$

유형 06 · 곡선 $f(x,\ y)=0$의 접선의 방정식

곡선 $f(x,\ y)=0$ 위의 점 $(a,\ b)$에서의 접선의 방정식은 다음과 같은 순서로 구한다.

(1) 음함수의 미분법을 이용하여 $\dfrac{dy}{dx}$를 구한다.

(2) (1)에서 구한 $\dfrac{dy}{dx}$에 $x=a$, $y=b$를 대입하여 접선의 기울기 m을 구한다.

(3) 접선의 방정식 $y-b=m(x-a)$를 구한다.

17 곡선 $x+\sin y-xy=0$ 위의 점 $(0,\ \pi)$에서의 접선이 점 $(1,\ a)$를 지날 때, a의 값은?

① -1 ② 0 ③ 1

④ 2 ⑤ 3

18 곡선 $12x-xy^2-12=0$ 위의 점 $(4,\ a)$에서의 접선에 수직이고, 이 점을 지나는 직선의 방정식을 구하시오. (단, $a>0$)

19 곡선 $ax^2-bxy-y^2=4$ 위의 점 $(1,\ 1)$에서의 접선이 원 $(x-3)^2+(y+1)^2=1$의 넓이를 이등분할 때, 상수 a, b에 대하여 ab의 값을 구하시오.

<table>
<tr><td>유형 07</td><td>함수의 증가와 감소</td></tr>
</table>

함수 $f(x)$가 어떤 열린구간에서 미분가능할 때, 그 구간에 속하는 모든 실수 x에 대하여
(1) $f'(x)>0$이면 $f(x)$는 그 구간에서 증가한다.
(2) $f'(x)<0$이면 $f(x)$는 그 구간에서 감소한다.

20 함수 $f(x)=\cos x+x\sin x\,(0<x<2\pi)$가 감소하는 x의 값의 범위가 $a\leq x\leq b$일 때, $b-a$의 값을 구하시오.

21 함수 $f(x)=e^{-x}+3x$가 구간 $[a,\infty)$에서 증가하고 구간 $(-\infty,a]$에서 감소할 때, a의 값은?

① $-\ln 6$ ② $-\ln 5$ ③ $-\ln 4$
④ $-\ln 3$ ⑤ $-\ln 2$

22 함수 $f(x)=x+\sqrt{12-x^2}$이 증가하는 구간에 속하는 모든 정수 x의 값의 합은? (단, $x>0$)

① 1 ② 3 ③ 5
④ 6 ⑤ 10

<table>
<tr><td>유형 08</td><td>함수가 증가 또는 감소하기 위한 조건</td></tr>
</table>

함수 $f(x)$가 어떤 열린구간에서 미분가능할 때
(1) $f(x)$가 그 구간에서 증가하면 그 구간에 속하는 모든 실수 x에 대하여 $f'(x)\geq 0$
(2) $f(x)$가 그 구간에서 감소하면 그 구간에 속하는 모든 실수 x에 대하여 $f'(x)\leq 0$

23 함수 $f(x)=(x^2+1)e^{ax}$이 구간 $(-\infty,\infty)$에서 감소하도록 하는 상수 a의 값의 범위를 구하시오.

24 함수 $f(x)=e^x-ax$가 구간 $[0,\infty)$에서 증가하도록 하는 상수 a의 최댓값은?

① $\dfrac{1}{2}$ ② 1 ③ $\sqrt{e}$
④ 2 ⑤ e

25 함수 $f(x)=-x+\ln(x^4+n)$이 구간 $(-\infty,\infty)$에서 감소하도록 하는 자연수 n의 최솟값은?

① 25 ② 26 ③ 27
④ 28 ⑤ 29

유형 **09**　함수의 극대와 극소

(1) 미분가능한 함수 $f(x)$에 대하여 $f'(a)=0$일 때, $x=a$의 좌우에서 $f'(x)$의 부호가
　① 양에서 음으로 바뀌면 $f(x)$는 $x=a$에서 극대이다.
　② 음에서 양으로 바뀌면 $f(x)$는 $x=a$에서 극소이다.
(2) 이계도함수를 갖는 함수 $f(x)$에 대하여 $f'(a)=0$일 때
　① $f''(a)<0$이면 $f(x)$는 $x=a$에서 극대이다.
　② $f''(a)>0$이면 $f(x)$는 $x=a$에서 극소이다.

26 함수 $f(x)=x^2 e^x$이 $x=\alpha$에서 극대이고 $x=\beta$에서 극소일 때, $\alpha-\beta$의 값은?

　① -2　　　② -1　　　③ 0
　④ 1　　　⑤ 2

27 함수 $f(x)=\dfrac{x+1}{x^2+3}$의 극댓값과 극솟값의 차를 구하시오.

28 함수 $f(x)=x+\sqrt{9-4x}$가 $x=a$에서 극댓값 b를 가질 때, $a+b$의 값은?

　① 3　　　② $\dfrac{7}{2}$　　　③ 4
　④ $\dfrac{9}{2}$　　　⑤ 5

29 함수 $f(x)=e^x(\sin x-\cos x)\,(x>0)$가 극소일 때의 x의 값을 작은 것부터 차례대로 $x_1,\ x_2,\ x_3,\ \cdots$이라 할 때, x_{20}의 값을 구하시오.

30 함수 $f(x)=(1+\sin x)\cos x\,(0<x<2\pi)$의 극값의 개수를 구하시오.

31 자연수 n에 대하여 함수
$$f(x)=2n\ln x+\frac{2n+1}{x}-2n$$의 극솟값을 a_n이라 할 때, $\lim_{n\to\infty} a_n$의 값을 구하시오.

32 곡선 $y=\ln x$ 위의 두 점 $P(t,\ \ln t)$, $Q(2t,\ \ln 2t)$에서의 접선의 x절편을 각각 $p(t)$, $q(t)$라 하자. $f(t)=q(t)-p(t)$라 할 때, 함수 $f(t)$의 극댓값은?

　① $-\dfrac{1}{2}$　　　② $-\dfrac{1}{4}$　　　③ $\dfrac{1}{4}$
　④ $\dfrac{1}{2}$　　　⑤ 1

유형 10 함수의 극대와 극소를 이용하여 미정계수 구하기

미분가능한 함수 $f(x)$가 $x=a$에서 극값 b를 가지면
→ $f'(a)=0$, $f(a)=b$

---

33 함수 $f(x)=x-a\ln x$의 극솟값이 0일 때, 양수 a의 값은?

① 1   ② $\sqrt{e}$ ③ 2
④ e ⑤ e^2

---

34 함수 $f(x)=a\sin x-b\cos x$가 $x=\dfrac{2}{3}\pi$에서 극댓값 2를 가질 때, 상수 a, b에 대하여 ab의 값은?

① $\sqrt{3}$ ② $2\sqrt{3}$ ③ $3\sqrt{3}$
④ $4\sqrt{3}$ ⑤ $5\sqrt{3}$

---

35 함수 $f(x)=(ax^2+b)e^x$이 $x=1$에서 극댓값 $4e$를 가질 때, $f(x)$의 극솟값을 구하시오.

(단, a, b는 상수)

유형 11 함수가 극값을 가질 조건

미분가능한 함수 $f(x)$에 대하여
(1) $f(x)$가 극값을 가지면 방정식 $f'(x)=0$이 실근을 갖고, 실근의 좌우에서 $f'(x)$의 부호가 바뀐다.
(2) $f(x)$가 극값을 갖지 않으면 정의역의 모든 실수 x에 대하여 $f'(x)\leq0$ 또는 $f'(x)\geq0$이다.

---

36 함수 $f(x)=(x^2+ax+3)e^x$이 극값을 갖지 않도록 하는 모든 정수 a의 값의 합은?

① -2 ② -1 ③ 0
④ 1   ⑤ 2

---

37 함수 $f(x)=4\ln x+\dfrac{a}{x}-x$가 극댓값과 극솟값을 모두 갖도록 하는 상수 a의 값의 범위를 구하시오.

---

38 함수 $f(x)=(x^3-9x+a)e^{-x}$이 극댓값과 극솟값을 모두 갖도록 하는 정수 a의 최댓값은?

① 16   ② 17   ③ 18
④ 19   ⑤ 20

기초 문제 Training

곡선의 오목과 볼록

개념편 143쪽

1 다음은 곡선 $y=x^3-2x^2-x$의 오목과 볼록을 조사하는 과정이다. □ 안에 알맞은 것을 써넣으시오.

> $f(x)=x^3-2x^2-x$라 하면
>
> $f'(x)=3x^2-4x-1$
>
> $f''(x)=6x-4$
>
> $f''(x)=0$에서
>
> $6x-4=0$ $\quad$ $\therefore$ $x=$□
>
> $f''(x)$의 부호를 조사하면
>
> $x<$□ 에서 $f''(x)$□0
>
> $x>$□ 에서 $f''(x)$□0
>
> 따라서 주어진 곡선의 오목과 볼록을 조사하면
>
> 구간 $\left(-\infty,\ \boxed{}\right)$에서 위로 볼록하고, 구간
>
> $\left(\boxed{},\ \infty\right)$에서 아래로 볼록하다.

2 다음은 곡선 $y=-x^4+2x^3-1$의 변곡점의 좌표를 구하는 과정이다. □ 안에 알맞은 수를 써넣으시오.

> $f(x)=-x^4+2x^3-1$이라 하면
>
> $f'(x)=-4x^3+6x^2$
>
> $f''(x)=-12x^2+12x$
>
> $f''(x)=0$에서 $-12x^2+12x=0$
>
> $x(x-1)=0$ $\quad$ $\therefore$ $x=$□ 또는 $x=$□
>
> $x=$□, $x=$□의 좌우에서 $f''(x)$의 부호가 바뀌므로 변곡점의 좌표는
>
> $(\boxed{},\ \boxed{}),\ (\boxed{},\ \boxed{})$

함수의 그래프

개념편 147쪽

3 다음은 함수 $y=\dfrac{3}{x^2+3}$의 그래프를 그리는 과정이다. □ 안에 알맞은 것을 써넣으시오.

> $f(x)=\dfrac{3}{x^2+3}$이라 하면
>
> (i) $x^2+3\neq0$이므로 정의역은 실수 전체의 집합이다.
>
> (ii) $f(0)=$□이므로 그래프는 점 $(0,\ \boxed{})$을 지난다.
>
> (iii) $f(-x)=\dfrac{3}{(-x)^2+3}=\dfrac{3}{x^2+3}=f(x)$이므로 그래프는 □에 대하여 대칭이다.
>
> (iv) $f'(x)=-\dfrac{3\times2x}{(x^2+3)^2}=-\dfrac{6x}{(x^2+3)^2}$
>
> $f''(x)=-\dfrac{6(x^2+3)^2-6x\times2(x^2+3)\times2x}{(x^2+3)^4}$
>
> $=\dfrac{18(x^2-1)}{(x^2+3)^3}$
>
> $f'(x)=0$에서 $x=$□
>
> $f''(x)=0$에서
>
> $x^2-1=0$ $\quad$ $\therefore$ $x=$□ 또는 $x=$□
>
> 함수 $f(x)$의 증가와 감소, 오목과 볼록을 표로 나타내면 다음과 같다.

x	$\cdots$	□	$\cdots$	□	$\cdots$	□	$\cdots$
$f'(x)$	$+$	$+$	$+$	0	$-$	$-$	$-$
$f''(x)$	$+$	0	$-$	$-$	$-$	0	$+$
$f(x)$	↗	$\dfrac{3}{4}$ 변곡점	↗	1 극대	↘	$\dfrac{3}{4}$ 변곡점	↘

> (v) $\displaystyle\lim_{x\to-\infty}f(x)=0$, $\displaystyle\lim_{x\to\infty}f(x)=0$이므로 점근선은 □이다.
>
> 따라서 함수 $y=f(x)$의 그래프는 다음 그림과 같다.

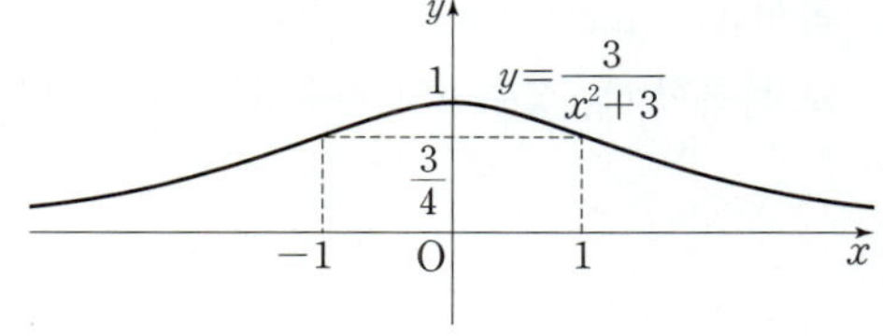

유형 01 곡선의 오목과 볼록, 변곡점

(1) 이계도함수를 갖는 함수 $f(x)$에 대하여 어떤 구간에서
① $f''(x)>0$이면 곡선 $y=f(x)$는 이 구간에서 아래로 볼록하다.
② $f''(x)<0$이면 곡선 $y=f(x)$는 이 구간에서 위로 볼록하다.

(2) 이계도함수를 갖는 함수 $f(x)$에 대하여 $f''(a)=0$이고, $x=a$의 좌우에서 $f''(x)$의 부호가 바뀌면 점 $(a, f(a))$는 곡선 $y=f(x)$의 변곡점이다.

1 곡선 $y=\ln(x^2+2)$가 아래로 볼록한 구간에 속하는 정수 x의 개수를 구하시오.

2 곡선 $y=\dfrac{1}{2}x^2+\ln|x|$의 두 변곡점에서의 접선의 기울기의 곱을 구하시오.

3 곡선 $y=(1-\cos x)^2\,(0<x<2\pi)$의 두 변곡점 사이의 거리를 구하시오.

4 곡선 $y=(ax^2-1)e^{-x}$이 구간 $(-\infty, \infty)$에서 위로 볼록할 때, 상수 a의 최솟값을 구하시오.

유형 02 변곡점을 이용하여 미정계수 구하기

곡선 $y=f(x)$의 변곡점의 좌표가 (a, b)이면
➡ $f''(a)=0$, $f(a)=b$

참고 곡선 $y=f(x)$가 변곡점을 갖지 않으려면 모든 실수 x에 대하여
$$f''(x)\geq 0 \text{ 또는 } f''(x)\leq 0$$

5 곡선 $y=\dfrac{1}{x^2+a}$의 변곡점의 좌표가 $(1, b)$일 때, $a+b$의 값은? (단, $a>0$)

① 3
② $\dfrac{13}{4}$
③ $\dfrac{7}{2}$
④ $\dfrac{15}{4}$
⑤ 4

6 함수 $f(x)=x^2+ax+b\ln x$가 $x=1$에서 극대이고 곡선 $y=f(x)$의 변곡점의 x좌표가 2일 때, 상수 a, b에 대하여 ab의 값을 구하시오.

7 곡선 $y=3x^4-4x^3+ax^2$이 변곡점을 갖지 않도록 하는 상수 a의 최솟값은?

① -2
② -1
③ 0
④ 1
⑤ 2

유형 03 도함수를 이용한 그래프의 해석

함수 $f'(x)$의 도함수 $f''(x)$의 부호는 $y=f'(x)$의 그래프 위의 점에서의 접선의 기울기를 조사한다.

(1) 접선의 기울기가 양수이면 $f''(x)>0$이므로 곡선 $y=f(x)$는 아래로 볼록하다.

(2) 접선의 기울기가 음수이면 $f''(x)<0$이므로 곡선 $y=f(x)$는 위로 볼록하다.

(3) $f''(a)=0$이고 $x=a$의 좌우에서 $f''(x)$의 부호가 바뀌면 점 $(a,\ f(a))$는 곡선 $y=f(x)$의 변곡점이다.

8 미분가능한 함수 $f(x)$의 도함수 $y=f'(x)$의 그래프가 오른쪽 그림과 같을 때, 다음 중 곡선 $y=f(x)$가 위로 볼록한 구간은?

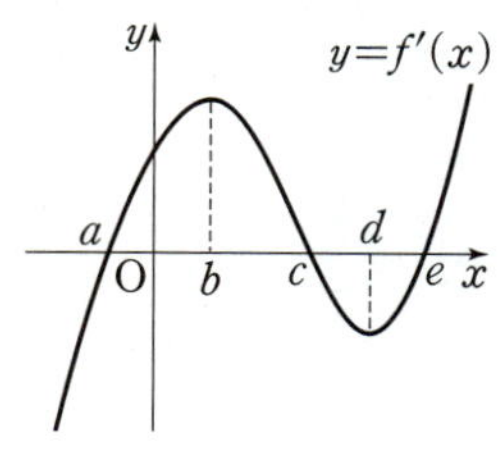

① $(a,\ b)$ ② $(a,\ c)$ ③ $(b,\ d)$

④ $(c,\ e)$ ⑤ $(d,\ e)$

9 미분가능한 함수 $f(x)$의 도함수 $y=f'(x)$의 그래프가 다음 그림과 같을 때, 구간 $[\alpha,\ \beta]$에서 곡선 $y=f(x)$의 변곡점의 개수를 구하시오.

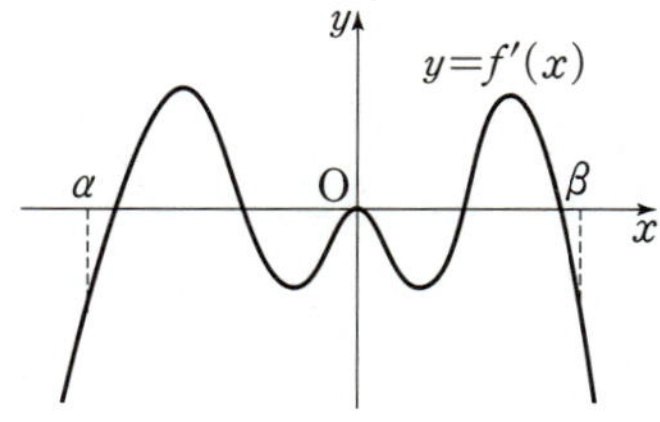

유형 04 함수의 그래프

함수 $y=f(x)$의 그래프의 개형은 다음을 조사하여 그린다.

(1) 함수의 정의역과 치역

(2) 그래프와 좌표축의 교점

(3) 그래프의 대칭성과 주기

(4) 함수의 증가와 감소, 극대와 극소

(5) 곡선의 오목과 볼록, 변곡점

(6) $\lim\limits_{x\to\infty} f(x)$, $\lim\limits_{x\to-\infty} f(x)$, 점근선

10 함수 $f(x)=\dfrac{3x}{x^2+1}$에 대하여 다음 보기 중 옳은 것만을 있는 대로 고르시오.

◦보기◦

ㄱ. 함수 $f(x)$는 $x=1$에서 극소이다.

ㄴ. 함수 $y=f(x)$의 그래프는 원점에 대하여 대칭이다.

ㄷ. 함수 $y=f(x)$의 그래프는 구간 $(0,\ \sqrt{3})$에서 아래로 볼록하다.

ㄹ. 함수 $y=f(x)$의 그래프의 변곡점은 3개이다.

11 다음 중 함수 $f(x)=(x-1)e^{2x}$에 대한 설명으로 옳지 <u>않은</u> 것은?

① 함수 $f(x)$의 극솟값은 $-\dfrac{e}{2}$이다.

② 함수 $f(x)$의 치역은 $\left\{y\,\middle|\,y\geq-\dfrac{e}{2}\right\}$이다.

③ 함수 $y=f(x)$의 그래프의 변곡점은 2개이다.

④ 함수 $y=f(x)$의 그래프의 점근선의 방정식은 $y=0$이다.

⑤ 함수 $y=f(x)$의 그래프는 구간 $(-\infty,\ 0)$에서 위로 볼록하다.

유형 05 **유형 05** 함수의 최댓값과 최솟값

함수 $f(x)$가 구간 $[a, b]$에서 연속이면 극댓값, 극솟값, $f(a)$, $f(b)$ 중에서 가장 큰 값이 최댓값, 가장 작은 값이 최솟값이다.

12 함수 $f(x)=\sqrt{x}+\sqrt{4-x}$의 최댓값과 최솟값의 곱을 구하시오.

13 구간 $[1, e^2]$에서 함수 $f(x)=x\ln x-2x$는 $x=\alpha$에서 최대이고, $x=\beta$에서 최소일 때, $\dfrac{\alpha}{\beta}$의 값은?

① $\dfrac{1}{e^2}$ ② $\dfrac{1}{e}$ ③ 1

④ e ⑤ e^2

14 구간 $[0, \pi]$에서 함수 $f(x)=2a\sin x-ax$의 최솟값이 -3π일 때, $f(x)$의 최댓값을 구하시오.
(단, $a>0$)

15 함수 $f(x)=\dfrac{2e^{\frac{1}{2}\sin x+1}}{\sin x+2}$의 최댓값을 M, 최솟값을 m이라 할 때, Mm의 값을 구하시오.

유형 06 함수의 최대, 최소의 활용

도형의 길이, 넓이 등을 한 문자에 대한 함수로 나타낸 후 조건을 만족시키는 범위에서 최댓값과 최솟값을 구한다.

16 오른쪽 그림과 같이 곡선 $y=e^x$, 직선 $y=x$가 직선 $x=a$와 만나는 점을 각각 P, Q라 할 때, 선분 PQ의 길이의 최솟값을 구하시오.

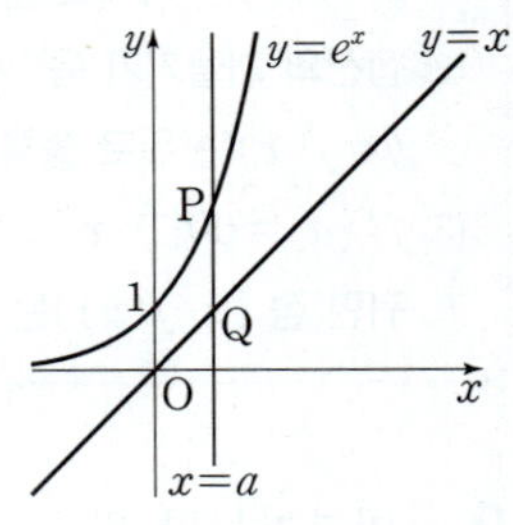

17 오른쪽 그림과 같이 길이가 2인 선분 AB를 지름으로 하는 원 위의 점 P에서 선분 AB에 내린 수선의 발을 Q라 할 때, 삼각형 AQP의 넓이의 최댓값을 구하시오.

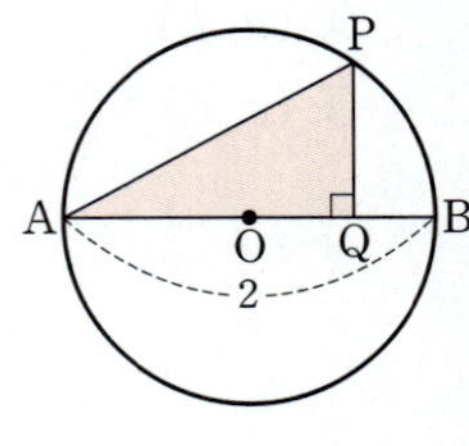

18 오른쪽 그림과 같이 길이가 4인 선분 AB를 지름으로 하는 반원에 내접하는 사다리꼴 ABCD의 넓이의 최댓값을 구하시오.

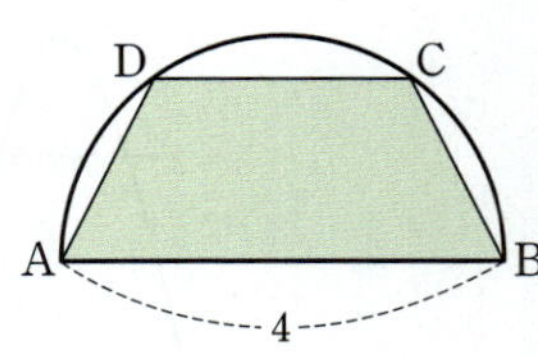

기초 문제 Training

방정식과 부등식에의 활용　　개념편 154쪽

1 방정식 $x-1-\ln x=0$에 대하여 다음 물음에 답하시오.

(1) $f(x)=x-1-\ln x$라 할 때, 함수 $f(x)$의 증가와 감소를 표로 나타내시오.

(2) 함수 $y=f(x)$의 그래프를 그리시오.

(3) 방정식 $x-1-\ln x=0$의 서로 다른 실근의 개수를 구하시오.

2 다음은 모든 실수 x에 대하여 부등식 $e^x\geq x+1$이 성립함을 증명하는 과정이다. □ 안에 알맞은 것을 써넣으시오.

$e^x\geq x+1$에서 $e^x-x-1\geq 0$

$f(x)=e^x-x-1$이라 하면

$f'(x)=e^x-1$

$f'(x)=0$에서 $e^x-1=0$　　$\therefore x=\square$

함수 $f(x)$의 증가와 감소를 표로 나타내면 다음과 같다.

x	$\cdots$	$\square$	$\cdots$
$f'(x)$	$\square$	0	$\square$
$f(x)$	$\square$	$\square$	$\square$

함수 $f(x)$의 최솟값은 $\square$이므로

$e^x-x-1\geq 0$

따라서 모든 실수 x에 대하여 부등식 $e^x\geq x+1$이 성립한다.

속도와 가속도　　개념편 158쪽

3 수직선 위를 움직이는 점 P의 시각 t에서의 위치 x가 $x=1-e^{3t}$이다. 시각 $t=1$일 때, 다음을 구하시오.

(1) 점 P의 속도

(2) 점 P의 가속도

4 좌표평면 위를 움직이는 점 P의 시각 t에서의 위치 $(x,\ y)$가 $x=2t$, $y=t^2+3t$이다. 시각 $t=2$일 때, 다음을 구하시오.

(1) 점 P의 속도

(2) 점 P의 속력

(3) 점 P의 가속도

(4) 점 P의 가속도의 크기

5 좌표평면 위를 움직이는 점 P의 시각 t에서의 위치 $(x,\ y)$가 $x=2t^2-4t$, $y=t^3+5$이다. 시각 $t=1$일 때, 다음을 구하시오.

(1) 점 P의 속도

(2) 점 P의 속력

(3) 점 P의 가속도

(4) 점 P의 가속도의 크기

유형 01 방정식의 실근의 개수

⑴ 방정식 $f(x)=0$의 서로 다른 실근의 개수
  $\iff$ 함수 $y=f(x)$의 그래프와 x축의 교점의 개수
⑵ 방정식 $f(x)=g(x)$의 서로 다른 실근의 개수
  $\iff$ 두 함수 $y=f(x)$, $y=g(x)$의 그래프의 교점의 개수

1 방정식 $e^{2x}+e^{-2x}-4=0$의 서로 다른 실근의 개수를 구하시오.

2 방정식 $\sin x-x=0$의 서로 다른 실근의 개수를 a, 방정식 $\ln x-3x+4=0$의 서로 다른 실근의 개수를 b라 할 때, $a+b$의 값은?

① 0 　　　 ② 1 　　　 ③ 2
④ 3 　　　 ⑤ 4

3 방정식 $|x^3e^{-x}|=1$의 서로 다른 실근의 개수는?

① 1 　　　 ② 2 　　　 ③ 3
④ 4 　　　 ⑤ 5

유형 02 방정식이 실근을 가질 조건

방정식 $f(x)=a$의 서로 다른 실근의 개수
$\iff$ 함수 $y=f(x)$의 그래프와 직선 $y=a$의 교점의 개수

4 방정식 $x-2\sqrt{x-1}-a=0$이 서로 다른 두 실근을 갖도록 하는 실수 a의 값의 범위를 구하시오.

5 방정식 $\ln x-\dfrac{1}{2}x^2-a=0$이 오직 한 실근을 갖도록 하는 실수 a의 값은?

① -1 　　　 ② $-\dfrac{1}{2}$ 　　　 ③ 0
④ $\dfrac{1}{2}$ 　　　 ⑤ 1

6 $0\le x\le 2\pi$에서 방정식 $x\cos x-\sin x+a=0$이 서로 다른 두 실근을 갖도록 하는 모든 정수 a의 값의 합을 구하시오.

7 방정식 $e^{|x|}-3|x|=a$가 서로 다른 세 실근을 갖도록 하는 실수 a의 값을 구하시오.

유형 03 부등식에의 활용

(1) 모든 실수 x에 대하여 부등식 $f(x)>0$이 성립하려면
➡ $(f(x)$의 최솟값$)>0$
(2) $x>a$에서 부등식 $f(x)>0$이 성립하려면
① 함수 $f(x)$의 최솟값이 존재할 때
➡ $x>a$에서 $(f(x)$의 최솟값$)>0$
② 함수 $f(x)$의 최솟값이 존재하지 않을 때
➡ $x>a$에서 함수 $f(x)$가 증가하고 $f(a)\geq0$

8 모든 실수 x에 대하여 부등식
$\ln(x^2+4x+7)-a\geq0$이 성립하도록 하는 상수 a의 값의 범위는?

① $a\leq\ln 3$ ② $a\leq 2\ln 2$ ③ $a\leq\ln 7$
④ $a\geq\ln 3$ ⑤ $a\geq\ln 7$

9 $x>1$일 때, 부등식 $2e^x+x\ln x>a$가 성립하도록 하는 상수 a의 최댓값을 구하시오.

10 $1\leq x\leq2$일 때, 부등식 $ax\leq e^x\leq bx$가 성립하도록 하는 상수 a, b에 대하여 $b-a$의 최솟값은?

① $e\left(\dfrac{e}{2}-1\right)$ ② $\dfrac{e}{2}$ ③ $\dfrac{e}{2}(e-1)$
④ $\dfrac{e^2}{2}$ ⑤ $e(e-1)$

유형 04 수직선 위를 움직이는 점의 속도와 가속도

수직선 위를 움직이는 점 P의 시각 t에서의 위치 x가 $x=f(t)$일 때, 시각 t에서의 점 P의 속도 v와 가속도 a는 다음과 같다.
(1) $v=\dfrac{dx}{dt}=f'(t)$ (2) $a=\dfrac{dv}{dt}=f''(t)$

11 수직선 위를 움직이는 점 P의 시각 t에서의 위치 x가 $x=\sin t+k\cos t$이다. 시각 $t=\dfrac{\pi}{4}$에서의 점 P의 속도가 $\dfrac{\sqrt{2}}{4}$일 때, 시각 $t=\dfrac{\pi}{4}$에서의 점 P의 위치는? (단, k는 상수)

① $\dfrac{\sqrt{2}}{4}$ ② $\dfrac{\sqrt{2}}{2}$ ③ $\dfrac{3\sqrt{2}}{4}$
④ $\sqrt{2}$ ⑤ $\dfrac{5\sqrt{2}}{4}$

12 수직선 위를 움직이는 점 P의 시각 t에서의 위치 x가 $x=k\sin\dfrac{t}{3}+1$이다. 시각 $t=2\pi$에서의 점 P의 속도가 1일 때, 시각 $t=2\pi$에서의 점 P의 가속도를 구하시오. (단, k는 상수)

13 수직선 위를 움직이는 점 P의 시각 t에서의 위치 x가 $x=\ln(t^2+16)$일 때, 점 P의 가속도가 0이 되는 시각을 구하시오.

유형 05　평면 위를 움직이는 점의 속도와 가속도

좌표평면 위를 움직이는 점 P의 시각 t에서의 위치 (x, y) 가 $x=f(t)$, $y=g(t)$일 때

(1) 속도: $\left(\dfrac{dx}{dt},\ \dfrac{dy}{dt}\right)$ 또는 $(f'(t),\ g'(t))$

(2) 속력: $\sqrt{\left(\dfrac{dx}{dt}\right)^2+\left(\dfrac{dy}{dt}\right)^2}$ 또는 $\sqrt{\{f'(t)\}^2+\{g'(t)\}^2}$

(3) 가속도: $\left(\dfrac{d^2x}{dt^2},\ \dfrac{d^2y}{dt^2}\right)$ 또는 $(f''(t),\ g''(t))$

(4) 가속도의 크기:
$$\sqrt{\left(\dfrac{d^2x}{dt^2}\right)^2+\left(\dfrac{d^2y}{dt^2}\right)^2}\ \ \text{또는}\ \ \sqrt{\{f''(t)\}^2+\{g''(t)\}^2}$$

14 좌표평면 위를 움직이는 점 P의 시각 t에서의 위치 (x, y)가 $x=\sqrt{7}t$, $y=t^2+t$일 때, 점 P의 속력이 4가 되는 시각을 구하시오.

15 좌표평면 위를 움직이는 점 P의 시각 t에서의 위치 (x, y)가 $x=ae^t$, $y=te^t$이다. 시각 $t=1$에서의 점 P의 가속도의 크기가 $5e$일 때, 양수 a의 값은?

① 2　　　　② 3　　　　③ 4
④ 5　　　　⑤ 6

16 좌표평면 위를 움직이는 점 P의 시각 t에서의 위치 (x, y)가 $x=4t-6$, $y=t^2-2t+1$일 때, 점 P의 속력의 최솟값을 구하시오.

17 좌표평면 위를 움직이는 점 P의 시각 t에서의 위치 (x, y)가 $x=2(t-\sin t)$, $y=2(1-\cos t)$이다. 점 P의 속력이 최대일 때, 점 P의 속도를 구하시오. (단, $0 \le t \le 2\pi$)

18 오른쪽 그림과 같은 좌표평면에서 두 점 A, B는 동시에 원점을 출발하여 각각 x축, y축의 양의 방향으로 움직인다. 점 A는 매초 3의 속력으로 움직이고, 점 B는 매초 6의 속력으로 움직일 때, 선분 AB를 2 : 1로 내분하는 점 P의 속력은?

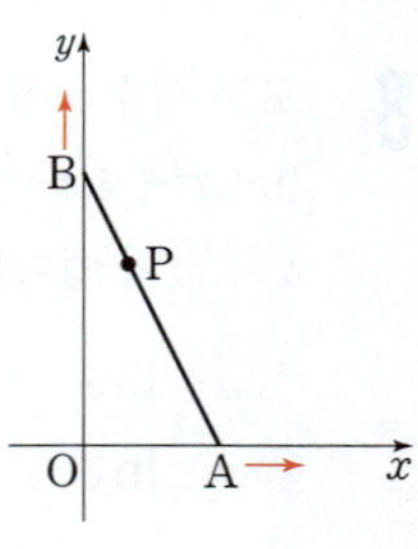

① 4　　　　　② $\sqrt{17}$　　　　③ $3\sqrt{2}$
④ $\sqrt{19}$　　　⑤ $2\sqrt{5}$

19 UP 오른쪽 그림과 같이 지면과 수직인 벽에 길이가 10 m인 사다리를 기대어 놓고 지면과 닿은 사다리의 끝이 매초 0.3 m의 속력으로 벽으로부터 멀어지도록 끌고 있다고 한다. 지면과 닿은 사다리의 끝이 벽으로부터 8 m만큼 떨어져 있을 때, 벽에 닿은 사다리의 끝이 아래로 내려오는 속력은?

(단, 사다리의 두께는 무시한다.)

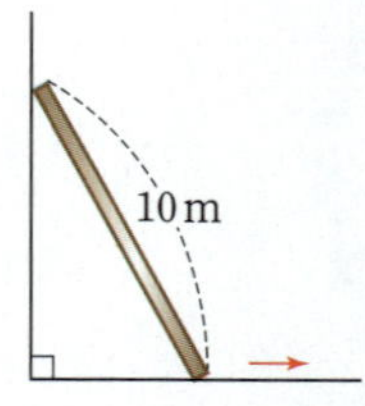

① 0.1 m/s　　② 0.2 m/s　　③ 0.3 m/s
④ 0.4 m/s　　⑤ 0.5 m/s

Ⅲ 적분법

기초 문제 Training

01 여러 가지 함수의 부정적분

여러 가지 함수의 부정적분
개념편 164쪽

1 다음 부정적분을 구하시오.

(1) $\int \dfrac{1}{x^4}\,dx$

(2) $\int x^2\sqrt{x}\,dx$

(3) $\int \dfrac{1}{\sqrt{x}}\,dx$

(4) $\int \dfrac{3}{x}\,dx$

2 다음 부정적분을 구하시오.

(1) $\int e^{x+3}\,dx$

(2) $\int 2^{3x}\,dx$

(3) $\int (\sin x - \csc^2 x)\,dx$

(4) $\int \sec x\,(\sec x - 2\tan x)\,dx$

치환적분법
개념편 169쪽

3 다음 부정적분을 구하시오.

(1) $\int (2x+1)^5\,dx$

(2) $\int e^{5x-2}\,dx$

4 다음은 치환적분법을 이용하여 부정적분 $\int (1-\sin x)\cos x\,dx$를 구하는 과정이다. (개)~(래)에 알맞은 것을 구하시오.

> $\displaystyle\int (1-\sin x)\cos x\,dx$에서 $1-\sin x=t$로 놓고 양변을 x에 대하여 미분하면
> $$\boxed{\text{(개)}}=\dfrac{dt}{dx}$$
> $$\therefore \int (1-\sin x)\cos x\,dx=\int t\times\boxed{\text{(나)}}$$
> $$=\int (\boxed{\text{(다)}})\,dt$$
> $$=\boxed{\text{(래)}}+C$$

부분적분법
개념편 176쪽

5 다음은 부분적분법을 이용하여 부정적분 $\int x\ln x\,dx$를 구하는 과정이다. (개), (나), (다)에 알맞은 것을 구하시오.

> $\displaystyle\int x\ln x\,dx$에서 $f(x)=\boxed{\text{(개)}}$, $g'(x)=x$로 놓으면 $f'(x)=\boxed{\text{(나)}}$, $g(x)=\dfrac{1}{2}x^2$
> $$\therefore \int x\ln x\,dx$$
> $$=\boxed{\text{(개)}}\times\dfrac{1}{2}x^2-\int \boxed{\text{(나)}}\times\dfrac{1}{2}x^2\,dx$$
> $$=\boxed{\text{(다)}}+C$$

핵심 유형 Training

유형 01 함수 $y=x^n$ (n은 실수)의 부정적분

n이 실수일 때, 함수 $y=x^n$의 부정적분은 다음과 같다.

(단, C는 적분상수)

(1) $n \neq -1$일 때, $\displaystyle\int x^n \, dx = \frac{1}{n+1} x^{n+1} + C$

(2) $n = -1$일 때, $\displaystyle\int x^{-1} \, dx = \int \frac{1}{x} \, dx = \ln|x| + C$

1 함수 $f(x) = \left(\sqrt{x} + \dfrac{1}{x}\right)^2$의 한 부정적분을 $F(x)$라 할 때, $F(2) - F(1)$의 값은?

① $4\sqrt{2} - 6$ ② $4\sqrt{2} - 4$ ③ $4\sqrt{2} - 2$
④ $4\sqrt{2}$ ⑤ $4\sqrt{2} + 2$

2 함수 $f(x) = \displaystyle\int \frac{x+4}{x(x+1)} \, dx + \int \frac{2x-1}{x(x+1)} \, dx$에 대하여 $f(1) = 3$일 때, $f(e^2)$의 값을 구하시오.

3 자연수 n에 대하여 함수 $f_n(x) = \displaystyle\int x^{\frac{1}{n+2}} \, dx$이고 $f_n(0) = 0$일 때,
$f_1(1) \times f_2(1) \times f_3(1) \times \cdots \times f_{12}(1)$의 값은?

① $\dfrac{1}{5}$ ② $\dfrac{1}{3}$ ③ 1
④ 3 ⑤ 5

유형 02 지수함수의 부정적분

지수법칙, 인수분해 등을 이용하여 지수함수를 적분하기 쉬운 형태로 변형한 후 다음을 이용하여 구한다.

(단, C는 적분상수)

(1) $\displaystyle\int e^x \, dx = e^x + C$

(2) $\displaystyle\int a^x \, dx = \frac{a^x}{\ln a} + C$ (단, $a > 0$, $a \neq 1$)

4 함수 $f(x) = \displaystyle\int (\sqrt{e^x} + 2)(\sqrt{e^x} - 2) \, dx$에 대하여 $f(1) = e$일 때, $f(x)$를 구하시오.

5 함수 $f(x)$에 대하여 $f'(x) = \dfrac{8^x + 1}{2^x + 1}$이고 $f(0) = -1$일 때, $f(1)$의 값은?

① $\dfrac{1}{\ln 8}$ ② $\dfrac{1}{\ln 4}$ ③ $\dfrac{2}{\ln 8}$
④ $\dfrac{1}{\ln 2}$ ⑤ $\dfrac{3}{\ln 4}$

6 미분가능한 두 함수 $f(x)$, $g(x)$가
$$\{f(x) + 2g(x)\}' = 3^x,$$
$$\{f(x) - 2g(x)\}' = 3^{-x}$$
을 만족시키고 $f(0) = 0$, $g(0) = \dfrac{1}{2\ln 3}$일 때, $f(1) - g(1)$의 값을 구하시오.

유형 03   삼각함수의 부정적분

삼각함수 사이의 관계와 삼각함수의 덧셈정리, 배각의 공식 등을 이용하여 삼각함수를 적분하기 쉬운 형태로 변환한 후 다음을 이용하여 구한다. (단, C는 적분상수)

(1) $\displaystyle\int \sin x\,dx = -\cos x + C$

(2) $\displaystyle\int \cos x\,dx = \sin x + C$

(3) $\displaystyle\int \sec^2 x\,dx = \tan x + C$

(4) $\displaystyle\int \csc^2 x\,dx = -\cot x + C$

(5) $\displaystyle\int \sec x \tan x\,dx = \sec x + C$

(6) $\displaystyle\int \csc x \cot x\,dx = -\csc x + C$

7 함수 $f(x)=\displaystyle\int \dfrac{\sin^2 x+1}{\cos^2 x}\,dx$에 대하여

$f\!\left(\dfrac{\pi}{3}\right)=2\sqrt{3}$일 때, $f(x)$를 구하시오.

8 함수 $f(x)=\displaystyle\int (\tan x+\cot x)^2\,dx$에 대하여

$f\!\left(\dfrac{\pi}{4}\right)=0$일 때, $f\!\left(\dfrac{\pi}{3}\right)$의 값을 구하시오.

9 $\displaystyle\int \dfrac{1}{1-\cos x}\,dx = a\cot x + b\csc x + C$일 때, 상수 a, b에 대하여 $a+b$의 값은? (단, C는 적분상수)

① -4 ② -2 ③ 0
④ 2 ⑤ 4

10 함수 $f(x)$에 대하여 $f'(x)=\dfrac{\sin x}{1+\sin x}$이고 $f(\pi)=\pi$일 때, $f(0)$의 값을 구하시오.

11 함수 $f(x)=\dfrac{2\sin x}{1+\cos 2x}$의 한 부정적분을 $F(x)$라 할 때, $F(\pi)-F(-\pi)$의 값은?

① $-\dfrac{\pi}{2}$ ② $-\dfrac{\pi}{4}$ ③ 0

④ $\dfrac{\pi}{4}$ ⑤ $\dfrac{\pi}{2}$

12 $x>0$에서 정의된 미분가능한 함수 $f(x)$의 한 부정적분을 $F(x)$라 하면
$$F(x)=xf(x)-x^2+x\cos x-\sin x$$
가 성립하고 $f\!\left(\dfrac{\pi}{2}\right)=0$일 때, $f(\pi)$의 값을 구하시오.

13 실수 전체의 집합에서 연속인 함수 $f(x)$에 대하여
$$f'(x)=\begin{cases} 1-\cos x & (x\geq 0) \\ 2x+\sin x & (x<0) \end{cases}$$
이고 $f(-\pi)=\pi^2$일 때, $f\!\left(\dfrac{\pi}{2}\right)$의 값을 구하시오.

미분가능한 함수 $g(t)$에 대하여 $x=g(t)$로 놓으면

$$\int f(x)\,dx=\int f(g(t))g'(t)\,dt$$

14 $\displaystyle\int e^{3x}\sqrt{e^{3x}+3}\,dx=a(e^{3x}+3)\sqrt{e^{3x}+3}+C$일 때, 상수 a의 값은? (단, C는 적분상수)

① $\dfrac{2}{9}$ ② $\dfrac{1}{3}$ ③ $\dfrac{1}{2}$

④ 1 ⑤ 2

15 함수 $f(x)=\displaystyle\int 2x^3(x^2+1)^3\,dx$에 대하여 $f(1)=2$일 때, $f(0)$의 값을 구하시오.

16 함수 $f(x)=\displaystyle\int \sin x\cos 2x\,dx$에 대하여 $f(\pi)-f\left(\dfrac{\pi}{2}\right)$의 값은?

① $-\dfrac{1}{3}$ ② $\dfrac{1}{3}$ ③ $\dfrac{2}{3}$

④ 1 ⑤ $\dfrac{4}{3}$

17 함수 $f(x)$에 대하여 $f'(x)=2x(e^{x^2}-3x)$이고 $f(0)=5$일 때, $f(x)$를 구하시오.

18 곡선 $y=f(x)$ 위의 임의의 점 $(x,\ f(x))$에서의 접선의 기울기가 $\dfrac{x}{\sqrt{1+x^2}}$이고 이 곡선이 점 $(0,\ 1)$을 지날 때, $f(-1)$의 값은?

① 1 ② $\sqrt{2}$ ③ $\sqrt{3}$

④ 2 ⑤ $\sqrt{5}$

19 함수 $f(x)=\dfrac{6(\ln x)^2+1}{x}$의 한 부정적분 $F(x)$에 대하여 $F(e)=3$일 때, 방정식 $F(x)=0$을 만족시키는 x의 값을 구하시오.

20 함수 $f(x)$에 대하여 $f'(x)=\sin 2x-\cos 2x$이고 $f(x)$의 극댓값이 $\dfrac{3\sqrt{2}}{2}$일 때, $f(x)$의 극솟값을 구하시오. (단, $0<x<\pi$)

유형 05 $\dfrac{f'(x)}{f(x)}$ 꼴인 유리함수의 부정적분

$$\int \dfrac{f'(x)}{f(x)}\,dx = \ln|f(x)| + C \ (단, C는 적분상수)$$

21 함수 $f(x)$에 대하여 $f'(x) = \dfrac{x+2}{x^2+4x+5}$ 이고 $f(-2) = \dfrac{1}{2}$ 일 때, $f(-1)$의 값을 구하시오.

22 함수 $f(x) = \dfrac{1+\sin x}{x-\cos x}$ 의 한 부정적분을 $F(x)$라 할 때, $F\!\left(\dfrac{\pi}{2}\right) - F\!\left(\dfrac{3}{2}\pi\right)$ 의 값은?

① $-\ln 6$ ② $-\ln 5$ ③ $-\ln 4$

④ $-\ln 3$ ⑤ $-\ln 2$

23 함수
$$f(x) = \int \dfrac{e^{2x}}{e^{2x}-\sin x}\,dx - \dfrac{1}{2}\int \dfrac{\cos x}{e^{2x}-\sin x}\,dx$$
에 대하여 $f(0) = 0$일 때, $f(\pi)$의 값은?

① $-\pi$ ② 0 ③ $\dfrac{\pi}{2}$

④ π ⑤ $\dfrac{3}{2}\pi$

유형 06 $\dfrac{f'(x)}{f(x)}$ 꼴이 아닌 유리함수의 부정적분

$\dfrac{f'(x)}{f(x)}$ 꼴이 아닌 유리함수의 부정적분은 먼저 분모와 분자의 차수를 비교한 후 다음과 같이 구한다.

(1) (분모의 차수)≤(분자의 차수)이면 분자를 분모로 나누어 몫과 나머지 꼴로 나타낸 후 적분한다.

(2) (분모의 차수)>(분자의 차수)이고 분모가 인수분해되면
$$\dfrac{1}{AB} = \dfrac{1}{B-A}\left(\dfrac{1}{A} - \dfrac{1}{B}\right)$$
임을 이용하여 유리함수의 식을 변형한 후 적분한다.

24 함수 $f(x) = \displaystyle\int \dfrac{3-x}{x+2}\,dx$ 에 대하여 $f(-1) = 5$일 때, $f(-3)$의 값은?

① 4 ② 5 ③ 6

④ 7 ⑤ 8

25 함수 $f(x)$에 대하여 $f'(x) = \dfrac{1}{x^2-4}$ 이고 $f(0) = 1$일 때, $\displaystyle\sum_{k=1}^{5} 4f(2k+2)$ 의 값을 구하시오.

26 함수 $f(x) = \displaystyle\int \dfrac{x+4}{2x^2-5x-3}\,dx$ 에 대하여 $f(4) = -\ln 3$일 때, $f(0)$의 값을 구하시오.

유형 07 부분적분법 (1)

두 함수 $f(x)$, $g(x)$가 미분가능할 때,
$$\int f(x)g'(x)\,dx = f(x)g(x) - \int f'(x)g(x)\,dx$$

27 함수 $f(x) = \displaystyle\int (x+1)\sin x\,dx$에 대하여 $f\left(\dfrac{\pi}{2}\right) = 1$일 때, $f(\pi)$의 값은?

① $\pi - 2$ ② $\pi - 1$ ③ π
④ $\pi + 1$ ⑤ $\pi + 2$

28 함수 $f(x)$에 대하여 $f'(x) = (x-a)e^{-x}$이고 $f(0) = -1$, $f(-1) = e - 1$일 때, 상수 a의 값은?

① 1 ② 2 ③ 3
④ 4 ⑤ 5

29 $x > 0$에서 정의된 미분가능한 함수 $f(x)$의 한 부정적분을 $F(x)$라 하면
$$F(x) + xf(x) = 2\ln x + 1$$
이 성립하고 $F(1) = -1$일 때, $F(e)$의 값을 구하시오.

유형 08 부분적분법 (2)

부분적분법을 한 번 적용하여 부정적분을 구할 수 없을 때에는 부분적분법을 여러 번 적용한다.

30 $\displaystyle\int x^2\cos x\,dx = (px^2 + q)\sin x + rx\cos x + C$일 때, 상수 p, q, r에 대하여 $p + q + r$의 값은?

(단, C는 적분상수)

① -2 ② -1 ③ 0
④ 1 ⑤ 2

31 함수 $f(x) = \displaystyle\int (\ln x)^2\,dx$에 대하여 $f(1) = 3$일 때, $f(e)$의 값을 구하시오.

32 두 함수 $f(x) = e^{2x}$, $g(x) = -\cos x$에 대하여 함수 $h(x)$가
$$h(x) = \int 5f(x)g'(x)\,dx$$
를 만족시키고 $h(0) = -1$일 때, $h\left(\dfrac{\pi}{2}\right)$의 값은?

① 1 ② e^{π} ③ $2e^{\pi}$
④ $e^{2\pi}$ ⑤ $2e^{2\pi}$

기초 문제 Training

02 여러 가지 함수의 정적분

여러 가지 함수의 정적분 개념편 181쪽

1 다음 정적분의 값을 구하시오.

(1) $\displaystyle\int_1^9 \sqrt{x}\,dx$

(2) $\displaystyle\int_e^{e^2} \frac{1}{x}\,dx$

(3) $\displaystyle\int_1^3 3^x\,dx$

(4) $\displaystyle\int_{\frac{\pi}{4}}^{\frac{\pi}{3}} \sec^2 x\,dx$

---

3 다음은 부분적분법을 이용하여 $\displaystyle\int_0^{\frac{\pi}{2}} x\sin x\,dx$의 값을 구하는 과정이다. (가)~(라)에 알맞은 것을 구하시오.

$$\int_0^{\frac{\pi}{2}} x\sin x\,dx\text{에서 } f(x)=x,\ g'(x)=\sin x\text{로}$$
놓으면
$$f'(x)=1,\ g(x)=-\cos x$$
$$\therefore \int_0^{\frac{\pi}{2}} x\sin x\,dx$$
$$=\Big[\ \boxed{(가)}\ \Big]_0^{\frac{\pi}{2}} - \int_0^{\frac{\pi}{2}}\big(\ \boxed{(나)}\ \big)\,dx$$
$$=\Big[\ \boxed{(가)}\ \Big]_0^{\frac{\pi}{2}} + \Big[\ \boxed{(다)}\ \Big]_0^{\frac{\pi}{2}}$$
$$=\boxed{(라)}$$

치환적분법과 부분적분법을 이용한 정적분 개념편 187쪽

2 다음은 치환적분법을 이용하여 $\displaystyle\int_{-1}^0 x^2(x^3+2)^4\,dx$의 값을 구하는 과정이다. (가)~(라)에 알맞은 수를 구하시오.

$$\int_{-1}^0 x^2(x^3+2)^4\,dx\text{에서 } x^3+2=t\text{로 놓으면}$$
$$3x^2=\frac{dt}{dx}\text{이고, } x=-1\text{일 때 } t=\boxed{(가)},\ x=0\text{일}$$
때 $t=\boxed{(나)}$ 이므로
$$\int_{-1}^0 x^2(x^3+2)^4\,dx=\boxed{(다)}\int_{\boxed{(가)}}^{\boxed{(나)}} t^4\,dt$$
$$=\boxed{(다)}\Big[\frac{1}{5}t^5\Big]_{\boxed{(가)}}^{\boxed{(나)}}$$
$$=\boxed{(라)}$$

정적분으로 정의된 함수 개념편 192쪽

4 다음을 구하시오.

(1) $\displaystyle\frac{d}{dx}\int_2^x \frac{\ln t}{t}\,dt$ (단, $x>0$)

(2) $\displaystyle\frac{d}{dx}\int_x^{x+2} e^t\,dt$

5 모든 실수 x에 대하여 다음 등식을 만족시키는 함수 $f(x)$를 구하시오.

(1) $\displaystyle\int_1^x f(t)\,dt=\ln(x^2-3x+3)$

(2) $\displaystyle\int_\pi^x f(t)\,dt=3\cos x+3$

핵심 유형 Training

유형 01 여러 가지 함수의 정적분

닫힌구간 $[a, b]$에서 연속인 함수 $f(x)$의 한 부정적분을 $F(x)$라 하면

$$\int_a^b f(x)\,dx = \left[F(x) \right]_a^b = F(b) - F(a)$$

1 $\displaystyle\int_1^4 \frac{2\sqrt{x}-4}{x^2}\,dx$의 값은?

① -2 ② -1 ③ 0

④ 1 ⑤ 2

2 $\displaystyle\int_0^{\frac{\pi}{2}} \frac{1-\cos 2x}{1+\cos x}\,dx$의 값은?

① $\pi-3$ ② $\pi-2$ ③ $\pi-1$

④ $2\pi-2$ ⑤ $2\pi-1$

3 $\displaystyle\int_1^3 \frac{3x^2+1}{x^2}\,dx + 2\int_1^3 \frac{x+1}{x^2}\,dx = a\ln 3 + b$일 때, 유리수 a, b에 대하여 ab의 값을 구하시오.

4 $\displaystyle\int_{-2}^2 \frac{e^{3x}-1}{e^{2x}+e^x+1}\,dx - \int_{-2}^1 \frac{e^{3t}-1}{e^{2t}+e^t+1}\,dt$의 값을 구하시오.

유형 02 구간에 따라 다르게 정의된 함수의 정적분

(1) 구간에 따라 다르게 정의된 함수의 정적분은 적분 구간을 나누어 계산한다.

(2) 절댓값 기호를 포함한 함수의 정적분은 절댓값 기호 안의 식의 값이 0이 되는 x의 값을 경계로 적분 구간을 나누어 계산한다.

5 $\displaystyle\int_1^3 \frac{|x-2|}{x}\,dx = a\ln \frac{4}{3}$일 때, 상수 a의 값은?

① $\dfrac{1}{2}$ ② 1 ③ $\dfrac{3}{2}$

④ 2 ⑤ $\dfrac{5}{2}$

6 $\displaystyle\int_0^3 |3^x - 9|\,dx$의 값을 구하시오.

7 함수 $f(x) = \begin{cases} 2\cos x + 1 & \left(x \geq \dfrac{\pi}{2}\right) \\ -\sin x + k & \left(x \leq \dfrac{\pi}{2}\right) \end{cases}$ 가 실수 전체의 집합에서 연속일 때, $\displaystyle\int_0^{\pi} f(x)\,dx$의 값을 구하시오. (단, k는 상수)

유형 03 그래프가 대칭인 함수의 정적분

함수 $f(x)$가 닫힌구간 $[-a,\ a]$에서 연속일 때

(1) $f(-x)=f(x)$이면 $\displaystyle\int_{-a}^{a} f(x)\,dx=2\int_{0}^{a} f(x)\,dx$

(2) $f(-x)=-f(x)$이면 $\displaystyle\int_{-a}^{a} f(x)\,dx=0$

8 $\displaystyle\int_{-\frac{\pi}{4}}^{0}(2\sin x-3\cos x+\tan x)\,dx$

$$-\int_{\frac{\pi}{4}}^{0}(2\sin x-3\cos x+\tan x)\,dx$$

의 값은?

① $-3\sqrt{2}$ ② $-2\sqrt{2}$ ③ 0

④ $2\sqrt{2}$ ⑤ $3\sqrt{2}$

9 함수 $f(x)=x^2+\cos x$에 대하여

$\displaystyle\int_{-\pi}^{\pi} f(x)\{f'(x)+3\}\,dx$의 값은?

① π^3 ② π^3+1 ③ π^3+2

④ $2\pi^3$ ⑤ $2\pi^3+1$

10 함수 $f(x)=x(e^x-e^{-x})$에 대하여 다음 보기 중 정적분의 값이 항상 0인 것만을 있는 대로 고르시오.

(단, $a\neq0$인 실수)

• 보기 •

ㄱ. $\displaystyle\int_{-a}^{a} f(x)\,dx$ ㄴ. $\displaystyle\int_{-a}^{a} xf(x)\,dx$

ㄷ. $\displaystyle\int_{-a}^{a} xf'(x)\,dx$

유형 04 $f(x+p)=f(x)$를 만족시키는 함수 $f(x)$의 정적분

함수 $f(x)$가 모든 실수 x에 대하여 $f(x+p)=f(x)$(p는 0이 아닌 상수)를 만족시키고 연속일 때

(1) $\displaystyle\int_{a}^{b} f(x)\,dx=\int_{a+np}^{b+np} f(x)\,dx$ (단, n은 정수)

(2) $\displaystyle\int_{a}^{a+p} f(x)\,dx=\int_{b}^{b+p} f(x)\,dx$

참고 함수 $f(x)$가 주기가 p인 주기함수이면 $f(x+p)=f(x)$이다.

11 $\displaystyle\int_{0}^{\pi}|\sin 3x|\,dx$의 값은?

① 2 ② 3 ③ 4

④ 5 ⑤ 6

12 임의의 실수 a에 대하여 $\displaystyle\int_{a}^{a+2\pi}\left|\cos\frac{x}{2}\right|\,dx$의 값을 구하시오.

13 함수 $f(x)$가 다음 조건을 모두 만족시킬 때, $\displaystyle\int_{-\frac{\pi}{4}}^{\frac{7}{4}\pi} f(x)\,dx$의 값을 구하시오.

(가) 모든 실수 x에 대하여 $f\left(x+\dfrac{\pi}{2}\right)=f(x)$

(나) $-\dfrac{\pi}{4}\leq x\leq\dfrac{\pi}{4}$에서 $f(x)=\sec^2 x$

① 4 ② 6 ③ 8

④ 10 ⑤ 12

유형 05 치환적분법을 이용한 정적분

닫힌구간 $[a,\ b]$에서 연속인 함수 $f(x)$에 대하여 미분가능한 함수 $x=g(t)$의 도함수 $g'(t)$가 닫힌구간 $[\alpha,\ \beta]$에서 연속이고 $a=g(\alpha)$, $b=g(\beta)$이면

$$\int_a^b f(x)\,dx=\int_\alpha^\beta f(g(t))g'(t)\,dt$$

14 $\displaystyle\int_0^{\ln 2}\frac{e^{2x}}{e^{2x}+1}dx$의 값을 구하시오.

15 $\displaystyle\int_0^{\frac{\pi}{2}}\frac{\cos x}{1+\sin x}dx-\int_{\frac{\pi}{2}}^0\frac{\cos^3 x}{1+\sin x}dx$의 값을 구하시오.

16 두 함수 $f(x)=\dfrac{a+\ln x}{x}$, $g(x)=\dfrac{12x-6}{(x^2-x+2)^2}$에 대하여 $\displaystyle\int_1^e f(x)\,dx=\int_0^2 g(x)\,dx$일 때, 상수 a의 값을 구하시오.

17 ^{UP} 실수 전체의 집합에서 연속인 함수 $f(x)$에 대하여 $\displaystyle\int_0^4 f(x)\,dx=6$일 때, $\displaystyle\int_0^2\frac{f(x)+f(4-x)}{2}dx$의 값은?

① 2　　　　② 3　　　　③ 6
④ 12　　　　⑤ 18

유형 06 삼각함수로 치환하는 적분법

(1) $\sqrt{a^2-x^2}\ (a>0)$ 꼴
➡ $x=a\sin\theta\left(-\dfrac{\pi}{2}\leq\theta\leq\dfrac{\pi}{2}\right)$로 치환한 후 $\sin^2\theta+\cos^2\theta=1$임을 이용한다.

(2) $\dfrac{1}{x^2+a^2}\ (a>0)$ 꼴
➡ $x=a\tan\theta\left(-\dfrac{\pi}{2}<\theta<\dfrac{\pi}{2}\right)$로 치환한 후 $1+\tan^2\theta=\sec^2\theta$임을 이용한다.

18 $\displaystyle\int_0^{\frac{1}{2}}\frac{2}{4x^2+1}dx$의 값은?

① $\dfrac{\pi}{6}$　　　　② $\dfrac{\pi}{4}$　　　　③ $\dfrac{\pi}{3}$
④ $\dfrac{\pi}{2}$　　　　⑤ π

19 $\displaystyle\int_0^{\sqrt{3}a}\frac{1}{x^2+a^2}dx=\frac{\pi}{12}$일 때, 양수 a의 값을 구하시오.

20 $\displaystyle\int_0^1\frac{x^2}{\sqrt{4-x^2}}dx$의 값을 구하시오.

유형 07 부분적분법을 이용한 정적분

두 함수 $f(x)$, $g(x)$가 미분가능하고 $f'(x)$, $g'(x)$가 닫
힌구간 $[a, b]$에서 연속일 때,

$$\int_a^b f(x)g'(x)\,dx$$
$$=\Big[f(x)g(x)\Big]_a^b-\int_a^b f'(x)g(x)\,dx$$

이때 부분적분법을 한 번 적용하여 정적분의 값을 구할 수
없을 때에는 부분적분법을 여러 번 적용한다.

21 $\displaystyle\int_0^\pi x\cos(\pi-x)\,dx$의 값을 구하시오.

22 함수 $f(x)=\dfrac{\ln x}{x^2}$에 대하여
$\displaystyle\int_1^{e^2} f(x)\,dx-\int_3^{e^2} f(x)\,dx$의 값을 구하시오.

23 $\displaystyle\int_0^1 (x^2+3)e^{2x}\,dx$의 값을 구하시오.

24 $\displaystyle\int_{-\pi}^{\pi} e^x\cos x\,dx=ae^\pi+be^{-\pi}$일 때, 유리수 a, b에
대하여 $a-b$의 값은?

① -2 ② -1 ③ 0
④ 1 ⑤ 2

유형 08 적분 구간이 상수인 정적분을 포함한 등식

$f(x)=g(x)+\displaystyle\int_a^b f(t)\,dt$ 꼴의 등식이 주어지면

➡ $\displaystyle\int_a^b f(t)\,dt=k$($k$는 상수)로 놓고 $f(x)=g(x)+k$임
을 이용한다.

25 함수 $f(x)$가
$$f(x)=e^x+2x-\int_0^1 f'(t)\,dt$$
를 만족시킬 때, $f(1)$의 값은?

① -2 ② -1 ③ 0
④ 1 ⑤ 2

26 함수 $f(x)$가
$$f(x)=\sin\pi x+\int_0^{\frac{1}{3}} f(t)\,dt$$
를 만족시킬 때, $f(-1)$의 값은?

① $\dfrac{1}{2\pi}$ ② $\dfrac{3}{4\pi}$ ③ $\dfrac{1}{\pi}$
④ $\dfrac{5}{4\pi}$ ⑤ $\dfrac{3}{2\pi}$

27 함수 $f(x)$가
$$f(x)=\frac{2^x}{x}+\int_1^2 tf(t)\,dt$$
를 만족시킬 때, $f(2)$의 값을 구하시오.

유형 09 적분 구간 또는 적분하는 함수에 변수가 있는 정적분을 포함한 등식

(1) $\displaystyle\int_a^x f(t)\,dt = g(x)$ 꼴의 등식이 주어지면

➡ 양변을 x에 대하여 미분하고 $\displaystyle\int_a^a f(t)\,dt = 0$임을 이용한다.

(2) $\displaystyle\int_a^x (x-t)f(t)\,dt = g(x)$ 꼴의 등식이 주어지면

➡ $\displaystyle x\int_a^x f(t)\,dt - \int_a^x tf(t)\,dt = g(x)$이므로 양변을 x에 대하여 미분한다.

28 모든 실수 x에 대하여 연속인 함수 $f(x)$가

$$\int_{\frac{\pi}{2}}^x f(t)\,dt = 2x + a\sin x$$

를 만족시킬 때, $f(x)$를 구하시오. (단, a는 상수)

29 모든 실수 x에 대하여 미분가능한 함수 $f(x)$가

$$xf(x) = 5^x + a + \int_0^x tf'(t)\,dt$$

를 만족시킬 때, $f(a)$의 값을 구하시오.

(단, a는 상수)

30 모든 실수 x에 대하여 연속인 함수 $f(x)$가

$$\int_0^x (x-t)f(t)\,dt = ae^{2x} - 4x + b$$

를 만족시킬 때, $f(b)$의 값을 구하시오.

(단, a, b는 상수)

유형 10 정적분으로 정의된 함수의 응용

(1) 정적분으로 정의된 함수의 극값은 $f'(x)$를 구한 후 극대, 극소가 되는 x의 값을 주어진 식에 대입하여 구한다.

(2) 정적분으로 정의된 함수의 최댓값과 최솟값은 $f'(x)$를 구한 후 최대, 최소가 되는 x의 값을 주어진 식에 대입하여 구한다.

31 함수 $f(x) = \displaystyle\int_0^x (e - e^t)\,dt$의 최댓값은?

① $\dfrac{1}{2}$ ② 1 ③ $\dfrac{e}{2}$

④ 2 ⑤ e

32 $x > 0$일 때, 함수 $f(x) = \displaystyle\int_0^x (\sqrt{t} - t)\,dt$가 $x = a$에서 극댓값 b를 갖는다. 이때 ab의 값을 구하시오.

33 $0 < x < \dfrac{\pi}{2}$일 때, 함수 $f(x) = \displaystyle\int_0^x (1 - 2\cos t)\,dt$가 $x = a$에서 최솟값 b를 갖는다. 이때 $a - b$의 값을 구하시오.

34 $0 < x < \pi$일 때, 함수 $f(x) = \displaystyle\int_0^x (\sin t - \cos 2t)\,dt$ 의 극댓값과 극솟값의 차를 구하시오.

35 함수 $f(x) = \displaystyle\int_{-1}^x \dfrac{at}{t^2+1}\,dt$가 $x=b$에서 극솟값 $-\ln 2$를 가질 때, 상수 a, b에 대하여 $a+b$의 값은? (단, $a>0$)

① $\dfrac{1}{4}$ ② $\dfrac{1}{2}$ ③ 1

④ 2 ⑤ 4

36 $x>0$일 때, 함수 $f(x) = \displaystyle\int_x^{x+1}\left(2t + \dfrac{4}{t}\right)dt$의 최솟값이 $a\ln 2 + b$이다. 이때 유리수 a, b에 대하여 ab의 값은?

① 10 ② $\dfrac{21}{2}$ ③ 11

④ $\dfrac{23}{2}$ ⑤ 12

유형 11 정적분으로 정의된 함수의 극한

(1) $\displaystyle\lim_{x\to a}\dfrac{1}{x-a}\int_a^x f(t)\,dt = f(a)$

(2) $\displaystyle\lim_{h\to 0}\dfrac{1}{h}\int_a^{a+h} f(x)\,dx = f(a)$

37 함수 $f(x) = e^{2x}(\cos x - \sin x)$에 대하여 $\displaystyle\lim_{x\to 0}\dfrac{1}{x}\int_0^x f(t)\,dt$의 값을 구하시오.

38 $\displaystyle\lim_{h\to 0}\dfrac{1}{h}\int_{\pi-h}^{\pi+h}(x^2+2)\cos(x+\pi)\,dx$의 값은?

① $-\pi^2$ ② π^2+2 ③ π^2+4

④ $2\pi^2$ ⑤ $2\pi^2+4$

39 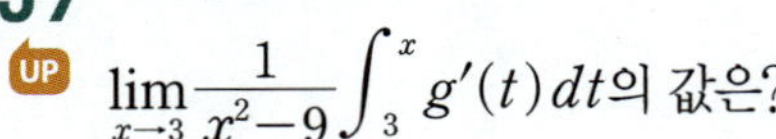 함수 $f(x) = x^3 + 2x + 3$의 역함수를 $g(x)$라 할 때, $\displaystyle\lim_{x\to 3}\dfrac{1}{x^2-9}\int_3^x g'(t)\,dt$의 값은?

① $\dfrac{1}{12}$ ② $\dfrac{1}{9}$ ③ $\dfrac{1}{6}$

④ $\dfrac{1}{3}$ ⑤ 3

Ⅲ

적분법

기초 문제 Training

01 정적분의 활용 (1)

정적분과 급수

개념편 200쪽

1 다음은 곡선 $y=x^2$과 x축 및 직선 $x=3$으로 둘러싸인 도형의 넓이를 구분구적법으로 구하는 과정이다. (개)~(라)에 알맞은 것을 구하시오.

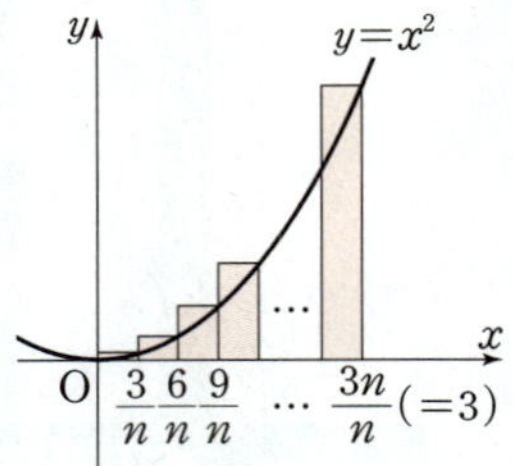

오른쪽 그림과 같이 구간 $[0, 3]$을 n 등분 하면 각 구간의 오른쪽 끝 점의 x좌표는 차례대로

$$\frac{3}{n}, \frac{6}{n}, \frac{9}{n},$$

$$\cdots, \frac{3n}{n}(=3)$$

이에 대응하는 y의 값은 각각

$$\left(\frac{3}{n}\right)^2, \left(\frac{6}{n}\right)^2, \left(\frac{9}{n}\right)^2, \cdots, \left(\frac{3n}{n}\right)^2$$

이때 색칠한 각 직사각형의 가로의 길이는 (개) 이므로 직사각형의 넓이의 합을 S_n이라 하면

$$S_n = \boxed{(개)} \times \left(\frac{3}{n}\right)^2 + \boxed{(개)} \times \left(\frac{6}{n}\right)^2$$
$$+ \boxed{(개)} \times \left(\frac{9}{n}\right)^2 + \cdots + \boxed{(개)} \times \left(\frac{3n}{n}\right)^2$$
$$= \frac{\boxed{(나)}}{n^3}(1^2+2^2+3^2+\cdots+n^2)$$
$$= \frac{9}{2}\left(1+\frac{1}{n}\right)\left(\boxed{(다)}+\frac{1}{n}\right)$$

따라서 구하는 넓이를 S라 하면

$$S = \lim_{n\to\infty} S_n = \boxed{(라)}$$

2 다음은 정적분과 급수의 합 사이의 관계를 이용하여 $\displaystyle\lim_{n\to\infty}\sum_{k=1}^{n}\left(\frac{2k}{n}\right)^2 \times \frac{2}{n}$의 값을 구하는 과정이다. (개)~(라)에 알맞은 것을 구하시오.

$$\lim_{n\to\infty}\sum_{k=1}^{n}\left(\frac{2k}{n}\right)^2 \times \frac{2}{n}$$에서 $f(x)=x^2$, $a=0$, $b=2$ 로 놓으면

$$\Delta x = \boxed{(개)}, \quad x_k = \boxed{(나)}$$
$$\therefore \lim_{n\to\infty}\sum_{k=1}^{n}\left(\frac{2k}{n}\right)^2 \times \frac{2}{n} = \int_{0}^{\boxed{(다)}} x^2\,dx = \boxed{(라)}$$

넓이

개념편 205쪽

3 오른쪽 그림과 같이 곡선 $y=e^x$ 과 x축 및 두 직선 $x=0$, $x=1$ 로 둘러싸인 도형의 넓이를 구하시오.

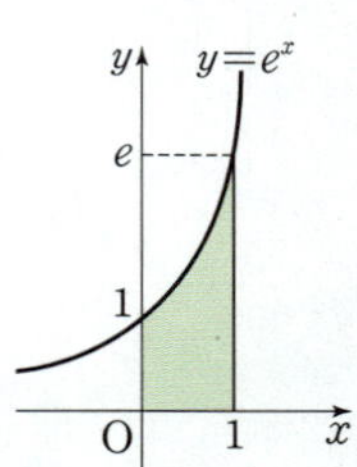

4 오른쪽 그림과 같이 곡선 $y=\ln x$와 y축 및 두 직선 $y=-1$, $y=1$로 둘러싸인 도형의 넓이를 구하시오.

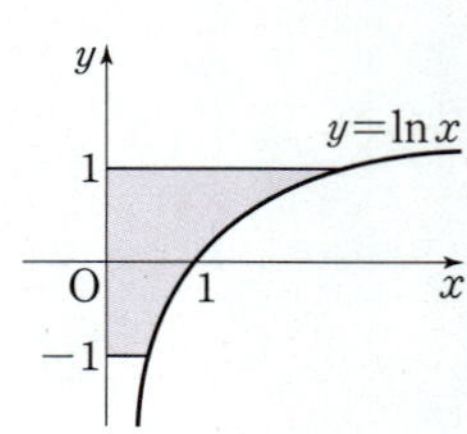

핵심 유형 Training

유형 01 구분구적법

구분구적법을 이용하여 도형의 넓이를 구할 때에는 다음과 같은 순서로 한다.
(1) 주어진 도형을 n개의 기본 도형으로 분할한다.
(2) n개의 기본 도형의 넓이의 합 S_n을 구한다.
(3) (2)에서 구한 합의 $n \to \infty$일 때의 극한값, 즉 $\lim\limits_{n \to \infty} S_n$을 구한다.

1 다음 중 곡선 $y=\ln x$와 x축 및 직선 $x=3$으로 둘러싸인 도형의 넓이를 구분구적법으로 구하는 식으로 옳은 것은?

① $\lim\limits_{n \to \infty} \dfrac{1}{n} \sum\limits_{k=1}^{n} \ln \dfrac{k}{n}$

② $\lim\limits_{n \to \infty} \dfrac{3}{n} \sum\limits_{k=1}^{n} \ln \dfrac{3k}{n}$

③ $\lim\limits_{n \to \infty} \dfrac{1}{n} \sum\limits_{k=1}^{n} \ln \left(1+\dfrac{k}{n}\right)$

④ $\lim\limits_{n \to \infty} \dfrac{2}{n} \sum\limits_{k=1}^{n} \ln \left(1+\dfrac{2k}{n}\right)$

⑤ $\lim\limits_{n \to \infty} \dfrac{3}{n} \sum\limits_{k=1}^{n} \ln \left(1+\dfrac{3k}{n}\right)$

2 다음은 곡선 $y=x^3$과 x축 및 직선 $x=4$로 둘러싸인 도형의 넓이 S를 구분구적법으로 구하는 과정이다. ㈎, ㈏에 알맞은 식을 각각 $f(n)$, $g(n)$이라 하고, ㈐에 알맞은 수를 a라 할 때, $f(1)+g(2)+a$의 값을 구하시오.

$$S=\lim\limits_{n \to \infty} \sum\limits_{k=1}^{n} \left(\dfrac{4k}{n}\right)^3 \times \boxed{\text{㈎}}$$
$$=\lim\limits_{n \to \infty} \boxed{\text{㈏}} \sum\limits_{k=1}^{n} k^3$$
$$=\lim\limits_{n \to \infty} \boxed{\text{㈏}} \left\{\dfrac{n(n+1)}{2}\right\}^2 = \boxed{\text{㈐}}$$

유형 02 정적분과 급수

(1) $\lim\limits_{n \to \infty} \sum\limits_{k=1}^{n} f\left(a+\dfrac{b-a}{n}k\right) \times \dfrac{b-a}{n} = \displaystyle\int_{a}^{b} f(x)\,dx$

(2) $\lim\limits_{n \to \infty} \sum\limits_{k=1}^{n} f\left(a+\dfrac{p}{n}k\right) \times \dfrac{p}{n} = \displaystyle\int_{a}^{a+p} f(x)\,dx$
$$= \displaystyle\int_{0}^{p} f(a+x)\,dx$$

3 정적분을 이용하여
$$\lim\limits_{n \to \infty} \dfrac{1}{n}\left\{\left(1+\dfrac{1}{n}\right)^4 + \left(1+\dfrac{2}{n}\right)^4 + \left(1+\dfrac{3}{n}\right)^4 + \cdots + \left(1+\dfrac{n}{n}\right)^4\right\}$$
의 값을 구하시오.

4 $\lim\limits_{n \to \infty} \sum\limits_{k=1}^{n} \dfrac{\pi}{n} \sin\dfrac{k\pi}{6n} = a+b\sqrt{3}$일 때, 유리수 a, b에 대하여 $a+b$의 값을 구하시오.

5 함수 $f(x)=\sqrt{1+x}$에 대하여
$$\lim\limits_{n \to \infty} \dfrac{3}{n}\left\{f\left(\dfrac{1}{n}\right)+f\left(\dfrac{2}{n}\right)+f\left(\dfrac{3}{n}\right)+\cdots+f\left(\dfrac{n}{n}\right)\right\}$$
의 값을 구하시오.

6 함수 $f(x)=3x^2+ax$에 대하여
$$\lim\limits_{n \to \infty} \sum\limits_{k=1}^{n} f\left(1+\dfrac{2k}{n}\right) \times \dfrac{1}{n} = 25$$일 때, 상수 a의 값을 구하시오.

유형 03 | 정적분과 급수의 활용

구간이나 도형을 n 등분 한 점을 이어 만든 선분의 길이 또는 도형의 넓이를 급수의 합으로 나타낸 후 정적분과 급수의 합 사이의 관계를 이용한다.

7 오른쪽 그림과 같이 구간 $[0, 2]$를 n 등분 한 각 분점을 원점 O에 가까운 점부터 차례대로 A_1, A_2, A_3, $\cdots$, A_{n-1}이라 하자. 점 $A_n(2, 0)$이고, $1 \le k \le n$인 자연수 k에 대하여 점 A_k를 지나고 y축에 평행한 직선이 곡선 $y=2e^x$과 만나는 점을 B_k라 할 때, $\displaystyle\lim_{n\to\infty}\frac{1}{n}\sum_{k=1}^{n}\overline{A_kB_k}$의 값을 구하시오.

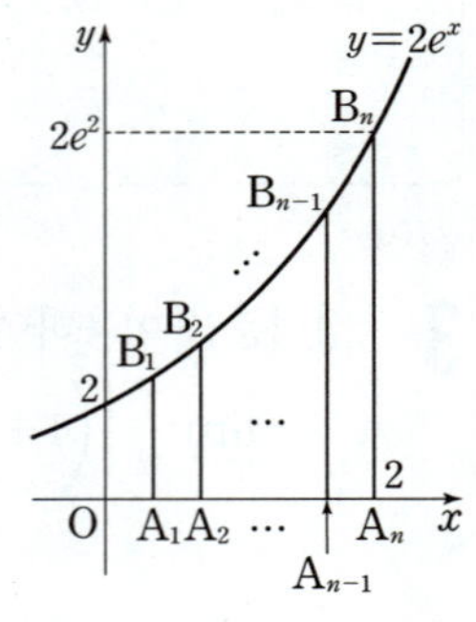

8 _{UP} 오른쪽 그림과 같이 반지름의 길이가 2이고 중심각의 크기가 $\dfrac{\pi}{2}$인 부채꼴 OAB에서 호 AB를 n 등분 한 각 분점을 점 A에 가까운 점부터 차례대로 P_1, P_2, P_3, $\cdots$, P_{n-1}이라 하고, 삼각형 OAP_k $(k=1, 2, 3, \cdots, n-1)$의 넓이를 S_k라 할 때, $\displaystyle\lim_{n\to\infty}\frac{1}{n}\sum_{k=1}^{n-1}S_k$의 값은?

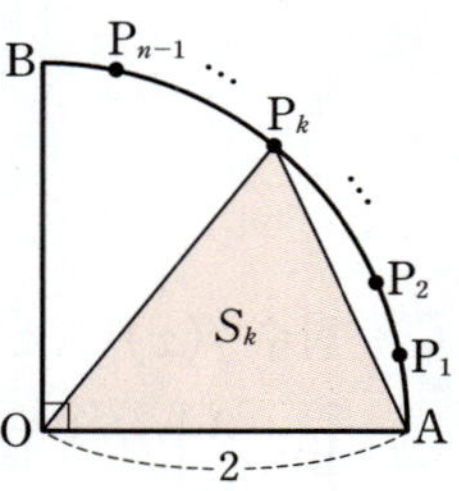

① $\dfrac{2}{\pi}$ ② $\dfrac{3}{\pi}$ ③ $\dfrac{4}{\pi}$

④ $\dfrac{5}{\pi}$ ⑤ $\dfrac{6}{\pi}$

유형 04 | 곡선과 x축 사이의 넓이

함수 $f(x)$가 닫힌구간 $[a, b]$에서 연속일 때, 곡선 $y=f(x)$와 x축 및 두 직선 $x=a$, $x=b$로 둘러싸인 도형의 넓이 S는

$$S=\int_a^b |f(x)|\, dx$$

9 곡선 $y=\dfrac{2x+2}{x^2+2x+2}$와 x축 및 두 직선 $x=0$, $x=2$로 둘러싸인 도형의 넓이를 구하시오.

10 곡선 $y=e^{-x}-1$과 x축 및 두 직선 $x=-1$, $x=1$로 둘러싸인 도형의 넓이를 구하시오.

11 곡선 $y=\sqrt{4-ax}$와 x축 및 y축으로 둘러싸인 도형의 넓이가 $\dfrac{8}{3}$일 때, 양수 a의 값은?

① 1 ② 2 ③ 4
④ 8 ⑤ 12

12 _{UP} 자연수 n에 대하여 곡선 $y=\left(\dfrac{1}{2}\right)^n \sin x$와 x축 및 두 직선 $x=\dfrac{\pi}{3}$, $x=\dfrac{3}{2}\pi$로 둘러싸인 도형의 넓이를 S_n이라 할 때, 급수 $\displaystyle\sum_{n=1}^{\infty}S_n$의 합을 구하시오.

유형 05 곡선과 y축 사이의 넓이

함수 $g(y)$가 닫힌구간 $[c, d]$에서 연속일 때, 곡선 $x=g(y)$와 y축 및 두 직선 $y=c$, $y=d$로 둘러싸인 도형의 넓이 S는

$$S=\int_c^d |g(y)|\, dy$$

13 곡선 $y=\dfrac{2}{2-x}$와 y축 및 직선 $y=e$로 둘러싸인 도형의 넓이는?

① $e-2$ ② $2e-4$ ③ $e-1$

④ $2e-2$ ⑤ $2e$

14 곡선 $|y|=\ln x$와 y축 및 두 직선 $y=-\ln 2$, $y=1$로 둘러싸인 도형의 넓이는?

① $e-2$ ② $e-1$ ③ e

④ $e+1$ ⑤ $e+2$

15 곡선 $y=(x+a)^2\,(x\geq -a)$과 x축, y축 및 직선 $y=1$로 둘러싸인 도형의 넓이가 $\dfrac{7}{3}$일 때, 상수 a의 값은? (단, $a>1$)

① 2 ② $\dfrac{7}{3}$ ③ $\dfrac{8}{3}$

④ 3 ⑤ $\dfrac{10}{3}$

유형 06 두 곡선 사이의 넓이

(1) 두 함수 $f(x)$, $g(x)$가 닫힌구간 $[a, b]$에서 연속일 때, 두 곡선 $y=f(x)$, $y=g(x)$ 및 두 직선 $x=a$, $x=b$로 둘러싸인 도형의 넓이 S는

$$S=\int_a^b |f(x)-g(x)|\, dx$$

(2) 두 함수 $f(y)$, $g(y)$가 닫힌구간 $[c, d]$에서 연속일 때, 두 곡선 $x=f(y)$, $x=g(y)$ 및 두 직선 $y=c$, $y=d$로 둘러싸인 도형의 넓이 S는

$$S=\int_c^d |f(y)-g(y)|\, dy$$

16 두 곡선 $y=\sqrt{x}$, $y=\dfrac{1}{x}$과 직선 $x=4$로 둘러싸인 도형의 넓이를 구하시오.

17 오른쪽 그림과 같이 $0\leq x\leq \dfrac{\pi}{2}$에서 두 곡선 $y=\sqrt{2}\cos x$, $y=\sin 2x$와 y축으로 둘러싸인 도형의 넓이는?

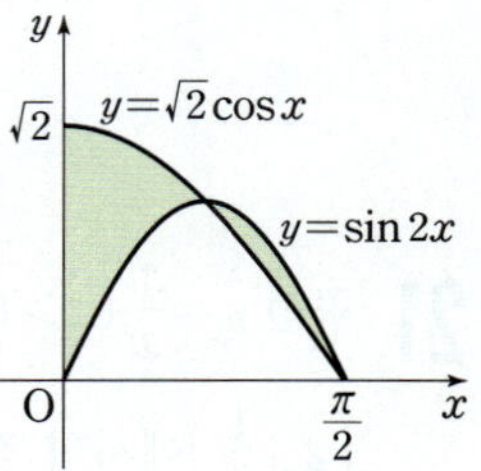

① $2-\sqrt{3}$ ② $2-\sqrt{2}$ ③ $\sqrt{2}$

④ $\sqrt{3}$ ⑤ $1+\sqrt{2}$

18 두 곡선 $y=e^{x-1}-1$, $y=\ln(x-1)$과 x축 및 직선 $y=1$로 둘러싸인 도형의 넓이는?

① $e-3\ln 2$ ② $e-2\ln 2$ ③ $e-\ln 2$

④ $e+\ln 2$ ⑤ $e+2\ln 2$

유형 07 곡선과 접선으로 둘러싸인 도형의 넓이

접선의 방정식을 구한 후 곡선과 접선으로 둘러싸인 도형의 넓이를 구한다.

참고 곡선 $y=f(x)$ 위의 점 $(a, f(a))$에서의 접선의 방정식은
$$y-f(a)=f'(a)(x-a)$$

19 곡선 $y=e^x-1$과 이 곡선에 접하고 기울기가 e인 직선 및 y축으로 둘러싸인 도형의 넓이를 구하시오.

20 곡선 $y=\sqrt{2-x}$와 이 곡선 위의 점 $(1,\ 1)$에서의 접선 및 x축으로 둘러싸인 도형의 넓이를 구하시오.

21 곡선 $y=\dfrac{1}{x}\ (x>0)$과 이 곡선 위의 두 점 $\left(\dfrac{1}{2},\ 2\right)$, $\left(2,\ \dfrac{1}{2}\right)$에서의 접선으로 둘러싸인 도형의 넓이를 구하시오.

22 곡선 $y=\sin x\left(0\leq x<\dfrac{\pi}{2}\right)$와 이 곡선 위의 점 **UP** $(\alpha,\ \sin\alpha)$에서의 접선 및 x축으로 둘러싸인 도형의 넓이가 1일 때, $\cos\alpha$의 값을 구하시오.

유형 08 두 도형의 넓이가 같은 경우

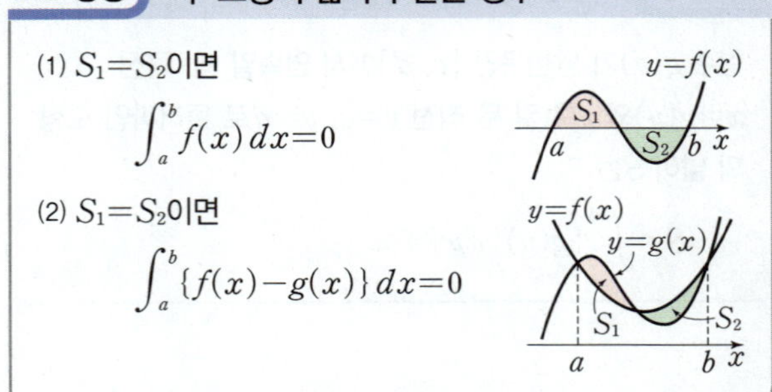

(1) $S_1=S_2$이면
$$\int_a^b f(x)\,dx=0$$

(2) $S_1=S_2$이면
$$\int_a^b \{f(x)-g(x)\}\,dx=0$$

23 오른쪽 그림과 같이 곡선 $y=f(x)$와 x축으로 둘러싸인 두 도형의 넓이가 서로 같을 때, $\displaystyle\int_0^2 f(3x)\,dx$의 값을 구하시오.

24 오른쪽 그림과 같이 곡선 $y=\cos x\left(0\leq x\leq\dfrac{\pi}{2}\right)$와 y축 및 두 직선 $x=\dfrac{\pi}{2}$, $y=k$로 둘러싸인 두 도형의 넓이가 서로 같을 때, 상수 k의 값을 구하시오.
(단, $0<k<1$)

25 오른쪽 그림과 같이 곡선 $y=xe^x$과 y축 및 두 직선 $y=-x+a$, $x=1$로 둘러싸인 두 도형의 넓이가 서로 같을 때, 상수 a의 값을 구하시오. (단, $0<a<e+1$)

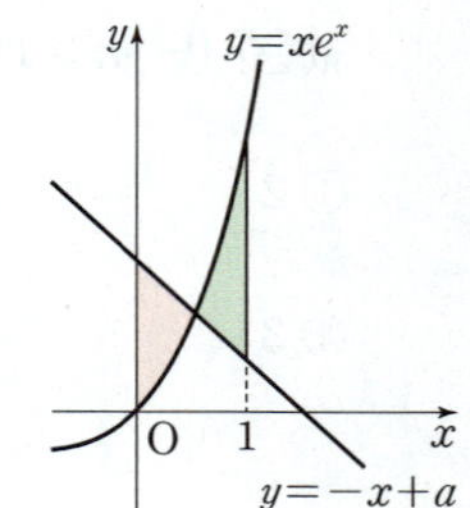

유형 09 도형의 넓이를 이등분하는 경우

곡선 $y=f(x)$와 x축으로 둘러싸인 도형의 넓이 S를 곡선 $y=g(x)$가 이등분하면

$$S=2\int_0^a \{f(x)-g(x)\}\,dx$$

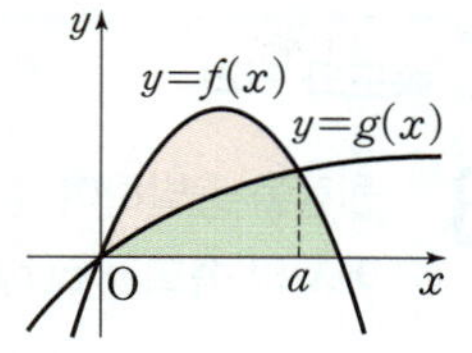

26 곡선 $y=\dfrac{1}{x}$과 x축 및 두 직선 $x=2$, $x=16$으로 둘러싸인 도형의 넓이를 직선 $x=k$가 이등분할 때, 상수 k의 값은? (단, $2<k<16$)

① $2\sqrt{2}$ ② $3\sqrt{2}$ ③ $4\sqrt{2}$
④ $5\sqrt{2}$ ⑤ $6\sqrt{2}$

27 곡선 $y=\ln(x+1)$과 x축 및 직선 $x=e-1$로 둘러싸인 도형의 넓이를 직선 $y=ax$가 이등분할 때, 상수 a의 값을 구하시오. (단, $0<a<1$)

28 곡선 $y=\sqrt{x}$와 직선 $y=\dfrac{1}{2}x$로 둘러싸인 도형의 넓이를 직선 $y=k$가 이등분할 때, 상수 k의 값을 구하시오. (단, $0<k<2$)

유형 10 역함수의 그래프와 넓이

(1) 함수 $y=f(x)$와 그 역함수 $y=g(x)$의 그래프로 둘러싸인 도형의 넓이는 곡선 $y=f(x)$와 직선 $y=x$로 둘러싸인 도형의 넓이의 2배와 같다.

$$\Rightarrow \int_a^b |f(x)-g(x)|\,dx=2\int_a^b |f(x)-x|\,dx$$

(2) 함수 $f(x)$의 역함수 $g(x)$에 대한 정적분의 값을 구할 때에는 두 함수 $y=f(x)$, $y=g(x)$의 그래프가 직선 $y=x$에 대하여 대칭임을 이용한다.

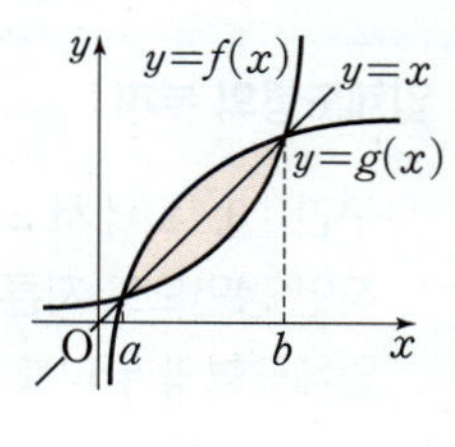

29 오른쪽 그림과 같은 함수 $f(x)=\dfrac{2x}{x^2+1}\ (-1\le x\le 1)$의 그래프와 그 역함수 $y=g(x)$의 그래프로 둘러싸인 도형의 넓이를 구하시오.

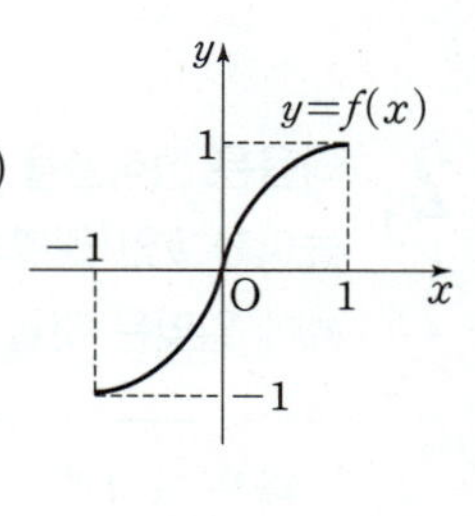

30 함수 $f(x)=\sqrt{6x-8}$의 역함수를 $g(x)$라 할 때, 두 곡선 $y=f(x)$, $y=g(x)$로 둘러싸인 도형의 넓이를 구하시오.

31 함수 $f(x)=e^x+1$의 역함수를 $g(x)$라 할 때, $\displaystyle\int_0^1 f(x)\,dx+\int_2^{e+1} g(x)\,dx$의 값을 구하시오.

기초 문제 Training

입체도형의 부피

개념편 213쪽

1 구간 $[0, 4]$에서 x좌표가 x인 점을 지나고 x축에 수직인 평면으로 자른 단면의 넓이 $S(x)$가 다음과 같은 입체도형의 부피를 구하시오.

(1) $S(x) = 3x^2 + 2$

(2) $S(x) = 2^x$

2 다음은 정적분을 이용하여 밑면의 반지름의 길이가 r, 높이가 h인 원뿔의 부피를 구하는 과정이다. (가), (나), (다)에 알맞은 것을 구하시오.

다음 그림과 같이 원뿔의 꼭짓점을 원점, 꼭짓점에서 밑면에 내린 수선을 x축으로 정하고, x좌표가 x인 점을 지나고 x축에 수직인 평면으로 자른 단면의 넓이를 $S(x)$라 하자.

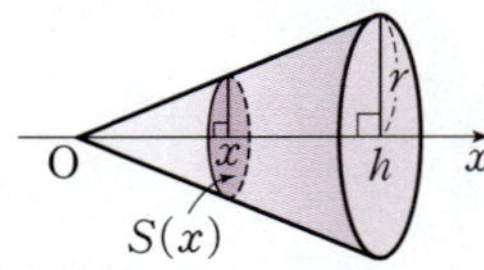

밑면과 단면은 서로 닮음이므로 닮음비는
$$h : x$$
이때 넓이의 비는 닮음비의 제곱의 비와 같으므로
$$\pi r^2 : S(x) = h^2 : \boxed{\text{(가)}}$$
$$\therefore S(x) = \boxed{\text{(나)}}$$
따라서 원뿔의 부피를 V라 하면
$$V = \int_0^{\boxed{\text{(다)}}} S(x)\,dx$$
$$= \int_0^{\boxed{\text{(다)}}} \boxed{\text{(나)}}\,dx$$
$$= \frac{1}{3}\pi r^2 h$$

속도와 거리

개념편 216쪽

3 원점을 출발하여 수직선 위를 움직이는 점 P의 시각 t에서의 속도가 $v(t) = \sqrt{t}$일 때, 다음을 구하시오.

(1) 시각 $t=1$에서의 점 P의 위치

(2) 시각 $t=1$에서 $t=4$까지 점 P가 움직인 거리

4 좌표평면 위를 움직이는 점 P의 시각 t에서의 위치 (x, y)가 다음과 같을 때, 시각 $t=0$에서 $t=3$까지 점 P가 움직인 거리를 구하시오.

(1) $x = t^2 - 1$, $y = 2t^2$

(2) $x = \dfrac{1}{3}t^3 - t$, $y = t^2$

5 $0 \le x \le 3$에서 곡선 $y = \dfrac{2}{3}x\sqrt{x}$의 길이를 구하시오.

핵심 유형 Training

유형 01 입체도형의 부피 – 단면이 밑면과 평행한 경우

밑면으로부터 높이가 x인 지점에서 밑면과 평행하게 자른 단면의 넓이가 $S(x)$인 입체도형의 높이가 a일 때의 부피 V는

$$V = \int_0^a S(x)\,dx$$

유형 02 입체도형의 부피 – 단면이 밑면과 수직인 경우

밑면의 둘레를 나타내는 도형의 방정식이 주어진 입체도형의 부피를 구할 때에는 입체도형을 밑면에 수직인 평면으로 자른 단면의 넓이를 식으로 나타낸 다음 정적분을 이용한다.

1 어떤 그릇에 채워진 물의 높이가 x cm일 때의 수면의 넓이는 $\dfrac{(x+1)^2}{x^2+1}$ cm²이다. 물의 높이가 2 cm일 때, 이 그릇에 담긴 물의 부피를 구하시오.

2 높이가 5인 입체도형을 밑면으로부터 높이가 x인 지점에서 밑면과 평행한 평면으로 자른 단면은 한 변의 길이가 $\sqrt{\ln(x+1)}$인 정사각형이다. 이 입체도형의 부피는?

① $6\ln 6 - 6$ ② $6\ln 6 - 5$ ③ $6\ln 6 - 4$
④ $6\ln 6 - 3$ ⑤ $6\ln 6 - 2$

3 높이가 6 cm인 그릇에 채워진 물의 높이가 x cm일 때의 수면은 한 변의 길이가 $\sqrt{x^2+2}$ cm인 정삼각형이다. 이 그릇에 매초 $\sqrt{3}$ cm³의 비율로 물을 채울 때, 몇 초 후에 물이 가득 차는지 구하시오.

4 좌표평면 위의 두 점 $\mathrm{P}(x,\,0)$, $\mathrm{Q}(x,\,\sqrt{4x-x^2})$을 이은 선분을 한 변으로 하는 정사각형을 x축에 수직인 평면 위에 $x=1$에서 $x=3$까지 그릴 때 생기는 입체도형의 부피를 구하시오.

5 곡선 $y=x^2$ 위의 점 P에서 x축에 내린 수선의 발을 H라 하고, 선분 PH를 한 변으로 하는 정사각형을 x축에 수직인 평면 위에 그린다. 점 P가 점 $(1,\,1)$에서 점 $(2,\,4)$까지 움직일 때, 이 정사각형이 만드는 입체도형의 부피를 구하시오.

6 오른쪽 그림과 같이 곡선 $y=\sqrt{x\cos x}\left(0\le x\le\dfrac{\pi}{2}\right)$와 x축으로 둘러싸인 도형을 밑면으로 하는 입체도형을 x축에 수직인 평면으로 자른 단면이 모두 정삼각형일 때, 이 입체도형의 부피를 구하시오.

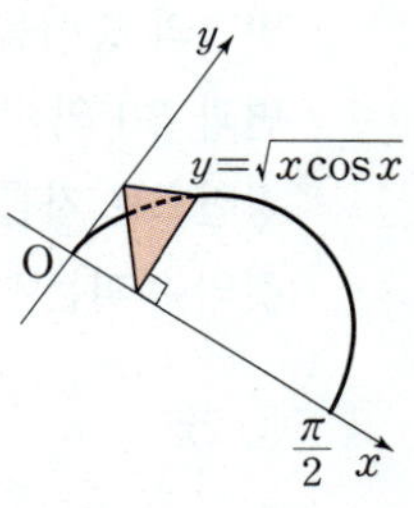

7 오른쪽 그림과 같이 곡선 $y=\sqrt{x}+2$와 x축, y축 및 직선 $x=4$로 둘러싸인 도형을 밑면으로 하는 입체도형을 x축에 수직인 평면으로 자른 단면이 모두 정사각형일 때, 이 입체도형의 부피를 구하시오.

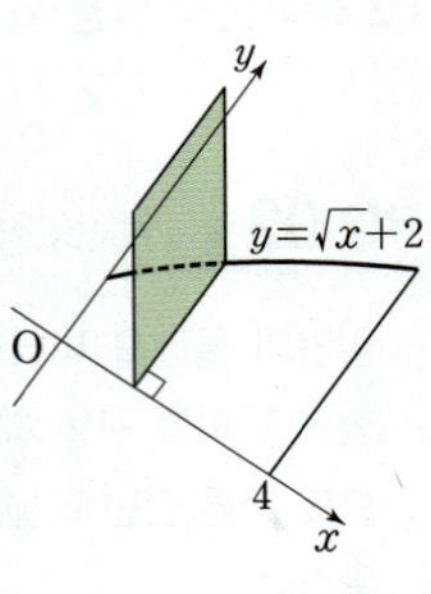

8 오른쪽 그림과 같이 곡선 $y=\sqrt{2e^x+2}$와 x축, y축 및 직선 $x=\ln 2$로 둘러싸인 도형을 밑면으로 하는 입체도형을 x축에 수직인 평면으로 자른 단면이 모두 반원일 때, 이 입체도형의 부피를 구하시오.

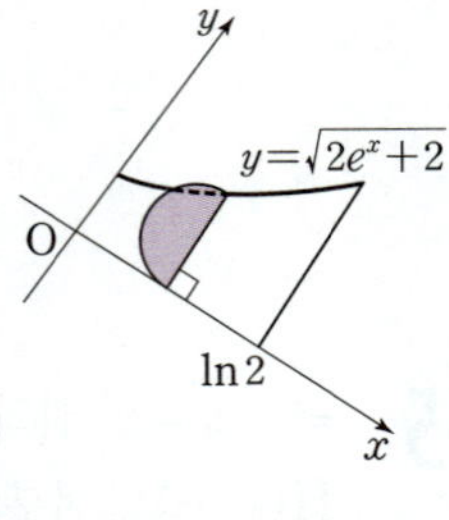

9 ^{UP} 오른쪽 그림과 같이 반지름의 길이가 3인 반구를 밑면의 중심을 지나고 밑면과 $30°$의 각을 이루는 평면으로 자를 때 생기는 두 입체도형 중에서 작은 것의 부피는?

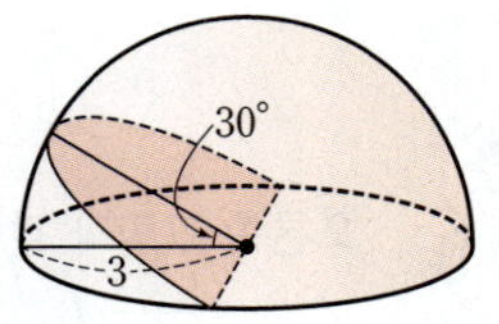

① 2π ② $\dfrac{7}{3}\pi$ ③ $\dfrac{8}{3}\pi$

④ 3π ⑤ $\dfrac{10}{3}\pi$

수직선 위를 움직이는 점 P의 시각 t에서의 속도가 $v(t)$이고 시각 $t=a$에서의 점 P의 위치가 x_0일 때

(1) 시각 t에서의 점 P의 위치 ➡ $x_0+\displaystyle\int_a^t v(t)\,dt$

(2) 시각 $t=a$에서 $t=b$까지 점 P의 위치의 변화량

➡ $\displaystyle\int_a^b v(t)\,dt$

(3) 시각 $t=a$에서 $t=b$까지 점 P가 움직인 거리

➡ $\displaystyle\int_a^b |v(t)|\,dt$

10 원점을 출발하여 수직선 위를 움직이는 점 P의 시각 t에서의 속도가 $v(t)=(t-1)e^t$이다. 시각 $t=0$에서 $t=a$까지 점 P의 위치의 변화량이 2일 때, 양수 a의 값을 구하시오.

11 원점을 출발하여 수직선 위를 움직이는 점 P의 시각 t에서의 속도가 $v(t)=8-t\sqrt{t}$일 때, 점 P가 출발 후 운동 방향을 바꿀 때까지 움직인 거리는?

① $\dfrac{32}{5}$ ② $\dfrac{48}{5}$ ③ $\dfrac{64}{5}$

④ 16 ⑤ $\dfrac{96}{5}$

12 원점을 출발하여 수직선 위를 움직이는 두 점 P, Q의 시각 t에서의 속도가 각각 $v_P(t)=2\cos 2t$, $v_Q(t)=\cos t$일 때, 두 점 P, Q가 출발 후 처음으로 다시 만나는 시각을 구하시오.

유형 04 평면 위의 점이 움직인 거리

좌표평면 위를 움직이는 점 P의 시각 t에서의 위치 (x, y)가 $x=f(t)$, $y=g(t)$일 때, 시각 $t=a$에서 $t=b$까지 점 P가 움직인 거리 s는

$$s=\int_a^b \sqrt{\left(\frac{dx}{dt}\right)^2+\left(\frac{dy}{dt}\right)^2}\,dt$$
$$=\int_a^b \sqrt{\{f'(t)\}^2+\{g'(t)\}^2}\,dt$$

13 좌표평면 위를 움직이는 점 P의 시각 t에서의 위치 (x, y)가 $x=e^t+e^{-t}$, $y=2t$일 때, 시각 $t=0$에서 $t=3$까지 점 P가 움직인 거리를 구하시오.

14 좌표평면 위를 움직이는 점 P의 시각 t에서의 위치 (x, y)가 $x=\sin^2 t$, $y=\cos^2 t$이다. 시각 $t=0$에서 $t=a$까지 점 P가 움직인 거리가 $\sqrt{2}$일 때, 상수 a의 값을 구하시오. $\left(단, 0<a\le\dfrac{\pi}{2}\right)$

15 좌표평면 위를 움직이는 점 P의 시각 t에서의 위치 (x, y)가 $x=\cos(t^2-2t)$, $y=\sin(t^2-2t)$일 때, 점 P가 출발 후 속력이 0이 될 때까지 움직인 거리를 구하시오.

16 좌표평면 위를 움직이는 점 P의 시각 $t\,(t>0)$에서의 위치 (x, y)가 $x=\dfrac{1}{2}t^2-\ln 2t$, $y=-2t$이다. 점 P의 속력이 최소가 되는 시각부터 2초 동안 점 P가 움직인 거리를 구하시오.

유형 05 곡선의 길이

(1) 곡선 $x=f(t)$, $y=g(t)$ $(a\le t\le b)$의 겹치는 부분이 없을 때, 곡선의 길이 l은

$$l=\int_a^b \sqrt{\left(\frac{dx}{dt}\right)^2+\left(\frac{dy}{dt}\right)^2}\,dt$$
$$=\int_a^b \sqrt{\{f'(t)\}^2+\{g'(t)\}^2}\,dt$$

(2) 곡선 $y=f(x)$ $(a\le x\le b)$의 길이 l은

$$l=\int_a^b \sqrt{1+\left(\frac{dy}{dx}\right)^2}\,dx$$
$$=\int_a^b \sqrt{1+\{f'(x)\}^2}\,dx$$

17 $1\le x\le 2$에서 곡선 $y=\dfrac{1}{12}x^3+\dfrac{1}{x}$의 길이는?

① $\dfrac{5}{6}$ ② $\dfrac{11}{12}$ ③ 1

④ $\dfrac{13}{12}$ ⑤ $\dfrac{7}{6}$

18 $0\le x\le a$에서 곡선 $y=\dfrac{2}{3}(x^2+1)\sqrt{x^2+1}$의 길이가 21일 때, 양수 a의 값을 구하시오.

19 $0\le t\le\pi$에서 곡선 $x=\cos t+\cos^2 t$, $y=\sin t+\sin t\cos t$의 길이는?

① 2 ② 3 ③ 4

④ 5 ⑤ 6

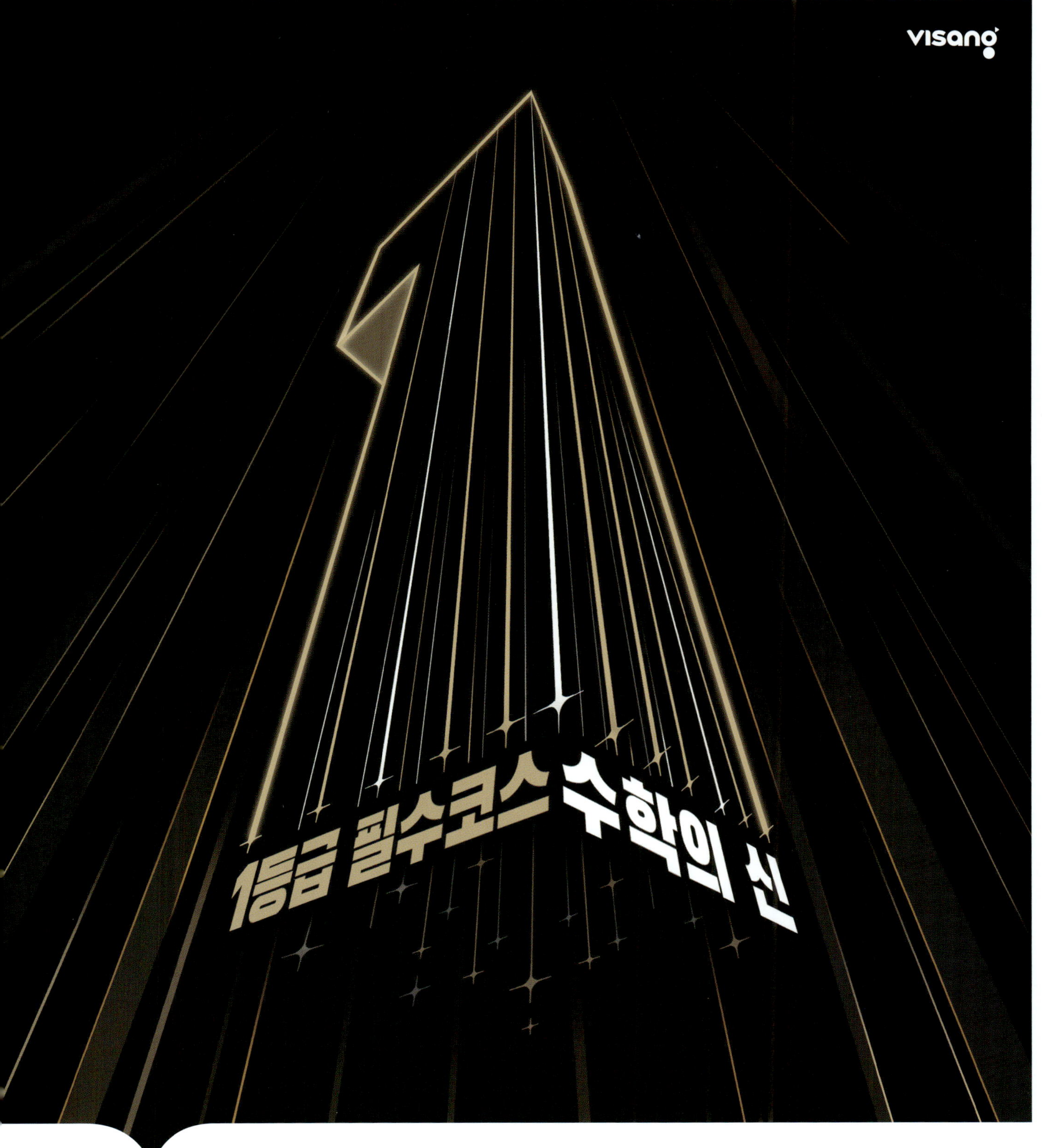

수학의 신

최상위권을 위한 수학 심화 학습서

- 모든 고난도 문제를 한 권에 담아 공부 효율 강화
- 내신 출제 비중이 높아진 수능형 문제와 변형 문제 수록
- 까다롭고 어려워진 내신 변별력 문제 대비를 위해 양질의 심화 문제 엄선

[2015개정 교육과정] 수학Ⅰ / 수학Ⅱ / 확률과 통계 / 미적분
[2022개정 교육과정] 공통수학1 / 공통수학2 / 대수 / 미적분Ⅰ / 확률과 통계

*2022개정 교육과정 교재는 2025년부터 순차 출간 예정

개념+유형

미적분

정답과 해설

15개정 교육과정

visang

미적분

정답과 해설

개념편

정답과 해설

---

1 수열의 수렴과 발산

문제 10쪽

01-1 冒 (1) 발산 (2) 수렴, 0 (3) 발산
　　　 (4) 발산 (5) 수렴, 1 (6) 수렴, 2

주어진 수열의 일반항을 a_n이라 하고 $n=1,\ 2,\ 3,\ \cdots$을 차례대로 대입하여 a_n의 값의 변화를 그래프로 나타낸 후 수열의 수렴, 발산을 판정한다.

(1) 오른쪽 그림과 같이 n의 값이 한없이 커질 때 a_n의 값은 음수이면서 그 절댓값이 한없이 커지므로 주어진 수열은 음의 무한대로 발산한다.

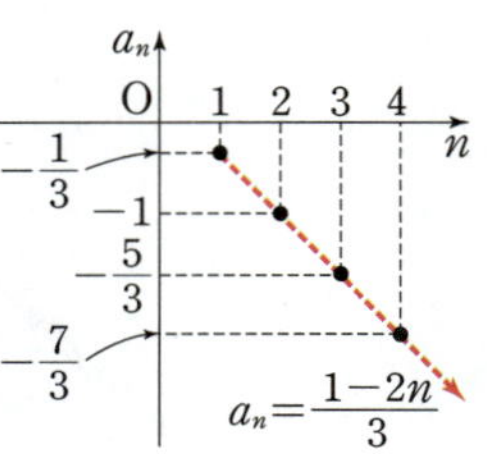

(2) 오른쪽 그림과 같이 n의 값이 한없이 커질 때 a_n의 값은 0에 한없이 가까워지므로 주어진 수열은 수렴하고, 극한값은 0이다.

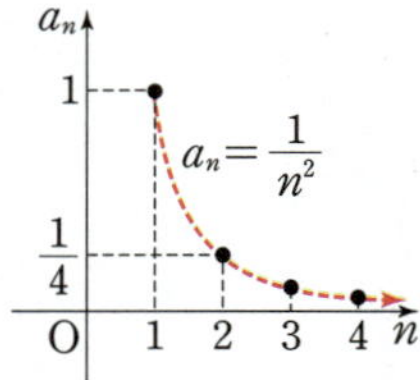

(3) 오른쪽 그림과 같이 n의 값이 한없이 커질 때 a_n의 값도 한없이 커지므로 주어진 수열은 양의 무한대로 발산한다.

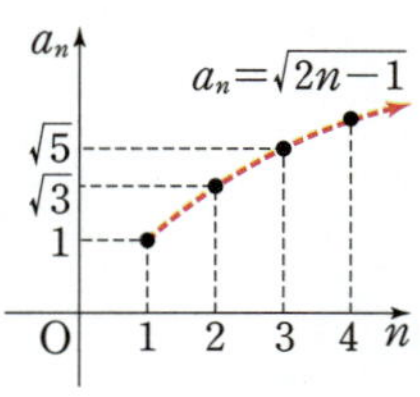

(4) 오른쪽 그림과 같이 n의 값이 한없이 커질 때 a_n의 값은 어느 한 값에 수렴하지도 않고 양의 무한대나 음의 무한대로 발산하지도 않으므로 주어진 수열은 발산(진동)한다.

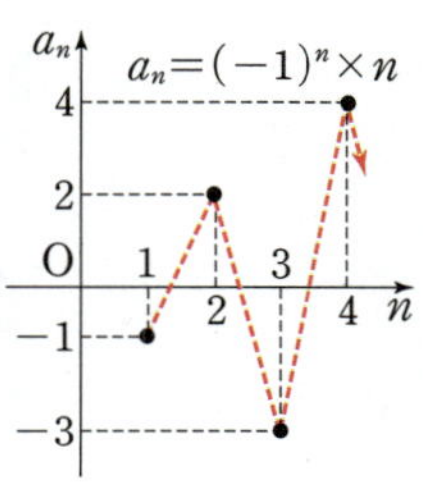

(5) 오른쪽 그림과 같이 n의 값이 한없이 커질 때 a_n의 값은 1에 한없이 가까워지므로 주어진 수열은 수렴하고, 극한값은 1이다.

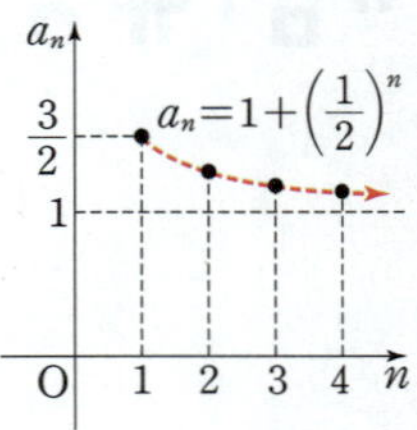

(6) 오른쪽 그림과 같이 n의 값이 한없이 커질 때 a_n의 값은 2에 한없이 가까워지므로 주어진 수열은 수렴하고, 극한값은 2이다.

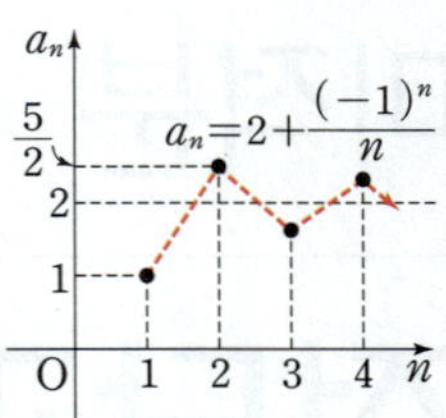

2 수열의 극한값의 계산

개념 CHECK 12쪽

1 冒 (1) 6 (2) -1 (3) -30 (4) -1

(1) $\displaystyle\lim_{n\to\infty}(-a_n+3)=-\lim_{n\to\infty}a_n+\lim_{n\to\infty}3$
$$=-(-3)+3=6$$

(2) $\displaystyle\lim_{n\to\infty}(3a_n+4b_n)=3\lim_{n\to\infty}a_n+4\lim_{n\to\infty}b_n$
$$=3\times(-3)+4\times2=-1$$

(3) $\displaystyle\lim_{n\to\infty}5a_nb_n=5\lim_{n\to\infty}a_n\times\lim_{n\to\infty}b_n$
$$=5\times(-3)\times2=-30$$

(4) $\displaystyle\lim_{n\to\infty}\frac{2a_n}{3b_n}=\frac{2\lim_{n\to\infty}a_n}{3\lim_{n\to\infty}b_n}=\frac{2\times(-3)}{3\times2}=-1$

2 冒 (1) 2 (2) 1 (3) -3 (4) $\dfrac{1}{2}$

(1) $\displaystyle\lim_{n\to\infty}\left(2+\frac{3}{n}\right)=\lim_{n\to\infty}2+3\lim_{n\to\infty}\frac{1}{n}=2+0=2$

(2) $\displaystyle\lim_{n\to\infty}\left(1-\frac{1}{n}-\frac{2}{n^2}\right)$
$$=\lim_{n\to\infty}1-\lim_{n\to\infty}\frac{1}{n}-2\lim_{n\to\infty}\frac{1}{n}\times\lim_{n\to\infty}\frac{1}{n}$$
$$=1-0-0=1$$

(3) $\displaystyle\lim_{n\to\infty}\left(\frac{2}{n}-3\right)\left(1+\frac{1}{n^2}\right)$
$$=\left(2\lim_{n\to\infty}\frac{1}{n}-\lim_{n\to\infty}3\right)\left(\lim_{n\to\infty}1+\lim_{n\to\infty}\frac{1}{n}\times\lim_{n\to\infty}\frac{1}{n}\right)$$
$$=(0-3)(1+0)=-3$$

(4) $\displaystyle\lim_{n\to\infty}\frac{1-\dfrac{1}{n}}{2+\dfrac{1}{n}}=\frac{\lim_{n\to\infty}1-\lim_{n\to\infty}\dfrac{1}{n}}{\lim_{n\to\infty}2+\lim_{n\to\infty}\dfrac{1}{n}}=\frac{1-0}{2+0}=\frac{1}{2}$

02-1 답 2

수열 $\{a_n\}$이 수렴하므로 $\lim\limits_{n\to\infty}(a_n-4)=2$에서

$\lim\limits_{n\to\infty}a_n-\lim\limits_{n\to\infty}4=2$

$\therefore \lim\limits_{n\to\infty}a_n=6$

수열 $\{b_n\}$이 수렴하므로 $\lim\limits_{n\to\infty}(b_n+3)=5$에서

$\lim\limits_{n\to\infty}b_n+\lim\limits_{n\to\infty}3=5$

$\therefore \lim\limits_{n\to\infty}b_n=2$

$$\therefore \lim_{n\to\infty}\frac{a_n-b_n}{2a_n-5b_n}=\frac{\lim\limits_{n\to\infty}a_n-\lim\limits_{n\to\infty}b_n}{2\lim\limits_{n\to\infty}a_n-5\lim\limits_{n\to\infty}b_n}$$

$$=\frac{6-2}{2\times6-5\times2}=2$$

02-2 답 -6

두 수열 $\{a_n\}$, $\{b_n\}$이 수렴하므로

$\lim\limits_{n\to\infty}a_n=\alpha$, $\lim\limits_{n\to\infty}b_n=\beta$ (α, β는 실수)라 하면

$\lim\limits_{n\to\infty}(a_n+2b_n)=4$에서

$\lim\limits_{n\to\infty}a_n+2\lim\limits_{n\to\infty}b_n=4$

$\therefore \alpha+2\beta=4$ ····· ㉠

$\lim\limits_{n\to\infty}(2a_n-5b_n)=17$에서

$2\lim\limits_{n\to\infty}a_n-5\lim\limits_{n\to\infty}b_n=17$

$\therefore 2\alpha-5\beta=17$ ····· ㉡

㉠, ㉡을 연립하여 풀면 $\alpha=6$, $\beta=-1$

$\therefore \lim\limits_{n\to\infty}\dfrac{a_n}{b_n}=\dfrac{\lim\limits_{n\to\infty}a_n}{\lim\limits_{n\to\infty}b_n}=\dfrac{\alpha}{\beta}=\dfrac{6}{-1}=-6$

02-3 답 3

두 수열 $\{a_n\}$, $\{b_n\}$이 수렴하므로

$\lim\limits_{n\to\infty}a_n=\alpha$, $\lim\limits_{n\to\infty}b_n=\beta$ (α, β는 실수)라 하면

$\lim\limits_{n\to\infty}(a_n+b_n)=4$에서

$\lim\limits_{n\to\infty}a_n+\lim\limits_{n\to\infty}b_n=4$

$\therefore \alpha+\beta=4$

$\lim\limits_{n\to\infty}(a_n{}^2+b_n{}^2)=10$에서

$\lim\limits_{n\to\infty}a_n{}^2+\lim\limits_{n\to\infty}b_n{}^2=10$

$\therefore \alpha^2+\beta^2=10$

$(\alpha+\beta)^2=\alpha^2+\beta^2+2\alpha\beta$이므로

$16=10+2\alpha\beta$

$\therefore \alpha\beta=3$

$\therefore \lim\limits_{n\to\infty}a_nb_n=\lim\limits_{n\to\infty}a_n\times\lim\limits_{n\to\infty}b_n=\alpha\beta=3$

다른 풀이

두 수열 $\{a_n+b_n\}$, $\{a_n{}^2+b_n{}^2\}$이 수렴하므로

$$\lim_{n\to\infty}a_nb_n=\lim_{n\to\infty}\frac{1}{2}\{(a_n+b_n)^2-(a_n{}^2+b_n{}^2)\}$$

$$=\frac{1}{2}\{\lim_{n\to\infty}(a_n+b_n)^2-\lim_{n\to\infty}(a_n{}^2+b_n{}^2)\}$$

$$=\frac{1}{2}(16-10)=3$$

03-1 답 (1) ∞ (2) $\dfrac{3}{2}$ (3) **0** (4) $\dfrac{1}{2}$

(1) 분모, 분자를 분모의 최고차항인 n^2으로 각각 나누면

$$\lim_{n\to\infty}\frac{2n^3+n}{3n^2-3n+1}=\lim_{n\to\infty}\frac{2n+\dfrac{1}{n}}{3-\dfrac{3}{n}+\dfrac{1}{n^2}}=\infty$$

(2) 식을 전개한 후 분모, 분자를 분모의 최고차항인 n^2으로 각각 나누면

$$\lim_{n\to\infty}\frac{(n+2)(3n-5)}{(2n+1)(n+3)}=\lim_{n\to\infty}\frac{3n^2+n-10}{2n^2+7n+3}$$

$$=\lim_{n\to\infty}\frac{3+\dfrac{1}{n}-\dfrac{10}{n^2}}{2+\dfrac{7}{n}+\dfrac{3}{n^2}}$$

$$=\frac{3}{2}$$

(3) 분모, 분자를 분모의 최고차항인 n으로 각각 나누면

$$\lim_{n\to\infty}\frac{\sqrt{n}}{2n+1}=\lim_{n\to\infty}\frac{\sqrt{\dfrac{1}{n}}}{2+\dfrac{1}{n}}=0$$

(4) 분모, 분자를 분모의 최고차항인 $\sqrt{n}$으로 각각 나누면

$$\lim_{n\to\infty}\frac{\sqrt{n}}{\sqrt{n+1}+\sqrt{n-1}}=\lim_{n\to\infty}\frac{1}{\sqrt{1+\dfrac{1}{n}}+\sqrt{1-\dfrac{1}{n}}}$$

$$=\frac{1}{2}$$

03-2 답 1

분모, 분자를 분모의 최고차항인 n으로 각각 나누면

$$\lim_{n\to\infty}\frac{an+b+\dfrac{1}{n}}{1+\dfrac{1}{n}}=1 \quad ····· ㉠$$

이때 $a\neq0$이면 극한값이 존재하지 않으므로

$a=0$

이를 ㉠에 대입하면

$$\lim_{n\to\infty}\frac{b+\dfrac{1}{n}}{1+\dfrac{1}{n}}=1 \quad \therefore b=1$$

$\therefore a+b=0+1=1$

04-**1** 탑 (1) $\dfrac{1}{4}$　(2) $\dfrac{1}{2}$

(1) $\displaystyle\lim_{n\to\infty}\dfrac{1+2+3+\cdots+n}{2n^2}=\lim_{n\to\infty}\dfrac{\dfrac{n(n+1)}{2}}{2n^2}$

$\qquad\qquad=\displaystyle\lim_{n\to\infty}\dfrac{n^2+n}{4n^2}$

$\qquad\qquad=\displaystyle\lim_{n\to\infty}\dfrac{1+\dfrac{1}{n}}{4}=\dfrac{1}{4}$

(2) $\displaystyle\lim_{n\to\infty}\left(1-\dfrac{1}{2^2}\right)\left(1-\dfrac{1}{3^2}\right)\left(1-\dfrac{1}{4^2}\right)\cdots\left(1-\dfrac{1}{n^2}\right)$

$\quad=\displaystyle\lim_{n\to\infty}\left(\dfrac{2^2-1}{2^2}\times\dfrac{3^2-1}{3^2}\times\dfrac{4^2-1}{4^2}\times\cdots\times\dfrac{n^2-1}{n^2}\right)$

$\quad=\displaystyle\lim_{n\to\infty}\left\{\dfrac{(2-1)(2+1)}{2^2}\times\dfrac{(3-1)(3+1)}{3^2}\right.$

$\qquad\qquad\left.\times\dfrac{(4-1)(4+1)}{4^2}\times\cdots\times\dfrac{(n-1)(n+1)}{n^2}\right\}$

$\quad=\displaystyle\lim_{n\to\infty}\left\{\dfrac{1\times3}{2\times2}\times\dfrac{2\times4}{3\times3}\times\dfrac{3\times5}{4\times4}\right.$

$\qquad\qquad\left.\times\cdots\times\dfrac{(n-1)(n+1)}{n\times n}\right\}$

$\quad=\displaystyle\lim_{n\to\infty}\dfrac{n+1}{2n}=\lim_{n\to\infty}\dfrac{1+\dfrac{1}{n}}{2}=\dfrac{1}{2}$

04-**2** 탑 $\dfrac{1}{4}$

첫째항이 3이고 공차가 2인 등차수열 $\{a_n\}$의 일반항 a_n은
$$a_n=3+(n-1)\times2=2n+1$$
등차수열 $\{a_n\}$의 첫째항부터 제n항까지의 합 S_n은
$$S_n=\sum_{k=1}^{n}(2k+1)=2\times\dfrac{n(n+1)}{2}+n=n^2+2n$$

$\therefore\displaystyle\lim_{n\to\infty}\dfrac{S_n}{a_na_{n+1}}=\lim_{n\to\infty}\dfrac{n^2+2n}{(2n+1)\{2(n+1)+1\}}$

$\qquad\qquad=\displaystyle\lim_{n\to\infty}\dfrac{n^2+2n}{4n^2+8n+3}$

$\qquad\qquad=\displaystyle\lim_{n\to\infty}\dfrac{1+\dfrac{2}{n}}{4+\dfrac{8}{n}+\dfrac{3}{n^2}}=\dfrac{1}{4}$

05-**1** 탑 (1) $\dfrac{5}{2}$　(2) $\dfrac{1}{2}$

(1) 분모를 1로 보고 분자를 유리화하면

$\displaystyle\lim_{n\to\infty}(\sqrt{n^2+5n}-\sqrt{n^2+1})$

$=\displaystyle\lim_{n\to\infty}\dfrac{(\sqrt{n^2+5n}-\sqrt{n^2+1})(\sqrt{n^2+5n}+\sqrt{n^2+1})}{\sqrt{n^2+5n}+\sqrt{n^2+1}}$

$=\displaystyle\lim_{n\to\infty}\dfrac{5n-1}{\sqrt{n^2+5n}+\sqrt{n^2+1}}$

$=\displaystyle\lim_{n\to\infty}\dfrac{5-\dfrac{1}{n}}{\sqrt{1+\dfrac{5}{n}}+\sqrt{1+\dfrac{1}{n^2}}}=\dfrac{5}{2}$

(2) 분모를 유리화하면

$\displaystyle\lim_{n\to\infty}\dfrac{1}{\sqrt{n^2+4n+2}-n}$

$=\displaystyle\lim_{n\to\infty}\dfrac{\sqrt{n^2+4n+2}+n}{(\sqrt{n^2+4n+2}-n)(\sqrt{n^2+4n+2}+n)}$

$=\displaystyle\lim_{n\to\infty}\dfrac{\sqrt{n^2+4n+2}+n}{4n+2}$

$=\displaystyle\lim_{n\to\infty}\dfrac{\sqrt{1+\dfrac{4}{n}+\dfrac{2}{n^2}}+1}{4+\dfrac{2}{n}}=\dfrac{1}{2}$

05-**2** 탑 4

주어진 식의 좌변의 분모를 1로 보고 분자를 유리화하면
$\displaystyle\lim_{n\to\infty}(\sqrt{n^2+an}-\sqrt{n^2+3})$

$=\displaystyle\lim_{n\to\infty}\dfrac{(\sqrt{n^2+an}-\sqrt{n^2+3})(\sqrt{n^2+an}+\sqrt{n^2+3})}{\sqrt{n^2+an}+\sqrt{n^2+3}}$

$=\displaystyle\lim_{n\to\infty}\dfrac{an-3}{\sqrt{n^2+an}+\sqrt{n^2+3}}$

$=\displaystyle\lim_{n\to\infty}\dfrac{a-\dfrac{3}{n}}{\sqrt{1+\dfrac{a}{n}}+\sqrt{1+\dfrac{3}{n^2}}}=\dfrac{a}{2}$

따라서 $\dfrac{a}{2}=2$이므로
$$a=4$$

06-**1** 탑 $\dfrac{2}{5}$

$6+8+10+\cdots+(2n+4)=\displaystyle\sum_{k=1}^{n}(2k+4)$

$\qquad\qquad\qquad=2\times\dfrac{n(n+1)}{2}+4n$

$\qquad\qquad\qquad=n^2+5n$

$1+3+5+\cdots+(2n-1)=\displaystyle\sum_{k=1}^{n}(2k-1)$

$\qquad\qquad\qquad=2\times\dfrac{n(n+1)}{2}-n=n^2$

이를 주어진 극한에 대입하면

$\displaystyle\lim_{n\to\infty}\dfrac{1}{\sqrt{6+8+10+\cdots+(2n+4)}-\sqrt{1+3+5+\cdots+(2n-1)}}$

$=\displaystyle\lim_{n\to\infty}\dfrac{1}{\sqrt{n^2+5n}-\sqrt{n^2}}$

$=\displaystyle\lim_{n\to\infty}\dfrac{1}{\sqrt{n^2+5n}-n}$

$=\displaystyle\lim_{n\to\infty}\dfrac{\sqrt{n^2+5n}+n}{(\sqrt{n^2+5n}-n)(\sqrt{n^2+5n}+n)}$

$=\displaystyle\lim_{n\to\infty}\dfrac{\sqrt{n^2+5n}+n}{5n}$

$=\displaystyle\lim_{n\to\infty}\dfrac{\sqrt{1+\dfrac{5}{n}}+1}{5}=\dfrac{2}{5}$

06-2 답 $\dfrac{1}{2}$

주어진 수열은

$$\sqrt{1\times2}-1,\ \sqrt{2\times3}-2,\ \sqrt{3\times4}-3,\ \sqrt{4\times5}-4,\ \cdots$$

이므로 일반항을 a_n이라 하면

$$a_n=\sqrt{n(n+1)}-n=\sqrt{n^2+n}-n$$

$$\therefore\ \lim_{n\to\infty}a_n=\lim_{n\to\infty}(\sqrt{n^2+n}-n)$$

$$=\lim_{n\to\infty}\frac{(\sqrt{n^2+n}-n)(\sqrt{n^2+n}+n)}{\sqrt{n^2+n}+n}$$

$$=\lim_{n\to\infty}\frac{n}{\sqrt{n^2+n}+n}$$

$$=\lim_{n\to\infty}\frac{1}{\sqrt{1+\dfrac{1}{n}}+1}=\frac{1}{2}$$

06-3 답 -2

이차방정식 $x^2-x+n-\sqrt{n^2+n}=0$의 두 근이 $a_n,\ b_n$이
므로 근과 계수의 관계에 의하여

$$a_n+b_n=1,\ a_nb_n=n-\sqrt{n^2+n}$$

$$\therefore\ \lim_{n\to\infty}\left(\frac{1}{a_n}+\frac{1}{b_n}\right)=\lim_{n\to\infty}\frac{a_n+b_n}{a_nb_n}$$

$$=\lim_{n\to\infty}\frac{1}{n-\sqrt{n^2+n}}$$

$$=\lim_{n\to\infty}\frac{n+\sqrt{n^2+n}}{(n-\sqrt{n^2+n})(n+\sqrt{n^2+n})}$$

$$=\lim_{n\to\infty}\frac{n+\sqrt{n^2+n}}{-n}$$

$$=\lim_{n\to\infty}\frac{1+\sqrt{1+\dfrac{1}{n}}}{-1}=-2$$

07-1 답 (1) 3 (2) 1 (3) -4

(1) $\dfrac{3a_n-2}{2a_n+1}=b_n$으로 놓으면

$$3a_n-2=b_n(2a_n+1),\ a_n(3-2b_n)=b_n+2$$

$$\therefore\ a_n=\frac{b_n+2}{3-2b_n}$$

$\lim\limits_{n\to\infty}b_n=1$이므로

$$\lim_{n\to\infty}a_n=\lim_{n\to\infty}\frac{b_n+2}{3-2b_n}=\frac{1+2}{3-2\times1}=3$$

(2) $(2n^2+n+1)a_n=b_n$으로 놓으면

$$a_n=\frac{b_n}{2n^2+n+1}$$

$\lim\limits_{n\to\infty}b_n=2$이므로

$$\lim_{n\to\infty}n^2a_n=\lim_{n\to\infty}\left(n^2\times\frac{b_n}{2n^2+n+1}\right)$$

$$=\lim_{n\to\infty}\frac{n^2}{2n^2+n+1}\times\lim_{n\to\infty}b_n$$

$$=\frac{1}{2}\times2=1$$

(3) $2a_n-b_n=c_n$으로 놓으면

$$b_n=2a_n-c_n\qquad\cdots\cdots\ \text{㉠}$$

$\lim\limits_{n\to\infty}a_n=\infty,\ \lim\limits_{n\to\infty}c_n=-1$이므로

$$\lim_{n\to\infty}\frac{1}{a_n}=0,\ \lim_{n\to\infty}\frac{c_n}{a_n}=0$$

㉠을 구하는 극한에 대입하면

$$\lim_{n\to\infty}\frac{2a_n+b_n-1}{3a_n-2b_n}=\lim_{n\to\infty}\frac{2a_n+(2a_n-c_n)-1}{3a_n-2(2a_n-c_n)}$$

$$=\lim_{n\to\infty}\frac{4a_n-c_n-1}{-a_n+2c_n}$$

$$=\lim_{n\to\infty}\frac{4-\dfrac{c_n}{a_n}-\dfrac{1}{a_n}}{-1+\dfrac{2c_n}{a_n}}=-4$$

다른 풀이

(2) 수렴하는 수열의 곱으로 식을 변형하면

$$\lim_{n\to\infty}n^2a_n=\lim_{n\to\infty}\left\{\frac{n^2}{2n^2+n+1}\times(2n^2+n+1)a_n\right\}$$

$$=\lim_{n\to\infty}\frac{n^2}{2n^2+n+1}\times\lim_{n\to\infty}(2n^2+n+1)a_n$$

$$=\frac{1}{2}\times2=1$$

08-1 답 5

$5n^2+2n-3<a_n<5n^2+3n+1$의 각 변을 $(n+1)^2$으로
나누면

$$\frac{5n^2+2n-3}{(n+1)^2}<\frac{a_n}{(n+1)^2}<\frac{5n^2+3n+1}{(n+1)^2}$$

$$\therefore\ \frac{5n^2+2n-3}{n^2+2n+1}<\frac{a_n}{(n+1)^2}<\frac{5n^2+3n+1}{n^2+2n+1}$$

이때 $\lim\limits_{n\to\infty}\dfrac{5n^2+2n-3}{n^2+2n+1}=5,\ \lim\limits_{n\to\infty}\dfrac{5n^2+3n+1}{n^2+2n+1}=5$이므로
수열의 극한의 대소 관계에 의하여

$$\lim_{n\to\infty}\frac{a_n}{(n+1)^2}=5$$

08-2 답 -1

$\dfrac{1}{3n^3+2n+3}<\dfrac{a_n+3}{6n^3+n^2}<\dfrac{1}{3n^3-n+2}$의 각 변에
$6n^3+n^2$을 곱하면

$$\frac{6n^3+n^2}{3n^3+2n+3}<a_n+3<\frac{6n^3+n^2}{3n^3-n+2}$$

$$\therefore\ \frac{6n^3+n^2}{3n^3+2n+3}-3<a_n<\frac{6n^3+n^2}{3n^3-n+2}-3$$

이때 $\lim\limits_{n\to\infty}\left(\dfrac{6n^3+n^2}{3n^3+2n+3}-3\right)=2-3=-1,$

$\lim\limits_{n\to\infty}\left(\dfrac{6n^3+n^2}{3n^3-n+2}-3\right)=2-3=-1$이므로 수열의 극한
의 대소 관계에 의하여

$$\lim_{n\to\infty}a_n=-1$$

08-3 답 1

$2n-1 < na_n < \sqrt{4n^2+2n}$의 각 변에 $\dfrac{n}{2n^2-1}$을 곱하면

$$\dfrac{n(2n-1)}{2n^2-1} < \dfrac{n^2 a_n}{2n^2-1} < \dfrac{n\sqrt{4n^2+2n}}{2n^2-1}$$

$$\therefore \ \dfrac{2n^2-n}{2n^2-1} < \dfrac{n^2 a_n}{2n^2-1} < \dfrac{\sqrt{4n^4+2n^3}}{2n^2-1}$$

이때 $\displaystyle\lim_{n\to\infty} \dfrac{2n^2-n}{2n^2-1}=1$, $\displaystyle\lim_{n\to\infty} \dfrac{\sqrt{4n^4+2n^3}}{2n^2-1}=1$이므로 수열의 극한의 대소 관계에 의하여

$$\lim_{n\to\infty} \dfrac{n^2 a_n}{2n^2-1}=1$$

다른 풀이

$2n-1 < na_n < \sqrt{4n^2+2n}$의 각 변을 n으로 나누면

$$\dfrac{2n-1}{n} < a_n < \dfrac{\sqrt{4n^2+2n}}{n}$$

이때 $\displaystyle\lim_{n\to\infty} \dfrac{2n-1}{n}=2$, $\displaystyle\lim_{n\to\infty} \dfrac{\sqrt{4n^2+2n}}{n}=2$이므로 수열의 극한의 대소 관계에 의하여

$$\lim_{n\to\infty} a_n=2$$

$$\therefore \ \lim_{n\to\infty} \dfrac{n^2 a_n}{2n^2-1}=\lim_{n\to\infty} \dfrac{n^2}{2n^2-1} \times \lim_{n\to\infty} a_n = \dfrac{1}{2} \times 2 = 1$$

09-1 답 ㄱ, ㅁ

ㄱ. $a_n < b_n$이고 $\displaystyle\lim_{n\to\infty} a_n=\infty$이면 n의 값이 한없이 커질 때 a_n의 값도 한없이 커지므로 b_n의 값도 한없이 커진다.

$$\therefore \ \lim_{n\to\infty} b_n=\infty$$

ㄴ. [반례] $\{a_n\}: 1, 0, 1, 0, 1, \cdots$

$\qquad\quad \{b_n\}: 0, 1, 0, 1, 0, \cdots$

이라 하면 $\displaystyle\lim_{n\to\infty} a_n b_n=0$이지만

$$\lim_{n\to\infty} a_n \ne 0, \ \lim_{n\to\infty} b_n \ne 0$$

ㄷ. [반례] $a_n=\dfrac{1}{n^2}$, $b_n=n$이라 하면

$$\lim_{n\to\infty} a_n=0, \ \lim_{n\to\infty} b_n=\infty(\text{발산})$$이지만

$$\lim_{n\to\infty} a_n b_n=\lim_{n\to\infty} \left(\dfrac{1}{n^2} \times n\right)=\lim_{n\to\infty} \dfrac{1}{n}=0$$

즉, 수열 $\{a_n b_n\}$은 수렴한다.

ㄹ. [반례] $a_n=2+(-1)^n$, $b_n=4$라 하면 $0<a_n<b_n$이고 수열 $\{b_n\}$은 4로 수렴하지만 수열 $\{a_n\}$은 발산(진동)한다.

ㅁ. 두 수열 $\{a_n\}$, $\{a_n-b_n\}$이 모두 수렴하므로

$\displaystyle\lim_{n\to\infty} a_n=\alpha$, $\displaystyle\lim_{n\to\infty}(a_n-b_n)=\beta$ (α, β는 실수)라 하면

$$\lim_{n\to\infty} b_n=\lim_{n\to\infty}\{a_n-(a_n-b_n)\}$$

$$=\lim_{n\to\infty} a_n-\lim_{n\to\infty}(a_n-b_n)=\alpha-\beta$$

즉, 수열 $\{b_n\}$도 수렴한다.

따라서 보기 중 옳은 것은 ㄱ, ㅁ이다.

10-1 답 $\dfrac{4}{3}$

$P_n(n, 2n^2)$, $Q_n(n+1, 2n^2+4n+2)$이므로

$$a_n=\overline{P_n Q_n}$$

$$=\sqrt{1^2+(4n+2)^2}$$

$$=\sqrt{16n^2+16n+5}$$

$$\therefore \ \lim_{n\to\infty} \dfrac{a_n}{\sqrt{9n^2+n}}=\lim_{n\to\infty} \dfrac{\sqrt{16n^2+16n+5}}{\sqrt{9n^2+n}}$$

$$=\dfrac{4}{3}$$

10-2 답 $\dfrac{1}{4}$

직선 $P_n H_n$은 직선 $y=nx$와 서로 수직이므로 기울기가 $-\dfrac{1}{n}$이고, 점 $P_n\left(\dfrac{n}{2}, \dfrac{n^2}{4}\right)$을 지나므로 직선 $P_n H_n$의 방정식은

$$y-\dfrac{n^2}{4}=-\dfrac{1}{n}\left(x-\dfrac{n}{2}\right)$$

$$\therefore \ y=-\dfrac{1}{n}x+\dfrac{1}{2}+\dfrac{n^2}{4}$$

이 직선과 직선 $y=nx$의 교점 H_n의 x좌표를 구하면

$$nx=-\dfrac{1}{n}x+\dfrac{1}{2}+\dfrac{n^2}{4}$$

$$\left(n+\dfrac{1}{n}\right)x=\dfrac{1}{2}+\dfrac{n^2}{4}$$

$$\dfrac{n^2+1}{n}x=\dfrac{n^2+2}{4}$$

$$\therefore \ x=\dfrac{n(n^2+2)}{4(n^2+1)}$$

따라서 $h_n=\dfrac{n(n^2+2)}{4(n^2+1)}$이므로

$$\lim_{n\to\infty} \dfrac{h_n}{n}=\lim_{n\to\infty} \dfrac{n^2+2}{4n^2+4}=\dfrac{1}{4}$$

다른 풀이

$P_n\left(\dfrac{n}{2}, \dfrac{n^2}{4}\right)$, $H_n(h_n, nh_n)$이고 직선 $P_n H_n$과 직선 $y=nx$는 서로 수직이므로

$$\dfrac{nh_n-\dfrac{n^2}{4}}{h_n-\dfrac{n}{2}} \times n=-1$$

$$n\left(nh_n-\dfrac{n^2}{4}\right)=\dfrac{n}{2}-h_n$$

$$(n^2+1)h_n=\dfrac{n^3+2n}{4}$$

$$\therefore \ h_n=\dfrac{n^3+2n}{4(n^2+1)}$$

$$\therefore \ \lim_{n\to\infty} \dfrac{h_n}{n}=\lim_{n\to\infty} \dfrac{n^2+2}{4n^2+4}$$

$$=\dfrac{1}{4}$$

1 ㄴ, ㄷ, ㄹ	**2** 5	**3** ②	**4** 3
5 ④	**6** 2	**7** 8	**8** ④	**9** 12
10 -1	**11** $\dfrac{1}{2}$	**12** ㄷ	**13** ①	**14** 50

1 ㄱ. 수열 $\left\{-\dfrac{1}{2}n^2+3\right\}$ 의 첫째항부터 차례대로 항을 나열해 보면

$$\frac{5}{2},\ 1,\ -\frac{3}{2},\ -5,\ \cdots$$

즉, n의 값이 한없이 커질 때 이 수열은 음의 무한대로 발산한다.

ㄴ. 수열 $\left\{\dfrac{3}{n+2}\right\}$ 의 첫째항부터 차례대로 항을 나열해 보면

$$1,\ \frac{3}{4},\ \frac{3}{5},\ \frac{1}{2},\ \cdots$$

즉, n의 값이 한없이 커질 때 이 수열은 0으로 수렴한다.

ㄷ. 수열 $\{\tan 2n\pi+1\}$ 의 첫째항부터 차례대로 항을 나열해 보면

$$1,\ 1,\ 1,\ 1,\ \cdots$$

즉, n의 값이 한없이 커질 때 이 수열은 1로 수렴한다.

ㄹ. 수열 $\left\{\dfrac{\cos n\pi}{n+1}\right\}$ 의 첫째항부터 차례대로 항을 나열해 보면

$$-\frac{1}{2},\ \frac{1}{3},\ -\frac{1}{4},\ \frac{1}{5},\ \cdots$$

즉, n의 값이 한없이 커질 때 이 수열은 0으로 수렴한다.

ㅁ. 수열 $1,\ 1-1,\ 1-1+1,\ 1-1+1-1,\ \cdots$ 은

$$1,\ 0,\ 1,\ 0,\ \cdots$$

즉, n의 값이 한없이 커질 때 이 수열은 발산(진동)한다.

따라서 보기 중 수렴하는 수열인 것은 ㄴ, ㄷ, ㄹ이다.

2
$$\lim_{n\to\infty}(a_n{}^2+b_n{}^2)=\lim_{n\to\infty}\{(a_n+b_n)^2-2a_nb_n\}$$
$$=\lim_{n\to\infty}(a_n+b_n)^2-2\lim_{n\to\infty}a_nb_n$$
$$=9-2\times 2=5$$

3 수열 $\{a_n\}$ 이 0이 아닌 실수에 수렴하므로

$\displaystyle\lim_{n\to\infty}a_n=\alpha\ (\alpha\neq 0$인 실수$)$라 하면 $\displaystyle\lim_{n\to\infty}a_{n+1}=\alpha$

$\dfrac{1}{a_{n+1}}=4-4a_n$에서

$$\lim_{n\to\infty}\frac{1}{a_{n+1}}=\lim_{n\to\infty}(4-4a_n)$$

$$\lim_{n\to\infty}\frac{1}{a_{n+1}}=\lim_{n\to\infty}4-4\lim_{n\to\infty}a_n$$

$$\frac{1}{\alpha}=4-4\alpha,\ 4\alpha^2-4\alpha+1=0\ (\because\ \alpha\neq 0)$$

$$(2\alpha-1)^2=0\qquad\therefore\ \alpha=\frac{1}{2}$$

따라서 $\displaystyle\lim_{n\to\infty}a_n=\frac{1}{2}$이므로

$$\lim_{n\to\infty}a_{2n}=\lim_{n\to\infty}a_n=\frac{1}{2}$$

4
$$1\times 2+2\times 3+3\times 4+\cdots+n(n+1)$$
$$=\sum_{k=1}^{n}k(k+1)=\sum_{k=1}^{n}(k^2+k)$$
$$=\frac{n(n+1)(2n+1)}{6}+\frac{n(n+1)}{2}$$
$$=\frac{n(n+1)(n+2)}{3}$$
$$=\frac{n^3+3n^2+2n}{3}$$

$$\therefore\ \lim_{n\to\infty}\frac{n^3+1}{1\times 2+2\times 3+3\times 4+\cdots+n(n+1)}$$
$$=\lim_{n\to\infty}\frac{n^3+1}{\dfrac{n^3+3n^2+2n}{3}}$$
$$=\lim_{n\to\infty}\frac{3n^3+3}{n^3+3n^2+2n}$$
$$=\lim_{n\to\infty}\frac{3+\dfrac{3}{n^3}}{1+\dfrac{3}{n}+\dfrac{2}{n^2}}=3$$

5 첫째항이 2인 등차수열 $\{a_n\}$의 공차를 d라 하면

$a_n=2+(n-1)d=dn+2-d$이므로

$$\lim_{n\to\infty}\frac{a_n}{2n-1}=\lim_{n\to\infty}\frac{dn+2-d}{2n-1}$$
$$=\lim_{n\to\infty}\frac{d+\dfrac{2-d}{n}}{2-\dfrac{1}{n}}=\frac{d}{2}$$

즉, $\dfrac{d}{2}=3$이므로 $d=6$

따라서 $a_n=6n-4$이므로

$$a_3=18-4=14$$

6
$$\lim_{n\to\infty}\frac{\sqrt{n+3}-\sqrt{n+1}}{\sqrt{n+1}-\sqrt{n}}$$
$$=\lim_{n\to\infty}\frac{(\sqrt{n+3}-\sqrt{n+1})(\sqrt{n+3}+\sqrt{n+1})(\sqrt{n+1}+\sqrt{n})}{(\sqrt{n+1}-\sqrt{n})(\sqrt{n+1}+\sqrt{n})(\sqrt{n+3}+\sqrt{n+1})}$$
$$=\lim_{n\to\infty}\frac{2(\sqrt{n+1}+\sqrt{n})}{\sqrt{n+3}+\sqrt{n+1}}$$
$$=\lim_{n\to\infty}\frac{2\sqrt{1+\dfrac{1}{n}}+2}{\sqrt{1+\dfrac{3}{n}}+\sqrt{1+\dfrac{1}{n}}}=2$$

7 ㈎에서 분모, 분자를 분모의 최고차항인 n^2으로 각각 나누면

$$\lim_{n\to\infty}\frac{an+b+\dfrac{1}{n}-\dfrac{1}{n^2}}{2-\dfrac{3}{n}+\dfrac{5}{n^2}}=-2 \quad\cdots\cdots\ \bigcirc$$

이때 $a\neq0$이면 극한값이 존재하지 않으므로

$a=0$

이를 $\bigcirc$에 대입하면

$$\lim_{n\to\infty}\frac{b+\dfrac{1}{n}-\dfrac{1}{n^2}}{2-\dfrac{3}{n}+\dfrac{5}{n^2}}=-2$$

$\dfrac{b}{2}=-2 \quad\therefore b=-4$

㈏에서

$$\lim_{n\to\infty}(\sqrt{n^2+cn}-n)$$

$$=\lim_{n\to\infty}\frac{(\sqrt{n^2+cn}-n)(\sqrt{n^2+cn}+n)}{\sqrt{n^2+cn}+n}$$

$$=\lim_{n\to\infty}\frac{cn}{\sqrt{n^2+cn}+n}$$

$$=\lim_{n\to\infty}\frac{c}{\sqrt{1+\dfrac{c}{n}}+1}=\frac{c}{2}$$

즉, $\dfrac{c}{2}=6$이므로 $c=12$

$\therefore a+b+c=0+(-4)+12=8$

8 $\sqrt{4n^2}<\sqrt{4n^2+2n+1}<\sqrt{4n^2+4n+1}$이므로

$\sqrt{(2n)^2}<\sqrt{4n^2+2n+1}<\sqrt{(2n+1)^2}$

$\therefore 2n<\sqrt{4n^2+2n+1}<2n+1$

따라서 $\sqrt{4n^2+2n+1}$의 정수 부분이 $2n$이므로 소수 부분 a_n은

$a_n=\sqrt{4n^2+2n+1}-2n$

$\therefore \lim_{n\to\infty}a_n$

$$=\lim_{n\to\infty}(\sqrt{4n^2+2n+1}-2n)$$

$$=\lim_{n\to\infty}\frac{(\sqrt{4n^2+2n+1}-2n)(\sqrt{4n^2+2n+1}+2n)}{\sqrt{4n^2+2n+1}+2n}$$

$$=\lim_{n\to\infty}\frac{2n+1}{\sqrt{4n^2+2n+1}+2n}$$

$$=\lim_{n\to\infty}\frac{2+\dfrac{1}{n}}{\sqrt{4+\dfrac{2}{n}+\dfrac{1}{n^2}}+2}=\frac{1}{2}$$

9 $a_n-1=c_n$으로 놓으면 $a_n=c_n+1$

$\lim_{n\to\infty}c_n=2$이므로

$\lim_{n\to\infty}a_n=\lim_{n\to\infty}(c_n+1)=2+1=3$

$a_n+2b_n=d_n$으로 놓으면 $b_n=\dfrac{1}{2}(d_n-a_n)$

$\lim_{n\to\infty}d_n=9$이므로

$$\lim_{n\to\infty}b_n=\lim_{n\to\infty}\frac{1}{2}(d_n-a_n)$$

$$=\frac{1}{2}(9-3)=3$$

$\therefore \lim_{n\to\infty}a_n(1+b_n)=3\times(1+3)=12$

10 $a_n+b_n=c_n$으로 놓으면 $b_n=c_n-a_n$

$\lim_{n\to\infty}a_n=\infty$, $\lim_{n\to\infty}c_n=-2$이므로

$\lim_{n\to\infty}\dfrac{c_n}{a_n}=0$

$$\therefore \lim_{n\to\infty}\left(\frac{2b_n}{a_n}-\frac{a_n}{b_n}\right)=\lim_{n\to\infty}\left\{\frac{2(c_n-a_n)}{a_n}-\frac{a_n}{c_n-a_n}\right\}$$

$$=\lim_{n\to\infty}\left(\frac{2c_n}{a_n}-2-\frac{1}{\dfrac{c_n}{a_n}-1}\right)$$

$$=-2-(-1)=-1$$

11 $n-1<a_n<n+3$에서

$$\sum_{k=1}^{n}(k-1)<a_1+a_2+a_3+\cdots+a_n<\sum_{k=1}^{n}(k+3)$$

$$\frac{n(n+1)}{2}-n<a_1+a_2+a_3+\cdots+a_n<\frac{n(n+1)}{2}+3n$$

$$\frac{n^2-n}{2}<a_1+a_2+a_3+\cdots+a_n<\frac{n^2+7n}{2}$$

$$\therefore \frac{n^2-n}{2n^2}<\frac{a_1+a_2+a_3+\cdots+a_n}{n^2}<\frac{n^2+7n}{2n^2}$$

이때 $\lim_{n\to\infty}\dfrac{n^2-n}{2n^2}=\dfrac{1}{2}$, $\lim_{n\to\infty}\dfrac{n^2+7n}{2n^2}=\dfrac{1}{2}$이므로 수열의 극한의 대소 관계에 의하여

$$\lim_{n\to\infty}\frac{a_1+a_2+a_3+\cdots+a_n}{n^2}=\frac{1}{2}$$

12 ㄱ. [반례] $a_n=n^2$, $b_n=\dfrac{1}{n}$이라 하면 $\lim_{n\to\infty}a_n=\infty$이고

$\lim_{n\to\infty}b_n=0$이지만 $\lim_{n\to\infty}a_nb_n=\lim_{n\to\infty}n=\infty$이다.

ㄴ. [반례] $a_n=(-1)^n$이라 하면 $\lim_{n\to\infty}a_n^2=1$이지만

수열 $\{a_n\}$은 발산(진동)하므로

$\lim_{n\to\infty}a_n\neq1$, $\lim_{n\to\infty}a_n\neq-1$

ㄷ. $\lim_{n\to\infty}a_n=\alpha$ (α는 실수)라 하면

$$\lim_{n\to\infty}b_n=\lim_{n\to\infty}\{(a_n+b_n)-a_n\}$$

$$=\lim_{n\to\infty}(a_n+b_n)-\lim_{n\to\infty}a_n$$

$$=0-\alpha=-\alpha$$

즉, 수열 $\{b_n\}$도 수렴한다.

따라서 보기 중 옳은 것은 ㄷ이다.

13 $\log_3 a_n + \log_3 a_{n+1} + \log_3 a_{n+2} = 1$에서

$\log_3 a_n a_{n+1} a_{n+2} = 1$

$a_n a_{n+1} a_{n+2} = 3$ $\therefore a_{n+2} = \dfrac{3}{a_n a_{n+1}}$

$a_1 = 3$, $a_2 = 4$이므로

$a_3 = \dfrac{3}{a_1 a_2} = \dfrac{3}{3 \times 4} = \dfrac{1}{4}$

$a_4 = \dfrac{3}{a_2 a_3} = \dfrac{3}{4 \times \frac{1}{4}} = 3$

$a_5 = \dfrac{3}{a_3 a_4} = \dfrac{3}{\frac{1}{4} \times 3} = 4$

$a_6 = \dfrac{3}{a_4 a_5} = \dfrac{3}{3 \times 4} = \dfrac{1}{4}$

$\vdots$

따라서 $a_{3k} = \dfrac{1}{4}$이므로

$\displaystyle\lim_{n \to \infty} \dfrac{1}{n+3} \sum_{k=1}^{n} a_{3k} = \lim_{n \to \infty} \dfrac{1}{n+3} \sum_{k=1}^{n} \dfrac{1}{4} = \lim_{n \to \infty} \left(\dfrac{1}{n+3} \times \dfrac{1}{4} n \right)$

$\qquad\qquad = \displaystyle\lim_{n \to \infty} \dfrac{n}{4n+12} = \dfrac{1}{4}$

14 $y = x^2$에서 $y' = 2x$

점 $P_n(n, n^2)$에서의 접선의 기울기는 $2n$이므로 직선 l_n의 방정식은

$y - n^2 = 2n(x - n)$ $\therefore y = 2nx - n^2$

직선 l_n이 y축과 만나는 점 Y_n의 좌표는 $(0, -n^2)$

점 Y_n에서 원 $C_n{}'$에 그은 두 접선의 길이가 같으므로

$\overline{Y_n R_n} = \overline{Y_n P_n} = \sqrt{n^2 + (2n^2)^2} = \sqrt{4n^4 + n^2}$

직선 l_n이 x축과 만나는 점을 X_n이라 하면

$X_n\left(\dfrac{1}{2}n, 0\right)$

점 X_n에서 원 C_n에 그은 두 접선의 길이가 같으므로

$\overline{X_n Q_n} = \overline{X_n P_n}$

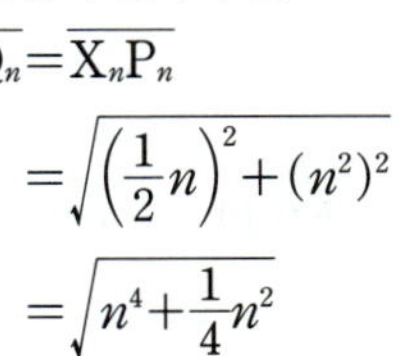

$\qquad = \sqrt{\left(\dfrac{1}{2}n\right)^2 + (n^2)^2}$

$\qquad = \sqrt{n^4 + \dfrac{1}{4}n^2}$

$\therefore \overline{OQ_n} = \overline{OX_n} + \overline{X_n Q_n} = \dfrac{1}{2}n + \sqrt{n^4 + \dfrac{1}{4}n^2}$

$\therefore \displaystyle\lim_{n \to \infty} \dfrac{\overline{OQ_n}}{\overline{Y_n R_n}} = \lim_{n \to \infty} \dfrac{\dfrac{1}{2}n + \sqrt{n^4 + \dfrac{1}{4}n^2}}{\sqrt{4n^4 + n^2}} = \dfrac{1}{2}$

따라서 $\alpha = \dfrac{1}{2}$이므로

$100\alpha = 100 \times \dfrac{1}{2} = 50$

개념편

1 등비수열의 수렴과 발산

01-1 답 (1) -9 (2) **4** (3) **0** (4) **10**

(1) 분모, 분자를 3^n으로 각각 나누면

$\displaystyle\lim_{n \to \infty} \dfrac{3^{n+2}}{5 \times 2^{n-1} - 3^n} = \lim_{n \to \infty} \dfrac{9}{\frac{5}{2} \times \left(\frac{2}{3}\right)^n - 1} = -9$

(2) 분모, 분자를 4^n으로 각각 나누면

$\displaystyle\lim_{n \to \infty} \dfrac{4^{n+1} + 3^n}{4^n - 3^{n-1}} = \lim_{n \to \infty} \dfrac{4 + \left(\frac{3}{4}\right)^n}{1 - \frac{1}{3} \times \left(\frac{3}{4}\right)^n} = 4$

(3) 분모, 분자를 4^n으로 각각 나누면

$\displaystyle\lim_{n \to \infty} \dfrac{2^{n+1} - 3^n}{3^{n+1} + 5 \times 2^{2n}} = \lim_{n \to \infty} \dfrac{2 \times \left(\frac{1}{2}\right)^n - \left(\frac{3}{4}\right)^n}{3 \times \left(\frac{3}{4}\right)^n + 5} = 0$

(4) 분모, 분자를 5^n으로 각각 나누면

$\displaystyle\lim_{n \to \infty} \dfrac{2 \times 5^n + 2^{n+1}}{5^{n-1} - 3^{n+3}} = \lim_{n \to \infty} \dfrac{2 + 2 \times \left(\frac{2}{5}\right)^n}{\frac{1}{5} - 27 \times \left(\frac{3}{5}\right)^n} = 10$

01-2 답 2

좌변의 분모, 분자를 5^n으로 각각 나누면

$\displaystyle\lim_{n \to \infty} \dfrac{4^{n+2} + 6 \times 5^{n+1}}{a \times 5^n - 7 \times 3^n} = \lim_{n \to \infty} \dfrac{16 \times \left(\frac{4}{5}\right)^n + 30}{a - 7 \times \left(\frac{3}{5}\right)^n} = \dfrac{30}{a}$

따라서 $\dfrac{30}{a} = 15$이므로 $a = 2$

02-1 답 (1) **0** (2) $\dfrac{8}{9}$

(1) $1 + 3 + 3^2 + \cdots + 3^n = \dfrac{3^{n+1} - 1}{3 - 1} = \dfrac{1}{2}(3^{n+1} - 1)$

$1 + 5 + 5^2 + \cdots + 5^n = \dfrac{5^{n+1} - 1}{5 - 1} = \dfrac{1}{4}(5^{n+1} - 1)$

$\therefore \displaystyle\lim_{n \to \infty} \dfrac{1 + 3 + 3^2 + \cdots + 3^n}{1 + 5 + 5^2 + \cdots + 5^n}$

$\quad = \displaystyle\lim_{n \to \infty} \dfrac{\frac{1}{2}(3^{n+1} - 1)}{\frac{1}{4}(5^{n+1} - 1)} = \lim_{n \to \infty} \dfrac{2(3^{n+1} - 1)}{5^{n+1} - 1}$

$\quad = \displaystyle\lim_{n \to \infty} \dfrac{6 \times \left(\frac{3}{5}\right)^n - 2 \times \left(\frac{1}{5}\right)^n}{5 - \left(\frac{1}{5}\right)^n} = 0$

(2) $1+9+9^2+\cdots+9^n=\dfrac{9^{n+1}-1}{9-1}=\dfrac{1}{8}(9^{n+1}-1)$

$\therefore \lim\limits_{n\to\infty}\dfrac{2^{3n+1}+3^{2n}}{1+9+9^2+\cdots+9^n}$

$=\lim\limits_{n\to\infty}\dfrac{2^{3n+1}+3^{2n}}{\dfrac{1}{8}(9^{n+1}-1)}=\lim\limits_{n\to\infty}\dfrac{8(2^{3n+1}+3^{2n})}{9^{n+1}-1}$

$=\lim\limits_{n\to\infty}\dfrac{16\times 8^n+8\times 9^n}{9^{n+1}-1}$

$=\lim\limits_{n\to\infty}\dfrac{16\times\left(\dfrac{8}{9}\right)^n+8}{9-\left(\dfrac{1}{9}\right)^n}=\dfrac{8}{9}$

02-2 답 $\dfrac{1}{2}$

첫째항이 3이고 공비가 2인 등비수열 $\{a_n\}$의 일반항 a_n은

$a_n=3\times 2^{n-1}$

등비수열 $\{a_n\}$의 첫째항부터 제n항까지의 합 S_n은

$S_n=\dfrac{3(2^n-1)}{2-1}=3\times 2^n-3$

$\therefore \lim\limits_{n\to\infty}\dfrac{a_n}{S_n}=\lim\limits_{n\to\infty}\dfrac{3\times 2^{n-1}}{3\times 2^n-3}$

$=\lim\limits_{n\to\infty}\dfrac{\dfrac{3}{2}}{3-3\times\left(\dfrac{1}{2}\right)^n}=\dfrac{1}{2}$

03-1 답 (1) $-1-\sqrt{2}\leq x<-1$ 또는 $-1<x\leq-1+\sqrt{2}$
　　　　(2) $x=5$ 또는 $-5<x\leq3$

(1) 등비수열 $\{x^n(x+2)^n\}$의 공비가 $x(x+2)=x^2+2x$
이므로 이 등비수열이 수렴하려면

$-1<x^2+2x\leq1$

(i) $x^2+2x>-1$에서

$x^2+2x+1>0$

$\therefore (x+1)^2>0$

따라서 $x\neq-1$인 모든 실수 x에 대하여 성립한다.

(ii) $x^2+2x\leq1$에서

$x^2+2x-1\leq0$

$\therefore -1-\sqrt{2}\leq x\leq-1+\sqrt{2}$

(i), (ii)에서

$-1-\sqrt{2}\leq x<-1$ 또는 $-1<x\leq-1+\sqrt{2}$

(2) 등비수열 $\left\{(x-5)\left(\dfrac{x+1}{4}\right)^{n-1}\right\}$의 첫째항이 $x-5$, 공

비가 $\dfrac{x+1}{4}$이므로 이 등비수열이 수렴하려면

$x-5=0$ 또는 $-1<\dfrac{x+1}{4}\leq1$

$x=5$ 또는 $-4<x+1\leq4$

$\therefore x=5$ 또는 $-5<x\leq3$

04-1 답 3

(i) $|x|>1$일 때, $\lim\limits_{n\to\infty}\dfrac{1}{x^{2n}}=0$이므로

$f(x)=\lim\limits_{n\to\infty}\dfrac{x^{2n+1}+6}{x^{2n}+2}=\lim\limits_{n\to\infty}\dfrac{x+\dfrac{6}{x^{2n}}}{1+\dfrac{2}{x^{2n}}}=x$

(ii) $x=1$일 때, $\lim\limits_{n\to\infty}x^{2n}=\lim\limits_{n\to\infty}x^{2n+1}=1$이므로

$f(x)=\lim\limits_{n\to\infty}\dfrac{x^{2n+1}+6}{x^{2n}+2}=\dfrac{1+6}{1+2}=\dfrac{7}{3}$

(iii) $x=-1$일 때, $\lim\limits_{n\to\infty}x^{2n}=1$, $\lim\limits_{n\to\infty}x^{2n+1}=-1$이므로

$f(x)=\lim\limits_{n\to\infty}\dfrac{x^{2n+1}+6}{x^{2n}+2}=\dfrac{-1+6}{1+2}=\dfrac{5}{3}$

(iv) $|x|<1$일 때, $\lim\limits_{n\to\infty}x^{2n}=0$이므로

$f(x)=\lim\limits_{n\to\infty}\dfrac{x^{2n+1}+6}{x^{2n}+2}=3$

(i)~(iv)에서 $f(x)=\begin{cases} x & (|x|>1) \\[4pt] \dfrac{7}{3} & (x=1) \\[4pt] \dfrac{5}{3} & (x=-1) \\[4pt] 3 & (|x|<1) \end{cases}$

$\therefore f(-4)+f(-1)+f\left(\dfrac{1}{3}\right)+f(1)=-4+\dfrac{5}{3}+3+\dfrac{7}{3}$
$=3$

$f(-4)=\lim\limits_{n\to\infty}\dfrac{(-4)^{2n+1}+6}{(-4)^{2n}+2}=\lim\limits_{n\to\infty}\dfrac{-4\times 16^n+6}{16^n+2}$

$=\lim\limits_{n\to\infty}\dfrac{-4+6\times\left(\dfrac{1}{16}\right)^n}{1+2\times\left(\dfrac{1}{16}\right)^n}=-4$

$f(-1)=\lim\limits_{n\to\infty}\dfrac{(-1)^{2n+1}+6}{(-1)^{2n}+2}=\dfrac{5}{3}$

$f\left(\dfrac{1}{3}\right)=\lim\limits_{n\to\infty}\dfrac{\left(\dfrac{1}{3}\right)^{2n+1}+6}{\left(\dfrac{1}{3}\right)^{2n}+2}=3$

$f(1)=\lim\limits_{n\to\infty}\dfrac{1^{2n+1}+6}{1^{2n}+2}=\dfrac{7}{3}$

$\therefore f(-4)+f(-1)+f\left(\dfrac{1}{3}\right)+f(1)=-4+\dfrac{5}{3}+3+\dfrac{7}{3}$
$=3$

연습문제 29~30쪽

1 ③	**2** ①	**3** $3+\sqrt{5}$	**4** ③	**5** 4
6 $-\dfrac{\pi}{6}<x\leq\dfrac{\pi}{6}$	**7** -1	**8** ㄱ, ㄹ		**9** $\dfrac{8}{3}$
10 ⑤	**11** 4	**12** $\dfrac{2}{5}$	**13** ⑤	**14** $\dfrac{2}{5}$

1 ㄱ. 분모, 분자를 6^n으로 각각 나누면

$$\lim_{n\to\infty}\frac{5^n-6^n}{3^n+6^{n-1}}=\lim_{n\to\infty}\frac{\left(\dfrac{5}{6}\right)^n-1}{\left(\dfrac{1}{2}\right)^n+\dfrac{1}{6}}=-6$$

ㄴ. 분모, 분자를 2^n으로 각각 나누면

$$\lim_{n\to\infty}\frac{3^{n+1}}{2^n-1}=\lim_{n\to\infty}\frac{3\times\left(\dfrac{3}{2}\right)^n}{1-\left(\dfrac{1}{2}\right)^n}=\infty$$

ㄷ. 분모, 분자를 3^n으로 각각 나누면

$$\lim_{n\to\infty}\frac{\sqrt{5^n}+1}{3^n-1}=\lim_{n\to\infty}\frac{\sqrt{\left(\dfrac{5}{9}\right)^n}+\left(\dfrac{1}{3}\right)^n}{1-\left(\dfrac{1}{3}\right)^n}=0$$

ㄹ. 분모, 분자를 5^n으로 각각 나누면

$$\lim_{n\to\infty}\frac{5^{n+1}+4^{n+1}}{5^n+4^n}=\lim_{n\to\infty}\frac{5+4\times\left(\dfrac{4}{5}\right)^n}{1+\left(\dfrac{4}{5}\right)^n}=5$$

따라서 보기 중 옳은 것은 ㄷ, ㄹ이다.

2 $\lim\limits_{n\to\infty}a_n=\alpha\,(\alpha\neq0$인 실수$)$라 하면

$$\lim_{n\to\infty}\frac{5^{n+1}+3^n\times a_n}{3^{n-1}+5^n\times a_n}=\lim_{n\to\infty}\frac{5+\left(\dfrac{3}{5}\right)^n\times a_n}{\dfrac{1}{3}\times\left(\dfrac{3}{5}\right)^n+a_n}=\frac{5}{\alpha}$$

따라서 $\dfrac{5}{\alpha}=10$이므로 $\alpha=\dfrac{1}{2}$

$$\therefore\ \lim_{n\to\infty}a_n=\frac{1}{2}$$

3 이차방정식 $x^2-6x+4=0$을 풀면 $x=3\pm\sqrt{5}$
이때 $\alpha>\beta$, 즉 $\alpha=3+\sqrt{5}$, $\beta=3-\sqrt{5}$라 하면

$$0<\frac{\beta}{\alpha}<1\qquad\therefore\ \lim_{n\to\infty}\left(\frac{\beta}{\alpha}\right)^n=0$$

따라서 주어진 극한의 분모, 분자를 α^n으로 각각 나누면

$$\lim_{n\to\infty}\frac{\alpha^{n+1}+\beta^{n+1}}{\alpha^n+\beta^n}=\lim_{n\to\infty}\frac{\alpha+\beta\times\left(\dfrac{\beta}{\alpha}\right)^n}{1+\left(\dfrac{\beta}{\alpha}\right)^n}$$
$$=\alpha=3+\sqrt{5}$$

이차방정식 $x^2-6x+4=0$을 풀면 $x=3\pm\sqrt{5}$
이때 $\beta>\alpha$, 즉 $\alpha=3-\sqrt{5}$, $\beta=3+\sqrt{5}$라 하면

$$0<\frac{\alpha}{\beta}<1\qquad\therefore\ \lim_{n\to\infty}\left(\frac{\alpha}{\beta}\right)^n=0$$

따라서 주어진 극한의 분모, 분자를 β^n으로 각각 나누면

$$\lim_{n\to\infty}\frac{\alpha^{n+1}+\beta^{n+1}}{\alpha^n+\beta^n}=\lim_{n\to\infty}\frac{\alpha\times\left(\dfrac{\alpha}{\beta}\right)^n+\beta}{\left(\dfrac{\alpha}{\beta}\right)^n+1}$$
$$=\beta=3+\sqrt{5}$$

4 $S_n=4^n-1$에서
(i) $n\geq2$일 때,
$$\begin{aligned}a_n&=S_n-S_{n-1}\\&=4^n-1-(4^{n-1}-1)\\&=(4-1)4^{n-1}=3\times4^{n-1}\end{aligned}$$
(ii) $n=1$일 때,
$$a_1=S_1=4-1=3$$
(i), (ii)에서 $a_n=3\times4^{n-1}$

$$\therefore\ \lim_{n\to\infty}\frac{a_n}{S_n}=\lim_{n\to\infty}\frac{3\times4^{n-1}}{4^n-1}=\lim_{n\to\infty}\frac{\dfrac{3}{4}}{1-\left(\dfrac{1}{4}\right)^n}=\frac{3}{4}$$

5 $4^{n+1}+3^{n-1}<(3^n+4^n)a_n<4^{n+1}+3^{n+1}$의 각 변을 3^n+4^n으로 나누면

$$\frac{4^{n+1}+3^{n-1}}{3^n+4^n}<a_n<\frac{4^{n+1}+3^{n+1}}{3^n+4^n}$$

이때 $\lim\limits_{n\to\infty}\dfrac{4^{n+1}+3^{n-1}}{3^n+4^n}=\lim\limits_{n\to\infty}\dfrac{4+\dfrac{1}{3}\times\left(\dfrac{3}{4}\right)^n}{\left(\dfrac{3}{4}\right)^n+1}=4,$

$$\lim_{n\to\infty}\frac{4^{n+1}+3^{n+1}}{3^n+4^n}=\lim_{n\to\infty}\frac{4+3\times\left(\dfrac{3}{4}\right)^n}{\left(\dfrac{3}{4}\right)^n+1}=4$$이므로 수열의

극한의 대소 관계에 의하여
$$\lim_{n\to\infty}a_n=4$$

6 등비수열 $\{(\sqrt{3}\tan x)^n\}$의 공비가 $\sqrt{3}\tan x$이므로 이 등비수열이 수렴하려면

$$-1<\sqrt{3}\tan x\leq1\qquad\therefore\ -\frac{1}{\sqrt{3}}<\tan x\leq\frac{1}{\sqrt{3}}$$

이때 $-\dfrac{\pi}{2}<x<\dfrac{\pi}{2}$이므로

$$-\frac{\pi}{6}<x\leq\frac{\pi}{6}$$

7 ㈎에서 등비수열의 첫째항이 $x-4$, 공비가 $-\dfrac{x}{2}$이므로
이 등비수열이 수렴하려면

$$x-4=0\ \text{또는}\ -1<-\frac{x}{2}\leq1$$
$$\therefore\ x=4\ \text{또는}\ -2\leq x<2\qquad\cdots\cdots\ \text{㉠}$$

㈏에서 등비수열의 첫째항이 $x+4$, 공비가 $\dfrac{x+1}{3}$이므로
이 등비수열이 수렴하려면

$$x+4=0\ \text{또는}\ -1<\frac{x+1}{3}\leq1$$
$$x=-4\ \text{또는}\ -3<x+1\leq3$$
$$\therefore\ -4\leq x\leq2\qquad\cdots\cdots\ \text{㉡}$$

이때 두 등비수열 중에서 어느 하나만 수렴하려면 ㉠, ㉡
을 모두 만족시키는 $-2 \leq x < 2$를 제외해야 하므로 정수
x의 값은 -4, -3, 2, 4
따라서 구하는 정수 x의 값의 합은
$-4+(-3)+2+4=-1$

8 등비수열 $\{r^n\}$의 공비가 r이고 이 등비수열이 수렴하므로
$-1 < r \leq 1$　　……　㉠

ㄱ. 등비수열 $\{r^{2n}\}$의 공비는 r^2이고 ㉠에서
$0 \leq r^2 \leq 1$
즉, 등비수열 $\{r^{2n}\}$은 반드시 수렴한다.

ㄴ. 등비수열 $\left\{\left(\dfrac{1}{r}\right)^n\right\}$ $(r \neq 0)$의 공비는 $\dfrac{1}{r}$이고 ㉠에서

$\dfrac{1}{r} < -1$ 또는 $\dfrac{1}{r} \geq 1$

즉, 등비수열 $\left\{\left(\dfrac{1}{r}\right)^n\right\}$은 $\dfrac{1}{r} < -1$ 또는 $\dfrac{1}{r} > 1$일 때에
는 수렴하지 않는다.

ㄷ. 등비수열 $\{(-r)^n\}$의 공비는 $-r$이고 ㉠에서
$-1 \leq -r < 1$
즉, 등비수열 $\{(-r)^n\}$은 $-r=-1$일 때에는 수렴하
지 않는다.

ㄹ. 등비수열 $\left\{\left(\dfrac{1-r}{2}\right)^n\right\}$의 공비는 $\dfrac{1-r}{2}$이고 ㉠에서
$-1 \leq -r < 1$, $0 \leq 1-r < 2$
$\therefore 0 \leq \dfrac{1-r}{2} < 1$

즉, 등비수열 $\left\{\left(\dfrac{1-r}{2}\right)^n\right\}$은 반드시 수렴한다.

따라서 보기 중 반드시 수렴하는 수열인 것은 ㄱ, ㄹ이다.

9 (i) $0 < r < 1$일 때, $\lim\limits_{n \to \infty} r^n = \lim\limits_{n \to \infty} r^{n+1} = 0$이므로

$\lim\limits_{n \to \infty} \dfrac{r^{n+1}+r+2}{r^n+1} = r+2$

즉, $r+2 = \dfrac{7}{3}$에서 $r = \dfrac{1}{3}$

(ii) $r=1$일 때, $\lim\limits_{n \to \infty} r^n = \lim\limits_{n \to \infty} r^{n+1} = 1$이므로

$\lim\limits_{n \to \infty} \dfrac{r^{n+1}+r+2}{r^n+1} = \dfrac{1+1+2}{1+1} = 2 \neq \dfrac{7}{3}$

(iii) $r > 1$일 때, $\lim\limits_{n \to \infty} \dfrac{1}{r^n} = 0$이므로

$\lim\limits_{n \to \infty} \dfrac{r^{n+1}+r+2}{r^n+1} = \lim\limits_{n \to \infty} \dfrac{r+\dfrac{r}{r^n}+\dfrac{2}{r^n}}{1+\dfrac{1}{r^n}} = r$

$\therefore r = \dfrac{7}{3}$

(i), (ii), (iii)에서 조건을 만족시키는 모든 r의 값의 합은
$\dfrac{1}{3} + \dfrac{7}{3} = \dfrac{8}{3}$

10 (i) $|x| > 1$일 때, $\lim\limits_{n \to \infty} \dfrac{1}{x^n} = 0$이므로

$f(x) = \lim\limits_{n \to \infty} \dfrac{2x^{n+1}+3x}{x^n+2}$

$= \lim\limits_{n \to \infty} \dfrac{2x+\dfrac{3x}{x^n}}{1+\dfrac{2}{x^n}} = 2x$

(ii) $x=1$일 때, $\lim\limits_{n \to \infty} x^n = \lim\limits_{n \to \infty} x^{n+1} = 1$이므로

$f(x) = \lim\limits_{n \to \infty} \dfrac{2x^{n+1}+3x}{x^n+2} = \dfrac{2+3}{1+2} = \dfrac{5}{3}$

(iii) $|x| < 1$일 때, $\lim\limits_{n \to \infty} x^n = \lim\limits_{n \to \infty} x^{n+1} = 0$이므로

$f(x) = \lim\limits_{n \to \infty} \dfrac{2x^{n+1}+3x}{x^n+2} = \dfrac{3}{2}x$

(i), (ii), (iii)에서

$f(x) = \begin{cases} 2x & (|x| > 1) \\ \dfrac{5}{3} & (x=1) \\ \dfrac{3}{2}x & (|x| < 1) \end{cases}$

$\therefore f\left(\dfrac{1}{3}\right)f(1)f(6) = \dfrac{1}{2} \times \dfrac{5}{3} \times 12 = 10$

11 직선 $y=n$이 곡선 $y=\log_2(3-x)-1$과 만나는 점 A_n의
x좌표를 구하면
$n = \log_2(3-x)-1$, $n+1 = \log_2(3-x)$
$2^{n+1} = 3-x$　　$\therefore x = 3-2^{n+1}$
따라서 $A_n(3-2^{n+1}, n)$이므로 $C_n(3-2^{n+1}, 0)$
$\therefore S_n = \dfrac{1}{2} \times |3-2^{n+1}| \times n$

$= \dfrac{n}{2}(2^{n+1}-3)$

직선 $y=n$이 곡선 $y=\log_2(2x-6)$과 만나는 점 B_n의 x
좌표를 구하면
$n = \log_2(2x-6)$
$2^n = 2x-6$, $2^{n-1} = x-3$　　$\therefore x = 2^{n-1}+3$
따라서 $B_n(2^{n-1}+3, n)$이므로 $D_n(2^{n-1}+3, 0)$
$\therefore T_n = \dfrac{1}{2} \times (2^{n-1}+3) \times n$

$= \dfrac{n}{2}(2^{n-1}+3)$

$\therefore \lim\limits_{n \to \infty} \dfrac{S_n}{T_n} = \lim\limits_{n \to \infty} \dfrac{\dfrac{n}{2}(2^{n+1}-3)}{\dfrac{n}{2}(2^{n-1}+3)}$

$= \lim\limits_{n \to \infty} \dfrac{2^{n+1}-3}{2^{n-1}+3}$

$= \lim\limits_{n \to \infty} \dfrac{2-3 \times \left(\dfrac{1}{2}\right)^n}{\dfrac{1}{2}+3 \times \left(\dfrac{1}{2}\right)^n} = 4$

12 $10^n=2^n\times5^n$이므로 10^n의 양의 약수의 총합 $p(n)$은

$$p(n)=(1+2+2^2+\cdots+2^n)(1+5+5^2+\cdots+5^n)$$
$$=\frac{2^{n+1}-1}{2-1}\times\frac{5^{n+1}-1}{5-1}$$
$$=\frac{1}{4}(10^{n+1}-5^{n+1}-2^{n+1}+1)$$

$$\therefore \lim_{n\to\infty}\frac{10^n}{p(n)}=\lim_{n\to\infty}\frac{4\times10^n}{10^{n+1}-5^{n+1}-2^{n+1}+1}$$
$$=\lim_{n\to\infty}\frac{4}{10-5\times\left(\frac{1}{2}\right)^n-2\times\left(\frac{1}{5}\right)^n+\left(\frac{1}{10}\right)^n}$$
$$=\frac{2}{5}$$

13 (i) $|x|>1$일 때, $\displaystyle\lim_{n\to\infty}\frac{1}{x^{2n}}=0$이므로

$$f(x)=\lim_{n\to\infty}\frac{x^{2n+1}+ax^2+bx-2}{x^{2n}+1}$$
$$=\lim_{n\to\infty}\frac{x+\dfrac{ax^2}{x^{2n}}+\dfrac{bx}{x^{2n}}-\dfrac{2}{x^{2n}}}{1+\dfrac{1}{x^{2n}}}=x$$

(ii) $x=1$일 때, $\displaystyle\lim_{n\to\infty}x^{2n}=\lim_{n\to\infty}x^{2n+1}=1$이므로

$$f(x)=\lim_{n\to\infty}\frac{x^{2n+1}+ax^2+bx-2}{x^{2n}+1}$$
$$=\frac{1+a+b-2}{1+1}=\frac{a+b-1}{2}$$

(iii) $x=-1$일 때, $\displaystyle\lim_{n\to\infty}x^{2n}=1,\ \lim_{n\to\infty}x^{2n+1}=-1$이므로

$$f(x)=\lim_{n\to\infty}\frac{x^{2n+1}+ax^2+bx-2}{x^{2n}+1}$$
$$=\frac{-1+a-b-2}{1+1}=\frac{a-b-3}{2}$$

(iv) $|x|<1$일 때, $\displaystyle\lim_{n\to\infty}x^{2n}=\lim_{n\to\infty}x^{2n+1}=0$이므로

$$f(x)=\lim_{n\to\infty}\frac{x^{2n+1}+ax^2+bx-2}{x^{2n}+1}$$
$$=ax^2+bx-2$$

(ⅰ)~(ⅳ)에서

$$f(x)=\begin{cases} x & (|x|>1) \\[2mm] \dfrac{a+b-1}{2} & (x=1) \\[2mm] \dfrac{a-b-3}{2} & (x=-1) \\[2mm] ax^2+bx-2 & (|x|<1) \end{cases}$$

함수 $f(x)$가 실수 전체의 집합에서 연속이면 $x=1$에서 연속이므로

$$\lim_{x\to1+}f(x)=\lim_{x\to1-}f(x)=f(1)$$
$$\lim_{x\to1+}x=\lim_{x\to1-}(ax^2+bx-2)=\frac{a+b-1}{2}$$
$$1=a+b-2=\frac{a+b-1}{2}$$
$$\therefore a+b=3 \quad\cdots\cdots\ \bigcirc$$

함수 $f(x)$가 $x=-1$에서 연속이므로

$$\lim_{x\to-1+}f(x)=\lim_{x\to-1-}f(x)=f(-1)$$
$$\lim_{x\to-1+}(ax^2+bx-2)=\lim_{x\to-1-}x=\frac{a-b-3}{2}$$
$$a-b-2=-1=\frac{a-b-3}{2}$$
$$\therefore a-b=1 \quad\cdots\cdots\ \bigcirc$$

$\bigcirc$, $\bigcirc$을 연립하여 풀면 $a=2,\ b=1$

$$\therefore ab=2$$

14 $a_1=1$이고 $a_{n+3}=5a_n$이므로

$$a_4=5a_1=5\times1=5$$
$$a_7=5a_4=5\times5=5^2$$
$$a_{10}=5a_7=5\times5^2=5^3$$
$$\vdots$$
$$\therefore a_{3k-2}=5^{k-1}\ (단,\ k는\ 자연수)$$

$a_2=2$이고 $a_{n+3}=5a_n$이므로

$$a_5=5a_2=5\times2$$
$$a_8=5a_5=5\times(5\times2)=2\times5^2$$
$$a_{11}=5a_8=5\times(2\times5^2)=2\times5^3$$
$$\vdots$$
$$\therefore a_{3k-1}=2\times5^{k-1}\ (단,\ k는\ 자연수)$$

$a_3=3$이고 $a_{n+3}=5a_n$이므로

$$a_6=5a_3=5\times3$$
$$a_9=5a_6=5\times(5\times3)=3\times5^2$$
$$a_{12}=5a_9=5\times(3\times5^2)=3\times5^3$$
$$\vdots$$
$$\therefore a_{3k}=3\times5^{k-1}\ (단,\ k는\ 자연수)$$

$$\therefore S_n=\sum_{k=1}^{3n}a_k$$
$$=(a_1+a_4+a_7+\cdots+a_{3n-2})$$
$$+(a_2+a_5+a_8+\cdots+a_{3n-1})$$
$$+(a_3+a_6+a_9+\cdots+a_{3n})$$
$$=\frac{5^n-1}{5-1}+\frac{2(5^n-1)}{5-1}+\frac{3(5^n-1)}{5-1}$$
$$=\frac{3}{2}(5^n-1)$$

이때 $a_{3n}=3\times5^{n-1}$이므로

$$\lim_{n\to\infty}\frac{a_{3n}}{S_n}=\lim_{n\to\infty}\frac{3\times5^{n-1}}{\dfrac{3}{2}(5^n-1)}$$
$$=\lim_{n\to\infty}\frac{6\times5^{n-1}}{3\times5^n-3}$$
$$=\lim_{n\to\infty}\frac{\dfrac{6}{5}}{3-3\times\left(\dfrac{1}{5}\right)^n}=\frac{2}{5}$$

급수의 수렴과 발산

개념 CHECK   33쪽

1 답 (1) $\dfrac{2}{3}$ (2) **5**

(1) $\displaystyle\sum_{n=1}^{\infty} a_n = \lim_{n\to\infty} S_n = \lim_{n\to\infty} \dfrac{2n-1}{3n+1} = \dfrac{2}{3}$

(2) $\displaystyle\sum_{n=1}^{\infty} a_n = \lim_{n\to\infty} S_n = \lim_{n\to\infty}\left\{5-\left(\dfrac{1}{3}\right)^n\right\} = 5$

문제   34~35쪽

01-1 답 (1) **수렴, 1**   (2) **발산**   (3) **발산**

주어진 급수의 제n항까지의 부분합을 S_n이라 하자.

(1) $S_n = \displaystyle\sum_{k=1}^{n} \dfrac{1}{k(k+1)} = \sum_{k=1}^{n}\left(\dfrac{1}{k} - \dfrac{1}{k+1}\right)$

$\qquad = \left(1 - \dfrac{1}{2}\right) + \left(\dfrac{1}{2} - \dfrac{1}{3}\right) + \left(\dfrac{1}{3} - \dfrac{1}{4}\right)$

$\qquad\qquad\qquad\qquad + \cdots + \left(\dfrac{1}{n} - \dfrac{1}{n+1}\right)$

$\qquad = 1 - \dfrac{1}{n+1}$

$\therefore \displaystyle\lim_{n\to\infty} S_n = \lim_{n\to\infty}\left(1 - \dfrac{1}{n+1}\right) = 1$

따라서 주어진 급수는 수렴하고, 그 합은 1이다.

(2) $S_n = \displaystyle\sum_{k=1}^{n} \dfrac{1}{\sqrt{k+1} + \sqrt{k}}$

$\qquad = \displaystyle\sum_{k=1}^{n} \dfrac{\sqrt{k+1} - \sqrt{k}}{(\sqrt{k+1} + \sqrt{k})(\sqrt{k+1} - \sqrt{k})}$

$\qquad = \displaystyle\sum_{k=1}^{n} (\sqrt{k+1} - \sqrt{k})$

$\qquad = (\sqrt{2} - \sqrt{1}) + (\sqrt{3} - \sqrt{2}) + (\sqrt{4} - \sqrt{3})$

$\qquad\qquad\qquad\qquad + \cdots + (\sqrt{n+1} - \sqrt{n})$

$\qquad = \sqrt{n+1} - 1$

$\therefore \displaystyle\lim_{n\to\infty} S_n = \lim_{n\to\infty} (\sqrt{n+1} - 1) = \infty$

따라서 주어진 급수는 발산한다.

(3) (i) $n = 2k-1$ (k는 자연수)일 때,

$S_{2k-1} = -\dfrac{1}{2} + \left(\dfrac{2}{3} - \dfrac{2}{3}\right) + \left(\dfrac{3}{4} - \dfrac{3}{4}\right)$

$\qquad\qquad\qquad + \cdots + \left(\dfrac{k}{k+1} - \dfrac{k}{k+1}\right)$

$\qquad = -\dfrac{1}{2}$

$\therefore \displaystyle\lim_{k\to\infty} S_{2k-1} = -\dfrac{1}{2}$

(ii) $n = 2k$ (k는 자연수)일 때,

$S_{2k} = \left(-\dfrac{1}{2} + \dfrac{2}{3}\right) + \left(-\dfrac{2}{3} + \dfrac{3}{4}\right) + \left(-\dfrac{3}{4} + \dfrac{4}{5}\right)$

$\qquad\qquad\qquad + \cdots + \left(-\dfrac{k}{k+1} + \dfrac{k+1}{k+2}\right)$

$\qquad = -\dfrac{1}{2} + \dfrac{k+1}{k+2}$

$\therefore \displaystyle\lim_{k\to\infty} S_{2k} = \lim_{k\to\infty}\left(-\dfrac{1}{2} + \dfrac{k+1}{k+2}\right) = -\dfrac{1}{2} + 1 = \dfrac{1}{2}$

(i), (ii)에서 $\displaystyle\lim_{k\to\infty} S_{2k-1} \neq \lim_{k\to\infty} S_{2k}$이므로 주어진 급수는 발산한다.

02-1 답 (1) **2**   (2) $\dfrac{3}{4}$

(1) $\dfrac{1}{1+2+3+\cdots+n} = \dfrac{1}{\dfrac{n(n+1)}{2}} = \dfrac{2}{n(n+1)}$이므로

$1 + \dfrac{1}{1+2} + \dfrac{1}{1+2+3} + \dfrac{1}{1+2+3+4} + \cdots$

$\quad = \displaystyle\sum_{n=1}^{\infty} \dfrac{2}{n(n+1)} = \sum_{n=1}^{\infty} 2\left(\dfrac{1}{n} - \dfrac{1}{n+1}\right)$

$\quad = 2\displaystyle\lim_{n\to\infty}\sum_{k=1}^{n}\left(\dfrac{1}{k} - \dfrac{1}{k+1}\right)$

$\quad = 2\displaystyle\lim_{n\to\infty}\left\{\left(1-\dfrac{1}{2}\right) + \left(\dfrac{1}{2}-\dfrac{1}{3}\right) + \left(\dfrac{1}{3}-\dfrac{1}{4}\right)\right.$

$\qquad\qquad\qquad\qquad\left. + \cdots + \left(\dfrac{1}{n} - \dfrac{1}{n+1}\right)\right\}$

$\quad = 2\displaystyle\lim_{n\to\infty}\left(1 - \dfrac{1}{n+1}\right)$

$\quad = 2 \times 1 = 2$

(2) $3+5+7+\cdots+(2n+1) = \displaystyle\sum_{k=1}^{n}(2k+1)$

$\qquad\qquad\qquad\qquad = 2 \times \dfrac{n(n+1)}{2} + n$

$\qquad\qquad\qquad\qquad = n(n+2)$

이므로

$\dfrac{1}{3+5+7+\cdots+(2n+1)} = \dfrac{1}{n(n+2)}$

$\therefore \dfrac{1}{3} + \dfrac{1}{3+5} + \dfrac{1}{3+5+7} + \dfrac{1}{3+5+7+9} + \cdots$

$\quad = \displaystyle\sum_{n=1}^{\infty} \dfrac{1}{n(n+2)} = \sum_{n=1}^{\infty} \dfrac{1}{2}\left(\dfrac{1}{n} - \dfrac{1}{n+2}\right)$

$\quad = \dfrac{1}{2}\displaystyle\lim_{n\to\infty}\sum_{k=1}^{n}\left(\dfrac{1}{k} - \dfrac{1}{k+2}\right)$

$\quad = \dfrac{1}{2}\displaystyle\lim_{n\to\infty}\left\{\left(1-\dfrac{1}{3}\right) + \left(\dfrac{1}{2}-\dfrac{1}{4}\right) + \left(\dfrac{1}{3}-\dfrac{1}{5}\right)\right.$

$\qquad\qquad\left. + \cdots + \left(\dfrac{1}{n-1} - \dfrac{1}{n+1}\right) + \left(\dfrac{1}{n} - \dfrac{1}{n+2}\right)\right\}$

$\quad = \dfrac{1}{2}\displaystyle\lim_{n\to\infty}\left(1 + \dfrac{1}{2} - \dfrac{1}{n+1} - \dfrac{1}{n+2}\right)$

$\quad = \dfrac{1}{2} \times \dfrac{3}{2} = \dfrac{3}{4}$

02-2 답 $\dfrac{1}{4}$

$S_n=n^2+n$에서

(i) $n\geq 2$일 때,

$$a_n=S_n-S_{n-1}$$
$$=n^2+n-\{(n-1)^2+(n-1)\}=2n$$

(ii) $n=1$일 때,

$$a_1=S_1=1+1=2$$

(i), (ii)에서 $a_n=2n$

$$\therefore \sum_{n=1}^{\infty}\frac{1}{a_n a_{n+1}}=\sum_{n=1}^{\infty}\frac{1}{2n\times 2(n+1)}$$
$$=\sum_{n=1}^{\infty}\frac{1}{4}\left(\frac{1}{n}-\frac{1}{n+1}\right)$$
$$=\frac{1}{4}\lim_{n\to\infty}\sum_{k=1}^{n}\left(\frac{1}{k}-\frac{1}{k+1}\right)$$
$$=\frac{1}{4}\lim_{n\to\infty}\left\{\left(1-\frac{1}{2}\right)+\left(\frac{1}{2}-\frac{1}{3}\right)+\left(\frac{1}{3}-\frac{1}{4}\right)\right.$$
$$\left.+\cdots+\left(\frac{1}{n}-\frac{1}{n+1}\right)\right\}$$
$$=\frac{1}{4}\lim_{n\to\infty}\left(1-\frac{1}{n+1}\right)=\frac{1}{4}\times 1=\frac{1}{4}$$

2 급수의 성질

문제 37~39쪽

03-1 답 7

급수 $\sum_{n=1}^{\infty}\left(3-\dfrac{a_n}{4}\right)$이 수렴하므로 $\lim_{n\to\infty}\left(3-\dfrac{a_n}{4}\right)=0$

$3-\dfrac{a_n}{4}=b_n$으로 놓으면 $a_n=12-4b_n$

$\lim_{n\to\infty}b_n=0$이므로

$$\lim_{n\to\infty}\left(\frac{a_n}{2}+1\right)=\lim_{n\to\infty}\left(\frac{12-4b_n}{2}+1\right)$$
$$=\lim_{n\to\infty}(-2b_n+7)$$
$$=-2\lim_{n\to\infty}b_n+\lim_{n\to\infty}7=0+7=7$$

03-2 답 5

$a_n-3=c_n$으로 놓으면 $a_n=c_n+3$

급수 $\sum_{n=1}^{\infty}(b_n-1)$이 수렴하므로 $\lim_{n\to\infty}(b_n-1)=0$

$b_n-1=d_n$으로 놓으면 $b_n=d_n+1$

$\lim_{n\to\infty}c_n=1$, $\lim_{n\to\infty}d_n=0$이므로

$$\lim_{n\to\infty}(a_n+b_n)=\lim_{n\to\infty}\{(c_n+3)+(d_n+1)\}$$
$$=\lim_{n\to\infty}(c_n+d_n+4)$$
$$=\lim_{n\to\infty}c_n+\lim_{n\to\infty}d_n+\lim_{n\to\infty}4$$
$$=1+0+4=5$$

03-3 답 2

급수 $\sum_{n=1}^{\infty}\left(a_n-\dfrac{1}{\sqrt{n^2+3n}-\sqrt{n^2+2n}}\right)$이 수렴하므로

$$\lim_{n\to\infty}\left(a_n-\frac{1}{\sqrt{n^2+3n}-\sqrt{n^2+2n}}\right)=0$$

$a_n-\dfrac{1}{\sqrt{n^2+3n}-\sqrt{n^2+2n}}=b_n$으로 놓으면

$$a_n=b_n+\frac{1}{\sqrt{n^2+3n}-\sqrt{n^2+2n}}$$

$\lim_{n\to\infty}b_n=0$이므로

$$\lim_{n\to\infty}a_n$$
$$=\lim_{n\to\infty}\left(b_n+\frac{1}{\sqrt{n^2+3n}-\sqrt{n^2+2n}}\right)$$
$$=\lim_{n\to\infty}b_n+\lim_{n\to\infty}\frac{1}{\sqrt{n^2+3n}-\sqrt{n^2+2n}}$$
$$=0+\lim_{n\to\infty}\frac{\sqrt{n^2+3n}+\sqrt{n^2+2n}}{(\sqrt{n^2+3n}-\sqrt{n^2+2n})(\sqrt{n^2+3n}+\sqrt{n^2+2n})}$$
$$=\lim_{n\to\infty}\frac{\sqrt{n^2+3n}+\sqrt{n^2+2n}}{n}=2$$

04-1 답 -7

$$\sum_{n=1}^{\infty}\left(4a_n-\frac{1}{2}b_n\right)=4\sum_{n=1}^{\infty}a_n-\frac{1}{2}\sum_{n=1}^{\infty}b_n$$
$$=4\times(-1)-\frac{1}{2}\times 6=-7$$

04-2 답 8

$3a_n-2b_n=c_n$으로 놓으면 $a_n=\dfrac{2}{3}b_n+\dfrac{1}{3}c_n$

$\sum_{n=1}^{\infty}b_n=2$, $\sum_{n=1}^{\infty}c_n=20$이므로

$$\sum_{n=1}^{\infty}a_n=\sum_{n=1}^{\infty}\left(\frac{2}{3}b_n+\frac{1}{3}c_n\right)=\frac{2}{3}\sum_{n=1}^{\infty}b_n+\frac{1}{3}\sum_{n=1}^{\infty}c_n$$
$$=\frac{2}{3}\times 2+\frac{1}{3}\times 20=8$$

04-3 답 3

$\sum_{n=1}^{\infty}a_n=\alpha$, $\sum_{n=1}^{\infty}b_n=\beta$ (α, β는 실수)라 하면

$\sum_{n=1}^{\infty}(a_n-3b_n)=11$에서

$$\sum_{n=1}^{\infty}a_n-3\sum_{n=1}^{\infty}b_n=11 \quad \therefore \alpha-3\beta=11 \quad \cdots\cdots ㉠$$

$\sum_{n=1}^{\infty}(2a_n+b_n)=8$에서

$$2\sum_{n=1}^{\infty}a_n+\sum_{n=1}^{\infty}b_n=8 \quad \therefore 2\alpha+\beta=8 \quad \cdots\cdots ㉡$$

㉠, ㉡을 연립하여 풀면 $\alpha=5$, $\beta=-2$

$$\therefore \sum_{n=1}^{\infty}(a_n+b_n)=\sum_{n=1}^{\infty}a_n+\sum_{n=1}^{\infty}b_n=\alpha+\beta$$
$$=5+(-2)=3$$

05-1 <u>답</u> ㄱ, ㄴ

ㄱ. $\displaystyle\sum_{n=1}^{\infty}(a_n-1)$이 수렴하므로 $\displaystyle\lim_{n\to\infty}(a_n-1)=0$

$\therefore \displaystyle\lim_{n\to\infty}a_n=\lim_{n\to\infty}\{(a_n-1)+1\}=0+1=1$

즉, $\displaystyle\lim_{n\to\infty}a_n\neq0$이므로 $\displaystyle\sum_{n=1}^{\infty}a_n$은 발산한다.

ㄴ. $\displaystyle\sum_{n=1}^{\infty}a_n,\ \sum_{n=1}^{\infty}b_n$이 모두 수렴하므로

$\displaystyle\lim_{n\to\infty}a_n=0,\ \lim_{n\to\infty}b_n=0$

$\therefore \displaystyle\lim_{n\to\infty}(a_n+b_n)=\lim_{n\to\infty}a_n+\lim_{n\to\infty}b_n=0$

ㄷ. [반례] $a_n=\dfrac{1}{n(n+1)},\ b_n=n^2$이라 하면

$$\sum_{n=1}^{\infty}a_n=\sum_{n=1}^{\infty}\frac{1}{n(n+1)}=\sum_{n=1}^{\infty}\left(\frac{1}{n}-\frac{1}{n+1}\right)$$
$$=\lim_{n\to\infty}\sum_{k=1}^{n}\left(\frac{1}{k}-\frac{1}{k+1}\right)$$
$$=\lim_{n\to\infty}\left\{\left(1-\frac{1}{2}\right)+\left(\frac{1}{2}-\frac{1}{3}\right)+\left(\frac{1}{3}-\frac{1}{4}\right)\right.$$
$$\left.+\cdots+\left(\frac{1}{n}-\frac{1}{n+1}\right)\right\}$$
$$=\lim_{n\to\infty}\left(1-\frac{1}{n+1}\right)=1$$

즉, $\displaystyle\sum_{n=1}^{\infty}a_n$은 1로 수렴하고 $\displaystyle\lim_{n\to\infty}b_n=\infty$이지만

$\displaystyle\lim_{n\to\infty}a_nb_n=\lim_{n\to\infty}\frac{n^2}{n(n+1)}=1\neq0$

ㄹ. $\displaystyle\sum_{n=1}^{\infty}a_n,\ \sum_{n=1}^{\infty}b_n$이 수렴하므로

$\displaystyle\lim_{n\to\infty}a_n=0,\ \lim_{n\to\infty}b_n=0$ $\qquad\therefore \displaystyle\lim_{n\to\infty}a_n=\lim_{n\to\infty}b_n$

따라서 보기 중 옳은 것은 ㄱ, ㄴ이다.

연습문제
40~41쪽

1 ④	**2** $\dfrac{1}{2}$	**3** $\dfrac{1}{2}$	**4** ②	**5** ④
6 ③	**7** $-\dfrac{3}{2}$	**8** $\dfrac{1}{4}$	**9** ①	**10** ㄴ, ㄷ
11 ⑤	**12** $\dfrac{1}{12}$	**13** -1		

1 급수 $\displaystyle\sum_{n=1}^{\infty}a_n$의 제$n$항까지의 부분합을 S_n이라 하면

$$1+\frac{2n-1}{n+3}<S_n<3+\left(\frac{1}{4}\right)^n$$

이때 $\displaystyle\lim_{n\to\infty}\left(1+\frac{2n-1}{n+3}\right)=1+2=3,\ \lim_{n\to\infty}\left\{3+\left(\frac{1}{4}\right)^n\right\}=3$

이므로 수열의 극한의 대소 관계에 의하여

$\displaystyle\lim_{n\to\infty}S_n=3$ $\qquad\therefore \displaystyle\sum_{n=1}^{\infty}a_n=\lim_{n\to\infty}S_n=3$

2 $\displaystyle\sum_{n=1}^{\infty}\frac{1}{n^2+3n+2}=\sum_{n=1}^{\infty}\frac{1}{(n+1)(n+2)}$
$$=\sum_{n=1}^{\infty}\left(\frac{1}{n+1}-\frac{1}{n+2}\right)$$
$$=\lim_{n\to\infty}\sum_{k=1}^{n}\left(\frac{1}{k+1}-\frac{1}{k+2}\right)$$
$$=\lim_{n\to\infty}\left\{\left(\frac{1}{2}-\frac{1}{3}\right)+\left(\frac{1}{3}-\frac{1}{4}\right)+\left(\frac{1}{4}-\frac{1}{5}\right)\right.$$
$$\left.+\cdots+\left(\frac{1}{n+1}-\frac{1}{n+2}\right)\right\}$$
$$=\lim_{n\to\infty}\left(\frac{1}{2}-\frac{1}{n+2}\right)=\frac{1}{2}$$

3 등차수열 $\{a_n\}$의 첫째항을 a, 공차를 d라 하면

$a_3=6$에서 $a+2d=6$ $\qquad\cdots\cdots$ ㉠

$a_6=12$에서 $a+5d=12$ $\qquad\cdots\cdots$ ㉡

㉠, ㉡을 연립하여 풀면 $a=2,\ d=2$

$\therefore a_n=2+(n-1)\times2=2n$

$\displaystyle\therefore \sum_{n=1}^{\infty}\frac{a_{n+1}-a_n}{a_na_{n+1}}=\sum_{n=1}^{\infty}\left(\frac{1}{a_n}-\frac{1}{a_{n+1}}\right)$
$$=\sum_{n=1}^{\infty}\left\{\frac{1}{2n}-\frac{1}{2(n+1)}\right\}$$
$$=\sum_{n=1}^{\infty}\frac{1}{2}\left(\frac{1}{n}-\frac{1}{n+1}\right)$$
$$=\frac{1}{2}\lim_{n\to\infty}\sum_{k=1}^{n}\left(\frac{1}{k}-\frac{1}{k+1}\right)$$
$$=\frac{1}{2}\lim_{n\to\infty}\left\{\left(1-\frac{1}{2}\right)+\left(\frac{1}{2}-\frac{1}{3}\right)\right.$$
$$\left.+\left(\frac{1}{3}-\frac{1}{4}\right)+\cdots+\left(\frac{1}{n}-\frac{1}{n+1}\right)\right\}$$
$$=\frac{1}{2}\lim_{n\to\infty}\left(1-\frac{1}{n+1}\right)$$
$$=\frac{1}{2}\times1=\frac{1}{2}$$

4 다항식 $a_nx^2-a_nx-1$이 $x-n-5$로 나누어떨어지므로

$a_n(n+5)^2-a_n(n+5)-1=0$

$a_n(n+4)(n+5)=1$

$\therefore a_n=\dfrac{1}{(n+4)(n+5)}$

$\displaystyle\therefore \sum_{n=1}^{\infty}a_n=\sum_{n=1}^{\infty}\frac{1}{(n+4)(n+5)}$
$$=\sum_{n=1}^{\infty}\left(\frac{1}{n+4}-\frac{1}{n+5}\right)$$
$$=\lim_{n\to\infty}\sum_{k=1}^{n}\left(\frac{1}{k+4}-\frac{1}{k+5}\right)$$
$$=\lim_{n\to\infty}\left\{\left(\frac{1}{5}-\frac{1}{6}\right)+\left(\frac{1}{6}-\frac{1}{7}\right)+\left(\frac{1}{7}-\frac{1}{8}\right)\right.$$
$$\left.+\cdots+\left(\frac{1}{n+4}-\frac{1}{n+5}\right)\right\}$$
$$=\lim_{n\to\infty}\left(\frac{1}{5}-\frac{1}{n+5}\right)=\frac{1}{5}$$

5 ㄱ. $\lim\limits_{n\to\infty}\dfrac{3n^3}{n^3+2}=3\neq0$이므로 급수 $\sum\limits_{n=1}^{\infty}\dfrac{3n^3}{n^3+2}$은 발산한다.

ㄴ. $\sum\limits_{n=1}^{\infty}\left(\dfrac{n}{n+1}-\dfrac{n+2}{n+3}\right)$

$=\lim\limits_{n\to\infty}\sum\limits_{k=1}^{n}\left(\dfrac{k}{k+1}-\dfrac{k+2}{k+3}\right)$

$=\lim\limits_{n\to\infty}\left\{\left(\dfrac{1}{2}-\dfrac{3}{4}\right)+\left(\dfrac{2}{3}-\dfrac{4}{5}\right)+\left(\dfrac{3}{4}-\dfrac{5}{6}\right)\right.$

$\left.\qquad+\cdots+\left(\dfrac{n-1}{n}-\dfrac{n+1}{n+2}\right)+\left(\dfrac{n}{n+1}-\dfrac{n+2}{n+3}\right)\right\}$

$=\lim\limits_{n\to\infty}\left(\dfrac{1}{2}+\dfrac{2}{3}-\dfrac{n+1}{n+2}-\dfrac{n+2}{n+3}\right)$

$=\dfrac{1}{2}+\dfrac{2}{3}-1-1=-\dfrac{5}{6}$

ㄷ. $\lim\limits_{n\to\infty}(\sqrt{n^2+2n}-n)$

$=\lim\limits_{n\to\infty}\dfrac{(\sqrt{n^2+2n}-n)(\sqrt{n^2+2n}+n)}{\sqrt{n^2+2n}+n}$

$=\lim\limits_{n\to\infty}\dfrac{2n}{\sqrt{n^2+2n}+n}=1\neq0$

즉, 급수 $\sum\limits_{n=1}^{\infty}(\sqrt{n^2+2n}-n)$은 발산한다.

ㄹ. 주어진 급수의 제n항까지의 부분합을 S_n이라 하면 자연수 k에 대하여

(i) $n=2k-1$일 때,

$S_{2k-1}=1+\left(-\dfrac{1}{3}+\dfrac{1}{3}\right)+\left(-\dfrac{1}{5}+\dfrac{1}{5}\right)$

$\qquad\qquad+\cdots+\left(-\dfrac{1}{2k-1}+\dfrac{1}{2k-1}\right)$

$\qquad=1$

$\qquad\therefore\lim\limits_{k\to\infty}S_{2k-1}=1$

(ii) $n=2k$일 때,

$S_{2k}=\left(1-\dfrac{1}{3}\right)+\left(\dfrac{1}{3}-\dfrac{1}{5}\right)+\left(\dfrac{1}{5}-\dfrac{1}{7}\right)$

$\qquad\qquad+\cdots+\left(\dfrac{1}{2k-1}-\dfrac{1}{2k+1}\right)$

$\qquad=1-\dfrac{1}{2k+1}$

$\qquad\therefore\lim\limits_{k\to\infty}S_{2k}=\lim\limits_{k\to\infty}\left(1-\dfrac{1}{2k+1}\right)=1$

(i), (ii)에서 $\lim\limits_{k\to\infty}S_{2k-1}=\lim\limits_{k\to\infty}S_{2k}=1$이므로 주어진 급수는 수렴한다.

따라서 보기 중 수렴하는 급수인 것은 ㄴ, ㄹ이다.

6 급수 $\sum\limits_{n=1}^{\infty}\dfrac{an^2+6}{4n^2+8n+3}$이 수렴하므로

$\lim\limits_{n\to\infty}\dfrac{an^2+6}{4n^2+8n+3}=0,\ \lim\limits_{n\to\infty}\dfrac{a+\dfrac{6}{n^2}}{4+\dfrac{8}{n}+\dfrac{3}{n^2}}=0$

즉, $\dfrac{a}{4}=0$이므로 $a=0$

$\therefore b=\sum\limits_{n=1}^{\infty}\dfrac{6}{4n^2+8n+3}=\sum\limits_{n=1}^{\infty}\dfrac{6}{(2n+1)(2n+3)}$

$\qquad=\sum\limits_{n=1}^{\infty}3\left(\dfrac{1}{2n+1}-\dfrac{1}{2n+3}\right)$

$\qquad=3\lim\limits_{n\to\infty}\sum\limits_{k=1}^{n}\left(\dfrac{1}{2k+1}-\dfrac{1}{2k+3}\right)$

$\qquad=3\lim\limits_{n\to\infty}\left\{\left(\dfrac{1}{3}-\dfrac{1}{5}\right)+\left(\dfrac{1}{5}-\dfrac{1}{7}\right)+\left(\dfrac{1}{7}-\dfrac{1}{9}\right)\right.$

$\left.\qquad\qquad+\cdots+\left(\dfrac{1}{2n+1}-\dfrac{1}{2n+3}\right)\right\}$

$\qquad=3\lim\limits_{n\to\infty}\left(\dfrac{1}{3}-\dfrac{1}{2n+3}\right)$

$\qquad=3\times\dfrac{1}{3}=1$

$\therefore b-a=1-0=1$

7 $\dfrac{a_n}{n}-3=b_n$으로 놓으면

$\dfrac{a_n}{n}=b_n+3 \qquad \therefore a_n=n(b_n+3)$

급수 $\sum\limits_{n=1}^{\infty}b_n$이 수렴하므로 $\lim\limits_{n\to\infty}b_n=0$

$\therefore \lim\limits_{n\to\infty}\dfrac{3n^3+a_n^3}{7n^3-a_n^3}=\lim\limits_{n\to\infty}\dfrac{3n^3+n^3(b_n+3)^3}{7n^3-n^3(b_n+3)^3}$

$\qquad\qquad=\lim\limits_{n\to\infty}\dfrac{3+(b_n+3)^3}{7-(b_n+3)^3}=\dfrac{3+27}{7-27}=-\dfrac{3}{2}$

8 $\lim\limits_{n\to\infty}(a_n-1)=3$이므로

$\lim\limits_{n\to\infty}a_n=\lim\limits_{n\to\infty}\{(a_n-1)+1\}=3+1=4$

급수 $\sum\limits_{n=1}^{\infty}(a_n+b_n-6)$이 수렴하므로

$\lim\limits_{n\to\infty}(a_n+b_n-6)=0$

$a_n+b_n-6=c_n$으로 놓으면 $b_n=-a_n+c_n+6$

$\lim\limits_{n\to\infty}c_n=0$이므로

$\lim\limits_{n\to\infty}\dfrac{nb_n+5}{2na_n+1}=\lim\limits_{n\to\infty}\dfrac{n(-a_n+c_n+6)+5}{2na_n+1}$

$\qquad\qquad=\lim\limits_{n\to\infty}\dfrac{-a_n+c_n+6+\dfrac{5}{n}}{2a_n+\dfrac{1}{n}}=\dfrac{-4+6}{2\times4}=\dfrac{1}{4}$

9 $\dfrac{b_n}{2}-a_n=c_n$으로 놓으면

$\dfrac{b_n}{2}=a_n+c_n \qquad \therefore b_n=2a_n+2c_n$

$\sum\limits_{n=1}^{\infty}a_n=5,\ \sum\limits_{n=1}^{\infty}c_n=3$이므로

$\sum\limits_{n=1}^{\infty}(5a_n-b_n)=\sum\limits_{n=1}^{\infty}\{5a_n-(2a_n+2c_n)\}$

$\qquad\qquad=\sum\limits_{n=1}^{\infty}(3a_n-2c_n)=3\sum\limits_{n=1}^{\infty}a_n-2\sum\limits_{n=1}^{\infty}c_n$

$\qquad\qquad=3\times5-2\times3=9$

10 ㄱ. $\displaystyle\sum_{n=1}^{\infty}\left(a_n-\dfrac{1}{2}\right)$이 수렴하므로 $\displaystyle\lim_{n\to\infty}\left(a_n-\dfrac{1}{2}\right)=0$

$$\therefore \lim_{n\to\infty}a_n=\lim_{n\to\infty}\left\{\left(a_n-\dfrac{1}{2}\right)+\dfrac{1}{2}\right\}=\dfrac{1}{2}$$

ㄴ. $\displaystyle\sum_{n=1}^{\infty}(a_n+b_n)=\alpha$, $\displaystyle\sum_{n=1}^{\infty}(a_n-b_n)=\beta$ (α, β는 실수)라

하면

$$\sum_{n=1}^{\infty}a_n=\sum_{n=1}^{\infty}\dfrac{(a_n+b_n)+(a_n-b_n)}{2}=\dfrac{\alpha+\beta}{2}$$

$$\sum_{n=1}^{\infty}b_n=\sum_{n=1}^{\infty}\dfrac{(a_n+b_n)-(a_n-b_n)}{2}=\dfrac{\alpha-\beta}{2}$$

즉, $\displaystyle\sum_{n=1}^{\infty}a_n$, $\displaystyle\sum_{n=1}^{\infty}b_n$도 모두 수렴한다.

ㄷ. $\displaystyle\sum_{n=1}^{\infty}(a_n-b_n)$이 수렴하므로 $\displaystyle\lim_{n\to\infty}(a_n-b_n)=0$

$\displaystyle\lim_{n\to\infty}a_n=\alpha$ (α는 실수)라 하면

$$\lim_{n\to\infty}b_n=\lim_{n\to\infty}\{a_n-(a_n-b_n)\}=\alpha-0=\alpha$$

$$\therefore \lim_{n\to\infty}a_n=\lim_{n\to\infty}b_n$$

ㄹ. [반례] $a_n=1$, $b_n=2$라 하면

$$\sum_{n=1}^{\infty}a_nb_n=\sum_{n=1}^{\infty}2=\lim_{n\to\infty}\sum_{k=1}^{n}2=\lim_{n\to\infty}2n=\infty$$

즉, $\displaystyle\sum_{n=1}^{\infty}a_nb_n$은 발산하지만 $\displaystyle\lim_{n\to\infty}a_n=1$, $\displaystyle\lim_{n\to\infty}b_n=2$이므로 두 수열 $\{a_n\}$, $\{b_n\}$은 모두 수렴한다.

따라서 보기 중 옳은 것은 ㄴ, ㄷ이다.

11 ㈎에서 $\log a_n+\log a_{n+1}+\log b_n=0$

$\log a_na_{n+1}b_n=0$ $\quad\therefore a_na_{n+1}b_n=1$

이때 $a_n>0$이므로

$$b_n=\dfrac{1}{a_na_{n+1}}=\dfrac{1}{a_{n+1}-a_n}\left(\dfrac{1}{a_n}-\dfrac{1}{a_{n+1}}\right)$$

등차수열 $\{a_n\}$의 공차가 3, 즉 $a_{n+1}-a_n=3$이므로

$$b_n=\dfrac{1}{3}\left(\dfrac{1}{a_n}-\dfrac{1}{a_{n+1}}\right)$$

$$\therefore \sum_{n=1}^{\infty}b_n=\sum_{n=1}^{\infty}\dfrac{1}{3}\left(\dfrac{1}{a_n}-\dfrac{1}{a_{n+1}}\right)=\dfrac{1}{3}\lim_{n\to\infty}\sum_{k=1}^{n}\left(\dfrac{1}{a_k}-\dfrac{1}{a_{k+1}}\right)$$

$$=\dfrac{1}{3}\lim_{n\to\infty}\left\{\left(\dfrac{1}{a_1}-\dfrac{1}{a_2}\right)+\left(\dfrac{1}{a_2}-\dfrac{1}{a_3}\right)+\left(\dfrac{1}{a_3}-\dfrac{1}{a_4}\right)\right.$$

$$\left.+\cdots+\left(\dfrac{1}{a_n}-\dfrac{1}{a_{n+1}}\right)\right\}$$

$$=\dfrac{1}{3}\lim_{n\to\infty}\left(\dfrac{1}{a_1}-\dfrac{1}{a_{n+1}}\right)$$

이때 $a_n=a_1+(n-1)\times3=3n-3+a_1$이므로

$$\sum_{n=1}^{\infty}b_n=\dfrac{1}{3}\lim_{n\to\infty}\left(\dfrac{1}{a_1}-\dfrac{1}{a_{n+1}}\right)$$

$$=\dfrac{1}{3}\lim_{n\to\infty}\left\{\dfrac{1}{a_1}-\dfrac{1}{3(n+1)-3+a_1}\right\}$$

$$=\dfrac{1}{3}\lim_{n\to\infty}\left(\dfrac{1}{a_1}-\dfrac{1}{3n+a_1}\right)=\dfrac{1}{3a_1}$$

㈏에서 $\dfrac{1}{3a_1}=\dfrac{1}{12}$이므로 $a_1=4$

12 함수 $y=\sin\pi x$의 주기가 2이므로 함수 $y=|\sin\pi x|$의 주기는 1이다.

함수 $y=|\sin\pi x|$의 그래프와 함수 $y=|x|$, $y=\dfrac{|x|}{2}$, $y=\dfrac{|x|}{3}$, $\cdots$의 그래프는 다음 그림과 같다.

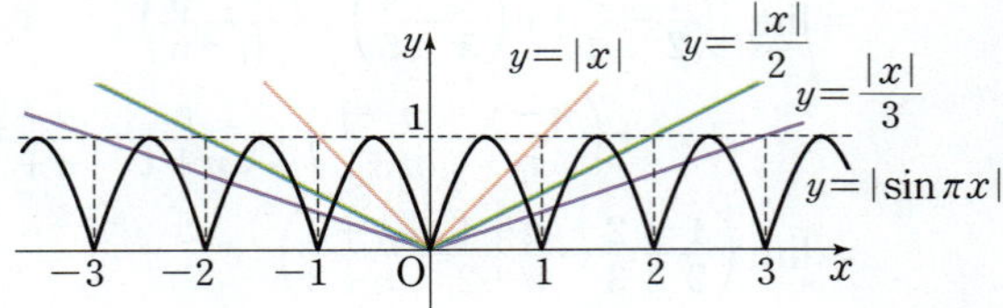

따라서 $a_1=3$, $a_2=3+4=7$, $a_3=7+4=11$, $\cdots$이므로 수열 $\{a_n\}$은 첫째항이 3이고 공차가 4인 등차수열이다.

$$\therefore a_n=3+(n-1)\times4=4n-1$$

$$\therefore \sum_{n=1}^{\infty}\dfrac{1}{a_na_{n+1}}$$

$$=\sum_{n=1}^{\infty}\dfrac{1}{(4n-1)(4n+3)}=\sum_{n=1}^{\infty}\dfrac{1}{4}\left(\dfrac{1}{4n-1}-\dfrac{1}{4n+3}\right)$$

$$=\dfrac{1}{4}\lim_{n\to\infty}\sum_{k=1}^{n}\left(\dfrac{1}{4k-1}-\dfrac{1}{4k+3}\right)$$

$$=\dfrac{1}{4}\lim_{n\to\infty}\left\{\left(\dfrac{1}{3}-\dfrac{1}{7}\right)+\left(\dfrac{1}{7}-\dfrac{1}{11}\right)+\left(\dfrac{1}{11}-\dfrac{1}{15}\right)\right.$$

$$\left.+\cdots+\left(\dfrac{1}{4n-1}-\dfrac{1}{4n+3}\right)\right\}$$

$$=\dfrac{1}{4}\lim_{n\to\infty}\left(\dfrac{1}{3}-\dfrac{1}{4n+3}\right)=\dfrac{1}{4}\times\dfrac{1}{3}=\dfrac{1}{12}$$

13 $a_1+a_2+a_3+\cdots=1$에서 $\displaystyle\sum_{n=1}^{\infty}a_n=1$

급수 $\displaystyle\sum_{n=1}^{\infty}a_n$이 수렴하므로 $\displaystyle\lim_{n\to\infty}a_n=\lim_{n\to\infty}a_{n+1}=0$

$\displaystyle\lim_{n\to\infty}na_n=0$에서 $\displaystyle\lim_{n\to\infty}(n+1)a_{n+1}=0$

급수 $\displaystyle\sum_{n=1}^{\infty}n(a_{n+1}-a_n)$의 제$n$항까지의 부분합을 S_n이라 하면

$$S_n=(a_2-a_1)+2(a_3-a_2)+3(a_4-a_3)$$

$$+\cdots+(n-1)(a_n-a_{n-1})+n(a_{n+1}-a_n)$$

$$=a_2+2a_3+3a_4+\cdots+(n-1)a_n+na_{n+1}$$

$$-a_1-2a_2-3a_3-\cdots-(n-1)a_{n-1}-na_n$$

$$=-(a_1+a_2+a_3+\cdots+a_n)+na_{n+1}$$

$$=-\sum_{k=1}^{n}a_k+(n+1)a_{n+1}-a_{n+1}$$

$$\therefore \sum_{n=1}^{\infty}n(a_{n+1}-a_n)$$

$$=\lim_{n\to\infty}S_n$$

$$=\lim_{n\to\infty}\left\{-\sum_{k=1}^{n}a_k+(n+1)a_{n+1}-a_{n+1}\right\}$$

$$=-\sum_{n=1}^{\infty}a_n+\lim_{n\to\infty}(n+1)a_{n+1}-\lim_{n\to\infty}a_{n+1}$$

$$=-1+0-0=-1$$

1 등비급수의 수렴과 발산

개념 CHECK 43쪽

1 답 (1) 수렴, $\dfrac{1}{3}$ (2) 발산 (3) 발산 (4) 수렴, $\dfrac{3}{2}$

(1) 등비급수 $\displaystyle\sum_{n=1}^{\infty}\left(\dfrac{1}{4}\right)^{n}$에서 공비는 $\dfrac{1}{4}$이고 $-1<\dfrac{1}{4}<1$이

므로 이 급수는 수렴한다.

따라서 첫째항이 $\dfrac{1}{4}$, 공비가 $\dfrac{1}{4}$인 등비급수의 합은

$$\dfrac{\dfrac{1}{4}}{1-\dfrac{1}{4}}=\dfrac{1}{3}$$

(2) 등비급수 $\displaystyle\sum_{n=1}^{\infty}\left(-\dfrac{6}{5}\right)^{n}$에서 공비는 $-\dfrac{6}{5}$이고 $-\dfrac{6}{5}<-1$

이므로 이 급수는 발산한다.

(3) 등비급수 $\displaystyle\sum_{n=1}^{\infty}\dfrac{1}{5}\times 4^{n-1}$에서 공비는 4이고 $4>1$이므로

이 급수는 발산한다.

(4) 등비급수 $\displaystyle\sum_{n=1}^{\infty}2\times\left(-\dfrac{1}{3}\right)^{n-1}$에서 공비는 $-\dfrac{1}{3}$이고

$-1<-\dfrac{1}{3}<1$이므로 이 급수는 수렴한다.

따라서 첫째항이 2, 공비가 $-\dfrac{1}{3}$인 등비급수의 합은

$$\dfrac{2}{1-\left(-\dfrac{1}{3}\right)}=\dfrac{3}{2}$$

2 답 $-\dfrac{1}{3}<x<\dfrac{1}{3}$

등비급수 $1-3x+9x^2-27x^3+\cdots$의 공비는 $-3x$이므로

이 등비급수가 수렴하려면

$$-1<-3x<1$$

$$\therefore -\dfrac{1}{3}<x<\dfrac{1}{3}$$

문제 44~51쪽

01-1 답 (1) $-\dfrac{1}{5}$ (2) $\dfrac{1}{2}$ (3) $-\dfrac{1}{2}$ (4) $-\dfrac{3}{2}$

(1) $\displaystyle\sum_{n=1}^{\infty}\left(-\dfrac{1}{3}\right)^{n}\left(\dfrac{3}{4}\right)^{n}=\sum_{n=1}^{\infty}\left(-\dfrac{1}{4}\right)^{n}$

$$=\dfrac{-\dfrac{1}{4}}{1-\left(-\dfrac{1}{4}\right)}=-\dfrac{1}{5}$$

(2) $\displaystyle\sum_{n=1}^{\infty}\dfrac{3^n-2^n}{6^n}=\sum_{n=1}^{\infty}\left(\dfrac{1}{2}\right)^{n}-\sum_{n=1}^{\infty}\left(\dfrac{1}{3}\right)^{n}$

$$=\dfrac{\dfrac{1}{2}}{1-\dfrac{1}{2}}-\dfrac{\dfrac{1}{3}}{1-\dfrac{1}{3}}=1-\dfrac{1}{2}=\dfrac{1}{2}$$

(3) $\displaystyle\sum_{n=1}^{\infty}\dfrac{3-2^n}{3^n}=3\sum_{n=1}^{\infty}\left(\dfrac{1}{3}\right)^{n}-\sum_{n=1}^{\infty}\left(\dfrac{2}{3}\right)^{n}$

$$=3\times\dfrac{\dfrac{1}{3}}{1-\dfrac{1}{3}}-\dfrac{\dfrac{2}{3}}{1-\dfrac{2}{3}}$$

$$=3\times\dfrac{1}{2}-2=-\dfrac{1}{2}$$

(4) $\displaystyle\sum_{n=1}^{\infty}\dfrac{2^{n+1}-3^{2n-1}}{18^{n-1}}=36\sum_{n=1}^{\infty}\left(\dfrac{1}{9}\right)^{n}-6\sum_{n=1}^{\infty}\left(\dfrac{1}{2}\right)^{n}$

$$=36\times\dfrac{\dfrac{1}{9}}{1-\dfrac{1}{9}}-6\times\dfrac{\dfrac{1}{2}}{1-\dfrac{1}{2}}$$

$$=36\times\dfrac{1}{8}-6=-\dfrac{3}{2}$$

01-2 답 $-\dfrac{1}{17}$

$\displaystyle\sum_{n=1}^{\infty}\left(-\dfrac{1}{4}\right)^{n}\cos\dfrac{n\pi}{2}$

$=-\dfrac{1}{4}\cos\dfrac{\pi}{2}+\left(-\dfrac{1}{4}\right)^{2}\cos\pi+\left(-\dfrac{1}{4}\right)^{3}\cos\dfrac{3}{2}\pi$

$\qquad+\left(-\dfrac{1}{4}\right)^{4}\cos 2\pi+\left(-\dfrac{1}{4}\right)^{5}\cos\dfrac{5}{2}\pi$

$\qquad\qquad+\left(-\dfrac{1}{4}\right)^{6}\cos 3\pi+\cdots$

$=0-\left(-\dfrac{1}{4}\right)^{2}+0+\left(-\dfrac{1}{4}\right)^{4}+0-\left(-\dfrac{1}{4}\right)^{6}+\cdots$

$$=\dfrac{-\dfrac{1}{16}}{1-\left(-\dfrac{1}{16}\right)}=-\dfrac{1}{17}$$

02-1 답 $\dfrac{7}{12}$

$\displaystyle\lim_{n\to\infty}\sum_{k=1}^{n}\dfrac{1+5+5^2+\cdots+5^{k-1}}{7^k}=\lim_{n\to\infty}\sum_{k=1}^{n}\dfrac{\dfrac{5^k-1}{5-1}}{7^k}$

$$=\dfrac{1}{4}\sum_{n=1}^{\infty}\dfrac{5^n-1}{7^n}$$

$$=\dfrac{1}{4}\left\{\sum_{n=1}^{\infty}\left(\dfrac{5}{7}\right)^{n}-\sum_{n=1}^{\infty}\left(\dfrac{1}{7}\right)^{n}\right\}$$

$$=\dfrac{1}{4}\left(\dfrac{\dfrac{5}{7}}{1-\dfrac{5}{7}}-\dfrac{\dfrac{1}{7}}{1-\dfrac{1}{7}}\right)$$

$$=\dfrac{1}{4}\left(\dfrac{5}{2}-\dfrac{1}{6}\right)=\dfrac{7}{12}$$

02-2 답 $\dfrac{5}{6}$

$$a_n=5\times2^{n-1}$$

$$S_n=\frac{5(2^n-1)}{2-1}=5\times2^n-5$$

$$\therefore \sum_{n=1}^{\infty}\frac{S_n-a_n}{4^n}=\sum_{n=1}^{\infty}\frac{5\times2^n-5-5\times2^{n-1}}{4^n}$$

$$=\sum_{n=1}^{\infty}\frac{\dfrac{5}{2}\times2^n-5}{4^n}$$

$$=\frac{5}{2}\sum_{n=1}^{\infty}\left(\frac{1}{2}\right)^n-5\sum_{n=1}^{\infty}\left(\frac{1}{4}\right)^n$$

$$=\frac{5}{2}\times\frac{\dfrac{1}{2}}{1-\dfrac{1}{2}}-5\times\frac{\dfrac{1}{4}}{1-\dfrac{1}{4}}$$

$$=\frac{5}{2}-\frac{5}{3}=\frac{5}{6}$$

02-3 답 $\dfrac{13}{2}$

$$a_n=\left(\frac{1}{3}\right)^n+4\times\left(\frac{1}{3}\right)^{n-1}$$

$$\therefore \sum_{n=1}^{\infty}a_n=\sum_{n=1}^{\infty}\left\{\left(\frac{1}{3}\right)^n+4\times\left(\frac{1}{3}\right)^{n-1}\right\}$$

$$=\sum_{n=1}^{\infty}\left(\frac{1}{3}\right)^n+\sum_{n=1}^{\infty}4\times\left(\frac{1}{3}\right)^{n-1}$$

$$=\frac{\dfrac{1}{3}}{1-\dfrac{1}{3}}+\frac{4}{1-\dfrac{1}{3}}$$

$$=\frac{1}{2}+6=\frac{13}{2}$$

03-1 답 2

$$1-\frac{x}{3}+\frac{x^2}{9}-\frac{x^3}{27}+\cdots=\frac{1}{1-\left(-\dfrac{x}{3}\right)}=\frac{3}{3+x}$$

따라서 $\dfrac{3}{3+x}=\dfrac{3}{5}$ 이므로

$$15=9+3x$$

$$\therefore x=2$$

03-2 답 3

두 등비수열 $\{a_n\}$, $\{b_n\}$의 공비를 각각 r, s라 하자.

$\displaystyle\sum_{n=1}^{\infty}a_n=4$ 에서 $\dfrac{1}{1-r}=4$

$$1=4-4r \quad \therefore r=\frac{3}{4}$$

$$\therefore a_n=\left(\frac{3}{4}\right)^{n-1}$$

$\displaystyle\sum_{n=1}^{\infty}b_n=2$ 에서 $\dfrac{1}{1-s}=2$

$$1=2-2s \quad \therefore s=\frac{1}{2}$$

$$\therefore b_n=\left(\frac{1}{2}\right)^{n-1}$$

$$\therefore \frac{b_1}{a_1}+\frac{b_2}{a_2}+\frac{b_3}{a_3}+\frac{b_4}{a_4}+\cdots=\sum_{n=1}^{\infty}\frac{b_n}{a_n}$$

$$=\sum_{n=1}^{\infty}\frac{\left(\dfrac{1}{2}\right)^{n-1}}{\left(\dfrac{3}{4}\right)^{n-1}}$$

$$=\sum_{n=1}^{\infty}\left(\frac{2}{3}\right)^{n-1}$$

$$=\frac{1}{1-\dfrac{2}{3}}=3$$

03-3 답 $\dfrac{5}{2}$

$\displaystyle\sum_{n=1}^{\infty}a_n=2$ 에서 $\dfrac{a}{1-r}=2$

$$\therefore a=2(1-r) \quad\quad \cdots\cdots\ \bigcirc$$

수열 $\{a_n{}^3\}$은 첫째항이 a^3, 공비가 r^3인 등비수열이므로

$\displaystyle\sum_{n=1}^{\infty}a_n{}^3=24$ 에서 $\dfrac{a^3}{1-r^3}=24$

$$\therefore a^3=24(1-r^3)$$

$\bigcirc$을 대입하면

$$8(1-r)^3=24(1-r^3)$$

$$(1-r)^3=3(1-r)(1+r+r^2)$$

$$(1-r)^2=3(1+r+r^2)\ (\because\ -1<r<1)$$

$$2r^2+5r+2=0$$

$$(r+2)(2r+1)=0$$

$$\therefore r=-\frac{1}{2}\ (\because\ -1<r<1)$$

이를 $\bigcirc$에 대입하면

$$a=2\left\{1-\left(-\frac{1}{2}\right)\right\}=3$$

$$\therefore a+r=3+\left(-\frac{1}{2}\right)=\frac{5}{2}$$

04-1 답 (1) $2\leq x<4$

  (2) $x=-2$ 또는 $-\sqrt{2}<x<0$ 또는 $0<x<\sqrt{2}$

(1) 주어진 등비급수의 첫째항이 $(x-2)(x-3)$, 공비가
   $x-3$이므로 이 등비급수가 수렴하려면

$$(x-2)(x-3)=0 \text{ 또는 } -1<x-3<1$$

  (i) $(x-2)(x-3)=0$에서 $x=2$ 또는 $x=3$

  (ii) $-1<x-3<1$에서 $2<x<4$

  (i), (ii)에서

$$2\leq x<4$$

(2) 주어진 등비급수의 첫째항이 $x+2$, 공비가 x^2-1이므로 이 등비급수가 수렴하려면
$$x+2=0 \text{ 또는 } -1<x^2-1<1$$
(ⅰ) $x+2=0$에서 $x=-2$

(ⅱ) $-1<x^2-1<1$에서
$$0<x^2<2$$
$$\therefore -\sqrt{2}<x<0 \text{ 또는 } 0<x<\sqrt{2}$$
(ⅰ), (ⅱ)에서
$$x=-2 \text{ 또는 } -\sqrt{2}<x<0 \text{ 또는 } 0<x<\sqrt{2}$$

04-2 답 $1<x<9$

주어진 등비급수의 공비가 $1-\log_3 x$이므로 이 등비급수가 수렴하려면
$$-1<1-\log_3 x<1, \quad -2<-\log_3 x<0$$
$$0<\log_3 x<2$$
$$\therefore 1<x<9$$

05-1 답 (1) $\dfrac{104}{333}$ (2) $\dfrac{23}{90}$

(1) $0.\dot{3}1\dot{2}=0.312312312\cdots$
$$=0.312+0.000312+0.000000312+\cdots$$
$$=\frac{312}{1000}+\frac{312}{1000000}+\frac{312}{1000000000}+\cdots$$
$$=\frac{\dfrac{312}{1000}}{1-\dfrac{1}{1000}}$$
$$=\frac{312}{999}=\frac{104}{333}$$

(2) $0.2\dot{5}=0.2555\cdots$
$$=0.2+0.05+0.005+0.0005+\cdots$$
$$=\frac{2}{10}+\frac{5}{100}+\frac{5}{1000}+\frac{5}{10000}+\cdots$$
$$=\frac{2}{10}+\frac{\dfrac{5}{100}}{1-\dfrac{1}{10}}$$
$$=\frac{2}{10}+\frac{5}{90}$$
$$=\frac{23}{90}$$

06-1 답 $\dfrac{\sqrt{3}}{3}$

점 P_n의 x좌표를 x_n이라 하면
$$x_1=\overline{OP_1}\cos 30°=\frac{\sqrt{3}}{2}$$
$$x_2=x_1-\overline{P_1P_2}\cos 30°=\frac{\sqrt{3}}{2}-\frac{1}{2}\times\frac{\sqrt{3}}{2}$$

$$x_3=x_2+\overline{P_2P_3}\cos 30°=\frac{\sqrt{3}}{2}-\frac{1}{2}\times\frac{\sqrt{3}}{2}+\left(\frac{1}{2}\right)^2\times\frac{\sqrt{3}}{2}$$
$$\vdots$$
$$\therefore a=\lim_{n\to\infty}x_n$$
$$=\frac{\sqrt{3}}{2}-\frac{1}{2}\times\frac{\sqrt{3}}{2}+\left(\frac{1}{2}\right)^2\times\frac{\sqrt{3}}{2}-\left(\frac{1}{2}\right)^3\times\frac{\sqrt{3}}{2}+\cdots$$
$$=\frac{\dfrac{\sqrt{3}}{2}}{1-\left(-\dfrac{1}{2}\right)}=\frac{\sqrt{3}}{3}$$

점 P_n의 y좌표를 y_n이라 하면
$$y_1=\overline{OP_1}\sin 30°=\frac{1}{2}$$
$$y_2=y_1+\overline{P_1P_2}\sin 30°=\frac{1}{2}+\left(\frac{1}{2}\right)^2$$
$$y_3=y_2+\overline{P_2P_3}\sin 30°=\frac{1}{2}+\left(\frac{1}{2}\right)^2+\left(\frac{1}{2}\right)^3$$
$$\vdots$$
$$\therefore b=\lim_{n\to\infty}y_n$$
$$=\frac{1}{2}+\left(\frac{1}{2}\right)^2+\left(\frac{1}{2}\right)^3+\left(\frac{1}{2}\right)^4+\cdots$$
$$=\frac{\dfrac{1}{2}}{1-\dfrac{1}{2}}=1$$
$$\therefore ab=\frac{\sqrt{3}}{3}\times 1=\frac{\sqrt{3}}{3}$$

07-1 답 8π

$\overline{A_1A_2}=4$이므로 $l_1=\dfrac{1}{2}\times 2\pi\times 2=2\pi$

$\overline{A_2A_3}=\dfrac{3}{4}\overline{A_1A_2}=3$이므로 $l_2=\dfrac{1}{2}\times 2\pi\times\dfrac{3}{2}=\dfrac{3}{2}\pi$

$\overline{A_3A_4}=\dfrac{3}{4}\overline{A_2A_3}=\dfrac{9}{4}$이므로 $l_3=\dfrac{1}{2}\times 2\pi\times\dfrac{9}{8}=\dfrac{9}{8}\pi$
$$\vdots$$
$$\therefore \sum_{n=1}^{\infty}l_n=2\pi+\frac{3}{2}\pi+\frac{9}{8}\pi+\cdots=\frac{2\pi}{1-\dfrac{3}{4}}=8\pi$$

다른 풀이

$\overline{A_1A_2}=4$이므로 $l_1=2\pi$

선분 A_nA_{n+1}을 $1:3$으로 내분하는 점이 A_{n+2}이므로
$$\overline{A_{n+1}A_{n+2}}=\frac{3}{4}\overline{A_nA_{n+1}}$$
이때 반원의 호의 길이는 반지름의 길이에 비례하므로
$$l_{n+1}=\frac{3}{4}l_n$$
따라서 수열 $\{l_n\}$은 첫째항이 2π, 공비가 $\dfrac{3}{4}$인 등비수열이므로
$$\sum_{n=1}^{\infty}l_n=\frac{2\pi}{1-\dfrac{3}{4}}=8\pi$$

08-**1** 답 **10**

오른쪽 그림에서 정사각형 A_n
의 한 변의 길이를 a_n이라 하면
직각이등변삼각형 B_n의 빗변이
아닌 한 변의 길이는 a_{n+1}이다.

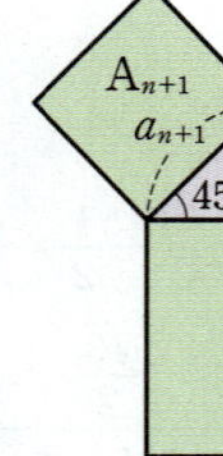

$a_1=2$이므로

$$a_2=a_1\cos 45°=2\times\frac{\sqrt{2}}{2}$$

$$a_3=a_2\cos 45°=2\times\left(\frac{\sqrt{2}}{2}\right)^2$$

$$a_4=a_3\cos 45°=2\times\left(\frac{\sqrt{2}}{2}\right)^3$$

$$\vdots$$

$$\therefore a_n=2\times\left(\frac{\sqrt{2}}{2}\right)^{n-1}$$

이때 정사각형 A_n의 넓이를 S_n이라 하면

$$S_n=a_n{}^2=\left\{2\times\left(\frac{\sqrt{2}}{2}\right)^{n-1}\right\}^2=4\times\left(\frac{1}{2}\right)^{n-1}$$

$$\therefore \sum_{n=1}^{\infty}S_n=\sum_{n=1}^{\infty}4\times\left(\frac{1}{2}\right)^{n-1}=\frac{4}{1-\frac{1}{2}}=8$$

한편 직각이등변삼각형 B_n의 넓이를 T_n이라 하면

$$T_n=\frac{1}{2}\times a_{n+1}{}^2=\frac{1}{2}\times\left\{2\times\left(\frac{\sqrt{2}}{2}\right)^{n}\right\}^2=\left(\frac{1}{2}\right)^{n-1}$$

$$\therefore \sum_{n=1}^{\infty}T_n=\sum_{n=1}^{\infty}\left(\frac{1}{2}\right)^{n-1}=\frac{1}{1-\frac{1}{2}}=2$$

따라서 모든 정사각형과 직각이등변삼각형의 넓이의 합은

$$\sum_{n=1}^{\infty}S_n+\sum_{n=1}^{\infty}T_n=8+2=10$$

연습문제

52~54쪽

1 2	**2** ④	**3** 32	**4** $\frac{37}{99}$	**5** 6
6 ③	**7** $\frac{1}{15}$	**8** $0\le x<2$		**9** ④
10 ㄱ, ㄴ	**11** 2	**12** ④	**13** ②	**14** 27 m
15 $\frac{\sqrt{3}}{3}$	**16** 7	**17** $\frac{2}{3}$	**18** ④	

1
$$\log_3 3+\log_3\sqrt{3}+\log_3\sqrt[4]{3}+\log_3\sqrt[8]{3}+\cdots$$
$$=\log_3 3+\log_3 3^{\frac{1}{2}}+\log_3 3^{\frac{1}{4}}+\log_3 3^{\frac{1}{8}}+\cdots$$
$$=1+\frac{1}{2}+\frac{1}{4}+\frac{1}{8}+\cdots$$
$$=\frac{1}{1-\frac{1}{2}}=2$$

2
$$\sum_{n=1}^{\infty}\frac{2^{2n}-2}{6^n}=\sum_{n=1}^{\infty}\left(\frac{2}{3}\right)^n-2\sum_{n=1}^{\infty}\left(\frac{1}{6}\right)^n$$
$$=\frac{\frac{2}{3}}{1-\frac{2}{3}}-2\times\frac{\frac{1}{6}}{1-\frac{1}{6}}$$
$$=2-2\times\frac{1}{5}=\frac{8}{5}$$

3 $a_1=3$, $a_{n+1}=\frac{2}{3}a_n$에서 수열 $\{a_n\}$은 첫째항이 3, 공비가 $\frac{2}{3}$인 등비수열이므로

$$a_n=3\times\left(\frac{2}{3}\right)^{n-1}$$

$$\therefore a_{2n-1}=3\times\left(\frac{2}{3}\right)^{2n-2}=3\times\left(\frac{4}{9}\right)^{n-1}$$

$$\therefore \sum_{n=1}^{\infty}a_{2n-1}=\sum_{n=1}^{\infty}3\times\left(\frac{4}{9}\right)^{n-1}$$
$$=\frac{3}{1-\frac{4}{9}}=\frac{27}{5}$$

따라서 $p=5$, $q=27$이므로 $p+q=32$

4 4^n의 일의 자리의 숫자는 차례대로 4, 6, 4, 6, $\cdots$
9^n의 일의 자리의 숫자는 차례대로 9, 1, 9, 1, $\cdots$
따라서 4^n+9^n의 일의 자리의 숫자는 3, 7이 반복되므로
$a_1=3$, $a_2=7$, $a_3=3$, $a_4=7$, $\cdots$

$$\therefore \sum_{n=1}^{\infty}\frac{a_n}{10^n}=\frac{3}{10}+\frac{7}{10^2}+\frac{3}{10^3}+\frac{7}{10^4}+\cdots$$
$$=\left(\frac{3}{10}+\frac{3}{10^3}+\frac{3}{10^5}+\cdots\right)$$
$$+\left(\frac{7}{10^2}+\frac{7}{10^4}+\frac{7}{10^6}+\cdots\right)$$
$$=\frac{\frac{3}{10}}{1-\frac{1}{100}}+\frac{\frac{7}{100}}{1-\frac{1}{100}}=\frac{30}{99}+\frac{7}{99}=\frac{37}{99}$$

5 $\log_8(S_n+1)=\frac{n}{3}$에서
$$S_n=8^{\frac{n}{3}}-1=2^n-1$$
(i) $n\ge 2$일 때,
$$a_n=S_n-S_{n-1}$$
$$=2^n-1-(2^{n-1}-1)=2^{n-1}$$
(ii) $n=1$일 때, $a_1=S_1=2-1=1$
(i), (ii)에서 $a_n=2^{n-1}$

$$\therefore \sum_{n=1}^{\infty}\frac{9}{a_n a_{n+1}}=\sum_{n=1}^{\infty}\frac{9}{2^{n-1}\times 2^n}=18\sum_{n=1}^{\infty}\left(\frac{1}{4}\right)^n$$
$$=18\times\frac{\frac{1}{4}}{1-\frac{1}{4}}=18\times\frac{1}{3}=6$$

6 등비수열 $\{a_n\}$의 첫째항을 a, 공비를 r라 하면

$a_n=ar^{n-1}$이므로

$$\lim_{n\to\infty}\frac{3^n}{a_n+2^n}=\lim_{n\to\infty}\frac{3^n}{ar^{n-1}+2^n}$$

$$=\lim_{n\to\infty}\frac{1}{\frac{a}{r}\times\left(\frac{r}{3}\right)^n+\left(\frac{2}{3}\right)^n}$$

이때 $\lim\limits_{n\to\infty}\dfrac{3^n}{a_n+2^n}=6$으로 극한값이 존재하고

$\lim\limits_{n\to\infty}\left(\dfrac{2}{3}\right)^n=0$이므로

$$\lim_{n\to\infty}\frac{a}{r}\times\left(\frac{r}{3}\right)^n=\frac{1}{6}$$

등비수열의 극한에서 0이 아닌 극한값이 존재하므로

$$\frac{r}{3}=1,\ \frac{a}{r}=\frac{1}{6}$$

$$\therefore a=\frac{1}{2},\ r=3$$

따라서 $a_n=\dfrac{1}{2}\times3^{n-1}$이므로

$$\sum_{n=1}^{\infty}\frac{1}{a_n}=\sum_{n=1}^{\infty}\frac{2}{3^{n-1}}=\sum_{n=1}^{\infty}2\times\left(\frac{1}{3}\right)^{n-1}$$

$$=\frac{2}{1-\frac{1}{3}}=3$$

7 등비수열 $\{a_n\}$의 첫째항을 a, 공비를 r라 하면

$\sum\limits_{n=1}^{\infty}a_n=-\dfrac{1}{5}$에서

$$\frac{a}{1-r}=-\frac{1}{5}\qquad\therefore a=-\frac{1}{5}(1-r)\quad\cdots\cdots\ \text{㉠}$$

수열 $\{a_{2n}\}$은 $a_2,\ a_4,\ a_6,\ \cdots$이므로 첫째항이 ar, 공비가 r^2인 등비수열이다.

$\sum\limits_{n=1}^{\infty}a_{2n}=\dfrac{1}{15}$에서

$$\frac{ar}{1-r^2}=\frac{1}{15}\qquad\therefore 15ar=1-r^2$$

㉠을 대입하면

$$-3(1-r)r=1-r^2,\ 4r^2-3r-1=0$$

$$(4r+1)(r-1)=0$$

$$\therefore r=-\frac{1}{4}\ (\because -1<r<1)$$

이를 ㉠에 대입하면

$$a=-\frac{1}{5}\left\{1-\left(-\frac{1}{4}\right)\right\}=-\frac{1}{4}$$

따라서 $a_n=\left(-\dfrac{1}{4}\right)^n$이므로

$$\sum_{n=1}^{\infty}a_n^2=\sum_{n=1}^{\infty}\left\{\left(-\frac{1}{4}\right)^n\right\}^2=\sum_{n=1}^{\infty}\left(\frac{1}{16}\right)^n$$

$$=\frac{\frac{1}{16}}{1-\frac{1}{16}}=\frac{1}{15}$$

8 등비수열 $\left\{\dfrac{x}{4}\left(1-\dfrac{x}{4}\right)^{n-1}\right\}$의 첫째항이 $\dfrac{x}{4}$, 공비가 $1-\dfrac{x}{4}$

이므로 이 등비수열이 수렴하려면

$$\frac{x}{4}=0\ \text{또는}\ -1<1-\frac{x}{4}\leq1$$

$$x=0\ \text{또는}\ -2<-\frac{x}{4}\leq0$$

$$\therefore 0\leq x<8\qquad\cdots\cdots\ \text{㉠}$$

등비급수 $\sum\limits_{n=1}^{\infty}\left(\dfrac{x^2-x+1}{3}\right)^n$의 공비가 $\dfrac{x^2-x+1}{3}$이므로

이 등비급수가 수렴하려면 $-1<\dfrac{x^2-x+1}{3}<1$

(i) $\dfrac{x^2-x+1}{3}>-1$에서 $x^2-x+4>0$

$$\therefore \left(x-\frac{1}{2}\right)^2+\frac{15}{4}>0$$

따라서 모든 실수 x에 대하여 성립한다.

(ii) $\dfrac{x^2-x+1}{3}<1$에서 $x^2-x-2<0$

$$(x+1)(x-2)<0\qquad\therefore -1<x<2$$

(i), (ii)에서 $-1<x<2\qquad\cdots\cdots\ \text{㉡}$

따라서 구하는 x의 값의 범위는 ㉠, ㉡에서 $0\leq x<2$

9 등비급수 $\sum\limits_{n=1}^{\infty}r^n$이 수렴하므로 $-1<r<1\qquad\cdots\cdots\ \text{㉠}$

① $\sum\limits_{n=1}^{\infty}r^{2n}$은 공비가 r^2인 등비급수이므로 ㉠에서

$$0\leq r^2<1$$

즉, 주어진 급수는 반드시 수렴한다.

② $\sum\limits_{n=1}^{\infty}(-r)^n$은 공비가 $-r$인 등비급수이므로 ㉠에서

$$-1<-r<1$$

즉, 주어진 급수는 반드시 수렴한다.

③ $\sum\limits_{n=1}^{\infty}\left(\dfrac{r-1}{2}\right)^n$은 공비가 $\dfrac{r-1}{2}$인 등비급수이므로 ㉠에서

$$-2<r-1<0\qquad\therefore -1<\frac{r-1}{2}<0$$

즉, 주어진 급수는 반드시 수렴한다.

④ $\sum\limits_{n=1}^{\infty}\left(\dfrac{r}{2}-1\right)^n$은 공비가 $\dfrac{r}{2}-1$인 등비급수이므로 ㉠에서

$$-\frac{1}{2}<\frac{r}{2}<\frac{1}{2}\qquad\therefore -\frac{3}{2}<\frac{r}{2}-1<-\frac{1}{2}$$

즉, 주어진 급수는 $-\dfrac{3}{2}<\dfrac{r}{2}-1\leq-1$일 때에는 수렴하지 않는다.

⑤ $\sum\limits_{n=1}^{\infty}r^n,\ \sum\limits_{n=1}^{\infty}(-r)^n$이 수렴하므로 $\dfrac{1}{3}\sum\limits_{n=1}^{\infty}r^n,\ \dfrac{1}{3}\sum\limits_{n=1}^{\infty}(-r)^n$

도 수렴한다.

$\sum\limits_{n=1}^{\infty}\dfrac{r^n+(-r)^n}{3}=\dfrac{1}{3}\sum\limits_{n=1}^{\infty}r^n+\dfrac{1}{3}\sum\limits_{n=1}^{\infty}(-r)^n$이므로 주어

진 급수는 반드시 수렴한다.

따라서 반드시 수렴한다고 할 수 없는 것은 ④이다.

10 ㄱ. 등비수열 $\{a_n\}$의 공비를 r라 하면 등비수열 $\{a_n{}^3\}$의 공비는 r^3이다.

이때 $\sum\limits_{n=1}^{\infty} a_n{}^3$이 수렴하므로

$$-1<r^3<1 \qquad \therefore \ -1<r<1$$

즉, $\sum\limits_{n=1}^{\infty} a_n$도 수렴한다.

ㄴ. $\lim\limits_{n\to\infty} a_n=0$이면 등비수열 $\{a_n\}$의 첫째항이 0이거나

$-1<(공비)<1$이므로 $\sum\limits_{n=1}^{\infty} a_n$은 수렴한다.

ㄷ. [반례] $a_n=\left(\dfrac{1}{2}\right)^{n-1}$, $b_n=\left(\dfrac{1}{3}\right)^{n-1}$이라 하면

$$\alpha=\sum_{n=1}^{\infty} a_n=\frac{1}{1-\dfrac{1}{2}}=2$$

$$\beta=\sum_{n=1}^{\infty} b_n=\frac{1}{1-\dfrac{1}{3}}=\frac{3}{2}$$

$$\therefore \ \alpha\beta=2\times\frac{3}{2}=3$$

$a_nb_n=\left(\dfrac{1}{6}\right)^{n-1}$이므로

$$\sum_{n=1}^{\infty} a_nb_n=\frac{1}{1-\dfrac{1}{6}}=\frac{6}{5}$$

$$\therefore \ \sum_{n=1}^{\infty} a_nb_n\neq\alpha\beta$$

ㄹ. [반례] $a_n=3^n$, $b_n=-3^n$이라 하면 $\sum\limits_{n=1}^{\infty} a_n$, $\sum\limits_{n=1}^{\infty} b_n$의 공

비가 모두 3이고 $3>1$이므로 $\sum\limits_{n=1}^{\infty} a_n$, $\sum\limits_{n=1}^{\infty} b_n$은 발산한다.

이때 $a_n+b_n=0$이므로

$$\lim_{n\to\infty}(a_n+b_n)=0$$

따라서 보기 중 옳은 것은 ㄱ, ㄴ이다.

11 $a_1=0.\dot{a}=\dfrac{a}{9}$, $a_2=0.0\dot{a}=\dfrac{a}{99}$이므로 등비수열 $\{a_n\}$의 공

비를 r라 하면

$$r=\frac{a_2}{a_1}=\frac{\dfrac{a}{99}}{\dfrac{a}{9}}=\frac{1}{11}$$

따라서 첫째항이 $\dfrac{a}{9}$, 공비가 $\dfrac{1}{11}$인 등비급수의 합이

$0.2\dot{4}=\dfrac{22}{90}$이므로

$$\frac{\dfrac{a}{9}}{1-\dfrac{1}{11}}=\frac{22}{90}$$

$$\frac{11}{90}a=\frac{22}{90} \qquad \therefore \ a=2$$

12 n번째 수거하여 재생산된 비닐의 양을 $a_n\,\mathrm{kg}$이라 하면

$$a_1=200\times0.8\times0.75=200\times\frac{3}{5}=120$$

$$a_2=a_1\times0.8\times0.75=120\times\frac{3}{5}$$

$$a_3=a_2\times0.8\times0.75=120\times\left(\frac{3}{5}\right)^2$$

$$\vdots$$

$$\therefore \ a_1+a_2+a_3+\cdots=\frac{120}{1-\dfrac{3}{5}}=300$$

따라서 재생산되는 비닐의 총량은 $300\,\mathrm{kg}$이다.

13 원 $x^2+y^2=\left(\dfrac{1}{4}\right)^{2n}$에 접하고 기울기가 -1인 접선의 방

정식은

$$y=-x\pm\left(\frac{1}{4}\right)^n\times\sqrt{(-1)^2+1}$$

$$\therefore \ y=-x\pm\sqrt{2}\times\left(\frac{1}{4}\right)^n$$

이때 제1사분면을 지나는 접선의 방정식은

$$y=-x+\sqrt{2}\times\left(\frac{1}{4}\right)^n$$

이 접선이 x축과 만나는 점의 좌표가 $(a_n,\,0)$이므로

$$0=-a_n+\sqrt{2}\times\left(\frac{1}{4}\right)^n \qquad \therefore \ a_n=\sqrt{2}\times\left(\frac{1}{4}\right)^n$$

$$\therefore \ \sum_{n=1}^{\infty} a_n=\sum_{n=1}^{\infty}\sqrt{2}\times\left(\frac{1}{4}\right)^n=\sqrt{2}\sum_{n=1}^{\infty}\left(\frac{1}{4}\right)^n$$

$$=\sqrt{2}\times\frac{\dfrac{1}{4}}{1-\dfrac{1}{4}}=\frac{\sqrt{2}}{3}$$

다른 풀이

기울기가 -1인 접선이 점 $(a_n,\,0)$을 지나므로 접선의 방

정식은

$$y=-(x-a_n) \qquad \therefore \ x+y-a_n=0$$

원 $x^2+y^2=\left(\dfrac{1}{4}\right)^{2n}$의 중심 $(0,\,0)$과 접선 $x+y-a_n=0$

사이의 거리는 반지름의 길이 $\left(\dfrac{1}{4}\right)^n$과 같으므로

$$\frac{|-a_n|}{\sqrt{1^2+1^2}}=\left(\frac{1}{4}\right)^n \qquad \therefore \ a_n=\sqrt{2}\times\left(\frac{1}{4}\right)^n$$

$$\therefore \ \sum_{n=1}^{\infty} a_n=\sqrt{2}\times\frac{\dfrac{1}{4}}{1-\dfrac{1}{4}}=\frac{\sqrt{2}}{3}$$

14 공이 정지할 때까지 움직인 거리는

$$3+2\times3\times\frac{4}{5}+2\times3\times\left(\frac{4}{5}\right)^2+2\times3\times\left(\frac{4}{5}\right)^3+\cdots$$

$$=3+\frac{\dfrac{24}{5}}{1-\dfrac{4}{5}}=3+24=27\,(\mathrm{m})$$

15 두 정삼각형 $A_nB_nC_n$, $A_{n+1}B_{n+1}C_{n+1}$은 닮음이고 닮음비가 $2:1$이므로 넓이의 비는 $4:1$이다.

$$\therefore S_{n+1}=\frac{1}{4}S_n$$

이때 정삼각형 $A_1B_1C_1$의 한 변의 길이는 $2\times\frac{1}{2}=1$이므로

$$S_1=\frac{\sqrt{3}}{4}\times 1^2=\frac{\sqrt{3}}{4}$$

따라서 수열 $\{S_n\}$은 첫째항이 $\frac{\sqrt{3}}{4}$, 공비가 $\frac{1}{4}$인 등비수열이므로

$$\lim_{n\to\infty}\sum_{k=1}^{n}S_k=\sum_{n=1}^{\infty}S_n$$
$$=\sum_{n=1}^{\infty}\frac{\sqrt{3}}{4}\times\left(\frac{1}{4}\right)^{n-1}$$
$$=\frac{\frac{\sqrt{3}}{4}}{1-\frac{1}{4}}=\frac{\sqrt{3}}{3}$$

16 함수 $f(x)=2x^2+3x-6$의 그래프가 x축과 만나는 점의 x좌표는 이차방정식 $2x^2+3x-6=0$의 근과 같으므로 근과 계수의 관계에 의하여

$$\alpha+\beta=-\frac{3}{2},\ \alpha\beta=-3$$

한편 주어진 그래프에서 $\alpha<-1$, $\beta>1$이므로

$$-1<\frac{1}{\alpha}<0,\ 0<\frac{1}{\beta}<1$$

따라서 두 등비급수 $\displaystyle\sum_{n=1}^{\infty}\frac{1}{\alpha^n}$, $\displaystyle\sum_{n=1}^{\infty}\frac{1}{\beta^n}$은 모두 수렴하므로

$$\sum_{n=1}^{\infty}\left(\frac{1}{\alpha^n}+\frac{1}{\beta^n}\right)=\sum_{n=1}^{\infty}\frac{1}{\alpha^n}+\sum_{n=1}^{\infty}\frac{1}{\beta^n}$$
$$=\frac{\frac{1}{\alpha}}{1-\frac{1}{\alpha}}+\frac{\frac{1}{\beta}}{1-\frac{1}{\beta}}$$
$$=\frac{1}{\alpha-1}+\frac{1}{\beta-1}$$
$$=\frac{(\alpha+\beta)-2}{\alpha\beta-(\alpha+\beta)+1}$$
$$=\frac{-\frac{3}{2}-2}{-3-\left(-\frac{3}{2}\right)+1}=7$$

17 $4a_1+4^2a_2+4^3a_3+\cdots+4^na_n=3^n-1$ $\quad\cdots\cdots$ ㉠

$4a_1+4^2a_2+4^3a_3+\cdots+4^{n-1}a_{n-1}=3^{n-1}-1$ $\quad\cdots\cdots$ ㉡

(i) $n\geq 2$일 때, ㉠$-$㉡을 하면

$$4^na_n=(3^n-1)-(3^{n-1}-1)$$
$$4^na_n=2\times 3^{n-1}$$
$$\therefore a_n=\frac{2\times 3^{n-1}}{4^n}$$

(ii) $n=1$일 때, ㉠에서 $4a_1=3-1$ $\quad\therefore a_1=\frac{1}{2}$

(i), (ii)에서 $a_n=\dfrac{2\times 3^{n-1}}{4^n}$

$$\therefore \sum_{n=1}^{\infty}\frac{a_n}{3^{n-1}}=\sum_{n=1}^{\infty}\frac{2\times 3^{n-1}}{4^n}\times\frac{1}{3^{n-1}}$$
$$=\sum_{n=1}^{\infty}2\times\left(\frac{1}{4}\right)^n=2\sum_{n=1}^{\infty}\left(\frac{1}{4}\right)^n$$
$$=2\times\frac{\frac{1}{4}}{1-\frac{1}{4}}$$
$$=2\times\frac{1}{3}=\frac{2}{3}$$

18 오른쪽 그림과 같이 부채꼴 OA_1B_2의 호 A_1B_2와 선분 A_1B_1이 만나는 점을 C라 하자. 직각삼각형 OA_1B_1에서 $\overline{OA_1}:\overline{OB_1}=1:\sqrt{3}$이므로

$$\angle OA_1B_1=\frac{\pi}{3}$$

$\overline{OA_1}=\overline{OC}$이므로 삼각형 OA_1C는 한 변의 길이가 4인 정삼각형이다.

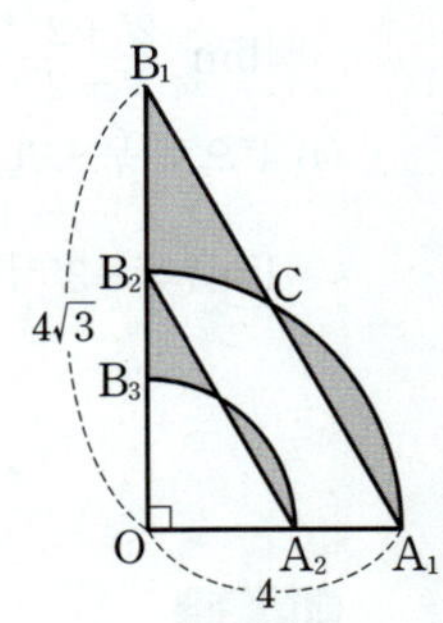

따라서 $\angle B_2OC=\dfrac{\pi}{6}$이므로

$$S_1=(\text{부채꼴 } OA_1C\text{의 넓이})-\triangle OA_1C$$
$$\qquad+\triangle OCB_1-(\text{부채꼴 } OCB_2\text{의 넓이})$$
$$=\frac{1}{2}\times 4^2\times\frac{\pi}{3}-\frac{\sqrt{3}}{4}\times 4^2$$
$$\qquad+\frac{1}{2}\times 4\sqrt{3}\times 4\times\sin\frac{\pi}{6}-\frac{1}{2}\times 4^2\times\frac{\pi}{6}$$
$$=\frac{8}{3}\pi-4\sqrt{3}+4\sqrt{3}-\frac{4}{3}\pi=\frac{4}{3}\pi$$

두 삼각형 OA_1B_1, OA_2B_2는 닮음이고 닮음비는 $\overline{OB_1}:\overline{OB_2}=\sqrt{3}:1$이므로 넓이의 비는 $(\sqrt{3})^2:1^2=3:1$이다.

즉, 두 삼각형 OA_nB_n, $OA_{n+1}B_{n+1}$의 넓이의 비는 $3:1$이므로 그림 R_n에 새로 색칠한 부분과 그림 R_{n+1}에 새로 색칠한 부분의 넓이의 비도 $3:1$이다.

따라서 $\displaystyle\lim_{n\to\infty}S_n$은 첫째항이 $\frac{4}{3}\pi$, 공비가 $\frac{1}{3}$인 등비급수의 합이므로

$$\lim_{n\to\infty}S_n=\frac{\frac{4}{3}\pi}{1-\frac{1}{3}}=2\pi$$

1 지수함수와 로그함수의 극한

개념 CHECK 57쪽

1 답 (1) ∞ (2) 0 (3) 0 (4) ∞ (5) 25 (6) 7

2 답 (1) ∞ (2) $-\infty$ (3) $-\infty$ (4) ∞ (5) -1 (6) -2

3 답 (1) 2 (2) 3 (3) 1 (4) 0

(1) $\displaystyle\lim_{x\to2}\log_3(x^2+5)=\log_3\lim_{x\to2}(x^2+5)=\log_3 9=2$

(2) $\displaystyle\lim_{x\to1}\log_{\frac{1}{2}}\frac{x}{3x+5}=\log_{\frac{1}{2}}\lim_{x\to1}\frac{x}{3x+5}=\log_{\frac{1}{2}}\frac{1}{8}=3$

(3) $\displaystyle\lim_{x\to\infty}\log_2\frac{4x+3}{2x+1}=\log_2\lim_{x\to\infty}\frac{4x+3}{2x+1}=\log_2 2=1$

(4) $\displaystyle\lim_{x\to\infty}\log_{\frac{1}{5}}\frac{x^2+3x}{x^2+1}=\log_{\frac{1}{5}}\lim_{x\to\infty}\frac{x^2+3x}{x^2+1}=\log_{\frac{1}{5}}1=0$

문제 58~59쪽

01-1 답 (1) 0 (2) 5 (3) -1 (4) 2

(1) 분모, 분자를 4^x으로 각각 나누면

$$\lim_{x\to\infty}\frac{3^x}{4^x-1}=\lim_{x\to\infty}\frac{\left(\frac{3}{4}\right)^x}{1-\left(\frac{1}{4}\right)^x}=0$$

(2) 분모, 분자를 5^x으로 각각 나누면

$$\lim_{x\to\infty}\frac{3^x+5^{x+1}}{5^x-3^{x+1}}=\lim_{x\to\infty}\frac{\left(\frac{3}{5}\right)^x+5}{1-3\times\left(\frac{3}{5}\right)^x}=5$$

(3) 분모, 분자에 2^x을 각각 곱하면

$$\lim_{x\to-\infty}\frac{2^x+2^{-x}}{2^x-2^{-x}}=\lim_{x\to-\infty}\frac{4^x+1}{4^x-1}=-1$$

(4) 4^x으로 묶으면

$$\lim_{x\to\infty}(4^x-3^{x+1})^{\frac{1}{2x}}=\lim_{x\to\infty}\left[4^x\left\{1-3\times\left(\frac{3}{4}\right)^x\right\}\right]^{\frac{1}{2x}}$$
$$=\lim_{x\to\infty}2\left\{1-3\times\left(\frac{3}{4}\right)^x\right\}^{\frac{1}{2x}}$$
$$=2\times1=2$$

> **다른 풀이**
>
> (3) $-x=t$로 놓으면 $x=-t$이고, $x\to-\infty$일 때
>
> $t\to\infty$이므로
>
> $$\lim_{x\to-\infty}\frac{2^x+2^{-x}}{2^x-2^{-x}}=\lim_{t\to\infty}\frac{2^{-t}+2^t}{2^{-t}-2^t}$$
> $$=\lim_{t\to\infty}\frac{\left(\frac{1}{4}\right)^t+1}{\left(\frac{1}{4}\right)^t-1}=-1$$

01-2 답 2

주어진 식의 좌변의 분모, 분자를 9^x으로 각각 나누면

$$\lim_{x\to\infty}\frac{a\times3^{2x+1}+2^{x-1}}{9^{x-1}-2^x}=\lim_{x\to\infty}\frac{3a+\frac{1}{2}\times\left(\frac{2}{9}\right)^x}{\frac{1}{9}-\left(\frac{2}{9}\right)^x}=27a$$

따라서 $27a=54$이므로 $a=2$

02-1 답 (1) 1 (2) -1 (3) 2 (4) 1

(1) $\displaystyle\lim_{x\to1+}\{\log_2(x^2-1)-\log_2(x-1)\}$

$$=\lim_{x\to1+}\log_2\frac{x^2-1}{x-1}$$
$$=\lim_{x\to1+}\log_2\frac{(x+1)(x-1)}{x-1}$$
$$=\lim_{x\to1+}\log_2(x+1)$$
$$=\log_2\lim_{x\to1+}(x+1)$$
$$=\log_2 2=1$$

(2) $\displaystyle\lim_{x\to2}(\log_3|x^2-4|-\log_3|x^3-8|)$

$$=\lim_{x\to2}\log_3\left|\frac{x^2-4}{x^3-8}\right|$$
$$=\lim_{x\to2}\log_3\left|\frac{(x+2)(x-2)}{(x-2)(x^2+2x+4)}\right|$$
$$=\lim_{x\to2}\log_3\left|\frac{x+2}{x^2+2x+4}\right|$$
$$=\log_3\lim_{x\to2}\left|\frac{x+2}{x^2+2x+4}\right|$$
$$=\log_3\frac{1}{3}=-1$$

(3) $\displaystyle\lim_{x\to\infty}\{\log_3(9x+2)-\log_3(x-1)\}$

$$=\lim_{x\to\infty}\log_3\frac{9x+2}{x-1}$$
$$=\log_3\lim_{x\to\infty}\frac{9x+2}{x-1}$$
$$=\log_3 9=2$$

(4) $\displaystyle\lim_{x\to\infty}\{\log(10x^2+1)-\log x^2\}$

$$=\lim_{x\to\infty}\log\frac{10x^2+1}{x^2}$$
$$=\log\lim_{x\to\infty}\frac{10x^2+1}{x^2}$$
$$=\log 10=1$$

02-2 답 100

$$\lim_{x\to\infty}\{\log(ax+1)-\log(x-1)\}=\lim_{x\to\infty}\log\frac{ax+1}{x-1}$$
$$=\log\lim_{x\to\infty}\frac{ax+1}{x-1}$$
$$=\log a$$

따라서 $\log a=2$이므로 $a=100$

2 무리수 e와 자연로그

개념 CHECK

61쪽

1 답 (1) $\sqrt{e}$　(2) e^3

2 답 (1) $\dfrac{1}{2}$　(2) 3　(3) $\dfrac{1}{\ln 3}$　(4) $\ln 5$

(1) $\displaystyle\lim_{x\to 0}\frac{\ln(1+x)}{2x}=\lim_{x\to 0}\frac{\ln(1+x)}{x}\times\frac{1}{2}=1\times\frac{1}{2}=\frac{1}{2}$

(2) $\displaystyle\lim_{x\to 0}\frac{e^{3x}-1}{x}=\lim_{x\to 0}\frac{e^{3x}-1}{3x}\times 3=1\times 3=3$

문제

62~67쪽

03-1 답 (1) $\sqrt{e}$　(2) $\dfrac{1}{e^2}$　(3) $\dfrac{1}{e^6}$　(4) e^4　(5) $\dfrac{1}{e\sqrt{e}}$　(6) $\dfrac{1}{e}$

(1) $\displaystyle\lim_{x\to 0}(1+2x)^{\frac{1}{4x}}=\lim_{x\to 0}\left\{(1+2x)^{\frac{1}{2x}}\right\}^{\frac{1}{2}}=e^{\frac{1}{2}}=\sqrt{e}$

(2) $\displaystyle\lim_{x\to 0}\left(1+\frac{x}{3}\right)^{-\frac{6}{x}}=\lim_{x\to 0}\left\{\left(1+\frac{x}{3}\right)^{\frac{3}{x}}\right\}^{-2}=e^{-2}=\frac{1}{e^2}$

(3) $\displaystyle\lim_{x\to\infty}\left(1-\frac{3}{4x}\right)^{8x}=\lim_{x\to\infty}\left\{\left(1-\frac{3}{4x}\right)^{-\frac{4x}{3}}\right\}^{-6}=e^{-6}=\frac{1}{e^6}$

(4) $\displaystyle\lim_{x\to\infty}\left(\frac{3x}{3x+2}\right)^{-6x}=\lim_{x\to\infty}\left(\frac{3x+2}{3x}\right)^{6x}$

$\qquad=\displaystyle\lim_{x\to\infty}\left(1+\frac{2}{3x}\right)^{6x}$

$\qquad=\displaystyle\lim_{x\to\infty}\left\{\left(1+\frac{2}{3x}\right)^{\frac{3x}{2}}\right\}^4=e^4$

(5) $-x=t$로 놓으면 $x=-t$이고, $x\to-\infty$일 때

$\quad t\to\infty$이므로

$\qquad\displaystyle\lim_{x\to-\infty}\left(1-\frac{1}{2x}\right)^{3x}=\lim_{t\to\infty}\left(1+\frac{1}{2t}\right)^{-3t}$

$\qquad\qquad=\displaystyle\lim_{t\to\infty}\left\{\left(1+\frac{1}{2t}\right)^{2t}\right\}^{-\frac{3}{2}}$

$\qquad\qquad=e^{-\frac{3}{2}}=\dfrac{1}{e\sqrt{e}}$

(6) $x-2=t$로 놓으면 $x=2+t$이고, $x\to 2$일 때 $t\to 0$

이므로

$\qquad\displaystyle\lim_{x\to 2}(x-1)^{\frac{1}{2-x}}=\lim_{t\to 0}(1+t)^{-\frac{1}{t}}=\lim_{t\to 0}\left\{(1+t)^{\frac{1}{t}}\right\}^{-1}$

$\qquad\qquad=e^{-1}=\dfrac{1}{e}$

04-1 답 (1) $\dfrac{3}{4}$　(2) $\dfrac{1}{2}$　(3) $-3e$　(4) $-\dfrac{1}{2}$　(5) 1　(6) 1

(1) $\displaystyle\lim_{x\to 0}\frac{x^2+3x}{\ln(4x+1)}=\lim_{x\to 0}\left\{\frac{4x}{\ln(1+4x)}\times\frac{x^2+3x}{4x}\right\}$

$\qquad=\displaystyle\lim_{x\to 0}\frac{4x}{\ln(1+4x)}\times\lim_{x\to 0}\frac{x+3}{4}$

$\qquad=1\times\dfrac{3}{4}=\dfrac{3}{4}$

---

(2) $\displaystyle\lim_{x\to 0}\frac{\ln(1+x)}{\ln(1+2x)}$

$\quad=\displaystyle\lim_{x\to 0}\left\{\frac{\ln(1+x)}{x}\times\frac{2x}{\ln(1+2x)}\times\frac{1}{2}\right\}$

$\quad=1\times 1\times\dfrac{1}{2}=\dfrac{1}{2}$

(3) $\displaystyle\lim_{x\to 0}\frac{e^{1-3x}-e}{x}=e\times\lim_{x\to 0}\frac{e^{-3x}-1}{x}$

$\qquad=e\times\displaystyle\lim_{x\to 0}\frac{e^{-3x}-1}{-3x}\times(-3)$

$\qquad=e\times 1\times(-3)=-3e$

(4) $\displaystyle\lim_{x\to 0}\frac{1-e^{2x}}{x^3+4x}=-\lim_{x\to 0}\left(\frac{e^{2x}-1}{2x}\times\frac{2x}{x^3+4x}\right)$

$\qquad=-\displaystyle\lim_{x\to 0}\frac{e^{2x}-1}{2x}\times\lim_{x\to 0}\frac{2}{x^2+4}$

$\qquad=-1\times\dfrac{1}{2}=-\dfrac{1}{2}$

(5) $x+1=t$로 놓으면 $x=-1+t$이고, $x\to-1$일 때

$\quad t\to 0$이므로

$\qquad\displaystyle\lim_{x\to-1}\frac{\ln(x+2)}{x+1}=\lim_{t\to 0}\frac{\ln(1+t)}{t}=1$

(6) $x-1=t$로 놓으면 $x=1+t$이고, $x\to 1$일 때 $t\to 0$이

$\quad$므로

$\qquad\displaystyle\lim_{x\to 1}\frac{x^2-e^{x-1}}{x-1}=\lim_{t\to 0}\frac{(1+t)^2-e^t}{t}$

$\qquad\qquad=\displaystyle\lim_{t\to 0}\frac{t^2+2t+1-e^t}{t}$

$\qquad\qquad=\displaystyle\lim_{t\to 0}(t+2)-\lim_{t\to 0}\frac{e^t-1}{t}$

$\qquad\qquad=2-1=1$

05-1 답 (1) $2\ln 5$　(2) 2　(3) $\dfrac{3}{2}\ln 3$　(4) $\ln 8$　(5) $\dfrac{\ln 2}{2}$

$\qquad$ (6) $\dfrac{\ln 4+2}{3}$

(1) $\displaystyle\lim_{x\to 0}\frac{e^{4x}-1}{\log_5(1+2x)}$

$\quad=\displaystyle\lim_{x\to 0}\left\{\frac{e^{4x}-1}{4x}\times\frac{2x}{\log_5(1+2x)}\times 2\right\}$

$\quad=1\times\ln 5\times 2=2\ln 5$

(2) $\displaystyle\lim_{x\to 0}\frac{(9^x-1)\log_3(1+3x)}{x^3+3x^2}$

$\quad=\displaystyle\lim_{x\to 0}\left\{\frac{9^x-1}{x}\times\frac{\log_3(1+3x)}{3x}\times\frac{3x^2}{x^3+3x^2}\right\}$

$\quad=\displaystyle\lim_{x\to 0}\frac{9^x-1}{x}\times\lim_{x\to 0}\frac{\log_3(1+3x)}{3x}\times\lim_{x\to 0}\frac{3}{x+3}$

$\quad=\ln 9\times\dfrac{1}{\ln 3}\times 1=2\ln 3\times\dfrac{1}{\ln 3}=2$

(3) $\displaystyle\lim_{x\to 0}\frac{3^{x+1}-3}{2x}=\frac{3}{2}\lim_{x\to 0}\frac{3^x-1}{x}$

$\qquad\qquad=\dfrac{3}{2}\ln 3$

(4) $\displaystyle\lim_{x\to0}\frac{4^x-2^{-x}}{x}=\lim_{x\to0}\frac{4^x-1-2^{-x}+1}{x}$

$\qquad=\displaystyle\lim_{x\to0}\frac{4^x-1}{x}+\lim_{x\to0}\frac{2^{-x}-1}{-x}$

$\qquad=\ln 4+\ln 2=\ln 8$

(5) $x-3=t$로 놓으면 $x=3+t$이고, $x\to3$일 때 $t\to0$
이므로

$\qquad\displaystyle\lim_{x\to3}\frac{x-3}{\log_2(2x-5)}=\lim_{t\to0}\frac{t}{\log_2(1+2t)}$

$\qquad\qquad=\displaystyle\lim_{t\to0}\frac{2t}{\log_2(1+2t)}\times\frac{1}{2}$

$\qquad\qquad=\ln 2\times\dfrac{1}{2}=\dfrac{\ln 2}{2}$

(6) $x+1=t$로 놓으면 $x=t-1$이고, $x\to-1$일 때 $t\to0$
이므로

$\qquad\displaystyle\lim_{x\to-1}\frac{4^{x+1}-x^2}{x^3+1}=\lim_{t\to0}\frac{4^t-(t-1)^2}{(t-1)^3+1}$

$\qquad\qquad=\displaystyle\lim_{t\to0}\frac{4^t-1-t^2+2t}{t^3-3t^2+3t}$

$\qquad\qquad=\displaystyle\lim_{t\to0}\frac{4^t-1}{t^3-3t^2+3t}+\lim_{t\to0}\frac{-t^2+2t}{t^3-3t^2+3t}$

$\qquad\qquad=\displaystyle\lim_{t\to0}\frac{4^t-1}{t}\times\lim_{t\to0}\frac{1}{t^2-3t+3}$

$\qquad\qquad\qquad+\displaystyle\lim_{t\to0}\frac{-t+2}{t^2-3t+3}$

$\qquad\qquad=\ln 4\times\dfrac{1}{3}+\dfrac{2}{3}$

$\qquad\qquad=\dfrac{\ln 4+2}{3}$

06-1 답 1

$x\to0$일 때 (분모)$\to0$이고, 극한값이 존재하므로
(분자)$\to0$에서

$\displaystyle\lim_{x\to0}\ln(a+5x)=0$

$\ln a=0\qquad\therefore a=1$

이를 주어진 식의 좌변에 대입하면

$\displaystyle\lim_{x\to0}\frac{\ln(1+5x)}{x^2+bx}=\lim_{x\to0}\left\{\frac{\ln(1+5x)}{5x}\times\frac{5x}{x^2+bx}\right\}$

$\qquad=\displaystyle\lim_{x\to0}\frac{\ln(1+5x)}{5x}\times\lim_{x\to0}\frac{5}{x+b}$

$\qquad=1\times\dfrac{5}{b}=\dfrac{5}{b}$

즉, $\dfrac{5}{b}=5$이므로 $b=1$

$\therefore ab=1\times1=1$

06-2 답 4

$x\to0$일 때 (분자)$\to0$이고, 0이 아닌 극한값이 존재하므
로 (분모)$\to0$에서

$\displaystyle\lim_{x\to0}(e^{bx+c}-1)=0$

$e^c-1=0\qquad\therefore c=0$

이를 주어진 식의 좌변에 대입하면

$\displaystyle\lim_{x\to0}\frac{\ln(ax+1)}{e^{bx}-1}=\lim_{x\to0}\left\{\frac{\ln(1+ax)}{ax}\times\frac{bx}{e^{bx}-1}\times\frac{a}{b}\right\}$

$\qquad=1\times1\times\dfrac{a}{b}=\dfrac{a}{b}$

즉, $\dfrac{a}{b}=4$이므로 $a=4b$

$\therefore \dfrac{a}{b+c}=\dfrac{4b}{b+0}=4$

06-3 답 2

$x\to-1$일 때 (분모)$\to0$이고, 극한값이 존재하므로
(분자)$\to0$에서

$\displaystyle\lim_{x\to-1}\{a\ln(x+2)+b\}=0\qquad\therefore b=0$

이를 주어진 식에 대입하면

$\displaystyle\lim_{x\to-1}\frac{a\ln(x+2)}{x^2-1}=-1$

이때 $x+1=t$로 놓으면 $x=t-1$이고, $x\to-1$일 때
$t\to0$이므로

$\displaystyle\lim_{x\to-1}\frac{a\ln(x+2)}{x^2-1}=\lim_{t\to0}\frac{a\ln(1+t)}{(t-1)^2-1}=\lim_{t\to0}\frac{a\ln(1+t)}{t^2-2t}$

$\qquad=\displaystyle\lim_{t\to0}\frac{\ln(1+t)}{t}\times\lim_{t\to0}\frac{a}{t-2}$

$\qquad=1\times\left(-\dfrac{a}{2}\right)=-\dfrac{a}{2}$

즉, $-\dfrac{a}{2}=-1$이므로 $a=2$

$\therefore a+b=2+0=2$

07-1 답 4

함수 $f(x)$가 $x=0$에서 연속이면 $\displaystyle\lim_{x\to0}f(x)=f(0)$이므로

$\displaystyle\lim_{x\to0}\frac{e^{4x}-e^{a-2}}{ax}=b\qquad\cdots\cdots\ ㉠$

$x\to0$일 때 (분모)$\to0$이고, 극한값이 존재하므로
(분자)$\to0$에서

$\displaystyle\lim_{x\to0}(e^{4x}-e^{a-2})=0,\ 1-e^{a-2}=0\qquad\therefore a=2$

이를 ㉠에 대입하면

$b=\displaystyle\lim_{x\to0}\frac{e^{4x}-1}{2x}=\lim_{x\to0}\frac{e^{4x}-1}{4x}\times2=1\times2=2$

$\therefore ab=2\times2=4$

07-2 답 3

함수 $f(x)$가 실수 전체의 집합에서 연속이면 $x=0$에서
연속이므로 $\displaystyle\lim_{x\to0+}f(x)=\lim_{x\to0-}f(x)=f(0)$

$\displaystyle\lim_{x\to0+}\frac{x^2+4x}{\ln(a+bx)}=\lim_{x\to0-}(x+b)$

$\therefore \displaystyle\lim_{x\to0+}\frac{x^2+4x}{\ln(a+bx)}=b\qquad\cdots\cdots\ ㉠$

$x \to 0+$일 때 (분자)$\to 0$이고, 0이 아닌 극한값이 존재하

므로 (분모)$\to 0$에서

$$\lim_{x \to 0+} \ln(a+bx)=0, \ \ln a=0 \quad \therefore a=1$$

이를 ㉠의 좌변에 대입하면

$$\lim_{x \to 0+} \frac{x^2+4x}{\ln(1+bx)}=\lim_{x \to 0+}\left\{\frac{bx}{\ln(1+bx)}\times\frac{x^2+4x}{bx}\right\}$$

$$=\lim_{x \to 0+}\frac{bx}{\ln(1+bx)}\times\lim_{x \to 0+}\frac{x+4}{b}$$

$$=1\times\frac{4}{b}=\frac{4}{b}$$

즉, $\dfrac{4}{b}=b$이므로 $b^2=4 \quad \therefore b=2 \ (\because b>0)$

$$\therefore a+b=1+2=3$$

07-3 답 $\ln 3$

$x \neq 0$일 때, $f(x)=\dfrac{3^x-a+2}{ax}$

함수 $f(x)$가 실수 전체의 집합에서 연속이면 $x=0$에서

연속이므로 $f(0)=\lim\limits_{x \to 0}f(x)$

$$f(0)=\lim_{x \to 0}\frac{3^x-a+2}{ax} \quad \cdots\cdots ㉠$$

$x \to 0$일 때 (분모)$\to 0$이고, 극한값이 존재하므로

(분자)$\to 0$에서

$$\lim_{x \to 0}(3^x-a+2)=0, \ 1-a+2=0 \quad \therefore a=3$$

이를 ㉠에 대입하면

$$f(0)=\lim_{x \to 0}\frac{3^x-1}{3x}=\lim_{x \to 0}\frac{3^x-1}{x}\times\frac{1}{3}=\ln 3\times\frac{1}{3}=\frac{\ln 3}{3}$$

$$\therefore a\times f(0)=3\times\frac{\ln 3}{3}=\ln 3$$

08-1 답 $\ln 6$

$P\left(t, 2^t\right)$, $Q\left(t, \left(\dfrac{1}{3}\right)^t\right)$, $H(0, 2^t)$이므로

$\overline{PH}=t$, $\overline{PQ}=2^t-\left(\dfrac{1}{3}\right)^t$

$$\therefore \lim_{t \to 0+}\frac{\overline{PQ}}{\overline{PH}}=\lim_{t \to 0+}\frac{2^t-\left(\dfrac{1}{3}\right)^t}{t}$$

$$=\lim_{t \to 0+}\frac{2^t-1-3^{-t}+1}{t}$$

$$=\lim_{t \to 0+}\frac{2^t-1}{t}+\lim_{t \to 0+}\frac{3^{-t}-1}{-t}$$

$$=\ln 2+\ln 3=\ln 6$$

08-2 답 50

$A(1, 0)$, $P(x, \ln x)$, $Q(x, 0)$이므로

$\overline{AQ}=|x-1|$, $\overline{PQ}=|\ln x|$

$$\therefore S(x)=\frac{1}{2}\times\overline{AQ}\times\overline{PQ}=\frac{1}{2}\times|x-1|\times|\ln x|$$

$x \to 1+$일 때 $x-1>0$, $\ln x>0$이므로

$$\lim_{x \to 1+}\frac{100S(x)}{(x-1)^2}=\lim_{x \to 1+}\frac{50(x-1)\ln x}{(x-1)^2}$$

$$=50\lim_{x \to 1+}\frac{\ln x}{x-1} \quad \cdots\cdots ㉠$$

이때 $x-1=t$로 놓으면 $x=1+t$이고, $x \to 1+$일 때

$t \to 0+$이므로 ㉠에서

$$50\lim_{x \to 1+}\frac{\ln x}{x-1}=50\lim_{t \to 0+}\frac{\ln(1+t)}{t}=50\times 1=50$$

3 지수함수와 로그함수의 미분

09-1 답 (1) $y'=e^{x-1}+1$

(2) $y'=(x^3+3x^2+4)e^x-9x^2$

(3) $y'=3x^2+3^{x+3}\ln 3$

(4) $y'=\{(2x+1)\ln 4+2\}4^x$

(1) $y'=e^{-1}(e^x)'+(x)'+(-1)'$

$$=e^{-1}\times e^x+1=e^{x-1}+1$$

(2) $y'=(e^x-3)'(x^3+4)+(e^x-3)(x^3+4)'$

$$=e^x(x^3+4)+(e^x-3)\times 3x^2$$

$$=(x^3+3x^2+4)e^x-9x^2$$

(3) $y'=(x^3)'+3^3(3^x)'=3x^2+3^3\times 3^x\ln 3$

$$=3x^2+3^{x+3}\ln 3$$

(4) $y'=(2x+1)'4^x+(2x+1)(4^x)'$

$$=2\times 4^x+(2x+1)4^x\ln 4$$

$$=\{(2x+1)\ln 4+2\}4^x$$

09-2 답 $2e^2+\ln 3$

$$f'(x)=2e^2(e^x)'+(3^x)'=2e^2\times e^x+3^x\ln 3$$

$$=2e^{x+2}+3^x\ln 3$$

$$\therefore f'(0)=2e^2+\ln 3$$

10-1 답 (1) $y'=3\ln x+\dfrac{2}{x}+3$

(2) $y'=e^x\left(\ln 2x+\dfrac{1}{x}\right)$

(3) $y'=\log_2 x+1+\dfrac{1}{\ln 2}$

(4) $y'=2x+\dfrac{1}{x\ln 2}$

(1) $y'=(3x+2)'\ln x+(3x+2)(\ln x)'$

$$=3\ln x+(3x+2)\times\frac{1}{x}$$

$$=3\ln x+\frac{2}{x}+3$$

(2) $y'=\{e^x(\ln 2+\ln x)\}'$
$$=(e^x)'(\ln 2+\ln x)+e^x(\ln 2+\ln x)'$$
$$=e^x(\ln 2+\ln x)+e^x\times\frac{1}{x}$$
$$=e^x\!\left(\ln 2x+\frac{1}{x}\right)$$

(3) $y'=(x)'(\log_2 x+1)+x(\log_2 x+1)'$
$$=\log_2 x+1+x\times\frac{1}{x\ln 2}$$
$$=\log_2 x+1+\frac{1}{\ln 2}$$

(4) $y'=(x^2+\log_2 3+\log_2 x)'$
$$=(x^2)'+(\log_2 3)'+(\log_2 x)'$$
$$=2x+\frac{1}{x\ln 2}$$

10-2 답 $\dfrac{e^2}{\ln 3}$

$f'(x)=e(e^x)'\log_3 x+e^{x+1}(\log_3 x)'$
$$=e\times e^x\log_3 x+e^{x+1}\times\frac{1}{x\ln 3}$$

$$\therefore f'(1)=\frac{e^2}{\ln 3}$$

11-1 답 $240\ln 2$

$\displaystyle\lim_{h\to 0}\frac{f(2+4h)-f(2-h)}{h}$
$$=\lim_{h\to 0}\frac{f(2+4h)-f(2)+f(2)-f(2-h)}{h}$$
$$=\lim_{h\to 0}\frac{f(2+4h)-f(2)}{4h}\times 4+\lim_{h\to 0}\frac{f(2-h)-f(2)}{-h}$$
$$=4f'(2)+f'(2)$$
$$=5f'(2)$$
이때 $f(x)=2^{x+2}+2^{2x}=4\times 2^x+4^x$이므로
$f'(x)=4\times 2^x\ln 2+4^x\ln 4$
따라서 구하는 극한값은
$$5f'(2)=5(4\times 4\ln 2+16\ln 4)$$
$$=5(16\ln 2+32\ln 2)$$
$$=240\ln 2$$

11-2 답 $\dfrac{1}{\ln 2}-3$

$f(x)=\log_2 4x-3x+1$에서 $f(1)=0$이므로
$\displaystyle\lim_{x\to 1}\frac{f(x)}{x-1}=\lim_{x\to 1}\frac{f(x)-f(1)}{x-1}=f'(1)$
이때 $f(x)=\log_2 4x-3x+1=3+\log_2 x-3x$이므로
$$f'(x)=\frac{1}{x\ln 2}-3$$
따라서 구하는 극한값은
$$f'(1)=\frac{1}{\ln 2}-3$$

11-3 답 3

$\displaystyle\lim_{x\to 1}\frac{f(x)+2}{x-1}=b$에서 $x\to 1$일 때 (분모) $\to 0$이고, 극한
값이 존재하므로 (분자) $\to 0$에서
$\displaystyle\lim_{x\to 1}\{f(x)+2\}=0$ $\therefore f(1)=-2$
$\therefore b=\displaystyle\lim_{x\to 1}\frac{f(x)+2}{x-1}=\lim_{x\to 1}\frac{f(x)-f(1)}{x-1}=f'(1)$
함수 $f(x)=x\ln x+x^2-ax$에서 $f(1)=-2$이므로
$1-a=-2$ $\therefore a=3$
$\therefore f'(x)=(x)'\ln x+x(\ln x)'+(x^2)'-3(x)'$
$$=\ln x+x\times\frac{1}{x}+2x-3$$
$$=\ln x+2x-2$$
$b=f'(1)$이므로 $b=0$
$\therefore a-b=3-0=3$

12-1 답 $\ln 3+1$

함수 $f(x)$가 $x=0$에서 미분가능하면 $x=0$에서 연속이므
로 $\displaystyle\lim_{x\to 0+}f(x)=\lim_{x\to 0-}f(x)=f(0)$
$\displaystyle\lim_{x\to 0+}(x^2+3^x)=\lim_{x\to 0-}(ax+b)$
$\therefore b=1$
$f'(x)=\begin{cases}2x+3^x\ln 3 & (x>0)\\ a & (x<0)\end{cases}$ 이고 미분계수 $f'(0)$이 존
재하므로 $\displaystyle\lim_{x\to 0+}f'(x)=\lim_{x\to 0-}f'(x)$
$\displaystyle\lim_{x\to 0+}(2x+3^x\ln 3)=\lim_{x\to 0-}a$
$\therefore a=\ln 3$
$\therefore a+b=\ln 3+1$

12-2 답 $-e$

함수 $f(x)$가 실수 전체의 집합에서 미분가능하면 $x=1$
에서 미분가능하고 $x=1$에서 연속이므로
$\displaystyle\lim_{x\to 1+}f(x)=\lim_{x\to 1-}f(x)=f(1)$
$\displaystyle\lim_{x\to 1+}\ln ax=\lim_{x\to 1-}e^{x+b}$
$\therefore \ln a=e^{1+b}$ $\cdots\cdots$ ㉠
$f'(x)=\begin{cases}\dfrac{1}{x} & (x>1)\\ e^{x+b} & (x<1)\end{cases}$ 이고 미분계수 $f'(1)$이 존재하므로
$\displaystyle\lim_{x\to 1+}f'(x)=\lim_{x\to 1-}f'(x)$
$\displaystyle\lim_{x\to 1+}\frac{1}{x}=\lim_{x\to 1-}e^{x+b}$
$1=e^{1+b}$ $\therefore b=-1$
이를 ㉠에 대입하면
$\ln a=1$ $\therefore a=e$
$\therefore ab=e\times(-1)=-e$

1 ③	**2** -2	**3** $\sqrt{e}$	**4** 3	**5** ①
6 10	**7** 3	**8** $36\ln 2$	**9** 1	**10** 0
11 ②	**12** $\dfrac{1}{2}$	**13** ③	**14** ②	**15** 2
16 $2\ln 5$	**17** $3\ln 3+5\ln 5$	**18** 3	**19** -1	
20 ③	**21** $\dfrac{2}{e}$			

1 ㄱ. $\displaystyle\lim_{x\to\infty}\frac{1+2^x}{1-3^x}=\lim_{x\to\infty}\frac{\left(\frac{1}{3}\right)^x+\left(\frac{2}{3}\right)^x}{\left(\frac{1}{3}\right)^x-1}=0$

ㄴ. $\displaystyle\lim_{x\to\infty}(8^x+3^x)^{\frac{1}{3x}}=\lim_{x\to\infty}\left[8^x\left\{1+\left(\frac{3}{8}\right)^x\right\}\right]^{\frac{1}{3x}}$

$\qquad\qquad =\displaystyle\lim_{x\to\infty}2\left\{1+\left(\frac{3}{8}\right)^x\right\}^{\frac{1}{3x}}=2\times1=2$

ㄷ. $\displaystyle\lim_{x\to\infty}\log_3\frac{6x}{2x+5}=\log_3\lim_{x\to\infty}\frac{6x}{2x+5}=\log_3 3=1$

ㄹ. $\displaystyle\lim_{x\to3}(\log_2|x^3-27|-\log_2|x^2-9|)$

$\qquad =\displaystyle\lim_{x\to3}\log_2\left|\frac{x^3-27}{x^2-9}\right|$

$\qquad =\displaystyle\lim_{x\to3}\log_2\left|\frac{(x-3)(x^2+3x+9)}{(x+3)(x-3)}\right|$

$\qquad =\displaystyle\log_2\lim_{x\to3}\left|\frac{x^2+3x+9}{x+3}\right|=\log_2\frac{9}{2}=2\log_2 3-1$

따라서 보기 중 옳은 것은 ㄴ, ㄷ이다.

2 $\displaystyle\lim_{x\to0}(1+2x)^{\frac{3}{x}}=\lim_{x\to0}\{(1+2x)^{\frac{1}{2x}}\}^6=e^6$이므로 $a=6$

$\displaystyle\lim_{x\to\infty}\left(1+\frac{1}{3x}\right)^{-x}=\lim_{x\to\infty}\left\{\left(1+\frac{1}{3x}\right)^{3x}\right\}^{-\frac{1}{3}}=e^{-\frac{1}{3}}$이므로

$b=-\dfrac{1}{3}$ $\therefore\ ab=6\times\left(-\dfrac{1}{3}\right)=-2$

3 $\displaystyle\lim_{n\to\infty}\left\{\frac{1}{2}\left(1+\frac{1}{n}\right)\left(1+\frac{1}{n+1}\right)\left(1+\frac{1}{n+2}\right)\cdots\left(1+\frac{1}{2n}\right)\right\}^n$

$=\displaystyle\lim_{n\to\infty}\left(\frac{1}{2}\times\frac{n+1}{n}\times\frac{n+2}{n+1}\times\frac{n+3}{n+2}\times\cdots\times\frac{2n+1}{2n}\right)^n$

$=\displaystyle\lim_{n\to\infty}\left(\frac{2n+1}{2n}\right)^n=\lim_{n\to\infty}\left(1+\frac{1}{2n}\right)^n$

$=\displaystyle\lim_{n\to\infty}\left\{\left(1+\frac{1}{2n}\right)^{2n}\right\}^{\frac{1}{2}}=e^{\frac{1}{2}}=\sqrt{e}$

4 $\displaystyle\lim_{x\to\infty}\left(\frac{x-a}{x+a}\right)^x=\lim_{x\to\infty}\left(\frac{1-\frac{a}{x}}{1+\frac{a}{x}}\right)^x=\lim_{x\to\infty}\frac{\left(1-\frac{a}{x}\right)^x}{\left(1+\frac{a}{x}\right)^x}$

$\qquad =\displaystyle\lim_{x\to\infty}\frac{\left\{\left(1-\frac{a}{x}\right)^{-\frac{x}{a}}\right\}^{-a}}{\left\{\left(1+\frac{a}{x}\right)^{\frac{x}{a}}\right\}^a}=\frac{e^{-a}}{e^a}=\frac{1}{e^{2a}}$

따라서 $\dfrac{1}{e^{2a}}=\dfrac{1}{e^6}$이므로 $a=3$

5 $\displaystyle\lim_{x\to\infty}x\{\ln x-\ln(x+4)\}=\lim_{x\to\infty}\ln\left(\frac{x}{x+4}\right)^x$

$\qquad\qquad =\displaystyle\lim_{x\to\infty}\ln\left(\frac{x+4}{x}\right)^{-x}$

$\qquad\qquad =\displaystyle\lim_{x\to\infty}\ln\left(1+\frac{4}{x}\right)^{-x}$

$\qquad\qquad =\displaystyle\lim_{x\to\infty}\ln\left\{\left(1+\frac{4}{x}\right)^{\frac{x}{4}}\right\}^{-4}$

$\qquad\qquad =\displaystyle\ln\lim_{x\to\infty}\left\{\left(1+\frac{4}{x}\right)^{\frac{x}{4}}\right\}^{-4}$

$\qquad\qquad =\ln e^{-4}=-4$

$\displaystyle\lim_{x\to\infty}x\{\ln x-\ln(x+4)\}=\lim_{x\to\infty}x\ln\frac{x}{x+4}$

$\qquad\qquad =\displaystyle\lim_{x\to\infty}x\ln\left(1-\frac{4}{x+4}\right)$

$-\dfrac{4}{x+4}=t$로 놓으면 $x=\dfrac{-4-4t}{t}$이고, $x\to\infty$일 때

$t\to0$이므로 구하는 극한값은

$\displaystyle\lim_{x\to\infty}x\ln\left(1-\frac{4}{x+4}\right)=\lim_{t\to0}\frac{-4-4t}{t}\ln(1+t)$

$\qquad\qquad =\displaystyle\lim_{t\to0}(-4-4t)\times\lim_{t\to0}\frac{\ln(1+t)}{t}$

$\qquad\qquad =-4\times1=-4$

6 $\displaystyle\lim_{x\to0}\frac{e^x+e^{2x}+e^{3x}+\cdots+e^{nx}-n}{x}$

$=\displaystyle\lim_{x\to0}\frac{e^x-1+e^{2x}-1+e^{3x}-1+\cdots+e^{nx}-1}{x}$

$=\displaystyle\lim_{x\to0}\frac{e^x-1}{x}+\lim_{x\to0}\frac{e^{2x}-1}{2x}\times2+\lim_{x\to0}\frac{e^{3x}-1}{3x}\times3$

$\qquad\qquad +\cdots+\displaystyle\lim_{x\to0}\frac{e^{nx}-1}{nx}\times n$

$=1+2+3+\cdots+n=\dfrac{n(n+1)}{2}$

따라서 $\dfrac{n(n+1)}{2}=55$이므로

$n(n+1)=10\times11$ $\therefore\ n=10$ ($\because\ n$은 자연수)

7 $\ln(1+3x)\le f(x)\le e^{3x}-1$의 각 변을 x로 나누면

$\dfrac{\ln(1+3x)}{x}\le\dfrac{f(x)}{x}\le\dfrac{e^{3x}-1}{x}$

이때 $\displaystyle\lim_{x\to0+}\frac{\ln(1+3x)}{x}=\lim_{x\to0+}\frac{\ln(1+3x)}{3x}\times3=3$,

$\displaystyle\lim_{x\to0+}\frac{e^{3x}-1}{x}=\lim_{x\to0+}\frac{e^{3x}-1}{3x}\times3=3$이므로 함수의 극한의

대소 관계에 의하여

$\displaystyle\lim_{x\to0+}\frac{f(x)}{x}=3$

8 ㈎에서

$$\lim_{x\to 0}\frac{a^x-3^x}{x}=\lim_{x\to 0}\frac{a^x-1-3^x+1}{x}$$
$$=\lim_{x\to 0}\frac{a^x-1}{x}-\lim_{x\to 0}\frac{3^x-1}{x}$$
$$=\ln a-\ln 3=\ln\frac{a}{3}$$

즉, $\ln\dfrac{a}{3}=\ln 2$이므로 $a=6$

이를 ㈏에 대입하면

$$\lim_{x\to 1}\frac{\log_2 x}{6(x-1)}=b$$

$x-1=t$로 놓으면 $x=1+t$이고, $x\to 1$일 때 $t\to 0$이므로

$$b=\lim_{x\to 1}\frac{\log_2 x}{6(x-1)}=\lim_{t\to 0}\frac{\log_2(1+t)}{6t}$$
$$=\lim_{t\to 0}\frac{\log_2(1+t)}{t}\times\frac{1}{6}$$
$$=\frac{1}{\ln 2}\times\frac{1}{6}=\frac{1}{6\ln 2}$$

$$\therefore \frac{a}{b}=6\times 6\ln 2=36\ln 2$$

9 $x\to 0$일 때 (분자)$\to 0$이고, 0이 아닌 극한값이 존재하므로 (분모)$\to 0$에서

$$\lim_{x\to 0}(ax^2+b)=0 \qquad \therefore b=0$$

이를 주어진 식의 좌변에 대입하면

$$\lim_{x\to 0}\frac{(e^x-1)\ln(1+x)}{ax^2}$$
$$=\lim_{x\to 0}\left\{\frac{e^x-1}{x}\times\frac{\ln(1+x)}{x}\times\frac{1}{a}\right\}$$
$$=1\times 1\times\frac{1}{a}=\frac{1}{a}$$

즉, $\dfrac{1}{a}=2$이므로 $a=\dfrac{1}{2}$

$$\therefore 2a+b=2\times\frac{1}{2}+0=1$$

10 함수 $f(x)$가 실수 전체의 집합에서 연속이면 $x=0$에서 연속이므로 $\lim\limits_{x\to 0+}f(x)=\lim\limits_{x\to 0-}f(x)=f(0)$

$$\lim_{x\to 0+}\frac{\ln(2x+b)}{e^{ax}-1}=\lim_{x\to 0-}\{a(x-b)^2+1\}$$
$$\therefore \lim_{x\to 0+}\frac{\ln(2x+b)}{e^{ax}-1}=ab^2+1 \quad\cdots\cdots\ \boxdot$$

$x\to 0+$일 때 (분모)$\to 0$이고, 극한값이 존재하므로 (분자)$\to 0$에서

$$\lim_{x\to 0+}\ln(2x+b)=0,\ \ln b=0 \qquad \therefore b=1$$

이를 ㉠의 좌변에 대입하면

$$\lim_{x\to 0+}\frac{\ln(2x+1)}{e^{ax}-1}=\lim_{x\to 0+}\left\{\frac{\ln(1+2x)}{2x}\times\frac{ax}{e^{ax}-1}\times\frac{2}{a}\right\}$$
$$=1\times 1\times\frac{2}{a}=\frac{2}{a}$$

즉, $\dfrac{2}{a}=ab^2+1=a+1$이므로

$$a^2+a-2=0,\ (a+2)(a-1)=0$$
$$\therefore a=1\ (\because a>0)$$
$$\therefore a-b=1-1=0$$

11 $\mathrm{A}(t,\ \ln t)$, $\mathrm{B}(t,\ -\ln t)$이므로
$$\overline{\mathrm{AB}}=|2\ln t|$$

삼각형 AQB의 넓이가 1이 되려면

$$\frac{1}{2}\times\overline{\mathrm{AB}}\times\overline{\mathrm{PQ}}=1$$
$$\frac{1}{2}\times|2\ln t|\times f(t)=1$$
$$\therefore f(t)=\frac{1}{|\ln t|}$$
$$\therefore \lim_{t\to 1+}(t-1)f(t)=\lim_{t\to 1+}\frac{t-1}{\ln t}$$

$t-1=s$로 놓으면 $t=1+s$이고, $t\to 1+$일 때 $s\to 0+$이므로

$$\lim_{t\to 1+}(t-1)f(t)=\lim_{t\to 1+}\frac{t-1}{\ln t}=\lim_{s\to 0+}\frac{s}{\ln(1+s)}=1$$

12 $\mathrm{Q}(t,\ 0)$, $\mathrm{R}(t,\ 1)$이고 $t>0$이므로

$$f(t)=\frac{1}{2}\times\overline{\mathrm{AR}}\times\overline{\mathrm{PR}}=\frac{1}{2}t(e^t-1)$$
$$g(t)=\frac{1}{2}\times\overline{\mathrm{AR}}\times\overline{\mathrm{QR}}=\frac{1}{2}t$$
$$\therefore \lim_{t\to 0+}\frac{\{g(t)\}^2}{f(t)}=\lim_{t\to 0+}\frac{\frac{1}{4}t^2}{\frac{1}{2}t(e^t-1)}$$
$$=\frac{1}{2}\lim_{t\to 0+}\frac{t}{e^t-1}$$
$$=\frac{1}{2}\times 1=\frac{1}{2}$$

13 ① $(e^{x+3})'=e^3(e^x)'$
$$=e^3\times e^x=e^{x+3}$$
② $(x^2e^x)'=(x^2)'e^x+x^2(e^x)'$
$$=2xe^x+x^2e^x$$
$$=(x^2+2x)e^x$$
③ $(\ln 5x)'=(\ln 5+\ln x)'=\dfrac{1}{x}$
④ $(\log_2 x)'=\dfrac{1}{x\ln 2}$
⑤ $(x\log x)'=(x)'\log x+x(\log x)'$
$$=\log x+x\times\frac{1}{x\ln 10}$$
$$=\log x+\frac{1}{\ln 10}$$

따라서 옳지 않은 것은 ③이다.

14 $f'(x)=(e^x)'\ln x+e^x(\ln x)'$

$\qquad =e^x\ln x+\dfrac{e^x}{x}$

$\therefore f'(e)-f(e)=\left(e^e+\dfrac{e^e}{e}\right)-e^e=\dfrac{e^e}{e}=e^{e-1}$

15 $f(x)=(x+a)e^{x+b}=(x+a)e^x\times e^b$이므로

$f'(x)=\{(x+a)'e^x+(x+a)(e^x)'\}e^b$

$\qquad =\{e^x+(x+a)e^x\}e^b$

$\qquad =(x+a+1)e^{x+b}$

$f'(0)=0$에서

$(a+1)e^b=0 \qquad \therefore a=-1\ (\because e^b>0)$

$f'(-1)=-1$에서

$ae^{b-1}=-1,\ -e^{b-1}=-1$

$e^{b-1}=1 \qquad \therefore b=1$

$\therefore b-a=1-(-1)=2$

16 $\displaystyle\lim_{x\to1}\dfrac{f(x)-\ln5}{x-1}=-1$에서 $x\to1$일 때 (분모)$\to0$이고,

극한값이 존재하므로 (분자)$\to0$에서

$\displaystyle\lim_{x\to1}\{f(x)-\ln5\}=0 \qquad \therefore f(1)=\ln5$

$\displaystyle\lim_{x\to1}\dfrac{f(x)-\ln5}{x-1}=\lim_{x\to1}\dfrac{f(x)-f(1)}{x-1}=f'(1)$이므로

$f'(1)=-1$

$g(x)=(\log_5 x+x^2)f(x)$에서

$g'(x)=(\log_5 x+x^2)'f(x)+(\log_5 x+x^2)f'(x)$

$\qquad =\left(\dfrac{1}{x\ln5}+2x\right)f(x)+(\log_5 x+x^2)f'(x)$

$\therefore g'(1)=\left(\dfrac{1}{\ln5}+2\right)f(1)+f'(1)$

$\qquad\quad =\left(\dfrac{1}{\ln5}+2\right)\times\ln5+(-1)=2\ln5$

17 $f(x)=3^x+5^x$이라 하면 $f(1)=8$이므로

$\displaystyle\lim_{x\to1}\dfrac{3^x+5^x-8}{x-1}=\lim_{x\to1}\dfrac{f(x)-f(1)}{x-1}=f'(1)$

$f'(x)=3^x\ln3+5^x\ln5$이므로 구하는 극한값은

$f'(1)=3\ln3+5\ln5$

> 다른 풀이

$x-1=t$로 놓으면 $x=1+t$이고, $x\to1$일 때 $t\to0$이므로

$\displaystyle\lim_{x\to1}\dfrac{3^x+5^x-8}{x-1}=\lim_{t\to0}\dfrac{3^{t+1}+5^{t+1}-8}{t}$

$\qquad =\displaystyle\lim_{t\to0}\dfrac{3^{t+1}-3+5^{t+1}-5}{t}$

$\qquad =\displaystyle\lim_{t\to0}\dfrac{3^t-1}{t}\times3+\lim_{t\to0}\dfrac{5^t-1}{t}\times5$

$\qquad =3\ln3+5\ln5$

18 함수 $f(x)$가 $x=1$에서 미분가능하면 $x=1$에서 연속이므로 $\displaystyle\lim_{x\to1+}f(x)=\lim_{x\to1-}f(x)=f(1)$

$\displaystyle\lim_{x\to1+}(a\ln x+b)=\lim_{x\to1-}(2^x-1)$

$\therefore b=1$

$f'(x)=\begin{cases}\dfrac{a}{x} & (x>1)\\[2mm]2^x\ln2 & (x<1)\end{cases}$ 이고 미분계수 $f'(1)$이 존재하므

로 $\displaystyle\lim_{x\to1+}f'(x)=\lim_{x\to1-}f'(x)$

$\displaystyle\lim_{x\to1+}\dfrac{a}{x}=\lim_{x\to1-}2^x\ln2$

$\therefore a=2\ln2$

$\therefore e^a-b=e^{2\ln2}-1$

$\qquad\quad =e^{\ln4}-1$

$\qquad\quad =4-1=3$

19 함수 $f(x)g(x)$가 $x=2$에서 연속이므로

$\displaystyle\lim_{x\to2}f(x)g(x)=f(2)g(2)$

$\therefore \displaystyle\lim_{x\to2}\dfrac{f(x)}{\ln(x^2-4x+5)}=0$

$x-2=t$로 놓으면 $x=2+t$이고, $x\to2$일 때 $t\to0$이므로

$\displaystyle\lim_{x\to2}\dfrac{f(x)}{\ln(x^2-4x+5)}=\lim_{t\to0}\dfrac{f(2+t)}{\ln(1+t^2)}$

$\qquad =\displaystyle\lim_{t\to0}\left\{\dfrac{t^2}{\ln(1+t^2)}\times\dfrac{f(2+t)}{t^2}\right\}$

$\qquad =\displaystyle\lim_{t\to0}\dfrac{f(2+t)}{t^2}$

즉, $\displaystyle\lim_{t\to0}\dfrac{f(2+t)}{t^2}=0$이므로 함수 $f(2+t)$는 t^2을 인수로 갖는다.

삼차함수 $f(x)$의 최고차항의 계수가 1이면 함수 $f(2+t)$의 최고차항의 계수도 1이므로

$f(2+t)=t^2(t+a)$ (a는 상수)라 하면

$\displaystyle\lim_{t\to0}\dfrac{f(2+t)}{t^2}=\lim_{t\to0}\dfrac{t^2(t+a)}{t^2}$

$\qquad =\displaystyle\lim_{t\to0}(t+a)=a$

즉, $a=0$이므로

$f(2+t)=t^3$

따라서 $f(x)=(x-2)^3$이므로

$f(1)=-1$

20 $Q\left(k,\ e^{\frac{k}{2}+3t}\right)$이므로 점 R의 y좌표는

$e^{\frac{k}{2}+3t}$

점 R의 x좌표를 구하면 $e^{\frac{x}{2}}=e^{\frac{k}{2}+3t}$

$\dfrac{x}{2}=\dfrac{k}{2}+3t \qquad \therefore x=k+6t$

$\therefore R\left(k+6t,\ e^{\frac{k}{2}+3t}\right)$

$P\left(k, e^{\frac{k}{2}}\right)$이므로

$\overline{PQ}=e^{\frac{k}{2}+3t}-e^{\frac{k}{2}}=e^{\frac{k}{2}}(e^{3t}-1),\ \overline{QR}=6t$

$\overline{PQ}=\overline{QR}$에서

$e^{\frac{k}{2}}(e^{3t}-1)=6t$

$e^{\frac{k}{2}}=\dfrac{6t}{e^{3t}-1}\ (\because\ e^{3t}-1>0)$

$\dfrac{k}{2}=\ln\dfrac{6t}{e^{3t}-1}$

$\therefore\ k=2\ln\dfrac{6t}{e^{3t}-1}$

따라서 $f(t)=2\ln\dfrac{6t}{e^{3t}-1}$이므로

$$\begin{aligned}\lim_{t\to0+}f(t)&=\lim_{t\to0+}2\ln\dfrac{6t}{e^{3t}-1}\\&=2\ln\lim_{t\to0+}\dfrac{6t}{e^{3t}-1}\\&=2\ln\left(\lim_{t\to0+}\dfrac{3t}{e^{3t}-1}\times2\right)\\&=2\ln2=\ln4\end{aligned}$$

21 $f(x+y)=\dfrac{f(x)}{e^y}+\dfrac{f(y)}{e^x}$의 양변에 $x=0,\ y=0$을 대입하면

$f(0)=f(0)+f(0)$

$\therefore\ f(0)=0$

$f'(0)=\lim_{h\to0}\dfrac{f(0+h)-f(0)}{h}=\lim_{h\to0}\dfrac{f(h)}{h}$이므로

$\lim_{h\to0}\dfrac{f(h)}{h}=-2$ ...... ㉠

도함수의 정의에 의하여

$$\begin{aligned}f'(x)&=\lim_{h\to0}\dfrac{f(x+h)-f(x)}{h}\\&=\lim_{h\to0}\dfrac{\dfrac{f(x)}{e^h}+\dfrac{f(h)}{e^x}-f(x)}{h}\\&=\lim_{h\to0}\dfrac{(e^{-h}-1)f(x)+e^{-x}f(h)}{h}\\&=\lim_{h\to0}\left\{-f(x)\times\dfrac{e^{-h}-1}{-h}+e^{-x}\times\dfrac{f(h)}{h}\right\}\\&=-f(x)-2e^{-x}\ (\because\ ㉠)\end{aligned}$$

$$\begin{aligned}\therefore\ g(x)&=f'(x)+f(x)\\&=-f(x)-2e^{-x}+f(x)\\&=-2e^{-x}\end{aligned}$$

$$\begin{aligned}\therefore\ g'(x)&=\left\{-2\times\left(\dfrac{1}{e}\right)^x\right\}'\\&=-2\times\left(\dfrac{1}{e}\right)^x\ln\dfrac{1}{e}\\&=2\times\left(\dfrac{1}{e}\right)^x\end{aligned}$$

$\therefore\ g'(1)=\dfrac{2}{e}$

---

1 삼각함수의 덧셈정리

1 답 (1) **2** (2) **−2** (3) $\sqrt3$

(1) $\csc\dfrac{\pi}{6}=\dfrac{1}{\sin\dfrac{\pi}{6}}=\dfrac{1}{\dfrac{1}{2}}=2$

(2) $\sec\left(-\dfrac{2}{3}\pi\right)=\dfrac{1}{\cos\left(-\dfrac{2}{3}\pi\right)}=\dfrac{1}{-\cos\dfrac{\pi}{3}}$

$\qquad\qquad=\dfrac{1}{-\dfrac{1}{2}}=-2$

(3) $\cot\dfrac{7}{6}\pi=\dfrac{1}{\tan\dfrac{7}{6}\pi}=\dfrac{1}{\tan\dfrac{\pi}{6}}$

$\qquad\quad=\dfrac{1}{\dfrac{\sqrt3}{3}}=\sqrt3$

2 답 (1) $\dfrac{\sqrt6+\sqrt2}{4}$ (2) $\dfrac{\sqrt2+\sqrt6}{4}$ (3) $-2-\sqrt3$

(1) $\sin75°=\sin(45°+30°)$

$\qquad=\sin45°\cos30°+\cos45°\sin30°$

$\qquad=\dfrac{\sqrt2}{2}\times\dfrac{\sqrt3}{2}+\dfrac{\sqrt2}{2}\times\dfrac{1}{2}=\dfrac{\sqrt6+\sqrt2}{4}$

(2) $\cos15°=\cos(60°-45°)$

$\qquad=\cos60°\cos45°+\sin60°\sin45°$

$\qquad=\dfrac{1}{2}\times\dfrac{\sqrt2}{2}+\dfrac{\sqrt3}{2}\times\dfrac{\sqrt2}{2}=\dfrac{\sqrt2+\sqrt6}{4}$

(3) $\tan105°=\tan(60°+45°)$

$\qquad=\dfrac{\tan60°+\tan45°}{1-\tan60°\tan45°}$

$\qquad=\dfrac{\sqrt3+1}{1-\sqrt3\times1}=-2-\sqrt3$

3 답 (1) $\dfrac{\sqrt2}{2}$ (2) $\dfrac{\sqrt3}{2}$ (3) $\sqrt3$

(1) $\sin100°\cos55°-\cos100°\sin55°$

$\qquad=\sin(100°-55°)$

$\qquad=\sin45°=\dfrac{\sqrt2}{2}$

(2) $\cos40°\cos70°+\sin40°\sin70°$

$\qquad=\cos(40°-70°)=\cos(-30°)$

$\qquad=\cos30°=\dfrac{\sqrt3}{2}$

(3) $\dfrac{\tan80°-\tan20°}{1+\tan80°\tan20°}=\tan(80°-20°)$

$\qquad\qquad=\tan60°=\sqrt3$

01-1 답 (1) $\dfrac{100}{9}$　(2) $-\dfrac{1}{3}$　(3) $-\dfrac{4}{3}$

(1) $\tan\theta=-3$에서 $\cot\theta=\dfrac{1}{\tan\theta}=-\dfrac{1}{3}$이므로

$$\csc^2\theta=1+\cot^2\theta=1+\left(-\dfrac{1}{3}\right)^2=\dfrac{10}{9}$$

$$\sec^2\theta=1+\tan^2\theta=1+(-3)^2=10$$

$$\therefore\ \csc^2\theta+\sec^2\theta=\dfrac{10}{9}+10=\dfrac{100}{9}$$

(2) θ가 제3사분면의 각이면 $\tan\theta>0$

$1+\tan^2\theta=\sec^2\theta$이므로

$$\tan\theta=\sqrt{\sec^2\theta-1}=\sqrt{\left(-\dfrac{5}{4}\right)^2-1}=\dfrac{3}{4}$$

$$\therefore\ \cot\theta=\dfrac{4}{3}$$

θ가 제3사분면의 각이면 $\sin\theta<0$　$\therefore\ \csc\theta<0$

$1+\cot^2\theta=\csc^2\theta$이므로

$$\csc\theta=-\sqrt{1+\cot^2\theta}=-\sqrt{1+\left(\dfrac{4}{3}\right)^2}=-\dfrac{5}{3}$$

$$\therefore\ \csc\theta+\cot\theta=-\dfrac{5}{3}+\dfrac{4}{3}=-\dfrac{1}{3}$$

(3) $\sin\theta+\cos\theta=\dfrac{1}{2}$의 양변을 제곱하면

$$\sin^2\theta+2\sin\theta\cos\theta+\cos^2\theta=\dfrac{1}{4}$$

$$1+2\sin\theta\cos\theta=\dfrac{1}{4}$$

$$\therefore\ \sin\theta\cos\theta=-\dfrac{3}{8}$$

$$\therefore\ \sec\theta+\csc\theta=\dfrac{1}{\cos\theta}+\dfrac{1}{\sin\theta}$$

$$=\dfrac{\sin\theta+\cos\theta}{\sin\theta\cos\theta}$$

$$=\dfrac{\dfrac{1}{2}}{-\dfrac{3}{8}}=-\dfrac{4}{3}$$

다른 풀이

(2) θ가 제3사분면의 각이고

$\sec\theta=-\dfrac{5}{4}$, 즉 $\cos\theta=-\dfrac{4}{5}$

이므로 중심이 원점이고 반지름의 길이가 5인 원을 그리면 각 θ를 나타내는 동경이 원과 만나는 점 P의 좌표는

$\mathrm{P}(-4,\ -3)$

따라서 $\csc\theta=-\dfrac{5}{3}$, $\cot\theta=\dfrac{4}{3}$이므로

$$\csc\theta+\cot\theta=-\dfrac{1}{3}$$

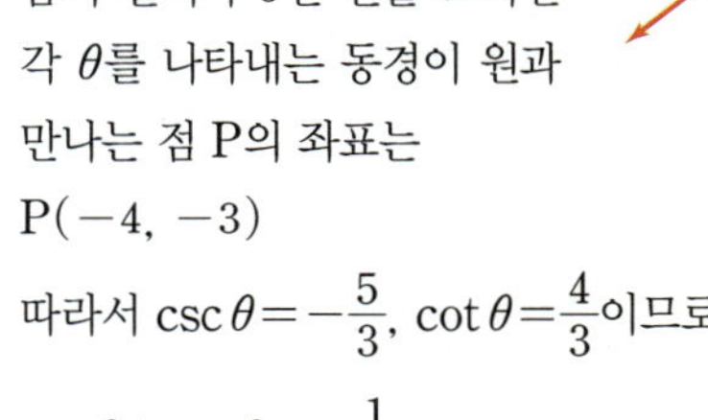

02-1 답 (1) $-\dfrac{5\sqrt{3}}{9}$　(2) $-\dfrac{\sqrt{6}}{3}$　(3) $-\dfrac{5\sqrt{2}}{2}$

$0<\alpha<\dfrac{\pi}{2}$, $\dfrac{\pi}{2}<\beta<\pi$에서 $\cos\alpha>0$, $\sin\beta>0$이므로

$$\cos\alpha=\sqrt{1-\sin^2\alpha}=\sqrt{1-\left(\dfrac{\sqrt{3}}{3}\right)^2}=\dfrac{\sqrt{6}}{3}$$

$$\sin\beta=\sqrt{1-\cos^2\beta}=\sqrt{1-\left(-\dfrac{1}{3}\right)^2}=\dfrac{2\sqrt{2}}{3}$$

$$\tan\alpha=\dfrac{\sin\alpha}{\cos\alpha}=\dfrac{\dfrac{\sqrt{3}}{3}}{\dfrac{\sqrt{6}}{3}}=\dfrac{\sqrt{2}}{2}$$

$$\tan\beta=\dfrac{\sin\beta}{\cos\beta}=\dfrac{\dfrac{2\sqrt{2}}{3}}{-\dfrac{1}{3}}=-2\sqrt{2}$$

(1) $\sin(\alpha-\beta)=\sin\alpha\cos\beta-\cos\alpha\sin\beta$

$$=\dfrac{\sqrt{3}}{3}\times\left(-\dfrac{1}{3}\right)-\dfrac{\sqrt{6}}{3}\times\dfrac{2\sqrt{2}}{3}=-\dfrac{5\sqrt{3}}{9}$$

(2) $\cos(\alpha+\beta)=\cos\alpha\cos\beta-\sin\alpha\sin\beta$

$$=\dfrac{\sqrt{6}}{3}\times\left(-\dfrac{1}{3}\right)-\dfrac{\sqrt{3}}{3}\times\dfrac{2\sqrt{2}}{3}=-\dfrac{\sqrt{6}}{3}$$

(3) $\tan(\alpha-\beta)=\dfrac{\tan\alpha-\tan\beta}{1+\tan\alpha\tan\beta}$

$$=\dfrac{\dfrac{\sqrt{2}}{2}-(-2\sqrt{2})}{1+\dfrac{\sqrt{2}}{2}\times(-2\sqrt{2})}=-\dfrac{5\sqrt{2}}{2}$$

02-2 답 $\dfrac{1}{3}$

$(\tan\alpha+3)(\tan\beta-3)=-10$에서

$\tan\alpha\tan\beta-3(\tan\alpha-\tan\beta)-9=-10$

$\tan\alpha\tan\beta+1=3(\tan\alpha-\tan\beta)$

$$\dfrac{\tan\alpha-\tan\beta}{1+\tan\alpha\tan\beta}=\dfrac{1}{3}$$

$$\therefore\ \tan(\alpha-\beta)=\dfrac{1}{3}$$

03-1 답 (1) $\dfrac{4}{5}$　(2) $\dfrac{3}{5}$　(3) $\dfrac{4}{3}$

$0<\theta<\dfrac{\pi}{2}$에서 $\cos\theta>0$, $\sec\theta>0$이므로

$$\sec\theta=\sqrt{1+\tan^2\theta}=\sqrt{1+\left(\dfrac{1}{2}\right)^2}=\dfrac{\sqrt{5}}{2}$$

$$\therefore\ \cos\theta=\dfrac{1}{\sec\theta}=\dfrac{2}{\sqrt{5}}=\dfrac{2\sqrt{5}}{5}$$

또 $0<\theta<\dfrac{\pi}{2}$에서 $\sin\theta>0$이므로

$$\sin\theta=\sqrt{1-\cos^2\theta}=\sqrt{1-\left(\dfrac{2\sqrt{5}}{5}\right)^2}=\dfrac{\sqrt{5}}{5}$$

(1) $\sin 2\theta=2\sin\theta\cos\theta$

$$=2\times\dfrac{\sqrt{5}}{5}\times\dfrac{2\sqrt{5}}{5}=\dfrac{4}{5}$$

(2) $\cos 2\theta = 1 - 2\sin^2\theta$

$\qquad = 1 - 2 \times \left(\dfrac{\sqrt{5}}{5}\right)^2 = \dfrac{3}{5}$

(3) $\tan 2\theta = \dfrac{2\tan\theta}{1 - \tan^2\theta}$

$\qquad = \dfrac{2 \times \dfrac{1}{2}}{1 - \left(\dfrac{1}{2}\right)^2} = \dfrac{4}{3}$

03-2 답 $-\dfrac{2\sqrt{14}}{9}$

$\sin\theta - \cos\theta = \dfrac{2}{3}$의 양변을 제곱하면

$\sin^2\theta - 2\sin\theta\cos\theta + \cos^2\theta = \dfrac{4}{9}$

$1 - 2\sin\theta\cos\theta = \dfrac{4}{9}$

$2\sin\theta\cos\theta = \dfrac{5}{9}$

$\therefore \sin 2\theta = \dfrac{5}{9}$

이때 $\dfrac{\pi}{4} < \theta < \dfrac{\pi}{2}$에서 $\dfrac{\pi}{2} < 2\theta < \pi$이므로

$\cos 2\theta < 0$

$\therefore \cos 2\theta = -\sqrt{1 - \sin^2 2\theta} = -\sqrt{1 - \left(\dfrac{5}{9}\right)^2} = -\dfrac{2\sqrt{14}}{9}$

04-1 답 $\dfrac{\pi}{3}$

두 직선 $\sqrt{3}x + 2y = 0$, $3\sqrt{3}x - y + 1 = 0$, 즉 $y = -\dfrac{\sqrt{3}}{2}x$,

$y = 3\sqrt{3}x + 1$이 x축의 양의 방향과 이루는 각의 크기를

각각 α, β라 하면

$\tan\alpha = -\dfrac{\sqrt{3}}{2}$, $\tan\beta = 3\sqrt{3}$

따라서 두 직선이 이루는 예각의 크기를 θ라 하면

$\tan\theta = |\tan(\alpha - \beta)| = \left|\dfrac{\tan\alpha - \tan\beta}{1 + \tan\alpha\tan\beta}\right|$

$\qquad = \left|\dfrac{-\dfrac{\sqrt{3}}{2} - 3\sqrt{3}}{1 + \left(-\dfrac{\sqrt{3}}{2}\right) \times 3\sqrt{3}}\right| = \sqrt{3}$

$\therefore \theta = \dfrac{\pi}{3} \left(\because 0 < \theta < \dfrac{\pi}{2}\right)$

04-2 답 3

두 직선 $ax - 4y + 12 = 0$, $x + 2y + 4 = 0$, 즉 $y = \dfrac{a}{4}x + 3$,

$y = -\dfrac{1}{2}x - 2$가 x축의 양의 방향과 이루는 각의 크기를

각각 α, β라 하면

$\tan\alpha = \dfrac{a}{4}$, $\tan\beta = -\dfrac{1}{2}$

이때 두 직선이 이루는 예각의 크기가 θ이므로

$\tan\theta = |\tan(\alpha - \beta)| = \left|\dfrac{\tan\alpha - \tan\beta}{1 + \tan\alpha\tan\beta}\right|$

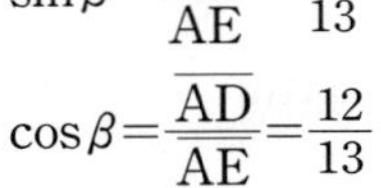

$\qquad = \left|\dfrac{\dfrac{a}{4} - \left(-\dfrac{1}{2}\right)}{1 + \dfrac{a}{4} \times \left(-\dfrac{1}{2}\right)}\right| = \left|\dfrac{2a+4}{8-a}\right|$

따라서 $\left|\dfrac{2a+4}{8-a}\right| = 2$이므로

$2a + 4 = 2(8 - a)$ 또는 $2a + 4 = -2(8 - a)$

$\therefore a = 3$

05-1 답 $\dfrac{119}{169}$

$\overline{AC} = \overline{AE} = \sqrt{5^2 + 12^2} = 13$

$\angle CAB = \alpha$, $\angle EAD = \beta$라

하면

$\sin\alpha = \dfrac{\overline{BC}}{\overline{AC}} = \dfrac{12}{13}$

$\cos\alpha = \dfrac{\overline{AB}}{\overline{AC}} = \dfrac{5}{13}$

$\sin\beta = \dfrac{\overline{DE}}{\overline{AE}} = \dfrac{5}{13}$

$\cos\beta = \dfrac{\overline{AD}}{\overline{AE}} = \dfrac{12}{13}$

이때 $\theta = \alpha - \beta$이므로

$\sin\theta = \sin(\alpha - \beta) = \sin\alpha\cos\beta - \cos\alpha\sin\beta$

$\qquad = \dfrac{12}{13} \times \dfrac{12}{13} - \dfrac{5}{13} \times \dfrac{5}{13} = \dfrac{119}{169}$

05-2 답 7

점 D가 변 AB를 $2:1$로 내분하므로 $\overline{BD} = 6 \times \dfrac{1}{3} = 2$

$\angle CDB = \alpha$, $\angle CAB = \beta$라

하면

$\tan\alpha = \dfrac{\overline{BC}}{\overline{BD}} = \dfrac{a}{2}$

$\tan\beta = \dfrac{\overline{BC}}{\overline{AB}} = \dfrac{a}{6}$

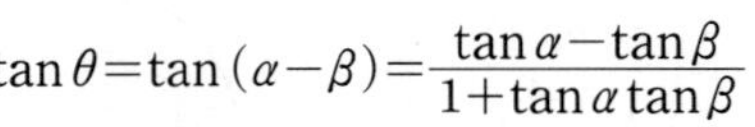

이때 $\theta = \alpha - \beta$이므로

$\tan\theta = \tan(\alpha - \beta) = \dfrac{\tan\alpha - \tan\beta}{1 + \tan\alpha\tan\beta}$

$\qquad = \dfrac{\dfrac{a}{2} - \dfrac{a}{6}}{1 + \dfrac{a}{2} \times \dfrac{a}{6}} = \dfrac{4a}{a^2 + 12}$

즉, $\dfrac{4a}{a^2 + 12} = \dfrac{4}{7}$이므로 $7a = a^2 + 12$

$a^2 - 7a + 12 = 0$, $(a-3)(a-4) = 0$

$\therefore a = 3$ 또는 $a = 4$

따라서 모든 a의 값의 합은 $3 + 4 = 7$

06-1 답 (1) $2\sin\left(\theta+\dfrac{5}{6}\pi\right)$ (2) $2\cos\left(\theta-\dfrac{5}{3}\pi\right)$

(1) $-\sqrt{3}\sin\theta+\cos\theta$

$$=2\left(-\frac{\sqrt{3}}{2}\sin\theta+\frac{1}{2}\cos\theta\right)$$

$$=2\left(\cos\frac{5}{6}\pi\sin\theta+\sin\frac{5}{6}\pi\cos\theta\right)$$

$$=2\sin\left(\theta+\frac{5}{6}\pi\right)$$

(2) $-\sqrt{3}\sin\theta+\cos\theta$

$$=2\left(-\frac{\sqrt{3}}{2}\sin\theta+\frac{1}{2}\cos\theta\right)$$

$$=2\left(\sin\frac{5}{3}\pi\sin\theta+\cos\frac{5}{3}\pi\cos\theta\right)$$

$$=2\cos\left(\theta-\frac{5}{3}\pi\right)$$

06-2 답 최댓값: 4, 최솟값: -4

$$y=4\sin x+4\sqrt{3}\cos\left(x+\frac{\pi}{3}\right)$$

$$=4\sin x+4\sqrt{3}\left(\cos x\cos\frac{\pi}{3}-\sin x\sin\frac{\pi}{3}\right)$$

$$=4\sin x+4\sqrt{3}\left(\frac{1}{2}\cos x-\frac{\sqrt{3}}{2}\sin x\right)$$

$$=-2\sin x+2\sqrt{3}\cos x$$

$$=4\left(-\frac{1}{2}\sin x+\frac{\sqrt{3}}{2}\cos x\right)$$

$$=4\left(\cos\frac{2}{3}\pi\sin x+\sin\frac{2}{3}\pi\cos x\right)$$

$$=4\sin\left(x+\frac{2}{3}\pi\right)$$

이때 $-1\leq\sin\left(x+\dfrac{2}{3}\pi\right)\leq1$이므로

$$-4\leq4\sin\left(x+\frac{2}{3}\pi\right)\leq4$$

따라서 주어진 함수의 최댓값은 4, 최솟값은 -4이다.

1 ㄱ, ㄴ	**2** $\dfrac{\sqrt{5}}{2}$	**3** ④	**4** $\dfrac{14}{25}$	**5** 2
6 $-\dfrac{5}{8}$	**7** ②	**8** $\dfrac{4+\sqrt{15}}{8}$		
9 $y=-\dfrac{1}{3}x+\dfrac{2}{3},\ y=3x-6$		**10** $\dfrac{8}{15}$	**11** ④	
12 4	**13** ①	**14** $\dfrac{7}{4}$		

1 ㄱ. $\dfrac{1}{1+\cos\theta}+\dfrac{1}{1-\cos\theta}=\dfrac{(1-\cos\theta)+(1+\cos\theta)}{(1+\cos\theta)(1-\cos\theta)}$

$$=\frac{2}{1-\cos^2\theta}$$

$$=\frac{2}{\sin^2\theta}$$

$$=2\csc^2\theta$$

ㄴ. $\dfrac{\cot\theta}{1+\csc\theta}+\dfrac{1+\csc\theta}{\cot\theta}$

$$=\frac{\cot^2\theta+(1+\csc\theta)^2}{(1+\csc\theta)\cot\theta}$$

$$=\frac{\cot^2\theta+1+2\csc\theta+\csc^2\theta}{(1+\csc\theta)\cot\theta}$$

$$=\frac{2\csc^2\theta+2\csc\theta}{(1+\csc\theta)\cot\theta}$$

$$=\frac{2\csc\theta(\csc\theta+1)}{(1+\csc\theta)\cot\theta}=\frac{2\csc\theta}{\cot\theta}$$

$$=2\csc\theta\tan\theta=2\times\frac{1}{\sin\theta}\times\frac{\sin\theta}{\cos\theta}$$

$$=\frac{2}{\cos\theta}=2\sec\theta$$

ㄷ. $\dfrac{1+\cos\theta}{\sec\theta-\tan\theta}-\dfrac{1-\cos\theta}{\sec\theta+\tan\theta}$

$$=\frac{(1+\cos\theta)(\sec\theta+\tan\theta)-(1-\cos\theta)(\sec\theta-\tan\theta)}{(\sec\theta-\tan\theta)(\sec\theta+\tan\theta)}$$

$$=\frac{2(\cos\theta\sec\theta+\tan\theta)}{\sec^2\theta-\tan^2\theta}$$

$$=\frac{2(1+\tan\theta)}{(1+\tan^2\theta)-\tan^2\theta}$$

$$=2(1+\tan\theta)$$

ㄹ. $(\tan\theta+\cot\theta)^2-(\sin\theta+\csc\theta)^2-(\cos\theta+\sec\theta)^2$

$$=\tan^2\theta+2+\cot^2\theta-(\sin^2\theta+2+\csc^2\theta)$$
$$-(\cos^2\theta+2+\sec^2\theta)$$

$$=(\tan^2\theta-\sec^2\theta)+(\cot^2\theta-\csc^2\theta)$$
$$-(\sin^2\theta+\cos^2\theta)-2$$

$$=-1+(-1)-1-2=-5$$

따라서 보기 중 옳은 것은 ㄱ, ㄴ이다.

2 $\tan\theta+\cot\theta=-8$에서

$$\frac{\sin\theta}{\cos\theta}+\frac{\cos\theta}{\sin\theta}=-8,\ \frac{\sin^2\theta+\cos^2\theta}{\sin\theta\cos\theta}=-8$$

$$\frac{1}{\sin\theta\cos\theta}=-8$$

$$\therefore\ \sin\theta\cos\theta=-\frac{1}{8}$$

$$\therefore\ (\sin\theta-\cos\theta)^2=\sin^2\theta-2\sin\theta\cos\theta+\cos^2\theta$$

$$=1-2\sin\theta\cos\theta$$

$$=1-2\times\left(-\frac{1}{8}\right)=\frac{5}{4}$$

$$\therefore\ |\sin\theta-\cos\theta|=\sqrt{\frac{5}{4}}=\frac{\sqrt{5}}{2}$$

3 $\dfrac{\cos 20° \cos 25° - \sin 20° \sin 25°}{\sin 140° \cos 20° - \cos 140° \sin 20°}$

$= \dfrac{\cos(20° + 25°)}{\sin(140° - 20°)} = \dfrac{\cos 45°}{\sin 120°} = \dfrac{\cos 45°}{\sin 60°}$

$= \dfrac{\dfrac{\sqrt{2}}{2}}{\dfrac{\sqrt{3}}{2}} = \dfrac{\sqrt{6}}{3}$

4 $\dfrac{\pi}{2} < \alpha < \pi$, $0 < \beta < \dfrac{\pi}{2}$에서 $\cos\alpha < 0$, $\cos\beta > 0$이므로

$\cos\alpha = -\sqrt{1 - \sin^2\alpha} = -\sqrt{1 - \left(\dfrac{3}{5}\right)^2} = -\dfrac{4}{5}$

$\cos\beta = \sqrt{1 - \sin^2\beta} = \sqrt{1 - \left(\dfrac{2}{5}\right)^2} = \dfrac{\sqrt{21}}{5}$

$\therefore \sin(\alpha - \beta) = \sin\alpha \cos\beta - \cos\alpha \sin\beta$

$\qquad = \dfrac{3}{5} \times \dfrac{\sqrt{21}}{5} - \left(-\dfrac{4}{5}\right) \times \dfrac{2}{5}$

$\qquad = \dfrac{3\sqrt{21} + 8}{25},$

$\quad \cos(\alpha + \beta) = \cos\alpha \cos\beta - \sin\alpha \sin\beta$

$\qquad = -\dfrac{4}{5} \times \dfrac{\sqrt{21}}{5} - \dfrac{3}{5} \times \dfrac{2}{5}$

$\qquad = \dfrac{-4\sqrt{21} - 6}{25}$

$\therefore 4\sin(\alpha - \beta) + 3\cos(\alpha + \beta)$

$\quad = \dfrac{12\sqrt{21} + 32}{25} + \dfrac{-12\sqrt{21} - 18}{25} = \dfrac{14}{25}$

5 이차방정식 $x^2 + 7x + 8 = 0$의 두 근이 $\tan\alpha$, $\tan\beta$이므로 근과 계수의 관계에 의하여

$\tan\alpha + \tan\beta = -7$, $\tan\alpha \tan\beta = 8$

이때 $\tan(\alpha + \beta) = \dfrac{\tan\alpha + \tan\beta}{1 - \tan\alpha \tan\beta} = \dfrac{-7}{1 - 8} = 1$이므로

$\sec^2(\alpha + \beta) = 1 + \tan^2(\alpha + \beta) = 1 + 1^2 = 2$

6 $\sin\alpha - \sin\beta = \dfrac{\sqrt{2}}{2}$의 양변을 제곱하면

$\sin^2\alpha - 2\sin\alpha \sin\beta + \sin^2\beta = \dfrac{1}{2}$ $\qquad \cdots\cdots$ ㉠

$\cos\alpha + \cos\beta = \dfrac{1}{2}$의 양변을 제곱하면

$\cos^2\alpha + 2\cos\alpha \cos\beta + \cos^2\beta = \dfrac{1}{4}$ $\qquad \cdots\cdots$ ㉡

㉠+㉡을 하면

$(\sin^2\alpha + \cos^2\alpha) + (\sin^2\beta + \cos^2\beta)$

$\qquad\qquad + 2(\cos\alpha \cos\beta - \sin\alpha \sin\beta) = \dfrac{3}{4}$

$2 + 2\cos(\alpha + \beta) = \dfrac{3}{4}$

$\therefore \cos(\alpha + \beta) = -\dfrac{5}{8}$

7 $0 < \theta < \dfrac{\pi}{2}$에서 $\cos\theta > 0$, $\sec\theta > 0$이므로

$\sec\theta = \sqrt{1 + \tan^2\theta} = \sqrt{1 + (2\sqrt{2})^2} = 3$

$\therefore \cos\theta = \dfrac{1}{\sec\theta} = \dfrac{1}{3}$

또 $0 < \theta < \dfrac{\pi}{2}$에서 $\sin\theta > 0$이므로

$\sin\theta = \sqrt{1 - \cos^2\theta} = \sqrt{1 - \left(\dfrac{1}{3}\right)^2} = \dfrac{2\sqrt{2}}{3}$

$\therefore \sin 2\theta = 2\sin\theta \cos\theta = 2 \times \dfrac{2\sqrt{2}}{3} \times \dfrac{1}{3} = \dfrac{4\sqrt{2}}{9},$

$\quad \cos 2\theta = 2\cos^2\theta - 1 = 2 \times \left(\dfrac{1}{3}\right)^2 - 1 = -\dfrac{7}{9}$

$\therefore \sqrt{2}\sin 2\theta + \cos 2\theta = \sqrt{2} \times \dfrac{4\sqrt{2}}{9} + \left(-\dfrac{7}{9}\right) = \dfrac{1}{9}$

8 $0 < \theta < \dfrac{\pi}{4}$에서 $0 < 2\theta < \dfrac{\pi}{2}$이므로 $\cos 2\theta > 0$

$\therefore \cos 2\theta = \sqrt{1 - \sin^2 2\theta} = \sqrt{1 - \left(\dfrac{1}{4}\right)^2} = \dfrac{\sqrt{15}}{4}$

$\cos 2\theta = 2\cos^2\theta - 1$이므로

$\cos^2\theta = \dfrac{1 + \cos 2\theta}{2}$

$\qquad = \dfrac{1 + \dfrac{\sqrt{15}}{4}}{2} = \dfrac{4 + \sqrt{15}}{8}$

9 직선 $y = \dfrac{1}{2}x + 4$와 이루는 예각의 크기가 $\dfrac{\pi}{4}$인 직선의 기울기를 m이라 하고, 두 직선이 x축의 양의 방향과 이루는 각의 크기를 각각 α, β라 하면

$\tan\alpha = \dfrac{1}{2}$, $\tan\beta = m$

$|\tan(\alpha - \beta)| = \tan\dfrac{\pi}{4} = 1$이므로

$\left| \dfrac{\tan\alpha - \tan\beta}{1 + \tan\alpha \tan\beta} \right| = 1$

$\left| \dfrac{\dfrac{1}{2} - m}{1 + \dfrac{1}{2}m} \right| = 1$

$\therefore \left| \dfrac{1 - 2m}{2 + m} \right| = 1$

즉, $1 - 2m = 2 + m$ 또는 $1 - 2m = -2 - m$이므로

$m = -\dfrac{1}{3}$ 또는 $m = 3$

따라서 기울기가 $-\dfrac{1}{3}$ 또는 3이고 점 $(2,\ 0)$을 지나는 직선의 방정식은

$y = -\dfrac{1}{3}(x - 2)$ 또는 $y = 3(x - 2)$

$\therefore y = -\dfrac{1}{3}x + \dfrac{2}{3}$ 또는 $y = 3x - 6$

10 직선 $y=\dfrac{1}{4}x$가 x축의 양의 방향과 이루는 각의 크기를 θ라 하면

$$\tan\theta=\dfrac{1}{4}$$

직선 $y=mx$가 x축의 양의 방향과 이루는 각의 크기는 2θ이므로

$$m=\tan 2\theta=\dfrac{2\tan\theta}{1-\tan^2\theta}$$

$$=\dfrac{2\times\dfrac{1}{4}}{1-\left(\dfrac{1}{4}\right)^2}=\dfrac{8}{15}$$

11 $\mathrm{P}(t,\ 1-t^2)\ (0<t<1)$이라 하면 $\mathrm{H}(0,\ 1-t^2)$이므로

$$\overline{\mathrm{AH}}=1-(1-t^2)=t^2$$
$$\overline{\mathrm{PH}}=t$$

$$\therefore\ \tan\theta_1=\dfrac{\overline{\mathrm{AH}}}{\overline{\mathrm{PH}}}=\dfrac{t^2}{t}=t$$

즉, $t=\dfrac{1}{2}$이므로

$$\mathrm{P}\left(\dfrac{1}{2},\ \dfrac{3}{4}\right)$$

$$\therefore\ \tan\theta_2=\dfrac{\overline{\mathrm{OH}}}{\overline{\mathrm{PH}}}=\dfrac{\dfrac{3}{4}}{\dfrac{1}{2}}=\dfrac{3}{2}$$

$$\therefore\ \tan(\theta_1+\theta_2)=\dfrac{\tan\theta_1+\tan\theta_2}{1-\tan\theta_1\tan\theta_2}$$

$$=\dfrac{\dfrac{1}{2}+\dfrac{3}{2}}{1-\dfrac{1}{2}\times\dfrac{3}{2}}=8$$

12 $y=\cos x-\sin\left(x+\dfrac{\pi}{6}\right)+2$

$$=\cos x-\left(\sin x\cos\dfrac{\pi}{6}+\cos x\sin\dfrac{\pi}{6}\right)+2$$

$$=\cos x-\left(\dfrac{\sqrt{3}}{2}\sin x+\dfrac{1}{2}\cos x\right)+2$$

$$=-\dfrac{\sqrt{3}}{2}\sin x+\dfrac{1}{2}\cos x+2$$

$$=\cos\dfrac{5}{6}\pi\sin x+\sin\dfrac{5}{6}\pi\cos x+2$$

$$=\sin\left(x+\dfrac{5}{6}\pi\right)+2$$

이때 $-1\le\sin\left(x+\dfrac{5}{6}\pi\right)\le 1$이므로

$$1\le\sin\left(x+\dfrac{5}{6}\pi\right)+2\le 3$$

따라서 주어진 함수의 최댓값은 3, 최솟값은 1이므로

$$M=3,\ m=1$$
$$\therefore\ M+m=4$$

13 $y'=e^x$이므로 곡선 $y=e^x$ 위의 두 점 $\mathrm{A}(t,\ e^t)$, $\mathrm{B}(-t,\ e^{-t})$에서의 접선 l, m의 기울기는 각각 e^t, e^{-t}이다. 두 직선 l, m이 x축의 양의 방향과 이루는 각의 크기를 각각 α, β라 하면

$$\tan\alpha=e^t,\ \tan\beta=e^{-t}$$

두 직선 l, m이 이루는 예각의 크기가 $\dfrac{\pi}{4}$이므로

$$\tan(\alpha-\beta)=\tan\dfrac{\pi}{4}=1$$

$$\dfrac{\tan\alpha-\tan\beta}{1+\tan\alpha\tan\beta}=1$$

$$\dfrac{e^t-e^{-t}}{1+e^t\times e^{-t}}=1,\ e^t-e^{-t}=2\quad\cdots\cdots\ \bigcirc$$

$$e^{2t}-2e^t-1=0$$

$e^t=s\,(s>0)$로 놓으면

$$s^2-2s-1=0\quad\therefore\ s=1+\sqrt{2}\ (\because\ s>0)$$

즉, $e^t=1+\sqrt{2}$이므로 $t=\ln(1+\sqrt{2})$

따라서 두 점 $\mathrm{A}(t,\ e^t)$, $\mathrm{B}(-t,\ e^{-t})$을 지나는 직선의 기울기는

$$\dfrac{e^t-e^{-t}}{t-(-t)}=\dfrac{2}{2t}\ (\because\ \bigcirc)$$

$$=\dfrac{1}{t}=\dfrac{1}{\ln(1+\sqrt{2})}$$

14 선분 AC가 선분 BD와 만나는 점을 G라 하자.

$\angle\mathrm{CAD}=\alpha$라 하면 $\angle\mathrm{CBD}=\alpha$이므로

$$\tan\alpha=\dfrac{\overline{\mathrm{CE}}}{\overline{\mathrm{BE}}}=\dfrac{2}{5}$$

$\angle\mathrm{DAF}=\beta$라 하면

$$\tan\beta=\dfrac{\overline{\mathrm{DF}}}{\overline{\mathrm{AF}}}=\dfrac{1}{6}$$

$$\therefore\ \tan(\angle\mathrm{GAF})=\tan(\alpha-\beta)$$

$$=\dfrac{\tan\alpha-\tan\beta}{1+\tan\alpha\tan\beta}$$

$$=\dfrac{\dfrac{2}{5}-\dfrac{1}{6}}{1+\dfrac{2}{5}\times\dfrac{1}{6}}=\dfrac{7}{32}$$

$$\therefore\ \overline{\mathrm{GF}}=\overline{\mathrm{AF}}\tan(\angle\mathrm{GAF})=6\times\dfrac{7}{32}=\dfrac{21}{16}$$

삼각형 AGF와 삼각형 CGE는 닮음이므로

$$\overline{\mathrm{AF}}:\overline{\mathrm{CE}}=\overline{\mathrm{GF}}:\overline{\mathrm{GE}}$$

$$6:2=\dfrac{21}{16}:\overline{\mathrm{GE}}$$

$$6\overline{\mathrm{GE}}=\dfrac{21}{8}\quad\therefore\ \overline{\mathrm{GE}}=\dfrac{7}{16}$$

$$\therefore\ \overline{\mathrm{EF}}=\overline{\mathrm{GE}}+\overline{\mathrm{GF}}=\dfrac{7}{16}+\dfrac{21}{16}=\dfrac{7}{4}$$

1 삼각함수의 극한

1 답 (1) 0　(2) $\dfrac{\sqrt{2}}{2}$　(3) $\dfrac{\sqrt{3}}{3}$　(4) $\dfrac{\sqrt{3}}{2}$　(5) -2　(6) 1

2 답 (1) 1　(2) 1　(3) $\dfrac{1}{3}$　(4) 4　(5) 2　(6) $\dfrac{1}{2}$

(3) $\displaystyle\lim_{x\to0}\frac{\sin x}{3x}=\lim_{x\to0}\frac{\sin x}{x}\times\frac{1}{3}$

$\qquad\qquad\quad=1\times\dfrac{1}{3}=\dfrac{1}{3}$

(4) $\displaystyle\lim_{x\to0}\frac{\tan 4x}{x}=\lim_{x\to0}\frac{\tan 4x}{4x}\times4$

$\qquad\qquad\quad=1\times4=4$

(5) $\displaystyle\lim_{x\to0}\frac{\sin 4x}{2x}=\lim_{x\to0}\frac{\sin 4x}{4x}\times2$

$\qquad\qquad\quad=1\times2=2$

(6) $\displaystyle\lim_{x\to0}\frac{\tan 3x}{6x}=\lim_{x\to0}\frac{\tan 3x}{3x}\times\frac{1}{2}$

$\qquad\qquad\quad=1\times\dfrac{1}{2}=\dfrac{1}{2}$

01-1 답 (1) $\dfrac{1}{2}$　(2) $2\sqrt{2}$　(3) 2　(4) 0

(1) $\displaystyle\lim_{x\to0}\frac{1-\cos x}{\sin^2 x}=\lim_{x\to0}\frac{1-\cos x}{1-\cos^2 x}$

$\qquad\qquad\qquad=\lim_{x\to0}\frac{1-\cos x}{(1+\cos x)(1-\cos x)}$

$\qquad\qquad\qquad=\lim_{x\to0}\frac{1}{1+\cos x}$

$\qquad\qquad\qquad=\dfrac{1}{1+1}=\dfrac{1}{2}$

(2) $\displaystyle\lim_{x\to\frac{\pi}{4}}\frac{\tan^2 x-1}{\sin x-\cos x}=\lim_{x\to\frac{\pi}{4}}\frac{\tan^2 x-1}{\cos x\left(\dfrac{\sin x}{\cos x}-1\right)}$

$\qquad\qquad\qquad=\lim_{x\to\frac{\pi}{4}}\frac{(\tan x+1)(\tan x-1)}{\cos x(\tan x-1)}$

$\qquad\qquad\qquad=\lim_{x\to\frac{\pi}{4}}\frac{\tan x+1}{\cos x}$

$\qquad\qquad\qquad=\dfrac{1+1}{\dfrac{\sqrt{2}}{2}}=2\sqrt{2}$

(3) $\displaystyle\lim_{x\to\pi}\frac{\sin 2x}{\tan x}=\lim_{x\to\pi}\frac{2\sin x\cos x}{\dfrac{\sin x}{\cos x}}$

$\qquad\qquad\quad=\lim_{x\to\pi}2\cos^2 x$

$\qquad\qquad\quad=2\times(-1)^2=2$

(4) $\displaystyle\lim_{x\to\frac{\pi}{2}}(\sec x-\tan x)=\lim_{x\to\frac{\pi}{2}}\left(\frac{1}{\cos x}-\frac{\sin x}{\cos x}\right)$

$\qquad\qquad\qquad=\lim_{x\to\frac{\pi}{2}}\frac{1-\sin x}{\cos x}$

$\qquad\qquad\qquad=\lim_{x\to\frac{\pi}{2}}\frac{(1-\sin x)(1+\sin x)}{\cos x(1+\sin x)}$

$\qquad\qquad\qquad=\lim_{x\to\frac{\pi}{2}}\frac{1-\sin^2 x}{\cos x(1+\sin x)}$

$\qquad\qquad\qquad=\lim_{x\to\frac{\pi}{2}}\frac{\cos^2 x}{\cos x(1+\sin x)}$

$\qquad\qquad\qquad=\lim_{x\to\frac{\pi}{2}}\frac{\cos x}{1+\sin x}$

$\qquad\qquad\qquad=\dfrac{0}{1+1}=0$

02-1 답 (1) $\dfrac{1}{2}$　(2) 5　(3) $\dfrac{2}{3}$　(4) $\dfrac{1}{2}$

(1) $x\to0$일 때, $(4x^3+3x^2-2x)\to0$이므로

$\displaystyle\lim_{x\to0}\frac{\sin(4x^3+3x^2-2x)}{3x^2-4x}$

$=\displaystyle\lim_{x\to0}\left\{\frac{\sin(4x^3+3x^2-2x)}{4x^3+3x^2-2x}\times\frac{4x^3+3x^2-2x}{3x^2-4x}\right\}$

$=\displaystyle\lim_{x\to0}\left\{\frac{\sin(4x^3+3x^2-2x)}{4x^3+3x^2-2x}\times\frac{4x^2+3x-2}{3x-4}\right\}$

$=1\times\dfrac{1}{2}$

$=\dfrac{1}{2}$

(2) $\displaystyle\lim_{x\to0}\frac{\sin 2x+\sin 3x}{\sin x}$

$=\displaystyle\lim_{x\to0}\left(\frac{\sin 2x}{\sin x}+\frac{\sin 3x}{\sin x}\right)$

$=\displaystyle\lim_{x\to0}\left(\frac{\sin 2x}{2x}\times\frac{x}{\sin x}\times2\right)$

$\qquad+\displaystyle\lim_{x\to0}\left(\frac{\sin 3x}{3x}\times\frac{x}{\sin x}\times3\right)$

$=1\times1\times2+1\times1\times3=5$

(3) $x\to0$일 때, $\sin 2x\to0$이므로

$\displaystyle\lim_{x\to0}\frac{\sin(\sin 2x)}{\tan 3x}$

$=\displaystyle\lim_{x\to0}\left\{\frac{\sin(\sin 2x)}{\sin 2x}\times\frac{3x}{\tan 3x}\times\frac{\sin 2x}{2x}\times\frac{2}{3}\right\}$

$=1\times1\times1\times\dfrac{2}{3}$

$=\dfrac{2}{3}$

(4) $\displaystyle\lim_{x \to 0} \frac{1-\cos x}{x \sin x} = \lim_{x \to 0} \frac{(1-\cos x)(1+\cos x)}{x \sin x (1+\cos x)}$

$\qquad = \lim_{x \to 0} \frac{1-\cos^2 x}{x \sin x (1+\cos x)}$

$\qquad = \lim_{x \to 0} \frac{\sin^2 x}{x \sin x (1+\cos x)}$

$\qquad = \lim_{x \to 0} \left(\frac{\sin x}{x} \times \frac{1}{1+\cos x} \right)$

$\qquad = 1 \times \dfrac{1}{2} = \dfrac{1}{2}$

02-2 답 -3

$\displaystyle\lim_{x \to 0} \frac{ax^3}{\sin x - \tan x}$

$= \lim_{x \to 0} \dfrac{ax^3}{\sin x - \dfrac{\sin x}{\cos x}}$

$= \lim_{x \to 0} \dfrac{ax^3 \cos x}{\sin x (\cos x - 1)}$

$= \lim_{x \to 0} \dfrac{ax^3 \cos x (\cos x + 1)}{\sin x (\cos x - 1)(\cos x + 1)}$

$= \lim_{x \to 0} \dfrac{ax^3 \cos x (\cos x + 1)}{\sin x (\cos^2 x - 1)}$

$= \lim_{x \to 0} \dfrac{ax^3 \cos x (\cos x + 1)}{-\sin^3 x}$

$= \lim_{x \to 0} \left\{ -a \left(\dfrac{x}{\sin x} \right)^3 \times \cos x (\cos x + 1) \right\}$

$= -a \times 1^3 \times 1 \times 2 = -2a$

따라서 $-2a = 6$이므로 $a = -3$

03-1 답 (1) $-\dfrac{1}{\pi}$ (2) 1 (3) $-\dfrac{\pi}{4}$ (4) $\dfrac{1}{2}$

(1) $x - 3 = t$로 놓으면 $x = 3 + t$이고, $x \to 3$일 때 $t \to 0$이므로

$\displaystyle\lim_{x \to 3} \frac{x-3}{\sin \pi x} = \lim_{t \to 0} \frac{t}{\sin \pi (3+t)}$

$\qquad = \lim_{t \to 0} \frac{t}{\sin (3\pi + \pi t)}$

$\qquad = \lim_{t \to 0} \frac{t}{-\sin \pi t}$

$\qquad = \lim_{t \to 0} \left(-\frac{\pi t}{\sin \pi t} \times \frac{1}{\pi} \right)$

$\qquad = -1 \times \dfrac{1}{\pi} = -\dfrac{1}{\pi}$

(2) $x - \pi = t$로 놓으면 $x = \pi + t$이고, $x \to \pi$일 때 $t \to 0$이므로

$\displaystyle\lim_{x \to \pi} (x - \pi) \cot x = \lim_{t \to 0} t \cot (\pi + t)$

$\qquad\qquad = \lim_{t \to 0} \frac{t}{\tan (\pi + t)}$

$\qquad\qquad = \lim_{t \to 0} \frac{t}{\tan t} = 1$

(3) $x - 1 = t$로 놓으면 $x = 1 + t$이고, $x \to 1$일 때 $t \to 0$이므로

$\displaystyle\lim_{x \to 1} \frac{\cos \dfrac{\pi}{2} x}{x^2 - 1} = \lim_{t \to 0} \frac{\cos \dfrac{\pi}{2}(1+t)}{(1+t)^2 - 1}$

$\qquad = \lim_{t \to 0} \dfrac{\cos \left(\dfrac{\pi}{2} + \dfrac{\pi}{2} t \right)}{t^2 + 2t}$

$\qquad = \lim_{t \to 0} \dfrac{-\sin \dfrac{\pi}{2} t}{t(t+2)}$

$\qquad = \lim_{t \to 0} \left\{ -\dfrac{\sin \dfrac{\pi}{2} t}{\dfrac{\pi}{2} t} \times \dfrac{\pi}{2(t+2)} \right\}$

$\qquad = -1 \times \dfrac{\pi}{4}$

$\qquad = -\dfrac{\pi}{4}$

(4) $\dfrac{1}{2x+1} = t$로 놓으면

$2x + 1 = \dfrac{1}{t} \qquad \therefore x = \dfrac{1-t}{2t}$

$x \to \infty$일 때 $t \to 0$이므로

$\displaystyle\lim_{x \to \infty} x \sin \frac{1}{2x+1} = \lim_{t \to 0} \frac{1-t}{2t} \sin t$

$\qquad = \lim_{t \to 0} \left(\frac{\sin t}{t} \times \frac{1-t}{2} \right)$

$\qquad = 1 \times \dfrac{1}{2}$

$\qquad = \dfrac{1}{2}$

03-2 답 $-\dfrac{\pi}{2}$

$x - \dfrac{1}{2} = t$로 놓으면 $x = \dfrac{1}{2} + t$이고, $x \to \dfrac{1}{2}$일 때 $t \to 0$이므로

$\displaystyle\lim_{x \to \frac{1}{2}} \frac{\tan (\cos \pi x)}{2x - 1}$

$= \lim_{t \to 0} \dfrac{\tan \left\{ \cos \pi \left(\dfrac{1}{2} + t \right) \right\}}{2 \left(\dfrac{1}{2} + t \right) - 1}$

$= \lim_{t \to 0} \dfrac{\tan \left\{ \cos \left(\dfrac{\pi}{2} + \pi t \right) \right\}}{2t}$

$= \lim_{t \to 0} \dfrac{\tan (-\sin \pi t)}{2t}$

$= \lim_{t \to 0} \left\{ \dfrac{\tan (-\sin \pi t)}{-\sin \pi t} \times \dfrac{\sin \pi t}{\pi t} \times \left(-\dfrac{\pi}{2} \right) \right\}$

$= 1 \times 1 \times \left(-\dfrac{\pi}{2} \right)$

$= -\dfrac{\pi}{2}$

04-1 답 $a=-1,\ b=3$

$x \to 0$일 때 (분자) $\to 0$이고, 0이 아닌 극한값이 존재하므로 (분모) $\to 0$에서

$$\lim_{x \to 0} (e^x + a) = 0$$

$1 + a = 0 \qquad \therefore a = -1$

이를 주어진 식의 좌변에 대입하면

$$\lim_{x \to 0} \frac{\tan 3x}{e^x - 1} = \lim_{x \to 0} \left(\frac{\tan 3x}{3x} \times \frac{x}{e^x - 1} \times 3 \right)$$
$$= 1 \times 1 \times 3 = 3$$

$\therefore b = 3$

04-2 답 $\dfrac{1}{2}$

$x \to 0$일 때 (분자) $\to 0$이고, 0이 아닌 극한값이 존재하므로 (분모) $\to 0$에서

$$\lim_{x \to 0} (\sqrt{ax^2 + b} - 1) = 0$$

$\sqrt{b} - 1 = 0 \qquad \therefore b = 1$

이를 주어진 식의 좌변에 대입하면

$$\lim_{x \to 0} \frac{\tan x \sin x}{\sqrt{ax^2 + 1} - 1}$$
$$= \lim_{x \to 0} \frac{\tan x \sin x (\sqrt{ax^2 + 1} + 1)}{(\sqrt{ax^2 + 1} - 1)(\sqrt{ax^2 + 1} + 1)}$$
$$= \lim_{x \to 0} \frac{\tan x \sin x (\sqrt{ax^2 + 1} + 1)}{ax^2}$$
$$= \lim_{x \to 0} \left(\frac{\tan x}{x} \times \frac{\sin x}{x} \times \frac{\sqrt{ax^2 + 1} + 1}{a} \right)$$
$$= 1 \times 1 \times \frac{2}{a}$$
$$= \frac{2}{a}$$

즉, $\dfrac{2}{a} = 4$이므로 $a = \dfrac{1}{2}$

$\therefore b - a = 1 - \dfrac{1}{2} = \dfrac{1}{2}$

04-3 답 $\dfrac{\pi}{2}$

$x \to \dfrac{\pi}{2}$일 때 (분모) $\to 0$이고, 극한값이 존재하므로 (분자) $\to 0$에서

$$\lim_{x \to \frac{\pi}{2}} (ax - b) = 0$$

$\dfrac{\pi}{2} a - b = 0$

$\therefore b = \dfrac{\pi}{2} a \qquad \cdots\cdots\ \ominus$

이를 주어진 식에 대입하면

$$\lim_{x \to \frac{\pi}{2}} \frac{ax - \frac{\pi}{2} a}{\cos x} = 1$$

이때 $x - \dfrac{\pi}{2} = t$로 놓으면 $x = \dfrac{\pi}{2} + t$이고, $x \to \dfrac{\pi}{2}$일 때 $t \to 0$이므로

$$\lim_{x \to \frac{\pi}{2}} \frac{ax - \frac{\pi}{2} a}{\cos x} = \lim_{t \to 0} \frac{a\left(\frac{\pi}{2} + t\right) - \frac{\pi}{2} a}{\cos\left(\frac{\pi}{2} + t\right)}$$
$$= \lim_{t \to 0} \frac{at}{\cos\left(\frac{\pi}{2} + t\right)}$$
$$= \lim_{t \to 0} \frac{at}{-\sin t}$$
$$= \lim_{t \to 0} \frac{t}{\sin t} \times (-a)$$
$$= 1 \times (-a) = -a$$

즉, $-a = 1$이므로 $a = -1$

이를 $\ominus$에 대입하면 $b = -\dfrac{\pi}{2}$

$\therefore ab = -1 \times \left(-\dfrac{\pi}{2} \right) = \dfrac{\pi}{2}$

05-1 답 1

직각삼각형 BCH에서 $\overline{BH} = 3 \sin \theta$

$\angle ABH = \angle BCH = \theta$이므로 직각삼각형 ABH에서

$\overline{AH} = \overline{BH} \tan \theta = 3 \sin \theta \tan \theta$

$$\therefore \lim_{\theta \to 0+} \frac{\overline{AH}}{3\theta^2} = \lim_{\theta \to 0+} \frac{3 \sin \theta \tan \theta}{3\theta^2}$$
$$= \lim_{\theta \to 0+} \left(\frac{\sin \theta}{\theta} \times \frac{\tan \theta}{\theta} \right)$$
$$= 1 \times 1 = 1$$

05-2 답 $\dfrac{1}{4}$

직각삼각형 OHB에서 $\overline{OH} = \cos \theta$, $\overline{BH} = \sin \theta$

$\overline{AH} = \overline{OA} - \overline{OH} = 1 - \cos \theta$이므로

$$S(\theta) = \frac{1}{2} \times \overline{AH} \times \overline{BH}$$
$$= \frac{1}{2} (1 - \cos \theta) \sin \theta$$

$$\therefore \lim_{\theta \to 0+} \frac{S(\theta)}{\theta^3} = \lim_{\theta \to 0+} \frac{(1 - \cos \theta) \sin \theta}{2\theta^3}$$
$$= \lim_{\theta \to 0+} \frac{(1 - \cos \theta)(1 + \cos \theta) \sin \theta}{2\theta^3 (1 + \cos \theta)}$$
$$= \lim_{\theta \to 0+} \frac{(1 - \cos^2 \theta) \sin \theta}{2\theta^3 (1 + \cos \theta)}$$
$$= \lim_{\theta \to 0+} \frac{\sin^2 \theta \sin \theta}{2\theta^3 (1 + \cos \theta)}$$
$$= \lim_{\theta \to 0+} \left\{ \left(\frac{\sin \theta}{\theta} \right)^3 \times \frac{1}{2(1 + \cos \theta)} \right\}$$
$$= 1^3 \times \frac{1}{4} = \frac{1}{4}$$

개념 CHECK

1 답 (1) $y' = \cos x - \sqrt{3}\sin x$

(2) $y' = \sin x + x\cos x$

문제

06-1 답 $\dfrac{1}{\pi}$

$$f'(x) = (\ln x)' - (\cos x)'$$
$$= \frac{1}{x} + \sin x$$
$$\therefore f'(\pi) = \frac{1}{\pi} + \sin\pi = \frac{1}{\pi}$$

06-2 답 0

$$\lim_{h\to 0}\frac{f\left(\frac{\pi}{2}+h\right)-f\left(\frac{\pi}{2}-h\right)}{h}$$
$$=\lim_{h\to 0}\frac{f\left(\frac{\pi}{2}+h\right)-f\left(\frac{\pi}{2}\right)+f\left(\frac{\pi}{2}\right)-f\left(\frac{\pi}{2}-h\right)}{h}$$
$$=\lim_{h\to 0}\frac{f\left(\frac{\pi}{2}+h\right)-f\left(\frac{\pi}{2}\right)}{h}+\lim_{h\to 0}\frac{f\left(\frac{\pi}{2}-h\right)-f\left(\frac{\pi}{2}\right)}{-h}$$
$$=f'\left(\frac{\pi}{2}\right)+f'\left(\frac{\pi}{2}\right)$$
$$=2f'\left(\frac{\pi}{2}\right)$$

이때 $f(x) = (x+1)\sin x + \cos x$에서

$$f'(x) = (x+1)'\sin x + (x+1)(\sin x)' + (\cos x)'$$
$$= \sin x + (x+1)\cos x - \sin x$$
$$= (x+1)\cos x$$

따라서 구하는 극한값은

$$2f'\left(\frac{\pi}{2}\right)=2\left\{\left(\frac{\pi}{2}+1\right)\cos\frac{\pi}{2}\right\}=2\times 0=0$$

연습문제

1 $1-\sqrt{2}$	**2** 4	**3** ②	**4** ③	**5** ⑤
6 $\frac{1}{2}$	**7** π	**8** -6	**9** ③	**10** 6
11 1	**12** ④			

1
$$\lim_{x\to 0}\sin x\cot x = \lim_{x\to 0}\left(\sin x\times\frac{\cos x}{\sin x}\right)=\lim_{x\to 0}\cos x=1$$

$$\lim_{x\to\frac{\pi}{4}}\frac{1-\tan x}{\sin x-\cos x}=\lim_{x\to\frac{\pi}{4}}\frac{1-\frac{\sin x}{\cos x}}{\sin x-\cos x}$$
$$=\lim_{x\to\frac{\pi}{4}}\frac{\cos x-\sin x}{\cos x(\sin x-\cos x)}$$
$$=\lim_{x\to\frac{\pi}{4}}\left(-\frac{1}{\cos x}\right)=-\frac{1}{\frac{\sqrt{2}}{2}}=-\sqrt{2}$$

$$\therefore \lim_{x\to 0}\sin x\cot x+\lim_{x\to\frac{\pi}{4}}\frac{1-\tan x}{\sin x-\cos x}=1-\sqrt{2}$$

2
$$f(n)=\lim_{x\to 0}\frac{2x}{\sin x+\sin 2x+\cdots+\sin nx}$$
$$=\lim_{x\to 0}\frac{2}{\frac{\sin x}{x}+\frac{\sin 2x}{x}+\cdots+\frac{\sin nx}{x}}$$
$$=\lim_{x\to 0}\frac{2}{\frac{\sin x}{x}+\frac{\sin 2x}{2x}\times 2+\cdots+\frac{\sin nx}{nx}\times n}$$
$$=\frac{2}{1+2+3+\cdots+n}=\frac{2}{\frac{n(n+1)}{2}}=\frac{4}{n(n+1)}$$

$$\therefore \sum_{n=1}^{\infty}f(n)=\sum_{n=1}^{\infty}\frac{4}{n(n+1)}=\sum_{n=1}^{\infty}4\left(\frac{1}{n}-\frac{1}{n+1}\right)$$
$$=4\lim_{n\to\infty}\sum_{k=1}^{n}\left(\frac{1}{k}-\frac{1}{k+1}\right)$$
$$=4\lim_{n\to\infty}\left\{\left(1-\frac{1}{2}\right)+\left(\frac{1}{2}-\frac{1}{3}\right)+\left(\frac{1}{3}-\frac{1}{4}\right)\right.$$
$$\left.+\cdots+\left(\frac{1}{n}-\frac{1}{n+1}\right)\right\}$$
$$=4\lim_{n\to\infty}\left(1-\frac{1}{n+1}\right)$$
$$=4\times 1=4$$

3 $x-\pi=t$로 놓으면 $x=\pi+t$이고, $x\to\pi$일 때 $t\to 0$이므로

$$\lim_{x\to\pi}\frac{1+\cos x}{(x-\pi)\sin x}=\lim_{t\to 0}\frac{1+\cos(\pi+t)}{t\sin(\pi+t)}$$
$$=\lim_{t\to 0}\frac{1-\cos t}{-t\sin t}$$
$$=\lim_{t\to 0}\frac{(1-\cos t)(1+\cos t)}{-t\sin t(1+\cos t)}$$
$$=\lim_{t\to 0}\frac{1-\cos^2 t}{-t\sin t(1+\cos t)}$$
$$=\lim_{t\to 0}\frac{\sin^2 t}{-t\sin t(1+\cos t)}$$
$$=\lim_{t\to 0}\left(-\frac{\sin t}{t}\times\frac{1}{1+\cos t}\right)$$
$$=-1\times\frac{1}{2}=-\frac{1}{2}$$

4 $x \to 0$일 때 (분모) $\to 0$이고, 극한값이 존재하므로
(분자) $\to 0$에서

$$\lim_{x \to 0} \ln(x+b) = 0$$

$\ln b = 0$ $\quad \therefore b = 1$

이를 주어진 식의 좌변에 대입하면

$$\lim_{x \to 0} \frac{\ln(x+1)}{\sin ax} = \lim_{x \to 0} \left\{ \frac{\ln(1+x)}{x} \times \frac{ax}{\sin ax} \times \frac{1}{a} \right\}$$

$$= 1 \times 1 \times \frac{1}{a}$$

$$= \frac{1}{a}$$

즉, $\dfrac{1}{a} = 3$이므로 $a = \dfrac{1}{3}$

$$\therefore a + b = \frac{1}{3} + 1 = \frac{4}{3}$$

5 $x \neq 0$일 때, $f(x) = \dfrac{a - 4\cos\dfrac{\pi}{2}x}{(e^{2x}-1)^2}$

함수 $f(x)$가 실수 전체의 집합에서 연속이면 $x=0$에서 연속이므로 $f(0) = \lim\limits_{x \to 0} f(x)$

$$f(0) = \lim_{x \to 0} \frac{a - 4\cos\dfrac{\pi}{2}x}{(e^{2x}-1)^2} \qquad \cdots\cdots\ \unicode{x27A1}$$

$x \to 0$일 때 (분모) $\to 0$이고, 극한값이 존재하므로
(분자) $\to 0$에서

$$\lim_{x \to 0} \left(a - 4\cos\frac{\pi}{2}x \right) = 0$$

$a - 4 = 0$ $\quad \therefore a = 4$

이를 ㉠에 대입하면

$$f(0) = \lim_{x \to 0} \frac{4 - 4\cos\dfrac{\pi}{2}x}{(e^{2x}-1)^2}$$

$$= \lim_{x \to 0} \frac{4\left(1 - \cos\dfrac{\pi}{2}x\right)\left(1 + \cos\dfrac{\pi}{2}x\right)}{(e^{2x}-1)^2\left(1 + \cos\dfrac{\pi}{2}x\right)}$$

$$= \lim_{x \to 0} \frac{4\left(1 - \cos^2\dfrac{\pi}{2}x\right)}{(e^{2x}-1)^2\left(1 + \cos\dfrac{\pi}{2}x\right)}$$

$$= \lim_{x \to 0} \frac{4\sin^2\dfrac{\pi}{2}x}{(e^{2x}-1)^2\left(1 + \cos\dfrac{\pi}{2}x\right)}$$

$$= \lim_{x \to 0} \left\{ \left(\frac{\sin\dfrac{\pi}{2}x}{\dfrac{\pi}{2}x} \right)^2 \times \left(\frac{2x}{e^{2x}-1} \right)^2 \times \frac{\dfrac{\pi^2}{4}}{1 + \cos\dfrac{\pi}{2}x} \right\}$$

$$= 1^2 \times 1^2 \times \frac{\pi^2}{8} = \frac{\pi^2}{8}$$

$$\therefore a \times f(0) = 4 \times \frac{\pi^2}{8} = \frac{\pi^2}{2}$$

6 직각삼각형 POH에서 $\overline{OH} = \cos\theta$, $\overline{PH} = \sin\theta$이므로

$\overline{AH} = \overline{OA} - \overline{OH} = 1 - \cos\theta$

삼각형 AQH는 직각이등변삼각형이므로

$\overline{QH} = \overline{AH} = 1 - \cos\theta$

$$\therefore \lim_{\theta \to 0+} \frac{\overline{QH}}{\theta \times \overline{PH}} = \lim_{\theta \to 0+} \frac{1 - \cos\theta}{\theta \sin\theta}$$

$$= \lim_{\theta \to 0+} \frac{(1 - \cos\theta)(1 + \cos\theta)}{\theta \sin\theta (1 + \cos\theta)}$$

$$= \lim_{\theta \to 0+} \frac{1 - \cos^2\theta}{\theta \sin\theta (1 + \cos\theta)}$$

$$= \lim_{\theta \to 0+} \frac{\sin^2\theta}{\theta \sin\theta (1 + \cos\theta)}$$

$$= \lim_{\theta \to 0+} \left(\frac{\sin\theta}{\theta} \times \frac{1}{1 + \cos\theta} \right)$$

$$= 1 \times \frac{1}{2} = \frac{1}{2}$$

7 $f'(x) = -2\cos x$이므로 $f'(a) = 2$에서

$-2\cos a = 2$, $\cos a = -1$

$$\therefore a = \pi \ (\because\ 0 \leq a \leq 2\pi)$$

8 $f\left(\dfrac{3}{2}\pi\right) = 0$이므로

$$\lim_{x \to \frac{3}{2}\pi} \frac{f(x)}{x - \dfrac{3}{2}\pi} = \lim_{x \to \frac{3}{2}\pi} \frac{f(x) - f\left(\dfrac{3}{2}\pi\right)}{x - \dfrac{3}{2}\pi} = f'\left(\frac{3}{2}\pi\right)$$

$$\therefore f'\left(\frac{3}{2}\pi\right) = 3$$

이때 $f'(x) = a\cos^2 x - a\sin^2 x$이므로

$a\cos^2 \dfrac{3}{2}\pi - a\sin^2 \dfrac{3}{2}\pi = 3$

$-a \times (-1)^2 = 3$ $\quad \therefore a = -3$

따라서 $f'(x) = -3\cos^2 x + 3\sin^2 x$이므로

$$\lim_{h \to 0} \frac{f(2\pi - 2h) - f(2\pi - 4h)}{h}$$

$$= \lim_{h \to 0} \frac{f(2\pi - 2h) - f(2\pi) + f(2\pi) - f(2\pi - 4h)}{h}$$

$$= \lim_{h \to 0} \frac{f(2\pi - 2h) - f(2\pi)}{-2h} \times (-2)$$

$$\qquad\qquad + \lim_{h \to 0} \frac{f(2\pi - 4h) - f(2\pi)}{-4h} \times 4$$

$$= -2f'(2\pi) + 4f'(2\pi) = 2f'(2\pi)$$

$$= 2(-3\cos^2 2\pi + 3\sin^2 2\pi) = 2 \times (-3) = -6$$

9 함수 $f(x)$가 $x=0$에서 미분가능하면 $x=0$에서 연속이므로 $\lim\limits_{x \to 0+} f(x) = \lim\limits_{x \to 0-} f(x) = f(0)$

$$\lim_{x \to 0+} (ae^x + 2x + 5) = \lim_{x \to 0-} (\cos x + bx)$$

$a + 5 = 1$ $\quad \therefore a = -4$

$f'(x)=\begin{cases} ae^x+2 & (x>0) \\ -\sin x+b & (x<0) \end{cases}$ 이고 미분계수 $f'(0)$이 존

재하므로 $\displaystyle\lim_{x\to0+}f'(x)=\lim_{x\to0-}f'(x)$

$\displaystyle\lim_{x\to0+}(ae^x+2)=\lim_{x\to0-}(-\sin x+b)$

$a+2=b$　$\therefore b=-2\ (\because a=-4)$

$\therefore ab=-4\times(-2)=8$

10 $\displaystyle\lim_{x\to0}\frac{f(x)}{1-\cos^4 x}=\lim_{x\to0}\frac{f(x)}{(1-\cos^2 x)(1+\cos^2 x)}$

$\displaystyle\qquad\qquad=\lim_{x\to0}\frac{f(x)}{\sin^2 x(1+\cos^2 x)}$

$\displaystyle\qquad\qquad=\lim_{x\to0}\left\{\frac{f(x)}{x^2}\times\left(\frac{x}{\sin x}\right)^2\times\frac{1}{1+\cos^2 x}\right\}$

$\displaystyle\qquad\qquad=\lim_{x\to0}\frac{f(x)}{x^2}\times 1^2\times\frac{1}{2}$

$\displaystyle\qquad\qquad=\frac{1}{2}\lim_{x\to0}\frac{f(x)}{x^2}$

즉, $\displaystyle\frac{1}{2}\lim_{x\to0}\frac{f(x)}{x^2}=2$이므로 $\displaystyle\lim_{x\to0}\frac{f(x)}{x^2}=4$

$\displaystyle\lim_{x\to0}\frac{f(x)}{x^a}=b$에서

$\displaystyle\lim_{x\to0}\left\{\frac{f(x)}{x^2}\times x^{2-a}\right\}=b$

$\displaystyle\therefore 4\lim_{x\to0}x^{2-a}=b$

이때 $a>2$이면 b의 값이 존재하지 않고 $0<a<2$이면

$b=0$이므로 양수 b에 대하여

$a=2,\ b=4$

$\therefore a+b=6$

11 $\displaystyle a_1=\lim_{x\to0}\frac{f_1(x)}{\sin x}$

$\displaystyle\quad=\lim_{x\to0}\frac{\sin\frac{1}{2}x}{\sin x}$

$\displaystyle\quad=\lim_{x\to0}\left(\frac{\sin\frac{1}{2}x}{\frac{1}{2}x}\times\frac{x}{\sin x}\times\frac{1}{2}\right)$

$\displaystyle\quad=1\times1\times\frac{1}{2}=\frac{1}{2}$

$x\to0$일 때, $f_1(x)=\sin\frac{1}{2}x$에서 $f_1(x)\to0$이므로

$f_2(x)=\sin\left(\dfrac{1}{2}\sin\dfrac{1}{2}x\right)$에서 $f_2(x)\to0$

$f_3(x)=\sin\left\{\dfrac{1}{2}\sin\left(\dfrac{1}{2}\sin\dfrac{1}{2}x\right)\right\}$에서 $f_3(x)\to0$

$\qquad\vdots$

$f_n(x)\to0$

$\displaystyle\therefore a_{n+1}=\lim_{x\to0}\frac{f(f_n(x))}{\sin x}$

$\displaystyle\qquad\quad=\lim_{x\to0}\frac{\sin\left\{\dfrac{1}{2}f_n(x)\right\}}{\sin x}$

$\displaystyle\qquad\quad=\lim_{x\to0}\left[\frac{\sin\left\{\dfrac{1}{2}f_n(x)\right\}}{\dfrac{1}{2}f_n(x)}\times\frac{\dfrac{1}{2}f_n(x)}{\sin x}\right]$

$\displaystyle\qquad\quad=1\times\frac{1}{2}\lim_{x\to0}\frac{f_n(x)}{\sin x}=\frac{1}{2}a_n$

따라서 수열 $\{a_n\}$은 첫째항이 $\dfrac{1}{2}$, 공비가 $\dfrac{1}{2}$인 등비수열

이므로

$\displaystyle\sum_{n=1}^{\infty}a_n=\frac{\dfrac{1}{2}}{1-\dfrac{1}{2}}=1$

12 $\overline{OP}=1$이므로 직각삼각형 OHP에서

$\overline{PH}=\sin\theta,\ \overline{OH}=\cos\theta$

$\displaystyle\therefore f(\theta)=\frac{1}{2}\times\overline{OH}\times\overline{PH}=\frac{1}{2}\sin\theta\cos\theta$

$\angle QPO=\dfrac{\pi}{2}$이므로 $\angle AQR=\dfrac{\pi}{2}-\theta$

직각삼각형 OQP에서 $\overline{OQ}=\dfrac{1}{\cos\theta}$

$\displaystyle\therefore \overline{AQ}=\overline{OQ}-\overline{OA}=\frac{1}{\cos\theta}-1=\frac{1-\cos\theta}{\cos\theta}$

$\displaystyle\therefore g(\theta)=\frac{1}{2}\times\overline{AQ}^2\times\left(\frac{\pi}{2}-\theta\right)$

$\displaystyle\qquad\quad=\frac{1}{2}\left(\frac{1-\cos\theta}{\cos\theta}\right)^2\left(\frac{\pi}{2}-\theta\right)$

$\displaystyle\therefore \lim_{\theta\to0+}\frac{\sqrt{g(\theta)}}{\theta\times f(\theta)}$

$\displaystyle\qquad=\lim_{\theta\to0+}\frac{\dfrac{1-\cos\theta}{\cos\theta}\sqrt{\dfrac{1}{2}\left(\dfrac{\pi}{2}-\theta\right)}}{\dfrac{\theta}{2}\sin\theta\cos\theta}$

$\displaystyle\qquad=\lim_{\theta\to0+}\frac{(1-\cos\theta)\sqrt{\pi-2\theta}}{\theta\sin\theta\cos^2\theta}$

$\displaystyle\qquad=\lim_{\theta\to0+}\frac{(1-\cos\theta)(1+\cos\theta)\sqrt{\pi-2\theta}}{\theta\sin\theta\cos^2\theta(1+\cos\theta)}$

$\displaystyle\qquad=\lim_{\theta\to0+}\frac{(1-\cos^2\theta)\sqrt{\pi-2\theta}}{\theta\sin\theta\cos^2\theta(1+\cos\theta)}$

$\displaystyle\qquad=\lim_{\theta\to0+}\frac{\sin^2\theta\sqrt{\pi-2\theta}}{\theta\sin\theta\cos^2\theta(1+\cos\theta)}$

$\displaystyle\qquad=\lim_{\theta\to0+}\frac{\sin\theta\sqrt{\pi-2\theta}}{\theta\cos^2\theta(1+\cos\theta)}$

$\displaystyle\qquad=\lim_{\theta\to0+}\left\{\frac{\sin\theta}{\theta}\times\frac{\sqrt{\pi-2\theta}}{\cos^2\theta(1+\cos\theta)}\right\}$

$\displaystyle\qquad=1\times\frac{\sqrt{\pi}}{2}=\frac{\sqrt{\pi}}{2}$

1 함수의 몫의 미분법

개념 CHECK　　　　　　　　　　　101쪽

1　답 (1) $y'=-\dfrac{1}{(x-4)^2}$　(2) $y'=\dfrac{1}{(2x+1)^2}$

(1) $y'=-\dfrac{(x-4)'}{(x-4)^2}=-\dfrac{1}{(x-4)^2}$

(2) $y'=\dfrac{(x)'(2x+1)-x(2x+1)'}{(2x+1)^2}$

$=\dfrac{2x+1-x\times2}{(2x+1)^2}=\dfrac{1}{(2x+1)^2}$

2　답 (1) $y'=3\sec x\tan x-\csc x\cot x$

(2) $y'=2\sec^2 x+\csc^2 x$

문제　　　　　　　　　　　102~103쪽

01-1　답 (1) $y'=-\dfrac{4}{x^5}-\dfrac{15}{x^6}-\dfrac{6}{x^7}$

(2) $y'=\dfrac{(1-x)e^x+1}{(e^x+1)^2}$

(3) $y'=-\dfrac{2\sin x}{(1-\cos x)^2}$

(1) $y'=\dfrac{(x^2+3x+1)'x^6-(x^2+3x+1)(x^6)'}{(x^6)^2}$

$=\dfrac{(2x+3)\times x^6-(x^2+3x+1)\times6x^5}{x^{12}}$

$=\dfrac{-4x^7-15x^6-6x^5}{x^{12}}$

$=-\dfrac{4}{x^5}-\dfrac{15}{x^6}-\dfrac{6}{x^7}$

(2) $y'=\dfrac{(x)'(e^x+1)-x(e^x+1)'}{(e^x+1)^2}$

$=\dfrac{e^x+1-xe^x}{(e^x+1)^2}=\dfrac{(1-x)e^x+1}{(e^x+1)^2}$

(3) $y'=\dfrac{(1+\cos x)'(1-\cos x)-(1+\cos x)(1-\cos x)'}{(1-\cos x)^2}$

$=\dfrac{-\sin x(1-\cos x)-(1+\cos x)\sin x}{(1-\cos x)^2}$

$=-\dfrac{2\sin x}{(1-\cos x)^2}$

다른 풀이

(1) $y=\dfrac{1}{x^4}+\dfrac{3}{x^5}+\dfrac{1}{x^6}=x^{-4}+3x^{-5}+x^{-6}$이므로

$y'=-4x^{-5}-15x^{-6}-6x^{-7}$

$=-\dfrac{4}{x^5}-\dfrac{15}{x^6}-\dfrac{6}{x^7}$

01-2　답 20

$\displaystyle\lim_{h\to0}\dfrac{f(1+3h)-f(1-h)}{h}$

$=\displaystyle\lim_{h\to0}\dfrac{f(1+3h)-f(1)+f(1)-f(1-h)}{h}$

$=\displaystyle\lim_{h\to0}\dfrac{f(1+3h)-f(1)}{3h}\times3+\lim_{h\to0}\dfrac{f(1-h)-f(1)}{-h}$

$=3f'(1)+f'(1)=4f'(1)$

$f(x)=\dfrac{2x-3}{x^2+x-1}$에서

$f'(x)=\dfrac{(2x-3)'(x^2+x-1)-(2x-3)(x^2+x-1)'}{(x^2+x-1)^2}$

$=\dfrac{2(x^2+x-1)-(2x-3)(2x+1)}{(x^2+x-1)^2}$

$=-\dfrac{2x^2-6x-1}{(x^2+x-1)^2}$

따라서 구하는 극한값은

$4f'(1)=4\times5=20$

02-1　답 (1) $y'=\sec x\{3x^2+(x^3-2)\tan x\}$

(2) $y'=\dfrac{\cot x}{x}-\ln x\csc^2 x$

(3) $y'=\sin x(1+\sec^2 x)$

(4) $y'=-\dfrac{\csc x\cot x}{(1+\csc x)^2}$

(1) $y'=(x^3-2)'\sec x+(x^3-2)(\sec x)'$

$=3x^2\sec x+(x^3-2)\sec x\tan x$

$=\sec x\{3x^2+(x^3-2)\tan x\}$

(2) $y'=(\ln x)'\cot x+\ln x(\cot x)'$

$=\dfrac{1}{x}\times\cot x-\ln x\csc^2 x$

$=\dfrac{\cot x}{x}-\ln x\csc^2 x$

(3) $y'=(\sin x)'\tan x+\sin x(\tan x)'$

$=\cos x\times\dfrac{\sin x}{\cos x}+\sin x\sec^2 x$

$=\sin x+\sin x\sec^2 x$

$=\sin x(1+\sec^2 x)$

(4) $y'=\dfrac{(\csc x)'(1+\csc x)-\csc x(1+\csc x)'}{(1+\csc x)^2}$

$=\dfrac{-\csc x\cot x(1+\csc x)+\csc x\csc x\cot x}{(1+\csc x)^2}$

$=-\dfrac{\csc x\cot x}{(1+\csc x)^2}$

02-2　답 -3

$f'(x)=(ax)'\sec x+ax(\sec x)'$

$=a\sec x+ax\sec x\tan x$

$=a\sec x(1+x\tan x)$

$f'(\pi)=3$에서

$-a=3$　　$\therefore a=-3$

2 합성함수의 미분법

03-1 답 (1) $y'=\dfrac{5(x^2+1)^4(x^2-1)}{x^6}$

(2) $y'=15\sin^2(5x-1)\cos(5x-1)$

(3) $y'=(2x-1)3^{x^2-x+1}\ln 3$

(4) $y'=2e^{\sin x}\cos x$

(1) $y'=5\left(\dfrac{x^2+1}{x}\right)^4\left(\dfrac{x^2+1}{x}\right)'$

$=5\left(\dfrac{x^2+1}{x}\right)^4\times\dfrac{(x^2+1)'\times x-(x^2+1)(x)'}{x^2}$

$=5\left(\dfrac{x^2+1}{x}\right)^4\times\dfrac{2x\times x-(x^2+1)}{x^2}$

$=\dfrac{5(x^2+1)^4(x^2-1)}{x^6}$

(2) $y'=3\sin^2(5x-1)\times\{\sin(5x-1)\}'$

$=3\sin^2(5x-1)\cos(5x-1)\times(5x-1)'$

$=15\sin^2(5x-1)\cos(5x-1)$

(3) $y'=3^{x^2-x+1}\ln 3\times(x^2-x+1)'$

$=(2x-1)3^{x^2-x+1}\ln 3$

(4) $y'=2e^{\sin x}(\sin x)'=2e^{\sin x}\cos x$

03-2 답 2

$f'(x)=\sec^2 2x\times(2x)'+3\cos\dfrac{x}{2}\times\left(\dfrac{x}{2}\right)'$

$=2\sec^2 2x+\dfrac{3}{2}\cos\dfrac{x}{2}$

$\therefore f'(\pi)=2\times 1^2=2$

04-1 답 9

$y'=3\{f(x)\}^2 f'(x)$이므로 $x=1$에서의 미분계수는

$3\{f(1)\}^2 f'(1)=3\times 1^2\times 3=9$

04-2 답 12

$\displaystyle\lim_{x\to 1}\dfrac{f(x)+2}{x-1}=3$에서 $x\to 1$일 때 (분모)$\to 0$이고, 극한

값이 존재하므로 (분자)$\to 0$에서

$\displaystyle\lim_{x\to 1}\{f(x)+2\}=0 \qquad \therefore f(1)=-2$

$\therefore \displaystyle\lim_{x\to 1}\dfrac{f(x)+2}{x-1}=\lim_{x\to 1}\dfrac{f(x)-f(1)}{x-1}=f'(1)=3$

또 $\displaystyle\lim_{x\to -1}\dfrac{g(x)-1}{x+1}=4$에서 $x\to -1$일 때 (분모)$\to 0$이고,

극한값이 존재하므로 (분자)$\to 0$에서

$\displaystyle\lim_{x\to -1}\{g(x)-1\}=0 \qquad \therefore g(-1)=1$

$\therefore \displaystyle\lim_{x\to -1}\dfrac{g(x)-1}{x+1}=\lim_{x\to -1}\dfrac{g(x)-g(-1)}{x+1}$

$=g'(-1)=4$

$h(x)=(f\circ g)(x)=f(g(x))$에서

$h'(x)=\{f(g(x))\}'=f'(g(x))g'(x)$

$\therefore h'(-1)=f'(g(-1))g'(-1)$

$=f'(1)g'(-1)=3\times 4=12$

05-1 답 (1) $y'=\cot x$ (2) $y'=\dfrac{2x}{(x^2-3)\ln 2}$

(3) $y'=\dfrac{1}{x\ln|x|\ln 5}$ (4) $y'=\dfrac{3(1-2\ln|x|)}{x^3}$

(1) $y'=\dfrac{(\sin x)'}{\sin x}=\dfrac{\cos x}{\sin x}=\cot x$

(2) $y'=\dfrac{(x^2-3)'}{(x^2-3)\ln 2}=\dfrac{2x}{(x^2-3)\ln 2}$

(3) $y'=\dfrac{(\ln|x|)'}{\ln|x|\ln 5}=\dfrac{1}{x\ln|x|\ln 5}$

(4) $y=\dfrac{\ln|x|^3}{x^2}=\dfrac{3\ln|x|}{x^2}$이므로

$y'=\dfrac{(3\ln|x|)'x^2-3\ln|x|\times(x^2)'}{(x^2)^2}$

$=\dfrac{\dfrac{3}{x}\times x^2-3\ln|x|\times 2x}{x^4}$

$=\dfrac{3x-6x\ln|x|}{x^4}=\dfrac{3(1-2\ln|x|)}{x^3}$

05-2 답 6

$f'(x)=\dfrac{(ax-3)'}{ax-3}=\dfrac{a}{ax-3}$

$f'(1)=2$에서

$\dfrac{a}{a-3}=2,\ a=2a-6 \qquad \therefore a=6$

06-1 답 (1) $y'=x^x(\ln x+1)$

(2) $y'=\dfrac{4}{|x+1|(x+1)\sqrt{(x-1)(x+3)}}$

(1) $x>0,\ y>0$이므로 주어진 식의 양변에 자연로그를 취

하면

$\ln y=x\ln x$

양변을 x에 대하여 미분하면

$\dfrac{y'}{y}=(x)'\ln x+x(\ln x)'$

$=\ln x+x\times\dfrac{1}{x}=\ln x+1$

$\therefore y'=y(\ln x+1)=x^x(\ln x+1)$

(2) 주어진 식의 양변의 절댓값에 자연로그를 취하면

$\ln|y|=\dfrac{1}{2}(\ln|x-1|+\ln|x+3|-2\ln|x+1|)$

양변을 x에 대하여 미분하면

$\dfrac{y'}{y}=\dfrac{1}{2}\left(\dfrac{1}{x-1}+\dfrac{1}{x+3}-\dfrac{2}{x+1}\right)$

$=\dfrac{4}{(x-1)(x+1)(x+3)}$

$$\therefore y' = y \times \frac{4}{(x-1)(x+1)(x+3)}$$

$$= \sqrt{\frac{(x-1)(x+3)}{(x+1)^2}} \times \frac{4}{(x-1)(x+1)(x+3)}$$

$$= \frac{4}{|x+1|(x+1)\sqrt{(x-1)(x+3)}}$$

06-2 답 2

주어진 식의 양변에 자연로그를 취하면

$$\ln f(x) = (\ln x)^2$$

양변을 x에 대하여 미분하면

$$\frac{f'(x)}{f(x)} = 2\ln x \times (\ln x)'$$

$$= 2\ln x \times \frac{1}{x} = \frac{2\ln x}{x}$$

$$\therefore f'(x) = f(x) \times \frac{2\ln x}{x} = x^{\ln x} \times \frac{2\ln x}{x}$$

$$= 2x^{\ln x - 1} \ln x$$

$$\therefore f'(e) = 2 \times 1 \times 1 = 2$$

07-1 답 (1) $y' = x^{2\pi - 1}(2\pi\cos x - x\sin x)$

(2) $y' = \dfrac{2x+4}{3\sqrt[3]{(x^2+4x+1)^2}}$

(3) $y' = \dfrac{x+1}{(x^2+1)\sqrt{x^2+1}}$

(4) $y' = \dfrac{\cos x}{2\sqrt{1+\sin x}}$

(1) $y' = (x^{2\pi})'\cos x + x^{2\pi}(\cos x)'$

$$= 2\pi x^{2\pi-1}\cos x - x^{2\pi}\sin x$$

$$= x^{2\pi-1}(2\pi\cos x - x\sin x)$$

(2) $y' = \{(x^2+4x+1)^{\frac{1}{3}}\}'$

$$= \frac{1}{3}(x^2+4x+1)^{-\frac{2}{3}}(x^2+4x+1)'$$

$$= \frac{2x+4}{3\sqrt[3]{(x^2+4x+1)^2}}$$

(3) $y' = \{(x-1)(x^2+1)^{-\frac{1}{2}}\}'$

$$= (x-1)'(x^2+1)^{-\frac{1}{2}} + (x-1)\{(x^2+1)^{-\frac{1}{2}}\}'$$

$$= (x^2+1)^{-\frac{1}{2}} + (x-1)\left\{-\frac{1}{2}(x^2+1)^{-\frac{3}{2}}(x^2+1)'\right\}$$

$$= \frac{1}{\sqrt{x^2+1}} - \frac{1}{2} \times \frac{2x(x-1)}{(x^2+1)\sqrt{x^2+1}}$$

$$= \frac{1}{\sqrt{x^2+1}} - \frac{x(x-1)}{(x^2+1)\sqrt{x^2+1}} = \frac{x+1}{(x^2+1)\sqrt{x^2+1}}$$

(4) $y' = \{(1+\sin x)^{\frac{1}{2}}\}'$

$$= \frac{1}{2}(1+\sin x)^{-\frac{1}{2}}(1+\sin x)'$$

$$= \frac{\cos x}{2\sqrt{1+\sin x}}$$

1 ①	**2** ③	**3** ②	**4** -6	**5** ①
6 $\dfrac{44}{3}$	**7** 6	**8** ④	**9** ③	**10** ③
11 ④	**12** ②	**13** $\dfrac{3}{2}$	**14** ④	**15** $-\dfrac{\sqrt{3}}{3}$
16 ②	**17** ①	**18** 6	**19** ⑤	

1 $f'(x) = \dfrac{(\ln x)'x^2 - \ln x \times (x^2)'}{(x^2)^2}$

$$= \frac{\frac{1}{x} \times x^2 - \ln x \times 2x}{x^4}$$

$$= \frac{x - 2x\ln x}{x^4} = \frac{1 - 2\ln x}{x^3}$$

$$\therefore f'(e) = \frac{1-2}{e^3} = -\frac{1}{e^3}$$

2 $f'(x) = \dfrac{(ax+b)'(x^2+1) - (ax+b)(x^2+1)'}{(x^2+1)^2}$

$$= \frac{a(x^2+1) - (ax+b) \times 2x}{(x^2+1)^2}$$

$$= \frac{-ax^2 - 2bx + a}{(x^2+1)^2}$$

$f'(0) = -3$에서 $a = -3$

$f'(1) = 2$에서 $\dfrac{-2b}{4} = 2$ $\therefore b = -4$

따라서 $f(x) = \dfrac{-3x-4}{x^2+1}$이므로

$$f(1) = -\frac{7}{2}$$

3 $\displaystyle\lim_{x\to 2}\dfrac{f(x)-3}{x-2} = 5$에서 $x \to 2$일 때 (분모) $\to 0$이고, 극한

값이 존재하므로 (분자) $\to 0$에서

$$\lim_{x\to 2}\{f(x)-3\} = 0 \qquad \therefore f(2) = 3$$

$$\therefore \lim_{x\to 2}\frac{f(x)-3}{x-2} = \lim_{x\to 2}\frac{f(x)-f(2)}{x-2} = f'(2) = 5$$

$g(x) = \dfrac{f(x)}{e^{x-2}}$에서

$$g'(x) = \frac{f'(x)e^{x-2} - f(x)(e^{x-2})'}{(e^{x-2})^2}$$

$$= \frac{f'(x) \times e^{x-2} - f(x) \times e^{x-2}}{(e^{x-2})^2} = \frac{f'(x) - f(x)}{e^{x-2}}$$

$$\therefore g'(2) = f'(2) - f(2) = 5 - 3 = 2$$

4 $f'(x) = \dfrac{(x)'(x^2+x+9) - x(x^2+x+9)'}{(x^2+x+9)^2}$

$$= \frac{(x^2+x+9) - x(2x+1)}{(x^2+x+9)^2}$$

$$= \frac{-x^2+9}{(x^2+x+9)^2}$$

$f'(x)>0$에서 $\dfrac{-x^2+9}{(x^2+x+9)^2}>0$

$-x^2+9>0,\ x^2-9<0$

$(x+3)(x-3)<0$ $\quad\therefore\ -3<x<3$

따라서 $a=-3,\ b=3$이므로 $a-b=-6$

5 $f'(x)=\dfrac{(\tan x)'(1+\sec x)-\tan x(1+\sec x)'}{(1+\sec x)^2}$

$\qquad=\dfrac{\sec^2 x(1+\sec x)-\tan x\times\sec x\tan x}{(1+\sec x)^2}$

$\qquad=\dfrac{\sec^2 x(1+\sec x)-\sec x(\sec^2 x-1)}{(1+\sec x)^2}$

$\qquad=\dfrac{\sec x(\sec x+1)}{(1+\sec x)^2}$

$\qquad=\dfrac{\sec x}{1+\sec x}$

$\therefore\ f'(0)=\dfrac{1}{1+1}=\dfrac{1}{2}$

6 $f'(x)=a\sec^2 x-\csc^2 x$이므로 $f'\!\left(\dfrac{\pi}{4}\right)=6$에서

$2a-2=6$ $\quad\therefore\ a=4$

따라서 $f'(x)=4\sec^2 x-\csc^2 x$이므로

$\displaystyle\lim_{h\to 0}\dfrac{f\!\left(\dfrac{\pi}{3}+h\right)-f\!\left(\dfrac{\pi}{3}-h\right)}{2h}$

$=\displaystyle\lim_{h\to 0}\dfrac{f\!\left(\dfrac{\pi}{3}+h\right)-f\!\left(\dfrac{\pi}{3}\right)+f\!\left(\dfrac{\pi}{3}\right)-f\!\left(\dfrac{\pi}{3}-h\right)}{2h}$

$=\dfrac{1}{2}\displaystyle\lim_{h\to 0}\dfrac{f\!\left(\dfrac{\pi}{3}+h\right)-f\!\left(\dfrac{\pi}{3}\right)}{h}$

$\qquad+\dfrac{1}{2}\displaystyle\lim_{h\to 0}\dfrac{f\!\left(\dfrac{\pi}{3}-h\right)-f\!\left(\dfrac{\pi}{3}\right)}{-h}$

$=\dfrac{1}{2}f'\!\left(\dfrac{\pi}{3}\right)+\dfrac{1}{2}f'\!\left(\dfrac{\pi}{3}\right)=f'\!\left(\dfrac{\pi}{3}\right)$

$=4\times 4-\dfrac{4}{3}=\dfrac{44}{3}$

7 $f'(x)=(x^2+a)'e^{x^2}+(x^2+a)(e^{x^2})'$

$\qquad=2xe^{x^2}+(x^2+a)e^{x^2}\times(x^2)'$

$\qquad=2x(x^2+a+1)e^{x^2}$

$f'(1)=16e$에서

$2(a+2)e=16e,\ a+2=8$

$\therefore\ a=6$

8 $h(x)=f(g(x))$라 하면

$h\!\left(\dfrac{\pi}{3}\right)=f\!\left(g\!\left(\dfrac{\pi}{3}\right)\right)=f\!\left(\dfrac{1}{2}\right)=e$이므로

$\displaystyle\lim_{x\to\frac{\pi}{3}}\dfrac{f(g(x))-e}{x-\dfrac{\pi}{3}}=\lim_{x\to\frac{\pi}{3}}\dfrac{h(x)-h\!\left(\dfrac{\pi}{3}\right)}{x-\dfrac{\pi}{3}}=h'\!\left(\dfrac{\pi}{3}\right)$

이때 $h'(x)=f'(g(x))g'(x)$이고

$f'(x)=e^{2x}(2x)'=2e^{2x}$,

$g'(x)=\cos\dfrac{x}{2}\times\left(\dfrac{x}{2}\right)'=\dfrac{1}{2}\cos\dfrac{x}{2}$이므로 구하는 극한값은

$h'\!\left(\dfrac{\pi}{3}\right)=f'\!\left(g\!\left(\dfrac{\pi}{3}\right)\right)g'\!\left(\dfrac{\pi}{3}\right)$

$\qquad=f'\!\left(\dfrac{1}{2}\right)g'\!\left(\dfrac{\pi}{3}\right)$

$\qquad=2e\times\dfrac{\sqrt{3}}{4}=\dfrac{\sqrt{3}}{2}e$

9 $f(g(x))=3x^2+4x-1$에서

$f'(g(x))g'(x)=6x+4$

양변에 $x=1$을 대입하면

$f'(g(1))g'(1)=10$

$f'(3)g'(1)=10$

$2g'(1)=10$

$\therefore\ g'(1)=5$

10 $f(2x-1)=(x^2+1)^3$의 양변을 x에 대하여 미분하면

$f'(2x-1)(2x-1)'=3(x^2+1)^2(x^2+1)'$

$2f'(2x-1)=6x(x^2+1)^2$

$\therefore\ f'(2x-1)=3x(x^2+1)^2$

양변에 $x=1$을 대입하면

$f'(1)=3\times 4=12$

11 ㈎에서

$\displaystyle\lim_{h\to 0}\dfrac{g(2+4h)-g(2)}{h}=\lim_{h\to 0}\dfrac{g(2+4h)-g(2)}{4h}\times 4$

$\qquad\qquad\qquad\qquad\qquad=4g'(2)$

즉, $4g'(2)=8$이므로

$g'(2)=2$ $\qquad\cdots\cdots$ ㉠

$\{(f\circ g)(x)\}'=\{f(g(x))\}'=f'(g(x))g'(x)$이므로

㈏에서

$f'(g(2))g'(2)=10$

$f'(g(2))\times 2=10\ (\because\ ㉠)$

$\therefore\ f'(g(2))=5$ $\qquad\cdots\cdots$ ㉡

$f(x)=\dfrac{2^x}{\ln 2}$에서 $f'(x)=2^x$

㉡에서 $g(2)=k$라 하면 $f'(k)=5$이므로

$2^k=5$ $\quad\therefore\ k=\log_2 5$

$\therefore\ g(2)=\log_2 5$

12 $f(x)=\ln\sqrt{\dfrac{1+\cos x}{1-\cos x}}$

$\qquad=\dfrac{1}{2}\{\ln(1+\cos x)-\ln(1-\cos x)\}$

$$\therefore f'(x) = \frac{1}{2}\left\{ \frac{(1+\cos x)'}{1+\cos x} - \frac{(1-\cos x)'}{1-\cos x} \right\}$$

$$= \frac{1}{2}\left(\frac{-\sin x}{1+\cos x} - \frac{\sin x}{1-\cos x} \right)$$

$$= \frac{1}{2} \times \frac{-\sin x(1-\cos x) - \sin x(1+\cos x)}{1-\cos^2 x}$$

$$= \frac{-2\sin x}{2\sin^2 x} = -\frac{1}{\sin x}$$

$$\therefore f'\left(\frac{\pi}{4}\right) - f'\left(\frac{\pi}{6}\right) = -\sqrt{2} - (-2) = 2 - \sqrt{2}$$

13 $f'(x) = \dfrac{(x^2+2x)'}{x^2+2x} = \dfrac{2x+2}{x^2+2x}$

$$\therefore \sum_{n=1}^{\infty} \frac{f'(n)}{n+1} = \sum_{n=1}^{\infty} \left(\frac{2n+2}{n^2+2n} \times \frac{1}{n+1} \right)$$

$$= \sum_{n=1}^{\infty} \frac{2}{n(n+2)} = \lim_{n \to \infty} \sum_{k=1}^{n} \left(\frac{1}{k} - \frac{1}{k+2} \right)$$

$$= \lim_{n \to \infty} \left\{ \left(1 - \frac{1}{3}\right) + \left(\frac{1}{2} - \frac{1}{4}\right) + \left(\frac{1}{3} - \frac{1}{5}\right) \right.$$

$$\left. + \cdots + \left(\frac{1}{n-1} - \frac{1}{n+1}\right) + \left(\frac{1}{n} - \frac{1}{n+2}\right) \right\}$$

$$= \lim_{n \to \infty} \left(1 + \frac{1}{2} - \frac{1}{n+1} - \frac{1}{n+2} \right) = \frac{3}{2}$$

14 $x>0$, $f(x)>0$이므로 주어진 식의 양변에 자연로그를 취하면

$$\ln f(x) = \cos 2x \ln x$$

양변을 x에 대하여 미분하면

$$\frac{f'(x)}{f(x)} = (\cos 2x)' \ln x + \cos 2x (\ln x)'$$

$$= -\sin 2x \times (2x)' \ln x + \cos 2x \times \frac{1}{x}$$

$$\therefore \frac{f'(x)}{f(x)} = -2\ln x \sin 2x + \frac{\cos 2x}{x}$$

양변에 $x = \dfrac{\pi}{2}$를 대입하면

$$\frac{f'\left(\frac{\pi}{2}\right)}{f\left(\frac{\pi}{2}\right)} = -\frac{2}{\pi}, \ f'\left(\frac{\pi}{2}\right) = -\frac{2}{\pi} f\left(\frac{\pi}{2}\right)$$

$$\therefore k = -\frac{2}{\pi}$$

15 $f'(x) = \dfrac{(x - \sqrt{x^2-1})'}{x - \sqrt{x^2-1}} = \dfrac{\{x - (x^2-1)^{\frac{1}{2}}\}'}{x - \sqrt{x^2-1}}$

$$= \frac{1 - \frac{1}{2}(x^2-1)^{-\frac{1}{2}}(x^2-1)'}{x - \sqrt{x^2-1}} = \frac{1 - \frac{x}{\sqrt{x^2-1}}}{x - \sqrt{x^2-1}}$$

$$= \frac{\frac{\sqrt{x^2-1} - x}{\sqrt{x^2-1}}}{x - \sqrt{x^2-1}} = -\frac{1}{\sqrt{x^2-1}}$$

$$\therefore f'(2) = -\frac{1}{\sqrt{3}} = -\frac{\sqrt{3}}{3}$$

16 오른쪽 그림과 같이 삼각형 ABC에 내접하는 원의 중심을 O라 하고, 점 O에서 변 BC에 내린 수선의 발을 H라 하자.

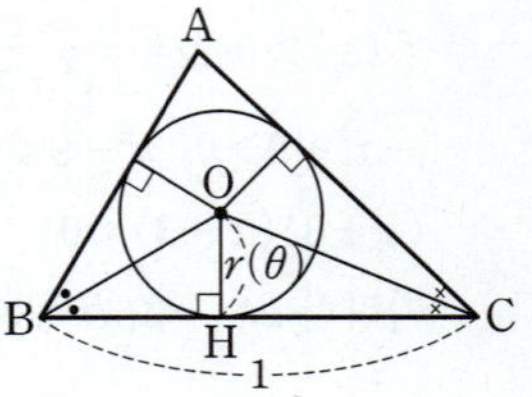

점 O는 삼각형 ABC의 내심이므로

$$\angle OBH = \frac{1}{2} \angle ABC = \frac{\pi}{6}, \ \angle OCH = \frac{1}{2} \angle ACB = \theta$$

$\overline{OH} = r(\theta)$이므로 직각삼각형 OBH에서

$$\overline{BH} = \frac{r(\theta)}{\tan \frac{\pi}{6}} = \sqrt{3} r(\theta)$$

직각삼각형 OHC에서

$$\overline{CH} = \frac{r(\theta)}{\tan \theta}$$

$\overline{BH} + \overline{CH} = 1$이므로

$$\sqrt{3} r(\theta) + \frac{r(\theta)}{\tan \theta} = 1, \ r(\theta) \times \frac{\sqrt{3} \tan \theta + 1}{\tan \theta} = 1$$

$$\therefore r(\theta) = \frac{\tan \theta}{\sqrt{3} \tan \theta + 1}$$

$$h(\theta) = \frac{r(\theta)}{\tan \theta} = \frac{1}{\sqrt{3} \tan \theta + 1} \text{이므로}$$

$$h'(\theta) = -\frac{(\sqrt{3} \tan \theta + 1)'}{(\sqrt{3} \tan \theta + 1)^2} = -\frac{\sqrt{3} \sec^2 \theta}{(\sqrt{3} \tan \theta + 1)^2}$$

$$\therefore h'\left(\frac{\pi}{6}\right) = -\frac{\sqrt{3} \times \left(\frac{2}{\sqrt{3}}\right)^2}{\left(\sqrt{3} \times \frac{1}{\sqrt{3}} + 1\right)^2} = -\frac{\sqrt{3}}{3}$$

17 $g'(x) = \dfrac{\{e^{f(x)}\}'(x+1) - e^{f(x)}(x+1)'}{(x+1)^2}$

$$= \frac{e^{f(x)} f'(x)(x+1) - e^{f(x)}}{(x+1)^2}$$

$$= \frac{e^{f(x)} \{(x+1)f'(x) - 1\}}{(x+1)^2}$$

방정식 $g'(x) = 0$에서

$$\frac{e^{f(x)} \{(x+1)f'(x) - 1\}}{(x+1)^2} = 0$$

$$\therefore (x+1)f'(x) - 1 = 0 \ (\because e^{f(x)} > 0) \quad \cdots\cdots \ \bigcirc$$

방정식 $g'(x) = 0$의 두 근이 -3, 1이므로

$\bigcirc$에 $x = -3$을 대입하면

$$-2f'(-3) - 1 = 0 \qquad \therefore f'(-3) = -\frac{1}{2}$$

$\bigcirc$에 $x = 1$을 대입하면

$$2f'(1) - 1 = 0 \qquad \therefore f'(1) = \frac{1}{2}$$

이차함수 $f(x)$에 대하여 $f(0) = 1$이므로

$f(x) = ax^2 + bx + 1$ (a, b는 상수, $a \neq 0$)이라 하면

$$f'(x) = 2ax + b$$

$$f'(-3)=-\frac{1}{2}\text{에서 } -6a+b=-\frac{1}{2} \qquad \cdots\cdots ㉡$$

$$f'(1)=\frac{1}{2}\text{에서 } 2a+b=\frac{1}{2} \qquad \cdots\cdots ㉢$$

㉡, ㉢을 연립하여 풀면 $a=\dfrac{1}{8}$, $b=\dfrac{1}{4}$

따라서 $f(x)=\dfrac{1}{8}x^2+\dfrac{1}{4}x+1$이므로

$$f(4)=2+1+1=4$$

18 $(f \circ g)(0)=4$에서 $f(g(0))=4$

$g(0)=1$이므로 $f(1)=4$

$(f \circ g)'(0)=2$에서 $f'(g(0))g'(0)=2$

$\therefore f'(1)g'(0)=2 \qquad \cdots\cdots ㉠$

$g'(x)=e^{x^2+x}(x^2+x)'=(2x+1)e^{x^2+x}$이므로

$g'(0)=1$

따라서 ㉠에서 $f'(1)=2$

$f(x)$를 $(x-1)^2$으로 나누었을 때의 몫을 $Q(x)$,

$R(x)=ax+b\,(a,\,b$는 상수$)$라 하면

$f(x)=(x-1)^2Q(x)+ax+b \qquad \cdots\cdots ㉡$

㉡의 양변에 $x=1$을 대입하면

$f(1)=a+b \qquad \therefore a+b=4 \qquad \cdots\cdots ㉢$

㉡의 양변을 x에 대하여 미분하면

$f'(x)=2(x-1)Q(x)+(x-1)^2Q'(x)+a$

양변에 $x=1$을 대입하면

$f'(1)=a \qquad \therefore a=2$

이를 ㉢에 대입하여 풀면 $b=2$

따라서 $R(x)=2x+2$이므로 $R(2)=6$

19 $f(x)=\ln(e^x+e^{2x}+e^{3x}+\cdots+e^{nx})$이라 하면

$f(0)=\ln n$이므로

$$\lim_{x\to 0}\frac{1}{x}\ln\frac{e^x+e^{2x}+e^{3x}+\cdots+e^{nx}}{n}$$

$$=\lim_{x\to 0}\frac{\ln(e^x+e^{2x}+e^{3x}+\cdots+e^{nx})-\ln n}{x}$$

$$=\lim_{x\to 0}\frac{f(x)-f(0)}{x}=f'(0)$$

이때

$$f'(x)=\frac{(e^x+e^{2x}+e^{3x}+\cdots+e^{nx})'}{e^x+e^{2x}+e^{3x}+\cdots+e^{nx}}$$

$$=\frac{e^x+2e^{2x}+3e^{3x}+\cdots+ne^{nx}}{e^x+e^{2x}+e^{3x}+\cdots+e^{nx}}$$

이므로

$$f'(0)=\frac{1+2+3+\cdots+n}{n}=\frac{\dfrac{n(n+1)}{2}}{n}=\frac{n+1}{2}$$

따라서 $\dfrac{n+1}{2}=5$이므로

$n+1=10 \qquad \therefore n=9$

1 매개변수로 나타낸 함수의 미분법

개념 CHECK 114쪽

1 답 (1) $\dfrac{dy}{dx}=-\dfrac{1}{t}\ (t\neq 0)$

(2) $\dfrac{dy}{dx}=-\dfrac{3t^2}{2t+1}\left(t\neq -\dfrac{1}{2}\right)$

(1) x, y를 각각 t에 대하여 미분하면

$$\frac{dx}{dt}=6t^2,\ \frac{dy}{dt}=-6t$$

$$\therefore \frac{dy}{dx}=\frac{\dfrac{dy}{dt}}{\dfrac{dx}{dt}}=\frac{-6t}{6t^2}=-\frac{1}{t}\ (t\neq 0)$$

(2) x, y를 각각 t에 대하여 미분하면

$$\frac{dx}{dt}=2t+1,\ \frac{dy}{dt}=-3t^2$$

$$\therefore \frac{dy}{dx}=\frac{\dfrac{dy}{dt}}{\dfrac{dx}{dt}}=-\frac{3t^2}{2t+1}\left(t\neq -\frac{1}{2}\right)$$

문제 115쪽

01-1 답 (1) $\dfrac{dy}{dx}=\dfrac{t^2+1}{2t}\ (t\neq 0)$ (2) $\dfrac{dy}{dx}=24\sqrt{t}(3t-1)^3$

(3) $\dfrac{dy}{dx}=-\cot 2t$ (4) $\dfrac{dy}{dx}=2\sin t$

(1) x, y를 각각 t에 대하여 미분하면

$$\frac{dx}{dt}=\frac{2t(1-t^2)-(1+t^2)\times(-2t)}{(1-t^2)^2}=\frac{4t}{(1-t^2)^2}$$

$$\frac{dy}{dt}=\frac{2(1-t^2)-2t\times(-2t)}{(1-t^2)^2}=\frac{2(t^2+1)}{(1-t^2)^2}$$

$$\therefore \frac{dy}{dx}=\frac{\dfrac{dy}{dt}}{\dfrac{dx}{dt}}=\frac{\dfrac{2(t^2+1)}{(1-t^2)^2}}{\dfrac{4t}{(1-t^2)^2}}=\frac{t^2+1}{2t}\ (t\neq 0)$$

(2) x, y를 각각 t에 대하여 미분하면

$$\frac{dx}{dt}=\frac{1}{2\sqrt{t}}$$

$$\frac{dy}{dt}=4(3t-1)^3\times 3=12(3t-1)^3$$

$$\therefore \frac{dy}{dx}=\frac{\dfrac{dy}{dt}}{\dfrac{dx}{dt}}=\frac{12(3t-1)^3}{\dfrac{1}{2\sqrt{t}}}=24\sqrt{t}(3t-1)^3$$

(3) x, y를 각각 t에 대하여 미분하면

$$\frac{dx}{dt}=-2\sin 2t,\quad \frac{dy}{dt}=2\cos 2t$$

$$\therefore \frac{dy}{dx}=\frac{\dfrac{dy}{dt}}{\dfrac{dx}{dt}}=\frac{2\cos 2t}{-2\sin 2t}=-\cot 2t$$

(4) x, y를 각각 t에 대하여 미분하면

$$\frac{dx}{dt}=2\sec^2 t,\quad \frac{dy}{dt}=4\sec t\tan t$$

$$\therefore \frac{dy}{dx}=\frac{\dfrac{dy}{dt}}{\dfrac{dx}{dt}}=\frac{4\sec t\tan t}{2\sec^2 t}=\frac{2\tan t}{\sec t}=2\sin t$$

01-2 답 $4e^2$

x, y를 각각 t에 대하여 미분하면

$$\frac{dx}{dt}=2te^t+(t^2+1)e^t=(t^2+2t+1)e^t,\quad \frac{dy}{dt}=4e^{4t+2}$$

$$\therefore \frac{dy}{dx}=\frac{\dfrac{dy}{dt}}{\dfrac{dx}{dt}}=\frac{4e^{4t+2}}{(t^2+2t+1)e^t}=\frac{4e^{3t+2}}{t^2+2t+1}\ (t\neq -1)$$

따라서 $t=0$에서의 $\dfrac{dy}{dx}$의 값은 $4e^2$

2 음함수와 역함수의 미분법

개념 CHECK

117쪽

1 답 ㈎ $2x$ ㈏ $6y$ ㈐ $-\dfrac{x}{3y}$

2 답 ㈎ $5y^4+2$ ㈏ $\dfrac{1}{5y^4+2}$

문제

118~120쪽

02-1 답 (1) $\dfrac{dy}{dx}=\dfrac{3x^2+1}{6y^2}\ (y\neq 0)$

(2) $\dfrac{dy}{dx}=-\dfrac{x-1}{2y(y^2+1)}\ (y\neq 0)$

(3) $\dfrac{dy}{dx}=-\dfrac{2x+y}{x-\cos y}\ (x\neq \cos y)$

(4) $\dfrac{dy}{dx}=\dfrac{y}{x}$

(1) 주어진 식의 각 항을 x에 대하여 미분하면

$$3x^2+1-6y^2\frac{dy}{dx}=0$$

$$\therefore \frac{dy}{dx}=\frac{3x^2+1}{6y^2}\ (y\neq 0)$$

(2) 주어진 식의 각 항을 x에 대하여 미분하면

$$2(x-1)+2(y^2+1)\times 2y\frac{dy}{dx}=0$$

$$4y(y^2+1)\frac{dy}{dx}=-2(x-1)$$

$$\therefore \frac{dy}{dx}=-\frac{x-1}{2y(y^2+1)}\ (y\neq 0)$$

(3) 주어진 식의 각 항을 x에 대하여 미분하면

$$2x-\cos y\frac{dy}{dx}+y+x\frac{dy}{dx}=0$$

$$(x-\cos y)\frac{dy}{dx}=-(2x+y)$$

$$\therefore \frac{dy}{dx}=-\frac{2x+y}{x-\cos y}\ (x\neq \cos y)$$

(4) 주어진 식의 각 항을 x에 대하여 미분하면

$$\frac{1}{x}-\frac{1}{y}\times \frac{dy}{dx}=0$$

$$\therefore \frac{dy}{dx}=\frac{y}{x}$$

02-2 답 $-\dfrac{5}{7}$

주어진 식의 각 항을 x에 대하여 미분하면

$$6x^2+9y^2\frac{dy}{dx}-y^2-x\times 2y\frac{dy}{dx}=0$$

$$(2xy-9y^2)\frac{dy}{dx}=6x^2-y^2$$

$$\therefore \frac{dy}{dx}=\frac{6x^2-y^2}{2xy-9y^2}\ (2xy\neq 9y^2)$$

따라서 점 $(1,\,1)$에서의 접선의 기울기는

$$\frac{6-1}{2-9}=-\frac{5}{7}$$

03-1 답 (1) $\dfrac{dy}{dx}=\dfrac{1}{3y^2+6y+4}$ (2) $\dfrac{dy}{dx}=\dfrac{(y+1)^3}{2y}$

(3) $\dfrac{dy}{dx}=\dfrac{\sqrt{y^2+1}}{y}$ (4) $\dfrac{dy}{dx}=\dfrac{1}{2e^{2y}+5}$

(1) 주어진 식의 양변을 y에 대하여 미분하면

$$\frac{dx}{dy}=3y^2+6y+4$$

$$\therefore \frac{dy}{dx}=\frac{1}{\dfrac{dx}{dy}}=\frac{1}{3y^2+6y+4}$$

(2) 주어진 식의 양변을 y에 대하여 미분하면

$$\frac{dx}{dy}=2\times \frac{y}{y+1}\times \left(\frac{y}{y+1}\right)'$$

$$=2\times \frac{y}{y+1}\times \frac{(y+1)-y}{(y+1)^2}$$

$$=\frac{2y}{(y+1)^3}$$

$$\therefore \frac{dy}{dx}=\frac{1}{\dfrac{dx}{dy}}=\frac{(y+1)^3}{2y}$$

(3) 주어진 식의 양변을 y에 대하여 미분하면

$$\frac{dx}{dy}=\frac{2y}{2\sqrt{y^2+1}}=\frac{y}{\sqrt{y^2+1}}$$

$$\therefore \frac{dy}{dx}=\frac{1}{\dfrac{dx}{dy}}=\frac{\sqrt{y^2+1}}{y}$$

(4) 주어진 식의 양변을 y에 대하여 미분하면

$$\frac{dx}{dy}=2e^{2y}+5$$

$$\therefore \frac{dy}{dx}=\frac{1}{\dfrac{dx}{dy}}=\frac{1}{2e^{2y}+5}$$

03-2 답 **1**

주어진 식의 양변을 y에 대하여 미분하면

$$\frac{dx}{dy}=\frac{\sec y\tan y}{\sec y}=\tan y$$

$$\therefore \frac{dy}{dx}=\frac{1}{\dfrac{dx}{dy}}=\frac{1}{\tan y}$$

따라서 $y=\dfrac{\pi}{4}$에서의 $\dfrac{dy}{dx}$의 값은 $\dfrac{1}{\tan\dfrac{\pi}{4}}=1$

04-1 답 **4**

$\displaystyle\lim_{x\to 2}\frac{f(x)-3}{x-2}=\frac{1}{4}$에서 $x\to 2$일 때 (분모) $\to 0$이고, 극한값이 존재하므로 (분자) $\to 0$에서

$$\lim_{x\to 2}\{f(x)-3\}=0 \qquad \therefore f(2)=3$$

$$\therefore g(3)=2$$

$\displaystyle\lim_{x\to 2}\frac{f(x)-3}{x-2}=\lim_{x\to 2}\frac{f(x)-f(2)}{x-2}=f'(2)=\frac{1}{4}$이므로

$$g'(3)=\frac{1}{f'(g(3))}=\frac{1}{f'(2)}=4$$

04-2 답 $\dfrac{1}{4}$

$g(\sqrt{3})=a$라 하면 $f(a)=\sqrt{3}$이므로

$$\tan a=\sqrt{3}\qquad \therefore a=\frac{\pi}{3}\left(\because -\frac{\pi}{2}<a<\frac{\pi}{2}\right)$$

$$\therefore g(\sqrt{3})=\frac{\pi}{3}$$

이때 $f'(x)=\sec^2 x$이므로

$$g'(\sqrt{3})=\frac{1}{f'(g(\sqrt{3}))}=\frac{1}{f'\left(\dfrac{\pi}{3}\right)}=\frac{1}{2^2}=\frac{1}{4}$$

04-3 답 -6

$$\lim_{h\to 0}\frac{g(2+h)-g(2-h)}{h}$$

$$=\lim_{h\to 0}\frac{g(2+h)-g(2)+g(2)-g(2-h)}{h}$$

$$=\lim_{h\to 0}\frac{g(2+h)-g(2)}{h}+\lim_{h\to 0}\frac{g(2-h)-g(2)}{-h}$$

$$=g'(2)+g'(2)=2g'(2)$$

$g(2)=a$라 하면 $f(a)=2$이므로

$$\frac{a+1}{a-2}=2,\ a+1=2a-4\qquad \therefore a=5$$

$$\therefore g(2)=5$$

따라서 $f'(x)=\dfrac{(x-2)-(x+1)}{(x-2)^2}=-\dfrac{3}{(x-2)^2}$이므로 구하는 극한값은

$$2g'(2)=\frac{2}{f'(g(2))}=\frac{2}{f'(5)}=\frac{2}{-\dfrac{1}{3}}=-6$$

3 이계도함수

개념 CHECK

121쪽

1 답 (1) $y''=12x^2+12x$ (2) $y''=\dfrac{2}{x^3}$

(3) $y''=-\dfrac{1}{4x\sqrt{x}}$ (4) $y''=4e^{2x+1}$

(5) $y''=-\cos x$ (6) $y''=-\dfrac{1}{x^2\ln 2}$

문제

122쪽

05-1 답 -2

$$f'(x)=\cos x\times\cos x+\sin x\times(-\sin x)$$

$$=\cos^2 x-\sin^2 x$$

$$=(1-\sin^2 x)-\sin^2 x$$

$$=1-2\sin^2 x$$

$$f''(x)=-4\sin x(\sin x)'$$

$$=-4\sin x\cos x$$

$$\therefore f''\left(\frac{\pi}{4}\right)=-4\times\frac{\sqrt{2}}{2}\times\frac{\sqrt{2}}{2}=-2$$

05-2 답 **10**

$$f'(x)=e^{ax+b}+x\times ae^{ax+b}$$

$$=(ax+1)e^{ax+b}$$

$$f''(x)=ae^{ax+b}+(ax+1)\times ae^{ax+b}$$

$$=a(ax+2)e^{ax+b}$$

$f'(0)=1$에서

$$e^b=1\qquad \therefore b=0$$

$f''(0)=20$에서

$$2ae^b=20$$

$$2a=20\ (\because b=0)$$

$$\therefore a=10$$

$$\therefore a+b=10+0=10$$

1 ②	**2** ⑤	**3** $-\dfrac{3}{4}$	**4** 7	**5** $x>1$
6 ③	**7** ②	**8** ③	**9** 1	**10** $-\dfrac{4}{3}$
11 3	**12** ①	**13** ④		

1 $x,\ y$를 각각 t에 대하여 미분하면

$$\frac{dx}{dt}=\sec t\tan t-\sin t$$

$$\frac{dy}{dt}=\sec^2 t$$

$$\therefore\ \frac{dy}{dx}=\frac{\dfrac{dy}{dt}}{\dfrac{dx}{dt}}$$

$$=\frac{\sec^2 t}{\sec t\tan t-\sin t}$$

$$=\frac{1}{\sin t-\sin t\cos^2 t}$$

$$=\frac{1}{\sin t(1-\cos^2 t)}$$

$$=\frac{1}{\sin^3 t}$$

$\tan t=1$에서 $t=\dfrac{\pi}{4}$ $\left(\because\ 0<t<\dfrac{\pi}{2}\right)$

따라서 점 $\left(\dfrac{3\sqrt2}{2},\ 1\right)$, 즉 $t=\dfrac{\pi}{4}$에서의 접선의 기울기는

$$\frac{1}{\sin^3\dfrac{\pi}{4}}=\frac{1}{\left(\dfrac{\sqrt2}{2}\right)^3}=2\sqrt2$$

2 $x,\ y$를 각각 t에 대하여 미분하면

$$\frac{dx}{dt}=\frac{1}{t}+1$$

$$\frac{dy}{dt}=-3t^2+3$$

$$\therefore\ \frac{dy}{dx}=\frac{\dfrac{dy}{dt}}{\dfrac{dx}{dt}}$$

$$=\frac{-3t^2+3}{\dfrac{1}{t}+1}$$

$$=-3t(t-1)$$

$$=-3t^2+3t$$

$$=-3\left(t-\frac{1}{2}\right)^2+\frac{3}{4}$$

따라서 $t=\dfrac{1}{2}$에서 최댓값 $\dfrac{3}{4}$을 가지므로

$$a=\frac{1}{2}$$

3 점 $(0,\ a)$가 곡선 $x^3+y^4=e^{xy}$ 위의 점이므로

$$a^4=1 \qquad \therefore\ a=-1\ (\because\ a<0)$$

$x^3+y^4=e^{xy}$의 각 항을 x에 대하여 미분하면

$$3x^2+4y^3\frac{dy}{dx}=e^{xy}\left(y+x\frac{dy}{dx}\right)$$

$$(xe^{xy}-4y^3)\frac{dy}{dx}=3x^2-ye^{xy}$$

$$\therefore\ \frac{dy}{dx}=\frac{3x^2-ye^{xy}}{xe^{xy}-4y^3}\ (xe^{xy}\ne 4y^3)$$

점 $(0,\ -1)$에서의 접선의 기울기는 $\dfrac{1}{4}$

$$\therefore\ b=\frac{1}{4}$$

$$\therefore\ a+b=-1+\frac{1}{4}=-\frac{3}{4}$$

4 점 $(0,\ -1)$이 곡선 $x^3+ay^3-bxy+1=0$ 위의 점이므로

$$-a+1=0 \qquad \therefore\ a=1$$

$x^3+y^3-bxy+1=0$의 각 항을 x에 대하여 미분하면

$$3x^2+3y^2\frac{dy}{dx}-by-bx\frac{dy}{dx}=0$$

$$(bx-3y^2)\frac{dy}{dx}=3x^2-by$$

$$\therefore\ \frac{dy}{dx}=\frac{3x^2-by}{bx-3y^2}\ (bx\ne 3y^2)$$

이때 점 $(0,\ -1)$에서의 $\dfrac{dy}{dx}$의 값이 2이므로

$$-\frac{b}{3}=2 \qquad \therefore\ b=-6$$

$$\therefore\ a-b=1-(-6)=7$$

5 주어진 식의 각 항을 x에 대하여 미분하면

$$2xy^3+(x^2+1)\times 3y^2\frac{dy}{dx}+2x+4=0$$

$$\therefore\ \frac{dy}{dx}=\frac{-2xy^3-2x-4}{3y^2(x^2+1)}\ (y\ne 0)$$

$\dfrac{dy}{dx}>0$에서

$$-2xy^3-2x-4>0$$

이때 $(x^2+1)y^3+x^2+4x+1=0$에서

$$y^3=\frac{-x^2-4x-1}{x^2+1}$$

이므로

$$-2x\times\frac{-x^2-4x-1}{x^2+1}-2x-4>0$$

$$2x(x^2+4x+1)-2(x+2)(x^2+1)>0$$

$$4x^2-4>0,\ x^2-1>0$$

$$(x+1)(x-1)>0$$

$$\therefore\ x>1\ (\because\ x>0)$$

6 $g(0)=a$라 하면 $f(a)=0$이므로

$\ln(\ln a)=0$

$\ln a=1$ $\therefore a=e$

$\therefore g(0)=e$

이때 $f'(x)=\dfrac{\frac{1}{x}}{\ln x}=\dfrac{1}{x\ln x}$이므로

$g'(0)=\dfrac{1}{f'(g(0))}=\dfrac{1}{f'(e)}=\dfrac{1}{\frac{1}{e}}=e$

7 $g(f(1))=a$라 하면

$f(a)=f(1)$

함수 $f(x)$가 역함수를 가지면 일대일대응이므로

$a=1$ $\therefore g(f(1))=1$

이때 $f'(x)=-\dfrac{e^x}{(e^x+1)^2}$이므로

$g'(f(1))=\dfrac{1}{f'(g(f(1)))}$

$\qquad\quad=\dfrac{1}{f'(1)}$

$\qquad\quad=\dfrac{1}{-\dfrac{e}{(e+1)^2}}$

$\qquad\quad=-\dfrac{(e+1)^2}{e}$

8 $h'(x)=g(x)+xg'(x)$이므로

$h'(2)=g(2)+2g'(2)$

$f(1)=2$에서 $g(2)=1$이므로

$g'(2)=\dfrac{1}{f'(g(2))}=\dfrac{1}{f'(1)}=\dfrac{1}{3}$

$\therefore h'(2)=g(2)+2g'(2)$

$\qquad\quad=1+2\times\dfrac{1}{3}=\dfrac{5}{3}$

9 $\displaystyle\lim_{x\to3}\dfrac{f(x)-3}{x-3}=\dfrac{1}{3}$에서 $x\to3$일 때 (분모) $\to0$이고, 극

한값이 존재하므로 (분자) $\to0$에서

$\displaystyle\lim_{x\to3}\{f(x)-3\}=0$ $\therefore f(3)=3$

$\therefore \displaystyle\lim_{x\to3}\dfrac{f(x)-3}{x-3}=\lim_{x\to3}\dfrac{f(x)-f(3)}{x-3}=f'(3)=\dfrac{1}{3}$

$g^{-1}(x)=f(3x)$이므로 양변을 x에 대하여 미분하면

$\dfrac{1}{g'(g^{-1}(x))}=3f'(3x)$

$\dfrac{1}{g'(f(3x))}=3f'(3x)$

$\therefore g'(f(3x))=\dfrac{1}{3f'(3x)}$

따라서 $g'(f(3))=\dfrac{1}{3f'(3)}$이므로

$g'(3)=\dfrac{1}{3\times\dfrac{1}{3}}=1$

10 $\displaystyle\lim_{h\to0}\dfrac{f'\left(\frac{\pi}{3}+h\right)-f'\left(\frac{\pi}{3}-h\right)}{2h}$

$=\displaystyle\lim_{h\to0}\dfrac{f'\left(\frac{\pi}{3}+h\right)-f'\left(\frac{\pi}{3}\right)+f'\left(\frac{\pi}{3}\right)-f'\left(\frac{\pi}{3}-h\right)}{2h}$

$=\dfrac{1}{2}\displaystyle\lim_{h\to0}\dfrac{f'\left(\frac{\pi}{3}+h\right)-f'\left(\frac{\pi}{3}\right)}{h}$

$\qquad\quad+\dfrac{1}{2}\displaystyle\lim_{h\to0}\dfrac{f'\left(\frac{\pi}{3}-h\right)-f'\left(\frac{\pi}{3}\right)}{-h}$

$=\dfrac{1}{2}f''\left(\dfrac{\pi}{3}\right)+\dfrac{1}{2}f''\left(\dfrac{\pi}{3}\right)$

$=f''\left(\dfrac{\pi}{3}\right)$

이때 $f'(x)=\dfrac{\cos x}{\sin x}=\cot x$이므로

$f''(x)=-\csc^2 x$

$\therefore f''\left(\dfrac{\pi}{3}\right)=-\dfrac{1}{\left(\dfrac{\sqrt{3}}{2}\right)^2}=-\dfrac{4}{3}$

11 $f(x)=x^2\ln x$에서 $x>0$이고

$f'(x)=2x\ln x+x^2\times\dfrac{1}{x}$

$\qquad=x(2\ln x+1)$

$\therefore f''(x)=2\ln x+1+x\times\dfrac{2}{x}$

$\qquad\quad=2\ln x+3$

방정식 $f(x)+f'(x)-4f''(x)=x-12$에서

$x^2\ln x+x(2\ln x+1)-4(2\ln x+3)=x-12$

$(x^2+2x-8)\ln x=0$

$(x+4)(x-2)\ln x=0$

$\therefore x=1$ 또는 $x=2$ $(\because x>0)$

따라서 모든 x의 값의 합은

$1+2=3$

12 ㈎에서 $f(-x)=-f(x)$의 양변을 x에 대하여 미분하면

$-f'(-x)=-f'(x)$

$\therefore f'(-x)=f'(x)$

㈏에서 $x\to1$일 때 (분모) $\to0$이고, 극한값이 존재하므

로 (분자) $\to0$에서

$\displaystyle\lim_{x\to1}\{f(x)-2x\}=0$ $\therefore f(1)=2$

$$\therefore \lim_{x\to1}\frac{f(x)-2x}{x-1}=\lim_{x\to1}\frac{f(x)-f(1)+2-2x}{x-1}$$
$$=\lim_{x\to1}\frac{f(x)-f(1)}{x-1}-2$$
$$=f'(1)-2$$

즉, $f'(1)-2=2$이므로 $f'(1)=4$

$f(-1)=-f(1)=-2$이므로 $g(-2)=-1$

$$\therefore g'(-2)=\frac{1}{f'(g(-2))}$$
$$=\frac{1}{f'(-1)}=\frac{1}{f'(1)}=\frac{1}{4}$$

13 ㈎에서 $f(1)=e$이므로

$(1+a+b)e=e,\ 1+a+b=1$

$\therefore a+b=0$ ······ ㉠

$f'(x)=(2x+a)e^x+(x^2+ax+b)e^x$
$\qquad\ =\{x^2+(a+2)x+a+b\}e^x$

이므로 $f'(1)=e$에서

$\{1+(a+2)+a+b\}e=e,\ 2a+b+3=1$

$\therefore 2a+b=-2$ ······ ㉡

㉠, ㉡을 연립하여 풀면 $a=-2,\ b=2$

$\therefore f(x)=(x^2-2x+2)e^x,\ f'(x)=x^2e^x$

$h(x)=f^{-1}(x)g(x)$에서

$h'(x)=(f^{-1})'(x)g(x)+f^{-1}(x)g'(x)$

$\therefore h'(e)=(f^{-1})'(e)g(e)+f^{-1}(e)g'(e)$
$$=\frac{g(e)}{f'(f^{-1}(e))}+f^{-1}(e)g'(e)$$

㈎에서 $f(1)=e$이므로

$f^{-1}(e)=1$

㈏에서 $g(f(x))=f'(x)$이므로

$g(f(1))=f'(1)$

$\therefore g(e)=e$

$g(f(x))=f'(x)$의 양변을 x에 대하여 미분하면

$g'(f(x))f'(x)=f''(x)$이므로

$g'(f(1))f'(1)=f''(1)$

$g'(e)\times e=f''(1)$ ······ ㉢

이때 $f''(x)=2xe^x+x^2e^x=x(x+2)e^x$이므로

$f''(1)=3e$

이를 ㉢에 대입하면

$g'(e)\times e=3e$

$\therefore g'(e)=3$

$$\therefore h'(e)=\frac{g(e)}{f'(f^{-1}(e))}+f^{-1}(e)g'(e)$$
$$=\frac{e}{f'(1)}+1\times3$$
$$=\frac{e}{e}+3=4$$

---

1 접선의 방정식

1 답 (1) **1** (2) $y=x+1$

01-1 답 (1) $y=3x$ (2) $y=\dfrac{\pi}{2}x-\dfrac{\pi}{2}+1$

(1) $f(x)=\sqrt{6x-1}$이라 하면

$$f'(x)=\frac{6}{2\sqrt{6x-1}}=\frac{3}{\sqrt{6x-1}}$$

점 $\left(\dfrac{1}{3},\ 1\right)$에서의 접선의 기울기는

$$f'\!\left(\frac{1}{3}\right)=3$$

따라서 구하는 접선의 방정식은

$$y-1=3\left(x-\frac{1}{3}\right)$$
$$\therefore y=3x$$

(2) $f(x)=\tan\dfrac{\pi}{4}x$라 하면

$$f'(x)=\frac{\pi}{4}\sec^2\frac{\pi}{4}x$$

점 $(1,\ 1)$에서의 접선의 기울기는

$$f'(1)=\frac{\pi}{4}\times(\sqrt{2})^2=\frac{\pi}{2}$$

따라서 구하는 접선의 방정식은

$$y-1=\frac{\pi}{2}(x-1)$$
$$\therefore y=\frac{\pi}{2}x-\frac{\pi}{2}+1$$

01-2 답 $y=-\dfrac{1}{3}x+\dfrac{7}{3}e$

$f(x)=x+x\ln x$라 하면

$$f'(x)=1+\ln x+x\times\frac{1}{x}=\ln x+2$$

점 $(e,\ 2e)$에서의 접선에 수직인 직선의 기울기는

$$-\frac{1}{f'(e)}=-\frac{1}{1+2}=-\frac{1}{3}$$

따라서 구하는 직선의 방정식은

$$y-2e=-\frac{1}{3}(x-e)$$
$$\therefore y=-\frac{1}{3}x+\frac{7}{3}e$$

02-1 답 (1) $y=-x+\dfrac{\pi}{3}+\dfrac{\sqrt{3}}{2}$　(2) $y=3x-1$

(1) $f(x)=\sin 2x$라 하면

$$f'(x)=2\cos 2x$$

접점의 좌표를 $(t,\ \sin 2t)$라 하면 이 점에서의 접선의 기울기가 -1이므로 $f'(t)=-1$에서

$$2\cos 2t=-1 \qquad \therefore \cos 2t=-\dfrac{1}{2}$$

$0\le t\le \dfrac{\pi}{2}$에서 $0\le 2t\le \pi$이므로

$$2t=\dfrac{2}{3}\pi \qquad \therefore t=\dfrac{\pi}{3}$$

따라서 접점의 좌표는 $\left(\dfrac{\pi}{3},\ \dfrac{\sqrt{3}}{2}\right)$이므로 구하는 접선의 방정식은

$$y-\dfrac{\sqrt{3}}{2}=-\left(x-\dfrac{\pi}{3}\right)$$

$$\therefore y=-x+\dfrac{\pi}{3}+\dfrac{\sqrt{3}}{2}$$

(2) $f(x)=\ln 3x$라 하면

$$f'(x)=\dfrac{3}{3x}=\dfrac{1}{x}$$

접점의 좌표를 $(t,\ \ln 3t)$라 하면 직선 $2x+6y+3=0$, 즉 $y=-\dfrac{1}{3}x-\dfrac{1}{2}$에 수직인 직선의 기울기는 3이므로 $f'(t)=3$에서

$$\dfrac{1}{t}=3 \qquad \therefore t=\dfrac{1}{3}$$

따라서 접점의 좌표는 $\left(\dfrac{1}{3},\ 0\right)$이므로 구하는 직선의 방정식은

$$y=3\left(x-\dfrac{1}{3}\right)$$

$$\therefore y=3x-1$$

02-2 답 1

직선 $y=3x$를 y축의 방향으로 k만큼 평행이동하면

$$y=3x+k$$

$f(x)=3x+\sin x$라 하면

$$f'(x)=3+\cos x$$

접점의 좌표를 $(t,\ 3t+\sin t)$라 하면 접선의 기울기가 3이므로 $f'(t)=3$에서

$$3+\cos t=3,\ \cos t=0$$

$$\therefore t=\dfrac{\pi}{2}\ (\because 0<t<\pi)$$

접점의 좌표는 $\left(\dfrac{\pi}{2},\ \dfrac{3}{2}\pi+1\right)$이므로 접선의 방정식은

$$y-\left(\dfrac{3}{2}\pi+1\right)=3\left(x-\dfrac{\pi}{2}\right)$$

$$\therefore y=3x+1 \qquad \therefore k=1$$

03-1 답 $y=\dfrac{1}{4}x+6$

$f(x)=\sqrt{x}+5$라 하면 $f'(x)=\dfrac{1}{2\sqrt{x}}$

접점의 좌표를 $(t,\ \sqrt{t}+5)$라 하면 이 점에서의 접선의 기울기는 $f'(t)=\dfrac{1}{2\sqrt{t}}$

점 $(t,\ \sqrt{t}+5)$에서의 접선의 방정식은

$$y-(\sqrt{t}+5)=\dfrac{1}{2\sqrt{t}}(x-t) \qquad \cdots\cdots\ \text{㉠}$$

이 직선이 점 $(-4,\ 5)$를 지나므로

$$5-(\sqrt{t}+5)=\dfrac{1}{2\sqrt{t}}(-4-t)$$

$$-\sqrt{t}=\dfrac{1}{2\sqrt{t}}(-4-t),\ -2t=-4-t \qquad \therefore t=4$$

따라서 이를 ㉠에 대입하면 구하는 접선의 방정식은

$$y-7=\dfrac{1}{4}(x-4) \qquad \therefore y=\dfrac{1}{4}x+6$$

03-2 답 $-e^2$

$f(x)=e^{x+1}$이라 하면 $f'(x)=e^{x+1}$

접점의 좌표를 $(t,\ e^{t+1})$이라 하면 이 점에서의 접선의 기울기는 $f'(t)=e^{t+1}$

점 $(t,\ e^{t+1})$에서의 접선의 방정식은

$$y-e^{t+1}=e^{t+1}(x-t) \qquad \cdots\cdots\ \text{㉠}$$

이 직선이 원점을 지나므로

$$-e^{t+1}=-te^{t+1} \qquad \therefore t=1\ (\because e^{t+1}>0)$$

이를 ㉠에 대입하면 접선의 방정식은

$$y-e^2=e^2(x-1) \qquad \therefore y=e^2 x$$

이 직선이 점 $(-1,\ a)$를 지나므로 $a=-e^2$

04-1 답 1

$f(x)=\dfrac{x+1}{x}=1+\dfrac{1}{x}$이라 하면 $f'(x)=-\dfrac{1}{x^2}$

접점의 좌표를 $\left(t,\ 1+\dfrac{1}{t}\right)$이라 하면 이 점에서의 접선의 기울기는 $f'(t)=-\dfrac{1}{t^2}$

점 $\left(t,\ 1+\dfrac{1}{t}\right)$에서의 접선의 방정식은

$$y-\left(1+\dfrac{1}{t}\right)=-\dfrac{1}{t^2}(x-t)$$

이 직선이 점 $(2,\ 1)$을 지나므로

$$1-\left(1+\dfrac{1}{t}\right)=-\dfrac{1}{t^2}(2-t)$$

$$-\dfrac{1}{t}=-\dfrac{2}{t^2}+\dfrac{1}{t},\ -t=-2+t\ (\because t\ne 0)$$

$$2t=2 \qquad \therefore t=1$$

따라서 접점의 좌표는 $(1,\ 2)$의 1개이므로 접선의 개수는 1이다.

04-2 답 -4

$f(x)=(x-a)e^{-x}$이라 하면

$f'(x)=e^{-x}-(x-a)e^{-x}=(1+a-x)e^{-x}$

접점의 좌표를 $(t,\ (t-a)e^{-t})$이라 하면 이 점에서의 접선의 기울기는 $f'(t)=(1+a-t)e^{-t}$

점 $(t,\ (t-a)e^{-t})$에서의 접선의 방정식은

$y-(t-a)e^{-t}=(1+a-t)e^{-t}(x-t)$

이 직선이 원점을 지나므로

$-(t-a)e^{-t}=(1+a-t)e^{-t}\times(-t)$

$-(t-a)=-t(1+a-t)\ (\because\ e^{-t}>0)$

$\therefore\ t^2-at-a=0$ ······ ㉠

원점에서 곡선 $y=(x-a)e^{-x}$에 오직 하나의 접선을 그을 수 있으려면 한 개의 접점이 존재해야 하므로 이차방정식 ㉠이 중근을 가져야 한다.

즉, 이차방정식 ㉠의 판별식을 D라 하면 $D=0$이어야 하므로

$D=a^2+4a=0,\ a(a+4)=0$

$\therefore\ a=-4\ (\because\ a\neq0)$

05-1 답 $y=\dfrac{5}{3}x-\dfrac{8}{3}$

x와 y를 각각 t에 대하여 미분하면

$\dfrac{dx}{dt}=e^t-e^{-t},\ \dfrac{dy}{dt}=e^t+e^{-t}$

$\therefore\ \dfrac{dy}{dx}=\dfrac{\frac{dy}{dt}}{\frac{dx}{dt}}=\dfrac{e^t+e^{-t}}{e^t-e^{-t}}\ (t\neq0)$

$t=\ln2$에 대응하는 점에서의 접선의 기울기는

$\dfrac{2+\frac{1}{2}}{2-\frac{1}{2}}=\dfrac{5}{3}$

$t=\ln2$에 대응하는 점의 x좌표와 y좌표는

$x=2+\dfrac{1}{2}=\dfrac{5}{2},\ y=2-\dfrac{1}{2}=\dfrac{3}{2}$

따라서 구하는 접선의 방정식은

$y-\dfrac{3}{2}=\dfrac{5}{3}\left(x-\dfrac{5}{2}\right)$

$\therefore\ y=\dfrac{5}{3}x-\dfrac{8}{3}$

05-2 답 $y=-\dfrac{2\sqrt{3}}{3}x+\dfrac{4\sqrt{3}}{3}$

x와 y를 각각 t에 대하여 미분하면

$\dfrac{dx}{dt}=-\sin t,\ \dfrac{dy}{dt}=2\cos t$

$\therefore\ \dfrac{dy}{dx}=\dfrac{\frac{dy}{dt}}{\frac{dx}{dt}}=\dfrac{2\cos t}{-\sin t}=-2\cot t$

$\cos t=\dfrac{1}{2}$에서 $t=\dfrac{\pi}{3}\left(\because\ 0<t<\dfrac{\pi}{2}\right)$

점 $\left(\dfrac{1}{2},\ \sqrt{3}\right)$, 즉 $t=\dfrac{\pi}{3}$에 대응하는 점에서의 접선의 기울기는

$-2\times\dfrac{1}{\sqrt{3}}=-\dfrac{2\sqrt{3}}{3}$

따라서 구하는 접선의 방정식은

$y-\sqrt{3}=-\dfrac{2\sqrt{3}}{3}\left(x-\dfrac{1}{2}\right)$

$\therefore\ y=-\dfrac{2\sqrt{3}}{3}x+\dfrac{4\sqrt{3}}{3}$

06-1 답 $y=-x+2\pi$

주어진 식의 각 항을 x에 대하여 미분하면

$\cos y-x\sin y\dfrac{dy}{dx}+\cos x\dfrac{dy}{dx}-y\sin x=0$

$(x\sin y-\cos x)\dfrac{dy}{dx}=\cos y-y\sin x$

$\therefore\ \dfrac{dy}{dx}=\dfrac{\cos y-y\sin x}{x\sin y-\cos x}\ (x\sin y\neq\cos x)$

점 $(\pi,\ \pi)$에서의 접선의 기울기는

$\dfrac{-1-0}{0-(-1)}=-1$

따라서 구하는 접선의 방정식은

$y-\pi=-(x-\pi)$ $\therefore\ y=-x+2\pi$

06-2 답 $\sqrt{2}$

주어진 식의 각 항을 x에 대하여 미분하면

$2x-y-x\dfrac{dy}{dx}+2y\dfrac{dy}{dx}=0$

$(x-2y)\dfrac{dy}{dx}=2x-y$

$\therefore\ \dfrac{dy}{dx}=\dfrac{2x-y}{x-2y}\ (x\neq2y)$

점 $(1,\ 1)$에서의 접선의 기울기는

$\dfrac{2-1}{1-2}=-1$

점 $(1,\ 1)$에서의 접선의 방정식은

$y-1=-(x-1)$

$\therefore\ x+y-2=0$

따라서 직선 $x+y-2=0$과 원점 사이의 거리는

$\dfrac{|-2|}{\sqrt{1^2+1^2}}=\sqrt{2}$

06-3 답 4

점 $(1,\ 2)$가 곡선 $\dfrac{a}{x}+\dfrac{b}{y}=x^2+2$ 위의 점이므로

$a+\dfrac{b}{2}=3$ $\therefore\ 2a+b=6$ ······ ㉠

$\dfrac{a}{x}+\dfrac{b}{y}=x^2+2$의 각 항을 x에 대하여 미분하면

$$-\dfrac{a}{x^2}-\dfrac{b}{y^2}\times\dfrac{dy}{dx}=2x$$

$$\therefore \dfrac{dy}{dx}=\dfrac{2x+\dfrac{a}{x^2}}{-\dfrac{b}{y^2}}=-\dfrac{2x^3y^2+ay^2}{bx^2}$$

점 $(1, 2)$에서의 접선의 기울기가 -8이므로

$$-\dfrac{8+4a}{b}=-8$$

$$\therefore a-2b=-2 \qquad \cdots\cdots \text{ⓛ}$$

㉠, ㉡을 연립하여 풀면 $a=2$, $b=2$

$$\therefore a+b=4$$

2 함수의 증가와 감소, 극대와 극소

1   답 극댓값: 0, 극솟값: -1

$f(x)=2x^3-3x^2$에서

$f'(x)=6x^2-6x$

$f''(x)=12x-6$

$f'(x)=0$에서 $6x^2-6x=0$, $x(x-1)=0$

$\therefore x=0$ 또는 $x=1$

$f''(0)$, $f''(1)$의 부호를 조사하면

$f''(0)=-6<0$, $f''(1)=6>0$

따라서 함수 $f(x)$는 $x=0$에서 극댓값 $f(0)=0$, $x=1$에서 극솟값 $f(1)=-1$을 갖는다.

07-1   답 구간 $[0, \infty)$에서 증가, 구간 $(-\infty, 0]$에서 감소

$f(x)=e^x-x$에서

$f'(x)=e^x-1$

$f'(x)=0$에서 $e^x-1=0$, $e^x=1$

$\therefore x=0$

함수 $f(x)$의 증가와 감소를 표로 나타내면 다음과 같다.

x	$\cdots$	0	$\cdots$
$f'(x)$	$-$	0	$+$
$f(x)$	↘	1	↗

따라서 함수 $f(x)$는 구간 $[0, \infty)$에서 증가하고, 구간 $(-\infty, 0]$에서 감소한다.

07-2   답 구간 $\left(0, \dfrac{\pi}{6}\right)$, $\left[\dfrac{5}{6}\pi, 2\pi\right)$에서 증가, 구간 $\left[\dfrac{\pi}{6}, \dfrac{5}{6}\pi\right]$에서 감소

$f(x)=\dfrac{1}{2}x+\cos x$에서 $f'(x)=\dfrac{1}{2}-\sin x$

$f'(x)=0$에서 $\dfrac{1}{2}-\sin x=0$, $\sin x=\dfrac{1}{2}$

$\therefore x=\dfrac{\pi}{6}$ 또는 $x=\dfrac{5}{6}\pi$ ($\because 0<x<2\pi$)

$0<x<2\pi$에서 함수 $f(x)$의 증가와 감소를 표로 나타내면 다음과 같다.

x	0	$\cdots$	$\dfrac{\pi}{6}$	$\cdots$	$\dfrac{5}{6}\pi$	$\cdots$	2π
$f'(x)$		$+$	0	$-$	0	$+$	
$f(x)$		↗	$\dfrac{\pi}{12}+\dfrac{\sqrt{3}}{2}$	↘	$\dfrac{5}{12}\pi-\dfrac{\sqrt{3}}{2}$	↗	

따라서 함수 $f(x)$는 구간 $\left(0, \dfrac{\pi}{6}\right)$, $\left[\dfrac{5}{6}\pi, 2\pi\right)$에서 증가하고, 구간 $\left[\dfrac{\pi}{6}, \dfrac{5}{6}\pi\right]$에서 감소한다.

08-1   답 $a\geq 2$

$f(x)=ax+\sin 2x$에서 $f'(x)=a+2\cos 2x$

함수 $f(x)$가 구간 $(-\infty, \infty)$에서 증가하려면 모든 실수 x에서 $f'(x)\geq 0$이어야 하므로

$a+2\cos 2x\geq 0$

이때 $-1\leq\cos 2x\leq 1$이므로

$-2\leq 2\cos 2x\leq 2$, $a-2\leq a+2\cos 2x\leq a+2$

따라서 $a-2\geq 0$이어야 하므로 $a\geq 2$

08-2   답 $0<a\leq\dfrac{1}{3}$

$f(x)=(ax^2-1)e^x$에서

$f'(x)=2axe^x+(ax^2-1)e^x=(ax^2+2ax-1)e^x$

함수 $f(x)$가 구간 $[-1, 1]$에서 감소하려면 $-1\leq x\leq 1$에서 $f'(x)\leq 0$이어야 하므로

$(ax^2+2ax-1)e^x\leq 0$

$\therefore ax^2+2ax-1\leq 0$ ($\because e^x>0$)

이때 $g(x)=ax^2+2ax-1$이라 하면

$g(x)=a(x+1)^2-a-1$

이때 $a>0$이고 $-1\leq x\leq 1$에서 $g(x)\leq 0$이어야 하므로

$g(1)\leq 0$

$4a-a-1\leq 0 \qquad \therefore a\leq\dfrac{1}{3}$

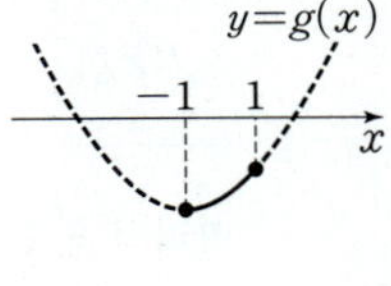

따라서 구하는 a의 값의 범위는

$0<a\leq\dfrac{1}{3}$

09-1 답 (1) 극댓값: **1**, 극솟값: **−1**

(2) 극솟값: e

(3) 극댓값: $\dfrac{4}{e^2}$, 극솟값: **0**

(4) 극댓값: $\dfrac{3\sqrt{3}}{2}$, 극솟값: $-\dfrac{3\sqrt{3}}{2}$

(1) $f(x)=\dfrac{2x}{x^2+1}$에서

$$f'(x)=\dfrac{2(x^2+1)-2x\times 2x}{(x^2+1)^2}=-\dfrac{2(x^2-1)}{(x^2+1)^2}$$

$f'(x)=0$에서

$x^2-1=0,\ x^2=1 \qquad \therefore\ x=-1$ 또는 $x=1$

함수 $f(x)$의 증가와 감소를 표로 나타내면 다음과 같다.

x	$\cdots$	-1	$\cdots$	1	$\cdots$
$f'(x)$	$-$	0	$+$	0	$-$
$f(x)$	$\searrow$	-1 극소	$\nearrow$	1 극대	$\searrow$

따라서 함수 $f(x)$는 $x=1$에서 극댓값 1, $x=-1$에서 극솟값 -1을 갖는다.

(2) $f(x)=\dfrac{e^x}{x}$에서 $f'(x)=\dfrac{e^x\times x-e^x}{x^2}=\dfrac{(x-1)e^x}{x^2}$

$f'(x)=0$에서

$x-1=0\ (\because\ e^x>0) \qquad \therefore\ x=1$

$x>0$에서 함수 $f(x)$의 증가와 감소를 표로 나타내면 다음과 같다.

x	0	$\cdots$	1	$\cdots$
$f'(x)$		$-$	0	$+$
$f(x)$		$\searrow$	e 극소	$\nearrow$

따라서 함수 $f(x)$는 $x=1$에서 극솟값 e를 갖는다.

(3) $f(x)=x(\ln x)^2$에서 $x>0$이고

$$f'(x)=(\ln x)^2+x\times 2\ln x\times \dfrac{1}{x}=\ln x\,(\ln x+2)$$

$f'(x)=0$에서 $\ln x=-2$ 또는 $\ln x=0$

$$\therefore\ x=\dfrac{1}{e^2}\ \text{또는}\ x=1$$

$x>0$에서 함수 $f(x)$의 증가와 감소를 표로 나타내면 다음과 같다.

x	0	$\cdots$	$\dfrac{1}{e^2}$	$\cdots$	1	$\cdots$
$f'(x)$		$+$	0	$-$	0	$+$
$f(x)$		$\nearrow$	$\dfrac{4}{e^2}$ 극대	$\searrow$	0 극소	$\nearrow$

따라서 함수 $f(x)$는 $x=\dfrac{1}{e^2}$에서 극댓값 $\dfrac{4}{e^2}$, $x=1$에서 극솟값 0을 갖는다.

(4) $f(x)=2\cos x+\sin 2x$에서

$f'(x)=-2\sin x+2\cos 2x$

$f'(x)=0$에서 $\sin x-\cos 2x=0$

$\sin x-(1-2\sin^2 x)=0$

$2\sin^2 x+\sin x-1=0$

$(\sin x+1)(2\sin x-1)=0$

$\sin x=-1$ 또는 $\sin x=\dfrac{1}{2}$

$$\therefore\ x=\dfrac{\pi}{6}\ \text{또는}\ x=\dfrac{5}{6}\pi\ (\because\ 0<x<\pi)$$

$0<x<\pi$에서 함수 $f(x)$의 증가와 감소를 표로 나타내면 다음과 같다.

x	0	$\cdots$	$\dfrac{\pi}{6}$	$\cdots$	$\dfrac{5}{6}\pi$	$\cdots$	π
$f'(x)$		$+$	0	$-$	0	$+$	
$f(x)$		$\nearrow$	$\dfrac{3\sqrt{3}}{2}$ 극대	$\searrow$	$-\dfrac{3\sqrt{3}}{2}$ 극소	$\nearrow$	

따라서 함수 $f(x)$는 $x=\dfrac{\pi}{6}$에서 극댓값 $\dfrac{3\sqrt{3}}{2}$, $x=\dfrac{5}{6}\pi$에서 극솟값 $-\dfrac{3\sqrt{3}}{2}$을 갖는다.

다른 풀이 이계도함수 이용

(1) $f'(x)=-\dfrac{2(x^2-1)}{(x^2+1)^2}$이므로

$$f''(x)=-\dfrac{4x(x^2+1)^2-2(x^2-1)\times 2(x^2+1)\times 2x}{(x^2+1)^4}$$

$$=\dfrac{4x(x^2-3)}{(x^2+1)^3}$$

$f'(x)=0$에서 $x=-1$ 또는 $x=1$

$\therefore\ f''(-1)=1>0,\ f''(1)=-1<0$

따라서 함수 $f(x)$는 $x=1$에서 극댓값 1, $x=-1$에서 극솟값 -1을 갖는다.

(2) $f'(x)=\dfrac{(x-1)e^x}{x^2}$이므로

$$f''(x)=\dfrac{\{e^x+(x-1)e^x\}x^2-(x-1)e^x\times 2x}{x^4}$$

$$=\dfrac{(x^2-2x+2)e^x}{x^3}$$

$f'(x)=0$에서 $x=1$

$\therefore\ f''(1)=e>0$

따라서 함수 $f(x)$는 $x=1$에서 극솟값 e를 갖는다.

(3) $f'(x)=\ln x\,(\ln x+2)$이므로

$$f''(x)=\dfrac{1}{x}(\ln x+2)+\ln x\times \dfrac{1}{x}$$

$$=\dfrac{2}{x}(\ln x+1)$$

$f'(x)=0$에서 $x=\dfrac{1}{e^2}$ 또는 $x=1$

$$\therefore f''\left(\frac{1}{e^2}\right)=-2e^2<0,\ f''(1)=2>0$$

따라서 함수 $f(x)$는 $x=\dfrac{1}{e^2}$에서 극댓값 $\dfrac{4}{e^2}$, $x=1$에서 극솟값 0을 갖는다.

(4) $f'(x)=-2\sin x+2\cos 2x$이므로

$$f''(x)=-2\cos x-4\sin 2x$$

$f'(x)=0$에서 $x=\dfrac{\pi}{6}$ 또는 $x=\dfrac{5}{6}\pi$

$$\therefore f''\left(\frac{\pi}{6}\right)=-3\sqrt{3}<0,\ f''\left(\frac{5}{6}\pi\right)=3\sqrt{3}>0$$

따라서 함수 $f(x)$는 $x=\dfrac{\pi}{6}$에서 극댓값 $\dfrac{3\sqrt{3}}{2}$, $x=\dfrac{5}{6}\pi$에서 극솟값 $-\dfrac{3\sqrt{3}}{2}$을 갖는다.

10-1 답 **1**

$f(x)=a\cos x-b\cos 2x$에서

$f'(x)=-a\sin x+2b\sin 2x$

$x=\dfrac{\pi}{3}$에서 극댓값 $\dfrac{3}{2}$을 가지므로

$f'\left(\dfrac{\pi}{3}\right)=0,\ f\left(\dfrac{\pi}{3}\right)=\dfrac{3}{2}$

$f'\left(\dfrac{\pi}{3}\right)=0$에서

$-\dfrac{\sqrt{3}}{2}a+\sqrt{3}b=0 \qquad \therefore a-2b=0 \qquad \cdots\cdots\ \text{㉠}$

$f\left(\dfrac{\pi}{3}\right)=\dfrac{3}{2}$에서

$\dfrac{1}{2}a+\dfrac{1}{2}b=\dfrac{3}{2} \qquad \therefore a+b=3 \qquad \cdots\cdots\ \text{㉡}$

㉠, ㉡을 연립하여 풀면

$a=2,\ b=1 \qquad \therefore a-b=1$

10-2 답 $-\dfrac{9}{8}-2\ln 2$

$f(x)=ax^2-bx+\ln x$에서 $x>0$이고

$f'(x)=2ax-b+\dfrac{1}{x}$

$x=1$에서 극솟값 -3을 가지므로

$f'(1)=0,\ f(1)=-3$

$f'(1)=0$에서

$2a-b+1=0 \qquad \therefore 2a-b=-1 \qquad \cdots\cdots\ \text{㉠}$

$f(1)=-3$에서 $a-b=-3 \qquad \cdots\cdots\ \text{㉡}$

㉠, ㉡을 연립하여 풀면 $a=2,\ b=5$

$\therefore f(x)=2x^2-5x+\ln x,\ f'(x)=4x-5+\dfrac{1}{x}$

$f'(x)=0$에서 $4x-5+\dfrac{1}{x}=0$

$4x^2-5x+1=0,\ (4x-1)(x-1)=0$

$\therefore x=\dfrac{1}{4}$ 또는 $x=1$

$x>0$에서 함수 $f(x)$의 증가와 감소를 표로 나타내면 다음과 같다.

x	0	$\cdots$	$\dfrac{1}{4}$	$\cdots$	1	$\cdots$
$f'(x)$		$+$	0	$-$	0	$+$
$f(x)$		$\nearrow$	$-\dfrac{9}{8}-2\ln 2$ 극대	$\searrow$	-3 극소	$\nearrow$

따라서 함수 $f(x)$는 $x=\dfrac{1}{4}$에서 극댓값 $-\dfrac{9}{8}-2\ln 2$를 갖는다.

11-1 답 $a\geq 0$

$f(x)=ax+\ln x$에서 $x>0$이고

$f'(x)=a+\dfrac{1}{x}$

함수 $f(x)$가 극값을 갖지 않으려면 $x>0$에서 $f'(x)\geq 0$이어야 하므로

$a+\dfrac{1}{x}\geq 0$

이때 $x>0$일 때 $\dfrac{1}{x}>0$이므로

$a\geq 0$

11-2 답 $a<10$

$f(x)=(x^2-6x+a)e^{-x}$에서

$f'(x)=(2x-6)e^{-x}-(x^2-6x+a)e^{-x}$
$\qquad =(-x^2+8x-a-6)e^{-x}$

이때 $e^{-x}>0$이므로 함수 $f(x)$가 극댓값과 극솟값을 모두 가지려면 이차방정식 $-x^2+8x-a-6=0$이 서로 다른 두 실근을 가져야 한다.

따라서 이 이차방정식의 판별식을 D라 하면 $D>0$이어야 하므로

$\dfrac{D}{4}=16-(a+6)>0$

$\therefore a<10$

1 $f(x)=xe^x+2$라 하면

$f'(x)=e^x+xe^x=(1+x)e^x$

점 $(0, 2)$에서의 접선의 기울기는

$f'(0)=1$

점 $(0, 2)$에서의 접선의 방정식은

$y-2=x$ $\therefore y=x+2$

이때 직선 $y=x+2$의 x절편은 -2, y절편은 2이므로 구하는 삼각형의 넓이는

$\dfrac{1}{2}\times 2\times 2=2$

2 곡선 $y=\ln x$에 접하고 직선 $y=x+3$과 기울기가 같은 접선의 접점을 $P(t, \ln t)$라 하면 구하는 선분의 길이의 최솟값은 점 P와 직선 $y=x+3$ 사이의 거리와 같다.

$f(x)=\ln x$라 하면

$f'(x)=\dfrac{1}{x}$

점 P에서의 접선의 기울기가 1이므로 $f'(t)=1$에서

$\dfrac{1}{t}=1$ $\therefore t=1$ $\therefore P(1, 0)$

따라서 점 $P(1, 0)$과 직선 $y=x+3$, 즉 $x-y+3=0$ 사이의 거리는

$\dfrac{|1+3|}{\sqrt{1^2+(-1)^2}}=2\sqrt{2}$

3 $f(x)=e^x$, $g(x)=\sqrt{2x+a}$라 하면

$f'(x)=e^x$, $g'(x)=\dfrac{2}{2\sqrt{2x+a}}=\dfrac{1}{\sqrt{2x+a}}$

두 곡선이 $x=t$인 점에서 접한다고 하면 $x=t$인 점에서 두 곡선이 만나므로 $f(t)=g(t)$에서

$e^t=\sqrt{2t+a}$ $\quad\cdots\cdots$ ㉠

또 $x=t$인 점에서의 접선의 기울기가 같으므로

$f'(t)=g'(t)$에서

$e^t=\dfrac{1}{\sqrt{2t+a}}$ $\quad\cdots\cdots$ ㉡

㉠, ㉡에서 $e^t=\dfrac{1}{e^t}$

$e^{2t}=1$ $\therefore t=0$

이를 ㉠에 대입하여 풀면 $a=1$

4 $f(x)=ke^x+1$, $g(x)=x^2-3x+4$라 하면

$f'(x)=ke^x$, $g'(x)=2x-3$

점 P의 x좌표를 t라 하면 $x=t$인 점에서 두 곡선이 만나므로 $f(t)=g(t)$에서

$ke^t+1=t^2-3t+4$

$\therefore ke^t=t^2-3t+3$ $\quad\cdots\cdots$ ㉠

또 $x=t$인 점에서의 두 접선이 서로 수직이므로

$f'(t)g'(t)=-1$에서

$ke^t(2t-3)=-1$ $\quad\cdots\cdots$ ㉡

㉡에 ㉠을 대입하면

$(t^2-3t+3)(2t-3)=-1$

$2t^3-9t^2+15t-8=0$

$(t-1)(2t^2-7t+8)=0$

$\therefore t=1$ ($\because 2t^2-7t+8>0$)

이를 ㉠에 대입하면

$ke=1$ $\therefore k=\dfrac{1}{e}$

5 $f(x)=\sqrt{x+1}$이라 하면

$f'(x)=\dfrac{1}{2\sqrt{x+1}}$

접점의 좌표를 $(t, \sqrt{t+1})$이라 하면 이 점에서의 접선의 기울기는

$f'(t)=\dfrac{1}{2\sqrt{t+1}}$

점 $(t, \sqrt{t+1})$에서의 접선의 방정식은

$y-\sqrt{t+1}=\dfrac{1}{2\sqrt{t+1}}(x-t)$ $\quad\cdots\cdots$ ㉠

이 직선이 점 $(-2, 0)$을 지나므로

$-\sqrt{t+1}=\dfrac{1}{2\sqrt{t+1}}(-2-t)$

$2(t+1)=2+t$

$2t+2=t+2$ $\therefore t=0$

$t=0$을 ㉠에 대입하면 접선의 방정식은

$y-1=\dfrac{1}{2}x$ $\therefore y=\dfrac{1}{2}x+1$

따라서 이 직선이 점 $(4, a)$를 지나므로

$a=2+1=3$

6 $f(x)=x^2e^x$이라 하면

$f'(x)=2xe^x+x^2e^x=(x^2+2x)e^x$

접점의 좌표를 (t, t^2e^t)이라 하면 이 점에서의 접선의 기울기는 $f'(t)=(t^2+2t)e^t$

점 (t, t^2e^t)에서의 접선의 방정식은

$y-t^2e^t=(t^2+2t)e^t(x-t)$

이 직선이 점 $(a, 0)$을 지나므로

$-t^2e^t=(t^2+2t)e^t(a-t)$

$-t^2=(t^2+2t)(a-t)$ ($\because e^t>0$)

$\therefore t\{t^2+(1-a)t-2a\}=0$ $\quad\cdots\cdots$ ㉠

점 $(a, 0)$에서 곡선 $y=x^2e^x$에 서로 다른 세 개의 접선을 그을 수 있으려면 세 개의 접점이 존재해야 하므로 방정식 ㉠이 서로 다른 세 실근을 가져야 한다.

즉, 이차방정식 $t^2+(1-a)t-2a=0$이 0이 아닌 서로 다른 두 실근을 가져야 하므로 이 이차방정식의 판별식을 D라 하면 $D>0$에서

$D=(1-a)^2+8a>0$

$a^2+6a+1>0$

$\therefore a<-3-2\sqrt{2}$ 또는 $a>-3+2\sqrt{2}$

이때 $a<0$이므로

$a<-3-2\sqrt{2}$ 또는 $-3+2\sqrt{2}<a<0$

7 x와 y를 각각 t에 대하여 미분하면

$$\frac{dx}{dt}=3\sec^2 t, \frac{dy}{dt}=2\sec t\tan t$$

$$\therefore \frac{dy}{dx}=\frac{\dfrac{dy}{dt}}{\dfrac{dx}{dt}}$$

$$=\frac{2\sec t\tan t}{3\sec^2 t}$$

$$=\frac{2\tan t}{3\sec t}=\frac{2}{3}\sin t$$

$t=\dfrac{\pi}{3}$에 대응하는 점에서의 접선의 기울기는

$$\frac{2}{3}\times\frac{\sqrt{3}}{2}=\frac{\sqrt{3}}{3}$$

$t=\dfrac{\pi}{3}$에 대응하는 점의 x좌표와 y좌표는

$$x=3\times\sqrt{3}=3\sqrt{3}, y=2\times 2=4$$

$t=\dfrac{\pi}{3}$에 대응하는 점에서의 접선의 방정식은

$$y-4=\frac{\sqrt{3}}{3}(x-3\sqrt{3})$$

$$\therefore y=\frac{\sqrt{3}}{3}x+1$$

따라서 구하는 y절편은 1이다.

8 점 $(0, b)$가 곡선 $x^3-axy-y^2+4=0$ 위의 점이므로

$-b^2+4=0$ $\therefore b=2 (\because b>0)$

$x^3-axy-y^2+4=0$의 각 항을 x에 대하여 미분하면

$$3x^2-ay-ax\frac{dy}{dx}-2y\frac{dy}{dx}=0$$

$$\therefore \frac{dy}{dx}=\frac{3x^2-ay}{ax+2y} (ax\neq -2y)$$

점 $(0, 2)$에서의 접선의 기울기가 -1이므로

$$\frac{-2a}{4}=-1 \therefore a=2$$

점 $(0, 2)$에서의 접선의 방정식은

$$y-2=-x$$

$$\therefore y=-x+2$$

따라서 $c=2$이므로

$$a+b+c=2+2+2=6$$

9 $f(x)=\dfrac{1}{2}x^2-3x-\dfrac{a}{x}$에서

$$f'(x)=x-3+\frac{a}{x^2}$$

함수 $f(x)$가 구간 $(0, \infty)$에서 증가하려면 $x>0$에서 $f'(x)\geq 0$이어야 하므로

$$x-3+\frac{a}{x^2}\geq 0, \frac{1}{x^2}(x^3-3x^2+a)\geq 0$$

$$\therefore x^3-3x^2+a\geq 0$$

이때 $g(x)=x^3-3x^2+a$라 하면

$$g'(x)=3x^2-6x=3x(x-2)$$

$g'(x)=0$에서 $x(x-2)=0$ $\therefore x=2 (\because x>0)$

$x>0$에서 함수 $g(x)$의 증가와 감소를 표로 나타내면 다음과 같다.

x	0	$\cdots$	2	$\cdots$
$g'(x)$		$-$	0	$+$
$g(x)$		$\searrow$	$a-4$ 극소	$\nearrow$

$x>0$에서 $g(x)\geq 0$이 성립하려면

$$a-4\geq 0 \therefore a\geq 4$$

따라서 a의 최솟값은 4이다.

10 $f(x)=-x^2+6x+(a-8)\ln x$에서

$$f'(x)=-2x+6+\frac{a-8}{x}=\frac{-2x^2+6x+a-8}{x}$$

함수 $f(x)$의 역함수가 존재하려면 $x>0$에서 $f'(x)\leq 0$이어야 하므로

$$\frac{-2x^2+6x+a-8}{x}\leq 0$$

$$-2x^2+6x+a-8\leq 0 (\because x>0)$$

$$\therefore 2x^2-6x-a+8\geq 0$$

이차방정식 $2x^2-6x-a+8=0$의 판별식을 D라 하면 $D\leq 0$이어야 하므로

$$\frac{D}{4}=9-2(-a+8)\leq 0, 2a-7\leq 0 \therefore a\leq\frac{7}{2}$$

따라서 자연수 a는 1, 2, 3의 3개이다.

11 $f(x)=(x^2-8)e^{-x}$에서

$$f'(x)=2xe^{-x}-(x^2-8)e^{-x}=(-x^2+2x+8)e^{-x}$$

$f'(x)=0$에서 $-x^2+2x+8=0 (\because e^{-x}>0)$

$(x+2)(x-4)=0$ $\therefore x=-2$ 또는 $x=4$

함수 $f(x)$의 증가와 감소를 표로 나타내면 다음과 같다.

x	$\cdots$	-2	$\cdots$	4	$\cdots$
$f'(x)$	$-$	0	$+$	0	$-$
$f(x)$	$\searrow$	$-4e^2$ 극소	$\nearrow$	$\dfrac{8}{e^4}$ 극대	$\searrow$

따라서 함수 $f(x)$는 $x=4$에서 극댓값 $\dfrac{8}{e^4}$, $x=-2$에서 극솟값 $-4e^2$을 가지므로 구하는 곱은
$$\dfrac{8}{e^4}\times(-4e^2)=-\dfrac{32}{e^2}$$

12 $f(x)=\dfrac{x^2+ax+b}{x-1}$에서
$$f'(x)=\dfrac{(2x+a)(x-1)-(x^2+ax+b)}{(x-1)^2}$$
$$=\dfrac{x^2-2x-a-b}{(x-1)^2}$$
$x=-1$에서 극댓값 4를 가지므로
$f'(-1)=0,\ f(-1)=4$
$f'(-1)=0$에서
$$\dfrac{3-a-b}{4}=0\qquad\therefore a+b=3\quad\cdots\cdots\ \text{㉠}$$
$f(-1)=4$에서
$$\dfrac{1-a+b}{-2}=4\qquad\therefore a-b=9\quad\cdots\cdots\ \text{㉡}$$
㉠, ㉡을 연립하여 풀면
$a=6,\ b=-3\qquad\therefore a^2+b^2=36+9=45$

13 $f(x)=(x-a)e^{x^2}$에서
$$f'(x)=e^{x^2}+(x-a)e^{x^2}\times 2x=(2x^2-2ax+1)e^{x^2}$$
이때 $e^{x^2}>0$이므로 함수 $f(x)$가 극값을 갖지 않으려면 모든 실수 x에서 $2x^2-2ax+1\geq0$이어야 한다.
따라서 이차방정식 $2x^2-2ax+1=0$의 판별식을 D라 하면 $D\leq0$이어야 하므로
$$\dfrac{D}{4}=a^2-2\leq0$$
$(a+\sqrt{2})(a-\sqrt{2})\leq0\qquad\therefore -\sqrt{2}\leq a\leq\sqrt{2}$

14 함수 $y=f(x)$의 그래프는 점 $(2,\ 4+k)$를 지나고 직선 $y=x+t$가 점 $(2,\ 4+k)$를 지날 때 이 직선과 함수 $y=f(x)$의 그래프는 서로 다른 두 점에서 만난다.

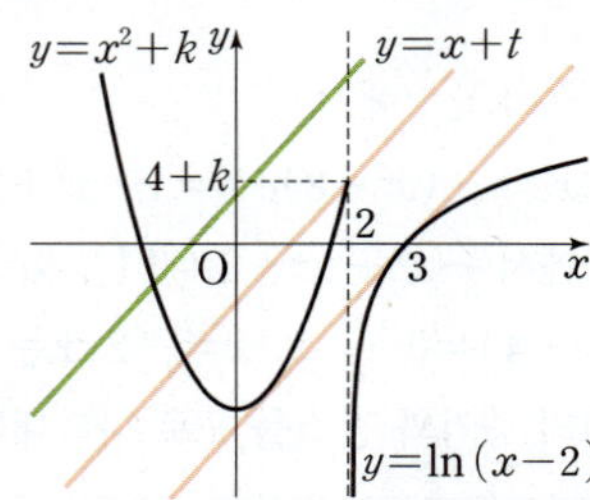

$t>k+2$이면 직선 $y=x+t$와 함수 $y=f(x)$의 그래프는 한 점에서 만나므로 직선 $y=x+t$가 점 $(2,\ 4+k)$를 지날 때의 t의 값은
$4+k=2+t\qquad\therefore t=k+2$

함수 $g(t)$가 $t=a$에서 불연속인 a의 값이 한 개이려면
$$g(t)=\begin{cases}2 & (t\leq k+2)\\ 1 & (t>k+2)\end{cases}\ \text{이어야 한다.}$$
따라서 직선 $y=x+t$는 두 곡선 $y=x^2+k,\ y=\ln(x-2)$에 동시에 접해야 한다.
$y=\ln(x-2)$에서 $y'=\dfrac{1}{x-2}$이므로 곡선 $y=\ln(x-2)$와 직선 $y=x+t$의 접점의 좌표를 $(s,\ \ln(s-2))$라 하면 접선의 기울기가 1이므로
$$\dfrac{1}{s-2}=1\qquad\therefore s=3$$
즉, 접점의 좌표는 $(3,\ 0)$이고 이 점은 직선 $y=x+t$ 위의 점이므로
$0=3+t\qquad\therefore t=-3$
또 곡선 $y=x^2+k$와 직선 $y=x-3$이 접해야 하므로 방정식 $x^2+k=x-3$, 즉 $x^2-x+k+3=0$이 중근을 가져야 한다.
이 이차방정식의 판별식을 D라 하면 $D=0$에서
$D=1-4(k+3)=0$
$$-4k-11=0\qquad\therefore k=-\dfrac{11}{4}$$

15 $f(x)=\cos(\ln x)$에서
$$f'(x)=-\sin(\ln x)\times\dfrac{1}{x}=-\dfrac{\sin(\ln x)}{x}$$
$f'(x)=0$에서 $x>1$이므로
$\sin(\ln x)=0$
$\ln x=\pi,\ 2\pi,\ 3\pi,\ \cdots$
$\therefore x=e^{\pi},\ e^{2\pi},\ e^{3\pi},\ \cdots$
$x>1$에서 함수 $f(x)$의 증가와 감소를 표로 나타내면 다음과 같다.

x	1	$\cdots$	e^{π}	$\cdots$	$e^{2\pi}$	$\cdots$	$e^{3\pi}$	$\cdots$	$e^{4\pi}$	$\cdots$
$f'(x)$		$-$	0	$+$	0	$-$	0	$+$	0	$-$	$\cdots$
$f(x)$		$\searrow$	극소	$\nearrow$	극대	$\searrow$	극소	$\nearrow$	극대	$\searrow$	$\cdots$

따라서 함수 $f(x)$가 극대일 때의 x의 값을 작은 것부터 차례대로 나열하면
$e^{2\pi},\ e^{4\pi},\ \cdots,\ e^{2n\pi},\ \cdots$
따라서 $x_n=e^{2n\pi}$이므로
$$\sum_{n=1}^{\infty}\dfrac{1}{x_n}=\sum_{n=1}^{\infty}\dfrac{1}{e^{2n\pi}}$$
$$=\sum_{n=1}^{\infty}\left(\dfrac{1}{e^{2\pi}}\right)^n$$
$$=\dfrac{\dfrac{1}{e^{2\pi}}}{1-\dfrac{1}{e^{2\pi}}}=\dfrac{1}{e^{2\pi}-1}$$

1 곡선의 오목과 볼록

1 답 ⑴ 구간 $(-\infty, 2)$에서 위로 볼록,
　　구간 $(2, \infty)$에서 아래로 볼록,
　　변곡점의 좌표: $(2, 2)$
　⑵ 구간 $(-\infty, -1)$, $(0, \infty)$에서 아래로 볼록,
　　구간 $(-1, 0)$에서 위로 볼록,
　　변곡점의 좌표: $(-1, -1)$, $(0, 0)$

⑴ $f(x)=x^3-6x^2+9x$라 하면
$f'(x)=3x^2-12x+9$, $f''(x)=6x-12$
$f''(x)=0$에서
$6x-12=0$　∴ $x=2$
이때 $x<2$에서 $f''(x)<0$, $x>2$에서 $f''(x)>0$이므로 곡선 $y=f(x)$는 구간 $(-\infty, 2)$에서 위로 볼록하고, 구간 $(2, \infty)$에서 아래로 볼록하다.
따라서 $x=2$의 좌우에서 $f''(x)$의 부호가 바뀌므로 변곡점의 좌표는 $(2, 2)$

⑵ $f(x)=x^4+2x^3$이라 하면
$f'(x)=4x^3+6x^2$, $f''(x)=12x^2+12x$
$f''(x)=0$에서
$12x^2+12x=0$, $12x(x+1)=0$
∴ $x=-1$ 또는 $x=0$
이때 $x<-1$, $x>0$에서 $f''(x)>0$, $-1<x<0$에서 $f''(x)<0$이므로 곡선 $y=f(x)$는 구간 $(-\infty, -1)$, $(0, \infty)$에서 아래로 볼록하고, 구간 $(-1, 0)$에서 위로 볼록하다.
따라서 $x=-1$, $x=0$의 좌우에서 $f''(x)$의 부호가 바뀌므로 변곡점의 좌표는 $(-1, -1)$, $(0, 0)$

01-1 답 ⑴ 구간 $(-\infty, \ln 2)$에서 아래로 볼록,
　　구간 $(\ln 2, \infty)$에서 위로 볼록,
　　변곡점의 좌표: $(\ln 2, (\ln 2)^2-2)$
　⑵ 구간 $\left(0, \dfrac{\pi}{4}\right)$에서 아래로 볼록,
　　구간 $\left(\dfrac{\pi}{4}, \pi\right)$에서 위로 볼록,
　　변곡점의 좌표: $\left(\dfrac{\pi}{4}, 0\right)$

⑶ 구간 $\left(-\infty, -\dfrac{\sqrt{3}}{3}\right)$, $\left(\dfrac{\sqrt{3}}{3}, \infty\right)$에서 아래로 볼록,
　구간 $\left(-\dfrac{\sqrt{3}}{3}, \dfrac{\sqrt{3}}{3}\right)$에서 위로 볼록,
　변곡점의 좌표: $\left(-\dfrac{\sqrt{3}}{3}, \dfrac{3}{4}\right)$, $\left(\dfrac{\sqrt{3}}{3}, \dfrac{3}{4}\right)$

⑷ 구간 $\left(0, \dfrac{1}{2}\right)$에서 위로 볼록,
　구간 $\left(\dfrac{1}{2}, \infty\right)$에서 아래로 볼록,
　변곡점의 좌표: $\left(\dfrac{1}{2}, \dfrac{1}{2}-\ln 2\right)$

⑴ $f(x)=x^2-e^x$이라 하면
$f'(x)=2x-e^x$
$f''(x)=2-e^x$
$f''(x)=0$에서
$2-e^x=0$, $e^x=2$　∴ $x=\ln 2$
이때 $x<\ln 2$에서 $f''(x)>0$, $x>\ln 2$에서 $f''(x)<0$이므로 곡선 $y=f(x)$는 구간 $(-\infty, \ln 2)$에서 아래로 볼록하고, 구간 $(\ln 2, \infty)$에서 위로 볼록하다.
따라서 $x=\ln 2$의 좌우에서 $f''(x)$의 부호가 바뀌므로 변곡점의 좌표는 $(\ln 2, (\ln 2)^2-2)$

⑵ $f(x)=\sin x-\cos x$라 하면
$f'(x)=\cos x+\sin x$
$f''(x)=-\sin x+\cos x$
$f''(x)=0$에서 $-\sin x+\cos x=0$
$\sin x=\cos x$　∴ $x=\dfrac{\pi}{4}$ $(\because 0<x<\pi)$
이때 $0<x<\dfrac{\pi}{4}$에서 $f''(x)>0$, $\dfrac{\pi}{4}<x<\pi$에서 $f''(x)<0$이므로 곡선 $y=f(x)$는 구간 $\left(0, \dfrac{\pi}{4}\right)$에서 아래로 볼록하고, 구간 $\left(\dfrac{\pi}{4}, \pi\right)$에서 위로 볼록하다.
따라서 $x=\dfrac{\pi}{4}$의 좌우에서 $f''(x)$의 부호가 바뀌므로 변곡점의 좌표는 $\left(\dfrac{\pi}{4}, 0\right)$

⑶ $f(x)=\dfrac{1}{x^2+1}$이라 하면
$f'(x)=-\dfrac{2x}{(x^2+1)^2}$
$f''(x)=-\dfrac{2(x^2+1)^2-2x\times 2(x^2+1)\times 2x}{(x^2+1)^4}$
$=\dfrac{6x^2-2}{(x^2+1)^3}$
$f''(x)=0$에서
$6x^2-2=0$, $x^2=\dfrac{1}{3}$
∴ $x=-\dfrac{\sqrt{3}}{3}$ 또는 $x=\dfrac{\sqrt{3}}{3}$

이때 $x<-\dfrac{\sqrt{3}}{3}$, $x>\dfrac{\sqrt{3}}{3}$에서 $f''(x)>0$,

$-\dfrac{\sqrt{3}}{3}<x<\dfrac{\sqrt{3}}{3}$에서 $f''(x)<0$이므로 곡선 $y=f(x)$

는 구간 $\left(-\infty,\ -\dfrac{\sqrt{3}}{3}\right)$, $\left(\dfrac{\sqrt{3}}{3},\ \infty\right)$에서 아래로 볼록

하고, 구간 $\left(-\dfrac{\sqrt{3}}{3},\ \dfrac{\sqrt{3}}{3}\right)$에서 위로 볼록하다.

따라서 $x=-\dfrac{\sqrt{3}}{3}$, $x=\dfrac{\sqrt{3}}{3}$의 좌우에서 $f''(x)$의 부호

가 바뀌므로 변곡점의 좌표는 $\left(-\dfrac{\sqrt{3}}{3},\ \dfrac{3}{4}\right)$, $\left(\dfrac{\sqrt{3}}{3},\ \dfrac{3}{4}\right)$

(4) $f(x)=2x^2+\ln x$라 하면 $x>0$이고

$f'(x)=4x+\dfrac{1}{x}$, $f''(x)=4-\dfrac{1}{x^2}$

$f''(x)=0$에서

$4-\dfrac{1}{x^2}=0$, $x^2=\dfrac{1}{4}$ $\quad\therefore x=\dfrac{1}{2}\ (\because x>0)$

이때 $0<x<\dfrac{1}{2}$에서 $f''(x)<0$, $x>\dfrac{1}{2}$에서 $f''(x)>0$

이므로 곡선 $y=f(x)$는 구간 $\left(0,\ \dfrac{1}{2}\right)$에서 위로 볼록

하고, 구간 $\left(\dfrac{1}{2},\ \infty\right)$에서 아래로 볼록하다.

따라서 $x=\dfrac{1}{2}$의 좌우에서 $f''(x)$의 부호가 바뀌므로 변

곡점의 좌표는 $\left(\dfrac{1}{2},\ \dfrac{1}{2}-\ln 2\right)$

02-1 답 $\dfrac{7}{3}$

$f(x)=ax^3+b\ln x$라 하면

$f'(x)=3ax^2+\dfrac{b}{x}$, $f''(x)=6ax-\dfrac{b}{x^2}$

곡선 $y=f(x)$의 변곡점의 좌표가 $\left(1,\ \dfrac{1}{3}\right)$이므로

$f''(1)=0$, $f(1)=\dfrac{1}{3}$

$f''(1)=0$에서 $6a-b=0$ $\quad$ ...... ㉠

$f(1)=\dfrac{1}{3}$에서 $a=\dfrac{1}{3}$

이를 ㉠에 대입하여 풀면 $b=2$

$\therefore a+b=\dfrac{1}{3}+2=\dfrac{7}{3}$

02-2 답 $-\dfrac{\sqrt{3}}{3}$

$f'(x)=a\cos x-b\sin x-1$

$f''(x)=-a\sin x-b\cos x$

함수 $f(x)$가 $x=\dfrac{7}{6}\pi$에서 극소이므로 $f'\left(\dfrac{7}{6}\pi\right)=0$

$-\dfrac{\sqrt{3}}{2}a+\dfrac{1}{2}b-1=0$ $\quad\therefore \sqrt{3}a-b=-2$ $\quad$ ...... ㉠

곡선 $y=f(x)$의 변곡점의 x좌표가 $\dfrac{\pi}{3}$이므로 $f''\left(\dfrac{\pi}{3}\right)=0$

$-\dfrac{\sqrt{3}}{2}a-\dfrac{1}{2}b=0$ $\quad\therefore \sqrt{3}a+b=0$ $\quad$ ...... ㉡

㉠, ㉡을 연립하여 풀면 $a=-\dfrac{\sqrt{3}}{3}$, $b=1$

$\therefore ab=-\dfrac{\sqrt{3}}{3}$

02-3 답 9

$f(x)=ax^3+bx^2+c$라 하면

$f'(x)=3ax^2+2bx$, $f''(x)=6ax+2b$

$x=1$인 점에서의 접선의 기울기가 -3이므로

$f'(1)=-3$에서 $3a+2b=-3$ $\quad$ ...... ㉠

곡선 $y=f(x)$의 변곡점의 좌표가 $(1,\ 3)$이므로

$f''(1)=0$, $f(1)=3$

$f''(1)=0$에서 $6a+2b=0$ $\quad\therefore 3a+b=0$ $\quad$ ...... ㉡

$f(1)=3$에서 $a+b+c=3$ $\quad$ ...... ㉢

㉠, ㉡을 연립하여 풀면 $a=1$, $b=-3$

이를 ㉢에 대입하여 풀면 $c=5$

$\therefore a-b+c=1-(-3)+5=9$

03-1 답 (1)~(4) 풀이 참조

(1) $f(x)=\dfrac{x^2-x+1}{x-1}=x+\dfrac{1}{x-1}$에서

(ⅰ) 정의역은 $x\neq 1$인 실수 전체의 집합이다.

(ⅱ) $f(0)=-1$이므로 그래프는 점 $(0,\ -1)$을 지난다.

(ⅲ) $f'(x)=1-\dfrac{1}{(x-1)^2}$

$f''(x)=\dfrac{2(x-1)}{(x-1)^4}=\dfrac{2}{(x-1)^3}$

$f'(x)=0$에서 $1-\dfrac{1}{(x-1)^2}=0$, $(x-1)^2=1$

$x(x-2)=0$ $\quad\therefore x=0$ 또는 $x=2$

$x\neq 1$에서 함수 $f(x)$의 증가와 감소, 오목과 볼록

을 표로 나타내면 다음과 같다.

x	$\cdots$	0	$\cdots$	1	$\cdots$	2	$\cdots$
$f'(x)$	$+$	0	$-$		$-$	0	$+$
$f''(x)$	$-$	$-$	$-$		$+$	$+$	$+$
$f(x)$	$\nearrow$	-1 극대	$\searrow$		$\searrow$	3 극소	$\nearrow$

(iv) $\displaystyle\lim_{x\to 1+}\left(x+\frac{1}{x-1}\right)=\infty$, $\displaystyle\lim_{x\to 1-}\left(x+\frac{1}{x-1}\right)=-\infty$

$$\lim_{x\to\infty}\left(x+\frac{1}{x-1}-x\right)=\lim_{x\to\infty}\frac{1}{x-1}=0$$

$$\lim_{x\to-\infty}\left(x+\frac{1}{x-1}-x\right)=\lim_{x\to-\infty}\frac{1}{x-1}=0$$

따라서 점근선은 직선 $x=1$, $y=x$이다.

따라서 함수 $y=f(x)$의 그래프는 오른쪽 그림과 같다.

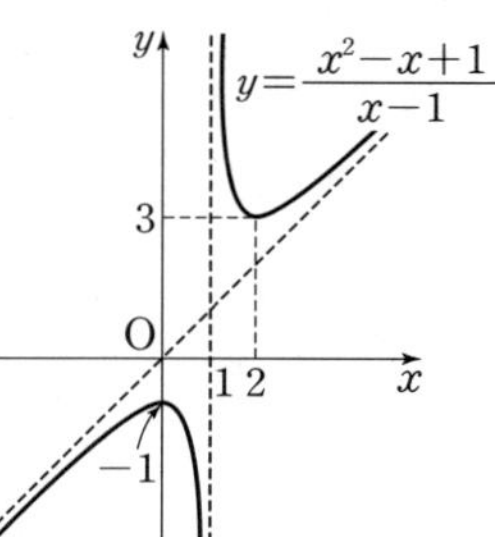

(2) $f(x)=2x-\sqrt{x}$에서

(i) 정의역은 $x\geq 0$인 실수 전체의 집합이다.

(ii) $2x-\sqrt{x}=0$에서 $2x=\sqrt{x}$

$4x^2=x$, $x(4x-1)=0$ $\quad\therefore x=0$ 또는 $x=\dfrac{1}{4}$

따라서 그래프는 두 점 $(0,\,0)$, $\left(\dfrac{1}{4},\,0\right)$을 지난다.

(iii) $f'(x)=2-\dfrac{1}{2\sqrt{x}}$, $f''(x)=\dfrac{1}{4x\sqrt{x}}$

$f'(x)=0$에서 $2-\dfrac{1}{2\sqrt{x}}=0$, $4\sqrt{x}=1$

$16x=1$ $\quad\therefore x=\dfrac{1}{16}$

$x\geq 0$에서 함수 $f(x)$의 증가와 감소, 오목과 볼록을 표로 나타내면 다음과 같다.

x	0	$\cdots$	$\dfrac{1}{16}$	$\cdots$
$f'(x)$		$-$	0	$+$
$f''(x)$		$+$	$+$	$+$
$f(x)$	0	$\searrow$	$-\dfrac{1}{8}$ 극소	$\nearrow$

(iv) $\displaystyle\lim_{x\to\infty}(2x-\sqrt{x})=\lim_{x\to\infty}x\left(2-\dfrac{1}{\sqrt{x}}\right)=\infty$

따라서 함수 $y=f(x)$의 그래프는 오른쪽 그림과 같다.

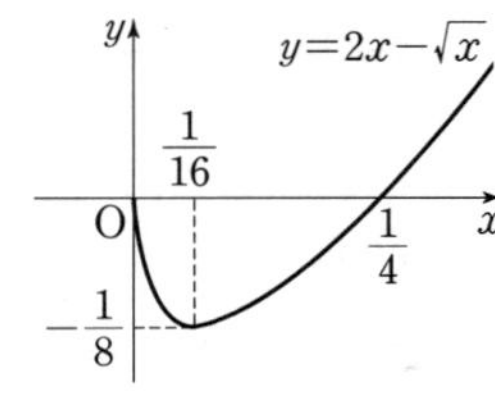

(3) $f(x)=e^{-x^2}$에서

(i) 정의역은 실수 전체의 집합이다.

(ii) $f(0)=1$이므로 그래프는 점 $(0,\,1)$을 지난다.

(iii) $f(-x)=e^{-(-x)^2}=e^{-x^2}=f(x)$이므로 그래프는 y축에 대하여 대칭이다.

(iv) $f'(x)=-2xe^{-x^2}$

$f''(x)=-2e^{-x^2}-2x\times(-2xe^{-x^2})$

$\qquad=2(2x^2-1)e^{-x^2}$

$f'(x)=0$에서 $x=0$ $(\because e^{-x^2}>0)$

$f''(x)=0$에서 $2x^2-1=0$ $(\because e^{-x^2}>0)$

$x^2=\dfrac{1}{2}$ $\quad\therefore x=-\dfrac{\sqrt{2}}{2}$ 또는 $x=\dfrac{\sqrt{2}}{2}$

함수 $f(x)$의 증가와 감소, 오목과 볼록을 표로 나타내면 다음과 같다.

x	$\cdots$	$-\dfrac{\sqrt{2}}{2}$	$\cdots$	0	$\cdots$	$\dfrac{\sqrt{2}}{2}$	$\cdots$
$f'(x)$	$+$	$+$	$+$	0	$-$	$-$	$-$
$f''(x)$	$+$	0	$-$		$-$	0	$+$
$f(x)$	$\nearrow$	$\dfrac{\sqrt{e}}{e}$ 변곡점	$\nearrow$	1 극대	$\searrow$	$\dfrac{\sqrt{e}}{e}$ 변곡점	$\searrow$

(v) $\displaystyle\lim_{x\to\infty}e^{-x^2}=\lim_{x\to\infty}\frac{1}{e^{x^2}}=0$, $\displaystyle\lim_{x\to-\infty}e^{-x^2}=\lim_{x\to-\infty}\frac{1}{e^{x^2}}=0$

이므로 점근선은 x축이다.

따라서 함수 $y=f(x)$의 그래프는 다음 그림과 같다.

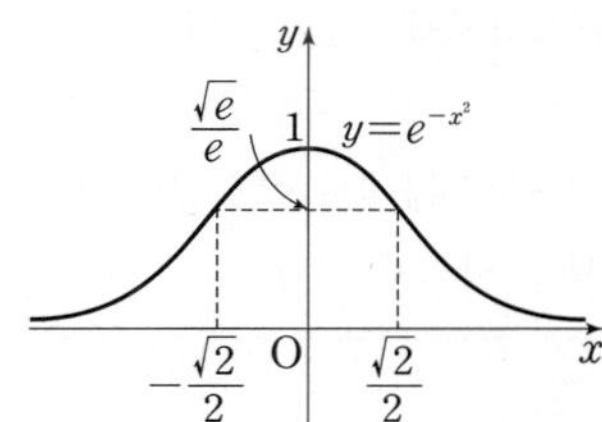

(4) $f(x)=\cos^2 x$에서

$f'(x)=2\cos x\times(-\sin x)=-2\sin x\cos x$

$\qquad=-\sin 2x$

$f''(x)=-2\cos 2x$

$f'(x)=0$에서

$\sin 2x=0$

$0\leq x\leq\pi$에서 $0\leq 2x\leq 2\pi$이므로

$2x=0$ 또는 $2x=\pi$ 또는 $2x=2\pi$

$\therefore x=0$ 또는 $x=\dfrac{\pi}{2}$ 또는 $x=\pi$

$f''(x)=0$에서 $\cos 2x=0$

$2x=\dfrac{\pi}{2}$ 또는 $2x=\dfrac{3}{2}\pi$ $\quad\therefore x=\dfrac{\pi}{4}$ 또는 $x=\dfrac{3}{4}\pi$

$0\leq x\leq\pi$에서 함수 $f(x)$의 증가와 감소, 오목과 볼록을 표로 나타내면 다음과 같다.

x	0	$\cdots$	$\dfrac{\pi}{4}$	$\cdots$	$\dfrac{\pi}{2}$	$\cdots$	$\dfrac{3}{4}\pi$	$\cdots$	π
$f'(x)$		$-$	$-$	$-$	0	$+$	$+$	$+$	
$f''(x)$		$-$	0	$+$	$+$	$+$	0	$-$	
$f(x)$	1	$\searrow$	$\dfrac{1}{2}$ 변곡점	$\searrow$	0 극소	$\nearrow$	$\dfrac{1}{2}$ 변곡점	$\nearrow$	1

따라서 함수 $y=f(x)$의 그래프는 다음 그림과 같다.

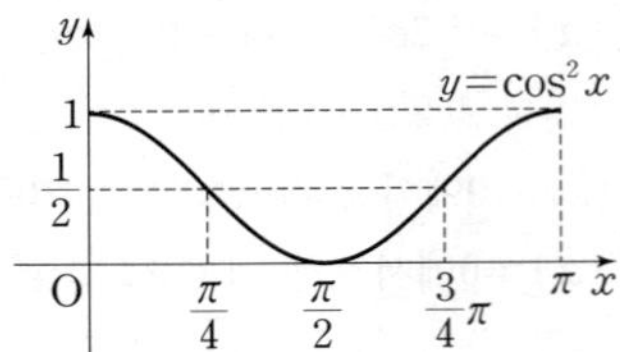

04-**1** 답 (1) 최댓값: $\dfrac{1}{2}$, 최솟값: $-\dfrac{1}{2}$

(2) 최댓값: 2, 최솟값: -2

(3) 최댓값: $\dfrac{1}{2e}$, 최솟값: 0

(4) 최댓값: $\dfrac{5}{6}\pi+\dfrac{\sqrt{3}}{2}$, 최솟값: $\dfrac{\pi}{6}-\dfrac{\sqrt{3}}{2}$

(1) $f(x)=\dfrac{2x}{x^2+4}$에서

$$f'(x)=\frac{2(x^2+4)-2x\times 2x}{(x^2+4)^2}$$
$$=\frac{-2x^2+8}{(x^2+4)^2}$$

$f'(x)=0$에서 $-2x^2+8=0$

$x^2=4$ $\quad\therefore x=-2$ 또는 $x=2$

구간 $[-4, 4]$에서 함수 $f(x)$의 증가와 감소를 표로 나타내면 다음과 같다.

x	-4	$\cdots$	-2	$\cdots$	2	$\cdots$	4
$f'(x)$		$-$	0	$+$	0	$-$	
$f(x)$	$-\dfrac{2}{5}$	$\searrow$	$-\dfrac{1}{2}$ 극소	$\nearrow$	$\dfrac{1}{2}$ 극대	$\searrow$	$\dfrac{2}{5}$

따라서 함수 $f(x)$의 최댓값은 $\dfrac{1}{2}$, 최솟값은 $-\dfrac{1}{2}$이다.

(2) $f(x)=x\sqrt{4-x^2}$에서

$$f'(x)=\sqrt{4-x^2}+x\times\frac{-2x}{2\sqrt{4-x^2}}$$
$$=\sqrt{4-x^2}-\frac{x^2}{\sqrt{4-x^2}}$$
$$=\frac{4-2x^2}{\sqrt{4-x^2}}$$

$f'(x)=0$에서 $4-2x^2=0$

$x^2=2$ $\quad\therefore x=-\sqrt{2}$ 또는 $x=\sqrt{2}$

구간 $[-2, 2]$에서 함수 $f(x)$의 증가와 감소를 표로 나타내면 다음과 같다.

x	-2	$\cdots$	$-\sqrt{2}$	$\cdots$	$\sqrt{2}$	$\cdots$	2
$f'(x)$		$-$	0	$+$	0	$-$	
$f(x)$	0	$\searrow$	-2 극소	$\nearrow$	2 극대	$\searrow$	0

따라서 함수 $f(x)$의 최댓값은 2, 최솟값은 -2이다.

(3) $f(x)=\dfrac{\ln x}{x^2}$에서

$$f'(x)=\frac{\dfrac{1}{x}\times x^2-\ln x\times 2x}{x^4}=\frac{1-2\ln x}{x^3}$$

$f'(x)=0$에서 $1-2\ln x=0$

$\ln x=\dfrac{1}{2}$ $\quad\therefore x=\sqrt{e}$

구간 $[1, e]$에서 함수 $f(x)$의 증가와 감소를 표로 나타내면 다음과 같다.

x	1	$\cdots$	$\sqrt{e}$	$\cdots$	e
$f'(x)$		$+$	0	$-$	
$f(x)$	0	$\nearrow$	$\dfrac{1}{2e}$ 극대	$\searrow$	$\dfrac{1}{e^2}$

따라서 함수 $f(x)$의 최댓값은 $\dfrac{1}{2e}$, 최솟값은 0이다.

(4) $f(x)=x-\sin 2x$에서

$f'(x)=1-2\cos 2x$

$f'(x)=0$에서 $1-2\cos 2x=0$, $\cos 2x=\dfrac{1}{2}$

$0\leq x\leq\pi$에서 $0\leq 2x\leq 2\pi$이므로

$2x=\dfrac{\pi}{3}$ 또는 $2x=\dfrac{5}{3}\pi$ $\quad\therefore x=\dfrac{\pi}{6}$ 또는 $x=\dfrac{5}{6}\pi$

구간 $[0, \pi]$에서 함수 $f(x)$의 증가와 감소를 표로 나타내면 다음과 같다.

x	0	$\cdots$	$\dfrac{\pi}{6}$	$\cdots$	$\dfrac{5}{6}\pi$	$\cdots$	π
$f'(x)$		$-$	0	$+$	0	$-$	
$f(x)$	0	$\searrow$	$\dfrac{\pi}{6}-\dfrac{\sqrt{3}}{2}$ 극소	$\nearrow$	$\dfrac{5}{6}\pi+\dfrac{\sqrt{3}}{2}$ 극대	$\searrow$	π

따라서 함수 $f(x)$의 최댓값은 $\dfrac{5}{6}\pi+\dfrac{\sqrt{3}}{2}$, 최솟값은 $\dfrac{\pi}{6}-\dfrac{\sqrt{3}}{2}$이다.

05-**1** 답 3

점 D의 x좌표를 a라 하면

$$D\left(a, \frac{2}{a^2+1}\right) \text{ (단, } a>0)$$

$\overline{AD}=2a$이므로 $\overline{BC}=2\overline{AD}=4a$

사다리꼴 ABCD의 넓이를 $S(a)$라 하면

$$S(a)=\frac{1}{2}(2a+4a)\times\frac{2}{a^2+1}=\frac{6a}{a^2+1}$$

$$\therefore S'(a)=\frac{6(a^2+1)-6a\times 2a}{(a^2+1)^2}=\frac{-6a^2+6}{(a^2+1)^2}$$

$S'(a)=0$에서 $-6a^2+6=0$

$a^2=1$ $\quad\therefore a=1 \ (\because a>0)$

$a>0$에서 함수 $S(a)$의 증가와 감소를 표로 나타내면 다음과 같다.

a	0	$\cdots$	1	$\cdots$
$S'(a)$		$+$	0	$-$
$S(a)$		$\nearrow$	3 극대	$\searrow$

따라서 넓이 $S(a)$의 최댓값은 3이다.

05-**2** 답 $\dfrac{\pi}{3}$

점 A의 x좌표를 a라 하면

$$A\left(a,\ 4\sin a\right)\left(\text{단},\ 0<a<\frac{\pi}{2}\right)$$

$\overline{BC}=\pi-2a,\ \overline{CD}=4\sin a$이므로 직사각형 ABCD의 둘레의 길이를 $f(a)$라 하면

$$f(a)=2(\pi-2a+4\sin a)=2\pi-4a+8\sin a$$
$$\therefore f'(a)=-4+8\cos a$$

$f'(a)=0$에서 $-4+8\cos a=0$

$$\cos a=\frac{1}{2}\qquad \therefore a=\frac{\pi}{3}\left(\because 0<a<\frac{\pi}{2}\right)$$

$0<a<\dfrac{\pi}{2}$에서 함수 $f(a)$의 증가와 감소를 표로 나타내면 다음과 같다.

a	0	$\cdots$	$\dfrac{\pi}{3}$	$\cdots$	$\dfrac{\pi}{2}$
$f'(a)$		$+$	0	$-$	
$f(a)$		$\nearrow$	극대	$\searrow$	

따라서 함수 $f(a)$는 $a=\dfrac{\pi}{3}$일 때 최대이므로 이때 선분 BC의 길이는

$$\pi-2a=\pi-2\times\frac{\pi}{3}=\frac{\pi}{3}$$

연습문제

152~153쪽

1 ①   **2** $-3\leq a\leq 0$ **3** ①   **4** $2e$
5 ④   **6** ㄱ, ㄷ   **7** ㄷ   **8** 21   **9** 1
10 $\dfrac{1}{e^2}$ **11** $\dfrac{\sqrt{6}}{3}$ **12** ⑤   **13** ③

1 $f(x)=x-2\cos x$라 하면

$$f'(x)=1+2\sin x,\ f''(x)=2\cos x$$

$f''(x)=0$에서 $\cos x=0 \qquad \therefore x=\dfrac{\pi}{2}\ (\because 0<x<\pi)$

따라서 $0<x<\dfrac{\pi}{2}$에서 $f''(x)>0$이므로 곡선 $y=f(x)$는 구간 $\left(0,\ \dfrac{\pi}{2}\right)$에서 아래로 볼록하다.

2 $f(x)=3x^4+4ax^3-6ax^2+1$이라 하면

$$f'(x)=12x^3+12ax^2-12ax$$
$$f''(x)=36x^2+24ax-12a=12(3x^2+2ax-a)$$

곡선 $y=f(x)$가 구간 $(-\infty,\ \infty)$에서 아래로 볼록하려면 모든 실수 x에서 $f''(x)\geq 0$이어야 하므로

$$3x^2+2ax-a\geq 0$$

이차방정식 $3x^2+2ax-a=0$의 판별식을 D라 하면 $D\leq 0$이어야 하므로

$$\frac{D}{4}=a^2+3a\leq 0,\ a(a+3)\leq 0$$
$$\therefore -3\leq a\leq 0$$

3 $f(x)=(x^2-x)e^x$이라 하면

$$f'(x)=(2x-1)e^x+(x^2-x)e^x=(x^2+x-1)e^x$$
$$f''(x)=(2x+1)e^x+(x^2+x-1)e^x=(x^2+3x)e^x$$

$f''(x)=0$에서 $x^2+3x=0\ (\because e^x>0)$

$x(x+3)=0 \qquad \therefore x=-3$ 또는 $x=0$

$x=-3,\ x=0$의 좌우에서 $f''(x)$의 부호가 바뀌므로 곡선 $y=f(x)$의 변곡점의 x좌표는 $-3,\ 0$

따라서 그 합은 $-3+0=-3$

4 $f(x)=(\ln ax)^2$이라 하면

$$f'(x)=2\ln ax\times\frac{a}{ax}=\frac{2\ln ax}{x}$$
$$f''(x)=\frac{\dfrac{2}{x}\times x-2\ln ax}{x^2}=\frac{2(1-\ln ax)}{x^2}$$

$f''(x)=0$에서 $1-\ln ax=0,\ \ln ax=1$

$$ax=e \qquad \therefore x=\frac{e}{a}$$

$x=\dfrac{e}{a}$의 좌우에서 $f''(x)$의 부호가 바뀌므로 곡선 $y=f(x)$의 변곡점의 좌표는 $\left(\dfrac{e}{a},\ 1\right)$

이 점이 직선 $y=2x$ 위에 있으므로

$$1=2\times\frac{e}{a} \qquad \therefore a=2e$$

5 $f(x)=ax^2-2\sin 2x$라 하면

$$f'(x)=2ax-4\cos 2x,\ f''(x)=2a+8\sin 2x$$

곡선 $y=f(x)$가 변곡점을 가지려면 방정식 $f''(x)=0$이 실근을 갖고, 그 근의 좌우에서 $f''(x)$의 부호가 바뀌어야 한다.

$f''(x)=0$에서 $2a+8\sin 2x=0$

$$\therefore \sin 2x=-\frac{a}{4}$$

이때 $-1\leq\sin 2x\leq 1$이므로 실근을 가지려면

$$-1\leq-\frac{a}{4}\leq 1 \qquad \therefore -4\leq a\leq 4$$

$a=-4$일 때, $f''(x)=-8+8\sin 2x\leq 0$

$a=4$일 때, $f''(x)=8+8\sin 2x\geq 0$

즉, $a=-4$ 또는 $a=4$일 때 $f''(x)=0$을 만족시키는 x의 값의 좌우에서 $f''(x)$의 부호가 바뀌지 않으므로 변곡점이 될 수 없다.

따라서 a의 값의 범위는 $-4<a<4$이므로 정수 a는 -3, -2, $\cdots$, 3의 7개이다.

6 ㄱ. $f'(a)=0$이고 $x=a$의 좌우에서 $f'(x)$의 부호가 음에서 양으로 바뀌므로 $x=a$에서 극소이다.

ㄴ. $f'(b)=0$이지만 $x=b$의 좌우에서 $f'(x)$의 부호가 바뀌지 않으므로 $x=b$에서 극값을 갖지 않는다.

ㄷ. $f''(0)=0$, $f''(b)=0$이고 $x=0$, $x=b$의 좌우에서 $f''(x)$의 부호가 바뀌므로 $x=0$, $x=b$인 점은 변곡점이다. 따라서 그래프의 변곡점은 2개이다.

ㄹ. 구간 $(0,\ b)$에서 $f''(x)<0$이므로 그래프는 위로 볼록하다.

따라서 보기 중 옳은 것은 ㄱ, ㄷ이다.

7 $f(x)=e^x\sin x$에서

$f'(x)=e^x\sin x+e^x\cos x=e^x(\sin x+\cos x)$

$f''(x)=e^x(\sin x+\cos x)+e^x(\cos x-\sin x)$
$\qquad\quad =2e^x\cos x$

$f'(x)=0$에서

$\sin x+\cos x=0\ (\because e^x>0)$

$\therefore x=\dfrac{3}{4}\pi\ (\because 0<x<\pi)$

$f''(x)=0$에서

$\cos x=0\ (\because e^x>0)$

$\therefore x=\dfrac{\pi}{2}\ (\because 0<x<\pi)$

$0<x<\pi$에서 함수 $f(x)$의 증가와 감소, 오목과 볼록을 표로 나타내면 다음과 같다.

x	0	$\cdots$	$\dfrac{\pi}{2}$	$\cdots$	$\dfrac{3}{4}\pi$	$\cdots$	π
$f'(x)$		$+$	$+$	$+$	0	$-$	
$f''(x)$		$+$	0	$-$	$-$	$-$	
$f(x)$		↗	변곡점	↗	극대	↘	

ㄱ. 함수 $f(x)$는 $x=\dfrac{3}{4}\pi$에서 극대이다.

ㄴ. 함수 $y=f(x)$의 그래프의 변곡점은 점 $\left(\dfrac{\pi}{2},\ e^{\frac{\pi}{2}}\right)$의 1개이다.

ㄷ. 함수 $y=f(x)$의 그래프는 구간 $\left(\dfrac{\pi}{2},\ \pi\right)$에서 위로 볼록하다.

따라서 보기 중 옳은 것은 ㄷ이다.

8 $f(x)=\dfrac{x-1}{x^2+x+2}$에서

$f'(x)=\dfrac{(x^2+x+2)-(x-1)(2x+1)}{(x^2+x+2)^2}=\dfrac{-x^2+2x+3}{(x^2+x+2)^2}$

$f'(x)=0$에서 $-x^2+2x+3=0$

$(x+1)(x-3)=0\quad\therefore x=-1$ 또는 $x=3$

함수 $f(x)$의 증가와 감소를 표로 나타내면 다음과 같다.

x	$\cdots$	-1	$\cdots$	3	$\cdots$
$f'(x)$	$-$	0	$+$	0	$-$
$f(x)$	↘	-1 극소	↗	$\dfrac{1}{7}$ 극대	↘

이때 $\displaystyle\lim_{x\to-\infty}f(x)=\lim_{x\to\infty}f(x)=0$이므로 함수 $y=f(x)$의 그래프의 점근선은 x축이다.

따라서 함수 $f(x)$는 $x=3$에서 최댓값 $\dfrac{1}{7}$을 가지므로

$a=3$, $b=\dfrac{1}{7}\quad\therefore \dfrac{a}{b}=21$

9 $f(x)=axe^x$에서

$f'(x)=ae^x+axe^x=a(1+x)e^x$

$f'(x)=0$에서 $1+x=0\ (\because e^x>0)\quad\therefore x=-1$

$a>0$이므로 구간 $[-3,\ 1]$에서 함수 $f(x)$의 증가와 감소를 표로 나타내면 다음과 같다.

x	-3	$\cdots$	-1	$\cdots$	1
$f'(x)$		$-$	0	$+$	
$f(x)$	$-\dfrac{3a}{e^3}$	↘	$-\dfrac{a}{e}$ 극소	↗	ae

함수 $f(x)$의 최댓값은 ae, 최솟값은 $-\dfrac{a}{e}$이고 그 곱이 -1이므로

$ae\times\left(-\dfrac{a}{e}\right)=-1$

$-a^2=-1\quad\therefore a=1\ (\because a>0)$

10 점 A의 좌표를 $(a,\ e^{-2a})\ (a>0)$이라 하면 $\mathrm{H}(0,\ e^{-2a})$

$y'=-2e^{-2x}$이므로 점 $\mathrm{A}(a,\ e^{-2a})$에서의 접선의 방정식은

$y-e^{-2a}=-2e^{-2a}(x-a)$

$\therefore y=-2e^{-2a}x+(2a+1)e^{-2a}$

즉, 점 B의 좌표는 $(0,\ (2a+1)e^{-2a})$이므로

$\overline{\mathrm{BH}}=(2a+1)e^{-2a}-e^{-2a}=2ae^{-2a}$

삼각형 ABH의 넓이를 $S(a)$라 하면

$S(a)=\dfrac{1}{2}\times 2ae^{-2a}\times a=a^2e^{-2a}$

$\therefore S'(a)=2ae^{-2a}-2a^2e^{-2a}=2a(1-a)e^{-2a}$

$S'(a)=0$에서 $a(1-a)=0\ (\because e^{-2a}>0)$

$\therefore a=1\ (\because a>0)$

$a>0$에서 함수 $S(a)$의 증가와 감소를 표로 나타내면 다음과 같다.

a	0	$\cdots$	1	$\cdots$
$S'(a)$		$+$	0	$-$
$S(a)$		$\nearrow$	$\dfrac{1}{e^2}$ 극대	$\searrow$

따라서 넓이 $S(a)$의 최댓값은 $\dfrac{1}{e^2}$이다.

11 원기둥의 밑면의 반지름의 길이를 $r\ (0<r<1)$, 높이를 h라 하면 오른쪽 그림과 같이 구의 중심을 지나면서 원기둥의 밑면에 수직인 평면으로 자른 단면에서

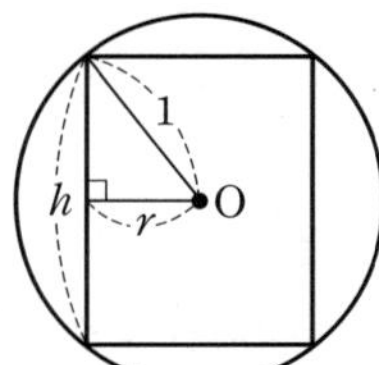

$$h=2\sqrt{1-r^2}$$

원기둥의 부피를 $V(r)$라 하면

$$V(r)=\pi r^2 h=2\pi r^2\sqrt{1-r^2}$$

$$\therefore V'(r)=4\pi r\sqrt{1-r^2}+2\pi r^2\times\frac{-2r}{2\sqrt{1-r^2}}$$

$$=\frac{4\pi r(1-r^2)-2\pi r^3}{\sqrt{1-r^2}}$$

$$=\frac{2\pi r(2-3r^2)}{\sqrt{1-r^2}}$$

$V'(r)=0$에서 $2-3r^2=0\ (\because r>0)$

$$r^2=\frac{2}{3}\qquad\therefore r=\frac{\sqrt{6}}{3}\ (\because 0<r<1)$$

$0<r<1$에서 함수 $V(r)$의 증가와 감소를 표로 나타내면 다음과 같다.

r	0	$\cdots$	$\dfrac{\sqrt{6}}{3}$	$\cdots$	1
$V'(r)$		$+$	0	$-$	
$V(r)$		$\nearrow$	극대	$\searrow$	

따라서 부피 $V(r)$는 $r=\dfrac{\sqrt{6}}{3}$에서 최대이므로 원기둥의 부피를 최대로 하는 밑면의 반지름의 길이는 $\dfrac{\sqrt{6}}{3}$이다.

12 $f(x)=\sin^n x$라 하면

$$f'(x)=n\sin^{n-1}x\cos x$$

$$f''(x)=n(n-1)\sin^{n-2}x\cos^2 x-n\sin^{n-1}x\times\sin x$$

$$=n(n-1)\sin^{n-2}x\cos^2 x-n\sin^n x$$

$$=n\sin^{n-2}x\{(n-1)\cos^2 x-\sin^2 x\}$$

$$=n\sin^{n-2}x(n\cos^2 x-\cos^2 x-\sin^2 x)$$

$$=n\sin^{n-2}x(n\cos^2 x-1)$$

곡선 $y=f(x)$의 변곡점의 좌표가 $(a_n,\ b_n)$이므로

$$f''(a_n)=0,\ f(a_n)=b_n$$

$f''(a_n)=0$에서 n은 2 이상의 자연수이고, $0<x<\dfrac{\pi}{2}$일 때 $\sin x>0$이므로

$$n\cos^2 a_n-1=0\qquad\therefore \cos^2 a_n=\frac{1}{n}$$

$f(a_n)=b_n$에서

$$b_n=\sin^n a_n=(\sqrt{1-\cos^2 a_n})^n=\left(\sqrt{1-\frac{1}{n}}\right)^n$$

$$\therefore \lim_{n\to\infty}b_n=\lim_{n\to\infty}\left(\sqrt{1-\frac{1}{n}}\right)^n=\lim_{n\to\infty}\left\{\left(1-\frac{1}{n}\right)^{\frac{1}{2}}\right\}^n$$

$$=\lim_{n\to\infty}\left\{\left(1-\frac{1}{n}\right)^{-n}\right\}^{-\frac{1}{2}}$$

$$=e^{-\frac{1}{2}}=\frac{\sqrt{e}}{e}$$

13 $f(x)=ae^{3x}+be^x$에서

$$f'(x)=3ae^{3x}+be^x,\ f''(x)=9ae^{3x}+be^x$$

㈎에서 $x=\ln\dfrac{2}{3}$의 좌우에서 $f''(x)$의 부호가 바뀌므로

$$f''\left(\ln\frac{2}{3}\right)=0$$

$$9ae^{3\ln\frac{2}{3}}+be^{\ln\frac{2}{3}}=0$$

$$9a\times\left(\frac{2}{3}\right)^3+b\times\frac{2}{3}=0$$

$$\frac{8}{3}a+\frac{2}{3}b=0\qquad\therefore b=-4a$$

즉, $f'(x)=3ae^{3x}-4ae^x=ae^x(3e^{2x}-4)$이므로

$f'(x)=0$에서 $3e^{2x}-4=0\ (\because e^x>0)$, $e^{2x}=\dfrac{4}{3}$

$$2x=\ln\frac{4}{3}\qquad\therefore x=\frac{1}{2}\ln\frac{4}{3}$$

함수 $f(x)$의 증가와 감소를 표로 나타내면 다음과 같다.

x	$\cdots$	$\dfrac{1}{2}\ln\dfrac{4}{3}$	$\cdots$
$f'(x)$	$-$	0	$+$
$f(x)$	$\searrow$	극소	$\nearrow$

이때 ㈏에서 구간 $[k,\ \infty)$에서 함수 $f(x)$의 역함수가 존재하려면 $f(x)$가 일대일대응이어야 한다.

즉, 함수 $f(x)$는 구간 $\left[\dfrac{1}{2}\ln\dfrac{4}{3},\ \infty\right)$에서 증가하므로

$$k\geq\frac{1}{2}\ln\frac{4}{3}\qquad\therefore m=\frac{1}{2}\ln\frac{4}{3}$$

$f(x)=ae^{3x}-4ae^x$에서

$$f(2m)=f\left(\ln\frac{4}{3}\right)=ae^{3\ln\frac{4}{3}}-4ae^{\ln\frac{4}{3}}$$

$$=a\times\left(\frac{4}{3}\right)^3-4a\times\frac{4}{3}=-\frac{80}{27}a$$

즉, $-\dfrac{80}{27}a=-\dfrac{80}{9}$이므로 $a=3$

따라서 $f(x)=3e^{3x}-12e^x$이므로

$$f(0)=3-12=-9$$

1 방정식과 부등식에의 활용

개념 CHECK 154쪽

1 답 (1)

x	-1	$\cdots$	$-\dfrac{3}{4}$	$\cdots$
$f'(x)$		$-$	0	$+$
$f(x)$	-1	$\searrow$	$-\dfrac{5}{4}$	$\nearrow$

(2)
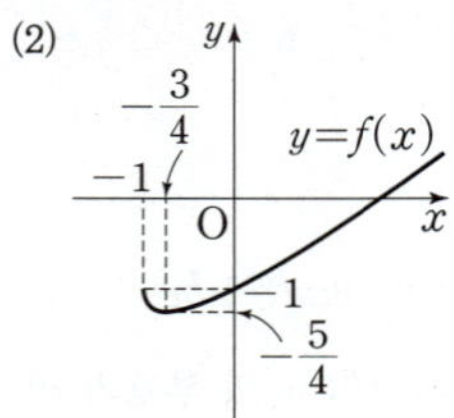

(3) **1**

문제 155~157쪽

01-1 답 (1) **2** (2) **1**

(1) $f(x)=\sqrt{x}+\dfrac{1}{2x}-2$라 하면 $x>0$이고

$$f'(x)=\dfrac{1}{2\sqrt{x}}-\dfrac{1}{2x^2}$$

$f'(x)=0$에서

$$\dfrac{1}{2\sqrt{x}}-\dfrac{1}{2x^2}=0,\ \sqrt{x}=x^2$$

$x=x^4,\ x(x-1)(x^2+x+1)=0$

$\therefore x=1\ (\because x>0)$

$x>0$에서 함수 $f(x)$의 증가와 감소를 표로 나타내면 다음과 같다.

x	0	$\cdots$	1	$\cdots$
$f'(x)$		$-$	0	$+$
$f(x)$		$\searrow$	$-\dfrac{1}{2}$ 극소	$\nearrow$

$\displaystyle\lim_{x\to 0+}f(x)=\infty$,

$\displaystyle\lim_{x\to\infty}f(x)=\infty$이므로 함수

$y=f(x)$의 그래프는 오른쪽 그림과 같이 x축과 서로 다른 두 점에서 만난다.

따라서 주어진 방정식의 서로 다른 실근의 개수는 2이다.

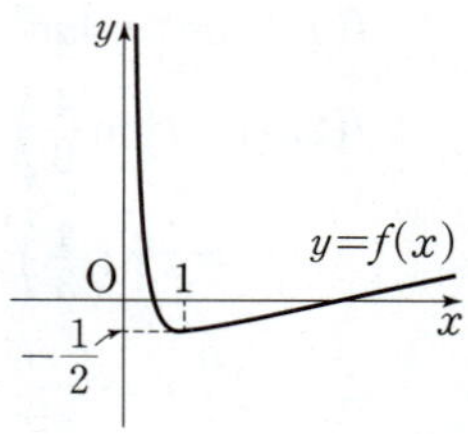

---

(2) $f(x)=x-\cos x$라 하면

$$f'(x)=1+\sin x$$

이때 $-1\le\sin x\le 1$이므로 $f'(x)\ge 0$

즉, 함수 $f(x)$는 실수 전체의 집합에서 증가한다.

이때 $f(0)=-1$, $f\left(\dfrac{\pi}{2}\right)=\dfrac{\pi}{2}$

이므로 함수 $y=f(x)$의 그래프는 오른쪽 그림과 같이 x축과 한 점에서 만난다.

따라서 주어진 방정식의 서로 다른 실근의 개수는 1이다.

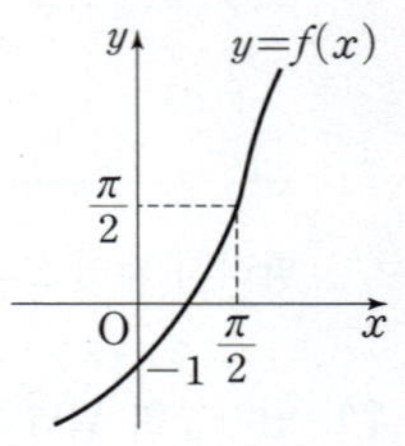

02-1 답 **4**

주어진 방정식에서 $\ln x-ex+6=a$이므로 이 방정식이 오직 한 실근을 가지려면 함수 $y=\ln x-ex+6$의 그래프와 직선 $y=a$가 오직 한 점에서 만나야 한다.

$f(x)=\ln x-ex+6$이라 하면 $x>0$이고

$$f'(x)=\dfrac{1}{x}-e$$

$f'(x)=0$에서 $\dfrac{1}{x}-e=0$ $\therefore x=\dfrac{1}{e}$

$x>0$에서 함수 $f(x)$의 증가와 감소를 표로 나타내면 다음과 같다.

x	0	$\cdots$	$\dfrac{1}{e}$	$\cdots$
$f'(x)$		$+$	0	$-$
$f(x)$		$\nearrow$	4 극대	$\searrow$

$\displaystyle\lim_{x\to 0+}f(x)=-\infty$,

$\displaystyle\lim_{x\to\infty}f(x)=-\infty$이므로 함수

$y=f(x)$의 그래프는 오른쪽 그림과 같고, 교점이 1개가 되도록 직선 $y=a$를 그어 보면 구하는 a의 값은 4이다.

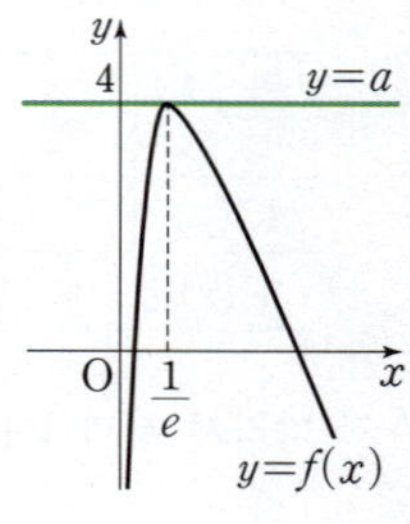

02-2 답 $\dfrac{4}{3}\pi-\sqrt{3}<a<\dfrac{2}{3}\pi+\sqrt{3}$

주어진 방정식에서 $2\sin x+x=a$이므로 이 방정식이 서로 다른 세 실근을 가지려면 함수 $y=2\sin x+x$의 그래프와 직선 $y=a$가 서로 다른 세 점에서 만나야 한다.

$f(x)=2\sin x+x$라 하면

$$f'(x)=2\cos x+1$$

$f'(x)=0$에서 $2\cos x+1=0$, $\cos x=-\dfrac{1}{2}$

$\therefore x=\dfrac{2}{3}\pi$ 또는 $x=\dfrac{4}{3}\pi\ (\because 0\le x\le 2\pi)$

$0 \le x \le 2\pi$에서 함수 $f(x)$의 증가와 감소를 표로 나타내면 다음과 같다.

x	0	$\cdots$	$\dfrac{2}{3}\pi$	$\cdots$	$\dfrac{4}{3}\pi$	$\cdots$	2π
$f'(x)$		$+$	0	$-$	0	$+$	
$f(x)$	0	$\nearrow$	$\dfrac{2}{3}\pi+\sqrt{3}$ 극대	$\searrow$	$\dfrac{4}{3}\pi-\sqrt{3}$ 극소	$\nearrow$	2π

함수 $y=f(x)$의 그래프는 오른쪽 그림과 같으므로 교점이 3개가 되도록 직선 $y=a$를 그어 보면 구하는 a의 값의 범위는

$$\frac{4}{3}\pi-\sqrt{3}<a<\frac{2}{3}\pi+\sqrt{3}$$

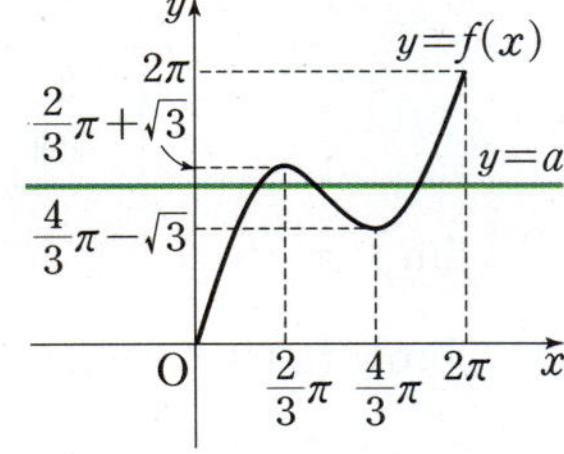

03-1 답 $a\le2$

$\ln(x^2+e^2)\ge a$에서

$\ln(x^2+e^2)-a\ge0$

$f(x)=\ln(x^2+e^2)-a$라 하면

$$f'(x)=\frac{2x}{x^2+e^2}$$

$f'(x)=0$에서 $x=0$

함수 $f(x)$의 증가와 감소를 표로 나타내면 다음과 같다.

x	$\cdots$	0	$\cdots$
$f'(x)$	$-$	0	$+$
$f(x)$	$\searrow$	$2-a$ 극소	$\nearrow$

따라서 함수 $f(x)$의 최솟값은 $2-a$이므로 모든 실수 x에 대하여 $f(x)\ge0$이 성립하려면

$2-a\ge0$ $\therefore a\le2$

03-2 답 $a\le1$

$x^2+\cos x>a$에서

$x^2+\cos x-a>0$

$f(x)=x^2+\cos x-a$라 하면

$f'(x)=2x-\sin x$

$f''(x)=2-\cos x$

$x>0$일 때, $-1\le\cos x\le1$에서 $f''(x)>0$

즉, $x>0$에서 함수 $f'(x)$는 증가하고 $f'(0)=0$이므로

$f'(x)>0$

따라서 $x>0$일 때, 함수 $f(x)$는 증가하므로 $f(x)>0$이 성립하려면 $f(0)\ge0$에서

$1-a\ge0$ $\therefore a\le1$

04-1 답 속도: e^3+2, 가속도: e^3

시각 t에서의 점 P의 속도를 v, 가속도를 a라 하면

$$v=\frac{dx}{dt}=e^t+2$$

$$a=\frac{dv}{dt}=e^t$$

따라서 $t=3$에서의 점 P의 속도는

$v=e^3+2$

$t=3$에서의 점 P의 가속도는

$a=e^3$

04-2 답 3

시각 t에서의 점 P의 속도를 v, 가속도를 a라 하면

$$v=\frac{dx}{dt}=-p\sin t+q$$

$$a=\frac{dv}{dt}=-p\cos t$$

$t=\dfrac{\pi}{6}$에서의 점 P의 속도가 $\dfrac{3}{2}$이므로

$$-\frac{1}{2}p+q=\frac{3}{2}\qquad\cdots\cdots\text{㉠}$$

$t=\dfrac{\pi}{6}$에서의 점 P의 가속도가 $-\dfrac{\sqrt{3}}{2}$이므로

$$-\frac{\sqrt{3}}{2}p=-\frac{\sqrt{3}}{2}$$

$\therefore p=1$

이를 ㉠에 대입하여 풀면 $q=2$

$\therefore p+q=1+2=3$

04-3 답 4

시각 t에서의 점 P의 속도를 v, 가속도를 a라 하면

$$v=\frac{dx}{dt}=-2\cos 2t$$

$$a=\frac{dv}{dt}=4\sin 2t$$

점 P가 운동 방향을 바꾸는 순간의 속도는 0이므로 $v=0$에서

$-2\cos 2t=0,\ \cos 2t=0$

$0<t<\dfrac{\pi}{2}$에서 $0<2t<\pi$이므로

$2t=\dfrac{\pi}{2}$ $\therefore t=\dfrac{\pi}{4}$

따라서 $t=\dfrac{\pi}{4}$에서의 점 P의 가속도는

$a=4\sin\dfrac{\pi}{2}=4$

05-1 답 속도: $(3, 1)$, 가속도: $(-4, 2)$

$\dfrac{dx}{dt}=1+\dfrac{2}{t^2}$, $\dfrac{dy}{dt}=2-\dfrac{1}{t^2}$이므로 시각 t에서의 점 P의

속도는 $\left(1+\dfrac{2}{t^2},\ 2-\dfrac{1}{t^2}\right)$

따라서 $t=1$에서의 점 P의 속도는 $(3, 1)$

$\dfrac{d^2x}{dt^2}=-\dfrac{4}{t^3}$, $\dfrac{d^2y}{dt^2}=\dfrac{2}{t^3}$이므로 시각 t에서의 점 P의 가속

도는 $\left(-\dfrac{4}{t^3},\ \dfrac{2}{t^3}\right)$

따라서 $t=1$에서의 점 P의 가속도는 $(-4, 2)$

05-2 답 $\sqrt{17}$

$\dfrac{dx}{dt}=-2t$, $\dfrac{dy}{dt}=\dfrac{2}{t}$이므로 시각 t에서의 점 P의 속도는

$\left(-2t,\ \dfrac{2}{t}\right)$

따라서 $t=2$에서의 점 P의 속도는 $(-4, 1)$이므로 속력은

$\sqrt{(-4)^2+1^2}=\sqrt{17}$

05-3 답 $2\sqrt{e^\pi}$

$\dfrac{dx}{dt}=e^t\sin t+e^t\cos t=e^t(\sin t+\cos t)$

$\dfrac{dy}{dt}=e^t\cos t-e^t\sin t=e^t(\cos t-\sin t)$

시각 t에서의 점 P의 속도는

$(e^t(\sin t+\cos t),\ e^t(\cos t-\sin t))$

따라서 시각 t에서의 점 P의 속력은

$\sqrt{\{e^t(\sin t+\cos t)\}^2+\{e^t(\cos t-\sin t)\}^2}=\sqrt{2e^{2t}}$

즉, $\sqrt{2e^{2t}}=\sqrt{2e^\pi}$에서 $e^{2t}=e^\pi$ $\therefore t=\dfrac{\pi}{2}$

$\dfrac{d^2x}{dt^2}=e^t(\sin t+\cos t)+e^t(\cos t-\sin t)=2e^t\cos t$

$\dfrac{d^2y}{dt^2}=e^t(\cos t-\sin t)+e^t(-\sin t-\cos t)=-2e^t\sin t$

시각 t에서의 점 P의 가속도는 $(2e^t\cos t,\ -2e^t\sin t)$

따라서 $t=\dfrac{\pi}{2}$에서의 점 P의 가속도는 $(0,\ -2e^{\frac{\pi}{2}})$이므로

가속도의 크기는 $\sqrt{0+(-2e^{\frac{\pi}{2}})^2}=2\sqrt{e^\pi}$

연습문제   161~162쪽

1 1	**2** ②	**3** ④	**4** $a<-\dfrac{1}{e}$	**5** ①
6 $2<a<2e$		**7** $5e^2$	**8** $\dfrac{\pi}{3}$	**9** $\dfrac{2}{3}$
10 ④	**11** 2	**12** ③	**13** 100	**14** ④

1 $f(x)=xe^{-x+1}-1$이라 하면

$f'(x)=e^{-x+1}-xe^{-x+1}=(1-x)e^{-x+1}$

$f'(x)=0$에서

$1-x=0\ (\because e^{-x+1}>0)$

$\therefore x=1$

함수 $f(x)$의 증가와 감소를 표로 나타내면 다음과 같다.

x	$\cdots$	1	$\cdots$
$f'(x)$	$+$	0	$-$
$f(x)$	$\nearrow$	0 극대	$\searrow$

$\displaystyle\lim_{x\to\infty}f(x)=-1$,

$\displaystyle\lim_{x\to-\infty}f(x)=-\infty$이므로 함

수 $y=f(x)$의 그래프는 오

른쪽 그림과 같이 x축과 한

점에서 만난다.

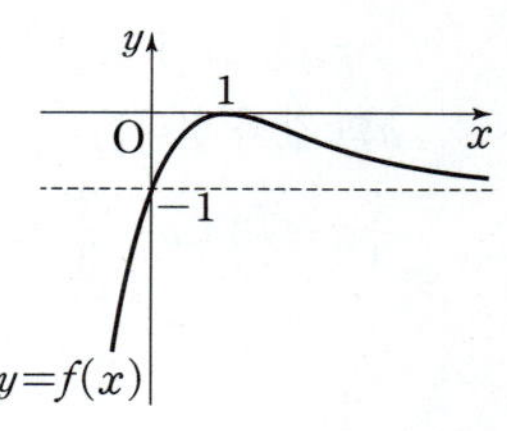

따라서 주어진 방정식의 서로 다른 실근의 개수는 1이다.

2 주어진 방정식에서 $4\ln x+\ln(5-x)=-a$이므로 이 방

정식이 오직 한 실근을 가지려면 함수

$y=4\ln x+\ln(5-x)$의 그래프와 직선 $y=-a$가 오직

한 점에서 만나야 한다.

$f(x)=4\ln x+\ln(5-x)$라 하면 $0<x<5$이고

$f'(x)=\dfrac{4}{x}-\dfrac{1}{5-x}$

$f'(x)=0$에서

$\dfrac{4}{x}-\dfrac{1}{5-x}=0$, $\dfrac{4}{x}=\dfrac{1}{5-x}$

$4(5-x)=x$, $5x=20$ $\therefore x=4$

$0<x<5$에서 함수 $f(x)$의 증가와 감소를 표로 나타내면

다음과 같다.

x	0	$\cdots$	4	$\cdots$	5
$f'(x)$		$+$	0	$-$	
$f(x)$		$\nearrow$	$8\ln 2$ 극대	$\searrow$	

$\displaystyle\lim_{x\to 0+}f(x)=-\infty$,

$\displaystyle\lim_{x\to 5-}f(x)=-\infty$이므로 함

수 $y=f(x)$의 그래프는 오른

쪽 그림과 같고, 교점이 1개

가 되도록 직선 $y=-a$를 그

어 보면

$-a=8\ln 2$

$\therefore a=-8\ln 2$

3 주어진 방정식이 서로 다른 세 실근을 가지려면 함수
$y=\sin x$의 그래프와 직선 $y=ax$가 서로 다른 세 점에서
만나야 한다.

$f(x)=\sin x$라 하면 $f'(x)=\cos x$

따라서 곡선 $y=f(x)$ 위의 점 $(0,\ 0)$에서의 접선의 기울
기는 $f'(0)=1$이므로 접선의 방정식은

$y=x$

$-\pi\le x\le\pi$에서 함수 $y=f(x)$의 그래프는 다음 그림과
같으므로 교점이 3개가 되도록 직선 $y=ax$를 그어 보면
구하는 a의 값의 범위는 $0\le a<1$

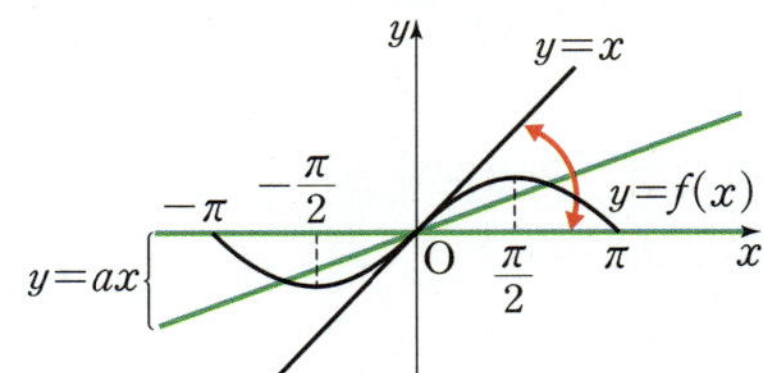

4 $xe^x>a$에서 $xe^x-a>0$

$f(x)=xe^x-a$라 하면

$f'(x)=e^x+xe^x=(1+x)e^x$

$f'(x)=0$에서

$1+x=0\ (\because\ e^x>0)\qquad\therefore\ x=-1$

함수 $f(x)$의 증가와 감소를 표로 나타내면 다음과 같다.

x	$\cdots$	-1	$\cdots$
$f'(x)$	$-$	0	$+$
$f(x)$	$\searrow$	$-\dfrac{1}{e}-a$ 극소	$\nearrow$

따라서 함수 $f(x)$의 최솟값은 $-\dfrac{1}{e}-a$이므로 모든 실수
x에 대하여 $f(x)>0$이 성립하려면

$-\dfrac{1}{e}-a>0\qquad\therefore\ a<-\dfrac{1}{e}$

5 $\sqrt{x}\ge a\ln x$에서 $\sqrt{x}-a\ln x\ge0$

$f(x)=\sqrt{x}-a\ln x$라 하면 $f'(x)=\dfrac{1}{2\sqrt{x}}-\dfrac{a}{x}$

$f'(x)=0$에서 $\dfrac{1}{2\sqrt{x}}=\dfrac{a}{x}$, $x=2a\sqrt{x}$

$x^2=4a^2x$, $x(x-4a^2)=0\qquad\therefore\ x=4a^2\ (\because\ x>0)$

$x>0$에서 함수 $f(x)$의 증가와 감소를 표로 나타내면 다
음과 같다.

x	0	$\cdots$	$4a^2$	$\cdots$
$f'(x)$		$-$	0	$+$
$f(x)$		$\searrow$	$2a(1-\ln 2a)$ 극소	$\nearrow$

따라서 $x>0$에서 함수 $f(x)$의 최솟값은 $2a(1-\ln 2a)$
이므로 $x>0$일 때 $f(x)\ge0$이 성립하려면

$2a(1-\ln 2a)\ge0$, $1-\ln 2a\ge0$

$\ln 2a\le1\qquad\therefore\ 0<a\le\dfrac{e}{2}\ (\because\ a>0)$

따라서 양수 a의 최댓값은 $\dfrac{e}{2}$이다.

다른 풀이

$x>0$일 때, 부등식 $\sqrt{x}\ge a\ln x$가 성립하려면 다음 그림과
같이 곡선 $y=\sqrt{x}$가 곡선 $y=a\ln x$보다 위쪽에 있거나 두
곡선이 접해야 한다.

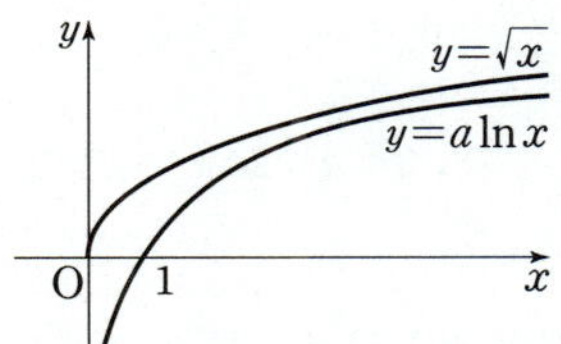

$f(x)=\sqrt{x}$, $g(x)=a\ln x$라 하면

$f'(x)=\dfrac{1}{2\sqrt{x}}$, $g'(x)=\dfrac{a}{x}$

두 곡선 $y=f(x)$, $y=g(x)$가 접할 때의 접점의 x좌표를
$t\ (t>0)$라 하면 $x=t$인 점에서 두 곡선이 만나므로

$f(t)=g(t)$에서

$\sqrt{t}=a\ln t\qquad\qquad\cdots\cdots\ \bigcirc$

$x=t$인 점에서의 접선의 기울기가 같으므로

$f'(t)=g'(t)$에서

$\dfrac{1}{2\sqrt{t}}=\dfrac{a}{t}\qquad\therefore\ a=\dfrac{\sqrt{t}}{2}\qquad\cdots\cdots\ \bigcirc$

이를 $\bigcirc$에 대입하면

$\sqrt{t}=\dfrac{\sqrt{t}}{2}\ln t$

$\ln t=2\qquad\therefore\ t=e^2$

이를 $\bigcirc$에 대입하여 풀면 $a=\dfrac{e}{2}$

따라서 $0<a\le\dfrac{e}{2}$이므로 양수 a의 최댓값은 $\dfrac{e}{2}$이다.

6 함수 $y=e^{-x}-1$의 역함수는

$x=e^{-y}-1$, $e^{-y}=x+1$

$-y=\ln(x+1)\qquad\therefore\ y=-\ln(x+1)$

즉, $g(x)=-\ln(x+1)$이므로 $2x+2+ag(x)>0$에서

$2x+2-a\ln(x+1)>0$

$h(x)=2x+2-a\ln(x+1)$이라 하면

$h'(x)=2-\dfrac{a}{x+1}$

$h'(x)=0$에서 $2-\dfrac{a}{x+1}=0$, $\dfrac{a}{x+1}=2$

$2x+2=a\qquad\therefore\ x=\dfrac{a-2}{2}$

$x>0$에서 함수 $h(x)$의 증가와 감소를 표로 나타내면 다음과 같다.

x	0	$\cdots$	$\dfrac{a-2}{2}$	$\cdots$
$h'(x)$		$-$	0	$+$
$h(x)$		$\searrow$	$a\left(1-\ln\dfrac{a}{2}\right)$ 극소	$\nearrow$

따라서 $x>0$에서 함수 $h(x)$의 최솟값은 $a\left(1-\ln\dfrac{a}{2}\right)$이므로 $x>0$일 때 $h(x)>0$이 성립하려면

$$a\left(1-\ln\frac{a}{2}\right)>0,\ 1-\ln\frac{a}{2}>0$$

$$\ln\frac{a}{2}<1 \qquad \therefore 2<a<2e\ (\because a>2)$$

7 시각 t에서의 점 P의 속도를 v, 가속도를 a라 하면

$$v=\frac{dx}{dt}=2t\ln t+t^2\times\frac{1}{t}=2t\ln t+t$$

$$a=\frac{dv}{dt}=2\ln t+2t\times\frac{1}{t}+1=2\ln t+3$$

점 P의 가속도가 7이므로 $a=7$에서

$$2\ln t+3=7,\ \ln t=2$$

$$\therefore t=e^2$$

따라서 $t=e^2$에서의 점 P의 속도는

$$v=2e^2\times2+e^2=5e^2$$

8 시각 t에서의 두 점 P, Q의 속도는 각각

$$f'(t)=-\sin t,\ g'(t)=-2\sin t\cos t$$

두 점 P, Q의 속도가 같으므로 $f'(t)=g'(t)$에서

$$-\sin t=-2\sin t\cos t$$

$$\sin t(2\cos t-1)=0$$

$$\sin t=0 \ \text{또는} \ \cos t=\frac{1}{2}$$

$$\therefore t=\frac{\pi}{3}\left(\because 0<t<\frac{\pi}{2}\right)$$

9 시각 t에서의 두 점 P, Q의 속도는 각각

$$f'(t)=2t-a,\ g'(t)=\frac{2t-2}{t^2-2t+2}$$

두 점이 서로 반대 방향으로 움직이면 속도의 부호는 서로 반대이므로 $f'(t)g'(t)<0$에서

$$\frac{(2t-a)(2t-2)}{t^2-2t+2}<0$$

$$(2t-a)(2t-2)<0\ (\because t^2-2t+2>0)$$

$$\therefore \frac{a}{2}<t<1\ (\because a<2)$$

따라서 $\dfrac{a}{2}=\dfrac{1}{3}$이므로 $a=\dfrac{2}{3}$

10 $\dfrac{dx}{dt}=3t^2+a$, $\dfrac{dy}{dt}=2at-4$이므로 시각 t에서의 점 P의 속도는 $(3t^2+a,\ 2at-4)$

$t=1$에서의 점 P의 속도는 $(3+a,\ 2a-4)$이므로 속력은

$$\sqrt{(3+a)^2+(2a-4)^2}=\sqrt{5a^2-10a+25}$$

즉, $\sqrt{5a^2-10a+25}=5$이므로

$$5a^2-10a+25=25,\ 5a^2-10a=0$$

$$5a(a-2)=0 \qquad \therefore a=2\ (\because a>0)$$

$$\therefore \frac{dx}{dt}=3t^2+2,\ \frac{dy}{dt}=4t-4$$

이때 $\dfrac{d^2x}{dt^2}=6t$, $\dfrac{d^2y}{dt^2}=4$이므로 $t=2$에서의 점 P의 가속도는 $(12,\ 4)$

따라서 구하는 가속도의 크기는

$$\sqrt{12^2+4^2}=4\sqrt{10}$$

11 $\dfrac{dx}{dt}=1-\cos^2 t+\sin^2 t$

$$=1-(1-\sin^2 t)+\sin^2 t=2\sin^2 t$$

$$\frac{dy}{dt}=-\csc^2 t$$

시각 t에서의 점 P의 속도는 $(2\sin^2 t,\ -\csc^2 t)$이므로 속력은

$$\sqrt{(2\sin^2 t)^2+(-\csc^2 t)^2}=\sqrt{4\sin^4 t+\csc^4 t}$$

$$=\sqrt{4\sin^4 t+\frac{1}{\sin^4 t}}$$

이때 $0<t<\dfrac{\pi}{2}$에서 $4\sin^4 t>0$, $\dfrac{1}{\sin^4 t}>0$이므로 산술평균과 기하평균의 관계에 의하여

$$4\sin^4 t+\frac{1}{\sin^4 t}\geq 2\sqrt{4\sin^4 t\times\frac{1}{\sin^4 t}}=4$$

$$\left(\text{단, 등호는 } 4\sin^4 t=\frac{1}{\sin^4 t}\text{일 때 성립}\right)$$

따라서 구하는 최솟값은 $\sqrt{4}=2$

12 ㄱ. $h(x)=g(f(x))$에서 $h'(x)=g'(f(x))f'(x)$이므로

$$h'(1)=g'(f(1))f'(1)$$

이때 $f'(x)=nx^{n-1}$, $g'(x)=\dfrac{4x^3}{(x^4+2n)\ln 3}$이므로

$$h'(1)=g'(f(1))f'(1)$$

$$=g'(0)f'(1)$$

$$=0\times n=0$$

ㄴ. $h'(x)=g'(f(x))f'(x)$

$$=\frac{4nx^{n-1}(x^n-1)^3}{\{(x^n-1)^4+2n\}\ln 3}$$

$0<x<1$일 때 $x^{n-1}>0$이고 $-1<x^n-1<0$이므로

$$(x^n-1)^3<0 \qquad \therefore h'(x)<0$$

따라서 열린구간 $(0,\ 1)$에서 함수 $h(x)$는 감소한다.

ㄷ. $h'(x)=0$에서

$x^n-1=0$ $(\because x>0)$

$\therefore x=1$

$x>0$에서 함수 $h(x)$의 증가와 감소를 표로 나타내면 다음과 같다.

x	0	$\cdots$	1	$\cdots$
$h'(x)$		$-$	0	$+$
$h(x)$		$\searrow$	$\log_3 2n$ 극소	$\nearrow$

따라서 함수 $y=h(x)$의 그래프는 오른쪽 그림과 같다.

이때 자연수 n에 대하여

$n=\log_3 3^n \geq \log_3(2n+1)$

이므로 함수 $y=h(x)$의 그래프와 직선 $y=n$의 교점의 개수는 1이다.

즉, $x>0$일 때 방정식 $h(x)=n$의 서로 다른 실근의 개수는 1이다.

따라서 보기 중 옳은 것은 ㄱ, ㄷ이다.

13 방정식 $2xe^{1-\frac{x}{n}}=a$가 서로 다른 두 실근을 가지려면 함수 $y=2xe^{1-\frac{x}{n}}$의 그래프와 직선 $y=a$가 서로 다른 두 점에서 만나야 한다.

$g(x)=2xe^{1-\frac{x}{n}}$이라 하면

$g'(x)=2e^{1-\frac{x}{n}}+2xe^{1-\frac{x}{n}}\times\left(-\dfrac{1}{n}\right)$

$\qquad=2e^{1-\frac{x}{n}}\left(1-\dfrac{x}{n}\right)$

$g'(x)=0$에서

$1-\dfrac{x}{n}=0$ $\left(\because e^{1-\frac{x}{n}}>0\right)$

$\therefore x=n$

함수 $g(x)$의 증가와 감소를 표로 나타내면 다음과 같다.

x	$\cdots$	n	$\cdots$
$g'(x)$	$+$	0	$-$
$g(x)$	$\nearrow$	$2n$ 극대	$\searrow$

$\lim\limits_{x\to\infty} g(x)=0$,

$\lim\limits_{x\to-\infty} g(x)=-\infty$이므로 함수 $y=g(x)$의 그래프는 오른쪽 그림과 같고, 교점이 2개가 되도록 직선 $y=a$를 그어 보면 a의 값의 범위는

$0<a<2n$

따라서 정수 a의 개수는 $f(n)=2n-1$이므로

$\displaystyle\sum_{n=1}^{10} f(n)=\sum_{n=1}^{10}(2n-1)$

$\qquad\qquad=2\times\dfrac{10\times11}{2}-10$

$\qquad\qquad=100$

14 함수 $f(x)$가 역함수를 가지려면 $f(x)$가 일대일대응이어야 하므로 함수 $f(x)$는 실수 전체의 집합에서 증가하거나 감소해야 한다.

$f(x)=e^{x+1}\{x^2+(n-2)x-n+3\}+ax$에서

$f'(x)=e^{x+1}\{x^2+(n-2)x-n+3\}$
$\qquad\qquad\qquad\qquad+e^{x+1}(2x+n-2)+a$

$\qquad=e^{x+1}(x^2+nx+1)+a$

따라서 모든 실수 x에서 $f'(x)\geq0$이어야 하므로

$e^{x+1}(x^2+nx+1)+a\geq0$

$\therefore e^{x+1}(x^2+nx+1)\geq -a$

$h(x)=e^{x+1}(x^2+nx+1)$이라 하면

$h'(x)=e^{x+1}(x^2+nx+1)+e^{x+1}(2x+n)$

$\qquad=e^{x+1}\{x^2+(n+2)x+n+1\}$

$h'(x)=0$에서

$x^2+(n+2)x+n+1=0$ $(\because e^{x+1}>0)$

$(x+n+1)(x+1)=0$

$\therefore x=-n-1$ 또는 $x=-1$

함수 $h(x)$의 증가와 감소를 표로 나타내면 다음과 같다.

x	$\cdots$	$-n-1$	$\cdots$	-1	$\cdots$
$h'(x)$	$+$	0	$-$	0	$+$
$h(x)$	$\nearrow$	$\dfrac{n+2}{e^n}$ 극대	$\searrow$	$2-n$ 극소	$\nearrow$

$\lim\limits_{x\to\infty} h(x)=\infty$,

$\lim\limits_{x\to-\infty} h(x)=0$이므로 함수 $y=h(x)$의 그래프는 오른쪽 그림과 같다.

따라서 함수 $h(x)$의 최솟값은 $2-n$이므로 $h(x)\geq -a$가 성립하려면

$2-n\geq -a$

$\therefore a\geq n-2$

즉, a의 최솟값은 $g(n)=n-2$

$1\leq g(n)\leq 8$에서

$1\leq n-2\leq 8$ $\qquad \therefore 3\leq n\leq 10$

따라서 모든 자연수 n의 값의 합은

$3+4+5+\cdots+10=\dfrac{8(3+10)}{2}$

$\qquad\qquad\qquad\qquad=52$

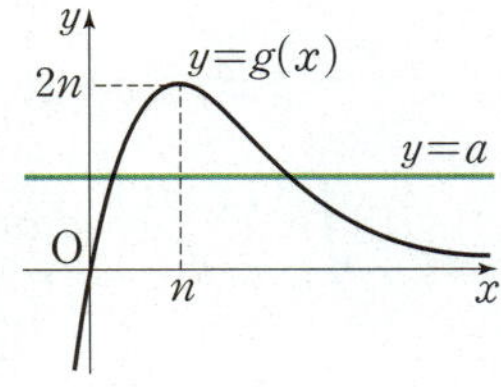

여러 가지 함수의 부정적분

개념 CHECK 165쪽

1 답 (1) $-\dfrac{1}{x}+C$ (2) $\dfrac{3}{4}x^3\sqrt{x}+C$ (3) $\dfrac{2}{5}x^2\sqrt{x}+C$

   (4) $\dfrac{1}{2}\ln|x|+C$

(1) $\displaystyle\int\dfrac{1}{x^2}\,dx=\int x^{-2}\,dx=\dfrac{1}{-2+1}x^{-2+1}+C$

$\qquad\qquad =-\dfrac{1}{x}+C$

(2) $\displaystyle\int\sqrt[3]{x}\,dx=\int x^{\frac{1}{3}}\,dx=\dfrac{1}{\frac{1}{3}+1}x^{\frac{1}{3}+1}+C$

$\qquad\qquad =\dfrac{3}{4}x^3\sqrt{x}+C$

(3) $\displaystyle\int x\sqrt{x}\,dx=\int x^{\frac{3}{2}}\,dx=\dfrac{1}{\frac{3}{2}+1}x^{\frac{3}{2}+1}+C$

$\qquad\qquad =\dfrac{2}{5}x^2\sqrt{x}+C$

(4) $\displaystyle\int\dfrac{1}{2x}\,dx=\dfrac{1}{2}\int\dfrac{1}{x}\,dx$

$\qquad\qquad =\dfrac{1}{2}\ln|x|+C$

2 답 (1) $3e^x+C$ (2) $e^{x-1}+C$ (3) $\dfrac{9^x}{\ln 9}+C$

   (4) $\dfrac{2^{x+1}}{\ln 2}+C$

(1) $\displaystyle\int 3e^x\,dx=3\int e^x\,dx=3e^x+C$

(2) $\displaystyle\int e^{x-1}\,dx=\int e^x\times e^{-1}\,dx=\dfrac{1}{e}\int e^x\,dx$

$\qquad\qquad =\dfrac{1}{e}\times e^x+C=e^{x-1}+C$

(3) $\displaystyle\int 3^{2x}\,dx=\int(3^2)^x\,dx=\int 9^x\,dx=\dfrac{9^x}{\ln 9}+C$

(4) $\displaystyle\int 2^{x+1}\,dx=\int 2^x\times 2\,dx=2\int 2^x\,dx$

$\qquad\qquad =2\times\dfrac{2^x}{\ln 2}+C=\dfrac{2^{x+1}}{\ln 2}+C$

3 답 (1) $x-4\cos x+C$ (2) $\tan x-3\sin x+C$
   (3) $\sec x+x+C$ (4) $-\cot x-2\csc x+C$

(1) $\displaystyle\int(1+4\sin x)\,dx=\int dx+4\int\sin x\,dx$

$\qquad\qquad =x-4\cos x+C$

(2) $\displaystyle\int(\sec^2 x-3\cos x)\,dx=\int\sec^2 x\,dx-3\int\cos x\,dx$

$\qquad\qquad =\tan x-3\sin x+C$

(3) $\displaystyle\int\tan x\,(\sec x+\cot x)\,dx$

$\qquad =\int(\sec x\tan x+1)\,dx$

$\qquad =\int\sec x\tan x\,dx+\int dx$

$\qquad =\sec x+x+C$

(4) $\displaystyle\int\csc x\,(\csc x+2\cot x)\,dx$

$\qquad =\int(\csc^2 x+2\csc x\cot x)\,dx$

$\qquad =\int\csc^2 x\,dx+2\int\csc x\cot x\,dx$

$\qquad =-\cot x-2\csc x+C$

문제 166~168쪽

01-**1** 답 (1) $x^2-3x-\dfrac{1}{2x^2}+C$

   (2) $\dfrac{2}{3}x\sqrt{x}+4\sqrt{x}+C$

   (3) $\dfrac{1}{2}x^2-2x+\ln|x|+\dfrac{2}{x}+C$

   (4) $x-4\sqrt{x}+\ln|x|+C$

(1) $\displaystyle\int\dfrac{2x^4-3x^3+1}{x^3}\,dx=\int(2x-3+x^{-3})\,dx$

$\qquad\qquad =x^2-3x-\dfrac{1}{2}x^{-2}+C$

$\qquad\qquad =x^2-3x-\dfrac{1}{2x^2}+C$

(2) $\displaystyle\int\dfrac{x+2}{\sqrt{x}}\,dx=\int\left(x^{\frac{1}{2}}+2x^{-\frac{1}{2}}\right)dx$

$\qquad\qquad =\dfrac{2}{3}x^{\frac{3}{2}}+4x^{\frac{1}{2}}+C$

$\qquad\qquad =\dfrac{2}{3}x\sqrt{x}+4\sqrt{x}+C$

(3) $\displaystyle\int\left(x+\dfrac{1}{x}\right)\left(1-\dfrac{2}{x}\right)dx$

$\qquad =\int\left(x-2+\dfrac{1}{x}-\dfrac{2}{x^2}\right)dx$

$\qquad =\int\left(x-2+\dfrac{1}{x}-2x^{-2}\right)dx$

$\qquad =\dfrac{1}{2}x^2-2x+\ln|x|+2x^{-1}+C$

$\qquad =\dfrac{1}{2}x^2-2x+\ln|x|+\dfrac{2}{x}+C$

(4) $\displaystyle\int\dfrac{(\sqrt{x}-1)^2}{x}\,dx=\int\dfrac{x-2\sqrt{x}+1}{x}\,dx$

$\qquad\qquad =\int\left(1-2x^{-\frac{1}{2}}+\dfrac{1}{x}\right)dx$

$\qquad\qquad =x-4x^{\frac{1}{2}}+\ln|x|+C$

$\qquad\qquad =x-4\sqrt{x}+\ln|x|+C$

01-2 답 **1**

$$f(x)=\int \frac{x-4}{\sqrt{x}+2}\,dx$$

$$=\int \frac{(\sqrt{x}+2)(\sqrt{x}-2)}{\sqrt{x}+2}\,dx$$

$$=\int (\sqrt{x}-2)\,dx=\int (x^{\frac{1}{2}}-2)\,dx$$

$$=\frac{2}{3}x^{\frac{3}{2}}-2x+C=\frac{2}{3}x\sqrt{x}-2x+C$$

이때 $f(1)=-\dfrac{1}{3}$에서

$$\frac{2}{3}-2+C=-\frac{1}{3} \qquad \therefore C=1$$

따라서 $f(x)=\dfrac{2}{3}x\sqrt{x}-2x+1$이므로

$$f(9)=18-18+1=1$$

02-1 답 (1) $\dfrac{1}{2}e^{x+1}-\dfrac{2^{x+1}}{\ln 2}-\dfrac{1}{2x}+C$

(2) $\dfrac{4^x}{\ln 4}-\dfrac{2^{x+1}}{\ln 2}+x+C$

(3) $\dfrac{1}{2}x^2+e^x+C$

(4) $\dfrac{9^x}{\ln 9}-\dfrac{3^x}{\ln 3}+C$

(1) $\displaystyle\int \frac{x^2e^{x+1}-x^2 2^{x+2}+1}{2x^2}\,dx$

$$=\int \left(\frac{e}{2}\times e^x-2\times 2^x+\frac{1}{2}x^{-2}\right)dx$$

$$=\frac{e}{2}\times e^x-2\times \frac{2^x}{\ln 2}-\frac{1}{2}x^{-1}+C$$

$$=\frac{1}{2}e^{x+1}-\frac{2^{x+1}}{\ln 2}-\frac{1}{2x}+C$$

(2) $\displaystyle\int (2^x-1)^2\,dx=\int (4^x-2\times 2^x+1)\,dx$

$$=\frac{4^x}{\ln 4}-2\times \frac{2^x}{\ln 2}+x+C$$

$$=\frac{4^x}{\ln 4}-\frac{2^{x+1}}{\ln 2}+x+C$$

(3) $\displaystyle\int \frac{x^2-e^{2x}}{x-e^x}\,dx=\int \frac{(x+e^x)(x-e^x)}{x-e^x}\,dx$

$$=\int (x+e^x)\,dx$$

$$=\frac{1}{2}x^2+e^x+C$$

(4) $\displaystyle\int \frac{27^x-3^x}{3^x+1}\,dx=\int \frac{3^x(9^x-1)}{3^x+1}\,dx$

$$=\int \frac{3^x(3^x+1)(3^x-1)}{3^x+1}\,dx$$

$$=\int 3^x(3^x-1)\,dx=\int (9^x-3^x)\,dx$$

$$=\frac{9^x}{\ln 9}-\frac{3^x}{\ln 3}+C$$

02-2 답 $\dfrac{8}{\ln 8}+1$

$$f(x)=\int f'(x)\,dx$$

$$=\int (2^x+1)(4^x-2^x+1)\,dx$$

$$=\int (8^x+1)\,dx$$

$$=\frac{8^x}{\ln 8}+x+C$$

이때 $f(0)=\dfrac{1}{\ln 8}$에서

$$\frac{1}{\ln 8}+C=\frac{1}{\ln 8} \qquad \therefore C=0$$

따라서 $f(x)=\dfrac{8^x}{\ln 8}+x$이므로

$$f(1)=\frac{8}{\ln 8}+1$$

03-1 답 (1) $x+\sin x+C$ (2) $-3\cot x+x+C$

(3) $\tan x-\ln|x|+C$ (4) $\dfrac{1}{2}\tan x+C$

(5) $\dfrac{3}{2}\sin x-\dfrac{1}{2}x+C$ (6) $x-\cos x+C$

(1) $\displaystyle\int \frac{\sin^2 x}{1-\cos x}\,dx=\int \frac{1-\cos^2 x}{1-\cos x}\,dx$

$$=\int \frac{(1+\cos x)(1-\cos x)}{1-\cos x}\,dx$$

$$=\int (1+\cos x)\,dx$$

$$=x+\sin x+C$$

(2) $\displaystyle\int \frac{3+\sin^2 x}{\sin^2 x}\,dx=\int \left(\frac{3}{\sin^2 x}+1\right)dx$

$$=\int (3\csc^2 x+1)\,dx$$

$$=-3\cot x+x+C$$

(3) $\displaystyle\int \frac{x-\cos^2 x}{x\cos^2 x}\,dx=\int \left(\frac{1}{\cos^2 x}-\frac{1}{x}\right)dx$

$$=\int \left(\sec^2 x-\frac{1}{x}\right)dx$$

$$=\tan x-\ln|x|+C$$

(4) $\cos 2x=2\cos^2 x-1$이므로

$$\int \frac{1}{1+\cos 2x}\,dx=\int \frac{1}{2\cos^2 x}\,dx$$

$$=\frac{1}{2}\int \sec^2 x\,dx$$

$$=\frac{1}{2}\tan x+C$$

(5) 배각의 공식에 의하여

$$\cos\left(\frac{x}{2}+\frac{x}{2}\right)=1-2\sin^2\frac{x}{2}$$

$$\therefore \sin^2\frac{x}{2}=\frac{1-\cos x}{2}$$

$$\therefore \int\left(\cos x-\sin^2\frac{x}{2}\right)dx$$

$$=\int\left(\cos x-\frac{1-\cos x}{2}\right)dx$$

$$=\int\left(\frac{3}{2}\cos x-\frac{1}{2}\right)dx$$

$$=\frac{3}{2}\sin x-\frac{1}{2}x+C$$

$$(6)\ \int\left(\sin\frac{x}{2}+\cos\frac{x}{2}\right)^2 dx$$

$$=\int\left(\sin^2\frac{x}{2}+2\sin\frac{x}{2}\cos\frac{x}{2}+\cos^2\frac{x}{2}\right)dx$$

$$=\int(1+\sin x)\,dx \qquad \blacktriangleleft \sin 2\theta=2\sin\theta\cos\theta$$

$$=x-\cos x+C$$

03-2 답 -1

$$f(x)=\int\frac{1}{1+\sin x}dx$$

$$=\int\frac{1-\sin x}{(1+\sin x)(1-\sin x)}dx$$

$$=\int\frac{1-\sin x}{1-\sin^2 x}dx=\int\frac{1-\sin x}{\cos^2 x}dx$$

$$=\int\left(\frac{1}{\cos^2 x}-\frac{1}{\cos x}\times\frac{\sin x}{\cos x}\right)dx$$

$$=\int(\sec^2 x-\sec x\tan x)\,dx$$

$$=\tan x-\sec x+C$$

이때 $f\left(\dfrac{\pi}{4}\right)=1$에서

$$1-\sqrt{2}+C=1 \qquad \therefore C=\sqrt{2}$$

따라서 $f(x)=\tan x-\sec x+\sqrt{2}$이므로

$$f\left(-\frac{\pi}{4}\right)=-1-\sqrt{2}+\sqrt{2}=-1$$

② 치환적분법

04-1 답 (1) $-\dfrac{1}{3}\cos(3x-1)+C$　(2) $-x(1-x)^6+C$

(3) $\sqrt{x^2-2x-3}+C$　(4) $\dfrac{2}{3}(e^x+2)\sqrt{e^x+2}+C$

(5) $\dfrac{1}{4}\{\ln(x^2+2)\}^2+C$　(6) $\sin x-\dfrac{1}{2}\sin^2 x+C$

(1) $3x-1=t$로 놓고 양변을 x에 대하여 미분하면

$$3=\frac{dt}{dx}$$

$$\therefore \int\sin(3x-1)\,dx=\int\sin t\times\frac{1}{3}\,dt=\frac{1}{3}\int\sin t\,dt$$

$$=-\frac{1}{3}\cos t+C$$

$$=-\frac{1}{3}\cos(3x-1)+C$$

(2) $1-x=t$로 놓으면 $x=1-t$

$1-x=t$의 양변을 x에 대하여 미분하면

$$-1=\frac{dt}{dx}$$

$$\therefore \int(7x-1)(1-x)^5\,dx$$

$$=\int\{7(1-t)-1\}t^5\times(-1)\,dt$$

$$=\int(7t^6-6t^5)\,dt=t^7-t^6+C$$

$$=(1-x)^7-(1-x)^6+C=-x(1-x)^6+C$$

(3) $x^2-2x-3=t$로 놓고 양변을 x에 대하여 미분하면

$$2x-2=\frac{dt}{dx}$$

$$\therefore \int\frac{x-1}{\sqrt{x^2-2x-3}}dx=\int\frac{1}{\sqrt{t}}\times\frac{1}{2}\,dt$$

$$=\frac{1}{2}\int t^{-\frac{1}{2}}\,dt=t^{\frac{1}{2}}+C$$

$$=\sqrt{t}+C=\sqrt{x^2-2x-3}+C$$

(4) $e^x+2=t$로 놓고 양변을 x에 대하여 미분하면

$$e^x=\frac{dt}{dx}$$

$$\therefore \int e^x\sqrt{e^x+2}\,dx=\int\sqrt{t}\,dt=\int t^{\frac{1}{2}}\,dt$$

$$=\frac{2}{3}t^{\frac{3}{2}}+C=\frac{2}{3}t\sqrt{t}+C$$

$$=\frac{2}{3}(e^x+2)\sqrt{e^x+2}+C$$

(5) $\ln(x^2+2)=t$로 놓고 양변을 x에 대하여 미분하면

$$\frac{2x}{x^2+2}=\frac{dt}{dx}$$

$$\therefore \int\frac{x}{x^2+2}\ln(x^2+2)\,dx=\int t\times\frac{1}{2}\,dt=\frac{1}{2}\int t\,dt$$

$$=\frac{1}{4}t^2+C$$

$$=\frac{1}{4}\{\ln(x^2+2)\}^2+C$$

(6) $\displaystyle\int\frac{\cos^3 x}{1+\sin x}dx=\int\frac{\cos x(1-\sin^2 x)}{1+\sin x}dx$

$$=\int\frac{\cos x(1+\sin x)(1-\sin x)}{1+\sin x}dx$$

$$=\int\cos x(1-\sin x)\,dx$$

$1-\sin x=t$로 놓고 양변을 x에 대하여 미분하면

$$-\cos x=\frac{dt}{dx}$$

$$\therefore \int \frac{\cos^3 x}{1+\sin x}dx = \int \cos x(1-\sin x)\,dx$$
$$= \int t \times (-1)\,dt = -\int t\,dt$$
$$= -\frac{1}{2}t^2 + C_1 = -\frac{1}{2}(1-\sin x)^2 + C_1$$
$$= \sin x - \frac{1}{2}\sin^2 x + C$$

다른 풀이

(6) $\sin x = t$로 놓고 양변을 x에 대하여 미분하면

$$\cos x = \frac{dt}{dx}$$

$$\therefore \int \frac{\cos^3 x}{1+\sin x}dx = \int \cos x(1-\sin x)\,dx$$
$$= \int (1-t)\,dt = t - \frac{1}{2}t^2 + C$$
$$= \sin x - \frac{1}{2}\sin^2 x + C$$

04-2 답 41

$$f(x) = \int f'(x)\,dx = \int (4x+2)(x^2+x+1)^3\,dx$$

$x^2+x+1=t$로 놓고 양변을 x에 대하여 미분하면

$$2x+1 = \frac{dt}{dx}$$

$$\therefore f(x) = \int (4x+2)(x^2+x+1)^3\,dx$$
$$= \int t^3 \times 2\,dt = 2\int t^3\,dt$$
$$= \frac{1}{2}t^4 + C = \frac{1}{2}(x^2+x+1)^4 + C$$

이때 $f(-1)=1$에서

$$\frac{1}{2}+C=1 \qquad \therefore C=\frac{1}{2}$$

따라서 $f(x) = \frac{1}{2}(x^2+x+1)^4 + \frac{1}{2}$이므로

$$f(1) = \frac{81}{2} + \frac{1}{2} = 41$$

04-3 답 7

$1+\sin x = t$로 놓고 양변을 x에 대하여 미분하면

$$\cos x = \frac{dt}{dx}$$

$$\therefore f(x) = \int \cos x(1+\sin x)^4\,dx = \int t^4\,dt$$
$$= \frac{1}{5}t^5 + C = \frac{1}{5}(1+\sin x)^5 + C$$

이때 $f\left(-\frac{\pi}{2}\right) = \frac{3}{5}$에서 $C = \frac{3}{5}$

따라서 $f(x) = \frac{1}{5}(1+\sin x)^5 + \frac{3}{5}$이므로

$$f\left(\frac{\pi}{2}\right) = \frac{32}{5} + \frac{3}{5} = 7$$

04-4 답 $f(x) = \frac{1}{2}e^{2x} - x - 1$

$$f(x) = \int \frac{e^{4x}}{e^{2x}+1}dx - \int \frac{1}{e^{2x}+1}dx$$
$$= \int \frac{e^{4x}-1}{e^{2x}+1}dx = \int \frac{(e^{2x}+1)(e^{2x}-1)}{e^{2x}+1}dx$$
$$= \int (e^{2x}-1)\,dx$$
$$= \int e^{2x}\,dx - \int dx$$

$\int e^{2x}\,dx$에서 $2x=t$로 놓고 양변을 x에 대하여 미분하면

$$2 = \frac{dt}{dx}$$

$$\therefore f(x) = \int e^{2x}\,dx - \int dx = \int e^t \times \frac{1}{2}\,dt - x$$
$$= \frac{1}{2}\int e^t\,dt - x = \frac{1}{2}e^t - x + C$$
$$= \frac{1}{2}e^{2x} - x + C$$

이때 $f(0) = -\frac{1}{2}$에서

$$\frac{1}{2}+C = -\frac{1}{2} \qquad \therefore C = -1$$

$$\therefore f(x) = \frac{1}{2}e^{2x} - x - 1$$

05-1 답 (1) $\ln|e^{2x}-1|+C$ (2) $\ln|2^x-x^2|+C$
　　　　(3) $-\frac{1}{2}\ln|1+2\cos x|+C$ (4) $\ln|\sin x|+C$

(1) $(e^{2x}-1)' = 2e^{2x}$이므로

$$\int \frac{2e^{2x}}{e^{2x}-1}dx = \int \frac{(e^{2x}-1)'}{e^{2x}-1}dx$$
$$= \ln|e^{2x}-1|+C$$

(2) $(2^x-x^2)' = 2^x\ln 2 - 2x$이므로

$$\int \frac{2^x\ln 2 - 2x}{2^x-x^2}dx = \int \frac{(2^x-x^2)'}{2^x-x^2}dx$$
$$= \ln|2^x-x^2|+C$$

(3) $(1+2\cos x)' = -2\sin x$이므로

$$\int \frac{\sin x}{1+2\cos x}dx = -\frac{1}{2}\int \frac{-2\sin x}{1+2\cos x}dx$$
$$= -\frac{1}{2}\int \frac{(1+2\cos x)'}{1+2\cos x}dx$$
$$= -\frac{1}{2}\ln|1+2\cos x|+C$$

(4) $\cot x = \frac{\cos x}{\sin x}$이고 $(\sin x)' = \cos x$이므로

$$\int \cot x\,dx = \int \frac{\cos x}{\sin x}dx$$
$$= \int \frac{(\sin x)'}{\sin x}dx$$
$$= \ln|\sin x|+C$$

05-2 답 $\dfrac{\ln 3}{3}+1$

$(x^3+3x+1)'=3x^2+3$이므로

$$f(x)=\int \frac{x^2+1}{x^3+3x+1}dx$$

$$=\frac{1}{3}\int \frac{3x^2+3}{x^3+3x+1}dx$$

$$=\frac{1}{3}\int \frac{(x^3+3x+1)'}{x^3+3x+1}dx$$

$$=\frac{1}{3}\ln|x^3+3x+1|+C$$

이때 $f(0)=1$에서 $C=1$

따라서 $f(x)=\dfrac{1}{3}\ln|x^3+3x+1|+1$이므로

$$f(-1)=\frac{\ln|-3|}{3}+1=\frac{\ln 3}{3}+1$$

06-1 답 (1) $\dfrac{1}{3}x^3+\dfrac{1}{2}x^2+3x+2\ln|x-1|+C$

(2) $\dfrac{1}{2}\ln\left|\dfrac{x-3}{x-1}\right|+C$

(3) $2\ln|x+1|-\ln|x-3|+C$

(1) 분자를 분모로 나누어 식을 변형하면

$$\frac{x^3+2x-1}{x-1}=\frac{(x-1)(x^2+x+3)+2}{x-1}$$

$$=x^2+x+3+\frac{2}{x-1}$$

$$\therefore \int \frac{x^3+2x-1}{x-1}dx$$

$$=\int\left(x^2+x+3+\frac{2}{x-1}\right)dx$$

$$=\frac{1}{3}x^3+\frac{1}{2}x^2+3x+2\ln|x-1|+C$$

(2) 분모가 인수분해되므로 식을 변형하면

$$\frac{1}{x^2-4x+3}=\frac{1}{(x-3)(x-1)}$$

$$=\frac{1}{2}\left(\frac{1}{x-3}-\frac{1}{x-1}\right)$$

$$\therefore \int \frac{1}{x^2-4x+3}dx$$

$$=\frac{1}{2}\int\left(\frac{1}{x-3}-\frac{1}{x-1}\right)dx$$

$$=\frac{1}{2}(\ln|x-3|-\ln|x-1|)+C$$

$$=\frac{1}{2}\ln\left|\frac{x-3}{x-1}\right|+C$$

(3) 분모를 인수분해하면 $x^2-2x-3=(x+1)(x-3)$이므로

$$\frac{x-7}{x^2-2x-3}=\frac{A}{x+1}+\frac{B}{x-3}\ (A,\ B\text{는 상수})\text{로 놓으면}$$

$$\frac{x-7}{x^2-2x-3}=\frac{(A+B)x-3A+B}{x^2-2x-3}$$

이 식은 x에 대한 항등식이므로

$$A+B=1,\ -3A+B=-7$$

두 식을 연립하여 풀면 $A=2,\ B=-1$

$$\therefore \int \frac{x-7}{x^2-2x-3}dx=\int\left(\frac{2}{x+1}-\frac{1}{x-3}\right)dx$$

$$=2\ln|x+1|-\ln|x-3|+C$$

❸ 부분적분법

문제 177~178쪽

07-1 답 (1) $(x-1)\sin x+\cos x+C$

(2) $\dfrac{1}{3}x^3\ln x-\dfrac{1}{9}x^3+C$

(3) $\left(\dfrac{2}{3}-x\right)e^{3x}+C$

(1) $f(x)=x-1,\ g'(x)=\cos x$로 놓으면

$$f'(x)=1,\ g(x)=\sin x$$

$$\therefore \int (x-1)\cos x\,dx=(x-1)\sin x-\int \sin x\,dx$$

$$=(x-1)\sin x+\cos x+C$$

(2) $f(x)=\ln x,\ g'(x)=x^2$으로 놓으면

$$f'(x)=\frac{1}{x},\ g(x)=\frac{1}{3}x^3$$

$$\therefore \int x^2\ln x\,dx=\frac{1}{3}x^3\ln x-\int \frac{1}{x}\times\frac{1}{3}x^3\,dx$$

$$=\frac{1}{3}x^3\ln x-\frac{1}{3}\int x^2\,dx$$

$$=\frac{1}{3}x^3\ln x-\frac{1}{9}x^3+C$$

(3) $f(x)=1-3x,\ g'(x)=e^{3x}$으로 놓으면

$$f'(x)=-3,\ g(x)=\frac{1}{3}e^{3x}$$

$$\therefore \int (1-3x)e^{3x}\,dx$$

$$=\frac{1}{3}(1-3x)e^{3x}-\int (-3)\times\frac{1}{3}e^{3x}\,dx$$

$$=\frac{1}{3}(1-3x)e^{3x}+\int e^{3x}\,dx$$

$$=\frac{1}{3}e^{3x}-xe^{3x}+\frac{1}{3}e^{3x}+C$$

$$=\left(\frac{2}{3}-x\right)e^{3x}+C$$

07-2 답 $\dfrac{\ln 2}{2}-\dfrac{1}{8}$

$u(x)=\ln 2x,\ v'(x)=x$로 놓으면

$$u'(x)=\frac{1}{x},\ v(x)=\frac{1}{2}x^2$$

$$\therefore f(x)=\int x\ln 2x\,dx$$

$$=\frac{1}{2}x^2\ln 2x-\int \frac{1}{x}\times\frac{1}{2}x^2\,dx$$

$$=\frac{1}{2}x^2\ln 2x-\frac{1}{2}\int x\,dx$$

$$=\frac{1}{2}x^2\ln 2x-\frac{1}{4}x^2+C$$

이때 $f\left(\dfrac{1}{2}\right)=\dfrac{1}{16}$에서

$$-\frac{1}{16}+C=\frac{1}{16}$$

$$\therefore C=\frac{1}{8}$$

따라서 $f(x)=\dfrac{1}{2}x^2\ln 2x-\dfrac{1}{4}x^2+\dfrac{1}{8}$이므로

$$f(1)=\frac{\ln 2}{2}-\frac{1}{4}+\frac{1}{8}=\frac{\ln 2}{2}-\frac{1}{8}$$

08-1 탭 (1) $(x^2-2x+2)e^x+C$

(2) $\dfrac{1}{2}e^{-x}(\sin x-\cos x)+C$

(1) $f(x)=x^2$, $g'(x)=e^x$으로 놓으면

$$f'(x)=2x,\ g(x)=e^x$$

$$\therefore \int x^2e^x\,dx=x^2e^x-\int 2x\times e^x\,dx$$

$$=x^2e^x-2\int xe^x\,dx \quad\cdots\cdots\ \textcircled{\scriptsize ㄱ}$$

$\displaystyle\int xe^x\,dx$에서 $u(x)=x$, $v'(x)=e^x$으로 놓으면

$$u'(x)=1,\ v(x)=e^x$$

$$\therefore \int xe^x\,dx=xe^x-\int e^x\,dx$$

$$=xe^x-e^x+C_1 \quad\cdots\cdots\ \textcircled{\scriptsize ㄴ}$$

$\textcircled{\scriptsize ㄴ}$을 $\textcircled{\scriptsize ㄱ}$에 대입하면

$$\int x^2e^x\,dx=x^2e^x-2(xe^x-e^x+C_1)$$

$$=x^2e^x-2xe^x+2e^x+C$$

$$=(x^2-2x+2)e^x+C$$

(2) $f(x)=\cos x$, $g'(x)=e^{-x}$으로 놓으면

$$f'(x)=-\sin x,\ g(x)=-e^{-x}$$

$$\therefore \int e^{-x}\cos x\,dx$$

$$=-e^{-x}\cos x-\int (-\sin x)\times(-e^{-x})\,dx$$

$$=-e^{-x}\cos x-\int e^{-x}\sin x\,dx \quad\cdots\cdots\ \textcircled{\scriptsize ㄱ}$$

$\displaystyle\int e^{-x}\sin x\,dx$에서 $u(x)=\sin x$, $v'(x)=e^{-x}$으로 놓으면

$$u'(x)=\cos x,\ v(x)=-e^{-x}$$

$$\therefore \int e^{-x}\sin x\,dx$$

$$=-e^{-x}\sin x-\int \cos x\times(-e^{-x})\,dx$$

$$=-e^{-x}\sin x+\int e^{-x}\cos x\,dx \quad\cdots\cdots\ \textcircled{\scriptsize ㄴ}$$

$\textcircled{\scriptsize ㄴ}$을 $\textcircled{\scriptsize ㄱ}$에 대입하면

$$\int e^{-x}\cos x\,dx$$

$$=-e^{-x}\cos x-\left(-e^{-x}\sin x+\int e^{-x}\cos x\,dx\right)$$

$$2\int e^{-x}\cos x\,dx=-e^{-x}\cos x+e^{-x}\sin x$$

$$\therefore \int e^{-x}\cos x\,dx=\frac{1}{2}e^{-x}(\sin x-\cos x)+C$$

연습문제

179~180쪽

1 $-e^3$	**2** ⑤	**3** 2	**4** 5	**5** $\dfrac{5}{3}$
6 ⑤	**7** ①	**8** $2\ln 2$	**9** 27	**10** $-\ln 6$
11 ②	**12** $3e^3$	**13** 2	**14** ④	**15** $\dfrac{3}{2}$

1 $f(x)=\displaystyle\int \frac{3x^4-x+2}{x^2}\,dx$

$$=\int \left(3x^2-\frac{1}{x}+2x^{-2}\right)dx$$

$$=x^3-\ln|x|-2x^{-1}+C$$

$$=x^3-\ln|x|-\frac{2}{x}+C$$

이때 $f(e)=-\dfrac{2}{e}$에서

$$e^3-1-\frac{2}{e}+C=-\frac{2}{e} \qquad \therefore C=1-e^3$$

따라서 $f(x)=x^3-\ln|x|-\dfrac{2}{x}+1-e^3$이므로

$$f(1)=1-2+1-e^3=-e^3$$

2 $x\leq 1$일 때,

$$f(x)=\int f'(x)\,dx=\int e^{x-1}\,dx=\frac{1}{e}\int e^x\,dx$$

$$=\frac{1}{e}\times e^x+C_1=e^{x-1}+C_1$$

$x>1$일 때,

$$f(x)=\int f'(x)\,dx=\int \frac{1}{x}\,dx=\ln x+C_2$$

$$\therefore f(x)=\begin{cases} e^{x-1}+C_1 & (x\leq 1) \\ \ln x+C_2 & (x>1) \end{cases}$$

이때 $f(-1)=e+\dfrac{1}{e^2}$에서

$e^{-2}+C_1=e+\dfrac{1}{e^2}$ $\quad$ $\therefore C_1=e$

함수 $f(x)$가 모든 실수에서 연속이면 $x=1$에서 연속이므로

$\lim\limits_{x\to 1+}(\ln x+C_2)=\lim\limits_{x\to 1-}(e^{x-1}+e)$

$\therefore C_2=1+e$

따라서 $f(x)=\begin{cases} e^{x-1}+e & (x\le 1) \\ \ln x+1+e & (x>1) \end{cases}$ 이므로

$f(e)=1+1+e=e+2$

3 $f(x)=\displaystyle\int \dfrac{\sin x+1}{\cos^2 x}dx$

$\qquad =\displaystyle\int\left(\dfrac{1}{\cos x}\times\dfrac{\sin x}{\cos x}+\dfrac{1}{\cos^2 x}\right)dx$

$\qquad =\displaystyle\int(\sec x\tan x+\sec^2 x)\,dx$

$\qquad =\sec x+\tan x+C$

$\therefore f\left(\dfrac{\pi}{3}\right)-f\left(\dfrac{\pi}{6}\right)=(2+\sqrt{3}+C)-\left(\dfrac{2\sqrt{3}}{3}+\dfrac{\sqrt{3}}{3}+C\right)$

$\qquad\qquad\qquad\qquad =2$

4 $\dfrac{d}{dx}\{f(x)+g(x)\}=2\sin x$에서

$f(x)+g(x)=\displaystyle\int 2\sin x\,dx$

$\qquad\qquad =-2\cos x+C_1 \qquad \cdots\cdots\ \unicode{x326}$

$\dfrac{d}{dx}\{f(x)-g(x)\}=1-\cos x$에서

$f(x)-g(x)=\displaystyle\int(1-\cos x)\,dx$

$\qquad\qquad =x-\sin x+C_2 \qquad \cdots\cdots\ \unicode{x327}$

이때 $f(0)=1,\ g(0)=-1$이므로 ㉠에서

$f(0)+g(0)=-2+C_1$

$-2+C_1=0 \qquad \therefore C_1=2$

㉡에서 $f(0)-g(0)=C_2 \qquad \therefore C_2=2$

$\therefore f(x)+g(x)=-2\cos x+2 \qquad \cdots\cdots\ ㉢,$

$\quad f(x)-g(x)=x-\sin x+2 \qquad \cdots\cdots\ ㉣$

㉢$+$㉣을 하면

$2f(x)=x-\sin x-2\cos x+4$

$\therefore f(x)=\dfrac{1}{2}x-\dfrac{1}{2}\sin x-\cos x+2$

㉢$-$㉣을 하면

$2g(x)=-x+\sin x-2\cos x$

$\therefore g(x)=-\dfrac{1}{2}x+\dfrac{1}{2}\sin x-\cos x$

$\therefore 2f(\pi)+g(2\pi)=2\left(\dfrac{\pi}{2}+1+2\right)+(-\pi-1)=5$

5 $x+1=t$로 놓으면 $x=t-1$

$x+1=t$의 양변을 x에 대하여 미분하면

$1=\dfrac{dt}{dx}$

$\therefore f(x)=\displaystyle\int\dfrac{x}{\sqrt{x+1}}dx$

$\qquad =\displaystyle\int\dfrac{t-1}{\sqrt{t}}dt$

$\qquad =\displaystyle\int(t^{\frac{1}{2}}-t^{-\frac{1}{2}})dt$

$\qquad =\dfrac{2}{3}t^{\frac{3}{2}}-2t^{\frac{1}{2}}+C$

$\qquad =\dfrac{2}{3}t\sqrt{t}-2\sqrt{t}+C$

$\qquad =\dfrac{2}{3}(x+1)\sqrt{x+1}-2\sqrt{x+1}+C$

$\qquad =\dfrac{2}{3}(x-2)\sqrt{x+1}+C$

이때 $f(0)=-1$에서

$-\dfrac{4}{3}+C=-1 \qquad \therefore C=\dfrac{1}{3}$

따라서 $f(x)=\dfrac{2}{3}(x-2)\sqrt{x+1}+\dfrac{1}{3}$이므로

$f(3)=\dfrac{2}{3}\times 2+\dfrac{1}{3}=\dfrac{5}{3}$

6 $f(x)=\displaystyle\int f'(x)\,dx=\displaystyle\int\dfrac{\sin(\ln x)}{x}dx$

$\ln x=t$로 놓고 양변을 x에 대하여 미분하면

$\dfrac{1}{x}=\dfrac{dt}{dx}$

$\therefore f(x)=\displaystyle\int\dfrac{\sin(\ln x)}{x}dx$

$\qquad =\displaystyle\int\sin t\,dt$

$\qquad =-\cos t+C$

$\qquad =-\cos(\ln x)+C$

이때 $f(1)=1$에서

$-1+C=1 \qquad \therefore C=2$

따라서 $f(x)=-\cos(\ln x)+2$이므로

$f(e^\pi)=1+2=3$

7 곡선 $y=f(x)$ 위의 점 $(x,\ f(x))$에서의 접선의 기울기가

$\dfrac{2x}{1+x^2}$이므로

$f'(x)=\dfrac{2x}{1+x^2}$

$\therefore f(x)=\displaystyle\int f'(x)\,dx=\displaystyle\int\dfrac{2x}{1+x^2}dx$

$\qquad =\displaystyle\int\dfrac{(1+x^2)'}{1+x^2}dx$

$\qquad =\ln(1+x^2)+C\ (\because 1+x^2>0)$

이때 곡선 $y=f(x)$가 점 $(0,\ -2)$를 지나므로
$f(0)=-2$에서 $C=-2$
$\therefore\ f(x)=\ln(1+x^2)-2$
방정식 $f(x)=0$에서
$\ln(1+x^2)-2=0,\ \ln(1+x^2)=2$
$1+x^2=e^2,\ x^2=e^2-1$
$\therefore\ x=\pm\sqrt{e^2-1}$
따라서 방정식 $f(x)=0$의 모든 근의 곱은
$-\sqrt{e^2-1}\times\sqrt{e^2-1}=1-e^2$

8 $F(x)=\displaystyle\int f(x)\,dx=\int\frac{1}{x\ln x}\,dx$

$\qquad =\displaystyle\int\frac{(\ln x)'}{\ln x}\,dx$

$\qquad =\ln|\ln x|+C$

이때 $F(e)=\ln 2$에서 $C=\ln 2$
따라서 $F(x)=\ln|\ln x|+\ln 2$이므로
$F(e^2)=\ln 2+\ln 2=2\ln 2$

9 $f'(x)=3f(x)$에서 $\dfrac{f'(x)}{f(x)}=3$이므로

$\displaystyle\int\frac{f'(x)}{f(x)}\,dx=\int 3\,dx$

$\therefore\ \ln f(x)=3x+C\ (\because\ f(x)>0)$
이때 $f(0)=1$에서 $C=0$
따라서 $\ln f(x)=3x$이므로 $f(x)=e^{3x}$
$\therefore\ f(\ln 3)=e^{3\ln 3}=e^{\ln 27}=27$

10 $f(x)=\displaystyle\int\frac{1}{x^2+7x+12}\,dx$

$\qquad =\displaystyle\int\frac{1}{(x+3)(x+4)}\,dx$

$\qquad =\displaystyle\int\left(\frac{1}{x+3}-\frac{1}{x+4}\right)dx$

$\qquad =\ln|x+3|-\ln|x+4|+C$

$\qquad =\ln\left|\dfrac{x+3}{x+4}\right|+C$

이때 $f(-2)=-\ln 2$에서

$\ln\dfrac{1}{2}+C=-\ln 2\qquad\therefore\ C=0$

$\therefore\ f(x)=\ln\left|\dfrac{x+3}{x+4}\right|$

$\therefore\ \displaystyle\sum_{k=1}^{20}f(k)=\sum_{k=1}^{20}\ln\left|\frac{k+3}{k+4}\right|$

$\qquad =\ln\dfrac{4}{5}+\ln\dfrac{5}{6}+\ln\dfrac{6}{7}+\cdots+\ln\dfrac{23}{24}$

$\qquad =\ln\left(\dfrac{4}{5}\times\dfrac{5}{6}\times\dfrac{6}{7}\times\cdots\times\dfrac{23}{24}\right)$

$\qquad =\ln\dfrac{1}{6}=-\ln 6$

11 $u(x)=2x,\ v'(x)=\sin 2x$로 놓으면

$u'(x)=2,\ v(x)=-\dfrac{1}{2}\cos 2x$

$\therefore\ f(x)=\displaystyle\int 2x\sin 2x\,dx$

$\qquad =-x\cos 2x+\displaystyle\int\cos 2x\,dx$

$\qquad =-x\cos 2x+\dfrac{1}{2}\sin 2x+C$

이때 $f\left(\dfrac{\pi}{4}\right)=-\dfrac{1}{2}$에서

$\dfrac{1}{2}+C=-\dfrac{1}{2}\qquad\therefore\ C=-1$

따라서 $f(x)=-x\cos 2x+\dfrac{1}{2}\sin 2x-1$이므로
$f(\pi)=-\pi-1$

12 $\displaystyle\lim_{h\to 0}\frac{f(x+h)-f(x)}{h}=f'(x)$이므로
$f'(x)=(x^2+2)e^{x+2}$

$\therefore\ f(x)=\displaystyle\int f'(x)\,dx=\int(x^2+2)e^{x+2}\,dx$

$g(x)=x^2+2,\ h'(x)=e^{x+2}$으로 놓으면
$g'(x)=2x,\ h(x)=e^{x+2}$

$\therefore\ f(x)=\displaystyle\int(x^2+2)e^{x+2}\,dx$

$\qquad =(x^2+2)e^{x+2}-\displaystyle\int 2xe^{x+2}\,dx$

$\qquad =(x^2+2)e^{x+2}-2\displaystyle\int xe^{x+2}\,dx\qquad\cdots\cdots\ \text{㉠}$

$\displaystyle\int xe^{x+2}\,dx$에서 $u(x)=x,\ v'(x)=e^{x+2}$으로 놓으면
$u'(x)=1,\ v(x)=e^{x+2}$

$\therefore\ \displaystyle\int xe^{x+2}\,dx=xe^{x+2}-\int e^{x+2}\,dx$

$\qquad =xe^{x+2}-e^{x+2}+C_1\qquad\cdots\cdots\ \text{㉡}$

㉡을 ㉠에 대입하면
$f(x)=(x^2+2)e^{x+2}-2(xe^{x+2}-e^{x+2}+C_1)$
$\qquad =(x^2-2x+4)e^{x+2}+C$
이때 $f(-2)=12$에서
$12+C=12\qquad\therefore\ C=0$
따라서 $f(x)=(x^2-2x+4)e^{x+2}$이므로
$f(1)=3e^3$

13 $\dfrac{f(x)}{x}+f'(x)=\dfrac{x-1}{x\sqrt{x}+x}$의 양변에 x를 곱하면

$f(x)+xf'(x)=\dfrac{x-1}{\sqrt{x}+1}$

$\therefore\ f(x)+xf'(x)=\sqrt{x}-1$

이때 $f(x)+xf'(x)=\{xf(x)\}'$이므로

$$xf(x)=\int \{f(x)+xf'(x)\}\,dx=\int (\sqrt{x}-1)\,dx$$

$$=\int (x^{\frac{1}{2}}-1)\,dx=\frac{2}{3}x^{\frac{3}{2}}-x+C$$

$$=\frac{2}{3}x\sqrt{x}-x+C$$

이때 $f(1)=-\dfrac{1}{3}$에서

$$\frac{2}{3}-1+C=-\frac{1}{3} \qquad \therefore C=0$$

즉, $xf(x)=\dfrac{2}{3}x\sqrt{x}-x$이므로 $f(x)=\dfrac{2}{3}\sqrt{x}-1$

함수 $f(x)$가 $4\le x\le 16$에서 증가하므로 $f(x)$는 $x=16$

에서 최댓값 $f(16)=\dfrac{5}{3}$를 갖고, $x=4$에서 최솟값

$f(4)=\dfrac{1}{3}$을 갖는다.

따라서 구하는 최댓값과 최솟값의 합은 $\dfrac{5}{3}+\dfrac{1}{3}=2$

14 ㈎의 좌변에서 $f(x)=t$로 놓고 양변을 x에 대하여 미분
하면

$$f'(x)=\frac{dt}{dx}$$

$$\therefore \int 2\{f(x)\}^2 f'(x)\,dx=\int 2t^2\,dt=\frac{2}{3}t^3+C_1$$

$$=\frac{2}{3}\{f(x)\}^3+C_1 \quad \cdots\cdots\ \ominus$$

㈎의 우변에서 $f(2x+1)=s$로 놓고 양변을 x에 대하여
미분하면

$$2f'(2x+1)=\frac{ds}{dx}$$

$$\therefore \int \{f(2x+1)\}^2 f'(2x+1)\,dx$$

$$=\int s^2\times\frac{1}{2}\,ds$$

$$=\frac{1}{2}\int s^2\,ds=\frac{1}{6}s^3+C_2$$

$$=\frac{1}{6}\{f(2x+1)\}^3+C_2 \quad \cdots\cdots\ \bigcirc$$

$\ominus$, $\bigcirc$에서 $\dfrac{2}{3}\{f(x)\}^3+C_1=\dfrac{1}{6}\{f(2x+1)\}^3+C_2$

$$\therefore 4\{f(x)\}^3=\{f(2x+1)\}^3+C \quad \cdots\cdots\ \boxdot$$

㈏에서 $f\left(-\dfrac{1}{8}\right)=1$이므로 $\boxdot$의 양변에 $x=-\dfrac{1}{8}$을 대입

하면

$$4=\left\{f\left(\frac{3}{4}\right)\right\}^3+C \qquad \therefore \left\{f\left(\frac{3}{4}\right)\right\}^3=4-C$$

$\boxdot$의 양변에 $x=\dfrac{3}{4}$을 대입하면

$$4(4-C)=\left\{f\left(\frac{5}{2}\right)\right\}^3+C \qquad \therefore \left\{f\left(\frac{5}{2}\right)\right\}^3=16-5C$$

$\boxdot$의 양변에 $x=\dfrac{5}{2}$를 대입하면

$$4(16-5C)=\{f(6)\}^3+C$$

이때 ㈏에서 $f(6)=2$이므로

$$64-20C=8+C \qquad \therefore C=\frac{8}{3}$$

따라서 $\boxdot$에서 $4\{f(x)\}^3=\{f(2x+1)\}^3+\dfrac{8}{3}$이므로 양변

에 $x=-1$을 대입하면

$$4\{f(-1)\}^3=\{f(-1)\}^3+\frac{8}{3}, \ \{f(-1)\}^3=\frac{8}{9}$$

$$\therefore f(-1)=\left(\frac{8}{9}\right)^{\frac{1}{3}}=\frac{2}{3^{\frac{2}{3}}}=\frac{2\sqrt[3]{3}}{3}$$

15 $\displaystyle\lim_{x\to 0}\dfrac{f(x)-3}{x}=2$에서 $x\to 0$일 때 (분모)$\to 0$이고, 극한

값이 존재하므로 (분자)$\to 0$에서

$$\lim_{x\to 0}\{f(x)-3\}=0 \qquad \therefore f(0)=3$$

$$\therefore \lim_{x\to 0}\frac{f(x)-3}{x}=\lim_{x\to 0}\frac{f(x)-f(0)}{x}=f'(0)$$

즉, $f'(0)=2$이므로 $f'(x)=x^3 e^{x^2}+a$에서 $a=2$

$$\therefore f(x)=\int f'(x)\,dx=\int (x^3 e^{x^2}+2)\,dx$$

$$=\int x^3 e^{x^2}\,dx+\int 2\,dx$$

$\displaystyle\int x^3 e^{x^2}\,dx$에서 $x^2=t$로 놓고 양변을 x에 대하여 미분하면

$$2x=\frac{dt}{dx}$$

$$\therefore f(x)=\int x^3 e^{x^2}\,dx+\int 2\,dx$$

$$=\int te^t\times\frac{1}{2}\,dt+2x+C_1$$

$$=\frac{1}{2}\int te^t\,dt+2x+C_1 \quad \cdots\cdots\ \ominus$$

$\displaystyle\int te^t\,dt$에서 $u(t)=t$, $v'(t)=e^t$으로 놓으면

$$u'(t)=1, \ v(t)=e^t$$

$$\therefore \int te^t\,dt=te^t-\int e^t\,dt=te^t-e^t+C_2$$

$$=(x^2-1)e^{x^2}+C_2 \quad \cdots\cdots\ \bigcirc$$

$\bigcirc$을 $\ominus$에 대입하면

$$f(x)=\frac{1}{2}(x^2-1)e^{x^2}+2x+C$$

이때 $f(0)=3$에서

$$-\frac{1}{2}+C=3 \qquad \therefore C=\frac{7}{2}$$

따라서 $f(x)=\dfrac{1}{2}(x^2-1)e^{x^2}+2x+\dfrac{7}{2}$이므로

$$f(-1)=-2+\frac{7}{2}=\frac{3}{2}$$

여러 가지 함수의 정적분

개념 CHECK　　　　　　　　　　　　　　182쪽

1 답 (1) $\dfrac{1}{2}$　(2) 12　(3) 2　(4) $\dfrac{4}{\ln 2}$　(5) $\dfrac{\sqrt{2}}{2}$　(6) $-\dfrac{\sqrt{3}}{2}$

(1) $\displaystyle\int_1^2 \dfrac{1}{x^2}\,dx = \int_1^2 x^{-2}\,dx = \Big[-x^{-1}\Big]_1^2$

$\qquad = -\dfrac{1}{2} - (-1) = \dfrac{1}{2}$

(2) $\displaystyle\int_0^8 \sqrt[3]{x}\,dx = \int_0^8 x^{\frac{1}{3}}\,dx = \Big[\dfrac{3}{4}x^{\frac{4}{3}}\Big]_0^8 = \dfrac{3}{4}\times 16 = 12$

(3) $\displaystyle\int_{\ln 2}^{\ln 4} e^x\,dx = \Big[e^x\Big]_{\ln 2}^{\ln 4} = 4 - 2 = 2$

(4) $\displaystyle\int_2^3 2^x\,dx = \Big[\dfrac{2^x}{\ln 2}\Big]_2^3 = \dfrac{8}{\ln 2} - \dfrac{4}{\ln 2} = \dfrac{4}{\ln 2}$

(5) $\displaystyle\int_{\frac{\pi}{4}}^{\frac{\pi}{2}} \sin x\,dx = \Big[-\cos x\Big]_{\frac{\pi}{4}}^{\frac{\pi}{2}} = -\Big(-\dfrac{\sqrt{2}}{2}\Big) = \dfrac{\sqrt{2}}{2}$

(6) $\displaystyle\int_{\frac{\pi}{3}}^{\pi} \cos x\,dx = \Big[\sin x\Big]_{\frac{\pi}{3}}^{\pi} = -\dfrac{\sqrt{3}}{2}$

2 답 (1) 0　(2) $3\sqrt{3}$

(1) $f(x) = 2\sin x$라 하면

$\qquad f(-x) = 2\sin(-x) = -2\sin x = -f(x)$

$\qquad \therefore \displaystyle\int_{-\frac{\pi}{6}}^{\frac{\pi}{6}} 2\sin x\,dx = 0$

(2) $f(x) = 3\cos x$라 하면

$\qquad f(-x) = 3\cos(-x) = 3\cos x = f(x)$

$\qquad \therefore \displaystyle\int_{-\frac{\pi}{3}}^{\frac{\pi}{3}} 3\cos x\,dx = 2\int_0^{\frac{\pi}{3}} 3\cos x\,dx$

$\qquad\qquad = 6\Big[\sin x\Big]_0^{\frac{\pi}{3}}$

$\qquad\qquad = 6 \times \dfrac{\sqrt{3}}{2} = 3\sqrt{3}$

문제　　　　　　　　　　　　　　183~186쪽

01-1 답 (1) $e^3 - e^2 + 1$　(2) $\dfrac{44}{3}$　(3) $3e^2 + \dfrac{15}{\ln 4} - 3$

$\qquad\quad$ (4) $\dfrac{26}{3\ln 3} - 3$　(5) $2 - \dfrac{\sqrt{2}}{2}$　(6) $\dfrac{2\sqrt{3}}{3}$

(1) $\displaystyle\int_1^e \dfrac{3x^3 - 2x^2 + 1}{x}\,dx = \int_1^e \Big(3x^2 - 2x + \dfrac{1}{x}\Big)\,dx$

$\qquad = \Big[x^3 - x^2 + \ln|x|\Big]_1^e$

$\qquad = (e^3 - e^2 + 1) - (1 - 1)$

$\qquad = e^3 - e^2 + 1$

(2) $\displaystyle\int_4^9 \Big(\sqrt{x} + \dfrac{1}{\sqrt{x}}\Big)\,dx = \int_4^9 \Big(x^{\frac{1}{2}} + x^{-\frac{1}{2}}\Big)\,dx$

$\qquad = \Big[\dfrac{2}{3}x^{\frac{3}{2}} + 2x^{\frac{1}{2}}\Big]_4^9$

$\qquad = (18 + 6) - \Big(\dfrac{16}{3} + 4\Big)$

$\qquad = \dfrac{44}{3}$

(3) $\displaystyle\int_0^2 (3e^x + 2^{2x})\,dx = \int_0^2 (3e^x + 4^x)\,dx$

$\qquad = \Big[3e^x + \dfrac{4^x}{\ln 4}\Big]_0^2$

$\qquad = \Big(3e^2 + \dfrac{16}{\ln 4}\Big) - \Big(3 + \dfrac{1}{\ln 4}\Big)$

$\qquad = 3e^2 + \dfrac{15}{\ln 4} - 3$

(4) $\displaystyle\int_{-1}^2 \dfrac{9^x - 1}{3^x + 1}\,dx = \int_{-1}^2 \dfrac{(3^x + 1)(3^x - 1)}{3^x + 1}\,dx$

$\qquad = \displaystyle\int_{-1}^2 (3^x - 1)\,dx = \Big[\dfrac{3^x}{\ln 3} - x\Big]_{-1}^2$

$\qquad = \Big(\dfrac{9}{\ln 3} - 2\Big) - \Big(\dfrac{1}{3\ln 3} + 1\Big)$

$\qquad = \dfrac{26}{3\ln 3} - 3$

(5) $\displaystyle\int_{\frac{\pi}{4}}^{\frac{\pi}{2}} (\sin x + 2\cos x)\,dx = \Big[-\cos x + 2\sin x\Big]_{\frac{\pi}{4}}^{\frac{\pi}{2}}$

$\qquad = 2 - \Big(-\dfrac{\sqrt{2}}{2} + \sqrt{2}\Big)$

$\qquad = 2 - \dfrac{\sqrt{2}}{2}$

(6) $\displaystyle\int_{\frac{\pi}{6}}^{\frac{\pi}{3}} \dfrac{1}{1 - \sin^2 x}\,dx = \int_{\frac{\pi}{6}}^{\frac{\pi}{3}} \dfrac{1}{\cos^2 x}\,dx$

$\qquad = \displaystyle\int_{\frac{\pi}{6}}^{\frac{\pi}{3}} \sec^2 x\,dx$

$\qquad = \Big[\tan x\Big]_{\frac{\pi}{6}}^{\frac{\pi}{3}}$

$\qquad = \sqrt{3} - \dfrac{\sqrt{3}}{3} = \dfrac{2\sqrt{3}}{3}$

01-2 답 (1) 4　(2) $\dfrac{37}{10}$

(1) $\displaystyle\int_{\frac{\pi}{2}}^{\pi} (\sin x + 1)^2\,dx + \int_{\pi}^{\frac{\pi}{2}} (\sin x - 1)^2\,dx$

$\qquad = \displaystyle\int_{\frac{\pi}{2}}^{\pi} (\sin x + 1)^2\,dx - \int_{\frac{\pi}{2}}^{\pi} (\sin x - 1)^2\,dx$

$\qquad = \displaystyle\int_{\frac{\pi}{2}}^{\pi} \{(\sin x + 1)^2 - (\sin x - 1)^2\}\,dx$

$\qquad = \displaystyle\int_{\frac{\pi}{2}}^{\pi} 4\sin x\,dx$

$\qquad = \Big[-4\cos x\Big]_{\frac{\pi}{2}}^{\pi} = 4$

(2) $\displaystyle\int_1^3 (x-\sqrt{x})^2\,dx+\int_3^6 (x-\sqrt{x})^2\,dx$

$\displaystyle\qquad\qquad\qquad\qquad -\int_4^6 (x-\sqrt{x})^2\,dx$

$\displaystyle =\int_1^3 (x-\sqrt{x})^2\,dx+\int_3^6 (x-\sqrt{x})^2\,dx$

$\displaystyle\qquad\qquad\qquad\qquad +\int_6^4 (x-\sqrt{x})^2\,dx$

$\displaystyle =\int_1^4 (x-\sqrt{x})^2\,dx=\int_1^4 (x^2-2x\sqrt{x}+x)\,dx$

$\displaystyle =\int_1^4 \left(x^2-2x^{\frac{3}{2}}+x\right)dx$

$\displaystyle =\left[\frac{1}{3}x^3-\frac{4}{5}x^{\frac{5}{2}}+\frac{1}{2}x^2\right]_1^4$

$\displaystyle =\left(\frac{64}{3}-\frac{128}{5}+8\right)-\left(\frac{1}{3}-\frac{4}{5}+\frac{1}{2}\right)=\frac{37}{10}$

02-1 답 $34-\dfrac{1}{e}$

$-1\le x\le 0$일 때 $f(x)=e^x+1$이고, $0\le x\le 4$일 때
$f(x)=x+3\sqrt{x}+2$이므로

$\displaystyle\int_{-1}^4 f(x)\,dx=\int_{-1}^0 (e^x+1)\,dx+\int_0^4 (x+3x^{\frac{1}{2}}+2)\,dx$

$\displaystyle\qquad =\left[e^x+x\right]_{-1}^0+\left[\frac{1}{2}x^2+2x^{\frac{3}{2}}+2x\right]_0^4$

$\displaystyle\qquad =\left\{1-\left(\frac{1}{e}-1\right)\right\}+(8+16+8)$

$\displaystyle\qquad =34-\frac{1}{e}$

02-2 답 $4-2\sqrt{3}$

$\cos x-\sqrt{3}\sin x=0$에서 $\cos x=\sqrt{3}\sin x$

$\tan x=\dfrac{\sqrt{3}}{3}$ $\qquad\therefore x=\dfrac{\pi}{6}\left(\because 0\le x\le\dfrac{\pi}{3}\right)$

따라서

$|\cos x-\sqrt{3}\sin x|=\begin{cases}\cos x-\sqrt{3}\sin x & \left(0\le x\le\dfrac{\pi}{6}\right) \\ -\cos x+\sqrt{3}\sin x & \left(\dfrac{\pi}{6}\le x\le\dfrac{\pi}{3}\right)\end{cases}$

이므로

$\displaystyle\int_0^{\frac{\pi}{3}} |\cos x-\sqrt{3}\sin x|\,dx$

$\displaystyle =\int_0^{\frac{\pi}{6}} (\cos x-\sqrt{3}\sin x)\,dx$

$\displaystyle\qquad\qquad +\int_{\frac{\pi}{6}}^{\frac{\pi}{3}} (-\cos x+\sqrt{3}\sin x)\,dx$

$\displaystyle =\left[\sin x+\sqrt{3}\cos x\right]_0^{\frac{\pi}{6}}+\left[-\sin x-\sqrt{3}\cos x\right]_{\frac{\pi}{6}}^{\frac{\pi}{3}}$

$\displaystyle =\left\{\left(\frac{1}{2}+\frac{3}{2}\right)-\sqrt{3}\right\}+\left\{\left(-\frac{\sqrt{3}}{2}-\frac{\sqrt{3}}{2}\right)-\left(-\frac{1}{2}-\frac{3}{2}\right)\right\}$

$=4-2\sqrt{3}$

03-1 답 (1) $\dfrac{2}{3}\pi^3$ (2) $\dfrac{2\sqrt{3}}{3}$

(1) $f(x)=x^2+2\cos x,\ g(x)=\sin x$라 하면

$f(-x)=(-x)^2+2\cos(-x)=x^2+2\cos x=f(x)$

$g(-x)=\sin(-x)=-\sin x=-g(x)$

$\displaystyle\therefore \int_{-\pi}^{\pi} (x^2+\sin x+2\cos x)\,dx$

$\displaystyle =\int_{-\pi}^{\pi} (x^2+2\cos x)\,dx+\int_{-\pi}^{\pi} \sin x\,dx$

$\displaystyle =2\int_0^{\pi} (x^2+2\cos x)\,dx+0$

$\displaystyle =2\left[\frac{1}{3}x^3+2\sin x\right]_0^{\pi}$

$\displaystyle =\frac{2}{3}\pi^3$

(2) $f(x)=\sec^2 x,\ g(x)=x\tan^2 x+x^3\cos x$라 하면

$f(-x)=\sec^2(-x)=\sec^2 x=f(x)$

$g(-x)=-x\tan^2(-x)+(-x)^3\cos(-x)$

$\qquad =-x\tan^2 x-x^3\cos x=-g(x)$

$\displaystyle\therefore \int_{-\frac{\pi}{6}}^{\frac{\pi}{6}} (\sec^2 x+x\tan^2 x+x^3\cos x)\,dx$

$\displaystyle =\int_{-\frac{\pi}{6}}^{\frac{\pi}{6}} \sec^2 x\,dx+\int_{-\frac{\pi}{6}}^{\frac{\pi}{6}} (x\tan^2 x+x^3\cos x)\,dx$

$\displaystyle =2\int_0^{\frac{\pi}{6}} \sec^2 x\,dx+0$

$\displaystyle =2\left[\tan x\right]_0^{\frac{\pi}{6}}$

$\displaystyle =2\times\frac{\sqrt{3}}{3}=\frac{2\sqrt{3}}{3}$

04-1 답 8

함수 $y=|\cos x|$의 주기가 π이므로

$\displaystyle\int_0^{\pi} |\cos x|\,dx=\int_{\pi}^{2\pi} |\cos x|\,dx=\int_{2\pi}^{3\pi} |\cos x|\,dx$

$\displaystyle\qquad\qquad =\int_{3\pi}^{4\pi} |\cos x|\,dx$

$\displaystyle\therefore \int_0^{4\pi} |\cos x|\,dx$

$\displaystyle =\int_0^{\pi} |\cos x|\,dx+\int_{\pi}^{2\pi} |\cos x|\,dx$

$\displaystyle\qquad +\int_{2\pi}^{3\pi} |\cos x|\,dx+\int_{3\pi}^{4\pi} |\cos x|\,dx$

$\displaystyle =4\int_0^{\pi} |\cos x|\,dx$

$\displaystyle =4\left\{\int_0^{\frac{\pi}{2}} \cos x\,dx+\int_{\frac{\pi}{2}}^{\pi} (-\cos x)\,dx\right\}$

$\displaystyle =4\left(\left[\sin x\right]_0^{\frac{\pi}{2}}+\left[-\sin x\right]_{\frac{\pi}{2}}^{\pi}\right)$

$=4(1+1)$

$=8$

04-2 답 **12**

$f(x+\pi)=f(x)$이므로

$$\int_{-\pi}^{0}f(x)\,dx=\int_{0}^{\pi}f(x)\,dx=\int_{\pi}^{2\pi}f(x)\,dx$$

$$=\cdots=\int_{4\pi}^{5\pi}f(x)\,dx$$

$$\therefore\int_{-\pi}^{5\pi}f(x)\,dx$$

$$=\int_{-\pi}^{0}f(x)\,dx+\int_{0}^{\pi}f(x)\,dx+\int_{\pi}^{2\pi}f(x)\,dx$$

$$+\cdots+\int_{4\pi}^{5\pi}f(x)\,dx$$

$$=6\int_{-\pi}^{0}f(x)\,dx=6\int_{-\pi}^{0}(-\sin x)\,dx$$

$$=6\Big[\cos x\Big]_{-\pi}^{0}=6\{1-(-1)\}=12$$

2 치환적분법과 부분적분법을 이용한 정적분

문제   189~191쪽

05-1 답 (1) $\ln 11$ (2) 6 (3) $\dfrac{4}{15}$ (4) $\dfrac{\sqrt{2}}{2}$ (5) $\ln 2$ (6) $\dfrac{1}{12}$

(1) $x^2+x-1=t$로 놓으면 $2x+1=\dfrac{dt}{dx}$이고, $x=1$일 때

$t=1$, $x=3$일 때 $t=11$이므로

$$\int_{1}^{3}\frac{2x+1}{x^2+x-1}\,dx=\int_{1}^{11}\frac{1}{t}\,dt=\Big[\ln|t|\Big]_{1}^{11}=\ln 11$$

(2) $x^2+2x=t$로 놓으면 $2x+2=\dfrac{dt}{dx}$이고, $x=0$일 때

$t=0$, $x=2$일 때 $t=8$이므로

$$\int_{0}^{2}(x+1)\sqrt[3]{x^2+2x}\,dx=\int_{0}^{8}\sqrt[3]{t}\times\frac{1}{2}\,dt$$

$$=\frac{1}{2}\int_{0}^{8}t^{\frac{1}{3}}\,dt$$

$$=\Big[\frac{3}{8}t^{\frac{4}{3}}\Big]_{0}^{8}=6$$

(3) $1-x=t$로 놓으면 $x=1-t$이고 $-1=\dfrac{dt}{dx}$

$x=0$일 때 $t=1$, $x=1$일 때 $t=0$이므로

$$\int_{0}^{1}x\sqrt{1-x}\,dx=\int_{1}^{0}(1-t)\sqrt{t}\times(-1)\,dt$$

$$=-\int_{1}^{0}(\sqrt{t}-t\sqrt{t})\,dt$$

$$=\int_{0}^{1}(t^{\frac{1}{2}}-t^{\frac{3}{2}})\,dt$$

$$=\Big[\frac{2}{3}t^{\frac{3}{2}}-\frac{2}{5}t^{\frac{5}{2}}\Big]_{0}^{1}$$

$$=\frac{2}{3}-\frac{2}{5}=\frac{4}{15}$$

(4) $2x+\dfrac{\pi}{4}=t$로 놓으면 $2=\dfrac{dt}{dx}$이고, $x=0$일 때 $t=\dfrac{\pi}{4}$,

$x=\dfrac{\pi}{4}$일 때 $t=\dfrac{3}{4}\pi$이므로

$$\int_{0}^{\frac{\pi}{4}}\sin\Big(2x+\frac{\pi}{4}\Big)\,dx=\int_{\frac{\pi}{4}}^{\frac{3}{4}\pi}\sin t\times\frac{1}{2}\,dt$$

$$=\frac{1}{2}\int_{\frac{\pi}{4}}^{\frac{3}{4}\pi}\sin t\,dt$$

$$=\frac{1}{2}\Big[-\cos t\Big]_{\frac{\pi}{4}}^{\frac{3}{4}\pi}$$

$$=\frac{1}{2}\left\{\frac{\sqrt{2}}{2}-\Big(-\frac{\sqrt{2}}{2}\Big)\right\}=\frac{\sqrt{2}}{2}$$

(5) $\ln x=t$로 놓으면 $\dfrac{1}{x}=\dfrac{dt}{dx}$이고, $x=e$일 때 $t=1$,

$x=e^2$일 때 $t=2$이므로

$$\int_{e}^{e^2}\frac{1}{x\ln x}\,dx=\int_{1}^{2}\frac{1}{t}\,dt=\Big[\ln|t|\Big]_{1}^{2}=\ln 2$$

(6) $\displaystyle\int_{0}^{\frac{\pi}{3}}\cos 2x\sin x\,dx=\int_{0}^{\frac{\pi}{3}}(2\cos^2 x-1)\sin x\,dx$

$\cos x=t$로 놓으면 $-\sin x=\dfrac{dt}{dx}$이고, $x=0$일 때

$t=1$, $x=\dfrac{\pi}{3}$일 때 $t=\dfrac{1}{2}$이므로

$$\int_{0}^{\frac{\pi}{3}}(2\cos^2 x-1)\sin x\,dx$$

$$=\int_{1}^{\frac{1}{2}}(2t^2-1)\times(-1)\,dt=\int_{\frac{1}{2}}^{1}(2t^2-1)\,dt$$

$$=\Big[\frac{2}{3}t^3-t\Big]_{\frac{1}{2}}^{1}=\Big(\frac{2}{3}-1\Big)-\Big(\frac{1}{12}-\frac{1}{2}\Big)=\frac{1}{12}$$

다른 풀이

(1) $(x^2+x-1)'=2x+1$이므로

$$\int_{1}^{3}\frac{2x+1}{x^2+x-1}\,dx=\Big[\ln|x^2+x-1|\Big]_{1}^{3}=\ln 11$$

(4) $\displaystyle\int_{0}^{\frac{\pi}{4}}\sin\Big(2x+\frac{\pi}{4}\Big)\,dx=\Big[-\frac{1}{2}\cos\Big(2x+\frac{\pi}{4}\Big)\Big]_{0}^{\frac{\pi}{4}}$

$$=\frac{\sqrt{2}}{4}-\Big(-\frac{\sqrt{2}}{4}\Big)=\frac{\sqrt{2}}{2}$$

(5) $(\ln x)'=\dfrac{1}{x}$이므로

$$\int_{e}^{e^2}\frac{1}{x\ln x}\,dx=\Big[\ln|\ln x|\Big]_{e}^{e^2}=\ln 2$$

05-2 답 **6**

$3x-6=t$로 놓으면 $3=\dfrac{dt}{dx}$이고, $x=2$일 때 $t=0$,

$x=4$일 때 $t=6$이므로

$$\int_{2}^{4}3e^{3x-6}\,dx=\int_{0}^{6}e^t\,dt=\Big[e^t\Big]_{0}^{6}=e^6-1$$

따라서 $k=e^6-1$이므로

$\ln|k+1|=\ln e^6=6$

06-**1** **답** (1) $\dfrac{\pi}{3}$　(2) $\dfrac{\pi}{8}+\dfrac{1}{4}$

(1) $x=\sin\theta\left(-\dfrac{\pi}{2}<\theta<\dfrac{\pi}{2}\right)$로 놓으면 $\dfrac{dx}{d\theta}=\cos\theta$이고,

$x=0$일 때 $\theta=0$, $x=\dfrac{\sqrt{3}}{2}$일 때 $\theta=\dfrac{\pi}{3}$이므로

$$\int_0^{\frac{\sqrt{3}}{2}}\frac{1}{\sqrt{1-x^2}}dx=\int_0^{\frac{\pi}{3}}\frac{\cos\theta}{\sqrt{1-\sin^2\theta}}d\theta$$

$$=\int_0^{\frac{\pi}{3}}\frac{\cos\theta}{\sqrt{\cos^2\theta}}d\theta=\int_0^{\frac{\pi}{3}}\frac{\cos\theta}{\cos\theta}d\theta$$

$$=\int_0^{\frac{\pi}{3}}d\theta=\Big[\theta\Big]_0^{\frac{\pi}{3}}=\frac{\pi}{3}$$

(2) $x=\tan\theta\left(-\dfrac{\pi}{2}<\theta<\dfrac{\pi}{2}\right)$로 놓으면 $\dfrac{dx}{d\theta}=\sec^2\theta$이고,

$x=0$일 때 $\theta=0$, $x=1$일 때 $\theta=\dfrac{\pi}{4}$이므로

$$\int_0^1\frac{1}{(x^2+1)^2}dx=\int_0^{\frac{\pi}{4}}\frac{\sec^2\theta}{(\tan^2\theta+1)^2}d\theta$$

$$=\int_0^{\frac{\pi}{4}}\frac{\sec^2\theta}{\sec^4\theta}d\theta$$

$$=\int_0^{\frac{\pi}{4}}\frac{1}{\sec^2\theta}d\theta$$

$$=\int_0^{\frac{\pi}{4}}\cos^2\theta\,d\theta$$

$$=\frac{1}{2}\int_0^{\frac{\pi}{4}}(1+\cos2\theta)\,d\theta$$

$$=\frac{1}{2}\Big[\theta+\frac{1}{2}\sin2\theta\Big]_0^{\frac{\pi}{4}}$$

$$=\frac{1}{2}\Big(\frac{\pi}{4}+\frac{1}{2}\Big)=\frac{\pi}{8}+\frac{1}{4}$$

07-**1** **답** (1) $1-\dfrac{2}{e}$　(2) $\dfrac{\pi}{2}$　(3) $\dfrac{e^2}{4}-\dfrac{1}{4}$　(4) $e-2$

(1) $f(x)=x$, $g'(x)=e^{-x}$으로 놓으면

$f'(x)=1$, $g(x)=-e^{-x}$

$$\therefore \int_0^1 xe^{-x}dx=\Big[-xe^{-x}\Big]_0^1-\int_0^1(-e^{-x})\,dx$$

$$=\Big[-xe^{-x}\Big]_0^1+\int_0^1 e^{-x}dx$$

$$=-\frac{1}{e}+\Big[-e^{-x}\Big]_0^1$$

$$=-\frac{1}{e}+\Big(-\frac{1}{e}+1\Big)=1-\frac{2}{e}$$

(2) $f(x)=x+1$, $g'(x)=\cos x$로 놓으면

$f'(x)=1$, $g(x)=\sin x$

$$\therefore \int_0^{\frac{\pi}{2}}(x+1)\cos x\,dx$$

$$=\Big[(x+1)\sin x\Big]_0^{\frac{\pi}{2}}-\int_0^{\frac{\pi}{2}}\sin x\,dx$$

$$=\frac{\pi}{2}+1-\Big[-\cos x\Big]_0^{\frac{\pi}{2}}=\frac{\pi}{2}+1-1=\frac{\pi}{2}$$

(3) $f(x)=(\ln x)^2$, $g'(x)=x$로 놓으면

$f'(x)=\dfrac{2\ln x}{x}$, $g(x)=\dfrac{1}{2}x^2$

$$\therefore \int_1^e x(\ln x)^2 dx$$

$$=\Big[\frac{1}{2}x^2(\ln x)^2\Big]_1^e-\int_1^e\frac{2\ln x}{x}\times\frac{1}{2}x^2 dx$$

$$=\frac{e^2}{2}-\int_1^e x\ln x\,dx\qquad\cdots\cdots\ \text{㉠}$$

$\displaystyle\int_1^e x\ln x\,dx$에서 $u(x)=\ln x$, $v'(x)=x$로 놓으면

$u'(x)=\dfrac{1}{x}$, $v(x)=\dfrac{1}{2}x^2$

$$\therefore \int_1^e x\ln x\,dx=\Big[\frac{1}{2}x^2\ln x\Big]_1^e-\int_1^e\frac{1}{x}\times\frac{1}{2}x^2 dx$$

$$=\Big[\frac{1}{2}x^2\ln x\Big]_1^e-\frac{1}{2}\int_1^e x\,dx$$

$$=\frac{e^2}{2}-\frac{1}{2}\Big[\frac{1}{2}x^2\Big]_1^e$$

$$=\frac{e^2}{2}-\frac{1}{2}\Big(\frac{e^2}{2}-\frac{1}{2}\Big)$$

$$=\frac{e^2}{4}+\frac{1}{4}\qquad\cdots\cdots\ \text{㉡}$$

㉡을 ㉠에 대입하면

$$\int_1^e x(\ln x)^2 dx=\frac{e^2}{2}-\Big(\frac{e^2}{4}+\frac{1}{4}\Big)=\frac{e^2}{4}-\frac{1}{4}$$

(4) $f(x)=x^2$, $g'(x)=e^x$으로 놓으면

$f'(x)=2x$, $g(x)=e^x$

$$\therefore \int_0^1 x^2 e^x dx=\Big[x^2 e^x\Big]_0^1-\int_0^1 2xe^x dx$$

$$=e-2\int_0^1 xe^x dx\qquad\cdots\cdots\ \text{㉠}$$

$\displaystyle\int_0^1 xe^x dx$에서 $u(x)=x$, $v'(x)=e^x$으로 놓으면

$u'(x)=1$, $v(x)=e^x$

$$\therefore \int_0^1 xe^x dx=\Big[xe^x\Big]_0^1-\int_0^1 e^x dx$$

$$=e-\Big[e^x\Big]_0^1$$

$$=e-(e-1)=1\qquad\cdots\cdots\ \text{㉡}$$

㉡을 ㉠에 대입하면 $\displaystyle\int_0^1 x^2 e^x dx=e-2$

07-**2** **답** 1

$f(x)=\sin x$, $g'(x)=e^{-x}$으로 놓으면

$f'(x)=\cos x$, $g(x)=-e^{-x}$

$$\therefore \int_0^{\pi} e^{-x}\sin x\,dx$$

$$=\Big[-e^{-x}\sin x\Big]_0^{\pi}-\int_0^{\pi}\cos x\times(-e^{-x})\,dx$$

$$=\int_0^{\pi} e^{-x}\cos x\,dx\qquad\cdots\cdots\ \text{㉠}$$

$\displaystyle\int_0^\pi e^{-x}\cos x\,dx$에서 $u(x)=\cos x$, $v'(x)=e^{-x}$으로 놓

으면 $u'(x)=-\sin x$, $v(x)=-e^{-x}$

$\therefore \displaystyle\int_0^\pi e^{-x}\cos x\,dx$

$\quad =\Big[-e^{-x}\cos x\Big]_0^\pi-\displaystyle\int_0^\pi(-\sin x)\times(-e^{-x})\,dx$

$\quad =e^{-\pi}+1-\displaystyle\int_0^\pi e^{-x}\sin x\,dx \quad\cdots\cdots\ \bigcirc\!\!\!\bigcirc$

$\bigcirc\!\!\!\bigcirc$을 $\bigcirc$에 대입하면

$\displaystyle\int_0^\pi e^{-x}\sin x\,dx=e^{-\pi}+1-\displaystyle\int_0^\pi e^{-x}\sin x\,dx$

$2\displaystyle\int_0^\pi e^{-x}\sin x\,dx=e^{-\pi}+1$

$\therefore \displaystyle\int_0^\pi e^{-x}\sin x\,dx=\dfrac{e^{-\pi}}{2}+\dfrac{1}{2}$

따라서 $a=\dfrac{1}{2}$, $b=\dfrac{1}{2}$이므로 $a+b=1$

⅌ 정적분으로 정의된 함수

개념 CHECK
192쪽

1 탑 (1) $x\sin x$ (2) $\ln\dfrac{x+1}{x}$

문제
193~195쪽

08-1 탑 (1) $f(x)=e^x-2e+2$ (2) $f(x)=\cos x+\dfrac{3}{4}$

(1) $\displaystyle\int_0^1 f(t)\,dt=k$ (k는 상수)로 놓으면

$\quad f(x)=e^x+2k$

이를 $\displaystyle\int_0^1 f(t)\,dt=k$에 대입하면

$\quad \displaystyle\int_0^1(e^t+2k)\,dt=k$

$\quad \Big[e^t+2kt\Big]_0^1=k$

$\quad e+2k-1=k \qquad \therefore\ k=-e+1$

$\quad \therefore f(x)=e^x-2e+2$

(2) $\displaystyle\int_0^{\frac{\pi}{3}} f(t)\sin t\,dt=k$ (k는 상수)로 놓으면

$\quad f(x)=\cos x+k$

이를 $\displaystyle\int_0^{\frac{\pi}{3}} f(t)\sin t\,dt=k$에 대입하면

$\quad \displaystyle\int_0^{\frac{\pi}{3}}(\cos t+k)\sin t\,dt=k$

$\quad \displaystyle\int_0^{\frac{\pi}{3}}(\sin t\cos t+k\sin t)\,dt=k$

$\quad \displaystyle\int_0^{\frac{\pi}{3}}\Big(\dfrac{1}{2}\sin 2t+k\sin t\Big)\,dt=k$ ◀ $\sin 2t=2\sin t\cos t$

$\quad \Big[-\dfrac{1}{4}\cos 2t-k\cos t\Big]_0^{\frac{\pi}{3}}=k$

$\quad \Big(\dfrac{1}{8}-\dfrac{k}{2}\Big)-\Big(-\dfrac{1}{4}-k\Big)=k \qquad \therefore\ k=\dfrac{3}{4}$

$\quad \therefore f(x)=\cos x+\dfrac{3}{4}$

(2) $\displaystyle\int_0^{\frac{\pi}{3}} f(t)\sin t\,dt=k$ (k는 상수)로 놓으면

$\quad f(x)=\cos x+k$

이를 $\displaystyle\int_0^{\frac{\pi}{3}} f(t)\sin t\,dt=k$에 대입하면

$\quad \displaystyle\int_0^{\frac{\pi}{3}}(\cos t+k)\sin t\,dt=k$

$\cos t=s$로 놓으면 $-\sin t=\dfrac{ds}{dt}$이고, $t=0$일 때

$s=1$, $t=\dfrac{\pi}{3}$일 때 $s=\dfrac{1}{2}$이므로

$\displaystyle\int_1^{\frac{1}{2}}(s+k)\times(-1)\,ds=k$, $\displaystyle\int_{\frac{1}{2}}^1(s+k)\,ds=k$

$\Big[\dfrac{1}{2}s^2+ks\Big]_{\frac{1}{2}}^1=k$, $\Big(\dfrac{1}{2}+k\Big)-\Big(\dfrac{1}{8}+\dfrac{k}{2}\Big)=k$

$\therefore\ k=\dfrac{3}{4} \qquad \therefore f(x)=\cos x+\dfrac{3}{4}$

09-1 탑 $\dfrac{1}{2}$

주어진 등식의 양변을 x에 대하여 미분하면

$f(x)=\cos x-a\sin x$

주어진 등식의 양변에 $x=\pi$를 대입하면

$\displaystyle\int_\pi^\pi f(t)\,dt=-a-\dfrac{1}{2}$

$0=-a-\dfrac{1}{2} \qquad \therefore\ a=-\dfrac{1}{2}$

따라서 $f(x)=\cos x+\dfrac{1}{2}\sin x$이므로 $f\Big(\dfrac{\pi}{2}\Big)=\dfrac{1}{2}$

09-2 탑 1

주어진 등식에서

$x\displaystyle\int_0^x f(t)\,dt-\displaystyle\int_0^x tf(t)\,dt=ae^{-x}+x^2-3x+3$

양변을 x에 대하여 미분하면

$\displaystyle\int_0^x f(t)\,dt+xf(x)-xf(x)=-ae^{-x}+2x-3$

$\therefore \displaystyle\int_0^x f(t)\,dt=-ae^{-x}+2x-3 \quad\cdots\cdots\ \bigcirc$

양변을 다시 x에 대하여 미분하면

$f(x)=ae^{-x}+2$

㉠의 양변에 $x=0$을 대입하면

$$\int_0^0 f(t)\,dt = -a-3$$

$$0 = -a-3 \qquad \therefore a=-3$$

따라서 $f(x) = -3e^{-x}+2$이므로

$$f(\ln 3) = -1+2 = 1$$

10-1 답 $-\dfrac{13}{5}$

주어진 함수 $f(x)$를 x에 대하여 미분하면

$$f'(x) = x(\sqrt{x}-2)$$

$f'(x)=0$에서 $x(\sqrt{x}-2)=0$

$$\therefore x=4 \ (\because x>0)$$

$x>0$에서 함수 $f(x)$의 증가와 감소를 표로 나타내면 다음과 같다.

x	0	$\cdots$	4	$\cdots$
$f'(x)$		$-$	0	$+$
$f(x)$		$\searrow$	극소	$\nearrow$

따라서 함수 $f(x)$는 $x=4$에서 극소이므로 구하는 극솟값은

$$f(4) = \int_1^4 t(\sqrt{t}-2)\,dt = \int_1^4 (t\sqrt{t}-2t)\,dt$$

$$= \int_1^4 (t^{\frac{3}{2}}-2t)\,dt = \left[\frac{2}{5}t^{\frac{5}{2}}-t^2\right]_1^4$$

$$= \left(\frac{64}{5}-16\right)-\left(\frac{2}{5}-1\right) = -\frac{13}{5}$$

10-2 답 $4\ln 2 - \dfrac{3}{2}$

$$f(x) = \int_0^x (2-e^t)(2+e^t)\,dt = \int_0^x (4-e^{2t})\,dt$$

함수 $f(x)$를 x에 대하여 미분하면

$$f'(x) = 4-e^{2x}$$

$f'(x)=0$에서 $4-e^{2x}=0$

$e^{2x}=4,\ 2x=\ln 4 \qquad \therefore x=\ln 2$

함수 $f(x)$의 증가와 감소를 표로 나타내면 다음과 같다.

x	$\cdots$	$\ln 2$	$\cdots$
$f'(x)$	$+$	0	$-$
$f(x)$	$\nearrow$	극대	$\searrow$

따라서 함수 $f(x)$는 $x=\ln 2$에서 극대이면서 최대이므로 구하는 최댓값은

$$f(\ln 2) = \int_0^{\ln 2}(4-e^{2t})\,dt = \left[4t-\frac{1}{2}e^{2t}\right]_0^{\ln 2}$$

$$= (4\ln 2-2)-\left(-\frac{1}{2}\right) = 4\ln 2-\frac{3}{2}$$

연습문제   196~198쪽

1 ③	**2** ②	**3** 2	**4** $5\sqrt{3}$	**5** ⑤
6 $e-2\sqrt{e}+1$	**7** 2	**8** ③	**9** ②	
10 ④	**11** 3	**12** ④	**13** 3	**14** -2
15 ⑤	**16** ⑤	**17** ①	**18** 1	**19** ②
20 ④				

1

$$\int_1^4 (5x-6)\sqrt{x}\,dx = \int_1^4 \left(5x^{\frac{3}{2}}-6x^{\frac{1}{2}}\right)dx$$

$$= \left[2x^{\frac{5}{2}}-4x^{\frac{3}{2}}\right]_1^4$$

$$= (64-32)-(2-4) = 34$$

2

$$\int_0^2 \frac{1}{x^2+3x+2}\,dx = \int_0^2 \frac{1}{(x+1)(x+2)}\,dx$$

$$= \int_0^2 \left(\frac{1}{x+1}-\frac{1}{x+2}\right)dx$$

$$= \left[\ln|x+1|-\ln|x+2|\right]_0^2$$

$$= \left[\ln\left|\frac{x+1}{x+2}\right|\right]_0^2$$

$$= \ln\frac{3}{4}-\ln\frac{1}{2} = \ln\frac{3}{2}$$

$$\therefore a = \frac{3}{2}$$

3

$$\int_0^a \frac{e^{2x}-1}{e^x+1}\,dx = \int_0^a \frac{(e^x+1)(e^x-1)}{e^x+1}\,dx$$

$$= \int_0^a (e^x-1)\,dx = \left[e^x-x\right]_0^a$$

$$= e^a-a-1$$

따라서 $e^a-a-1 = e^2-3$이므로 $a=2$

4

$$\int_0^{\frac{\pi}{6}} f(x)\,dx + \int_{\frac{\pi}{6}}^{\frac{\pi}{5}} f(y)\,dy + \int_{\frac{\pi}{5}}^{\frac{\pi}{3}} f(z)\,dz$$

$$= \int_0^{\frac{\pi}{6}} f(x)\,dx + \int_{\frac{\pi}{6}}^{\frac{\pi}{5}} f(x)\,dx + \int_{\frac{\pi}{5}}^{\frac{\pi}{3}} f(x)\,dx$$

$$= \int_0^{\frac{\pi}{3}} f(x)\,dx = \int_0^{\frac{\pi}{3}} \frac{3+4\cos^3 x}{\cos^2 x}\,dx$$

$$= \int_0^{\frac{\pi}{3}} (3\sec^2 x + 4\cos x)\,dx$$

$$= \left[3\tan x + 4\sin x\right]_0^{\frac{\pi}{3}}$$

$$= 3\sqrt{3}+2\sqrt{3} = 5\sqrt{3}$$

5

$$\int_{-3}^3 f(x)\,dx = \int_{-3}^1 (\sin\pi x+1)\,dx + \int_1^3 \frac{1}{x}\,dx$$

$$= \left[-\frac{1}{\pi}\cos\pi x+x\right]_{-3}^1 + \left[\ln|x|\right]_1^3$$

$$= \left(\frac{1}{\pi}+1\right)-\left(\frac{1}{\pi}-3\right)+\ln 3 = \ln 3+4$$

6 $e^x-e^a=0$에서 $e^x=e^a$ $\therefore x=a$

따라서 $|e^x-e^a|=\begin{cases} e^x-e^a & (x\geq a) \\ -e^x+e^a & (x\leq a) \end{cases}$이므로

$$f(a)=\int_0^1 |e^x-e^a|\,dx$$

$$=\int_0^a (-e^x+e^a)\,dx+\int_a^1 (e^x-e^a)\,dx$$

$$=\Big[-e^x+e^a x\Big]_0^a+\Big[e^x-e^a x\Big]_a^1$$

$$=(-e^a+ae^a)-(-1)+(e-e^a)-(e^a-ae^a)$$

$$=(2a-3)e^a+e+1$$

$$\therefore f'(a)=2e^a+(2a-3)e^a=(2a-1)e^a$$

$f'(a)=0$에서 $2a-1=0$ $(\because e^a>0)$ $\therefore a=\dfrac{1}{2}$

$0\leq a\leq 1$에서 함수 $f(a)$의 증가와 감소를 표로 나타내면 다음과 같다.

a	0	$\cdots$	$\dfrac{1}{2}$	$\cdots$	1
$f'(a)$		$-$	0	$+$	
$f(a)$		$\searrow$	극소	$\nearrow$	

따라서 함수 $f(a)$는 $a=\dfrac{1}{2}$에서 극소이므로 구하는 극솟값은

$$f\left(\dfrac{1}{2}\right)=e-2\sqrt{e}+1$$

7 $f(x)=2^x+2^{-x}$, $g(x)=3^x-3^{-x}$이라 하면

$f(-x)=2^{-x}+2^x=f(x)$

$g(-x)=3^{-x}-3^x=-(3^x-3^{-x})=-g(x)$

$$\therefore \int_{-1}^1 (2^x+3^x+2^{-x}-3^{-x})\,dx$$

$$=\int_{-1}^1 (2^x+2^{-x})\,dx+\int_{-1}^1 (3^x-3^{-x})\,dx$$

$$=2\int_0^1 (2^x+2^{-x})\,dx+0$$

$$=2\left[\dfrac{2^x}{\ln 2}-\dfrac{2^{-x}}{\ln 2}\right]_0^1$$

$$=2\left\{\left(\dfrac{2}{\ln 2}-\dfrac{2^{-1}}{\ln 2}\right)-\left(\dfrac{1}{\ln 2}-\dfrac{1}{\ln 2}\right)\right\}=\dfrac{3}{\ln 2}$$

$$\therefore a=2$$

8 함수 $y=|\cos 2x|$의 주기가 $\dfrac{\pi}{2}$이므로

$$\int_0^{\frac{\pi}{2}} |\cos 2x|\,dx=\int_{\frac{\pi}{2}}^{\pi} |\cos 2x|\,dx$$

$$=\int_{\pi}^{\frac{3}{2}\pi} |\cos 2x|\,dx$$

$$=\cdots=\int_{\frac{5}{2}\pi}^{3\pi} |\cos 2x|\,dx$$

$$\therefore \int_0^{3\pi} |\cos 2x|\,dx$$

$$=\int_0^{\frac{\pi}{2}} |\cos 2x|\,dx+\int_{\frac{\pi}{2}}^{\pi} |\cos 2x|\,dx$$

$$\qquad +\int_{\pi}^{\frac{3}{2}\pi} |\cos 2x|\,dx+\cdots+\int_{\frac{5}{2}\pi}^{3\pi} |\cos 2x|\,dx$$

$$=6\int_0^{\frac{\pi}{2}} |\cos 2x|\,dx$$

$$=6\left\{\int_0^{\frac{\pi}{4}} \cos 2x\,dx+\int_{\frac{\pi}{4}}^{\frac{\pi}{2}} (-\cos 2x)\,dx\right\}$$

$$=6\left(\left[\dfrac{1}{2}\sin 2x\right]_0^{\frac{\pi}{4}}+\left[-\dfrac{1}{2}\sin 2x\right]_{\frac{\pi}{4}}^{\frac{\pi}{2}}\right)$$

$$=6\left(\dfrac{1}{2}+\dfrac{1}{2}\right)=6$$

9 $\displaystyle\int_0^{\frac{\pi}{2}} \sin^n x\cos x\,dx$에서 $\sin x=t$로 놓으면 $\cos x=\dfrac{dt}{dx}$

이고, $x=0$일 때 $t=0$, $x=\dfrac{\pi}{2}$일 때 $t=1$이므로

$$a_n=\int_0^{\frac{\pi}{2}} \sin^n x\cos x\,dx=\int_0^1 t^n\,dt$$

$$=\left[\dfrac{1}{n+1}t^{n+1}\right]_0^1=\dfrac{1}{n+1}$$

$$\therefore \sum_{n=1}^{20} a_n a_{n+1}=\sum_{n=1}^{20} \dfrac{1}{(n+1)(n+2)}$$

$$=\sum_{n=1}^{20}\left(\dfrac{1}{n+1}-\dfrac{1}{n+2}\right)$$

$$=\left(\dfrac{1}{2}-\dfrac{1}{3}\right)+\left(\dfrac{1}{3}-\dfrac{1}{4}\right)+\left(\dfrac{1}{4}-\dfrac{1}{5}\right)$$

$$\qquad +\cdots+\left(\dfrac{1}{21}-\dfrac{1}{22}\right)$$

$$=\dfrac{1}{2}-\dfrac{1}{22}=\dfrac{5}{11}$$

따라서 $p=11$, $q=5$이므로 $p+q=16$

10 $\displaystyle f(x)=\int_0^x \dfrac{1}{1+e^{-t}}\,dt=\int_0^x \dfrac{e^t}{e^t+1}\,dt$

$e^t+1=s$로 놓으면 $e^t=\dfrac{ds}{dt}$이고, $t=0$일 때 $s=2$, $t=x$일 때 $s=e^x+1$이므로

$$f(x)=\int_0^x \dfrac{e^t}{e^t+1}\,dt=\int_2^{e^x+1} \dfrac{1}{s}\,ds$$

$$=\Big[\ln|s|\Big]_2^{e^x+1}=\ln(e^x+1)-\ln 2=\ln\dfrac{e^x+1}{2}$$

$$\therefore (f\circ f)(a)=f(f(a))=f\left(\ln\dfrac{e^a+1}{2}\right)$$

$$=\ln\dfrac{e^{\ln\frac{e^a+1}{2}}+1}{2}=\ln\dfrac{e^a+3}{4}$$

따라서 $\ln\dfrac{e^a+3}{4}=\ln 5$이므로

$$\dfrac{e^a+3}{4}=5,\ e^a=17   \therefore a=\ln 17$$

$(e^t+1)'=e^t$이므로

$$f(x)=\int_0^x \frac{e^t}{e^t+1}dt$$
$$=\left[\ln(e^t+1)\right]_0^x \ (\because e^t+1>0)$$
$$=\ln(e^x+1)-\ln 2=\ln\frac{e^x+1}{2}$$
$$\therefore (f\circ f)(a)=f(f(a))=f\left(\ln\frac{e^a+1}{2}\right)$$
$$=\ln\frac{e^{\ln\frac{e^a+1}{2}}+1}{2}=\ln\frac{e^a+3}{4}$$

따라서 $\ln\dfrac{e^a+3}{4}=\ln 5$이므로

$$\frac{e^a+3}{4}=5,\ e^a=17 \qquad \therefore a=\ln 17$$

11 $x=a\sin\theta\left(-\dfrac{\pi}{2}\le\theta\le\dfrac{\pi}{2}\right)$로 놓으면 $\dfrac{dx}{d\theta}=a\cos\theta$이고,

$x=0$일 때 $\theta=0$, $x=a$일 때 $\theta=\dfrac{\pi}{2}$이므로

$$\int_0^a \sqrt{a^2-x^2}\,dx=\int_0^{\frac{\pi}{2}}\sqrt{a^2-a^2\sin^2\theta}\times a\cos\theta\,d\theta$$
$$=\int_0^{\frac{\pi}{2}}\sqrt{a^2(1-\sin^2\theta)}\times a\cos\theta\,d\theta$$
$$=\int_0^{\frac{\pi}{2}}\sqrt{a^2\cos^2\theta}\times a\cos\theta\,d\theta$$
$$=\int_0^{\frac{\pi}{2}}a^2\cos^2\theta\,d\theta$$
$$=\frac{a^2}{2}\int_0^{\frac{\pi}{2}}(1+\cos 2\theta)\,d\theta$$
$$=\frac{a^2}{2}\left[\theta+\frac{1}{2}\sin 2\theta\right]_0^{\frac{\pi}{2}}=\frac{a^2}{4}\pi$$

따라서 $\dfrac{a^2}{4}\pi=\dfrac{9}{4}\pi$이므로

$$a^2=9 \qquad \therefore a=3\ (\because a>0)$$

$y=\sqrt{a^2-x^2}$이라 하고 양변을 제곱하면

$$y^2=a^2-x^2$$
$$\therefore x^2+y^2=a^2 \ (단,\ y\ge 0)$$

따라서 $\displaystyle\int_0^a \sqrt{a^2-x^2}\,dx$의 값은 원

점을 중심으로 하고 반지름의 길

이가 a인 원의 넓이의 $\dfrac{1}{4}$과 같으

므로

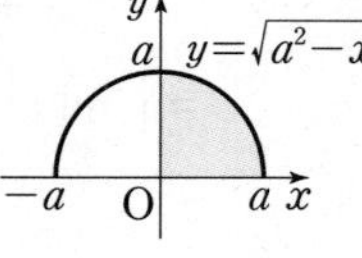

$$\int_0^a \sqrt{a^2-x^2}\,dx=\frac{a^2}{4}\pi$$

따라서 $\dfrac{a^2}{4}\pi=\dfrac{9}{4}\pi$이므로

$$a^2=9 \qquad \therefore a=3\ (\because a>0)$$

12 $f(x)=x\sin x$라 하면

$$f(-x)=-x\sin(-x)=x\sin x=f(x)$$
$$\therefore \int_{-\pi}^{\pi} x\sin x\,dx=2\int_0^{\pi} x\sin x\,dx \qquad \cdots\cdots \ \text{㉠}$$

$\displaystyle\int_0^{\pi} x\sin x\,dx$에서 $u(x)=x$, $v'(x)=\sin x$로 놓으면

$$u'(x)=1,\ v(x)=-\cos x$$
$$\therefore \int_0^{\pi} x\sin x\,dx=\left[-x\cos x\right]_0^{\pi}+\int_0^{\pi}\cos x\,dx$$
$$=\pi+\left[\sin x\right]_0^{\pi}$$
$$=\pi \qquad\qquad \cdots\cdots \ \text{㉡}$$

㉡을 ㉠에 대입하면

$$\int_{-\pi}^{\pi} x\sin x\,dx=2\pi$$

13 $f(x)=(\ln x)^2$, $g'(x)=1$로 놓으면

$$f'(x)=\frac{2\ln x}{x},\ g(x)=x$$
$$\therefore \int_1^e (\ln x)^2\,dx=\left[x(\ln x)^2\right]_1^e-\int_1^e \frac{2\ln x}{x}\times x\,dx$$
$$=e-2\int_1^e \ln x\,dx \qquad \cdots\cdots \ \text{㉠}$$

$\displaystyle\int_1^e \ln x\,dx$에서 $u(x)=\ln x$, $v'(x)=1$로 놓으면

$$u'(x)=\frac{1}{x},\ v(x)=x$$
$$\therefore \int_1^e \ln x\,dx=\left[x\ln x\right]_1^e-\int_1^e dx$$
$$=e-\left[x\right]_1^e$$
$$=e-(e-1)=1 \qquad \cdots\cdots \ \text{㉡}$$

㉡을 ㉠에 대입하면

$$\int_1^e (\ln x)^2\,dx=e-2$$

따라서 $a=1$, $b=-2$이므로

$$a-b=3$$

14 $\displaystyle\int_0^1 e^{-t}f(t)\,dt=k\,(k는\ 상수)$로 놓으면

$$f(x)=x+k$$

이를 $\displaystyle\int_0^1 e^{-t}f(t)\,dt=k$에 대입하면

$$\int_0^1 e^{-t}(t+k)\,dt=k$$

이때 $u(t)=t+k$, $v'(t)=e^{-t}$으로 놓으면 $u'(t)=1$,

$v(t)=-e^{-t}$이므로

$$\left[-e^{-t}(t+k)\right]_0^1+\int_0^1 e^{-t}\,dt=k$$

$$-\frac{1}{e}(1+k)+k+\left[-e^{-t}\right]_0^1=k$$

$$-\frac{2}{e}-\frac{k}{e}+k+1=k$$

$$\therefore k=e-2$$

따라서 $f(x)=x+e-2$이므로

$$f(-e)=-e+e-2=-2$$

15 주어진 등식의 양변에 $x=1$을 대입하면

$$\int_1^1 (t-1)f(t)\,dt=-a+b$$

$$0=-a+b$$

$$\therefore a=b \quad \cdots\cdots \text{㉠}$$

주어진 등식에서

$$\int_1^x tf(t)\,dt-x\int_1^x f(t)\,dt=x^2\ln x-ax+b$$

양변을 x에 대하여 미분하면

$$xf(x)-\int_1^x f(t)\,dt-xf(x)=2x\ln x+x-a$$

$$\therefore \int_1^x f(t)\,dt=-2x\ln x-x+a$$

양변에 $x=1$을 대입하면

$$\int_1^1 f(t)\,dt=-1+a$$

$$0=-1+a \quad \therefore a=1$$

이를 ㉠에 대입하면 $b=1$

$$\therefore a+b=1+1=2$$

16 주어진 함수 $f(x)$를 x에 대하여 미분하면

$$f'(x)=(a+b\cos x)\sin x$$

이때 함수 $f(x)$가 $x=\dfrac{\pi}{2}$에서 극댓값 1을 가지므로

$$f'\left(\frac{\pi}{2}\right)=0,\ f\left(\frac{\pi}{2}\right)=1$$

$f'\left(\dfrac{\pi}{2}\right)=0$에서 $a=0$

$f\left(\dfrac{\pi}{2}\right)=1$에서

$$\int_0^{\frac{\pi}{2}} (a+b\cos t)\sin t\,dt=1$$

$$\int_0^{\frac{\pi}{2}} b\sin t\cos t\,dt=1\ (\because a=0)$$

$$\int_0^{\frac{\pi}{2}} \frac{b}{2}\sin 2t\,dt=1$$

$$\left[-\frac{b}{4}\cos 2t\right]_0^{\frac{\pi}{2}}=1$$

$$\frac{b}{4}-\left(-\frac{b}{4}\right)=1,\ \frac{b}{2}=1$$

$$\therefore b=2$$

$$\therefore a+b=0+2=2$$

17 주어진 함수 $f(x)$를 x에 대하여 미분하면

$$f'(x)=\frac{2x-2}{x^2-2x+2}$$

$f'(x)=0$에서

$$2x-2=0 \quad \therefore x=1$$

함수 $f(x)$의 증가와 감소를 표로 나타내면 다음과 같다.

x	$\cdots$	1	$\cdots$
$f'(x)$	$-$	0	$+$
$f(x)$	$\searrow$	극소	$\nearrow$

따라서 함수 $f(x)$는 $x=1$에서 극소이면서 최소이므로 구하는 최솟값은

$$f(1)=\int_0^1 \frac{2t-2}{t^2-2t+2}\,dt$$

$$=\int_0^1 \frac{(t^2-2t+2)'}{t^2-2t+2}\,dt$$

$$=\left[\ln(t^2-2t+2)\right]_0^1$$

$$=-\ln 2$$

18 $f(t)=\sin \pi t+\cos \pi t$라 하고 함수 $f(t)$의 한 부정적분을 $F(t)$라 하면

$$\lim_{x\to 2}\frac{1}{x-2}\int_2^x (\sin \pi t+\cos \pi t)\,dt$$

$$=\lim_{x\to 2}\frac{1}{x-2}\int_2^x f(t)\,dt$$

$$=\lim_{x\to 2}\frac{1}{x-2}\left[F(t)\right]_2^x$$

$$=\lim_{x\to 2}\frac{F(x)-F(2)}{x-2}$$

$$=F'(2)$$

$$=f(2)$$

$$=\sin 2\pi+\cos 2\pi$$

$$=1$$

19 $2f(x)+\dfrac{1}{x^2}f\left(\dfrac{1}{x}\right)=\dfrac{1}{x}+\dfrac{1}{x^2} \quad \cdots\cdots \text{㉠}$

㉠에 x 대신 $\dfrac{1}{x}$을 대입하면

$$2f\left(\frac{1}{x}\right)+x^2 f(x)=x+x^2$$

이 식의 양변을 $2x^2$으로 나누면

$$\frac{1}{x^2}f\left(\frac{1}{x}\right)+\frac{1}{2}f(x)=\frac{1}{2x}+\frac{1}{2} \quad \cdots\cdots \text{㉡}$$

㉠$-$㉡을 하면

$$\frac{3}{2}f(x)=\frac{1}{2x}+\frac{1}{x^2}-\frac{1}{2}$$

$$\therefore f(x)=\frac{1}{3x}+\frac{2}{3x^2}-\frac{1}{3}$$

$$\therefore \int_{\frac{1}{2}}^{2} f(x)\,dx = \int_{\frac{1}{2}}^{2}\left(\frac{1}{3x}+\frac{2}{3x^2}-\frac{1}{3}\right)dx$$

$$= \int_{\frac{1}{2}}^{2}\left(\frac{1}{3x}+\frac{2}{3}x^{-2}-\frac{1}{3}\right)dx$$

$$= \left[\frac{1}{3}\ln|x|-\frac{2}{3}x^{-1}-\frac{1}{3}x\right]_{\frac{1}{2}}^{2}$$

$$= \left(\frac{\ln 2}{3}-\frac{1}{3}-\frac{2}{3}\right)-\left(\frac{-\ln 2}{3}-\frac{4}{3}-\frac{1}{6}\right)$$

$$= \frac{2\ln 2}{3}+\frac{1}{2}$$

20 (개)에서 $g(x)=\displaystyle\int_{1}^{x}\frac{f(t^2+2)}{t}\,dt$의 양변에 $x=1$을 대입하면

$$g(1)=0$$

또 $g(x)=\displaystyle\int_{1}^{x}\frac{f(t^2+2)}{t}\,dt$의 양변을 x에 대하여 미분하면

$$g'(x)=\frac{f(x^2+2)}{x}$$

$\displaystyle\int_{1}^{3}xg(x)\,dx$에서 $u(x)=g(x)$, $v'(x)=x$로 놓으면

$$u'(x)=g'(x),\ v(x)=\frac{1}{2}x^2$$

$$\therefore \int_{1}^{3}xg(x)\,dx$$

$$= \left[\frac{1}{2}x^2 g(x)\right]_{1}^{3}-\int_{1}^{3}\frac{1}{2}x^2 g'(x)\,dx$$

$$= \frac{9}{2}g(3)-\frac{1}{2}g(1)-\frac{1}{2}\int_{1}^{3}x^2\times\frac{f(x^2+2)}{x}\,dx$$

$$= \frac{9}{2}\times 2-\frac{1}{2}\times 0-\frac{1}{2}\int_{1}^{3}xf(x^2+2)\,dx$$

$$= 9-\frac{1}{2}\int_{1}^{3}xf(x^2+2)\,dx \qquad \cdots\cdots \ \bigcirc$$

$\displaystyle\int_{1}^{3}xf(x^2+2)\,dx$에서 $x^2+2=s$로 놓으면 $2x=\dfrac{ds}{dx}$이고,

$x=1$일 때 $s=3$, $x=3$일 때 $s=11$이므로

$$\int_{1}^{3}xf(x^2+2)\,dx = \int_{3}^{11}f(s)\times\frac{1}{2}\,ds$$

$$= \frac{1}{2}\int_{3}^{11}f(s)\,ds$$

$$= \frac{1}{2}\int_{3}^{11}f(x)\,dx$$

$$= \frac{1}{2}\times 16 \ (\because \text{(내)})$$

$$= 8$$

이를 $\bigcirc$에 대입하면

$$\int_{1}^{3}xg(x)\,dx = 9-\frac{1}{2}\times 8$$

$$= 5$$

---

1 정적분과 급수

개념 CHECK 202쪽

1 답 2, $\dfrac{k}{n}$, 2, x^2, $\dfrac{1}{3}x^3$, 2, $\dfrac{7}{3}$

문제 203~204쪽

01-1 답 ③

오른쪽 그림과 같이 구간 $[1,\ 2]$를 n 등분 하면 각 구간의 오른쪽 끝 점의 x좌표는 차례대로

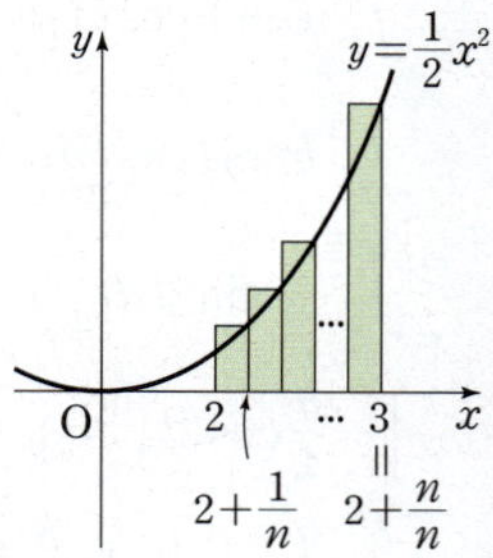

$$1+\frac{1}{n},\ 1+\frac{2}{n},\ 1+\frac{3}{n},$$

$$\cdots,\ 1+\frac{n}{n}(=2)$$

이에 대응하는 y의 값은 각각

$$\sqrt{1+\frac{1}{n}},\ \sqrt{1+\frac{2}{n}},\ \sqrt{1+\frac{3}{n}},\ \cdots,\ \sqrt{1+\frac{n}{n}}$$

이때 색칠한 각 직사각형의 가로의 길이는 $\dfrac{1}{n}$이므로 직사각형의 넓이의 합을 S_n이라 하면

$$S_n = \frac{1}{n}\sqrt{1+\frac{1}{n}}+\frac{1}{n}\sqrt{1+\frac{2}{n}}+\frac{1}{n}\sqrt{1+\frac{3}{n}}$$

$$+\cdots+\frac{1}{n}\sqrt{1+\frac{n}{n}}$$

$$= \frac{1}{n}\sum_{k=1}^{n}\sqrt{1+\frac{k}{n}}$$

따라서 구하는 넓이를 S라 하면

$$S = \lim_{n\to\infty}S_n = \lim_{n\to\infty}\frac{1}{n}\sum_{k=1}^{n}\sqrt{1+\frac{k}{n}}$$

01-2 답 $\dfrac{19}{6}$

오른쪽 그림과 같이 구간 $[2,\ 3]$을 n 등분 하면 각 구간의 오른쪽 끝 점의 x좌표는 차례대로

$$2+\frac{1}{n},\ 2+\frac{2}{n},\ 2+\frac{3}{n},$$

$$\cdots,\ 2+\frac{n}{n}(=3)$$

이에 대응하는 y의 값은 각각

$$\frac{1}{2}\left(2+\frac{1}{n}\right)^2,\ \frac{1}{2}\left(2+\frac{2}{n}\right)^2,\ \frac{1}{2}\left(2+\frac{3}{n}\right)^2,\ \cdots,\ \frac{1}{2}\left(2+\frac{n}{n}\right)^2$$

이때 색칠한 각 직사각형의 가로의 길이는 $\dfrac{1}{n}$이므로 직사각형의 넓이의 합을 S_n이라 하면

$$S_n=\frac{1}{n}\times\frac{1}{2}\left(2+\frac{1}{n}\right)^2+\frac{1}{n}\times\frac{1}{2}\left(2+\frac{2}{n}\right)^2$$
$$+\frac{1}{n}\times\frac{1}{2}\left(2+\frac{3}{n}\right)^2+\cdots+\frac{1}{n}\times\frac{1}{2}\left(2+\frac{n}{n}\right)^2$$
$$=\frac{1}{2n}\left\{\left(4+\frac{4}{n}+\frac{1^2}{n^2}\right)+\left(4+\frac{4\times2}{n}+\frac{2^2}{n^2}\right)\right.$$
$$\left.+\left(4+\frac{4\times3}{n}+\frac{3^2}{n^2}\right)+\cdots+\left(4+\frac{4n}{n}+\frac{n^2}{n^2}\right)\right\}$$
$$=\frac{1}{2n}\left\{4n+\frac{4}{n}(1+2+3+\cdots+n)\right.$$
$$\left.+\frac{1}{n^2}(1^2+2^2+3^2+\cdots+n^2)\right\}$$
$$=\frac{1}{2n}\left\{4n+\frac{4}{n}\times\frac{n(n+1)}{2}\right.$$
$$\left.+\frac{1}{n^2}\times\frac{n(n+1)(2n+1)}{6}\right\}$$
$$=2+\left(1+\frac{1}{n}\right)+\frac{1}{12}\left(1+\frac{1}{n}\right)\left(2+\frac{1}{n}\right)$$

따라서 구하는 넓이를 S라 하면

$$S=\lim_{n\to\infty}S_n$$
$$=\lim_{n\to\infty}\left\{2+\left(1+\frac{1}{n}\right)+\frac{1}{12}\left(1+\frac{1}{n}\right)\left(2+\frac{1}{n}\right)\right\}$$
$$=2+1+\frac{1}{6}=\frac{19}{6}$$

02-1 답 (1) $\dfrac{15}{4}$ (2) $1+\dfrac{2\sqrt{2}}{3}$ (3) $4\ln 2$ (4) $3\ln 2-1$

(1) $\displaystyle\lim_{n\to\infty}\sum_{k=1}^{n}\frac{(n+k)^3}{n^4}=\lim_{n\to\infty}\sum_{k=1}^{n}\left(1+\frac{k}{n}\right)^3\times\frac{1}{n}$

$1+\dfrac{k}{n}$를 x, $\dfrac{1}{n}$을 dx로 나타내면 적분 구간은 $[1,\ 2]$이므로

$$\lim_{n\to\infty}\sum_{k=1}^{n}\frac{(n+k)^3}{n^4}=\lim_{n\to\infty}\sum_{k=1}^{n}\left(1+\frac{k}{n}\right)^3\times\frac{1}{n}$$
$$=\int_{1}^{2}x^3\,dx=\left[\frac{1}{4}x^4\right]_{1}^{2}=\frac{15}{4}$$

(2) $\displaystyle\lim_{n\to\infty}\frac{1}{n\sqrt{n}}\sum_{k=1}^{n}(\sqrt{n}+\sqrt{2k})=\lim_{n\to\infty}\sum_{k=1}^{n}\frac{\sqrt{n}+\sqrt{2k}}{\sqrt{n}}\times\frac{1}{n}$
$$=\frac{1}{2}\lim_{n\to\infty}\sum_{k=1}^{n}\left(1+\sqrt{\frac{2k}{n}}\right)\times\frac{2}{n}$$

$\dfrac{2k}{n}$를 x, $\dfrac{2}{n}$를 dx로 나타내면 적분 구간은 $[0,\ 2]$이므로

$$\lim_{n\to\infty}\frac{1}{n\sqrt{n}}\sum_{k=1}^{n}(\sqrt{n}+\sqrt{2k})=\frac{1}{2}\lim_{n\to\infty}\sum_{k=1}^{n}\left(1+\sqrt{\frac{2k}{n}}\right)\times\frac{2}{n}$$
$$=\frac{1}{2}\int_{0}^{2}(1+\sqrt{x})\,dx$$
$$=\frac{1}{2}\left[x+\frac{2}{3}x\sqrt{x}\right]_{0}^{2}=1+\frac{2\sqrt{2}}{3}$$

(3) 주어진 식을 $\sum$를 이용하여 나타내면

$$\lim_{n\to\infty}\left(\frac{4}{n+1}+\frac{4}{n+2}+\frac{4}{n+3}+\cdots+\frac{4}{n+n}\right)$$
$$=\lim_{n\to\infty}4\left(\frac{1}{n+1}+\frac{1}{n+2}+\frac{1}{n+3}+\cdots+\frac{1}{n+n}\right)$$
$$=4\lim_{n\to\infty}\left(\frac{1}{1+\frac{1}{n}}+\frac{1}{1+\frac{2}{n}}+\cdots+\frac{1}{1+\frac{n}{n}}\right)\times\frac{1}{n}$$
$$=4\lim_{n\to\infty}\sum_{k=1}^{n}\frac{1}{1+\frac{k}{n}}\times\frac{1}{n}$$

$1+\dfrac{k}{n}$를 x, $\dfrac{1}{n}$을 dx로 나타내면 적분 구간은 $[1,\ 2]$이므로

$$\lim_{n\to\infty}\left(\frac{4}{n+1}+\frac{4}{n+2}+\frac{4}{n+3}+\cdots+\frac{4}{n+n}\right)$$
$$=4\lim_{n\to\infty}\sum_{k=1}^{n}\frac{1}{1+\frac{k}{n}}\times\frac{1}{n}$$
$$=4\int_{1}^{2}\frac{1}{x}\,dx=4\Big[\ln|x|\Big]_{1}^{2}=4\ln 2$$

(4) 주어진 식을 $\sum$를 이용하여 나타내면

$$\lim_{n\to\infty}\frac{1}{n}\left\{\ln\left(2+\frac{2}{n}\right)+\ln\left(2+\frac{4}{n}\right)+\ln\left(2+\frac{6}{n}\right)\right.$$
$$\left.+\cdots+\ln\left(2+\frac{2n}{n}\right)\right\}$$
$$=\lim_{n\to\infty}\sum_{k=1}^{n}\ln\left(2+\frac{2k}{n}\right)\times\frac{1}{n}$$
$$=\frac{1}{2}\lim_{n\to\infty}\sum_{k=1}^{n}\ln\left(2+\frac{2k}{n}\right)\times\frac{2}{n}$$

$2+\dfrac{2k}{n}$를 x, $\dfrac{2}{n}$를 dx로 나타내면 적분 구간은 $[2,\ 4]$이므로

$$\lim_{n\to\infty}\frac{1}{n}\left\{\ln\left(2+\frac{2}{n}\right)+\ln\left(2+\frac{4}{n}\right)+\ln\left(2+\frac{6}{n}\right)\right.$$
$$\left.+\cdots+\ln\left(2+\frac{2n}{n}\right)\right\}$$
$$=\frac{1}{2}\lim_{n\to\infty}\sum_{k=1}^{n}\ln\left(2+\frac{2k}{n}\right)\times\frac{2}{n}$$
$$=\frac{1}{2}\int_{2}^{4}\ln x\,dx$$
$$=\frac{1}{2}\left(\Big[x\ln x\Big]_{2}^{4}-\int_{2}^{4}dx\right)$$
$$=\frac{1}{2}\left(6\ln 2-\Big[x\Big]_{2}^{4}\right)=3\ln 2-1$$

다른 풀이

(1) $\dfrac{k}{n}$를 x, $\dfrac{1}{n}$을 dx로 나타내면 적분 구간은 $[0,\ 1]$이므로

$$\lim_{n\to\infty}\sum_{k=1}^{n}\frac{(n+k)^3}{n^4}=\lim_{n\to\infty}\sum_{k=1}^{n}\left(1+\frac{k}{n}\right)^3\times\frac{1}{n}$$
$$=\int_{0}^{1}(1+x)^3\,dx$$
$$=\left[\frac{1}{4}(1+x)^4\right]_{0}^{1}=\frac{15}{4}$$

(3) $\dfrac{k}{n}$를 x, $\dfrac{1}{n}$을 dx로 나타내면 적분 구간은 $[0,\ 1]$이므로

$$\lim_{n\to\infty}\left(\frac{4}{n+1}+\frac{4}{n+2}+\frac{4}{n+3}+\cdots+\frac{4}{n+n}\right)$$

$$=4\lim_{n\to\infty}\sum_{k=1}^{n}\frac{1}{1+\dfrac{k}{n}}\times\frac{1}{n}$$

$$=4\int_0^1\frac{1}{1+x}\,dx$$

$$=4\Big[\ln|1+x|\Big]_0^1$$

$$=4\ln 2$$

2 넓이

1　답 $\ln 2$

$1\le x\le 2$에서 $y>0$이므로 구하는 넓이를 S라 하면

$$S=\int_1^2\frac{1}{x}\,dx$$

$$=\Big[\ln|x|\Big]_1^2$$

$$=\ln 2$$

03-1　답 (1) $2+\ln 3$　(2) 2

(1) $2\le x\le 4$에서 $y>0$이므로 구하는 넓이를 S라 하면

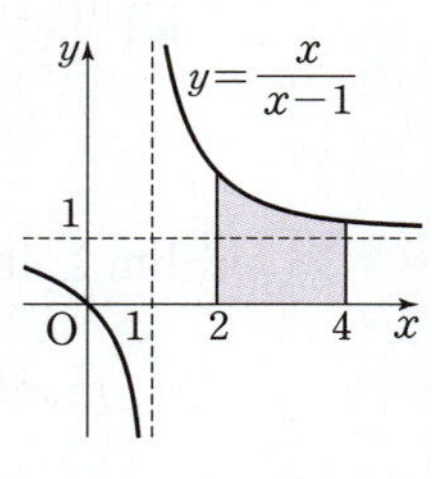

$$S=\int_2^4\frac{x}{x-1}\,dx$$

$$=\int_2^4\left(1+\frac{1}{x-1}\right)dx$$

$$=\Big[x+\ln|x-1|\Big]_2^4$$

$$=2+\ln 3$$

(2) $0\le x\le\dfrac{\pi}{2}$에서 $y\ge 0$이고,

$\dfrac{\pi}{2}\le x\le\pi$에서 $y\le 0$이므로 구하는 넓이를 S라 하면

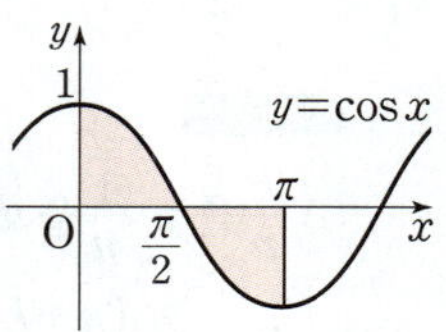

$$S=\int_0^{\frac{\pi}{2}}\cos x\,dx+\int_{\frac{\pi}{2}}^{\pi}(-\cos x)\,dx$$

$$=\Big[\sin x\Big]_0^{\frac{\pi}{2}}+\Big[-\sin x\Big]_{\frac{\pi}{2}}^{\pi}$$

$$=2$$

03-2　답 (1) 1　(2) 4

(1) $y=-\dfrac{1}{x}$을 x에 대하여 풀면

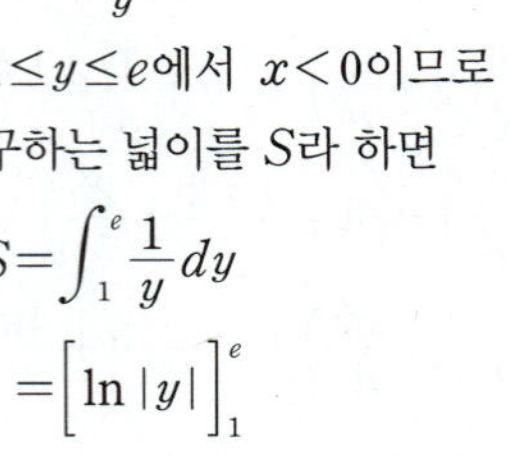

$$x=-\frac{1}{y}$$

$1\le y\le e$에서 $x<0$이므로 구하는 넓이를 S라 하면

$$S=\int_1^e\frac{1}{y}\,dy$$

$$=\Big[\ln|y|\Big]_1^e$$

$$=1$$

(2) $y=(x+2)^2$을 x에 대하여 풀면

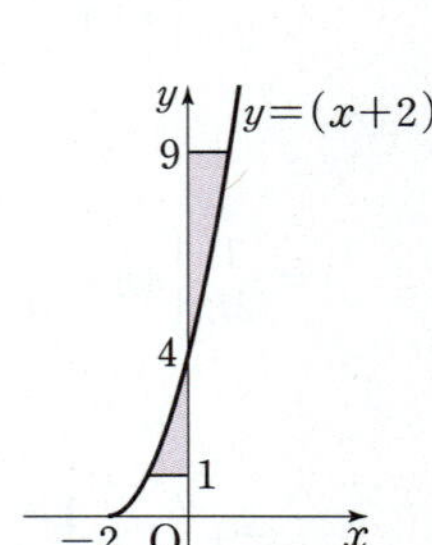

$\sqrt{y}=x+2\ (\because x\ge -2)$

$\therefore x=\sqrt{y}-2$

곡선 $x=\sqrt{y}-2$와 y축의 교점의 y좌표를 구하면

$\sqrt{y}-2=0$

$\sqrt{y}=2$

$\therefore y=4$

$1\le y\le 4$에서 $x\le 0$이고, $4\le y\le 9$에서 $x\ge 0$이므로 구하는 넓이를 S라 하면

$$S=\int_1^4(-\sqrt{y}+2)\,dy+\int_4^9(\sqrt{y}-2)\,dy$$

$$=\left[-\frac{2}{3}y\sqrt{y}+2y\right]_1^4+\left[\frac{2}{3}y\sqrt{y}-2y\right]_4^9$$

$$=4$$

04-1　답 (1) 2　(2) $\dfrac{3\sqrt{3}}{2}$　(3) $e-\dfrac{7}{6}$　(4) $\dfrac{e^2}{2}-e+\dfrac{3}{2}$

(1) 두 곡선 $y=\ln x$, $y=-\ln x$의 교점의 x좌표를 구하면

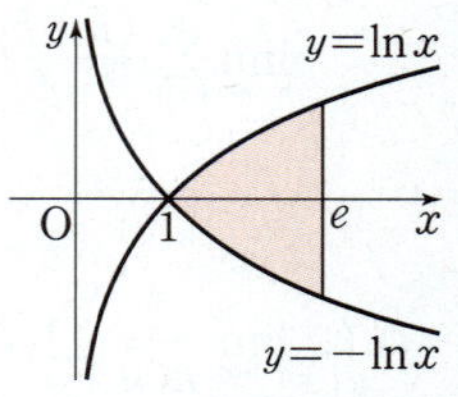

$\ln x=-\ln x$

$2\ln x=0$

$\therefore x=1$

$1\le x\le e$에서 $\ln x\ge -\ln x$이므로 구하는 넓이를 S라 하면

$$S=\int_1^e\{\ln x-(-\ln x)\}\,dx$$

$$=2\int_1^e\ln x\,dx$$

$$=2\left(\Big[x\ln x\Big]_1^e-\int_1^e dx\right)$$

$$=2\left(e-\Big[x\Big]_1^e\right)$$

$$=2$$

(2) 두 곡선 $y=\cos x$, $y=\cos 2x$의 교점의 x좌표를 구하면

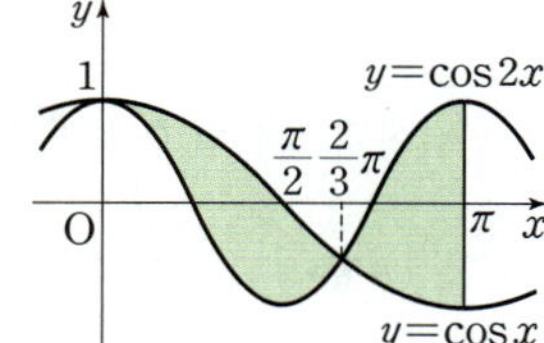

$$\cos x=\cos 2x$$
$$\cos x=2\cos^2 x-1$$
$$2\cos^2 x-\cos x-1=0$$
$$(2\cos x+1)(\cos x-1)=0$$
$$\therefore \cos x=-\frac{1}{2} \ \ \text{또는} \ \cos x=1$$
$$\therefore x=0 \ \ \text{또는} \ x=\frac{2}{3}\pi \ (\because 0\le x\le \pi)$$

$0\le x\le \frac{2}{3}\pi$에서 $\cos x\ge \cos 2x$이고, $\frac{2}{3}\pi\le x\le \pi$에서 $\cos 2x\ge \cos x$이므로 구하는 넓이를 S라 하면

$$S=\int_0^{\frac{2}{3}\pi}(\cos x-\cos 2x)\,dx$$
$$+\int_{\frac{2}{3}\pi}^{\pi}(\cos 2x-\cos x)\,dx$$
$$=\left[\sin x-\frac{1}{2}\sin 2x\right]_0^{\frac{2}{3}\pi}+\left[\frac{1}{2}\sin 2x-\sin x\right]_{\frac{2}{3}\pi}^{\pi}$$
$$=\frac{3\sqrt{3}}{2}$$

(3) $y=\ln x$, $y=\sqrt{2x}$를 각각 x에 대하여 풀면

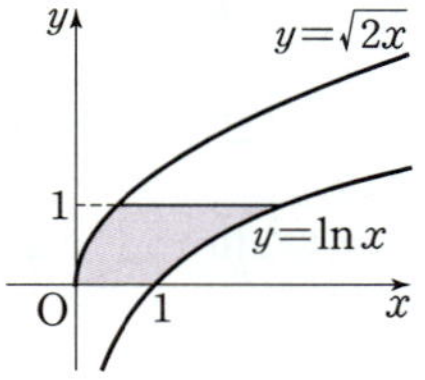

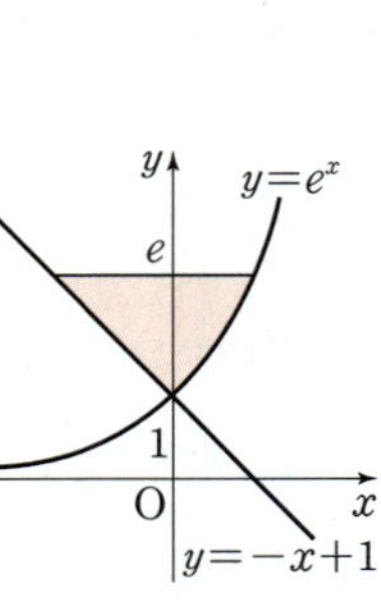

$$x=e^y, \ \ x=\frac{1}{2}y^2$$

$0\le y\le 1$에서 $e^y>\frac{1}{2}y^2$이므로 구하는 넓이를 S라 하면

$$S=\int_0^1\left(e^y-\frac{1}{2}y^2\right)dy$$
$$=\left[e^y-\frac{1}{6}y^3\right]_0^1$$
$$=e-\frac{7}{6}$$

(4) $y=e^x$, $y=-x+1$을 각각 x에 대하여 풀면

$$x=\ln y, \ \ x=-y+1$$

$1\le y\le e$에서 $\ln y\ge -y+1$이므로 구하는 넓이를 S라 하면

$$S=\int_1^e\{\ln y-(-y+1)\}\,dy$$
$$=\int_1^e \ln y\,dy+\int_1^e (y-1)\,dy$$
$$=\left[y\ln y\right]_1^e-\int_1^e dy+\left[\frac{1}{2}y^2-y\right]_1^e$$
$$=e-\left[y\right]_1^e+\left(\frac{e^2}{2}-e+\frac{1}{2}\right)$$
$$=\frac{e^2}{2}-e+\frac{3}{2}$$

05-1 답 $\dfrac{1}{4}$

두 도형의 넓이가 서로 같으므로

$$\int_0^k (-3\sqrt{x}+1)\,dx=0$$
$$\left[-2x\sqrt{x}+x\right]_0^k=0$$
$$-2k\sqrt{k}+k=0, \ -k(2\sqrt{k}-1)=0$$
$$\therefore k=\frac{1}{4} \ \left(\because k>\frac{1}{9}\right)$$

05-2 답 $\sqrt{3}$

두 도형의 넓이가 서로 같으므로

$$\int_0^{\frac{\pi}{3}}(k\sin x-\cos x)\,dx=0$$
$$\left[-k\cos x-\sin x\right]_0^{\frac{\pi}{3}}=0$$
$$\frac{k}{2}-\frac{\sqrt{3}}{2}=0 \quad \therefore k=\sqrt{3}$$

05-3 답 $\dfrac{1}{e}$

두 도형의 넓이가 서로 같으므로

$$\int_k^e \frac{(\ln x)^3}{x}\,dx=0$$

$\ln x=t$로 놓으면 $\dfrac{1}{x}=\dfrac{dt}{dx}$이고, $x=k$일 때 $t=\ln k$, $x=e$일 때 $t=1$이므로

$$\int_{\ln k}^1 t^3\,dt=0$$
$$\left[\frac{1}{4}t^4\right]_{\ln k}^1=0$$
$$\frac{1}{4}-\frac{1}{4}(\ln k)^4=0, \ (\ln k)^4=1$$
$$\therefore \ln k=-1 \ \ \text{또는} \ \ln k=1$$
$$\therefore k=\frac{1}{e} \ (\because 0<k<1)$$

06-1 답 (1) $\dfrac{8}{\pi}-2$ (2) $2e^2$

(1) 두 곡선 $y=f(x)$, $y=g(x)$는 직선 $y=x$에 대하여 대칭이므로 두 곡선으로 둘러싸인 도형의 넓이는 곡선 $y=f(x)$와 직선 $y=x$로 둘러싸인 도형의 넓이의 2배와 같다.

곡선 $y=\sin\dfrac{\pi}{2}x$가 세 점 $(-1, -1)$, $(0, 0)$, $(1, 1)$을 지나므로 곡선 $y=\sin\dfrac{\pi}{2}x$와 직선 $y=x$의 교점의 x좌표는

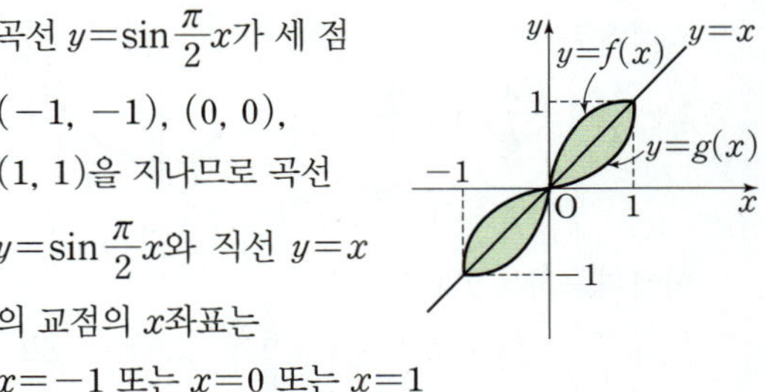

$$x=-1 \ \ \text{또는} \ x=0 \ \ \text{또는} \ x=1$$

$-1 \leq x \leq 0$에서 $x \geq \sin \dfrac{\pi}{2} x$이고, $0 \leq x \leq 1$에서

$\sin \dfrac{\pi}{2} x \geq x$이므로 구하는 넓이를 S라 하면

$$S = 2\left\{ \int_{-1}^{0} \left(x - \sin \dfrac{\pi}{2} x \right) dx + \int_{0}^{1} \left(\sin \dfrac{\pi}{2} x - x \right) dx \right\}$$

$$= 2\left(\left[\dfrac{1}{2} x^2 + \dfrac{2}{\pi} \cos \dfrac{\pi}{2} x \right]_{-1}^{0} + \left[-\dfrac{2}{\pi} \cos \dfrac{\pi}{2} x - \dfrac{1}{2} x^2 \right]_{0}^{1} \right)$$

$$= \dfrac{8}{\pi} - 2$$

(2) 두 함수 $y=f(x)$, $y=g(x)$의 그래프는 직선 $y=x$에 대하여 대칭이고 $f(1)=0$, $f(e^2)=2$이므로 $g(0)=1$, $g(2)=e^2$이다.

$\displaystyle\int_{1}^{e^2} f(x)\,dx = S_1$,

$\displaystyle\int_{0}^{2} g(x)\,dx = S_2$라 하면 오른쪽 그림에서 빗금 친 두 부분의 넓이가 서로 같으므로 구하는 값은

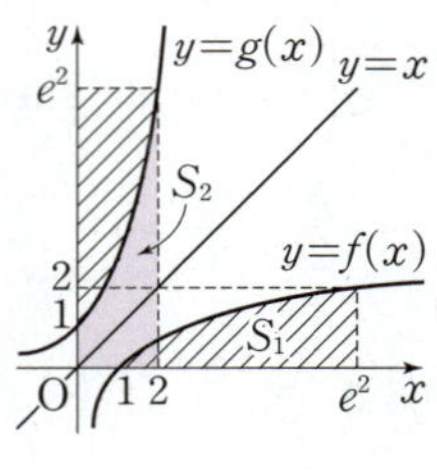

$$\int_{1}^{e^2} f(x)\,dx + \int_{0}^{2} g(x)\,dx = S_1 + S_2$$

$$= 2 \times e^2 = 2e^2$$

1 오른쪽 그림과 같이 구간 $[1, 3]$을 n 등분 하면 각 구간의 오른쪽 끝 점의 x좌표는 차례대로

$$1 + \dfrac{2}{n},\ 1 + \dfrac{4}{n},\ 1 + \dfrac{6}{n},$$
$$\cdots,\ 1 + \dfrac{2n}{n}\, (=3)$$

이에 대응하는 y의 값은 각각

$$\left(1 + \dfrac{2}{n}\right)^2,\ \left(1 + \dfrac{4}{n}\right)^2,\ \left(1 + \dfrac{6}{n}\right)^2,\ \cdots,\ \left(1 + \dfrac{2n}{n}\right)^2$$

이때 색칠한 각 직사각형의 가로의 길이는 $\dfrac{2}{n}$이므로 직사각형의 넓이의 합을 S_n이라 하면

$$S_n = \dfrac{2}{n} \times \left(1 + \dfrac{2}{n}\right)^2 + \dfrac{2}{n} \times \left(1 + \dfrac{4}{n}\right)^2 + \dfrac{2}{n} \times \left(1 + \dfrac{6}{n}\right)^2$$
$$+ \cdots + \dfrac{2}{n} \times \left(1 + \dfrac{2n}{n}\right)^2$$

$$= \dfrac{2}{n} \sum_{k=1}^{n} \left(1 + \dfrac{2k}{n}\right)^2$$

따라서 구하는 넓이를 S라 하면

$$S = \lim_{n \to \infty} S_n = \lim_{n \to \infty} \dfrac{2}{n} \sum_{k=1}^{n} \left(1 + \dfrac{2k}{n}\right)^2$$

2

$$\lim_{n \to \infty} \sum_{k=1}^{n} \dfrac{1}{n} f\left(\dfrac{2k}{n}\right) = \dfrac{1}{2} \lim_{n \to \infty} \sum_{k=1}^{n} f\left(\dfrac{2k}{n}\right) \times \dfrac{2}{n}$$

$$= \dfrac{1}{2} \int_{0}^{2} f(x)\,dx$$

$$= \dfrac{1}{2} \int_{0}^{2} (4x^3 + x)\,dx$$

$$= \dfrac{1}{2} \left[x^4 + \dfrac{1}{2} x^2 \right]_{0}^{2}$$

$$= 9$$

3

$$\lim_{n \to \infty} \dfrac{\pi}{n} \left(\cos \dfrac{\pi}{2n} + \cos \dfrac{2\pi}{2n} + \cos \dfrac{3\pi}{2n} + \cdots + \cos \dfrac{n\pi}{2n} \right)$$

$$= \lim_{n \to \infty} \sum_{k=1}^{n} \left(\cos \dfrac{k\pi}{2n} \right) \times \dfrac{\pi}{n}$$

$$= 2 \lim_{n \to \infty} \sum_{k=1}^{n} \left(\cos \dfrac{k\pi}{2n} \right) \times \dfrac{\pi}{2n}$$

$$= 2 \int_{0}^{\frac{\pi}{2}} \cos x\,dx$$

$$= 2 \left[\sin x \right]_{0}^{\frac{\pi}{2}}$$

$$= 2$$

4 $y = \ln(1 - 2x) + 1$을 x에 대하여 풀면

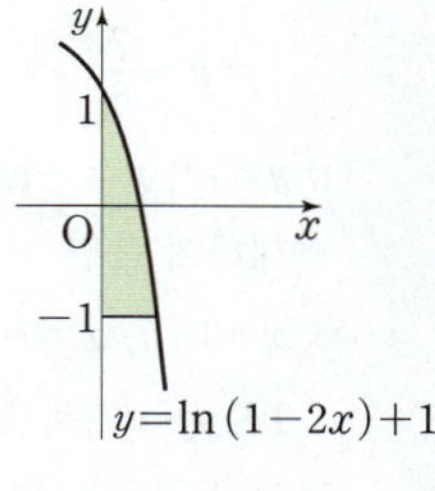

$$y - 1 = \ln(1 - 2x)$$
$$1 - 2x = e^{y-1}$$
$$2x = -e^{y-1} + 1$$
$$\therefore x = -\dfrac{1}{2} e^{y-1} + \dfrac{1}{2}$$

곡선 $x = -\dfrac{1}{2} e^{y-1} + \dfrac{1}{2}$과 y축의 교점의 y좌표를 구하면

$$-\dfrac{1}{2} e^{y-1} + \dfrac{1}{2} = 0, \ e^{y-1} = 1$$
$$y - 1 = 0 \qquad \therefore y = 1$$

$-1 \leq y \leq 1$에서 $x \geq 0$이므로 구하는 넓이를 S라 하면

$$S = \int_{-1}^{1} \left(-\dfrac{1}{2} e^{y-1} + \dfrac{1}{2} \right) dy$$

$$= \left[-\dfrac{1}{2} e^{y-1} + \dfrac{1}{2} y \right]_{-1}^{1} = \dfrac{1}{2e^2} + \dfrac{1}{2}$$

5 $1\leq x\leq e^2$에서 $\dfrac{\ln x}{x}\geq 0$이므로

$$S_1=\int_1^k \frac{\ln x}{x}\,dx,\quad S_2=\int_k^{e^2} \frac{\ln x}{x}\,dx$$

$\ln x=t$로 놓으면 $\dfrac{1}{x}=\dfrac{dt}{dx}$이고, $x=1$일 때 $t=0$, $x=k$일 때 $t=\ln k$, $x=e^2$일 때 $t=2$이므로

$$S_1=\int_1^k \frac{\ln x}{x}\,dx=\int_0^{\ln k} t\,dt=\left[\frac{1}{2}t^2\right]_0^{\ln k}=\frac{1}{2}(\ln k)^2$$

$$S_2=\int_k^{e^2} \frac{\ln x}{x}\,dx=\int_{\ln k}^{2} t\,dt=\left[\frac{1}{2}t^2\right]_{\ln k}^{2}=2-\frac{1}{2}(\ln k)^2$$

$S_1=S_2$에서

$$\frac{1}{2}(\ln k)^2=2-\frac{1}{2}(\ln k)^2$$

$$(\ln k)^2=2$$

이때 $1<k<e^2$에서 $0<\ln k<2$이므로

$\ln k=\sqrt{2}$ $\quad\therefore k=e^{\sqrt{2}}$

6 곡선 $y=f(x)$와 x축 및 직선 $x=7$로 둘러싸인 도형의 넓이가 18이므로

$$\int_0^7 f(x)\,dx=18 \quad\cdots\cdots\ \text{㉠}$$

$$\therefore \int_0^7 xf'(x)\,dx=\left[xf(x)\right]_0^7-\int_0^7 f(x)\,dx$$

$$=7f(7)-\int_0^7 f(x)\,dx$$

$$=7\times 4-18\ (\because\ \text{㉠})$$

$$=10$$

7 곡선 $y=\dfrac{1}{x}$과 직선 $y=2x$의 교점의 x좌표를 구하면

$$\frac{1}{x}=2x,\ x^2=\frac{1}{2}$$

$$\therefore x=\frac{\sqrt{2}}{2}\ (\because\ x>0)$$

곡선 $y=\dfrac{1}{x}$과 직선 $y=\dfrac{1}{2}x$의 교점의 x좌표를 구하면

$$\frac{1}{x}=\frac{1}{2}x,\ x^2=2 \quad\therefore x=\sqrt{2}\ (\because\ x>0)$$

$0\leq x\leq\dfrac{\sqrt{2}}{2}$에서 $2x\geq\dfrac{1}{2}x$이고, $\dfrac{\sqrt{2}}{2}\leq x\leq\sqrt{2}$에서 $\dfrac{1}{x}\geq\dfrac{1}{2}x$이므로 구하는 넓이를 S라 하면

$$S=\int_0^{\frac{\sqrt{2}}{2}}\left(2x-\frac{1}{2}x\right)dx+\int_{\frac{\sqrt{2}}{2}}^{\sqrt{2}}\left(\frac{1}{x}-\frac{1}{2}x\right)dx$$

$$=\left[\frac{3}{4}x^2\right]_0^{\frac{\sqrt{2}}{2}}+\left[\ln|x|-\frac{1}{4}x^2\right]_{\frac{\sqrt{2}}{2}}^{\sqrt{2}}$$

$$=\ln 2$$

8 $f(x)=\ln(x-1)$이라 하면 $f'(x)=\dfrac{1}{x-1}$

점 $(e+1,\ 1)$에서의 접선의 기울기는 $f'(e+1)=\dfrac{1}{e}$이므로 접선의 방정식은

$$y-1=\frac{1}{e}(x-e-1) \quad\therefore y=\frac{1}{e}x-\frac{1}{e}$$

$y=\ln(x-1)$, $y=\dfrac{1}{e}x-\dfrac{1}{e}$을 각각 x에 대하여 풀면 $x=e^y+1$, $x=ey+1$

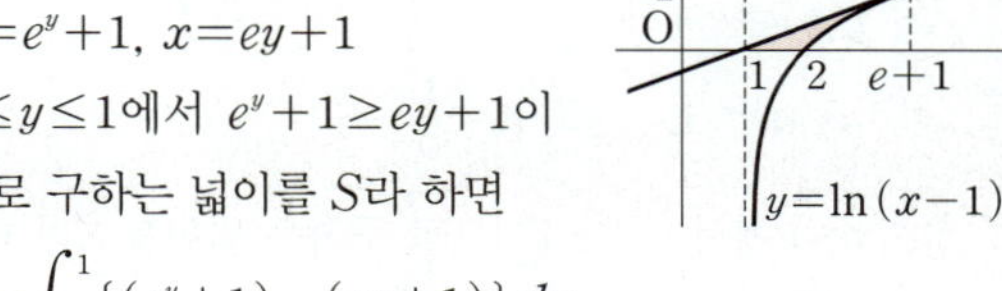

$0\leq y\leq 1$에서 $e^y+1\geq ey+1$이므로 구하는 넓이를 S라 하면

$$S=\int_0^1\{(e^y+1)-(ey+1)\}\,dy$$

$$=\int_0^1(e^y-ey)\,dy$$

$$=\left[e^y-\frac{e}{2}y^2\right]_0^1=\frac{e}{2}-1$$

다른 풀이

$f(x)=\ln(x-1)$이라 하면 $f'(x)=\dfrac{1}{x-1}$

점 $(e+1,\ 1)$에서의 접선의 기울기는 $f'(e+1)=\dfrac{1}{e}$이므로 접선의 방정식은

$$y-1=\frac{1}{e}(x-e-1) \quad\therefore y=\frac{1}{e}x-\frac{1}{e}$$

$2\leq x\leq e+1$에서 $\ln(x-1)\geq 0$이므로 구하는 넓이를 S라 하면

$$S=\frac{1}{2}\times e\times 1-\int_2^{e+1}\ln(x-1)\,dx$$

$$=\frac{e}{2}-\int_2^{e+1}\ln(x-1)\,dx$$

$$=\frac{e}{2}-\int_1^e \ln t\,dt \qquad \blacktriangleleft x-1=t$$

$$=\frac{e}{2}-\left(\left[t\ln t\right]_1^e-\int_1^e dt\right)$$

$$=\frac{e}{2}-\left(e-\left[t\right]_1^e\right)$$

$$=\frac{e}{2}-1$$

9 두 도형의 넓이가 서로 같으므로

$$\int_0^{\frac{\pi}{2}}(\sin 2x-ax)\,dx=0$$

$$\left[-\frac{1}{2}\cos 2x-\frac{1}{2}ax^2\right]_0^{\frac{\pi}{2}}=0$$

$$1-\frac{\pi^2}{8}a=0,\ \frac{\pi^2}{8}a=1$$

$$\therefore a=\frac{8}{\pi^2}$$

10 두 곡선 $y=f(x)$, $y=g(x)$와 x축 및 y축으로 둘러싸인 도형의 넓이는 곡선 $y=f(x)$와 y축 및 직선 $y=x$로 둘러싸인 도형의 넓이의 2배와 같다.

이때 두 곡선 $y=f(x)$, $y=g(x)$는 $x=e$에서 서로 접하고, 직선 $y=x$에 대하여 대칭이므로 접점의 좌표는 $(e,\ e)$이다.

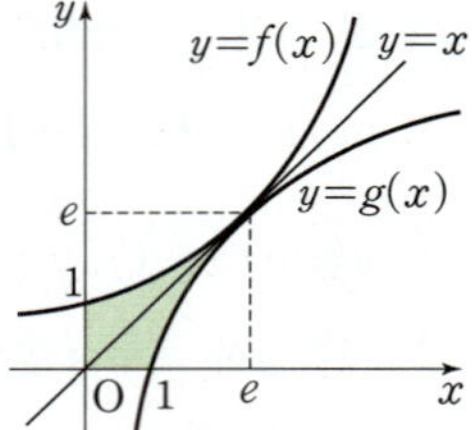

즉, $f(e)=e$에서

$$e^{ae}=e, \ ae=1 \qquad \therefore a=\frac{1}{e}$$

$0\le x\le e$에서 $e^{\frac{1}{e}x}\ge x$이므로 구하는 넓이를 S라 하면

$$S=2\int_0^e (e^{\frac{1}{e}x}-x)\,dx$$

$$=2\left[e\times e^{\frac{1}{e}x}-\frac{1}{2}x^2\right]_0^e=e^2-2e$$

11 두 함수 $y=f(x)$, $y=g(x)$의 그래프는 직선 $y=x$에 대하여 대칭이고 $f\left(\dfrac{\pi}{6}\right)=\dfrac{\sqrt{3}}{3}$, $f\left(\dfrac{\pi}{4}\right)=1$이므로

$g\left(\dfrac{\sqrt{3}}{3}\right)=\dfrac{\pi}{6}$, $g(1)=\dfrac{\pi}{4}$이다.

$\displaystyle\int_{\frac{\pi}{6}}^{\frac{\pi}{4}} f(x)\,dx=S_1$,

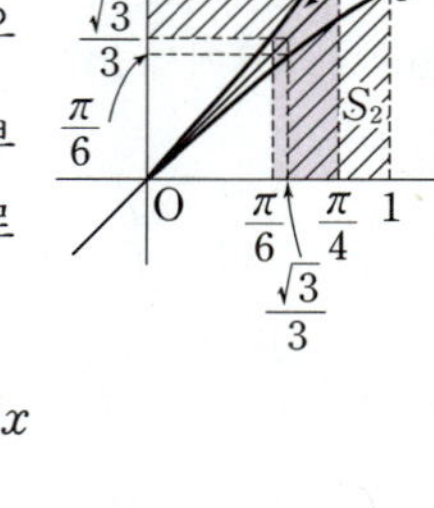

$\displaystyle\int_{\frac{\sqrt{3}}{3}}^{1} g(x)\,dx=S_2$라 하면 오른쪽 그림에서 빗금 친 두 부분의 넓이가 서로 같으므로 구하는 값은

$$\int_{\frac{\pi}{6}}^{\frac{\pi}{4}} f(x)\,dx+\int_{\frac{\sqrt{3}}{3}}^{1} g(x)\,dx$$

$$=S_1+S_2$$

$$=\frac{\pi}{4}\times 1-\frac{\pi}{6}\times\frac{\sqrt{3}}{3}=\frac{9-2\sqrt{3}}{36}\pi$$

12 $\angle \mathrm{AOP}_k=\dfrac{\pi}{2n}\times k=\dfrac{k\pi}{2n}$이므로

$$\angle \mathrm{BOQ}_k=\frac{\pi}{2}-\frac{k\pi}{2n}$$

이때 직각삼각형 $\mathrm{OQ}_k\mathrm{B}$에서

$$\overline{\mathrm{OQ}_k}=\overline{\mathrm{OB}}\cos\left(\frac{\pi}{2}-\frac{k\pi}{2n}\right)=8\sin\frac{k\pi}{2n}$$

$$\overline{\mathrm{BQ}_k}=\overline{\mathrm{OB}}\sin\left(\frac{\pi}{2}-\frac{k\pi}{2n}\right)=8\cos\frac{k\pi}{2n}$$

$$\therefore S_k=\frac{1}{2}\times\overline{\mathrm{OQ}_k}\times\overline{\mathrm{BQ}_k}$$

$$=\frac{1}{2}\times 8\sin\frac{k\pi}{2n}\times 8\cos\frac{k\pi}{2n}$$

$$=16\times\left(2\sin\frac{k\pi}{2n}\cos\frac{k\pi}{2n}\right)=16\sin\frac{k\pi}{n}$$

$$\therefore \lim_{n\to\infty}\frac{1}{n}\sum_{k=1}^{n-1}S_k=\lim_{n\to\infty}\frac{1}{n}\sum_{k=1}^{n-1}16\sin\frac{k\pi}{n}$$

$$=\frac{16}{\pi}\lim_{n\to\infty}\sum_{k=1}^{n-1}\left(\sin\frac{k\pi}{n}\right)\times\frac{\pi}{n}$$

$$=\frac{16}{\pi}\int_0^\pi \sin x\,dx$$

$$=\frac{16}{\pi}\Big[-\cos x\Big]_0^\pi=\frac{32}{\pi}$$

$$\therefore a=32$$

13 두 곡선 $y=\cos x$, $y=a\sin x$의 교점의 x좌표를 $\alpha\left(0<\alpha<\dfrac{\pi}{2}\right)$라 하면

$$\cos\alpha=a\sin\alpha$$

$$\cos^2\alpha=a^2\sin^2\alpha$$

$$\cos^2\alpha=a^2(1-\cos^2\alpha),\ (a^2+1)\cos^2\alpha=a^2$$

$$\cos^2\alpha=\frac{a^2}{a^2+1}$$

$$\therefore \cos\alpha=\frac{a}{\sqrt{a^2+1}}\ \left(\because 0<\alpha<\frac{\pi}{2}\right)$$

또 $\sin^2\alpha+\cos^2\alpha=1$이므로

$$\sin^2\alpha=1-\frac{a^2}{a^2+1}=\frac{1}{a^2+1}$$

$$\therefore \sin\alpha=\frac{1}{\sqrt{a^2+1}}\ \left(\because 0<\alpha<\frac{\pi}{2}\right)$$

곡선 $y=\cos x\left(0\le x\le\dfrac{\pi}{2}\right)$와 x축 및 y축으로 둘러싸인 도형의 넓이를 S_1이라 하면 $0\le x\le\dfrac{\pi}{2}$에서 $\cos x\ge 0$이므로

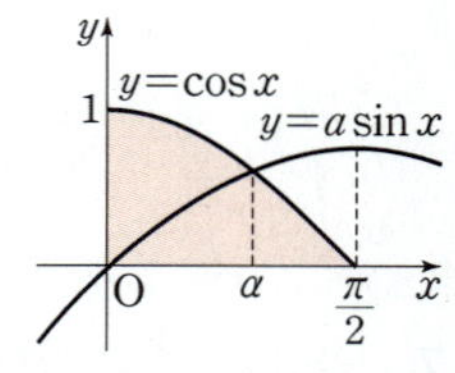

$$S_1=\int_0^{\frac{\pi}{2}}\cos x\,dx=\Big[\sin x\Big]_0^{\frac{\pi}{2}}=1$$

또 두 곡선 $y=\cos x\left(0\le x\le\dfrac{\pi}{2}\right)$, $y=a\sin x$와 y축으로 둘러싸인 도형의 넓이를 S_2라 하면 $0\le x\le\alpha$에서 $\cos x\ge a\sin x$이므로

$$S_2=\int_0^\alpha (\cos x-a\sin x)\,dx$$

$$=\Big[\sin x+a\cos x\Big]_0^\alpha$$

$$=\sin\alpha+a\cos\alpha-a$$

$$=\frac{1}{\sqrt{a^2+1}}+\frac{a^2}{\sqrt{a^2+1}}-a$$

$$=\sqrt{a^2+1}-a$$

주어진 조건에서 $S_1=2S_2$이므로

$$1=2(\sqrt{a^2+1}-a),\ 2\sqrt{a^2+1}=2a+1$$

$$4a^2+4=4a^2+4a+1,\ 4a=3$$

$$\therefore a=\frac{3}{4}$$

¶ 입체도형의 부피

개념 CHECK

213쪽

1　답 **12**

입체도형의 밑면으로부터 높이가 x인 지점에서의 단면의 넓이를 $S(x)$라 하면

$$S(x)=x^2+1$$

이때 입체도형의 높이가 3이므로 부피를 V라 하면

$$V=\int_0^3 S(x)\,dx=\int_0^3 (x^2+1)\,dx=\left[\frac{1}{3}x^3+x\right]_0^3=12$$

문제

214~215쪽

01-1　답 $\left(\dfrac{\pi^2}{2}+2\right)\mathbf{cm}^3$

물의 높이가 $x\,\mathrm{cm}$일 때의 수면의 넓이를 $S(x)$라 하면

$$S(x)=\sin x+x\,(\mathrm{cm}^2)$$

따라서 물의 높이가 $\pi\,\mathrm{cm}$일 때, 이 그릇에 담긴 물의 부피를 V라 하면

$$V=\int_0^\pi S(x)\,dx=\int_0^\pi (\sin x+x)\,dx$$
$$=\left[-\cos x+\frac{1}{2}x^2\right]_0^\pi=\frac{\pi^2}{2}+2\,(\mathrm{cm}^3)$$

01-2　답 108π

입체도형의 밑면으로부터 높이가 x인 지점에서의 단면의 넓이를 $S(x)$라 하면

$$S(x)=\pi(\sqrt{10x-x^2})^2=\pi(10x-x^2)$$

이때 입체도형의 높이가 6이므로 부피를 V라 하면

$$V=\int_0^6 S(x)\,dx=\int_0^6 \pi(10x-x^2)\,dx$$
$$=\pi\left[5x^2-\frac{1}{3}x^3\right]_0^6=108\pi$$

01-3　답 $\dfrac{\sqrt{3}}{12}a^2h$

다음 그림과 같이 정삼각뿔의 꼭짓점을 원점, 꼭짓점에서 밑면에 내린 수선을 x축으로 정하고, x좌표가 x인 점을 지나고 x축에 수직인 평면으로 자른 단면의 넓이를 $S(x)$라 하자.

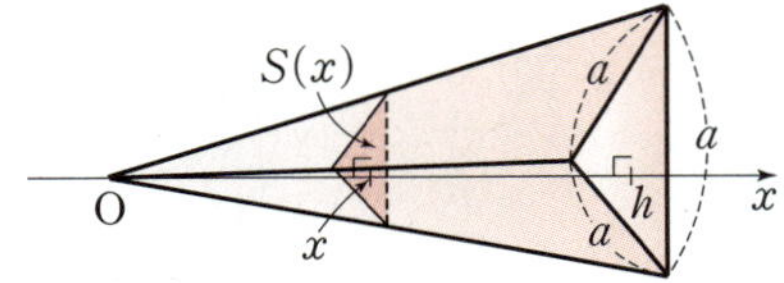

밑면과 단면은 서로 닮음이므로 닮음비는

$$h:x$$

이때 넓이의 비는 $h^2:x^2$이므로

$$\frac{\sqrt{3}}{4}a^2:S(x)=h^2:x^2$$

$$\therefore\ S(x)=\frac{\sqrt{3}a^2}{4h^2}x^2$$

따라서 정삼각뿔의 부피를 V라 하면

$$V=\int_0^h S(x)\,dx=\int_0^h \frac{\sqrt{3}a^2}{4h^2}x^2\,dx$$
$$=\frac{\sqrt{3}a^2}{4h^2}\left[\frac{1}{3}x^3\right]_0^h=\frac{\sqrt{3}}{12}a^2h$$

02-1　답 $1-\dfrac{\pi}{4}$

다음 그림과 같이 x축 위의 점 $\mathrm{P}(x,\,0)\left(0\le x\le\dfrac{\pi}{4}\right)$을 지나고 x축에 수직인 직선이 곡선 $y=\tan x$와 만나는 점을 Q라 하면

$$\mathrm{Q}(x,\,\tan x)$$

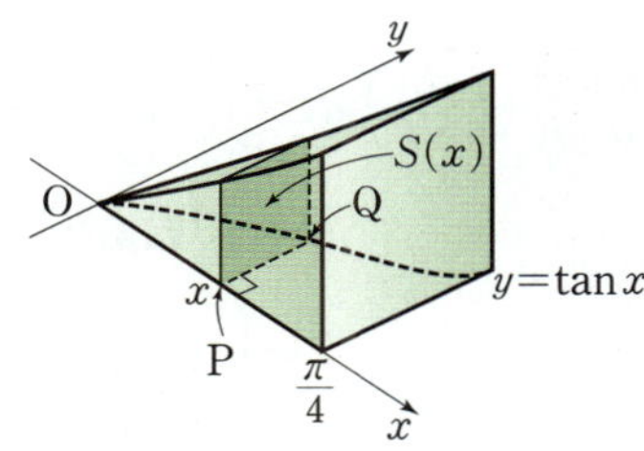

이때 $\overline{\mathrm{PQ}}=\tan x$를 한 변으로 하는 정사각형의 넓이를 $S(x)$라 하면

$$S(x)=\tan^2 x$$

따라서 구하는 입체도형의 부피를 V라 하면

$$V=\int_0^{\frac{\pi}{4}} S(x)\,dx=\int_0^{\frac{\pi}{4}} \tan^2 x\,dx$$
$$=\int_0^{\frac{\pi}{4}} (\sec^2 x-1)\,dx$$
$$=\left[\tan x-x\right]_0^{\frac{\pi}{4}}=1-\frac{\pi}{4}$$

02-2　답 $\dfrac{\sqrt{3}}{4}(2+3\ln 3)$

점 P의 좌표를 $(x,\,\sqrt{e^x+3})\,(0\le x\le\ln 3)$이라 하면 점 H의 좌표는 $(x,\,0)$

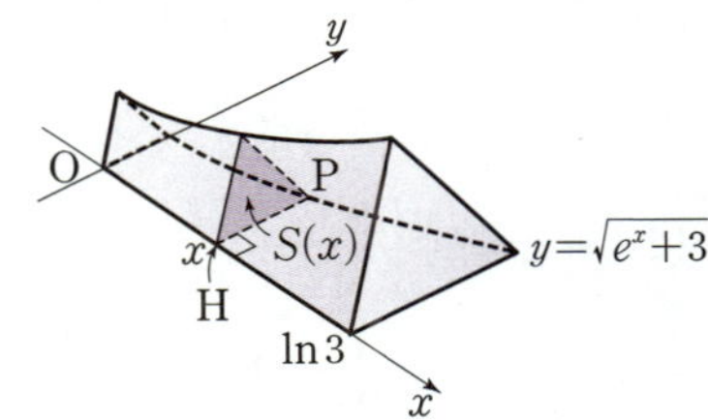

이때 $\overline{\mathrm{PH}}=\sqrt{e^x+3}$을 한 변으로 하는 정삼각형의 넓이를 $S(x)$라 하면

$$S(x)=\frac{\sqrt{3}}{4}(\sqrt{e^x+3})^2=\frac{\sqrt{3}}{4}(e^x+3)$$

따라서 구하는 입체도형의 부피를 V라 하면

$$V=\int_0^{\ln 3} S(x)\,dx=\int_0^{\ln 3}\frac{\sqrt{3}}{4}(e^x+3)\,dx$$
$$=\frac{\sqrt{3}}{4}\Big[e^x+3x\Big]_0^{\ln 3}=\frac{\sqrt{3}}{4}(2+3\ln 3)$$

2 속도와 거리

1　답 $3\sqrt{13}$

$\dfrac{dx}{dt}=2$, $\dfrac{dy}{dt}=3$이므로 $t=0$에서 $t=3$까지 점 P가 움직인 거리는

$$\int_0^3\sqrt{\left(\frac{dx}{dt}\right)^2+\left(\frac{dy}{dt}\right)^2}\,dt=\int_0^3\sqrt{2^2+3^2}\,dt$$
$$=\int_0^3\sqrt{13}\,dt$$
$$=\Big[\sqrt{13}\,t\Big]_0^3=3\sqrt{13}$$

2　답 $\dfrac{19}{3}$

$\dfrac{dy}{dx}=\dfrac{1}{2}\sqrt{x}$이므로 $0\le x\le 5$에서 곡선의 길이는

$$\int_0^5\sqrt{1+\left(\frac{dy}{dx}\right)^2}\,dx=\int_0^5\sqrt{1+\left(\frac{1}{2}\sqrt{x}\right)^2}\,dx$$
$$=\int_0^5\frac{1}{2}\sqrt{4+x}\,dx$$
$$=\Big[\frac{1}{3}(4+x)\sqrt{4+x}\Big]_0^5=\frac{19}{3}$$

03-1　답 (1) $\dfrac{7}{2\ln 2}$　(2) $\dfrac{1}{\ln 2}-1$　(3) $\dfrac{5}{2\ln 2}-1$

(1) $3+\displaystyle\int_0^3(2^{t-1}-1)\,dt=3+\Big[\dfrac{2^{t-1}}{\ln 2}-t\Big]_0^3$
$$=\frac{7}{2\ln 2}$$

(2) $\displaystyle\int_1^2(2^{t-1}-1)\,dt=\Big[\dfrac{2^{t-1}}{\ln 2}-t\Big]_1^2$
$$=\frac{1}{\ln 2}-1$$

(3) $\displaystyle\int_0^3|2^{t-1}-1|\,dt$
$$=\int_0^1(-2^{t-1}+1)\,dt+\int_1^3(2^{t-1}-1)\,dt$$
$$=\Big[-\frac{2^{t-1}}{\ln 2}+t\Big]_0^1+\Big[\frac{2^{t-1}}{\ln 2}-t\Big]_1^3$$
$$=\frac{5}{2\ln 2}-1$$

03-2　답 $-\dfrac{1}{e}$

점 P가 운동 방향을 바꿀 때의 속도는 0이므로 $v(t)=0$에서

$(t-1)e^{-t}=0$　　$\therefore\ t=1\ (\because\ e^{-t}>0)$

따라서 원점을 출발하여 $t=1$일 때 운동 방향을 바꾸므로 $t=1$에서의 점 P의 위치는

$$0+\int_0^1(t-1)e^{-t}\,dt=\Big[-(t-1)e^{-t}\Big]_0^1-\int_0^1(-e^{-t})\,dt$$
$$=-1-\Big[e^{-t}\Big]_0^1$$
$$=-\frac{1}{e}$$

04-1　답 e^2+1

$\dfrac{dx}{dt}=2t-\dfrac{2}{t}$, $\dfrac{dy}{dt}=4$이므로 $t=1$에서 $t=e$까지 점 P가 움직인 거리는

$$\int_1^e\sqrt{\left(2t-\frac{2}{t}\right)^2+4^2}\,dt=\int_1^e\sqrt{4t^2+8+\frac{4}{t^2}}\,dt$$
$$=\int_1^e\sqrt{\left(2t+\frac{2}{t}\right)^2}\,dt$$
$$=\int_1^e\left(2t+\frac{2}{t}\right)\,dt$$
$$=\Big[t^2+2\ln|t|\Big]_1^e$$
$$=e^2+1$$

04-2　답 $\dfrac{3}{2}e^2-\dfrac{1}{2}$

$\dfrac{dx}{dt}=e^{2t}-e^2$, $\dfrac{dy}{dt}=2e^{t+1}$이므로 $t=0$에서 $t=1$까지 점 P가 움직인 거리는

$$\int_0^1\sqrt{(e^{2t}-e^2)^2+(2e^{t+1})^2}\,dt=\int_0^1\sqrt{e^{4t}+2e^{2t+2}+e^4}\,dt$$
$$=\int_0^1\sqrt{(e^{2t}+e^2)^2}\,dt$$
$$=\int_0^1(e^{2t}+e^2)\,dt$$
$$=\Big[\frac{1}{2}e^{2t}+e^2t\Big]_0^1$$
$$=\frac{3}{2}e^2-\frac{1}{2}$$

04-3 답 4

$\dfrac{dx}{dt}=2\sqrt{t}$, $\dfrac{dy}{dt}=-t+1$이므로 $t=2$에서 $t=a$까지 점 P
가 움직인 거리는

$$\int_2^a \sqrt{(2\sqrt{t})^2+(-t+1)^2}\,dt=\int_2^a \sqrt{t^2+2t+1}\,dt$$
$$=\int_2^a \sqrt{(t+1)^2}\,dt$$
$$=\int_2^a (t+1)\,dt$$
$$=\left[\frac{1}{2}t^2+t\right]_2^a$$
$$=\frac{a^2}{2}+a-4$$

따라서 $\dfrac{a^2}{2}+a-4=8$이므로

$a^2+2a-24=0$

$(a+6)(a-4)=0$

$\therefore a=4 \;(\because a>0)$

05-1 답 (1) $\dfrac{\pi^2}{32}$ (2) $\dfrac{15}{8}+\ln 4$

(1) $\dfrac{dx}{dt}=\cos t-t\sin t-\cos t=-t\sin t$

$\dfrac{dy}{dt}=-\sin t+\sin t+t\cos t=t\cos t$

$0\leq t\leq\dfrac{\pi}{4}$에서 곡선의 길이는

$$\int_0^{\frac{\pi}{4}} \sqrt{(-t\sin t)^2+(t\cos t)^2}\,dt$$
$$=\int_0^{\frac{\pi}{4}} \sqrt{t^2(\sin^2 t+\cos^2 t)}\,dt$$
$$=\int_0^{\frac{\pi}{4}} t\,dt$$
$$=\left[\frac{1}{2}t^2\right]_0^{\frac{\pi}{4}}$$
$$=\frac{\pi^2}{32}$$

(2) $\dfrac{dy}{dx}=\dfrac{1}{4}x-\dfrac{1}{x}$이므로 $1\leq x\leq 4$에서 곡선의 길이는

$$\int_1^4 \sqrt{1+\left(\frac{1}{4}x-\frac{1}{x}\right)^2}\,dx$$
$$=\int_1^4 \sqrt{\frac{1}{16}x^2+\frac{1}{2}+\frac{1}{x^2}}\,dx$$
$$=\int_1^4 \sqrt{\left(\frac{1}{4}x+\frac{1}{x}\right)^2}\,dx$$
$$=\int_1^4 \left(\frac{1}{4}x+\frac{1}{x}\right)dx$$
$$=\left[\frac{1}{8}x^2+\ln|x|\right]_1^4$$
$$=\frac{15}{8}+\ln 4$$

연습문제 221~222쪽

1 $2e^4-\dfrac{2}{e^4}$	**2** ②	**3** $\dfrac{4\sqrt{3}}{15}$	**4** ②	**5** ①
6 ②	**7** $\dfrac{24}{5}$	**8** ③	**9** $\ln 3-\dfrac{1}{2}$	**10** $\dfrac{2\sqrt{3}}{3}$

11 4

1 입체도형의 밑면으로부터 높이가 x인 지점에서의 단면은
가로의 길이가 $\sqrt{e^x+e^{-x}}$, 세로의 길이가 $2\sqrt{e^x+e^{-x}}$인 직
사각형이므로 그 넓이를 $S(x)$라 하면

$S(x)=2(e^x+e^{-x})$

이때 입체도형의 높이가 4이므로 부피를 V라 하면

$$V=\int_0^4 S(x)\,dx$$
$$=\int_0^4 2(e^x+e^{-x})\,dx$$
$$=2\left[e^x-e^{-x}\right]_0^4$$
$$=2e^4-\frac{2}{e^4}$$

2 $S(h)=he^{-\frac{1}{3}h}$이라 하면

$$S'(h)=e^{-\frac{1}{3}h}-\frac{1}{3}he^{-\frac{1}{3}h}$$
$$=\left(1-\frac{1}{3}h\right)e^{-\frac{1}{3}h}$$

$S'(h)=0$에서

$1-\dfrac{1}{3}h=0 \;(\because e^{-\frac{1}{3}h}>0)$

$\therefore h=3$

$0\leq h\leq 6$에서 함수 $S(h)$의 증가와 감소를 표로 나타내면
다음과 같다.

h	0	$\cdots$	3	$\cdots$	6
$S'(h)$		$+$	0	$-$	
$S(h)$		$\nearrow$	극대	$\searrow$	

따라서 함수 $S(h)$는 $h=3$일 때 최대이므로 이때의 물의
부피를 V라 하면

$$V=\int_0^3 S(h)\,dh$$
$$=\int_0^3 he^{-\frac{1}{3}h}\,dh$$
$$=\left[-3he^{-\frac{1}{3}h}\right]_0^3-\int_0^3 (-3e^{-\frac{1}{3}h})\,dh$$
$$=-\frac{9}{e}-\left[9e^{-\frac{1}{3}h}\right]_0^3$$
$$=9-\frac{18}{e}\,(\text{cm}^3)$$

3 곡선 $y=-x^2+3x$와 직선 $y=x$의 교점의 x좌표를 구하면
$-x^2+3x=x$, $x^2-2x=0$
$x(x-2)=0$
$\therefore x=0$ 또는 $x=2$
점 P의 좌표를 $(x, -x^2+3x)\,(0\le x\le2)$라 하면 점 Q의
좌표는 (x, x)

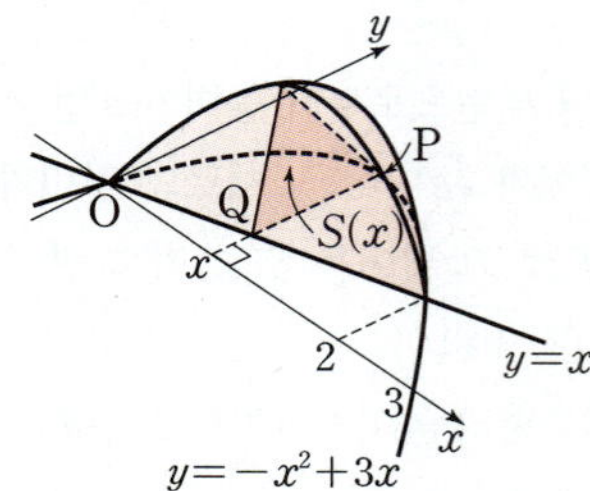

이때 $\overline{\mathrm{PQ}}=-x^2+2x$를 한 변으로 하는 정삼각형의 넓이
를 $S(x)$라 하면
$$S(x)=\frac{\sqrt{3}}{4}(-x^2+2x)^2$$
$$=\frac{\sqrt{3}}{4}(x^4-4x^3+4x^2)$$
따라서 구하는 입체도형의 부피를 V라 하면
$$V=\int_0^2 S(x)\,dx$$
$$=\int_0^2 \frac{\sqrt{3}}{4}(x^4-4x^3+4x^2)\,dx$$
$$=\frac{\sqrt{3}}{4}\left[\frac{1}{5}x^5-x^4+\frac{4}{3}x^3\right]_0^2$$
$$=\frac{4\sqrt{3}}{15}$$

4 다음 그림과 같이 x축 위의 점 $\mathrm{P}(x, 0)\,(0\le x\le k)$을 지나
고 x축에 수직인 직선이 곡선 $y=\sqrt{\dfrac{e^x}{e^x+1}}$과 만나는 점을
Q라 하면
$$\mathrm{Q}\left(x, \sqrt{\frac{e^x}{e^x+1}}\right)$$

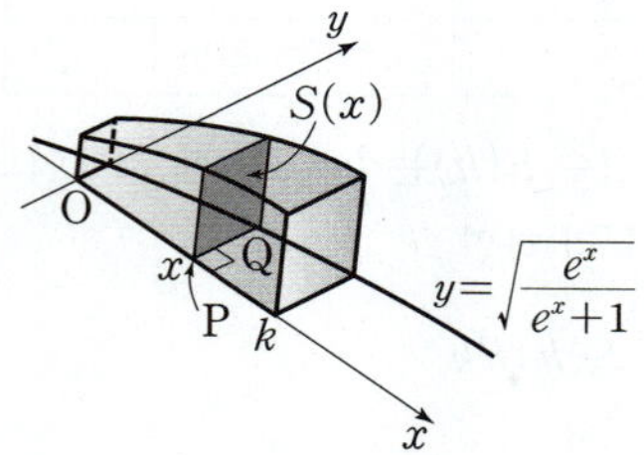

이때 $\overline{\mathrm{PQ}}=\sqrt{\dfrac{e^x}{e^x+1}}$을 한 변으로 하는 정사각형의 넓이를
$S(x)$라 하면
$$S(x)=\left(\sqrt{\frac{e^x}{e^x+1}}\right)^2$$
$$=\frac{e^x}{e^x+1}$$

따라서 입체도형의 부피를 V라 하면
$$V=\int_0^k S(x)\,dx$$
$$=\int_0^k \frac{e^x}{e^x+1}\,dx$$
$$=\left[\ln(e^x+1)\right]_0^k$$
$$=\ln\frac{e^k+1}{2}$$
따라서 $\ln\dfrac{e^k+1}{2}=\ln 7$이므로
$$\frac{e^k+1}{2}=7,\ e^k=13$$
$$\therefore k=\ln 13$$

5 점 P가 운동 방향을 바꿀 때의 속도는 0이므로 $v(t)=0$
에서
$e^{2t}-e^2=0$, $e^{2t}=e^2$
$\therefore t=1$
따라서 $t=1$일 때 운동 방향을 바꾸므로 $t=0$에서 $t=1$
까지 점 P가 움직인 거리는
$$\int_0^1 |e^{2t}-e^2|\,dt=\int_0^1 (-e^{2t}+e^2)\,dt$$
$$=\left[-\frac{1}{2}e^{2t}+e^2 t\right]_0^1$$
$$=\frac{e^2}{2}+\frac{1}{2}$$

6 $t=0$에서의 위치가 0이므로 $t=a\,(0<a\le\pi)$에서의 점 P
의 위치는
$$0+\int_0^a \cos\pi t\,dt=\left[\frac{1}{\pi}\sin\pi t\right]_0^a=\frac{1}{\pi}\sin a\pi$$
점 P가 원점을 지나려면
$$\frac{1}{\pi}\sin a\pi=0,\ \sin a\pi=0$$
$\therefore a=1, 2, 3\ (\because 0<a\le\pi)$
따라서 점 P는 원점을 3번 지난다.

7 $\dfrac{dx}{dt}=\dfrac{2}{t},\ \dfrac{dy}{dt}=1-\dfrac{1}{t^2}$이므로 $t=1$에서 $t=5$까지 점 P가
움직인 거리는
$$\int_1^5 \sqrt{\left(\frac{2}{t}\right)^2+\left(1-\frac{1}{t^2}\right)^2}\,dt=\int_1^5 \sqrt{1+\frac{2}{t^2}+\frac{1}{t^4}}\,dt$$
$$=\int_1^5 \sqrt{\left(1+\frac{1}{t^2}\right)^2}\,dt$$
$$=\int_1^5 \left(1+\frac{1}{t^2}\right)dt$$
$$=\left[t-\frac{1}{t}\right]_1^5$$
$$=\frac{24}{5}$$

8
$$\frac{dx}{dt}=e^t\cos t-e^t\sin t=e^t(\cos t-\sin t)$$
$$\frac{dy}{dt}=e^t\sin t+e^t\cos t=e^t(\sin t+\cos t)$$

$t=0$에서 $t=4$까지 점 P가 움직인 거리를 s_1이라 하면

$$s_1=\int_0^4\sqrt{\{e^t(\cos t-\sin t)\}^2+\{e^t(\sin t+\cos t)\}^2}\,dt$$
$$=\int_0^4\sqrt{2e^{2t}(\sin^2 t+\cos^2 t)}\,dt$$
$$=\sqrt{2}\int_0^4 e^t\,dt$$
$$=\sqrt{2}\Big[e^t\Big]_0^4$$
$$=\sqrt{2}(e^4-1)$$

또 $t=4$에서 $t=\ln a$까지 점 P가 움직인 거리를 s_2라 하면

$$s_2=\int_4^{\ln a}\sqrt{\{e^t(\cos t-\sin t)\}^2+\{e^t(\sin t+\cos t)\}^2}\,dt$$
$$=\int_4^{\ln a}\sqrt{2e^{2t}(\sin^2 t+\cos^2 t)}\,dt$$
$$=\sqrt{2}\int_4^{\ln a} e^t\,dt$$
$$=\sqrt{2}\Big[e^t\Big]_4^{\ln a}$$
$$=\sqrt{2}(a-e^4)$$

따라서 $\sqrt{2}(e^4-1)=\sqrt{2}(a-e^4)$이므로

$$e^4-1=a-e^4$$
$$\therefore a=2e^4-1$$

9 $f'(x)=\dfrac{-2x}{1-x^2}$이므로 $0\le x\le\dfrac{1}{2}$에서 곡선의 길이는

$$\int_0^{\frac{1}{2}}\sqrt{1+\left(\frac{-2x}{1-x^2}\right)^2}\,dx$$
$$=\int_0^{\frac{1}{2}}\sqrt{1+\frac{4x^2}{(1-x^2)^2}}\,dx$$
$$=\int_0^{\frac{1}{2}}\sqrt{\left(\frac{1+x^2}{1-x^2}\right)^2}\,dx$$
$$=\int_0^{\frac{1}{2}}\frac{1+x^2}{1-x^2}\,dx$$
$$=\int_0^{\frac{1}{2}}\left(-1+\frac{2}{1-x^2}\right)dx$$
$$=\int_0^{\frac{1}{2}}\left\{-1+\frac{2}{(1+x)(1-x)}\right\}dx$$
$$=\int_0^{\frac{1}{2}}\left(-1+\frac{1}{1+x}+\frac{1}{1-x}\right)dx$$
$$=\Big[-x+\ln|1+x|-\ln|1-x|\Big]_0^{\frac{1}{2}}$$
$$=\ln 3-\frac{1}{2}$$

10 오른쪽 그림과 같이 밑면의 중심을 원점, 밑면의 지름을 x축으로 정하고, x축 위의 점 $P(x,\,0)\,(-1\le x\le 1)$을 지나고 x축에 수직인 평면으로 입체도형을 자른 단면을 삼각형 PQR라 하면

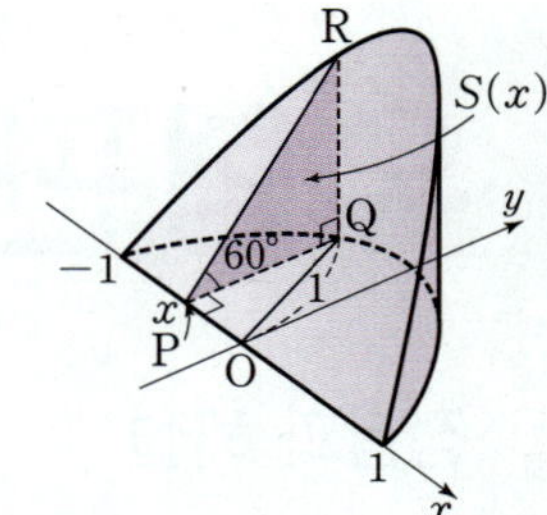

$$\overline{PQ}=\sqrt{\overline{OQ}^2-\overline{OP}^2}=\sqrt{1-x^2}$$
$$\overline{RQ}=\overline{PQ}\tan 60°=\sqrt{3}\sqrt{1-x^2}$$

삼각형 PQR의 넓이를 $S(x)$라 하면

$$S(x)=\frac{1}{2}\times\overline{PQ}\times\overline{RQ}$$
$$=\frac{\sqrt{3}}{2}(1-x^2)$$

따라서 구하는 입체도형의 부피를 V라 하면

$$V=\int_{-1}^1 S(x)\,dx$$
$$=\int_{-1}^1\frac{\sqrt{3}}{2}(1-x^2)\,dx$$
$$=\frac{\sqrt{3}}{2}\Big[x-\frac{1}{3}x^3\Big]_{-1}^1$$
$$=\frac{2\sqrt{3}}{3}$$

11 $t=0$에서의 위치가 0이므로 $t=a\,(0<a\le\pi)$에서의 점 P의 위치는

$$0+\int_0^a\left(\frac{1}{2}\sin 2t-2\sin t\right)dt$$
$$=\Big[-\frac{1}{4}\cos 2t+2\cos t\Big]_0^a$$
$$=-\frac{1}{4}\cos 2a+2\cos a-\frac{7}{4}$$
$$=-\frac{1}{4}(2\cos^2 a-1)+2\cos a-\frac{7}{4}$$
$$=-\frac{1}{2}\cos^2 a+2\cos a-\frac{3}{2}$$
$$=-\frac{1}{2}(\cos a-2)^2+\frac{1}{2}$$

$0<a\le\pi$에서 $-1\le\cos a<1$이므로

$$-3\le\cos a-2<-1$$
$$1<(\cos a-2)^2\le 9$$
$$-\frac{9}{2}\le-\frac{1}{2}(\cos a-2)^2<-\frac{1}{2}$$
$$\therefore -4\le-\frac{1}{2}(\cos a-2)^2+\frac{1}{2}<0$$

따라서 점 P가 원점에서 가장 멀리 떨어져 있을 때의 위치가 -4이므로 원점과 점 P 사이의 거리의 최댓값은

$$|-4|=4$$

I-1   01 수열의 극한

기초 문제 Training   4쪽

1 (1) 수렴   (2) 발산   (3) 발산   (4) 수렴

2 (1) 6   (2) 3   (3) 0   (4) 7
   (5) -2 (6) -1

3 (1) 1   (2) 0   (3) -4 (4) 2

4 (1) 4   (2) $\dfrac{1}{2}$ (3) 0   (4) ∞

5   2

핵심 유형 Training   5~10쪽

1 ④	**2** ③	**3** 15	**4** ③	**5** ⑤
6 $\dfrac{1}{4}$	**7** ③	**8** ⑤	**9** 1	**10** ㄱ, ㄹ
11 ①	**12** 0	**13** ④	**14** 6	**15** $\dfrac{3}{4}$
16 ③	**17** -3	**18** 3	**19** 8	**20** ①
21 $\dfrac{2}{5}$	**22** 2	**23** -1	**24** ⑤	**25** 6
26 -12	**27** -3	**28** 6	**29** $\dfrac{1}{2}$	**30** 1
31 ③	**32** ③	**33** ①	**34** 2	**35** 2
36 $\dfrac{1}{2}$	**37** 5	**38** ④	**39** $\dfrac{2}{3}$	

1   ① 양의 무한대로 발산한다.
    ② 음의 무한대로 발산한다.

③ 발산(진동)한다.
④ 1로 수렴한다.
⑤ 발산(진동)한다.
따라서 수렴하는 수열인 것은 ④이다.

2   ㄱ. 수열 $\left\{\dfrac{n-1}{n}\right\}$ 의 첫째항부터 차례대로 항을 나열해 보면

$$0, \ \frac{1}{2}, \ \frac{2}{3}, \ \frac{3}{4}, \ \cdots$$

즉, n의 값이 한없이 커질 때 이 수열은 1로 수렴한다.

ㄴ. 수열 $\{5-3n\}$ 의 첫째항부터 차례대로 항을 나열해 보면

$$2, \ -1, \ -4, \ -7, \ \cdots$$

즉, n의 값이 한없이 커질 때 이 수열은 음의 무한대로 발산한다.

ㄷ. 수열 $\{n+2^n\}$ 의 첫째항부터 차례대로 항을 나열해 보면

$$3, \ 6, \ 11, \ 20, \ \cdots$$

즉, n의 값이 한없이 커질 때 이 수열은 양의 무한대로 발산한다.

ㄹ. 수열 $\left\{1+\left(-\dfrac{1}{4}\right)^{n-1}\right\}$ 의 첫째항부터 차례대로 항을 나열해 보면

$$2, \ \frac{3}{4}, \ \frac{17}{16}, \ \frac{63}{64}, \ \cdots$$

즉, n의 값이 한없이 커질 때 이 수열은 1로 수렴한다.
따라서 보기 중 발산하는 수열인 것은 ㄴ, ㄷ이다.

3

$$\lim_{n\to\infty}\frac{5a_n{}^2 b_n{}^2}{3a_n+2b_n}=\frac{5\lim\limits_{n\to\infty}a_n\times\lim\limits_{n\to\infty}a_n\times\lim\limits_{n\to\infty}b_n\times\lim\limits_{n\to\infty}b_n}{3\lim\limits_{n\to\infty}a_n+2\lim\limits_{n\to\infty}b_n}$$

$$=\frac{5\times2\times2\times3\times3}{3\times2+2\times3}=15$$

4 $\lim\limits_{n\to\infty}a_n=\alpha\,(\alpha$는 실수)라 하면 $\lim\limits_{n\to\infty}\dfrac{2a_n+6}{5-a_n}=2$에서

$$\frac{2\lim\limits_{n\to\infty}a_n+\lim\limits_{n\to\infty}6}{\lim\limits_{n\to\infty}5-\lim\limits_{n\to\infty}a_n}=2$$

$$\frac{2\alpha+6}{5-\alpha}=2$$

$$2\alpha+6=10-2\alpha \qquad \therefore \ \alpha=1$$

$$\therefore \ \lim_{n\to\infty}a_n=1$$

5

$$\lim_{n\to\infty}(a_n{}^2+a_n b_n+b_n{}^2)=\lim_{n\to\infty}\{(a_n-b_n)^2+3a_n b_n\}$$

$$=\lim_{n\to\infty}(a_n-b_n)^2+3\lim_{n\to\infty}a_n b_n$$

$$=4+3\times1=7$$

6 $\lim\limits_{n\to\infty}a_n=\alpha\,(\alpha$는 실수$)$라 하면

$\lim\limits_{n\to\infty}a_{n+1}=\lim\limits_{n\to\infty}a_{n+2}=\alpha$

$\lim\limits_{n\to\infty}\dfrac{a_n-3}{a_{n+2}+1}=-\dfrac{5}{3}$에서

$\dfrac{\alpha-3}{\alpha+1}=-\dfrac{5}{3},\ 3\alpha-9=-5\alpha-5$

$8\alpha=4$ $\qquad\therefore\ \alpha=\dfrac{1}{2}$

$\therefore\ \lim\limits_{n\to\infty}a_na_{n+1}=\alpha^2=\dfrac{1}{4}$

7 $\lim\limits_{n\to\infty}a_n=\alpha\,(\alpha$는 실수$)$라 하면 $\lim\limits_{n\to\infty}a_{n+1}=\alpha$

$a_{n+1}=\sqrt{3a_n+4}$에서

$\lim\limits_{n\to\infty}a_{n+1}=\lim\limits_{n\to\infty}\sqrt{3a_n+4}$

$\alpha=\sqrt{3\alpha+4},\ \alpha^2-3\alpha-4=0$

$(\alpha+1)(\alpha-4)=0$ $\qquad\therefore\ \alpha=-1$ 또는 $\alpha=4$

이때 $a_1=1,\ a_{n+1}=\sqrt{3a_n+4}$에서 수열 $\{a_n\}$의 모든 항은
양수이므로 $\alpha>0$

따라서 $\alpha=4$이므로 $\lim\limits_{n\to\infty}a_n=4$

8 $\lim\limits_{n\to\infty}a_n=\alpha\,(\alpha$는 실수$)$라 하면

$\lim\limits_{n\to\infty}a_{n+1}=\lim\limits_{n\to\infty}a_{2n}=\alpha$

이차방정식 $x^2-a_nx+a_{n+1}-1=0$이 중근을 가지므로 판
별식을 D라 하면 $D=0$에서

$D=a_n{}^2-4(a_{n+1}-1)=0$

$\therefore\ a_n{}^2-4a_{n+1}+4=0$

따라서 $\lim\limits_{n\to\infty}(a_n{}^2-4a_{n+1}+4)=0$이므로

$\alpha^2-4\alpha+4=0,\ (\alpha-2)^2=0$ $\qquad\therefore\ \alpha=2$

$\therefore\ \lim\limits_{n\to\infty}(3a_n-a_{2n})=3\alpha-\alpha=2\alpha=4$

9 $\lim\limits_{n\to\infty}\dfrac{\sqrt{4n+1}}{\sqrt{n+1}+\sqrt{n}}=\lim\limits_{n\to\infty}\dfrac{\sqrt{4+\dfrac{1}{n}}}{\sqrt{1+\dfrac{1}{n}}+1}=1$

10 ㄱ. $\lim\limits_{n\to\infty}\dfrac{2n^3+3}{4n^3-n+1}=\lim\limits_{n\to\infty}\dfrac{2+\dfrac{3}{n^3}}{4-\dfrac{1}{n^2}+\dfrac{1}{n^3}}=\dfrac{1}{2}$

ㄴ. $\lim\limits_{n\to\infty}\dfrac{n^4-2n-4}{n^4-n^5+5}=\lim\limits_{n\to\infty}\dfrac{\dfrac{1}{n}-\dfrac{2}{n^4}-\dfrac{4}{n^5}}{\dfrac{1}{n}-1+\dfrac{5}{n^5}}=0$

ㄷ. $\lim\limits_{n\to\infty}\dfrac{(2n+1)^2-n^2}{6n^2+n-4}=\lim\limits_{n\to\infty}\dfrac{3n^2+4n+1}{6n^2+n-4}$

$=\lim\limits_{n\to\infty}\dfrac{3+\dfrac{4}{n}+\dfrac{1}{n^2}}{6+\dfrac{1}{n}-\dfrac{4}{n^2}}=\dfrac{1}{2}$

ㄹ. $\lim\limits_{n\to\infty}\dfrac{(n-2)(3n-1)}{(2n+1)(n+2)}=\lim\limits_{n\to\infty}\dfrac{3n^2-7n+2}{2n^2+5n+2}$

$=\lim\limits_{n\to\infty}\dfrac{3-\dfrac{7}{n}+\dfrac{2}{n^2}}{2+\dfrac{5}{n}+\dfrac{2}{n^2}}=\dfrac{3}{2}$

따라서 보기 중 옳은 것은 ㄱ, ㄹ이다.

11 $\lim\limits_{n\to\infty}\dfrac{\sqrt{16n^2-an+1}}{an^2+2n-1}=\lim\limits_{n\to\infty}\dfrac{\sqrt{16-\dfrac{a}{n}+\dfrac{1}{n^2}}}{an+2-\dfrac{1}{n}}=b$

이때 $a\neq0$이면 $b=0$이므로 $a=0$

$\therefore\ b=\lim\limits_{n\to\infty}\dfrac{\sqrt{16+\dfrac{1}{n^2}}}{2-\dfrac{1}{n}}=2$

$\therefore\ \lim\limits_{n\to\infty}\dfrac{an^2-4n+1}{\sqrt{bn^2+n}}=\lim\limits_{n\to\infty}\dfrac{-4n+1}{\sqrt{2n^2+n}}$

$=\lim\limits_{n\to\infty}\dfrac{-4+\dfrac{1}{n}}{\sqrt{2+\dfrac{1}{n}}}=\dfrac{-4}{\sqrt{2}}=-2\sqrt{2}$

12 $\lim\limits_{n\to\infty}\left(1-\dfrac{1}{2}\right)\left(1-\dfrac{1}{3}\right)\left(1-\dfrac{1}{4}\right)\cdots\left(1-\dfrac{1}{n+1}\right)$

$=\lim\limits_{n\to\infty}\left(\dfrac{1}{2}\times\dfrac{2}{3}\times\dfrac{3}{4}\times\cdots\times\dfrac{n}{n+1}\right)=\lim\limits_{n\to\infty}\dfrac{1}{n+1}=0$

13 $\lim\limits_{n\to\infty}\dfrac{n(1+2+3+\cdots+n)}{1^2+2^2+3^2+\cdots+n^2}=\lim\limits_{n\to\infty}\dfrac{n\times\dfrac{n(n+1)}{2}}{\dfrac{n(n+1)(2n+1)}{6}}$

$=\lim\limits_{n\to\infty}\dfrac{3n}{2n+1}$

$=\lim\limits_{n\to\infty}\dfrac{3}{2+\dfrac{1}{n}}=\dfrac{3}{2}$

14 이차방정식의 근과 계수의 관계에 의하여

$a_n+b_n=2n,\ a_nb_n=\dfrac{n^2-3n}{2}$

$\therefore\ \lim\limits_{n\to\infty}\left(\dfrac{a_n}{b_n}+\dfrac{b_n}{a_n}\right)=\lim\limits_{n\to\infty}\dfrac{a_n{}^2+b_n{}^2}{a_nb_n}$

$=\lim\limits_{n\to\infty}\dfrac{(a_n+b_n)^2-2a_nb_n}{a_nb_n}$

$=\lim\limits_{n\to\infty}\dfrac{(2n)^2-2\times\dfrac{n^2-3n}{2}}{\dfrac{n^2-3n}{2}}$

$=\lim\limits_{n\to\infty}\dfrac{6n^2+6n}{n^2-3n}$

$=\lim\limits_{n\to\infty}\dfrac{6+\dfrac{6}{n}}{1-\dfrac{3}{n}}=6$

15 1부터 $3n$까지의 모든 자연수의 합은

$$1+2+3+\cdots+3n=\sum_{k=1}^{3n}k=\frac{3n(3n+1)}{2}$$

1부터 $3n$까지의 자연수 중 3의 배수의 합은

$$3+6+9+\cdots+3n=\sum_{k=1}^{n}3k=3\times\frac{n(n+1)}{2}$$

$$\therefore A_n=\frac{3n(3n+1)}{2}-\frac{3n(n+1)}{2}=3n^2$$

$$\begin{aligned}\therefore \lim_{n\to\infty}\frac{A_n}{4n^2+3n+2}&=\lim_{n\to\infty}\frac{3n^2}{4n^2+3n+2}\\&=\lim_{n\to\infty}\frac{3}{4+\dfrac{3}{n}+\dfrac{2}{n^2}}=\frac{3}{4}\end{aligned}$$

16 $$\begin{aligned}\lim_{n\to\infty}\sqrt{n+1}(\sqrt{n+2}-\sqrt{n})&=\lim_{n\to\infty}\frac{2\sqrt{n+1}}{\sqrt{n+2}+\sqrt{n}}\\&=\lim_{n\to\infty}\frac{2\sqrt{1+\dfrac{1}{n}}}{\sqrt{1+\dfrac{2}{n}}+1}=1\end{aligned}$$

17 $$\begin{aligned}\lim_{n\to\infty}\frac{\sqrt{4n^2-10n}-2n}{\sqrt{9n^2+5n}-3n}&=\lim_{n\to\infty}\frac{-10n(\sqrt{9n^2+5n}+3n)}{5n(\sqrt{4n^2-10n}+2n)}\\&=-2\lim_{n\to\infty}\frac{\sqrt{9+\dfrac{5}{n}}+3}{\sqrt{4-\dfrac{10}{n}}+2}\\&=-2\times\frac{3}{2}=-3\end{aligned}$$

18 $$\begin{aligned}\lim_{n\to\infty}(\sqrt{n^2+an+1}-n)&=\lim_{n\to\infty}\frac{an+1}{\sqrt{n^2+an+1}+n}\\&=\lim_{n\to\infty}\frac{a+\dfrac{1}{n}}{\sqrt{1+\dfrac{a}{n}+\dfrac{1}{n^2}}+1}\\&=\frac{a}{2}\end{aligned}$$

따라서 $\dfrac{a}{2}=\dfrac{3}{2}$이므로 $a=3$

19 $$\begin{aligned}\lim_{n\to\infty}\frac{an+1}{\sqrt{4n^2+bn}-2n}&=\lim_{n\to\infty}\frac{(an+1)(\sqrt{4n^2+bn}+2n)}{bn}\\&=\lim_{n\to\infty}\frac{(an+1)\left(\sqrt{4+\dfrac{b}{n}}+2\right)}{b}\end{aligned}$$

이때 $a\neq0$이면 극한값이 존재하지 않으므로 $a=0$

즉, $\displaystyle\lim_{n\to\infty}\dfrac{\sqrt{4+\dfrac{b}{n}}+2}{b}=\dfrac{1}{2}$이므로

$$\frac{4}{b}=\frac{1}{2}\qquad\therefore b=8$$

$$\therefore b-a=8-0=8$$

20 $$a_n=\frac{1}{\sqrt{n(n+2)}-(n+1)}=\frac{1}{\sqrt{n^2+2n}-(n+1)}$$

$$\begin{aligned}\therefore \lim_{n\to\infty}\frac{a_n}{n}&=\lim_{n\to\infty}\frac{1}{n\{\sqrt{n^2+2n}-(n+1)\}}\\&=\lim_{n\to\infty}\frac{\sqrt{n^2+2n}+(n+1)}{-n}\\&=\lim_{n\to\infty}\frac{\sqrt{1+\dfrac{2}{n}}+1+\dfrac{1}{n}}{-1}\\&=-2\end{aligned}$$

21 $x^2+2nx-5n=0$을 풀면

$$x=-n\pm\sqrt{n^2+5n}$$

$$\therefore a_n=-n+\sqrt{n^2+5n}$$

$$\begin{aligned}\therefore \lim_{n\to\infty}\frac{1}{a_n}&=\lim_{n\to\infty}\frac{1}{\sqrt{n^2+5n}-n}\\&=\lim_{n\to\infty}\frac{\sqrt{n^2+5n}+n}{5n}\\&=\lim_{n\to\infty}\frac{\sqrt{1+\dfrac{5}{n}}+1}{5}\\&=\frac{2}{5}\end{aligned}$$

22 첫째항이 0이고 공차가 2인 등차수열의 첫째항부터 제n항까지의 합 S_n은

$$S_n=\frac{n\{(n-1)\times2\}}{2}=n^2-n$$

$$\begin{aligned}\therefore \lim_{n\to\infty}(\sqrt{S_{n+2}}-\sqrt{S_n})&=\lim_{n\to\infty}\{\sqrt{(n+2)^2-(n+2)}-\sqrt{n^2-n}\}\\&=\lim_{n\to\infty}(\sqrt{n^2+3n+2}-\sqrt{n^2-n})\\&=\lim_{n\to\infty}\frac{4n+2}{\sqrt{n^2+3n+2}+\sqrt{n^2-n}}\\&=\lim_{n\to\infty}\frac{4+\dfrac{2}{n}}{\sqrt{1+\dfrac{3}{n}+\dfrac{2}{n^2}}+\sqrt{1-\dfrac{1}{n}}}=2\end{aligned}$$

23 $3\times5^{n-1}$의 양의 약수의 개수 a_n은

$$a_n=(1+1)\{(n-1)+1\}=2n$$

$24\times15^{n-1}$, 즉 $2^3\times3^n\times5^{n-1}$의 양의 약수의 개수 b_n은

$$b_n=(3+1)(n+1)\{(n-1)+1\}=4n^2+4n$$

$$\begin{aligned}\therefore \lim_{n\to\infty}(a_n-\sqrt{b_n})&=\lim_{n\to\infty}(2n-\sqrt{4n^2+4n})\\&=\lim_{n\to\infty}\frac{-4n}{2n+\sqrt{4n^2+4n}}\\&=\lim_{n\to\infty}\frac{-4}{2+\sqrt{4+\dfrac{4}{n}}}=-1\end{aligned}$$

24 $\dfrac{3a_n-5}{a_n+1}=b_n$으로 놓으면

$$3a_n-5=(a_n+1)b_n \qquad \therefore a_n=\dfrac{b_n+5}{3-b_n}$$

$\displaystyle\lim_{n\to\infty}b_n=1$이므로

$$\lim_{n\to\infty}a_n=\lim_{n\to\infty}\dfrac{b_n+5}{3-b_n}$$

$$=\dfrac{1+5}{3-1}=3$$

$$\therefore \lim_{n\to\infty}(a_n{}^2-a_n+1)=9-3+1=7$$

25 $\dfrac{a_n}{\sqrt{n+3}-\sqrt{n}}=b_n$으로 놓으면

$$a_n=(\sqrt{n+3}-\sqrt{n})b_n$$

$\displaystyle\lim_{n\to\infty}b_n=4$이므로

$$\lim_{n\to\infty}\sqrt{n}\,a_n=\lim_{n\to\infty}\sqrt{n}(\sqrt{n+3}-\sqrt{n})b_n$$

$$=\lim_{n\to\infty}\dfrac{3\sqrt{n}}{\sqrt{n+3}+\sqrt{n}}b_n$$

$$=\dfrac{3}{2}\times 4=6$$

26 $n^3a_n=c_n$으로 놓으면 $a_n=\dfrac{c_n}{n^3}$

$\dfrac{b_n}{n^2}=d_n$으로 놓으면 $b_n=n^2d_n$

$\displaystyle\lim_{n\to\infty}c_n=2,\ \lim_{n\to\infty}d_n=-4$이므로

$$\lim_{n\to\infty}nb_n\left(a_n+\dfrac{1}{n^3}\right)=\lim_{n\to\infty}\left\{n\times n^2d_n\left(\dfrac{c_n}{n^3}+\dfrac{1}{n^3}\right)\right\}$$

$$=\lim_{n\to\infty}d_n(c_n+1)$$

$$=-4(2+1)=-12$$

27 $2a_n+b_n=c_n$으로 놓으면

$$b_n=c_n-2a_n$$

$\displaystyle\lim_{n\to\infty}a_n=\infty,\ \lim_{n\to\infty}c_n=1$이므로

$$\lim_{n\to\infty}\dfrac{c_n}{a_n}=0$$

$$\therefore \lim_{n\to\infty}\left(\dfrac{4a_n{}^2}{b_n}+\dfrac{b_n{}^2}{2a_n}\right)$$

$$=\lim_{n\to\infty}\dfrac{8a_n{}^3+b_n{}^3}{2a_nb_n}$$

$$=\lim_{n\to\infty}\dfrac{(2a_n+b_n)(4a_n{}^2-2a_nb_n+b_n{}^2)}{2a_nb_n}$$

$$=\lim_{n\to\infty}(2a_n+b_n)\left(\dfrac{2a_n}{b_n}-1+\dfrac{b_n}{2a_n}\right)$$

$$=\lim_{n\to\infty}c_n\left(\dfrac{2a_n}{c_n-2a_n}-1+\dfrac{c_n-2a_n}{2a_n}\right)$$

$$=\lim_{n\to\infty}c_n\left(\dfrac{2}{\dfrac{c_n}{a_n}-2}-1+\dfrac{c_n}{2a_n}-1\right)$$

$$=1\times(-1-1-1)=-3$$

28 $3n^3-n^2<a_n<3n^3+2n^2+n$의 각 변에 $\dfrac{2}{n^3}$를 곱하면

$$\dfrac{6n^3-2n^2}{n^3}<\dfrac{2a_n}{n^3}<\dfrac{6n^3+4n^2+2n}{n^3}$$

이때 $\displaystyle\lim_{n\to\infty}\dfrac{6n^3-2n^2}{n^3}=6,\ \lim_{n\to\infty}\dfrac{6n^3+4n^2+2n}{n^3}=6$이므로

수열의 극한의 대소 관계에 의하여

$$\lim_{n\to\infty}\dfrac{2a_n}{n^3}=6$$

29 $\sqrt{n+2}-\sqrt{n+1}<\dfrac{a_n}{n+1}<\sqrt{n+1}-\sqrt{n}$의 각 변에 $\dfrac{n+1}{\sqrt{n}}$

을 곱하면

$$\dfrac{(n+1)(\sqrt{n+2}-\sqrt{n+1})}{\sqrt{n}}<\dfrac{a_n}{\sqrt{n}}<\dfrac{(n+1)(\sqrt{n+1}-\sqrt{n})}{\sqrt{n}}$$

$$\dfrac{n+1}{\sqrt{n}(\sqrt{n+2}+\sqrt{n+1})}<\dfrac{a_n}{\sqrt{n}}<\dfrac{n+1}{\sqrt{n}(\sqrt{n+1}+\sqrt{n})}$$

$$\therefore \dfrac{n+1}{\sqrt{n^2+2n}+\sqrt{n^2+n}}<\dfrac{a_n}{\sqrt{n}}<\dfrac{n+1}{\sqrt{n^2+n}+n}$$

이때 $\displaystyle\lim_{n\to\infty}\dfrac{n+1}{\sqrt{n^2+2n}+\sqrt{n^2+n}}=\dfrac{1}{2},$

$\displaystyle\lim_{n\to\infty}\dfrac{n+1}{\sqrt{n^2+n}+n}=\dfrac{1}{2}$이므로 수열의 극한의 대소 관계에

의하여

$$\lim_{n\to\infty}\dfrac{a_n}{\sqrt{n}}=\dfrac{1}{2}$$

30 $\dfrac{2n-1}{n}<a_n<\dfrac{2n+1}{n}$의 각 변에 n을 곱하면

$$2n-1<na_n<2n+1$$

n에 $1,\ 2,\ 3,\ \cdots,\ n$을 차례대로 대입하여 각 변끼리 더하면

$$1<\ a_1\ <3$$
$$3<2a_2<5$$
$$5<3a_3<7$$
$$\vdots$$
$$+)\ 2n-1<na_n<2n+1$$

$$\sum_{k=1}^{n}(2k-1)<a_1+2a_2+3a_3+\cdots+na_n<\sum_{k=1}^{n}(2k+1)$$

$$2\times\dfrac{n(n+1)}{2}-n<a_1+2a_2+3a_3+\cdots+na_n$$

$$<2\times\dfrac{n(n+1)}{2}+n$$

$$n^2<a_1+2a_2+3a_3+\cdots+na_n<n^2+2n$$

$$\therefore \dfrac{n^2}{n^2+1}<\dfrac{a_1+2a_2+3a_3+\cdots+na_n}{n^2+1}<\dfrac{n^2+2n}{n^2+1}$$

이때 $\displaystyle\lim_{n\to\infty}\dfrac{n^2}{n^2+1}=1,\ \lim_{n\to\infty}\dfrac{n^2+2n}{n^2+1}=1$이므로 수열의 극

한의 대소 관계에 의하여

$$\lim_{n\to\infty}\dfrac{a_1+2a_2+3a_3+\cdots+na_n}{n^2+1}=1$$

31 $\dfrac{n}{3}-1<\left[\dfrac{n}{3}\right]\leq\dfrac{n}{3}$이므로

$$\dfrac{2}{n+3}\left(\dfrac{n}{3}-1\right)<\dfrac{2}{n+3}\times\left[\dfrac{n}{3}\right]\leq\dfrac{2}{n+3}\times\dfrac{n}{3}$$

$$\therefore\ \dfrac{2n-6}{3n+9}<\dfrac{2}{n+3}\times\left[\dfrac{n}{3}\right]\leq\dfrac{2n}{3n+9}$$

이때 $\displaystyle\lim_{n\to\infty}\dfrac{2n-6}{3n+9}=\dfrac{2}{3}$, $\displaystyle\lim_{n\to\infty}\dfrac{2n}{3n+9}=\dfrac{2}{3}$이므로 수열의 극한의 대소 관계에 의하여

$$\lim_{n\to\infty}\left(\dfrac{2}{n+3}\times\left[\dfrac{n}{3}\right]\right)=\dfrac{2}{3}$$

32 ㄱ. [반례] $a_n=n$, $b_n=-n^2$이라 하면

$$\lim_{n\to\infty}a_n=\infty,\ \lim_{n\to\infty}b_n=-\infty$$이지만

$$\lim_{n\to\infty}(a_n+b_n)=\lim_{n\to\infty}(n-n^2)=-\infty$$

ㄴ. $\displaystyle\lim_{n\to\infty}b_n=\lim_{n\to\infty}\{a_n-(a_n-b_n)\}$

$$=\lim_{n\to\infty}a_n-\lim_{n\to\infty}(a_n-b_n)$$

$$=a-0=a$$

ㄷ. $\displaystyle\lim_{n\to\infty}b_n=\lim_{n\to\infty}\left(a_n\times\dfrac{b_n}{a_n}\right)$

$$=\lim_{n\to\infty}a_n\times\lim_{n\to\infty}\dfrac{b_n}{a_n}$$

$$=a\times1=a$$

ㄹ. [반례] $\{a_n\}$: $1,\ 0,\ 1,\ 0,\ \cdots$

$\qquad\ \{b_n\}$: $0,\ 1,\ 0,\ 1,\ \cdots$

이라 하면 $\displaystyle\lim_{n\to\infty}(a_n+b_n)=1$, $\displaystyle\lim_{n\to\infty}a_nb_n=0$이지만 두 수열 $\{a_n\}$, $\{b_n\}$은 모두 발산(진동)한다.

따라서 보기 중 옳은 것은 ㄴ, ㄷ이다.

33 ㄱ. $-|a_n|\leq a_n\leq|a_n|$

$$\lim_{n\to\infty}(-|a_n|)=0,\ \lim_{n\to\infty}|a_n|=0$$이므로 수열의 극한의 대소 관계에 의하여

$$\lim_{n\to\infty}a_n=0$$

ㄴ. [반례] $a_n=1-\dfrac{1}{n}$, $b_n=1+\dfrac{1}{n}$이라 하면

$$a_n<b_n$$이지만 $\displaystyle\lim_{n\to\infty}a_n=\lim_{n\to\infty}b_n=1$

ㄷ. [반례] $a_n=n$, $b_n=1$이라 하면 $\displaystyle\lim_{n\to\infty}\dfrac{b_n}{a_n}=\lim_{n\to\infty}\dfrac{1}{n}=0$이고 수열 $\{a_n\}$은 발산하지만 $\displaystyle\lim_{n\to\infty}b_n=1$

즉, 수열 $\{b_n\}$은 수렴한다.

따라서 보기 중 옳은 것은 ㄱ이다.

34 곡선 $y=\dfrac{1}{x}$과 직선 $y=nx$의 교점의 x좌표를 구하면

$$\dfrac{1}{x}=nx,\ x^2=\dfrac{1}{n}\qquad\therefore\ x=\pm\dfrac{1}{\sqrt{n}}$$

따라서 두 교점의 좌표는 $\left(\dfrac{1}{\sqrt{n}},\ \sqrt{n}\right)$, $\left(-\dfrac{1}{\sqrt{n}},\ -\sqrt{n}\right)$이므로

$$l_n=\sqrt{\left(\dfrac{2}{\sqrt{n}}\right)^2+(2\sqrt{n})^2}=\sqrt{\dfrac{4}{n}+4n}$$

$$\therefore\ \lim_{n\to\infty}\dfrac{l_n^2}{2n}=\lim_{n\to\infty}\dfrac{\dfrac{4}{n}+4n}{2n}=2$$

35 $y=\dfrac{1}{2}x^2$에서 $y'=x$

곡선 $y=\dfrac{1}{2}x^2$에 접하고 기울기가 n인 접선의 접점의 좌표를 $\left(t,\ \dfrac{1}{2}t^2\right)$이라 하면 $t=n$

기울기가 n이고 접점의 좌표가 $\left(n,\ \dfrac{1}{2}n^2\right)$인 접선의 방정식은

$$y-\dfrac{1}{2}n^2=n(x-n)$$

$$\therefore\ y=nx-\dfrac{1}{2}n^2$$

따라서 $\mathrm{P}_n\left(\dfrac{1}{2}n,\ 0\right)$, $\mathrm{Q}_n\left(0,\ -\dfrac{1}{2}n^2\right)$이므로

$$l_n=\sqrt{\left(\dfrac{1}{2}n\right)^2+\left(\dfrac{1}{2}n^2\right)^2}$$

$$=\sqrt{\dfrac{1}{4}n^2+\dfrac{1}{4}n^4}=\dfrac{1}{2}\sqrt{n^4+n^2}$$

$$\therefore\ \lim_{n\to\infty}\dfrac{4l_n}{n^2+1}=\lim_{n\to\infty}\dfrac{2\sqrt{n^4+n^2}}{n^2+1}=2$$

36 곡선 $y=nx^2$ 위의 점 중 y좌표가 1인 점의 x좌표를 구하면

$$nx^2=1,\ x^2=\dfrac{1}{n}$$

$$\therefore\ x=\pm\dfrac{1}{\sqrt{n}}$$

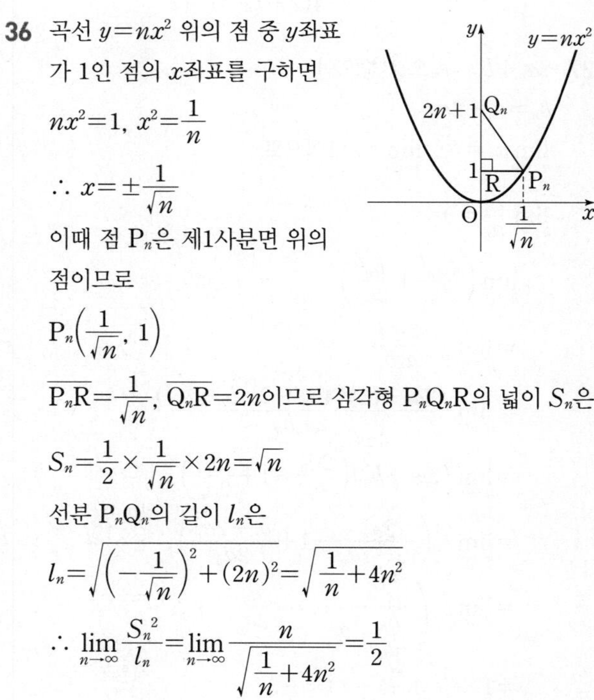

이때 점 P_n은 제1사분면 위의 점이므로

$$\mathrm{P}_n\left(\dfrac{1}{\sqrt{n}},\ 1\right)$$

$\overline{\mathrm{P}_n\mathrm{R}}=\dfrac{1}{\sqrt{n}}$, $\overline{\mathrm{Q}_n\mathrm{R}}=2n$이므로 삼각형 $\mathrm{P}_n\mathrm{Q}_n\mathrm{R}$의 넓이 S_n은

$$S_n=\dfrac{1}{2}\times\dfrac{1}{\sqrt{n}}\times2n=\sqrt{n}$$

선분 $\mathrm{P}_n\mathrm{Q}_n$의 길이 l_n은

$$l_n=\sqrt{\left(-\dfrac{1}{\sqrt{n}}\right)^2+(2n)^2}=\sqrt{\dfrac{1}{n}+4n^2}$$

$$\therefore\ \lim_{n\to\infty}\dfrac{S_n^2}{l_n}=\lim_{n\to\infty}\dfrac{n}{\sqrt{\dfrac{1}{n}+4n^2}}=\dfrac{1}{2}$$

37 가로로 놓인 막대의 개수는 $2 \times n \times (n+1)$

세로로 놓인 막대의 개수는 $(n+1) \times (n+1)$

높이로 놓인 막대의 개수는 $2 \times n \times (n+1)$

따라서 입체도형 A_n을 만드는 데 필요한 막대의 개수 a_n은

$$a_n = 2n(n+1) + (n+1)^2 + 2n(n+1)$$
$$= 5n^2 + 6n + 1$$

$$\therefore \lim_{n \to \infty} \frac{a_n}{n^2} = \lim_{n \to \infty} \frac{5n^2 + 6n + 1}{n^2} = 5$$

38 곡선 $y = 2x^2 - 2(n+1)x + a_n$이 x축과 만나려면 이차방정식 $2x^2 - 2(n+1)x + a_n = 0$의 판별식을 D_1이라 할 때, $D_1 \geq 0$이어야 하므로

$$\frac{D_1}{4} = (n+1)^2 - 2a_n \geq 0 \quad \therefore a_n \leq \frac{(n+1)^2}{2} \quad \cdots\cdots \ \text{㉠}$$

곡선 $y = x^2 + 2nx + 2a_n$이 x축과 만나지 않으려면 이차방정식 $x^2 + 2nx + 2a_n = 0$의 판별식을 D_2라 할 때, $D_2 < 0$이어야 하므로

$$\frac{D_2}{4} = n^2 - 2a_n < 0 \quad \therefore a_n > \frac{n^2}{2} \quad \cdots\cdots \ \text{㉡}$$

㉠, ㉡에서 $\dfrac{n^2}{2} < a_n \leq \dfrac{(n+1)^2}{2}$

$$\therefore \frac{n^2}{2n^2 + 6} < \frac{a_n}{n^2 + 3} \leq \frac{n^2 + 2n + 1}{2n^2 + 6}$$

이때 $\displaystyle\lim_{n \to \infty} \frac{n^2}{2n^2 + 6} = \frac{1}{2}$, $\displaystyle\lim_{n \to \infty} \frac{n^2 + 2n + 1}{2n^2 + 6} = \frac{1}{2}$이므로 수열의 극한의 대소 관계에 의하여

$$\lim_{n \to \infty} \frac{a_n}{n^2 + 3} = \frac{1}{2}$$

39 곡선 $y = x^2 - \left(4 + \dfrac{1}{n}\right)x + \dfrac{4}{n}$와 직선 $y = \dfrac{1}{n}x + 1$이 만나는 두 점 P_n, Q_n의 x좌표를 각각 α_n, β_n이라 하면

$$P_n\left(\alpha_n, \frac{\alpha_n}{n} + 1\right), \ Q_n\left(\beta_n, \frac{\beta_n}{n} + 1\right)$$

이때 α_n, β_n은 이차방정식 $x^2 - \left(4 + \dfrac{1}{n}\right)x + \dfrac{4}{n} = \dfrac{1}{n}x + 1$,

즉 $x^2 - \left(4 + \dfrac{2}{n}\right)x + \dfrac{4}{n} - 1 = 0$의 두 근이므로 근과 계수의 관계에 의하여

$$\alpha_n + \beta_n = 4 + \frac{2}{n}$$

삼각형 OP_nQ_n의 무게중심의 y좌표 a_n은

$$a_n = \frac{0 + \left(\dfrac{\alpha_n}{n} + 1\right) + \left(\dfrac{\beta_n}{n} + 1\right)}{3} = \frac{1}{3n}(\alpha_n + \beta_n) + \frac{2}{3}$$

$$= \frac{1}{3n}\left(4 + \frac{2}{n}\right) + \frac{2}{3} = \frac{4}{3n} + \frac{2}{3n^2} + \frac{2}{3}$$

$$\therefore \lim_{n \to \infty} a_n = \lim_{n \to \infty}\left(\frac{4}{3n} + \frac{2}{3n^2} + \frac{2}{3}\right) = \frac{2}{3}$$

기초 문제 Training
11쪽

1 (1) 수렴   (2) 수렴   (3) 발산   (4) 발산

2 (1) 발산   (2) 발산   (3) 수렴   (4) 발산

3 (1) 0 (2) $\dfrac{1}{7}$ (3) 0 (4) 5

4 (1) $-3 < x \leq 3$ (2) $-\dfrac{1}{5} \leq x < \dfrac{1}{5}$

   (3) $0 < x \leq \dfrac{2}{3}$ (4) $1 \leq x < 7$

핵심 유형 Training
12~14쪽

1 75	2 ③	3 ③	4 3	5 12
6 22	7 ③	8 ④	9 25	10 15
11 4	12 ②	13 2	14 6	15 ⑤
16 −4	17 ⑤	18 ④	19 ②	20 ②

1 $\displaystyle\lim_{n \to \infty} \frac{3 \times 5^{n+1} - 3^{n+2}}{5^{n-1} + 2^{2n+1}} = \lim_{n \to \infty} \frac{15 - 9 \times \left(\dfrac{3}{5}\right)^n}{\dfrac{1}{5} + 2 \times \left(\dfrac{4}{5}\right)^n} = 75$

2 $\displaystyle\lim_{n \to \infty} \frac{2^{3n+1} + 2^{2n-1}}{(2^n + 1)(4^n - 2^n + 1)} = \lim_{n \to \infty} \frac{2 \times 8^n + \dfrac{1}{2} \times 4^n}{8^n + 1}$

$$= \lim_{n \to \infty} \frac{2 + \dfrac{1}{2} \times \left(\dfrac{1}{2}\right)^n}{1 + \left(\dfrac{1}{8}\right)^n} = 2$$

3 $\displaystyle\lim_{n \to \infty} \frac{(a+2)\left(\dfrac{4}{3}\right)^n + \dfrac{b}{3}}{\dfrac{1}{2} \times \left(\dfrac{2}{3}\right)^n + 3} = 1 \quad \cdots\cdots \ \text{㉠}$

이때 $a + 2 \neq 0$이면 극한값이 존재하지 않으므로

$$a + 2 = 0 \quad \therefore a = -2$$

이를 ㉠에 대입하면

$$\lim_{n \to \infty} \frac{\dfrac{b}{3}}{\dfrac{1}{2} \times \left(\dfrac{2}{3}\right)^n + 3} = 1$$

$$\frac{b}{9} = 1 \quad \therefore b = 9$$

$$\therefore a + b = -2 + 9 = 7$$

4 $S_n = \dfrac{4(3^n - 1)}{3 - 1}$

$\quad = 2 \times 3^n - 2$

$\therefore \lim\limits_{n \to \infty} \dfrac{6 \times 3^n + 2^n}{S_n} = \lim\limits_{n \to \infty} \dfrac{6 \times 3^n + 2^n}{2 \times 3^n - 2}$

$\qquad\qquad\qquad\quad = \lim\limits_{n \to \infty} \dfrac{6 + \left(\dfrac{2}{3}\right)^n}{2 - 2 \times \left(\dfrac{1}{3}\right)^n} = 3$

5 (i) $n \geq 2$일 때,

$\quad a_n = S_n - S_{n-1}$

$\qquad = 3^{n+1} - 3 - (3^n - 3)$

$\qquad = (3 - 1)3^n = 2 \times 3^n$

(ii) $n = 1$일 때,

$\quad a_1 = S_1 = 9 - 3 = 6$

(i), (ii)에서 $a_n = 2 \times 3^n$

$\therefore \lim\limits_{n \to \infty} \dfrac{a_n a_{n+1}}{9^n + 3^n} = \lim\limits_{n \to \infty} \dfrac{2 \times 3^n \times 2 \times 3^{n+1}}{9^n + 3^n}$

$\qquad\qquad\qquad = \lim\limits_{n \to \infty} \dfrac{12 \times 9^n}{9^n + 3^n}$

$\qquad\qquad\qquad = \lim\limits_{n \to \infty} \dfrac{12}{1 + \left(\dfrac{1}{3}\right)^n} = 12$

6 $a_n = 3 \times 2^{n+1} - 2 \times 2^n + 3^{n-1}$

$b_n = 3 \times 3^{n+1} - 2 \times 3^n + 3^{n-1}$

$\therefore \lim\limits_{n \to \infty} \dfrac{b_n}{a_n} = \lim\limits_{n \to \infty} \dfrac{3 \times 3^{n+1} - 2 \times 3^n + 3^{n-1}}{3 \times 2^{n+1} - 2 \times 2^n + 3^{n-1}}$

$\qquad\qquad = \lim\limits_{n \to \infty} \dfrac{9 - 2 + \dfrac{1}{3}}{6 \times \left(\dfrac{2}{3}\right)^n - 2 \times \left(\dfrac{2}{3}\right)^n + \dfrac{1}{3}} = 22$

7 $\dfrac{a_{n+1}}{a_n} \leq \dfrac{100}{101}$의 n에 $1, 2, 3, \cdots, n-1$을 차례대로 대입

하여 변끼리 곱하면

$\dfrac{a_2}{a_1} \times \dfrac{a_3}{a_2} \times \dfrac{a_4}{a_3} \times \cdots \times \dfrac{a_n}{a_{n-1}} \leq \left(\dfrac{100}{101}\right)^{n-1}$

$\therefore \dfrac{a_n}{a_1} \leq \left(\dfrac{100}{101}\right)^{n-1}$

$a_n > 0$이므로 $0 < a_n \leq a_1 \times \left(\dfrac{100}{101}\right)^{n-1}$

이때 $\lim\limits_{n \to \infty} a_1 \times \left(\dfrac{100}{101}\right)^{n-1} = 0$이므로 수열의 극한의 대소

관계에 의하여

$\lim\limits_{n \to \infty} a_n = 0$

$\therefore \lim\limits_{n \to \infty} \dfrac{2a_n + 3n^2 + 1}{a_n + n^2} = \lim\limits_{n \to \infty} \dfrac{\dfrac{2a_n}{n^2} + 3 + \dfrac{1}{n^2}}{\dfrac{a_n}{n^2} + 1} = 3$

8 등비수열 $\left\{ (x+1)\left(\dfrac{x-2}{3}\right)^{n-1} \right\}$이 수렴하려면

$x + 1 = 0$ 또는 $-1 < \dfrac{x-2}{3} \leq 1$

$x = -1$ 또는 $-3 < x - 2 \leq 3$

$\therefore -1 \leq x \leq 5$

따라서 정수 x는 $-1, 0, 1, 2, 3, 4, 5$이므로 그 합은

$-1 + 0 + 1 + 2 + 3 + 4 + 5 = 14$

9 등비수열 $\{(x-2)(\log_3 x - 2)^{n-1}\}$이 수렴하려면

$x - 2 = 0$ 또는 $-1 < \log_3 x - 2 \leq 1$

$x = 2$ 또는 $1 < \log_3 x \leq 3$

$\therefore x = 2$ 또는 $3 < x \leq 27$

따라서 정수 x는 $2, 4, 5, \cdots, 27$의 25개이다.

10 등비수열 $\left\{ \left(\dfrac{3x-1}{2}\right)^{n-1} \right\}$이 수렴하려면

$-1 < \dfrac{3x-1}{2} \leq 1, \quad -2 < 3x - 1 \leq 2$

$-1 < 3x \leq 3$

$\therefore -\dfrac{1}{3} < x \leq 1$

$\therefore \lim\limits_{n \to \infty} \dfrac{5 \times 3^{n+1} - x^{n+2}}{3^n + x^n} = \lim\limits_{n \to \infty} \dfrac{15 - x^2 \left(\dfrac{x}{3}\right)^n}{1 + \left(\dfrac{x}{3}\right)^n} = 15$

11 등비수열 $\{(f(x))^n\}$이 수렴하려면

$-1 < f(x) \leq 1$

이때 공비가 정수이므로 $f(x) = 0$ 또는 $f(x) = 1$

방정식 $f(x) = 0$을 만족시키

는 x의 값은 함수 $y = f(x)$의

그래프와 x축의 교점의 x좌

표와 같으므로 두 근을 α, β

라 하자.

이차함수 $y = f(x)$의 그래프

는 직선 $x = 1$에 대하여 대칭이므로

$\dfrac{\alpha + \beta}{2} = 1 \qquad \therefore \alpha + \beta = 2$

방정식 $f(x) = 1$을 만족시키는 x의 값은 함수 $y = f(x)$

의 그래프와 직선 $y = 1$의 교점의 x좌표와 같으므로 두

근을 α', β'이라 하면

$\dfrac{\alpha' + \beta'}{2} = 1 \qquad \therefore \alpha' + \beta' = 2$

따라서 조건을 만족시키는 모든 x의 값의 합은

$\alpha + \beta + \alpha' + \beta' = 2 + 2 = 4$

12 ㄱ. $r>1$일 때, $\lim\limits_{n\to\infty}\dfrac{1}{r^n}=0$이므로

$$\lim_{n\to\infty}\frac{r^{n+1}}{1+r^n}=\lim_{n\to\infty}\frac{r}{\frac{1}{r^n}+1}=r$$

ㄴ. $-1<r<1$일 때, $\lim\limits_{n\to\infty}r^n=0$이므로

$$\lim_{n\to\infty}\frac{r^{n+1}}{1+r^n}=0$$

ㄷ. $r<-1$일 때, $\lim\limits_{n\to\infty}\dfrac{1}{r^n}=0$이므로

$$\lim_{n\to\infty}\frac{r^{n+1}}{1+r^n}=\lim_{n\to\infty}\frac{r}{\frac{1}{r^n}+1}=r$$

따라서 보기 중 옳은 것은 ㄴ이다.

13 (i) $|r|>1$일 때, $\lim\limits_{n\to\infty}\dfrac{1}{r^{2n}}=0$이므로

$$\lim_{n\to\infty}\frac{1+r^{2n}}{2+r^{2n}}=\lim_{n\to\infty}\frac{\frac{1}{r^{2n}}+1}{\frac{2}{r^{2n}}+1}=1$$

(ii) $|r|=1$일 때, $\lim\limits_{n\to\infty}r^{2n}=1$이므로

$$\lim_{n\to\infty}\frac{1+r^{2n}}{2+r^{2n}}=\frac{1+1}{2+1}=\frac{2}{3}$$

(iii) $|r|<1$일 때, $\lim\limits_{n\to\infty}r^{2n}=0$이므로

$$\lim_{n\to\infty}\frac{1+r^{2n}}{2+r^{2n}}=\frac{1}{2}$$

따라서 $a=1$, $b=\dfrac{2}{3}$, $c=\dfrac{1}{2}$이므로

$$a+3b-2c=1+2-1=2$$

14 (i) $0<r<6$일 때, $\lim\limits_{n\to\infty}\left(\dfrac{r}{6}\right)^n=0$이므로

$$\lim_{n\to\infty}\frac{\left(\frac{r}{6}\right)^{n+1}+1}{\left(\frac{r}{6}\right)^n+1}=1$$

(ii) $r=6$일 때, $\lim\limits_{n\to\infty}\left(\dfrac{r}{6}\right)^n=\lim\limits_{n\to\infty}\left(\dfrac{r}{6}\right)^{n+1}=1$이므로

$$\lim_{n\to\infty}\frac{\left(\frac{r}{6}\right)^{n+1}+1}{\left(\frac{r}{6}\right)^n+1}=\frac{1+1}{1+1}=1$$

(iii) $r>6$일 때, $\lim\limits_{n\to\infty}\left(\dfrac{6}{r}\right)^n=0$이므로

$$\lim_{n\to\infty}\frac{\left(\frac{r}{6}\right)^{n+1}+1}{\left(\frac{r}{6}\right)^n+1}=\lim_{n\to\infty}\frac{\frac{r}{6}+\left(\frac{6}{r}\right)^n}{1+\left(\frac{6}{r}\right)^n}=\frac{r}{6}$$

이때 $r>6$이므로 극한값은 1이 될 수 없다.

(i), (ii), (iii)에서 $0<r\le6$

따라서 정수 r는 1, 2, 3, 4, 5, 6의 6개이다.

15 (i) $|x|>1$일 때, $\lim\limits_{n\to\infty}\dfrac{1}{x^n}=0$이므로

$$f(x)=\lim_{n\to\infty}\frac{x^n+2x-1}{x^{n+1}+1}$$

$$=\lim_{n\to\infty}\frac{1+\frac{2x}{x^n}-\frac{1}{x^n}}{x+\frac{1}{x^n}}=\frac{1}{x}$$

(ii) $x=1$일 때, $\lim\limits_{n\to\infty}x^n=\lim\limits_{n\to\infty}x^{n+1}=1$이므로

$$f(x)=\lim_{n\to\infty}\frac{x^n+2x-1}{x^{n+1}+1}=\frac{1+2-1}{1+1}=1$$

(iii) $|x|<1$일 때, $\lim\limits_{n\to\infty}x^n=\lim\limits_{n\to\infty}x^{n+1}=0$이므로

$$f(x)=\lim_{n\to\infty}\frac{x^n+2x-1}{x^{n+1}+1}=2x-1$$

(i), (ii), (iii)에서

$$f(x)=\begin{cases}\dfrac{1}{x} & (|x|>1)\\[2mm] 1 & (x=1)\\[2mm] 2x-1 & (|x|<1)\end{cases}$$

따라서 $f(-2)=-\dfrac{1}{2}$, $f(0)=-1$, $f(1)=1$,

$f\left(\dfrac{3}{2}\right)=\dfrac{2}{3}$, $f(3)=\dfrac{1}{3}$이므로 옳지 않은 것은 ⑤이다.

16 $f\left(\dfrac{1}{2}\right)=\lim\limits_{n\to\infty}\dfrac{\left(\frac{1}{2}\right)^{2n+1}+\frac{1}{2}a+1}{\left(\frac{1}{2}\right)^{2n}+1}$

$$=\frac{1}{2}a+1$$

$$f(2)=\lim_{n\to\infty}\frac{2^{2n+1}+2a+1}{2^{2n}+1}$$

$$=\lim_{n\to\infty}\frac{2+(2a+1)\left(\frac{1}{4}\right)^n}{1+\left(\frac{1}{4}\right)^n}=2$$

$f\left(\dfrac{1}{2}\right)+f(2)=1$에서

$$\frac{1}{2}a+1+2=1\qquad\therefore a=-4$$

17 (i) $x=1$, 2일 때, $\lim\limits_{n\to\infty}\left(\dfrac{x}{3}\right)^n=0$이므로

$$f(x)=\lim_{n\to\infty}\frac{x^{n+1}-3^{n+1}}{x^n+3^n}$$

$$=\lim_{n\to\infty}\frac{x\left(\frac{x}{3}\right)^n-3}{\left(\frac{x}{3}\right)^n+1}=-3$$

(ii) $x=3$일 때,

$$f(3)=\lim_{n\to\infty}\frac{3^{n+1}-3^{n+1}}{3^n+3^n}=0$$

(iii) $x=4$, 5, $\cdots$, 10일 때, $\displaystyle\lim_{n\to\infty}\left(\dfrac{3}{x}\right)^n=0$이므로

$$f(x)=\lim_{n\to\infty}\frac{x^{n+1}-3^{n+1}}{x^n+3^n}=\lim_{n\to\infty}\frac{x-3\times\left(\dfrac{3}{x}\right)^n}{1+\left(\dfrac{3}{x}\right)^n}=x$$

$$\therefore \sum_{x=1}^{10} f(x)=-3\times2+0+(4+5+6+\cdots+10)$$

$$=-6+\frac{7(4+10)}{2}=43$$

18 (i) $0<x<1$일 때, $\displaystyle\lim_{n\to\infty}x^n=\lim_{n\to\infty}x^{n+2}=0$이므로

$$f(x)=\lim_{n\to\infty}\frac{ax^{n+2}+3x-1}{x^n+1}=3x-1$$

(ii) $x=1$일 때, $\displaystyle\lim_{n\to\infty}x^n=\lim_{n\to\infty}x^{n+2}=1$이므로

$$f(x)=\lim_{n\to\infty}\frac{ax^{n+2}+3x-1}{x^n+1}=\frac{a+3-1}{1+1}=\frac{a+2}{2}$$

(iii) $x>1$일 때, $\displaystyle\lim_{n\to\infty}\frac{1}{x^n}=0$이므로

$$f(x)=\lim_{n\to\infty}\frac{ax^{n+2}+3x-1}{x^n+1}$$

$$=\lim_{n\to\infty}\frac{ax^2+\dfrac{3x}{x^n}-\dfrac{1}{x^n}}{1+\dfrac{1}{x^n}}=ax^2$$

(i), (ii), (iii)에서

$$f(x)=\begin{cases}3x-1 & (0<x<1)\\[4pt]\dfrac{a+2}{2} & (x=1)\\[6pt]ax^2 & (x>1)\end{cases}$$

함수 $f(x)$가 양의 실수 전체의 집합에서 연속이면 $x=1$에서 연속이므로 $\displaystyle\lim_{x\to1+}f(x)=\lim_{x\to1-}f(x)=f(1)$

$$\lim_{x\to1+}ax^2=\lim_{x\to1-}(3x-1)=\frac{a+2}{2}$$

$$\therefore a=2$$

19 (i) $0<x<1$일 때, $\displaystyle\lim_{n\to\infty}x^n=\lim_{n\to\infty}x^{n+3}=0$이므로

$$f(x)=\lim_{n\to\infty}\frac{x^{n+3}+ax^2+bx}{x^n+1}=ax^2+bx$$

(ii) $x=1$일 때, $\displaystyle\lim_{n\to\infty}x^n=\lim_{n\to\infty}x^{n+3}=1$이므로

$$f(x)=\lim_{n\to\infty}\frac{x^{n+3}+ax^2+bx}{x^n+1}$$

$$=\frac{1+a+b}{1+1}=\frac{a+b+1}{2}$$

(iii) $x>1$일 때, $\displaystyle\lim_{n\to\infty}\frac{1}{x^n}=0$이므로

$$f(x)=\lim_{n\to\infty}\frac{x^{n+3}+ax^2+bx}{x^n+1}$$

$$=\lim_{n\to\infty}\frac{x^3+\dfrac{ax^2}{x^n}+\dfrac{bx}{x^n}}{1+\dfrac{1}{x^n}}=x^3$$

(i), (ii), (iii)에서

$$f(x)=\begin{cases}ax^2+bx & (0<x<1)\\[4pt]\dfrac{a+b+1}{2} & (x=1)\\[6pt]x^3 & (x>1)\end{cases}$$

함수 $f(x)$가 양의 실수 전체의 집합에서 미분가능하면 연속이다. 따라서 $x=1$에서 연속이므로

$$\lim_{x\to1+}f(x)=\lim_{x\to1-}f(x)=f(1)$$

$$\lim_{x\to1+}x^3=\lim_{x\to1-}(ax^2+bx)=\frac{a+b+1}{2}$$

$$1=a+b=\frac{a+b+1}{2}\qquad\therefore a+b=1\qquad\cdots\cdots\;\text{㉠}$$

또 $f'(x)=\begin{cases}2ax+b & (0<x<1)\\[2pt]3x^2 & (x>1)\end{cases}$ 이고 미분계수 $f'(1)$이 존재하므로

$$\lim_{x\to1+}f'(x)=\lim_{x\to1-}f'(x)$$

$$\lim_{x\to1+}3x^2=\lim_{x\to1-}(2ax+b)$$

$$\therefore 3=2a+b\qquad\cdots\cdots\;\text{㉡}$$

㉠, ㉡을 연립하여 풀면 $a=2$, $b=-1$

$$\therefore a^2+b^2=4+1=5$$

20 (i) $|x|>1$일 때, $\displaystyle\lim_{n\to\infty}\frac{1}{x^{2n}}=0$이므로

$$f(x)=\lim_{n\to\infty}\frac{1-x^{2n+1}}{1+x^{2n}}=\lim_{n\to\infty}\frac{\dfrac{1}{x^{2n}}-x}{\dfrac{1}{x^{2n}}+1}=-x$$

(ii) $x=1$일 때, $\displaystyle\lim_{n\to\infty}x^{2n}=\lim_{n\to\infty}x^{2n+1}=1$이므로

$$f(x)=\lim_{n\to\infty}\frac{1-x^{2n+1}}{1+x^{2n}}=\frac{1-1}{1+1}=0$$

(iii) $x=-1$일 때, $\displaystyle\lim_{n\to\infty}x^{2n}=1$, $\displaystyle\lim_{n\to\infty}x^{2n+1}=-1$이므로

$$f(x)=\lim_{n\to\infty}\frac{1-x^{2n+1}}{1+x^{2n}}=\frac{1-(-1)}{1+1}=1$$

(iv) $|x|<1$일 때, $\displaystyle\lim_{n\to\infty}x^{2n}=\lim_{n\to\infty}x^{2n+1}=0$이므로

$$f(x)=\lim_{n\to\infty}\frac{1-x^{2n+1}}{1+x^{2n}}=1$$

(i)~(iv)에서

$$f(x)=\begin{cases}-x & (|x|>1)\\[2pt]0 & (x=1)\\[2pt]1 & (-1\le x<1)\end{cases}$$

함수 $y=f(x)$의 그래프는 오른쪽 그림과 같으므로 이차함수 $y=ax^2\,(a>0)$의 그래프와 오직 한 점에서 만나려면 $0<a\le1$

따라서 양수 a의 최댓값은 1이다.

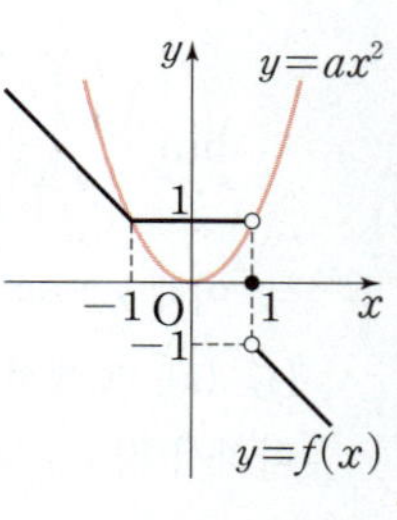

기초 문제 Training

1 (1) $\dfrac{1}{2}$ (2) **0** (3) **1** (4) **7**

2 (1) $S_n=n^2$ (2) 발산 (3) 발산

3 (가) $\dfrac{n}{3n-1}$ (나) $\dfrac{1}{3}$ (다) 발산

4 (1) -10 (2) **5** (3) **4** (4) -9

핵심 유형 Training

1 3	**2** ③	**3** 7	**4** ⑤	**5** ㄱ, ㄴ
6 ③	**7** ③	**8** ②	**9** 3	**10** -12
11 ④	**12** ③	**13** ④	**14** ⑤	**15** 50
16 ①	**17** ④	**18** 7	**19** ④	
20 ㄱ, ㄴ, ㄷ		**21** $\dfrac{\sqrt{2}}{2}$	**22** ④	**23** $\dfrac{1}{2}$

1 $\displaystyle\sum_{n=1}^{\infty} a_n=\lim_{n\to\infty} S_n=5$이므로

$$\lim_{n\to\infty}(S_n-2)=\lim_{n\to\infty}S_n-\lim_{n\to\infty}2$$
$$=5-2=3$$

2 $S_n=\dfrac{n^2+3}{1+2+3+\cdots+n}$

$=\dfrac{n^2+3}{\dfrac{n(n+1)}{2}}=\dfrac{2n^2+6}{n^2+n}$

$\therefore \displaystyle\sum_{n=1}^{\infty} a_n=\lim_{n\to\infty} S_n$

$=\displaystyle\lim_{n\to\infty}\dfrac{2n^2+6}{n^2+n}=2$

3 $\displaystyle\sum_{n=1}^{\infty}\dfrac{1}{(3n-1)(3n+2)}=\sum_{n=1}^{\infty}\dfrac{1}{3}\left(\dfrac{1}{3n-1}-\dfrac{1}{3n+2}\right)$

$=\displaystyle\lim_{n\to\infty}\sum_{k=1}^{n}\dfrac{1}{3}\left(\dfrac{1}{3k-1}-\dfrac{1}{3k+2}\right)$

$=\displaystyle\lim_{n\to\infty}\dfrac{1}{3}\left(\dfrac{1}{2}-\dfrac{1}{3n+2}\right)=\dfrac{1}{6}$

따라서 $p=6$, $q=1$이므로
$p+q=7$

4 ㄱ. $\displaystyle\sum_{n=1}^{\infty}\dfrac{2}{n(n+2)}=\sum_{n=1}^{\infty}\left(\dfrac{1}{n}-\dfrac{1}{n+2}\right)$

$=\displaystyle\lim_{n\to\infty}\sum_{k=1}^{n}\left(\dfrac{1}{k}-\dfrac{1}{k+2}\right)$

$=\displaystyle\lim_{n\to\infty}\left(1+\dfrac{1}{2}-\dfrac{1}{n+1}-\dfrac{1}{n+2}\right)=\dfrac{3}{2}$

ㄴ. $\displaystyle\sum_{n=1}^{\infty}\dfrac{3}{\sqrt{3n+3}+\sqrt{3n}}=\sum_{n=1}^{\infty}(\sqrt{3n+3}-\sqrt{3n})$

$=\displaystyle\lim_{n\to\infty}\sum_{k=1}^{n}(\sqrt{3k+3}-\sqrt{3k})$

$=\displaystyle\lim_{n\to\infty}(-\sqrt{3}+\sqrt{3n+3})=\infty$

ㄷ. $\dfrac{1}{1\times3}+\dfrac{1}{3\times5}+\dfrac{1}{5\times7}+\cdots$

$=\displaystyle\sum_{n=1}^{\infty}\dfrac{1}{(2n-1)(2n+1)}$

$=\displaystyle\sum_{n=1}^{\infty}\dfrac{1}{2}\left(\dfrac{1}{2n-1}-\dfrac{1}{2n+1}\right)$

$=\displaystyle\lim_{n\to\infty}\sum_{k=1}^{n}\dfrac{1}{2}\left(\dfrac{1}{2k-1}-\dfrac{1}{2k+1}\right)$

$=\displaystyle\lim_{n\to\infty}\dfrac{1}{2}\left(1-\dfrac{1}{2n+1}\right)=\dfrac{1}{2}$

따라서 보기 중 옳은 것은 ㄱ, ㄷ이다.

5 주어진 급수의 제n항까지의 부분합을 S_n이라 하자.

ㄱ. $S_n=\left(2-\dfrac{3}{2}\right)+\left(\dfrac{3}{2}-\dfrac{4}{3}\right)+\left(\dfrac{4}{3}-\dfrac{5}{4}\right)$

$\qquad\qquad +\cdots+\left(\dfrac{n+1}{n}-\dfrac{n+2}{n+1}\right)$

$=2-\dfrac{n+2}{n+1}$

$\therefore \displaystyle\lim_{n\to\infty}S_n=\lim_{n\to\infty}\left(2-\dfrac{n+2}{n+1}\right)=2-1=1$

즉, 주어진 급수는 수렴한다.

ㄴ. (i) $n=2k-1$(k는 자연수)일 때,

$S_{2k-1}=-\dfrac{1}{2}+\left(\dfrac{1}{2}-\dfrac{1}{3}\right)+\left(\dfrac{1}{3}-\dfrac{1}{4}\right)$

$\qquad\qquad +\cdots+\left(\dfrac{1}{k}-\dfrac{1}{k+1}\right)$

$=-\dfrac{1}{k+1}$

$\therefore \displaystyle\lim_{k\to\infty}S_{2k-1}=\lim_{k\to\infty}\left(-\dfrac{1}{k+1}\right)=0$

(ii) $n=2k$(k는 자연수)일 때,

$S_{2k}=\left(-\dfrac{1}{2}+\dfrac{1}{2}\right)+\left(-\dfrac{1}{3}+\dfrac{1}{3}\right)+\left(-\dfrac{1}{4}+\dfrac{1}{4}\right)$

$\qquad\qquad +\cdots+\left(-\dfrac{1}{k+1}+\dfrac{1}{k+1}\right)$

$=0$

$\therefore \displaystyle\lim_{k\to\infty}S_{2k}=0$

(i), (ii)에서 $\displaystyle\lim_{k\to\infty}S_{2k-1}=\lim_{k\to\infty}S_{2k}=0$이므로 주어진 급수는 수렴한다.

ㄷ. (i) $n=2k-1$ (k는 자연수)일 때,

$$S_{2k-1}=\frac{1}{2}+\left(-\frac{1}{2}+\frac{2}{3}\right)+\left(-\frac{2}{3}+\frac{3}{4}\right)$$
$$+\cdots+\left(-\frac{k-1}{k}+\frac{k}{k+1}\right)$$
$$=\frac{k}{k+1}$$
$$\therefore \lim_{k\to\infty}S_{2k-1}=\lim_{k\to\infty}\frac{k}{k+1}=1$$

(ii) $n=2k$ (k는 자연수)일 때,

$$S_{2k}=\left(\frac{1}{2}-\frac{1}{2}\right)+\left(\frac{2}{3}-\frac{2}{3}\right)+\left(\frac{3}{4}-\frac{3}{4}\right)$$
$$+\cdots+\left(\frac{k}{k+1}-\frac{k}{k+1}\right)$$
$$=0$$
$$\therefore \lim_{k\to\infty}S_{2k}=0$$

(i), (ii)에서 $\displaystyle\lim_{k\to\infty}S_{2k-1}\neq\lim_{k\to\infty}S_{2k}$이므로 주어진 급수는 발산한다.

따라서 보기 중 수렴하는 급수인 것은 ㄱ, ㄴ이다.

6
$$\sum_{n=1}^{\infty}\frac{a_{n+1}-a_n}{2a_na_{n+1}}=\sum_{n=1}^{\infty}\left(\frac{1}{2a_n}-\frac{1}{2a_{n+1}}\right)$$
$$=\sum_{n=1}^{\infty}\left\{\frac{2n^2+3}{2n^2}-\frac{2(n+1)^2+3}{2(n+1)^2}\right\}$$
$$=\sum_{n=1}^{\infty}\left\{1+\frac{3}{2n^2}-1-\frac{3}{2(n+1)^2}\right\}$$
$$=\sum_{n=1}^{\infty}\frac{3}{2}\left\{\frac{1}{n^2}-\frac{1}{(n+1)^2}\right\}$$
$$=\lim_{n\to\infty}\sum_{k=1}^{n}\frac{3}{2}\left\{\frac{1}{k^2}-\frac{1}{(k+1)^2}\right\}$$
$$=\lim_{n\to\infty}\frac{3}{2}\left\{1-\frac{1}{(n+1)^2}\right\}$$
$$=\frac{3}{2}$$

7
$$2+4+6+\cdots+2n=\sum_{k=1}^{n}2k$$
$$=2\times\frac{n(n+1)}{2}$$
$$=n(n+1)$$

이므로

$$\frac{1}{2+4+6+\cdots+2n}=\frac{1}{n(n+1)}$$
$$\therefore 1+\frac{1}{2}+\frac{1}{2+4}+\frac{1}{2+4+6}+\frac{1}{2+4+6+8}+\cdots$$
$$=1+\sum_{n=1}^{\infty}\frac{1}{n(n+1)}$$
$$=1+\lim_{n\to\infty}\sum_{k=1}^{n}\left(\frac{1}{k}-\frac{1}{k+1}\right)$$
$$=1+\lim_{n\to\infty}\left(1-\frac{1}{n+1}\right)$$
$$=1+1=2$$

8 $a_n=4+(n-1)\times2=2n+2$이므로

$$\sum_{n=1}^{\infty}\frac{\sqrt{a_{n+1}}-\sqrt{a_n}}{\sqrt{a_na_{n+1}}}=\sum_{n=1}^{\infty}\left(\frac{1}{\sqrt{a_n}}-\frac{1}{\sqrt{a_{n+1}}}\right)$$
$$=\sum_{n=1}^{\infty}\left(\frac{1}{\sqrt{2n+2}}-\frac{1}{\sqrt{2n+4}}\right)$$
$$=\lim_{n\to\infty}\sum_{k=1}^{n}\left(\frac{1}{\sqrt{2k+2}}-\frac{1}{\sqrt{2k+4}}\right)$$
$$=\lim_{n\to\infty}\left(\frac{1}{\sqrt{4}}-\frac{1}{\sqrt{2n+4}}\right)$$
$$=\frac{1}{2}$$

9 이차방정식의 근과 계수의 관계에 의하여

$$a_n+b_n=-4,\ a_nb_n=-n^2+1$$
$$\therefore \sum_{n=2}^{\infty}\left(\frac{1}{a_n}+\frac{1}{b_n}\right)=\sum_{n=2}^{\infty}\frac{a_n+b_n}{a_nb_n}$$
$$=\sum_{n=2}^{\infty}\frac{-4}{-n^2+1}$$
$$=\sum_{n=2}^{\infty}\frac{4}{(n-1)(n+1)}$$
$$=\lim_{n\to\infty}\sum_{k=2}^{n}2\left(\frac{1}{k-1}-\frac{1}{k+1}\right)$$
$$=\lim_{n\to\infty}2\left(1+\frac{1}{2}-\frac{1}{n}-\frac{1}{n+1}\right)$$
$$=3$$

10 두 급수 $\displaystyle\sum_{n=1}^{\infty}(a_n-4b_n)$, $\displaystyle\sum_{n=1}^{\infty}\left(\frac{b_n}{3}+1\right)$이 수렴하므로

$$\lim_{n\to\infty}(a_n-4b_n)=0,\ \lim_{n\to\infty}\left(\frac{b_n}{3}+1\right)=0$$
$$\lim_{n\to\infty}\left(\frac{b_n}{3}+1\right)=0\text{에서}\ \lim_{n\to\infty}\frac{b_n}{3}=-1$$
$$\therefore \lim_{n\to\infty}b_n=-3$$

$a_n-4b_n=c_n$으로 놓으면

$$\lim_{n\to\infty}a_n=\lim_{n\to\infty}(4b_n+c_n)$$
$$=4\times(-3)+0=-12$$

11 급수 $\displaystyle\sum_{n=1}^{\infty}\left(\frac{a_n}{n}-\frac{n+2n+3n+\cdots+n^2}{1^2+2^2+3^2+\cdots+n^2}\right)$이 수렴하므로

$$\lim_{n\to\infty}\left(\frac{a_n}{n}-\frac{n+2n+3n+\cdots+n^2}{1^2+2^2+3^2+\cdots+n^2}\right)=0$$

$\dfrac{a_n}{n}-\dfrac{n+2n+3n+\cdots+n^2}{1^2+2^2+3^2+\cdots+n^2}=b_n$으로 놓으면

$$\lim_{n\to\infty}\frac{a_n}{n}=\lim_{n\to\infty}\left(b_n+\frac{n+2n+3n+\cdots+n^2}{1^2+2^2+3^2+\cdots+n^2}\right)$$
$$=0+\lim_{n\to\infty}\frac{n\times\dfrac{n(n+1)}{2}}{\dfrac{n(n+1)(2n+1)}{6}}$$
$$=\lim_{n\to\infty}\frac{3n}{2n+1}=\frac{3}{2}$$

12 급수 $\sum\limits_{n=1}^{\infty} a_n$이 수렴하므로 $\lim\limits_{n\to\infty} a_n=0$

$\therefore \lim\limits_{n\to\infty} a_{n+1}=0$

$\lim\limits_{n\to\infty}(a_1+a_2+a_3+\cdots+a_n)=\sum\limits_{n=1}^{\infty}a_n=20$이므로

$\lim\limits_{n\to\infty}\dfrac{a_1+a_2+a_3+\cdots+a_n+10a_{n+1}}{2a_n+5}=\dfrac{20+0}{0+5}=4$

13 급수 $\sum\limits_{n=1}^{\infty}\dfrac{an^2+2}{n^2+n}$가 수렴하므로 $\lim\limits_{n\to\infty}\dfrac{an^2+2}{n^2+n}=0$

$\therefore a=0$

$\therefore b=\sum\limits_{n=1}^{\infty}\dfrac{2}{n^2+n}$

$\qquad =\sum\limits_{n=1}^{\infty}\dfrac{2}{n(n+1)}$

$\qquad =\lim\limits_{n\to\infty}\sum\limits_{k=1}^{n}2\left(\dfrac{1}{k}-\dfrac{1}{k+1}\right)$

$\qquad =\lim\limits_{n\to\infty}2\left(1-\dfrac{1}{n+1}\right)=2$

$\therefore a+b=0+2=2$

14 $\lim\limits_{n\to\infty}\dfrac{2\times 6^n+3}{2^n a_n+3^n b_n}=\lim\limits_{n\to\infty}\dfrac{2+3\times\left(\frac{1}{6}\right)^n}{\left(\frac{1}{3}\right)^n a_n+\left(\frac{1}{2}\right)^n b_n}$ $\quad\cdots\cdots$ ㉠

$1+3+3^2+\cdots+3^{n-1}<a_n<\dfrac{3^n}{2}$에서

$\dfrac{1}{2}(3^n-1)<a_n<\dfrac{3^n}{2}$

$\dfrac{1}{2}-\dfrac{1}{2}\times\left(\dfrac{1}{3}\right)^n<\left(\dfrac{1}{3}\right)^n a_n<\dfrac{1}{2}$

이때 $\lim\limits_{n\to\infty}\left\{\dfrac{1}{2}-\dfrac{1}{2}\times\left(\dfrac{1}{3}\right)^n\right\}=\dfrac{1}{2}$이므로 수열의 극한의 대

소 관계에 의하여

$\lim\limits_{n\to\infty}\left(\dfrac{1}{3}\right)^n a_n=\dfrac{1}{2}$

$\dfrac{4n^2-3n}{2n^2+1}<\sum\limits_{k=1}^{n}b_k<\dfrac{4n^2+5}{2n^2-1}$에서

$\lim\limits_{n\to\infty}\dfrac{4n^2-3n}{2n^2+1}=2,\ \lim\limits_{n\to\infty}\dfrac{4n^2+5}{2n^2-1}=2$

이므로 수열의 극한의 대소 관계에 의하여

$\lim\limits_{n\to\infty}\sum\limits_{k=1}^{n}b_k=2 \qquad \therefore \sum\limits_{n=1}^{\infty}b_n=2$

즉, 급수 $\sum\limits_{n=1}^{\infty}b_n$이 수렴하므로 $\lim\limits_{n\to\infty}b_n=0$

따라서 ㉠에서

$\lim\limits_{n\to\infty}\dfrac{2\times 6^n+3}{2^n a_n+3^n b_n}=\lim\limits_{n\to\infty}\dfrac{2+3\times\left(\frac{1}{6}\right)^n}{\left(\frac{1}{3}\right)^n a_n+\left(\frac{1}{2}\right)^n b_n}$

$\qquad\qquad\qquad\qquad =\dfrac{2+0}{\frac{1}{2}+0}=4$

15 $\lim\limits_{n\to\infty}(a_1+a_2+a_3+\cdots+a_n)=\lim\limits_{n\to\infty}S_n=p$, 즉 급수 $\sum\limits_{n=1}^{\infty}a_n$

이 수렴하므로

$\lim\limits_{n\to\infty}a_n=0$

또 $\lim\limits_{n\to\infty}S_n=p$이면 $\lim\limits_{n\to\infty}S_{n+1}=p$이므로

$\lim\limits_{n\to\infty}(S_n+S_{n+1}-2a_n)=\lim\limits_{n\to\infty}\left\{5-\left(\dfrac{2}{3}\right)^n\right\}$에서

$p+p-0=5 \qquad \therefore p=\dfrac{5}{2}$

$\therefore 20p=20\times\dfrac{5}{2}=50$

16 $a_n-2b_n=c_n$으로 놓으면

$\sum\limits_{n=1}^{\infty}b_n=\sum\limits_{n=1}^{\infty}\left(\dfrac{1}{2}a_n-\dfrac{1}{2}c_n\right)$

$\qquad =\dfrac{1}{2}\sum\limits_{n=1}^{\infty}a_n-\dfrac{1}{2}\sum\limits_{n=1}^{\infty}c_n$

$\qquad =\dfrac{1}{2}\times 2-\dfrac{1}{2}\times 8=-3$

17 $\sum\limits_{n=1}^{\infty}a_n=\alpha,\ \sum\limits_{n=1}^{\infty}b_n=\beta\,(\alpha,\ \beta$는 실수$)$라 하면

$\sum\limits_{n=1}^{\infty}(a_n-b_n)=1$에서

$\alpha-\beta=1 \qquad\cdots\cdots$ ㉠

$\sum\limits_{n=1}^{\infty}(2a_n-3b_n)=-2$에서

$2\alpha-3\beta=-2 \qquad\cdots\cdots$ ㉡

㉠, ㉡을 연립하여 풀면 $\alpha=5,\ \beta=4$

$\therefore \sum\limits_{n=1}^{\infty}(a_n+b_n)=\alpha+\beta=9$

18 $\lim\limits_{n\to\infty}(n-1)^2 a_n=0$에서

$\lim\limits_{n\to\infty}n^2 a_{n+1}=0$

급수 $\sum\limits_{n=1}^{\infty}n^2(a_n-a_{n+1})$의 제$n$항까지의 부분합을 S_n이라

하면

$S_n=(a_1-a_2)+4(a_2-a_3)+9(a_3-a_4)$

$\qquad\quad +\cdots+(n-1)^2(a_{n-1}-a_n)+n^2(a_n-a_{n+1})$

$\quad =a_1+3a_2+5a_3+\cdots+(2n-1)a_n-n^2 a_{n+1}$

$\quad =\sum\limits_{k=1}^{n}(2k-1)a_k-n^2 a_{n+1}$

$\therefore \sum\limits_{n=1}^{\infty}n^2(a_n-a_{n+1})=\lim\limits_{n\to\infty}S_n$

$\qquad\qquad =\lim\limits_{n\to\infty}\left\{\sum\limits_{k=1}^{n}(2k-1)a_k-n^2 a_{n+1}\right\}$

$\qquad\qquad =\sum\limits_{n=1}^{\infty}(2n-1)a_n-\lim\limits_{n\to\infty}n^2 a_{n+1}$

$\qquad\qquad =2\sum\limits_{n=1}^{\infty}na_n-\sum\limits_{n=1}^{\infty}a_n-\lim\limits_{n\to\infty}n^2 a_{n+1}$

$\qquad\qquad =2\times 6-5-0=7$

19 ㄱ. $\sum\limits_{n=1}^{\infty} b_n = \alpha$, $\sum\limits_{n=1}^{\infty}(a_n - b_n) = \beta$ (α, β는 실수)라 하면

$$\sum_{n=1}^{\infty} a_n = \sum_{n=1}^{\infty}\{b_n + (a_n - b_n)\}$$
$$= \alpha + \beta$$

즉, $\sum\limits_{n=1}^{\infty} a_n$도 수렴한다.

ㄴ. $\sum\limits_{n=1}^{\infty} a_n$, $\sum\limits_{n=1}^{\infty} b_n$이 수렴하므로

$$\lim_{n\to\infty} a_n = 0, \ \lim_{n\to\infty} b_n = 0$$
$$\therefore \ \lim_{n\to\infty} a_n b_n = \lim_{n\to\infty} a_n \times \lim_{n\to\infty} b_n$$
$$= 0 \times 0 = 0$$

ㄷ. [반례] $\{a_n\}$: 1, 0, 1, 0, 1, 0, $\cdots$
$\{b_n\}$: 0, 1, 0, 1, 0, 1, $\cdots$

이라 하면 $a_n b_n = 0$이므로 $\sum\limits_{n=1}^{\infty} a_n b_n$은 수렴하지만

$$\lim_{n\to\infty} a_n \neq 0 \text{이고} \lim_{n\to\infty} b_n \neq 0 \text{이다.}$$

따라서 보기 중 옳은 것은 ㄱ, ㄴ이다.

20 ㄱ. $\sum\limits_{n=1}^{\infty} a_n b_n$이 수렴하므로

$$\lim_{n\to\infty} a_n b_n = 0$$
$$\therefore \ \lim_{n\to\infty} b_n = \lim_{n\to\infty} \frac{a_n b_n}{a_n}$$
$$= \frac{\lim\limits_{n\to\infty} a_n b_n}{\lim\limits_{n\to\infty} a_n} = \frac{0}{3} = 0$$

ㄴ. $a_n + 2b_n = c_n$, $2a_n - b_n = d_n$으로 놓고 두 식을 연립하여 풀면

$$a_n = \frac{1}{5}c_n + \frac{2}{5}d_n, \ b_n = \frac{2}{5}c_n - \frac{1}{5}d_n$$

이때 $\sum\limits_{n=1}^{\infty} c_n = \alpha$, $\sum\limits_{n=1}^{\infty} d_n = \beta$ (α, β는 실수)라 하면

$$\sum_{n=1}^{\infty} a_n = \sum_{n=1}^{\infty}\left(\frac{1}{5}c_n + \frac{2}{5}d_n\right)$$
$$= \frac{1}{5}\alpha + \frac{2}{5}\beta$$
$$\sum_{n=1}^{\infty} b_n = \sum_{n=1}^{\infty}\left(\frac{2}{5}c_n - \frac{1}{5}d_n\right)$$
$$= \frac{2}{5}\alpha - \frac{1}{5}\beta$$

즉, $\sum\limits_{n=1}^{\infty} a_n$, $\sum\limits_{n=1}^{\infty} b_n$도 모두 수렴한다.

ㄷ. $\sum\limits_{n=1}^{\infty} a_n - \sum\limits_{n=1}^{\infty} b_n$

$$= \sum_{n=1}^{\infty}(a_n - b_n)$$
$$= (a_1 - b_1) + (a_2 - b_2) + (a_3 - b_3) + \cdots < 0$$
$$\therefore \ \sum_{n=1}^{\infty} a_n < \sum_{n=1}^{\infty} b_n$$

따라서 보기 중 옳은 것은 ㄱ, ㄴ, ㄷ이다.

21 $P_n(n, \sqrt{n})$이므로

$$l_n = \overline{OP_n} = \sqrt{n^2 + (\sqrt{n})^2} = \sqrt{n^2 + n}$$
$$\therefore \ \sum_{n=1}^{\infty} \frac{l_{n+1} - l_n}{l_n l_{n+1}}$$
$$= \sum_{n=1}^{\infty}\left(\frac{1}{l_n} - \frac{1}{l_{n+1}}\right)$$
$$= \sum_{n=1}^{\infty}\left\{\frac{1}{\sqrt{n^2+n}} - \frac{1}{\sqrt{(n+1)^2+(n+1)}}\right\}$$
$$= \lim_{n\to\infty} \sum_{k=1}^{n}\left\{\frac{1}{\sqrt{k(k+1)}} - \frac{1}{\sqrt{(k+1)(k+2)}}\right\}$$
$$= \lim_{n\to\infty}\left\{\frac{1}{\sqrt{2}} - \frac{1}{\sqrt{(n+1)(n+2)}}\right\}$$
$$= \frac{1}{\sqrt{2}} = \frac{\sqrt{2}}{2}$$

22 $nx + ny + y - 2 = 0$에 $y=0$을 대입하면 $nx - 2 = 0$

$$\therefore \ x = \frac{2}{n} \qquad \therefore \ A_n\left(\frac{2}{n}, 0\right)$$

$nx + ny + y - 2 = 0$에 $x=0$을 대입하면 $ny + y - 2 = 0$

$$\therefore \ y = \frac{2}{n+1} \qquad \therefore \ B_n\left(0, \frac{2}{n+1}\right)$$

따라서 삼각형 $OA_n B_n$의 넓이 S_n은

$$S_n = \frac{1}{2} \times \frac{2}{n} \times \frac{2}{n+1} = \frac{2}{n(n+1)}$$
$$\therefore \ \sum_{n=1}^{\infty} S_n = \sum_{n=1}^{\infty} \frac{2}{n(n+1)}$$
$$= \lim_{n\to\infty} \sum_{k=1}^{n} 2\left(\frac{1}{k} - \frac{1}{k+1}\right)$$
$$= \lim_{n\to\infty} 2\left(1 - \frac{1}{n+1}\right) = 2$$

23 원점을 지나고 원에 접하는 직선의 기울기가 a_n이므로 직선의 방정식은 $y = a_n x$

원 $(x-2n)^2 + y^2 = 1$의 중심의 좌표는 $(2n, 0)$, 반지름의 길이는 1이고 원의 중심과 직선 $y = a_n x$, 즉

$a_n x - y = 0$ 사이의 거리는 반지름의 길이와 같으므로

$$\frac{|2na_n|}{\sqrt{a_n^2 + (-1)^2}} = 1$$
$$|2na_n| = \sqrt{a_n^2 + 1}$$

양변을 제곱하면 $4n^2 a_n^2 = a_n^2 + 1$

$$(4n^2 - 1)a_n^2 = 1 \qquad \therefore \ a_n^2 = \frac{1}{4n^2 - 1}$$
$$\therefore \ \sum_{n=1}^{\infty} a_n^2 = \sum_{n=1}^{\infty} \frac{1}{4n^2 - 1}$$
$$= \sum_{n=1}^{\infty} \frac{1}{(2n-1)(2n+1)}$$
$$= \lim_{n\to\infty} \sum_{k=1}^{n} \frac{1}{2}\left(\frac{1}{2k-1} - \frac{1}{2k+1}\right)$$
$$= \lim_{n\to\infty} \frac{1}{2}\left(1 - \frac{1}{2n+1}\right) = \frac{1}{2}$$

기초 문제 Training 21쪽

1 (1) 발산   (2) 수렴   (3) 수렴   (4) 발산
    (5) 발산   (6) 수렴

2 (1) $\dfrac{3}{2}$ (2) $-\dfrac{3}{7}$ (3) 4 (4) $\dfrac{4}{3}$

3 (1) $-\dfrac{1}{2}<x<\dfrac{1}{2}$ (2) $-5<x<5$
    (3) $-1<x<1$ (4) $0<x<2$

4 (가) 0.36 (나) 100 (다) $\dfrac{1}{100}$ (라) $\dfrac{4}{11}$

핵심 유형 Training 22~26쪽

1 ㄴ, ㄷ	**2** 29	**3** ⑤	**4** $-\dfrac{6}{5}$	**5** $-\dfrac{1}{3}$
6 $\dfrac{11}{120}$	**7** $\dfrac{1}{4}$	**8** ②	**9** $\dfrac{100}{3}$	**10** 3
11 ③	**12** ④	**13** ㄱ, ㄹ	**14** ②	**15** ㄷ
16 ①	**17** ③	**18** ①	**19** ①	**20** ①
21 80	**22** 1	**23** ④	**24** $\dfrac{2}{3}$	**25** $\dfrac{4\sqrt{3}}{3}$
26 $\dfrac{25}{48}\pi$	**27** $32-8\pi$			

1 ㄱ. $\displaystyle\sum_{n=1}^{\infty}(-2)^n\left(\dfrac{1}{2}\right)^{2n-1}=\sum_{n=1}^{\infty}(-2)^n\left(\dfrac{1}{4}\right)^n\times 2$

$$=2\sum_{n=1}^{\infty}\left(-\dfrac{1}{2}\right)^n$$

$$=2\times\dfrac{-\dfrac{1}{2}}{1-\left(-\dfrac{1}{2}\right)}=-\dfrac{2}{3}$$

ㄴ. $\displaystyle\sum_{n=1}^{\infty}\dfrac{2^n-2}{4^n}=\sum_{n=1}^{\infty}\left(\dfrac{1}{2}\right)^n-2\sum_{n=1}^{\infty}\left(\dfrac{1}{4}\right)^n$

$$=\dfrac{\dfrac{1}{2}}{1-\dfrac{1}{2}}-2\times\dfrac{\dfrac{1}{4}}{1-\dfrac{1}{4}}=1-\dfrac{2}{3}=\dfrac{1}{3}$$

ㄷ. $\displaystyle\sum_{n=1}^{\infty}\dfrac{2^n+(-3)^n}{6^n}=\sum_{n=1}^{\infty}\left(\dfrac{1}{3}\right)^n+\sum_{n=1}^{\infty}\left(-\dfrac{1}{2}\right)^n$

$$=\dfrac{\dfrac{1}{3}}{1-\dfrac{1}{3}}+\dfrac{-\dfrac{1}{2}}{1-\left(-\dfrac{1}{2}\right)}=\dfrac{1}{2}-\dfrac{1}{3}=\dfrac{1}{6}$$

따라서 보기 중 옳은 것은 ㄴ, ㄷ이다.

2 $\displaystyle\sum_{n=1}^{\infty}(3^n-1)\left(\dfrac{1}{5}\right)^{n-1}=\sum_{n=1}^{\infty}3\times\left(\dfrac{3}{5}\right)^{n-1}-\sum_{n=1}^{\infty}\left(\dfrac{1}{5}\right)^{n-1}$

$$=\dfrac{3}{1-\dfrac{3}{5}}-\dfrac{1}{1-\dfrac{1}{5}}$$

$$=\dfrac{15}{2}-\dfrac{5}{4}=\dfrac{25}{4}$$

따라서 $p=4$, $q=25$이므로 $p+q=29$

3 $\displaystyle\sum_{n=1}^{\infty}\left(\dfrac{1+\cos n\pi}{5}\right)^n$

$$=\dfrac{1+\cos\pi}{5}+\left(\dfrac{1+\cos 2\pi}{5}\right)^2+\left(\dfrac{1+\cos 3\pi}{5}\right)^3$$
$$+\left(\dfrac{1+\cos 4\pi}{5}\right)^4+\cdots$$

$$=0+\left(\dfrac{2}{5}\right)^2+0+\left(\dfrac{2}{5}\right)^4+\cdots$$

$$=\dfrac{\dfrac{4}{25}}{1-\dfrac{4}{25}}=\dfrac{4}{21}$$

4 등비수열 $\{a_n\}$의 공비는 $\dfrac{a_2}{a_1}=-\dfrac{2}{3}$이므로

$$a_n=3\times\left(-\dfrac{2}{3}\right)^{n-1}$$

$$\therefore \sum_{n=1}^{\infty}a_{n+1}=\sum_{n=1}^{\infty}3\times\left(-\dfrac{2}{3}\right)^n$$

$$=3\times\dfrac{-\dfrac{2}{3}}{1-\left(-\dfrac{2}{3}\right)}=-\dfrac{6}{5}$$

5 수열 $\{a_n\}$은 $0,\ 1,\ 0,\ 1,\ 0,\ 1,\ \cdots$이므로

$$\dfrac{a_1}{2}-\dfrac{a_2}{2^2}+\dfrac{a_3}{2^3}-\dfrac{a_4}{2^4}+\dfrac{a_5}{2^5}-\dfrac{a_6}{2^6}+\cdots$$

$$=0-\dfrac{1}{2^2}+0-\dfrac{1}{2^4}+0-\dfrac{1}{2^6}+\cdots$$

$$=-\left(\dfrac{1}{4}+\dfrac{1}{4^2}+\dfrac{1}{4^3}+\cdots\right)$$

$$=-\dfrac{\dfrac{1}{4}}{1-\dfrac{1}{4}}=-\dfrac{1}{3}$$

6 $n=2$일 때, $(-5)^2$의 제곱근 중 실수인 것은 ± 5이므로
$a_2=2$
$n=3$일 때, $(-5)^3$의 세제곱근 중 실수인 것은 -5이므로
$a_3=1$
$n=4$일 때, $(-5)^4$의 네제곱근 중 실수인 것은 ± 5이므로
$a_4=2$

$n=5$일 때, $(-5)^5$의 5제곱근 중 실수인 것은 -5이므로
$a_5=1$
$\vdots$

$\therefore \displaystyle\sum_{n=2}^{\infty} \frac{a_n}{5^n} = \frac{2}{5^2} + \frac{1}{5^3} + \frac{2}{5^4} + \frac{1}{5^5} + \cdots$

$\qquad = \left(\frac{2}{5^2} + \frac{2}{5^4} + \frac{2}{5^6} + \cdots \right) + \left(\frac{1}{5^3} + \frac{1}{5^5} + \frac{1}{5^7} + \cdots \right)$

$\qquad = \dfrac{\dfrac{2}{25}}{1-\dfrac{1}{25}} + \dfrac{\dfrac{1}{125}}{1-\dfrac{1}{25}}$

$\qquad = \dfrac{1}{12} + \dfrac{1}{120}$

$\qquad = \dfrac{11}{120}$

7 $a_1=\dfrac{1}{4},\ a_n a_{n+1}=2^n$에서 $a_{n+1}=\dfrac{2^n}{a_n}$이므로

$a_2 = \dfrac{2}{a_1} = 8$

$a_3 = \dfrac{4}{a_2} = \dfrac{1}{2}$

$a_4 = \dfrac{8}{a_3} = 16$

$a_5 = \dfrac{16}{a_4} = 1$

$a_6 = \dfrac{32}{a_5} = 32$

$\vdots$

$\therefore \displaystyle\sum_{n=1}^{\infty} \frac{1}{a_{2n}} = \frac{1}{a_2} + \frac{1}{a_4} + \frac{1}{a_6} + \cdots$

$\qquad = \dfrac{1}{8} + \dfrac{1}{16} + \dfrac{1}{32} + \cdots$

$\qquad = \dfrac{\dfrac{1}{8}}{1-\dfrac{1}{2}} = \dfrac{1}{4}$

8 $\displaystyle\sum_{n=1}^{\infty} \frac{(2x)^n + (-x)^n}{4^n} = \sum_{n=1}^{\infty} \left(\frac{x}{2} \right)^n + \sum_{n=1}^{\infty} \left(-\frac{x}{4} \right)^n$

$\qquad = \dfrac{\dfrac{x}{2}}{1-\dfrac{x}{2}} + \dfrac{-\dfrac{x}{4}}{1+\dfrac{x}{4}}$

$\qquad = \dfrac{x}{2-x} - \dfrac{x}{4+x}$

$\qquad = \dfrac{2x^2+2x}{-x^2-2x+8}$

즉, $\dfrac{2x^2+2x}{-x^2-2x+8} = \dfrac{2}{9}$이므로

$10x^2 + 11x - 8 = 0,\ (5x+8)(2x-1)=0$

$\therefore x=\dfrac{1}{2}\ (\because 0<x<2)$

9 등비수열 $\{a_n\}$의 첫째항을 a, 공비를 r라 하면

$\displaystyle\sum_{n=1}^{\infty} a_n = 10$에서

$\dfrac{a}{1-r} = 10 \qquad \therefore a=10(1-r) \qquad \cdots\cdots \text{㉠}$

수열 $\{a_{3n}\}$은 첫째항이 ar^2, 공비가 r^3인 등비수열이므로

$\displaystyle\sum_{n=1}^{\infty} a_{3n} = \frac{10}{7}$에서

$\dfrac{ar^2}{1-r^3} = \dfrac{10}{7} \qquad \therefore 7ar^2 = 10(1-r^3)$

㉠을 대입하면

$70(1-r)r^2 = 10(1-r^3)$

$7(1-r)r^2 = (1-r)(1+r+r^2)$

$7r^2 = 1+r+r^2\ (\because 0<r<1)$

$6r^2 - r - 1 = 0,\ (3r+1)(2r-1)=0$

$\therefore r=\dfrac{1}{2}\ (\because 0<r<1)$

이를 ㉠에 대입하면 $a=5$

따라서 $a_n = 5 \times \left(\dfrac{1}{2} \right)^{n-1}$이므로

$\displaystyle\sum_{n=1}^{\infty} a_n^2 = \sum_{n=1}^{\infty} \left\{ 5 \times \left(\frac{1}{2} \right)^{n-1} \right\}^2 = \sum_{n=1}^{\infty} 25 \times \left(\frac{1}{4} \right)^{n-1}$

$\qquad = \dfrac{25}{1-\dfrac{1}{4}} = \dfrac{100}{3}$

10 등비수열 $\{a_n\}$의 첫째항을 a, 공비를 r라 하면

㈎에서 $\dfrac{a}{1-r} = 2(a+ar)$

$2(1+r)(1-r) = 1\ (\because a>0)$

$1-r^2 = \dfrac{1}{2} \qquad \therefore r^2 = \dfrac{1}{2} \qquad \cdots\cdots \text{㉠}$

㈏에서 $\dfrac{a^2}{1-r^2} = 2(a+ar^2)$

$2(1+r^2)(1-r^2) = a\ (\because a>0)$

㉠을 대입하면

$a = 2 \times \dfrac{3}{2} \times \dfrac{1}{2} = \dfrac{3}{2}$

수열 $\{a_{2n-1}\}$은 첫째항이 a, 공비가 r^2인 등비수열이므로

$\displaystyle\sum_{n=1}^{\infty} a_{2n-1} = \frac{a}{1-r^2} = \dfrac{\dfrac{3}{2}}{1-\dfrac{1}{2}} = 3$

11 등비급수 $\displaystyle\sum_{n=1}^{\infty} \left(\frac{\log_2 x - 3}{2} \right)^{n-1}$이 수렴하려면

$-1 < \dfrac{\log_2 x - 3}{2} < 1$

$-2 < \log_2 x - 3 < 2,\ 1 < \log_2 x < 5$

$\therefore 2 < x < 32$

따라서 정수 x는 $3, 4, 5, \cdots, 31$의 29개이다.

12 등비수열 $\{x(x-1)^{n-1}\}$이 수렴하려면

$x=0$ 또는 $-1<x-1\leq1$

$\therefore\ 0\leq x\leq2$ …… ㉠

등비급수 $\displaystyle\sum_{n=1}^{\infty}(x^2+x-1)^{n-1}$이 수렴하려면

$-1<x^2+x-1<1$

(i) $x^2+x-1>-1$에서 $x(x+1)>0$

    $\therefore\ x<-1$ 또는 $x>0$

(ii) $x^2+x-1<1$에서 $(x+2)(x-1)<0$

    $\therefore\ -2<x<1$

(i), (ii)에서 $-2<x<-1$ 또는 $0<x<1$ …… ㉡

따라서 구하는 x의 값의 범위는 ㉠, ㉡에서

$0<x<1$

13 등비급수 $\displaystyle\sum_{n=1}^{\infty}r^n$이 수렴하므로 $-1<r<1$ …… ㉠

ㄱ. $\displaystyle\sum_{n=1}^{\infty}r^{n+2}$은 공비가 r인 등비급수이므로 ㉠에서

   $-1<r<1$

   즉, 주어진 급수는 반드시 수렴한다.

ㄴ. $\displaystyle\sum_{n=1}^{\infty}\left(\dfrac{2r-3}{4}\right)^n$은 공비가 $\dfrac{2r-3}{4}$인 등비급수이므로 ㉠

   에서

   $-\dfrac{5}{4}<\dfrac{2r-3}{4}<-\dfrac{1}{4}$

   즉, 주어진 급수는 수렴하지 않는 경우가 있다.

ㄷ. $\displaystyle\sum_{n=1}^{\infty}\left(\dfrac{r}{2}+1\right)^n$은 공비가 $\dfrac{r}{2}+1$인 등비급수이므로 ㉠에서

   $\dfrac{1}{2}<\dfrac{r}{2}+1<\dfrac{3}{2}$

   즉, 주어진 급수는 수렴하지 않는 경우가 있다.

ㄹ. $\displaystyle\sum_{n=1}^{\infty}r^{2n-1}$은 공비가 r^2인 등비급수이므로 ㉠에서

   $0\leq r^2<1$

   즉, 주어진 급수는 반드시 수렴한다.

따라서 보기 중 반드시 수렴하는 급수인 것은 ㄱ, ㄹ이다.

14 두 등비급수 $\displaystyle\sum_{n=1}^{\infty}a^n,\ \sum_{n=1}^{\infty}b^n$이 모두 수렴하므로

$-1<a<1,\ -1<b<1$ …… ㉠

ㄱ. $\displaystyle\sum_{n=1}^{\infty}(ab)^n$은 공비가 ab인 등비급수이므로 ㉠에서

   $-1<ab<1$

   즉, 주어진 급수는 반드시 수렴한다.

ㄴ. $\displaystyle\sum_{n=1}^{\infty}\left(\dfrac{a+b}{2}\right)^n$은 공비가 $\dfrac{a+b}{2}$인 등비급수이므로 ㉠에

   서

   $-1<\dfrac{a+b}{2}<1$

   즉, 주어진 급수는 반드시 수렴한다.

ㄷ. $\displaystyle\sum_{n=1}^{\infty}(a-b)^n$은 공비가 $a-b$인 등비급수이므로 ㉠에서

   $-2<a-b<2$

   즉, 주어진 급수는 수렴하지 않는 경우가 있다.

ㄹ. $\displaystyle\sum_{n=1}^{\infty}(a^2-b^2)^n$은 공비가 a^2-b^2인 등비급수이므로 ㉠

   에서

   $-1<a^2-b^2<1$

   즉, 주어진 급수는 반드시 수렴한다.

따라서 보기 중 반드시 수렴하는 급수인 것은 ㄱ, ㄴ, ㄹ이다.

15 ㄱ. [반례] $a_n=\left(\dfrac{1}{2}\right)^n,\ b_n=\left(\dfrac{1}{4}\right)^n$이라 하면 $\displaystyle\sum_{n=1}^{\infty}a_n,\ \sum_{n=1}^{\infty}b_n$

   은 모두 수렴하지만 $\dfrac{a_n}{b_n}=2^n$이므로 $\displaystyle\sum_{n=1}^{\infty}\dfrac{a_n}{b_n}$은 발산한

   다.

ㄴ. [반례] $a_n=(-1)^n,\ b_n=(-1)^{n+1}$이라 하면 $\displaystyle\sum_{n=1}^{\infty}a_n,$

   $\displaystyle\sum_{n=1}^{\infty}b_n$은 모두 발산하지만 $a_n+b_n=0$이므로

   $\displaystyle\sum_{n=1}^{\infty}(a_n+b_n)$은 수렴한다.

ㄷ. 두 등비수열 $\{a_n\},\ \{b_n\}$의 공비를 각각 $a,\ b$라 하면

   $\displaystyle\sum_{n=1}^{\infty}a_n{}^3,\ \sum_{n=1}^{\infty}b_n{}^3$이 모두 수렴하므로

   $-1<a^3<1,\ -1<b^3<1$

   $\therefore\ -1<a<1,\ -1<b<1$

   따라서 $-1<ab<1$이므로 $\displaystyle\sum_{n=1}^{\infty}a_nb_n$은 수렴한다.

따라서 보기 중 옳은 것은 ㄷ이다.

16 등비급수 $\displaystyle\sum_{n=1}^{\infty}r^n$이 수렴하므로 $-1<r<1$

$\displaystyle\sum_{n=1}^{\infty}r^n=k\,(k$는 실수$)$라 하면

$k=\dfrac{r}{1-r}$

$=\dfrac{-(1-r)+1}{1-r}$

$=-\dfrac{1}{r-1}-1$

$-1<r<1$에서 $k=-\dfrac{1}{r-1}-1$

의 그래프는 오른쪽 그림과 같으

므로

$k>-\dfrac{1}{2}$

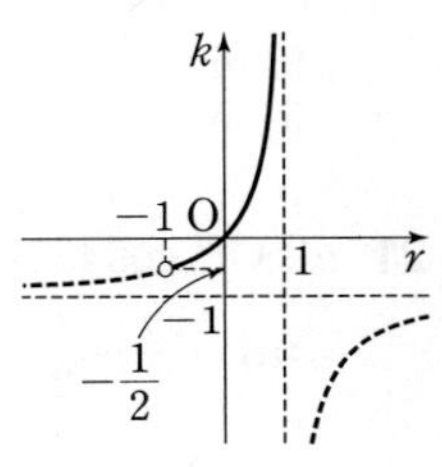

따라서 등비급수 $\displaystyle\sum_{n=1}^{\infty}r^n$의 합이 될

수 없는 것은 ①이다.

17 $0.5\dot{4}=0.5444\cdots$

$\qquad =0.5+0.04+0.004+0.0004+\cdots$

$\qquad =\dfrac{5}{10}+\dfrac{\dfrac{4}{100}}{1-\dfrac{1}{10}}$

$\qquad =\dfrac{5}{10}+\dfrac{4}{90}=\dfrac{49}{90}$

18 $0.\dot{3}=\dfrac{3}{9}=\dfrac{1}{3}$, $0.\dot{0}3\dot{7}=\dfrac{37}{999}=\dfrac{1}{27}$ 이므로 공비를 r라 하면

$\dfrac{1}{3}r^2=\dfrac{1}{27}$ $\qquad \therefore r=\dfrac{1}{3}\ (\because r>0)$

따라서 구하는 등비급수의 합은

$\dfrac{\dfrac{1}{3}}{1-\dfrac{1}{3}}=\dfrac{1}{2}=0.5$

19 등비수열 $\{a_n\}$의 첫째항과 공비를 r라 하면

$\displaystyle\sum_{n=1}^{\infty}a_n=0.\dot{6}$에서 $0.\dot{6}=\dfrac{2}{3}$이므로

$\dfrac{r}{1-r}=\dfrac{2}{3}$

$3r=2-2r$ $\qquad \therefore r=\dfrac{2}{5}$

따라서 $a_n=\left(\dfrac{2}{5}\right)^n$이므로

$a_2=\dfrac{4}{25}=0.16$

20 점 P_n이 한없이 가까워지는 점의 좌표를 $(x,\ y)$라 하면

$x=\overline{OP_1}+\overline{P_2P_3}+\overline{P_4P_5}+\cdots$

$\qquad =1+\left(\dfrac{2}{3}\right)^2+\left(\dfrac{2}{3}\right)^4+\cdots$

$\qquad =\dfrac{1}{1-\dfrac{4}{9}}=\dfrac{9}{5}$

$y=\overline{P_1P_2}+\overline{P_3P_4}+\overline{P_5P_6}+\cdots$

$\qquad =\dfrac{2}{3}+\left(\dfrac{2}{3}\right)^3+\left(\dfrac{2}{3}\right)^5+\cdots$

$\qquad =\dfrac{\dfrac{2}{3}}{1-\dfrac{4}{9}}=\dfrac{6}{5}$

따라서 점 P_n이 한없이 가까워지는 점의 좌표는

$\left(\dfrac{9}{5},\ \dfrac{6}{5}\right)$

21 $a=\overline{OP_1}\cos 45°+\overline{P_1P_2}\cos 45°+\overline{P_2P_3}\cos 45°+\cdots$

$\qquad =6\times\dfrac{\sqrt{2}}{2}+\dfrac{1}{2}\times 6\times\dfrac{\sqrt{2}}{2}+\left(\dfrac{1}{2}\right)^2\times 6\times\dfrac{\sqrt{2}}{2}+\cdots$

$\qquad =\dfrac{3\sqrt{2}}{1-\dfrac{1}{2}}=6\sqrt{2}$

$b=\overline{OP_1}\sin 45°-\overline{P_1P_2}\sin 45°+\overline{P_2P_3}\sin 45°-\cdots$

$\qquad =6\times\dfrac{\sqrt{2}}{2}-\dfrac{1}{2}\times 6\times\dfrac{\sqrt{2}}{2}+\left(\dfrac{1}{2}\right)^2\times 6\times\dfrac{\sqrt{2}}{2}-\cdots$

$\qquad =\dfrac{3\sqrt{2}}{1-\left(-\dfrac{1}{2}\right)}=2\sqrt{2}$

$\therefore a^2+b^2=(6\sqrt{2})^2+(2\sqrt{2})^2=80$

22 직각이등변삼각형 ABC에서 $\angle CAB=45°$이므로

$\overline{BC}=\overline{AC}\sin 45°=\sqrt{2}\times\dfrac{\sqrt{2}}{2}=1$

삼각형의 중점 연결 정리에 의하여 삼각형 ABC에서

$\overline{B_1C_1}=\dfrac{1}{2}\overline{BC}=\dfrac{1}{2}$

삼각형 AB_1C_1에서

$\overline{B_2C_2}=\dfrac{1}{2}\overline{B_1C_1}=\left(\dfrac{1}{2}\right)^2$

삼각형 AB_2C_2에서

$\overline{B_3C_3}=\dfrac{1}{2}\overline{B_2C_2}=\left(\dfrac{1}{2}\right)^3$

$\qquad\vdots$

$\therefore \overline{B_1C_1}+\overline{B_2C_2}+\overline{B_3C_3}+\cdots=\dfrac{1}{2}+\left(\dfrac{1}{2}\right)^2+\left(\dfrac{1}{2}\right)^3+\cdots$

$\qquad\qquad =\dfrac{\dfrac{1}{2}}{1-\dfrac{1}{2}}=1$

23 진자가 움직인 거리의 합은 반지름의 길이가 12인 부채꼴의 호의 길이의 합과 같으므로

$12\times\dfrac{\pi}{3}+2\times 12\times\dfrac{\pi}{3}\times\dfrac{3}{4}+2\times 12\times\dfrac{\pi}{3}\times\left(\dfrac{3}{4}\right)^2$

$\qquad\qquad +2\times 12\times\dfrac{\pi}{3}\times\left(\dfrac{3}{4}\right)^3+\cdots$

$\qquad =4\pi+\dfrac{6\pi}{1-\dfrac{3}{4}}=28\pi$

24 삼각형 $A_1B_1D_1$의 넓이 S_1은

$S_1=\dfrac{1}{2}\times 1\times 1=\dfrac{1}{2}$

두 삼각형 $A_nB_nD_n$, $A_{n+1}B_{n+1}D_{n+1}$은 닮음이고 닮음비가 $2:1$이므로 넓이의 비는 $4:1$이다.

$\therefore S_{n+1}=\dfrac{1}{4}S_n$

따라서 수열 $\{S_n\}$은 첫째항이 $\dfrac{1}{2}$, 공비가 $\dfrac{1}{4}$인 등비수열이므로

$\displaystyle\sum_{n=1}^{\infty}S_n=\dfrac{\dfrac{1}{2}}{1-\dfrac{1}{4}}=\dfrac{2}{3}$

25 정삼각형 A_1의 넓이는

$$\frac{\sqrt{3}}{4}\times 2^2=\sqrt{3}$$

오른쪽 그림과 같이 한 변의 길이
가 2인 정삼각형 A_1에 내접하는
원 C_1의 반지름의 길이를 r_1이라
하면

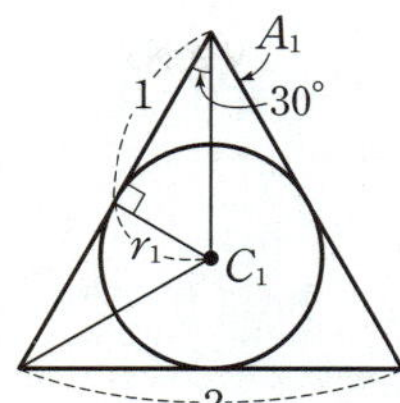

$$r_1=2\times\frac{1}{2}\times\tan 30°$$

$$=\frac{1}{\sqrt{3}}$$

오른쪽 그림과 같이 원 C_1에 내접하
는 정삼각형 A_2의 한 변의 길이는

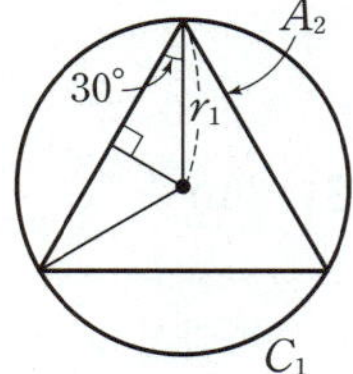

$$2\times r_1\times\cos 30°=2\times\frac{1}{\sqrt{3}}\times\frac{\sqrt{3}}{2}$$
$$=1$$

두 정삼각형 A_n, A_{n+1}은 닮음이고
닮음비가 $2:1$이므로 넓이의 비는 $4:1$이다.

따라서 구하는 모든 정삼각형의 넓이의 합은 첫째항이 $\sqrt{3}$,

공비가 $\dfrac{1}{4}$인 등비급수의 합과 같으므로

$$\frac{\sqrt{3}}{1-\frac{1}{4}}=\frac{4\sqrt{3}}{3}$$

26 직사각형 $A_1B_1C_1D_1$에 내접하는 반원의 반지름의 길이는
1이므로 그림 R_1에 색칠된 부분의 넓이는

$$\frac{1}{2}\times\pi\times 1^2=\frac{\pi}{2}$$

선분 B_1C_1을 지름으로 하는
반원의 중심을 O_1, 점 C_2에서
선분 B_1C_1에 내린 수선의 발
을 P_1이라 하자.

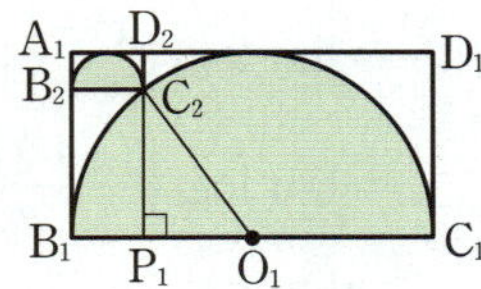

$\overline{A_1B_2}=x\,(0<x<1)$라 하면

$\overline{A_1D_2}=2x$

직각삼각형 $C_2P_1O_1$에서 $\overline{C_2P_1}=1-x$, $\overline{P_1O_1}=1-2x$,

$\overline{C_2O_1}=1$이므로

$$(1-x)^2+(1-2x)^2=1^2$$
$$5x^2-6x+1=0$$
$$(5x-1)(x-1)=0$$
$$\therefore\ x=\frac{1}{5}\ (\because\ 0<x<1)$$

두 직사각형 $A_1B_nC_nD_n$, $A_1B_{n+1}C_{n+1}D_{n+1}$은 닮음이고 닮
음비가 $5:1$이다.

즉, 그림 R_n에 새로 색칠된 반원과 그림 R_{n+1}에 새로 색
칠된 반원의 닮음비는 $5:1$이므로 넓이의 비는 $25:1$이
다.

따라서 $\lim\limits_{n\to\infty}S_n$은 첫째항이 $\dfrac{\pi}{2}$, 공비가 $\dfrac{1}{25}$인 등비급수의
합이므로

$$\lim_{n\to\infty}S_n=\frac{\frac{\pi}{2}}{1-\frac{1}{25}}=\frac{25}{48}\pi$$

27 n 번째에 새로 색칠된 도형의 넓이를 S_n이라 하자.

첫 번째로 색칠된 도형의 넓이는 한 변의 길이가 4인 정
사각형의 넓이에서 반지름의 길이가 2인 원의 넓이를 뺀
것과 같으므로

$$S_1=4^2-\pi\times 2^2=16-4\pi$$

두 번째에 새로 색칠된 도형 1개의 넓이는 한 변의 길이
가 $\sqrt{2}$인 정사각형의 넓이에서 반지름의 길이가 $\dfrac{\sqrt{2}}{2}$인 원
의 넓이를 뺀 것과 같고 도형의 개수가 4이므로

$$S_2=4\times\left\{(\sqrt{2})^2-\pi\times\left(\frac{\sqrt{2}}{2}\right)^2\right\}$$
$$=8-2\pi$$

세 번째에 새로 색칠된 도형 1개의 넓이는 한 변의 길이
가 $\dfrac{1}{2}$인 정사각형의 넓이에서 반지름의 길이가 $\dfrac{1}{4}$인 원의
넓이를 뺀 것과 같고 도형의 개수가 4×4이므로

$$S_3=4\times 4\times\left\{\left(\frac{1}{2}\right)^2-\pi\times\left(\frac{1}{4}\right)^2\right\}$$
$$=4-\pi$$
$$\vdots$$

따라서 구하는 모든 도형의 넓이의 합은

$$(16-4\pi)+(8-2\pi)+(4-\pi)+\cdots=\frac{16-4\pi}{1-\frac{1}{2}}$$
$$=32-8\pi$$

다른 풀이

첫 번째로 색칠된 도형의 넓이는 한 변의 길이가 4인 정
사각형의 넓이에서 반지름의 길이가 2인 원의 넓이를 뺀
것과 같으므로

$$4^2-\pi\times 2^2=16-4\pi$$

첫 번째로 색칠된 도형과 두 번째에 새로 색칠된 도형 1개
는 닮음이고 닮음비는 정사각형의 한 변의 길이의 비와
같으므로 $4:\sqrt{2}$이다.

즉, 넓이의 비는 $16:2=8:1$이고 색칠된 도형의 개수는
4배씩 늘어난다.

따라서 구하는 모든 도형의 넓이의 합은 첫째항이

$16-4\pi$, 공비가 $\dfrac{1}{8}\times 4=\dfrac{1}{2}$인 등비급수의 합과 같으므로

$$\frac{16-4\pi}{1-\frac{1}{2}}=32-8\pi$$

기초 문제 Training

28쪽

1 (1) ∞ (2) **0** (3) **0** (4) $\dfrac{1}{36}$

2 (1) ∞ (2) $-\infty$ (3) $-\infty$ (4) -1

3 (1) e^2 (2) e^5

4 (1) **4** (2) $\dfrac{1}{3}$ (3) -2 (4) **4**

5 (1) $\dfrac{1}{3}$ (2) $\dfrac{1}{2}$ (3) $\dfrac{1}{\ln 5}$ (4) $\ln 10$

6 (1) $y'=2x+e^x$ (2) $y'=3^x\ln 3$
(3) $y'=2^x\ln 2+\dfrac{1}{x}$ (4) $y'=\dfrac{1}{x\ln 3}$

핵심 유형 Training

29~34쪽

1 ㄱ, ㄴ, ㄷ	**2** ②	**3** ①	**4** ②
5 ③	**6** 50	**7** $-\dfrac{1}{4}$	**8** $\dfrac{1}{4}$	**9** ③
10 e^2	**11** ②	**12** $\dfrac{3}{4}$	**13** -1	**14** 4
15 ④	**16** $\dfrac{10}{\ln 2}$	**17** 2	**18** 2	**19** ②
20 -36	**21** 8	**22** 3	**23** ②	**24** 3
25 3	**26** $\dfrac{1}{2}$	**27** 6	**28** ②	**29** 12
30 ②	**31** 4	**32** ④	**33** ③	**34** e
35 $-10e^2$	**36** ⑤	**37** ④	**38** ④	**39** ②
40 7	**41** -1		

1 ㄱ. $\displaystyle\lim_{x\to\infty}\dfrac{2^{x+1}}{5^x-1}=\lim_{x\to\infty}\dfrac{2\times\left(\frac{2}{5}\right)^x}{1-\left(\frac{1}{5}\right)^x}=0$

ㄴ. $\displaystyle\lim_{x\to-\infty}\dfrac{2^x}{2^x-2^{-x}}=\lim_{x\to-\infty}\dfrac{4^x}{4^x-1}=0$

ㄷ. $\dfrac{1}{x}=t$로 놓으면 $x\to 0+$일 때 $t\to\infty$이므로

$$\lim_{x\to 0+}\dfrac{3^{\frac{1}{x}}+2^{\frac{1}{x}}}{3^{\frac{1}{x}}+1}=\lim_{t\to\infty}\dfrac{3^t+2^t}{3^t+1}=\lim_{t\to\infty}\dfrac{1+\left(\frac{2}{3}\right)^t}{1+\left(\frac{1}{3}\right)^t}=1$$

ㄹ. $\dfrac{1}{x}=t$로 놓으면 $x\to-\infty$일 때 $t\to 0-$이므로

$$\lim_{x\to-\infty}\dfrac{1}{1-7^{\frac{1}{x}}}=\lim_{t\to 0-}\dfrac{1}{1-7^t}=\infty$$

따라서 보기 중 극한값이 존재하는 것은 ㄱ, ㄴ, ㄷ이다.

2 $\displaystyle\lim_{x\to\infty}(4^x-2^x)^{\frac{1}{2x}}=\lim_{x\to\infty}\left[4^x\left\{1-\left(\dfrac{1}{2}\right)^x\right\}\right]^{\frac{1}{2x}}$

$\qquad=\displaystyle\lim_{x\to\infty}2\left\{1-\left(\dfrac{1}{2}\right)^x\right\}^{\frac{1}{2x}}$

$\qquad=2\times 1=2$

3 $\displaystyle\lim_{x\to\infty}\dfrac{a\times 3^{x+1}+12}{3^x+4}=\lim_{x\to\infty}\dfrac{3a+12\times\left(\frac{1}{3}\right)^x}{1+4\times\left(\frac{1}{3}\right)^x}=3a$

따라서 $3a=15$이므로

$a=5$

4 $\displaystyle\lim_{x\to\infty}\{\log_2(2x^2+x+3)-2\log_2(2x+1)\}$

$\qquad=\displaystyle\lim_{x\to\infty}\log_2\dfrac{2x^2+x+3}{(2x+1)^2}$

$\qquad=\displaystyle\lim_{x\to\infty}\log_2\dfrac{2x^2+x+3}{4x^2+4x+1}$

$\qquad=\log_2\displaystyle\lim_{x\to\infty}\dfrac{2x^2+x+3}{4x^2+4x+1}$

$\qquad=\log_2\dfrac{1}{2}=-1$

5 $\displaystyle\lim_{x\to-2}(\log_4|x^2-4|-\log_4|x+2|)$

$\qquad=\displaystyle\lim_{x\to-2}\log_4\left|\dfrac{x^2-4}{x+2}\right|$

$\qquad=\displaystyle\lim_{x\to-2}\log_4\left|\dfrac{(x+2)(x-2)}{x+2}\right|$

$\qquad=\displaystyle\lim_{x\to-2}\log_4|x-2|$

$\qquad=\log_4\displaystyle\lim_{x\to-2}|x-2|$

$\qquad=\log_4 4=1$

6 $\displaystyle\lim_{x\to\infty}\left\{\log_5(ax-1)-\dfrac{1}{2}\log_5(4x^2+1)\right\}$

$\qquad=\displaystyle\lim_{x\to\infty}\log_5\dfrac{ax-1}{\sqrt{4x^2+1}}$

$\qquad=\log_5\displaystyle\lim_{x\to\infty}\dfrac{ax-1}{\sqrt{4x^2+1}}$

$\qquad=\log_5\dfrac{a}{2}$

따라서 $\log_5\dfrac{a}{2}=2$이므로

$\dfrac{a}{2}=25$ $\quad\therefore a=50$

7 $\displaystyle\lim_{x\to\infty}\left\{\left(1+\dfrac{1}{4x}\right)\left(1-\dfrac{1}{2x}\right)\right\}^{x}$

$=\displaystyle\lim_{x\to\infty}\left\{\left(1+\dfrac{1}{4x}\right)^{x}\times\left(1-\dfrac{1}{2x}\right)^{x}\right\}$

$=\displaystyle\lim_{x\to\infty}\left[\left\{\left(1+\dfrac{1}{4x}\right)^{4x}\right\}^{\frac{1}{4}}\times\left\{\left(1-\dfrac{1}{2x}\right)^{-2x}\right\}^{-\frac{1}{2}}\right]$

$=e^{\frac{1}{4}}\times e^{-\frac{1}{2}}=e^{-\frac{1}{4}}$

$\therefore a=-\dfrac{1}{4}$

8 $\displaystyle\lim_{x\to 0}(1+ax)^{\frac{3}{x}}=\lim_{x\to 0}\left\{(1+ax)^{\frac{1}{ax}}\right\}^{3a}=e^{3a}$

따라서 $e^{3a}=e^{\frac{3}{4}}$이므로 $a=\dfrac{1}{4}$

9 $\displaystyle\lim_{x\to-\infty}f(2x)=\lim_{x\to-\infty}\left(\dfrac{2x}{2x-1}\right)^{2x}$

$\qquad\qquad=\displaystyle\lim_{x\to-\infty}\left(\dfrac{2x-1}{2x}\right)^{-2x}$

$\qquad\qquad=\displaystyle\lim_{x\to-\infty}\left(1-\dfrac{1}{2x}\right)^{-2x}$

이때 $-x=t$로 놓으면 $x=-t$이고, $x\to-\infty$일 때

$t\to\infty$이므로 구하는 극한값은

$\displaystyle\lim_{x\to-\infty}\left(1-\dfrac{1}{2x}\right)^{-2x}=\lim_{t\to\infty}\left(1+\dfrac{1}{2t}\right)^{2t}=e$

10 $S_n=\dfrac{1}{1\times 3}+\dfrac{1}{3\times 5}+\dfrac{1}{5\times 7}+\cdots+\dfrac{1}{(2n-1)(2n+1)}$

$\qquad=\dfrac{1}{2}\left(1-\dfrac{1}{2n+1}\right)=\dfrac{n}{2n+1}$

$\therefore\displaystyle\lim_{n\to\infty}\left(\dfrac{1}{2S_n}\right)^{4n}=\lim_{n\to\infty}\left(\dfrac{2n+1}{2n}\right)^{4n}$

$\qquad\qquad\qquad=\displaystyle\lim_{n\to\infty}\left(1+\dfrac{1}{2n}\right)^{4n}$

$\qquad\qquad\qquad=\displaystyle\lim_{n\to\infty}\left\{\left(1+\dfrac{1}{2n}\right)^{2n}\right\}^{2}=e^{2}$

11 $x-2=t$로 놓으면 $x=2+t$이고, $x\to 2$일 때 $t\to 0$이므로

$\displaystyle\lim_{x\to 2}\dfrac{\ln\sqrt{x-1}}{x-2}=\lim_{t\to 0}\dfrac{\ln\sqrt{1+t}}{t}$

$\qquad\qquad\qquad=\displaystyle\lim_{t\to 0}\dfrac{\frac{1}{2}\ln(1+t)}{t}=\dfrac{1}{2}$

12 $\displaystyle\lim_{x\to 0}\dfrac{e^{ax}-1}{x^{3}+2x}=\lim_{x\to 0}\left(\dfrac{e^{ax}-1}{ax}\times\dfrac{a}{x^{2}+2}\right)=1\times\dfrac{a}{2}=\dfrac{a}{2}$

즉, $\dfrac{a}{2}=2$이므로 $a=4$

$\therefore\displaystyle\lim_{x\to 0}\dfrac{\ln(3x+1)}{ax}=\lim_{x\to 0}\dfrac{\ln(3x+1)}{4x}$

$\qquad\qquad\qquad=\displaystyle\lim_{x\to 0}\dfrac{\ln(1+3x)}{3x}\times\dfrac{3}{4}$

$\qquad\qquad\qquad=1\times\dfrac{3}{4}=\dfrac{3}{4}$

13 $\displaystyle\lim_{x\to 0}\dfrac{e^{x}-1}{\ln(1+ax)-\ln(1-2x)}$

$=\displaystyle\lim_{x\to 0}\dfrac{\dfrac{e^{x}-1}{x}}{\dfrac{\ln(1+ax)}{ax}\times a+\dfrac{\ln(1-2x)}{-2x}\times 2}$

$=\dfrac{1}{1\times a+1\times 2}=\dfrac{1}{a+2}$

따라서 $\dfrac{1}{a+2}=1$이므로 $a=-1$

14 $y=e^{\frac{x}{2}}-1$이라 하면 $e^{\frac{x}{2}}=y+1$

$\dfrac{x}{2}=\ln(y+1)\qquad\therefore x=2\ln(y+1)$

따라서 $g(x)=2\ln(x+1)$이므로

$\displaystyle\lim_{x\to 0}\dfrac{g(2x)}{x}=\lim_{x\to 0}\dfrac{2\ln(2x+1)}{x}=\lim_{x\to 0}\dfrac{\ln(1+2x)}{2x}\times 4$

$\qquad\qquad=1\times 4=4$

15 ① $\displaystyle\lim_{x\to 0}\dfrac{5^{x}-1}{5x}=\lim_{x\to 0}\dfrac{5^{x}-1}{x}\times\dfrac{1}{5}=\ln 5\times\dfrac{1}{5}=\dfrac{\ln 5}{5}$

② $\displaystyle\lim_{x\to 0}\dfrac{\log_{3}(1+x)}{\log_{9}(1-x)}$

$=\displaystyle\lim_{x\to 0}\left\{\dfrac{\log_{3}(1+x)}{x}\times\dfrac{-x}{\log_{9}(1-x)}\times(-1)\right\}$

$=\dfrac{1}{\ln 3}\times\ln 9\times(-1)=-\dfrac{2\ln 3}{\ln 3}=-2$

③ $\displaystyle\lim_{x\to 0}\dfrac{(4^{x}-1)\log_{2}(1+x)}{x^{2}}$

$=\displaystyle\lim_{x\to 0}\left\{\dfrac{4^{x}-1}{x}\times\dfrac{\log_{2}(1+x)}{x}\right\}$

$=\ln 4\times\dfrac{1}{\ln 2}=\dfrac{2\ln 2}{\ln 2}=2$

④ $\displaystyle\lim_{x\to 0}\dfrac{e^{x}-2^{-x}}{x}=\lim_{x\to 0}\dfrac{e^{x}-1-2^{-x}+1}{x}$

$=\displaystyle\lim_{x\to 0}\dfrac{e^{x}-1}{x}+\lim_{x\to 0}\dfrac{2^{-x}-1}{-x}$

$=1+\ln 2$

⑤ $x+1=t$로 놓으면 $x=t-1$이고, $x\to-1$일 때 $t\to 0$

이므로

$\displaystyle\lim_{x\to-1}\dfrac{\log_{2}(x+2)}{x+1}=\lim_{t\to 0}\dfrac{\log_{2}(1+t)}{t}=\dfrac{1}{\ln 2}$

따라서 옳지 않은 것은 ④이다.

16 $\displaystyle\lim_{x\to 0}\dfrac{\log_{2}(1+x)(1+2x)(1+3x)(1+4x)}{x}$

$=\displaystyle\lim_{x\to 0}\dfrac{\log_{2}(1+x)+\log_{2}(1+2x)+\log_{2}(1+3x)+\log_{2}(1+4x)}{x}$

$=\displaystyle\lim_{x\to 0}\dfrac{\log_{2}(1+x)}{x}+\lim_{x\to 0}\dfrac{\log_{2}(1+2x)}{2x}\times 2$

$\qquad+\displaystyle\lim_{x\to 0}\dfrac{\log_{2}(1+3x)}{3x}\times 3+\lim_{x\to 0}\dfrac{\log_{2}(1+4x)}{4x}\times 4$

$=\dfrac{1}{\ln 2}+\dfrac{2}{\ln 2}+\dfrac{3}{\ln 2}+\dfrac{4}{\ln 2}=\dfrac{10}{\ln 2}$

17 $\displaystyle\lim_{x\to 0}\frac{(a+8)^x-a^x}{x}=\lim_{x\to 0}\frac{(a+8)^x-1-a^x+1}{x}$

$$=\lim_{x\to 0}\frac{(a+8)^x-1}{x}-\lim_{x\to 0}\frac{a^x-1}{x}$$

$$=\ln(a+8)-\ln a=\ln\frac{a+8}{a}$$

따라서 $\ln\dfrac{a+8}{a}=\ln 5$이므로

$\dfrac{a+8}{a}=5$, $a+8=5a$ $\qquad\therefore a=2$

18 $x\to 0$일 때 (분모)$\to 0$이고, 극한값이 존재하므로
(분자)$\to 0$에서

$\displaystyle\lim_{x\to 0}(\sqrt{ax+b}-2)=0$

$\sqrt{b}-2=0$ $\qquad\therefore b=4$

이를 주어진 식의 좌변에 대입하면

$\displaystyle\lim_{x\to 0}\frac{\sqrt{ax+4}-2}{\ln(1+4x)}$

$$=\lim_{x\to 0}\frac{ax}{(\sqrt{ax+4}+2)\ln(1+4x)}$$

$$=\lim_{x\to 0}\left\{\frac{1}{\sqrt{ax+4}+2}\times\frac{4x}{\ln(1+4x)}\times\frac{a}{4}\right\}$$

$$=\frac{1}{4}\times 1\times\frac{a}{4}=\frac{a}{16}$$

즉, $\dfrac{a}{16}=\dfrac{1}{8}$이므로 $a=2$

$\therefore b-a=4-2=2$

19 $x\to 0$일 때 (분모)$\to 0$이고, 극한값이 존재하므로
(분자)$\to 0$에서

$\displaystyle\lim_{x\to 0}(e^x+e^{-x}-a)=0$

$1+1-a=0$ $\qquad\therefore a=2$

이를 주어진 식의 좌변에 대입하고 분모, 분자에 각각 e^x
을 곱하면

$\displaystyle\lim_{x\to 0}\frac{e^x+e^{-x}-2}{bx^2}=\lim_{x\to 0}\frac{e^{2x}-2e^x+1}{bx^2e^x}$

$$=\lim_{x\to 0}\frac{(e^x-1)^2}{bx^2e^x}$$

$$=\lim_{x\to 0}\left\{\left(\frac{e^x-1}{x}\right)^2\times\frac{1}{be^x}\right\}$$

$$=1^2\times\frac{1}{b}=\frac{1}{b}$$

즉, $\dfrac{1}{b}=\dfrac{1}{3}$이므로 $b=3$

$\therefore a+b=2+3=5$

20 $x\to 1$일 때 (분자)$\to 0$이고, 0이 아닌 극한값이 존재하므
로 (분모)$\to 0$에서

$\displaystyle\lim_{x\to 1}(ax+b)=0$

$a+b=0$ $\qquad\therefore b=-a$ $\qquad\cdots\cdots$ ㉠

㉠을 주어진 식의 좌변에 대입하면

$\displaystyle\lim_{x\to 1}\frac{e^{x-1}-1}{ax-a}=\lim_{x\to 1}\frac{e^{x-1}-1}{a(x-1)}$

이때 $x-1=t$로 놓으면 $x\to 1$일 때 $t\to 0$이므로

$\displaystyle\lim_{x\to 1}\frac{e^{x-1}-1}{a(x-1)}=\lim_{t\to 0}\frac{e^t-1}{at}$

$$=\lim_{t\to 0}\frac{e^t-1}{t}\times\frac{1}{a}$$

$$=1\times\frac{1}{a}=\frac{1}{a}$$

즉, $\dfrac{1}{a}=\dfrac{1}{6}$이므로

$a=6$

이를 ㉠에 대입하면 $b=-6$

$\therefore ab=6\times(-6)=-36$

21 $\dfrac{1}{x}=t$로 놓으면 $x=\dfrac{1}{t}$이고, $x\to\infty$일 때 $t\to 0$이므로

$\displaystyle\lim_{x\to\infty}x^a\ln\left(b+\frac{c}{x^2}\right)=\lim_{t\to 0}\frac{\ln(b+ct^2)}{t^a}$ $\qquad\cdots\cdots$ ㉠

$t\to 0$일 때 (분모)$\to 0$이고, 극한값이 존재하므로
(분자)$\to 0$에서

$\displaystyle\lim_{t\to 0}\ln(b+ct^2)=0$

$\ln b=0$ $\qquad\therefore b=1$

이를 ㉠에 대입하면

$\displaystyle\lim_{t\to 0}\frac{\ln(1+ct^2)}{t^a}=\lim_{t\to 0}\left\{\frac{\ln(1+ct^2)}{ct^2}\times\frac{c}{t^{a-2}}\right\}$

$$=1\times\lim_{t\to 0}\frac{c}{t^{a-2}}=\lim_{t\to 0}\frac{c}{t^{a-2}}$$

즉, $\displaystyle\lim_{t\to 0}\frac{c}{t^{a-2}}=4$이므로

$a=2$, $c=4$

$\therefore abc=2\times 1\times 4=8$

22 함수 $f(x)$가 $x=0$에서 연속이면 $\displaystyle\lim_{x\to 0}f(x)=f(0)$이므로

$\displaystyle\lim_{x\to 0}\frac{\ln(a+x)}{e^{2x}-1}=b$ $\qquad\cdots\cdots$ ㉠

$x\to 0$일 때 (분모)$\to 0$이고, 극한값이 존재하므로
(분자)$\to 0$에서

$\displaystyle\lim_{x\to 0}\ln(a+x)=0$

$\ln a=0$ $\qquad\therefore a=1$

이를 ㉠에 대입하면

$b=\displaystyle\lim_{x\to 0}\frac{\ln(1+x)}{e^{2x}-1}$

$$=\lim_{x\to 0}\left\{\frac{\ln(1+x)}{x}\times\frac{2x}{e^{2x}-1}\times\frac{1}{2}\right\}$$

$$=1\times 1\times\frac{1}{2}=\frac{1}{2}$$

$\therefore a+4b=1+2=3$

23 함수 $f(x)$가 실수 전체의 집합에서 연속이면 $x=1$에서 연

속이므로 $\lim\limits_{x \to 1+} f(x) = \lim\limits_{x \to 1-} f(x) = f(1)$

$$\lim_{x \to 1+} \frac{e^x - e^{a-1}}{a(x-1)} = be^a \quad \cdots\cdots \text{㉠}$$

$x \to 1+$일 때 (분모) $\to 0$이고, 극한값이 존재하므로

(분자) $\to 0$에서

$$\lim_{x \to 1+} (e^x - e^{a-1}) = 0$$

$e - e^{a-1} = 0$, $e^{a-1} = e$

$\therefore a=2$

이를 ㉠의 좌변에 대입하면

$$\lim_{x \to 1+} \frac{e^x - e}{2(x-1)} = \lim_{x \to 1+} \frac{e(e^{x-1} - 1)}{2(x-1)}$$

이때 $x-1=t$로 놓으면 $x \to 1+$일 때 $t \to 0+$이므로

$$\lim_{x \to 1+} \frac{e(e^{x-1}-1)}{2(x-1)} = \lim_{t \to 0+} \frac{e(e^t - 1)}{2t}$$
$$= \lim_{t \to 0+} \frac{e^t - 1}{t} \times \frac{e}{2}$$
$$= 1 \times \frac{e}{2} = \frac{e}{2}$$

즉, $be^a = \dfrac{e}{2}$이므로 $be^2 = \dfrac{e}{2}$ $\qquad \therefore b = \dfrac{1}{2e}$

$\therefore ab = 2 \times \dfrac{1}{2e} = \dfrac{1}{e}$

24 $x \ne 0$일 때, $f(x) = \dfrac{e^{3x} - \ln a}{\ln(1+x)}$

함수 $f(x)$가 $x > -1$에서 연속이면 $x=0$에서 연속이므로

$f(0) = \lim\limits_{x \to 0} f(x)$

$\therefore f(0) = \lim\limits_{x \to 0} \dfrac{e^{3x} - \ln a}{\ln(1+x)} \quad \cdots\cdots \text{㉠}$

$x \to 0$일 때 (분모) $\to 0$이고, 극한값이 존재하므로

(분자) $\to 0$에서

$$\lim_{x \to 0} (e^{3x} - \ln a) = 0$$

$1 - \ln a = 0$, $\ln a = 1$

$\therefore a = e$

이를 ㉠에 대입하면

$$f(0) = \lim_{x \to 0} \frac{e^{3x} - 1}{\ln(1+x)}$$
$$= \lim_{x \to 0} \left\{ \frac{e^{3x} - 1}{3x} \times \frac{x}{\ln(1+x)} \times 3 \right\}$$
$$= 1 \times 1 \times 3 = 3$$

25 $A(3, 0)$, $P(t, \ln(t-2))$, $Q(0, \ln(t-2))$이므로

$\overline{OA} = 3$, $\overline{PQ} = t$, $\overline{QO} = \ln(t-2)$

$\therefore S(t) = \dfrac{1}{2} \times (t+3) \times \ln(t-2) = \dfrac{t+3}{2} \ln(t-2)$

$\therefore \lim\limits_{t \to 3+} \dfrac{S(t)}{t-3} = \lim\limits_{t \to 3+} \left\{ \dfrac{t+3}{2} \times \dfrac{\ln(t-2)}{t-3} \right\}$

이때 $t-3=s$로 놓으면 $t=3+s$이고, $t \to 3+$일 때

$s \to 0+$이므로 구하는 극한값은

$$\lim_{t \to 3+} \left\{ \frac{t+3}{2} \times \frac{\ln(t-2)}{t-3} \right\} = \lim_{s \to 0+} \left\{ \frac{s+6}{2} \times \frac{\ln(1+s)}{s} \right\}$$
$$= \frac{6}{2} \times 1 = 3$$

26 선분 AB의 중점을 M이라 하면 $M\left(\dfrac{1+t}{2}, \ln t \right)$

직선 AB의 기울기는 $\dfrac{2 \ln t}{t-1}$이므로 선분 AB의 수직이등

분선의 기울기는

$$-\frac{t-1}{2 \ln t}$$

선분 AB의 수직이등분선의 방정식은

$$y - \ln t = -\frac{t-1}{2 \ln t} \left(x - \frac{1+t}{2} \right)$$
$$\therefore y = -\frac{t-1}{2 \ln t} x + \frac{(t-1)(t+1)}{4 \ln t} + \ln t$$

즉, 선분 AB의 수직이등분선이 y축과 만나는 점의 y좌

표 $p(t)$는

$$p(t) = \frac{(t-1)(t+1)}{4 \ln t} + \ln t$$
$$\therefore \lim_{t \to 1+} p(t) = \lim_{t \to 1+} \left\{ \frac{(t-1)(t+1)}{4 \ln t} + \ln t \right\}$$
$$= \lim_{t \to 1+} \frac{(t-1)(t+1)}{4 \ln t}$$

이때 $t-1=s$로 놓으면 $t=1+s$이고, $t \to 1+$일 때

$s \to 0+$이므로 구하는 극한값은

$$\lim_{t \to 1+} \frac{(t-1)(t+1)}{4 \ln t} = \lim_{s \to 0+} \frac{s(s+2)}{4 \ln(1+s)}$$
$$= \lim_{s \to 0+} \left\{ \frac{s}{\ln(1+s)} \times \frac{s+2}{4} \right\}$$
$$= 1 \times \frac{2}{4} = \frac{1}{2}$$

27 곡선 $y = \dfrac{1}{4} e^{2x}$을 y축의 방향으로 m만큼 평행이동하면

$$y = \frac{1}{4} e^{2x} + m$$

이 곡선이 원점을 지나므로

$0 = \dfrac{1}{4} + m$ $\qquad \therefore m = -\dfrac{1}{4}$

$\therefore f(x) = \dfrac{e^{2x} - 1}{4}$

곡선 $y = -\ln 3x$를 x축의 방향으로 n만큼 평행이동하면

$$y = -\ln 3(x-n)$$

이 곡선이 원점을 지나므로

$0 = -\ln(-3n)$

$-3n = 1$ $\qquad \therefore n = -\dfrac{1}{3}$

$\therefore g(x) = -\ln(3x+1)$

직선 $y=k$와 곡선 $y=g(x)$의 교점의 x좌표를 구하면
$-\ln(3x+1)=k$, $3x+1=e^{-k}$

$\therefore x=\dfrac{e^{-k}-1}{3}$ $\therefore \mathrm{P}\left(\dfrac{e^{-k}-1}{3},\ k\right)$

직선 $y=k$와 곡선 $y=f(x)$의 교점의 x좌표를 구하면
$\dfrac{e^{2x}-1}{4}=k$, $e^{2x}=4k+1$, $2x=\ln(4k+1)$

$\therefore x=\dfrac{\ln(4k+1)}{2}$ $\therefore \mathrm{R}\left(\dfrac{\ln(4k+1)}{2},\ k\right)$

$\mathrm{Q}(0,\ k)$이므로
$\overline{\mathrm{PQ}}=\dfrac{1-e^{-k}}{3}$, $\overline{\mathrm{QR}}=\dfrac{\ln(4k+1)}{2}$

$\therefore \lim\limits_{k\to 0+}\dfrac{\overline{\mathrm{QR}}}{\overline{\mathrm{PQ}}}=\lim\limits_{k\to 0+}\dfrac{\dfrac{\ln(4k+1)}{2}}{\dfrac{1-e^{-k}}{3}}$

$\qquad=\lim\limits_{k\to 0+}\left\{\dfrac{3}{2}\times\dfrac{\ln(1+4k)}{4k}\times\dfrac{-k}{e^{-k}-1}\times 4\right\}$

$\qquad=\dfrac{3}{2}\times 1\times 1\times 4=6$

28 $f'(x)=e^x-1+(x-1)e^x$
$\qquad=xe^x-1$
$\therefore f'(1)=e-1$

29 $f'(x)=4^x\ln 4+3^x\ln 3$
점 $(0,\ 2)$에서의 접선의 기울기는 $f'(0)$이므로
$f'(0)=\ln 4+\ln 3=\ln 12$
$\therefore a=12$

30 $f(x)=(x^2+ax)e^{x+1}=e(x^2+ax)e^x$이므로
$f'(x)=e\{(2x+a)e^x+(x^2+ax)e^x\}$
$\qquad=\{x^2+(a+2)x+a\}e^{x+1}$
$\therefore f'(2)=(3a+8)e^3$
따라서 $(3a+8)e^3=5e^3$이므로
$3a+8=5$ $\therefore a=-1$

31 $f'(x)=2+a^x\ln a$이므로
$f'(0)=2+\ln a$
즉, $2+\ln a=2+\ln 2$이므로
$a=2$
따라서 $f(x)=2x+2^x$이므로
$f(1)=2+2=4$

32 $f(x)=x\ln 2x=x(\ln 2+\ln x)$이므로
$f'(x)=\ln 2+\ln x+x\times\dfrac{1}{x}$
$\qquad=\ln 2x+1$
$\therefore f'(1)=\ln 2+1$

33 $f(x)=\log_9\dfrac{1}{x}-\log_3\dfrac{1}{x}=-\log_9 x+\log_3 x$이므로
$f'(x)=-\dfrac{1}{x\ln 9}+\dfrac{1}{x\ln 3}$
$\therefore f'(2)=-\dfrac{1}{2\ln 9}+\dfrac{1}{2\ln 3}=\dfrac{1}{4\ln 3}$
$\therefore k=1$

34 $f'(x)=(2x+2a)(\ln x-1)+(x^2+2ax)\times\dfrac{1}{x}$
$\qquad\quad=(2x+2a)\ln x-x$
$\therefore f'(e)=(2e+2a)-e=e+2a$
따라서 $e+2a=3e$이므로 $a=e$

35 $f'(x)=a-b\ln x-bx\times\dfrac{1}{x}=a-b\ln x-b$
$f(1)=4$에서 $a=4$
$f'(1)=-3$에서 $a-b=-3$ $\therefore b=7$
따라서 $f(x)=4x-7x\ln x$이므로
$f(e^2)=4e^2-14e^2=-10e^2$

36 $\lim\limits_{h\to 0}\dfrac{f(2+h)-f(2-h)}{h}$
$=\lim\limits_{h\to 0}\dfrac{f(2+h)-f(2)+f(2)-f(2-h)}{h}$
$=\lim\limits_{h\to 0}\dfrac{f(2+h)-f(2)}{h}+\lim\limits_{h\to 0}\dfrac{f(2-h)-f(2)}{-h}$
$=f'(2)+f'(2)=2f'(2)$
$f'(x)=e^x+xe^x=(1+x)e^x$이므로 구하는 극한값은
$2f'(2)=2\times 3e^2=6e^2$

37 $h(x)=f(x)g(x)$라 하면
$h(1)=f(1)g(1)=1\times 1=1$이므로
$\lim\limits_{x\to 1}\dfrac{f(x)g(x)-1}{x-1}=\lim\limits_{x\to 1}\dfrac{h(x)-h(1)}{x-1}=h'(1)$
$h'(x)=f'(x)g(x)+f(x)g'(x)$이고
$f'(x)=5^x\ln 5$, $g'(x)=\dfrac{1}{x}$이므로 구하는 극한값은
$h'(1)=f'(1)g(1)+f(1)g'(1)$
$\qquad=5\ln 5\times 1+1\times 1=5\ln 5+1$

38 $\lim\limits_{x\to 1}\dfrac{f(x)}{x-1}=\dfrac{2}{\ln 3}$에서 $x\to 1$일 때 (분모)$\to 0$이고, 극한
값이 존재하므로 (분자)$\to 0$에서
$\lim\limits_{x\to 1}f(x)=0$ $\therefore f(1)=0$
$\therefore \lim\limits_{x\to 1}\dfrac{f(x)}{x-1}=\lim\limits_{x\to 1}\dfrac{f(x)-f(1)}{x-1}=f'(1)=\dfrac{2}{\ln 3}$
$f(x)=a+b\log_3 x$에서 $f(1)=0$이므로 $a=0$
$f'(x)=\dfrac{b}{x\ln 3}$이므로 $f'(1)=\dfrac{2}{\ln 3}$에서 $b=2$

따라서 $f'(x)=\dfrac{2}{x\ln 3}$이므로

$$\lim_{h\to 0}\frac{f(3+2h)-f(3-h)}{h}$$
$$=\lim_{h\to 0}\frac{f(3+2h)-f(3)+f(3)-f(3-h)}{h}$$
$$=\lim_{h\to 0}\frac{f(3+2h)-f(3)}{2h}\times 2+\lim_{h\to 0}\frac{f(3-h)-f(3)}{-h}$$
$$=2f'(3)+f'(3)=3f'(3)$$
$$=3\times\frac{2}{3\ln 3}=\frac{2}{\ln 3}$$

39 함수 $f(x)$가 $x=1$에서 미분가능하면 $x=1$에서 연속이므로

$$\lim_{x\to 1+}(ae^{x-1}-b)=\lim_{x\to 1-}(bx-2)$$
$$a-b=b-2 \quad \therefore a-2b=-2 \quad\cdots\cdots\ \text{㉠}$$
$$f'(x)=\begin{cases} ae^{x-1} & (x>1) \\ b & (x<1) \end{cases}$$이고 미분계수 $f'(1)$이 존재하므로

$$\lim_{x\to 1+}ae^{x-1}=\lim_{x\to 1-}b \quad \therefore a=b \quad\cdots\cdots\ \text{㉡}$$
㉠, ㉡을 연립하여 풀면 $a=2$, $b=2$
$$\therefore ab=4$$

40 함수 $f(x)$가 실수 전체의 집합에서 미분가능하면 $x=1$에서 미분가능하고 $x=1$에서 연속이므로
$$\lim_{x\to 1+}(\ln x+2)=\lim_{x\to 1-}(x^2+ax+b)$$
$$2=1+a+b \quad \therefore a+b=1 \quad\cdots\cdots\ \text{㉠}$$
$$f'(x)=\begin{cases} \dfrac{1}{x} & (x>1) \\ 2x+a & (x<1) \end{cases}$$이고 미분계수 $f'(1)$이 존재하므로

$$\lim_{x\to 1+}\frac{1}{x}=\lim_{x\to 1-}(2x+a)$$
$$1=2+a \quad \therefore a=-1$$
이를 ㉠에 대입하여 풀면 $b=2$
따라서 $f(x)=\begin{cases} \ln x+2 & (x\ge 1) \\ x^2-x+2 & (x<1) \end{cases}$이므로
$$f(-1)+f(e)=4+3=7$$

41 $f(x)=\begin{cases} x\ln x+a(x-1) & (x\ge 1) \\ -x\ln x-a(x-1) & (0<x<1) \end{cases}$이므로
$$f'(x)=\begin{cases} \ln x+1+a & (x>1) \\ -\ln x-1-a & (0<x<1) \end{cases}$$
미분계수 $f'(1)$이 존재하므로
$$\lim_{x\to 1+}(\ln x+1+a)=\lim_{x\to 1-}(-\ln x-1-a)$$
$$1+a=-1-a \quad \therefore a=-1$$

기초 문제 Training 35쪽

1 (1) $-\dfrac{13}{12}$ (2) $\dfrac{13}{5}$ (3) $-\dfrac{5}{12}$

2 (1) $\csc\dfrac{\pi}{4}=\sqrt{2}$, $\sec\dfrac{\pi}{4}=\sqrt{2}$, $\cot\dfrac{\pi}{4}=1$

(2) $\csc\dfrac{\pi}{3}=\dfrac{2\sqrt{3}}{3}$, $\sec\dfrac{\pi}{3}=2$, $\cot\dfrac{\pi}{3}=\dfrac{\sqrt{3}}{3}$

(3) $\csc 150°=2$, $\sec 150°=-\dfrac{2\sqrt{3}}{3}$, $\cot 150°=-\sqrt{3}$

(4) $\csc 225°=-\sqrt{2}$, $\sec 225°=-\sqrt{2}$, $\cot 225°=1$

3 $\sqrt{3}$

4 (1) $\dfrac{\sqrt{6}-\sqrt{2}}{4}$ (2) $\dfrac{\sqrt{2}-\sqrt{6}}{4}$ (3) $2+\sqrt{3}$

5 (1) $\dfrac{\sqrt{2}}{2}$ (2) $\dfrac{1}{2}$ (3) $\dfrac{\sqrt{3}}{3}$

6 (가) $\sqrt{2}$ (나) $\dfrac{\pi}{4}$ (다) $\theta+\dfrac{\pi}{4}$

핵심 유형 Training 36~38쪽

1 $\dfrac{5\sqrt{2}}{4}$	2 ㄴ, ㄷ	3 $\dfrac{9}{4}$	4 50	5 $\dfrac{3}{2}$
6 $\dfrac{63}{65}$	7 $\dfrac{3}{8}$	8 2	9 $-\dfrac{31}{25}$	10 $-\dfrac{3}{4}$
11 ②	12 ①	13 ②	14 -1	15 -2
16 $\dfrac{7}{9}$	17 $2\sqrt{6}+2\sqrt{2}$	18 ⑤	19 ①	
20 ③	21 $10\sqrt{2}$			

1 θ가 제3사분면의 각이면 $\cos\theta<0$이므로
$$\cos\theta=-\sqrt{1-\sin^2\theta}=-\sqrt{1-\left(-\frac{1}{3}\right)^2}=-\frac{2\sqrt{2}}{3}$$
$$\therefore \sec\theta=\frac{1}{\cos\theta}=-\frac{3}{2\sqrt{2}}=-\frac{3\sqrt{2}}{4}$$
$$\cot\theta=\frac{\cos\theta}{\sin\theta}$$이므로
$$\cot\theta=\frac{-\dfrac{2\sqrt{2}}{3}}{-\dfrac{1}{3}}=2\sqrt{2}$$
$$\therefore \sec\theta+\cot\theta=-\frac{3\sqrt{2}}{4}+2\sqrt{2}=\frac{5\sqrt{2}}{4}$$

2 ㄱ. $\dfrac{1}{1+\sin\theta}+\dfrac{1}{1-\sin\theta}=\dfrac{(1-\sin\theta)+(1+\sin\theta)}{(1+\sin\theta)(1-\sin\theta)}$

$$=\dfrac{2}{1-\sin^2\theta}$$
$$=\dfrac{2}{\cos^2\theta}$$
$$=2\sec^2\theta$$

ㄴ. $\dfrac{\sec\theta}{\csc\theta-\cot\theta}+\dfrac{\sec\theta}{\csc\theta+\cot\theta}$

$$=\dfrac{\sec\theta(\csc\theta+\cot\theta)+\sec\theta(\csc\theta-\cot\theta)}{(\csc\theta-\cot\theta)(\csc\theta+\cot\theta)}$$
$$=\dfrac{2\sec\theta\csc\theta}{\csc^2\theta-\cot^2\theta}$$
$$=\dfrac{2\sec\theta\csc\theta}{(1+\cot^2\theta)-\cot^2\theta}$$
$$=2\sec\theta\csc\theta$$

ㄷ. $(1+\csc\theta)(1+\sec\theta)(1-\csc\theta)(1-\sec\theta)$

$$=(1-\csc^2\theta)(1-\sec^2\theta)$$
$$=-\cot^2\theta\times(-\tan^2\theta)$$
$$=1$$

따라서 보기 중 옳은 것은 ㄴ, ㄷ이다.

3 $\sin\theta-\cos\theta=\dfrac{1}{3}$의 양변을 제곱하면

$$\sin^2\theta-2\sin\theta\cos\theta+\cos^2\theta=\dfrac{1}{9}$$
$$1-2\sin\theta\cos\theta=\dfrac{1}{9}$$
$$\therefore\ \sin\theta\cos\theta=\dfrac{4}{9}$$
$$\therefore\ \tan\theta+\cot\theta=\dfrac{\sin\theta}{\cos\theta}+\dfrac{\cos\theta}{\sin\theta}$$
$$=\dfrac{\sin^2\theta+\cos^2\theta}{\sin\theta\cos\theta}$$
$$=\dfrac{1}{\sin\theta\cos\theta}$$
$$=\dfrac{1}{\dfrac{4}{9}}=\dfrac{9}{4}$$

4 $\dfrac{2\sin\theta+\cos\theta}{\sin\theta-2\cos\theta}=3$에서

$$2\sin\theta+\cos\theta=3\sin\theta-6\cos\theta$$
$$7\cos\theta=\sin\theta\quad\cdots\cdots\ \bigcirc$$

이때 $0<\theta<\dfrac{\pi}{2}$에서 $\cos\theta\neq0$이므로 $\bigcirc$의 양변을 $\cos\theta$
로 나누면

$$7=\dfrac{\sin\theta}{\cos\theta}\qquad\therefore\ \tan\theta=7$$
$$\therefore\ \sec^2\theta=1+\tan^2\theta$$
$$=1+7^2=50$$

5 $\sin\left(\dfrac{\pi}{3}+\theta\right)=\sin\dfrac{\pi}{3}\cos\theta+\cos\dfrac{\pi}{3}\sin\theta$

$$=\dfrac{\sqrt3}{2}\cos\theta+\dfrac{1}{2}\sin\theta\quad\cdots\cdots\ \bigcirc$$

$$\sin\left(\dfrac{\pi}{3}-\theta\right)=\sin\dfrac{\pi}{3}\cos\theta-\cos\dfrac{\pi}{3}\sin\theta$$
$$=\dfrac{\sqrt3}{2}\cos\theta-\dfrac{1}{2}\sin\theta\quad\cdots\cdots\ \bigcirc\!\!\bigcirc$$

$\bigcirc$, $\bigcirc\!\!\bigcirc$을 주어진 식에 대입하면

$$\sin^2\theta+\sin^2\left(\dfrac{\pi}{3}+\theta\right)+\sin^2\left(\dfrac{\pi}{3}-\theta\right)$$
$$=\sin^2\theta+\left(\dfrac{\sqrt3}{2}\cos\theta+\dfrac{1}{2}\sin\theta\right)^2$$
$$+\left(\dfrac{\sqrt3}{2}\cos\theta-\dfrac{1}{2}\sin\theta\right)^2$$
$$=\sin^2\theta+\dfrac{3}{4}\cos^2\theta+\dfrac{\sqrt3}{2}\sin\theta\cos\theta+\dfrac{1}{4}\sin^2\theta$$
$$+\dfrac{3}{4}\cos^2\theta-\dfrac{\sqrt3}{2}\sin\theta\cos\theta+\dfrac{1}{4}\sin^2\theta$$
$$=\dfrac{3}{2}\sin^2\theta+\dfrac{3}{2}\cos^2\theta$$
$$=\dfrac{3}{2}(\sin^2\theta+\cos^2\theta)$$
$$=\dfrac{3}{2}$$

6 $0<\alpha<\dfrac{\pi}{2}$, $\dfrac{3}{2}\pi<\beta<2\pi$에서 $\sin\alpha>0$, $\sin\beta<0$이므로

$$\sin\alpha=\sqrt{1-\cos^2\alpha}=\sqrt{1-\left(\dfrac{3}{5}\right)^2}=\dfrac{4}{5}$$
$$\sin\beta=-\sqrt{1-\cos^2\beta}=-\sqrt{1-\left(\dfrac{5}{13}\right)^2}=-\dfrac{12}{13}$$
$$\therefore\ \cos(\alpha+\beta)=\cos\alpha\cos\beta-\sin\alpha\sin\beta$$
$$=\dfrac{3}{5}\times\dfrac{5}{13}-\dfrac{4}{5}\times\left(-\dfrac{12}{13}\right)$$
$$=\dfrac{63}{65}$$

7 $\sin\alpha-\cos\beta=\dfrac{1}{2}$의 양변을 제곱하면

$$\sin^2\alpha-2\sin\alpha\cos\beta+\cos^2\beta=\dfrac{1}{4}\quad\cdots\cdots\ \bigcirc$$

$\cos\alpha+\sin\beta=1$의 양변을 제곱하면

$$\cos^2\alpha+2\cos\alpha\sin\beta+\sin^2\beta=1\quad\cdots\cdots\ \bigcirc\!\!\bigcirc$$

$\bigcirc+\bigcirc\!\!\bigcirc$을 하면

$$(\sin^2\alpha+\cos^2\alpha)+(\cos^2\beta+\sin^2\beta)$$
$$-2(\sin\alpha\cos\beta-\cos\alpha\sin\beta)=\dfrac{5}{4}$$
$$2-2\sin(\alpha-\beta)=\dfrac{5}{4}$$
$$\therefore\ \sin(\alpha-\beta)=\dfrac{3}{8}$$

8 이차방정식 $x^2+3x-5=0$의 두 근이 $\tan\alpha$, $\tan\beta$이므로 근과 계수의 관계에 의하여
$$\tan\alpha+\tan\beta=-3, \quad \tan\alpha\tan\beta=-5$$
$$\therefore \tan(\alpha+\beta)=\frac{\tan\alpha+\tan\beta}{1-\tan\alpha\tan\beta}$$
$$=\frac{-3}{1-(-5)}=-\frac{1}{2}$$
$$\sec^2(\alpha+\beta)=1+\tan^2(\alpha+\beta)=1+\left(-\frac{1}{2}\right)^2=\frac{5}{4}$$이므로
$$\cos^2(\alpha+\beta)=\frac{4}{5}$$
$$\therefore \sin^2(\alpha+\beta)=1-\cos^2(\alpha+\beta)=1-\frac{4}{5}=\frac{1}{5}$$
$\tan(\alpha+\beta)<0$에서 $\alpha+\beta$는 제2사분면 또는 제4사분면의 각이므로 $\sin(\alpha+\beta)$와 $\cos(\alpha+\beta)$의 부호가 서로 다르다.
$$\therefore \sin(\alpha+\beta)\cos(\alpha+\beta)=-\sqrt{\frac{1}{5}\times\frac{4}{5}}=-\frac{2}{5}$$
$$\therefore 2\cos^2(\alpha+\beta)-\sin(\alpha+\beta)\cos(\alpha+\beta)$$
$$=2\times\frac{4}{5}-\left(-\frac{2}{5}\right)=2$$

9 $\frac{3}{2}\pi<\theta<2\pi$에서 $\sin\theta<0$이므로
$$\sin\theta=-\sqrt{1-\cos^2\theta}=-\sqrt{1-\left(\frac{4}{5}\right)^2}=-\frac{3}{5}$$
$$\therefore \sin2\theta-\cos2\theta=2\sin\theta\cos\theta-(2\cos^2\theta-1)$$
$$=2\times\left(-\frac{3}{5}\right)\times\frac{4}{5}-\left\{2\times\left(\frac{4}{5}\right)^2-1\right\}$$
$$=-\frac{24}{25}-\frac{7}{25}=-\frac{31}{25}$$

10 $\sin\theta+\cos\theta=\frac{1}{2}$의 양변을 제곱하면
$$\sin^2\theta+2\sin\theta\cos\theta+\cos^2\theta=\frac{1}{4}$$
$$1+2\sin\theta\cos\theta=\frac{1}{4} \quad \therefore 2\sin\theta\cos\theta=-\frac{3}{4}$$
$$\therefore \sin2\theta=2\sin\theta\cos\theta=-\frac{3}{4}$$

11 $(1+\tan\theta)\tan2\theta=\frac{4}{3}$에서
$$(1+\tan\theta)\times\frac{2\tan\theta}{1-\tan^2\theta}=\frac{4}{3}$$
$$(1+\tan\theta)\times\frac{2\tan\theta}{(1+\tan\theta)(1-\tan\theta)}=\frac{4}{3}$$
$$\frac{2\tan\theta}{1-\tan\theta}=\frac{4}{3}$$
$$6\tan\theta=4-4\tan\theta$$
$$\therefore \tan\theta=\frac{2}{5}$$

12 $y=\cos2\theta-4\sin\theta+1$
$$=(1-2\sin^2\theta)-4\sin\theta+1$$
$$=-2\sin^2\theta-4\sin\theta+2$$
$$=-2(\sin\theta+1)^2+4$$
이때 $-1\leq\sin\theta\leq1$이므로 주어진 함수는 $\sin\theta=-1$일 때 최댓값 4, $\sin\theta=1$일 때 최솟값 -4를 갖는다.
따라서 $M=4$, $m=-4$이므로
$$Mm=-16$$

13 오른쪽 그림과 같이 두 직선 $y=\frac{1}{2}x+1$, $y=3x+2$가 x축의 양의 방향과 이루는 각의 크기를 각각 α, β라 하면

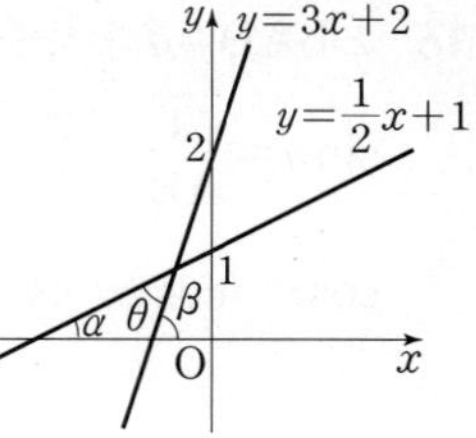

$$\tan\alpha=\frac{1}{2}, \quad \tan\beta=3$$
이때 $\theta=\beta-\alpha$이므로
$$\tan\theta=\tan(\beta-\alpha)$$
$$=\frac{\tan\beta-\tan\alpha}{1+\tan\beta\tan\alpha}$$
$$=\frac{3-\frac{1}{2}}{1+3\times\frac{1}{2}}$$
$$=1$$
$0<\theta<\frac{\pi}{2}$에서 $\sec\theta>0$이므로
$$\sec\theta=\sqrt{1+\tan^2\theta}$$
$$=\sqrt{1+1^2}=\sqrt{2}$$

14 두 직선 $mx-y+1=0$, $2x+y-3=0$, 즉 $y=mx+1$, $y=-2x+3$이 x축의 양의 방향과 이루는 각의 크기를 각각 α, β라 하면
$$\tan\alpha=m, \quad \tan\beta=-2$$
$$|\tan(\alpha-\beta)|=\tan\frac{\pi}{4}=1$$이므로
$$\left|\frac{\tan\alpha-\tan\beta}{1+\tan\alpha\tan\beta}\right|=1$$
$$\left|\frac{m-(-2)}{1+m\times(-2)}\right|=1$$
$$\left|\frac{m+2}{1-2m}\right|=1$$
즉, $m+2=1-2m$ 또는 $m+2=-1+2m$이므로
$$m=-\frac{1}{3} \text{ 또는 } m=3$$
따라서 모든 m의 값의 곱은
$$-\frac{1}{3}\times3=-1$$

15 직선 $y=3x+1$이 x축의 양의 방향과 이루는 각의 크기를 θ라 하면

$\tan\theta=3$

직선 $y=mx+5$가 x축의 양의 방향과 이루는 각의 크기는 $\theta+45°$이므로

$m=\tan(\theta+45°)$

$\quad=\dfrac{\tan\theta+\tan 45°}{1-\tan\theta\tan 45°}$

$\quad=\dfrac{3+1}{1-3\times 1}=-2$

16 $\angle\mathrm{BAD}=\alpha$라 하면 $\theta=2\alpha$

$\sin\alpha=\dfrac{\overline{\mathrm{AC}}}{\overline{\mathrm{AB}}}=\dfrac{1}{3}$이므로

$\cos\theta=\cos 2\alpha=1-2\sin^2\alpha=1-2\times\left(\dfrac{1}{3}\right)^2=\dfrac{7}{9}$

17 점 D에서 직선 BC에 내린 수선의 발을 H라 하면

$\angle\mathrm{ACB}=\dfrac{\pi}{3}$이므로

$\angle\mathrm{DCH}=\pi-\left(\dfrac{\pi}{3}+\dfrac{\pi}{4}\right)$

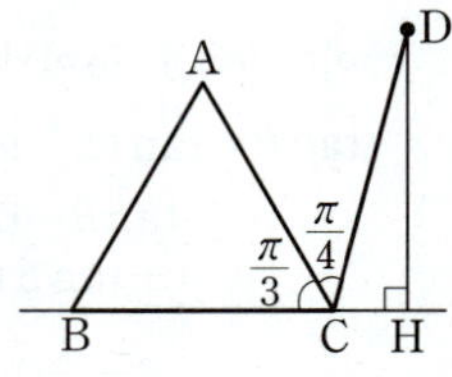

따라서 점 D와 직선 BC 사이의 거리는

$\overline{\mathrm{DH}}=\overline{\mathrm{CD}}\sin\left\{\pi-\left(\dfrac{\pi}{3}+\dfrac{\pi}{4}\right)\right\}$

$\quad=8\sin\left(\dfrac{\pi}{3}+\dfrac{\pi}{4}\right)$

$\quad=8\left(\sin\dfrac{\pi}{3}\cos\dfrac{\pi}{4}+\cos\dfrac{\pi}{3}\sin\dfrac{\pi}{4}\right)$

$\quad=8\left(\dfrac{\sqrt{3}}{2}\times\dfrac{\sqrt{2}}{2}+\dfrac{1}{2}\times\dfrac{\sqrt{2}}{2}\right)=2\sqrt{6}+2\sqrt{2}$

18 학생의 눈이 있는 지점을 A, 보이는 건물의 밑부분과 꼭대기를 각각 B, C라 하고 점 A에서 선분 BC에 내린 수선의 발을 D라 하면

$\tan\theta=\dfrac{\overline{\mathrm{BD}}}{\overline{\mathrm{AD}}}=\dfrac{1.5}{6}=\dfrac{1}{4}$

$\therefore \overline{\mathrm{CD}}=\overline{\mathrm{AD}}\tan\left(\theta+\dfrac{\pi}{4}\right)$

$\quad=6\times\dfrac{\tan\theta+\tan\dfrac{\pi}{4}}{1-\tan\theta\tan\dfrac{\pi}{4}}$

$\quad=6\times\dfrac{\dfrac{1}{4}+1}{1-\dfrac{1}{4}\times 1}=6\times\dfrac{5}{3}=10\,(\mathrm{m})$

따라서 건물의 높이는

$\overline{\mathrm{BD}}+\overline{\mathrm{CD}}=1.5+10=11.5\,(\mathrm{m})$

19 $2\sqrt{3}\sin\left(\theta+\dfrac{\pi}{3}\right)-2\cos\theta$

$=2\sqrt{3}\left(\sin\theta\cos\dfrac{\pi}{3}+\cos\theta\sin\dfrac{\pi}{3}\right)-2\cos\theta$

$=2\sqrt{3}\left(\dfrac{1}{2}\sin\theta+\dfrac{\sqrt{3}}{2}\cos\theta\right)-2\cos\theta$

$=\sqrt{3}\sin\theta+\cos\theta$

$=2\left(\dfrac{\sqrt{3}}{2}\sin\theta+\dfrac{1}{2}\cos\theta\right)$

$=2\left(\cos\dfrac{\pi}{6}\sin\theta+\sin\dfrac{\pi}{6}\cos\theta\right)$

$=2\sin\left(\theta+\dfrac{\pi}{6}\right)$

따라서 $r=2$, $\alpha=\dfrac{\pi}{6}$이므로

$r\sin\alpha=2\sin\dfrac{\pi}{6}$

$\qquad=2\times\dfrac{1}{2}=1$

20 $y=4\sin x+3\cos x-1$

$\quad=5\left(\dfrac{4}{5}\sin x+\dfrac{3}{5}\cos x\right)-1$

$\quad=5(\sin x\cos\alpha+\cos x\sin\alpha)-1$

$\quad=5\sin(x+\alpha)-1\ \left(단,\ \sin\alpha=\dfrac{3}{5},\ \cos\alpha=\dfrac{4}{5}\right)$

이때 $-1\leq\sin(x+\alpha)\leq 1$이므로

$-6\leq 5\sin(x+\alpha)-1\leq 4$

따라서 주어진 함수의 최댓값은 4, 최솟값은 -6이므로

$M=4$, $m=-6$

$\therefore M+m=-2$

21 $\angle\mathrm{APB}=\dfrac{\pi}{2}$이므로

$\angle\mathrm{PAB}=\theta$라 하면

$\overline{\mathrm{AP}}=10\cos\theta$

$\overline{\mathrm{PB}}=10\sin\theta$

$\therefore \overline{\mathrm{AP}}+\overline{\mathrm{PB}}=10\cos\theta+10\sin\theta$

$\quad=10\sqrt{2}\left(\dfrac{1}{\sqrt{2}}\cos\theta+\dfrac{1}{\sqrt{2}}\sin\theta\right)$

$\quad=10\sqrt{2}\left(\sin\dfrac{\pi}{4}\cos\theta+\cos\dfrac{\pi}{4}\sin\theta\right)$

$\quad=10\sqrt{2}\sin\left(\theta+\dfrac{\pi}{4}\right)$

$0<\theta<\dfrac{\pi}{2}$에서 $\dfrac{\pi}{4}<\theta+\dfrac{\pi}{4}<\dfrac{3}{4}\pi$이므로

$\dfrac{\sqrt{2}}{2}<\sin\left(\theta+\dfrac{\pi}{4}\right)\leq 1$

$\therefore 10<10\sqrt{2}\sin\left(\theta+\dfrac{\pi}{4}\right)\leq 10\sqrt{2}$

따라서 구하는 최댓값은 $10\sqrt{2}$이다.

기초 문제 Training

39쪽

1 (1) $\dfrac{\sqrt{3}}{2}$　　(2) 0　　(3) 1

2 (1) 2　　(2) $\pi+\dfrac{1}{2}$　　(3) $\dfrac{\sqrt{2}}{2}$　　(4) 1

3 (1) 1　　(2) 1　　(3) $\dfrac{1}{4}$　　(4) 2

4 (1) 2　　(2) 5　　(3) $\dfrac{3}{2}$　　(4) $\dfrac{5}{3}$

5 (1) $y'=-\cos x$　　(2) $y'=1-\sin x$
　　(3) $y'=5\cos x-\sin x$　　(4) $y'=\cos x+e^x$

6 (1) $y'=\cos^2 x-\sin^2 x$
　　(2) $y'=\cos x-x\sin x$
　　(3) $y'=2\sin x+(2x+1)\cos x$
　　(4) $y'=e^x(\sin x+\cos x)$

핵심 유형 Training

40~44쪽

1 ⑤	**2** $\dfrac{1}{2}$	**3** 4	**4** ③	**5** ㄷ, ㄹ
6 ④	**7** $\dfrac{5}{3}$	**8** ⑤	**9** $\dfrac{1}{2}$	**10** $\dfrac{1}{2}$
11 ⑤	**12** -1	**13** ⑤	**14** $\dfrac{1}{3}$	**15** 2
16 $\dfrac{1}{3}$	**17** ⑤	**18** ④	**19** 1	**20** 6
21 2	**22** ④	**23** 1	**24** ①	**25** ③
26 ③	**27** ②	**28** ③	**29** ①	**30** $-\dfrac{3\sqrt{2}}{2}$
31 2	**32** $-\dfrac{1}{2}$			

1
$$\lim_{x\to\frac{\pi}{4}}\frac{\sin x-\cos x}{1-\cot x}=\lim_{x\to\frac{\pi}{4}}\frac{\sin x-\cos x}{1-\dfrac{\cos x}{\sin x}}$$
$$=\lim_{x\to\frac{\pi}{4}}\frac{\sin x(\sin x-\cos x)}{\sin x-\cos x}$$
$$=\lim_{x\to\frac{\pi}{4}}\sin x=\frac{\sqrt{2}}{2}$$

2
$$\lim_{x\to\frac{\pi}{2}}\frac{\sec x-\tan x}{\cos x}=\lim_{x\to\frac{\pi}{2}}\frac{\dfrac{1}{\cos x}-\dfrac{\sin x}{\cos x}}{\cos x}$$
$$=\lim_{x\to\frac{\pi}{2}}\frac{1-\sin x}{\cos^2 x}=\lim_{x\to\frac{\pi}{2}}\frac{1-\sin x}{1-\sin^2 x}$$
$$=\lim_{x\to\frac{\pi}{2}}\frac{1-\sin x}{(1-\sin x)(1+\sin x)}$$
$$=\lim_{x\to\frac{\pi}{2}}\frac{1}{1+\sin x}=\frac{1}{2}$$

3
$$\lim_{x\to 0}\frac{\cos 2x-1}{\cos x-1}=\lim_{x\to 0}\frac{(2\cos^2 x-1)-1}{\cos x-1}$$
$$=\lim_{x\to 0}\frac{2(\cos^2 x-1)}{\cos x-1}$$
$$=\lim_{x\to 0}\frac{2(\cos x-1)(\cos x+1)}{\cos x-1}$$
$$=\lim_{x\to 0}2(\cos x+1)$$
$$=2\times 2=4$$

4
$$\lim_{x\to\frac{\pi}{2}}\frac{1-\sin x}{a\cot^2 x}=\lim_{x\to\frac{\pi}{2}}\frac{1-\sin x}{a\left(\dfrac{\cos x}{\sin x}\right)^2}$$
$$=\lim_{x\to\frac{\pi}{2}}\frac{(1-\sin x)\sin^2 x}{a\cos^2 x}$$
$$=\lim_{x\to\frac{\pi}{2}}\frac{(1-\sin x)\sin^2 x}{a(1-\sin^2 x)}$$
$$=\lim_{x\to\frac{\pi}{2}}\frac{(1-\sin x)\sin^2 x}{a(1-\sin x)(1+\sin x)}$$
$$=\lim_{x\to\frac{\pi}{2}}\frac{\sin^2 x}{a(1+\sin x)}=\frac{1}{2a}$$

따라서 $\dfrac{1}{2a}=\dfrac{1}{4}$이므로 $a=2$

5 ㄱ. $\displaystyle\lim_{x\to 0}\frac{\sin 2x}{\ln(1+4x)}=\lim_{x\to 0}\left\{\frac{\sin 2x}{2x}\times\frac{4x}{\ln(1+4x)}\times\frac{1}{2}\right\}$
$$=1\times 1\times\frac{1}{2}=\frac{1}{2}$$

ㄴ. $\displaystyle\lim_{x\to 0}\frac{\sin 2x}{e^{3x}-1}=\lim_{x\to 0}\left(\frac{\sin 2x}{2x}\times\frac{3x}{e^{3x}-1}\times\frac{2}{3}\right)$
$$=1\times 1\times\frac{2}{3}=\frac{2}{3}$$

ㄷ. $\displaystyle\lim_{x\to 0}\frac{\sin x+\tan 2x}{\sin 3x}$
$$=\lim_{x\to 0}\left(\frac{\sin x}{\sin 3x}+\frac{\tan 2x}{\sin 3x}\right)$$
$$=\lim_{x\to 0}\left(\frac{\sin x}{x}\times\frac{3x}{\sin 3x}\times\frac{1}{3}\right)$$
$$\qquad+\lim_{x\to 0}\left(\frac{\tan 2x}{2x}\times\frac{3x}{\sin 3x}\times\frac{2}{3}\right)$$
$$=1\times 1\times\frac{1}{3}+1\times 1\times\frac{2}{3}=1$$

ㄹ. $\displaystyle\lim_{x\to0}\frac{\sin(\tan x)}{\tan 2x}$

$\quad=\displaystyle\lim_{x\to0}\left\{\frac{\sin(\tan x)}{\tan x}\times\frac{2x}{\tan 2x}\times\frac{\tan x}{x}\times\frac{1}{2}\right\}$

$\quad=1\times1\times1\times\dfrac{1}{2}=\dfrac{1}{2}$

따라서 보기 중 옳은 것은 ㄷ, ㄹ이다.

6 $\displaystyle\lim_{x\to0}\frac{\sin(x^2-x)}{\tan^2 x-\tan x}$

$=\displaystyle\lim_{x\to0}\frac{\sin(x^2-x)}{\tan x(\tan x-1)}$

$=\displaystyle\lim_{x\to0}\left\{\frac{\sin(x^2-x)}{x^2-x}\times\frac{x}{\tan x}\times\frac{x-1}{\tan x-1}\right\}$

$=1\times1\times1=1$

7 $x\neq0$일 때, $f(x)=\dfrac{\tan 5x}{\ln(1+3x)}$

함수 $f(x)$가 $-\dfrac{\pi}{10}<x<\dfrac{\pi}{10}$에서 연속이면 $x=0$에서 연속이므로

$f(0)=\displaystyle\lim_{x\to0}f(x)=\lim_{x\to0}\frac{\tan 5x}{\ln(1+3x)}$

$\quad=\displaystyle\lim_{x\to0}\left\{\frac{\tan 5x}{5x}\times\frac{3x}{\ln(1+3x)}\times\frac{5}{3}\right\}$

$\quad=1\times1\times\dfrac{5}{3}=\dfrac{5}{3}$

8 $\displaystyle\lim_{x\to0}\frac{1-\cos 3x}{x^2}=\lim_{x\to0}\frac{(1-\cos 3x)(1+\cos 3x)}{x^2(1+\cos 3x)}$

$=\displaystyle\lim_{x\to0}\frac{1-\cos^2 3x}{x^2(1+\cos 3x)}$

$=\displaystyle\lim_{x\to0}\frac{\sin^2 3x}{x^2(1+\cos 3x)}$

$=\displaystyle\lim_{x\to0}\left\{\left(\frac{\sin 3x}{3x}\right)^2\times\frac{9}{1+\cos 3x}\right\}$

$=1^2\times\dfrac{9}{2}=\dfrac{9}{2}$

9 $\displaystyle\lim_{x\to0}\frac{\sin(1-\cos x)}{x^2}$

$=\displaystyle\lim_{x\to0}\left\{\frac{\sin(1-\cos x)}{1-\cos x}\times\frac{1-\cos x}{x^2}\right\}$

$=\displaystyle\lim_{x\to0}\left\{\frac{\sin(1-\cos x)}{1-\cos x}\times\frac{(1-\cos x)(1+\cos x)}{x^2(1+\cos x)}\right\}$

$=\displaystyle\lim_{x\to0}\left\{\frac{\sin(1-\cos x)}{1-\cos x}\times\frac{1-\cos^2 x}{x^2(1+\cos x)}\right\}$

$=\displaystyle\lim_{x\to0}\left\{\frac{\sin(1-\cos x)}{1-\cos x}\times\frac{\sin^2 x}{x^2(1+\cos x)}\right\}$

$=\displaystyle\lim_{x\to0}\left\{\frac{\sin(1-\cos x)}{1-\cos x}\times\left(\frac{\sin x}{x}\right)^2\times\frac{1}{1+\cos x}\right\}$

$=1\times1^2\times\dfrac{1}{2}=\dfrac{1}{2}$

10 $\displaystyle\lim_{x\to0}\frac{\csc x-\cot x}{x}=\lim_{x\to0}\frac{1-\cos x}{x\sin x}$

$=\displaystyle\lim_{x\to0}\frac{(1-\cos x)(1+\cos x)}{x\sin x(1+\cos x)}$

$=\displaystyle\lim_{x\to0}\frac{1-\cos^2 x}{x\sin x(1+\cos x)}$

$=\displaystyle\lim_{x\to0}\frac{\sin^2 x}{x\sin x(1+\cos x)}$

$=\displaystyle\lim_{x\to0}\left(\frac{\sin x}{x}\times\frac{1}{1+\cos x}\right)$

$=1\times\dfrac{1}{2}=\dfrac{1}{2}$

11 $\displaystyle\lim_{x\to0}\frac{x\ln(1+ax)}{2-2\cos x}$

$=\displaystyle\lim_{x\to0}\frac{x\ln(1+ax)(1+\cos x)}{2(1-\cos x)(1+\cos x)}$

$=\displaystyle\lim_{x\to0}\frac{x\ln(1+ax)(1+\cos x)}{2(1-\cos^2 x)}$

$=\displaystyle\lim_{x\to0}\frac{x\ln(1+ax)(1+\cos x)}{2\sin^2 x}$

$=\displaystyle\lim_{x\to0}\left\{\left(\frac{x}{\sin x}\right)^2\times\frac{\ln(1+ax)}{ax}\times\frac{a(1+\cos x)}{2}\right\}$

$=1^2\times1\times a=a$

$\therefore a=4$

12 $\displaystyle\lim_{x\to\frac{\pi}{2}}\frac{\cos^2 x}{\left(x-\frac{\pi}{2}\right)\cot x}=\lim_{x\to\frac{\pi}{2}}\frac{\cos^2 x}{\left(x-\frac{\pi}{2}\right)\times\frac{\cos x}{\sin x}}$

$\quad=\displaystyle\lim_{x\to\frac{\pi}{2}}\frac{\sin x\cos x}{x-\frac{\pi}{2}}$

$x-\dfrac{\pi}{2}=t$로 놓으면 $x=\dfrac{\pi}{2}+t$이고, $x\to\dfrac{\pi}{2}$일 때 $t\to0$이므로

$\displaystyle\lim_{x\to\frac{\pi}{2}}\frac{\sin x\cos x}{x-\frac{\pi}{2}}=\lim_{t\to0}\frac{\sin\left(\frac{\pi}{2}+t\right)\cos\left(\frac{\pi}{2}+t\right)}{t}$

$\quad=\displaystyle\lim_{t\to0}\frac{\cos t\times(-\sin t)}{t}$

$\quad=\displaystyle\lim_{t\to0}\left(-\frac{\sin t}{t}\times\cos t\right)$

$\quad=-1\times1=-1$

13 $\dfrac{1}{x}=t$로 놓으면 $x=\dfrac{1}{t}$이고, $x\to\infty$일 때 $t\to0$이므로

$\displaystyle\lim_{x\to\infty}\sin\left(\tan\frac{1}{x}\right)\csc\frac{1}{x}$

$=\displaystyle\lim_{t\to0}\sin(\tan t)\csc t$

$=\displaystyle\lim_{t\to0}\left\{\sin(\tan t)\times\frac{1}{\sin t}\right\}$

$=\displaystyle\lim_{t\to0}\left\{\frac{\sin(\tan t)}{\tan t}\times\frac{\tan t}{t}\times\frac{t}{\sin t}\right\}=1\times1\times1=1$

14 $\dfrac{1}{3x+1}=t$로 놓으면 $x=\dfrac{1-t}{3t}$이고, $x\to\infty$일 때 $t\to0$
이므로

$$\lim_{x\to\infty}(x+1)\tan\dfrac{1}{3x+1}=\lim_{t\to0}\left(\dfrac{1-t}{3t}+1\right)\tan t$$
$$=\lim_{t\to0}\left(\dfrac{1+2t}{3}\times\dfrac{\tan t}{t}\right)$$
$$=\dfrac{1}{3}\times1$$
$$=\dfrac{1}{3}$$

15 $x-\dfrac{\pi}{2}=t$로 놓으면 $x=\dfrac{\pi}{2}+t$이고, $x\to\dfrac{\pi}{2}$일 때 $t\to0$
이므로

$$\lim_{x\to\frac{\pi}{2}}\dfrac{\left(x-\dfrac{\pi}{2}\right)^2}{1-\sin x}=\lim_{t\to0}\dfrac{t^2}{1-\sin\left(\dfrac{\pi}{2}+t\right)}$$
$$=\lim_{t\to0}\dfrac{t^2}{1-\cos t}$$
$$=\lim_{t\to0}\dfrac{t^2(1+\cos t)}{(1-\cos t)(1+\cos t)}$$
$$=\lim_{t\to0}\dfrac{t^2(1+\cos t)}{1-\cos^2 t}$$
$$=\lim_{t\to0}\dfrac{t^2(1+\cos t)}{\sin^2 t}$$
$$=\lim_{t\to0}\left\{\left(\dfrac{t}{\sin t}\right)^2\times(1+\cos t)\right\}$$
$$=1^2\times2$$
$$=2$$

16 $x\to a$일 때 (분모)$\to0$이고, 극한값이 존재하므로
(분자)$\to0$에서

$$\lim_{x\to a}(2^x-1)=0$$
$$2^a-1=0$$
$$\therefore a=0$$

이를 주어진 식의 좌변에 대입하면

$$\lim_{x\to0}\dfrac{2^x-1}{3\sin x}=\lim_{x\to0}\left(\dfrac{1}{3}\times\dfrac{2^x-1}{x}\times\dfrac{x}{\sin x}\right)$$
$$=\dfrac{1}{3}\times\ln2\times1$$
$$=\dfrac{\ln2}{3}$$

즉, $\dfrac{\ln2}{3}=b\ln2$이므로

$$b=\dfrac{1}{3}$$
$$\therefore a+b=0+\dfrac{1}{3}=\dfrac{1}{3}$$

17 $x\to0$일 때 (분모)$\to0$이고, 극한값이 존재하므로
(분자)$\to0$에서

$$\lim_{x\to0}(\cos x+a)=0$$
$$1+a=0$$
$$\therefore a=-1$$

이를 주어진 식의 좌변에 대입하면

$$\lim_{x\to0}\dfrac{\cos x-1}{bx\sin x+x^2}=\lim_{x\to0}\dfrac{(\cos x-1)(\cos x+1)}{(bx\sin x+x^2)(\cos x+1)}$$
$$=\lim_{x\to0}\dfrac{\cos^2 x-1}{(bx\sin x+x^2)(\cos x+1)}$$
$$=\lim_{x\to0}\dfrac{-\sin^2 x}{(bx\sin x+x^2)(\cos x+1)}$$
$$=\lim_{x\to0}\dfrac{-\left(\dfrac{\sin x}{x}\right)^2}{\left(b\times\dfrac{\sin x}{x}+1\right)(\cos x+1)}$$
$$=\dfrac{-1^2}{(b\times1+1)\times2}$$
$$=-\dfrac{1}{2(b+1)}$$

즉, $-\dfrac{1}{2(b+1)}=\dfrac{1}{4}$이므로

$$b=-3$$
$$\therefore ab=-1\times(-3)=3$$

18 함수 $f(x)$가 $x=2$에서 연속이므로

$$\lim_{x\to2}\dfrac{\sin\pi x}{x-a}=b \quad\cdots\cdots\ \bigcirc$$

$x\to2$일 때 (분자)$\to0$이고, 0이 아닌 극한값이 존재하므
로 (분모)$\to0$에서

$$\lim_{x\to2}(x-a)=0$$
$$2-a=0$$
$$\therefore a=2$$

이를 $\bigcirc$에 대입하면

$$\lim_{x\to2}\dfrac{\sin\pi x}{x-2}=b$$

이때 $x-2=t$로 놓으면 $x=2+t$이고, $x\to2$일 때 $t\to0$
이므로

$$\lim_{x\to2}\dfrac{\sin\pi x}{x-2}=\lim_{t\to0}\dfrac{\sin(2\pi+\pi t)}{t}$$
$$=\lim_{t\to0}\dfrac{\sin\pi t}{t}$$
$$=\lim_{t\to0}\left(\dfrac{\sin\pi t}{\pi t}\times\pi\right)$$
$$=1\times\pi$$
$$=\pi$$

$$\therefore b=\pi$$
$$\therefore ab=2\times\pi=2\pi$$

19 반지름의 길이가 1, 중심각의 크기가 θ인 호 AB의 길이는

$l=\theta$

점 O에서 선분 AB에 내린 수선의 발을 H라 하면

$\angle\mathrm{AOH}=\dfrac{\theta}{2}$이므로 직각삼각형 AOH에서

$\overline{\mathrm{AH}}=\sin\dfrac{\theta}{2}$

$\therefore\ \overline{\mathrm{AB}}=2\,\overline{\mathrm{AH}}=2\sin\dfrac{\theta}{2}$

$\therefore\ \displaystyle\lim_{\theta\to0+}\frac{l}{\overline{\mathrm{AB}}}=\lim_{\theta\to0+}\frac{\theta}{2\sin\dfrac{\theta}{2}}$

$\qquad=\displaystyle\lim_{\theta\to0+}\frac{\dfrac{\theta}{2}}{\sin\dfrac{\theta}{2}}=1$

20 $\angle\mathrm{BAC}=\dfrac{\pi}{2}$이므로 직각삼각

형 ABC에서 $\overline{\mathrm{AC}}=\dfrac{6}{\tan\theta}$

$\angle\mathrm{ADC}=\dfrac{\pi}{2}$이므로 직각삼각

형 ADC에서

$\overline{\mathrm{CD}}=\overline{\mathrm{AC}}\cos\theta=\dfrac{6\cos\theta}{\tan\theta}$

$\therefore\ \displaystyle\lim_{\theta\to\frac{\pi}{2}-}\frac{\overline{\mathrm{CD}}}{\left(\dfrac{\pi}{2}-\theta\right)^2}=\lim_{\theta\to\frac{\pi}{2}-}\frac{6\cos\theta}{\left(\dfrac{\pi}{2}-\theta\right)^2\tan\theta}$

$\dfrac{\pi}{2}-\theta=t$로 놓으면 $\theta=\dfrac{\pi}{2}-t$이고, $\theta\to\dfrac{\pi}{2}-$일 때

$t\to0+$이므로

$\displaystyle\lim_{\theta\to\frac{\pi}{2}-}\frac{6\cos\theta}{\left(\dfrac{\pi}{2}-\theta\right)^2\tan\theta}=\lim_{t\to0+}\frac{6\cos\left(\dfrac{\pi}{2}-t\right)}{t^2\tan\left(\dfrac{\pi}{2}-t\right)}$

$\qquad=\displaystyle\lim_{t\to0+}\frac{6\sin t\tan t}{t^2}$

$\qquad=\displaystyle\lim_{t\to0+}\left(6\times\frac{\sin t}{t}\times\frac{\tan t}{t}\right)$

$\qquad=6\times1\times1=6$

21 삼각형 OAP는 이등변삼각형

이므로

$\angle\mathrm{APO}=\theta$

$\therefore\ \angle\mathrm{POC}=2\theta$

$\angle\mathrm{OPC}=\theta$이므로 $\angle\mathrm{PCB}=3\theta$

즉, $\angle\mathrm{OCP}=\pi-3\theta$이므로 삼각형 POC에서 사인법칙에

의하여

$\dfrac{\overline{\mathrm{OC}}}{\sin\theta}=\dfrac{\overline{\mathrm{OP}}}{\sin(\pi-3\theta)}$

$\therefore\ \overline{\mathrm{OC}}=\dfrac{\overline{\mathrm{OP}}\sin\theta}{\sin(\pi-3\theta)}=\dfrac{6\sin\theta}{\sin3\theta}$

$\therefore\ \displaystyle\lim_{\theta\to0+}\overline{\mathrm{OC}}=\lim_{\theta\to0+}\frac{6\sin\theta}{\sin3\theta}$

$\qquad=\displaystyle\lim_{\theta\to0+}\left(\frac{\sin\theta}{\theta}\times\frac{3\theta}{\sin3\theta}\times2\right)$

$\qquad=1\times1\times2=2$

22 직각삼각형 BCH에서

$\overline{\mathrm{BH}}=2\sin\theta$

$\angle\mathrm{ABH}=\angle\mathrm{BCH}=\theta$이므로 직각삼각형 ABH에서

$\overline{\mathrm{AH}}=\overline{\mathrm{BH}}\tan\theta=2\sin\theta\tan\theta$

$\therefore\ S(\theta)=\dfrac{1}{2}\times\overline{\mathrm{AH}}\times\overline{\mathrm{BH}}$

$\qquad=\dfrac{1}{2}\times2\sin\theta\tan\theta\times2\sin\theta$

$\qquad=2\sin^2\theta\tan\theta$

$\therefore\ \displaystyle\lim_{\theta\to0+}\frac{S(\theta)}{\theta^3}=\lim_{\theta\to0+}\frac{2\sin^2\theta\tan\theta}{\theta^3}$

$\qquad=\displaystyle\lim_{\theta\to0+}\left\{2\times\left(\frac{\sin\theta}{\theta}\right)^2\times\frac{\tan\theta}{\theta}\right\}$

$\qquad=2\times1^2\times1=2$

23 $\angle\mathrm{ARO}=\dfrac{\pi}{2}$이므로 직각삼각

형 OAR에서

$\overline{\mathrm{OR}}=2\cos\theta$

$\therefore\ \overline{\mathrm{PR}}=\overline{\mathrm{OP}}-\overline{\mathrm{OR}}$

$\qquad=2-2\cos\theta$

직각삼각형 OQP에서

$\overline{\mathrm{PQ}}=2\sin\theta$

삼각형 PRQ에서 $\angle\mathrm{QPR}=\dfrac{\pi}{2}-\theta$이므로

$S(\theta)=\dfrac{1}{2}\times\overline{\mathrm{PR}}\times\overline{\mathrm{PQ}}\times\sin\left(\dfrac{\pi}{2}-\theta\right)$

$\qquad=\dfrac{1}{2}\times(2-2\cos\theta)\times2\sin\theta\times\cos\theta$

$\qquad=2(1-\cos\theta)\sin\theta\cos\theta$

$\therefore\ \displaystyle\lim_{\theta\to0+}\frac{S(\theta)}{\theta^3}=\lim_{\theta\to0+}\frac{2(1-\cos\theta)\sin\theta\cos\theta}{\theta^3}$

$\qquad=\displaystyle\lim_{\theta\to0+}\frac{2(1-\cos\theta)(1+\cos\theta)\sin\theta\cos\theta}{\theta^3(1+\cos\theta)}$

$\qquad=\displaystyle\lim_{\theta\to0+}\frac{2(1-\cos^2\theta)\sin\theta\cos\theta}{\theta^3(1+\cos\theta)}$

$\qquad=\displaystyle\lim_{\theta\to0+}\frac{2\sin^3\theta\cos\theta}{\theta^3(1+\cos\theta)}$

$\qquad=\displaystyle\lim_{\theta\to0+}\left\{\left(\frac{\sin\theta}{\theta}\right)^3\times\frac{2\cos\theta}{1+\cos\theta}\right\}$

$\qquad=1^3\times1=1$

24 직각삼각형 ABC에서 $\overline{AC}=\dfrac{2}{\cos\theta}$

$\overline{AD}=\overline{CD}$이므로 $\overline{AE}=\overline{CE}$에서

$\overline{AE}=\dfrac{1}{2}\overline{AC}=\dfrac{1}{\cos\theta}$

직각삼각형 ADE에서

$\overline{DE}=\overline{AE}\tan\theta=\dfrac{\tan\theta}{\cos\theta}$

$\overline{AD}=\dfrac{\overline{AE}}{\cos\theta}=\dfrac{1}{\cos^2\theta}$

$\therefore\ \overline{BD}=\overline{AB}-\overline{AD}=2-\dfrac{1}{\cos^2\theta}$

$\overline{AC}\ /\!/\ \overline{DF}$이므로 $\angle EDF=\dfrac{\pi}{2}$, $\angle BDF=\theta$

삼각형 DBF에서

$\overline{DF}=\dfrac{\overline{BD}}{\cos\theta}=\dfrac{2}{\cos\theta}-\dfrac{1}{\cos^3\theta}$

$\begin{aligned}
\therefore\ S(\theta)&=\dfrac{1}{2}\times\overline{DE}\times\overline{DF}\\
&=\dfrac{1}{2}\times\dfrac{\tan\theta}{\cos\theta}\times\left(\dfrac{2}{\cos\theta}-\dfrac{1}{\cos^3\theta}\right)\\
&=\dfrac{\tan\theta}{2}\left(\dfrac{2}{\cos^2\theta}-\dfrac{1}{\cos^4\theta}\right)
\end{aligned}$

$\begin{aligned}
\therefore\ \lim_{\theta\to 0+}\dfrac{S(\theta)}{\theta}&=\lim_{\theta\to 0+}\dfrac{\tan\theta}{2\theta}\left(\dfrac{2}{\cos^2\theta}-\dfrac{1}{\cos^4\theta}\right)\\
&=\lim_{\theta\to 0+}\left\{\dfrac{1}{2}\times\dfrac{\tan\theta}{\theta}\times\left(\dfrac{2}{\cos^2\theta}-\dfrac{1}{\cos^4\theta}\right)\right\}\\
&=\dfrac{1}{2}\times 1\times 1\\
&=\dfrac{1}{2}
\end{aligned}$

25 오른쪽 그림과 같이

$\angle APB=\dfrac{\pi}{2}$이고

$\begin{aligned}
\angle PAB&=\dfrac{1}{2}\angle POB\\
&=\dfrac{\theta}{2}
\end{aligned}$

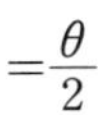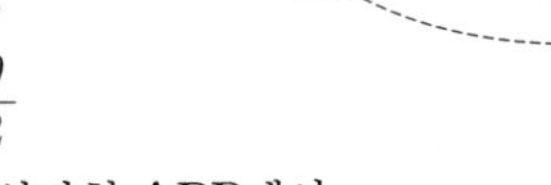

이므로 직각삼각형 ABP에서

$\overline{AP}=4\cos\dfrac{\theta}{2}$

삼각형 AOP에 내접하는 원의 중심을 Q라 하고 점 Q에서 선분 AP에 내린 수선의 발을 H라 하면

$\overline{AH}=\dfrac{1}{2}\overline{AP}=2\cos\dfrac{\theta}{2}$

$\angle PAQ=\dfrac{1}{2}\angle PAO=\dfrac{\theta}{4}$이므로 원의 반지름의 길이를

$r(\theta)$라 하면 직각삼각형 AQH에서

$r(\theta)=\overline{AH}\tan\dfrac{\theta}{4}=2\cos\dfrac{\theta}{2}\tan\dfrac{\theta}{4}$

$\begin{aligned}
\therefore\ S(\theta)&=\pi\left(2\cos\dfrac{\theta}{2}\tan\dfrac{\theta}{4}\right)^2\\
&=4\pi\cos^2\dfrac{\theta}{2}\tan^2\dfrac{\theta}{4}
\end{aligned}$

$\begin{aligned}
\therefore\ \lim_{\theta\to 0+}\dfrac{S(\theta)}{\theta^2}&=\lim_{\theta\to 0+}\dfrac{4\pi\cos^2\dfrac{\theta}{2}\tan^2\dfrac{\theta}{4}}{\theta^2}\\
&=\lim_{\theta\to 0+}\left\{\left(\dfrac{\tan\dfrac{\theta}{4}}{\dfrac{\theta}{4}}\right)^2\times\dfrac{4\pi}{16}\cos^2\dfrac{\theta}{2}\right\}\\
&=1^2\times\dfrac{\pi}{4}\\
&=\dfrac{\pi}{4}
\end{aligned}$

26 $\begin{aligned}
f'(x)&=e^x(\sin x+\cos x)+e^x(\cos x-\sin x)\\
&=2e^x\cos x
\end{aligned}$

$\therefore\ f'(0)=2$

27 $f(x)=ax\sin x+b\cos x$에서

$\begin{aligned}
f'(x)&=a\sin x+ax\cos x-b\sin x\\
&=ax\cos x+(a-b)\sin x
\end{aligned}$

$f(\pi)=1$에서

$-b=1$ $\therefore\ b=-1$

$f'(\pi)=-\pi$에서

$-a\pi=-\pi$ $\therefore\ a=1$

$\therefore\ ab=1\times(-1)=-1$

28 $h(x)=f(x)g(x)$에서

$h'(x)=f'(x)g(x)+f(x)g'(x)$

이때 $f(x)=2\cos x+\sin x-x$에서

$f'(x)=-2\sin x+\cos x-1$이므로

$f(0)=2,\ f'(0)=0$

$h'(0)=f'(0)g(0)+f(0)g'(0)$이므로

$20=2g'(0)$ $\therefore\ g'(0)=10$

29 $\lim_{h\to 0}\dfrac{f(\pi+h)-f(\pi-2h)}{h}$

$=\lim_{h\to 0}\dfrac{f(\pi+h)-f(\pi)+f(\pi)-f(\pi-2h)}{h}$

$=\lim_{h\to 0}\dfrac{f(\pi+h)-f(\pi)}{h}+\lim_{h\to 0}\dfrac{f(\pi-2h)-f(\pi)}{-2h}\times 2$

$=f'(\pi)+2f'(\pi)$

$=3f'(\pi)$

이때 $f'(x)=\sin x+x\cos x$이므로 구하는 극한값은

$3f'(\pi)=3\times(-\pi)=-3\pi$

30 $\displaystyle\lim_{x\to\frac{\pi}{2}}\frac{f(x)-1}{x-\frac{\pi}{2}}=4$에서 $x\to\frac{\pi}{2}$일 때 (분모)$\to0$이고, 극

한값이 존재하므로 (분자)$\to0$에서

$$\lim_{x\to\frac{\pi}{2}}\{f(x)-1\}=0 \qquad \therefore f\Big(\frac{\pi}{2}\Big)=1$$

즉, $\displaystyle\lim_{x\to\frac{\pi}{2}}\frac{f(x)-1}{x-\frac{\pi}{2}}=\lim_{x\to\frac{\pi}{2}}\frac{f(x)-f\Big(\frac{\pi}{2}\Big)}{x-\frac{\pi}{2}}=f'\Big(\frac{\pi}{2}\Big)$이므로

$$f'\Big(\frac{\pi}{2}\Big)=4$$

이때 $f'(x)=\cos x-a\sin x$이므로 $f'\Big(\frac{\pi}{2}\Big)=4$에서

$$-a=4 \qquad \therefore a=-4$$

따라서 $f(x)=\sin x-4\cos x$이므로

$$f\Big(\frac{\pi}{4}\Big)=\frac{\sqrt2}{2}-2\sqrt2=-\frac{3\sqrt2}{2}$$

31 함수 $f(x)$가 $x=0$에서 미분가능하면 $x=0$에서 연속이
므로

$$\lim_{x\to0+}(e^x\cos x+a)=\lim_{x\to0-}(bx+2)$$

$$1+a=2 \qquad \therefore a=1$$

$$f'(x)=\begin{cases}e^x(\cos x-\sin x) & (x>0)\\ b & (x<0)\end{cases}\text{이고 미분계수 } f'(0)$$

이 존재하므로

$$\lim_{x\to0+}e^x(\cos x-\sin x)=\lim_{x\to0-}b \qquad \therefore b=1$$

$$\therefore a+b=1+1=2$$

32 $f(x)$

$$=\lim_{h\to0}\frac{\sin(x+h)+\sin(x-h)-2\sin x}{h^2}$$

$$=\lim_{h\to0}\frac{\sin x\cos h+\cos x\sin h+\sin x\cos h-\cos x\sin h-2\sin x}{h^2}$$

$$=\lim_{h\to0}\frac{2\sin x(\cos h-1)}{h^2}$$

$$=2\sin x\lim_{h\to0}\frac{(\cos h-1)(\cos h+1)}{h^2(\cos h+1)}$$

$$=2\sin x\lim_{h\to0}\frac{\cos^2 h-1}{h^2(\cos h+1)}$$

$$=2\sin x\lim_{h\to0}\frac{-\sin^2 h}{h^2(\cos h+1)}$$

$$=2\sin x\lim_{h\to0}\Big\{-\Big(\frac{\sin h}{h}\Big)^2\times\frac{1}{\cos h+1}\Big\}$$

$$=2\sin x\times\Big(-1^2\times\frac{1}{2}\Big)$$

$$=-\sin x$$

따라서 $f'(x)=-\cos x$이므로

$$f'\Big(\frac{\pi}{3}\Big)=-\frac{1}{2}$$

기초 문제 Training
46쪽

1 (1) $y'=-\dfrac{1}{(x-2)^2}$ (2) $y'=-\dfrac{2}{(2x+3)^2}$

    (3) $y'=\dfrac{2}{(x+2)^2}$ (4) $y'=-\dfrac{2x^2+2}{(x^2-1)^2}$

2 (1) $y'=-\dfrac{5}{x^6}$ (2) $y'=3x^2-\dfrac{3}{x^4}$

3 (1) $y'=\sec x(\sec x-\tan x)$

    (2) $y'=-\csc x(3\cot x+\csc x)$

4 (1) $y'=12(3x+1)^3$ (2) $y'=2e^{2x-1}$

    (3) $y'=3\times2^{3x+2}\ln2$ (4) $y'=2\cos(2x+3)$

5 (1) $y'=\dfrac{3}{3x-4}$ (2) $y'=\dfrac{2x+3}{x^2+3x+1}$

    (3) $y'=\dfrac{1}{(x+1)\ln4}$ (4) $y'=\dfrac{10x}{(5x^2-1)\ln3}$

6 (1) $y'=\pi x^{\pi-1}$ (2) $y'=\dfrac{3}{2}\sqrt x$

핵심 유형 Training
47~50쪽

1 ②	**2** 2	**3** -2	**4** $\dfrac{\pi}{6}$	**5** ③
6 ④	**7** ②	**8** ②	**9** ①	**10** 1
11 $3e^3$	**12** -2	**13** ④	**14** $-2\pi^2$	**15** ⑤
16 -8	**17** ④	**18** ④	**19** ②	**20** 1
21 ③	**22** ②	**23** $\dfrac{4}{\pi^2}$	**24** ③	**25** ⑤
26 π				

1 $\displaystyle\lim_{h\to0}\frac{f(a+h)-f(a)}{h}=f'(a)=-\frac{1}{9}$

$$f'(x)=-\frac{1}{(x-3)^2}\text{이므로} -\frac{1}{(a-3)^2}=-\frac{1}{9}$$

$$(a-3)^2=9 \qquad \therefore a=6 \,(\because a>0)$$

2 $f'(x)=\dfrac{5(x^2+x+1)-(5x+a)(2x+1)}{(x^2+x+1)^2}$

$$=\frac{-5x^2-2ax+5-a}{(x^2+x+1)^2}$$

$f'(-1)=3$에서 $-5+2a+5-a=3 \qquad \therefore a=3$

$$\therefore f'(0)=5-a=5-3=2$$

3 $g'(x) = -\dfrac{f(x) + xf'(x)}{\{xf(x) + 1\}^2}$

$\therefore g'(0) = -f(0) = -2$

4 $f'(x) = \dfrac{\cos x \times \cos x - (1 + \sin x) \times (-\sin x)}{\cos^2 x}$

$= \dfrac{\cos^2 x + \sin x + \sin^2 x}{\cos^2 x}$

$= \dfrac{1 + \sin x}{1 - \sin^2 x} = \dfrac{1 + \sin x}{(1 + \sin x)(1 - \sin x)}$

$= \dfrac{1}{1 - \sin x}$

$f'(a) = 2$에서

$\dfrac{1}{1 - \sin a} = 2,\ 2 - 2\sin a = 1$

$\sin a = \dfrac{1}{2} \qquad \therefore a = \dfrac{\pi}{6} \left(\because -\dfrac{\pi}{2} < a < \dfrac{\pi}{2} \right)$

5 $f'(x) = 3\sec x \tan x - \csc^2 x$

$\therefore f'\left(\dfrac{\pi}{6}\right) = 3\sec\dfrac{\pi}{6}\tan\dfrac{\pi}{6} - \csc^2\dfrac{\pi}{6}$

$= 3 \times \dfrac{2}{\sqrt{3}} \times \dfrac{1}{\sqrt{3}} - 2^2 = -2$

6 $\lim\limits_{h \to 0} \dfrac{f(h) - f(-h)}{2h}$

$= \lim\limits_{h \to 0} \dfrac{f(h) - f(0) + f(0) - f(-h)}{2h}$

$= \dfrac{1}{2}\lim\limits_{h \to 0}\dfrac{f(h) - f(0)}{h} + \dfrac{1}{2}\lim\limits_{h \to 0}\dfrac{f(-h) - f(0)}{-h}$

$= \dfrac{1}{2}f'(0) + \dfrac{1}{2}f'(0) = f'(0)$

이때 $f'(x) = \dfrac{\cos x(1 + \tan x) - \sin x \sec^2 x}{(1 + \tan x)^2}$이므로

$f'(0) = 1$

7 $f'(x) = a\sec x \tan x \csc x + a\sec x \times (-\csc x \cot x)$

$= a\sec^2 x - a\csc^2 x$

$f'\left(\dfrac{\pi}{3}\right) = 16$에서

$4a - \dfrac{4}{3}a = 16,\ \dfrac{8}{3}a = 16 \qquad \therefore a = 6$

8 $f'(x) = -3^{\cos x}\ln 3 \times \sin x$

$\therefore f'\left(\dfrac{\pi}{2}\right) = -\ln 3 \times 1 = -\ln 3$

9 $h(x) = (g \circ f)(x) = g(f(x))$에서

$h'(x) = g'(f(x))f'(x)$

$\therefore h'\left(\dfrac{\pi}{3}\right) = g'\left(f\left(\dfrac{\pi}{3}\right)\right)f'\left(\dfrac{\pi}{3}\right) = g'(\sqrt{3})f'\left(\dfrac{\pi}{3}\right)$

이때 $f'(x) = \sec^2 x$,

$g'(x) = \dfrac{2(x^2 + 1) - 2x \times 2x}{(x^2 + 1)^2} = \dfrac{-2x^2 + 2}{(x^2 + 1)^2}$이므로

$h'\left(\dfrac{\pi}{3}\right) = g'(\sqrt{3})f'\left(\dfrac{\pi}{3}\right) = -\dfrac{1}{4} \times 4 = -1$

10 $f'(x) = 3\left(\dfrac{2x + a}{x + 1}\right)^2 \times \dfrac{2(x + 1) - (2x + a)}{(x + 1)^2}$

$= \dfrac{3(2 - a)(2x + a)^2}{(x + 1)^4}$

$f'(0) = 3$에서

$3(2 - a)a^2 = 3,\ a^3 - 2a^2 + 1 = 0$

$(a - 1)(a^2 - a - 1) = 0$

$\therefore a = 1 \ (\because a$는 정수$)$

11 $f(1) = 0$이므로

$\lim\limits_{x \to 1}\dfrac{f(x)}{x - 1} = \lim\limits_{x \to 1}\dfrac{f(x) - f(1)}{x - 1} = f'(1) = e$

$f'(x) = e^{2x + a} + (x - 1)e^{2x + a} \times 2 = (2x - 1)e^{2x + a}$이므로

$f'(1) = e$에서 $e^{2 + a} = e \qquad \therefore a = -1$

따라서 $f'(x) = (2x - 1)e^{2x - 1}$이므로

$f'(2) = 3e^3$

12 ㈎에서 양변을 x에 대하여 미분하면

$f'(g(x))g'(x) = f'(x)g(x) + f(x)g'(x) + 9x^2 + 8x + 1$

이므로

$f'(g(-1))g'(-1)$

$= f'(-1)g(-1) + f(-1)g'(-1) + 2$

이때 $f'(x) = 2x + 3$이고 ㈏에서 $g'(-1) = 3$이므로

$g(-1) = k\ (k$는 실수$)$로 놓으면

$f'(k) \times 3 = 1 \times k + (-1) \times 3 + 2$

$(2k + 3) \times 3 = k - 1,\ 6k + 9 = k - 1$

$\therefore k = -2 \qquad \therefore g(-1) = -2$

13 함수 $f(x)$가 $x = 0$에서 미분가능하면 $x = 0$에서 연속이므로

$\lim\limits_{x \to 0+} e^{ax + b} = \lim\limits_{x \to 0-} (2x + 1)^4$

$e^b = 1 \qquad \therefore b = 0$

$f'(x) = \begin{cases} ae^{ax + b} & (x > 0) \\ 8(2x + 1)^3 & (x < 0) \end{cases}$이고 미분계수 $f'(0)$이 존재하므로

$\lim\limits_{x \to 0+} ae^{ax + b} = \lim\limits_{x \to 0-} 8(2x + 1)^3$

$ae^b = 8 \qquad \therefore a = 8 \ (\because b = 0)$

따라서 $f(x) = \begin{cases} e^{8x} & (x \geq 0) \\ (2x + 1)^4 & (x < 0) \end{cases}$이므로

$f(2) = e^{16}$

14 $\displaystyle\lim_{x\to0}\frac{f(\sin 2\pi x)-f(\tan \pi x)}{x}$

$\displaystyle=\lim_{x\to0}\frac{f(\sin 2\pi x)-f(0)+f(0)-f(\tan \pi x)}{x}$

$\displaystyle=\lim_{x\to0}\frac{f(\sin 2\pi x)-f(0)}{x}-\lim_{x\to0}\frac{f(\tan \pi x)-f(0)}{x}$

$\displaystyle=\lim_{x\to0}\left\{\frac{f(\sin 2\pi x)-f(0)}{\sin 2\pi x-0}\times\frac{\sin 2\pi x}{2\pi x}\times 2\pi\right\}$

$\displaystyle\qquad-\lim_{x\to0}\left\{\frac{f(\tan \pi x)-f(0)}{\tan \pi x-0}\times\frac{\tan \pi x}{\pi x}\times \pi\right\}$

$=f'(0)\times1\times2\pi-f'(0)\times1\times\pi=\pi f'(0)$

이때

$f(x)=\sin(2\pi x+\pi)+\cos(\pi x^2+\pi)$

$\qquad=-\sin 2\pi x-\cos \pi x^2$

이므로

$f'(x)=-\cos 2\pi x\times 2\pi+\sin \pi x^2\times 2\pi x$

$\qquad=-2\pi\cos 2\pi x+2\pi x\sin \pi x^2$

$\therefore \pi f'(0)=\pi\times(-2\pi)=-2\pi^2$

15 $y=\{xf(x)\}^3$에서

$y'=3\{xf(x)\}^2\times\{xf(x)\}'$

$\qquad=3\{xf(x)\}^2\{f(x)+xf'(x)\}$

따라서 $x=3$에서의 미분계수는

$3\{3f(3)\}^2\{f(3)+3f'(3)\}=3\times9\times(1+9)=270$

16 $\displaystyle\lim_{x\to0}\frac{f(x)-1}{x}=-2$에서 $x\to0$일 때 (분모)$\to0$이고, 극

한값이 존재하므로 (분자)$\to0$에서

$\displaystyle\lim_{x\to0}\{f(x)-1\}=0 \qquad \therefore f(0)=1$

$\displaystyle\therefore \lim_{x\to0}\frac{f(x)-1}{x}=\lim_{x\to0}\frac{f(x)-f(0)}{x}=f'(0)=-2$

또 $\displaystyle\lim_{x\to1}\frac{g(x)-3}{x-1}=4$에서 $x\to1$일 때 (분모)$\to0$이고, 극

한값이 존재하므로 (분자)$\to0$에서

$\displaystyle\lim_{x\to1}\{g(x)-3\}=0 \qquad \therefore g(1)=3$

$\displaystyle\therefore \lim_{x\to1}\frac{g(x)-3}{x-1}=\lim_{x\to1}\frac{g(x)-g(1)}{x-1}=g'(1)=4$

이때 $y=(g\circ f)(x)=g(f(x))$에서

$y'=g'(f(x))f'(x)$이므로 $x=0$에서의 미분계수는

$g'(f(0))f'(0)=g'(1)f'(0)=4\times(-2)=-8$

17 (내)에서 $x\to3$일 때 (분모)$\to0$이고, 극한값이 존재하므로

(분자)$\to0$에서

$\displaystyle\lim_{x\to3}\{h(x)-6\}=0 \qquad \therefore h(3)=6$

$\displaystyle\therefore \lim_{x\to3}\frac{h(x)-6}{x-3}=\lim_{x\to3}\frac{h(x)-h(3)}{x-3}=h'(3)=8$

$h(x)=g(f(x))$에서 $h(3)=g(f(3)) \qquad \therefore g(2)=6$

$h'(x)=g'(f(x))f'(x)$이므로

$h'(3)=g'(f(3))f'(3)$

$8=g'(2)\times4 \qquad \therefore g'(2)=2$

$\therefore g(2)g'(2)=6\times2=12$

18 $f'(x)=\dfrac{2^x\ln 2}{(2^x-1)\ln 3} \qquad \therefore f'(1)=\dfrac{2\ln 2}{\ln 3}$

19 $f'(x)=\dfrac{4x^3+2ax}{x^4+ax^2-2}$

$f'(-1)=1$이므로

$\dfrac{-4-2a}{a-1}=1,\ -4-2a=a-1 \qquad \therefore a=-1$

따라서 $f(x)=\ln|x^4-x^2-2|$이므로 $f(2)=\ln 10$

20 $f\left(\dfrac{\pi}{4}\right)=\ln 1=0$이므로

$\displaystyle\lim_{n\to\infty}nf\left(\frac{\pi}{4}+\frac{1}{n}\right)=\lim_{n\to\infty}\frac{f\left(\dfrac{\pi}{4}+\dfrac{1}{n}\right)-f\left(\dfrac{\pi}{4}\right)}{\dfrac{1}{n}}$

$\dfrac{1}{n}=t$로 놓으면 $n\to\infty$일 때 $t\to0$이므로

$\displaystyle\lim_{n\to\infty}\frac{f\left(\dfrac{\pi}{4}+\dfrac{1}{n}\right)-f\left(\dfrac{\pi}{4}\right)}{\dfrac{1}{n}}=\lim_{t\to0}\frac{f\left(\dfrac{\pi}{4}+t\right)-f\left(\dfrac{\pi}{4}\right)}{t}$

$\displaystyle\qquad\qquad\qquad\qquad\qquad=f'\left(\frac{\pi}{4}\right)$

이때 $f'(x)=\dfrac{\sqrt{2}\cos x}{\sqrt{2}\sin x}=\cot x$이므로 $f'\left(\dfrac{\pi}{4}\right)=1$

21 주어진 식의 양변의 절댓값에 자연로그를 취하면

$\ln|f(x)|=4\ln|x|+3\ln|x-1|-2\ln|x-2|$

$\qquad\qquad\qquad\qquad\qquad\qquad-\ln|x-3|$

양변을 x에 대하여 미분하면

$\dfrac{f'(x)}{f(x)}=\dfrac{4}{x}+\dfrac{3}{x-1}-\dfrac{2}{x-2}-\dfrac{1}{x-3}$

$\displaystyle\therefore \lim_{x\to4}\frac{f'(x)}{f(x)}=\lim_{x\to4}\left(\frac{4}{x}+\frac{3}{x-1}-\frac{2}{x-2}-\frac{1}{x-3}\right)$

$\qquad\qquad\qquad=1+1-1-1=0$

22 주어진 식의 양변에 자연로그를 취하면

$\ln f(x)=x\ln(\ln x)$

양변을 x에 대하여 미분하면

$\dfrac{f'(x)}{f(x)}=\ln(\ln x)+x\times\dfrac{\dfrac{1}{x}}{\ln x}=\ln(\ln x)+\dfrac{1}{\ln x}$

$\therefore f'(x)=f(x)\times\left\{\ln(\ln x)+\dfrac{1}{\ln x}\right\}$

$\qquad\quad=(\ln x)^x\left\{\ln(\ln x)+\dfrac{1}{\ln x}\right\}$

$\therefore f'(e)=1\times1=1$

23 $f(\pi)=1$이므로

$$\lim_{x\to\pi}\frac{f(x)-1}{x-\pi}=\lim_{x\to\pi}\frac{f(x)-f(\pi)}{x-\pi}=f'(\pi)=2\ln\pi$$

$f(x)=x^{a\sin x}$의 양변에 자연로그를 취하면

$$\ln f(x)=a\sin x\ln x$$

양변을 x에 대하여 미분하면

$$\frac{f'(x)}{f(x)}=a\cos x\ln x+\frac{a\sin x}{x}$$

$$\therefore\ f'(x)=f(x)\times\left(a\ln x\cos x+\frac{a\sin x}{x}\right)$$
$$=x^{a\sin x}\left(a\ln x\cos x+\frac{a\sin x}{x}\right)$$

$f'(\pi)=2\ln\pi$에서

$$-a\ln\pi=2\ln\pi\qquad\therefore\ a=-2$$

따라서 $f(x)=x^{-2\sin x}$이므로

$$f\left(\frac{\pi}{2}\right)=\left(\frac{\pi}{2}\right)^{-2}=\frac{4}{\pi^2}$$

24 $f(x)=\sqrt{x^4+2x^2+2}=(x^4+2x^2+2)^{\frac{1}{2}}$이므로

$$f'(x)=\frac{1}{2}(x^4+2x^2+2)^{-\frac{1}{2}}(4x^3+4x)$$
$$=\frac{2x^3+2x}{\sqrt{x^4+2x^2+2}}$$

따라서 $f'(-1)=\dfrac{-4}{\sqrt{5}}$, $f'(1)=\dfrac{4}{\sqrt{5}}$이므로

$$ab=\frac{-4}{\sqrt{5}}\times\frac{4}{\sqrt{5}}=-\frac{16}{5}$$

25 $h'(x)=g'(f(x))f'(x)$이고 $f(1)=1$이므로

$$h'(1)=g'(f(1))f'(1)=g'(1)f'(1)$$
$$\therefore\ g'(1)f'(1)=9\qquad\cdots\cdots\ \bigcirc$$

이때 $f(x)=(3x-2)\sqrt{3x-2}=(3x-2)^{\frac{3}{2}}$이므로

$$f'(x)=\frac{3}{2}(3x-2)^{\frac{1}{2}}\times3=\frac{9}{2}\sqrt{3x-2}$$

$$\therefore\ f'(1)=\frac{9}{2}$$

이를 $\bigcirc$에 대입하면

$$\frac{9}{2}g'(1)=9\qquad\therefore\ g'(1)=2$$

26 $f(x)=\dfrac{1}{\sqrt{1-\cos x}}=(1-\cos x)^{-\frac{1}{2}}$이므로

$$f'(x)=-\frac{1}{2}(1-\cos x)^{-\frac{3}{2}}\sin x$$
$$=-\frac{\sin x}{2\sqrt{(1-\cos x)^3}}$$

$f'(a)=0$에서 $-\dfrac{\sin a}{2\sqrt{(1-\cos a)^3}}=0$

$$\sin a=0\qquad\therefore\ a=\pi\ (\because\ 0<a<2\pi)$$

기초 문제 Training

51쪽

1 (1) $\dfrac{dy}{dx}=2t$ (2) $\dfrac{dy}{dx}=\dfrac{4t}{2t-1}\left(t\neq\dfrac{1}{2}\right)$

2 (1) $\dfrac{dy}{dx}=\dfrac{2}{3t-4}\left(t\neq\dfrac{4}{3}\right)$ (2) $\dfrac{1}{4}$

3 (가) $2x$ (나) $3y^2$ (다) $\dfrac{2x}{3y^2}$

4 (가) e^y+1 (나) $\dfrac{1}{e^y+1}$

5 (1) $y''=6x-2$ (2) $y''=12x^2+24x-6$

   (3) $y''=24(2x-1)$ (4) $y''=-\dfrac{1}{4(x-2)\sqrt{x-2}}$

   (5) $y''=16e^{4x-1}$ (6) $y''=-\sin x-\cos x$

핵심 유형 Training

52~54쪽

1 -1	2 4	3 ④	4 $\dfrac{1}{\pi}$	5 ②
6 $\dfrac{17}{2}$	7 -8	8 ②	9 ②	10 ①
11 $\dfrac{1}{6}$	12 ②	13 ②	14 $\dfrac{3}{4}e^6$	15 ③
16 4	17 $\dfrac{9}{10}$	18 ④	19 12	20 5
21 2				

1 $x,\ y$를 각각 t에 대하여 미분하면

$$\frac{dx}{dt}=e^t\cos t-e^t\sin t=e^t(\cos t-\sin t)$$

$$\frac{dy}{dt}=e^t\sin t+e^t\cos t=e^t(\sin t+\cos t)$$

$$\therefore\ \frac{dy}{dx}=\frac{\dfrac{dy}{dt}}{\dfrac{dx}{dt}}=\frac{e^t(\sin t+\cos t)}{e^t(\cos t-\sin t)}$$

$$=\frac{\sin t+\cos t}{\cos t-\sin t}\ (\cos t\neq\sin t)$$

$$\therefore\ \lim_{t\to\frac{\pi}{2}}\frac{dy}{dx}=\lim_{t\to\frac{\pi}{2}}\frac{\sin t+\cos t}{\cos t-\sin t}=\frac{1+0}{0-1}=-1$$

2 x, y를 각각 t에 대하여 미분하면

$$\frac{dx}{dt}=2\times\frac{3}{2}\sqrt{t}=3\sqrt{t}, \quad \frac{dy}{dt}=2t+a$$

$$\therefore \frac{dy}{dx}=\frac{\dfrac{dy}{dt}}{\dfrac{dx}{dt}}=\frac{2t+a}{3\sqrt{t}}\ (t\neq 0)$$

이때 $t=1$에 대응하는 점에서의 접선의 기울기가 2이므로

$$\frac{2+a}{3}=2,\ 2+a=6 \qquad \therefore a=4$$

3 x, y를 각각 θ에 대하여 미분하면

$$\frac{dx}{d\theta}=\sec^2\theta, \quad \frac{dy}{d\theta}=\sec\theta\tan\theta$$

$$\therefore \frac{dy}{dx}=\frac{\dfrac{dy}{d\theta}}{\dfrac{dx}{d\theta}}=\frac{\sec\theta\tan\theta}{\sec^2\theta}=\frac{\tan\theta}{\sec\theta}=\sin\theta$$

이때 점 $(a,\ b)$에서의 접선의 기울기가 $\dfrac{\sqrt{3}}{2}$이므로

$$\sin\theta=\frac{\sqrt{3}}{2} \qquad \therefore \theta=\frac{\pi}{3}\ \left(\because 0<\theta<\frac{\pi}{2}\right)$$

따라서 $a=\tan\dfrac{\pi}{3}=\sqrt{3}$, $b=\sec\dfrac{\pi}{3}=2$이므로 $ab=2\sqrt{3}$

4 주어진 식의 각 항을 x에 대하여 미분하면

$$3-\sin x-y^2-x\times 2y\frac{dy}{dx}=0$$

$$\therefore \frac{dy}{dx}=\frac{3-\sin x-y^2}{2xy}\ (xy\neq 0)$$

따라서 점 $\left(\dfrac{\pi}{2},\ 1\right)$에서의 $\dfrac{dy}{dx}$의 값은

$$\frac{3-1-1}{2\times\dfrac{\pi}{2}\times 1}=\frac{1}{\pi}$$

5 주어진 식의 각 항을 x에 대하여 미분하면

$$\frac{1}{2\sqrt{x}}+\frac{1}{2\sqrt{y}}\times\frac{dy}{dx}=0 \qquad \therefore \frac{dy}{dx}=-\frac{\sqrt{y}}{\sqrt{x}}\ (x\neq 0)$$

이때 $\sqrt{x}+\sqrt{y}=6$에서 $x=4$일 때

$$2+\sqrt{y}=6,\ \sqrt{y}=4 \qquad \therefore y=16$$

따라서 점 $(4,\ 16)$에서의 접선의 기울기는 $-\dfrac{\sqrt{16}}{\sqrt{4}}=-2$

6 점 $(a,\ b)$가 곡선 $x^2+4y^2=10$ 위의 점이므로

$$a^2+4b^2=10 \qquad \cdots\cdots \ ㉠$$

$x^2+4y^2=10$의 각 항을 x에 대하여 미분하면

$$2x+8y\frac{dy}{dx}=0 \qquad \therefore \frac{dy}{dx}=-\frac{x}{4y}\ (y\neq 0)$$

이때 점 $(a,\ b)$에서의 $\dfrac{dy}{dx}$의 값이 1이므로

$$-\frac{a}{4b}=1 \qquad \therefore a=-4b$$

이를 ㉠에 대입하면

$$(-4b)^2+4b^2=10,\ 20b^2=10 \qquad \therefore b^2=\frac{1}{2}$$

이를 ㉠에 대입하여 풀면 $a^2=8$

$$\therefore a^2+b^2=8+\frac{1}{2}=\frac{17}{2}$$

7 점 $(1,\ 1)$이 곡선 $5x^2-3y^2+axy+b=0$ 위의 점이므로

$$5-3+a+b=0 \qquad \therefore a+b=-2 \qquad \cdots\cdots \ ㉠$$

$5x^2-3y^2+axy+b=0$의 각 항을 x에 대하여 미분하면

$$10x-6y\frac{dy}{dx}+ay+ax\frac{dy}{dx}=0$$

$$(ax-6y)\frac{dy}{dx}=-10x-ay$$

$$\therefore \frac{dy}{dx}=\frac{-10x-ay}{ax-6y}\ (ax\neq 6y)$$

이때 점 $(1,\ 1)$에서의 접선의 기울기가 3이므로

$$\frac{-10-a}{a-6}=3,\ -10-a=3a-18 \qquad \therefore a=2$$

이를 ㉠에 대입하여 풀면 $b=-4$

$$\therefore ab=2\times(-4)=-8$$

8 주어진 식의 양변을 y에 대하여 미분하면

$$\frac{dx}{dy}=\sqrt{y+1}+\frac{y}{2\sqrt{y+1}}=\frac{3y+2}{2\sqrt{y+1}}$$

$$\therefore \frac{dy}{dx}=\frac{1}{\dfrac{dx}{dy}}=\frac{2\sqrt{y+1}}{3y+2}$$

9 주어진 식의 양변을 y에 대하여 미분하면

$$\frac{dx}{dy}=-\frac{3y^2+1}{(y^3+y)^2} \qquad \therefore \frac{dy}{dx}=\frac{1}{\dfrac{dx}{dy}}=-\frac{(y^3+y)^2}{3y^2+1}$$

따라서 $y=1$인 점에서의 접선의 기울기는

$$-\frac{2^2}{3+1}=-1$$

10 주어진 식의 양변을 y에 대하여 미분하면

$$\frac{dx}{dy}=\cos y \qquad \therefore \frac{dy}{dx}=\frac{1}{\dfrac{dx}{dy}}=\frac{1}{\cos y}$$

이때 $x=\sin y$에서 $x=\dfrac{1}{2}$일 때

$$\frac{1}{2}=\sin y \qquad \therefore y=\frac{\pi}{6}\ \left(\because 0<y<\frac{\pi}{2}\right)$$

따라서 $x=\dfrac{1}{2}$, 즉 $y=\dfrac{\pi}{6}$에서의 $\dfrac{dy}{dx}$의 값은

$$\frac{1}{\dfrac{\sqrt{3}}{2}}=\frac{2\sqrt{3}}{3}$$

11 $g(2)=a$라 하면 $f(a)=2$이므로

$a^3+3a+6=2$, $a^3+3a+4=0$

$(a+1)(a^2-a+4)=0$

$\therefore a=-1$ $(\because a^2-a+4>0)$

$\therefore g(2)=-1$

이때 $f'(x)=3x^2+3$이므로

$g'(2)=\dfrac{1}{f'(-1)}=\dfrac{1}{6}$

12 $(g\circ f)(x)=x$이므로 $g(x)=f^{-1}(x)$

$g\left(\dfrac{1}{2}\right)=a$라 하면 $f(a)=\dfrac{1}{2}$이므로

$\cos a=\dfrac{1}{2}$ $\therefore a=\dfrac{\pi}{3}\left(\because 0<a<\dfrac{\pi}{2}\right)$

$\therefore g\left(\dfrac{1}{2}\right)=\dfrac{\pi}{3}$

이때 $f'(x)=-\sin x$이므로

$g'\left(\dfrac{1}{2}\right)=\dfrac{1}{f'\left(\frac{\pi}{3}\right)}=\dfrac{1}{-\frac{\sqrt{3}}{2}}=-\dfrac{2\sqrt{3}}{3}$

13 $\displaystyle\lim_{h\to 0}\dfrac{g(1+h)-g(1-h)}{h}$

$=\displaystyle\lim_{h\to 0}\dfrac{g(1+h)-g(1)+g(1)-g(1-h)}{h}$

$=\displaystyle\lim_{h\to 0}\dfrac{g(1+h)-g(1)}{h}+\lim_{h\to 0}\dfrac{g(1-h)-g(1)}{-h}$

$=g'(1)+g'(1)=2g'(1)$

$g(1)=a$라 하면 $f(a)=1$이므로

$e^{3a-1}=1$, $3a-1=0$

$\therefore a=\dfrac{1}{3}$

$\therefore g(1)=\dfrac{1}{3}$

이때 $f'(x)=3e^{3x-1}$이므로 구하는 극한값은

$2g'(1)=2\times\dfrac{1}{f'\left(\frac{1}{3}\right)}=\dfrac{2}{3}$

14 $h'(x)=3\{g(x)\}^2 g'(x)$이므로

$h'(4)=3\{g(4)\}^2 g'(4)$

$g(4)=a$라 하면 $f(a)=4$이므로

$(\ln a)^2=4$, $\ln a=2$ $(\because a>1)$ $\therefore a=e^2$

$\therefore g(4)=e^2$

이때 $f'(x)=2\ln x\times\dfrac{1}{x}=\dfrac{2\ln x}{x}$이므로

$g'(4)=\dfrac{1}{f'(e^2)}=\dfrac{e^2}{4}$

$\therefore h'(4)=3\{g(4)\}^2 g'(4)=3\times e^4\times\dfrac{e^2}{4}=\dfrac{3}{4}e^6$

15 $\displaystyle\lim_{x\to 3}\dfrac{f(x)-3}{x-3}=6$에서 $x\to 3$일 때 (분모)$\to 0$이고, 극한

값이 존재하므로 (분자)$\to 0$에서

$\displaystyle\lim_{x\to 3}\{f(x)-3\}=0$ $\therefore f(3)=3$

$\therefore g(3)=3$

$\displaystyle\lim_{x\to 3}\dfrac{f(x)-3}{x-3}=\lim_{x\to 3}\dfrac{f(x)-f(3)}{x-3}=f'(3)=6$이므로

$g'(3)=\dfrac{1}{f'(3)}=\dfrac{1}{6}$

$\therefore \displaystyle\lim_{x\to 3}\dfrac{1}{x-3}\left\{\dfrac{3}{g(x)}-1\right\}$

$=\displaystyle\lim_{x\to 3}\left\{\dfrac{1}{x-3}\times\dfrac{3-g(x)}{g(x)}\right\}$

$=\displaystyle\lim_{x\to 3}\left[\dfrac{g(x)-3}{x-3}\times\left\{-\dfrac{1}{g(x)}\right\}\right]$

$=\displaystyle\lim_{x\to 3}\dfrac{g(x)-g(3)}{x-3}\times\lim_{x\to 3}\left\{-\dfrac{1}{g(x)}\right\}$

$=g'(3)\times\left\{-\dfrac{1}{g(3)}\right\}=\dfrac{1}{6}\times\left(-\dfrac{1}{3}\right)=-\dfrac{1}{18}$

16 $g\left(\dfrac{x-1}{4}\right)=f^{-1}(x)$이므로 양변에 $x=-3$을 대입하면

$g(-1)=f^{-1}(-3)$ $\therefore f^{-1}(-3)=2$

$g\left(\dfrac{x-1}{4}\right)=f^{-1}(x)$의 양변을 x에 대하여 미분하면

$\dfrac{1}{4}g'\left(\dfrac{x-1}{4}\right)=\dfrac{1}{f'(f^{-1}(x))}$

양변에 $x=-3$을 대입하면

$\dfrac{1}{4}g'(-1)=\dfrac{1}{f'(f^{-1}(-3))}$, $\dfrac{1}{4}g'(-1)=\dfrac{1}{f'(2)}$

$\dfrac{1}{4}g'(-1)=1$ $\therefore g'(-1)=4$

17 곡선 $y=f(x)$ 위의 점 $(1,1)$에서의 접선의 기울기가 5

이므로 $f(1)=1$, $f'(1)=5$

곡선 $y=g(x)$ 위의 점 $(1,a)$에서의 접선의 기울기가 b

이므로 $g(1)=a$, $g'(1)=b$

$f(-2x+3)=g^{-1}(x)$이므로 양변에 $x=1$을 대입하면

$f(1)=g^{-1}(1)$ $\therefore g^{-1}(1)=1$

$g(1)=1$이고 $g(x)$는 일대일함수이므로 $a=1$

$f(-2x+3)=g^{-1}(x)$의 양변을 x에 대하여 미분하면

$-2f'(-2x+3)=\dfrac{1}{g'(g^{-1}(x))}$

양변에 $x=1$을 대입하면

$-2f'(1)=\dfrac{1}{g'(g^{-1}(1))}$, $-2\times 5=\dfrac{1}{g'(1)}$

$\therefore g'(1)=-\dfrac{1}{10}$ $\therefore b=-\dfrac{1}{10}$

$\therefore a+b=1+\left(-\dfrac{1}{10}\right)=\dfrac{9}{10}$

18 $f'(x)=\ln x+x\times\dfrac{1}{x}+3x^2-3=\ln x+3x^2-2$이므로

$f'(1)=1$

$\therefore \displaystyle\lim_{x\to1}\dfrac{f'(x)-1}{x-1}=\lim_{x\to1}\dfrac{f'(x)-f'(1)}{x-1}=f''(1)$

이때 $f''(x)=\dfrac{1}{x}+6x$이므로

$f''(1)=7$

19 $f'(x)=\dfrac{a(x-3)-ax}{(x-3)^2}=\dfrac{-3a}{(x-3)^2}$이므로 $f'(2)=6$에서

$-3a=6$ $\therefore a=-2$

$f'(x)=\dfrac{6}{(x-3)^2}$이므로

$f''(x)=-\dfrac{6\times2(x-3)}{(x-3)^4}=-\dfrac{12}{(x-3)^3}$

$\therefore f''(2)=12$

20 $f'(x)=2e^{2x}\sin x+e^{2x}\cos x=e^{2x}(2\sin x+\cos x)$

$f''(x)=2e^{2x}(2\sin x+\cos x)+e^{2x}(2\cos x-\sin x)$
$\qquad\quad=e^{2x}(3\sin x+4\cos x)$

$f''(x)-4f'(x)+af(x)=0$에서

$e^{2x}(3\sin x+4\cos x)-4e^{2x}(2\sin x+\cos x)$
$\qquad\qquad\qquad\qquad\qquad\quad +ae^{2x}\sin x=0$

$(a-5)e^{2x}\sin x=0$

이 식이 x의 값에 관계없이 항상 성립하므로

$a-5=0$ $\therefore a=5$

21 $\displaystyle\lim_{x\to2}\dfrac{f'(f(x))-4}{x-2}=8$에서 $x\to2$일 때 (분모)$\to0$이고,

극한값이 존재하므로 (분자)$\to0$에서

$\displaystyle\lim_{x\to2}\{f'(f(x))-4\}=0$ $\therefore f'(f(2))=4$

$\therefore \displaystyle\lim_{x\to2}\dfrac{f'(f(x))-4}{x-2}$

$\quad=\displaystyle\lim_{x\to2}\dfrac{f'(f(x))-f'(f(2))}{x-2}$

$\quad=\displaystyle\lim_{x\to2}\left\{\dfrac{f'(f(x))-f'(f(2))}{f(x)-f(2)}\times\dfrac{f(x)-f(2)}{x-2}\right\}$

$\quad=\displaystyle\lim_{x\to2}\dfrac{f'(f(x))-f'(f(2))}{f(x)-f(2)}\times f'(2)$

$\quad=4\displaystyle\lim_{x\to2}\dfrac{f'(f(x))-f'(f(2))}{f(x)-f(2)}$

$f(x)=t$로 놓으면 $f(2)=3$에서 $x\to2$일 때 $t\to3$이므로

$4\displaystyle\lim_{x\to2}\dfrac{f'(f(x))-f'(f(2))}{f(x)-f(2)}=4\lim_{t\to3}\dfrac{f'(t)-f'(3)}{t-3}$
$\qquad\qquad\qquad\qquad\qquad\quad=4f''(3)$

따라서 $4f''(3)=8$이므로

$f''(3)=2$

Ⅱ-3 01 도함수의 활용(1)

기초 문제 Training 　　　　56쪽

1 (1) -2 (2) $y=-2x+4$

2 (1) 0 (2) $y=x+1$

3 (1) $y=e^t x-te^t+e^t$ (2) 1 (3) $y=ex$

4 $0,\ 0,\ 0,\ $증가$,\ 0,\ $감소

5 $0,\ 0,\ \sqrt{3},\ 0,\ \sqrt{3}$

핵심 유형 Training 　　　　57~62쪽

1 ⑤	**2** e	**3** 3	**4** $\dfrac{1}{4}$	**5** -2
6 $3-\ln2$	**7** ④	**8** ③	**9** ⑤	**10** e
11 2	**12** $a<-4$ 또는 $a>0$	**13** ④		
14 $y=\dfrac{1}{2}x$	**15** ③	**16** 1	**17** ③	
18 $y=-8x+35$	**19** 6	**20** π	**21** ④	
22 ②	**23** $a\le-1$	**24** ②	**25** ③	**26** ①
27 $\dfrac{2}{3}$	**28** ④	**29** 40π	**30** 2	**31** 1
32 ③	**33** ④	**34** ①	**35** $-\dfrac{12}{e^3}$	**36** ③
37 $0<a<4$		**38** ②		

1 $f(x)=\dfrac{2x-1}{x+2}$이라 하면

$f'(x)=\dfrac{2(x+2)-(2x-1)}{(x+2)^2}=\dfrac{5}{(x+2)^2}$

점 $(-1,\ -3)$에서의 접선의 기울기는 $f'(-1)=5$

점 $(-1,\ -3)$에서의 접선의 방정식은

$y+3=5(x+1)$ $\therefore y=5x+2$

따라서 $a=5,\ b=2$이므로 $ab=10$

2 $f(x)=\ln(x+3e)$라 하면

$f'(x)=\dfrac{1}{x+3e}$

x좌표가 $-2e$인 점에서의 접선의 기울기는

$f'(-2e)=\dfrac{1}{e}$

이때 $f(-2e)=1$이므로 점 $(-2e,\ 1)$에서의 접선의 방정식은

$$y-1=\frac{1}{e}(x+2e)\qquad\therefore\ y=\frac{1}{e}x+3$$

이 직선이 점 $(a,\ 4)$를 지나므로

$$4=\frac{a}{e}+3\qquad\therefore\ a=e$$

3 점 $(1,\ b)$가 곡선 $y=a^x\ln x$ 위의 점이므로

$$b=0$$

$f(x)=a^x\ln x$라 하면

$$f'(x)=a^x\ln a\ln x+a^x\times\frac{1}{x}=a^x\Big(\ln a\ln x+\frac{1}{x}\Big)$$

점 $(1,\ 0)$에서의 접선의 기울기가 3이므로

$f'(1)=3$에서 $a=3$

$$\therefore\ a+b=3+0=3$$

4 $f(x)=x\cos x$라 하면

$$f'(x)=\cos x-x\sin x$$

점 $(\pi,\ -\pi)$에서의 접선의 기울기는

$$f'(\pi)=-1$$

점 $(\pi,\ -\pi)$에서의 접선의 방정식은

$$y+\pi=-(x-\pi)\qquad\therefore\ y=-x$$

직선 $y=-x$가 곡선 $y=-\sqrt{x-k}$에 접하므로

$-x=-\sqrt{x-k}$에서 $x^2=x-k$

$$\therefore\ x^2-x+k=0$$

이 이차방정식이 중근을 가져야 하므로 판별식을 D라 하면 $D=0$에서

$$D=1-4k=0\qquad\therefore\ k=\frac{1}{4}$$

5 $f(x)=-x+\sqrt{4x+3}$이라 하면

$$f'(x)=-1+\frac{4}{2\sqrt{4x+3}}=-1+\frac{2}{\sqrt{4x+3}}$$

접점의 좌표를 $(t,\ -t+\sqrt{4t+3})$이라 하면 x축의 양의 방향과 이루는 각의 크기가 $45°$인 접선의 기울기는 $\tan 45°=1$이므로 $f'(t)=1$에서

$$-1+\frac{2}{\sqrt{4t+3}}=1,\ \frac{2}{\sqrt{4t+3}}=2$$

$$\sqrt{4t+3}=1,\ 4t+3=1\qquad\therefore\ t=-\frac{1}{2}$$

즉, 접점의 좌표는 $\Big(-\frac{1}{2},\ \frac{3}{2}\Big)$이므로 접선의 방정식은

$$y-\frac{3}{2}=x+\frac{1}{2}\qquad\therefore\ y=x+2$$

따라서 구하는 x절편은 -2이다.

6 $f(x)=e^x+2e^{-x}$이라 하면 $f'(x)=e^x-2e^{-x}$

접점의 좌표를 $(t,\ e^t+2e^{-t})$이라 하면 이 점에서의 접선의 기울기가 1이므로 $f'(t)=1$에서

$$e^t-2e^{-t}=1$$

$e^t=a\ (a>0)$로 놓으면

$$a-2a^{-1}=1,\ a^2-a-2=0$$

$$(a+1)(a-2)=0$$

$$\therefore\ a=2\ (\because\ a>0)$$

즉, $e^t=2$이므로 $t=\ln 2$

따라서 접점의 좌표는 $(\ln 2,\ 3)$이므로 접선의 방정식은

$$y-3=x-\ln 2\qquad\therefore\ y=x+3-\ln 2$$

$$\therefore\ k=3-\ln 2$$

7 $y=e^x+1$에서 $e^x=y-1$

양변에 자연로그를 취하면

$$x=\ln(y-1)$$

즉, 두 함수 $y=e^x+1$, $y=\ln(x-1)$은 역함수 관계이므로 두 함수의 그래프는 직선 $y=x$에 대하여 대칭이다.

따라서 선분 AB의 길이가 최소이려면 두 점 A, B는 직선 $y=x$와 기울기가 같은 접선의 접점이어야 하므로 두 점 A, B에서의 접선의 기울기는 1이어야 한다.

$f(x)=e^x+1$이라 하면 $f'(x)=e^x$

$A(a,\ e^a+1)$이라 하면 점 A에서의 접선의 기울기가 1이므로 $f'(a)=1$에서

$$e^a=1\qquad\therefore\ a=0\qquad\therefore\ A(0,\ 2)$$

또 $g(x)=\ln(x-1)$이라 하면 $g'(x)=\frac{1}{x-1}$

$B(b,\ \ln(b-1))$이라 하면 점 B에서의 접선의 기울기가 1이므로 $g'(b)=1$에서

$$\frac{1}{b-1}=1\qquad\therefore\ b=2\qquad\therefore\ B(2,\ 0)$$

따라서 $A(0,\ 2)$, $B(2,\ 0)$일 때, 선분 AB의 길이는 최소이므로 구하는 최솟값은

$$\sqrt{2^2+(-2)^2}=2\sqrt{2}$$

8 $f(x)=\sqrt{x^2+1}$이라 하면

$$f'(x)=\frac{2x}{2\sqrt{x^2+1}}=\frac{x}{\sqrt{x^2+1}}$$

접점의 좌표를 $(t,\ \sqrt{t^2+1})$이라 하면 이 점에서의 접선의 기울기는 $f'(t)=\dfrac{t}{\sqrt{t^2+1}}$이므로 접선의 방정식은

$$y-\sqrt{t^2+1}=\frac{t}{\sqrt{t^2+1}}(x-t)\qquad\cdots\cdots\ \bigcirc$$

이 직선이 점 $(1, 0)$을 지나므로
$$-\sqrt{t^2+1}=\frac{t}{\sqrt{t^2+1}}(1-t)$$
$$-(t^2+1)=t(1-t) \qquad \therefore t=-1$$
이를 ㉠에 대입하면 접선의 방정식은
$$y-\sqrt{2}=-\frac{1}{\sqrt{2}}(x+1)$$
$$\therefore y=-\frac{\sqrt{2}}{2}x+\frac{\sqrt{2}}{2}$$
따라서 $a=-\dfrac{\sqrt{2}}{2}$, $b=\dfrac{\sqrt{2}}{2}$이므로
$$ab=-\frac{1}{2}$$

9 $f(x)=\ln\dfrac{x}{2}+1=\ln x-\ln 2+1$이라 하면
$$f'(x)=\frac{1}{x}$$
$A\left(t,\ \ln\dfrac{t}{2}+1\right)$이라 하면 점 A에서의 접선의 기울기는
$f'(t)=\dfrac{1}{t}$이므로 접선의 방정식은
$$y-\left(\ln\frac{t}{2}+1\right)=\frac{1}{t}(x-t)$$
이 직선이 원점을 지나므로
$$-\left(\ln\frac{t}{2}+1\right)=\frac{1}{t}\times(-t)$$
$$\ln\frac{t}{2}=0,\ \frac{t}{2}=1 \qquad \therefore t=2$$
따라서 $A(2, 1)$이므로 선분 OA의 길이는
$$\sqrt{2^2+1^2}=\sqrt{5}$$

10 $f(x)=xe^x$이라 하면
$$f'(x)=e^x+xe^x=(1+x)e^x$$
접점의 좌표를 (t, te^t)이라 하면 이 점에서의 접선의 기울기는 $f'(t)=(1+t)e^t$이므로 접선의 방정식은
$$y-te^t=(1+t)e^t(x-t)$$
이 직선이 점 $(1, 0)$을 지나므로
$$-te^t=(1+t)e^t(1-t)$$
$$-t=(1+t)(1-t)\ (\because e^t>0)$$
$$\therefore t^2-t-1=0$$
이차방정식 $t^2-t-1=0$의 두 근을 α, β라 하면 근과 계수의 관계에 의하여
$$\alpha+\beta=1,\ \alpha\beta=-1$$
이때 두 접선의 기울기는 각각 $(1+\alpha)e^\alpha$, $(1+\beta)e^\beta$이므로 구하는 곱은
$$(1+\alpha)e^\alpha(1+\beta)e^\beta=(1+\alpha+\beta+\alpha\beta)e^{\alpha+\beta}$$
$$=(1+1-1)e=e$$

11 $f(x)=\dfrac{x-1}{x}=1-\dfrac{1}{x}$이라 하면 $f'(x)=\dfrac{1}{x^2}$
접점의 좌표를 $\left(t,\ 1-\dfrac{1}{t}\right)$이라 하면 이 점에서의 접선의 기울기는 $f'(t)=\dfrac{1}{t^2}$이므로 접선의 방정식은
$$y-\left(1-\frac{1}{t}\right)=\frac{1}{t^2}(x-t)$$
이 직선이 점 $(3, 2)$를 지나므로
$$2-\left(1-\frac{1}{t}\right)=\frac{1}{t^2}(3-t)$$
$$t^2+t=3-t\ (\because t\neq 0)$$
$$t^2+2t-3=0$$
$$(t+3)(t-1)=0$$
$$\therefore t=-3\ 또는\ t=1$$
따라서 접점의 좌표는 $\left(-3,\ \dfrac{4}{3}\right)$, $(1, 0)$의 2개이므로 접선의 개수는 2이다.

12 $f(x)=xe^{x-1}$이라 하면
$$f'(x)=e^{x-1}+xe^{x-1}=(1+x)e^{x-1}$$
접점의 좌표를 (t, te^{t-1})이라 하면 이 점에서의 접선의 기울기는 $f'(t)=(1+t)e^{t-1}$이므로 접선의 방정식은
$$y-te^{t-1}=(1+t)e^{t-1}(x-t)$$
이 직선이 점 $(a, 0)$을 지나므로
$$-te^{t-1}=(1+t)e^{t-1}(a-t)$$
$$-t=(1+t)(a-t)\ (\because e^{t-1}>0)$$
$$\therefore t^2-at-a=0 \qquad \cdots\cdots ㉠$$
점 $(a, 0)$에서 곡선 $y=xe^{x-1}$에 서로 다른 두 개의 접선을 그을 수 있으려면 두 개의 접점이 존재해야 하므로 이차방정식 ㉠이 서로 다른 두 실근을 가져야 한다.
즉, 이차방정식 ㉠의 판별식을 D라 하면 $D>0$이어야 하므로
$$D=a^2+4a>0,\ a(a+4)>0$$
$$\therefore a<-4\ 또는\ a>0$$

13 $f(x)=(2x+a)e^{-x}$이라 하면
$$f'(x)=2e^{-x}-(2x+a)e^{-x}=(2-2x-a)e^{-x}$$
접점의 좌표를 $(t, (2t+a)e^{-t})$이라 하면 이 점에서의 접선의 기울기는 $f'(t)=(2-2t-a)e^{-t}$이므로 접선의 방정식은
$$y-(2t+a)e^{-t}=(2-2t-a)e^{-t}(x-t)$$
이 직선이 원점을 지나므로
$$-(2t+a)e^{-t}=(2-2t-a)e^{-t}\times(-t)$$
$$-(2t+a)=(2-2t-a)\times(-t)\ (\because e^{-t}>0)$$
$$\therefore 2t^2+at+a=0 \qquad \cdots\cdots ㉠$$

원점에서 곡선 $y=(2x+a)e^{-x}$에 오직 하나의 접선을 그을 수 있으려면 한 개의 접점이 존재해야 하므로 이차방정식 ㉠이 중근을 가져야 한다.

즉, 이차방정식 ㉠의 판별식을 D라 하면 $D=0$이어야 하므로

$$D=a^2-8a=0, \quad a(a-8)=0$$

$$\therefore a=8 \ (\because a\neq0)$$

14 x와 y를 각각 t에 대하여 미분하면

$$\frac{dx}{dt}=-\frac{1}{(1+t)^2}, \quad \frac{dy}{dt}=-\frac{2t}{(t^2+3)^2}$$

$$\therefore \frac{dy}{dx}=\frac{\frac{dy}{dt}}{\frac{dx}{dt}}=\frac{2t(1+t)^2}{(t^2+3)^2}$$

$\dfrac{1}{1+t}=\dfrac{1}{2}$에서 $t=1$

$t=1$에 대응하는 점에서의 접선의 기울기는

$\dfrac{2\times2^2}{(1+3)^2}=\dfrac{1}{2}$이므로 구하는 접선의 방정식은

$$y-\frac{1}{4}=\frac{1}{2}\left(x-\frac{1}{2}\right) \qquad \therefore y=\frac{1}{2}x$$

15 x와 y를 각각 t에 대하여 미분하면

$$\frac{dx}{dt}=a\cos t-2\cos2t, \quad \frac{dy}{dt}=-b\sin t+2\sin2t$$

$$\therefore \frac{dy}{dx}=\frac{\frac{dy}{dt}}{\frac{dx}{dt}}=\frac{-b\sin t+2\sin2t}{a\cos t-2\cos2t} \ (a\cos t\neq2\cos2t)$$

$x+2y-3=0$에서 $y=-\dfrac{1}{2}x+\dfrac{3}{2}$

즉, $t=\dfrac{\pi}{2}$에 대응하는 점에서의 접선의 기울기가 $-\dfrac{1}{2}$이므로

$$\frac{-b}{2}=-\frac{1}{2} \qquad \therefore b=1$$

$t=\dfrac{\pi}{2}$에 대응하는 점의 x좌표와 y좌표는

$$x=a, \quad y=1$$

점 $(a,\ 1)$이 직선 $x+2y-3=0$ 위의 점이므로

$$a+2-3=0 \qquad \therefore a=1$$

$$\therefore ab=1\times1=1$$

16 x와 y를 각각 t에 대하여 미분하면

$$\frac{dx}{dt}=3\sin^2 t\cos t, \quad \frac{dy}{dt}=-3\cos^2 t\sin t$$

$$\therefore \frac{dy}{dx}=\frac{\frac{dy}{dt}}{\frac{dx}{dt}}=\frac{-3\cos^2 t\sin t}{3\sin^2 t\cos t}=-\cot t$$

$-\cot t=-1$에서 $\cot t=1$

$$\therefore t=\frac{\pi}{4} \left(\because 0<t<\frac{\pi}{2}\right)$$

$t=\dfrac{\pi}{4}$에 대응하는 점의 x좌표와 y좌표는

$$x=\left(\frac{\sqrt{2}}{2}\right)^3=\frac{\sqrt{2}}{4}, \quad y=\left(\frac{\sqrt{2}}{2}\right)^3=\frac{\sqrt{2}}{4}$$

즉, 점 $\left(\dfrac{\sqrt{2}}{4},\ \dfrac{\sqrt{2}}{4}\right)$에서의 접선의 방정식은

$$y-\frac{\sqrt{2}}{4}=-\left(x-\frac{\sqrt{2}}{4}\right) \qquad \therefore y=-x+\frac{\sqrt{2}}{2}$$

따라서 $A\left(\dfrac{\sqrt{2}}{2},\ 0\right)$, $B\left(0,\ \dfrac{\sqrt{2}}{2}\right)$이므로 선분 AB의 길이는

$$\sqrt{\left(\frac{\sqrt{2}}{2}\right)^2+\left(-\frac{\sqrt{2}}{2}\right)^2}=1$$

17 주어진 식의 각 항을 x에 대하여 미분하면

$$1+\cos y\frac{dy}{dx}-y-x\frac{dy}{dx}=0$$

$$\therefore \frac{dy}{dx}=\frac{y-1}{\cos y-x} \ (\cos y\neq x)$$

점 $(0,\ \pi)$에서의 접선의 기울기는

$$\frac{\pi-1}{-1}=-\pi+1$$

점 $(0,\ \pi)$에서의 접선의 방정식은

$$y-\pi=(-\pi+1)x$$

$$\therefore y=(-\pi+1)x+\pi$$

이 직선이 점 $(1,\ a)$를 지나므로

$$a=1$$

18 점 $(4,\ a)$가 곡선 $12x-xy^2-12=0$ 위의 점이므로

$$48-4a^2-12=0, \quad a^2=9$$

$$\therefore a=3 \ (\because a>0)$$

$12x-xy^2-12=0$의 각 항을 x에 대하여 미분하면

$$12-y^2-2xy\frac{dy}{dx}=0$$

$$\therefore \frac{dy}{dx}=\frac{12-y^2}{2xy} \ (xy\neq0)$$

점 $(4,\ 3)$에서의 접선의 기울기는

$$\frac{12-9}{24}=\frac{1}{8}$$

따라서 접선에 수직인 직선의 기울기는 -8이므로 구하는 직선의 방정식은

$$y-3=-8(x-4)$$

$$\therefore y=-8x+35$$

19 점 $(1,\ 1)$이 곡선 $ax^2-bxy-y^2=4$ 위의 점이므로

$$a-b-1=4$$

$$\therefore a-b=5 \qquad \cdots\cdots ㉠$$

점 $(1, 1)$에서의 접선이 원 $(x-3)^2+(y+1)^2=1$의 넓이를 이등분하면 원의 중심 $(3, -1)$을 지나므로 접선의 방정식은
$$y-1=\frac{-1-1}{3-1}(x-1) \qquad \therefore y=-x+2$$
$ax^2-bxy-y^2=4$의 각 항을 x에 대하여 미분하면
$$2ax-by-bx\frac{dy}{dx}-2y\frac{dy}{dx}=0$$
$$\therefore \frac{dy}{dx}=\frac{2ax-by}{bx+2y} \ (bx\neq -2y)$$
점 $(1, 1)$에서의 접선의 기울기가 -1이므로
$$\frac{2a-b}{b+2}=-1$$
$$2a-b=-b-2$$
$$\therefore a=-1$$
이를 ㉠에 대입하여 풀면 $b=-6$
$$\therefore ab=-1\times(-6)=6$$

20 $f(x)=\cos x+x\sin x$에서
$$f'(x)=-\sin x+\sin x+x\cos x=x\cos x$$
$f'(x)=0$에서 $x\cos x=0$
$$\therefore x=\frac{\pi}{2} \text{ 또는 } x=\frac{3}{2}\pi \ (\because 0<x<2\pi)$$
$0<x<2\pi$에서 함수 $f(x)$의 증가와 감소를 표로 나타내면 다음과 같다.

x	0	$\cdots$	$\frac{\pi}{2}$	$\cdots$	$\frac{3}{2}\pi$	$\cdots$	2π
$f'(x)$		+	0	−	0	+	
$f(x)$		↗	$\frac{\pi}{2}$	↘	$-\frac{3}{2}\pi$	↗	

따라서 함수 $f(x)$가 감소하는 x의 값의 범위가
$\frac{\pi}{2}\leq x\leq\frac{3}{2}\pi$이므로 $a=\frac{\pi}{2}$, $b=\frac{3}{2}\pi$
$$\therefore b-a=\pi$$

21 $f(x)=e^{-x}+3x$에서
$$f'(x)=-e^{-x}+3$$
$f'(x)=0$에서 $-e^{-x}+3=0$
$e^{-x}=3 \qquad \therefore x=-\ln 3$
함수 $f(x)$의 증가와 감소를 표로 나타내면 다음과 같다.

x	$\cdots$	$-\ln 3$	$\cdots$
$f'(x)$	−	0	+
$f(x)$	↘	$3-3\ln 3$	↗

따라서 함수 $f(x)$는 구간 $[-\ln 3, \infty)$에서 증가하고 구간 $(-\infty, -\ln 3]$에서 감소하므로
$$a=-\ln 3$$

22 $f(x)=x+\sqrt{12-x^2}$에서 $0<x\leq 2\sqrt{3}$이고
$$f'(x)=1+\frac{-2x}{2\sqrt{12-x^2}}=1-\frac{x}{\sqrt{12-x^2}}$$
$f'(x)=0$에서
$$\frac{x}{\sqrt{12-x^2}}=1, \ \sqrt{12-x^2}=x, \ 12-x^2=x^2$$
$x^2=6 \qquad \therefore x=\sqrt{6} \ (\because 0<x\leq 2\sqrt{3})$
$0<x\leq 2\sqrt{3}$에서 함수 $f(x)$의 증가와 감소를 표로 나타내면 다음과 같다.

x	0	$\cdots$	$\sqrt{6}$	$\cdots$	$2\sqrt{3}$
$f'(x)$		+	0	−	
$f(x)$		↗	$2\sqrt{6}$	↘	$2\sqrt{3}$

따라서 함수 $f(x)$가 증가하는 구간은 $(0, \sqrt{6}]$이므로 이 구간에 속하는 모든 정수 x의 값의 합은
$$1+2=3$$

23 $f(x)=(x^2+1)e^{ax}$에서
$$f'(x)=2xe^{ax}+a(x^2+1)e^{ax}=(ax^2+2x+a)e^{ax}$$
함수 $f(x)$가 구간 $(-\infty, \infty)$에서 감소하려면 모든 실수 x에서 $f'(x)\leq 0$이어야 하므로
$$(ax^2+2x+a)e^{ax}\leq 0$$
$$\therefore ax^2+2x+a\leq 0 \ (\because e^{ax}>0)$$
따라서 $a<0$이어야 하고, 이차방정식 $ax^2+2x+a=0$의 판별식을 D라 하면 $D\leq 0$이어야 하므로
$$\frac{D}{4}=1-a^2\leq 0, \ a^2\geq 1$$
$$\therefore a\leq -1$$

24 $f(x)=e^x-ax$에서 $f'(x)=e^x-a$
함수 $f(x)$가 구간 $[0, \infty)$에서 증가하려면 $x\geq 0$에서 $f'(x)\geq 0$이어야 하므로
$e^x-a\geq 0 \qquad \therefore e^x\geq a$
그런데 $x\geq 0$에서 $e^x\geq 1$이므로
$$a\leq 1$$
따라서 a의 최댓값은 1이다.

25 $f(x)=-x+\ln(x^4+n)$에서 $f'(x)=-1+\frac{4x^3}{x^4+n}$
함수 $f(x)$가 구간 $(-\infty, \infty)$에서 감소하려면 모든 실수 x에서 $f'(x)\leq 0$이어야 하므로
$$-1+\frac{4x^3}{x^4+n}\leq 0$$
$$\frac{4x^3}{x^4+n}\leq 1, \ 4x^3\leq x^4+n \ (\because x^4+n>0)$$
$$\therefore x^4-4x^3+n\geq 0$$

$g(x)=x^4-4x^3+n$이라 하면 $g'(x)=4x^3-12x^2$

$g'(x)=0$에서 $x^2(x-3)=0$

$\therefore x=0$ 또는 $x=3$

함수 $g(x)$의 증가와 감소를 표로 나타내면 다음과 같다.

x	$\cdots$	0	$\cdots$	3	$\cdots$
$g'(x)$	$-$	0	$-$	0	$+$
$g(x)$	$\searrow$	n	$\searrow$	$n-27$ 극소	$\nearrow$

$g(x)\geq0$이려면 $n-27\geq0$ $\qquad \therefore n\geq27$

따라서 자연수 n의 최솟값은 27이다.

26 $f(x)=x^2e^x$에서

$f'(x)=2xe^x+x^2e^x=x(x+2)e^x$

$f'(x)=0$에서 $x(x+2)=0$ $(\because e^x>0)$

$\therefore x=-2$ 또는 $x=0$

함수 $f(x)$의 증가와 감소를 표로 나타내면 다음과 같다.

x	$\cdots$	-2	$\cdots$	0	$\cdots$
$f'(x)$	$+$	0	$-$	0	$+$
$f(x)$	$\nearrow$	극대	$\searrow$	극소	$\nearrow$

따라서 함수 $f(x)$는 $x=-2$에서 극대이고, $x=0$에서 극소이므로

$\alpha=-2$, $\beta=0$ $\qquad \therefore \alpha-\beta=-2$

다른 풀이

$f'(x)=(x^2+2x)e^x$이므로

$f''(x)=(2x+2)e^x+(x^2+2x)e^x=(x^2+4x+2)e^x$

$f'(x)=0$에서 $x=-2$ 또는 $x=0$

$\therefore f''(-2)=-\dfrac{2}{e^2}<0$, $f''(0)=2>0$

따라서 함수 $f(x)$는 $x=-2$에서 극대이고, $x=0$에서 극소이므로

$\alpha=-2$, $\beta=0$ $\qquad \therefore \alpha-\beta=-2$

27 $f(x)=\dfrac{x+1}{x^2+3}$에서

$f'(x)=\dfrac{(x^2+3)-(x+1)\times2x}{(x^2+3)^2}=\dfrac{-x^2-2x+3}{(x^2+3)^2}$

$f'(x)=0$에서 $-x^2-2x+3=0$

$(x+3)(x-1)=0$ $\qquad \therefore x=-3$ 또는 $x=1$

함수 $f(x)$의 증가와 감소를 표로 나타내면 다음과 같다.

x	$\cdots$	-3	$\cdots$	1	$\cdots$
$f'(x)$	$-$	0	$+$	0	$-$
$f(x)$	$\searrow$	$-\dfrac{1}{6}$ 극소	$\nearrow$	$\dfrac{1}{2}$ 극대	$\searrow$

따라서 함수 $f(x)$는 $x=1$에서 극댓값 $\dfrac{1}{2}$, $x=-3$에서 극솟값 $-\dfrac{1}{6}$을 가지므로 구하는 차는

$\dfrac{1}{2}-\left(-\dfrac{1}{6}\right)=\dfrac{2}{3}$

28 $f(x)=x+\sqrt{9-4x}$에서 $x\leq\dfrac{9}{4}$이고

$f'(x)=1+\dfrac{-4}{2\sqrt{9-4x}}$

$\qquad =1-\dfrac{2}{\sqrt{9-4x}}$

$f'(x)=0$에서

$\dfrac{2}{\sqrt{9-4x}}=1$, $\sqrt{9-4x}=2$

$9-4x=4$ $\qquad \therefore x=\dfrac{5}{4}$

$x\leq\dfrac{9}{4}$에서 함수 $f(x)$의 증가와 감소를 표로 나타내면 다음과 같다.

x	$\cdots$	$\dfrac{5}{4}$	$\cdots$	$\dfrac{9}{4}$
$f'(x)$	$+$	0	$-$	
$f(x)$	$\nearrow$	$\dfrac{13}{4}$ 극대	$\searrow$	$\dfrac{9}{4}$

따라서 함수 $f(x)$는 $x=\dfrac{5}{4}$에서 극댓값 $\dfrac{13}{4}$을 가지므로

$a=\dfrac{5}{4}$, $b=\dfrac{13}{4}$

$\therefore a+b=\dfrac{9}{2}$

29 $f(x)=e^x(\sin x-\cos x)$에서

$f'(x)=e^x(\sin x-\cos x)+e^x(\cos x+\sin x)$

$\qquad =2e^x\sin x$

$f'(x)=0$에서 $\sin x=0$ $(\because e^x>0)$

$\therefore x=\pi, 2\pi, 3\pi, \cdots$ $(\because x>0)$

$x>0$에서 함수 $f(x)$의 증가와 감소를 표로 나타내면 다음과 같다.

x	0	$\cdots$	π	$\cdots$	2π	$\cdots$	3π	$\cdots$	4π	$\cdots$
$f'(x)$		$+$	0	$-$	0	$+$	0	$-$	0	$+$	$\cdots$
$f(x)$		$\nearrow$	극대	$\searrow$	극소	$\nearrow$	극대	$\searrow$	극소	$\nearrow$

함수 $f(x)$가 극소일 때의 x의 값을 작은 것부터 차례대로 나열하면

$2\pi, 4\pi, \cdots, 2n\pi, \cdots$

따라서 $x_n=2n\pi$이므로

$x_{20}=40\pi$

30 $f(x)=(1+\sin x)\cos x$에서

$$f'(x)=\cos^2 x+(1+\sin x)\times(-\sin x)$$
$$=1-\sin^2 x-\sin x-\sin^2 x$$
$$=-2\sin^2 x-\sin x+1$$

$f'(x)=0$에서

$$-2\sin^2 x-\sin x+1=0$$
$$(\sin x+1)(2\sin x-1)=0$$

$$\sin x=-1 \text{ 또는 } \sin x=\frac{1}{2}$$

$$\therefore x=\frac{\pi}{6} \text{ 또는 } x=\frac{5}{6}\pi \text{ 또는 } x=\frac{3}{2}\pi \ (\because 0<x<2\pi)$$

$0<x<2\pi$에서 함수 $f(x)$의 증가와 감소를 표로 나타내면 다음과 같다.

x	0	$\cdots$	$\frac{\pi}{6}$	$\cdots$	$\frac{5}{6}\pi$	$\cdots$	$\frac{3}{2}\pi$	$\cdots$	2π
$f'(x)$		$+$	0	$-$	0	$+$	0	$+$	
$f(x)$		$\nearrow$	$\frac{3\sqrt{3}}{4}$ 극대	$\searrow$	$-\frac{3\sqrt{3}}{4}$ 극소	$\nearrow$	0	$\nearrow$	

따라서 함수 $f(x)$는 $x=\frac{\pi}{6}$에서 극댓값 $\frac{3\sqrt{3}}{4}$, $x=\frac{5}{6}\pi$에서 극솟값 $-\frac{3\sqrt{3}}{4}$을 가지므로 2개의 극값을 갖는다.

31 $f(x)=2n\ln x+\frac{2n+1}{x}-2n$에서 $x>0$이고

$$f'(x)=\frac{2n}{x}-\frac{2n+1}{x^2}$$

$f'(x)=0$에서

$$2nx-2n-1=0 \ (\because x>0)$$

$$\therefore x=\frac{2n+1}{2n}$$

$x>0$에서 함수 $f(x)$의 증가와 감소를 표로 나타내면 다음과 같다.

x	0	$\cdots$	$\frac{2n+1}{2n}$	$\cdots$
$f'(x)$		$-$	0	$+$
$f(x)$		$\searrow$	극소	$\nearrow$

따라서 함수 $f(x)$의 극솟값 a_n은

$$a_n=2n\ln\frac{2n+1}{2n}+\frac{2n+1}{\frac{2n+1}{2n}}-2n$$

$$=2n\ln\frac{2n+1}{2n}$$

$$\therefore \lim_{n\to\infty}a_n=\lim_{n\to\infty}\left(2n\ln\frac{2n+1}{2n}\right)$$

$$=\lim_{n\to\infty}\ln\left(1+\frac{1}{2n}\right)^{2n}$$

$$=1$$

32 $y=\ln x$에서 $y'=\frac{1}{x}$

점 $\mathrm{P}(t,\ln t)$에서의 접선의 기울기는 $\frac{1}{t}$이므로 접선의 방정식은

$$y-\ln t=\frac{1}{t}(x-t) \quad \therefore y=\frac{1}{t}x-1+\ln t$$

$y=0$을 대입하면

$$0=\frac{1}{t}x-1+\ln t, \ \frac{1}{t}x=1-\ln t$$

$$\therefore x=t-t\ln t$$

$$\therefore p(t)=t-t\ln t$$

점 $\mathrm{Q}(2t,\ln 2t)$에서의 접선의 기울기는 $\frac{1}{2t}$이므로 접선의 방정식은

$$y-\ln 2t=\frac{1}{2t}(x-2t) \quad \therefore y=\frac{1}{2t}x-1+\ln 2t$$

$y=0$을 대입하면

$$0=\frac{1}{2t}x-1+\ln 2t, \ \frac{1}{2t}x=1-\ln 2t$$

$$\therefore x=2t-2t\ln 2t$$

$$\therefore q(t)=2t-2t\ln 2t$$

$f(t)=q(t)-p(t)$에서 $t>0$이고

$$f(t)=(2t-2t\ln 2t)-(t-t\ln t)$$

$$=t-2t(\ln 2+\ln t)+t\ln t$$

$$=(1-2\ln 2)t-t\ln t$$

$$\therefore f'(t)=1-2\ln 2-\ln t-t\times\frac{1}{t}$$

$$=-2\ln 2-\ln t$$

$f'(t)=0$에서

$$-2\ln 2-\ln t=0$$

$$\ln t=\ln\frac{1}{4} \quad \therefore t=\frac{1}{4}$$

$t>0$에서 함수 $f(t)$의 증가와 감소를 표로 나타내면 다음과 같다.

t	0	$\cdots$	$\frac{1}{4}$	$\cdots$
$f'(t)$		$+$	0	$-$
$f(t)$		$\nearrow$	$\frac{1}{4}$ 극대	$\searrow$

따라서 함수 $f(t)$는 $t=\frac{1}{4}$에서 극댓값 $\frac{1}{4}$을 갖는다.

33 $f(x)=x-a\ln x$에서 $x>0$이고

$$f'(x)=1-\frac{a}{x}$$

$f'(x)=0$에서

$$1-\frac{a}{x}=0 \quad \therefore x=a$$

$x>0$에서 함수 $f(x)$의 증가와 감소를 표로 나타내면 다음과 같다.

x	0	$\cdots$	a	$\cdots$
$f'(x)$		$-$	0	$+$
$f(x)$		$\searrow$	$a-a\ln a$ 극소	$\nearrow$

따라서 함수 $f(x)$는 $x=a$에서 극소이고 극솟값은 0이므로
$a-a\ln a=0$, $\ln a=1$ $\quad\therefore a=e$

34 $f(x)=a\sin x-b\cos x$에서
$f'(x)=a\cos x+b\sin x$
$x=\dfrac{2}{3}\pi$에서 극댓값 2를 가지므로
$$f'\left(\dfrac{2}{3}\pi\right)=0,\ f\left(\dfrac{2}{3}\pi\right)=2$$
$f'\left(\dfrac{2}{3}\pi\right)=0$에서
$$-\dfrac{1}{2}a+\dfrac{\sqrt{3}}{2}b=0 \quad\therefore a-\sqrt{3}b=0 \quad\cdots\cdots\ ㉠$$
$f\left(\dfrac{2}{3}\pi\right)=2$에서
$$\dfrac{\sqrt{3}}{2}a+\dfrac{1}{2}b=2 \quad\therefore \sqrt{3}a+b=4 \quad\cdots\cdots\ ㉡$$
㉠, ㉡을 연립하여 풀면
$a=\sqrt{3},\ b=1 \quad\therefore ab=\sqrt{3}$

35 $f(x)=(ax^2+b)e^x$에서
$f'(x)=2axe^x+(ax^2+b)e^x=(ax^2+2ax+b)e^x$
$x=1$에서 극댓값 $4e$를 가지므로
$f'(1)=0,\ f(1)=4e$
$f'(1)=0$에서
$(3a+b)e=0 \quad\therefore 3a+b=0 \quad\cdots\cdots\ ㉠$
$f(1)=4e$에서
$(a+b)e=4e \quad\therefore a+b=4 \quad\cdots\cdots\ ㉡$
㉠, ㉡을 연립하여 풀면 $a=-2,\ b=6$
$\therefore f(x)=(-2x^2+6)e^x,\ f'(x)=(-2x^2-4x+6)e^x$
$f'(x)=0$에서 $-2x^2-4x+6=0\ (\because e^x>0)$
$(x+3)(x-1)=0 \quad\therefore x=-3$ 또는 $x=1$
함수 $f(x)$의 증가와 감소를 표로 나타내면 다음과 같다.

x	$\cdots$	-3	$\cdots$	1	$\cdots$
$f'(x)$	$-$	0	$+$	0	$-$
$f(x)$	$\searrow$	$-\dfrac{12}{e^3}$ 극소	$\nearrow$	$4e$ 극대	$\searrow$

따라서 함수 $f(x)$는 $x=-3$에서 극솟값 $-\dfrac{12}{e^3}$를 갖는다.

36 $f(x)=(x^2+ax+3)e^x$에서
$$f'(x)=(2x+a)e^x+(x^2+ax+3)e^x$$
$$=\{x^2+(a+2)x+a+3\}e^x$$
이때 $e^x>0$이므로 함수 $f(x)$가 극값을 갖지 않으려면 모든 실수 x에서
$x^2+(a+2)x+a+3\geq0$
따라서 이차방정식 $x^2+(a+2)x+a+3=0$의 판별식을 D라 하면 $D\leq0$이어야 하므로
$D=(a+2)^2-4(a+3)\leq0$
$a^2-8\leq0$, $(a+2\sqrt{2})(a-2\sqrt{2})\leq0$
$\therefore -2\sqrt{2}\leq a\leq2\sqrt{2}$
따라서 정수 a는 -2, -1, 0, 1, 2이므로 그 합은
$-2+(-1)+0+1+2=0$

37 $f(x)=4\ln x+\dfrac{a}{x}-x$에서 $x>0$이고
$$f'(x)=\dfrac{4}{x}-\dfrac{a}{x^2}-1=\dfrac{-x^2+4x-a}{x^2}$$
함수 $f(x)$가 $x>0$에서 극댓값과 극솟값을 모두 가지려면 이차방정식 $-x^2+4x-a=0$이 서로 다른 두 양의 실근을 가져야 한다.
(i) 이차방정식 $-x^2+4x-a=0$의 판별식을 D라 하면
$\quad D>0$이어야 하므로
$$\dfrac{D}{4}=4-a>0 \quad\therefore a<4$$
(ii) (두 근의 합)>0이어야 하므로 $4>0$
(iii) (두 근의 곱)>0이어야 하므로 $a>0$
(i), (ii), (iii)에서 a의 값의 범위는
$0<a<4$

38 $f(x)=(x^3-9x+a)e^{-x}$에서
$$f'(x)=(3x^2-9)e^{-x}-(x^3-9x+a)e^{-x}$$
$$=(-x^3+3x^2+9x-a-9)e^{-x}$$
함수 $f(x)$가 극댓값과 극솟값을 모두 가지려면 삼차방정식 $-x^3+3x^2+9x-a-9=0$이 서로 다른 세 실근을 가져야 한다.
$g(x)=-x^3+3x^2+9x-a-9$라 하면
$g'(x)=-3x^2+6x+9$
$g'(x)=0$에서
$-3x^2+6x+9=0$, $(x+1)(x-3)=0$
$\therefore x=-1$ 또는 $x=3$
이때 극값이 $g(-1)$, $g(3)$이므로
$g(-1)g(3)<0$, $(-14-a)(18-a)<0$
$(a+14)(a-18)<0 \quad\therefore -14<a<18$
따라서 정수 a의 최댓값은 17이다.

기초 문제 Training
63쪽

1 $\dfrac{2}{3}, \dfrac{2}{3}, <, \dfrac{2}{3}, >, \dfrac{2}{3}, \dfrac{2}{3}$

2 $0, 1, 0, 1, 0, -1, 1, 0$

3 $1, 1, y$축$, 0, -1, 1, -1, 0, 1, x$축

핵심 유형 Training
64~66쪽

1 3	**2** -4	**3** $\dfrac{2}{3}\pi$	**4** $-\dfrac{1}{2}$	**5** ②
6 -80	**7** ⑤	**8** ③	**9** 5	**10** ㄴ, ㄹ
11 ③	**12** $4\sqrt{2}$	**13** ④	**14** $3\sqrt{3}-\pi$	
15 $2e\sqrt{e}$	**16** 1	**17** $\dfrac{3\sqrt{3}}{8}$	**18** $3\sqrt{3}$	

1 $f(x)=\ln(x^2+2)$라 하면

$$f'(x)=\frac{2x}{x^2+2}$$

$$f''(x)=\frac{2(x^2+2)-2x\times 2x}{(x^2+2)^2}=\frac{-2(x^2-2)}{(x^2+2)^2}$$

$f''(x)=0$에서

$x^2-2=0$ $\quad$ $\therefore x=-\sqrt{2}$ 또는 $x=\sqrt{2}$

$-\sqrt{2}<x<\sqrt{2}$에서 $f''(x)>0$이므로 곡선 $y=f(x)$는 구간 $(-\sqrt{2},\ \sqrt{2})$에서 아래로 볼록하다.

따라서 구간 $(-\sqrt{2},\ \sqrt{2})$에 속하는 정수 x는 $-1, 0, 1$의 3개이다.

2 $f(x)=\dfrac{1}{2}x^2+\ln|x|$라 하면

$$f'(x)=x+\frac{1}{x}$$

$$f''(x)=1-\frac{1}{x^2}$$

$f''(x)=0$에서 $1-\dfrac{1}{x^2}=0$

$x^2=1$ $\quad$ $\therefore x=-1$ 또는 $x=1$

$x=-1$, $x=1$의 좌우에서 $f''(x)$의 부호가 바뀌므로 변곡점의 x좌표는 $-1, 1$

이때 두 변곡점에서의 접선의 기울기는

$f'(-1)=-1-1=-2,\ f'(1)=1+1=2$

따라서 구하는 곱은

$-2\times 2=-4$

3 $f(x)=(1-\cos x)^2$이라 하면

$f'(x)=2(1-\cos x)\sin x$

$\begin{aligned}
f''(x)&=2\sin^2 x+2(1-\cos x)\cos x\\
&=2\sin^2 x-2\cos^2 x+2\cos x\\
&=2(1-\cos^2 x)-2\cos^2 x+2\cos x\\
&=-4\cos^2 x+2\cos x+2\\
&=-2(2\cos^2 x-\cos x-1)
\end{aligned}$

$f''(x)=0$에서

$2\cos^2 x-\cos x-1=0$

$(2\cos x+1)(\cos x-1)=0$

$\cos x=-\dfrac{1}{2}$ 또는 $\cos x=1$

$\therefore x=\dfrac{2}{3}\pi$ 또는 $x=\dfrac{4}{3}\pi$ $(\because 0<x<2\pi)$

$x=\dfrac{2}{3}\pi$, $x=\dfrac{4}{3}\pi$의 좌우에서 $f''(x)$의 부호가 바뀌므로 변곡점의 좌표는

$\left(\dfrac{2}{3}\pi,\ \dfrac{9}{4}\right),\ \left(\dfrac{4}{3}\pi,\ \dfrac{9}{4}\right)$

따라서 두 변곡점 사이의 거리는

$\dfrac{4}{3}\pi-\dfrac{2}{3}\pi=\dfrac{2}{3}\pi$

4 $f(x)=(ax^2-1)e^{-x}$이라 하면

$\begin{aligned}
f'(x)&=2axe^{-x}-(ax^2-1)e^{-x}\\
&=(-ax^2+2ax+1)e^{-x}
\end{aligned}$

$\begin{aligned}
f''(x)&=(-2ax+2a)e^{-x}-(-ax^2+2ax+1)e^{-x}\\
&=(ax^2-4ax+2a-1)e^{-x}
\end{aligned}$

곡선 $y=f(x)$가 구간 $(-\infty,\ \infty)$에서 위로 볼록하려면 모든 실수 x에서 $f''(x)\leq 0$이어야 하므로

$ax^2-4ax+2a-1\leq 0\ (\because e^{-x}>0)$

(ⅰ) $a=0$일 때, $-1\leq 0$이므로 부등식이 성립한다.

(ⅱ) $a\neq 0$일 때,

이차방정식 $ax^2-4ax+2a-1=0$의 판별식을 D라 하면 $a<0$이고 $D\leq 0$이어야 하므로

$\dfrac{D}{4}=4a^2-a(2a-1)\leq 0$

$2a^2+a\leq 0,\ a(2a+1)\leq 0$

$\therefore -\dfrac{1}{2}\leq a<0\ (\because a<0)$

(ⅰ), (ⅱ)에서 $-\dfrac{1}{2}\leq a\leq 0$이므로 a의 최솟값은 $-\dfrac{1}{2}$이다.

5 $f(x)=\dfrac{1}{x^2+a}$이라 하면

$$f'(x)=-\dfrac{2x}{(x^2+a)^2}$$

$$f''(x)=-\dfrac{2(x^2+a)^2-2x\times2(x^2+a)\times2x}{(x^2+a)^4}$$

$$=\dfrac{6x^2-2a}{(x^2+a)^3}$$

곡선 $y=f(x)$의 변곡점의 좌표가 $(1,\,b)$이므로

$f''(1)=0$, $f(1)=b$

$f''(1)=0$에서

$$\dfrac{6-2a}{(1+a)^3}=0$$

$6-2a=0$ $\quad\therefore a=3$

$f(1)=b$에서

$$\dfrac{1}{1+a}=b \quad \therefore b=\dfrac{1}{4}\,(\because a=3)$$

$\therefore a+b=3+\dfrac{1}{4}=\dfrac{13}{4}$

6 $f(x)=x^2+ax+b\ln x$에서

$$f'(x)=2x+a+\dfrac{b}{x}$$

$$f''(x)=2-\dfrac{b}{x^2}$$

함수 $f(x)$가 $x=1$에서 극대이므로 $f'(1)=0$에서

$2+a+b=0$

$\therefore a+b=-2$ $\quad\cdots\cdots$ ㉠

곡선 $y=f(x)$의 변곡점의 x좌표가 2이므로 $f''(2)=0$에서

$2-\dfrac{b}{4}=0$ $\quad\therefore b=8$

이를 ㉠에 대입하여 풀면 $a=-10$

$\therefore ab=-10\times8=-80$

7 $f(x)=3x^4-4x^3+ax^2$이라 하면

$$f'(x)=12x^3-12x^2+2ax$$

$$f''(x)=36x^2-24x+2a$$

곡선 $y=f(x)$가 변곡점을 갖지 않으려면 모든 실수 x에서 $f''(x)\geq0$이어야 하므로

$36x^2-24x+2a\geq0$

$\therefore 18x^2-12x+a\geq0$

따라서 이차방정식 $18x^2-12x+a=0$의 판별식을 D라 하면 $D\leq0$이어야 하므로

$$\dfrac{D}{4}=36-18a\leq0$$

$18a\geq36$ $\quad\therefore a\geq2$

따라서 a의 최솟값은 2이다.

8 $f''(x)$의 부호를 표로 나타내면 다음과 같다.

x	$\cdots$	a	$\cdots$	b	$\cdots$	c	$\cdots$	d	$\cdots$	e	$\cdots$
$f''(x)$	$+$	$+$	$+$	0	$-$	$-$	$-$	0	$+$	$+$	$+$

$b<x<d$에서 $f''(x)<0$이므로 곡선 $y=f(x)$가 위로 볼록한 구간은 $(b,\,d)$이다.

9 아래 그림과 같이 a, b, c, d를 정하고 구간 $[\alpha,\,\beta]$에서 $f''(x)$의 부호를 표로 나타내면 다음과 같다.

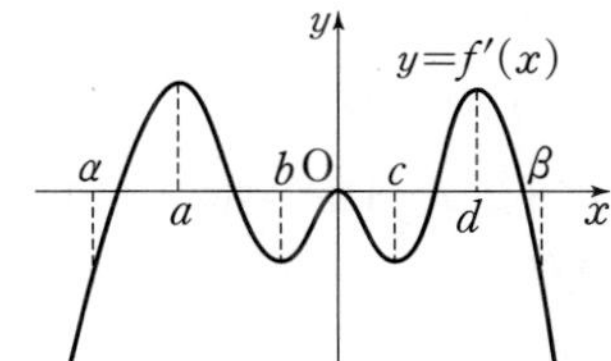

x	α	$\cdots$	a	$\cdots$	b	$\cdots$	0	$\cdots$	c	$\cdots$	d	$\cdots$	β
$f''(x)$		$+$	0	$-$	0	$+$	0	$-$	0	$+$	0	$-$	

$x=a$, $x=b$, $x=0$, $x=c$, $x=d$의 좌우에서 $f''(x)$의 부호가 바뀌므로 변곡점의 개수는 5이다.

10 $f(x)=\dfrac{3x}{x^2+1}$에서

$$f'(x)=\dfrac{3(x^2+1)-3x\times2x}{(x^2+1)^2}=\dfrac{-3x^2+3}{(x^2+1)^2}$$

$$f''(x)=\dfrac{-6x(x^2+1)^2+3(x^2-1)\times2(x^2+1)\times2x}{(x^2+1)^4}$$

$$=\dfrac{6x(x^2-3)}{(x^2+1)^3}$$

$f'(x)=0$에서

$x^2-1=0$ $\quad\therefore x=-1$ 또는 $x=1$

$f''(x)=0$에서

$x(x^2-3)=0$ $\quad\therefore x=-\sqrt{3}$ 또는 $x=0$ 또는 $x=\sqrt{3}$

함수 $f(x)$의 증가와 감소, 오목과 볼록을 표로 나타내면 다음과 같다.

x	$\cdots$	$-\sqrt{3}$	$\cdots$	-1	$\cdots$	0	$\cdots$	1	$\cdots$	$\sqrt{3}$	$\cdots$
$f'(x)$	$-$	$-$	$-$	0	$+$	$+$	$+$	0	$-$	$-$	$-$
$f''(x)$	$-$	0	$+$	$+$	$+$	0	$-$	$-$	$-$	0	$+$
$f(x)$	$\searrow$	$-\dfrac{3\sqrt{3}}{4}$ 변곡점	$\searrow$	$-\dfrac{3}{2}$ 극소	$\nearrow$	0 변곡점	$\nearrow$	$\dfrac{3}{2}$ 극대	$\searrow$	$\dfrac{3\sqrt{3}}{4}$ 변곡점	$\searrow$

또 $\displaystyle\lim_{x\to\infty}f(x)=0$,

$\displaystyle\lim_{x\to-\infty}f(x)=0$이므로 함수 $y=f(x)$의 그래프는 오른쪽 그림과 같다.

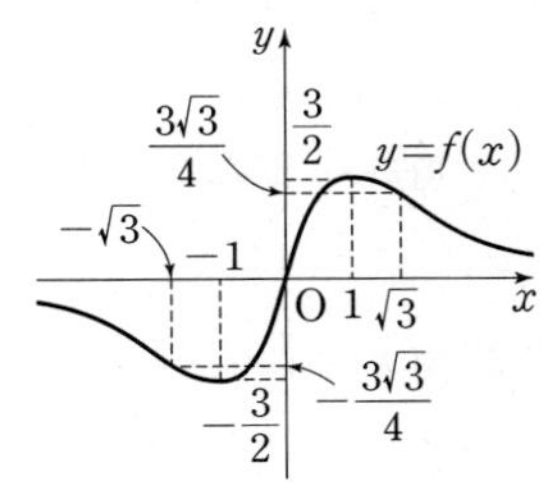

ㄱ. 함수 $f(x)$는 $x=1$에서 극대이다.

ㄴ. $f(-x)=\dfrac{-3x}{(-x)^2+1}=-\dfrac{3x}{x^2+1}=-f(x)$이므로 함수 $y=f(x)$의 그래프는 원점에 대하여 대칭이다.

ㄷ. $0<x<\sqrt{3}$에서 $f''(x)<0$이므로 함수 $y=f(x)$의 그래프는 구간 $(0,\sqrt{3})$에서 위로 볼록하다.

ㄹ. 함수 $y=f(x)$의 그래프의 변곡점은 점 $\left(-\sqrt{3},\ -\dfrac{3\sqrt{3}}{4}\right)$, 점 $(0,0)$, 점 $\left(\sqrt{3},\ \dfrac{3\sqrt{3}}{4}\right)$의 3개이다.

따라서 보기 중 옳은 것은 ㄴ, ㄹ이다.

11 $f(x)=(x-1)e^{2x}$에서
$f'(x)=e^{2x}+2(x-1)e^{2x}=(2x-1)e^{2x}$
$f''(x)=2e^{2x}+2(2x-1)e^{2x}=4xe^{2x}$
$f'(x)=0$에서
$2x-1=0\ (\because e^{2x}>0)\qquad\therefore x=\dfrac{1}{2}$
$f''(x)=0$에서 $x=0\ (\because e^{2x}>0)$

함수 $f(x)$의 증가와 감소, 오목과 볼록을 표로 나타내면 다음과 같다.

x	$\cdots$	0	$\cdots$	$\dfrac{1}{2}$	$\cdots$
$f'(x)$	$-$	$-$	$-$	0	$+$
$f''(x)$	$-$	0	$+$	$+$	$+$
$f(x)$	↘	-1 변곡점	↘	$-\dfrac{e}{2}$ 극소	↗

또 $\displaystyle\lim_{x\to\infty}f(x)=\infty$,
$\displaystyle\lim_{x\to-\infty}f(x)=0$이므로 함수
$y=f(x)$의 그래프는 오른쪽 그림과 같다.

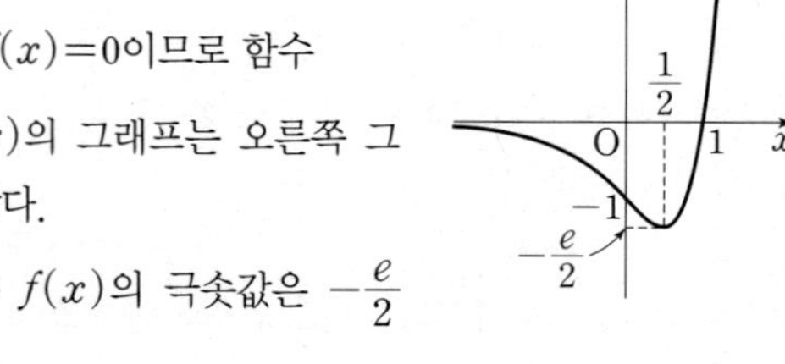

① 함수 $f(x)$의 극솟값은 $-\dfrac{e}{2}$ 이다.

② 함수 $f(x)$의 치역은 $\left\{y\,\middle|\,y\geq-\dfrac{e}{2}\right\}$이다.

③ 함수 $y=f(x)$의 그래프의 변곡점은 점 $(0,\ -1)$의 1개이다.

④ 함수 $y=f(x)$의 그래프의 점근선은 x축이므로 점근선의 방정식은 $y=0$이다.

⑤ $x<0$에서 $f''(x)<0$이므로 함수 $y=f(x)$의 그래프는 구간 $(-\infty,\ 0)$에서 위로 볼록하다.

따라서 옳지 않은 것은 ③이다.

12 $f(x)=\sqrt{x}+\sqrt{4-x}$에서 $0\leq x\leq4$이고
$f'(x)=\dfrac{1}{2\sqrt{x}}-\dfrac{1}{2\sqrt{4-x}}$

$f'(x)=0$에서 $\dfrac{1}{2\sqrt{x}}-\dfrac{1}{2\sqrt{4-x}}=0$, $\dfrac{1}{\sqrt{x}}=\dfrac{1}{\sqrt{4-x}}$
$\sqrt{x}=\sqrt{4-x}$, $x=4-x\qquad\therefore x=2$
$0\leq x\leq4$에서 함수 $f(x)$의 증가와 감소를 표로 나타내면 다음과 같다.

x	0	$\cdots$	2	$\cdots$	4
$f'(x)$		$+$	0	$-$	
$f(x)$	2	↗	$2\sqrt{2}$ 극대	↘	2

따라서 함수 $f(x)$의 최댓값은 $2\sqrt{2}$, 최솟값은 2이므로 구하는 곱은 $2\sqrt{2}\times2=4\sqrt{2}$

13 $f(x)=x\ln x-2x$에서
$f'(x)=\ln x+x\times\dfrac{1}{x}-2=\ln x-1$
$f'(x)=0$에서 $\ln x-1=0$, $\ln x=1\qquad\therefore x=e$
구간 $[1,\ e^2]$에서 함수 $f(x)$의 증가와 감소를 표로 나타내면 다음과 같다.

x	1	$\cdots$	e	$\cdots$	e^2
$f'(x)$		$-$	0	$+$	
$f(x)$	-2	↘	$-e$ 극소	↗	0

따라서 함수 $f(x)$는 $x=e^2$에서 최대이고, $x=e$에서 최소이므로
$\alpha=e^2$, $\beta=e\qquad\therefore\dfrac{\alpha}{\beta}=e$

14 $f(x)=2a\sin x-ax$에서
$f'(x)=2a\cos x-a=a(2\cos x-1)$
$f'(x)=0$에서
$2\cos x-1=0$, $\cos x=\dfrac{1}{2}\qquad\therefore x=\dfrac{\pi}{3}\ (\because 0\leq x\leq\pi)$
구간 $[0,\ \pi]$에서 함수 $f(x)$의 증가와 감소를 표로 나타내면 다음과 같다.

x	0	$\cdots$	$\dfrac{\pi}{3}$	$\cdots$	π
$f'(x)$		$+$	0	$-$	
$f(x)$	0	↗	$a\left(\sqrt{3}-\dfrac{\pi}{3}\right)$ 극대	↘	$-a\pi$

함수 $f(x)$의 최솟값은 $-a\pi$이므로
$-a\pi=-3\pi\qquad\therefore a=3$
따라서 함수 $f(x)$는 $x=\dfrac{\pi}{3}$에서 최대이므로 구하는 최댓값은
$3\left(\sqrt{3}-\dfrac{\pi}{3}\right)=3\sqrt{3}-\pi$

15 $\dfrac{1}{2}\sin x+1=t$로 놓으면 $-1\leq\sin x\leq1$에서

$\dfrac{1}{2}\leq\dfrac{1}{2}\sin x+1\leq\dfrac{3}{2}$ $\therefore \dfrac{1}{2}\leq t\leq\dfrac{3}{2}$

주어진 함수 $f(x)$를 t에 대한 함수 $g(t)$로 나타내면

$g(t)=\dfrac{2e^t}{2t}=\dfrac{e^t}{t}$

$\therefore g'(t)=\dfrac{e^t\times t-e^t}{t^2}=\dfrac{(t-1)e^t}{t^2}$

$g'(t)=0$에서 $t=1$ $(\because e^t>0)$

$\dfrac{1}{2}\leq t\leq\dfrac{3}{2}$에서 함수 $g(t)$의 증가와 감소를 표로 나타내면 다음과 같다.

t	$\dfrac{1}{2}$	$\cdots$	1	$\cdots$	$\dfrac{3}{2}$
$g'(t)$		$-$	0	$+$	
$g(t)$	$2\sqrt{e}$	$\searrow$	e 극소	$\nearrow$	$\dfrac{2}{3}e\sqrt{e}$

따라서 함수 $g(t)$의 최댓값은 $2\sqrt{e}$, 최솟값은 e이므로

$M=2\sqrt{e},\ m=e$ $\therefore Mm=2e\sqrt{e}$

16 $P(a,\ e^a)$, $Q(a,\ a)$이므로

$\overline{PQ}=e^a-a$

$l(a)=e^a-a$라 하면

$l'(a)=e^a-1$

$l'(a)=0$에서 $e^a-1=0$, $e^a=1$ $\therefore a=0$

함수 $l(a)$의 증가와 감소를 표로 나타내면 다음과 같다.

a	$\cdots$	0	$\cdots$
$l'(a)$	$-$	0	$+$
$l(a)$	$\searrow$	1 극소	$\nearrow$

따라서 길이 $l(a)$의 최솟값은 1이다.

17 선분 BP를 그으면 삼각형 ABP에서 $\overline{AP}\perp\overline{BP}$이고

$\overline{AB}\perp\overline{PQ}$이므로

$\overline{PQ}^2=\overline{AQ}\times\overline{BQ}$

이때 $\overline{AQ}=x\,(0<x<2)$라 하면

$\overline{PQ}^2=x(2-x)$ $\therefore \overline{PQ}=\sqrt{x(2-x)}=\sqrt{2x-x^2}$

삼각형 AQP의 넓이를 $S(x)$라 하면

$S(x)=\dfrac{1}{2}x\sqrt{2x-x^2}$

$\therefore S'(x)=\dfrac{1}{2}\sqrt{2x-x^2}+\dfrac{1}{2}x\times\dfrac{2-2x}{2\sqrt{2x-x^2}}=\dfrac{x(3-2x)}{2\sqrt{2x-x^2}}$

$S'(x)=0$에서 $x(3-2x)=0$

$\therefore x=\dfrac{3}{2}$ $(\because 0<x<2)$

$0<x<2$에서 함수 $S(x)$의 증가와 감소를 표로 나타내면 다음과 같다.

x	0	$\cdots$	$\dfrac{3}{2}$	$\cdots$	2
$S'(x)$		$+$	0	$-$	
$S(x)$		$\nearrow$	$\dfrac{3\sqrt{3}}{8}$ 극대	$\searrow$	

따라서 넓이 $S(x)$의 최댓값은 $\dfrac{3\sqrt{3}}{8}$이다.

18 다음 그림과 같이 선분 AB의 중점을 O, $\angle AOD=\theta$ $\left(0<\theta<\dfrac{\pi}{2}\right)$라 하고, 점 D에서 선분 AO에 내린 수선의 발을 E라 하자.

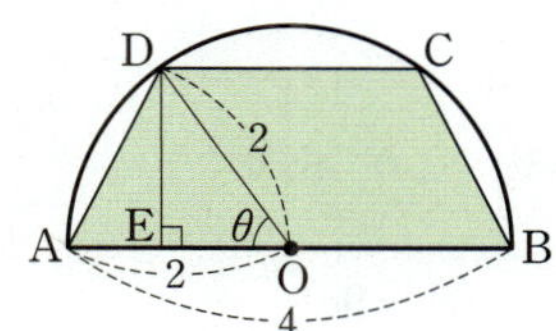

$\overline{OD}=\overline{OA}=2$이므로 직각삼각형 ODE에서

$\overline{DE}=2\sin\theta$, $\overline{OE}=2\cos\theta$

$\therefore \overline{CD}=2\overline{OE}=4\cos\theta$

사다리꼴 ABCD의 넓이를 $S(\theta)$라 하면

$S(\theta)=\dfrac{1}{2}(\overline{AB}+\overline{CD})\times\overline{DE}$

$\qquad=\dfrac{1}{2}(4+4\cos\theta)\times2\sin\theta=4(1+\cos\theta)\sin\theta$

$\therefore S'(\theta)=-4\sin^2\theta+4(1+\cos\theta)\cos\theta$

$\qquad=-4\sin^2\theta+4\cos^2\theta+4\cos\theta$

$\qquad=-4(1-\cos^2\theta)+4\cos^2\theta+4\cos\theta$

$\qquad=8\cos^2\theta+4\cos\theta-4$

$\qquad=4(2\cos^2\theta+\cos\theta-1)$

$S'(\theta)=0$에서 $2\cos^2\theta+\cos\theta-1=0$

$(\cos\theta+1)(2\cos\theta-1)=0$

$\cos\theta=-1$ 또는 $\cos\theta=\dfrac{1}{2}$

$\therefore \theta=\dfrac{\pi}{3}$ $\left(\because 0<\theta<\dfrac{\pi}{2}\right)$

$0<\theta<\dfrac{\pi}{2}$에서 함수 $S(\theta)$의 증가와 감소를 표로 나타내면 다음과 같다.

θ	0	$\cdots$	$\dfrac{\pi}{3}$	$\cdots$	$\dfrac{\pi}{2}$
$S'(\theta)$		$+$	0	$-$	
$S(\theta)$		$\nearrow$	$3\sqrt{3}$ 극대	$\searrow$	

따라서 넓이 $S(\theta)$의 최댓값은 $3\sqrt{3}$이다.

기초 문제 Training

67쪽

1 (1)

x	0	$\cdots$	1	$\cdots$
$f'(x)$		$-$	0	$+$
$f(x)$		$\searrow$	0	$\nearrow$

(2) 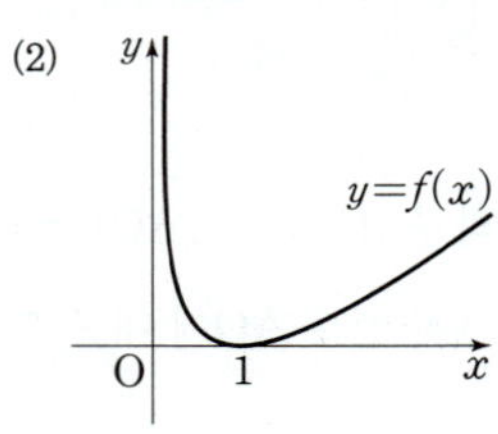

(3) 1

2 0, 0, $-$, $+$, $\searrow$, 0, $\nearrow$, 0

3 (1) $-3e^3$ (2) $-9e^3$

4 (1) $(2, 7)$ (2) $\sqrt{53}$ (3) $(0, 2)$ (4) 2

5 (1) $(0, 3)$ (2) 3 (3) $(4, 6)$ (4) $2\sqrt{13}$

핵심 유형 Training

68~70쪽

1 2	**2** ④	**3** ③	**4** $0<a\le1$	
5 ②	**6** 6	**7** 1	**8** ①	**9** $2e$
10 ①	**11** ③	**12** $\dfrac{\sqrt{3}}{3}$	**13** 4	**14** 1
15 ③	**16** 4	**17** $(4, 0)$	**18** ②	**19** ④

1 $f(x)=e^{2x}+e^{-2x}-4$라 하면

$f'(x)=2e^{2x}-2e^{-2x}$

$f'(x)=0$에서

$2e^{2x}-2e^{-2x}=0$, $e^{2x}=e^{-2x}$ $\therefore x=0$

함수 $f(x)$의 증가와 감소를 표로 나타내면 다음과 같다.

x	$\cdots$	0	$\cdots$
$f'(x)$	$-$	0	$+$
$f(x)$	$\searrow$	-2 극소	$\nearrow$

$\displaystyle\lim_{x\to\infty} f(x)=\infty$, $\displaystyle\lim_{x\to-\infty} f(x)=\infty$
이므로 함수 $y=f(x)$의 그래프
는 오른쪽 그림과 같이 x축과 서
로 다른 두 점에서 만난다.
따라서 주어진 방정식의 서로 다
른 실근의 개수는 2이다.

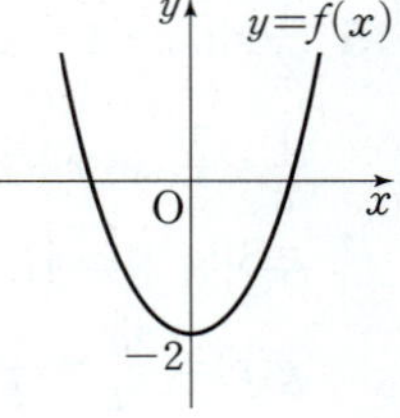

2 $f(x)=\sin x-x$라 하면

$f'(x)=\cos x-1$

이때 $-1\le\cos x\le1$이므로 $f'(x)\le0$

즉, 함수 $f(x)$는 실수 전체의 집합에서 감소한다.

이때 $f(-\pi)=\pi$, $f(0)=0$,
$f(\pi)=-\pi$이므로 함수
$y=f(x)$의 그래프는 오른쪽 그
림과 같이 x축과 한 점에서 만
난다.

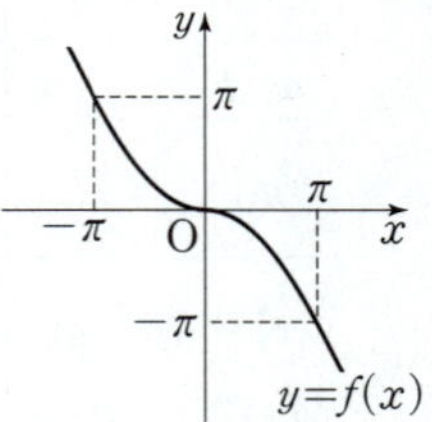

따라서 방정식 $\sin x-x=0$의
서로 다른 실근의 개수는 1이다.

$\therefore a=1$

$g(x)=\ln x-3x+4$라 하면 $x>0$이고

$g'(x)=\dfrac{1}{x}-3$

$g'(x)=0$에서 $\dfrac{1}{x}-3=0$ $\therefore x=\dfrac{1}{3}$

$x>0$에서 함수 $g(x)$의 증가와 감소를 표로 나타내면 다음과 같다.

x	0	$\cdots$	$\dfrac{1}{3}$	$\cdots$
$g'(x)$		$+$	0	$-$
$g(x)$		$\nearrow$	$3-\ln 3$ 극대	$\searrow$

$\displaystyle\lim_{x\to0+} g(x)=-\infty$,
$\displaystyle\lim_{x\to\infty} g(x)=-\infty$이므로 함수
$y=g(x)$의 그래프는 오른쪽 그림
과 같이 x축과 서로 다른 두 점에
서 만난다.

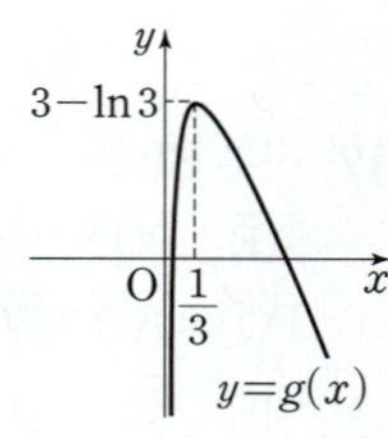

따라서 방정식 $\ln x-3x+4=0$의 서로 다른 실근의 개수
는 2이다.

$\therefore b=2$

$\therefore a+b=1+2=3$

3 $f(x)=x^3e^{-x}$이라 하면

$f'(x)=3x^2e^{-x}-x^3e^{-x}=(3x^2-x^3)e^{-x}$

$f'(x)=0$에서 $3x^2-x^3=0$ $(\because e^{-x}>0)$

$x^2(3-x)=0$ $\qquad \therefore x=0$ 또는 $x=3$

함수 $f(x)$의 증가와 감소를 표로 나타내면 다음과 같다.

x	$\cdots$	0	$\cdots$	3	$\cdots$
$f'(x)$	$+$	0	$+$	0	$-$
$f(x)$	$\nearrow$	0	$\nearrow$	$\dfrac{27}{e^3}$ 극대	$\searrow$

$\lim\limits_{x\to\infty}f(x)=0$, $\lim\limits_{x\to-\infty}f(x)=-\infty$이므로 함수 $y=f(x)$의 그래프는 다음 그림과 같다.

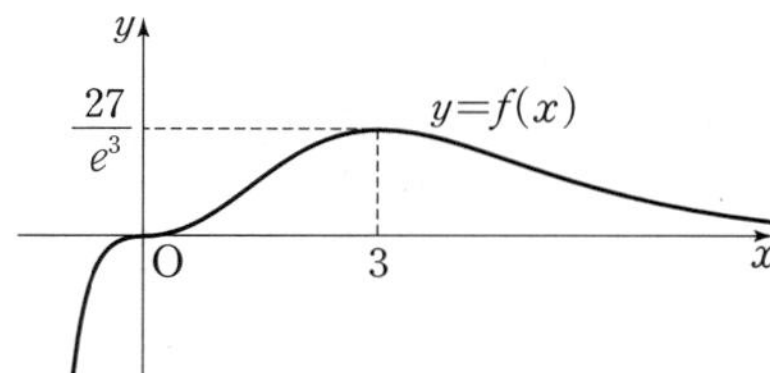

함수 $y=|f(x)|$의 그래프는 함수 $y=f(x)$의 그래프에서 x축보다 아래쪽에 있는 부분을 x축에 대하여 대칭이동한 것과 같으므로 직선 $y=1$을 그어 보면 다음 그림과 같다.

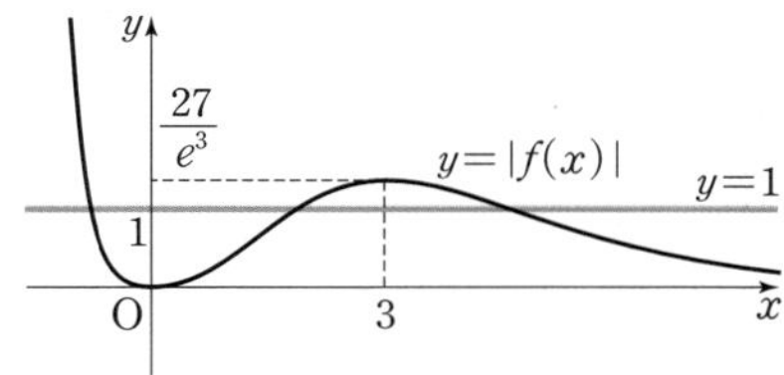

따라서 함수 $y=|f(x)|$의 그래프와 직선 $y=1$은 서로 다른 세 점에서 만나므로 주어진 방정식의 서로 다른 실근의 개수는 3이다.

4 주어진 방정식에서 $x-2\sqrt{x-1}=a$이므로 이 방정식이 서로 다른 두 실근을 가지려면 함수 $y=x-2\sqrt{x-1}$의 그래프와 직선 $y=a$가 서로 다른 두 점에서 만나야 한다.

$f(x)=x-2\sqrt{x-1}$이라 하면 $x\geq1$이고

$f'(x)=1-\dfrac{1}{\sqrt{x-1}}$

$f'(x)=0$에서 $1-\dfrac{1}{\sqrt{x-1}}=0$, $\sqrt{x-1}=1$

$x-1=1$ $\qquad \therefore x=2$

$x\geq1$에서 함수 $f(x)$의 증가와 감소를 표로 나타내면 다음과 같다.

x	1	$\cdots$	2	$\cdots$
$f'(x)$		$-$	0	$+$
$f(x)$	1	$\searrow$	0 극소	$\nearrow$

$\lim\limits_{x\to\infty}f(x)=\infty$이므로 함수 $y=f(x)$의 그래프는 오른쪽 그림과 같고, 교점이 2개가 되도록 직선 $y=a$를 그어 보면 구하는 a의 값의 범위는 $0<a\leq1$

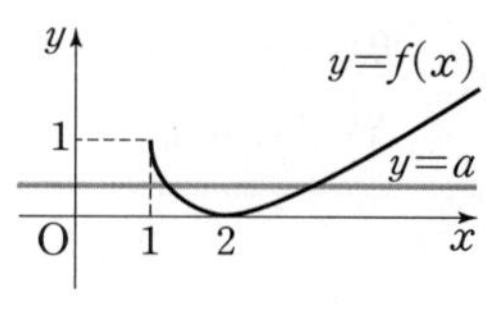

5 주어진 방정식에서 $\ln x-\dfrac{1}{2}x^2=a$이므로 이 방정식이 오직 한 실근을 가지려면 함수 $y=\ln x-\dfrac{1}{2}x^2$의 그래프와 직선 $y=a$가 오직 한 점에서 만나야 한다.

$f(x)=\ln x-\dfrac{1}{2}x^2$이라 하면 $x>0$이고

$f'(x)=\dfrac{1}{x}-x$

$f'(x)=0$에서

$\dfrac{1}{x}-x=0$, $\dfrac{1}{x}=x$

$x^2=1$ $\qquad \therefore x=1$ $(\because x>0)$

$x>0$에서 함수 $f(x)$의 증가와 감소를 표로 나타내면 다음과 같다.

x	0	$\cdots$	1	$\cdots$
$f'(x)$		$+$	0	$-$
$f(x)$		$\nearrow$	$-\dfrac{1}{2}$ 극대	$\searrow$

$\lim\limits_{x\to0+}f(x)=-\infty$, $\lim\limits_{x\to\infty}f(x)=-\infty$이므로 함수 $y=f(x)$의 그래프는 오른쪽 그림과 같고, 교점이 1개가 되도록 직선 $y=a$를 그어 보면 구하는 a의 값은 $-\dfrac{1}{2}$이다.

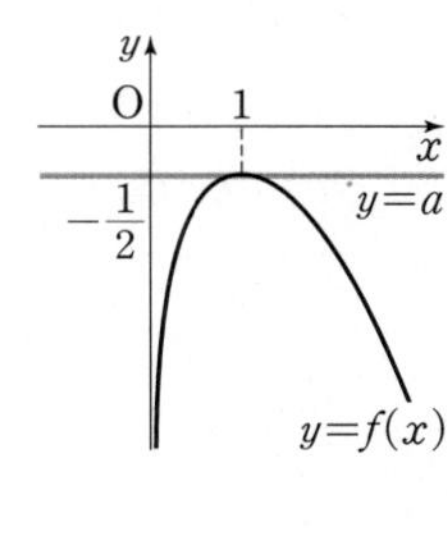

6 주어진 방정식에서 $x\cos x-\sin x=-a$이므로 이 방정식이 서로 다른 두 실근을 가지려면 함수 $y=x\cos x-\sin x$의 그래프와 직선 $y=-a$가 서로 다른 두 점에서 만나야 한다.

$f(x)=x\cos x-\sin x$라 하면

$f'(x)=\cos x-x\sin x-\cos x$

$\qquad =-x\sin x$

$f'(x)=0$에서 $x\sin x=0$

$\therefore x=0$ 또는 $x=\pi$ 또는 $x=2\pi$ $(\because 0\leq x\leq2\pi)$

$0 \leq x \leq 2\pi$에서 함수 $f(x)$의 증가와 감소를 표로 나타내면 다음과 같다.

x	0	$\cdots$	π	$\cdots$	2π
$f'(x)$		$-$	0	$+$	
$f(x)$	0	$\searrow$	$-\pi$ 극소	$\nearrow$	2π

함수 $y=f(x)$의 그래프는 오른쪽 그림과 같고, 교점이 2개가 되도록 직선 $y=-a$를 그어 보면 a의 값의 범위는

$-\pi < -a \leq 0 \qquad \therefore 0 \leq a < \pi$

따라서 정수 a는 0, 1, 2, 3이므로 구하는 합은

$0+1+2+3=6$

7 주어진 방정식이 서로 다른 세 실근을 가지려면 함수 $y=e^{|x|}-3|x|$의 그래프와 직선 $y=a$가 서로 다른 세 점에서 만나야 한다.

$f(x)=e^{|x|}-3|x|$라 하면

(ⅰ) $x \geq 0$일 때, $f(x)=e^x-3x$이므로

$\qquad f'(x)=e^x-3$

$\qquad f'(x)=0$에서

$\qquad e^x-3=0,\ e^x=3 \qquad \therefore x=\ln 3$

(ⅱ) $x < 0$일 때, $f(x)=e^{-x}+3x$이므로

$\qquad f'(x)=-e^{-x}+3$

$\qquad f'(x)=0$에서

$\qquad -e^{-x}+3=0,\ e^{-x}=3 \qquad \therefore x=-\ln 3$

함수 $f(x)$의 증가와 감소를 표로 나타내면 다음과 같다.

x	$\cdots$	$-\ln 3$	$\cdots$	0	$\cdots$	$\ln 3$	$\cdots$
$f'(x)$	$-$	0	$+$		$-$	0	$+$
$f(x)$	$\searrow$	$3-3\ln 3$ 극소	$\nearrow$	1 극대	$\searrow$	$3-3\ln 3$ 극소	$\nearrow$

$\displaystyle\lim_{x \to \infty} f(x)=\infty$,

$\displaystyle\lim_{x \to -\infty} f(x)=\infty$이므로 함수 $y=f(x)$의 그래프는 오른쪽 그림과 같고, 교점이 3개가 되도록 직선 $y=a$를 그어 보면 구하는 a의 값은 1이다.

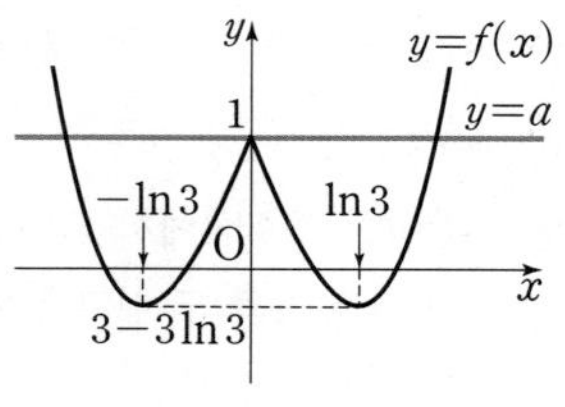

8 $f(x)=\ln(x^2+4x+7)-a$라 하면

$\qquad f'(x)=\dfrac{2x+4}{x^2+4x+7}$

$\qquad f'(x)=0$에서 $2x+4=0 \qquad \therefore x=-2$

함수 $f(x)$의 증가와 감소를 표로 나타내면 다음과 같다.

x	$\cdots$	-2	$\cdots$
$f'(x)$	$-$	0	$+$
$f(x)$	$\searrow$	$\ln 3 - a$ 극소	$\nearrow$

따라서 함수 $f(x)$의 최솟값은 $\ln 3-a$이므로 모든 실수 x에 대하여 $f(x) \geq 0$이 성립하려면

$\ln 3 - a \geq 0 \qquad \therefore a \leq \ln 3$

9 $2e^x+x\ln x > a$에서 $2e^x+x\ln x-a > 0$

$f(x)=2e^x+x\ln x-a$라 하면

$f'(x)=2e^x+\ln x+x \times \dfrac{1}{x}=2e^x+\ln x+1$

$x > 1$일 때, $e^x > 0$, $\ln x > 0$에서 $f'(x) > 0$이므로 함수 $f(x)$는 $x > 1$에서 증가한다.

따라서 $x > 1$일 때, $f(x) > 0$이 성립하려면 $f(1) \geq 0$이어야 하므로

$2e-a \geq 0 \qquad \therefore a \leq 2e$

따라서 a의 최댓값은 $2e$이다.

10 $ax \leq e^x \leq bx$에서 $1 \leq x \leq 2$이므로 $a \leq \dfrac{e^x}{x} \leq b$

$f(x)=\dfrac{e^x}{x}$이라 하면

$f'(x)=\dfrac{xe^x-e^x}{x^2}=\dfrac{(x-1)e^x}{x^2}$

$f'(x)=0$에서 $x-1=0\ (\because e^x > 0) \qquad \therefore x=1$

$1 \leq x \leq 2$에서 함수 $f(x)$의 증가와 감소를 표로 나타내면 다음과 같다.

x	1	$\cdots$	2
$f'(x)$		$+$	
$f(x)$	e	$\nearrow$	$\dfrac{e^2}{2}$

따라서 함수 $f(x)$는 $1 \leq x \leq 2$에서 증가하므로

$e \leq f(x) \leq \dfrac{e^2}{2} \qquad \therefore e \leq \dfrac{e^x}{x} \leq \dfrac{e^2}{2}$

따라서 $a \leq e$, $b \geq \dfrac{e^2}{2}$이므로 $b-a$의 최솟값은

$\dfrac{e^2}{2}-e=e\left(\dfrac{e}{2}-1\right)$

11 시각 t에서의 점 P의 속도를 v라 하면

$v=\dfrac{dx}{dt}=\cos t - k\sin t$

$t=\dfrac{\pi}{4}$에서의 점 P의 속도가 $\dfrac{\sqrt{2}}{4}$이므로 $v=\dfrac{\sqrt{2}}{4}$에서

$\dfrac{\sqrt{2}}{2}-\dfrac{\sqrt{2}}{2}k=\dfrac{\sqrt{2}}{4},\ \dfrac{\sqrt{2}}{2}k=\dfrac{\sqrt{2}}{4} \qquad \therefore k=\dfrac{1}{2}$

따라서 $x=\sin t+\dfrac{1}{2}\cos t$이므로 $t=\dfrac{\pi}{4}$에서의 점 P의 위치는

$$x=\dfrac{\sqrt{2}}{2}+\dfrac{\sqrt{2}}{4}=\dfrac{3\sqrt{2}}{4}$$

12 시각 t에서의 점 P의 속도를 v, 가속도를 a라 하면

$$v=\dfrac{dx}{dt}=\dfrac{k}{3}\cos\dfrac{t}{3},\ a=\dfrac{dv}{dt}=-\dfrac{k}{9}\sin\dfrac{t}{3}$$

$t=2\pi$에서의 점 P의 속도가 1이므로 $v=1$에서

$$\dfrac{k}{3}\times\left(-\dfrac{1}{2}\right)=1,\ -\dfrac{k}{6}=1\qquad\therefore k=-6$$

따라서 $a=\dfrac{2}{3}\sin\dfrac{t}{3}$이므로 $t=2\pi$에서의 점 P의 가속도는

$$a=\dfrac{2}{3}\times\dfrac{\sqrt{3}}{2}=\dfrac{\sqrt{3}}{3}$$

13 시각 t에서의 점 P의 속도를 v, 가속도를 a라 하면

$$v=\dfrac{dx}{dt}=\dfrac{2t}{t^2+16}$$

$$a=\dfrac{dv}{dt}=\dfrac{2(t^2+16)-2t\times 2t}{(t^2+16)^2}=\dfrac{-2(t^2-16)}{(t^2+16)^2}$$

점 P의 가속도가 0이므로 $a=0$에서

$$t^2-16=0\qquad\therefore t=4\ (\because t>0)$$

14 $\dfrac{dx}{dt}=\sqrt{7}$, $\dfrac{dy}{dt}=2t+1$이므로 시각 t에서의 점 P의 속도는 $(\sqrt{7},\ 2t+1)$

시각 t에서의 점 P의 속력은

$$\sqrt{(\sqrt{7})^2+(2t+1)^2}=\sqrt{4t^2+4t+8}$$

즉, $\sqrt{4t^2+4t+8}=4$이므로

$$4t^2+4t+8=16,\ 4(t-1)(t+2)=0$$

$$\therefore t=1\ (\because t>0)$$

15 $\dfrac{dx}{dt}=ae^t$, $\dfrac{dy}{dt}=e^t+te^t=(1+t)e^t$이므로

$$\dfrac{d^2x}{dt^2}=ae^t,\ \dfrac{d^2y}{dt^2}=e^t+(1+t)e^t=(2+t)e^t$$

시각 t에서의 점 P의 가속도는 $(ae^t,\ (2+t)e^t)$

따라서 $t=1$에서의 점 P의 가속도는 $(ae,\ 3e)$이므로 가속도의 크기는 $\sqrt{(ae)^2+(3e)^2}=e\sqrt{a^2+9}$

즉, $e\sqrt{a^2+9}=5e$이므로

$$\sqrt{a^2+9}=5,\ a^2=16\qquad\therefore a=4\ (\because a>0)$$

16 $\dfrac{dx}{dt}=4$, $\dfrac{dy}{dt}=2t-2$이므로 시각 t에서의 점 P의 속도는 $(4,\ 2t-2)$

시각 t에서의 점 P의 속력은

$$\sqrt{4^2+(2t-2)^2}=2\sqrt{(t-1)^2+4}$$

따라서 $t=1$일 때 최솟값 4를 갖는다.

17 $\dfrac{dx}{dt}=2(1-\cos t)$, $\dfrac{dy}{dt}=2\sin t$이므로 시각 t에서의 점 P의 속도는

$$(2(1-\cos t),\ 2\sin t)$$

시각 t에서의 점 P의 속력은

$$\sqrt{\{2(1-\cos t)\}^2+(2\sin t)^2}$$
$$=2\sqrt{1-2\cos t+\cos^2 t+\sin^2 t}$$
$$=2\sqrt{2-2\cos t}$$

이때 $0\le t\le 2\pi$에서 $-1\le\cos t\le 1$이므로 $\cos t=-1$일 때 속력이 최대이다.

$\cos t=-1$에서 $t=\pi\ (\because 0\le t\le 2\pi)$

따라서 $t=\pi$에서의 점 P의 속도는 $(4,\ 0)$

18 원점을 출발한 지 t초 후의 두 점 A, B의 좌표는 각각

$$A(3t,\ 0),\ B(0,\ 6t)$$

이때 선분 AB를 $2:1$로 내분하는 점 P의 좌표를 $(x,\ y)$라 하면

$$x=\dfrac{2\times 0+1\times 3t}{2+1}=t$$

$$y=\dfrac{2\times 6t+1\times 0}{2+1}=4t$$

$$\therefore \mathrm{P}(t,\ 4t)$$

이때 $\dfrac{dx}{dt}=1$, $\dfrac{dy}{dt}=4$이므로 시각 t에서의 점 P의 속도는 $(1,\ 4)$

따라서 시각 t에서의 점 P의 속력은

$$\sqrt{1^2+4^2}=\sqrt{17}$$

19 오른쪽 그림과 같이 t초 후에 지면과 닿은 사다리의 끝에서 벽까지의 거리를 $x\,\mathrm{m}$, 벽에 닿은 사다리의 끝부터 지면까지의 거리를 $y\,\mathrm{m}$라 하면

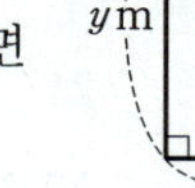

$$x^2+y^2=10^2$$

각 항을 t에 대하여 미분하면

$$2x\dfrac{dx}{dt}+2y\dfrac{dy}{dt}=0$$

이때 $\dfrac{dx}{dt}=0.3$이므로

$$0.6x+2y\dfrac{dy}{dt}=0$$

$$\therefore \dfrac{dy}{dt}=-\dfrac{0.3x}{y}\ (y\ne 0)$$

$x=8$일 때, $y=6$이므로

$$\dfrac{dy}{dt}=-\dfrac{0.3\times 8}{6}=-0.4$$

따라서 벽에 닿은 사다리의 끝이 아래로 내려오는 속력은 $0.4\,\mathrm{m/s}$이다.

기초 문제 Training

1 (1) $-\dfrac{1}{3x^3}+C$ (2) $\dfrac{2}{7}x^3\sqrt{x}+C$

  (3) $2\sqrt{x}+C$ (4) $3\ln|x|+C$

2 (1) $e^{x+3}+C$ (2) $\dfrac{8^x}{\ln 8}+C$

  (3) $-\cos x+\cot x+C$ (4) $\tan x-2\sec x+C$

3 (1) $\dfrac{1}{12}(2x+1)^6+C$ (2) $\dfrac{1}{5}e^{5x-2}+C$

4 (가) $-\cos x$ (나) $(-1)\,dt$ (다) $-t$ (라) $-\dfrac{1}{2}(1-\sin x)^2$

5 (가) $\ln x$ (나) $\dfrac{1}{x}$ (다) $\dfrac{1}{2}x^2\ln x-\dfrac{1}{4}x^2$

핵심 유형 Training

1 ③	**2** 9	**3** ①	**4** $f(x)=e^x-4x+4$
5 ②	**6** $\dfrac{1}{2\ln 3}$	**7** $f(x)=2\tan x-x+\dfrac{\pi}{3}$	
8 $\dfrac{2\sqrt{3}}{3}$	**9** ②	**10** 2	**11** ③ **12** $\pi+1$
13 $\dfrac{\pi}{2}-3$	**14** ①	**15** $-\dfrac{9}{20}$	**16** ①
17 $f(x)=e^x-2x^3+4$		**18** ②	**19** 1
20 $\dfrac{\sqrt{2}}{2}$	**21** $\dfrac{\ln 2+1}{2}$	**22** ④	**23** ④
24 ④	**25** $20-\ln 21$	**26** $\ln 3$	**27** ④
28 ①	**29** 1	**30** ④	**31** $e+1$ **32** ③

1 $F(x)=\displaystyle\int f(x)\,dx=\int\left(\sqrt{x}+\dfrac{1}{x}\right)^2 dx$

$\quad =\displaystyle\int\left(x+\dfrac{2\sqrt{x}}{x}+\dfrac{1}{x^2}\right)dx$

$\quad =\displaystyle\int(x+2x^{-\frac{1}{2}}+x^{-2})\,dx$

$\quad =\dfrac{1}{2}x^2+4x^{\frac{1}{2}}-x^{-1}+C$

$\quad =\dfrac{1}{2}x^2+4\sqrt{x}-\dfrac{1}{x}+C$

$\therefore F(2)-F(1)=\left(4\sqrt{2}+\dfrac{3}{2}+C\right)-\left(\dfrac{7}{2}+C\right)=4\sqrt{2}-2$

2 $f(x)=\displaystyle\int\dfrac{x+4}{x(x+1)}\,dx+\int\dfrac{2x-1}{x(x+1)}\,dx$

$\quad =\displaystyle\int\dfrac{3(x+1)}{x(x+1)}\,dx$

$\quad =\displaystyle\int\dfrac{3}{x}\,dx=3\ln|x|+C$

이때 $f(1)=3$에서 $C=3$

따라서 $f(x)=3\ln|x|+3$이므로

$f(e^2)=6+3=9$

3 $f_n(x)=\displaystyle\int x^{\frac{1}{n+2}}\,dx=\dfrac{n+2}{n+3}x^{\frac{n+3}{n+2}}+C$

이때 $f_n(0)=0$에서 $C=0$

따라서 $f_n(x)=\dfrac{n+2}{n+3}x^{\frac{n+3}{n+2}}$이므로

$f_1(1)\times f_2(1)\times f_3(1)\times\cdots\times f_{12}(1)$

$=\dfrac{3}{4}\times\dfrac{4}{5}\times\dfrac{5}{6}\times\cdots\times\dfrac{14}{15}=\dfrac{1}{5}$

4 $f(x)=\displaystyle\int(\sqrt{e^x}+2)(\sqrt{e^x}-2)\,dx$

$\quad =\displaystyle\int(e^x-4)\,dx=e^x-4x+C$

이때 $f(1)=e$에서

$e-4+C=e$ $\therefore C=4$

$\therefore f(x)=e^x-4x+4$

5 $f(x)=\displaystyle\int f'(x)\,dx=\int\dfrac{8^x+1}{2^x+1}\,dx$

$\quad =\displaystyle\int\dfrac{(2^x+1)(4^x-2^x+1)}{2^x+1}\,dx$

$\quad =\displaystyle\int(4^x-2^x+1)\,dx=\dfrac{4^x}{\ln 4}-\dfrac{2^x}{\ln 2}+x+C$

이때 $f(0)=-1$에서

$\dfrac{1}{\ln 4}-\dfrac{1}{\ln 2}+C=-1$ $\therefore C=\dfrac{1}{\ln 4}-1$

따라서 $f(x)=\dfrac{4^x}{\ln 4}-\dfrac{2^x}{\ln 2}+x+\dfrac{1}{\ln 4}-1$이므로

$f(1)=\dfrac{4}{\ln 4}-\dfrac{2}{\ln 2}+1+\dfrac{1}{\ln 4}-1=\dfrac{1}{\ln 4}$

6 $\{f(x)+2g(x)\}'=3^x$에서

$f(x)+2g(x)=\displaystyle\int 3^x\,dx=\dfrac{3^x}{\ln 3}+C_1$ …… ㉠

$\{f(x)-2g(x)\}'=3^{-x}=\left(\dfrac{1}{3}\right)^x$에서

$f(x)-2g(x)=\displaystyle\int\left(\dfrac{1}{3}\right)^x dx=\dfrac{\left(\dfrac{1}{3}\right)^x}{\ln\dfrac{1}{3}}+C_2$

$\quad =-\dfrac{3^{-x}}{\ln 3}+C_2$ …… ㉡

이때 $f(0)=0$, $g(0)=\dfrac{1}{2\ln 3}$이므로 ㉠에서

$$f(0)+2g(0)=\frac{1}{\ln 3}+C_1$$

$$\frac{1}{\ln 3}+C_1=\frac{1}{\ln 3}\qquad \therefore C_1=0$$

㉡에서 $f(0)-2g(0)=-\dfrac{1}{\ln 3}+C_2$

$$-\frac{1}{\ln 3}+C_2=-\frac{1}{\ln 3}\qquad \therefore C_2=0$$

$$\therefore f(x)+2g(x)=\frac{3^x}{\ln 3}\qquad \cdots\cdots ㉢,$$

$$\qquad f(x)-2g(x)=-\frac{3^{-x}}{\ln 3}\qquad \cdots\cdots ㉣$$

㉢$+$㉣을 하면

$$2f(x)=\frac{3^x}{\ln 3}-\frac{3^{-x}}{\ln 3}\qquad \therefore f(x)=\frac{3^x-3^{-x}}{2\ln 3}$$

㉢$-$㉣을 하면

$$4g(x)=\frac{3^x}{\ln 3}+\frac{3^{-x}}{\ln 3}\qquad \therefore g(x)=\frac{3^x+3^{-x}}{4\ln 3}$$

$$\therefore f(1)-g(1)=\frac{4}{3\ln 3}-\frac{5}{6\ln 3}=\frac{1}{2\ln 3}$$

7　$f(x)=\displaystyle\int \frac{\sin^2 x+1}{\cos^2 x}\,dx=\int \left\{\left(\frac{\sin x}{\cos x}\right)^2+\frac{1}{\cos^2 x}\right\}dx$

$$=\int (\tan^2 x+\sec^2 x)\,dx$$

$$=\int \{(\sec^2 x-1)+\sec^2 x\}\,dx$$

$$=\int (2\sec^2 x-1)\,dx$$

$$=2\tan x-x+C$$

이때 $f\left(\dfrac{\pi}{3}\right)=2\sqrt{3}$에서

$$2\sqrt{3}-\frac{\pi}{3}+C=2\sqrt{3}\qquad \therefore C=\frac{\pi}{3}$$

$$\therefore f(x)=2\tan x-x+\frac{\pi}{3}$$

8　$f(x)=\displaystyle\int (\tan x+\cot x)^2\,dx$

$$=\int (\tan^2 x+2+\cot^2 x)\,dx$$

$$=\int \{(\sec^2 x-1)+2+(\csc^2 x-1)\}\,dx$$

$$=\int (\sec^2 x+\csc^2 x)\,dx$$

$$=\tan x-\cot x+C$$

이때 $f\left(\dfrac{\pi}{4}\right)=0$에서

$$1-1+C=0\qquad \therefore C=0$$

따라서 $f(x)=\tan x-\cot x$이므로

$$f\left(\frac{\pi}{3}\right)=\sqrt{3}-\frac{\sqrt{3}}{3}=\frac{2\sqrt{3}}{3}$$

9　$\displaystyle\int \frac{1}{1-\cos x}\,dx=\int \frac{1+\cos x}{(1-\cos x)(1+\cos x)}\,dx$

$$=\int \frac{1+\cos x}{1-\cos^2 x}\,dx$$

$$=\int \frac{1+\cos x}{\sin^2 x}\,dx$$

$$=\int \left(\frac{1}{\sin^2 x}+\frac{1}{\sin x}\times\frac{\cos x}{\sin x}\right)dx$$

$$=\int (\csc^2 x+\csc x\cot x)\,dx$$

$$=-\cot x-\csc x+C$$

따라서 $a=-1$, $b=-1$이므로

$$a+b=-2$$

10　$f(x)=\displaystyle\int f'(x)\,dx$

$$=\int \frac{\sin x}{1+\sin x}\,dx$$

$$=\int \frac{\sin x(1-\sin x)}{(1+\sin x)(1-\sin x)}\,dx$$

$$=\int \frac{\sin x(1-\sin x)}{1-\sin^2 x}\,dx$$

$$=\int \frac{\sin x-\sin^2 x}{\cos^2 x}\,dx$$

$$=\int \left\{\frac{1}{\cos x}\times\frac{\sin x}{\cos x}-\left(\frac{\sin x}{\cos x}\right)^2\right\}dx$$

$$=\int (\sec x\tan x-\tan^2 x)\,dx$$

$$=\int (\sec x\tan x-\sec^2 x+1)\,dx$$

$$=\sec x-\tan x+x+C$$

이때 $f(\pi)=\pi$에서

$$-1+\pi+C=\pi\qquad \therefore C=1$$

따라서 $f(x)=\sec x-\tan x+x+1$이므로

$$f(0)=1+1=2$$

11　$F(x)=\displaystyle\int f(x)\,dx=\int \frac{2\sin x}{1+\cos 2x}\,dx$

$$=\int \frac{2\sin x}{1+(2\cos^2 x-1)}\,dx$$

$$=\int \frac{\sin x}{\cos^2 x}\,dx$$

$$=\int \frac{1}{\cos x}\times\frac{\sin x}{\cos x}\,dx$$

$$=\int \sec x\tan x\,dx$$

$$=\sec x+C$$

$$\therefore F(\pi)-F(-\pi)=(-1+C)-(-1+C)=0$$

12 주어진 등식의 양변을 x에 대하여 미분하면

$$f(x)=f(x)+xf'(x)-2x+\cos x-x\sin x-\cos x$$

$$xf'(x)=2x+x\sin x$$

$$\therefore\ f'(x)=2+\sin x\ (\because\ x>0)$$

$$\therefore\ f(x)=\int f'(x)\,dx=\int(2+\sin x)\,dx$$

$$=2x-\cos x+C$$

이때 $f\left(\dfrac{\pi}{2}\right)=0$에서

$$\pi+C=0 \qquad \therefore\ C=-\pi$$

따라서 $f(x)=2x-\cos x-\pi$이므로

$$f(\pi)=2\pi+1-\pi=\pi+1$$

13 $x\geq0$일 때,

$$f(x)=\int f'(x)\,dx=\int(1-\cos x)\,dx$$

$$=x-\sin x+C_1$$

$x<0$일 때,

$$f(x)=\int f'(x)\,dx=\int(2x+\sin x)\,dx$$

$$=x^2-\cos x+C_2$$

$$\therefore\ f(x)=\begin{cases} x-\sin x+C_1\ (x\geq0) \\ x^2-\cos x+C_2\ (x<0)\end{cases}$$

이때 $f(-\pi)=\pi^2$에서

$$\pi^2+1+C_2=\pi^2 \qquad \therefore\ C_2=-1$$

함수 $f(x)$가 실수 전체의 집합에서 연속이면 $x=0$에서 연속이므로

$$\lim_{x\to0+}(x-\sin x+C_1)=\lim_{x\to0-}(x^2-\cos x-1)$$

$$\therefore\ C_1=-2$$

따라서 $f(x)=\begin{cases} x-\sin x-2\ (x\geq0) \\ x^2-\cos x-1\ (x<0)\end{cases}$이므로

$$f\left(\dfrac{\pi}{2}\right)=\dfrac{\pi}{2}-1-2=\dfrac{\pi}{2}-3$$

14 $e^{3x}+3=t$로 놓고 양변을 x에 대하여 미분하면

$$3e^{3x}=\dfrac{dt}{dx}$$

$$\therefore\ \int e^{3x}\sqrt{e^{3x}+3}\,dx=\int\sqrt{t}\times\dfrac{1}{3}\,dt$$

$$=\dfrac{1}{3}\int t^{\frac{1}{2}}\,dt$$

$$=\dfrac{2}{9}t^{\frac{3}{2}}+C$$

$$=\dfrac{2}{9}t\sqrt{t}+C$$

$$=\dfrac{2}{9}(e^{3x}+3)\sqrt{e^{3x}+3}+C$$

$$\therefore\ a=\dfrac{2}{9}$$

15 $x^2+1=t$로 놓으면

$$x^2=t-1$$

$x^2+1=t$의 양변을 x에 대하여 미분하면

$$2x=\dfrac{dt}{dx}$$

$$\therefore\ f(x)=\int 2x^3(x^2+1)^3\,dx$$

$$=\int(t-1)t^3\,dt$$

$$=\int(t^4-t^3)\,dt$$

$$=\dfrac{1}{5}t^5-\dfrac{1}{4}t^4+C$$

$$=\dfrac{1}{5}(x^2+1)^5-\dfrac{1}{4}(x^2+1)^4+C$$

이때 $f(1)=2$에서

$$\dfrac{32}{5}-4+C=2$$

$$\therefore\ C=-\dfrac{2}{5}$$

따라서 $f(x)=\dfrac{1}{5}(x^2+1)^5-\dfrac{1}{4}(x^2+1)^4-\dfrac{2}{5}$이므로

$$f(0)=\dfrac{1}{5}-\dfrac{1}{4}-\dfrac{2}{5}=-\dfrac{9}{20}$$

16 $f(x)=\int\sin x\cos 2x\,dx$

$$=\int\sin x(2\cos^2 x-1)\,dx$$

$\cos x=t$로 놓고 양변을 x에 대하여 미분하면

$$-\sin x=\dfrac{dt}{dx}$$

$$\therefore\ f(x)=\int\sin x(2\cos^2 x-1)\,dx$$

$$=\int(2t^2-1)\times(-1)\,dt$$

$$=-\int(2t^2-1)\,dt$$

$$=-\dfrac{2}{3}t^3+t+C$$

$$=-\dfrac{2}{3}\cos^3 x+\cos x+C$$

$$\therefore\ f(\pi)-f\left(\dfrac{\pi}{2}\right)=\left(-\dfrac{1}{3}+C\right)-C=-\dfrac{1}{3}$$

17 $f(x)=\int f'(x)\,dx$

$$=\int 2x(e^x-3x)\,dx$$

$$=\int(2xe^x-6x^2)\,dx$$

$$=\int 2xe^x\,dx-\int 6x^2\,dx$$

$\displaystyle\int 2xe^{x^2}\,dx$에서 $x^2\!=\!t$로 놓고 양변을 x에 대하여 미분하면

$$2x=\dfrac{dt}{dx}$$

$$\begin{aligned}
\therefore f(x)&=\int 2xe^{x^2}\,dx-\int 6x^2\,dx\\
&=\int e^t\,dt-\int 6x^2\,dx\\
&=e^t-2x^3+C\\
&=e^{x^2}-2x^3+C
\end{aligned}$$

이때 $f(0)=5$에서

$$1+C=5 \qquad \therefore C=4$$
$$\therefore f(x)=e^{x^2}-2x^3+4$$

18 곡선 $y\!=\!f(x)$ 위의 점 $(x,\,f(x))$에서의 접선의 기울기가

$\dfrac{x}{\sqrt{1+x^2}}$이므로

$$f'(x)=\dfrac{x}{\sqrt{1+x^2}}$$

$$\therefore f(x)=\int f'(x)\,dx=\int \dfrac{x}{\sqrt{1+x^2}}\,dx$$

$1+x^2\!=\!t$로 놓고 양변을 x에 대하여 미분하면

$$2x=\dfrac{dt}{dx}$$

$$\begin{aligned}
\therefore f(x)&=\int \dfrac{x}{\sqrt{1+x^2}}\,dx\\
&=\int \dfrac{1}{\sqrt{t}}\times\dfrac{1}{2}\,dt\\
&=\dfrac{1}{2}\int t^{-\frac{1}{2}}\,dt\\
&=t^{\frac{1}{2}}+C\\
&=\sqrt{t}+C\\
&=\sqrt{1+x^2}+C
\end{aligned}$$

이때 곡선 $y\!=\!f(x)$가 점 $(0,\,1)$을 지나므로 $f(0)=1$에서

$$1+C=1 \qquad \therefore C=0$$

따라서 $f(x)=\sqrt{1+x^2}$이므로

$$f(-1)=\sqrt{2}$$

19 $\displaystyle F(x)=\int f(x)\,dx=\int \dfrac{6(\ln x)^2+1}{x}\,dx$

$\ln x\!=\!t$로 놓고 양변을 x에 대하여 미분하면

$$\dfrac{1}{x}=\dfrac{dt}{dx}$$

$$\begin{aligned}
\therefore F(x)&=\int \dfrac{6(\ln x)^2+1}{x}\,dx\\
&=\int (6t^2+1)\,dt\\
&=2t^3+t+C\\
&=2(\ln x)^3+\ln x+C
\end{aligned}$$

이때 $F(e)=3$에서

$$2+1+C=3 \qquad \therefore C=0$$
$$\therefore F(x)=2(\ln x)^3+\ln x$$

방정식 $F(x)=0$에서

$$2(\ln x)^3+\ln x=0,\ \ln x\{2(\ln x)^2+1\}=0$$
$$\ln x=0\ (\because 2(\ln x)^2+1>0)$$
$$\therefore x=1$$

20 $\displaystyle f(x)=\int f'(x)\,dx$

$$=\int (\sin 2x-\cos 2x)\,dx$$

$2x\!=\!t$로 놓고 양변을 x에 대하여 미분하면

$$2=\dfrac{dt}{dx}$$

$$\begin{aligned}
\therefore f(x)&=\int (\sin 2x-\cos 2x)\,dx\\
&=\int (\sin t-\cos t)\times\dfrac{1}{2}\,dt\\
&=\dfrac{1}{2}\int (\sin t-\cos t)\,dt\\
&=-\dfrac{1}{2}\cos t-\dfrac{1}{2}\sin t+C\\
&=-\dfrac{1}{2}\cos 2x-\dfrac{1}{2}\sin 2x+C
\end{aligned}$$

$f'(x)=0$에서

$$\sin 2x-\cos 2x=0$$
$$\sin 2x=\cos 2x$$
$$\therefore 2x=\dfrac{\pi}{4}\ \text{또는}\ 2x=\dfrac{5}{4}\pi\ (\because 0<2x<2\pi)$$
$$\therefore x=\dfrac{\pi}{8}\ \text{또는}\ x=\dfrac{5}{8}\pi$$

$0<x<\pi$에서 함수 $f(x)$의 증가와 감소를 표로 나타내면 다음과 같다.

x	0	$\cdots$	$\dfrac{\pi}{8}$	$\cdots$	$\dfrac{5}{8}\pi$	$\cdots$	π
$f'(x)$		$-$	0	$+$	0	$-$	
$f(x)$		$\searrow$	극소	$\nearrow$	극대	$\searrow$	

함수 $f(x)$는 $x\!=\!\dfrac{5}{8}\pi$에서 극대이고 극댓값이 $\dfrac{3\sqrt{2}}{2}$이므로

$f\!\left(\dfrac{5}{8}\pi\right)=\dfrac{3\sqrt{2}}{2}$에서

$$\dfrac{\sqrt{2}}{4}+\dfrac{\sqrt{2}}{4}+C=\dfrac{3\sqrt{2}}{2} \qquad \therefore C=\sqrt{2}$$

따라서 함수 $f(x)=-\dfrac{1}{2}\cos 2x-\dfrac{1}{2}\sin 2x+\sqrt{2}$는

$x\!=\!\dfrac{\pi}{8}$에서 극소이므로 구하는 극솟값은

$$f\!\left(\dfrac{\pi}{8}\right)=-\dfrac{\sqrt{2}}{4}-\dfrac{\sqrt{2}}{4}+\sqrt{2}=\dfrac{\sqrt{2}}{2}$$

21 $f(x)=\displaystyle\int f'(x)\,dx=\int \frac{x+2}{x^2+4x+5}\,dx$

$=\dfrac{1}{2}\displaystyle\int \frac{2x+4}{x^2+4x+5}\,dx=\dfrac{1}{2}\int \frac{(x^2+4x+5)'}{x^2+4x+5}\,dx$

$=\dfrac{1}{2}\ln(x^2+4x+5)+C\ (\because x^2+4x+5>0)$

이때 $f(-2)=\dfrac{1}{2}$에서 $C=\dfrac{1}{2}$

따라서 $f(x)=\dfrac{1}{2}\ln(x^2+4x+5)+\dfrac{1}{2}$이므로

$f(-1)=\dfrac{\ln 2+1}{2}$

22 $F(x)=\displaystyle\int f(x)\,dx=\int \frac{1+\sin x}{x-\cos x}\,dx$

$=\displaystyle\int \frac{(x-\cos x)'}{x-\cos x}\,dx=\ln|x-\cos x|+C$

$\therefore F\left(\dfrac{\pi}{2}\right)-F\left(\dfrac{3}{2}\pi\right)=\left(\ln\dfrac{\pi}{2}+C\right)-\left(\ln\dfrac{3}{2}\pi+C\right)$

$=\ln\dfrac{1}{3}=-\ln 3$

23 $f(x)=\displaystyle\int \frac{e^{2x}}{e^{2x}-\sin x}\,dx-\dfrac{1}{2}\int \frac{\cos x}{e^{2x}-\sin x}\,dx$

$=\dfrac{1}{2}\displaystyle\int \frac{2e^{2x}-\cos x}{e^{2x}-\sin x}\,dx=\dfrac{1}{2}\int \frac{(e^{2x}-\sin x)'}{e^{2x}-\sin x}\,dx$

$=\dfrac{1}{2}\ln|e^{2x}-\sin x|+C$

이때 $f(0)=0$에서 $C=0$

따라서 $f(x)=\dfrac{1}{2}\ln|e^{2x}-\sin x|$이므로

$f(\pi)=\dfrac{\ln e^{2\pi}}{2}=\pi$

24 $f(x)=\displaystyle\int \frac{3-x}{x+2}\,dx=\int \frac{-(x+2)+5}{x+2}\,dx$

$=\displaystyle\int \left(-1+\frac{5}{x+2}\right)dx$

$=-x+5\ln|x+2|+C$

이때 $f(-1)=5$에서

$1+C=5\qquad \therefore C=4$

따라서 $f(x)=-x+5\ln|x+2|+4$이므로

$f(-3)=3+4=7$

25 $f(x)=\displaystyle\int f'(x)\,dx=\int \frac{1}{x^2-4}\,dx$

$=\displaystyle\int \frac{1}{(x-2)(x+2)}\,dx$

$=\dfrac{1}{4}\displaystyle\int \left(\frac{1}{x-2}-\frac{1}{x+2}\right)dx$

$=\dfrac{1}{4}(\ln|x-2|-\ln|x+2|)+C$

$=\dfrac{1}{4}\ln\left|\dfrac{x-2}{x+2}\right|+C$

이때 $f(0)=1$에서 $C=1$

따라서 $f(x)=\dfrac{1}{4}\ln\left|\dfrac{x-2}{x+2}\right|+1$이므로

$\displaystyle\sum_{k=1}^{5}4f(2k+2)$

$=\displaystyle\sum_{k=1}^{5}\left(\ln\left|\frac{k}{k+2}\right|+4\right)$

$=\left(\ln\dfrac{1}{3}+4\right)+\left(\ln\dfrac{1}{2}+4\right)+\cdots+\left(\ln\dfrac{5}{7}+4\right)$

$=\ln\left(\dfrac{1}{3}\times\dfrac{1}{2}\times\dfrac{3}{5}\times\dfrac{2}{3}\times\dfrac{5}{7}\right)+4\times 5$

$=\ln\dfrac{1}{21}+20=20-\ln 21$

26 분모에서 $2x^2-5x-3=(2x+1)(x-3)$이므로

$\dfrac{x+4}{2x^2-5x-3}=\dfrac{A}{2x+1}+\dfrac{B}{x-3}$ (A, B는 상수)로 놓으면

$\dfrac{x+4}{2x^2-5x-3}=\dfrac{(A+2B)x-3A+B}{2x^2-5x-3}$

이 식은 x에 대한 항등식이므로

$A+2B=1,\ -3A+B=4$

두 식을 연립하여 풀면 $A=-1,\ B=1$

$\therefore f(x)=\displaystyle\int \frac{x+4}{2x^2-5x-3}\,dx$

$=\displaystyle\int \left(-\frac{1}{2x+1}+\frac{1}{x-3}\right)dx$

$=-\dfrac{1}{2}\ln|2x+1|+\ln|x-3|+C$

이때 $f(4)=-\ln 3$에서

$-\dfrac{\ln 9}{2}+C=-\ln 3\qquad \therefore C=0$

따라서 $f(x)=-\dfrac{1}{2}\ln|2x+1|+\ln|x-3|$이므로

$f(0)=\ln 3$

27 $u(x)=x+1,\ v'(x)=\sin x$로 놓으면

$u'(x)=1,\ v(x)=-\cos x$

$\therefore f(x)=\displaystyle\int (x+1)\sin x\,dx$

$=-(x+1)\cos x+\displaystyle\int \cos x\,dx$

$=-(x+1)\cos x+\sin x+C$

이때 $f\left(\dfrac{\pi}{2}\right)=1$에서

$1+C=1\qquad \therefore C=0$

따라서 $f(x)=-(x+1)\cos x+\sin x$이므로

$f(\pi)=\pi+1$

28 $f(x)=\displaystyle\int f'(x)\,dx=\int (x-a)e^{-x}\,dx$

$u(x)=x-a,\ v'(x)=e^{-x}$으로 놓으면

$u'(x)=1,\ v(x)=-e^{-x}$

$$\therefore f(x)=\int (x-a)e^{-x}\,dx$$
$$=-(x-a)e^{-x}+\int e^{-x}\,dx$$
$$=-(x-a)e^{-x}-e^{-x}+C$$
$$=-(x-a+1)e^{-x}+C$$

이때 $f(0)=-1$에서
$$a-1+C=-1 \qquad \therefore C=-a$$
또 $f(-1)=e-1$에서
$$ae-a=e-1 \ (\because C=-a)$$
$$(a-1)(e-1)=0 \qquad \therefore a=1$$

29 $F'(x)=f(x)$이므로
$$F(x)+xf(x)=\{xF(x)\}'$$
$$\therefore xF(x)=\int \{F(x)+xf(x)\}\,dx$$
$$=\int (2\ln x+1)\,dx$$
$$=2\int \ln x\,dx+\int dx$$

$\displaystyle \int \ln x\,dx$에서 $u(x)=\ln x$, $v'(x)=1$로 놓으면

$$u'(x)=\frac{1}{x},\ v(x)=x$$이므로

$$\int \ln x\,dx=x\ln x-\int dx$$
$$=x\ln x-x+C_1$$

$$\therefore xF(x)=2\int \ln x\,dx+\int dx$$
$$=2(x\ln x-x+C_1)+\int dx$$
$$=2x\ln x-2x+x+C=2x\ln x-x+C$$

이때 $F(1)=-1$에서
$$-1+C=-1 \qquad \therefore C=0$$
따라서 $xF(x)=2x\ln x-x$이므로
$$F(x)=2\ln x-1 \ (\because x>0)$$
$$\therefore F(e)=2-1=1$$

30 $f(x)=x^2$, $g'(x)=\cos x$로 놓으면
$$f'(x)=2x,\ g(x)=\sin x$$
$$\therefore \int x^2\cos x\,dx=x^2\sin x-\int 2x\sin x\,dx$$
$$=x^2\sin x-2\int x\sin x\,dx \quad \cdots\cdots\ \text{㉠}$$

$\displaystyle \int x\sin x\,dx$에서 $u(x)=x$, $v'(x)=\sin x$로 놓으면
$$u'(x)=1,\ v(x)=-\cos x$$
$$\therefore \int x\sin x\,dx=-x\cos x+\int \cos x\,dx$$
$$=-x\cos x+\sin x+C_1 \quad \cdots\cdots\ \text{㉡}$$

㉡을 ㉠에 대입하면
$$\int x^2\cos x\,dx=x^2\sin x-2(-x\cos x+\sin x+C_1)$$
$$=(x^2-2)\sin x+2x\cos x+C$$
따라서 $p=1$, $q=-2$, $r=2$이므로
$$p+q+r=1$$

31 $g(x)=(\ln x)^2$, $h'(x)=1$로 놓으면
$$g'(x)=\frac{2\ln x}{x},\ h(x)=x$$
$$\therefore f(x)=\int (\ln x)^2\,dx$$
$$=x(\ln x)^2-2\int \ln x\,dx \quad \cdots\cdots\ \text{㉠}$$

$\displaystyle \int \ln x\,dx$에서 $u(x)=\ln x$, $v'(x)=1$로 놓으면
$$u'(x)=\frac{1}{x},\ v(x)=x$$
$$\therefore \int \ln x\,dx=x\ln x-\int dx$$
$$=x\ln x-x+C_1 \quad \cdots\cdots\ \text{㉡}$$

㉡을 ㉠에 대입하면
$$f(x)=x(\ln x)^2-2x\ln x+2x+C$$
이때 $f(1)=3$에서 $2+C=3 \qquad \therefore C=1$
따라서 $f(x)=x(\ln x)^2-2x\ln x+2x+1$이므로
$$f(e)=e-2e+2e+1=e+1$$

32 $g(x)=-\cos x$이므로 $g'(x)=\sin x$
$$\therefore h(x)=\int 5f(x)g'(x)\,dx=5\int e^{2x}\sin x\,dx$$

$\displaystyle \int e^{2x}\sin x\,dx$에서 $f(x)=e^{2x}$, $g'(x)=\sin x$이고
$$f'(x)=2e^{2x},\ g(x)=-\cos x$$이므로
$$\int e^{2x}\sin x\,dx=-e^{2x}\cos x+2\int e^{2x}\cos x\,dx \quad \cdots\cdots\ \text{㉠}$$

$\displaystyle \int e^{2x}\cos x\,dx$에서 $u(x)=e^{2x}$, $v'(x)=\cos x$로 놓으면
$$u'(x)=2e^{2x},\ v(x)=\sin x$$이므로
$$\int e^{2x}\cos x\,dx=e^{2x}\sin x-2\int e^{2x}\sin x\,dx \quad \cdots\cdots\ \text{㉡}$$

㉡을 ㉠에 대입하면
$$\int e^{2x}\sin x\,dx=-e^{2x}\cos x+2e^{2x}\sin x-4\int e^{2x}\sin x\,dx$$
$$5\int e^{2x}\sin x\,dx=-e^{2x}\cos x+2e^{2x}\sin x$$
$$\therefore h(x)=-e^{2x}\cos x+2e^{2x}\sin x+C$$
이때 $h(0)=-1$에서 $-1+C=-1 \qquad \therefore C=0$
따라서 $h(x)=-e^{2x}\cos x+2e^{2x}\sin x$이므로
$$h\left(\frac{\pi}{2}\right)=2e^{\pi}$$

기초 문제 Training

78쪽

1 (1) $\dfrac{52}{3}$　(2) 1　(3) $\dfrac{24}{\ln 3}$　(4) $\sqrt{3}-1$

2 (개) 1　(내) 2　(대) $\dfrac{1}{3}$　(래) $\dfrac{31}{15}$

3 (개) $-x\cos x$　(내) $-\cos x$　(대) $\sin x$　(래) 1

4 (1) $\dfrac{\ln x}{x}$　(2) $e^{x+2}-e^x$

5 (1) $f(x)=\dfrac{2x-3}{x^2-3x+3}$　(2) $f(x)=-3\sin x$

핵심 유형 Training

79～84쪽

1 ②	**2** ②	**3** 16	**4** e^2-e-1
5 ④	**6** $\dfrac{10}{\ln 3}+9$	**7** $\dfrac{3}{2}\pi-3$　**8** ①	**9** ④
10 ㄴ	**11** ①	**12** 4	**13** ③
14 $\dfrac{1}{2}\ln\dfrac{5}{2}$	**15** $\dfrac{1}{2}+\ln 2$	**16** 1	**17** ②
18 ②	**19** 4	**20** $\dfrac{\pi}{3}-\dfrac{\sqrt{3}}{2}$	**21** 2
22 $\dfrac{2-\ln 3}{3}$	**23** $\dfrac{7}{4}e^2-\dfrac{7}{4}$		**24** ②
25 ④	**26** ②	**27** $2-\dfrac{4}{\ln 2}$	
28 $f(x)=2-\pi\cos x$	**29** $\dfrac{\ln 5}{5}$	**30** $\dfrac{8}{e^4}$	**31** ②
32 $\dfrac{1}{6}$	**33** $\sqrt{3}$	**34** $\dfrac{3\sqrt{3}}{2}$　**35** ④	**36** ⑤
37 1	**38** ⑤	**39** ①	

1
$$\int_1^4 \frac{2\sqrt{x}-4}{x^2}dx=\int_1^4 \left(2x^{-\frac{3}{2}}-4x^{-2}\right)dx$$
$$=\left[-4x^{-\frac{1}{2}}+4x^{-1}\right]_1^4$$
$$=(-2+1)-(-4+4)$$
$$=-1$$

2
$$\int_0^{\frac{\pi}{2}} \frac{1-\cos 2x}{1+\cos x}dx=\int_0^{\frac{\pi}{2}} \frac{1-(2\cos^2 x-1)}{1+\cos x}dx$$
$$=\int_0^{\frac{\pi}{2}} \frac{2-2\cos^2 x}{1+\cos x}dx$$
$$=\int_0^{\frac{\pi}{2}} \frac{2(1+\cos x)(1-\cos x)}{1+\cos x}dx$$
$$=\int_0^{\frac{\pi}{2}} 2(1-\cos x)dx$$
$$=\left[2x-2\sin x\right]_0^{\frac{\pi}{2}}=\pi-2$$

3
$$\int_1^3 \frac{3x^2+1}{x^2}dx+2\int_1^3 \frac{x+1}{x^2}dx$$
$$=\int_1^3 \frac{3x^2+2x+3}{x^2}dx$$
$$=\int_1^3 \left(3+\frac{2}{x}+3x^{-2}\right)dx$$
$$=\left[3x+2\ln|x|-3x^{-1}\right]_1^3$$
$$=(9+2\ln 3-1)-(3-3)=2\ln 3+8$$
따라서 $a=2$, $b=8$이므로 $ab=16$

4
$$\int_{-2}^2 \frac{e^{3x}-1}{e^{2x}+e^x+1}dx-\int_{-2}^1 \frac{e^{3t}-1}{e^{2t}+e^t+1}dt$$
$$=\int_{-2}^2 \frac{e^{3x}-1}{e^{2x}+e^x+1}dx+\int_1^{-2} \frac{e^{3x}-1}{e^{2x}+e^x+1}dx$$
$$=\int_1^2 \frac{e^{3x}-1}{e^{2x}+e^x+1}dx$$
$$=\int_1^2 \frac{(e^x-1)(e^{2x}+e^x+1)}{e^{2x}+e^x+1}dx$$
$$=\int_1^2 (e^x-1)dx$$
$$=\left[e^x-x\right]_1^2$$
$$=(e^2-2)-(e-1)=e^2-e-1$$

5 $x-2=0$에서 $x=2$

따라서 $\dfrac{|x-2|}{x}=\begin{cases} \dfrac{x-2}{x} & (x\geq 2) \\ -\dfrac{x-2}{x} & (x\leq 2) \end{cases}$ 이므로

$$\int_1^3 \frac{|x-2|}{x}dx$$
$$=\int_1^2 \left(-\frac{x-2}{x}\right)dx+\int_2^3 \frac{x-2}{x}dx$$
$$=\int_1^2 \left(-1+\frac{2}{x}\right)dx+\int_2^3 \left(1-\frac{2}{x}\right)dx$$
$$=\left[-x+2\ln|x|\right]_1^2+\left[x-2\ln|x|\right]_2^3$$
$$=\{(-2+2\ln 2)-(-1)\}+\{(3-2\ln 3)-(2-2\ln 2)\}$$
$$=2\ln\frac{4}{3}$$
$$\therefore a=2$$

6 $3^x-9=0$에서 $3^x=9$ $\therefore x=2$

따라서 $|3^x-9|=\begin{cases} 3^x-9 & (x\geq2) \\ -3^x+9 & (x\leq2) \end{cases}$ 이므로

$$\int_0^3 |3^x-9|\,dx=\int_0^2 (-3^x+9)\,dx+\int_2^3 (3^x-9)\,dx$$
$$=\left[-\frac{3^x}{\ln 3}+9x\right]_0^2+\left[\frac{3^x}{\ln 3}-9x\right]_2^3$$
$$=\left\{\left(-\frac{9}{\ln 3}+18\right)-\left(-\frac{1}{\ln 3}\right)\right\}$$
$$+\left\{\left(\frac{27}{\ln 3}-27\right)-\left(\frac{9}{\ln 3}-18\right)\right\}$$
$$=\frac{10}{\ln 3}+9$$

7 함수 $f(x)$가 실수 전체의 집합에서 연속이면 $x=\dfrac{\pi}{2}$에서

연속이므로 $\displaystyle\lim_{x\to\frac{\pi}{2}+}(2\cos x+1)=\lim_{x\to\frac{\pi}{2}-}(-\sin x+k)$

$1=-1+k$ $\therefore k=2$

$\therefore \displaystyle\int_0^\pi f(x)\,dx$

$$=\int_0^{\frac{\pi}{2}}(-\sin x+2)\,dx+\int_{\frac{\pi}{2}}^\pi (2\cos x+1)\,dx$$
$$=\left[\cos x+2x\right]_0^{\frac{\pi}{2}}+\left[2\sin x+x\right]_{\frac{\pi}{2}}^\pi$$
$$=(\pi-1)+\left\{\pi-\left(2+\frac{\pi}{2}\right)\right\}=\frac{3}{2}\pi-3$$

8 $\displaystyle\int_{-\frac{\pi}{4}}^0 (2\sin x-3\cos x+\tan x)\,dx$

$$-\int_{\frac{\pi}{4}}^0 (2\sin x-3\cos x+\tan x)\,dx$$
$$=\int_{-\frac{\pi}{4}}^0 (2\sin x-3\cos x+\tan x)\,dx$$
$$+\int_0^{\frac{\pi}{4}} (2\sin x-3\cos x+\tan x)\,dx$$
$$=\int_{-\frac{\pi}{4}}^{\frac{\pi}{4}} (2\sin x-3\cos x+\tan x)\,dx$$

이때 $f(x)=2\sin x+\tan x$, $g(x)=-3\cos x$라 하면

$f(-x)=2\sin(-x)+\tan(-x)$
$$=-2\sin x-\tan x=-f(x)$$
$g(-x)=-3\cos(-x)=-3\cos x=g(x)$

$\therefore \displaystyle\int_{-\frac{\pi}{4}}^0 (2\sin x-3\cos x+\tan x)\,dx$

$$-\int_{\frac{\pi}{4}}^0 (2\sin x-3\cos x+\tan x)\,dx$$
$$=\int_{-\frac{\pi}{4}}^{\frac{\pi}{4}} (2\sin x-3\cos x+\tan x)\,dx$$
$$=\int_{-\frac{\pi}{4}}^{\frac{\pi}{4}} (2\sin x+\tan x)\,dx+\int_{-\frac{\pi}{4}}^{\frac{\pi}{4}} (-3\cos x)\,dx$$
$$=0+2\int_0^{\frac{\pi}{4}} (-3\cos x)\,dx=-6\left[\sin x\right]_0^{\frac{\pi}{4}}=-3\sqrt{2}$$

9 $f(x)=x^2+\cos x$에서 $f'(x)=2x-\sin x$이므로

$f(-x)=(-x)^2+\cos(-x)=x^2+\cos x=f(x)$
$f'(-x)=2\times(-x)-\sin(-x)=-2x+\sin x$
$$=-f'(x)$$
$\therefore f(-x)f'(-x)=-f(x)f'(x)$

$\therefore \displaystyle\int_{-\pi}^\pi f(x)\{f'(x)+3\}\,dx$

$$=\int_{-\pi}^\pi f(x)f'(x)\,dx+3\int_{-\pi}^\pi f(x)\,dx$$
$$=0+6\int_0^\pi f(x)\,dx=6\int_0^\pi (x^2+\cos x)\,dx$$
$$=6\left[\frac{1}{3}x^3+\sin x\right]_0^\pi=2\pi^3$$

10 ㄱ. $f(-x)=-x(e^{-x}-e^x)$
$$=x(e^x-e^{-x})=f(x)$$
$$\therefore \int_{-a}^a f(x)\,dx=2\int_0^a f(x)\,dx$$

ㄴ. $g(x)=xf(x)$라 하면
$g(-x)=-xf(-x)$
$$=-xf(x)=-g(x)$$
$$\therefore \int_{-a}^a xf(x)\,dx=0$$

ㄷ. $f'(x)=(e^x-e^{-x})+x(e^x+e^{-x})$이므로
$xf'(x)=x(e^x-e^{-x})+x^2(e^x+e^{-x})$
$h(x)=xf'(x)$라 하면
$h(-x)=-x(e^{-x}-e^x)+(-x)^2(e^{-x}+e^x)$
$$=x(e^x-e^{-x})+x^2(e^x+e^{-x})$$
$$=h(x)$$
$$\therefore \int_{-a}^a xf'(x)\,dx=2\int_0^a xf'(x)\,dx$$

따라서 보기 중 정적분의 값이 항상 0인 것은 ㄴ이다.

11 함수 $y=|\sin 3x|$의 주기가 $\dfrac{\pi}{3}$이므로

$$\int_0^{\frac{\pi}{3}} |\sin 3x|\,dx=\int_{\frac{\pi}{3}}^{\frac{2}{3}\pi} |\sin 3x|\,dx=\int_{\frac{2}{3}\pi}^\pi |\sin 3x|\,dx$$

$\therefore \displaystyle\int_0^\pi |\sin 3x|\,dx$

$$=\int_0^{\frac{\pi}{3}} |\sin 3x|\,dx+\int_{\frac{\pi}{3}}^{\frac{2}{3}\pi} |\sin 3x|\,dx$$
$$+\int_{\frac{2}{3}\pi}^\pi |\sin 3x|\,dx$$
$$=3\int_0^{\frac{\pi}{3}} |\sin 3x|\,dx=3\int_0^{\frac{\pi}{3}} \sin 3x\,dx$$
$$=3\left[-\frac{1}{3}\cos 3x\right]_0^{\frac{\pi}{3}}$$
$$=3\left\{\frac{1}{3}-\left(-\frac{1}{3}\right)\right\}=2$$

12 함수 $y=\left|\cos\dfrac{x}{2}\right|$ 의 주기가 2π이므로

$$\int_a^{a+2\pi}\left|\cos\dfrac{x}{2}\right|dx=\int_0^{2\pi}\left|\cos\dfrac{x}{2}\right|dx$$
$$=\int_0^{\pi}\cos\dfrac{x}{2}\,dx+\int_{\pi}^{2\pi}\left(-\cos\dfrac{x}{2}\right)dx$$
$$=\left[2\sin\dfrac{x}{2}\right]_0^{\pi}+\left[-2\sin\dfrac{x}{2}\right]_{\pi}^{2\pi}$$
$$=2+2=4$$

13 $f\left(x+\dfrac{\pi}{2}\right)=f(x)$이므로

$$\int_{-\frac{\pi}{4}}^{\frac{\pi}{4}}f(x)\,dx=\int_{\frac{\pi}{4}}^{\frac{3}{4}\pi}f(x)\,dx=\int_{\frac{3}{4}\pi}^{\frac{5}{4}\pi}f(x)\,dx$$
$$=\int_{\frac{5}{4}\pi}^{\frac{7}{4}\pi}f(x)\,dx$$

$$\therefore\int_{-\frac{\pi}{4}}^{\frac{7}{4}\pi}f(x)\,dx=\int_{-\frac{\pi}{4}}^{\frac{\pi}{4}}f(x)\,dx+\int_{\frac{\pi}{4}}^{\frac{3}{4}\pi}f(x)\,dx$$
$$+\int_{\frac{3}{4}\pi}^{\frac{5}{4}\pi}f(x)\,dx+\int_{\frac{5}{4}\pi}^{\frac{7}{4}\pi}f(x)\,dx$$
$$=4\int_{-\frac{\pi}{4}}^{\frac{\pi}{4}}f(x)\,dx$$

이때 $-\dfrac{\pi}{4}\leq x\leq\dfrac{\pi}{4}$에서

$f(-x)=\sec^2(-x)=\sec^2 x=f(x)$이므로

$$\int_{-\frac{\pi}{4}}^{\frac{7}{4}\pi}f(x)\,dx=4\int_{-\frac{\pi}{4}}^{\frac{\pi}{4}}f(x)\,dx=8\int_0^{\frac{\pi}{4}}f(x)\,dx$$
$$=8\int_0^{\frac{\pi}{4}}\sec^2 x\,dx$$
$$=8\left[\tan x\right]_0^{\frac{\pi}{4}}$$
$$=8$$

14 $e^{2x}+1=t$로 놓으면 $2e^{2x}=\dfrac{dt}{dx}$이고, $x=0$일 때 $t=2$,

$x=\ln 2$일 때 $t=5$이므로

$$\int_0^{\ln 2}\dfrac{e^{2x}}{e^{2x}+1}\,dx=\int_2^5\dfrac{1}{t}\times\dfrac{1}{2}\,dt=\dfrac{1}{2}\int_2^5\dfrac{1}{t}\,dt$$
$$=\dfrac{1}{2}\left[\ln|t|\right]_2^5$$
$$=\dfrac{1}{2}(\ln 5-\ln 2)=\dfrac{1}{2}\ln\dfrac{5}{2}$$

`다른 풀이`

$(e^{2x}+1)'=2e^{2x}$이므로

$$\int_0^{\ln 2}\dfrac{e^{2x}}{e^{2x}+1}\,dx=\dfrac{1}{2}\int_0^{\ln 2}\dfrac{(e^{2x}+1)'}{e^{2x}+1}\,dx$$
$$=\dfrac{1}{2}\left[\ln(e^{2x}+1)\right]_0^{\ln 2}$$
$$=\dfrac{1}{2}(\ln 5-\ln 2)=\dfrac{1}{2}\ln\dfrac{5}{2}$$

15 $$\int_0^{\frac{\pi}{2}}\dfrac{\cos x}{1+\sin x}\,dx-\int_{\frac{\pi}{2}}^0\dfrac{\cos^3 x}{1+\sin x}\,dx$$
$$=\int_0^{\frac{\pi}{2}}\dfrac{\cos x}{1+\sin x}\,dx+\int_0^{\frac{\pi}{2}}\dfrac{\cos^3 x}{1+\sin x}\,dx$$
$$=\int_0^{\frac{\pi}{2}}\dfrac{\cos x+\cos^3 x}{1+\sin x}\,dx$$
$$=\int_0^{\frac{\pi}{2}}\dfrac{\cos x(1+\cos^2 x)}{1+\sin x}\,dx$$
$$=\int_0^{\frac{\pi}{2}}\dfrac{\cos x(2-\sin^2 x)}{1+\sin x}\,dx$$

$1+\sin x=t$로 놓으면 $\cos x=\dfrac{dt}{dx}$이고, $x=0$일 때

$t=1$, $x=\dfrac{\pi}{2}$일 때 $t=2$이므로

$$\int_0^{\frac{\pi}{2}}\dfrac{\cos x}{1+\sin x}\,dx-\int_{\frac{\pi}{2}}^0\dfrac{\cos^3 x}{1+\sin x}\,dx$$
$$=\int_0^{\frac{\pi}{2}}\dfrac{\cos x(2-\sin^2 x)}{1+\sin x}\,dx$$
$$=\int_1^2\dfrac{2-(t-1)^2}{t}\,dt$$
$$=\int_1^2\left(-t+2+\dfrac{1}{t}\right)dt$$
$$=\left[-\dfrac{1}{2}t^2+2t+\ln|t|\right]_1^2$$
$$=(-2+4+\ln 2)-\left(-\dfrac{1}{2}+2\right)=\dfrac{1}{2}+\ln 2$$

16 $\displaystyle\int_1^e f(x)\,dx=\int_1^e\dfrac{a+\ln x}{x}\,dx$에서 $a+\ln x=t$로 놓으면

$\dfrac{1}{x}=\dfrac{dt}{dx}$이고, $x=1$일 때 $t=a$, $x=e$일 때 $t=a+1$이므로

$$\int_1^e f(x)\,dx=\int_1^e\dfrac{a+\ln x}{x}\,dx$$
$$=\int_a^{a+1}t\,dt=\left[\dfrac{1}{2}t^2\right]_a^{a+1}$$
$$=\dfrac{1}{2}(a+1)^2-\dfrac{1}{2}a^2=a+\dfrac{1}{2}$$

$\displaystyle\int_0^2 g(x)\,dx=\int_0^2\dfrac{12x-6}{(x^2-x+2)^2}\,dx$에서

$x^2-x+2=s$로 놓으면 $2x-1=\dfrac{ds}{dx}$이고, $x=0$일 때

$s=2$, $x=2$일 때 $s=4$이므로

$$\int_0^2 g(x)\,dx=\int_0^2\dfrac{12x-6}{(x^2-x+2)^2}\,dx$$
$$=\int_0^2\dfrac{6(2x-1)}{(x^2-x+2)^2}\,dx$$
$$=\int_2^4\dfrac{6}{s^2}\,ds=6\int_2^4 s^{-2}\,ds$$
$$=6\left[-s^{-1}\right]_2^4=6\left(-\dfrac{1}{4}+\dfrac{1}{2}\right)=\dfrac{3}{2}$$

따라서 $a+\dfrac{1}{2}=\dfrac{3}{2}$이므로 $a=1$

17 $\displaystyle\int_0^2 \frac{f(x)+f(4-x)}{2}\,dx$

$\displaystyle=\frac{1}{2}\left\{\int_0^2 f(x)\,dx+\int_0^2 f(4-x)\,dx\right\}$

$\displaystyle\int_0^2 f(4-x)\,dx$에서 $4-x=t$로 놓으면 $-1=\dfrac{dt}{dx}$이고,

$x=0$일 때 $t=4$, $x=2$일 때 $t=2$이므로

$\displaystyle\int_0^2 f(4-x)\,dx=-\int_4^2 f(t)\,dt=\int_2^4 f(x)\,dx$

$\therefore \displaystyle\int_0^2 \frac{f(x)+f(4-x)}{2}\,dx$

$\displaystyle=\frac{1}{2}\left\{\int_0^2 f(x)\,dx+\int_0^2 f(4-x)\,dx\right\}$

$\displaystyle=\frac{1}{2}\left\{\int_0^2 f(x)\,dx+\int_2^4 f(x)\,dx\right\}$

$\displaystyle=\frac{1}{2}\int_0^4 f(x)\,dx$

$\displaystyle=\frac{1}{2}\times 6=3$

18 $2x=\tan\theta\left(-\dfrac{\pi}{2}<\theta<\dfrac{\pi}{2}\right)$로 놓으면 $2\dfrac{dx}{d\theta}=\sec^2\theta$이고,

$x=0$일 때 $\theta=0$, $x=\dfrac{1}{2}$일 때 $\theta=\dfrac{\pi}{4}$이므로

$\displaystyle\int_0^{\frac{1}{2}} \frac{2}{4x^2+1}\,dx=\int_0^{\frac{\pi}{4}} \frac{\sec^2\theta}{\tan^2\theta+1}\,d\theta$

$\displaystyle=\int_0^{\frac{\pi}{4}} \frac{\sec^2\theta}{\sec^2\theta}\,d\theta$

$\displaystyle=\int_0^{\frac{\pi}{4}} d\theta$

$\displaystyle=\Big[\theta\Big]_0^{\frac{\pi}{4}}$

$\displaystyle=\frac{\pi}{4}$

19 $x=a\tan\theta\left(-\dfrac{\pi}{2}<\theta<\dfrac{\pi}{2}\right)$로 놓으면 $\dfrac{dx}{d\theta}=a\sec^2\theta$이고,

$x=0$일 때 $\theta=0$, $x=\sqrt{3}a$일 때 $\theta=\dfrac{\pi}{3}$이므로

$\displaystyle\int_0^{\sqrt{3}a} \frac{1}{x^2+a^2}\,dx=\int_0^{\frac{\pi}{3}} \frac{1}{a^2\tan^2\theta+a^2}\times a\sec^2\theta\,d\theta$

$\displaystyle=\int_0^{\frac{\pi}{3}} \frac{a\sec^2\theta}{a^2\sec^2\theta}\,d\theta$

$\displaystyle=\frac{1}{a}\int_0^{\frac{\pi}{3}} d\theta$

$\displaystyle=\frac{1}{a}\Big[\theta\Big]_0^{\frac{\pi}{3}}$

$\displaystyle=\frac{\pi}{3a}$

따라서 $\dfrac{\pi}{3a}=\dfrac{\pi}{12}$이므로

$a=4$

20 $x=2\sin\theta\left(-\dfrac{\pi}{2}<\theta<\dfrac{\pi}{2}\right)$로 놓으면 $\dfrac{dx}{d\theta}=2\cos\theta$이고,

$x=0$일 때 $\theta=0$, $x=1$일 때 $\theta=\dfrac{\pi}{6}$이므로

$\displaystyle\int_0^1 \frac{x^2}{\sqrt{4-x^2}}\,dx=\int_0^{\frac{\pi}{6}} \frac{4\sin^2\theta}{\sqrt{4-4\sin^2\theta}}\times 2\cos\theta\,d\theta$

$\displaystyle=\int_0^{\frac{\pi}{6}} \frac{4\sin^2\theta}{\sqrt{4\cos^2\theta}}\times 2\cos\theta\,d\theta$

$\displaystyle=\int_0^{\frac{\pi}{6}} 4\sin^2\theta\,d\theta$

$\displaystyle=2\int_0^{\frac{\pi}{6}} (1-\cos 2\theta)\,d\theta$　◀ $\cos 2\theta=1-2\sin^2\theta$

$\displaystyle=2\Big[\theta-\frac{1}{2}\sin 2\theta\Big]_0^{\frac{\pi}{6}}$

$\displaystyle=2\left(\frac{\pi}{6}-\frac{\sqrt{3}}{4}\right)=\frac{\pi}{3}-\frac{\sqrt{3}}{2}$

21 $\cos(\pi-x)=-\cos x$이므로

$\displaystyle\int_0^{\pi} x\cos(\pi-x)\,dx=-\int_0^{\pi} x\cos x\,dx$

$f(x)=x$, $g'(x)=\cos x$로 놓으면

$f'(x)=1$, $g(x)=\sin x$

$\therefore \displaystyle\int_0^{\pi} x\cos(\pi-x)\,dx$

$\displaystyle=-\int_0^{\pi} x\cos x\,dx$

$\displaystyle=-\left(\Big[x\sin x\Big]_0^{\pi}-\int_0^{\pi} \sin x\,dx\right)$

$\displaystyle=\Big[-\cos x\Big]_0^{\pi}$

$\displaystyle=1-(-1)=2$

22 $\displaystyle\int_1^{e^2} f(x)\,dx-\int_3^{e^2} f(x)\,dx=\int_1^{e^2} f(x)\,dx+\int_{e^2}^3 f(x)\,dx$

$\displaystyle=\int_1^3 f(x)\,dx$

$\displaystyle=\int_1^3 \frac{\ln x}{x^2}\,dx$

$u(x)=\ln x$, $v'(x)=\dfrac{1}{x^2}$로 놓으면

$u'(x)=\dfrac{1}{x}$, $v(x)=-\dfrac{1}{x}$

$\therefore \displaystyle\int_1^{e^2} f(x)\,dx-\int_3^{e^2} f(x)\,dx=\int_1^3 \frac{\ln x}{x^2}\,dx$

$\displaystyle=\Big[-\frac{\ln x}{x}\Big]_1^3+\int_1^3 \frac{1}{x^2}\,dx$

$\displaystyle=-\frac{\ln 3}{3}+\Big[-x^{-1}\Big]_1^3$

$\displaystyle=-\frac{\ln 3}{3}+\left\{-\frac{1}{3}-(-1)\right\}$

$\displaystyle=\frac{2-\ln 3}{3}$

23 $f(x)=x^2+3$, $g'(x)=e^{2x}$으로 놓으면

$f'(x)=2x$, $g(x)=\dfrac{1}{2}e^{2x}$

$\therefore \displaystyle\int_0^1 (x^2+3)e^{2x}\,dx=\left[\dfrac{1}{2}(x^2+3)e^{2x}\right]_0^1-\int_0^1 xe^{2x}\,dx$

$\qquad\qquad\qquad\qquad =2e^2-\dfrac{3}{2}-\displaystyle\int_0^1 xe^{2x}\,dx \quad\cdots\cdots\ \bigcirc$

$\displaystyle\int_0^1 xe^{2x}\,dx$에서 $u(x)=x$, $v'(x)=e^{2x}$으로 놓으면

$u'(x)=1$, $v(x)=\dfrac{1}{2}e^{2x}$

$\therefore \displaystyle\int_0^1 xe^{2x}\,dx=\left[\dfrac{1}{2}xe^{2x}\right]_0^1-\dfrac{1}{2}\int_0^1 e^{2x}\,dx$

$\qquad\qquad\qquad =\dfrac{e^2}{2}-\dfrac{1}{2}\left[\dfrac{1}{2}e^{2x}\right]_0^1$

$\qquad\qquad\qquad =\dfrac{e^2}{2}-\dfrac{1}{2}\left(\dfrac{e^2}{2}-\dfrac{1}{2}\right)$

$\qquad\qquad\qquad =\dfrac{e^2}{4}+\dfrac{1}{4} \quad\cdots\cdots\ \bigcirc\!\!\!\bigcirc$

$\bigcirc\!\!\!\bigcirc$을 $\bigcirc$에 대입하면

$\displaystyle\int_0^1 (x^2+3)e^{2x}\,dx=2e^2-\dfrac{3}{2}-\left(\dfrac{e^2}{4}+\dfrac{1}{4}\right)$

$\qquad\qquad\qquad\qquad =\dfrac{7}{4}e^2-\dfrac{7}{4}$

24 $f(x)=\cos x$, $g'(x)=e^x$으로 놓으면

$f'(x)=-\sin x$, $g(x)=e^x$

$\therefore \displaystyle\int_{-\pi}^{\pi} e^x\cos x\,dx=\left[e^x\cos x\right]_{-\pi}^{\pi}+\int_{-\pi}^{\pi} e^x\sin x\,dx$

$\qquad\qquad\qquad =-e^{\pi}+e^{-\pi}+\displaystyle\int_{-\pi}^{\pi} e^x\sin x\,dx$

$\qquad\qquad\qquad\qquad\qquad\qquad\qquad\cdots\cdots\ \bigcirc$

$\displaystyle\int_{-\pi}^{\pi} e^x\sin x\,dx$에서 $u(x)=\sin x$, $v'(x)=e^x$으로 놓으면

$u'(x)=\cos x$, $v(x)=e^x$

$\therefore \displaystyle\int_{-\pi}^{\pi} e^x\sin x\,dx=\left[e^x\sin x\right]_{-\pi}^{\pi}-\int_{-\pi}^{\pi} e^x\cos x\,dx$

$\qquad\qquad\qquad =-\displaystyle\int_{-\pi}^{\pi} e^x\cos x\,dx \quad\cdots\cdots\ \bigcirc\!\!\!\bigcirc$

$\bigcirc\!\!\!\bigcirc$을 $\bigcirc$에 대입하면

$\displaystyle\int_{-\pi}^{\pi} e^x\cos x\,dx=-e^{\pi}+e^{-\pi}-\int_{-\pi}^{\pi} e^x\cos x\,dx$

$\therefore \displaystyle\int_{-\pi}^{\pi} e^x\cos x\,dx=-\dfrac{e^{\pi}}{2}+\dfrac{e^{-\pi}}{2}$

따라서 $a=-\dfrac{1}{2}$, $b=\dfrac{1}{2}$이므로

$a-b=-1$

25 $\displaystyle\int_0^1 f'(t)\,dt=k\,(k는\ 상수)$로 놓으면

$f(x)=e^x+2x-k$

$\therefore f'(x)=e^x+2$

이를 $\displaystyle\int_0^1 f'(t)\,dt=k$에 대입하면

$k=\displaystyle\int_0^1 (e^t+2)\,dt=\left[e^t+2t\right]_0^1$

$\quad =e+2-1=e+1$

따라서 $f(x)=e^x+2x-e-1$이므로

$f(1)=e+2-e-1=1$

26 $\displaystyle\int_0^{\frac{1}{3}} f(t)\,dt=k\,(k는\ 상수)$로 놓으면

$f(x)=\sin\pi x+k$

이를 $\displaystyle\int_0^{\frac{1}{3}} f(t)\,dt=k$에 대입하면

$\displaystyle\int_0^{\frac{1}{3}} (\sin\pi t+k)\,dt=k$

$\left[-\dfrac{1}{\pi}\cos\pi t+kt\right]_0^{\frac{1}{3}}=k$

$-\dfrac{1}{2\pi}+\dfrac{k}{3}+\dfrac{1}{\pi}=k \qquad \therefore k=\dfrac{3}{4\pi}$

따라서 $f(x)=\sin\pi x+\dfrac{3}{4\pi}$이므로 $f(-1)=\dfrac{3}{4\pi}$

27 $\displaystyle\int_1^2 tf(t)\,dt=k\,(k는\ 상수)$로 놓으면

$f(x)=\dfrac{2^x}{x}+k$

이를 $\displaystyle\int_1^2 tf(t)\,dt=k$에 대입하면

$\displaystyle\int_1^2 (2^t+kt)\,dt=k$

$\left[\dfrac{2^t}{\ln 2}+\dfrac{k}{2}t^2\right]_1^2=k$

$\left(\dfrac{4}{\ln 2}+2k\right)-\left(\dfrac{2}{\ln 2}+\dfrac{k}{2}\right)=k \qquad \therefore k=-\dfrac{4}{\ln 2}$

따라서 $f(x)=\dfrac{2^x}{x}-\dfrac{4}{\ln 2}$이므로 $f(2)=2-\dfrac{4}{\ln 2}$

28 주어진 등식의 양변을 x에 대하여 미분하면

$f(x)=2+a\cos x$

주어진 등식의 양변에 $x=\dfrac{\pi}{2}$를 대입하면

$0=\pi+a \qquad \therefore a=-\pi$

$\therefore f(x)=2-\pi\cos x$

29 주어진 등식의 양변을 x에 대하여 미분하면

$f(x)+xf'(x)=5^x\ln 5+xf'(x)$

$\therefore f(x)=5^x\ln 5$

주어진 등식의 양변에 $x=0$을 대입하면

$0=1+a \qquad \therefore a=-1$

$\therefore f(a)=f(-1)=\dfrac{\ln 5}{5}$

30 주어진 등식의 양변에 $x=0$을 대입하면

$$0=a+b \qquad \cdots\cdots ㉠$$

주어진 등식에서

$$x\int_0^x f(t)\,dt-\int_0^x tf(t)\,dt=ae^{2x}-4x+b$$

양변을 x에 대하여 미분하면

$$\int_0^x f(t)\,dt+xf(x)-xf(x)=2ae^{2x}-4$$

$$\therefore \int_0^x f(t)\,dt=2ae^{2x}-4 \qquad \cdots\cdots ㉡$$

양변을 다시 x에 대하여 미분하면

$$f(x)=4ae^{2x}$$

㉡의 양변에 $x=0$을 대입하면

$$0=2a-4 \quad \therefore a=2 \quad \therefore f(x)=8e^{2x}$$

$a=2$를 ㉠에 대입하여 풀면 $b=-2$

$$\therefore f(b)=f(-2)=\frac{8}{e^4}$$

31 주어진 함수 $f(x)$를 x에 대하여 미분하면

$$f'(x)=e-e^x$$

$f'(x)=0$에서 $e-e^x=0$, $e^x=e$ $\quad \therefore x=1$

함수 $f(x)$의 증가와 감소를 표로 나타내면 다음과 같다.

x	$\cdots$	1	$\cdots$
$f'(x)$	$+$	0	$-$
$f(x)$	$\nearrow$	극대	$\searrow$

따라서 함수 $f(x)$는 $x=1$에서 극대이면서 최대이므로 구하는 최댓값은

$$f(1)=\int_0^1 (e-e^t)\,dt=\Big[et-e^t\Big]_0^1$$
$$=(e-e)-(-1)=1$$

32 주어진 함수 $f(x)$를 x에 대하여 미분하면

$$f'(x)=\sqrt{x}-x$$

$f'(x)=0$에서 $\sqrt{x}-x=0$, $x=\sqrt{x}$, $x^2=x$

$x(x-1)=0$ $\quad \therefore x=1 \,(\because x>0)$

$x>0$에서 함수 $f(x)$의 증가와 감소를 표로 나타내면 다음과 같다.

x	0	$\cdots$	1	$\cdots$
$f'(x)$		$+$	0	$-$
$f(x)$		$\nearrow$	극대	$\searrow$

함수 $f(x)$는 $x=1$에서 극대이므로 극댓값은

$$f(1)=\int_0^1 (\sqrt{t}-t)\,dt=\int_0^1 (t^{\frac{1}{2}}-t)\,dt$$
$$=\Big[\frac{2}{3}t^{\frac{3}{2}}-\frac{1}{2}t^2\Big]_0^1=\frac{2}{3}-\frac{1}{2}=\frac{1}{6}$$

따라서 $a=1$, $b=\dfrac{1}{6}$이므로 $ab=\dfrac{1}{6}$

33 주어진 함수 $f(x)$를 x에 대하여 미분하면

$$f'(x)=1-2\cos x$$

$f'(x)=0$에서 $1-2\cos x=0$

$$\cos x=\frac{1}{2} \qquad \therefore x=\frac{\pi}{3}\left(\because 0<x<\frac{\pi}{2}\right)$$

$0<x<\dfrac{\pi}{2}$에서 함수 $f(x)$의 증가와 감소를 표로 나타내면 다음과 같다.

x	0	$\cdots$	$\dfrac{\pi}{3}$	$\cdots$	$\dfrac{\pi}{2}$
$f'(x)$		$-$	0	$+$	
$f(x)$		$\searrow$	극소	$\nearrow$	

함수 $f(x)$는 $x=\dfrac{\pi}{3}$에서 극소이면서 최소이므로 최솟값은

$$f\left(\frac{\pi}{3}\right)=\int_0^{\frac{\pi}{3}}(1-2\cos t)\,dt$$
$$=\Big[t-2\sin t\Big]_0^{\frac{\pi}{3}}=\frac{\pi}{3}-\sqrt{3}$$

따라서 $a=\dfrac{\pi}{3}$, $b=\dfrac{\pi}{3}-\sqrt{3}$이므로 $a-b=\sqrt{3}$

34 주어진 함수 $f(x)$를 x에 대하여 미분하면

$$f'(x)=\sin x-\cos 2x$$

$f'(x)=0$에서

$$\sin x-\cos 2x=0, \ \sin x-(1-2\sin^2 x)=0$$
$$2\sin^2 x+\sin x-1=0$$
$$(\sin x+1)(2\sin x-1)=0$$

$$\therefore \sin x=-1 \ 또는 \ \sin x=\frac{1}{2}$$

$$\therefore x=\frac{\pi}{6} \ 또는 \ x=\frac{5}{6}\pi \,(\because 0<x<\pi)$$

$0<x<\pi$에서 함수 $f(x)$의 증가와 감소를 표로 나타내면 다음과 같다.

x	0	$\cdots$	$\dfrac{\pi}{6}$	$\cdots$	$\dfrac{5}{6}\pi$	$\cdots$	π
$f'(x)$		$-$	0	$+$	0	$-$	
$f(x)$		$\searrow$	극소	$\nearrow$	극대	$\searrow$	

함수 $f(x)$는 $x=\dfrac{5}{6}\pi$에서 극대, $x=\dfrac{\pi}{6}$에서 극소이므로 극댓값과 극솟값은 각각

$$f\left(\frac{5}{6}\pi\right)=\int_0^{\frac{5}{6}\pi}(\sin t-\cos 2t)\,dt$$
$$=\Big[-\cos t-\frac{1}{2}\sin 2t\Big]_0^{\frac{5}{6}\pi}$$
$$=\left(\frac{\sqrt{3}}{2}+\frac{\sqrt{3}}{4}\right)-(-1)$$
$$=\frac{3\sqrt{3}}{4}+1$$

$$f\left(\frac{\pi}{6}\right)=\int_0^{\frac{\pi}{6}}(\sin t-\cos 2t)\,dt$$

$$=\left[-\cos t-\frac{1}{2}\sin 2t\right]_0^{\frac{\pi}{6}}$$

$$=\left(-\frac{\sqrt{3}}{2}-\frac{\sqrt{3}}{4}\right)-(-1)$$

$$=-\frac{3\sqrt{3}}{4}+1$$

따라서 구하는 차는

$$\frac{3\sqrt{3}}{4}+1-\left(-\frac{3\sqrt{3}}{4}+1\right)=\frac{3\sqrt{3}}{2}$$

35 주어진 함수 $f(x)$를 x에 대하여 미분하면

$$f'(x)=\frac{ax}{x^2+1}$$

이때 함수 $f(x)$가 $x=b$에서 극솟값 $-\ln 2$를 가지므로

$$f'(b)=0,\ f(b)=-\ln 2$$

$f'(b)=0$에서 $\dfrac{ab}{b^2+1}=0$

$ab=0$　∴ $b=0\ (\because a>0)$

$f(b)=f(0)=-\ln 2$에서

$$\int_{-1}^{0}\frac{at}{t^2+1}\,dt=-\ln 2$$

이 식의 좌변에서 $(t^2+1)'=2t$이므로

$$\int_{-1}^{0}\frac{at}{t^2+1}\,dt=\frac{a}{2}\int_{-1}^{0}\frac{2t}{t^2+1}\,dt$$

$$=\frac{a}{2}\int_{-1}^{0}\frac{(t^2+1)'}{t^2+1}\,dt$$

$$=\frac{a}{2}\left[\ln(t^2+1)\right]_{-1}^{0}$$

$$=-\frac{a}{2}\ln 2$$

즉, $-\dfrac{a}{2}\ln 2=-\ln 2$이므로 $a=2$

∴ $a+b=2+0=2$

36 주어진 함수 $f(x)$를 x에 대하여 미분하면

$$f'(x)=2(x+1)+\frac{4}{x+1}-2x-\frac{4}{x}$$

$$=\frac{2(x^2+x-2)}{x(x+1)}$$

$f'(x)=0$에서 $x^2+x-2=0$

$(x+2)(x-1)=0$

∴ $x=1\ (\because x>0)$

$x>0$에서 함수 $f(x)$의 증가와 감소를 표로 나타내면 다음과 같다.

x	0	$\cdots$	1	$\cdots$
$f'(x)$		$-$	0	$+$
$f(x)$		$\searrow$	극소	$\nearrow$

따라서 함수 $f(x)$는 $x=1$에서 극소이면서 최소이므로 최솟값은

$$f(1)=\int_1^2\left(2t+\frac{4}{t}\right)dt$$

$$=\left[t^2+4\ln|t|\right]_1^2$$

$$=(4+4\ln 2)-1=4\ln 2+3$$

따라서 $a=4$, $b=3$이므로 $ab=12$

37 함수 $f(x)$의 한 부정적분을 $F(x)$라 하면

$$\lim_{x\to 0}\frac{1}{x}\int_0^x f(t)\,dt=\lim_{x\to 0}\frac{F(x)-F(0)}{x}$$

$$=F'(0)=f(0)$$

$$=1$$

38 $f(x)=(x^2+2)\cos(x+\pi)$라 하고 함수 $f(x)$의 한 부정적분을 $F(x)$라 하면

$$\lim_{h\to 0}\frac{1}{h}\int_{\pi-h}^{\pi+h}(x^2+2)\cos(x+\pi)\,dx$$

$$=\lim_{h\to 0}\frac{1}{h}\int_{\pi-h}^{\pi+h}f(x)\,dx$$

$$=\lim_{h\to 0}\frac{F(\pi+h)-F(\pi-h)}{h}$$

$$=\lim_{h\to 0}\frac{F(\pi+h)-F(\pi)+F(\pi)-F(\pi-h)}{h}$$

$$=\lim_{h\to 0}\frac{F(\pi+h)-F(\pi)}{h}+\lim_{h\to 0}\frac{F(\pi-h)-F(\pi)}{-h}$$

$$=F'(\pi)+F'(\pi)=2F'(\pi)$$

$$=2f(\pi)$$

$$=2(\pi^2+2)\cos 2\pi$$

$$=2\pi^2+4$$

39 $\displaystyle\lim_{x\to 3}\frac{1}{x^2-9}\int_3^x g'(t)\,dt=\lim_{x\to 3}\left\{\frac{g(x)-g(3)}{x-3}\times\frac{1}{x+3}\right\}$

$$=\frac{1}{6}g'(3)$$

$g(3)=a$라 하면 $f(a)=3$에서

$a^3+2a+3=3$, $a^3+2a=0$

$a(a^2+2)=0$

∴ $a=0\ (\because a^2+2>0)$

∴ $g(3)=0$

이때 $f'(x)=3x^2+2$이므로 역함수의 미분법에 의하여

$$g'(3)=\frac{1}{f'(g(3))}=\frac{1}{f'(0)}=\frac{1}{2}$$

∴ $\displaystyle\lim_{x\to 3}\frac{1}{x^2-9}\int_3^x g'(t)\,dt=\frac{1}{6}g'(3)$

$$=\frac{1}{6}\times\frac{1}{2}=\frac{1}{12}$$

기초 문제 Training

86쪽

1 (가) $\dfrac{3}{n}$ (나) **27** (다) **2** (라) **9**

2 (가) $\dfrac{2}{n}$ (나) $\dfrac{2k}{n}$ (다) **2** (라) $\dfrac{8}{3}$

3 $e-1$

4 $e-\dfrac{1}{e}$

핵심 유형 Training

87~91쪽

1 ④	**2** 84	**3** $\dfrac{31}{5}$	**4** 3	**5** $4\sqrt{2}-2$
6 6	**7** e^2-1	**8** ③	**9** $\ln 5$	
10 $e+\dfrac{1}{e}-2$		**11** ②	**12** $\dfrac{5}{2}$	**13** ②
14 ③	**15** ④	**16** $\dfrac{14}{3}-\ln 4$	**17** ②	
18 ②	**19** $\dfrac{e}{2}-1$	**20** $\dfrac{1}{3}$	**21** $2\ln 2-\dfrac{6}{5}$	
22 $2-\sqrt{3}$	**23** 0	**24** $\dfrac{2}{\pi}$	**25** $\dfrac{3}{2}$	**26** ③
27 $\dfrac{1}{(e-1)^2}$		**28** 1	**29** $4\ln 2-2$	
30 $\dfrac{4}{9}$	**31** $e+1$			

1 오른쪽 그림과 같이 구간 $[1,\,3]$을 n 등분 하면 각 구간의 오른쪽 끝 점의 x좌표는 차례대로

$$1+\dfrac{2}{n},\ 1+\dfrac{4}{n},\ 1+\dfrac{6}{n},$$
$$\cdots,\ 1+\dfrac{2n}{n}(=3)$$

이에 대응하는 y의 값은 각각

$$\ln\left(1+\dfrac{2}{n}\right),\ \ln\left(1+\dfrac{4}{n}\right),\ \ln\left(1+\dfrac{6}{n}\right),\ \cdots,\ \ln\left(1+\dfrac{2n}{n}\right)$$

이때 색칠한 각 직사각형의 가로의 길이는 $\dfrac{2}{n}$이므로 직사각형의 넓이의 합을 S_n이라 하면

$$S_n=\dfrac{2}{n}\sum_{k=1}^{n}\ln\left(1+\dfrac{2k}{n}\right)$$

따라서 구하는 넓이를 S라 하면

$$S=\lim_{n\to\infty}S_n$$
$$=\lim_{n\to\infty}\dfrac{2}{n}\sum_{k=1}^{n}\ln\left(1+\dfrac{2k}{n}\right)$$

2
$$S=\lim_{n\to\infty}\sum_{k=1}^{n}\left(\dfrac{4k}{n}\right)^3\times\boxed{^{(가)}\ \dfrac{4}{n}}$$
$$=\lim_{n\to\infty}\boxed{^{(나)}\ \dfrac{256}{n^4}}\sum_{k=1}^{n}k^3$$
$$=\lim_{n\to\infty}\boxed{^{(나)}\ \dfrac{256}{n^4}}\left\{\dfrac{n(n+1)}{2}\right\}^2$$
$$=\lim_{n\to\infty}64\left(1+\dfrac{2}{n}+\dfrac{1}{n^2}\right)$$
$$=\boxed{^{(다)}\ 64}$$

따라서 $f(n)=\dfrac{4}{n}$, $g(n)=\dfrac{256}{n^4}$, $a=64$이므로

$$f(1)+g(2)+a=4+16+64=84$$

3
$$\lim_{n\to\infty}\dfrac{1}{n}\left\{\left(1+\dfrac{1}{n}\right)^4+\left(1+\dfrac{2}{n}\right)^4+\left(1+\dfrac{3}{n}\right)^4+\cdots+\left(1+\dfrac{n}{n}\right)^4\right\}$$
$$=\lim_{n\to\infty}\sum_{k=1}^{n}\left(1+\dfrac{k}{n}\right)^4\times\dfrac{1}{n}$$
$$=\int_{1}^{2}x^4\,dx$$
$$=\left[\dfrac{1}{5}x^5\right]_{1}^{2}=\dfrac{31}{5}$$

> **다른 풀이**

$$\lim_{n\to\infty}\dfrac{1}{n}\left\{\left(1+\dfrac{1}{n}\right)^4+\left(1+\dfrac{2}{n}\right)^4+\left(1+\dfrac{3}{n}\right)^4+\cdots+\left(1+\dfrac{n}{n}\right)^4\right\}$$
$$=\lim_{n\to\infty}\sum_{k=1}^{n}\left(1+\dfrac{k}{n}\right)^4\times\dfrac{1}{n}$$
$$=\int_{0}^{1}(1+x)^4\,dx$$
$$=\left[\dfrac{1}{5}(1+x)^5\right]_{0}^{1}=\dfrac{31}{5}$$

4
$$\lim_{n\to\infty}\sum_{k=1}^{n}\dfrac{\pi}{n}\sin\dfrac{k\pi}{6n}=6\lim_{n\to\infty}\sum_{k=1}^{n}\left(\sin\dfrac{k\pi}{6n}\right)\times\dfrac{\pi}{6n}$$
$$=6\int_{0}^{\frac{\pi}{6}}\sin x\,dx$$
$$=6\left[-\cos x\right]_{0}^{\frac{\pi}{6}}$$
$$=6-3\sqrt{3}$$

따라서 $a=6$, $b=-3$이므로

$$a+b=3$$

5 $\lim\limits_{n\to\infty}\dfrac{3}{n}\left\{f\left(\dfrac{1}{n}\right)+f\left(\dfrac{2}{n}\right)+f\left(\dfrac{3}{n}\right)+\cdots+f\left(\dfrac{n}{n}\right)\right\}$

$=\lim\limits_{n\to\infty}\dfrac{3}{n}\sum\limits_{k=1}^{n}f\left(\dfrac{k}{n}\right)=3\lim\limits_{n\to\infty}\sum\limits_{k=1}^{n}f\left(\dfrac{k}{n}\right)\times\dfrac{1}{n}$

$=3\displaystyle\int_{0}^{1}f(x)\,dx=3\displaystyle\int_{0}^{1}\sqrt{1+x}\,dx$

$=3\left[\dfrac{2}{3}(1+x)\sqrt{1+x}\right]_{0}^{1}=4\sqrt{2}-2$

6 $\lim\limits_{n\to\infty}\sum\limits_{k=1}^{n}f\left(1+\dfrac{2k}{n}\right)\times\dfrac{1}{n}=\dfrac{1}{2}\lim\limits_{n\to\infty}\sum\limits_{k=1}^{n}f\left(1+\dfrac{2k}{n}\right)\times\dfrac{2}{n}$

$=\dfrac{1}{2}\displaystyle\int_{1}^{3}f(x)\,dx$

$=\dfrac{1}{2}\displaystyle\int_{1}^{3}(3x^2+ax)\,dx$

$=\dfrac{1}{2}\left[x^3+\dfrac{a}{2}x^2\right]_{1}^{3}=13+2a$

따라서 $13+2a=25$이므로 $a=6$

7 점 A_k의 좌표는 $\left(\dfrac{2k}{n},\,0\right)$이므로 점 B_k의 좌표는

$\left(\dfrac{2k}{n},\,2e^{\frac{2k}{n}}\right)$

따라서 $\overline{A_kB_k}=2e^{\frac{2k}{n}}$이므로

$\lim\limits_{n\to\infty}\dfrac{1}{n}\sum\limits_{k=1}^{n}\overline{A_kB_k}=\lim\limits_{n\to\infty}\dfrac{1}{n}\sum\limits_{k=1}^{n}2e^{\frac{2k}{n}}=\lim\limits_{n\to\infty}\sum\limits_{k=1}^{n}e^{\frac{2k}{n}}\times\dfrac{2}{n}$

$=\displaystyle\int_{0}^{2}e^{x}\,dx=\left[e^{x}\right]_{0}^{2}=e^2-1$

8 $\angle AOP_k=\dfrac{\pi}{2n}\times k=\dfrac{k\pi}{2n}$이므로 삼각형 OAP_k의 넓이

S_k는

$S_k=\dfrac{1}{2}\times\overline{OA}\times\overline{OP_k}\times\sin\dfrac{k\pi}{2n}=2\sin\dfrac{k\pi}{2n}$

$\therefore\ \lim\limits_{n\to\infty}\dfrac{1}{n}\sum\limits_{k=1}^{n-1}S_k=\lim\limits_{n\to\infty}\dfrac{1}{n}\sum\limits_{k=1}^{n-1}2\sin\dfrac{k\pi}{2n}$

$=\dfrac{4}{\pi}\lim\limits_{n\to\infty}\sum\limits_{k=1}^{n-1}\left(\sin\dfrac{k\pi}{2n}\right)\times\dfrac{\pi}{2n}$

$=\dfrac{4}{\pi}\displaystyle\int_{0}^{\frac{\pi}{2}}\sin x\,dx$

$=\dfrac{4}{\pi}\left[-\cos x\right]_{0}^{\frac{\pi}{2}}=\dfrac{4}{\pi}$

9 $0\le x\le2$에서 $y>0$이므로 구하는 넓이를 S라 하면

$S=\displaystyle\int_{0}^{2}\dfrac{2x+2}{x^2+2x+2}\,dx$

$=\left[\ln(x^2+2x+2)\right]_{0}^{2}$

$=\ln 5$

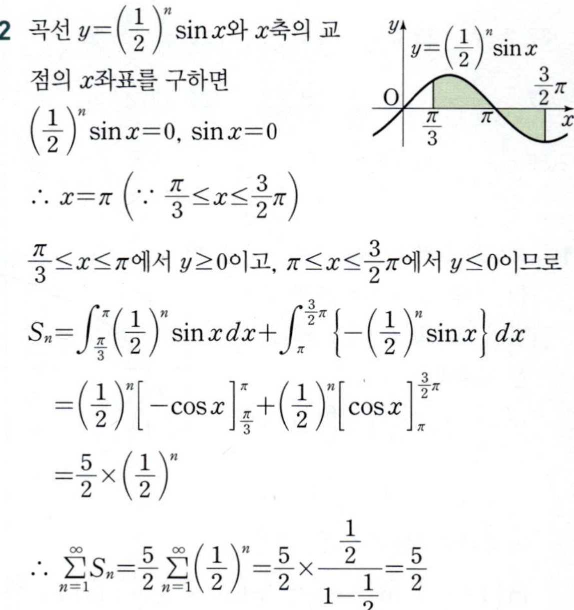

10 $-1\le x\le0$에서 $y\ge0$이고, $0\le x\le1$에서 $y\le0$이므로 구하는 넓이를 S라 하면

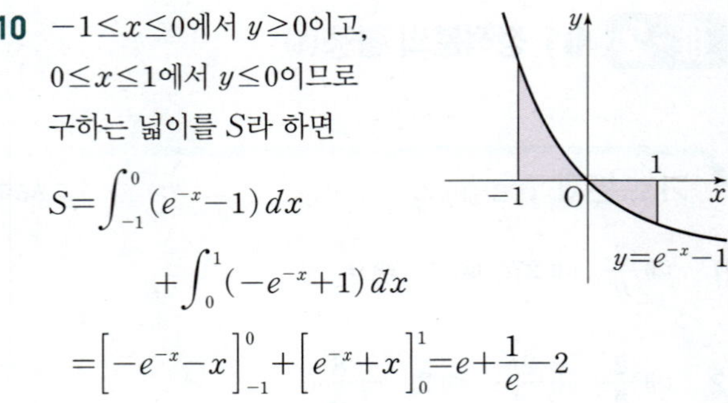

$S=\displaystyle\int_{-1}^{0}(e^{-x}-1)\,dx$

$\qquad+\displaystyle\int_{0}^{1}(-e^{-x}+1)\,dx$

$=\left[-e^{-x}-x\right]_{-1}^{0}+\left[e^{-x}+x\right]_{0}^{1}=e+\dfrac{1}{e}-2$

11 곡선 $y=\sqrt{4-ax}$와 x축의 교점의 x좌표를 구하면

$\sqrt{4-ax}=0$

$ax=4\qquad\therefore\ x=\dfrac{4}{a}$

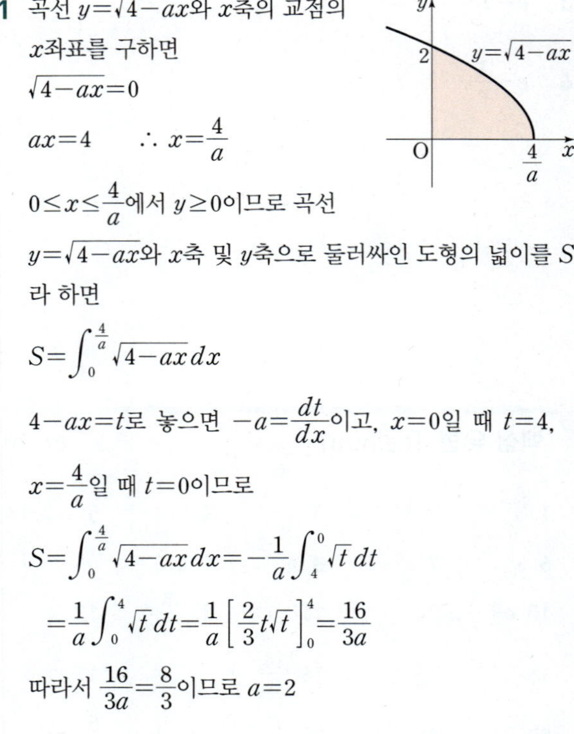

$0\le x\le\dfrac{4}{a}$에서 $y\ge0$이므로 곡선

$y=\sqrt{4-ax}$와 x축 및 y축으로 둘러싸인 도형의 넓이를 S라 하면

$S=\displaystyle\int_{0}^{\frac{4}{a}}\sqrt{4-ax}\,dx$

$4-ax=t$로 놓으면 $-a=\dfrac{dt}{dx}$이고, $x=0$일 때 $t=4$,

$x=\dfrac{4}{a}$일 때 $t=0$이므로

$S=\displaystyle\int_{0}^{\frac{4}{a}}\sqrt{4-ax}\,dx=-\dfrac{1}{a}\displaystyle\int_{4}^{0}\sqrt{t}\,dt$

$=\dfrac{1}{a}\displaystyle\int_{0}^{4}\sqrt{t}\,dt=\dfrac{1}{a}\left[\dfrac{2}{3}t\sqrt{t}\right]_{0}^{4}=\dfrac{16}{3a}$

따라서 $\dfrac{16}{3a}=\dfrac{8}{3}$이므로 $a=2$

12 곡선 $y=\left(\dfrac{1}{2}\right)^n\sin x$와 x축의 교점의 x좌표를 구하면

$\left(\dfrac{1}{2}\right)^n\sin x=0,\ \sin x=0$

$\therefore\ x=\pi\ \left(\because\ \dfrac{\pi}{3}\le x\le\dfrac{3}{2}\pi\right)$

$\dfrac{\pi}{3}\le x\le\pi$에서 $y\ge0$이고, $\pi\le x\le\dfrac{3}{2}\pi$에서 $y\le0$이므로

$S_n=\displaystyle\int_{\frac{\pi}{3}}^{\pi}\left(\dfrac{1}{2}\right)^n\sin x\,dx+\displaystyle\int_{\pi}^{\frac{3}{2}\pi}\left\{-\left(\dfrac{1}{2}\right)^n\sin x\right\}dx$

$=\left(\dfrac{1}{2}\right)^n\left[-\cos x\right]_{\frac{\pi}{3}}^{\pi}+\left(\dfrac{1}{2}\right)^n\left[\cos x\right]_{\pi}^{\frac{3}{2}\pi}$

$=\dfrac{5}{2}\times\left(\dfrac{1}{2}\right)^n$

$\therefore\ \sum\limits_{n=1}^{\infty}S_n=\dfrac{5}{2}\sum\limits_{n=1}^{\infty}\left(\dfrac{1}{2}\right)^n=\dfrac{5}{2}\times\dfrac{\frac{1}{2}}{1-\frac{1}{2}}=\dfrac{5}{2}$

13 $y=\dfrac{2}{2-x}$ 를 x에 대하여 풀면

$2-x=\dfrac{2}{y}$　　$\therefore x=2-\dfrac{2}{y}$

곡선 $x=2-\dfrac{2}{y}$ 와 y축의 교점의

y좌표를 구하면

$2-\dfrac{2}{y}=0,\ \dfrac{2}{y}=2$　　$\therefore y=1$

$1\leq y\leq e$에서 $x\geq 0$이므로 구하는 넓이를 S라 하면

$S=\displaystyle\int_1^e \left(2-\dfrac{2}{y}\right)dy=\left[2y-2\ln|y|\right]_1^e=2e-4$

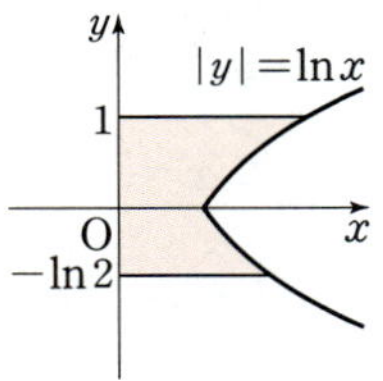

14 $y\geq 0$일 때, $y=\ln x$에서 $x=e^y$

$y\leq 0$일 때, $-y=\ln x$에서 $x=e^{-y}$

$-\ln 2\leq y\leq 0$에서 $e^{-y}>0$이고,

$0\leq y\leq 1$에서 $e^y>0$이므로 구하는

넓이를 S라 하면

$S=\displaystyle\int_{-\ln 2}^0 e^{-y}\,dy+\int_0^1 e^y\,dy$

$\quad=\left[-e^{-y}\right]_{-\ln 2}^0+\left[e^y\right]_0^1=e$

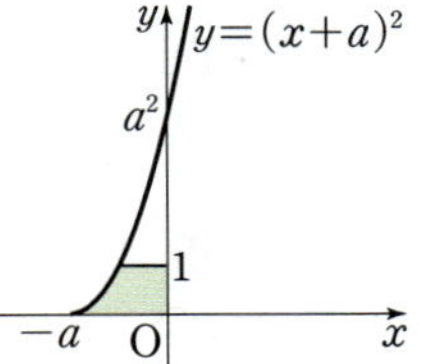

15 $y=(x+a)^2$을 x에 대하여 풀면

$x+a=\sqrt{y}\ (\because x\geq -a)$

$\therefore x=\sqrt{y}-a$

$0\leq y\leq 1$에서 $x<0$이므로 곡선

$y=(x+a)^2\ (x\geq -a)$과 x축,

y축 및 직선 $y=1$로 둘러싸인 도

형의 넓이를 S라 하면

$S=\displaystyle\int_0^1 (-\sqrt{y}+a)\,dy$

$\quad=\left[-\dfrac{2}{3}y\sqrt{y}+ay\right]_0^1=-\dfrac{2}{3}+a$

따라서 $-\dfrac{2}{3}+a=\dfrac{7}{3}$이므로 $a=3$

16 두 곡선 $y=\sqrt{x}$, $y=\dfrac{1}{x}$ 의 교점의

x좌표를 구하면

$\sqrt{x}=\dfrac{1}{x},\ x^3=1$

$\therefore x=1\ (\because x$는 실수$)$

$1\leq x\leq 4$에서 $\sqrt{x}\geq \dfrac{1}{x}$이므로

구하는 넓이를 S라 하면

$S=\displaystyle\int_1^4 \left(\sqrt{x}-\dfrac{1}{x}\right)dx$

$\quad=\left[\dfrac{2}{3}x\sqrt{x}-\ln|x|\right]_1^4=\dfrac{14}{3}-\ln 4$

17 두 곡선 $y=\sqrt{2}\cos x,\ y=\sin 2x$의 교점의 x좌표를 구하면

$\sqrt{2}\cos x=\sin 2x$

$\sqrt{2}\cos x=2\sin x\cos x$

$\cos x(\sqrt{2}-2\sin x)=0$

$\therefore \cos x=0$ 또는 $\sin x=\dfrac{\sqrt{2}}{2}$

$\therefore x=\dfrac{\pi}{4}$ 또는 $x=\dfrac{\pi}{2}\left(\because 0\leq x\leq \dfrac{\pi}{2}\right)$

$0\leq x\leq \dfrac{\pi}{4}$에서 $\sqrt{2}\cos x\geq \sin 2x$이고, $\dfrac{\pi}{4}\leq x\leq \dfrac{\pi}{2}$에서

$\sin 2x\geq \sqrt{2}\cos x$이므로 구하는 넓이를 S라 하면

$S=\displaystyle\int_0^{\frac{\pi}{4}} (\sqrt{2}\cos x-\sin 2x)\,dx$

$\qquad\qquad +\displaystyle\int_{\frac{\pi}{4}}^{\frac{\pi}{2}} (\sin 2x-\sqrt{2}\cos x)\,dx$

$\quad=\left[\sqrt{2}\sin x+\dfrac{1}{2}\cos 2x\right]_0^{\frac{\pi}{4}}+\left[-\dfrac{1}{2}\cos 2x-\sqrt{2}\sin x\right]_{\frac{\pi}{4}}^{\frac{\pi}{2}}$

$\quad=2-\sqrt{2}$

18 $y=e^{x-1}-1$을 x에 대하여 풀면

$x-1=\ln(y+1)$

$\therefore x=\ln(y+1)+1$

$y=\ln(x-1)$을 x에 대하여 풀면

$x-1=e^y$

$\therefore x=e^y+1$

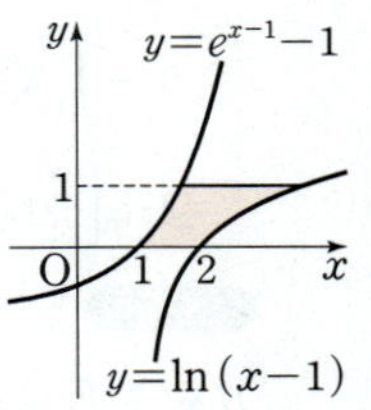

$0\leq y\leq 1$에서 $e^y+1>\ln(y+1)+1$이므로 구하는 넓이를

S라 하면

$S=\displaystyle\int_0^1 \left[(e^y+1)-\{\ln(y+1)+1\}\right]dy$

$\quad=\displaystyle\int_0^1 e^y\,dy-\int_0^1 \ln(y+1)\,dy$

$\quad=\displaystyle\int_0^1 e^y\,dy-\int_1^2 \ln t\,dt$　◀ $y+1=t$

$\quad=\left[e^y\right]_0^1-\left[t\ln t\right]_1^2+\displaystyle\int_1^2 dt$

$\quad=e-1-2\ln 2+\left[t\right]_1^2$

$\quad=e-2\ln 2$

19 $f(x)=e^x-1$이라 하면

$f'(x)=e^x$

접점의 좌표를 $(t,\ e^t-1)$이라 하면 접선의 기울기는

$f'(t)=e^t$이므로

$e^t=e$　　$\therefore t=1$

즉, 접점의 좌표는 $(1,\ e-1)$이므로 이 점에서의 접선의

방정식은

$y-(e-1)=e(x-1)$

$\therefore y=ex-1$

$0 \leq x \leq 1$에서 $e^x - 1 \geq ex - 1$이므로 구하는 넓이를 S라 하면

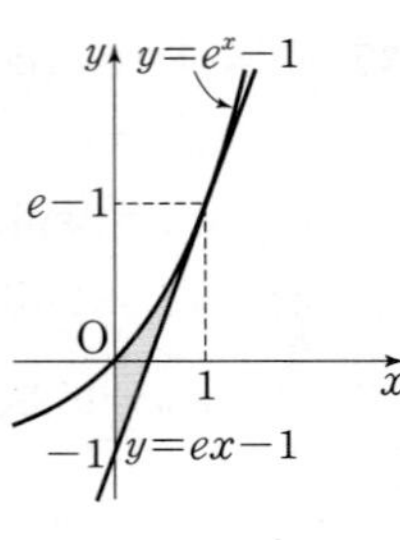

$$S = \int_0^1 \{(e^x - 1) - (ex - 1)\} \, dx$$
$$= \int_0^1 (e^x - ex) \, dx$$
$$= \left[e^x - \frac{e}{2}x^2 \right]_0^1 = \frac{e}{2} - 1$$

20 $f(x) = \sqrt{2-x}$라 하면 $f'(x) = -\dfrac{1}{2\sqrt{2-x}}$

점 $(1, 1)$에서의 접선의 기울기는 $f'(1) = -\dfrac{1}{2}$이므로 이 점에서의 접선의 방정식은

$$y - 1 = -\frac{1}{2}(x-1) \qquad \therefore \ y = -\frac{1}{2}x + \frac{3}{2}$$

$1 \leq x \leq 2$에서 $\sqrt{2-x} \geq 0$이므로 구하는 넓이를 S라 하면

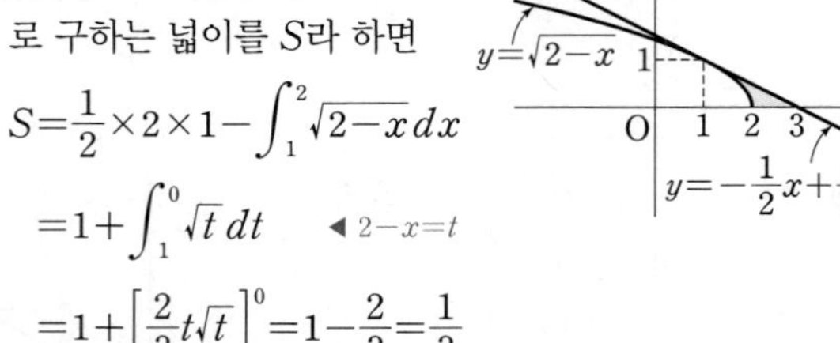

$$S = \frac{1}{2} \times 2 \times 1 - \int_1^2 \sqrt{2-x} \, dx$$
$$= 1 + \int_1^0 \sqrt{t} \, dt \qquad \blacktriangleleft \ 2-x=t$$
$$= 1 + \left[\frac{2}{3}t\sqrt{t} \right]_1^0 = 1 - \frac{2}{3} = \frac{1}{3}$$

다른 풀이

$f(x) = \sqrt{2-x}$라 하면 $f'(x) = -\dfrac{1}{2\sqrt{2-x}}$

점 $(1, 1)$에서의 접선의 기울기는 $f'(1) = -\dfrac{1}{2}$이므로 이 점에서의 접선의 방정식은

$$y - 1 = -\frac{1}{2}(x-1) \qquad \therefore \ y = -\frac{1}{2}x + \frac{3}{2}$$

$y = \sqrt{2-x}$, $y = -\dfrac{1}{2}x + \dfrac{3}{2}$을 각각 x에 대하여 풀면

$x = 2 - y^2 \, (y \geq 0)$, $x = 3 - 2y$

$0 \leq y \leq 1$에서 $3 - 2y \geq 2 - y^2$이므로 구하는 넓이를 S라 하면

$$S = \int_0^1 \{(3-2y) - (2-y^2)\} \, dy$$
$$= \int_0^1 (y^2 - 2y + 1) \, dy$$
$$= \left[\frac{1}{3}y^3 - y^2 + y \right]_0^1 = \frac{1}{3}$$

21 $f(x) = \dfrac{1}{x}$이라 하면 $f'(x) = -\dfrac{1}{x^2}$

점 $\left(\dfrac{1}{2}, 2 \right)$에서의 접선의 기울기는 $f'\left(\dfrac{1}{2} \right) = -4$이므로 이 점에서의 접선의 방정식은

$$y - 2 = -4\left(x - \frac{1}{2} \right)$$
$$\therefore \ y = -4x + 4$$

점 $\left(2, \dfrac{1}{2} \right)$에서의 접선의 기울기는 $f'(2) = -\dfrac{1}{4}$이므로 이 점에서의 접선의 방정식은

$$y - \frac{1}{2} = -\frac{1}{4}(x-2)$$
$$\therefore \ y = -\frac{1}{4}x + 1$$

두 접선 $y = -4x + 4$, $y = -\dfrac{1}{4}x + 1$의 교점의 x좌표를 구하면

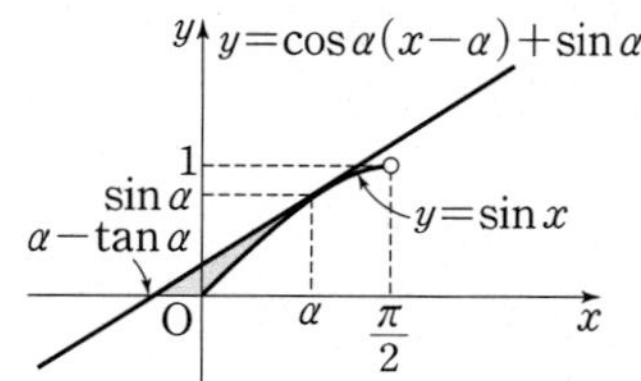

$$-4x + 4 = -\frac{1}{4}x + 1$$
$$\frac{15}{4}x = 3$$
$$\therefore \ x = \frac{4}{5}$$

$\dfrac{1}{2} \leq x \leq \dfrac{4}{5}$에서 $\dfrac{1}{x} \geq -4x + 4$이고, $\dfrac{4}{5} \leq x \leq 2$에서 $\dfrac{1}{x} \geq -\dfrac{1}{4}x + 1$이므로 구하는 넓이를 S라 하면

$$S = \int_{\frac{1}{2}}^{\frac{4}{5}} \left\{ \frac{1}{x} - (-4x + 4) \right\} dx$$
$$+ \int_{\frac{4}{5}}^{2} \left\{ \frac{1}{x} - \left(-\frac{1}{4}x + 1 \right) \right\} dx$$
$$= \int_{\frac{1}{2}}^{\frac{4}{5}} \left(\frac{1}{x} + 4x - 4 \right) dx + \int_{\frac{4}{5}}^{2} \left(\frac{1}{x} + \frac{1}{4}x - 1 \right) dx$$
$$= \left[\ln|x| + 2x^2 - 4x \right]_{\frac{1}{2}}^{\frac{4}{5}} + \left[\ln|x| + \frac{1}{8}x^2 - x \right]_{\frac{4}{5}}^{2}$$
$$= 2\ln 2 - \frac{6}{5}$$

22 $f(x) = \sin x$라 하면
$$f'(x) = \cos x$$

점 $(\alpha, \sin \alpha)$에서의 접선의 기울기는 $f'(\alpha) = \cos \alpha$이므로 이 점에서의 접선의 방정식은

$$y - \sin \alpha = \cos \alpha (x - \alpha)$$
$$\therefore \ y = \cos \alpha (x - \alpha) + \sin \alpha$$

이때 접선과 x축의 교점의 x좌표를 구하면

$$\cos \alpha (x - \alpha) + \sin \alpha = 0$$
$$\cos \alpha (x - \alpha) = -\sin \alpha$$
$$x - \alpha = -\tan \alpha$$
$$\therefore \ x = \alpha - \tan \alpha$$

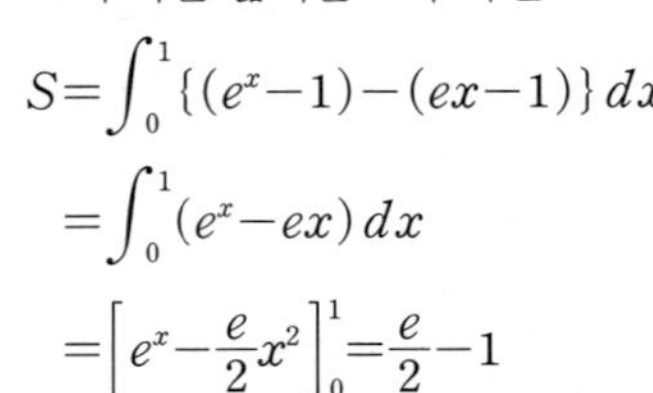

곡선 $y=\sin x$와 직선 $y=\cos\alpha(x-\alpha)+\sin\alpha$ 및 x축으로 둘러싸인 도형의 넓이를 S라 하면 $0\le x\le\alpha$에서 $\sin x\ge 0$이므로

$$S=\frac{1}{2}\times\tan\alpha\times\sin\alpha-\int_0^\alpha \sin x\,dx$$

$$=\frac{\sin^2\alpha}{2\cos\alpha}-\Big[-\cos x\Big]_0^\alpha$$

$$=\frac{\sin^2\alpha}{2\cos\alpha}+\cos\alpha-1$$

따라서 $\dfrac{\sin^2\alpha}{2\cos\alpha}+\cos\alpha-1=1$이므로

$\sin^2\alpha+2\cos^2\alpha-4\cos\alpha=0$

$(1-\cos^2\alpha)+2\cos^2\alpha-4\cos\alpha=0$

$\cos^2\alpha-4\cos\alpha+1=0$

$\therefore \cos\alpha=2-\sqrt{3}\ (\because\ 0<\cos\alpha\le 1)$

23 두 도형의 넓이가 서로 같으므로

$$\int_0^6 f(x)\,dx=0$$

$\displaystyle\int_0^2 f(3x)\,dx$에서 $3x=t$로 놓으면 $3=\dfrac{dt}{dx}$이고, $x=0$일 때 $t=0$, $x=2$일 때 $t=6$이므로

$$\int_0^2 f(3x)\,dx=\int_0^6 f(t)\times\frac{1}{3}\,dt=\frac{1}{3}\int_0^6 f(x)\,dx=0$$

24 두 도형의 넓이가 서로 같으므로

$$\int_0^{\frac{\pi}{2}}(\cos x-k)\,dx=0,\ \Big[\sin x-kx\Big]_0^{\frac{\pi}{2}}=0$$

$1-\dfrac{\pi}{2}k=0,\ \dfrac{\pi}{2}k=1\qquad \therefore k=\dfrac{2}{\pi}$

25 두 도형의 넓이가 서로 같으므로

$$\int_0^1\{xe^x-(-x+a)\}\,dx=0$$

$$\int_0^1 xe^x\,dx+\int_0^1(x-a)\,dx=0$$

$$\Big[xe^x\Big]_0^1-\int_0^1 e^x\,dx+\Big[\frac{1}{2}x^2-ax\Big]_0^1=0$$

$$e-\Big[e^x\Big]_0^1+\frac{1}{2}-a=0$$

$\dfrac{3}{2}-a=0\qquad \therefore a=\dfrac{3}{2}$

26 곡선 $y=\dfrac{1}{x}$과 x축 및 두 직선 $x=2$, $x=16$으로 둘러싸인 도형의 넓이를 S_1이라 하면 $2\le x\le 16$에서 $y>0$이므로

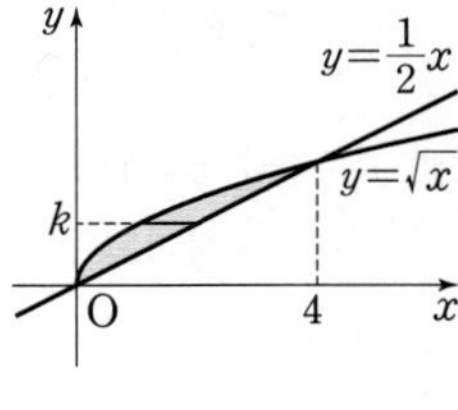

$$S_1=\int_2^{16}\frac{1}{x}\,dx$$

$$=\Big[\ln|x|\Big]_2^{16}=\ln 8$$

또 곡선 $y=\dfrac{1}{x}$과 x축 및 두 직선 $x=2$, $x=k$로 둘러싸인 도형의 넓이를 S_2라 하면 $2\le x\le k$에서 $y>0$이므로

$$S_2=\int_2^k\frac{1}{x}\,dx$$

$$=\Big[\ln|x|\Big]_2^k=\ln\frac{k}{2}$$

주어진 조건에서 $S_1=2S_2$이므로

$\ln 8=2\ln\dfrac{k}{2},\ \dfrac{k}{2}=2\sqrt{2}$

$\therefore k=4\sqrt{2}$

27 곡선 $y=\ln(x+1)$과 x축 및 직선 $x=e-1$로 둘러싸인 도형의 넓이를 S_1이라 하면 $0\le x\le e-1$에서 $y\ge 0$이므로

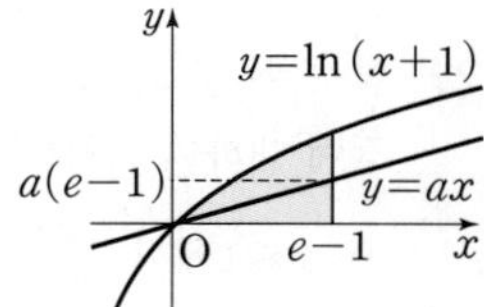

$$S_1=\int_0^{e-1}\ln(x+1)\,dx$$

$$=\int_1^e \ln t\,dt \qquad \blacktriangleleft x+1=t$$

$$=\Big[t\ln t\Big]_1^e-\int_1^e dt$$

$$=e-\Big[t\Big]_1^e=1$$

또 직선 $y=ax$와 x축 및 직선 $x=e-1$로 둘러싸인 도형의 넓이를 S_2라 하면

$$S_2=\frac{1}{2}\times(e-1)\times a(e-1)=\frac{(e-1)^2}{2}a$$

주어진 조건에서 $S_1=2S_2$이므로

$$1=2\times\frac{(e-1)^2}{2}a$$

$$\therefore a=\frac{1}{(e-1)^2}$$

28 곡선 $y=\sqrt{x}$와 직선 $y=\dfrac{1}{2}x$의 교점의 x좌표를 구하면

$\sqrt{x}=\dfrac{1}{2}x,\ x^2-4x=0$

$x(x-4)=0$

$\therefore x=0$ 또는 $x=4$

곡선 $y=\sqrt{x}$와 직선 $y=\dfrac{1}{2}x$로 둘러싸인 도형의 넓이를 S_1이라 하면 $0\le x\le 4$에서 $\sqrt{x}\ge\dfrac{1}{2}x$이므로

$$S_1=\int_0^4\Big(\sqrt{x}-\frac{1}{2}x\Big)\,dx$$

$$=\Big[\frac{2}{3}x\sqrt{x}-\frac{1}{4}x^2\Big]_0^4=\frac{4}{3}$$

$y=\sqrt{x},\ y=\dfrac{1}{2}x$를 각각 x에 대하여 풀면

$x=y^2\ (y\ge 0),\ x=2y$

곡선 $x=y^2$과 두 직선 $x=2y$, $y=k$로 둘러싸인 도형의 넓이를 S_2라 하면 $0\leq y\leq k$에서 $2y\geq y^2$이므로

$$S_2=\int_0^k (2y-y^2)\,dy$$
$$=\left[y^2-\frac{1}{3}y^3\right]_0^k=k^2-\frac{k^3}{3}$$

주어진 조건에서 $S_1=2S_2$이므로

$$\frac{4}{3}=2k^2-\frac{2}{3}k^3,\ k^3-3k^2+2=0$$
$$(k-1)(k^2-2k-2)=0$$
$$\therefore\ k=1\ (\because\ 0<k<2)$$

29 함수 $y=f(x)$의 그래프는 원점에 대하여 대칭이고, $0\leq x\leq 1$에서 $\dfrac{2x}{x^2+1}\geq x$이므로 구하는 넓이를 S라 하면

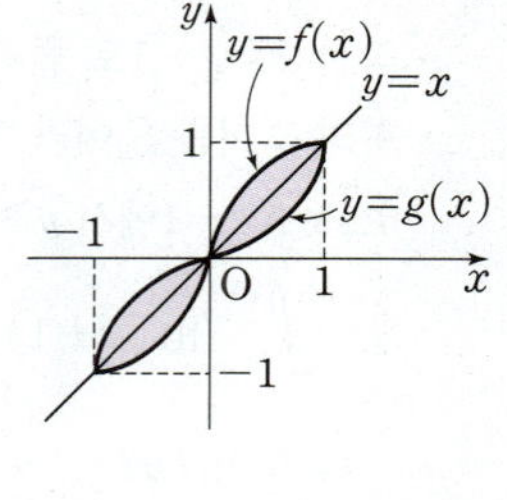

$$S=4\int_0^1 \left(\frac{2x}{x^2+1}-x\right)dx$$
$$=4\left[\ln(x^2+1)-\frac{1}{2}x^2\right]_0^1$$
$$=4\ln 2-2$$

30 곡선 $y=f(x)$와 직선 $y=x$의 교점의 x좌표를 구하면

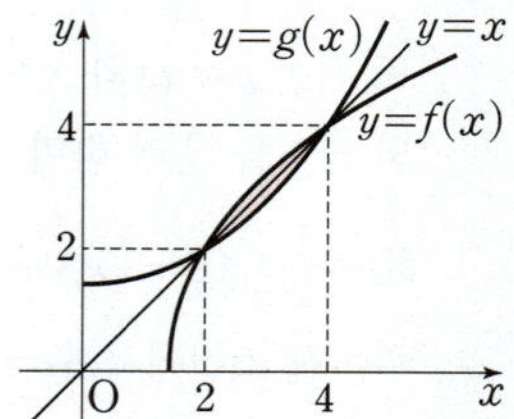

$$\sqrt{6x-8}=x$$
$$x^2-6x+8=0$$
$$(x-2)(x-4)=0$$
$$\therefore\ x=2\ 또는\ x=4$$

$2\leq x\leq 4$에서 $\sqrt{6x-8}\geq x$이므로 구하는 넓이를 S라 하면

$$S=2\int_2^4 (\sqrt{6x-8}-x)\,dx$$
$$=2\left[\frac{1}{9}(6x-8)\sqrt{6x-8}-\frac{1}{2}x^2\right]_2^4=\frac{4}{9}$$

31 두 함수 $y=f(x)$, $y=g(x)$의 그래프는 직선 $y=x$에 대하여 대칭이고 $f(0)=2$, $f(1)=e+1$이므로 $g(2)=0$, $g(e+1)=1$이다.

$$\int_0^1 f(x)\,dx=S_1,$$

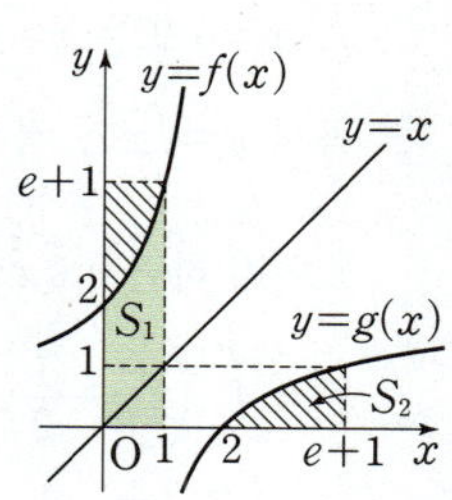

$$\int_2^{e+1} g(x)\,dx=S_2$$ 라 하면 오른쪽 그림에서 빗금 친 두 부분의 넓이가 서로 같으므로

$$\int_0^1 f(x)\,dx+\int_2^{e+1} g(x)\,dx$$
$$=S_1+S_2$$
$$=1\times(e+1)$$
$$=e+1$$

기초 문제 Training
92쪽

1 (1) 72 (2) $\dfrac{15}{\ln 2}$

2 (가) x^2 (나) $\dfrac{\pi r^2}{h^2}x^2$ (다) h

3 (1) $\dfrac{2}{3}$ (2) $\dfrac{14}{3}$

4 (1) $9\sqrt{5}$ (2) 12

5 $\dfrac{14}{3}$

핵심 유형 Training
93~95쪽

1 $(2+\ln 5)\,\text{cm}^3$	**2** ②	**3** 21초	**4** $\dfrac{22}{3}$
5 $\dfrac{31}{5}$	**6** $\dfrac{\sqrt{3}}{8}\pi-\dfrac{\sqrt{3}}{4}$	**7** $\dfrac{136}{3}$	
8 $\dfrac{\pi}{4}(1+\ln 2)$	**9** ④	**10** 2	**11** ⑤
12 $\dfrac{\pi}{3}$	**13** $e^3-\dfrac{1}{e^3}$	**14** $\dfrac{\pi}{2}$	**15** 1
16 $4+\ln 3$	**17** ④	**18** 3	**19** ③

1 물의 높이가 x cm일 때의 수면의 넓이를 $S(x)$라 하면

$$S(x)=\frac{(x+1)^2}{x^2+1}\,(\text{cm}^2)$$

따라서 물의 높이가 2 cm일 때, 이 그릇에 담긴 물의 부피를 V라 하면

$$V=\int_0^2 S(x)\,dx$$
$$=\int_0^2 \frac{(x+1)^2}{x^2+1}\,dx$$
$$=\int_0^2 \frac{x^2+2x+1}{x^2+1}\,dx$$
$$=\int_0^2 \left(1+\frac{2x}{x^2+1}\right)dx$$
$$=\left[x+\ln(x^2+1)\right]_0^2$$
$$=2+\ln 5\,(\text{cm}^3)$$

2 입체도형의 밑면으로부터 높이가 x인 지점에서의 단면의 넓이를 $S(x)$라 하면
$$S(x)=\{\sqrt{\ln{(x+1)}}\}^2=\ln{(x+1)}$$
이때 입체도형의 높이가 5이므로 부피를 V라 하면
$$V=\int_0^5 S(x)\,dx=\int_0^5 \ln{(x+1)}\,dx$$
$$=\int_1^6 \ln{t}\,dt \quad \blacktriangleleft\ x+1=t$$
$$=\Big[t\ln{t}\Big]_1^6-\int_1^6 dt$$
$$=6\ln{6}-\Big[t\Big]_1^6$$
$$=6\ln{6}-5$$

3 물의 높이가 $x\,\mathrm{cm}$일 때의 수면의 넓이를 $S(x)$라 하면
$$S(x)=\frac{\sqrt{3}}{4}(\sqrt{x^2+2})^2=\frac{\sqrt{3}}{4}(x^2+2)\,(\mathrm{cm}^2)$$
이때 그릇의 높이가 $6\,\mathrm{cm}$이므로 부피를 V라 하면
$$V=\int_0^6 S(x)\,dx=\int_0^6 \frac{\sqrt{3}}{4}(x^2+2)\,dx$$
$$=\frac{\sqrt{3}}{4}\Big[\frac{1}{3}x^3+2x\Big]_0^6$$
$$=21\sqrt{3}\,(\mathrm{cm}^3)$$
그릇에 매초 $\sqrt{3}\,\mathrm{cm}^3$의 비율로 물을 채우므로 21초 후에 물이 가득 찬다.

4 $\overline{\mathrm{PQ}}=\sqrt{4x-x^2}$이므로 선분 PQ를 한 변으로 하는 정사각형의 넓이를 $S(x)$라 하면
$$S(x)=(\sqrt{4x-x^2})^2=4x-x^2$$
따라서 구하는 입체도형의 부피를 V라 하면
$$V=\int_1^3 S(x)\,dx=\int_1^3 (4x-x^2)\,dx$$
$$=\Big[2x^2-\frac{1}{3}x^3\Big]_1^3$$
$$=\frac{22}{3}$$

5 점 P의 좌표를 $(x,\ x^2)\,(1\le x\le 2)$이라 하면 점 H의 좌표는 $(x,\ 0)$

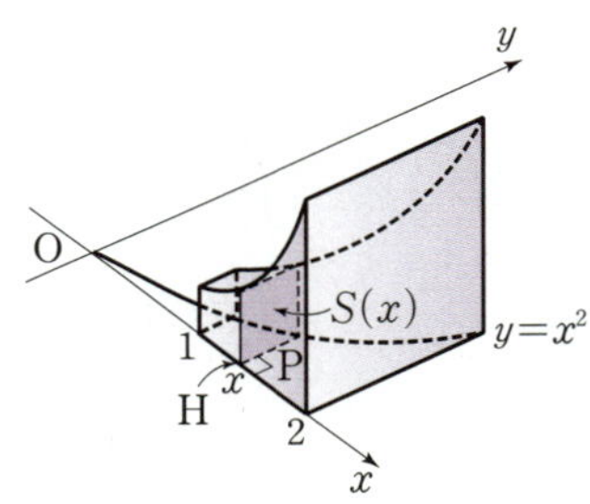

이때 $\overline{\mathrm{PH}}=x^2$을 한 변으로 하는 정사각형의 넓이를 $S(x)$라 하면
$$S(x)=(x^2)^2=x^4$$
따라서 구하는 입체도형의 부피를 V라 하면
$$V=\int_1^2 S(x)\,dx=\int_1^2 x^4\,dx$$
$$=\Big[\frac{1}{5}x^5\Big]_1^2=\frac{31}{5}$$

6 다음 그림과 같이 x축 위의 점 $\mathrm{P}(x,\ 0)\left(0\le x\le \dfrac{\pi}{2}\right)$을 지나고 x축에 수직인 직선이 곡선 $y=\sqrt{x\cos x}$와 만나는 점을 Q라 하면 $\mathrm{Q}(x,\ \sqrt{x\cos x})$

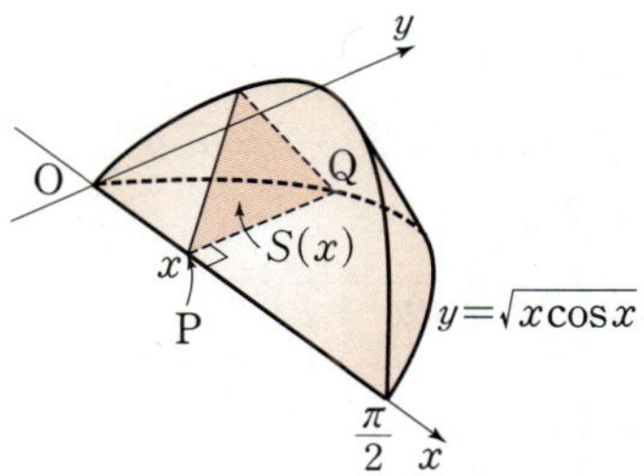

이때 $\overline{\mathrm{PQ}}=\sqrt{x\cos x}$를 한 변으로 하는 정삼각형의 넓이를 $S(x)$라 하면
$$S(x)=\frac{\sqrt{3}}{4}(\sqrt{x\cos x})^2=\frac{\sqrt{3}}{4}x\cos x$$
따라서 구하는 입체도형의 부피를 V라 하면
$$V=\int_0^{\frac{\pi}{2}} S(x)\,dx=\int_0^{\frac{\pi}{2}} \frac{\sqrt{3}}{4}x\cos x\,dx$$
$$=\frac{\sqrt{3}}{4}\left(\Big[x\sin x\Big]_0^{\frac{\pi}{2}}-\int_0^{\frac{\pi}{2}} \sin x\,dx\right)$$
$$=\frac{\sqrt{3}}{4}\left(\frac{\pi}{2}-\Big[-\cos x\Big]_0^{\frac{\pi}{2}}\right)$$
$$=\frac{\sqrt{3}}{8}\pi-\frac{\sqrt{3}}{4}$$

7 다음 그림과 같이 x축 위의 점 $\mathrm{P}(x,\ 0)\,(0\le x\le 4)$을 지나고 x축에 수직인 직선이 곡선 $y=\sqrt{x}+2$와 만나는 점을 Q라 하면 $\mathrm{Q}(x,\ \sqrt{x}+2)$

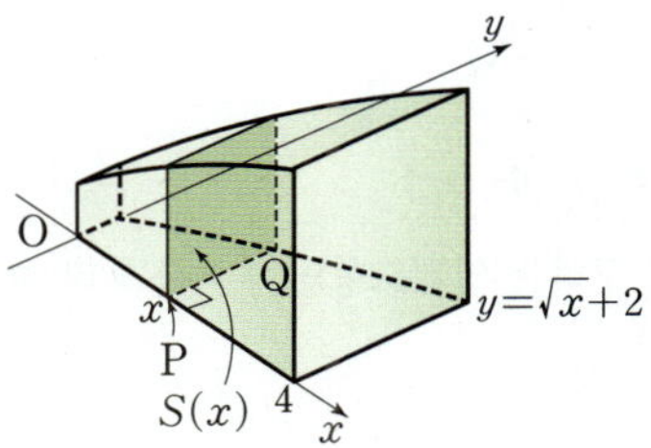

이때 $\overline{\mathrm{PQ}}=\sqrt{x}+2$를 한 변으로 하는 정사각형의 넓이를 $S(x)$라 하면
$$S(x)=(\sqrt{x}+2)^2=x+4\sqrt{x}+4$$

따라서 구하는 입체도형의 부피를 V라 하면
$$V=\int_0^4 S(x)\,dx$$
$$=\int_0^4 (x+4\sqrt{x}+4)\,dx$$
$$=\left[\frac{1}{2}x^2+\frac{8}{3}x\sqrt{x}+4x\right]_0^4=\frac{136}{3}$$

8 오른쪽 그림과 같이 x축 위의 점 $\mathrm{P}(x,\,0)$ $(0\leq x\leq \ln 2)$을 지나고 x축에 수직인 직선이 곡선 $y=\sqrt{2e^x+2}$와 만나는 점을 Q라 하면
$\mathrm{Q}(x,\,\sqrt{2e^x+2})$

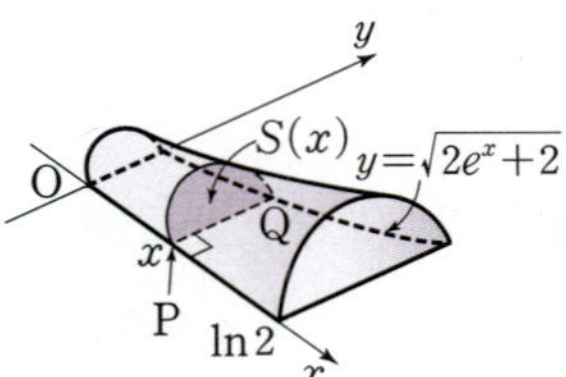

이때 $\overline{\mathrm{PQ}}=\sqrt{2e^x+2}$를 지름으로 하는 반원의 넓이를 $S(x)$라 하면
$$S(x)=\frac{\pi}{2}\times\left(\frac{1}{2}\sqrt{2e^x+2}\right)^2$$
$$=\frac{\pi}{4}(e^x+1)$$
따라서 구하는 입체도형의 부피를 V라 하면
$$V=\int_0^{\ln 2} S(x)\,dx$$
$$=\int_0^{\ln 2}\frac{\pi}{4}(e^x+1)\,dx$$
$$=\frac{\pi}{4}\left[e^x+x\right]_0^{\ln 2}=\frac{\pi}{4}(1+\ln 2)$$

9 오른쪽 그림과 같이 밑면의 중심을 원점, 밑면의 지름을 x축으로 정하고, x축 위의 점 $\mathrm{P}(x,\,0)$ $(-3\leq x\leq 3)$을 지나고 x축에 수직인 평면으로 입체도형을 자른 단면을 부채꼴 PQR라 하면
$$\overline{\mathrm{PQ}}=\sqrt{\overline{\mathrm{OQ}}^2-\overline{\mathrm{OP}}^2}=\sqrt{9-x^2}$$

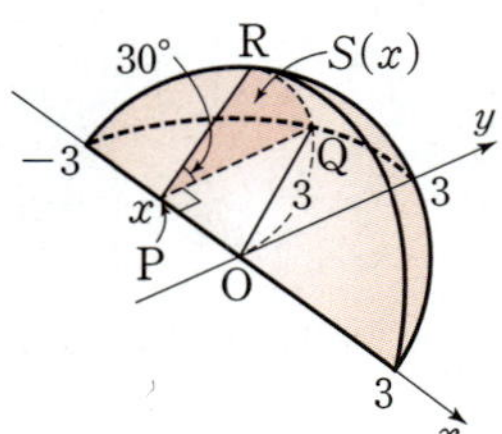

부채꼴 PQR의 넓이를 $S(x)$라 하면
$$S(x)=\frac{1}{2}\times\overline{\mathrm{PQ}}^2\times\frac{\pi}{6}$$
$$=\frac{\pi}{12}(9-x^2)$$
따라서 구하는 입체도형의 부피를 V라 하면
$$V=\int_{-3}^{3} S(x)\,dx$$
$$=\int_{-3}^{3}\frac{\pi}{12}(9-x^2)\,dx$$
$$=\frac{\pi}{12}\left[9x-\frac{1}{3}x^3\right]_{-3}^{3}=3\pi$$

10 $t=0$에서 $t=a$까지 점 P의 위치의 변화량은
$$\int_0^a (t-1)e^t\,dt=\left[(t-1)e^t\right]_0^a-\int_0^a e^t\,dt$$
$$=(a-1)e^a+1-\left[e^t\right]_0^a$$
$$=(a-2)e^a+2$$
따라서 $(a-2)e^a+2=2$이므로
$(a-2)e^a=0$ $\quad\therefore a=2$ $(\because e^a>0)$

11 점 P가 운동 방향을 바꿀 때의 속도는 0이므로 $v(t)=0$에서
$8-t\sqrt{t}=0,\ t^3=64$ $\quad\therefore t=4$ $(\because t>0)$
따라서 $t=4$일 때 운동 방향을 바꾸므로 $t=0$에서 $t=4$까지 점 P가 움직인 거리는
$$\int_0^4 |8-t\sqrt{t}|\,dt=\int_0^4 (8-t\sqrt{t})\,dt$$
$$=\left[8t-\frac{2}{5}t^{\frac{5}{2}}\right]_0^4=\frac{96}{5}$$

12 $t=a$에서의 점 P의 위치를 x_{P}라 하면
$$x_{\mathrm{P}}=0+\int_0^a 2\cos 2t\,dt$$
$$=\left[\sin 2t\right]_0^a=\sin 2a$$
$t=a$에서의 점 Q의 위치를 x_{Q}라 하면
$$x_{\mathrm{Q}}=0+\int_0^a \cos t\,dt$$
$$=\left[\sin t\right]_0^a=\sin a$$
두 점이 다시 만나면 위치가 같으므로 $x_{\mathrm{P}}=x_{\mathrm{Q}}$에서
$\sin 2a=\sin a,\ 2\sin a\cos a=\sin a$
$\sin a(2\cos a-1)=0$
$$\therefore \sin a=0 \ \text{또는}\ \cos a=\frac{1}{2}$$
$$\therefore a=\frac{\pi}{3},\ \pi,\ \frac{5}{3}\pi,\ 2\pi,\ \cdots$$
따라서 두 점 P, Q가 출발 후 처음으로 다시 만나는 시각은 $\dfrac{\pi}{3}$이다.

13 $\dfrac{dx}{dt}=e^t-e^{-t}$, $\dfrac{dy}{dt}=2$이므로 $t=0$에서 $t=3$까지 점 P가 움직인 거리는
$$\int_0^3 \sqrt{(e^t-e^{-t})^2+2^2}\,dt=\int_0^3 \sqrt{e^{2t}+2+e^{-2t}}\,dt$$
$$=\int_0^3 \sqrt{(e^t+e^{-t})^2}\,dt$$
$$=\int_0^3 (e^t+e^{-t})\,dt$$
$$=\left[e^t-e^{-t}\right]_0^3=e^3-\frac{1}{e^3}$$

14 $\dfrac{dx}{dt}=2\sin t\cos t=\sin 2t$

$\dfrac{dy}{dt}=-2\sin t\cos t=-\sin 2t$

$t=0$에서 $t=a$까지 점 P가 움직인 거리는

$$\int_0^a \sqrt{(\sin 2t)^2+(-\sin 2t)^2}\,dt=\int_0^a \sqrt{2\sin^2 2t}\,dt$$
$$=\sqrt{2}\int_0^a \sin 2t\,dt$$
$$=\sqrt{2}\left[-\frac{1}{2}\cos 2t\right]_0^a$$
$$=-\frac{\sqrt{2}}{2}(\cos 2a-1)$$

따라서 $-\dfrac{\sqrt{2}}{2}(\cos 2a-1)=\sqrt{2}$이므로

$\cos 2a=-1$

$2a=\pi\,(\because\,0<2a\leq\pi)\qquad \therefore\,a=\dfrac{\pi}{2}$

15 $\dfrac{dx}{dt}=-(2t-2)\sin(t^2-2t)$

$\dfrac{dy}{dt}=(2t-2)\cos(t^2-2t)$

시각 t에서의 점 P의 속력은

$\sqrt{\{-(2t-2)\sin(t^2-2t)\}^2+\{(2t-2)\cos(t^2-2t)\}^2}$
$=\sqrt{(2t-2)^2\{\sin^2(t^2-2t)+\cos^2(t^2-2t)\}}$
$=\sqrt{(2t-2)^2}=|2t-2|$

이때 점 P가 출발 후 속력이 0이 되는 시각은

$|2t-2|=0,\ 2t-2=0$

$\therefore\,t=1$

따라서 $t=0$에서 $t=1$까지 점 P가 움직인 거리는

$$\int_0^1 |2t-2|\,dt=\int_0^1(-2t+2)\,dt=\left[-t^2+2t\right]_0^1=1$$

16 $\dfrac{dx}{dt}=t-\dfrac{1}{t},\ \dfrac{dy}{dt}=-2$이므로 시각 t에서의 점 P의 속력은

$$\sqrt{\left(t-\frac{1}{t}\right)^2+(-2)^2}=\sqrt{t^2+2+\frac{1}{t^2}}$$
$$=\sqrt{\left(t+\frac{1}{t}\right)^2}=t+\frac{1}{t}$$

$t>0$이므로 산술평균과 기하평균의 관계에 의하여

$$t+\frac{1}{t}\geq 2\sqrt{t\times\frac{1}{t}}=2$$

이때 등호는 $t=\dfrac{1}{t}$일 때 성립하므로 $t^2=1$, 즉 $t=1$일 때 점 P의 속력이 최소가 된다.

따라서 $t=1$에서 $t=3$까지 점 P가 움직인 거리는

$$\int_1^3\left(t+\frac{1}{t}\right)dt=\left[\frac{1}{2}t^2+\ln|t|\right]_1^3=4+\ln 3$$

17 $\dfrac{dy}{dx}=\dfrac{1}{4}x^2-\dfrac{1}{x^2}$이므로 $1\leq x\leq 2$에서 곡선의 길이는

$$\int_1^2 \sqrt{1+\left(\frac{1}{4}x^2-\frac{1}{x^2}\right)^2}\,dx=\int_1^2 \sqrt{\frac{1}{16}x^4+\frac{1}{2}+\frac{1}{x^4}}\,dx$$
$$=\int_1^2 \sqrt{\left(\frac{1}{4}x^2+\frac{1}{x^2}\right)^2}\,dx$$
$$=\int_1^2\left(\frac{1}{4}x^2+\frac{1}{x^2}\right)dx$$
$$=\left[\frac{1}{12}x^3-\frac{1}{x}\right]_1^2=\frac{13}{12}$$

18 $\dfrac{dy}{dx}=2x\sqrt{x^2+1}$이므로 $0\leq x\leq a$에서 곡선의 길이는

$$\int_0^a \sqrt{1+(2x\sqrt{x^2+1})^2}\,dx=\int_0^a \sqrt{4x^4+4x^2+1}\,dx$$
$$=\int_0^a \sqrt{(2x^2+1)^2}\,dx$$
$$=\int_0^a(2x^2+1)\,dx$$
$$=\left[\frac{2}{3}x^3+x\right]_0^a$$
$$=\frac{2}{3}a^3+a$$

따라서 $\dfrac{2}{3}a^3+a=21$이므로

$2a^3+3a-63=0$

$(a-3)(2a^2+6a+21)=0$

$\therefore\,a=3\,(\because\,a>0)$

19 $\dfrac{dx}{dt}=-\sin t-2\sin t\cos t$

$\qquad =-\sin t-\sin 2t$

$\dfrac{dy}{dt}=\cos t+\cos^2 t-\sin^2 t$

$\qquad =\cos t+1-2\sin^2 t$

$\qquad =\cos t+\cos 2t$

따라서 $0\leq t\leq\pi$에서 곡선의 길이는

$$\int_0^\pi \sqrt{(-\sin t-\sin 2t)^2+(\cos t+\cos 2t)^2}\,dt$$
$$=\int_0^\pi \sqrt{2+2\sin t\sin 2t+2\cos t\cos 2t}\,dt$$
$$=\int_0^\pi \sqrt{2+2\sin t\times 2\sin t\cos t+2\cos t(1-2\sin^2 t)}\,dt$$
$$=\int_0^\pi \sqrt{2+2\cos t}\,dt$$
$$=\int_0^\pi \sqrt{4\cos^2\frac{t}{2}}\,dt \qquad \blacktriangleleft\ \cos t=2\cos^2\frac{t}{2}-1$$
$$=\int_0^\pi 2\cos\frac{t}{2}\,dt$$
$$=\left[4\sin\frac{t}{2}\right]_0^\pi=4$$

개념·플러스·유형·시리즈   개념과 유형이 하나로! 가장 효과적인 수학 공부 방법을 제시합니다.

대표전화 1544-0554
주소 경기도 과천시 과천대로2길 54(갈현동, 그라운드브이)
협의 없는 무단 복제는 법으로 금지되어 있습니다.